Mathematik
Ein Lehr- und Übungsbuch
Band 4

Rainer Schark
Theo Overhagen

Vektoranalysis, Funktionentheorie, Transformationen

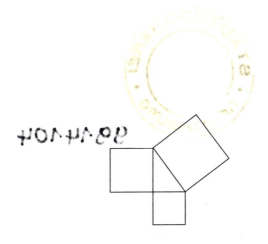

Verlag Harri Deutsch

Mathematik - Ein Lehr- und Übungsbuch
für Fachhoch-, Fachober- und Technikerschulen

Band 1:
Gellrich/Gellrich;
Arithmetik, Algebra, Mengen- und Funktionenlehre

Band 2:
Gellrich/Gellrich;
Lineare Algebra, Vektorrechnung, Analytische Geometrie

Band 3:
Gellrich/Gellrich;
Zahlenfolgen und -reihen, Einführung in die Analysis für Funktionen mit einer unabhängigen Variablen

Band 4:
Schark/Overhagen;
Vektoranalysis, Funktionentheorie, Transformationen

Band 5:
Kreul;
Gewöhnliche Differentialgleichungen, Potenz- und Fourierreihen, Funktionen mehrerer Veränderlicher, Einführung partieller Differentialgleichungen

---

Die Deutsche Bibliothek - CIP-Einheitsaufnahme

Mathematik: ein Lehr- und Übungsbuch für Fachhochschulen, Fachoberschulen und Technikerschulen / Schark ; Overhagen. - Thun ; Frankfurt am Main : Deutsch
   Bd. 1 - 3 verf. von Regina Gellrich ; Carsten Gellrich

   Bd. 4. Vektoranalysis, Funktionentheorie, Transformationen. - 1999
   ISBN 3-8171-1584-9

ISBN 3-8171-1584-9

Dieses Werk ist urheberrechtlich geschützt.
Alle Rechte, auch die der Übersetzung, des Nachdrucks und der Vervielfältigung des Buches - oder von Teilen daraus - sind vorbehalten.
Kein Teil des Werkes darf ohne schriftliche Genehmigung des Verlages in irgendeiner Form (Fotokopie, Mikrofilm oder ein anderes Verfahren), auch nicht für Zwecke der Unterrichtsgestaltung, reproduziert oder unter Verwendung elektronischer Systeme verarbeitet werden. Zuwiderhandlungen unterliegen den Strafbestimmungen des Urheberrechtsgesetzes.
Der Inhalt des Werkes wurde sorgfältig erarbeitet. Dennoch übernehmen Autoren, Herausgeber und Verlag für die Richtigkeit von Angaben, Hinweisen und Ratschlägen sowie für eventuelle Druckfehler keine Haftung.

1. Auflage 1999
© Verlag Harri Deutsch, Thun und Frankfurt am Main, 1999
Druck: Präzis-Druck GmbH, Karlsruhe
Printed in Germany

Vorwort

Dieses Buch ist konzipiert als Weiterführung der vier Bände „Mathematik, Lehr- und Übungsbuch" von Gellrich/Gellrich im Verlag Harri Deutsch. Dort wurden die Grundlagen für die Höhere Mathematik bereitgestellt (Lineare Algebra, Differential- und Integralrechnung einer Variablen, Reihen), nun sollen in dem vorliegenden Band die Kenntnisse vertieft, ausgebaut und angewandt werden.

So geht es in der **Vektoranalysis** um die Erweiterung der Vektoralgebra in Form der Differentiation und Integration von Vektorfunktionen im $\mathbf{R}^3$. Naturgemäß treten dabei auch partielle Ableitungen und mehrfache Integrale auf, die die Grundlage für die zentralen Sätze der Vektoranalysis, die Integralsätze von Gauß und Stokes, bilden.

Die Theorie der Funktionen komplexer Variabler, kurz „**Funktionentheorie**" genannt (heute findet man auch die Bezeichnung „komplexe Analysis"), entstand zu Beginn des 19. Jahrhunderts, nachdem der Begriff der komplexen Zahl einigermaßen gesichert war. Wesentliche Berührungspunkte mit der Vektoranalysis sind die Cauchy-Riemannschen Differentialgleichungen und der Residuensatz bei der Berechnung von bestimmten reellen Integralen. Ein Kapitel für sich ist die Theorie der konformen Abbildung, die aus vielen Bereichen der Ingenieurwissenschaften nicht mehr wegzudenken ist.

Bei einer Funktionaltransformation wird eine Originalfunktion, etwa eine Funktion im reellen Zeitbereich, in eine zugehörige Bildfunktion in einem (häufig komplexen) Bildbereich transformiert. Die beiden bedeutendsten sind die **Laplace-** und die **Fourier-Transformation**. Die Laplace-Transformation stellt u.a. eine sehr leistungsfähige Methode zur Untersuchung und Lösung von gewöhnlichen und partiellen Differentialgleichungen dar. Die eng mit ihr zusammenhängende Fourier-Transformation ist von grundlegender Bedeutung bei der Beschreibung der Signalübertragung, vor allem auch dann, wenn man es mit statistischen Signalen zu tun hat. Schließlich wird am Ende diese Buches die **Z-Transformation** ausführlich vorgestellt. Man bezeichnet sie auch als diskrete Laplace-Tranformation, da sie insbesondere bei der Lösung von Differenzengleichungen und Impulssystemen Anwendung findet.

Berührungspunkte dieses dritten Teiles mit der Vektoranalysis ergeben sich im Zusammenhang mit den partiellen Differentialgleichungen. Und die Inverse der angesprochenen Funktionaltransformationen, die sogenannte Rücktransformation, ist definiert als komplexes Umkehrintegral, das unter Umständen mit Methoden der Funktionentheorie zu berechnen ist.

Das Buch richtet sich an Ingenieurstudenten ab dem 3. Semester. Im allgemeinen wird auf komplizierte Beweisvorgänge verzichtet, und alle Übungsaufgaben werden im Anhang ausführlich vorgerechnet. Insofern ist das Buch auch zum Selbststudium geeignet. Man hat nicht nur eine Kontrolle über das Ergebnis, sondern kann auch den Rechengang nachvollziehen und so eigene Fehler finden.

Wir bedanken uns bei Herrn Dr. D. Wrase für das gewissenhafte Korrekturlesen und dem Verlag Harri Deutsch für die zuvorkommende Zusammenarbeit.

Siegen *Theo Overhagen, Rainer Schark*

Inhaltsverzeichnis

I Vektoranalysis — 9

1 Vektorfunktionen und Raumkurven — 11
1.1 Vektorfunktionen 11
1.2 Ableitung einer Vektorfunktion 12
1.3 Bogenlänge und Tangenteneinheitsvektor 16
1.4 Hauptnormale und Krümmung 19
1.5 Binormale und Torsion 21
1.6 Die Formeln von Serret-Frenet 24

2 Partielle Ableitungen, partielle Differentialgleichungen — 29
2.1 Gebiete, Bereiche 29
2.2 Funktionen mehrerer Variabler 30
2.3 Partielle Differentialgleichungen 39

3 Skalar- und Vektorfelder — 45
3.1 Definitionen 45
3.2 Der Gradient eines Skalarfeldes 48
3.3 Divergenz eines Vektorfeldes 52
3.4 Rotation eines Vektorfeldes 56
3.5 Der Laplace-Operator 61

4 Kurvenintegrale, Potentiale — 65
4.1 Kurvenintegrale 65
4.2 Konservatives Vektorfeld, Skalares Potential 73
4.3 Vektorpotential 82

5 Flächen und Gebiete im Raum — 87
5.1 Darstellung von Flächen 87
5.2 Tangentialebene, Flächennormale 90
5.3 Bogenelement 92
5.4 Flächenelement 93
5.5 Flächen in kartesischen Koordinaten 96
5.6 Besonderheiten 98
5.7 Krummlinig orthogonale Koordinaten 100
    5.7.1 Zylinderkoordinaten 101
    5.7.2 Kugelkoordinaten 102
    5.7.3 Toruskoordinaten 102
    5.7.4 Parabolische Zylinderkoordinaten 103
    5.7.5 Elliptische Zylinderkoordinaten 103
5.8 Darstellung von Vektoren in krummlinig orthogonalen Koordinaten 104
5.9 Linien- und Volumenelement 109
5.10 Grad, div, rot und Δ in krummlinig orthogonalen Koordinaten 112
    5.10.1 Gradient 112
    5.10.2 Divergenz 114

       5.10.3 Rotation 115
       5.10.4 Laplace-Operator Δ 116

6 Bereichs- und Oberflächenintegrale   119
  6.1 Definition von Bereichsintegralen 119
  6.2 Berechnung von Bereichsintegralen durch Doppelintegrale 122
       6.2.1 Normalbereiche als Integrationsbereiche 122
       6.2.2 Änderung der Variablen, Substitution 126
  6.3 Oberflächenintegrale 131

7 Volumenintegrale   137
  7.1 Definition von Dreifachintegralen 137
  7.2 Berechnung von Dreifachintegralen 138
  7.3 Änderung der Variablen, Substitution 142
  7.4 Anwendungen dreifacher Integrale 144
       7.4.1 Masse eines Körpers 144
       7.4.2 Schwerpunkt eines Körpers 146
       7.4.3 Trägheitsmomente eines Körpers 148

8 Integralsätze   151
  8.1 Der Gaußsche Satz (Divergenz-Theorem) 151
  8.2 Anwendungen des Gaußschen Satzes 156
       8.2.1 Gaußscher Satz für Skalarfelder 156
       8.2.2 Die Greenschen Formeln 158
       8.2.3 Koordinatenunabhängige Definition der Divergenz 158
  8.3 Der Satz von Green in der Ebene 160
  8.4 Der Satz von Stokes 164

II Komplexe Analysis   171

1 Funktionen einer komplexen Variablen   173

2 Differentiation   181

3 Integration   193

4 Folgerungen aus den Integralsätzen   203

5 Reihenentwicklungen   221

6 Konforme Abbildungen   235
  6.1 Definition und Beispiele 235
  6.2 Die Riemannsche Zahlenkugel 242
  6.3 Lineare Transformationen 244
  6.4 Gebrochen lineare Transformationen, Inversion 246
  6.5 Die Joukowski-Funktion 252
  6.6 Die Schwarz-Christoffel-Transformation 256

III Integraltransformationen   263

1 Parameterintegrale   265
- 1.1 Einführung 265
- 1.2 Stetigkeit eines Parameterintegrals 266
- 1.3 Differentiation eines Parameterintegrals 267
- 1.4 Integration von Parameterintegralen 272
- 1.5 Anwendungen 274
  - 1.5.1 Bessel-Funktionen 274
  - 1.5.2 Gaußsche Glockenkurve (Fehlerintegral, Normalverteilung) 276
  - 1.5.3 Ein Integral von Laplace 277
  - 1.5.4 Die Fresnelschen Integrale 277
- 1.6 Die Gammafunktion 280
  - 1.6.1 Definition 280
  - 1.6.2 Eigenschaften 281
- 1.7 Die Betafunktion 291
  - 1.7.1 Definition 291
  - 1.7.2 Eigenschaften 291
  - 1.7.3 Zusammenhang zwischen Gamma- und Betafunktion 293
  - 1.7.4 Anwendungen 295
- 1.8 Sprungfunktion und Stoßfunktion 297
  - 1.8.1 Die Sprungfunktion 297
  - 1.8.2 Die Stoßfunktion 299

2 Fouriertransformation   305
- 2.1 Komplexe Form der Fourierreihen 305
- 2.2 Das Fourierintegral 307
- 2.3 Die Fouriertransformation 308

3 Laplace-Transformation   315
- 3.1 Definition 315
- 3.2 Die Inverse 318
- 3.3 Eigenschaften der Laplace-Transformation 319
  - 3.3.1 Existenz 319
  - 3.3.2 Eindeutigkeit 319
  - 3.3.3 Transformationsregeln 320
  - 3.3.4 Transformation der elementaren Funktionen 322
  - 3.3.5 Differentiationssatz für die Originalfunktion 326
  - 3.3.6 Integrationssatz für die Originalfunktion 328
  - 3.3.7 Transformation der Delta-Funktion 330
- 3.4 Sätze über die Laplace-Transformierte 332
  - 3.4.1 Zweiter Verschiebungssatz 332
  - 3.4.2 Grenzwertsätze 333
  - 3.4.3 Differentiationssatz für die Bildfunktion 336
  - 3.4.4 Integrationssatz für die Bildfunktion 337
- 3.5 Die inverse Laplace-Transformation 338
  - 3.5.1 RCL-Netzwerke 338
  - 3.5.2 Funktionen von s mit einfachen Polen 341
  - 3.5.3 Funktionen von s mit Polen höherer Ordnung 342

3.6 Der Faltungssatz 345
3.7 Laplace-Transformierte einer periodischen Funktion 348
3.8 Anwendungen 350
    3.8.1 Lineare Differentialgleichungen 1. Ordnung 350
    3.8.2 Integro-Differentialgleichungen 352
    3.8.3 Lineare Differentialgleichungen 2. Ordnung 353
    3.8.4 Systeme linearer Differentialgleichungen 357
    3.8.5 Partielle Differentialgleichungen 363

4 Differenzengleichungen   367
4.1 Definition 367
4.2 Lösungsmöglichkeiten 368
    4.2.1 Homogene Differenzengleichungen 368
    4.2.2 Inhomogene Differenzengleichungen 373
    4.2.3 Anwendungsbeispiele 375

5 Z-Transformation   381
5.1 Definition 381
5.2 Die Inverse der Z-Transformation 386
5.3 Rechenregeln 389
    5.3.1 Translation 389
    5.3.2 Dämpfungssatz 390
    5.3.3 Differenzensatz 390
    5.3.4 Summationssatz 391
    5.3.5 Differentiation der Bildfunktion 392
    5.3.6 Faltungssatz 392
    5.3.7 Grenzwertsätze 393
    5.3.8 Divisionssatz (Integrationssatz für die Bildfunktion) 395
5.4 Konstruktion von Z-Transformierten mit Hilfe der Rechenregeln 396
5.5 Anwendungen der Z-Transformation 399
    5.5.1 Lineare Differenzengleichung erster Ordnung 399
    5.5.2 Lineare Differenzengleichung zweiter Ordnung 401
    5.5.3 Randwertprobleme 407
    5.5.4 Systeme von Differenzengleichungen 408

IV Anhang   411

1 Tabellen für die Laplace- und Z-Transformation   413
1.1 Sätze für die Laplace-Transformation 413
1.2 Korrespondenzen der Laplace- Transformation 414
    1.2.1 Elementare Bildfunktionen und ihre Originalfunktionen 414
    1.2.2 Einzelimpulse und periodische Zeitfunktionen 415
1.3 Rechenregeln zur Z-Transformation 417
1.4 Tabelle von Z-Transformierten 418

2	**Lösungen der Aufgaben**		**419**
2.1	Teil I: Vektoranalysis		419
	2.1.1	Vektorfunktionen und Raumkurven	419
	2.1.2	Partielle Ableitungen, partielle Differentialgleichungen	421
	2.1.3	Skalar- und Vektorfelder	423
	2.1.4	Kurvenintegrale, Potentiale	426
	2.1.5	Flächen und Gebiete im Raum	428
	2.1.6	Bereichs- und Oberflächenintegrale	436
	2.1.7	Volumenintegrale	441
	2.1.8	Integralsätze	447
2.2	Teil II: Komplexe Analysis		454
	2.2.1	Funktionen einer komplexen Variablen	454
	2.2.2	Differentiation	457
	2.2.3	Integration	459
	2.2.4	Folgerungen aus den Integralsätzen	462
	2.2.5	Reihenentwicklungen	470
	2.2.6	Konforme Abbildungen	475
2.3	Teil III: Integraltransformationen		481
	2.3.1	Parameterintegrale	481
	2.3.2	Fouriertransformation	488
	2.3.3	Laplace-Transformation	489
	2.3.4	Differenzengleichungen	498
	2.3.5	Z-Transformation	499
3	**Literatur**		**505**

Verzeichnis der wichtigsten Symbole

$\vec{a} = (a_1, a_2, a_3)$	Vektor $\vec{a}$ im Koordinatensystem $Oxyz$
$a = |\vec{a}|$; $\vec{a}_e$ bzw. $\vec{e}_a$	Betrag des Vektors $\vec{a}$; Einheitsvektor in Richtung von $\vec{a}$
$\mathcal{B}$; $\partial \mathcal{B}$	Bereich im $\mathbf{R}^2$ oder $\mathbf{R}^3$; Rand eines Bereiches
$\vec{B}, \vec{N}, \vec{T}$	Binormalen-, Normalen-, Tangenteneinheitsvektor
$\mathrm{B}(x,y)$; $\Gamma(x)$; $\delta(x)$	Betafunktion; Gammafunktion; Diracsche Delta-Funktion
$\mathcal{C}$	Kurve im $\mathbf{R}^2$ oder $\mathbf{R}^3$
$\vec{e}_1, \vec{e}_2, \vec{e}_3$	Einheitsvektoren in rechtwinkligen kartesischen Koordinaten
G; $\partial \mathcal{G}$; $\overline{\mathcal{G}}$	Gebiet im $\mathbf{R}^2$ oder $\mathbf{R}^3$; Rand eines Gebietes; $\mathcal{G} \cup \partial \mathcal{G}$
$\vec{i}, \vec{j}, \vec{k}$	Einheitsvektoren $(1,0,0), (0,1,0), (0,0,1)$
$i = \sqrt{-1}$	Imaginäre Einheit
$Im(z)$; $Re(z)$	Imaginärteil von z; Realteil von z
$\int_\mathcal{C} f(z)\,dz$; $\oint_\mathcal{C} f(z)\,dz$	Kurvenintegral von $f(z)$ längs $\mathcal{C}$; geschlossenes Kurvenintegral
$\mathcal{J}$; $\mathcal{J}^*$	Jacobi-Determinante; Jacobische Funktionalmatrix
κ; τ	Krümmung; Torsion
$\mathrm{Ln}\, z$	Hauptzweig der komplexen Logarithmus-Funktion
$\mathcal{M}$	Punktmenge im $\mathbf{R}^2$ oder $\mathbf{R}^3$
$\vec{\nabla}$; Δ; grad; div; rot	Nablaoperator; Deltaoperator; Gradient; Divergenz; Rotation
$\mathbf{N}$; $\mathbf{Z}$; $\mathbf{Q}$; $\mathbf{R}$; $\mathbf{C}$	Menge d. natürl., ganzen, gebrochenen, reellen, komplexen Zahlen
$\mathbf{N}_0$	Menge der natürlichen Zahlen einschließlich der Null
$\Phi = \Phi(x,y,z)$	Skalarfeld
r, φ, ϑ; ϱ, φ, z	Kugelkoordinaten; Zylinderkoordianten
$\vec{r} = (x, y, z)$	Ortsvektor des Punktes (x,y,z)
$\mathrm{Res}\, f\big|_{z=z_0}$	Residuum der Funktion $f(z)$ an der Stelle z_0
s; ds	Bogenlänge (Ausnahme: Teil III); Bogenelement
σ; $d\sigma$; $d\tau$	Fläche (Ausnahme: Teil III); Flächenelement; Volumenelement
u_1, u_2, u_3	Allgemeine krummlinige (orthogonale) Koordinaten
$\vec{v}$	Geschwindigkeit
$\vec{V} = \vec{V}(x,y,z)$	Vektorfeld
$w = f(z) = u + iv = \rho e^{i\vartheta}$	Komplexe Funktion
$z = x + iy$	Komplexe Zahl mit Realteil x, Imaginärteil y
$z = r(\cos \varphi + i \sin \varphi)$	Polarform einer komplexen Zahl z mit Betrag $r = |z|$, Argument φ
$z = r e^{i\varphi}$	Exponentialform einer komplexen Zahl z
$\overline{z} = x - iy$	Konjugiert komplexe Zahl von z

Teil I

Vektoranalysis

1 Vektorfunktionen und Raumkurven

1.1 Vektorfunktionen

Ein Flugzeug erscheint am Nachthimmel als ein blinkender sich bewegender Punkt. Zu jedem Zeitpunkt t läßt sich ein Ortsvektor $\vec{r}$, z.B. ausgehend vom Beobachter, zu diesem Blinklicht angeben. Es ist also

$$\vec{r} = \vec{r}(t).$$

Man spricht in diesem Fall von einer *vektorwertigen Funktion* oder kurz **Vektorfunktion**, bei der der Definitionsbereich ein Intervall des reellen Parameters t ist, der Wertebereich aber aus Vektoren besteht:

$$\vec{r}(t) = \big(x(t), y(t), z(t)\big), \quad t_1 \leq t \leq t_2. \tag{1.1.1}$$

(1.1.1) heißt auch *Parameterdarstellung* einer Raumkurve. Dabei kann der Parameter t die Zeit, einen Winkel, irgendeine Koordinate o.ä. bedeuten. Nicht nur aus diesem Grund gibt es für eine Kurve nicht nur eine Parameterdarstellung, sondern eigentlich beliebig viele.

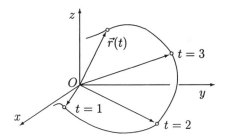
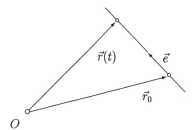

Beispiele:

1.1.1. Eine Gerade im Raum kann durch die Parameterdarstellung

$$\vec{r}(t) = \vec{r}_0 + t\,\vec{e}, \quad t \in \mathbf{R},$$

beschrieben werden. Dabei ist $\vec{r}_0$ der Ortsvektor eines beliebigen Geradenpunktes und $\vec{e}$ der Richtungsvektor der Geraden.

1.1.2. Die Projektion der gewöhnlichen Schraubenlinie

$$\vec{r}(\varphi) = (a\cos\varphi, a\sin\varphi, b\varphi), \quad \varphi \in \mathbf{R},$$

auf die x,y-Ebene ist ein Kreis mit dem Radius a.

1.1.3. Durch die Gleichung

$$\vec{r}(\varphi) = (a\cos\varphi, b\sin\varphi, e^\varphi), \quad 0 \leq \varphi \leq \varphi_1,$$

wird eine Kurve auf der Manteloberfläche eines elliptischen Zylinders beschrieben, denn es ist

$$\frac{x^2}{a^2} + \frac{y^2}{b^2} = \cos^2\varphi + \sin^2\varphi = 1, \quad z = e^\varphi \geq 1.$$

1.1.4. Einer ebenen Kurve $y = f(x)$ kann man im Raum folgende Parameterdarstellung zuordnen:

$$\vec{r}(x) = \big(x, f(x), 0\big), \quad x \in [a,b].$$

Wie bei gewöhnlichen Funktionen läßt sich auch bei Vektorfunktionen die *Stetigkeit* definieren:

Definition 1.1.1:
Eine Vektorfunktion $\vec{r}(t) = \big(x(t), y(t), z(t)\big)$ heißt **stetig** in t, falls die drei Skalarfunktionen $x(t), y(t), z(t)$ in t stetig sind bzw. falls für beliebige t_0 gilt

$$\lim_{t \to t_0} \vec{r}(t) = \Big(\lim_{t \to t_0} x(t), \lim_{t \to t_0} y(t), \lim_{t \to t_0} z(t)\Big) = \big(x(t_0), y(t_0), z(t_0)\big) = \vec{r}(t_0).$$

Anschaulicher ist die folgende Definition der Stetigkeit:
Eine Vektorfunktion $\vec{r}(t)$ ist in t stetig, falls es zu jeder positiven Zahl ε eine positive Zahl δ gibt derart, daß

$$|\vec{r}(t + \Delta t) - \vec{r}(t)| < \varepsilon, \quad \text{falls} \quad |\Delta t| < \delta$$

(s. Abbildung auf der nächsten Seite oben). Dabei ist

$$|\vec{r}(t + \Delta t) - \vec{r}(t)| = |\Delta \vec{r}| = \Delta r = \sqrt{(\Delta x)^2 + (\Delta y)^2 + (\Delta z)^2}.$$

Aufgaben:

1.1.1. Ein Körper wird vom Nullpunkt O zum Punkt $P = (1,1,1)$ auf drei verschiedenen Wegen C_i verschoben. Dabei ist C_1 die geradlinige Verbindung, C_2 besteht aus den Teilstücken parallel zu den Koordinatenachsen und C_3 ist gekrümmt im Raum mit der Projektion in Form einer Parabel auf die x,y- bzw. y,z-Ebene. Man gebe möglichst einfache Parameterdarstellungen der Kurven an.

1.1.2. Bekanntlich lautet eine Parameterdarstellung eines Kreises um den Nullpunkt mit Radius a:

$$\vec{r}(t) = (a \cos t, a \sin t, 0), \quad 0 \leq t < 2\pi.$$

Man zeige, daß durch

$$x = a \frac{2\tau}{1 + \tau^2}, \quad y = a \frac{1 - \tau^2}{1 + \tau^2}, \quad z = 0, \quad \tau \in \mathbf{R},$$

eine rationale Parameterdarstellung des Kreises gegeben ist. Wie lautet der Zusammenhang zwischen τ und t?

1.2 Ableitung einer Vektorfunktion

Wir setzen für die folgenden Überlegungen die Stetigkeit der auftretenden Vektorfunktionen voraus.
Betrachtet man die Werte einer Vektorfunktion $\vec{r}(t)$ für zwei benachbarte Zeiten t und $t + \Delta t$, so unterscheiden sie sich um

$$\Delta \vec{r} = \vec{r}(t + \Delta t) - \vec{r}(t).$$

Dabei ist $\Delta\vec{r}$ ein Vektor, in der Abbildung als Sekantenabschnitt zu erkennen, dessen Betrag Δr mit abnehmenden Δt immer kleiner wird. Doch die Vektoren $\frac{\Delta\vec{r}}{\Delta t}$ streben eventuell gegen einen Grenzwert, der dann ebenfalls ein Vektor ist. Dieser zeigt in tangentialer Richtung, denn für $\Delta t \to 0$ wird aus der Sekante die Tangente. Den Grenzwert bezeichnet man wie üblich als Differentialquotient bzw. Ableitung von $\vec{r}(t)$.

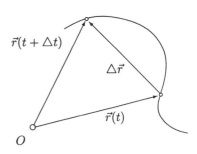

Definition 1.2.1:
Die **Ableitung** einer Vektorfunktion ist
$$\frac{d\vec{r}}{dt} = \lim_{\Delta t \to 0} \frac{\vec{r}(t+\Delta t) - \vec{r}(t)}{\Delta t},$$
sofern der Grenzwert unabhängig von der Nullfolge Δt existiert.

Wie bereits angesprochen, schmiegt sich $\frac{d\vec{r}(t)}{dt}$ tangential an die Kurve in $\vec{r}(t)$ an. Aus der Definition folgt durch Einführung der Komponentendarstellung (1.1.1) die Komponentenschreibweise der Ableitung
$$\frac{d\vec{r}}{dt} = \left(\frac{dx}{dt}, \frac{dy}{dt}, \frac{dz}{dt}\right) = (\dot{x}, \dot{y}, \dot{z}) = \dot{\vec{r}},$$
wobei man die Ableitung nach dem allgemeinen Parameter t üblicherweise durch einen Punkt symbolisiert.

Daß diese Ableitung eines Vektors wieder ein Vektor ist, muß man zeigen, doch verzichten wir hier auf den Nachweis.

Analog lassen sich die höheren Ableitungen rekursiv definieren:
$$\frac{d^n\vec{r}}{dt^n} = \frac{d}{dt}\left(\frac{d^{n-1}\vec{r}}{dt^{n-1}}\right), \quad n \in \mathbb{N}.$$

Beispiel:

1.2.1. Die ebene Kurve
$$\vec{r}(t) = (t^3, t^2, 0), \quad -1 < t < 1,$$
ist für $t = 0$ nicht differenzierbar, denn man erhält

$$\left.\frac{d\vec{r}}{dt}\right|_{t=0} = (3t^2, 2t, 0)\big|_{t=0} = (0,0,0) = \vec{0},$$

und diesem Vektor kann man keine eindeutige Richtung zuordnen.

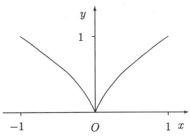

Beim Betrachten des Graphen der Funktion erkennt man, daß die Kurve an dieser Stelle einen „Knick" hat. Man kann zeigen, daß aber die Tangente im Nullpunkt in Richtung der y-Achse verläuft.

Wird z.B. durch $\vec{r} = \vec{r}(t)$ die Bahn eines Teilchens beschrieben, gibt $\vec{v}(t) = \dot{\vec{r}}(t)$ die *Geschwindigkeit* und $\vec{a}(t) = \ddot{\vec{r}}(t)$ die *Beschleunigung* des Teilchens zur Zeit t an.

Beispiel:

1.2.2. Ein Teilchen bewege sich auf der Bahn $\vec{r}(t) = (2e^{-t}, 3\cos 2t, 3\sin 2t)$. Man erhält für die Geschwindigkeit

$$\vec{v}(t) = (-2e^{-t}, -6\sin 2t, 6\cos 2t)$$

und für die Beschleunigung

$$\vec{a}(t) = (2e^{-t}, -12\cos 2t, -12\sin 2t).$$

Z.B. gilt für $t = 0$:

$$v(0) = |\vec{v}(0)| = \sqrt{4 + 0 + 36} = \sqrt{40} = 2\sqrt{10}$$

bzw.

$$a(0) = |\vec{a}(0)| = \sqrt{4 + 144 + 0} = \sqrt{148} = 2\sqrt{37}.$$

Die Geschwindigkeitskomponente in Richtung des Vektors $\vec{b} = (1, -2, 3)$ zur Zeit $t = 1$ ist:

$$v_b(1) = \vec{v}(1)\,\vec{e}_b = \left(-\frac{2}{e}, -6\sin 2, 6\cos 2\right) \frac{(1, -2, 3)}{\sqrt{1^2 + 2^2 + 3^2}} = \frac{1}{\sqrt{14}}\left(-\frac{2}{e} + 12\sin 2 + 18\cos 2\right).$$

Ohne Beweis werden die folgenden **Rechenregeln** angegeben:

Satz 1.2.1: *Es seien $\vec{a}(t), \vec{b}(t), \varphi(t)$ auf einem Intervall $t_1 \leq t \leq t_2$ stetig differenzierbare Funktionen. Dann gilt:*

a) $\quad \dfrac{d}{dt}(\vec{a} + \vec{b}) = \dfrac{d\vec{a}}{dt} + \dfrac{d\vec{b}}{dt},$

b) $\quad \dfrac{d}{dt}(\vec{a}\,\vec{b}) = \vec{a}\,\dfrac{d\vec{b}}{dt} + \vec{b}\,\dfrac{d\vec{a}}{dt},$

c) $\quad \dfrac{d}{dt}(\vec{a} \times \vec{b}) = \vec{a} \times \dfrac{d\vec{b}}{dt} + \dfrac{d\vec{a}}{dt} \times \vec{b},$

d) $\quad \dfrac{d}{dt}(\varphi\,\vec{a}) = \dfrac{d\varphi}{dt}\,\vec{a} + \varphi\,\dfrac{d\vec{a}}{dt}.$

Mit Hilfe der Komponentenschreibweise lassen die Gleichungen sich leicht verifizieren.

Wichtig zu wissen ist die Tatsache, daß die Ableitung eines Einheitsvektors $\vec{e}(t)$ immer senkrecht auf diesem selbst steht. Es gilt nämlich

$$\vec{e}^{\,2}(t) = 1,$$

woraus folgt

$$\frac{d}{dt}\left(\vec{e}^{\,2}(t)\right) = 2\,\vec{e}(t)\,\frac{d\vec{e}(t)}{dt} = 0, \qquad (1.2.1)$$

also tatsächlich

$$\frac{d\vec{e}(t)}{dt} \perp \vec{e}(t).$$

Dieses gilt übrigens für alle Vektoren mit konstantem Betrag.

Beispiele:

1.2.3. Durch die Gleichung
$$\vec{r} = (r_0 \cos \omega t, r_0 \sin \omega t, 0),$$
wird die Bewegung eines Teilchens beschrieben, das sich mit der Winkelgeschwindigkeit ω auf einem Kreis mit dem Radius r_0 bewegt. Man erhält
$$\vec{v} = \frac{d\vec{r}}{dt} = (-r_0 \omega \sin \omega t, r_0 \omega \cos \omega t, 0),$$
und offensichtlich gilt
$$\vec{r}\vec{v} = -r_0^2 \omega \sin \omega t \cos \omega t + r_0^2 \omega \cos \omega t \sin \omega t = 0,$$
d.h., $\vec{r}$ und $\vec{v}$ stehen senkrecht aufeinander. Weiter gilt
$$\vec{a} = \frac{d\vec{v}}{dt} = (-r_0 \omega^2 \cos \omega t, -r_0 \omega^2 \sin \omega t, 0) = -\omega^2 \vec{r},$$
d.h., die Beschleunigung ist $\vec{r}$ entgegengesetzt, also zum Ursprung hingerichtet. Man bezeichnet sie daher als *Zentripetalbeschleunigung*.

1.2.4. Sei $\vec{r}(t) = r(t)\,\vec{e}(t)$. Dann gilt
$$\vec{r}\frac{d\vec{r}}{dt} = r\vec{e}\,\frac{d}{dt}(r\vec{e}) = r\vec{e}\left(\vec{e}\,\frac{dr}{dt} + r\,\frac{d\vec{e}}{dt}\right) = r\,\frac{dr}{dt}\,\vec{e}^{\,2} + r^2\vec{e}\,\frac{d\vec{e}}{dt} = r\,\frac{dr}{dt},$$
also
$$\vec{r}\,\frac{d\vec{r}}{dt} = r\,\frac{dr}{dt}.$$
Differentiation von $\vec{r}(t)$ ergibt die Geschwindigkeit
$$\vec{v} = \frac{d\vec{r}}{dt} = \vec{e}(t)\,\frac{dr}{dt} + r\,\frac{d\vec{e}(t)}{dt}.$$
Da
$$\vec{e}(t)\,\frac{d\vec{e}(t)}{dt} = 0,$$
ist damit der Vektor $\frac{d\vec{r}}{dt}$ in zwei Komponenten zerlegt worden, die senkrecht aufeinander stehen. Man bezeichnet
$$r\,\frac{d\vec{e}}{dt} \quad \text{als } \textit{Tangentialkomponente} \quad \text{und} \quad \frac{dr}{dt}\,\vec{e} \quad \text{als } \textit{Normalkomponente} \text{ von } \vec{v}.$$

Aufgaben:

1.2.1. Ein Teilchen bewegt sich längs der Kurve $x = 2t^2, y = t^2 - 4t, z = 3t - 5$. Man bestimme die Beträge von $\vec{v}$ und $\vec{a}$ zur Zeit $t = 1$ in Richtung von $\vec{b} = (1, -1, 2)$.

1.2.2. Es seien $\vec{r}(t)$ und $\varphi(t)$ stetig differenzierbar. Man bestimme
$$\frac{d}{dt}\left(\frac{\vec{r}(t)}{\varphi(t)}\right).$$

1.2.3. Man berechne

a) $\quad \dfrac{d}{dt}\left(\vec{a}\,[\vec{b} \times \vec{c}]\right),$

b) $\quad \dfrac{d}{dt}\left[\vec{r}\left(\dfrac{d\vec{r}}{dt} \times \dfrac{d^2\vec{r}}{dt^2}\right)\right]$

für hinreichend oft differenzierbare Funktionen $\vec{a}(t)$, $\vec{b}(t)$, $\vec{c}(t)$ und $\vec{r}(t)$.

1.3 Bogenlänge und Tangenteneinheitsvektor

Es wurde bereits gezeigt, daß $\frac{d\vec{r}}{dt}$ in einem Punkt P der Raumkurve $\vec{r} = \vec{r}(t)$ in tangentialer Richtung zeigt, und zwar in die Richtung, in die P mit wachsendem t läuft. Somit liegt die folgende Definition nahe:

Definition 1.3.1:
Gegeben sei die Kurve $\mathcal{C}$ durch $\vec{r}(t)$, $t_1 \leq t \leq t_2$.

a) Existiert der Grenzwert $\dfrac{d\vec{r}}{dt} \neq \vec{0}$ in P, dann bezeichnet man

$$\vec{T} = \vec{T}(t) = \frac{d\vec{r}/dt}{|d\vec{r}/dt|} \tag{1.3.1}$$

als **Tangenteneinheitsvektor** an die Kurve $\mathcal{C}$ in P.
b) Die Kurve $\mathcal{C}$ heißt **glatt**, wenn für alle Punkte $t_1 \leq t \leq t_2$ der Einheitstangentenvektor $\vec{T}(t)$ existiert und stetig ist. Sie heißt **stückweise glatt**, wenn $\vec{r}(t)$ auf $[t_1, t_2]$ stetig ist und $\vec{T}(t)$ auf $[t_1, t_2]$ mit Ausnahme endlich vieler Punkte stetig ist.
c) Ist die durch $\vec{r}(t)$ festgelegte Abbildung von $[t_1, t_2]$ auf $\mathcal{C}$ eineindeutig und stetig, so heißt $\mathcal{C}$ **Jordan-Kurve** bzw. **doppelpunktfrei**.
Gilt $\vec{r}(t_1) = \vec{r}(t_2)$, so spricht man von einer geschlossenen Jordankurve.

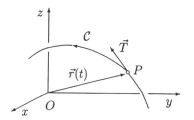
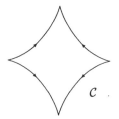

stückweise glatte (geschlossene) Kurve

Zur Beschreibung einer Raumkurve (JORDAN[1]-Kurve) sind viele Parameter zulässig. Dabei erweist sich die *Bogenlänge* als Parameter als besonders vorteilhaft. Zu ihrer Herleitung dienen die folgenden Betrachtungen.

Sei $\mathcal{C}$ eine glatte Raumkurve mit der Parameterdarstellung $\vec{r}(t), t \in [t_1, t_2]$, und seien P und P^* zwei benachbarte Punkte auf $\mathcal{C}$ mit den Ortsvektoren $\vec{r}(t)$ und $\vec{r}(t + \triangle t)$. Nach dem Satz von Pythagoras beträgt der Abstand zwischen P und P^*:

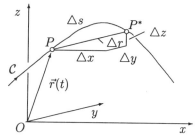

$$\begin{aligned}\triangle r &= |\triangle\vec{r}| = |\vec{r}(t + \triangle t) - \vec{r}(t)| \\ &= \sqrt{(\triangle x)^2 + (\triangle y)^2 + (\triangle z)^2}.\end{aligned}$$

Je kleiner $\triangle t$ ist, desto geringer wird die Differenz zwischen $\triangle r$ und $\triangle s$, der Entfernung von P und P^* längs $\mathcal{C}$. Somit ist die folgende Definition plausibel:

---

[1] Camille Jordan (1838 – 1922), französischer Mathematiker

> **Definition 1.3.2:**
> Sei $\vec{r}(t)$ die Parameterdarstellung einer stückweise glatten Kurve $\mathcal{C}$. Dann bezeichnet man das Integral
>
> $$s(t) = \int_{t_1}^{t} |\dot{\vec{r}}(\tau)|\, d\tau = \int_{t_1}^{t} \sqrt{\dot{x}^2 + \dot{y}^2 + \dot{z}^2}\, d\tau \qquad (1.3.2)$$
>
> als **Bogenlänge** von $\mathcal{C}$.

Beispiel:

1.3.1. Um zu zeigen, daß die Bogenlänge tatsächlich der Kurvenlänge entspricht, betrachten wir einmal einen Polygonzug durch die Punkte $P_0(0,0,0)$, $P_1(1,2,2)$ und $P_2(6,-2,-1)$. Die Strecke zwischen P_0 und P_1 hat z.B. die Parameterdarstellung

$$\vec{r}_1(t) = (0,0,0) + t\big((1,2,2) - (0,0,0)\big) = t(1,2,2), \quad 0 \le t \le 1,$$

und eine mögliche Parameterdarstellung der Geraden durch P_1 und P_2 ist

$$\vec{r}_2(t) = (1,2,2) + t\big((6,-2,-1) - (1,2,2)\big) = (1,2,2) + t(5,-4,-3), \quad 0 \le t \le 1.$$

Wir erhalten für die Bogenlänge

$$\begin{aligned}
s &= \int_0^1 \sqrt{\dot{x}_1^2 + \dot{y}_1^2 + \dot{z}_1^2}\, d\tau + \int_0^1 \sqrt{\dot{x}_2^2 + \dot{y}_2^2 + \dot{z}_2^2}\, d\tau \\
&= \int_0^1 \sqrt{1+4+4}\, d\tau + \int_0^1 \sqrt{25+16+9}\, d\tau = \sqrt{9}\,\big[t\big]_0^1 + \sqrt{50}\,\big[t\big]_0^1 = 3 + 5\sqrt{2}.
\end{aligned}$$

Andererseits gilt aber für die Länge des Streckenzugs $\mathcal{C}$ von P_0 über P_1 nach P_2 nach dem Satz des Pythagoras

$$\begin{aligned}
\mathcal{L}(\mathcal{C}) &= \sum_{k=1}^{2} \big\{(x_k - x_{k-1})^2 + (y_k - y_{k-1})^2 + (z_k - z_{k-1})^2\big\}^{1/2} \\
&= \sqrt{1 + 2^2 + 2^2} + \sqrt{5^2 + (-4)^2 + (-3)^2} = \sqrt{9} + \sqrt{50} = 3 + 5\sqrt{2}.
\end{aligned}$$

Bemerkungen:

1.3.1. Aus der obigen Definition folgt

$$\frac{ds}{dt} = \lim_{\Delta t \to 0} \left|\frac{\Delta \vec{r}}{\Delta t}\right| = \lim_{\Delta t \to 0} \sqrt{\left(\frac{\Delta x}{\Delta t}\right)^2 + \left(\frac{\Delta y}{\Delta t}\right)^2 + \left(\frac{\Delta z}{\Delta t}\right)^2} = \left|\frac{d\vec{r}}{dt}\right| = |\dot{\vec{r}}|. \qquad (1.3.3)$$

1.3.2. Mit Hilfe dieser Definition kann man für $\vec{T}$ schreiben:

$$\vec{T} = \frac{d\vec{r}/dt}{|d\vec{r}/dt|} = \frac{d\vec{r}/dt}{ds/dt} = \frac{d\vec{r}}{ds} = \left(\frac{dx}{ds}, \frac{dy}{ds}, \frac{dz}{ds}\right) = (x', y', z') = \vec{r}\,',$$

wobei man häufig zur Vereinfachung die Ableitung nach der Bogenlänge durch einen Strich (′) kennzeichnet.

1. Vektorfunktionen und Raumkurven

1.3.3. Auf Grund der einfachen Darstellung bzw. Berechnung von $\vec{T}$ durch $\frac{d\vec{r}(s)}{ds}$ im Vergleich zu (1.3.1) und da s als Bogenlänge einen die Kurve charakterisierenden Parameter darstellt, bezeichnet man die Parameterdarstellung von $\mathcal{C}$ mit s als Parameter als **natürliche Darstellung** von $\mathcal{C}$.

Beispiele:

1.3.2. Für die Schraubenlinie $\vec{r}(t) = (a\cos\omega t, a\sin\omega t, bt)$, $t \geq 0$, erhält man

$$\dot{x}(t) = -a\omega\sin\omega t, \quad \dot{y}(t) = a\omega\cos\omega t, \quad \dot{z}(t) = b$$

und damit

$$s(t) = \int_0^t \sqrt{a^2\omega^2 \sin^2\omega\tau + a^2\omega^2\cos^2\omega\tau + b^2}\, d\tau = \int_0^t \sqrt{a^2\omega^2 + b^2}\, d\tau = \sqrt{a^2\omega^2+b^2}\, t = ct$$

bzw.

$$t = \frac{s}{c}.$$

Für die natürliche Darstellung ergibt sich

$$\vec{r} = \vec{r}(s) = \left(a\cos\frac{\omega}{c}s, a\sin\frac{\omega}{c}s, \frac{bs}{c}\right)$$

und für die Einheitstangente

$$\vec{T} = \frac{d\vec{r}}{ds} = \left(-\frac{a\omega}{c}\sin\frac{\omega}{c}s, \frac{a\omega}{c}\cos\frac{\omega}{c}s, \frac{b}{c}\right). \tag{1.3.4}$$

1.3.3. Gegeben sei die Kurve

$$\vec{r}(t) = \left(t, t^2, \frac{2}{3}t^3\right), \quad t \geq 0.$$

In diesem Fall findet man mit

$$\dot{x}(t) = 1, \quad \dot{y}(t) = 2t, \quad \dot{z}(t) = 2t^2:$$

$$s(t) = \int_0^t \sqrt{1 + (2\tau)^2 + (2\tau^2)^2}\, d\tau = \int_0^t \sqrt{1 + 4\tau^2 + 4\tau^4}\, d\tau = \int_0^t (1+2\tau^2)\, d\tau = t + \frac{2}{3}t^3.$$

Man erkennt, daß hier t nicht ohne weiteres durch s ersetzt werden kann, und somit $\vec{T}$ auf diese Weise nicht über die natürliche Darstellung von $\mathcal{C}$ zu bestimmen ist. Man bildet mit

$$\left|\frac{d\vec{r}}{dt}\right| = \frac{ds}{dt} = \sqrt{\dot{x}^2 + \dot{y}^2 + \dot{z}^2} = 1 + 2t^2:$$

$$\vec{T} = \frac{d\vec{r}/dt}{|d\vec{r}/dt|} = \frac{(1, 2t, 2t^2)}{1+2t^2}. \tag{1.3.5}$$

Aufgaben:

1.3.1. Man bestimme die Länge der Kurve

$$\vec{r}(t) = (\cos t, \sin t, 1)e^{-t}, \quad 0 \leq t \leq 1.$$

1.3.2. Man bestimme die Einheitstangente an die Kurve

$$x = t^2 + 1, \quad y = 4t - 3, \quad z = 2t^2 - 6t$$

erst allgemein und dann für $t = 2$.

1.3.3. Gegeben ist die Kurve mit der Parameterdarstellung

$$x(t) = t - \sin t, \quad y(t) = 1 - \cos t, \quad z(t) = 4\sin\frac{t}{2}, \quad t \in \mathbf{R}.$$

Man bestimme die natürliche Darstellung.

1.4 Hauptnormale und Krümmung

Nach (1.2.1) folgt aus $\vec{T}\vec{T} = 1$ durch Differentiation nach s

$$\vec{T}\frac{d\vec{T}}{ds} = 0.$$

Das heißt aber, $d\vec{T}/ds$ ist ein Vektor, der senkrecht auf $\vec{T}$ steht. Wenn man einen Punkt auf der Kurve $\vec{r}(s)$ bewegt, ändert sich i.allg. die Richtung der Tangente $\vec{T}(s)$. Die Stärke dieser Änderung kann man offensichtlich als Maß für die *Krümmung* ansehen:

> **Definition 1.4.1:**
> Die Parameterdarstellung $\vec{r} = \vec{r}(s)$ einer Kurve sei zweimal differenzierbar. Dann bezeichnet man
>
> $$\left|\frac{d\vec{T}}{ds}\right| = |\vec{T}'| = \sqrt{(x')^2 + (y')^2 + (z')^2} = \kappa \geq 0$$
>
> als **Krümmung** und $\varrho = 1/\kappa$ als **Krümmungsradius.**

Die Krümmung κ ist nach Definition nicht negativ. Damit gibt es im $\mathbf{R}^3$ keine Unterscheidung zwischen Rechts- und Linkskurven wie im $\mathbf{R}^2$.

Beispiel:

1.4.1. Da eine bestimmte **Gerade** eine feste Richtung hat, ist ihr Tangenteneinheitsvektor konstant. Also gilt

$$\frac{d\vec{T}}{ds} = \vec{T}'(s) = \vec{0},$$

und damit ist die Krümmung $\kappa = 0$ und der Krümmungsradius ϱ unendlich.
Für einen **Kreis** mit der Parameterdarstellung $\vec{r}(s) = (a \cos s, a \sin s, 0)$, $a > 0$, $0 \leq s < 2\pi$, gilt wegen

$$\vec{T}(s) = \vec{r}'(s) = (-a \sin s, a \cos s, 0) \quad \text{bzw.} \quad \vec{T}'(s) = (-a \cos s, -a \sin s, 0):$$

$$\kappa = |\vec{T}'(s)| = \sqrt{a^2 \cos^2 s + a^2 \sin^2 s} = a$$

und $\varrho = 1/a$. D.h., Krümmung und Krümmungsradius sind konstant.

Man kann also sagen, daß die Krümmung ein Maß dafür ist, wie sehr die Kurve in dem entsprechenden Punkt von einer Geraden abweicht. Da sich in jedem Punkt ein bestimmter positiver Krümmungsradius ergibt, schmiegt sich ein Kreis mit diesem Radius in dem betreffenden Punkt gut an die Kurve an.

Die Richtung der Änderung der Tangente $\vec{T}(s)$ liegt in der lokalen Kurvenebene in Krümmungsrichtung, denn $\vec{T}(s)$ zeigt in Richtung der lokalen Kurvenrichtung. Es ist aber

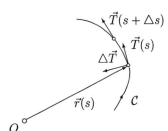

$$\lim_{\Delta s \to 0} \frac{\Delta \vec{T}}{\Delta s} = \lim_{\Delta s \to 0} \frac{\vec{T}(s + \Delta s) - \vec{T}(s)}{\Delta s} = \frac{d\vec{T}}{ds} = \kappa \vec{N},$$

mit einem Einheitsvektor $\vec{N} \perp \vec{T}$ in „Richtung von $\Delta \vec{T}$".

> **Definition 1.4.2:**
> Die Parameterdarstellung $\vec{r} = \vec{r}(s)$ einer Kurve sei zweimal differenzierbar. Dann bezeichnet man den Einheitsvektor senkrecht zu $\vec{T}$ in Krümmungsrichtung
> $$\vec{N} = \frac{d\vec{T}/ds}{|d\vec{T}/ds|}$$
> als **Hauptnormale** von $\mathcal{C}$.

Es gilt also

$$\frac{d\vec{T}}{ds} = \kappa \vec{N}. \tag{1.4.1}$$

Beispiele:

1.4.2. Für die Kurve aus Beispiel 1.3.2 erhält man aus (1.3.4)

$$\frac{d\vec{T}}{ds} = \left(-\frac{a\omega^2}{c^2}\cos\frac{\omega}{c}s, -\frac{a\omega^2}{c^2}\sin\frac{\omega}{c}s, 0\right)$$

und somit für

$$\kappa = \left|\frac{d\vec{T}}{ds}\right| = \sqrt{\frac{a^2\omega^4}{c^4}\cos^2\frac{\omega}{c}s + \frac{a^2\omega^4}{c^4}\sin^2\frac{\omega}{c}s} = \frac{a\omega^2}{c^2}$$

und für

$$\vec{N} = -\left(\cos\frac{\omega}{c}s, \sin\frac{\omega}{c}s, 0\right).$$

1.4.3. Etwas schwieriger wird es mit dem Beispiel 1.3.3. Es ist mit (1.3.5)

$$\vec{T} = \frac{(1, 2t, 2t^2)}{1 + 2t^2} :$$

$$\frac{d\vec{T}}{dt} = \frac{(-4t, (1+2t^2)2 - 2t \cdot 4t, (1+2t^2)4t - 2t^2 \cdot 4t)}{(1+2t^2)^2} = \frac{1}{(1+2t^2)^2}(-4t, 2-4t^2, 4t)$$

und damit

$$\frac{d\vec{T}}{ds} = \frac{d\vec{T}/dt}{ds/dt} = \frac{1}{(1+2t^2)^2}(-4t, 2-4t^2, 4t)\frac{1}{1+2t^2} = \frac{2(-2t, 1-2t^2, 2t)}{(1+2t^2)^3}.$$

Für κ ergibt sich

$$\kappa = \left|\frac{d\vec{T}}{ds}\right| = \frac{2}{(1+2t^2)^3}\sqrt{4t^2 + (1-2t^2)^2 + 4t^2} = \frac{2}{(1+2t^2)^3}\sqrt{8t^2 + 1 - 4t^2 + 4t^4}$$

$$= \frac{2}{(1+2t^2)^3}\sqrt{1 + 4t^2 + 4t^4} = \frac{2(1+2t^2)}{(1+2t^2)^3} = \frac{2}{(1+2t^2)^2}$$

und für

$$\vec{N} = \frac{1}{\kappa}\frac{d\vec{T}}{ds} = \frac{(-2t, 1-2t^2, 2t)}{1+2t^2}.$$

1.4.4. Für eine ebene Kurve mit der Parameterdarstellung

$$\vec{r}(x) = (x, f(x), 0), \quad x \in [a, b]$$

erhält man mit

$$\frac{d\vec{r}}{dx} = (1, f'(x), 0)$$

für die Tangente

$$\vec{T} = \frac{d\vec{r}/dx}{|d\vec{r}/dx|} = \frac{(1, f'(x), 0)}{\sqrt{1 + f'^2(x)}}$$

und mit

$$\begin{aligned}
\frac{d\vec{T}}{dx} &= \frac{1}{1+f'^2}\left(-\frac{2f'f''}{2\sqrt{1+f'^2}}, \sqrt{1+f'^2}f'' - \frac{2f'f''}{2\sqrt{1+f'^2}}f', 0\right) \\
&= \frac{1}{(1+f'^2)^{3/2}}\left(-f'f'', f''(1+f'^2) - f'^2 f'', 0\right) = \frac{f''}{(1+f'^2)^{3/2}}(-f', 1, 0)
\end{aligned}$$

für die Krümmung und die Hauptnormale

$$\kappa = \left|\frac{d\vec{T}}{ds}\right| = \frac{|d\vec{T}/dx|}{ds/dx} = \frac{|d\vec{T}/dx|}{|d\vec{r}/dx|} = \frac{f''}{(1+f'^2)^{3/2}}\sqrt{f'^2+1}\frac{1}{\sqrt{1+f'^2}} = \frac{f''}{(1+f'^2)^{3/2}}.$$

$$\vec{N} = \frac{d\vec{T}/ds}{\kappa} = \frac{1}{\kappa}\frac{d\vec{T}/dx}{ds/dx} = \frac{f''}{(1+f'^2)^{3/2}}(-f', 1, 0)\frac{1}{\sqrt{1+f'^2}}\frac{(1+f'^2)^{3/2}}{f''} = \frac{(-f', 1, 0)}{\sqrt{1+f'^2}}.$$

Aufgaben:

1.4.1. In der Aufgabe 1.3.3 ist die natürliche Darstellung einer Kurve bestimmt worden. Man berechne daraus die Hauptnormale und die Krümmung.

1.4.2. Man bestimme für die Kurve mit der Parameterdarstellung

$$\vec{r}(t) = \left(t - \frac{t^3}{3}, t^2, t + \frac{t^3}{3}\right), \quad t \in \mathbf{R},$$

die Einheitstangente und die Krümmung.

1.5 Binormale und Torsion

Fügt man zur Tangente $\vec{T}$ und Hauptnormale $\vec{N}$ noch einen dritten Einheitsvektor, die **Binormale**

$$\vec{B} = \vec{T} \times \vec{N} \tag{1.5.1}$$

hinzu, erhält man ein orthonormiertes rechtsorientiertes Dreibein (*Rechte-Hand-Regel!*), das sogenannte **begleitende Dreibein** von $\mathcal{C}$. Wegen (1.2.1) gilt

$$\vec{N}\frac{d\vec{N}}{ds} = \vec{B}\frac{d\vec{B}}{ds} = 0. \tag{1.5.2}$$

Andererseits ist aber mit (1.5.1) und (1.4.1) und wegen $\vec{N} \times \vec{N} = \vec{0}$:

$$\frac{d\vec{B}}{ds} = \frac{d\vec{T}}{ds} \times \vec{N} + \vec{T} \times \frac{d\vec{N}}{ds} = \kappa \vec{N} \times \vec{N} + \vec{T} \times \frac{d\vec{N}}{ds} = \vec{T} \times \frac{d\vec{N}}{ds}. \qquad (1.5.3)$$

Da $\frac{d\vec{B}}{ds}$ wegen (1.5.2) senkrecht zu $\vec{B}$ und wegen (1.5.3) ebenfalls senkrecht zu $\vec{T}$ ist, muß $\frac{d\vec{B}}{ds}$ parallel zu $\vec{N}$ sein. Also kann man schreiben

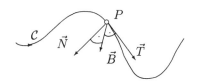

$$\frac{d\vec{B}}{ds} = \lambda \vec{N}.$$

Den Faktor $-\lambda$ bezeichnet man als **Torsion** oder **Windung** τ des Weges in s und schreibt also

$$\frac{d\vec{B}}{ds} = -\tau \vec{N}. \qquad (1.5.4)$$

Es ist üblich, bei einer Kurve in Form einer *Rechtsschraube* von positiver Windung ($\tau > 0$) und bei einer *Linksschraube* von negativer Windung ($\tau < 0$) zu sprechen (s. Abbildung links).

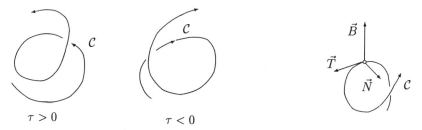

Das Minuszeichen in (1.5.4) läßt sich folgendermaßen erklären:
Bei einer Verschiebung des Dreibeins in positiver Richtung, d.h. mit wachsendem s, „kippt" das Dreibein nach hinten, d.h. entgegengesetzt zu $\vec{N}$. Es gilt also wirklich

$$\frac{\vec{B}(s + \Delta s) - \vec{B}(s)}{\Delta s} \uparrow\downarrow \vec{N}(s).$$

Die Torsion ist ein Maß dafür, wie sich die Richtung der Binormalen mit s ändert.

Beispiel:

1.5.1. Als Beispiel für eine **ebene Kurve** betrachten wir den Kreis mit der Parameterdarstellung $\vec{r} = (a \cos s, a \sin s, 0)$, $a > 0$, $0 \le s < 2\pi$. Mit der Darstellung von $\vec{T}$ und $\vec{N}$ aus Beispiel 1.4.1 erhalten wir

$$\vec{B} = \vec{T} \times \vec{N} = \begin{vmatrix} \vec{i} & \vec{j} & \vec{k} \\ -a \sin s & a \cos s & 0 \\ -a \cos s & -a \sin s & 0 \end{vmatrix} = (0, 0, a^2)$$

und damit für

$$\vec{0} = \frac{d\vec{B}}{ds} = -\tau \vec{N},$$

woraus $\tau = 0$ folgt.

Da für eine ebene Kurve die Binormale immer eine konstante Richtung hat, d.h. von s unabhängig ist, gilt stets $\tau = 0$.

1.5 Binormale und Torsion

Beispiele:

1.5.2. Es sollen die Beispiele 1.3.2 bzw. 1.4.2 weiter verfolgt werden. Es galt

$$\vec{T} = \left(-\frac{a\omega}{c}\sin\frac{\omega}{c}s, \frac{a\omega}{c}\cos\frac{\omega}{c}s, \frac{b}{c}\right) \quad \text{und} \quad \vec{N} = -\left(\cos\frac{\omega}{c}s, \sin\frac{\omega}{c}s, 0\right).$$

Man erhält also für $\vec{B}$:

$$\vec{B} = \vec{T} \times \vec{N} = \begin{vmatrix} \vec{i} & \vec{j} & \vec{k} \\ -\frac{a\omega}{c}\sin\frac{\omega}{c}s & \frac{a\omega}{c}\cos\frac{\omega}{c}s & \frac{b}{c} \\ -\cos\frac{\omega}{c}s & -\sin\frac{\omega}{c}s & 0 \end{vmatrix}$$

$$= \left(\frac{b}{c}\sin\frac{\omega}{c}s, -\frac{b}{c}\cos\frac{\omega}{c}s, \frac{a\omega}{c}\sin^2\frac{\omega}{c}s + \frac{a\omega}{c}\cos^2\frac{\omega}{c}s\right) = \frac{1}{c}\left(b\sin\frac{\omega}{c}s, -b\cos\frac{\omega}{c}s, a\omega\right)$$

und damit für

$$\frac{d\vec{B}}{ds} = \frac{1}{c}\left(\frac{b\omega}{c}\cos\frac{\omega}{c}s, \frac{b\omega}{c}\sin\frac{\omega}{c}s, 0\right) = -\tau\vec{N} = \tau\left(\cos\frac{\omega}{c}s, \sin\frac{\omega}{c}s, 0\right).$$

Mit $c = \sqrt{a^2\omega^2 + b^2}$ folgt

$$\tau = \frac{b\omega}{c^2} = \frac{b\omega}{a^2\omega^2 + b^2}.$$

1.5.3. Analog wollen wir auch die Beispiele 1.3.3 und 1.4.3 vervollständigen. Es war

$$\vec{T} = \frac{(1, 2t, 2t^2)}{1 + 2t^2} \quad \text{bzw.} \quad \vec{N} = \frac{(-2t, 1 - 2t^2, 2t)}{1 + 2t^2}.$$

Damit gilt

$$\vec{B} = \vec{T} \times \vec{N} = \frac{1}{(1+2t^2)^2} \begin{vmatrix} \vec{i} & \vec{j} & \vec{k} \\ 1 & 2t & 2t^2 \\ -2t & 1-2t^2 & 2t \end{vmatrix}$$

$$= \frac{1}{(1+2t^2)^2}(4t^2 - 2t^2 + 4t^4, -2t - 4t^3, 1 - 2t^2 + 4t^2)$$

$$= \frac{1}{(1+2t^2)^2}(2t^2 + 4t^4, -4t^3 - 2t, 1 + 2t^2) = \frac{1}{1+2t^2}(2t^2, -2t, 1).$$

Zur Ermittlung von τ benötigen wir

$$\frac{d\vec{B}}{ds} = \frac{d\vec{B}/dt}{ds/dt} = \frac{d\vec{B}}{dt}\frac{1}{|d\vec{r}/dt|} = \frac{d}{dt}\left\{\frac{(2t^2, -2t, 1)}{1+2t^2}\right\}\frac{1}{1+2t^2}$$

$$= \frac{((1+2t^2)4t - 2t^2 \cdot 4t, (1+2t^2)(-2) + 2t \cdot 4t, -4t)}{(1+2t^2)^2} \frac{1}{1+2t^2}$$

$$= \frac{1}{(1+2t^2)^3}(4t + 8t^3 - 8t^3, -2 - 4t^2 + 8t^2, -4t)$$

$$= \frac{1}{(1+2t^2)^3}(4t, -2 + 4t^2, -4t) = \frac{-2}{(1+2t^2)^3}(-2t, 1 - 2t^2, 2t).$$

Es ist aber

$$\frac{d\vec{B}}{ds} = -\tau\vec{N} = -\tau\frac{(-2t, 1 - 2t^2, 2t)}{1 + 2t^2},$$

woraus folgt
$$\tau = \frac{2}{(1+2t^2)^2}.$$

Offensichtlich ist dies das gleiche Ergebnis wie für die Krümmung κ. In diesem Fall gilt also $\tau = \kappa$.

Aufgaben:

1.5.1. Eine Raumkurve besitzt die folgende Parameterdarstellung:
$$\vec{r}(s) = \left(\arctan s, \frac{1}{\sqrt{2}} \ln(1+s^2), s - \arctan s\right), \quad s \in \mathbf{R},$$
wobei s die Bogenlänge ist. Man bestimme das Dreibein $\vec{T}, \vec{N}, \vec{B}$ und außerdem κ und τ.

1.5.2. Man bestimme die Torsion der Kurve
$$x = \frac{2t+1}{t-1}, \quad y = \frac{t^2}{t-1}, \quad z = t+2, \quad t \in \mathbf{R}.$$
Man erkläre die Lösung. Anleitung: Man eliminiere den Parameter t.

1.6 Die Formeln von Serret-Frenet

Die Grundlage für die Differentialgeometrie der Kurven bilden die Formeln von SERRET-FRENET[2], von denen zwei schon bekannt sind, nämlich (1.4.1) und (1.5.4).

Satz 1.6.1: *Sei $\mathcal{C}$ eine glatte Kurve. Dann gilt*

$$\boxed{\frac{d\vec{T}}{ds} = \kappa \vec{N}, \quad \frac{d\vec{B}}{ds} = -\tau \vec{N}, \quad \frac{d\vec{N}}{ds} = -\kappa \vec{T} + \tau \vec{B}.}$$

Es fehlt noch der **Beweis** des letzten Teils. Es ist
$$\vec{N} = \vec{B} \times \vec{T}.$$

Differentiation nach s ergibt
$$\begin{aligned}\frac{d\vec{N}}{ds} &= \frac{d\vec{B}}{ds} \times \vec{T} + \vec{B} \times \frac{d\vec{T}}{ds} = -\tau \vec{N} \times \vec{T} + \vec{B} \times \kappa \vec{N} \\ &= -\tau(-\vec{B}) + \kappa(-\vec{T}) = -\kappa \vec{T} + \tau \vec{B}.\end{aligned}$$

Manchmal ist nur nach der Krümmung bzw. der Torsion einer Raumkurve $\vec{r}(t)$ gefragt. Es ist dann zu aufwendig, erst die natürliche Darstellung der Kurve oder das begleitende Dreibein zu bestimmen. Dafür gibt es folgende Formeln:

$$\kappa = \frac{|\dot{\vec{r}} \times \ddot{\vec{r}}|}{|\dot{\vec{r}}|^3} \quad \text{bzw.} \quad \tau = \frac{\dot{\vec{r}}(\ddot{\vec{r}} \times \dddot{\vec{r}})}{|\dot{\vec{r}} \times \ddot{\vec{r}}|^2}.$$

---
[2] Joseph Alfred Serret (1819 – 1885), Jean Frederic Frenet (1816 – 1900), französische Mathematiker

Beweis: Es ist
$$\vec{T} = \frac{d\vec{r}}{ds} = \frac{d\vec{r}/dt}{|d\vec{r}/dt|} = \frac{\dot{\vec{r}}}{|\dot{\vec{r}}|}$$

und
$$\frac{d}{dt}|\dot{\vec{r}}| = \frac{d}{dt}\sqrt{\dot{\vec{r}}\dot{\vec{r}}} = \frac{2\dot{\vec{r}}\ddot{\vec{r}}}{2\sqrt{\dot{\vec{r}}\dot{\vec{r}}}} = \frac{\dot{\vec{r}}\ddot{\vec{r}}}{|\dot{\vec{r}}|}$$

und damit
$$\frac{d\vec{T}}{ds} = \frac{d\vec{T}/dt}{ds/dt} = \frac{1}{|\dot{\vec{r}}|}\frac{d}{dt}\left\{\frac{\dot{\vec{r}}}{|\dot{\vec{r}}|}\right\} = \frac{1}{|\dot{\vec{r}}|}\frac{|\dot{\vec{r}}|\ddot{\vec{r}} - \dot{\vec{r}}\frac{\dot{\vec{r}}\ddot{\vec{r}}}{|\dot{\vec{r}}|}}{|\dot{\vec{r}}|^2} = \frac{1}{|\dot{\vec{r}}|^4}\left(|\dot{\vec{r}}|^2\ddot{\vec{r}} - (\dot{\vec{r}}\ddot{\vec{r}})\dot{\vec{r}}\right). \tag{1.6.1}$$

Weiter ist
$$\left|\vec{T} \times \frac{d\vec{T}}{ds}\right| = |\vec{T} \times \kappa \vec{N}| = \kappa|\vec{B}| = \kappa,$$

also
$$\kappa = \left|\frac{\dot{\vec{r}}}{|\dot{\vec{r}}|} \times \frac{1}{|\dot{\vec{r}}|^4}\left(|\dot{\vec{r}}|^2\ddot{\vec{r}} - (\dot{\vec{r}}\ddot{\vec{r}})\dot{\vec{r}}\right)\right| = \left|\frac{\dot{\vec{r}} \times \ddot{\vec{r}}}{|\dot{\vec{r}}|^3} - \vec{0}\right| = \frac{|\dot{\vec{r}} \times \ddot{\vec{r}}|}{|\dot{\vec{r}}|^3}.$$

Beim Beweis der zweiten Gleichung geht man aus von
$$\tau \vec{N} = -\frac{d\vec{B}}{ds} = -\frac{d}{ds}\left(\vec{T} \times \vec{N}\right) = -\frac{d}{ds}\left\{\frac{1}{\kappa}\left(\vec{T} \times \frac{d\vec{T}}{ds}\right)\right\}$$
$$= -\frac{d\kappa/ds}{\kappa^2}\vec{T} \times \frac{d\vec{T}}{ds} - \frac{1}{\kappa}\left(\frac{d\vec{T}}{ds} \times \frac{d\vec{T}}{ds}\right) - \frac{1}{\kappa}\left(\vec{T} \times \frac{d^2\vec{T}}{ds^2}\right)$$
$$= -\frac{\kappa'}{\kappa^2}\kappa\vec{B} - \frac{1}{\kappa}\left(\vec{T} \times \frac{d^2\vec{T}}{ds^2}\right)$$

und erhält nach skalarer Multiplikation mit $\vec{N} = \frac{1}{\kappa}\frac{d\vec{T}}{ds}$:
$$\tau\vec{N}\vec{N} = \tau = \vec{0} - \frac{1}{\kappa^2}\left(\vec{T} \times \frac{d^2\vec{T}}{ds^2}\right)\frac{d\vec{T}}{ds} = \frac{1}{\kappa^2}\det\left(\vec{T}, \frac{d\vec{T}}{ds}, \frac{d^2\vec{T}}{ds^2}\right).$$

Hier muß nun die Ableitung von (1.6.1) eingesetzt werden. Das soll dem Leser überlassen bleiben. Jedenfalls erkennt man schon, daß τ proportional dem Spatprodukt von
$$\dot{\vec{r}}, \ddot{\vec{r}} \quad \text{und} \quad \dddot{\vec{r}}$$
ist.

Übrigens lauten die Gleichungen für κ und τ einer Kurve $\vec{r} = \vec{r}(s)$ (siehe Aufgabe 1.6.2):
$$\kappa = \left|\frac{d\vec{T}}{ds}\right| = \left|\frac{d^2\vec{r}}{ds^2}\right| = |\vec{r}''(s)| \quad \text{bzw.} \quad \tau = \frac{1}{\kappa^2}\vec{r}'(\vec{r}'' \times \vec{r}''').$$

Beispiel:

1.6.1. Folgende Raumkurve sei gegeben (siehe Aufgabe 1.3.3):
$$\vec{r}(\varphi) = \left(\varphi - \sin\varphi, 1 - \cos\varphi, 4\sin\frac{\varphi}{2}\right), \quad \varphi \in \mathbb{R}.$$

Es soll κ direkt bestimmt werden. Man erhält mit
$$\dot{\vec{r}} = \left(1 - \cos\varphi, \sin\varphi, 2\cos\frac{\varphi}{2}\right), \quad \ddot{\vec{r}} = \left(\sin\varphi, \cos\varphi, -\sin\frac{\varphi}{2}\right)$$

und

$$|\dot{\vec{r}}| = \sqrt{1 - 2\cos\varphi + \cos^2\varphi + \sin^2\varphi + 4\cos^2\frac{\varphi}{2}} = \sqrt{2 - 2\cos^2\frac{\varphi}{2} + 2\sin^2\frac{\varphi}{2} + 4\cos^2\frac{\varphi}{2}} = \sqrt{4} = 2,$$

$$\begin{aligned}
|\dot{\vec{r}} \times \ddot{\vec{r}}| &= \left|\det\begin{pmatrix} \vec{i} & \vec{j} & \vec{k} \\ 1 - \cos\varphi & \sin\varphi & 2\cos\frac{\varphi}{2} \\ \sin\varphi & \cos\varphi & -\sin\frac{\varphi}{2} \end{pmatrix}\right| \\
&= \left|\det\begin{pmatrix} \vec{i} & \vec{j} & \vec{k} \\ 2\sin^2\frac{\varphi}{2} & 2\sin\frac{\varphi}{2}\cos\frac{\varphi}{2} & 2\cos\frac{\varphi}{2} \\ 2\sin\frac{\varphi}{2}\cos\frac{\varphi}{2} & \cos^2\frac{\varphi}{2} - \sin^2\frac{\varphi}{2} & -\sin\frac{\varphi}{2} \end{pmatrix}\right| \\
&= 2\left|\begin{pmatrix} -\sin^2\frac{\varphi}{2}\cos\frac{\varphi}{2} - \cos^3\frac{\varphi}{2} + \sin^2\frac{\varphi}{2}\cos\frac{\varphi}{2}, \\ \sin^3\frac{\varphi}{2} + 2\sin\frac{\varphi}{2}\cos^2\frac{\varphi}{2}, \\ \sin^2\frac{\varphi}{2}\cos^2\frac{\varphi}{2} - \sin^4\frac{\varphi}{2} - 2\sin^2\frac{\varphi}{2}\cos^2\frac{\varphi}{2} \end{pmatrix}\right| \\
&= 2\left|\left(-\cos^3\frac{\varphi}{2}, \sin\frac{\varphi}{2}\left(\sin^2\frac{\varphi}{2} + \cos^2\frac{\varphi}{2} + \cos^2\frac{\varphi}{2}\right), -\sin^2\frac{\varphi}{2}\left(\sin^2\frac{\varphi}{2} + \cos^2\frac{\varphi}{2}\right)\right)\right| \\
&= 2\sqrt{\cos^6\frac{\varphi}{2} + \sin^2\frac{\varphi}{2} + 2\sin^2\frac{\varphi}{2}\cos^2\frac{\varphi}{2} + \sin^2\frac{\varphi}{2}\cos^4\frac{\varphi}{2} + \sin^4\frac{\varphi}{2}} \\
&= 2\sqrt{\cos^6\frac{\varphi}{2} + \sin^2\frac{\varphi}{2} + 2\sin^2\frac{\varphi}{2}\cos^2\frac{\varphi}{2} - 2\sin^4\frac{\varphi}{2} + \cos^4\frac{\varphi}{2} - \cos^6\frac{\varphi}{2} + \sin^4\frac{\varphi}{2}} \\
&= 2\sqrt{3\sin^2\frac{\varphi}{2} - \sin^4\frac{\varphi}{2} + \left(1 - \sin^2\frac{\varphi}{2}\right)^2} \\
&= 2\sqrt{3\sin^2\frac{\varphi}{2} - \sin^4\frac{\varphi}{2} + 1 - 2\sin^2\frac{\varphi}{2} + \sin^4\frac{\varphi}{2}} = 2\sqrt{1 + \sin^2\frac{\varphi}{2}}:
\end{aligned}$$

für
$$\kappa = \frac{|\dot{\vec{r}} \times \ddot{\vec{r}}|}{|\dot{\vec{r}}|^3} = \frac{2\sqrt{1 + \sin^2\frac{\varphi}{2}}}{2^3} = \frac{1}{4}\sqrt{1 + \sin^2\frac{\varphi}{2}},$$

(siehe auch Aufgabe 1.4.1).

Abschließend seien noch zwei wichtige Komponenten am Beispiel des Beschleunigungsvektors $\vec{a}(t)$ erläutert. Man bezeichnet
$$a_T = \vec{a}\vec{T} \quad \text{bzw.} \quad a_N = \vec{a}\vec{N}$$

als **Tangential-** bzw. **Normalbeschleunigung**. Ist $\vec{v}$ der Geschwindigkeitsvektor, d.h. $\vec{v} = v\vec{T}$, dann gilt offensichtlich unter Beachtung von $\vec{T}^2 = 1$ und $\vec{T}\frac{d\vec{T}}{dt} = 0$:

$$a_T = \frac{d\vec{v}}{dt}\vec{T} = \vec{T}\frac{d}{dt}(v\vec{T}) = \vec{T}\left(\vec{T}\frac{dv}{dt} + v\frac{d\vec{T}}{dt}\right) = \frac{dv}{dt} = \frac{d}{dt}\left|\frac{d\vec{r}}{dt}\right| = \frac{d^2s}{dt^2}.$$

1.6 Die Formeln von Serret-Frenet

Außerdem gilt

$$a_N = \vec{a}\vec{N} = \frac{d\vec{v}}{dt}\frac{d\vec{T}/dt}{|d\vec{T}/dt|} = \frac{d}{dt}(v\vec{T})\frac{d\vec{T}/dt}{|d\vec{T}/dt|} = \left(v\frac{d\vec{T}}{dt} + \vec{T}\frac{dv}{dt}\right)\frac{d\vec{T}/dt}{|d\vec{T}/dt|} = v\frac{(d\vec{T}/dt)^2}{|d\vec{T}/dt|}$$

$$= v\left|\frac{d\vec{T}}{dt}\right| = \left|\frac{d\vec{r}}{dt}\right|\left|\frac{d\vec{T}}{ds}\frac{ds}{dt}\right| = \left|\frac{d\vec{T}}{ds}\right|\left|\frac{d\vec{r}}{dt}\right|^2 = \kappa v^2.$$

Beispiel:

1.6.2. Auf ein Elektron (Elementarladung e, Masse m), das sich in einem Magnetfeld (magnetische Induktion $\vec{B}$) mit der Geschwindigkeit $\vec{v}$ bewegt, wirkt die Lorentzkraft

$$\vec{F} = m\vec{a} = e\vec{v} \times \vec{B}.$$

Es sei $\vec{B}$ homogen, also z.B.

$$\vec{B} = (0, 0, B)$$

und $\vec{v}(0) = (\dot{x}_0, 0, \dot{z}_0) = \vec{v}_0$, $\vec{r}(0) = \vec{0}$.

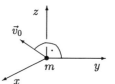

Man erhält mit $\omega = \frac{e}{m}B$

$$\vec{a} = \ddot{\vec{r}} = \frac{e}{m}B\dot{\vec{r}} \times (0,0,1) = \omega\dot{\vec{r}} \times (0,0,1) = \omega\begin{vmatrix}\vec{i} & \vec{j} & \vec{k} \\ \dot{x} & \dot{y} & \dot{z} \\ 0 & 0 & 1\end{vmatrix} = \omega(\dot{y}, -\dot{x}, 0),$$

bzw.

$$\ddot{x} = \omega\dot{y}, \quad \ddot{y} = -\omega\dot{x}, \quad \ddot{z} = 0. \tag{1.6.2}$$

Aus der letzten Gleichung folgt durch Integration

$$z(t) = C_1 t + C_2 = \dot{z}_0 t$$

unter Beachtung von $z(0) = 0$, $\dot{z}(0) = \dot{z}_0$.
Auch die beiden anderen Gleichungen lassen sich integrieren. Man erhält

$$\dot{x} = \omega y + \tilde{A}, \quad \dot{y} = -\omega x + \tilde{B},$$

wobei $\tilde{A} = \dot{x}(0) - \omega y(0) = \dot{x}_0$ und $\tilde{B} = \dot{y}(0) + \omega x(0) = 0$. Es gilt also

$$\dot{x} = \omega y + \dot{x}_0, \quad \dot{y} = -\omega x.$$

Diese Ergebnisse werden in (1.6.2) eingesetzt, so daß sich ergibt

$$\ddot{x} = -\omega^2 x, \quad \ddot{y} = -\omega^2 y - \omega\dot{x}_0$$

bzw.

$$\ddot{x} + \omega^2 x = 0, \quad \ddot{y} + \omega^2 y = -\omega\dot{x}_0.$$

Diese beiden Differentialgleichungen haben die Lösungen

$$x(t) = \hat{A}\cos\omega t + \hat{B}\sin\omega t,$$
$$y(t) = C\cos\omega t + D\sin\omega t - \frac{\dot{x}_0}{\omega}.$$

Unter Beachtung der Anfangsbedingungen ergibt sich

$$x(0) = \hat{A} = 0, \quad y(0) = C - \frac{\dot{x}_0}{\omega} = 0,$$
$$\dot{x}(0) = \hat{B}\omega = \dot{x}_0, \quad \dot{y}(0) = D\omega = 0,$$

also $\hat{A} = D = 0$ und $\hat{B} = C = \frac{\dot{x}_0}{\omega}$ und damit

$$x(t) = \frac{\dot{x}_0}{\omega}\sin\omega t, \quad y(t) = \frac{\dot{x}_0}{\omega}\cos\omega t - \frac{\dot{x}_0}{\omega}, \quad z(t) = \dot{z}_0 t.$$

Das ist die Parameterdarstellung einer Spirale mit der Achse parallel zur z-Achse durch $x = 0, y = -\frac{\dot{x}_0}{\omega}$.

Aufgaben:

1.6.1. Man bestimme direkt κ und τ für die Kurve

$$\vec{r}(t) = (t, t^2, t^3).$$

1.6.2. Man zeige, daß die Torsion einer Raumkurve sich darstellen läßt durch

$$\tau = \varrho^2\, \vec{r}\,'(\vec{r}\,'' \times \vec{r}\,''').$$

Anleitung: Man gehe von der rechten Seite aus und beachte $\vec{r}\,' = \vec{T}$ und $\vec{r}\,'' = \vec{T}\,' = \kappa \vec{N}$.

2 Partielle Ableitungen, partielle Differentialgleichungen

2.1 Gebiete, Bereiche

Wie bei Funktionen einer Variablen, die auf einem Intervall erklärt sind, ist es bei Funktionen mehrerer Variabler (siehe Kapitel 2.2) notwendig, die Punktmengen zu charakterisieren, auf denen sie definiert sind.

Zunächst bezeichnet man eine Punktmenge $\mathcal{M}$ des $\mathbf{R}^3$ ($\mathbf{R}^2$) als **zusammenhängend**, wenn je zwei Punkte aus $\mathcal{M}$ sich durch einen ganz in $\mathcal{M}$ verlaufenden Polygonzug verbinden lassen.

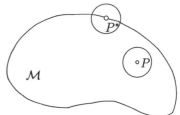

Weiterhin heißt ein Punkt $P \in \mathcal{M}$ **innerer Punkt**, wenn es eine Kugel (einen Kreis) um P gibt, deren (bzw. dessen) Punkte alle zu $\mathcal{M}$ gehören. Liegen in jeder Kugel (jedem Kreis) um P^* Punkte aus $\mathcal{M}$ und Punkte, die nicht zu $\mathcal{M}$ gehören, so heißt P^* **Randpunkt** von $\mathcal{M}$.

Nun nennt man noch eine Punktmenge $\mathcal{M}$ **beschränkt**, wenn $\mathcal{M}$ in einer Kugel (einem Kreis) liegt, **abgeschlossen**, wenn $\mathcal{M}$ alle Randpunkte enthält, **offen**, wenn $\mathcal{M}$ nur innere Punkte hat. Damit können zwei wichtige Definitionsmengen für Funktionen mehrerer Variablen charakterisiert werden:

Definition 2.1.1:
Ein **Gebiet** $\mathcal{G}$ ist eine offene zusammenhängende Punktmenge.
Ein **Bereich** $\mathcal{B}$ ist ein beschränktes und abgeschlossenes Gebiet.

Wir betrachten im folgenden ebene Bereiche und Gebiete, deren Rand $\partial \mathcal{B}$ bzw. $\partial \mathcal{G}$ aus stückweise glatten Kurven bestehen soll (siehe Definition 1.3.1).

Beispiel:

2.1.1. Der Bereich $\mathcal{B} = \{(x,y,z) | x^2 + y^2 + z^2 \leq r^2\}$ stellt eine *Kugel* dar mit dem Mittelpunkt O, Radius r, wobei der Rand mit eingeschlossen ist.

Das Gebiet $\mathcal{G} = \{(x,y,z) | |x| < a, |y| < a, |z| < a\}$ verkörpert einen *Würfel* der Kantenlänge $2a$ ohne Rand, d.h. ohne die Begrenzungsflächen.

Die *Astroide*

$$x = a\cos^3 t, \quad y = a\sin^3 t, \quad 0 \leq t \leq 2\pi,$$

ist der Rand $\partial \mathcal{B}$ eines ebenen Bereiches $\mathcal{B}$, zusammengesetzt aus vier glatten Kurven (s. Abb.).

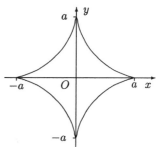

2.2 Funktionen mehrerer Variabler

Eine reellwertige Funktion von mehreren (n) Veränderlichen ist eine Abbildung $f: \mathbf{R}^n \to \mathbf{R}$ mit der Funktionsgleichung

$$u = f(x_1, x_2, \ldots, x_n), \quad x_i \in \mathbf{R}, \quad i = 1, \ldots, n.$$

Dabei wird jedem Punkt eines Gebietes $\mathcal{G}$ des Raumes $\mathbf{R}^n$ eindeutig ein Wert $u \in I \subset \mathbf{R}$ zugeordnet. $\mathcal{G}$ ist der Definitionsbereich, I der Bildbereich der Funktion.

Bei zwei bzw. drei Veränderlichen schreibt man gewöhnlich

$$z = f(x, y) \quad \text{bzw.} \quad u = f(x, y, z).$$

Im allgemeinen wird durch $z = f(x, y)$ eine Fläche im x, y, z-Raum ($\mathbf{R}^3$) beschrieben. Um eine Vorstellung der Fläche zu erhalten, betrachtet man zweckmäßigerweise Schnittkurven der Fläche mit gewissen Ebenen:

a) $z = f(x, y) = const.$ (Höhen- oder Niveaulinien),
b) $x = const.$ (Schnitt mit der Ebene $x = const.$),
c) $y = const.$ (Schnitt mit der Ebene $y = const.$).

Beispiel:

2.2.1. Für die Fläche

$$z = \frac{1}{x^2 + y^2} \tag{2.2.1}$$

ergeben sich

a) als Höhenlinien die Kreise:

$$z = \frac{1}{x^2 + y^2} = c > 0 \quad \text{bzw.} \quad x^2 + y^2 = \frac{1}{c},$$

b) für $x = 0$ (Schnitt mit der y, z-Ebene):

$$z = \frac{1}{y^2},$$

c) für $y = 0$ (Schnitt mit der x, z-Ebene):

$$z = \frac{1}{x^2}.$$

Ihren Verlauf gibt die untere Abbildung an.

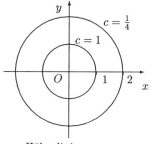

Höhenlinien $z = c$

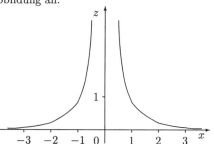

Die Fläche (2.2.1) schließt einen Rotationskörper ein. Denn mit

$$x = r\cos\varphi, y = r\sin\varphi$$

ergibt sich

$$z = \frac{1}{r^2\cos^2\varphi + r^2\sin^2\varphi} = \frac{1}{r^2},$$

d.h., z hängt nicht von φ ab (s. Abbildung).

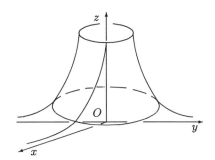

Für die Funktion

$$u = f(x, y, z) \qquad (2.2.2)$$

ist eine Veranschaulichung in dieser Form nicht mehr möglich, da vier Dimensionen nötig wären. Bekanntlich ist die Kraft $\vec{F}$, mit der sich zwei Massen m_1 und m_2 anziehen, umgekehrt proportional dem Quadrat des Abstandes

$$r = \sqrt{x^2 + y^2 + z^2},$$

d.h., es gilt

$$\vec{F} = \gamma \frac{m_1 m_2}{r^2} \vec{e}_r$$

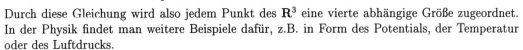

(γ Gravitationskonstante) und somit

$$F = |\vec{F}| = \frac{c}{x^2 + y^2 + z^2}.$$

Durch diese Gleichung wird also jedem Punkt des $\mathbf{R}^3$ eine vierte abhängige Größe zugeordnet. In der Physik findet man weitere Beispiele dafür, z.B. in Form des Potentials, der Temperatur oder des Luftdrucks.

In der Vektoranalysis werden wir uns fast ausschließlich mit derartigen Funktionen (2.2.2) auseinanderzusetzen haben. D.h., der Definitionsbereich ist der $\mathbf{R}^3$. Elemente des $\mathbf{R}^3$ sind Punkte des $\mathbf{R}^3$ mit den Koordinaten $x \in \mathbf{R}, y \in \mathbf{R}, z \in \mathbf{R}$. Man bezeichnet diesen Punkt häufig auch durch den Vektor

$$\vec{r} = (x, y, z)$$

und schreibt anstelle von (2.2.2) dann

$$u = f(\vec{r}). \qquad (2.2.3)$$

In der Definition 1.1.1 haben wir gesehen, wann eine Vektorfunktion stetig ist, d.h., unter welchen Umständen der Grenzwert $\vec{r} \to \vec{r}_0$ existiert. Damit kann man nun auch erklären, wann eine Funktion von mehreren Veränderlichen stetig ist:

Definition 2.2.1:

a) Eine Funktion $u = f(\vec{r})$ hat an einer Stelle $\vec{r}_0$ einen **Grenzwert** g, wenn die drei unabhängigen Variablen beliebige Nullfolgen $x - x_0$, $y - y_0$, $z - z_0$ durchlaufen und dabei $f(\vec{r}) - g$ stets eine Nullfolge ist. Man schreibt dann

$$\lim_{\vec{r} \to \vec{r}_0} f(\vec{r}) = g.$$

b) Eine Funktion ist an der Stelle $\vec{r}_0$ **stetig**, wenn die Funktion an dieser Stelle definiert ist, dort einen Grenzwert hat und dieser mit dem Funktionswert übereinstimmt.

Im ersten Teil der Definition muß natürlich ein Grenzwert g unabhängig von der Reihenfolge der betrachteten Nullfolgen der Variablen existieren.

Sollte eine Funktion an einer Stelle einen Grenzwert besitzen, dieser aber nicht mit dem Funktionswert übereinstimmen, spricht man von einer **hebbaren Unstetigkeitsstelle**. Denn durch die Festsetzung

$$f(\vec{r}_0) = \lim_{\vec{r} \to \vec{r}_0} f(\vec{r})$$

kann man $f(\vec{r})$ stetig ergänzen.

Ist die Funktion stetig in allen Punkten eines Gebietes $\mathcal{G}$, so heißt sie stetig in $\mathcal{G}$, geschrieben $f(\vec{r}) \in C^0(\mathcal{G})$.

Ähnlich verfährt man nun bei der Frage nach der *Differenzierbarkeit* einer Funktion (2.2.3). Das Problem ist nur, nach welcher Variablen man ableiten soll, es gibt doch deren drei. Dazu dienen die folgenden Überlegungen.

Bewegt man sich bei der Untersuchung der Änderung der Funktion speziell in Richtung einer Koordinatenachse, z.B. in y-Richtung, durchläuft man Punkte $\vec{r}$ mit veränderlichem y, aber festem $x = x_1$ und $z = z_1$. Es ist $\vec{r} = (x_1, y, z_1), y \in \mathbf{R}$.

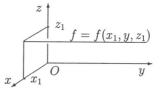

Analoges gilt beim Fortschreiten in den beiden anderen Richtungen. D.h., wenn man sich parallel zu *einer* Koordinatenrichtung bewegt, verändern sich die drei Variablen nur partiell. Damit ist $f(\vec{r})$ auf diesen speziellen Wegen nur von *einer* Variablen abhängig, und zwar von derjenigen, in deren Achsenrichtung man sich bewegt. Somit kann man nach dieser Veränderlichen auch wie üblich differenzieren und schreibt z.B. für die zweite Variable

$$\lim_{\Delta y \to 0} \frac{f(x_1, y + \Delta y, z_1) - f(x_1, y, z_1)}{\Delta y}. \qquad (2.2.4)$$

Womit die folgende Definition plausibel ist:

Definition 2.2.2:

Die **partielle Ableitung 1. Ordnung** der Funktionsgleichung $u = f(x, y, z)$ nach der Variablen x ist

$$\lim_{\Delta x \to 0} \frac{f(x + \Delta x, y, z) - f(x, y, z)}{\Delta x} = \frac{\partial f}{\partial x} = f_x,$$

falls der Grenzwert existiert. Analog gilt dies auch für y und z.

Man erhält also f_x, indem man $f(x,y,z)$ nach x differenziert und dabei y und z wie Konstante behandelt. Aus diesem Grund spricht man von einer „partiellen" Ableitung.

Eigentlich könnte man für (2.2.4)

$$\frac{df(x_1,y,z_1)}{dy}$$

schreiben, falls der Grenzwert existiert. Denn f ist in diesem Moment nur eine Funktion von y. Dann wären aber z.B. die beiden Ausdrücke

$$\frac{df(x_1,y_1,z)}{dz} \quad \text{bzw.} \quad \frac{df(x_1,y_1,x)}{dx}$$

auf Grund der freien Bezeichnungsmöglichkeit einer Variablen gleich. Vergißt man dabei nun die Bezeichnungen der Veränderlichen im Argument von f, könnte man die verschiedenen partiellen Ableitungen nicht mehr unterscheiden. Aus diesem Grund verwendet man beim partiellen Differenzieren das Symbol ∂ statt d.

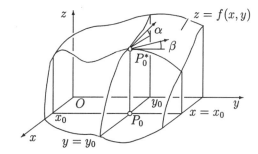

Wir wollen uns das Problem der partiellen Ableitung geometrisch veranschaulichen. Die durch $z = f(x,y)$ gegebene Fläche haben wir mit den beiden Ebenen $x = x_0$ und $y = y_0$ geschnitten. So entstehen auf der Fläche die Schnittkurven

$$z = f(x_0,y) \quad \text{und} \quad z = f(x,y_0) \tag{2.2.5}$$

mit dem gemeinsamen Punkt $P_0^*(x_0,y_0,z_0)$, wobei $z_0 = f(x_0,y_0)$. Die Steigungen dieser beiden Kurven in P_0^* entsprechen den partiellen Ableitungen nach x und y, d.h., es gilt

$$\tan \alpha = f_x(x_0,y_0) \quad \text{bzw.} \quad \tan \beta = f_y(x_0,y_0).$$

Die beiden Tangenten in P_0^* an die Kurven (2.2.5) kann man als Vektoren darstellen in der Form

$$\vec{b} = (1,0,\tan\alpha) \quad \text{bzw.} \quad \vec{a} = (0,1,\tan\beta).$$

Diese spannen eine Ebene auf, die die Fläche $z = f(x,y)$ in P_0^* berührt. Ihre nach oben weisende Normale ist

$$\vec{a} \times \vec{b} = \begin{vmatrix} \vec{i} & \vec{j} & \vec{k} \\ 0 & 1 & \tan\beta \\ 1 & 0 & \tan\alpha \end{vmatrix} = (\tan\alpha, \tan\beta, -1),$$

und damit lautet die Gleichung der **Tangentialebene** von $z = f(x,y)$ in P_0^*:

$$\vec{n}\,\vec{r} = x\tan\alpha + y\tan\beta - z = \vec{n}\,\vec{r}_0 = x_0\tan\alpha + y_0\tan\beta - z_0$$

bzw.

$$z = z_0 + \tan\alpha\,(x-x_0) + \tan\beta\,(y-y_0) = f(x_0,y_0) + f_x(x_0,y_0)(x-x_0) + f_y(x_0,y_0)(y-y_0).$$

Daraus können wir nun folgern: Falls die Tangentialebene in einem Punkt existiert, so ist sie durch die beiden partiellen Ableitungen f_x und f_y in diesem Punkt bestimmt. Aber aus der Existenz dieser beiden Ableitungen folgt nicht unbedingt die Existenz einer Tangentialebene, wie das folgende Beispiel zeigt.

Beispiele:

2.2.2. Wir betrachten die Funktion

$$z = f(x,y) = \begin{cases} xy\dfrac{x^2 - y^2}{x^2 + y^2}, & \text{falls} \quad x \neq 0, y \neq 0 \\ 0, & \text{falls} \quad x = y = 0 \end{cases}$$

und erhalten

$$f_x(0,y) = \left.\frac{(x^2+y^2)[y(x^2-y^2)+xy\cdot 2x] - 2x\cdot xy(x^2-y^2)}{(x^2+y^2)^2}\right|_{x=0} = \frac{y^2(-y^3)}{y^4} = -y,$$

$$f_y(x,0) = \left.\frac{(x^2+y^2)[x(x^2-y^2)+xy(-2y)] - xy(x^2-y^2)2y}{(x^2+y^2)^2}\right|_{y=0} = \frac{x^2\cdot x^3}{x^4} = x.$$

Führt man bei der Funktion $f(x,y)$ Polarkoordinaten $x = r\cos\varphi, y = r\sin\varphi$ ein, erhält man

$$z = r^2\cos\varphi\sin\varphi\,\frac{r^2(\cos^2\varphi - \sin^2\varphi)}{r^2(\cos^2\varphi + \sin^2\varphi)} = r^2\,\frac{1}{2}\sin 2\varphi\cos 2\varphi = \frac{r^2}{4}\sin 4\varphi.$$

Hier sieht man, daß $z = 0$ ist für $r = 0$ und $\varphi = k\frac{\pi}{4}, 0 \leq k < 8$, und daß in jeder Umgebung des Nullpunktes z positive und negative Werte annimmt. Damit kann eine Tangentialebene in $z = 0$ nicht existieren. Das liegt daran, daß die partiellen Ableitungen dort nicht stetig sind.

2.2.3. Es sollen die partiellen Ableitungen 1. Ordnung der Funktion

$$f(x,y,z) = 3x^2 y - 2y^3 z^2$$

im Punkt $P_0(-1,2,1)$ ermittelt werden. Man erhält

$$\begin{aligned} f_x &= 6xy & \text{und} & & f_x|_{P_0} &= -12, \\ f_y &= 3x^2 - 6y^2 z^2 & \text{und} & & f_y|_{P_0} &= 3 - 24 = -21, \\ f_z &= -4y^3 z & \text{und} & & f_z|_{P_0} &= -32. \end{aligned}$$

An diesem Beispiel erkennt man, daß alle partiellen Ableitungen 1. Ordnung existieren und stetig sind. Da man das i.allg. bei den zu untersuchenden Funktionen voraussetzen möchte, ist folgende Definition sinnvoll:

Definition 2.2.3:

Sei $\mathcal{G} \subset \mathbf{R}^3$ ein Gebiet, $P_0 \in \mathcal{G}$ und $f: \mathcal{G} \to \mathbf{R}$. Existieren in einer Umgebung von P_0 alle partiellen Ableitungen 1. Ordnung und sind dort stetig, so heißt die Funktion $f(x,y,z)$ in diesem Punkt **stetig differenzierbar**.
Gilt dies für alle Punkte P des Gebietes $\mathcal{G}$, so schreibt man $f \in C^1(\mathcal{G})$.

Damit ist auch der folgende Satz nachzuvollziehen.

Satz 2.2.1: *Sei $f(x,y)$ eine in einem Gebiet $\mathcal{G}$ definierte und in $P_0 \in \mathcal{G}$ differenzierbare Funktion. Dann heißt die Ebene*

$$\boxed{z = f(x_0, y_0) + f_x(x_0, y_0)(x - x_0) + f_y(x_0, y_0)(y - y_0)} \tag{2.2.6}$$

Tangentialebene *an die durch* $z = f(x,y)$ *definierte Funktion im Flächenpunkt* $\left(x_0, y_0, f(x_0, y_0)\right)$.

Da jede partielle Ableitung i.allg. wieder eine Funktion von x, y, z ist, könnte man nach jeder dieser Variablen noch einmal differenzieren. Für diese **partiellen Ableitungen 2. Ordnung** schreibt man dann z.B.

$$\frac{\partial}{\partial x}(f_x) = f_{xx}, \quad \frac{\partial}{\partial y}(f_x) = f_{xy}, \quad \frac{\partial}{\partial z}(f_x) = f_{xz}, \quad \frac{\partial}{\partial x}(f_y) = f_{yx},$$

usw. Entsprechendes gilt auch für höhere Ableitungen. Dabei taucht das Problem auf, ob das Ergebnis bei Ableitungen nach verschiedenen Veränderlichen, also z.B.

$$f_{xy} \quad \text{bzw.} \quad f_{yx}$$

von der Reihenfolge der Differentiation abhängt oder nicht. Diese wichtige Frage beantwortet der **Satz von Schwarz**[1], der ohne Beweis angegeben wird:

Satz 2.2.2: *Ist eine Funktion* $f(x, y, z)$ *k-mal stetig differenzierbar in einem Gebiet* $\mathcal{G}$, *d.h.* $f \in C^k(\mathcal{G})$, *so sind die gemischten partiellen Ableitungen k-ter Ordnung* **unabhängig von der Reihenfolge** *des Differenzierens*.

Beispiele:

2.2.4. Im Beispiel 2.2.2 erhielten wir

$$f_x(0, y) = -y \quad \text{bzw.} \quad f_y(x, 0) = x.$$

Daraus folgt

$$f_{xy}(0,0) = -1 \neq f_{yx}(0,0) = 1,$$

d.h., die gemischt partiellen Ableitungen 2. Ordnung sind nicht gleich. Somit sind die partiellen Ableitungen 1. Ordnung zumindestens im Punkt $(0,0)$ nicht stetig.

2.2.5. Gegeben sei die Funktion

$$f(x,y,z) = \frac{1}{\sqrt{x^2+y^2+z^2}} = (x^2+y^2+z^2)^{-1/2} = \frac{1}{r}.$$

Die partiellen Ableitungen 1. Ordnung sind

$$f_x = -\frac{1}{2}(x^2+y^2+z^2)^{-3/2} 2x = -\frac{x}{r^3}, \quad f_y = -\frac{y}{r^3}, \quad f_z = -\frac{z}{r^3}.$$

Für die partiellen Ableitungen 2. Ordnung erhält man z.B.

$$f_{xx} = \frac{\partial}{\partial x}(f_x) = -\frac{\partial}{\partial x}\left(\frac{x}{r^3}\right) = -\frac{\partial}{\partial x}(xr^{-3}) = -r^{-3} - x(-3)r^{-4}\frac{\partial r}{\partial x}$$

$$= -\frac{1}{r^3} + \frac{3x}{r^4}\frac{2x}{2\sqrt{x^2+y^2+z^2}} = -\frac{1}{r^3} + \frac{3x^2}{r^5},$$

$$f_{xy} = \frac{\partial}{\partial y}(f_x) = -\frac{\partial}{\partial y}\left(\frac{x}{r^3}\right) = -x\frac{\partial}{\partial y}(r^{-3}) = -x(-3)r^{-4}\frac{\partial r}{\partial y} = \frac{3x}{r^4}\frac{2y}{2\sqrt{x^2+y^2+z^2}} = \frac{3xy}{r^5}$$

bzw. $f_{yx} = \dfrac{\partial}{\partial x}(f_y) = -\dfrac{\partial}{\partial x}\left(\dfrac{y}{r^3}\right) = -y\dfrac{\partial}{\partial x}(r^{-3}) = -y(-3)r^{-4}\dfrac{\partial r}{\partial x} = \dfrac{3y}{r^4}\dfrac{x}{r} = \dfrac{3xy}{r^5} = f_{xy}$.

[1] Hermann Amandus Schwarz (1843 – 1921), deutscher Mathematiker

Setzt man in Gleichung (2.2.6) für $x - x_0 = h$ und $y - y_0 = k$, ergibt sich auf der linken Seite der Zuwachs der Tangentialebene (T.E.)

$$df(\vec{r}_0) = dz(\vec{r}_0) = z(x,y) - f(x_0, y_0)$$
$$= f_x(x_0, y_0)h + f_y(x_0, y_0)k,$$

mit $\vec{r}_0 = (x_0, y_0)$. Demgegenüber beträgt die Differenz der Funktionswerte

$$\triangle f(\vec{r}_0) = f(x,y) - f(x_0, y_0)$$

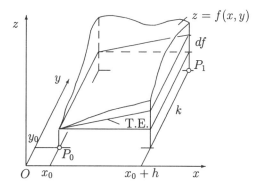

mit x und y in $P_1 = (x_0 + h, y_0 + k)$.
Es ist offensichtlich, daß für kleiner werdende h und k der Unterschied zwischen df und $\triangle f$ immer geringer wird. Setzt man noch $h = dx$ und $k = dy$, wird folgende für den $\mathbf{R}^3$ verallgemeinerte Definition plausibel:

Definition 2.2.4:

Es sei $u = f(x, y, z)$ eine in einem Gebiet $\mathcal{G}$ definierte und in $P_0 = P(\vec{r}_0) \in \mathcal{G}$ differenzierbare Funktion. Dann heißt die auf $\mathcal{G}$ definierte Funktion

$$du\big|_{P_0} = u_x\big|_{P_0} dx + u_y\big|_{P_0} dy + u_z\big|_{P_0} dz$$

totales Differential von u in P_0.

Die einprägsamere Schreibweise für das totale Differential ist

$$df = f_x \, dx + f_y \, dy + f_z \, dz.$$

Beispiele:

2.2.6. Gegeben sei die Funktion $\varphi = \arctan \frac{\omega L}{R}$, wobei im Argument alle auftretenden Größen variabel sind. Wir erhalten für das totale Differential mit

$$\varphi_\omega = \frac{1}{1 + \frac{\omega^2 L^2}{R^2}} \frac{L}{R}, \quad \varphi_L = \frac{1}{1 + \frac{\omega^2 L^2}{R^2}} \frac{\omega}{R}, \quad \varphi_R = \frac{1}{1 + \frac{\omega^2 L^2}{R^2}} \left(-\frac{\omega L}{R^2}\right):$$

$$d\varphi = \frac{R^2}{R^2 + \omega^2 L^2} \left\{ \frac{L}{R} d\omega + \frac{\omega}{R} dL - \frac{\omega L}{R^2} dR \right\} = \frac{\omega L}{R^2 + \omega^2 L^2} \left\{ R \frac{d\omega}{\omega} + R \frac{dL}{L} - dR \right\}.$$

2.2.7. Die Schwingungsdauer eines mathematischen Pendels der Länge l ist

$$T = 2\pi \sqrt{\frac{l}{g}},$$

(g Fallbeschleunigung), und es ergibt sich für das totale Differential

$$dT = \frac{\partial T}{\partial l} dl + \frac{\partial T}{\partial g} dg = \frac{2\pi}{\sqrt{g}} \frac{1}{2} l^{-1/2} dl + 2\pi \sqrt{l} \left(-\frac{1}{2} g^{-3/2}\right) dg$$

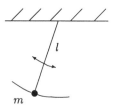

bzw. $dT = 2\pi\sqrt{\dfrac{l}{g}}\left(\dfrac{1}{2}\dfrac{dl}{l} - \dfrac{1}{2}\dfrac{dg}{g}\right) = \dfrac{T}{2}\left(\dfrac{dl}{l} - \dfrac{dg}{g}\right).$

Wenn l und g auf höchstens 0,1% genau gemessen werden können, ist

$$\left|\frac{dl}{l}\right| = \left|\frac{dg}{g}\right| \le 10^{-3}$$

und damit der relative Fehler von T

$$\left|\frac{dT}{T}\right| \le \frac{1}{2}\left(\left|\frac{dl}{l}\right| + \left|\frac{dg}{g}\right|\right) = 10^{-3}.$$

Wir wissen, daß manche in der Technik auftretende Funktionen durch Einführung anderer i.allg. orthogonaler Koordinaten, wie z.B. den Polarkoordinaten, eine besonders einfache Darstellung erhalten. Da erhebt sich z.B. die Frage, wie man aus dieser Darstellung die partiellen Ableitungen nach den kartesischen Koordinaten gewinnen kann, die ja meistens besonders interessieren.

Beispiel:

2.2.8. Wir betrachten die Funktion

$$f(x,y) = xy\frac{x^2 - y^2}{x^2 + y^2} = \frac{r^2}{4}\sin 4\varphi$$

für $(x,y) \ne (0,0)$ bzw. $r \ne 0$ aus Beispiel 2.2.2 und fragen nach f_x bzw. f_y, gewonnen aus der rechten Seite der Gleichung. Das totale Differential von f ist

$$df = f_r\,dr + f_\varphi\,d\varphi.$$

Wir „dividieren" nun df durch dx (bzw. in der für partielle Ableitungen üblichen Schreibweise ∂x) und erhalten

$$\frac{\partial f}{\partial x} = f_x = f_r\frac{\partial r}{\partial x} + f_\varphi\frac{\partial \varphi}{\partial x}.$$

Wegen

$$r = \sqrt{x^2 + y^2} \quad \text{bzw.} \quad \varphi = \arctan\frac{y}{x}$$

gilt

$$r_x = \frac{2x}{2\sqrt{x^2+y^2}} = \frac{x}{r} = \cos\varphi \quad \text{bzw.} \quad \varphi_x = \frac{1}{1+\frac{y^2}{x^2}}\left(-\frac{y}{x^2}\right) = \frac{-y}{x^2+y^2} = \frac{-y}{r^2} = -\frac{\sin\varphi}{r}$$

und damit

$$\begin{aligned}
f_x &= \frac{2r}{4}\sin 4\varphi\cos\varphi + r^2\cos 4\varphi\left(-\frac{\sin\varphi}{r}\right) \\
&= \frac{r}{2}\cos\varphi(8\cos^3\varphi\sin\varphi - 4\cos\varphi\sin\varphi) - r\sin\varphi(8\cos^4\varphi - 8\cos^2\varphi + 1) \\
&= r(-4\cos^4\varphi\sin\varphi + 6\cos^2\varphi\sin\varphi - \sin\varphi) = -r\sin\varphi(4\cos^4\varphi - 6\cos^2\varphi + 1).
\end{aligned}$$

Im Beispiel 2.2.2 hatten wir erhalten

$$f_x(x,y) = \frac{3yx^2 - y^3}{x^2+y^2} - \frac{2x^2y(x^2-y^2)}{(x^2+y^2)^2},$$

woraus folgt

$$f_x = \frac{3r^3 \sin\varphi \cos^2\varphi - r^3 \sin^3\varphi}{r^2} - \frac{2r^3 \cos^2\varphi \sin\varphi(\cos^2\varphi - \sin^2\varphi)r^2}{r^4}$$
$$= r\sin\varphi(3\cos^2\varphi - \sin^2\varphi - 2\cos^4\varphi + 2\cos^2\varphi \sin^2\varphi)$$
$$= r\sin\varphi(3\cos^2\varphi - 1 + \cos^2\varphi - 2\cos^4\varphi + 2\cos^2\varphi - 2\cos^4\varphi)$$
$$= -r\sin\varphi(4\cos^4\varphi - 6\cos^2\varphi + 1).$$

Also das gleiche Ergebnis. Analog läßt sich auch f_y bestimmen. Man erhält

$$f_y = r(4\cos^5\varphi - 2\cos^3\varphi - \cos\varphi).$$

Bisher sind wir davon ausgegangen, daß man alle Differentiationsregeln für die Funktionen einer Variablen, wie z.B. die Produkt- oder Quotientenregel, problemlos bei dem „partiellen Differenzieren" übertragen kann. Das erweist sich auch als richtig. Nur bei der Kettenregel ergeben sich neue Aspekte, wie das Beispiel 2.2.8 zeigt. Die hierbei auftretenden Probleme beantwortet der folgende Satz, der ohne Beweis angegeben wird:

Satz 2.2.3 (Kettenregel):
a) *Sei f eine im Gebiet $\mathcal{G} \subset \mathbf{R}^3$ definierte und differenzierbare Funktion der Variablen x, y, z. α, β, γ seien auf $(a, b) \subset \mathbf{R}$ definierte und differenzierbare Funktionen und für alle $t \in (a, b)$ sei $\bigl(\alpha(t), \beta(t), \gamma(t)\bigr) \in \mathcal{G}$. Dann ist die Funktion $g(t) = f\bigl(\alpha(t), \beta(t), \gamma(t)\bigr)$ auf (a, b) differenzierbar mit*

$$\frac{dg(t)}{dt} = f_x \frac{d\alpha}{dt} + f_y \frac{d\beta}{dt} + f_z \frac{d\gamma}{dt}.$$

b) *Sei $f(\alpha, \beta, \gamma)$ eine stetig differenzierbare Funktion von α, β, γ und diese drei Funktionen wiederum $\in C^1$ in einem Gebiet $\mathcal{G}$ bezüglich x, y, z. Dann ist $f \in C^1(\mathcal{G})$ bezüglich x, y, z, und es gilt*

$$\frac{\partial f}{\partial x} = \frac{\partial f}{\partial \alpha}\frac{\partial \alpha}{\partial x} + \frac{\partial f}{\partial \beta}\frac{\partial \beta}{\partial x} + \frac{\partial f}{\partial \gamma}\frac{\partial \gamma}{\partial x},$$

analog für die partiellen Ableitungen nach y und z.

Beispiele:

2.2.9. Wir betrachten die Funktion zweier Variablen

$$z = f(x, y) = \ln(x^2 + y^2),$$

bei denen wiederum eine Abhängigkeit von t vorliegt:

$$x = e^{-t}, \; y = e^t.$$

Für die Ableitung nach t erhalten wir

$$\frac{dz}{dt} = z_x \dot{x} + z_y \dot{y} = \frac{2x}{x^2+y^2}(-e^{-t}) + \frac{2y}{x^2+y^2} e^t = \frac{2}{x^2+y^2}\left(ye^t - xe^{-t}\right) = \frac{2}{x^2+y^2}(y^2 - x^2).$$

2.2.10. Sei

$$f(\alpha, \beta, \gamma) = \alpha \sin\frac{\beta}{\gamma} \quad \text{und} \quad \alpha = x^2, \; \beta = xz, \; \gamma = x^2 + y^2.$$

Dann gilt z.B.

$$\begin{aligned}
f_x &= \sin\frac{\beta}{\gamma}\alpha_x + \alpha\cos\frac{\beta}{\gamma}\left(\frac{1}{\gamma}\right)\beta_x + \alpha\cos\frac{\beta}{\gamma}\left(-\frac{\beta}{\gamma^2}\right)\gamma_x \\
&= 2x\sin\frac{xz}{x^2+y^2} + x^2\left(\frac{z}{x^2+y^2} - \frac{2x^2 z}{(x^2+y^2)^2}\right)\cos\frac{xz}{x^2+y^2} \\
&= 2x\sin\frac{xz}{x^2+y^2} + \frac{zx^2}{(x^2+y^2)^2}\{y^2 - x^2\}\cos\frac{xz}{x^2+y^2}.
\end{aligned}$$

Aufgaben:

2.2.1. Man bilde die partiellen Ableitungen 1. Ordnung der Funktionen
a) $u = f(x,y,z) = xy + xz + yz$,
b) $u = f(x,y,z) = (xy)^z$.

2.2.2. Gegeben sei die Einheitskugel $x^2 + y^2 + z^2 = 1$. Man bestimme die Tangentialebene an die Kugel in irgendeinem Kugelpunkt $P_0(x_0, y_0, z_0)$.

2.2.3. Bei einem Dreieck ergeben die Messungen für zwei Seiten $x = 50$m bzw. $y = 100$m. Der eingeschlossene Winkel α ist 60°. Die möglichen Meßfehler betragen $\triangle x = \triangle y = 0,1$m und $\triangle \alpha = 1°$. Wie groß ist höchstens der Fehler bei der Berechnung der Fläche des Dreiecks?

2.2.4. Man bestätige am Beispiel

$$u = f(x,y,z) = x^3 + yz^2 + 3xy - x + z$$

den Satz von Schwarz für die partiellen Ableitungen 2. Ordnung.

2.2.5. Sei

$$u = f(x,y,z) = \frac{1}{r} = \frac{1}{\sqrt{x^2+y^2+z^2}}, \quad r \neq 0.$$

Man zeige, daß gilt $u_{xx} + u_{yy} + u_{zz} = 0$.

2.2.6. Gegeben ist

$$u = f(x,y) \quad \text{und} \quad x = r\cos t, \quad y = r\sin t.$$

Man bestätige

$$u_x^2 + u_y^2 = u_r^2 + \frac{1}{r^2}u_t^2.$$

2.3 Partielle Differentialgleichungen

Es ist unmöglich, im Rahmen dieses Buches ausführlich die Theorie der partiellen Differentialgleichungen zu behandeln. In dem vorliegenden Abschnitt sollen nur manche Begriffe erläutert und einige spezielle partielle Differentialgleichungen vorgestellt werden, für die in den folgenden Kapiteln zum Teil Lösungsansätze angedeutet sind.

Eine **partielle Differentialgleichung** ist eine Gleichung, bei der eine unbekannte Funktion mehrerer unabhängiger Variabler sowie gewisse partielle Ableitungen dieser Funktion mit den Variablen verknüpft sind.

Die **Ordnung** einer partiellen Differentialgleichung ist die höchste Ordnung der vorkommenden partiellen Ableitungen der gesuchten Funktion.

Für eine Funktion von drei Variablen

$$u = u(x_1, x_2, x_3) \tag{2.3.1}$$

hat eine partielle Differentialgleichung 1. Ordnung die Gestalt

$$F(x_1, x_2, x_3, u, u_1, u_2, u_3) = 0,$$

wobei

$$u_i = \frac{\partial u}{\partial x_i}, i = 1, 2, 3,$$

bedeutet. Kürzt man analog die partiellen Ableitungen 2. Ordnung durch

$$u_{ik} = \frac{\partial^2 u}{\partial x_i \partial x_k}, i, k = 1, 2, 3,$$

ab, lautet die allgemeine Form einer partiellen Differentialgleichung 2. Ordnung für die Funktion (2.3.1):

$$F(x_1, x_2, x_3, u, u_1, u_2, u_3, u_{11}, u_{12}, \ldots, u_{33}) = 0.$$

Beispiel:

2.3.1. Ist eine gewöhnliche Differentialgleichung der Form

$$P(x,y)dx + Q(x,y)dy = 0 \qquad (2.3.2)$$

gegeben, prüft man bekanntlich nach, ob diese exakt ist, d.h., ob ein **vollständiges Differential** vorliegt. Dies geschieht mit der Integrabilitätsbedingung

$$P_y(x,y) \stackrel{!}{=} Q_x(x,y).$$

Wenn diese Bedingung nicht erfüllt ist, bleibt die Möglichkeit, die Gleichung (2.3.2) mit einem „integrierenden Faktor" $M(x,y)$ zu multiplizieren, der so beschaffen sein muß, daß

$$(PM)_y = (QM)_x$$

gilt. Diese Bedingung führt auf eine partielle Differentialgleichung 1. Ordnung für $M = M(x,y)$ der Form

$$P_y M + P M_y = Q_x M + Q M_x \quad \text{bzw.} \quad (P_y - Q_x)M + P M_y - Q M_x = 0.$$

Eine partielle Differentialgleichung heißt **linear**, wenn die gesuchte Funktion und deren partielle Ableitungen nur linear verknüpft sind. Anderenfalls heißt sie **nichtlinear**.

Unter einer **Lösung** (oder einem Integral) einer partiellen Differentialgleichung versteht man jede Funktion, die im betrachteten Definitionsbereich der unabhängigen Variablen die Gleichung identisch erfüllt.

Beispiele:

2.3.2. Die einfachste partielle Differentialgleichung 1. Ordnung für eine Funktion $u = u(x,y)$ lautet

$$u_x = 0.$$

In diesem Fall hängt u nicht von x ab, also gilt $u = \varphi(y)$ mit einer beliebigen Funktion $\varphi = \varphi(y)$. Das ist ein allgemeiner Zylinder mit einer Basiskurve in der y,z-Ebene (wobei $z = u$ gesetzt wurde) und Mantellinien parallel zur x-Achse.

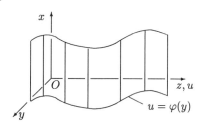

2.3.3. Die lineare partielle Differentialgleichung 1. Ordnung
$$u_x = x + y$$
hat die Lösungen
$$u = u(x,y) = \frac{x^2}{2} + xy + \varphi(y)$$
mit einer beliebigen Funktion $\varphi(y)$ und $(x,y) \in \mathbf{R}^2$. Denn es ist
$$u_x = \frac{\partial}{\partial x}\left(\frac{x^2}{2} + xy + \varphi(y)\right) = x + y.$$

Für *partielle Differentialgleichungen 1. Ordnung* der Form
$$A\,u_x + B\,u_y = 0 \tag{2.3.3}$$
mit Konstanten A und B empfiehlt sich eine Koordinatentransformation der Form
$$\xi = \alpha x + \beta y, \quad \eta = \gamma x + \delta y.$$
Dabei wählt man die Konstanten $\alpha, \beta, \gamma, \delta$ mit
$$\begin{vmatrix} \alpha & \beta \\ \gamma & \delta \end{vmatrix} \neq 0$$
so, daß anschließend in (2.3.3) nur noch die Ableitung nach einer Veränderlichen auftritt. Es gilt
$$u_x = \frac{\partial u}{\partial \xi}\frac{\partial \xi}{\partial x} + \frac{\partial u}{\partial \eta}\frac{\partial \eta}{\partial x} = u_\xi\,\alpha + u_\eta\,\gamma \quad \text{und analog} \quad u_y = u_\xi\,\beta + u_\eta\,\delta$$
und somit
$$Au_x + Bu_y = A\alpha u_\xi + A\gamma u_\eta + B\beta u_\xi + B\delta u_\eta = u_\xi(A\alpha + B\beta) + u_\eta(A\gamma + B\delta) = 0.$$
Man setzt nun z.B. $A\gamma + B\delta = 0$, d.h. möglicherweise $\gamma = B$ und $\delta = -A$, und erhält
$$u_\xi(A\alpha + B\beta) = u_\xi(-\alpha\delta + \beta\gamma) = -u_\xi\begin{vmatrix} \alpha & \beta \\ \gamma & \delta \end{vmatrix} = 0 \quad \text{bzw.} \quad u_\xi = 0,$$
mit der allgemeinen Lösung
$$u = \varphi(\eta) = \varphi(Bx - Ay)$$
(siehe Beispiel 2.3.2).
Die einfachsten *partiellen Differentialgleichungen 2. Ordnung* für eine Funktion $u = u(x,y)$ lauten
$$u_{xx} = 0 \tag{2.3.4}$$
bzw.
$$u_{xy} = 0. \tag{2.3.5}$$
Aus der ersten Gleichung (2.3.4) wird integriert und liefert
$$u_x = \varphi(y) \quad \text{bzw.} \quad u(x,y) = x\varphi(y) + \psi(y)$$

mit zwei beliebigen Funktionen $\varphi(y)$ und $\psi(y)$. Bei (2.3.5) ergibt die Integration über y

$$u_x = \varphi(x)$$

und anschließende Integration über x

$$u(x,y) = \int \varphi(x)dx + \psi(y) = \varphi_1(x) + \psi(y), \qquad (2.3.6)$$

mit zwei beliebigen Funktionen $\varphi_1(x)$ und $\psi(y)$. Das Ergebnis sind sogenannte „Schiebflächen". Setzt man nämlich $y = C_1$, erhält man

$$u = z = \varphi_1(x) + \psi(C_1) = \varphi_1(x) + C_2.$$

Das ist die um C_2 verschobene Funktion $z = \varphi_1(x)$.

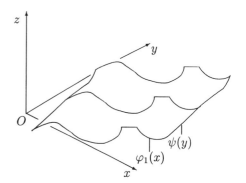

Auf die Differentialgleichung (2.3.5) läßt sich die sogenannte eindimensionale Wellengleichung

$$\frac{\partial^2 u}{\partial x^2} = \lambda^2 \frac{\partial^2 u}{\partial t^2}, \qquad (2.3.7)$$

die die Bewegung einer schwingenden Saite beschreibt, transformieren. Dabei sind in

$$\lambda^2 = \frac{\text{Elastizitätsmodul} \cdot \text{Querschnitt}}{\text{Dichte}}$$

geometrische Eigenschaften und Materialeigenschaften der Saite berücksichtigt. Mit der Transformation

$$\xi = \alpha x + \beta t, \quad \eta = \gamma x + \delta t,$$

mit zunächst beliebigen Konstanten α, β, γ und δ, erhält man

$$u_x = u_\xi \xi_x + u_\eta \eta_x = \alpha u_\xi + \gamma u_\eta$$

und

$$\begin{aligned} u_{xx} &= \frac{\partial}{\partial x}(u_x) = \frac{\partial}{\partial \xi}(u_x)\xi_x + \frac{\partial}{\partial \eta}(u_x)\eta_x = \frac{\partial}{\partial \xi}(\alpha u_\xi + \gamma u_\eta)\alpha + \frac{\partial}{\partial \eta}(\alpha u_\xi + \gamma u_\eta)\gamma \\ &= \alpha^2 u_{\xi\xi} + \alpha\gamma u_{\eta\xi} + \alpha\gamma u_{\xi\eta} + \gamma^2 u_{\eta\eta} = \alpha^2 u_{\xi\xi} + 2\alpha\gamma u_{\xi\eta} + \gamma^2 u_{\eta\eta}. \end{aligned}$$

Analog errechnet man

$$u_{tt} = \beta^2 u_{\xi\xi} + 2\beta\delta u_{\xi\eta} + \delta^2 u_{\eta\eta},$$

so daß sich ergibt

$$\lambda^2 u_{tt} - u_{xx} = (\lambda^2\beta^2 - \alpha^2)u_{\xi\xi} + 2(\lambda^2\beta\delta - \alpha\gamma)u_{\xi\eta} + (\lambda^2\delta^2 - \gamma^2)u_{\eta\eta} = 0$$

bzw. mit $\alpha = \lambda\beta$ und $\gamma = -\lambda\delta$:

$$2(\lambda^2\beta\delta + \lambda\beta\lambda\delta)u_{\xi\eta} = 4\lambda^2\beta\delta u_{\xi\eta} = 0 \quad \text{bzw.} \quad u_{\xi\eta} = 0.$$

Die allgemeine Lösung dieser Gleichung lautet nach (2.3.6)

$$\begin{aligned} u = z &= \varphi(\xi) + \psi(\eta) \\ &= \varphi(\lambda\beta x + \beta t) + \psi(-\lambda\delta x + \delta t) \\ &= \varphi(\lambda\beta\{x + ct\}) + \psi(-\lambda\delta\{x - ct\}) \\ &= \varphi_1(x + ct) + \psi_1(x - ct), \end{aligned}$$

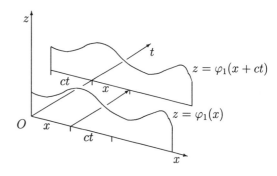

mit $c = \frac{1}{\lambda}$. Diese Gleichung gibt an eine zeitliche Wanderung der Funktion φ_1 nach links (von der x-Achse aus gesehen) mit der Geschwindigkeit c, und ψ_1 wandert nach rechts. Es werden also wandernde Wellenzüge beschrieben. Aus diesem Grund trägt die Gleichung (2.3.7) die Bezeichnung „Wellengleichung".

Abschließend sollen noch die wichtigsten partiellen Differentialgleichungen 2. Ordnung, die in der Physik auftreten, vorgestellt werden.

1. Die **Wärmeleitungsgleichung**

$$\frac{\partial T}{\partial t} = a^2 \frac{\partial^2 T}{\partial x^2}$$

beschreibt die Wärmeleitung in einem in y- und z-Richtung wärme-isolierten Stab. Dabei ist

$$a^2 = \frac{k}{c\rho}$$

durch die Wärmeleitfähigkeit k, die Dichte ρ und die spezifische Wärmekapazität c festgelegt.

2. Die **Laplace**[2]**-Gleichung** (im $\mathbf{R}^2$ bzw. $\mathbf{R}^3$)

$$u_{xx} + u_{yy} = 0 \quad \text{bzw.} \quad u_{xx} + u_{yy} + u_{zz} = 0$$

und die **Poisson**[3]**-Gleichung** (im $\mathbf{R}^2$ bzw. $\mathbf{R}^3$)

$$u_{xx} + u_{yy} = f(x, y) \quad \text{bzw.} \quad u_{xx} + u_{yy} + u_{zz} = f(x, y, z)$$

treten u.a. in der Potentialtheorie auf.

3. Die **Helmholtz**[4]**-Gleichung** (im $\mathbf{R}^2$ bzw. $\mathbf{R}^3$)

$$u_{xx} + u_{yy} + \lambda^2 u = 0 \quad \text{bzw.} \quad u_{xx} + u_{yy} + u_{zz} + \lambda^2 u = 0$$

oder Schwingungsgleichung spielt eine wichtige Rolle bei der Untersuchung von Schwingungsvorgängen.

4. Die **Telegraphengleichung**

$$u_{tt} - a^2 u_{xx} + cu_t + bu = 0$$

---

[2] Pierre Simon Laplace (1749 – 1827), französischer Mathematiker und Astronom
[3] Simeon Denis Poisson (1781 – 1840), französischer Mathematiker und Physiker
[4] Hermann Ludwig Ferdinand v. Helmholtz (1821 – 1894), deutscher Physiker und Physiologe

tritt bei Untersuchungen der Spannungs- oder Stromverhältnissen in Leitern auf.

5. Durch die allgemeine **Wellengleichung**

$$u_{xx} + u_{yy} + u_{zz} = \frac{1}{c^2} u_{tt} \qquad (2.3.8)$$

wird die Ausbreitung von Wellen in homogenen flüssigen oder gasförmigen Medien beschrieben. Dabei ist c die Fortpflanzungsgeschwindigkeit.

Häufig führt bei allen diesen Differentialgleichungen ein sogenannter **Separationsansatz** der Form

$$u(x, y, z, t) = U(x, y, z) \cdot V(t)$$

weiter. Wenn man mit diesem Ansatz in die Gleichung (2.3.8) hineingeht, ergibt sich mit

$$u_{xx} = U_{xx} V, \quad u_{yy} = U_{yy} V, \quad u_{zz} = U_{zz} V, \quad u_{tt} = U V_{tt}:$$

$$(U_{xx} + U_{yy} + U_{zz}) V = \frac{1}{c^2} U V_{tt}$$

bzw. nach Division durch $u = UV$:

$$\frac{1}{U}(U_{xx} + U_{yy} + U_{zz}) = \frac{1}{c^2} \frac{1}{V} V_{tt}. \qquad (2.3.9)$$

Auf beiden Seiten der Gleichung stehen Funktionen verschiedener Variablen. Das ist nur möglich, wenn beide konstant sind. Erst später wird sich zeigen, daß diese Konstante i.allg. positiv ist. Aus diesem Grund setzen wir (2.3.9) gleich k^2 und erhalten z.B.

$$U_{xx} + U_{yy} + U_{zz} = k^2 U,$$

d.h. eine Schwingungsgleichung (siehe **3.** oben).

Aufgaben:

2.3.1. Man löse die partielle Differentialgleichung 1. Ordnung

$$3u_x + 4u_y = 2.$$

2.3.2. Man zeige, daß die Funktion

$$u(x, t) = e^{-4t} \sin x$$

Lösung der eindimensionalen Wärmeleitungsgleichung

$$u_t = 4 u_{xx}$$

ist.

2.3.3. Man gebe die allgemeine Lösung $u = u(x, y)$ der partiellen Differentialgleichung

$$u_y = xyu$$

an.
Hinweis: Man betrachte $\dfrac{u_y}{u} = xy$.

2.3.4. Man finde die allgemeine Lösung $u = u(x, y)$ der Differentialgleichung

$$u_{xy} + y u_x = 0.$$

Anleitung: Man substituiere $u_x = v$.

3 Skalar- und Vektorfelder

3.1 Definitionen

Ist jedem Punkt $P(x,y,z)$ eines Gebietes $\mathcal{G}$ ein Skalar $\Phi(x,y,z)$ zugeordnet, nennt man Φ eine skalarwertige Funktion und sagt, daß in $\mathcal{G}$ ein **Skalarfeld** definiert ist. Z.B. ist die Temperaturverteilung auf der Erdoberfläche zu einer bestimmten Zeit solch ein Skalarfeld.

Vom Standpunkt der Physik sollten die Werte eines Skalarfeldes unabhängig von der Wahl des Koordinatensystems sein. Die wichtigsten Koordinatentransformationen sind Rotationen und Translationen. Bleiben die Werte einer Skalarfunktion dabei unverändert, bezeichnet man $\Phi(x,y,z)$ als invariant unter den betrachteten Transformationen.

Die Flächen, auf denen $\Phi = const.$ ist, bezeichnet man als **Niveauflächen**. Bringt man diese mit in das Feld gelegten Ebenen zum Schnitt, ergeben sich als Schnittkurven sogenannte **Niveaulinien** (oder auch Äquipotentallinien bzw. Höhenlinien). Durch diese Darstellung kann man ein skalares Feld in der Ebene gelegentlich veranschaulichen.

Beispiele:

3.1.1. Die Zustandsgleichung idealer Gase

$$pV = nRT$$

stellt eine Beziehung zwischen Druck p, Volumen V und Temperatur T her (n bezeichnet die Anzahl der Mole des betrachteten Gases, R ist eine universelle Gaskonstante). Die Temperatur T ist also eine Skalarfunktion von p und V :

$$T = \frac{pV}{nR}.$$

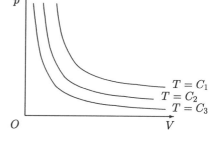

Setzt man hier $T = const. = C$, ergeben sich die sogenannten Isothermen, für die gilt

$$p = \frac{CnR}{V} = \frac{C^*}{V}.$$

3.1.2. Besondere skalare Felder sind solche, bei denen die Feldgröße Φ in jedem Punkt $P(x,y,z)$ nur von dessem Abstand

$$r = \sqrt{(x-x_0)^2 + (y-y_0)^2 + (z-z_0)^2}$$

von einem festen Punkt $P_0(x_0, y_0, z_0)$ abhängt. Wählt man P_0 als Nullpunkt des Koordinatensystems (Zentrum), ergibt sich mit

$$r = \sqrt{x^2 + y^2 + z^2}: \quad \Phi(x,y,z) = \Phi(r).$$

Diese Gleichung sagt aus, daß in allen Punkten P, die vom Zentrum O den gleichen Abstand haben, die Feldgröße Φ gleich groß ist. Man spricht deshalb auch von einem **Zentralfeld**. Beispiele dafür sind das Potential einer Punktladung

$$\Phi = \frac{C}{r} \qquad (3.1.1)$$

oder auch $\quad \Phi = \sqrt{1-r^2}, \quad 0 \leq r \leq 1.$ Die Niveauflächen sind in beiden Fällen Kugelflächen, da aus

$$\Phi(r) = \Phi_0 = const.$$

folgt $r = const.$ Die Abbildung gibt die graphische Darstellung des Feldes (3.1.1) wieder.

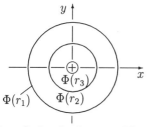
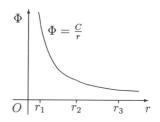

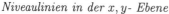
Niveaulinien in der x,y- Ebene

Ist jedem Punkt $P(x,y,z)$ eines Gebietes $\mathcal{G}$ ein Vektor $\vec{V}(x,y,z) = (V_1, V_2, V_3)$ zugeordnet, nennt man $\vec{V}$ eine Vektorfunktion und sagt, daß in $\mathcal{G}$ ein **Vektorfeld** definiert ist. Z.B. stellt die Geschwindigkeit $\vec{v}(x,y,z)$ einer strömenden Flüssigkeit in dem betrachteten Gebiet ein Vektorfeld dar.

Genau wie bei einem Skalarfeld spricht man auch von einer Invarianz bei Vektorfeldern, wenn diese bei den angesprochenen Transformationen in ihrer Beschaffenheit unverändert bleiben. Analog einem Skalarfeld läßt sich auch ein Vektorfeld geometrisch veranschaulichen. Man zeichnet einfach in jedem Punkt $P(x,y,z) = P(\vec{r}) \in \mathcal{G}$ einen Pfeil, der $\vec{V}(\vec{r})$ repräsentiert. Nun konstruiert man Kurven, deren Tangenten in jedem Punkt $P(\vec{r})$ des Feldes mit der Richtung von $\vec{V}$ in P übereinstimmen. Solche Kurven nennt man **Feldlinien**.

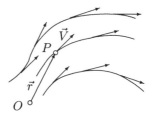

Die Gleichung der Feldlinien kann man bestimmen. Da in jedem Punkt deren Tangente $\vec{T} = \frac{d\vec{r}}{ds}$ und damit auch $d\vec{r}$ parallel $\vec{V}(\vec{r})$ sein soll, muß gelten

$$d\vec{r} \times \vec{V} = \begin{vmatrix} \vec{i} & \vec{j} & \vec{k} \\ dx & dy & dz \\ V_1 & V_2 & V_3 \end{vmatrix} = \vec{0} \quad \text{bzw.} \quad \begin{aligned} V_3\, dy - V_2\, dz &= 0, \\ V_1\, dz - V_3\, dx &= 0, \\ V_2\, dx - V_1\, dy &= 0 \end{aligned}$$

oder

$$\frac{dy}{dz} = \frac{V_2}{V_3}, \quad \frac{dz}{dx} = \frac{V_3}{V_1}, \quad \frac{dx}{dy} = \frac{V_1}{V_2},$$

unter der Voraussetzung $V_1 \neq 0$, $V_2 \neq 0$ und $V_3 \neq 0$. In anderer Schreibweise ist damit durch

$$\frac{dx}{V_1(x,y,z)} = \frac{dy}{V_2(x,y,z)} = \frac{dz}{V_3(x,y,z)}$$

die Differentialgleichung der Feldlinien gegeben.

Beispiel:

3.1.3. Sei $\vec{V} = \vec{\omega} \times \vec{r}$ mit $\vec{\omega} = (0,0,1)$, $\vec{r} = (x,y,0)$. Dann ist

$$\vec{V} = (0,0,1) \times (x,y,0) = \begin{vmatrix} \vec{i} & \vec{j} & \vec{k} \\ 0 & 0 & 1 \\ x & y & 0 \end{vmatrix} = (-y, x, 0)$$

und

$$\frac{dx}{-y} = \frac{dy}{x} \quad \text{bzw.} \quad x\,dx + y\,dy = 0.$$

Dieser Ausdruck ist ein totales Differential, da
$$P_y = \frac{\partial x}{\partial y} = 0 = Q_x = \frac{\partial y}{\partial x},$$
und somit gilt
$$P(x,y) = x = F_x \quad \text{bzw.} \quad Q(x,y) = y = F_y.$$
Für eine Stammfunktion der exakten Differentialgleichung folgt
$$F(x,y) = \frac{x^2}{2} + \varphi(y) = \frac{y^2}{2} + \psi(x),$$
und der Vergleich liefert
$$\varphi(y) = \frac{y^2}{2}, \quad \psi(x) = \frac{x^2}{2}.$$
Damit ergibt sich also
$$F(x,y) = \frac{x^2}{2} + \frac{y^2}{2} = C$$
bzw.
$$x^2 + y^2 = 2C = C_1 > 0.$$

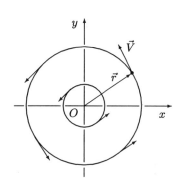

D.h., die Feldlinien sind konzentrische Kreise.

Weitere Beispiele für Vektorfelder sind Kraftfelder, elektrische und magnetische Felder und Gravitationsfelder. Den Betrag eines Vektorfeldes $\vec{V}$ bezeichnet man auch als **Feldstärke**.

Das elektrische Feld einer kugelsymmetrischen Ladungsverteilung vom Radius a im Vakuum ist bekanntlich
$$\vec{V}(x,y,z) = \begin{cases} \dfrac{Q}{4\pi\epsilon_0} \dfrac{1}{r^3}\vec{r} & \text{für } |\vec{r}| = r > a, \\ \dfrac{Q}{4\pi\epsilon_0} \dfrac{1}{a^3}\vec{r} & \text{für } |\vec{r}| = r \leq a, \end{cases}$$
dabei ist $\epsilon_0 = 8,854 \cdot 10^{-12} \, [\frac{\text{As}}{\text{Vm}}]$ die sogenannte Influenzkonstante und Q die Gesamtladung.

Aufgaben:

3.1.1. Gegeben sei das Skalarfeld
$$\Phi(x,y,z) = 2yz^3 + xyz - 3z^2 + 1.$$
Man bestimme $\Phi(1,-1,-2)$.

3.1.2. Bei Rotationsbewegungen ist der Zusammenhang zwischen der Winkelgeschwindigkeit und der Bahngeschwindigkeit durch
$$\vec{v} = \vec{\omega} \times \vec{r}$$
gegeben. Dabei ist $r = |\vec{r}|$ der Abstand des Körpers von der Drehachse.
Man bestimme das Vektorfeld $\vec{v}$ für $\vec{r} = (x,y,z)$ und $\vec{\omega} = (4,1,-2)$.

3.1.3. Von den folgenden Skalarfeldern Φ bestimme man die Niveauflächen:
a) $\Phi = \vec{a}\,\vec{r}, \quad \vec{a} = const.,$ b) $\Phi = (z\vec{k} - \vec{r})\vec{r}, \quad \vec{k} = (0,0,1).$

3.2 Der Gradient eines Skalarfeldes

Wenn man nach der Änderung des Funktionswertes $\triangle \Phi$ einer stetig differenzierbaren skalaren Ortsfunktion $\Phi = \Phi(x,y,z)$ in benachbarten Punkten fragt, so ergibt sich hierfür in guter Näherung das **totale Differential**

$$d\Phi = \frac{\partial \Phi}{\partial x}dx + \frac{\partial \Phi}{\partial y}dy + \frac{\partial \Phi}{\partial z}dz. \qquad (3.2.1)$$

Es ist gelegentlich von Vorteil, diese Gleichung als skalares Produkt zweier Vektoren zu definieren. Dabei ist der eine Faktor $d\vec{r} = (dx, dy, dz)$, und der andere ergibt sich aus der

---

Definition 3.2.1:
Sei $\mathcal{G} \subset \mathbf{R}^3$ ein Gebiet und $\Phi \in C^1(\mathcal{G})$, dann bezeichnet man den Vektor

$$\left(\frac{\partial \Phi}{\partial x}, \frac{\partial \Phi}{\partial y}, \frac{\partial \Phi}{\partial z} \right) = \operatorname{grad} \Phi \qquad (3.2.2)$$

als **Gradienten** von Φ.

Daß der Gradient von Φ wirklich ein Vektorfeld auf $\mathcal{G}$ ist, läßt sich leicht zeigen. Denn er erfüllt alle Eigenschaften, durch die ein Vektor definiert ist, insbesondere, daß seine Komponenten translationsinvariant sind und diese sich bei Drehung der Achsen wie Vektoren transformieren.

Im Hinblick auf seine Definition (3.2.2) kann man den Gradienten auch als „Ableitung" des Skalarfeldes bezeichnen, und man kann nun für das totale Differential (3.2.1) schreiben

$$d\Phi = \operatorname{grad} \Phi \, d\vec{r}.$$

HAMILTON[1] führte den symbolischen Vektor („Quasi-Vektor") mit den Komponenten

$$\frac{\partial}{\partial x}, \quad \frac{\partial}{\partial y}, \quad \frac{\partial}{\partial z}$$

ein, den er **Nabla**[2] nannte und mit $\vec{\nabla}$ bezeichnete. Unter Beachtung dieser Abkürzung kann man schreiben

$$\operatorname{grad} \Phi = \vec{\nabla} \Phi.$$

Wenn man nämlich den erwähnten „Vektor" formal mit dem Skalar Φ „multipliziert", ergibt sich gerade der Vektor mit den Komponenten Φ_x, Φ_y, Φ_z.

Eigentlich ist dieses Einführen eines solchen Differentialoperators $\vec{\nabla}$ nichts Neues. Bereits in der Differentialrechnung einer Variablen schreibt man für die Ableitung einer Funktion $f(x)$

$$\frac{df(x)}{dx} = \frac{d}{dx} f(x) = D f(x)$$

und analog für die zweite Ableitung

$$\frac{d^2 f(x)}{dx^2} = \frac{d^2}{dx^2} f(x) = D^2 f(x)$$

mit dem Differentialoperator $D = \frac{d}{dx}$.

---

[1] William Rowan Hamilton (1805 – 1865), irischer Mathematiker, Physiker und Astronom
[2] Dieses Wort stammt von einem hebräischen Saiteninstrument *Nabal*, in der Gestalt eines ∇.

Beispiele:

3.2.1. Sei $\Phi = \dfrac{C}{r}$, $C \in \mathbf{R}$, $r \neq 0$. Dann ist nach Beispiel 2.2.5

$$\operatorname{grad} \Phi = (\Phi_x, \Phi_y, \Phi_z) = -C\left(\frac{x}{r^3}, \frac{y}{r^3}, \frac{z}{r^3}\right) = -C\frac{\vec{r}}{r^3}. \quad (3.2.3)$$

Die Niveauflächen von Φ sind konzentrische Kugelflächen um O und die Gradientenrichtung ist der radialen Richtung entgegengesetzt, d.h., der Gradient steht senkrecht auf den Niveauflächen.

3.2.2. Wenn man in O sich eine Masse M denkt und das Newtonsche Gravitationsfeld betrachtet, so ist ihre Anziehungskraft $\vec{F}$ auf eine Masse m im Punkt $P(x, y, z)$ gleich

$$\vec{F} = -\gamma\,\frac{mM}{r^2}\,\vec{e_r} = -\gamma\,\frac{mM}{r^3}\,\vec{r}.$$

Es gilt also unter Beachtung von (3.2.3)

$$\vec{F} = \operatorname{grad}\left(\gamma\,\frac{mM}{r}\right)$$

bzw.

$$\vec{F} = \operatorname{grad} \Phi \quad \text{mit} \quad \Phi = \frac{\gamma m M}{r}.$$

Die Frage, wann allgemein ein Vektorfeld als Gradient eines Skalarfeldes dargestellt werden kann, wird im Kapitel 4.2 beantwortet.

Nachstehend sind einige für die Gradientenbildung von verschiedenen skalaren Größen anzuwendende Rechenregeln angegeben. Auf einen Nachweis der Richtigkeit dieser Regeln wird verzichtet, da sich alle unmittelbar aus der Definition (3.2.1) von grad Φ ergeben.

Rechenregeln:

1. Ist $c \in \mathbf{R}$ eine Konstante, so ist $\quad \operatorname{grad}(c\,\Phi) = c\operatorname{grad}\Phi$.

2. Sind Φ und Ψ zwei Skalarfelder, so ist $\quad \operatorname{grad}(\Phi + \Psi) = \operatorname{grad}\Phi + \operatorname{grad}\Psi$.]

3. Der Gradient des Produktes zweier Skalarfelder $\Phi \cdot \Psi$ ist

$$\operatorname{grad}(\Phi \cdot \Psi) = \Psi \operatorname{grad}\Phi + \Phi \operatorname{grad}\Psi.$$

4. Durch skalare Multiplikation der Gleichung (3.2.2) mit $\vec{i}$ bzw. $\vec{j}$ oder $\vec{k}$ erhält man

$$\vec{i}\operatorname{grad}\Phi = \frac{\partial \Phi}{\partial x}, \quad \vec{j}\operatorname{grad}\Phi = \frac{\partial \Phi}{\partial y}, \quad \vec{k}\operatorname{grad}\Phi = \frac{\partial \Phi}{\partial z}.$$

5. Es sei $\vec{a}$ ein konstanter Vektor, der skalar mit einem Ortsvektor $\vec{r}$ multipliziert werde. Dann ergibt sich für den Gradienten des Skalarfeldes $\Phi = \vec{a}\,\vec{r}$:

$$\operatorname{grad}\Phi = \operatorname{grad}(\vec{a}\,\vec{r}) = \vec{a}.$$

Der Beweis erfolgt in der Aufgabe 3.2.1.

6. Es sei Φ eine Funktion der skalaren Ortsfunktion $u = u(x,y,z)$: $\Phi = \Phi\{u(x,y,z)\}$. Dann ist

$$\operatorname{grad} \Phi = \frac{d\Phi}{du} \operatorname{grad} u.$$

Da die letzte Regel nicht ganz so einleuchtend ist, soll sie kurz bewiesen werden. Es ist

$$\operatorname{grad} \Phi = (\Phi_x, \Phi_y, \Phi_z) = \left(\frac{d\Phi}{du}\frac{\partial u}{\partial x}, \frac{d\Phi}{du}\frac{\partial u}{\partial y}, \frac{d\Phi}{du}\frac{\partial u}{\partial z}\right) = \frac{d\Phi}{du}(u_x, u_y, u_z) = \frac{d\Phi}{du}\operatorname{grad} u.$$

7. Bei einem ebenen Skalarfeld $\Phi(x,y)$ besteht der Gradient nur aus zwei Komponenten. Es gilt

$$\operatorname{grad} \Phi = (\Phi_x, \Phi_y).$$

D.h., der Gradient eines ebenen Feldes ist ein Vektor in dieser Ebene.

In der Nabla-Schreibweise lauten die wichtigsten Rechenregeln:

1. $\vec{\nabla}(c\,\Phi) = c\,\vec{\nabla}\,\Phi$,
2. $\vec{\nabla}(\Phi + \Psi) = \vec{\nabla}\,\Phi + \vec{\nabla}\,\Psi$,
3. $\vec{\nabla}(\Phi\Psi) = \Psi\,\vec{\nabla}\,\Phi + \Phi\,\vec{\nabla}\,\Psi$,
6. $\vec{\nabla}\{\Phi(u)\} = \dfrac{d\Phi}{du}\,\vec{\nabla}\,u$.

Beispiel:

3.2.3. Es soll der Gradient eines skalaren Zentralfeldes $\Phi = \Phi(r)$ mit $r = \sqrt{x^2 + y^2 + z^2}$ bestimmt werden. Man erhält unter Beachtung der Rechenregel 6:

$$\begin{aligned}\operatorname{grad}\Phi &= \frac{d\Phi}{dr}\operatorname{grad} r = \Phi'(r)(r_x, r_y, r_z) \\ &= \Phi'(r)\left(\frac{2x}{2r}, \frac{2y}{2r}, \frac{2z}{2r}\right) = \Phi'(r)\frac{1}{r}(x,y,z) = \Phi'(r)\frac{\vec{r}}{r} = \Phi'(r)\,\vec{e}_r.\end{aligned}$$

Wenn man nach der Änderung eines Skalarfeldes Φ fragt, hat man sogleich die partiellen Ableitungen Φ_x, Φ_y, Φ_z vor Augen, die gemäß der Rechenregel 4 im Zusammenhang mit dem Gradienten stehen. Um die Änderung des Feldes in *irgendeiner* anderen Richtung zu erhalten, gehen wir folgendermaßen vor.

Es sei $\Phi \in C^1(\mathcal{G})$, $\vec{a}$ ein beliebiger Vektor, $\vec{a}_e$ der Einheitsvektor in dieser Richtung, und es bewege sich $P_1(x_1, y_1, z_1)$ zu $P(x,y,z) = P(\vec{r})$ auf einer Geraden parallel $\vec{a}_e$. Den Weg von P_1 kann man durch $\vec{r} - t\vec{a}_e$, $t > 0$, mit kleiner werdendem t beschreiben. Es gilt also $P(\vec{r} - t\vec{a}_e) \to P(\vec{r})$ für $t \to 0$.

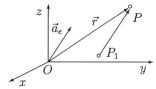

Gleichzeitig beobachtet man die Änderung des Feldes Φ und bezeichnet mit

$$\frac{\partial \Phi}{\partial \vec{a}} = \lim_{\substack{t \to 0 \\ t > 0}} \frac{\Phi(\vec{r} - t\vec{a}_e) - \Phi(\vec{r})}{t}$$

als die **Richtungsableitung** von Φ nach $\vec{a}$ in P, falls dieser Grenzwert existiert.

3.2 Der Gradient eines Skalarfeldes

Wegen der Invarianzeigenschaften des Gradienten gegenüber Drehungen und Translationen des Koordinatensystems kann man nun die Koordinatenachsen ohne Einschränkung so wählen, daß z.B. $\vec{a}$ in Richtung der x-Achse zeigt, d.h. $\vec{a}_e$ parallel ist zu $\vec{i}$. Dann gilt unter Beachtung der Rechenregel 4:

$$\vec{a}_e \operatorname{grad} \Phi = \vec{i}\operatorname{grad} \Phi = \frac{\partial \Phi}{\partial x}.$$

Da rechts die Änderung des Feldes in x-Richtung steht, d.h. gleichzeitig in Richtung von $\vec{a}$, kann man also schreiben

$$\boxed{\frac{\partial \Phi}{\partial \vec{a}} = \vec{a}_e \operatorname{grad} \Phi = |\operatorname{grad} \Phi| \cos \varphi,}$$

wobei φ der Winkel zwischen $\operatorname{grad} \Phi$ und $\vec{a}_e$ bzw. $\vec{a}$ ist.

Es ist offensichtlich $\frac{\partial \Phi}{\partial \vec{a}}$ maximal, wenn $\varphi = 0$, d.h., wenn $\vec{a}$ parallel $\operatorname{grad} \Phi$ ist. Daraus schließt man, daß $\operatorname{grad} \Phi$ in die Richtung zeigt, in der Φ am stärksten wächst, und $|\operatorname{grad} \Phi|$ die Änderung von Φ in dieser Richtung angibt. Also beschreibt der Gradient eines Skalarfeldes vollständig die Art und Weise, in der das Feld sich ändert.

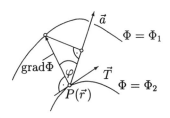 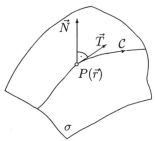

Der Vektor $\operatorname{grad} \Phi$ läßt sich nun auch noch geometrisch deuten. Es gilt der

Satz 3.2.1: *Durch* $\Phi(x,y,z) = C$, $C \in \mathbf{R}$, *sei eine Niveaufläche* σ *gegeben, und es sei* $P \in \sigma$. *Dann gilt:*

$$\operatorname{grad} \Phi|_P \text{ ist parallel der Normalen } \vec{N} \text{ auf } \sigma \text{ in } P.\ ^3$$

Beweis: Sei $\mathcal{C}$ eine glatte Kurve auf σ durch P mit dem Tangenteneinheitsvektor $\vec{T}$ in P. $\mathcal{C}$ habe die Darstellung

$$\vec{r}(s) = \Big(x(s), y(s), z(s)\Big), \quad s_1 \leq s \leq s_2.$$

Dann gilt in P wegen $\Phi = C$

$$0 = \frac{d\Phi}{ds} = \frac{\partial \Phi}{\partial x}\frac{dx}{ds} + \frac{\partial \Phi}{\partial y}\frac{dy}{ds} + \frac{\partial \Phi}{\partial z}\frac{dz}{ds} = (x', y', z') \operatorname{grad} \Phi = \vec{T} \operatorname{grad} \Phi.$$

Da $\mathcal{C}$ beliebig war und P ebenso, ist $\operatorname{grad} \Phi|_P$ senkrecht zu allen Tangenten in den Punkten von σ, d.h. auch zur Tangentialebene in diesen Punkten an σ und somit parallel zur Normalen $\vec{N}$ auf der Fläche σ.

Betrachtet man ein ebenes Skalarfeld $\Phi(x,y)$, kann man sich die Niveaulinien $\Phi = const.$ aufzeichnen. Nach dem letzten Satz ist dann der Gradient von Φ immer senkrecht zu diesen Linien, und die Richtungsableitung $\frac{\partial \Phi}{\partial \vec{a}}$ ergibt sich durch Projektion von $\operatorname{grad} \Phi$ auf den Richtungsvektor $\vec{a}$.

---
[3]Die Tangentialebene und Flächennormale von Flächen im Raum wird zwar erst im Kapitel 5 eingeführt, doch wird aus der folgenden Beweisskizze klar, was unter diesen beiden Begriffen zu verstehen ist.

Beispiel:

3.2.4. Es soll die Gleichung der Tangentialebene E an die Kugel
$$x^2 + y^2 + z^2 = r^2 \quad \text{im Punkt} \quad P_0(x_0, y_0, z_0)$$
bestimmt werden. Wir setzen $\Phi(x,y,z) = x^2 + y^2 + z^2 - r^2$. Notwendigerweise muß gelten (Hessesche Normalform):
$$0 = (\vec{r} - \vec{r_0})\vec{N}\Big|_{P_0} = (\vec{r} - \vec{r_0})\text{grad}\,\Phi|_{P_0} = \{(x,y,z) - (x_0, y_0, z_0)\}\text{grad}\,\Phi|_{P_0},$$
wobei hier $\vec{r} = (x,y,z) \in E$. Es ist $\quad \text{grad}\,\Phi|_{P_0} = (2x, 2y, 2z)|_{P_0}\quad$ und damit
$$2(x - x_0, y - y_0, z - z_0)(x_0, y_0, z_0) = 0$$
bzw.
$$xx_0 + yy_0 + zz_0 = x_0^2 + y_0^2 + z_0^2 = r^2.$$
Also lautet die Gleichung der Tangentialebene
$$xx_0 + yy_0 + zz_0 = r^2.$$

Aufgaben:

3.2.1. Man beweise die Rechenregel 5: $\quad \text{grad}\,(\vec{a}\,\vec{r}) = \vec{a}$.

3.2.2. Man bestimme $\text{grad}\,\Phi$ für

a) $\quad \Phi = r^n, \quad n \in \mathbf{Q}, \quad r \neq 0,$

b) $\quad \Phi = \ln r, \quad r \neq 0.$

3.2.3. Man bestimme die Richtungsableitung von
$$\Phi = x^2 yz + 4xz^2$$
in $P(1,-2,-1)$ in Richtung von $\vec{a} = (2,-1,-2)$.

3.2.4. Man bestimme die Einheitsnormale des Ellipsoids
$$\frac{x^2}{a^2} + \frac{y^2}{b^2} + \frac{z^2}{c^2} = 1, \quad a,b,c \geq 0,$$
im Punkt $\left(\frac{a}{2}, \frac{b}{2}, \frac{c}{\sqrt{2}}\right)$.

3.2.5. Man berechne die Gleichung der Tangentialebene an die Fläche
$$\Phi = xz^2 + x^2 y + 1 - z = 0$$
im Punkt $(1,-3,2)$.

3.3 Divergenz eines Vektorfeldes

Nach der (skalaren) Multiplikation einer vektoriellen Größe ($\vec{\nabla}$) und einer skalaren Größe (Φ), d.h. der Anwendung eines Vektoroperators auf ein Skalar, ist es doch auch denkbar, den „Quasivektor" $\vec{\nabla}$ skalar mit einem Vektorfeld zu multiplizieren. Es wird sich zeigen, daß gerade diese Operation und eine weitere speziell in der Hydro- und Elektrodynamik von entscheidender Bedeutung sind. Daher nun die

3.3 Divergenz eines Vektorfeldes

Definition 3.3.1:
Sei $\mathcal{G} \subset \mathbf{R}^3$ ein Gebiet und $\vec{V} = (V_1, V_2, V_3) \in C^1(\mathcal{G})$. Dann bezeichnet man

$$\vec{\nabla}\,\vec{V} = \frac{\partial V_1}{\partial x} + \frac{\partial V_2}{\partial y} + \frac{\partial V_3}{\partial z} = \operatorname{div} \vec{V} \qquad (3.3.1)$$

als die **Divergenz** von $\vec{V}$.

Da sich $\vec{\nabla}$ wie ein Vektor verhält, ist die Divergenz[4] als Skalarprodukt von $\vec{\nabla}$ und $\vec{V}$ ein Skalar. Sie läßt sich ebenso wie der Gradient anschaulich deuten. Der Vektor $\vec{v}(x,y,z)$ beschreibe die zeitlich konstante **Stromdichte** einer Flüssigkeitsströmung.

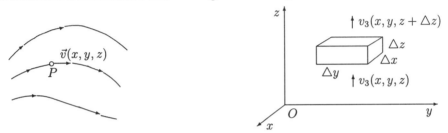

Es ist $\vec{v}$ parallel der Stromrichtung (Stromlinien) und $v = |\vec{v}|$ die Stromstärke, d.h. die Menge Flüssigkeit, die pro Zeiteinheit durch ein senkrecht zu $\vec{v}$ liegendes Flächenelement $\triangle A$ fließt. Bei der Betrachtung des Durchströmens eines Volumenelementes in Form eines kleinen Quaders mit achsenparallelen Kanten der Längen $\triangle x$, $\triangle y$, $\triangle z$ liefern nur die z-Komponenten von $\vec{v}$ einen Beitrag, wenn man sich zunächst auf die zur x,y-Ebene parallelen Flächen beschränkt. Pro Zeiteinheit fließt die Menge $v_3(x,y,z)\triangle x \triangle y$ in die untere Fläche hinein und

$$v_3(x,y,z+\triangle z)\triangle x \triangle y$$

aus der oberen Fläche heraus. Als Nettoanteil der Teilchenzahl pro Zeiteinheit bleibt von der Strömung in z-Richtung in dem Quader die Differenz zwischen Zustrom und Abstrom zurück:

$$\triangle v_3 = \{v_3(x,y,z+\triangle z) - v_3(x,y,z)\}\triangle x \triangle y = \frac{v_3(x,y,z+\triangle z) - v_3(x,y,z)}{\triangle z}\triangle \tau.$$

Dabei ist $\triangle \tau = \triangle x \triangle y \triangle z$ das Volumen des kleinen Quaders. Für den Grenzübergang $\triangle z \to 0$ kann man schreiben

$$dv_3 = \lim_{\triangle z \to 0}\left\{\frac{v_3(x,y,z+\triangle z) - v_3(x,y,z)}{\triangle z}\triangle \tau\right\} = \frac{\partial v_3}{\partial z}d\tau,$$

mit dem sogenannten Volumenelement $d\tau$, mit dem wir uns bei den Dreifachintegralen näher beschäftigen werden. Analog ergibt sich unter Berücksichtigung der anderen Richtungen bzw. Ebenen parallel zur y,z- und x,z-Ebene:

$$dv_1 = \frac{\partial v_1}{\partial x}d\tau \quad \text{und} \quad dv_2 = \frac{\partial v_2}{\partial y}d\tau.$$

---

[4]Diese Bezeichnung stammt aus der Hydromechanik, auf Grund des häufig zu beobachtenden Auseinanderströmens („Divergieren") einer Flüssigkeit.

Die Addition der drei Anteile liefert

$$dv = \left(\frac{\partial v_1}{\partial x} + \frac{\partial v_2}{\partial y} + \frac{\partial v_3}{\partial z}\right) d\tau = \operatorname{div} \vec{v}\, d\tau.$$

Es ist offenbar dv nur dann nicht Null, wenn $\operatorname{div} \vec{v} \neq 0$, bzw. wenn in dem Volumenelement Flüssigkeit produziert wird (oder verschwindet). Man kann also $\operatorname{div} \vec{v}$ als die Quellstärke pro Volumenelement (**Quelldichte**) bezeichnen.

Man nennt einen Punkt P, in dem $\operatorname{div} \vec{v} > 0$ gilt, eine Quelle.
Ist $\operatorname{div} \vec{v} < 0$, spricht man von einer Senke.
Gilt für ein Vektorfeld $\vec{V}$ in $\mathcal{G}$:

$$\boxed{\operatorname{div} \vec{V} = 0,}$$

nennt man das Vektorfeld **quellenfrei** in $\mathcal{G}$.

Beispiel:

3.3.1. Es soll das Gravitationsfeld eines Massenpunktes oder die elektrostatische Anziehungskraft eines Elektrons

$$\vec{F} = \frac{C}{r^3} \vec{r}, \quad r \neq 0,$$

betrachtet werden (siehe Beispiel 3.2.2). Es ist

$$\operatorname{div} \vec{F} = C \left\{ \frac{\partial}{\partial x}\left(\frac{x}{r^3}\right) + \frac{\partial}{\partial y}\left(\frac{y}{r^3}\right) + \frac{\partial}{\partial z}\left(\frac{z}{r^3}\right) \right\}$$

und mit

$$\frac{\partial}{\partial x}\left(\frac{x}{r^3}\right) = \frac{1}{r^3} - \frac{3x^2}{r^5}, \quad \frac{\partial}{\partial y}\left(\frac{y}{r^3}\right) = \frac{1}{r^3} - \frac{3y^2}{r^5}, \quad \frac{\partial}{\partial z}\left(\frac{z}{r^3}\right) = \frac{1}{r^3} - \frac{3z^2}{r^5}$$

(laut Beispiel 2.2.5) ergibt sich durch Addition

$$\operatorname{div} \vec{F} = C \left\{ \frac{3}{r^3} - \frac{3}{r^5}(x^2 + y^2 + z^2) \right\} = C \left(\frac{3}{r^3} - \frac{3r^2}{r^5} \right) = 0,$$

d.h., das Gravitationsfeld ist quellenfrei.

Das war aber das Problem einer Punktladung (oder eines Massenpunktes) im *Ursprung*. Stellt man sich nun eine homogen geladene Vollkugel (Radius a) vor, herrscht im Innern die elektrische Feldstärke

$$\vec{E} = \frac{Q}{4\pi\epsilon_0 a^3} \vec{r},$$

also für $|\vec{r}| = r < a = const$. In diesem Fall erhalten wir

$$\operatorname{div} \vec{E} = \frac{Q}{4\pi\epsilon_0 a^3} \operatorname{div} \vec{r} = \frac{Q}{4\pi\epsilon_0 a^3} \left(\frac{\partial x}{\partial x} + \frac{\partial y}{\partial y} + \frac{\partial z}{\partial z}\right) = \frac{3Q}{4\pi\epsilon_0 a^3}.$$

Mit der Ladungsdichte

$$\varrho_{el} = \frac{\text{Ladung}}{\text{Volumen}} = \frac{Q}{\frac{4}{3}\pi a^3} = \frac{3Q}{4\pi a^3}$$

kann man also schreiben

$$\operatorname{div} \vec{E} = \frac{\varrho_{el}}{\epsilon_0}.$$

Das bedeutet, daß jeder Punkt im Innern der geladenen Kugel eine Quelle der elektrischen Feldstärke ist.

Wie beim Gradienten sollen noch die wichtigsten **Rechenregeln** angegeben werden, von denen die meisten auf Grund der Definition 3.3.1 leicht nachzuvollziehen sind.

1. Sei $c \in \mathbf{R}$ konstant, dann ist

$$\operatorname{div}(c\vec{V}) = c\operatorname{div}\vec{V} \quad \text{bzw.} \quad \vec{\nabla}(c\vec{V}) = c\vec{\nabla}\vec{V}.$$

2. Falls $\vec{V_1}, \vec{V_2} \in C^1(\mathcal{G})$, dann gilt

$$\operatorname{div}(\vec{V_1} + \vec{V_2}) = \operatorname{div}\vec{V_1} + \operatorname{div}\vec{V_2} \quad \text{bzw.} \quad \vec{\nabla}(\vec{V_1} + \vec{V_2}) = \vec{\nabla}\vec{V_1} + \vec{\nabla}\vec{V_2}.$$

3. Sei $\Phi(x, y, z) \in C^1(\mathcal{G})$ ein Skalarfeld, dann ist

$$\operatorname{div}(\Phi\vec{V}) = \Phi\operatorname{div}\vec{V} + \vec{V}\operatorname{grad}\Phi \quad \text{bzw.} \quad \vec{\nabla}(\Phi\vec{V}) = \Phi(\vec{\nabla}\vec{V}) + \vec{V}(\vec{\nabla}\Phi).$$

Insbesondere hier erkennt man die Vorteile der $\vec{\nabla}$-Schreibweise, denn rein formal steht hier die Produktregel.

4. Ist speziell $\vec{V} = \vec{r}$ ein Ortsvektor, so erhält man für dessen Divergenz

$$\operatorname{div}\vec{r} = 3,$$

(s. Beispiel 3.3.1).

5. Für die Divergenz eines kugelsymmetrischen Feldes $\vec{V} = \vec{r}f(r)$ erhält man unter Beachtung der Rechenregeln 3 und 4 und der Regel 6 vom Kapitel 3.2 und Beispiel 3.2.3:

$$\begin{aligned}\operatorname{div}\vec{V} &= \operatorname{div}\{\vec{r}f(r)\} = f(r)\operatorname{div}\vec{r} + \vec{r}\operatorname{grad}f(r) = 3f(r) + \vec{r}\frac{df(r)}{dr}\operatorname{grad}r \\ &= 3f(r) + \vec{r}f'(r)\frac{\vec{r}}{r} = 3f(r) + f'(r)\frac{r^2}{r} = 3f(r) + rf'(r).\end{aligned}$$

6. Bei einem ebenen Vektorfeld $\vec{V}(x, y) = (V_1, V_2)$ besteht die Divergenz nur aus zwei Summanden. Es gilt

$$\operatorname{div}\vec{V} = \frac{\partial V_1}{\partial x} + \frac{\partial V_2}{\partial y}.$$

Sei $\vec{v} = \vec{v}(x, y, z)$ das Geschwindigkeitsfeld eines strömenden Gases (oder einer strömenden Flüssigkeit) mit der Dichte $\rho = \rho(x, y, z, t)$. Der Vektor $\vec{S} = \rho\vec{v}$ ist die sogenannte Stromdichte. Sie beschreibt die strömende Gasmasse pro Flächen- und Zeiteinheit. Weiterhin sei q die Quelldichte in dem betrachteten Gebiet. Dann gilt die **Kontinuitätsgleichung**

$$\frac{\partial \rho}{\partial t} + \operatorname{div}\vec{S} = q,$$

aus der abgelesen werden kann, daß z.B. für den Fall $q = 0$, $\operatorname{div}\vec{S}$ die zeitliche Änderung der Dichte in einem Punkt angibt. Im Falle eines inkompressiblen Mediums gilt $\frac{\partial \rho}{\partial t} = 0$ und damit

$$\operatorname{div}\vec{S} = q, \tag{3.3.2}$$

d.h., $\operatorname{div}\vec{S}$ ist gleich der Quelldichte in dem betreffenden Punkt.

In der Elektrodynamik taucht die Gleichung

$$\frac{\partial \rho}{\partial t} + \mathrm{div}\, \vec{I} = 0$$

auf. Dabei ist ρ die Ladungsdichte und $\vec{I}$ die Stromdichte.

Analoge Zusammenhänge wie in der Gleichung (3.3.2) existieren in der Elektro- und Magnetostatik. Dort gilt

$$\mathrm{div}\, \vec{D} = \rho \quad \text{und} \quad \mathrm{div}\, \vec{B} = 0, \qquad (3.3.3)$$

wobei $\vec{D}$ die elektrische Verschiebung, ρ die elektrische Ladungsdichte und $\vec{B}$ die magnetische Induktion bedeuten. Aus der ersten Gleichung folgt, daß elektrische Ladungen Quellen eines $\vec{D}$-Feldes sind, und aus der zweiten, daß das $\vec{B}$-Feld quellenfrei ist. D.h., es gibt keine Ladungen des Magnetismus.

Aufgaben:

3.3.1. Man bestimme die Divergenz des Gradienten des Skalarfeldes

$$\Phi(x, y, z) = (x - a)^2 + (y - b)^2 + z^2,$$

mit $a, b = const.$

3.3.2. Man berechne die Divergenz des Vektorfeldes

$$\vec{V} = (xy, xyz, xz^2)$$

im Punkt $P(1, -1, 1)$.

3.3.3. Sei $\vec{a}$ ein konstantes Vektorfeld und $\vec{r} = (x, y, z)$. Man berechne $\mathrm{div}\,(\vec{a} \times \vec{r})$.

3.3.4. Man berechne $\mathrm{div}\,(r^n \vec{r})$, $n \in \mathbf{Q}$, $r \neq 0$.

3.3.5. Für welche Funktion $f(r)$ ist das Feld $\vec{V} = f(r)\vec{r}$ quellenfrei?

3.4 Rotation eines Vektorfeldes

Wenn, wie im letzten Paragraphen gesehen, eine skalare Multiplikation des Nabla-Operators mit einem Vektorfeld sich als sinnvoll erwies, warum sollte es dann nicht auch mit einer vektoriellen Multiplikation dieser beiden Größen funktionieren? Deshalb die folgende

---

Definition 3.4.1:

Sei $\mathcal{G} \subset \mathbf{R}^3$ ein Gebiet und $\vec{V} \in C^1(\mathcal{G})$. Dann bezeichnet man

$$\vec{\nabla} \times \vec{V} = \left(\frac{\partial V_3}{\partial y} - \frac{\partial V_2}{\partial z}, \frac{\partial V_1}{\partial z} - \frac{\partial V_3}{\partial x}, \frac{\partial V_2}{\partial x} - \frac{\partial V_1}{\partial y} \right) = \mathrm{rot}\, \vec{V}$$

als die **Rotation** von $\vec{V}$ bzw. als das Wirbelfeld von $\vec{V}$.

Die Formel von $\mathrm{rot}\, \vec{V}$ läßt sich einprägsamer in symbolischer Determinantenform schreiben:

$$\mathrm{rot}\, \vec{V} = \begin{vmatrix} \vec{i} & \vec{j} & \vec{k} \\ \frac{\partial}{\partial x} & \frac{\partial}{\partial y} & \frac{\partial}{\partial z} \\ V_1 & V_2 & V_3 \end{vmatrix}. \qquad (3.4.1)$$

Es ist rot $\vec{V}$, im Gegensatz zu div $\vec{V}$, wie $\vec{V}$ wiederum ein Vektorfeld. Das müßte man zeigen, doch wir verzichten darauf. Zur Erläuterung von rot $\vec{V}$ betrachtet man z.B. die Rotationsbewegung eines starren Körpers. Bekanntlich gilt für die Geschwindigkeit $\vec{v}$ eines Punktes P

$$\vec{v} = \vec{\omega} \times \vec{r},$$

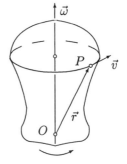

wobei $\vec{\omega}$ die Winkelgeschwindigkeit und $\vec{r}$ der Ortsvektor von P ist. Es ist $\vec{\omega}$ in allen Punkten des Körpers gleich groß, also von $\vec{r}$ unabhängig. Damit ist aber

$$\operatorname{rot}\vec{v} = \operatorname{rot}\begin{vmatrix} \vec{i} & \vec{j} & \vec{k} \\ \omega_1 & \omega_2 & \omega_3 \\ x & y & z \end{vmatrix} = \operatorname{rot}(\omega_2 z - \omega_3 y, \omega_3 x - \omega_1 z, \omega_1 y - \omega_2 x)$$

$$= \begin{vmatrix} \vec{i} & \vec{j} & \vec{k} \\ \frac{\partial}{\partial x} & \frac{\partial}{\partial y} & \frac{\partial}{\partial z} \\ \omega_2 z - \omega_3 y & \omega_3 x - \omega_1 z & \omega_1 y - \omega_2 x \end{vmatrix} = (\omega_1 + \omega_1, \omega_2 + \omega_2, \omega_3 + \omega_3) = 2\vec{\omega}.$$

Da man bei einer Drehbewegung auch von der Existenz eines Wirbels spricht, bezeichnet man allgemein ein Vektorfeld $\vec{V}$ mit

$$\operatorname{rot}\vec{V} = \vec{0}$$

in $\mathcal{G}$ als **wirbelfrei** in $\mathcal{G}$. Analog zur Divergenz spricht man bei rot $\vec{V}$ auch von der **Wirbeldichte** eines Feldes $\vec{V}$. Das Strömungsfeld eines Wirbels hat z.B. auf Grund der Beziehung

$$\operatorname{rot}\vec{V} = \operatorname{rot}\vec{v} = \operatorname{rot}(\vec{\omega} \times \vec{r}) = 2\vec{\omega}$$

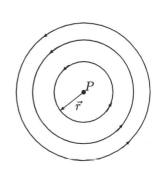

die in der Abbildung angegebene Gestalt. Dabei ist die Wirbelachse durch P gekennzeichnet.

Beispiel:

3.4.1. Es soll gezeigt werden, daß das Vektorfeld

$$\vec{V} = \frac{\vec{r}}{r^2}, \quad r \neq 0,$$

wirbelfrei ist. Dazu berechnet man

$$\operatorname{rot}\vec{V} = \begin{vmatrix} \vec{i} & \vec{j} & \vec{k} \\ \frac{\partial}{\partial x} & \frac{\partial}{\partial y} & \frac{\partial}{\partial z} \\ \frac{x}{r^2} & \frac{y}{r^2} & \frac{z}{r^2} \end{vmatrix} = \left(-\frac{2yz}{r^4} + \frac{2yz}{r^4}, -\frac{2xz}{r^4} + \frac{2xz}{r^4}, -\frac{2xy}{r^4} + \frac{2xy}{r^4}\right) = \vec{0},$$

unter Beachtung von

$$\frac{\partial}{\partial x}(r^{-2}) = -2r^{-3} r_x = -2r^{-3}\frac{x}{r} = -\frac{2x}{r^4}$$

und

$$\frac{\partial}{\partial y}(r^{-2}) = -\frac{2y}{r^4}, \quad \frac{\partial}{\partial z}(r^{-2}) = -\frac{2z}{r^4}.$$

Einige **Rechenregeln** erleichtern den Umgang mit dem neuen Operator:

1. Bedeutet $c \in \mathbf{R}$ eine Konstante, so gilt

$$\text{rot}\,(c\vec{V}) = c\,\text{rot}\,\vec{V} \quad \text{bzw.} \quad \vec{\nabla} \times (c\vec{V}) = c(\vec{\nabla} \times \vec{V}).$$

2. Wie bisher bei den beiden anderen Differentialoperatoren gilt auch

$$\text{rot}\,(\vec{V_1} + \vec{V_2}) = \text{rot}\,\vec{V_1} + \text{rot}\,\vec{V_2} \quad \text{bzw.} \quad \vec{\nabla} \times (\vec{V_1} + \vec{V_2}) = \vec{\nabla} \times \vec{V_1} + \vec{\nabla} \times \vec{V_2}.$$

3. Ist $\Phi = \Phi(x,y,z) \in C^1(\mathcal{G})$ ein Skalarfeld, so läßt sich mit Hilfe der Gleichung (3.4.1) zeigen, daß gilt

$$\text{rot}\,(\Phi\vec{V}) = \Phi\,\text{rot}\,\vec{V} - \vec{V} \times \text{grad}\,\Phi \quad \text{bzw.} \quad \vec{\nabla} \times (\Phi\vec{V}) = \Phi(\vec{\nabla} \times \vec{V}) - \vec{V} \times (\vec{\nabla}\Phi).$$

Auch hier erweist sich die Nabla-Schreibweise als sinnvoll (Produktregel!).

4. Mit $\vec{V} = \vec{r} = (x,y,z)$ ergibt sich

$$\text{rot}\,\vec{r} = \vec{0}.$$

(Beweis: siehe Aufgabe 3.4.1).

5. Für die Rotation eines kugelsymmetrischen Feldes $\vec{V} = f(r)\,\vec{e_r}$ erhält man

$$\begin{aligned}\text{rot}\,\vec{V} &= \text{rot}\left(f(r)\,\vec{e_r}\right) = \text{rot}\left(\frac{f(r)}{r}\vec{r}\right) = \frac{f(r)}{r}\text{rot}\,\vec{r} - \vec{r} \times \text{grad}\left(\frac{f(r)}{r}\right) \\ &= \vec{0} - \vec{r} \times \frac{d}{dr}\left(\frac{f(r)}{r}\right)\vec{e_r} = -\frac{d}{dr}\left(\frac{f(r)}{r}\right)\vec{r} \times \frac{\vec{r}}{r} = \vec{0}\end{aligned}$$

unter Beachtung der Rechenregeln 3 und 4 und Beispiel 3.2.3. Damit ist also auch das Ergebnis im Beispiel 3.4.1 bestätigt.

6. Für die Rotation eines Vektorproduktes kann man leicht die folgende Regel herleiten

$$\text{rot}\,(\vec{V_1} \times \vec{V_2}) = \vec{V_1}\,\text{div}\,\vec{V_2} - \vec{V_2}\,\text{div}\,\vec{V_1} + (\vec{V_2}\,\text{grad}\,)\vec{V_1} - (\vec{V_1}\,\text{grad}\,)\vec{V_2}.$$

Man braucht nur die Komponenten des Vektorproduktes in die Determinante (3.4.1) einzusetzen, die Differentiation durchzuführen und die einzelnen Glieder geeignet zusammenzufassen. In anderer Schreibweise lautet die obige Gleichung

$$\vec{\nabla} \times (\vec{V_1} \times \vec{V_2}) = \vec{V_1}(\vec{\nabla}\vec{V_2}) - \vec{V_2}(\vec{\nabla}\vec{V_1}) + (\vec{V_2}\vec{\nabla})\vec{V_1} - (\vec{V_1}\vec{\nabla})\vec{V_2}.$$

Hier wird auch die Schreibweise $(\vec{V_2}\,\text{grad}\,)\vec{V_1}$ deutlich ($\vec{V_2}(\text{grad}\,\vec{V_1})$ ist sinnlos!). Denn Nabla ist ein Vektor-Operator, der auf den nachfolgenden Faktor einwirkt[5], d.h., es bedeutet

$$\begin{aligned}(\vec{V}\,\text{grad}\,)\vec{W} &= (\vec{V}\vec{\nabla})\vec{W} = \left(V_1\frac{\partial}{\partial x} + V_2\frac{\partial}{\partial y} + V_3\frac{\partial}{\partial z}\right)(W_1, W_2, W_3) \\ &= \left(V_1\frac{\partial W_1}{\partial x} + V_2\frac{\partial W_1}{\partial y} + V_3\frac{\partial W_1}{\partial z}, \ldots, \ldots\right).\end{aligned}$$

Dagegen wäre

$$\vec{V}(\vec{\nabla}\vec{W}) = (V_1, V_2, V_3)\left(\frac{\partial W_1}{\partial x} + \frac{\partial W_2}{\partial y} + \frac{\partial W_3}{\partial z}\right) = \left(V_1\frac{\partial W_1}{\partial x} + V_1\frac{\partial W_2}{\partial y} + V_1\frac{\partial W_3}{\partial z}, \ldots, \ldots\right).$$

---

[5] Jeans charakterisierte $\vec{\nabla}$ als „hungry for something to differentiate".

7. Bei einem ebenen Vektorfeld $\vec{V}(x,y) = (V_1, V_2)$ sind die x- und y-Komponente der Rotation Null, da in (3.4.1) $V_3 = 0$ ist und die partiellen Ableitungen nach z verschwinden. Es bleibt nur noch

$$\operatorname{rot} \vec{V} = \left(\frac{\partial V_2}{\partial x} - \frac{\partial V_1}{\partial y} \right) \vec{k}.$$

Hat man z.B. ein ebenes Vektorfeld $\vec{V} = (u(x,y), v(x,y))$, das quellenfrei und wirbelfrei sein soll, gilt also

$$\operatorname{div} \vec{V} = u_x + v_y = 0 \quad \text{und} \quad \operatorname{rot} \vec{V} = (v_x - u_y)\vec{k} = \vec{0}$$

bzw.

$$u_x = -v_y, \quad u_y = v_x.$$

Bis auf einen Vorzeichenwechsel bei u oder v sind das die sogenannten **Cauchy**[6]-**Riemannschen**[7] **Differentialgleichungen**, die bei komplexen Funktionen eine fundamentale Bedeutung haben. Denn so wie jede komplexe Zahl z einen Real- und Imaginärteil hat, und man sie auch als Vektor deuten kann, hat auch jede Funktion $f(z)$ einer komplexen Zahl einen Realteil $u(x,y)$ und Imaginärteil $v(x,y)$.

Es folgen nun noch einige **Rechenregeln**, bei denen die Operatoren grad, div oder rot gemeinsam auftreten.

8. *Sei* $\Phi = \Phi(x,y,z) \in C^2(\mathcal{G})$ *ein Skalarfeld. Dann gilt*

$$\boxed{\operatorname{rot} \operatorname{grad} \Phi \equiv \vec{0}} \quad \text{bzw.} \quad \vec{\nabla} \times (\vec{\nabla} \Phi) \equiv \vec{0}. \tag{3.4.2}$$

Beweis: Es ist

$$\operatorname{rot} \operatorname{grad} \Phi = \begin{vmatrix} \vec{i} & \vec{j} & \vec{k} \\ \frac{\partial}{\partial x} & \frac{\partial}{\partial y} & \frac{\partial}{\partial z} \\ \frac{\partial \Phi}{\partial x} & \frac{\partial \Phi}{\partial y} & \frac{\partial \Phi}{\partial z} \end{vmatrix} = \left(\frac{\partial^2 \Phi}{\partial z \partial y} - \frac{\partial^2 \Phi}{\partial y \partial z}, \frac{\partial^2 \Phi}{\partial x \partial z} - \frac{\partial^2 \Phi}{\partial z \partial x}, \frac{\partial^2 \Phi}{\partial y \partial x} - \frac{\partial^2 \Phi}{\partial x \partial y} \right) = \vec{0}$$

nach dem Satz von Schwarz.

Das bedeutet also, daß Gradientenfelder, d.h. Vektorfelder $\vec{V}$, für die $\vec{V} = \operatorname{grad} \Phi$ gilt, stets wirbelfrei sind. Später wird gezeigt werden, daß auch die Umkehrung gilt, d.h., daß jedes wirbelfreie Feld $\vec{V}$ in einem geeigneten Gebiet als Gradientenfeld einer skalaren Größe dargestellt werden kann.

9. *Sei* $\vec{V} \in C^2(\mathcal{G})$ *ein Vektorfeld. Dann gilt*

$$\boxed{\operatorname{div} \operatorname{rot} \vec{V} \equiv 0} \quad \text{bzw.} \quad \vec{\nabla}(\vec{\nabla} \times \vec{V}) \equiv 0. \tag{3.4.3}$$

Beweis: Es ist

$$\operatorname{div} \operatorname{rot} \vec{V} = \frac{\partial}{\partial x} \left(\frac{\partial V_3}{\partial y} - \frac{\partial V_2}{\partial z} \right) + \frac{\partial}{\partial y} \left(\frac{\partial V_1}{\partial z} - \frac{\partial V_3}{\partial x} \right) + \frac{\partial}{\partial z} \left(\frac{\partial V_2}{\partial x} - \frac{\partial V_1}{\partial y} \right) \equiv 0.$$

---

[6] Augustin Louis Cauchy (1789 – 1857), französischer Mathematiker
[7] Bernhard Georg Friedrich Riemann (1826 – 1866), deutscher Mathematiker

Das heißt physikalisch: *Jedes Wirbelfeld ist stets quellenfrei.*
Auch hier gilt die Umkehrung (ohne Beweis): *Ein Quellenfeld ist stets wirbelfrei.*
Gilt für ein wirbelfreies Feld $\vec{V}$

$$\text{div } \vec{V} \neq 0,$$

spricht man von einem wirbelfreien Quellenfeld bzw. einem **Poisson-Feld**, und falls

$$\text{div } \vec{V} = 0,$$

von einem quellen- und wirbelfreien Feld bzw. einem **Laplace-Feld**.
Gilt für ein quellenfreies Feld (ein Feld $\vec{V}$ mit div $\vec{V} = 0$)

$$\text{rot } \vec{V} \neq \vec{0},$$

spricht man von einem solenoidalen Feld. Dabei bedeutet „solenoidal"[8] so viel wie „von einer stromdurchflossenen Spule erzeugt". Bis heute hat man nämlich noch keine magnetischen Ladungen gefunden, d.h., ein Magnetfeld $\vec{H}$ ist immer quellenfrei. Es gilt also stets

$$\text{div } \vec{H} = 0,$$

(siehe auch Geichung 3.3.3).

10. Seien $\vec{V_1}, \vec{V_2} \in C^1(\mathcal{G})$ zwei Vektorfelder. Dann gilt

$$\text{div}(\vec{V_1} \times \vec{V_2}) = \vec{V_2} \text{ rot } \vec{V_1} - \vec{V_1} \text{ rot } \vec{V_2} \quad \text{bzw.} \quad \vec{\nabla}(\vec{V_1} \times \vec{V_2}) = \vec{V_2}(\vec{\nabla} \times \vec{V_1}) - \vec{V_1}(\vec{\nabla} \times \vec{V_2}).$$

Das ist die Produktregel für den Differentialoperator $\vec{\nabla}$ beim Kreuzprodukt. Der Beweis soll im Rahmen der Aufgabe 3.4.2 erfolgen.

11. Sei $\vec{V} \in C^2(\mathcal{G})$ ein Vektorfeld. Dann gilt

$$\text{rot rot } \vec{V} = \text{grad div } \vec{V} - \Delta \vec{V} \quad \text{bzw.} \quad \vec{\nabla} \times (\vec{\nabla} \times \vec{V}) = \vec{\nabla}(\vec{\nabla}\vec{V}) - (\vec{\nabla}\vec{\nabla})\vec{V}.$$

Dabei bedeutet

$$\Delta = \vec{\nabla}\vec{\nabla} = \left(\frac{\partial}{\partial x}, \frac{\partial}{\partial y}, \frac{\partial}{\partial z}\right)\left(\frac{\partial}{\partial x}, \frac{\partial}{\partial y}, \frac{\partial}{\partial z}\right) = \frac{\partial^2}{\partial x^2} + \frac{\partial^2}{\partial y^2} + \frac{\partial^2}{\partial z^2}$$

und

$$\Delta \vec{V} = \Delta(V_1, V_2, V_3) = (\Delta V_1, \Delta V_2, \Delta V_3).$$

Die eigentliche Definition dieses Δ-Operators erfolgt im nächsten Paragraphen. Der Beweis der letzten Rechenregel geschieht ganz einfach komponentenweise.

Beispiel:

3.4.2. Es sollen die Quellen und Wirbel des Feldes $\vec{V} = (\text{grad } \Phi) \times (\text{grad } \Psi)$ bestimmt werden.
  a) Man erhält mit der Regel 10:

$$\begin{aligned} \text{div } \vec{V} &= \text{div}\{(\text{grad } \Phi) \times (\text{grad } \Psi)\} = \text{grad } \Psi \text{ rot grad } \Phi - \text{grad } \Phi \text{ rot grad } \Psi \\ &= \text{grad } \Psi \cdot \vec{0} - \text{grad } \Phi \cdot \vec{0} = 0. \end{aligned}$$

  b) Es ist wegen der Regel 6 :

$$\begin{aligned} \text{rot } \vec{V} &= \text{rot}\{(\text{grad } \Phi) \times (\text{grad } \Psi)\} \\ &= \text{grad } \Phi \text{ div grad } \Psi - \text{grad } \Psi \text{ div grad } \Phi + (\text{grad } \Psi \text{ grad })\text{grad } \Phi - (\text{grad } \Phi \text{ grad })\text{grad } \Psi \\ &= \text{grad } \Phi(\vec{\nabla}\vec{\nabla})\Psi - \text{grad } \Psi(\vec{\nabla}\vec{\nabla})\Phi + (\text{grad } \Psi \vec{\nabla})\text{grad } \Phi - (\text{grad } \Phi \vec{\nabla})\text{grad } \Psi. \end{aligned}$$

---
[8] Das griechische Wort für Spule ist solènas.

Es gibt übrigens zwei bekannte Beispiele für möglicherweise wirbelfreie Vektorfelder in der Elektrodynamik. Dort gelten neben den beiden Gleichungen (3.3.3) noch zwei andere:

$$\operatorname{rot} \vec{E} = -\frac{\partial \vec{B}}{\partial t}, \quad \operatorname{rot} \vec{H} = \frac{\partial \vec{D}}{\partial t} + \vec{I}. \tag{3.4.4}$$

Dabei bedeuten $\vec{E}$ bzw. $\vec{H}$ die elektrische bzw. magnetische Feldstärke, $\vec{B}$ die magnetische Induktion, $\vec{D}$ die dielektrische Verschiebung und $\vec{I}$ die elektrische Stromdichte.

Nach der ersten Gleichung von (3.4.4) erzeugt eine zeitliche Änderung der magnetischen Induktion ein elektrisches Wirbelfeld (Induktionsgesetz). Und nach der zweiten Gleichung erzeugt jede zeitliche Änderung eines elektrischen Feldes (beachte $\vec{D} = \epsilon \vec{E}$) und jeder Strom ein magnetisches Wirbelfeld.

Alle vier Gleichungen (3.3.3) und (3.4.4) sind die sogenannten **Maxwellschen Gleichungen**[9], die Grundgleichungen der Elektrodynamik.

Aufgaben:

3.4.1. Man zeige, daß gilt

$$\operatorname{rot} \vec{r} = \vec{0}.$$

3.4.2. Man beweise die Rechenregel 10:

$$\operatorname{div}(\vec{V} \times \vec{W}) = \vec{W} \operatorname{rot} \vec{V} - \vec{V} \operatorname{rot} \vec{W}.$$

3.4.3. Man zeige, daß

$$(\vec{a}\,\vec{\nabla})\vec{r} \neq \vec{a}(\vec{\nabla}\,\vec{r}),$$

wobei $\vec{a} \neq \vec{0}$ ein konstanter Vektor und $\vec{r} = (x, y, z)$ ist.

3.4.4. Für welchen Wert des Parameters λ ist das Vektorfeld

$$\vec{V} = \left(\lambda xy - z^3, (\lambda - 2)x^2, (1 - \lambda)xz^2\right)$$

wirbelfrei?

3.5 Der Laplace-Operator

Für ein Skalarfeld $\Phi(x, y, z) \in C^2(\mathcal{G})$ ist $\vec{V} = \operatorname{grad} \Phi = \vec{\nabla}\Phi$ ein Vektorfeld und

$$\operatorname{div} \vec{V} = \operatorname{div} \operatorname{grad} \Phi = \vec{\nabla}(\vec{\nabla}\Phi)$$

wiederum ein Skalarfeld. Diese zweimalige Anwendung des Nabla-Operators bezeichnet man als Δ**-Operator** (Delta-Operator) oder **Laplace-Operator** und schreibt

$$\begin{aligned}\vec{\nabla}(\vec{\nabla}\Phi) &= \left(\frac{\partial}{\partial x}, \frac{\partial}{\partial y}, \frac{\partial}{\partial z}\right)\left(\frac{\partial \Phi}{\partial x}, \frac{\partial \Phi}{\partial y}, \frac{\partial \Phi}{\partial z}\right) = \frac{\partial^2 \Phi}{\partial x^2} + \frac{\partial^2 \Phi}{\partial y^2} + \frac{\partial^2 \Phi}{\partial z^2} \\ &= \left(\frac{\partial^2}{\partial x^2} + \frac{\partial^2}{\partial y^2} + \frac{\partial^2}{\partial z^2}\right)\Phi = \Delta \Phi.\end{aligned}$$

---
[9] James Clerk Maxwell (1831 – 1879), englischer Physiker, Mathematiker und Astronom

In der Rechenregel 11 im Kapitel 3.4 tauchte er bereits auf. Formal ist also der Laplace-Operator das Quadrat des Nabla-Operators:

$$\vec{\nabla}\,\vec{\nabla} = \vec{\nabla}^{\,2} = \Delta.$$

Wie beim Gradienten ist es wichtig zu wissen, daß dieser Operator skalar-invariant ist, d.h., seine Form bleibt bei Drehung oder Translation des Koordinatensystems ungeändert.

Beispiel:

3.5.1. Um den Delta-Operator auf ein skalares Zentralfeld $\Phi = \Phi(r)$ anzuwenden, benutzt man Beispiel 3.2.3. Dort ergab sich

$$\vec{\nabla}\,\Phi = \operatorname{grad}\Phi = \Phi'(r)\,\vec{e}_r\,.$$

Nun wird die Rechenregel 5 der Divergenz angewendet und man erhält

$$\begin{aligned}
\Delta\Phi &= \vec{\nabla}(\vec{\nabla}\Phi) = \operatorname{div}\operatorname{grad}\Phi = \operatorname{div}\left(\frac{\Phi'(r)}{r}\vec{r}\right) \\
&= 3\frac{\Phi'(r)}{r} + r\frac{d}{dr}\left(\frac{\Phi'(r)}{r}\right) = 3\frac{\Phi'(r)}{r} + r\frac{\Phi''(r)}{r} - r\frac{\Phi'(r)}{r^2} = \Phi''(r) + 2\frac{\Phi'(r)}{r}\,.
\end{aligned}$$

Also gilt z.B. für $\quad \Phi(r) = \dfrac{1}{r} \quad$ mit $\quad \Phi'(r) = -\dfrac{1}{r^2},\quad \Phi''(r) = \dfrac{2}{r^3}\,$:

$$\Delta\Phi = \frac{2}{r^3} + \frac{2}{r}\left(-\frac{1}{r^2}\right) = 0.$$

Die Gleichung

$$\boxed{\Delta\Phi = 0}$$

bezeichnet man als **Laplacesche Differentialgleichung** oder kurz **Laplace-Gleichung** und nennt dann $\Phi \in C^2(\mathcal{G})$ eine harmonische Funktion.

Ist ein Vektorfeld $\vec{V} \in C^1(\mathcal{G})$ der Gradient eines Skalarfeldes Φ, d.h. gilt

$$\vec{V} = \operatorname{grad}\Phi,$$

erhält man mit $\operatorname{div}\vec{V} = f(x,y,z)$ die inhomogene **Potential-Gleichung** oder **Poisson-Gleichung**

$$\boxed{\Delta\Phi = f(x,y,z),}$$

und bezeichnet Φ als (skalares) **Potential**. Unter anderem ist es Aufgabe der Potentialtheorie, Lösungen dieser Differentialgleichung zu bestimmen unter Beachtung vorgegebener Anfangs- und Randbedingungen.

Für ein *Poisson-Feld* $\vec{V}$ galt

$$\operatorname{div}\vec{V} \neq 0 \quad \text{und} \quad \operatorname{rot}\vec{V} = \vec{0}.$$

Für die zugehörige Potentialfunktion Φ mit $\vec{V} = \operatorname{grad}\Phi$ gilt

$$\operatorname{div}\vec{V} = \operatorname{div}\operatorname{grad}\Phi \neq 0,$$

also die Poisson-Gleichung.

Analog ergibt sich der Name *Laplace-Feld*. Denn aus

$$\operatorname{div}\vec{V} = 0 \quad \text{und} \quad \operatorname{rot}\vec{V} = \vec{0}$$

folgt mit $\vec{V} = \text{grad } \Phi$:

$$\text{div } \vec{V} = \text{div grad } \Phi = \Delta \Phi = 0,$$

also die Laplace-Gleichung.

Übrigens erzeugt jede Lösung Φ der Laplaceschen Differentialgleichung $\Delta \Phi = 0$ ein Vektorfeld grad $\Phi = \vec{V}$, das sowohl quellen- als auch wirbelfrei ist. Denn es gilt

$$\text{div } \vec{V} = \text{div grad } \Phi = \Delta \Phi \equiv 0 \quad \text{und} \quad \text{rot } \vec{V} = \text{rot grad } \Phi \equiv \vec{0}$$

nach Gleichung (3.4.2).

Bei einem ebenen Problem hat der Laplace-Operator die Gestalt

$$\Delta = \frac{\partial^2}{\partial x^2} + \frac{\partial^2}{\partial y^2},$$

und somit lautet die Laplace-Gleichung

$$\Delta \Phi = \Phi_{xx} + \Phi_{yy} = 0.$$

Beispiele:

3.5.2. Wir wollen zeigen, daß $\Phi = \ln \varrho$ mit $\varrho = \sqrt{x^2 + y^2}$ die Laplace-Gleichung im $\mathbf{R}^2$ löst. Es ist

$$\Phi = \ln \varrho = \ln \sqrt{x^2 + y^2} = \frac{1}{2} \ln(x^2 + y^2)$$

und damit

$$\Phi_x = \frac{x}{x^2 + y^2}, \quad \Phi_y = \frac{y}{x^2 + y^2},$$

$$\Phi_{xx} = \frac{x^2 + y^2 - x \cdot 2x}{(x^2 + y^2)^2} = \frac{y^2 - x^2}{(x^2 + y^2)^2}, \quad \Phi_{yy} = \frac{x^2 + y^2 - y \cdot 2y}{(x^2 + y^2)^2} = \frac{x^2 - y^2}{(x^2 + y^2)^2}.$$

Addition der beiden letzten Terme ergibt

$$\Delta \Phi = \frac{1}{\varrho^4}(y^2 - x^2 + x^2 - y^2) = 0.$$

3.5.3. Die Umströmung eines Kreiszylinders vom Radius R läßt sich durch das Geschwindigkeitspotential

$$\Phi = cx \left(1 + \frac{R^2}{x^2 + y^2}\right) \quad \text{für } x^2 + y^2 \geq R^2, \quad c \in \mathbf{R},$$

beschreiben. Für das Geschwindigkeitsfeld selbst erhält man mit

$$\vec{v}(x, y) = \text{grad } \Phi = (\Phi_x, \Phi_y) = c \left(1 + \frac{R^2}{x^2 + y^2} - x \frac{2xR^2}{(x^2 + y^2)^2}, -\frac{2yxR^2}{(x^2 + y^2)^2}\right)$$

$$= c \left(1 + R^2 \frac{y^2 - x^2}{(x^2 + y^2)^2}, -R^2 \frac{2xy}{(x^2 + y^2)^2}\right).$$

Dieses Feld ist quellenfrei, da

$$\text{div } \vec{v} = \frac{\partial v_1}{\partial x} + \frac{\partial v_2}{\partial y}$$

$$= \frac{cR^2}{(x^2 + y^2)^4}\{-2x(x^2 + y^2)^2 - (y^2 - x^2)2(x^2 + y^2)2x - 2x(x^2 + y^2)^2 + 2xy \cdot 2(x^2 + y^2)2y\}$$

$$= \frac{cR^2}{(x^2 + y^2)^3}\{-2x(x^2 + y^2) - 4x(y^2 - x^2) - 2x(x^2 + y^2) + 8xy^2\} = 0$$

und wirbelfrei, da
$$\operatorname{rot} \vec{v} = \operatorname{rot} \operatorname{grad} \Phi \equiv \vec{0}.$$
Ist die Geschwindigkeit $\vec{v}(x,y) = \vec{0}$, dann muß gelten
$$R^2 \frac{y^2 - x^2}{(x^2 + y^2)^2} = -1 < 0 \qquad (3.5.1)$$
und $2xy = 0$. Da $x = 0$ wegen (3.5.1) nicht möglich ist, bleibt $y = 0$ und somit
$$-\frac{R^2 x^2}{x^4} = -1 \quad \text{bzw.} \quad x = \pm R.$$
Das sind die sogenannten Staupunkte: $P_1(R,0)$, $P_2(-R,0)$.
Für die Geschwindigkeit am Rand des Zylinders auf der y-Achse, d.h. für $x = 0, y = \pm R$, ergibt sich
$$\vec{v}(0, \pm R) = c\left(1 + R^2 \frac{R^2}{R^4}, 0\right) = 2(c, 0) = 2\vec{v}_\infty,$$
wobei
$$\vec{v}_\infty = \lim_{|x| \to \infty} \vec{v}(x,y) = c(1,0) = (c,0).$$

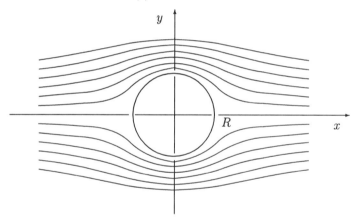

Aufgaben:

3.5.1. Man berechne $\Delta(\ln r)$ mit $r = \sqrt{x^2 + y^2 + z^2} \neq 0$.

3.5.2. Man löse die Laplacesche Differentialgleichung für ein skalares Zentralfeld $\Phi = \Phi(r)$ (s. Beispiel 3.5.1):
$$\Delta \Phi = \Phi''(r) + 2\frac{\Phi'(r)}{r} = 0.$$

3.5.3. Man zeige, daß gilt
$$\Delta(\Phi \Psi) = \Phi \Delta \Psi + 2\operatorname{grad} \Phi \operatorname{grad} \Psi + \Psi \Delta \Phi.$$

3.5.4. Es sei $\Phi = ax^2 + bxy + cy^2 + dz$.
Lassen sich a, b, c, d so angeben, daß Φ harmonisch ist?

3.5.5. Man bestimme $\Delta\{\Phi(r)r\}$ und $\Delta\{\Phi(r)r^2\}$.
Anleitung: Man beachte Aufgabe 3.5.3, Beispiel 3.5.1 und 3.2.3 und Regel 5 im Kapitel 3.3.
Man löse die Gleichung $\Delta\{\Phi(r)r\} = 0$.

4 Kurvenintegrale, Potentiale

4.1 Kurvenintegrale

In der Physik wird die Arbeit definiert als „Kraft mal Weg". Wirkt eine konstante Kraft $\vec{F}$ auf einen Körper nicht parallel zum linearen Weg $\vec{r}$, ist nur die Komponente von $\vec{F}$ in Richtung von $\vec{r}$, also $|\vec{F}|\cos\alpha$ maßgebend. Somit ist die Arbeit

$$A = |\vec{r}||\vec{F}|\cos\alpha = \vec{r}\vec{F}.$$

Wenn bei weiterhin geradlinigem Weg sich aber die Kraft während der Bewegung in ihrer Größe oder Richtung ändert, zerlegt man den gesamten Weg $\vec{r}$ in kleinere Teile $\Delta\vec{r}_i$:

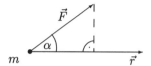

$$\vec{r} = \sum_{i=1}^{n} \Delta\vec{r}_i,$$

auf denen die Kraft jeweils näherungsweise konstant ist. D.h., auf $\Delta\vec{r}_i$ soll die Kraft $\vec{F}(\vec{r}_i)$ wirken. Für die Arbeit ergibt sich dann

$$A = \sum_{i=1}^{n} \Delta A_i = \sum_{i=1}^{n} \vec{F}(\vec{r}_i)\Delta\vec{r}_i.$$

Genauso verfährt man nun, wenn der Körper keinen geradlinigen Weg beschreibt, sondern eine gekrümmte Kurve $\mathcal{C}$ im Raum. Diese sei stückweise glatt und habe die Parameterdarstellung $\vec{r} = \vec{r}(t)$, $a \leq t \leq b$. Auf ihr wird eine Intervalleinteilung $\mathcal{Z}$ der Form

$$a = t_0 < t_1 < \cdots < t_n = b$$

mit den Ortsvektoren

$$\vec{r}_a = \vec{r}_0 = \vec{r}(t_0), \quad \vec{r}_1 = \vec{r}(t_1), \quad \ldots, \quad \vec{r}_b = \vec{r}_n = \vec{r}(t_n)$$

vorgenommen. Man ersetzt nun $\mathcal{C}$ durch kleinere Teilstrecken $\Delta\vec{r}_i = \vec{r}_i - \vec{r}_{i-1}$, $i = 1, \ldots, n$, auf denen sowohl die Kraft als konstant als auch die Bewegung als geradlinig angesehen werden kann. Somit ergibt sich für die Arbeit näherungsweise der Ausdruck

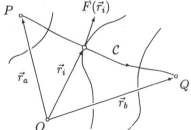

$$A \approx \sum_{i=1}^{n} \vec{F}\big(\vec{r}(\xi_i)\big)\Delta\vec{r}_i,$$

mit beliebigen festen $\xi_i \in [t_{i-1}, t_i]$, $1 \leq i \leq n$. Wird die Unterteilung immer mehr verfeinert, was man durch $\mathcal{Z} \to \infty$ bzw. $n \to \infty$ und $\Delta\vec{r}_i \to 0$ für alle i beschreibt, führt das Ergebnis für ein beliebiges räumliches Vektorfeld $\vec{V}$ zur folgenden Definition:

Definition 4.1.1:

Den endlichen Grenzwert

$$\lim_{n\to\infty} \sum_{i=1}^{n} \vec{V}\left(\vec{r}(\xi_i)\right)\Delta\vec{r}_i = \int_{P(\mathcal{C})}^{Q} \vec{V}(\vec{r})\,d\vec{r} = \int_{t_0}^{t_1} \vec{V}\left(\vec{r}(t)\right)\dot{\vec{r}}(t)\,dt \qquad (4.1.1)$$

bezeichnet man als **Kurven-** oder **Linienintegral** über das Vektorfeld $\vec{V}$ längs des Weges $\mathcal{C}$ von P nach Q mit der Parameterdarstellung $\vec{r}(t)$, $t_0 \le t \le t_1$.

Offensichtlich wird in (4.1.1) über skalare Größen $\vec{V}\,d\vec{r}$ summiert bzw. integriert, so daß das Ergebnis wieder ein Skalar ist.

Beispiel:

4.1.1. Das Feld, das von einer im Ursprung befindlichen Punktladung Q_0 im Vakuum erzeugt wird, ist

$$\vec{E} = \frac{Q_0}{4\pi\epsilon_0}\frac{\vec{r}}{r^3},$$

und die mechanische Kraft, die auf eine Ladung q in diesem Feld wirkt, ist

$$\vec{F} = q\vec{E}.$$

Wird nun diese Ladung längs einer Kurve $\mathcal{C}$ mit der Parameterdarstellung $\vec{r}(t), t_0 \le t \le t_1$, bewegt, so ist die dabei zu verrichtende Arbeit

$$\begin{aligned}
A &= \int_\mathcal{C} \vec{F}\,d\vec{r} = q\frac{Q_0}{4\pi\epsilon_0}\int_\mathcal{C} \frac{\vec{r}}{r^3}\,d\vec{r} = q\frac{Q_0}{4\pi\epsilon_0}\int_{t_0}^{t_1}\frac{1}{r^3}\vec{r}\dot{\vec{r}}\,dt \\
&= -\frac{qQ_0}{4\pi\epsilon_0}\int_{t_0}^{t_1}\frac{d}{dt}\left(\frac{1}{r(t)}\right)dt = -\frac{qQ_0}{4\pi\epsilon_0}\left(\frac{1}{r(t_1)} - \frac{1}{r(t_0)}\right),
\end{aligned}$$

also *unabhängig* vom Verlauf des Weges $\mathcal{C}$. Zur Integration sei angemerkt:

$$\frac{d}{dt}\left(\frac{1}{r(t)}\right) = \frac{d}{dt}(\vec{r}\vec{r})^{-1/2} = -\frac{1}{2}(\vec{r}\vec{r})^{-3/2}(\dot{\vec{r}}\vec{r} + \vec{r}\dot{\vec{r}}) = -\frac{1}{2}\frac{1}{(r^2)^{3/2}}2\vec{r}\dot{\vec{r}} = -\frac{1}{r^3}\vec{r}\dot{\vec{r}}.$$

Das Resultat des Integrals (4.1.1) hängt aber i.allg. nicht nur vom Anfangs- und Endpunkt P und Q, sondern auch vom Verlauf der Kurve $\mathcal{C}$ ab.

Beispiel:

4.1.2. Gegeben sei das Kraftfeld $\vec{F} = (2y + 3, xz, yz - x)$. Wir wollen die Arbeit A längs der Wege
a) $\vec{r}(t) = (2t^2, t, t^3)$, $0 \le t \le 1$,
b) die gerade Verbindungsstrecke von $P(0,0,0)$ bis $Q(2,1,1)$
berechnen. Offensichtlich hat auch die erste Kurve den Anfangs- und Endpunkt P und Q.
a) Mit $\dot{\vec{r}}(t) = (4t, 1, 3t^2)$ erhalten wir

$$\begin{aligned}
A &= \int_P^Q \vec{F}\,d\vec{r} = \int_0^1 (2t + 3, 2t^2 \cdot t^3, t \cdot t^3 - 2t^2)(4t, 1, 3t^2)dt \\
&= \int_0^1 (8t^2 + 12t + 2t^5 + 3t^6 - 6t^4)dt \\
&= \frac{8}{3} + 6 + \frac{1}{3} + \frac{3}{7} - \frac{6}{5} = 9 + \frac{15 - 42}{35} = 9 - \frac{27}{35} = \frac{288}{35}.
\end{aligned}$$

b) Für den zweiten Weg wählen wir die Parameterdarstellung

$$\vec{r}(t) = (0,0,0) + t\{(2,1,1) - (0,0,0)\} = t(2,1,1), \quad 0 \le t \le 1,$$

und können mit $\dot{\vec{r}}(t) = (2,1,1)$ schreiben

$$\begin{aligned} A &= \int_P^Q \vec{F} \, d\vec{r} = \int_0^1 (2t+3, 2t^2, t^2-2t)(2,1,1) dt = \int_0^1 (4t+6+2t^2+t^2-2t) dt \\ &= \int_0^1 (3t^2+2t+6) dt = [t^3+t^2+6t]_0^1 = 1+1+6 = 8. \end{aligned}$$

Also ist das Linienintegral, d.h. in diesem Fall die Arbeit, *abhängig* vom Weg.

Man bezeichnet das Linienintegral über ein elektrisches Feld $\vec{E}$

$$\int_P^Q \vec{E} \, d\vec{r}$$

auch als *Spannung* zwischen P und Q.

Eine Möglichkeit der Berechnung des Ausdrucks (4.1.1) mit $\vec{V} = (V_1, V_2, V_3)$ ist in den obigen Beispielen durch die Form

$$\int_P^Q \vec{V}(\vec{r}) \, d\vec{r} = \int_{t=t_0}^{t=t_1} \vec{V}(\vec{r}(t)) \frac{d\vec{r}}{dt} dt \tag{4.1.2}$$

bereits angedeutet worden. Aus dem Skalarprodukt

$$\vec{V}(\vec{r}) d\vec{r} = (V_1, V_2, V_3)(dx, dy, dz) = V_1 dx + V_2 dy + V_3 dz$$

ergibt sich mit $P(x_1, y_1, z_1)$ bzw. $Q(x_2, y_2, z_2)$:

$$\int_P^Q \vec{V}(\vec{r}) \, d\vec{r} = \int_{x_1}^{x_2} V_1 \, dx + \int_{y_1}^{y_2} V_2 \, dy + \int_{z_1}^{z_2} V_3 \, dz. \tag{4.1.3}$$

Dabei muß beachtet werden, daß beim ersten Integral der rechten Seite die Kurve $\mathcal{C}$ mittels des Parameters x beschrieben wird. D.h., es ist $\vec{r}(x) = (x, y(x), z(x))$ und damit auch

$$V_1 = V_1\Big(x, y(x), z(x)\Big).$$

Analoges gilt für die beiden anderen Integrale.

Beispiel:

4.1.3. Gegeben sei das Vektorfeld

$$\vec{V} = (3x^2 + 2y, -9yz, 8xz^2).$$

Es soll die Arbeit längs einer Kurve vom Punkt $P(0,0,0)$ zum Punkt $Q(1,1,1)$ berechnet werden. Die Projektion dieser Kurve auf die x,y-Ebene habe die Form $y = x^2$, und ebenso gelte für die Projektion auf die y,z-Ebene die Beziehung $z = y^2$.
Eine mögliche Parameterdarstellung der Kurve ist z.B.

$$\vec{r}(t) = (t, t^2, t^4), \quad 0 \le t \le 1.$$

Mit $d\vec{r} = (1, 2t, 4t^3) dt$ und

$$\vec{V}(\vec{r}(t)) = (3t^2 + 2t^2, -9t^2 t^4, 8t \cdot t^8) = (5t^2, -9t^6, 8t^9) \qquad \text{erhält man}$$

$$A = \int_P^Q \vec{V}\, d\vec{r} = \int_0^1 (5t^2, -9t^6, 8t^9)(1, 2t, 4t^3)\, dt = \int_0^1 (5t^2 - 18t^7 + 32t^{12})\, dt$$
$$= \left[\frac{5}{3}t^3 - \frac{18}{8}t^8 + \frac{32}{13}t^{13}\right]_0^1 = \frac{5}{3} - \frac{9}{4} + \frac{32}{13} = \frac{260 - 351 + 384}{156} = \frac{293}{156}.$$

Nun sei noch auf die *zweite Variante* eingegangen. Für das erste Integral auf der rechten Seite in (4.1.3) ergibt sich mit $y = x^2$, $z = x^4$:

$$\int_{x_1}^{x_2} V_1\, dx = \int_0^1 (3x^2 + 2x^2)\, dx = \int_0^1 5x^2\, dx = \left[\frac{5}{3}x^3\right]_0^1 = \frac{5}{3}.$$

Für das zweite Integral erhält man mit $x = \sqrt{y}$, $z = y^2$:

$$\int_{y_1}^{y_2} V_2\, dy = \int_0^1 (-9y)y^2\, dy = -9\int_0^1 y^3\, dy = \left[-\frac{9}{4}y^4\right]_0^1 = -\frac{9}{4},$$

und für das letzte Integral gilt mit $x = \sqrt[4]{z}$, $y = \sqrt{z}$:

$$\int_{z_1}^{z_2} V_3\, dz = \int_0^1 8\sqrt[4]{z}\, z^2\, dz = 8\int_0^1 z^{9/4}\, dz = \left[\frac{8 \cdot 4}{13}z^{13/4}\right]_0^1 = \frac{32}{13}.$$

Addition der drei Einzelergebnisse liefert das gleiche Resultat wie oben. Man erkennt, daß der Weg über die Parameterdarstellung der Kurve wesentlich eleganter und einfacher ist.

Man bezeichnet übrigens ein Integral der Form (4.1.2) als **orientiertes Kurvenintegral** über $\vec{V}$ längs $\mathcal{C}$. Es gibt nämlich noch eine andere Form eines Kurvenintegrals. In (1.3.2) ist die Bogenlänge einer Kurve definiert worden. Nun kann man sich doch vorstellen, daß diese Kurve mit einer Belegungsfunktion versehen wird. D.h., daß man z.B. die Masse eines gebogenen Drahtes bestimmen möchte, der eine variable Dichte $\varrho(s)$ aufweist. Man erhält dann das Integral

$$M = \int_{\mathcal{C}} \varrho(s)\, ds.$$

Diese Überlegungen führen zu der Definition:

Definition 4.1.2:

Gegeben sei ein Gebiet $\mathcal{G} \subset \mathbf{R}^2$, ein in $\mathcal{G}$ stetiges Skalarfeld $\Phi(x, y, z)$ und eine stückweise glatte Kurve $\mathcal{C} \subset \mathcal{G}$ mit der Parameterdarstellung

$$\vec{r}(t) = \big(x(t), y(t), z(t)\big), \quad t_1 \leq t \leq t_2.$$

Dann heißt das Integral

$$\int_{\mathcal{C}} \Phi(x, y, z)\, ds = \int_{t_1}^{t_2} \Phi\big(\vec{r}(t)\big) \left|\frac{d\vec{r}}{dt}\right| dt = \int_{t_1}^{t_2} \Phi\big(\vec{r}(t)\big) |\dot{\vec{r}}|\, dt$$

nichtorientiertes Kurvenintegral über Φ längs $\mathcal{C}$.

Die Begründung der Unterscheidung liefert insbesondere der erste Teil vom

Satz 4.1.1: *Unter den Voraussetzungen der Definitionen 4.1.1 und 4.1.2 gilt:*

a) $\displaystyle\int_C \vec{V}\,d\vec{r} = -\int_{-C} \vec{V}\,d\vec{r}$ und $\displaystyle\int_C \Phi\,ds = \int_{-C} \Phi\,ds,$

wobei $-C$ der zu C entgegengesetzte Bogen ist. Dabei bedeutet entgegengesetzt, daß die Durchlaufungsrichtung umgekehrt wird. Bei der Parameterdarstellung erreicht man das durch Vertauschung der oberen und der unteren Grenze.

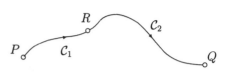

b) *Besteht die Kurve C aus zwei Teilkurven C_1 und C_2, wobei C_1 von P nach R und C_2 von R nach Q verlaufen, so schreibt man: $C = C_1 + C_2$. Es gilt dann*

$$\int_C \vec{V}\,d\vec{r} = \int_{C_1} \vec{V}\,d\vec{r} + \int_{C_2} \vec{V}\,d\vec{r} \quad \text{und} \quad \int_C \Phi\,ds = \int_{C_1} \Phi\,ds + \int_{C_2} \Phi\,ds.$$

Beweis: a) Es ist

$$J = \int_C \vec{V}\,d\vec{r} = \int_C \vec{V}\vec{T}\,ds = \int_{-C} \vec{V}(-\vec{T})\,ds = -\int_{-C} \vec{V}\,d\vec{r},$$

denn bei einer Änderung der Orientierung von C kehrt sich die Richtung von $\vec{T}$ um, und das nichtorientierte Integral $\int_C (\vec{V}\vec{T})\,ds$ behält seinen Wert (s. unten).

Unter dem Integral $\int_C \Phi\,ds$ substituiert man

$$s^* = s_1 + s_2 - s = s(t_1) + s(t_2) - s,$$

so daß mit $ds^* = -ds$ und anschließender Umbenennung von s^* in s gilt:

$$\int_C \Phi\,ds = \int_{s_1}^{s_2} \Phi\bigl(\vec{r}(s)\bigr)\,ds = -\int_{s_2}^{s_1} \Phi\bigl(\vec{r}(s^*)\bigr)\,ds^* = \int_{s_1}^{s_2} \Phi\bigl(\vec{r}(s^*)\bigr)\,ds^* = \int_{-C} \Phi\,ds,$$

da s_1 bzw. s_2 die Werte von s^* im ursprünglichen *End-* und *Anfangspunkt* von C sind.

b) Aus den Definitionen folgt

$$\int_C \vec{V}\,d\vec{r} = \int_C (V_1\,dx + V_2\,dy + V_3\,dz) = \int_{t_1}^{t_2} (V_1\,\dot{x} + V_2\,\dot{y} + V_3\,\dot{z})\,dt$$

und

$$\int_C \Phi\,ds = \int_{t_1}^{t_2} \Phi\bigl(\vec{r}(t)\bigr)\sqrt{\dot{x}^2 + \dot{y}^2 + \dot{z}^2}\,dt.$$

Damit ergeben sich beide Aussagen im Satz 4.1.1 b) aus den Regeln der Integralrechnung für gewöhnliche Integrale.

Auf die Bedeutung des orientierten und nichtorientierten Kurvenintegrals sind wir bereits eingegangen. Doch der zweite Typ soll noch etwas näher erläutert werden. Sei $\mathcal{C}$ eine stückweise glatte Kurve, die die Punkte P und Q verbindet, dann ergibt das Integral

$$\int_P^Q \Phi\, ds \qquad (4.1.4)$$

die Masse m der Kurve $\mathcal{C}$, wenn Φ die Massendichte darstellt, oder (4.1.4) ergibt die Gesamtladung $\mathcal{Q}$ von $\mathcal{C}$, wenn Φ die Ladungsdichte bedeutet.

Setzt man speziell $\Phi \equiv 1$, so folgt

$$\mathcal{L}(\mathcal{C}) = \int_P^Q ds,$$

mit der Länge $\mathcal{L}(\mathcal{C})$ von $\mathcal{C}$.

Im Falle einer ebenen Kurve $\mathcal{C} \subset \mathbf{R}^2$ mit der Parameterdarstellung $\vec{r}(t) = \bigl(x(t), y(t), 0\bigr)$, $t_1 \leq t \leq t_2$, hat (4.1.4) die Gestalt

$$\begin{aligned}\int_P^Q \Phi\, ds &= \int_P^Q \Phi(x,y)\, ds \\ &= \int_{t_1}^{t_2} \Phi\bigl(x(t), y(t)\bigr)\sqrt{\dot{x}^2 + \dot{y}^2}\, dt.\end{aligned}$$

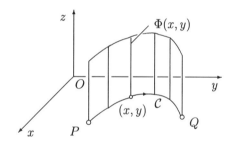

Man kann dieses Kurvenintegral geometrisch interpretieren als Flächeninhalt der Mantellinie eines Zylinders, die die (x,y)-Ebene in der Kurve $\mathcal{C}$ schneidet, und im Punkt (x,y) die Länge $\Phi(x,y)$ hat.

Abschließend sei noch auf *geschlossene Kurven* $\mathcal{C}$ eingegangen. Zunächst die

Definition 4.1.3:

Falls $\mathcal{C}$ geschlossen ist, d.h. $\vec{r}(t_1) = \vec{r}(t_2)$ gilt, heißt

$$\oint_\mathcal{C} \vec{V}\, d\vec{r} \qquad \textbf{Zirkulation von } \vec{V} \text{ entlang } \mathcal{C}.$$

Analog schreibt man auch bei einem nichtorientierten Kurvenintegral längs einer geschlossenen Kurve $\oint_\mathcal{C} \Phi(s)\, ds$.

In diesem Fall ist das Integral nicht nur von der Orientierung der Kurve $\mathcal{C}$ unabhängig, sondern auch von dem Punkt unabhängig, von dem aus die Bogenlänge gemessen wird.

Denn sei s die Bogenlänge, gemessen von P, und s^* die Bogenlänge, gemessen von Q (z.B. entgegengesetzt dem Uhrzeigersinn), dann unterscheiden sich s und s^* in jedem Punkt $R \in \mathcal{C}$ um die Länge der Kurve zwischen P und Q, d.h. um eine Konstante. Mit $s(P) = 0, s(Q) = s_1$ und $\mathcal{L}_\mathcal{C} = s_2$ gilt also

$$s = s^* + s_1, \, ds = ds^*$$

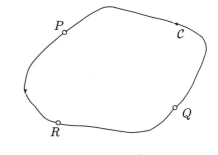

und somit

$$\oint_\mathcal{C} \Phi(s)\, ds = \int_0^{s_1} \Phi(s)\, ds + \int_{s_1}^{s_2} \Phi(s)\, ds = \int_{-s_1}^0 \Phi(s^*)\, ds^* + \int_0^{s_2-s_1} \Phi(s^*)\, ds^*$$

$$= \int_{s^*(P)}^{s^*(Q)} \Phi(s^*)\, ds^* + \int_{s^*(Q)}^{s^*(P)} \Phi(s^*)\, ds^* = \oint_\mathcal{C} \Phi(s)\, ds.$$

Beispiele:

4.1.4. Es soll das Integral

$$I = \oint_\mathcal{C} xy\, ds$$

berechnet werden. Dabei setzt $\mathcal{C}$ sich zusammen aus folgenden Teilbogen
a) lineare Verbindung der Punkte $P_1(0,0,0)$ und $P_2(1,0,0)$,
b) Verbindung der Punkte P_2 und $P_3(1,1,1)$ durch einen Teil der Kurve mit der Parameterdarstellung $\vec{r}(t) = (1, t, t^2)$,
c) lineare Verbindung von P_3 und P_1.

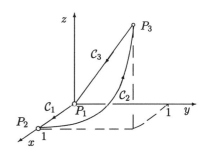

a) Mit $\vec{r}(t) = (t, 0, 0)$, $0 \le t \le 1$, und $ds = \sqrt{1+0+0}\, dt = dt$ ergibt sich

$$J_1 = \int_0^1 t \cdot 0\, dt = 0.$$

b) Mit $\vec{r}(t) = (1, t, t^2)$, $0 \le t \le 1$, und $\dot{\vec{r}}(t) = (0, 1, 2t)$, d.h. $ds = \sqrt{0+1+4t^2}\, dt$, ergibt sich

$$J_2 = \int_0^1 1 \cdot t\sqrt{1+4t^2}\, dt = \left[\frac{2}{3}(1+4t^2)^{3/2} \frac{1}{8}\right]_0^1 = \frac{1}{12}(1+4)^{3/2} - \frac{1}{12} = \frac{1}{12}(5\sqrt{5} - 1).$$

c) Mit $\vec{r}(t) = (1-t, 1-t, 1-t), 0 \le t \le 1$, und $ds = \sqrt{1+1+1}\, dt = \sqrt{3}\, dt$ ergibt sich

$$J_3 = \int_0^1 (1-t)^2 \sqrt{3}\, dt = \sqrt{3}\int_0^1 (1-2t+t^2)dt = \sqrt{3}\left[t - t^2 + \frac{t^3}{3}\right]_0^1$$

$$= \sqrt{3}\left(1 - 1 + \frac{1}{3}\right) = \frac{1}{\sqrt{3}}.$$

Addition der drei Integrale liefert

$$J = J_1 + J_2 + J_3 = \frac{1}{12}(5\sqrt{5}-1) + \frac{1}{\sqrt{3}}.$$

D.h., die Zirkulation längs der geschlossenen Kurve $\mathcal{C}$ ist nicht Null.

4.1.5. Für das Kraftfeld

$$\vec{F} = \frac{1}{x^2+y^2}(-y,x,0)$$

soll die Arbeit längs zweier Wege vom Anfangspunkt $P(1,0,0)$ zum Endpunkt $Q(0,1,0)$ berechnet werden:
a) Längs des Viertelkreises

$$\mathcal{C}_1 : \quad \vec{r}(t) = (\cos t, \sin t, 0), \quad 0 \le t \le \frac{\pi}{2}.$$

Es ist wegen

$$\vec{F}(\vec{r}(t)) = \frac{(-\sin t, \cos t, 0)}{\cos^2 t + \sin^2 t} = (-\sin t, \cos t, 0)$$

und $\frac{d\vec{r}}{dt} = (-\sin t, \cos t, 0)$:

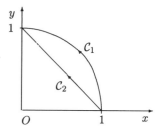

$$\begin{aligned}
A &= \int_{\mathcal{C}_1} \vec{F}\,d\vec{r} = \int_0^{\pi/2} \vec{F}\frac{d\vec{r}}{dt}\,dt = \int_0^{\pi/2}(-\sin t, \cos t, 0)(-\sin t, \cos t, 0)dt \\
&= \int_0^{\pi/2}(\sin^2 t + \cos^2 t)dt = \int_0^{\pi/2} dt = \frac{\pi}{2}.
\end{aligned}$$

b) Längs der Geraden $\mathcal{C}_2$: $\vec{r}(t) = (1-t, t, 0), \quad 0 \le t \le 1.$
Mit

$$\vec{F}(\vec{r}(t)) = \frac{1}{(1-t)^2+t^2}(-t, 1-t, 0) \quad \text{und} \quad \frac{d\vec{r}}{dt} = (-1, 1, 0)$$

erhält man

$$\begin{aligned}
A = \int_{\mathcal{C}_2} \vec{F}\,d\vec{r} &= \int_0^1 \frac{1}{(1-t)^2+t^2}(-t, 1-t, 0)(-1, 1, 0)dt = \int_0^1 \frac{t+1-t}{(1-t)^2+t^2}\,dt \\
&= \int_0^1 \frac{dt}{1-2t+2t^2} = 2\int_0^1 \frac{dt}{2-4t+4t^2} = 2\int_0^1 \frac{dt}{(2t-1)^2+1} \\
&= 2\frac{1}{2}\Big[\arctan(2t-1)\Big]_0^1 = \arctan 1 - \arctan(-1) = \frac{\pi}{4} - \left(-\frac{\pi}{4}\right) = \frac{\pi}{2},
\end{aligned}$$

also das gleiche Ergebnis wie unter a).
D.h., die Zirkulation über den zusammengesetzten Weg $\mathcal{C}_1 - \mathcal{C}_2 = \mathcal{C}_1 + (-\mathcal{C}_2)$ ist gleich Null, bzw. der Wert des Integrals ist möglicherweise unabhängig vom Weg.

Was Wegunabhängigkeit bedeutet und wann allgemein ein Integral unabhängig vom Weg ist, darüber soll im nächsten Kapitel gesprochen werden.

Aufgaben:

4.1.1. Für das Kraftfeld
$$\vec{F} = (y, y - x, z)$$
berechne man die Arbeit längs der Wege
a) $\vec{r}(t) = (t, t, t)$,
b) $\vec{r}(t) = (t, t^3, t^2)$,
für $0 \leq t \leq 1$.

4.1.2. Man berechne
$$\int_P^Q (x^2 + y^2 + z^2) ds$$
entlang der Geraden, die die Punkte $P(0, 1, 2)$ und $Q(3, 4, 5)$ verbindet.

4.1.3. Gegeben sei das Kraftfeld
$$\vec{F} = (3x^2 + 2y, -9yz, 8xz^2).$$
Man berechne die zu verrichtende Arbeit in der Form
$$A = \int_{x_1}^{x_2} F_1 \, dx + \int_{y_1}^{y_2} F_2 \, dy + \int_{z_1}^{z_2} F_3 \, dz$$
längs des Polygonzuges $P_1(0,0,0)$, $P_2(1,0,0)$, $P_3(1,1,0)$, $P_4(1,1,1)$.
Man vergleiche das Ergebnis mit Beispiel 4.1.3.

4.1.4. Man zeige, daß das Umlaufintegral eines konstanten Vektorfeldes $\vec{V}$ längs einer beliebigen geschlossenen Kurve $\mathcal{C}$ Null ist.

4.2 Konservatives Vektorfeld, Skalares Potential

Im Beispiel 4.1.5 wurde das Problem angesprochen, wann ein orientiertes Kurvenintegral unabhängig vom Weg ist. Diese Frage beantwortet der

Satz 4.2.1: *Sei $\vec{V}$ stetig im Gebiet $\mathcal{G}$. Das Integral*
$$\int_P^Q \vec{V} \, d\vec{r} \qquad (4.2.1)$$
*ist genau dann **unabhängig vom Weg** $\mathcal{C} \subset \mathcal{G}$ zwischen den Punkten P und Q, wenn eine Funktion $\Phi \in C^1(\mathcal{G})$ existiert, so daß*

$$\boxed{\vec{V} = \operatorname{grad} \Phi.}$$

Beweis: Dieser besteht aus zwei Teilen, da die Formulierung *„genau dann"* bedeutet, daß im Satz aus der ersten Aussage die zweite folgt und umgekehrt.
a) Sei $\vec{V} = \operatorname{grad} \Phi$. Dann ist
$$\int_P^Q \vec{V} \, d\vec{r} = \int_P^Q \operatorname{grad} \Phi \, d\vec{r} = \int_P^Q (\Phi_x \, dx + \Phi_y \, dy + \Phi_z \, dz) = \int_P^Q d\Phi = \Phi(Q) - \Phi(P). \qquad (4.2.2)$$

74 4. Kurvenintegrale, Potentiale

b) Sei das Integral (4.2.1) vom Weg unabhängig. Dann ist der Ausdruck

$$\Phi = \int_P^Q \vec{V}\vec{T}\,ds = \int_P^Q \vec{V}\frac{d\vec{r}}{ds}\,ds,$$

z.B. mit festem P und veränderlichem Q, eine skalare Größe, und es gilt

$$\frac{d\Phi}{ds} = \vec{V}\vec{T} = \vec{V}\frac{d\vec{r}}{ds}.$$

Nun ist aber

$$\frac{d\Phi}{ds} = \frac{\partial\Phi}{\partial x}\frac{dx}{ds} + \frac{\partial\Phi}{\partial y}\frac{dy}{ds} + \frac{\partial\Phi}{\partial z}\frac{dz}{ds} = (\Phi_x, \Phi_y, \Phi_z)\left(\frac{dx}{ds}, \frac{dy}{ds}, \frac{dz}{ds}\right) = \operatorname{grad}\Phi\,\frac{d\vec{r}}{ds}$$

und damit

$$0 = \vec{V}\frac{d\vec{r}}{ds} - \frac{d\Phi}{ds} = \vec{V}\frac{d\vec{r}}{ds} - \operatorname{grad}\Phi\,\frac{d\vec{r}}{ds} = (\vec{V} - \operatorname{grad}\Phi)\vec{T}$$

unabhängig von der Kurve bzw. der Tangente $\vec{T}$ an die Kurve. Daraus folgt wie behauptet:

$$\vec{V} = \operatorname{grad}\Phi.$$

Bemerkungen:

4.2.1. Verkörpert $\vec{V}$ ein Kraftfeld $\vec{F}$, bedeutet die Gleichung (4.2.2), daß die bei einer Verschiebung einer Masse von P nach Q zu verrichtende Arbeit nicht vom Weg zwischen P und Q abhängt.

4.2.2. Wir sprachen bereits davon, daß man den Gradienten von $\Phi(\vec{r})$ als „Ableitung" von Φ interpretieren kann. Dann beinhaltet aber (4.2.2) gerade den Hauptsatz der Differential- und Integralrechnung.

Definition 4.2.1:

Existiert zu einem Vektorfeld $\vec{V}$ eine skalare Funktion Φ mit

$$\vec{V} = \operatorname{grad}\Phi,$$

dann nennt man $\vec{V}$ **konservativ** bzw. Potentialfeld und Φ (**skalares**) **Potential**.

Aus dem obigen Satz 4.2.1 folgt sofort, daß das orientierte Kurvenintegral eines konservativen Feldes $\vec{V}$ längs jeder geschlossenen Kurve $\mathcal{C}$ verschwindet, d.h., die Zirkulation ist Null. Denn nach Teilung von $\mathcal{C}$ in zwei Bogen $\mathcal{C}_1$ und $\mathcal{C}_2$ gilt unter Beachtung von Satz 4.1.1 a):

$$\begin{aligned}\oint_{\mathcal{C}}\vec{V}\,d\vec{r} &= \int_{\mathcal{C}_1}\vec{V}\,d\vec{r} + \int_{\mathcal{C}_2}\vec{V}\,d\vec{r}\\ &= \int_{\mathcal{C}_1}\vec{V}\,d\vec{r} - \int_{-\mathcal{C}_2}\vec{V}\,d\vec{r}\\ &= \int_{P(\mathcal{C}_1)}^Q\vec{V}\,d\vec{r} - \int_{P(\mathcal{C}_2)}^Q\vec{V}\,d\vec{r} = 0.\end{aligned}$$

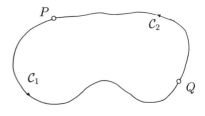

4.2 Konservatives Vektorfeld, Skalares Potential

Beispiel:

4.2.1. Die magnetische Feldstärke eines stromdurchflossenen Leiters (Stromstärke I) im Abstand $R = \sqrt{x^2 + y^2}$ ist

$$\vec{H} = \frac{I}{2\pi R^2}(-y, x, 0) = \frac{I}{2\pi}\left(\frac{-y}{x^2+y^2}, \frac{x}{x^2+y^2}, 0\right). \tag{4.2.3}$$

Es soll die Zirkulation, die sogenannte *Ringspannung*

$$\oint_C \vec{H}\, d\vec{r}$$

längs des Kreises C mit der Parameterdarstellung

$$\vec{r}(t) = (R\cos t, R\sin t, z_1), \quad 0 \leq t \leq 2\pi,$$

berechnet werden. Man erhält mit

$$\vec{H} = \frac{I}{2\pi R^2}(-R\sin t, R\cos t, 0) \quad \text{und} \quad d\vec{r} = (-R\sin t, R\cos t, 0)dt:$$

$$\oint_C \vec{H}\, d\vec{r} = \frac{I}{2\pi}\int_0^{2\pi} \frac{1}{R^2}(-R\sin t, R\cos t, 0)(-R\sin t, R\cos t, 0)dt$$

$$= \frac{I}{2\pi}\int_0^{2\pi} \frac{1}{R^2}(R^2\sin^2 t + R^2\cos^2 t)dt = \frac{I}{2\pi}\int_0^{2\pi} dt = \frac{I}{2\pi} 2\pi = I \neq 0.$$

Nun gibt es aber zu $\vec{H}$ eine skalare Funktion Φ der Form

$$\Phi = -\frac{I}{2\pi}\arctan\frac{x}{y}, \tag{4.2.4}$$

so daß gilt

$$\vec{H} = \text{grad}\,\Phi, \tag{4.2.5}$$

wie man leicht nachprüfen kann (s. Beispiel 4.2.2). D.h., das Magnetfeld ist scheinbar konservativ und dennoch ist die Zirkulation nicht Null. Wo ist hier der Fehler?
Wenn man das Vektorfeld (4.2.3) genauer betrachtet, stellt man fest, daß es auf der z-Achse, d.h. für $x = y = 0$ nicht erklärt ist, d.h., die Gleichung (4.2.5) gilt nur in einem Kreisringgebiet $\mathcal{G} = \{(x,y) | 0 < r \leq x^2 + y^2 \leq R\}$. Das bedeutet, daß diese Punkte aus dem Gebiet herausgenommen werden müssen.
Dieses Problem führt zu der

Definition 4.2.2:

Ein Gebiet $\mathcal{G} \subset \mathbf{R}^2$ heißt **einfach zusammenhängend**, wenn sich jede geschlossene Kurve $C \subset \mathcal{G}$ stetig innerhalb $\mathcal{G}$ auf einen Punkt zusammenziehen läßt. Sonst heißt das Gebiet **mehrfach zusammenhängend**.

In der folgenden Abbildung sind zwei mehrfach zusammenhängende Gebiete angegeben.

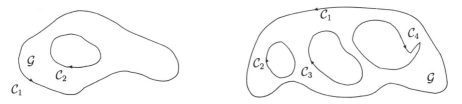

In dem obigen Beispiel müßte man also den Punkt $(0,0,z_1)$ z.B. durch einen kleinen Kreis mit dem Radius $r < R$ aussparen, so daß die Randkurve aus zwei Teilen $\mathcal{K}_1$ und $\mathcal{K}_2$ besteht.

Aus diesem zweifach zusammenhängenden Gebiet einer konzentrischen Kreisscheibe läßt sich durch einen Schnitt ein einfach zusammenhängendes Gebiet $\mathcal{G}$ herstellen. Es gilt dann mit $\mathcal{C} = \mathcal{C}_1 + \mathcal{C}_2 + \mathcal{S}_1 + \mathcal{S}_2$:

$$\oint_\mathcal{C} \vec{H}\, d\vec{r} = \int_{\mathcal{C}_1} \vec{H}\, d\vec{r} + \int_{\mathcal{S}_1} \vec{H}\, d\vec{r} + \int_{\mathcal{C}_2} \vec{H}\, d\vec{r} + \int_{\mathcal{S}_2} \vec{H}\, d\vec{r}$$

$$= \int_{\mathcal{C}_1} \vec{H}\, d\vec{r} - \int_{-\mathcal{C}_2} \vec{H}\, d\vec{r} + \int_{\mathcal{S}_1} \vec{H}\, d\vec{r} - \int_{-\mathcal{S}_2} \vec{H}\, d\vec{r} = \int_{\mathcal{C}_1} \vec{H}\, d\vec{r} - \int_{-\mathcal{C}_2} \vec{H}\, d\vec{r} = 0,$$

da die Anteile längs der Stege $\mathcal{S}_1$ und $\mathcal{S}_2$ sich aufheben und $\vec{H}$ in $\mathcal{G}$ wegen (4.2.5) konservativ ist. Man erhält also nach Überlagerung der Stege $\mathcal{S}_1$ und $\mathcal{S}_2$:

$$\oint_{\mathcal{K}_1} \vec{H}\, d\vec{r} = \int_{\mathcal{C}_1} \vec{H}\, d\vec{r} = \int_{-\mathcal{C}_2} \vec{H}\, d\vec{r} = \oint_{\mathcal{K}_2} \vec{H}\, d\vec{r} = I.$$

Es muß noch der Frage nachgegangen werden, wie man eigentlich zu einem konservativen Vektorfeld ein Potential bestimmen kann, d.h., wie man im Beispiel 4.2.1 den Ausdruck (4.2.4) bestimmt. Sei also das Kurvenintegral

$$\int_{P(\mathcal{C})}^{Q} \vec{V}\, d\vec{r} \tag{4.2.6}$$

unabhängig vom Weg $\mathcal{C}$. Dann ist das Vektorfeld $\vec{V}$ ein Potentialfeld, d.h., es gibt ein Skalarfeld Φ mit

$$\vec{V} = \operatorname{grad} \Phi \quad \text{bzw.} \quad \vec{V}\, d\vec{r} = \operatorname{grad} \Phi\, d\vec{r} = \Phi_x\, dx + \Phi_y\, dy + \Phi_z\, dz$$

bzw.

$$V_1 = \Phi_x, \quad V_2 = \Phi_y, \quad V_3 = \Phi_z.$$

Zur Berechnung des Integrals soll der Weg $\mathcal{C} = \mathcal{C}_1 + \mathcal{C}_2 + \mathcal{C}_3$ laut der Abbildung mit einem festen Anfangspunkt $P(x_1, y_1, z_1)$ und einem variablen Endpunkt $Q(x, y, z)$ gewählt werden. Dort gilt

$\mathcal{C}_1: \vec{r}(t) = (t, y_1, z_1), \quad x_1 \leq t \leq x, \quad \dot{\vec{r}} = (1, 0, 0),$
$\mathcal{C}_2: \vec{r}(t) = (x, t, z_1), \quad y_1 \leq t \leq y, \quad \dot{\vec{r}} = (0, 1, 0),$
$\mathcal{C}_3: \vec{r}(t) = (x, y, t), \quad z_1 \leq t \leq z, \quad \dot{\vec{r}} = (0, 0, 1),$

und man erhält

$$\begin{aligned}
\int_\mathcal{C} \vec{V}\, d\vec{r} &= \int_P^A (\Phi_x\, dx + \Phi_y\, dy + \Phi_z\, dz) \\
&\quad + \int_A^B (\Phi_x\, dx + \Phi_y\, dy + \Phi_z\, dz) + \int_B^Q (\Phi_x\, dx + \Phi_y\, dy + \Phi_z\, dz) \\
&= \int_{x_1}^x \{\Phi_t(t, y_1, z_1) dt + 0 + 0\} + \int_{y_1}^y \{0 + \Phi_t(x, t, z_1) dt + 0\} + \int_{z_1}^z \{0 + 0 + \Phi_t(x, y, t) dt\} \\
&= \Big[\Phi(t, y_1, z_1)\Big]_{x_1}^x + \Big[\Phi(x, t, z_1)\Big]_{y_1}^y + \Big[\Phi(x, y, t)\Big]_{z_1}^z \\
&= \Phi(x, y_1, z_1) - \Phi(x_1, y_1, z_1) + \Phi(x, y, z_1) - \Phi(x, y_1, z_1) + \Phi(x, y, z) - \Phi(x, y, z_1) \\
&= \Phi(x, y, z) - \Phi(x_1, y_1, z_1).
\end{aligned}$$

Es gilt also

$$\Phi(x, y, z) = \int_\mathcal{C} \vec{V}\, d\vec{r} + \Phi(x_1, y_1, z_1) = \int_{x_1}^x V_1(t, y_1, z_1) dt + \int_{y_1}^y V_2(x, t, z_1) dt + \int_{z_1}^z V_3(x, y, t) dt.$$

Da der Anfangspunkt beliebig ist, ist das skalare Potential bis auf eine Konstante eindeutig bestimmt.

Beispiel:

4.2.2. Es soll noch einmal das Feld (4.2.3) betrachtet werden. Man erhält mit

$$\Phi_x = H_1 = \frac{-I}{2\pi} \frac{y}{x^2 + y^2}, \quad \Phi_y = H_2 = \frac{I}{2\pi} \frac{x}{x^2 + y^2}, \quad \Phi_z = H_3 = 0:$$

$$\begin{aligned}
\Phi(x, y, z) &= -\frac{I}{2\pi} \int_{x_1}^x \frac{y_1}{t^2 + y_1^2} dt + \frac{I}{2\pi} \int_{y_1}^y \frac{x}{x^2 + t^2} dt + \int_{z_1}^z 0\, dt \\
&= -\frac{I}{2\pi} \int_{x_1}^x \frac{1}{y_1} \frac{dt}{1 + \left(\frac{t}{y_1}\right)^2} + \frac{I}{2\pi} \int_{y_1}^y \frac{x}{t^2} \frac{dt}{1 + \left(\frac{x}{t}\right)^2} \\
&= \frac{I}{2\pi} \left(-\arctan \frac{x}{y_1} + \arctan \frac{x_1}{y_1} - \arctan \frac{x}{y} + \arctan \frac{x}{y_1}\right) \\
&= \frac{I}{2\pi} \left(-\arctan \frac{x}{y} + \arctan \frac{x_1}{y_1}\right) = -\frac{I}{2\pi} \arctan \frac{x}{y} + C.
\end{aligned}$$

Ein etwas einfacheres Rechenverfahren soll an dem folgenden Beispiel dargestellt werden. Es ist dies die Methode des „sukzessiven Integrierens".

Beispiel:

4.2.3. Gegeben ist das Vektorfeld

$$\vec{V} = \left(2xy, x^2, \frac{1}{z}\right).$$

Wenn dazu ein Potentialfeld Φ existieren soll, muß gelten

$$\operatorname{grad} \Phi = \vec{V} \quad \text{bzw.} \quad \Phi_x = 2xy, \quad \Phi_y = x^2, \quad \Phi_z = \frac{1}{z}.$$

Daraus erhält man durch Integration über x bzw. y bzw. z:

$$\Phi(x,y,z) = \int 2xy\, dx = x^2 y + \varphi(y,z) \quad \text{bzw.}$$
$$\Phi(x,y,z) = \int x^2 \, dy = x^2 y + \psi(x,z) \quad \text{bzw.}$$
$$\Phi(x,y,z) = \int \frac{dz}{z} = \ln z + h(x,y),$$

mit den drei zu bestimmenden Funktionen φ, ψ und h. Vergleich der drei Gleichungen liefert aber

$$\varphi(y,z) = \psi(x,z) = \ln z + C_1 \quad \text{und} \quad h(x,y) = x^2 y + C_2,$$

so daß die Lösung lautet

$$\Phi(x,y,z) = x^2 y + \ln z + C.$$

Nun ist aber nicht jedes Feld konservativ, d.h., nicht immer existiert ein Potential. Es wäre doch sinnvoll, dies von vornherein zu wissen, bevor man die Integration durchführt und eventuell zu keinem Ergebnis kommt. Ein Kriterium für die Existenz eines Potentials gibt der folgende Satz an:

Satz 4.2.2: *Sei $\mathcal{G}$ ein einfach zusammenhängendes Gebiet und $\vec{V} \in C^1(\mathcal{G})$. Es ist $\vec{V}$ konservativ genau dann, wenn*

$$\boxed{\operatorname{rot} \vec{V} = \vec{0}.}$$

Beweis: a) Sei $\vec{V}$ konservativ. Dann ist laut Definition 4.2.1 $\vec{V} = \operatorname{grad} \Phi$ und nach (3.4.2)

$$\operatorname{rot} \vec{V} = \operatorname{rot} \operatorname{grad} \Phi \equiv \vec{0}.$$

b) Sei $\operatorname{rot} \vec{V} = \vec{0}$. Dann ist

$$\frac{\partial V_3}{\partial y} = \frac{\partial V_2}{\partial z}, \quad \frac{\partial V_1}{\partial z} = \frac{\partial V_3}{\partial x}, \quad \frac{\partial V_2}{\partial x} = \frac{\partial V_1}{\partial y}.$$

Sei

$$\Phi = \int_P^Q \vec{V}\, d\vec{r} = \int_P^Q (V_1\, dx + V_2\, dy + V_3\, dz) = \int_{x_1}^x V_1(t, y_1, z_1)\, dt + \int_{y_1}^y V_2(x, t, z_1)\, dt + \int_{z_1}^z V_3(x, y, t)\, dt.$$

Dabei wurden als spezieller Weg die Verbindungslinien der Punkte $P(x_1, y_1, z_1)$, $A(x, y_1, z_1)$, $B(x, y, z_1)$, $Q(x, y, z)$ gewählt (s. Abbildung Seite 77). Durch Differentiation erhält man

$$\begin{aligned}\Phi_z &= V_3(x,y,z), \\ \Phi_y &= V_2(x,y,z_1) + \int_{z_1}^{z} \frac{\partial V_3(x,y,t)}{\partial y}\,dt = V_2(x,y,z_1) + \int_{z_1}^{z} \frac{\partial V_2(x,y,t)}{\partial t}\,dt \\ &= V_2(x,y,z_1) + \Big[V_2(x,y,t)\Big]_{z_1}^{z} = V_2(x,y,z)\end{aligned}$$

und analog

$$\Phi_x = V_1(x,y,z),$$

also

$$\operatorname{grad}\Phi = \vec{V}(x,y,z).$$

Somit ist $\vec{V}$ konservativ nach Definition 4.2.1.

Bemerkungen:

4.2.3. Bei der Ableitung nach y bzw. x haben wir stillschweigend die Differentiation unter dem Integral durchgeführt. Auf diese mögliche Vertauschbarkeit der beiden Grenzprozesse werden wir später im Abschnitt „Parameterintegrale" eingehen.

4.2.4. Mit dem obigen Satz haben wir gleichzeitig die in 3.4 unter der Rechenregel 8 erwähnte Tatsache bewiesen, *daß jedes wirbelfreie Feld als Gradientenfeld einer skalaren Größe dargestellt werden kann.*

4.2.5. Dieser Satz 4.2.2, den man auch als *Potentialkriterium* bezeichnet, wurde für einfach zusammenhängende Gebiete $\mathcal{G}$ bewiesen. Diese Voraussetzung ist nicht überflüssig, denn für mehrfach zusammenhängende Gebiete findet man leicht Gegenbeispiele. Es gibt nämlich Vektorfelder, für die rot $\vec{V} = \vec{0}$ ist, die aber kein Potential besitzen. So ist z.B. das (ebene) Feld

$$\vec{V} = \frac{1}{x^2 + y^2}(-y, x, 0)$$

nur in der punktierten Ebene $\mathcal{G} = \mathbf{R}^2 \setminus \{0,0\}$ definiert, d.h. einem zweifach zusammenhängenden Gebiet. Für dieses Feld gilt, wie in der Aufgabe 4.2.1 gezeigt wird: rot $\vec{V} = \vec{0}$. Nach Beispiel 4.2.1 hat aber das Kurvenintegral

$$\oint_C \vec{V}(\vec{r})\,d\vec{r}$$

über den Einheitskreis den Wert 2π, d.h. nicht Null. Damit ist die Wegunabhängigkeit der Kurvenintegrale von $\vec{V}$ verletzt, und es existiert nach dem Satz 4.2.1 kein Potential von $\vec{V}$ auf $\mathcal{G}$.

4.2.6. Man bezeichnet rot $\vec{V} = \vec{0}$ auch als **Integrabilitätsbedingung**. Denn das Integral

$$\int_C \vec{V}\,d\vec{r}$$

ist genau dann wegunabhängig in einem einfach zusammenhängenden Gebiet, wenn der Integrand

$$\vec{V}\,d\vec{r} = V_1\,dx + V_2\,dy + V_3\,dz$$

ein totales Differential $d\Phi$ ist, und dies ist gleichbedeutend mit

$$V_1 = \Phi_x, \quad V_2 = \Phi_y, \quad V_3 = \Phi_z \quad \text{bzw.} \quad \vec{V} = \operatorname{grad} \Phi.$$

Beispiele:

4.2.4. Konservativ sind nach der Rechenregel 5 in 3.4 alle Zentralfelder

$$\vec{V} = f(r)\,\vec{e}_r,$$

da in jedem Fall $\operatorname{rot} \vec{V} = \vec{0}$ gilt. Dazu gehört natürlich auch das Gravitationsfeld

$$\vec{F} = -\frac{\gamma m M}{r^3}\,\vec{r}, \quad r \neq 0,$$

für das bereits im Beispiel 3.2.2 die Existenz eines Potentials gezeigt wurde.

4.2.5. a) Die Differentialform

$$(4xy - 3x^2z^2)dx + 2x^2\,dy - 2x^3z\,dz = p\,dx + q\,dy + r\,dz$$

ist ein totales Differential der Funktion $\Phi = 2x^2y - x^3z^2 + C$, da aus

$$p = 4xy - 3x^2z^2 = \Phi_x, \quad q = 2x^2 = \Phi_y, \quad r = -2x^3z = \Phi_z$$

durch Integration folgt

$$\begin{aligned}
\Phi(x,y,z) &= \int p\,dx = \int (4xy - 3x^2z^2)dx + \varphi(y,z) = 2x^2y - x^3z^2 + \varphi(y,z) \\
&= \int q\,dy = \int 2x^2\,dy + \psi(x,z) = 2x^2y + \psi(x,z) \\
&= \int r\,dz = \int (-2x^3z)dz + h(x,y) = -x^3z^2 + h(x,y).
\end{aligned}$$

Vergleich der drei Gleichungen ergibt

$$\varphi(y,z) = C_1, \quad \psi(x,z) = -x^3z^2 + C_2, \quad h(x,y) = 2x^2y + C_3$$

und damit

$$\Phi(x,y,z) = 2x^2y - x^3z^2 + C.$$

b) Aus der Theorie der gewöhnlichen Differentialgleichungen weiß man, daß der Ausdruck

$$P(x,y)\,dx + Q(x,y)\,dy$$

exakt, d.h. ein totales Differential ist, wenn die Integrabilitätsbedingung

$$P_y(x,y) = Q_x(x,y)$$

erfüllt ist. Bei dem ebenen Vektorfeld

$$\vec{V} = \Big(P(x,y), Q(x,y), 0\Big)$$

ist dies gleichbedeutend mit $\operatorname{rot} \vec{V} = \vec{0}$, da

$$\operatorname{rot} \vec{V} = \begin{vmatrix} \vec{i} & \vec{j} & \vec{k} \\ \frac{\partial}{\partial x} & \frac{\partial}{\partial y} & \frac{\partial}{\partial z} \\ P(x,y) & Q(x,y) & 0 \end{vmatrix} = (0, 0, Q_x - P_y).$$

Es ist bereits darauf hingewiesen worden, daß das skalare Potential nur bis auf eine additive Konstante **eindeutig** bestimmt werden kann. Diese Tatsache soll noch belegt werden. Seien nämlich Φ_1 und Φ_2 zwei Potentiale, für die gilt

$$\vec{V} = \text{grad}\,\Phi_1 = \text{grad}\,\Phi_2,$$

dann ist also

$$\vec{0} = \text{grad}\,\Phi_1 - \text{grad}\,\Phi_2 = \text{grad}\,(\Phi_1 - \Phi_2).$$

Daraus folgt aber

$$\frac{\partial \Phi_1}{\partial x} - \frac{\partial \Phi_2}{\partial x} = 0,$$

analog für die anderen Komponenten des Gradienten. Das bedeutet in jedem Falle

$$\Phi_1 - \Phi_2 = const. \quad \text{bzw.} \quad \Phi_1 = \Phi_2 + const.$$

Speziell gilt $\quad \text{grad}\,\Phi = 0 \iff \Phi = const.$

Aufgaben:

4.2.1. Man zeige, daß das Kraftfeld

$$\vec{F} = \left(\frac{-y}{x^2+y^2}, \frac{x}{x^2+y^2}, z_0 \right),$$

die z-Achse ausgenommen, konservativ ist.

4.2.2. Man bestimme für das Vektorfeld

$$\vec{V} = \frac{-\vec{r}}{r^3}, \quad r \neq 0,$$

das Potential Φ mit $\vec{V} = \text{grad}\,\Phi$ und $\Phi(a) = 0$, $a > 0$.

4.2.3. Ist der Ausdruck

$$(x-y)dx - (x-y)dy + zdz$$

ein totales Differential $d\Phi$? Man bestimme gegebenenfalls Φ.

4.2.4. Ein Vektorfeld $\vec{V} = (V_1, V_2, V_3)$ hat in Zylinderkoordinaten

$$x = r\cos\varphi, \quad y = r\sin\varphi, \quad z = z$$

die Darstellung

$$\vec{V} = (V_1 \cos\varphi + V_2 \sin\varphi)\vec{e}_r + (-V_1 \sin\varphi + V_2 \cos\varphi)\vec{e}_\varphi + V_3 \vec{e}_z.$$

Man transformiere das in kartesischen Koordinaten gegebene Feld

$$\vec{V} = \frac{1}{x^2+y^2}(-y, x, 0)$$

auf Zylinderkoordinaten.

4.3 Vektorpotential

Analog zum letzten Kapitel, in dem man von einem wirbelfreien Feld ausging, woraus die Existenz eines skalaren Potentials folgte, kann man nun von einem quellenfreien Feld $\vec{V}$, also mit div $\vec{V} = 0$, ausgehen und fragen, ob es dann auch ein „Potential" $\vec{A}$ gibt, dessen Ableitung $\vec{V}$ darstellt. Vorher war ausschlaggebend die Identität rot grad $\Phi \equiv \vec{0}$, nun wird man von der Beziehung

$$\operatorname{div} \operatorname{rot} \vec{A} \equiv 0$$

ausgehen.

Unser Ziel ist also, zu einem quellenfreien Feld $\vec{V}$ ein Vektorfeld $\vec{A}$ zu bestimmen, so daß

$$\operatorname{rot} \vec{A} = \vec{V}. \tag{4.3.1}$$

Man bezeichnet dann $\vec{A}$ als **Vektorpotential**.

Aus Gründen der einfacheren Beweisführung schlagen wir nun einmal einen etwas anderen Weg ein. Wir stellen die Frage der Existenz bzw. Konstruktion eines solchen Vektorfeldes zurück und untersuchen erst die Frage nach der **Eindeutigkeit**. Wenn es zu einem quellenfreien Vektorfeld $\vec{V}$ ein Feld $\vec{A}$ gibt mit $\vec{V} = \operatorname{rot} \vec{A}$, dann ist dieses auf keinen Fall eindeutig bestimmt. Denn sei $\vec{A}$ ein Vektorfeld, für das $\vec{V} = \operatorname{rot} \vec{A}$ in einem Gebiet $\mathcal{G}$ gilt und

$$\vec{A}_1 = \vec{A} + \operatorname{grad} \Phi$$

ein zweites Vektorfeld mit einer beliebigen Funktion $\Phi \in C^1(\mathcal{G})$, ergibt sich

$$\operatorname{rot} \vec{A}_1 = \operatorname{rot} \vec{A} + \operatorname{rot} \operatorname{grad} \Phi = \operatorname{rot} \vec{A} = \vec{V}.$$

Sei umgekehrt $\vec{A}_1$ ein beliebiges Vektorpotential von $\vec{V}$, so gilt mit einem vorgegebenen Vektorpotential $\vec{A}$:

$$\operatorname{rot}(\vec{A}_1 - \vec{A}) = \operatorname{rot} \vec{A}_1 - \operatorname{rot} \vec{A} = \vec{V} - \vec{V} = \vec{0}.$$

Nach Satz 4.2.2 und mit Definition 4.2.1 existiert daher ein Skalarfeld Φ mit

$$\vec{A}_1 - \vec{A} = \operatorname{grad} \Phi \quad \text{bzw.} \quad \vec{A}_1 = \vec{A} + \operatorname{grad} \Phi. \tag{4.3.2}$$

Damit ist gezeigt, daß das Vektorpotential nur bis auf Summanden der Form grad Φ eindeutig bestimmt ist. Das bedeutet, daß wir alle Vektorpotentiale von $\vec{V}$ kennen, wenn wir nur eines gefunden haben. Denn sei $\vec{A}_p$ eine beliebige partikuläre Lösung von (4.3.1), dann ist

$$\vec{A}_a = \vec{A}_p + \operatorname{grad} \Phi$$

mit einem beliebigen Skalarfeld Φ die allgemeine Lösung von (4.3.1).

Aus der Gleichung (4.3.2) folgt

$$\operatorname{div} \vec{A}_1 = \operatorname{div} \vec{A} + \operatorname{div} \operatorname{grad} \Phi = \operatorname{div} \vec{A} + \Delta \Phi,$$

woran man erkennt, daß man einigen Spielraum nicht nur für die Wahl von $\vec{A}$, sondern auch z.B. für div $\vec{A}$ hat.

Inkompressible Flüssigkeiten haben quellenfreie Geschwindigkeiten $\vec{v}$, und deshalb heißt die Gleichung div $\vec{v} = 0$ Kontinuitätsbedingung. In einem überwiegenden Teil der Hydromechanik und Aerodynamik rechnet man mit quellenfreien Feldern. In der Elektrostatik gilt ebenfalls div $\vec{I} = 0$, und in der Elektrodynamik ist die magnetische Induktion quellenfrei, d.h., es gilt div $\vec{B} = 0$ (s. auch Gleichung (3.3.3)). Aus diesem Grund wählt man für das zu bestimmende Vektorpotential $\vec{A}$ häufig die Nebenbedingung

$$\text{div}\,\vec{A} = 0$$

und bezeichnet diesen Vorgang als **Eichung** von $\vec{A}$.

Nun wollen wir unsere Vermutung über die **Existenz** eines Vektorpotentials bei quellenfreien Feldern $\vec{V}$ durch explizite Konstruktion eines Vektorfeldes $\vec{A}$ bestätigen. Dabei muß darauf hingewiesen werden, daß hier beim Beweis ähnliche Probleme auftreten, wie beim Satz 4.2.2. Man muß von vornherein die Form der Gebiete $\mathcal{G}$ einschränken oder betrachtet nur gewisse Umgebungen der interessierenden Raumpunkte, d.h. behandelt das Problem nur *lokal*.

Satz 4.3.1: *Gilt*

$$\text{div}\,\vec{V} = \frac{\partial V_1}{\partial x} + \frac{\partial V_2}{\partial y} + \frac{\partial V_3}{\partial z} = 0 \qquad (4.3.3)$$

lokal in einem Gebiet $\mathcal{G}$, so existiert dort ein Vektorfeld $\vec{A}$ mit

$$\vec{V} = \text{rot}\,\vec{A}.$$

Beweis: Die Beziehung $\vec{V} = \text{rot}\,\vec{A}$ ist gleichbedeutend mit den Gleichungen

$$V_1 = \frac{\partial A_3}{\partial y} - \frac{\partial A_2}{\partial z}, \qquad (4.3.4)$$

$$V_2 = \frac{\partial A_1}{\partial z} - \frac{\partial A_3}{\partial x}, \qquad (4.3.5)$$

$$V_3 = \frac{\partial A_2}{\partial x} - \frac{\partial A_1}{\partial y}. \qquad (4.3.6)$$

Auf Grund der obigen Überlegungen benötigen wir nur eine beliebige partikuläre Lösung für $\vec{A}$. Daher setzen wir der Einfachheit halber $A_3 = 0$ und erhalten

$$V_1 = -\frac{\partial A_2}{\partial z}, \quad V_2 = \frac{\partial A_1}{\partial z}$$

bzw. nach Integration über z:

$$A_1 = \int_{z_1}^{z} V_2(x,y,t)dt + \varphi(x,y), \qquad (4.3.7)$$

$$A_2 = -\int_{z_1}^{z} V_1(x,y,t)dt, \qquad (4.3.8)$$

mit einer noch zu bestimmenden Funktion $\varphi(x,y)$. Dabei ist ebenfalls willkürlich bei A_2 auf eine Integrationskonstante verzichtet worden. Damit sind die Gleichungen (4.3.4) und (4.3.5) erfüllt. Differentiation der beiden Gleichungen (4.3.7) und (4.3.8) nach y bzw. x ergibt (wieder unter der Annahme der erlaubten Differentiation *unter* dem Integral):

$$\frac{\partial A_1}{\partial y} = \int_{z_1}^{z} \frac{\partial V_2(x,y,t)}{\partial y} dt + \varphi_y(x,y),$$

$$\frac{\partial A_2}{\partial x} = -\int_{z_1}^{z} \frac{\partial V_1(x,y,t)}{\partial x} dt,$$

und somit gilt für (4.3.6):

$$\begin{aligned} V_3(x,y,z) &= \frac{\partial A_2}{\partial x} - \frac{\partial A_1}{\partial y} = -\int_{z_1}^{z}\left(\frac{\partial V_1}{\partial x} + \frac{\partial V_2}{\partial y}\right)dt - \varphi_y(x,y) \\ &= \int_{z_1}^{z}\frac{\partial V_3(x,y,t)}{\partial t}dt - \varphi_y(x,y) = V_3(x,y,z) - V_3(x,y,z_1) - \varphi_y(x,y) \end{aligned}$$

unter Beachtung von (4.3.3). Für die Funktion φ erhält man also die Beziehung

$$\varphi_y = -V_3(x,y,z_1)$$

bzw.

$$\varphi(x,y,z_1) = -\int_{y_1}^{y} V_3(x,t,z_1)dt.$$

Damit ist das Feld $\vec{A}$ mit den Komponenten

$$A_1 = \int_{z_1}^{z} V_2(x,y,t)dt - \int_{y_1}^{y} V_3(x,t,z_1)dt, \tag{4.3.9}$$

$$A_2 = -\int_{z_1}^{z} V_1(x,y,t)dt, \tag{4.3.10}$$

$$A_3 = 0$$

ein Vektorpotential von $\vec{V}$.

Beispiel:

4.3.1. Sei $\vec{V} = \big(u(x,y), v(x,y), 0\big)$ ein wirbelfreies Geschwindigkeitsfeld einer ebenen stationären Strömung. Dann gilt

$$\vec{V} = \text{grad}\,\Phi \quad \text{bzw.} \quad u = \Phi_x, \quad v = \Phi_y,$$

mit dem *Geschwindigkeitspotential* $\Phi = \Phi(x,y)$. Ist die Strömung außerdem quellenfrei, d.h. gilt

$$\text{div}\,\vec{V} = \frac{\partial u}{\partial x} + \frac{\partial v}{\partial y} = 0,$$

dann ist, da $u_x = -v_y$,

$$-v\,dx + u\,dy$$

ein vollständiges Differential $d\Psi$ der sogenannten **Stromfunktion** $\Psi = \Psi(x,y)$. Es gilt wegen

$$d\Psi = \Psi_x\,dx + \Psi_y\,dy = -v\,dx + u\,dy:$$

$$\Psi_x = -v, \quad \Psi_y = u,$$

und mit $\vec{A} = (0, 0, \Psi)$ erhält man

$$\text{rot}\,\vec{A} = \begin{vmatrix} \vec{i} & \vec{j} & \vec{k} \\ \frac{\partial}{\partial x} & \frac{\partial}{\partial y} & \frac{\partial}{\partial z} \\ 0 & 0 & \Psi \end{vmatrix} = (\Psi_y, -\Psi_x, 0) = (u, v, 0) = \vec{V},$$

d.h., $\vec{A}$ ist ein Vektorpotential von $\vec{V}$.

Abschließend sei die erstaunliche Tatsache erwähnt, daß jedes Vektorfeld in wirbelfreie und quellenfreie Anteile zerlegt werden kann. Dies beinhaltet der **Helmholtzsche Zerlegungssatz**:

Satz 4.3.2: *Jedes stetig differenzierbare Vektorfeld $\vec{V}$ läßt sich auf einem einfach zusammenhängenden Gebiet mit einer (stückweise) glatten Randfläche als Summe eines wirbelfreien Feldes $\vec{B}$ und eines quellenfreien Feldes $\vec{A}$ darstellen:*

$$\vec{V} = \vec{B} + \vec{A},$$

mit

$$\operatorname{rot} \vec{B} = \vec{0}, \quad \operatorname{div} \vec{A} = 0.$$

Beweis: Man setzt $\vec{B} = \operatorname{grad} \Phi$ mit einer zu bestimmenden Funktion Φ. Dann ist

$$\operatorname{rot} \vec{B} = \operatorname{rot} \operatorname{grad} \Phi = \vec{0}$$

und

$$\vec{A} = \vec{V} - \operatorname{grad} \Phi.$$

Nun muß Φ so gewählt werden, daß

$$\operatorname{div} \vec{A} = \operatorname{div} \vec{V} - \operatorname{div} \operatorname{grad} \Phi = \operatorname{div} \vec{V} - \Delta \Phi = 0.$$

Daraus folgt die Bestimmungsgleichung für Φ:

$$\Delta \Phi = \operatorname{div} \vec{V}.$$

Das ist die sogenannte **Poisson-Gleichung**, falls $\operatorname{div} \vec{V} \neq 0$ bzw. **Laplace-Gleichung**, falls $\operatorname{div} \vec{V} = 0$ (siehe Kapitel 2.3, Typ 2).

Aufgaben:

4.3.1. Gibt es ein differenzierbares Vektorfeld $\vec{A}$ mit

    a) $\operatorname{rot} \vec{A} = \vec{r}$,

    b) $\operatorname{rot} \vec{A} = (2, 1, 3)$?

4.3.2. Es gelte das folgende System von Differentialgleichungen in $\mathcal{G}$ für $\vec{E}$ und $\vec{H}$:

$$\operatorname{rot} \vec{E} = \vec{H}, \quad \operatorname{rot} \vec{H} = \vec{E}, \quad \operatorname{div} \vec{E} = \operatorname{div} \vec{H} = 0. \tag{4.3.11}$$

Außerdem genüge ein Vektorfeld $\vec{A}$ der *Vektorwellengleichung*

$$\Delta \vec{A} + \vec{A} = \vec{0}.$$

Man gebe eine Darstellung von $\vec{E}$ und $\vec{H}$ in Abhängigkeit von $\vec{A}$ an, so daß diese das angegebene System lösen.
Anleitung: Man setze $\vec{H} = \operatorname{rot} \vec{A}$.

4.3.3. Man zeige, daß Lösungen der Maxwellschen Gleichungen

$$\operatorname{rot} \vec{H} = \frac{1}{c}\frac{\partial \vec{E}}{\partial t}, \quad \operatorname{rot} \vec{E} = -\frac{1}{c}\frac{\partial \vec{H}}{\partial t}, \tag{4.3.12}$$

$$\operatorname{div} \vec{H} = 0, \quad \operatorname{div} \vec{E} = 4\pi \varrho, \tag{4.3.13}$$

($\varrho(x,y,z)$ Ladungsdichte, c Lichtgeschwindigkeit) durch

$$\vec{E} = -\text{grad}\,\Phi - \frac{1}{c}\frac{\partial \vec{A}}{\partial t}, \quad \vec{H} = \text{rot}\,\vec{A}$$

gegeben sind, wobei das Vektorpotential $\vec{A}$ und das Skalarpotential Φ die Gleichungen

$$\text{div}\,\vec{A} + \frac{1}{c}\frac{\partial \Phi}{\partial t} = 0,$$

$$\Delta \Phi - \frac{1}{c^2}\frac{\partial^2 \Phi}{\partial t^2} = -4\pi\varrho,$$

$$\Delta \vec{A} - \frac{1}{c^2}\frac{\partial^2 \vec{A}}{\partial t^2} = 0$$

erfüllen.

4.3.4. Man bestimme ein Vektorpotential $\vec{A}$ des Magnetfeldes

$$\vec{H} = \frac{1}{x^2+y^2}(-y, x, 0),$$

(siehe Beispiel 4.1.5 und 4.2.1).
Anleitung: Man setze in diesem Fall $A_1 = 0$.

5 Flächen und Gebiete im Raum

5.1 Darstellung von Flächen

In den ersten drei Paragraphen tauchte im Zusammenhang mit Raumkurven (Tangentenbestimmung), partiellen Ableitungen (Berechnung einer Tangentialebene) und dem Gradienten (Untersuchung von Niveauflächen) bereits der Begriff der *Fläche* im $\mathbf{R}^3$ auf. Solche Flächen können durch eine Funktionsgleichung

$$F(x, y, z) = C = const.$$

in *impliziter* Form oder durch

$$z = f(x, y)$$

in *expliziter* Form gegeben sein.

Beispiel:

5.1.1. Die Gleichung

$$F(x, y, z) = 2x + 3y - 4z = 1$$

beschreibt wegen des linearen Zusammenhangs zwischen x, y und z eine ebene Fläche, d.h. eine *Ebene*.
Die Gleichung einer *Kugeloberfläche* lautet

$$F(x, y, z) = x^2 + y^2 + z^2 = r^2$$

und durch

$$z = f(x, y) = x^2 + y^2$$

ist ein *Rotationsparaboloid* gegeben.

Für analytische Untersuchungen sind diese Darstellungen sinnvoll, doch für geometrische Aussagen erweist sich eine Beschreibung in anderer Form als geeigneter. Aus der linearen Algebra weiß man, daß eine Ebene E auch durch eine **Parameterdarstellung** etwa in der Form

$$\vec{r} = (x, y, z) = \vec{r}_0 + \lambda \vec{a} + \mu \vec{b}$$

mit zwei linear unabhängigen Vektoren $\vec{a}$ und $\vec{b}$ beschrieben werden kann.

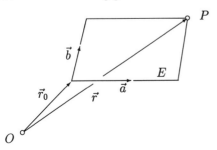
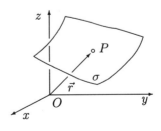

Auch die Punkte einer Kugeloberfläche werden durch zwei Parameter festgelegt, die geographische Länge und die geographische Breite. Ebenso läßt sich nun fast jede Fläche im Raum durch einen

Ortsvektor beschreiben, der von zwei Parametern u und v abhängt. D.h., die Vektorkoordinaten x, y, z sind Funktionen der beiden Variablen u und v:

$$x = x(u, v), \quad y = y(u, v), \quad z = z(u, v).$$

Welche Parameter das sind, muß von Fall zu Fall entschieden werden.

Definition 5.1.1:

Sind in einem Bereich (oder Gebiet) $\mathcal{B}$ der u, v-Ebene die Funktionen $x(u, v)$, $y(u, v)$, $z(u, v)$ definiert und stetig, so bezeichnet man die Gesamtheit der Punkte

$$\vec{r}(u, v) = \big(x(u, v), y(u, v), z(u, v)\big), \quad (u, v) \in \mathcal{B}, \tag{5.1.1}$$

als **Fläche** σ im $\mathbf{R}^3$, gegeben in der **Parameterdarstellung** durch u und v.

Beispiel:

5.1.2. a) Die Parameterdarstellung:

$$x = \cos u \sin v, \quad y = \sin u \sin v, \quad z = \cos v, \quad 0 \leq u \leq 2\pi, \quad 0 \leq v \leq \pi,$$

beschreibt die Einheitskugel, denn es ist

$$x^2 + y^2 + z^2 = \cos^2 u \sin^2 v + \sin^2 u \sin^2 v + \cos^2 v = \sin^2 v + \cos^2 v = 1.$$

b) Die Parameterdarstellung:

$$x = a \cos u, \quad y = b \sin u, \quad z = v, \quad 0 \leq u \leq 2\pi, \quad h_1 \leq v \leq h_2,$$

beschreibt eine elliptische Zylinderfläche, da $\left(\dfrac{x}{a}\right)^2 + \left(\dfrac{y}{b}\right)^2 = 1$.

c) Durch die Darstellung

$$\vec{r}(u, v) = (u, v, uv), \quad u^2 + v^2 \leq 1,$$

wird ein hyperbolisches Paraboloid (Sattelfläche) beschrieben, denn es ist mit $x = u$, $y = v$ und $z = uv$:

$$z = xy,$$

wodurch die Sattelfläche bekanntermaßen beschrieben wird.

Bei der Darstellung einer Fläche in Parameterform wird ein Bereich $\mathcal{B}$ der u, v-Ebene durch die Transformation $\vec{r}(u, v)$ auf eine Fläche σ im $\mathbf{R}^3$ abgebildet.

Beispiel:

5.1.3. Wir betrachten die Abbildung

$$\vec{r}(\varphi, z) = (\varrho \cos \varphi, \varrho \sin \varphi, z)$$

mit $u = \varphi$ und $v = z$ (s. Beispiel 5.1.2). Bei konstantem ϱ wird dem Bereich

$$\mathcal{B} = \{(\varphi, z) | 0 \leq \varphi < 2\pi, \quad 0 \leq z \leq h\}$$

einer φ, z-Ebene die Mantelfläche σ des Zylinders vom Radius ϱ und der Höhe h zugeordnet.

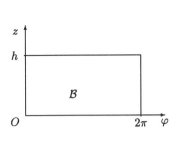
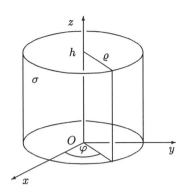

An diesem Beispiel erkennt man sehr gut, daß die Fläche σ von einem Netz von Parameterkurven, auch **Parameter-** oder **Koordinatenlinien** genannt, durchzogen wird. Hier sind es Kreise mit dem Radius ϱ parallel zur x,y-Ebene und Geraden parallel zur z-Achse im Abstand ϱ. Man unterscheidet nun die folgenden Linien:

u-Parameterlinien (u variabel, $v = const.$): $\vec{r} = \vec{r}(u, v = C)$,
v-Parameterlinien (v variabel, $u = const.$): $\vec{r} = \vec{r}(u = C, v)$.

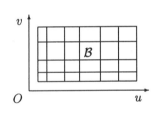

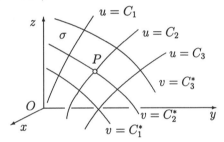

Der Punkt $P \in \sigma$ ist der Schnittpunkt der beiden Parameterlinien $u = C_2$ und $v = C_2^*$.

Aufgaben:

5.1.1. Gegeben sei die Parameterdarstellung
$$\vec{r}(u,v) = (uv, u^2v, uv^2), \quad (u,v) \in \mathbf{R}^2,$$
einer Fläche σ.
Man bestimme eine explizite Darstellung von σ der Form $z = f(x,y)$.

5.1.2. Gegeben sei die Fläche
$$\vec{r}(u,v) = (u+v, u-v, uv), \quad (u,v) \in \mathbf{R}^2.$$
a) Man schreibe die Gleichung der Fläche in der Form $F(x,y,z) = 0$.
b) Man bestimme die Parameterlinie $u = const.$ und $v = const.$
c) Man gebe eine geometrische Deutung der Fläche an.

5.1.3. Das einschalige Hyperboloid hat zwei Scharen geradliniger Erzeugenden (das sind zwei Geraden, die ganz in der Fläche liegen):

a) $\dfrac{x}{a} + \dfrac{z}{c} = u\left(1 + \dfrac{y}{b}\right), \quad u\left(\dfrac{x}{a} - \dfrac{z}{c}\right) = 1 - \dfrac{y}{b},$

b) $\dfrac{x}{a} + \dfrac{z}{c} = v\left(1 - \dfrac{y}{b}\right), \quad v\left(\dfrac{x}{a} - \dfrac{z}{c}\right) = 1 + \dfrac{y}{b}.$

Man versuche die Parameter u und v zu eliminieren.

5.2 Tangentialebene, Flächennormale

Unter der Voraussetzung, daß $\vec{r}(u,v) \in C^1(\mathcal{B})$, d.h., daß jede Koordinate nach den beiden Parametern u und v stetig differenzierbar ist, kann man nach der Existenz der Tangentialebene in P fragen. Notwendig dafür ist aber die Existenz der Tangenten an die Raumkurven durch P, die in σ enthalten sind, bzw. an die verschiedenen Parameterlinien.

Satz 5.2.1: *a) Die Größen $\vec{r}_u(u_0,v_0) \neq \vec{0}$ bzw. $\vec{r}_v(u_0,v_0) \neq \vec{0}$ sind* **Tangentenvektoren** *an die u- bzw. v-Parameterlinie im Punkt P_0 mit dem Ortsvektor $\vec{r}(u_0,v_0)$.*
b) Sei $\vec{r}(t) = \vec{r}\bigl(u(t),v(t)\bigr)$ eine glatte Kurve auf σ. Dann ist

$$\dot{\vec{r}}(t) = \vec{r}_u \dot{u} + \vec{r}_v \dot{v} \qquad (5.2.1)$$

Tangentenvektor *an diese Kurve.*

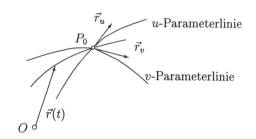

Beweis: a) Die u-Parameterlinie durch den Punkt P_0 hat mit $u = t$ die Darstellung

$$\vec{r}_1(t) = \vec{r}(t,v_0).$$

Damit ist ein Tangentenvektor an diese Linie in P_0 nach (1.3.1) durch

$$\dot{\vec{r}}_1(u_0) = \left.\frac{d\vec{r}(t,v_0)}{dt}\right|_{t=u_0} = \left.\frac{\partial \vec{r}(u,v)}{\partial u}\right|_{(u_0,v_0)} = \vec{r}_u(u_0,v_0)$$

gegeben. Analog verläuft der Beweis für die v-Parameterlinie.
b) Für die Flächenkurve $\vec{r}(t)$ gilt im Punkt $\vec{r}(t_0) = \vec{r}\bigl(u(t_0),v(t_0)\bigr) = \vec{r}(u_0,v_0)$:

$$\begin{aligned}\dot{\vec{r}}(t_0) &= \left.\Bigl(\dot{x}\bigl(u(t),v(t)\bigr),\dot{y}\bigl(u(t),v(t)\bigr),\dot{z}\bigl(u(t),v(t)\bigr)\Bigr)\right|_{t=t_0} = \left.(x_u\dot{u}+x_v\dot{v},y_u\dot{u}+y_v\dot{v},z_u\dot{u}+z_v\dot{v})\right|_{t=t_0}\\ &= \left.(\vec{r}_u\dot{u}+\vec{r}_v\dot{v})\right|_{t=t_0} = \vec{r}_u(u_0,v_0)\dot{u}(t_0) + \vec{r}_v(u_0,v_0)\dot{v}(t_0).\end{aligned}$$

Beispiel:

5.2.1. a) Die Mantelfläche eines Zylinders mit Radius ϱ läßt sich durch die Parameterdarstellung

$$\vec{r}(\varphi,z) = (\varrho\cos\varphi, \varrho\sin\varphi, z)$$

beschreiben. Ihre Parameterlinien sind:
$u = \varphi$-Parameterlinien: Kreise mit dem Radius ϱ und Mittelpunkt auf der z-Achse,
$v = z$-Parameterlinien: Geraden auf dem Mantel des Zylinders parallel zur z-Achse.

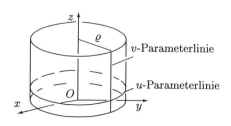

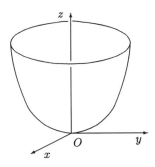

b) Die Parameterdarstellung

$$\vec{r} = \vec{r}(u,v) = (u, v, u^2 + v^2)$$

beschreibt die Mantelfläche eines Rotationsparaboloids, das durch Drehung der Normalparabel $z = x^2$ um die z-Achse entsteht. Für die Tangenten an die Parameterkurven erhält man:

$$\vec{r}_u = (1,0,2u) \quad \text{und} \quad \vec{r}_v = (0,1,2v). \quad (5.2.2)$$

Betrachtet man alle Flächenkurven, die durch einen festen Punkt P der Fläche gehen, so liegen nach (5.2.1) deren Tangenten alle in der von den partiellen Ableitungen $\vec{r}_u$ und $\vec{r}_v$ aufgespannten Ebene E, und diese beiden Vektoren sind selbst Tangentenvektoren der Parameterlinien in P. Die Ebene E ist die **Tangentialebene** der Fläche in P.

Allerdings muß man etwas Vorsicht walten lassen. Die Vektoren $\vec{r}_u$ und $\vec{r}_v$ spannen nur dann eine Ebene auf, wenn sie linear unabhängig sind, d.h. wenn gilt

$$\vec{r}_u \times \vec{r}_v \neq \vec{0}.$$

Ist diese Bedingung erfüllt, kann man den Einheitsvektor

$$\boxed{\vec{N} = \frac{\vec{r}_u \times \vec{r}_v}{|\vec{r}_u \times \vec{r}_v|}} \quad (5.2.3)$$

bilden, der senkrecht auf $\vec{r}_u$ und $\vec{r}_v$ steht und damit auf der gesamten Tangentialebene. Er ist also der Einheitsnormalenvektor, die sogenannte **Flächennormale**.

Somit haben wir praktisch den folgenden Satz bewiesen:

Satz 5.2.2: a) *Die Fläche σ mit der Parameterdarstellung $\vec{r} = \vec{r}(u,v)$ und $\vec{r}_u \times \vec{r}_v \neq \vec{0}$ besitzt in jedem Punkt $P \in \sigma$ eine Tangentialebene, deren Einheitsnormale durch (5.2.3) gegeben ist.*
b) *Die Gleichung der Tangentialebene E in einem Flächenpunkt $P_0 \in \sigma$ (Ortsvektor $\vec{r}_0 = \vec{r}(u_0, v_0)$) mit der Normalen $\vec{N}_0 = \vec{N}(u_0, v_0)$ lautet:*

$$(\vec{r}^* - \vec{r}_0)\vec{N}_0 = 0. \quad (5.2.4)$$

Dabei ist $\vec{r}^*(x,y,z)$ der Ortsvektor eines beliebigen Punktes $P^* \in E$.

Der **Beweis** von b) erfolgt in der Aufgabe 5.2.1.

Beispiel:

5.2.2. Wir wollen die Tangentialebene des Rotationsparaboloids aus Beispiel 5.2.1 im Punkt $u_0 = v_0 = 1$ berechnen. Wegen (5.2.2) ist

$$\vec{r}_u(u_0, v_0) = (1,0,2) \quad \text{und} \quad \vec{r}_v(u_0, v_0) = (0,1,2)$$

und damit

$$\vec{r}_u \times \vec{r}_v = \begin{vmatrix} \vec{i} & \vec{j} & \vec{k} \\ 1 & 0 & 2 \\ 0 & 1 & 2 \end{vmatrix} = (-2,-2,1)$$

bzw.

$$\vec{N}_0 = \frac{(-2,-2,1)}{\sqrt{4+4+1}} = -\frac{1}{3}(2,2,-1).$$

Mit (5.2.4) ergibt sich die Gleichung der Tangentialebene im Punkt $P_0(1,1,2)$:

$$-(x,y,z)\frac{1}{3}(2,2,-1) = -(1,1,2)\frac{1}{3}(2,2,-1) = -\frac{1}{3}(2+2-2) = -\frac{2}{3}$$

bzw.

$$2x + 2y - z = 2.$$

Aufgaben:

5.2.1. Man beweise Satz 5.2.2 b).

5.2.2. a) Man gebe für die Fläche aus Aufgabe 5.1.1 in jedem Punkt mit $uv \neq 0$ die Normale an.
b) Man untersuche, ob die Parameterlinien auf dieser Fläche sich senkrecht schneiden.

5.2.3. Man bestimme eine Einheitsnormale der Fläche

$$\vec{r} = (a\cos u \sin v, a\sin u \sin v, a\cos v).$$

5.2.4. Man bestimme eine Gleichung für die Tangentialebene der Fläche
a) $z = xy$ im Punkt $P_0(2,3,6)$,
b) $4z = x^2 - y^2$ im Punkt $P_0(3,1,2)$.

5.2.5. Unter welchem Winkel schneiden sich die Koordinatenlinien $u = 2$ und $v = 1$ der Fläche

$$\vec{r}(u,v) = (u^2 - v^2, u^2 + v^2, uv)?$$

Wie lautet die Gleichung der Tangentialebene in diesem Punkt?

5.3 Bogenelement

Für das **Bogenelement** einer Flächenkurve $\vec{r}(t)$ erhalten wir mit (1.3.3)

$$ds = |\dot{\vec{r}}(t)|dt$$

bzw. mit Satz 5.1.1 b):

$$\begin{aligned}ds^2 &= \dot{\vec{r}}\dot{\vec{r}}dt^2 = (\vec{r}_u \dot{u} + \vec{r}_v \dot{v})^2 dt^2 = (\vec{r}_u \vec{r}_u \dot{u}^2 + 2\vec{r}_u\vec{r}_v \dot{u}\dot{v} + \vec{r}_v\vec{r}_v \dot{v}^2)dt^2\\ &= \vec{r}_u^2\, du^2 + 2\vec{r}_u\vec{r}_v\, dudv + \vec{r}_v^2\, dv^2.\end{aligned}$$

Definition 5.3.1:
Der Ausdruck

$$\boxed{ds^2 = E\,du^2 + 2F\,dudv + G\,dv^2} \qquad (5.3.1)$$

mit

$$E = \vec{r}_u^2, \quad F = \vec{r}_u\vec{r}_v, \quad G = \vec{r}_v^2 \qquad (5.3.2)$$

wird **erste Fundamentalform** der Flächentheorie genannt. Die Größen E, F und G heißen **Gaußsche Fundamentalgrößen**.

Bemerkung:

Eine zweite ebenfalls von GAUSS[1] eingeführte Fundamentalform gibt Auskunft über das *Krümmungsverhalten* einer Fläche (s. z.B. [10]).

Wir erkennen sofort, daß die Parameterlinien genau dann *orthogonal* sind, wenn

$$F = \vec{r}_u \vec{r}_v = 0, \quad \text{wobei} \quad \vec{r}_u \neq \vec{0} \quad \text{und} \quad \vec{r}_v \neq \vec{0}.$$

Beispiel:

5.3.1. Die Einheitsnormale der *Zylinderfläche* aus Beispiel 5.2.1 a) hat die Darstellung

$$\vec{N} = \frac{\vec{r}_\varphi \times \vec{r}_z}{|\vec{r}_\varphi \times \vec{r}_z|} = \frac{1}{|\vec{r}_\varphi \times \vec{r}_z|} \begin{vmatrix} \vec{i} & \vec{j} & \vec{k} \\ -\varrho\sin\varphi & \varrho\cos\varphi & 0 \\ 0 & 0 & 1 \end{vmatrix}$$

$$= \frac{1}{|\vec{r}_\varphi \times \vec{r}_z|}(\varrho\cos\varphi, \varrho\sin\varphi, 0) = (\cos\varphi, \sin\varphi, 0),$$

d.h., $\vec{N}$ ist parallel zur Projektion von $\vec{r}$ auf die x, y-Ebene. Für die Gaußschen Fundamentalgrößen erhalten wir

$$\begin{aligned} E &= \vec{r}_\varphi^2 = (-\varrho\sin\varphi, \varrho\cos\varphi, 0)^2 = \varrho^2, \\ F &= \vec{r}_\varphi \vec{r}_z = (-\varrho\sin\varphi, \varrho\cos\varphi, 0)(0, 0, 1) = 0, \\ G &= \vec{r}_z^2 = (0, 0, 1)^2 = 1 \end{aligned}$$

und damit für die erste Fundamentalform

$$ds^2 = \varrho^2 d\varphi^2 + dz^2.$$

Ist auf der Zylinderfläche die Funktion $z(\varphi)$, $\varphi_1 \leq \varphi \leq \varphi_2$, gegeben, erhält man

$$ds = \sqrt{\varrho^2 d\varphi^2 + dz^2} = \sqrt{\varrho^2 d\varphi^2 + [z'(\varphi)]^2 d\varphi^2} = \sqrt{\varrho^2 + [z'(\varphi)]^2}\, d\varphi,$$

und wir können so die Länge der Kurve bestimmen:

$$s = \int_{\varphi_1}^{\varphi_2} \sqrt{\varrho^2 + [z'(\varphi)]^2}\, d\varphi.$$

Für das Bogenelement auf der *Kugeloberfläche* mit dem Radius $r = const.$ ergibt sich

$$ds = r\sqrt{\sin^2\vartheta d\varphi^2 + d\vartheta^2}$$

(siehe Aufgabe 5.4.1).

5.4 Flächenelement

Etwas später werden wir z.B. für die Berechnung von Oberflächenintegralen das Flächenelement benötigen, das durch je zwei infinitesimal benachbarte u- und v-Parameterlinien begrenzt wird.

---

[1] Carl Friedrich Gauß (1777 – 1855), deutscher Mathematiker

Es seien $P(u,v)$ und $Q(u+du,v)$ bzw. $R(u,v+dv)$ benachbarte Punkte auf einer u- bzw. v-Parameterlinie, die sich im Punkt $S(u+du,v+dv)$ treffen. Diesen Teil von σ mit den „Eckpunkten" P, Q, S und R bezeichnet man als **Flächenelement** $d\sigma$, das sich annähernd durch das Parallelogramm, bestehend aus den Vektoren

$$\vec{r}(u+du,v) - \vec{r}(u,v)$$

und

$$\vec{r}(u,v+dv) - \vec{r}(u,v)$$

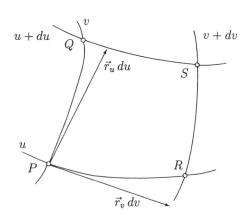

berechnen läßt. Diese Differenzvektoren nähern aber den Bogen $\widehat{PQ}$ bzw. $\widehat{PR}$ bei benachbarten Punkten P und Q bzw. P und R sehr gut an und können bei kleinem du bzw. dv auch durch die Tangenten $\vec{r}_u\,du$ bzw. $\vec{r}_v\,dv$ ersetzt werden. Also ist $d\sigma$ näherungsweise gleich der Fläche eines Parallelogramms, d.h. gleich dem Betrag des Vektorproduktes der Tangenten:

$$d\sigma = |\vec{r}_u\,du \times \vec{r}_v\,dv| = |\vec{r}_u \times \vec{r}_v|\,du\,dv. \tag{5.4.1}$$

Nach der Definiton des Vektorproduktes zweier Vektoren $\vec{a}$ und $\vec{b}$, die den Winkel α einschließen, gilt aber

$$|\vec{a} \times \vec{b}|^2 = a^2 b^2 \sin^2\alpha = a^2 b^2 (1 - \cos^2\alpha) = a^2 b^2 - \{ab\cos\alpha\}^2 = \vec{a}^2 \vec{b}^2 - (\vec{a}\vec{b})^2,$$

so daß wir für (5.4.1) schreiben können

$$d\sigma = \sqrt{\vec{r}_u^2\,\vec{r}_v^2 - (\vec{r}_u\vec{r}_v)^2}\,du\,dv$$

bzw.

$$\boxed{d\sigma = \sqrt{EG - F^2}\,du\,dv,} \tag{5.4.2}$$

mit den Gaußschen Fundamentalgrößen aus (5.3.2).

Beispiele:

5.4.1. a) Für eine *Zylinderfläche* mit konstantem Radius ϱ:

$$\vec{r}(\varphi,z) = (\varrho\cos\varphi, \varrho\sin\varphi, z)$$

ergibt sich mit Beispiel 5.3.1:

$$d\sigma = |\vec{r}_\varphi \times \vec{r}_z|\,d\varphi\,dz = |(\varrho\cos\varphi, \varrho\sin\varphi, 0)|\,d\varphi\,dz = \varrho\,d\varphi\,dz$$

oder auch

$$d\sigma = \sqrt{EG - F^2}\,d\varphi\,dz = \sqrt{\varrho^2 \cdot 1 - 0}\,d\varphi\,dz,$$

also

$$\boxed{d\sigma = \varrho\,d\varphi\,dz.} \tag{5.4.3}$$

b) Für das Flächenelement auf der *Kugel* mit den Koordinaten r, φ, ϑ erhalten wir aus der Parameterdarstellung $\vec{r}(\varphi, \vartheta) = (r\cos\varphi\sin\vartheta, r\sin\varphi\sin\vartheta, r\cos\vartheta)$:

$$\vec{r}_\varphi = (-r\sin\varphi\sin\vartheta, r\cos\varphi\sin\vartheta, 0),$$

$$\vec{r}_\vartheta = (r\cos\varphi\cos\vartheta, r\sin\varphi\cos\vartheta, -r\sin\vartheta)$$

und damit

$$\begin{aligned} E &= \vec{r}_\varphi^{\,2} = r^2\sin^2\varphi\sin^2\vartheta + r^2\cos^2\varphi\sin^2\vartheta = r^2\sin^2\vartheta, \\ F &= \vec{r}_\varphi\vec{r}_\vartheta = -r^2\sin\varphi\cos\varphi\sin\vartheta\cos\vartheta + r^2\sin\varphi\cos\varphi\sin\vartheta\cos\vartheta = 0, \\ G &= \vec{r}_\vartheta^{\,2} = r^2\cos^2\varphi\cos^2\vartheta + r^2\sin^2\varphi\cos^2\vartheta + r^2\sin^2\vartheta = r^2\cos^2\vartheta + r^2\sin^2\vartheta = r^2. \end{aligned}$$

Daraus folgt

$$d\sigma = \sqrt{EG - F^2}\, d\varphi d\vartheta = \sqrt{r^2\sin^2\vartheta \cdot r^2 - 0}\, d\varphi d\vartheta$$

bzw.

$$\boxed{d\sigma = r^2\sin\vartheta\, d\varphi d\vartheta.} \tag{5.4.4}$$

Aufgaben:

5.4.1. Man bestimme das Bogenelement einer Kugel mit Radius r.
Hinweis: Man benutze die Parameterdarstellung aus Beispiel 5.4.1 b).

5.4.2. Durch Drehung einer Kurve in der x, z-Ebene mit der Parameterdarstellung

$$x = x(v), \quad z = z(v), \quad v_1 \le v \le v_2,$$

um die z-Achse um den Winkel u, $0 \le u < 2\pi$, entsteht eine sogenannte *Drehfläche* mit der Parameterdarstellung

$$\vec{r}(u, v) = \big(\varrho(v)\cos u, \varrho(v)\sin u, z(v)\big).$$

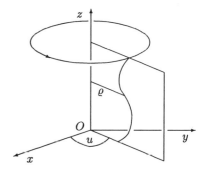

Man bestimme:
a) Die Gaußschen Fundamentalgrößen,
b) die Bogenlänge der v-Koordinatenlinien für

den Spezialfall $\varrho = z = v$, $0 \le v \le h$, (Kegel mit Spitze im Nullpunkt und dem Öffnungswinkel $\frac{\pi}{4}$).

5.4.3. Die Gleichung einer *Loxodromen*[2] auf der Einheitskugel, d.h. der Kurve, die alle Meridiane unter dem gleichen Winkel α schneidet, lautet

$$\varphi = \varphi(\vartheta) = \tan\alpha\left\{\ln\left(\tan\frac{\vartheta}{2}\right)\right\}.$$

Man bestimme die Bogenlänge der Loxodromen zwischen den durch ϑ_0 und ϑ_1 gekennzeichneten Breitenkreisen.

5.4.4. Man zeige, daß die Koordinatenlinien der elliptischen Zylinderfläche mit der Parameterdarstellung

$$x = \cosh u \cos v, \quad y = \sinh u \sin v, \quad z = z$$

orthogonal sind.

---

[2]*loxós* (griechisch): schief, *dromós* (griechisch): Lauf

5.4.5. a) Man bestimme die Gaußschen Fundamentalgrößen einer Ebene mit der Parameterdarstellung

$$\vec{r}(u,v) = \vec{r}_0 + u\vec{a} + v\vec{b}, \quad (u,v) \in \mathbf{R}^2.$$

b) Man bestimme für die Ebene

$$\vec{r}(u,v) = (1,0,1) + u(1,1,2) + v(0,-1,1)$$

das Flächenelement.

5.4.6. Eine *Wendelfläche* entsteht durch Schraubung einer Geraden, die die Schraubenachse senkrecht schneidet. Die Parameterdarstellung ist mit $a = const. > 0$:

$$\vec{r}(u,v) = (u\cos v, u\sin v, av), \quad u_0 \leq u \leq u_1, \quad v_0 \leq v \leq v_1.$$

Man bestimme die Gaußschen Fundamentalgrößen und das Flächenelement.

5.5 Flächen in kartesischen Koordinaten

Es ist auch möglich, daß x und y die Rolle der beiden Parameter u und v übernehmen. Ist eine Fläche in der Form

$$z = f(x,y), \quad (x,y) \in \mathbf{R}^2,$$

gegeben, schreibt man einfach

$$\vec{r}(x,y) = \Big(x,y,z=f(x,y)\Big) = \Big(x,y,f(x,y)\Big)$$

und erhält für die Tangentenvektoren an die Parameterlinien

$$\vec{r}_x = (1,0,f_x) \quad \text{bzw.} \quad \vec{r}_y = (0,1,f_y).$$

Daraus ergibt sich mit

$$\vec{r}_x \times \vec{r}_y = \begin{vmatrix} \vec{i} & \vec{j} & \vec{k} \\ 1 & 0 & f_x \\ 0 & 1 & f_y \end{vmatrix} = (-f_x, -f_y, 1) \quad \text{und} \quad |\vec{r}_x \times \vec{r}_y| = \sqrt{1 + f_x^2 + f_y^2}$$

die Flächennormale

$$\vec{N}(x,y) = \frac{(-f_x, -f_y, 1)}{\sqrt{1 + f_x^2 + f_y^2}} \tag{5.5.1}$$

bzw. das Flächenelement

$$\boxed{d\sigma = \sqrt{1 + f_x^2 + f_y^2}\, dx\, dy.} \tag{5.5.2}$$

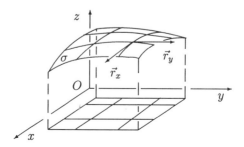

Beispiel:

5.5.1. Wir betrachten die Fläche

$$z = f(x,y) = x^2 + y^2, \quad |x| \leq 2, \quad |y| \leq 2,$$

und erhalten mit $f_x = 2x$, $f_y = 2y$:

$$\vec{N} = \frac{(-2x, -2y, 1)}{\sqrt{1 + 4x^2 + 4y^2}} \quad \text{und} \quad d\sigma = \sqrt{1 + 4x^2 + 4y^2}\, dx dy.$$

Im Punkt $P_0(0,1,1)$ ist

$$\vec{N}_0 = \frac{(0,-2,1)}{\sqrt{1+4}} = \frac{1}{\sqrt{5}}(0,-2,1),$$

d.h. parallel zur y, z-Ebene.

Für die implizite Darstellung $F(x,y,z) = 0$ einer Fläche setzen wir voraus, daß diese Gleichung nach einer Variablen, z.B. nach $x = g(y,z)$, auflösbar ist. Wir können dann mit der Parameterdarstellung

$$\vec{r}(y,z) = \Big(g(y,z), y, z\Big)$$

schreiben

$$\vec{r}_y \times \vec{r}_z = \begin{vmatrix} \vec{i} & \vec{j} & \vec{k} \\ g_y & 1 & 0 \\ g_z & 0 & 1 \end{vmatrix} = (1, -g_y, -g_z).$$

Andererseits ist

$$dx = g_y\, dy + g_z\, dz$$

und

$$\begin{aligned} dF &= F_x\, dx + F_y\, dy + F_z\, dz = F_g(g_y\, dy + g_z\, dz) + F_y\, dy + F_z\, dz \\ &= (F_g g_y + F_y) dy + (F_g g_z + F_z) dz = 0, \end{aligned}$$

woraus sich ergibt

$$F_g g_y + F_y = F_g g_z + F_z = 0, \tag{5.5.3}$$

da y und z und damit dy und dz beliebig zu wählen sind. Aus diesen beiden Gleichungen folgt aber (mit $F_x = F_g \neq 0$)

$$g_y = -\frac{F_y}{F_g} = -\frac{F_y}{F_x} \quad \text{und} \quad g_z = -\frac{F_z}{F_g} = -\frac{F_z}{F_x},$$

und damit erhalten wir

$$|\vec{r}_y \times \vec{r}_z| = \sqrt{1 + g_y^2 + g_z^2} = \sqrt{1 + \frac{F_y^2}{F_x^2} + \frac{F_z^2}{F_x^2}} = \frac{1}{|F_x|}\sqrt{F_x^2 + F_y^2 + F_z^2}$$

und für das Flächenelement

$$d\sigma = \sqrt{F_x^2 + F_y^2 + F_z^2}\, \frac{dydz}{|F_x|}. \tag{5.5.4}$$

Unter der Voraussetzung, daß $F_y \neq 0$ bzw. $F_z \neq 0$, gelten entsprechend analoge Ausdrücke mit $dxdz$ bzw. $dxdy$.

Die Normale bestimmt man am einfachsten mit Hilfe des Gradienten:

$$\vec{N} = \frac{\operatorname{grad} F}{|\operatorname{grad} F|}.$$

Beispiel:

5.5.2. Für die Mantelfläche des Zylinders $x^2 + y^2 = 6y$, $z \in \mathbf{R}$, $x \geq 0$, $y \geq 0$, ergibt sich mit
$F(x,y,z) = x^2 + y^2 - 6y = 0$ und $F_x = 2x$, $F_y = 2y - 6$, $F_z = 0$:

$$\begin{aligned}
d\sigma &= \sqrt{4x^2 + (2y-6)^2}\, \frac{dydz}{|2x|} = \sqrt{4x^2 + 4y^2 - 24y + 36}\, \frac{dydz}{2x} \\
&= \sqrt{36}\, \frac{dydz}{2x} = \frac{3dydz}{x} = 3\, \frac{dydz}{\sqrt{6y - y^2}}.
\end{aligned}$$

Aufgaben:

5.5.1. Der Graph $z = xy$ stellt ein hyperbolisches Paraboloid dar.
Man bestimme für diese Fläche das Flächenelement $d\sigma$.

5.5.2. Durch die Parameterdarstellung

$$\vec{r}(a, \varphi) = (a\cos\varphi, a\sin\varphi, a\sqrt{3}), \quad 0 \leq a < \infty, \quad 0 \leq \varphi < 2\pi,$$

ist ein unendlich langer Kegel mit dem Scheitel im Ursprung und der z-Achse als Achse gegeben. Sein Öffnungswinkel beträgt 30°.
Man stelle diese Kegelfläche in der Form $z = f(x,y)$ dar und bestimme die Flächennormale und das Flächenelement.

5.5.3. Die Gleichung

$$\frac{x^2}{a^2} + \frac{y^2}{a^2} + \frac{z^2}{b^2} = 1$$

beschreibt ein Rotationsellipsoid.
Man bestimme die Flächennormale und das Oberflächenelement über der x,y-Ebene.

5.6 Besonderheiten

Im allgemeinen kann man bei einer Fläche immer zwischen „außen und innen" bzw. „oben und unten" unterscheiden. Das gilt für **zweiseitige** bzw. sogenannte orientierbare Flächen.

Damit eine Normale $\vec{N}$ und dadurch die Seite einer Fläche σ eindeutig festgelegt ist, definiert man eine Seite als positiv und setzt die Reihenfolge von $\vec{r}_u$ und $\vec{r}_v$ so fest, daß $\vec{N}$ von der positiven Seite wegzeigt, d.h., daß $\vec{r}_u$, $\vec{r}_v$ und $\vec{N}$ ein Rechtssystem bilden. Man bezeichnet dies als **Orientierung** der Fläche.

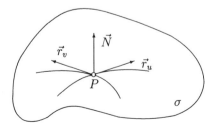

Zu den Flächen, bei denen solch ein Verfahren scheitert, d.h., die nicht orientierbar sind, gehört das **Möbiusband**[3]. Dieses entsteht, wenn man z.B. einen Papierstreifen $ABCD$ nach einmaligem Verdrehen so verklebt, daß A mit C und B mit D zusammenfällt.

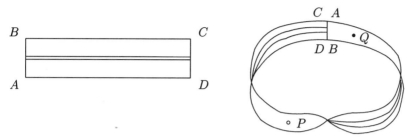

Diese Fläche ist *einseitig*, da man von einem „Außenpunkt" P zu einem „Innenpunkt" Q gelangt, ohne die Fläche zu durchdringen oder über den Rand zu springen.

In diesem Zusammenhang ist noch die folgende Definition wichtig:

> **Definition 5.6.1:**
>
> a) Es ist σ eine **offene** Fläche, wenn je zwei Punkte, die auf verschiedenen Seiten von σ liegen, durch eine stetige Kurve, die σ nicht schneidet, verbunden werden können.
>
> b) Es ist σ eine **geschlossene** Fläche (die sich selbst nicht durchdringt!), wenn sie den $\mathbf{R}^3$ in zwei getrennte Gebiete R_1 und R_2 teilt, so daß jede stetige Kurve als Verbindung von Punkten aus R_1 und R_2 die Fläche σ mindestens einmal schneidet. Die äußere Seite von σ soll dann die positive Seite sein.
>
> c) Man nennt eine Fläche σ **glatt**, wenn eine Normale $\vec{N}$ in allen Punkten von σ existiert und stetig ist.
>
> d) Eine **einfache** Fläche ist eine Vereinigung endlich vieler glatter Flächen. Solche Flächen bezeichnet man auch als *reguläre Flächen* oder nennt sie **stückweise glatt**.

Beispiel:

5.6.1. a) Die Kugeloberfläche

$$x^2 + y^2 + z^2 = r^2$$

ist eine *geschlossene Fläche*.

b) Der Mantel eines Zylinders

$$\vec{r} = (\varrho \cos \varphi, \varrho \sin \varphi, z), \quad \varrho = const., \quad 0 \leq \varphi \leq 2\pi, \quad 0 \leq z \leq h,$$

ist eine *offene Fläche*. Für die Normale ergibt sich

$$\vec{N} = \frac{\vec{r}_\varphi \times \vec{r}_z}{|\vec{r}_\varphi \times \vec{r}_z|} = (\cos \varphi, \sin \varphi, 0).$$

Sie weist von der äußeren Seite weg.

---

[3] August Ferdinand Möbius (1790 – 1868), deutscher Mathematiker

c) Zu den *stückweise glatten* Flächen gehören der Würfel, der komplette Zylinder (mit Deckel und Boden) oder die obere Halbkugel mit Boden.

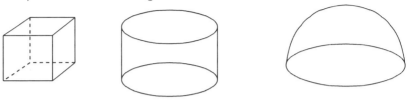

5.7 Krummlinig orthogonale Koordinaten

Mit den *Kugel-* bzw. *Zylinderkoordinaten* wird man bereits relativ früh vertraut gemacht und lernt sie zu schätzen. Nun zeigt sich in der Praxis, daß es oft zweckmäßig ist, bei der Beschreibung von Flächen oder Gebieten im $\mathbf{R}^3$ auf andere Koordinaten zurückzugreifen, die der Symmetrie und der Form dieser Gebilde besser angepaßt sind. Dabei geht man davon aus, daß die kartesischen Koordinaten x, y, z in einem Punkt P der Fläche σ bzw. des Gebietes $\mathcal{G}$ Funktionen von u_1, u_2, u_3 sind, also

$$x = x(u_1, u_2, u_3), \quad y = y(u_1, u_2, u_3), \quad z = z(u_1, u_2, u_3). \tag{5.7.1}$$

Allerdings muß eine solche Zuordnung *eineindeutig* sein, d.h., die Gleichungen (5.7.1) müssen auch nach u_1, u_2, u_3 auflösbar sein:

$$u_1 = u_1(x, y, z), \quad u_2 = u_2(x, y, z), \quad u_3 = u_3(x, y, z). \tag{5.7.2}$$

Man bezeichnet dann u_1, u_2, u_3 als **krummlinige Koordinaten** von $P(x, y, z)$ (wenn nicht alle lineare Funktionen sind!). Dieser Punkt kann als Schnitt der drei Koordinatenflächen

$$u_1 = C_1, \quad u_2 = C_2, \quad u_3 = C_3$$

mit konstanten C_1, C_2, C_3 aufgefaßt werden.

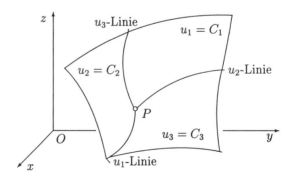

Je zwei Paare dieser Flächen schneiden sich in den Parameter- bzw. Koordinatenlinien. Die Vektoren

$$\vec{r}_{u_1}, \quad \vec{r}_{u_2}, \quad \vec{r}_{u_3} \tag{5.7.3}$$

sind Tangenten an diese Linien.

Wären diese drei Vektoren in mehreren Punkten komplanar, würde das bedeuten, daß
$$\vec{r} = \vec{r}(u_1, u_2, u_3)$$
eine **Fläche** im $\mathbf{R}^3$ beschreibt. Daraus folgt aber, daß es einen Zusammenhang bzw. eine Beziehung zwischen x, y und z gibt. D.h., (5.7.1) besteht nur noch aus zwei Gleichungen und eine Auflösbarkeit nach den u_i, $i = 1, 2, 3$, wäre nicht mehr möglich.

Die drei Vektoren (5.7.3) sind aber genau dann nicht komplanar, d.h. linear unabhängig, wenn die Funktionen einmal stetig differenzierbar sind und die **Jacobische**[4] **Funktionalmatrix**

$$\mathcal{J}^*(u_1, u_2, u_3) = \frac{\partial(x, y, z)}{\partial(u_1, u_2, u_3)} = \begin{pmatrix} x_{u_1} & y_{u_1} & z_{u_1} \\ x_{u_2} & y_{u_2} & z_{u_2} \\ x_{u_3} & y_{u_3} & z_{u_3} \end{pmatrix}$$

den Rang drei hat bzw. die **Jacobi-** oder **Funktional-Determinante**

$$\mathcal{J}(u_1, u_2, u_3) = \det\left(\frac{\partial(x,y,z)}{\partial(u_1,u_2,u_3)}\right) = \vec{r}_{u_1}(\vec{r}_{u_2} \times \vec{r}_{u_3}) = \begin{vmatrix} x_{u_1} & y_{u_1} & z_{u_1} \\ x_{u_2} & y_{u_2} & z_{u_2} \\ x_{u_3} & y_{u_3} & z_{u_3} \end{vmatrix} \neq 0$$

ist. Es ist natürlich möglich, daß es Punkte gibt, in denen $\mathcal{J} = 0$ gilt. Doch sind das im allgemeinen Ausnahmepunkte, z.B. Pole oder Ecken bzw. Kanten, die gesondert betrachtet werden müssen.

Die Gleichungen (5.7.1) und (5.7.2) definieren eine Koordinatentransformation. Wenn sich die Parameterlinien senkrecht schneiden, liegt ein krummlinig **orthogonales** Koordinatensystem O, u_1, u_2, u_3 vor. Einige solcher Systeme sollen im folgenden vorgestellt werden.

5.7.1 Zylinderkoordinaten

Im Beispiel 5.1.3 haben wir sie bereits kennengelernt. Die Transformationsgleichungen lauten:
$$x = \varrho \cos\varphi, \quad y = \varrho \sin\varphi, \quad z = z, \quad 0 \leq \varphi < 2\pi, \quad \varrho \geq 0, \quad z \in \mathbf{R}, \tag{5.7.4}$$
bzw.
$$\varrho = \sqrt{x^2 + y^2}, \quad \varphi = \arctan\frac{y}{x}, \quad z = z. \tag{5.7.5}$$

Die *Koordinatenflächen* sind:
$\varrho = const.$ (Mantelfläche des Zylinders),
$\varphi = const.$ (Halbebene durch die z-Achse senkrecht zur x, y-Ebene),
$z = const.$ (Ebene parallel zur x, y-Ebene).
Man erkennt sofort, daß die Zylinderkoordinaten ein orthogonales System bilden (siehe Aufgabe 5.7.1).

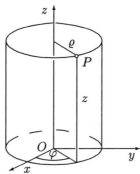

---
[4] Carl Gustav Jacob Jacobi (1804 – 1851), deutscher Mathematiker

5.7.2 Kugelkoordinaten

Projizieren wir den Punkt $P(x,y,z)$ auf einer Kugel um den Nullpunkt mit dem Radius r auf die x,y-Ebene, erhalten wir:
$$x = \varrho \cos\varphi, \quad y = \varrho \sin\varphi,$$

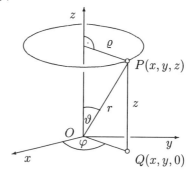

mit dem Breitenwinkel φ. Außerdem ergeben sich die Beziehungen
$$\sin\vartheta = \frac{\varrho}{r} \quad \text{und} \quad \cos\vartheta = \frac{z}{r}$$
mit dem Höhenwinkel ϑ bzw.
$$\varrho = r\sin\vartheta \quad \text{und} \quad z = r\cos\vartheta.$$

Daraus folgt
$$x = r\cos\varphi\sin\vartheta, \quad y = r\sin\varphi\sin\vartheta, \quad z = r\cos\vartheta, \tag{5.7.6}$$
wobei $0 \leq \varphi < 2\pi$, $r \geq 0$, $0 \leq \vartheta \leq \pi$.

Für die Umkehrung gilt:
$$r = \sqrt{x^2 + y^2 + z^2}, \varphi = \arctan\frac{y}{x}, \vartheta = \arccos\frac{z}{r}.$$

Wir können einen Punkt $P(x,y,z)$ als Schnitt der Koordinatenflächen
$\varphi = C_1$: Halbebene unter dem Winkel φ gegen die x,z-Ebene durch die z-Achse,
$r = C_2$: Kugel vom Radius C_2 um O,
$\vartheta = C_3$: Kegel vom Öffnungswinkel ϑ mit der Spitze in O
verstehen. Die Parameterlinien sind Kreise parallel zur x,y-Ebene, Halbkreise in $\varphi = C_1$ und Strahlen vom Ursprung aus. Somit bilden auch diese Koordinaten ein orthogonales System.

5.7.3 Toruskoordinaten

Ein Torus entsteht, wenn ein Kreis vom Radius R_1 in der x,z-Ebene mit dem Mittelpunkt $(a,0,0)$, $a \geq R_1$, um die z-Achse rotiert.

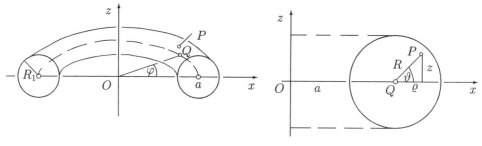

Die Projektion eines Punktes $P(x,y,z)$ aus dem Innern des Torus auf die x,y-Ebene ergibt mit $R = |\overrightarrow{QP}| \leq R_1$ die Beziehungen

$$x = (a+\varrho)\cos\varphi, \quad y = (a+\varrho)\sin\varphi,$$

wobei

$$\cos\vartheta = \frac{\varrho}{R} \quad \text{bzw.} \quad \varrho = R\cos\vartheta.$$

Weiterhin gilt

$$\sin\vartheta = \frac{z}{R},$$

so daß man erhält

$$x = (a+R\cos\vartheta)\cos\varphi, \quad y = (a+R\cos\vartheta)\sin\varphi, \quad z = R\sin\vartheta, \qquad (5.7.7)$$

mit $0 \leq \varphi < 2\pi$, $0 \leq R \leq R_1$, $0 \leq \vartheta < 2\pi$.

5.7.4 Parabolische Zylinderkoordinaten

Die Koordinatentransformation lautet

$$\vec{r} = (x,y,z) = \vec{r}(u,v,z) = \left(\frac{1}{2}(u^2-v^2), uv, z\right),$$

wobei $u \in \mathbf{R}$, $v \geq 0$, $z \in \mathbf{R}$. Hier ergeben sich bei konstantem $u = u_0$ wegen

$$y = uv\Big|_{u=u_0} = u\sqrt{u^2-2x}\Big|_{u=u_0} = u_0\sqrt{u_0^2-2x}$$

und bei konstantem $v = v_0$ wegen

$$y = uv\Big|_{v=v_0} = v_0\sqrt{v_0^2+2x}$$

als Parameterlinien konfokale Parabeln mit einer gemeinsamen Achse.

5.7.5 Elliptische Zylinderkoordinaten

Für die Abbildung

$$x = \cosh u \cos v, \quad y = \sinh u \sin v, \quad z = z,$$

mit $u \geq 0$, $0 \leq v < 2\pi$, $z \in \mathbf{R}$, ergibt sich

$$\left(\frac{x}{\cosh u}\right)^2 + \left(\frac{y}{\sinh u}\right)^2 = \cos^2 v + \sin^2 v = 1.$$

D.h., bei konstantem $u = u_0$ ergeben sich elliptische Zylinder mit den Achsen $a = \cosh u_0$, $b = \sinh u_0$. Analog erhält man bei konstantem $v = v_0$ hyperbolische Zylinder. Die Projektionen der Koordinatenflächen auf die x,y-Ebene sind damit konfokale Ellipsen und Hyperbeln.

Die Orthogonalität der Parameterlinien ist in Aufgabe 5.4.4 gezeigt worden.

Beispiel:

5.7.1. Wir wollen die Jacobi-Determinante für Kugelkoordinaten bestimmen. Es ist

$$x = r\cos\varphi\sin\vartheta, \quad y = r\sin\varphi\sin\vartheta, \quad z = r\cos\vartheta$$

und somit

$$\mathcal{J}(r,\varphi,\vartheta) = \begin{vmatrix} x_r & y_r & z_r \\ x_\varphi & y_\varphi & z_\varphi \\ x_\vartheta & y_\vartheta & z_\vartheta \end{vmatrix} = \begin{vmatrix} \cos\varphi\sin\vartheta & \sin\varphi\sin\vartheta & \cos\vartheta \\ -r\sin\varphi\sin\vartheta & r\cos\varphi\sin\vartheta & 0 \\ r\cos\varphi\cos\vartheta & r\sin\varphi\cos\vartheta & -r\sin\vartheta \end{vmatrix}$$

$$= \cos\vartheta(-r^2\sin^2\varphi\sin\vartheta\cos\vartheta - r^2\cos^2\varphi\sin\vartheta\cos\vartheta)$$
$$\quad -r\sin\vartheta(r\cos^2\varphi\sin^2\vartheta + r\sin^2\varphi\sin^2\vartheta)$$
$$= -r^2\sin\vartheta\cos^2\vartheta - r^2\sin^3\vartheta = -r^2\sin\vartheta.$$

Welche Rolle hier das Vorzeichen spielt, werden wir im nächsten Paragraphen erkennen.

Nicht nur bei der Behandlung von Oberflächen- und Volumenintegralen erweisen sich krummlinige Koordinaten als sinnvoll, weil manche Größen, wie z.B. Linien- und Flächenelement, aber auch zuweilen die Integrationsbereiche vereinfacht werden. Sind die Koordinaten orthogonal, ergeben sich weitere Vorteile und Vereinfachungen. Hat man allerdings solche neuen Koordinaten eingeführt, muß man konsequenterweise auch die Größen und Operatoren, mit denen man rechnet, transformieren. Das soll in den folgenden Paragraphen geschehen.

Aufgaben:

5.7.1. Beweise, daß die Zylinder- und Kugelkoordinaten (5.7.4) und (5.7.6) orthogonale Systeme bilden.

5.7.2. Zeige, daß die Parameterlinien bei den Toruskoordinaten (5.7.7) sich senkrecht schneiden.

5.7.3. Bestimme die Jacobi-Determinante für
a) Zylinderkoordinaten,
b) Toruskoordinaten.

5.7.4. Leite eine Gleichung für die Torusfläche mit $R = R_1$ in kartesischen Koordinaten her.

5.7.5. Beschreibt das System u, v, w mit

$$u = x+y+z, \quad v = x^2+y^2+z^2, \quad w = xy+yz+xz$$

ein neues Koordinatensystem oder sind die drei Beziehungen funktional abhängig?

5.7.6. Berechne die Jacobi-Determinante

$$\mathcal{J}(x,y,z) = \det\left(\frac{\partial(\varrho,\varphi,z)}{\partial(x,y,z)}\right)$$

mit Hilfe der Beziehungen (5.7.5). Vergleiche mit $\mathcal{J}(\varrho,\varphi,z)$, der Jacobi-Determinante für Zylinderkoordinaten.

5.8 Darstellung von Vektoren in krummlinig orthogonalen Koordinaten

Wir haben alle schon einmal von Radial- oder Tangentialkomponenten z.B. bei Kräften oder Geschwindigkeiten gehört. Es sind dies Komponenten vektorieller Größen in Richtung bestimmter

Parameterlinien. Wenn man eine Transformation

$$\vec{r} = \vec{r}(u_1, u_2, u_3)$$

betrachtet, mit einer Jacobi-Determinante $\mathcal{J}(u_1, u_2, u_3)$, die mit Ausnahme einiger singulärer Stellen $\neq 0$ ist, sind bekanntlich Parameter- oder Koordinatenlinien Kurven, auf denen eine Koordinate variiert (Kurvenparameter), während die beiden anderen konstant sind. Somit treffen sich in jedem Punkt P des Raumes drei Koordinatenlinien, als Schnittmengen von jeweils zwei Koordinatenflächen, auf denen zwei Koordinaten variieren und die dritte konstant ist. Mit den Größen

$$h_i = \left| \frac{\partial \vec{r}}{\partial u_i} \right|, \quad i = 1, 2, 3, \tag{5.8.1}$$

erhält man für die Tangenteneinheitsvektoren an diese u_i-Koordinatenlinien

$$\boxed{\vec{e}_{u_i} = \frac{1}{h_i} \frac{\partial \vec{r}}{\partial u_i}, \quad i = 1, 2, 3.} \tag{5.8.2}$$

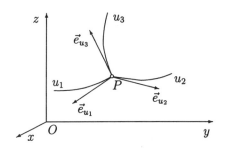

Diese Vektoren bilden in jedem Punkt Punkt P ein orthonormales Dreibein, wenn sich die Koordinatenlinien senkrecht schneiden. Dann gilt also

$$\vec{e}_{u_i} \vec{e}_{u_j} = \delta_{ij} = \begin{cases} 1 & \text{für } i = j \\ 0 & \text{für } i \neq j \end{cases}. \tag{5.8.3}$$

Wenn nichts anderes gesagt wird, gehen wir im folgenden davon aus, daß solch ein krummlinig orthogonales System zu Grunde gelegt ist.

Im Beispiel 5.7.1 haben wir die Jacobi-Determinante für Kugelkoordinaten berechnet und erhalten

$$\mathcal{J}(r, \varphi, \vartheta) = -r^2 \sin \vartheta. \tag{5.8.4}$$

Es ist aber unter Beachtung von (5.8.2)

$$\mathcal{J}(u_1, u_2, u_3) = \vec{r}_{u_1}(\vec{r}_{u_2} \times \vec{r}_{u_2}) = h_1 \vec{e}_{u_1}(h_2 \vec{e}_{u_2} \times h_3 \vec{e}_{u_3}) = h_1 h_2 h_3 \vec{e}_{u_1}(\vec{e}_{u_2} \times \vec{e}_{u_3}).$$

Der Abbildung entnehmen wir, daß $\vec{e}_\vartheta$ in der Ebene OPQ liegt, auf der $\vec{e}_\varphi$ senkrecht steht. Senkrecht auf der Ebene, gebildet aus $\vec{e}_\vartheta$ und $\vec{e}_\varphi$, der Tangentialebene an die Kugel in P, steht wiederum $\vec{e}_r$. D.h., $\vec{e}_r$, $\vec{e}_\vartheta$, $\vec{e}_\varphi$ bilden in dieser Reihenfolge ein Rechtsystem, und es ist

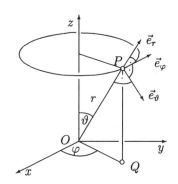

$$\vec{e}_r(\vec{e}_\vartheta \times \vec{e}_\varphi) = +1,$$

aber

$$\vec{e}_r(\vec{e}_\varphi \times \vec{e}_\vartheta) = -1.$$

Damit ist das Minuszeichen in (5.8.4) erklärt. Man sollte also bei Kugelkoordinaten die Reihenfolge r, ϑ, φ und bei Zylinderkordinaten die Reihenfolge ϱ, φ, z wählen, damit in beiden Fällen ein Rechtssystem vorliegt.

Beispiel:

5.8.1. a) In Kugelkoordinaten r, ϑ, φ erhalten wir mit

$$\begin{aligned} \frac{\partial \vec{r}}{\partial r} &= (\cos\varphi \sin\vartheta, \sin\varphi \sin\vartheta, \cos\vartheta), \\ \frac{\partial \vec{r}}{\partial \vartheta} &= (r\cos\varphi \cos\vartheta, r\sin\varphi \cos\vartheta, -r\sin\vartheta), \\ \frac{\partial \vec{r}}{\partial \varphi} &= (-r\sin\varphi \sin\vartheta, r\cos\varphi \sin\vartheta, 0) \end{aligned}$$

für

$$\begin{aligned} h_1 &= h_r = \left|\frac{\partial \vec{r}}{\partial r}\right| = \sqrt{\sin^2 \vartheta + \cos^2 \vartheta} = 1, \\ h_2 &= h_\vartheta = \left|\frac{\partial \vec{r}}{\partial \vartheta}\right| = \sqrt{r^2 \cos^2 \vartheta + r^2 \sin^2 \vartheta} = r, \\ h_3 &= h_\varphi = \left|\frac{\partial \vec{r}}{\partial \varphi}\right| = \sqrt{r^2 \sin^2 \vartheta} = r\sin\vartheta \end{aligned}$$

und damit für

$$\begin{aligned} \vec{e}_r &= (\cos\varphi \sin\vartheta, \sin\varphi \sin\vartheta, \cos\vartheta), \\ \vec{e}_\vartheta &= (\cos\varphi \cos\vartheta, \sin\varphi \cos\vartheta, -\sin\vartheta), \\ \vec{e}_\varphi &= (-\sin\varphi, \cos\varphi, 0). \end{aligned} \quad (5.8.5)$$

Ebenso wie bei den Einheitsvektoren $\vec{i}, \vec{j}, \vec{k}$ in einem kartesischen System können auch die Einheitsvektoren (5.8.2) als **Basis** für die Darstellung eines beliebigen Vektors $\vec{a}$ in krummlinig orthogonalen Koordinaten benutzt werden:

$$\vec{a} = a_{(1)}\,\vec{e}_{u_1} + a_{(2)}\,\vec{e}_{u_2} + a_{(3)}\,\vec{e}_{u_3}\,.$$

Dabei schreiben wir $a_{(i)}$ zur Unterscheidung von den Komponenten a_i bei kartesischen Koordinaten x, y, z.

Genauso kann man ein Vektorfeld $\vec{V}(x,y,z) = (V_1, V_2, V_3)$ nach dem lokalen Dreibein zerlegen:

$$\vec{V} = V_{(1)}\,\vec{e}_{u_1} + V_{(2)}\,\vec{e}_{u_2} + V_{(3)}\,\vec{e}_{u_3}\,. \quad (5.8.6)$$

Auf Grund der Orthogonalitätsrelationen (5.8.3) ergibt sich daraus

$$V_{(i)} = \vec{V}\,\vec{e}_{u_i}\,, \quad i = 1, 2, 3. \quad (5.8.7)$$

Diese „neuen" Komponenten $V_{(i)}$ lassen sich folgendermaßen aus den „alten" Komponenten V_i ermitteln. Es ist

$$V_{(i)} = \vec{V}\,\vec{e}_{u_i} = V_1\,\vec{i}\,\vec{e}_{u_i} + V_2\,\vec{j}\,\vec{e}_{u_i} + V_3\,\vec{k}\,\vec{e}_{u_i}\,, \quad i = 1, 2, 3,$$

und mit

$$\vec{e}_{u_i} = \frac{1}{h_i}\frac{\partial \vec{r}}{\partial u_i} = \frac{1}{h_i}\left(\frac{\partial x}{\partial u_i}\vec{i} + \frac{\partial y}{\partial u_i}\vec{j} + \frac{\partial z}{\partial u_i}\vec{k}\right), \quad i = 1, 2, 3,$$

erhalten wir

$$\boxed{V_{(i)} = \frac{1}{h_i}\left(V_1 \frac{\partial x}{\partial u_i} + V_2 \frac{\partial y}{\partial u_i} + V_3 \frac{\partial z}{\partial u_i}\right), \quad i = 1, 2, 3.} \quad (5.8.8)$$

Selbstverständlich muß man dabei die Argumente von $V_i = V_i(x, y, z)$, also x, y, z durch u_1, u_2, u_3 ersetzen.

Beispiel:

5.8.2. a) In kartesischen Koordinaten hat man für die magnetische Feldstärke eines stromdurchflossenen (unendlich langen) Drahtes

$$\vec{H} = \frac{I}{2\pi(x^2+y^2)}(-y, x, 0) \quad \text{für} \quad x^2 + y^2 > a^2,$$

wobei I die Stromstärke und $a > 0$ den Radius des Drahtes bedeuten (siehe Beispiel 4.2.1).

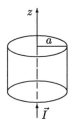
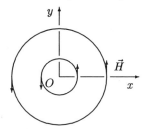

Wir wollen Zylinderkoordinaten einführen und erhalten mit

$$H_1 = \frac{-Iy}{2\pi(x^2+y^2)} = \frac{-I\varrho\sin\varphi}{2\pi\varrho^2} = \frac{-I\sin\varphi}{2\pi\varrho},$$

$$H_2 = \frac{Ix}{2\pi(x^2+y^2)} = \frac{I\varrho\cos\varphi}{2\pi\varrho^2} = \frac{I\cos\varphi}{2\pi\varrho},$$

$$H_3 = 0$$

aus (5.8.7) und mit den Einheitsvektoren $\vec{e}_{u_i}$ in Zylinderkoordinaten aus Aufgabe 5.8.1:

$$H_{(1)} = \left(-\frac{I\sin\varphi}{2\pi\varrho}, \frac{I\cos\varphi}{2\pi\varrho}, 0\right)(\cos\varphi, \sin\varphi, 0) = \frac{I}{2\pi\varrho}(-\sin\varphi\cos\varphi + \cos\varphi\sin\varphi) = 0,$$

$$H_{(2)} = \frac{1}{\varrho}\left(-\frac{I\sin\varphi}{2\pi\varrho}, \frac{I\cos\varphi}{2\pi\varrho}, 0\right)(-\varrho\sin\varphi, \varrho\cos\varphi, 0) = \frac{I}{2\pi\varrho^2}(\varrho\sin^2\varphi + \varrho\cos^2\varphi) = \frac{I}{2\pi\varrho},$$

$$H_{(3)} = \left(-\frac{I\sin\varphi}{2\pi\varrho}, \frac{I\cos\varphi}{2\pi\varrho}, 0\right)(0, 0, 1) = 0.$$

Das Magnetfeld hat also nur eine φ-Komponente, die Radial- und die z-Komponente sind Null.

b) Wir wollen den Vektor

$$\vec{V} = \frac{(x, y, z)}{x^2 + y^2 + z^2}$$

aus kartesischen Koordinaten in Kugelkoordinaten transformieren. Es ist

$$
\begin{aligned}
V_1 &= \frac{x}{x^2+y^2+z^2} = \frac{r\cos\varphi\sin\vartheta}{r^2} = \frac{\cos\varphi\sin\vartheta}{r}, \\
V_2 &= \frac{y}{x^2+y^2+z^2} = \frac{r\sin\varphi\sin\vartheta}{r^2} = \frac{\sin\varphi\sin\vartheta}{r}, \\
V_3 &= \frac{z}{x^2+y^2+z^2} = \frac{r\cos\vartheta}{r^2} = \frac{\cos\vartheta}{r}
\end{aligned}
$$

und somit

$$
\begin{aligned}
V_{(1)} &= \frac{1}{r}(\cos\varphi\sin\vartheta,\sin\varphi\sin\vartheta,\cos\vartheta)(\cos\varphi\sin\vartheta,\sin\varphi\sin\vartheta,\cos\vartheta) = \frac{1}{r}(\sin^2\vartheta+\cos^2\vartheta) = \frac{1}{r}, \\
V_{(2)} &= \frac{1}{r}(\cos\varphi\sin\vartheta,\sin\varphi\sin\vartheta,\cos\vartheta)(r\cos\varphi\cos\vartheta,r\sin\varphi\cos\vartheta,-r\sin\vartheta) \\
&= \cos^2\varphi\sin\vartheta\cos\vartheta + \sin^2\varphi\sin\vartheta\cos\vartheta - \sin\vartheta\cos\vartheta = 0, \\
V_{(3)} &= \frac{1}{r}(\cos\varphi\sin\vartheta,\sin\varphi\sin\vartheta,\cos\vartheta)(-r\sin\varphi\sin\vartheta,r\cos\varphi\sin\vartheta,0) \\
&= -\cos\varphi\sin^2\vartheta\sin\varphi + \sin\varphi\sin^2\vartheta\cos\varphi = 0.
\end{aligned}
$$

Also gilt

$$\vec{V}(r,\vartheta,\varphi) = \frac{1}{r}\vec{e}_r.$$

Natürlich ist nun auch der umgekehrte Weg denkbar: Die Beschreibung eines in beliebigen Koordinaten gegebenen Vektorfeldes in kartesischen Koordinaten.

Beispiel:

5.8.3. Gegeben sei das Vektorfeld

$$\vec{V} = \sin\vartheta\,\vec{e}_r + \cos\vartheta\,\vec{e}_\vartheta + \cot\varphi\,\vec{e}_\varphi,$$

also in Kugelkoordinaten. Wir wollen seine Gestalt in kartesischen Koordinaten bestimmen. Es ist unter Beachtung von (5.8.5)

$$
\begin{aligned}
\vec{V} &= \begin{pmatrix}\sin\vartheta\cos\varphi\\ \sin\vartheta\sin\varphi\\ \cos\vartheta\end{pmatrix}\sin\vartheta + \begin{pmatrix}\cos\vartheta\cos\varphi\\ \cos\vartheta\sin\varphi\\ -\sin\vartheta\end{pmatrix}\cos\vartheta + \begin{pmatrix}-\sin\varphi\\ \cos\varphi\\ 0\end{pmatrix}\cot\varphi \\
&= \begin{pmatrix}\sin^2\vartheta\cos\varphi + \cos^2\vartheta\cos\varphi - \cos\varphi\\ \sin^2\vartheta\sin\varphi + \cos^2\vartheta\sin\varphi + \frac{\cos^2\varphi}{\sin\varphi}\\ \sin\vartheta\cos\vartheta - \sin\vartheta\cos\vartheta\end{pmatrix} = \begin{pmatrix}0\\ \sin\varphi + \frac{\cos^2\varphi}{\sin\varphi}\\ 0\end{pmatrix} = \begin{pmatrix}0\\ \frac{1}{\sin\varphi}\\ 0\end{pmatrix} \\
&= 0\cdot\vec{i} + \frac{1}{\sin\varphi}\vec{j} + 0\cdot\vec{k} = \frac{\vec{j}}{\sin\varphi} = \vec{j}\frac{\sqrt{1+\tan^2\varphi}}{\tan\varphi} = \vec{j}\frac{\sqrt{1+\left(\frac{y}{x}\right)^2}}{\frac{y}{x}} \\
&= \vec{j}\frac{\sqrt{x^2+y^2}}{y} = \left(0,\frac{\sqrt{x^2+y^2}}{y},0\right)
\end{aligned}
$$

unter Beachtung von

$$\frac{y}{x} = \frac{r\sin\varphi\sin\vartheta}{r\cos\varphi\sin\vartheta} = \tan\varphi.$$

Aufgaben:

5.8.1. Man berechne die h_i und $\vec{e}_{u_i}$, $i = 1, 2, 3$, für Zylinderkoordinaten ϱ, φ, z.

5.8.2. Man bestimme für die Toruskoordinaten aus Abschnitt 5.7.3 die h_i, $i = 1, 2, 3$.

5.8.3. Man transformiere den Vektor $\vec{V} = (-y, x, 0)$ aus kartesischen Koordinaten in Kugelkoordinaten.

5.8.4. Man drücke die Vektoren
a) $\vec{V} = (z, -2x, y)$,
b) $\vec{V} = r^2 \vec{r} = (x^2 + y^2 + z^2)(x, y, z)$
in Zylinderkoordinaten aus.

5.8.5. Man bestimme die Darstellung des in Kugelkoordinaten gegebenen Feldes

$$\vec{V} = r\,\vec{e}_\vartheta + r\,\vec{e}_\varphi$$

in kartesischen Koordinaten.

5.9 Linien- und Volumenelement

In Kapitel 5.3 haben wir bereits das Bogenelement von Flächenkurven kennengelernt, bei denen zwei Parameter auftreten. Die allgemeine Definition des *Linienelementes* bzw. *Bogenelements im Raum*, d.h., die Verbindung zweier benachbarter Punkte längs einer beliebigen Kurve $\vec{r} = \vec{r}(t)$ erfolgt durch die Gleichung (1.3.3):

$$ds = |d\vec{r}| \quad \text{bzw.} \quad ds^2 = d\vec{r}\,d\vec{r}.$$

Nach Einführung neuer (orthogonaler) Koordinaten mittels $\vec{r} = \vec{r}(u_1, u_2, u_3)$ gilt aber

$$d\vec{r} = \vec{r}_{u_1} du_1 + \vec{r}_{u_2} du_2 + \vec{r}_{u_3} du_3 = h_1 du_1\,\vec{e}_{u_1} + h_2 du_2\,\vec{e}_{u_2} + h_3 du_3\,\vec{e}_{u_3}, \tag{5.9.1}$$

woraus wir erhalten

$$ds^2 = h_1^2 du_1^2 + h_2^2 du_2^2 + h_3^2 du_3^2$$

unter Beachtung von (5.8.3).

Beispiele:

5.9.1. a) Für das Bogenelement in *Zylinderkoordinaten* ergibt sich mit $h_1 = 1$, $h_2 = \varrho$, $h_3 = 1$:

$$ds = \sqrt{d\varrho^2 + \varrho^2 d\varphi^2 + dz^2}.$$

b) Mit $h_1 = 1$, $h_2 = r$, $h_3 = r\sin\vartheta$ erhalten wir für das Bogenelement in *Kugelkoordinaten*

$$ds = \sqrt{dr^2 + r^2 d\vartheta^2 + r^2 \sin^2\vartheta\,d\varphi^2}.$$

5.9.2. Durch die Parameterdarstellung

$$\vec{r}(\varphi) = (\varrho\cos\varphi, \varrho\sin\varphi, \varrho\cosh\varphi),$$

mit $\varrho =$ *const.* ist eine Schraubenlinie gegeben. Wir wollen ihre Länge für $0 \le \varphi \le 2\pi$ berechnen. Es ist mit $d\varrho = 0$

$$ds = \sqrt{\varrho^2 d\varphi^2 + dz^2} = \sqrt{\varrho^2 d\varphi^2 + \varrho^2 \sinh^2\varphi\,d\varphi^2} = \varrho\sqrt{1 + \sinh^2\varphi}\,d\varphi = \varrho\cosh\varphi\,d\varphi.$$

Daraus erhalten wir

$$s = \varrho\int_0^{2\pi} \cosh\varphi\,d\varphi = \varrho\Big[\sinh\varphi\Big]_0^{2\pi} = \varrho\sinh(2\pi).$$

Obwohl wir es erst später bei der Berechnung von Dreifach- bzw. Volumen-Integralen benötigen, wollen wir das *Volumenelement* aus praktischen Gründen bereits hier herleiten.

Ändern wir die Lage eines Punktes P mit dem Ortsvektor $\vec{r}(u_1, u_2, u_3)$ um du_1, wird

$$d\vec{r} = h_1 du_1 \vec{e}_{u_1},$$

d.h., das Linienelement entlang der u_1-Linie ist $h_1 du_1$. Verfahren wir entlang der anderen Koordinatenlinien ebenso, erhalten wir für das **Volumenelement**, das von den verschiedenen Koordinatenflächen durch die Punkte $P, A, B, C, \ldots$ begrenzt wird, annähernd einen kleinen Quader mit dem Volumen

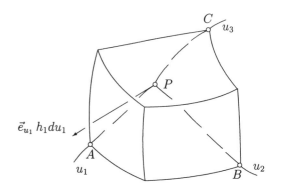

$$d\tau = |h_1 du_1 \vec{e}_{u_1}(h_2 du_2 \vec{e}_{u_2} \times h_3 du_3 \vec{e}_{u_3})| = h_1 h_2 h_3 du_1 du_2 du_3 |\vec{e}_{u_1}(\vec{e}_{u_2} \times \vec{e}_{u_3})| = h_1 h_2 h_3 du_1 du_2 du_3$$

bzw. mit (5.8.1) und der Jacobi-Determinante

$$d\tau = |\vec{r}_{u_1} du_1 (\vec{r}_{u_2} du_2 \times \vec{r}_{u_3} du_3)| = |\vec{r}_{u_1}(\vec{r}_{u_2} \times \vec{r}_{u_3})| du_1 du_2 du_3 = \mathcal{J}(u_1, u_2, u_3) du_1 du_2 du_3,$$

woraus für die Funktionaldeterminante folgt

$$\boxed{\mathcal{J}(u_1, u_2, u_3) = h_1 h_2 h_3.} \qquad (5.9.2)$$

Beispiel:

5.9.3. a) Für das Volumenelement in Zylinderkoordinaten erhalten wir mit $h_1 = h_3 = 1$, $h_2 = \varrho$:

$$d\tau = \varrho \, d\varrho \, d\varphi \, dz,$$

was wir auch der Abbildung (links) entnehmen können.

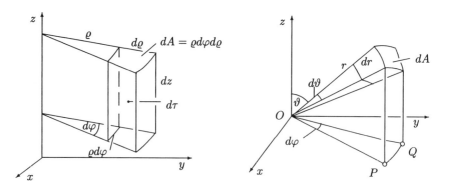

b) Für Kugelkoordinaten (s. Abbildung rechts) ergibt sich mit $h_1 = 1$, $h_2 = r$, $h_3 = r \sin \vartheta$:

$$d\tau = r^2 \sin \vartheta \, dr \, d\vartheta \, d\varphi.$$

Auch das läßt sich geometrisch leicht veranschaulichen. Denn für die Länge der Strecke $\overline{OP}$ gilt

$$\mathcal{L}(\overline{OP}) = r \sin \vartheta$$

und analog für die Länge des Bogens $\overset{\frown}{PQ}$:

$$\mathcal{L}(\overset{\frown}{PQ}) = r \sin \vartheta \, d\varphi.$$

Damit ist aber

$$dA = r \sin \vartheta \, d\varphi \cdot r d\vartheta = r^2 \sin \vartheta \, d\vartheta \, d\varphi,$$

und $d\tau$ erhält man nach Multiplikation mit dr.

An den beiden Abbildungen kann man sich auch nachträglich noch einmal das Flächenelement in Zylinder- und Kugelkoordinaten herleiten. Es ist offensichtlich

$$d\sigma = \varrho \, d\varphi \, dz \quad \text{bzw.} \quad d\sigma = \mathcal{L}(\overset{\frown}{PQ}) \cdot r \, d\vartheta = r^2 \sin \vartheta \, d\vartheta \, d\varphi.$$

Das sind die Gleichungen (5.4.3) und (5.4.4).

Abschließend sei hervorgehoben, daß die Vektoren

$$\vec{\nabla} u_i(x,y,z) = \text{grad}\, u_i$$

Normalenvektoren jeweils zu den Koordinatenflächen $u_i = C_i$, $\ C_i = const.$, $i = 1,2,3$, sind. Damit ergibt sich für die Einheitsnormalen

$$\vec{N}_i = \frac{\text{grad}\, u_i}{|\text{grad}\, u_i|}, \quad i = 1,2,3.$$

Im nächsten Paragraphen werden wir sehen, daß für ein krummlinig orthogonales System gilt

$$\vec{e}_{u_i} = \vec{N}_i, \quad i = 1,2,3,$$

d.h., die Einheitsvektoren an die Koordinatenlinien sind gleichzeitig Einheitsnormalen auf den entsprechenden Koordinatenflächen in einem gemeinsamen Punkt.

Aufgaben:

5.9.1. Man bestimme Linien- und Volumenelement für Toruskoordinaten.
Anleitung: Man beachte Aufgabe 5.8.2 oder auch Aufgabe 5.7.3 b).

5.9.2. Man bestimme für parabolische Zylinderkoordinaten

$$x = \frac{1}{2}(u^2 - v^2), \quad y = uv, \quad z = z,$$

die h_i, $\ i = 1,2,3$, und anschließend ds und $d\tau$.

5.9.3. Man leite das Bogenelement für Zylinderkoordinaten aus den Beziehungen

$$ds^2 = dx^2 + dy^2 + dz^2 \quad \text{bzw.} \quad x = \varrho \cos \varphi, \quad y = \varrho \sin \varphi, \quad z = z$$

her.

112 5. Flächen und Gebiete im Raum

5.9.4. a) Man bestimme für das System
$$x^2 - y^2 = 2u\cos v, \quad xy = u\sin v, \quad z = z,$$
die Jacobi-Determinante $J(u,v,z)$.
Anleitung: Man eliminiere zunächst y zur Bestimmung von $x = x(u,v)$.
b) Man bestimme für das obige System
$$J(x,y,z) = \det\left(\frac{\partial(u,v,z)}{\partial(x,y,z)}\right).$$
Anleitung: Mna eliminiere v mit der Beziehung $\sin^2 v + \cos^2 v = 1$ und u durch Bildung des Quotienten $\tan v = \frac{\sin v}{\cos v}$.

5.10 Grad, div, rot und Δ in krummlinig orthogonalen Koordinaten

5.10.1 Gradient

Sei $\Phi = \Phi(u_1, u_2, u_3) \in C^1(\mathcal{G})$ ein Skalarfeld, dann ist
$$\vec{V} = \vec{V}(u_1, u_2, u_3) = \mathrm{grad}\,\Phi$$
ein Vektorfeld, das wir nach (5.8.6) in der Form
$$\vec{V} = V_{(1)}\,\vec{e}_{u_1} + V_{(2)}\,\vec{e}_{u_2} + V_{(3)}\,\vec{e}_{u_3}$$
schreiben können. Damit ist
$$\begin{aligned}d\Phi &= \mathrm{grad}\,\Phi\, d\vec{r} = \vec{V}\,d\vec{r} = (V_{(1)}\,\vec{e}_{u_1} + V_{(2)}\,\vec{e}_{u_2} + V_{(3)}\,\vec{e}_{u_3})(h_1 du_1\,\vec{e}_{u_1} + h_2 du_2\,\vec{e}_{u_2} + h_3 du_3\,\vec{e}_{u_3})\\ &= V_{(1)} h_1 du_1 + V_{(2)} h_2 du_2 + V_{(3)} h_3 du_3\end{aligned}$$
mit (5.9.1) und (5.8.3). Andererseits gilt aber auch
$$d\Phi = \Phi_{u_1}\,du_1 + \Phi_{u_2}\,du_2 + \Phi_{u_3}\,du_3,$$
und der Vergleich der beiden letzten Ausdrücke liefert
$$\frac{\partial \Phi}{\partial u_i} = V_{(i)}\,h_i \quad \text{bzw.} \quad V_{(i)} = \frac{1}{h_i}\frac{\partial \Phi}{\partial u_i}, \quad i=1,2,3.$$
D.h., der **Gradient** von Φ hat die Darstellung
$$\boxed{\mathrm{grad}\,\Phi = \frac{1}{h_1}\frac{\partial \Phi}{\partial u_1}\vec{e}_{u_1} + \frac{1}{h_2}\frac{\partial \Phi}{\partial u_2}\vec{e}_{u_2} + \frac{1}{h_3}\frac{\partial \Phi}{\partial u_3}\vec{e}_{u_3}.} \qquad (5.10.1)$$

Somit können wir auch den Operator $\vec{\nabla}$ in der Form
$$\vec{\nabla} = \frac{\vec{e}_{u_1}}{h_1}\frac{\partial}{\partial u_1} + \frac{\vec{e}_{u_2}}{h_2}\frac{\partial}{\partial u_2} + \frac{\vec{e}_{u_3}}{h_3}\frac{\partial}{\partial u_3}$$
schreiben.

Beispiele:

5.10.1. a) In *Kugelkoordinaten* gilt mit $h_1 = 1$, $h_2 = r$, $h_3 = r\sin\vartheta$:

$$\text{grad } \Phi = \frac{\partial \Phi}{\partial r} \vec{e}_r + \frac{1}{r} \frac{\partial \Phi}{\partial \vartheta} \vec{e}_\vartheta + \frac{1}{r\sin\vartheta} \frac{\partial \Phi}{\partial \varphi} \vec{e}_\varphi.$$

b) Im Beispiel 3.2.2 haben wir gesehen, daß

$$\Phi = \gamma \frac{mM}{r}$$

das Potential des Newtonschen Gravitationsfeld ist. Wir erhalten nun auf sehr einfache Art

$$\text{grad } \Phi = \frac{\partial \Phi}{\partial r} \vec{e}_r = -\frac{\gamma mM}{r^2} \vec{e}_r = -\frac{\gamma mM}{r^3} \vec{r} = \vec{F},$$

die Kraft, mit der sich zwei Ladungen anziehen.

c) Aus der Gleichung

$$\vec{r} \,\text{grad } \Phi = a\Phi, \quad a = const.,$$

folgt mit $\vec{r}\,\vec{e}_\vartheta = \vec{r}\,\vec{e}_\varphi = 0$:

$$\vec{r}\,\text{grad } \Phi = \vec{r}\,\frac{\partial \Phi}{\partial r} \vec{e}_r = r \frac{\partial \Phi}{\partial r} = a\Phi$$

bzw. mit $\Phi = R(r)f(\vartheta, \varphi)$:

$$rR'(r) = aR.$$

Diese Differentialgleichung hat die Lösung $R(r) \equiv 0$ oder

$$\int \frac{dR}{R} = \int \frac{a}{r} dr \quad \text{bzw.} \quad \ln R = a \ln r + C_1 = \ln r^a + C_1$$

bzw. $R(r) = C_1 r^a$. Es gilt also

$$\Phi(r, \vartheta, \varphi) = C_1 r^a f(\vartheta, \varphi).$$

Nun sind wir auch in der Lage zu zeigen, daß tatsächlich

$$\vec{e}_{u_i} = \vec{N}_i, \quad i = 1, 2, 3,$$

gilt. Wir setzen in (5.10.1) der Reihe nach für Φ: u_1, u_2, u_3 und erhalten

$$\text{grad } u_i = \frac{1}{h_i} \vec{e}_{u_i} \qquad (5.10.2)$$

und

$$|\text{grad } u_i| = \frac{1}{h_i}, \quad i = 1, 2, 3.$$

Damit ist aber

$$\vec{N}_i = \frac{\text{grad } u_i}{|\text{grad } u_i|} = \frac{\vec{e}_{u_i}}{h_i} h_i = \vec{e}_{u_i}, \quad i = 1, 2, 3.$$

5.10.2 Divergenz

Für die Herleitung der Divergenz des Vektorfeldes $\vec{V} = \vec{V}(u_1, u_2, u_3) \in C^1(\mathcal{G})$ benutzen wir die Operatorenschreibweise. Nach (5.10.2) ist

$$\vec{e}_{u_i} = h_i \operatorname{grad} u_i = h_i \vec{\nabla} u_i, \quad i = 1, 2, 3, \tag{5.10.3}$$

und da $\vec{e}_{u_1}, \vec{e}_{u_2}, \vec{e}_{u_3}$ ein Rechtssystem bilden, gilt z.B.

$$\vec{e}_{u_1} = \vec{e}_{u_2} \times \vec{e}_{u_3} = h_2 h_3 (\vec{\nabla} u_2 \times \vec{\nabla} u_3).$$

Damit erhalten wir

$$\vec{\nabla}(V_{(1)} \vec{e}_{u_1}) = \vec{\nabla}\{h_2 h_3 V_{(1)}(\vec{\nabla} u_2 \times \vec{\nabla} u_3)\} = h_2 h_3 V_{(1)} \vec{\nabla}(\vec{\nabla} u_2 \times \vec{\nabla} u_3) + (\vec{\nabla} u_2 \times \vec{\nabla} u_3)\vec{\nabla}(h_2 h_3 V_{(1)}).$$

Nun ist aber nach der Rechenregel 10 in Kapitel 3.4:

$$\begin{aligned}\vec{\nabla}(\vec{\nabla} u_2 \times \vec{\nabla} u_3) &= \vec{\nabla} u_3 (\vec{\nabla} \times \vec{\nabla} u_2) - \vec{\nabla} u_2(\vec{\nabla} \times \vec{\nabla} u_3) \\ &= \operatorname{grad} u_3 \cdot \operatorname{rot} \operatorname{grad} u_2 - \operatorname{grad} u_2 \cdot \operatorname{rot} \operatorname{grad} u_3 = 0,\end{aligned}$$

und es bleibt

$$\begin{aligned}\vec{\nabla}(V_{(1)} \vec{e}_{u_1}) &= (\vec{\nabla} u_2 \times \vec{\nabla} u_3)\vec{\nabla}(h_2 h_3 V_{(1)}) \\ &= \left(\frac{\vec{e}_{u_2}}{h_2} \times \frac{\vec{e}_{u_3}}{h_3}\right) \operatorname{grad}(h_2 h_3 V_{(1)}) = \frac{\vec{e}_{u_1}}{h_2 h_3}\left(\frac{\vec{e}_{u_1}}{h_1}\frac{\partial}{\partial u_1} + \frac{\vec{e}_{u_2}}{h_2}\frac{\partial}{\partial u_2} + \frac{\vec{e}_{u_3}}{h_3}\frac{\partial}{\partial u_3}\right)(h_2 h_3 V_{(1)}) \\ &= \frac{1}{h_1 h_2 h_3}\frac{\partial}{\partial u_1}(h_2 h_3 V_{(1)}) = \frac{1}{\mathcal{J}}\frac{\partial}{\partial u_1}(h_2 h_3 V_{(1)}).\end{aligned}$$

mit (5.10.2), (5.10.3) und der Jacobi-Determinante $\mathcal{J}$ aus (5.9.2). Zyklische Vertauschung ergibt

$$\begin{aligned}\vec{\nabla}(V_{(2)} \vec{e}_{u_2}) &= \frac{1}{\mathcal{J}}\frac{\partial}{\partial u_2}(h_1 h_3 V_{(2)}), \\ \vec{\nabla}(V_{(3)} \vec{e}_{u_3}) &= \frac{1}{\mathcal{J}}\frac{\partial}{\partial u_3}(h_1 h_2 V_{(3)}),\end{aligned}$$

und wenn wir die letzten drei Gleichungen addieren, erhalten wir für die **Divergenz**

$$\vec{\nabla} \vec{V} = \operatorname{div} \vec{V} = \vec{\nabla}(V_{(1)} \vec{e}_{u_1}) + \vec{\nabla}(V_{(2)} \vec{e}_{u_2}) + \vec{\nabla}(V_{(3)} \vec{e}_{u_3})$$

bzw.

$$\boxed{\operatorname{div} \vec{V} = \frac{1}{\mathcal{J}}\left(\frac{\partial}{\partial u_1}(h_2 h_3 V_{(1)}) + \frac{\partial}{\partial u_2}(h_1 h_3 V_{(2)}) + \frac{\partial}{\partial u_3}(h_1 h_2 V_{(3)})\right).} \tag{5.10.4}$$

Beispiele:

5.10.2. a) Für *Kugelkoordinaten* können wir schreiben

$$\begin{aligned}\operatorname{div} \vec{V} &= \frac{1}{r^2 \sin \vartheta}\left\{\frac{\partial}{\partial r}(r^2 \sin \vartheta \, V_{(r)}) + \frac{\partial}{\partial \vartheta}(r \sin \vartheta \, V_{(\vartheta)}) + \frac{\partial}{\partial \varphi}(r V_{(\varphi)})\right\} \\ &= \frac{1}{r^2}\frac{\partial}{\partial r}(r^2 V_{(r)}) + \frac{1}{r \sin \vartheta}\frac{\partial}{\partial \vartheta}(\sin \vartheta \, V_{(\vartheta)}) + \frac{1}{r \sin \vartheta}\frac{\partial V_{(\varphi)}}{\partial \varphi}.\end{aligned}$$

b) Wir erhalten für die Divergenz eines Zentralfeldes $\vec{V} = f(r)\vec{e}_r$:

$$\text{div}\,\vec{V} = \frac{1}{r^2}\frac{\partial}{\partial r}\left(r^2 f(r)\right) = \frac{1}{r^2}\left(2r f(r) + r^2 f'(r)\right) = \frac{1}{r}\left(2f(r) + r f'(r)\right).$$

Dieses Feld kann nur dann quellenfrei sein, wenn

$$f(r) = \frac{C}{r^2},$$

wie man leicht nachrechnet (siehe Aufgabe 3.3.5).

c) Vom Vektorfeld

$$\vec{V} = r^2 \cos\vartheta\,\vec{e}_r + \frac{1}{r}\vec{e}_\vartheta + \frac{1}{r\sin\vartheta}\vec{e}_\varphi$$

soll die Divergenz in Kugelkoordinaten berechnet werden. Wir erhalten

$$\begin{aligned}\text{div}\,\vec{V} &= \frac{1}{r^2\sin\vartheta}\left\{\frac{\partial}{\partial r}\left(r^2 \sin\vartheta\, r^2 \cos\vartheta\right) + \frac{\partial}{\partial \vartheta}\left(r\sin\vartheta\frac{1}{r}\right) + \frac{\partial}{\partial \varphi}\left(r\frac{1}{r\sin\vartheta}\right)\right\} \\ &= \frac{1}{r^2\sin\vartheta}(4r^3\sin\vartheta\cos\vartheta + \cos\vartheta) = 4r\cos\vartheta + \frac{\cos\vartheta}{r^2\sin\vartheta}.\end{aligned}$$

5.10.3 Rotation

Zur Bestimmung von $\text{rot}\,\vec{V}$ mit $\vec{V} = \vec{V}(u_1, u_2, u_3) \in C^1(\mathcal{G})$ verfahren wir wie oben und erhalten

$$\text{rot}\,\vec{V} = \vec{\nabla} \times (V_{(1)}\vec{e}_{u_1} + V_{(2)}\vec{e}_{u_2} + V_{(3)}\vec{e}_{u_3}) = \vec{\nabla}\times(V_{(1)}\vec{e}_{u_1}) + \vec{\nabla}\times(V_{(2)}\vec{e}_{u_2}) + \vec{\nabla}\times(V_{(3)}\vec{e}_{u_3}).$$

Nun beachten wir (5.10.1), die Rechenregel 3 aus § 3.4 und $(\vec{\nabla} \times \vec{\nabla} u_i) = \vec{0}$ und können für den ersten Summanden schreiben

$$\begin{aligned}\vec{\nabla}\times(V_{(1)}\vec{e}_{u_1}) &= \vec{\nabla}\times(V_{(1)}h_1\vec{\nabla}u_1) = V_{(1)}h_1(\vec{\nabla}\times\vec{\nabla}u_1) + (\vec{\nabla}u_1)\times\vec{\nabla}(V_{(1)}h_1) \\ &= \vec{\nabla}(V_{(1)}h_1)\times\frac{\vec{e}_{u_1}}{h_1} + \vec{0} = \left\{\left(\frac{\vec{e}_{u_1}}{h_1}\frac{\partial}{\partial u_1} + \frac{\vec{e}_{u_2}}{h_2}\frac{\partial}{\partial u_2} + \frac{\vec{e}_{u_3}}{h_3}\frac{\partial}{\partial u_3}\right)(V_{(1)}h_1)\right\}\times\frac{\vec{e}_{u_1}}{h_1} \\ &= -\frac{\vec{e}_{u_3}}{h_1 h_2}\frac{\partial}{\partial u_2}(V_{(1)}h_1) + \frac{\vec{e}_{u_2}}{h_1 h_3}\frac{\partial}{\partial u_3}(V_{(1)}h_1).\end{aligned}$$

Zyklische Vertauschung der Indizes ergibt für die beiden anderen Summanden

$$\begin{aligned}\vec{\nabla}\times(V_{(2)}\vec{e}_{u_2}) &= \frac{\vec{e}_{u_3}}{h_1 h_2}\frac{\partial}{\partial u_1}(V_{(2)}h_2) - \frac{\vec{e}_{u_1}}{h_2 h_3}\frac{\partial}{\partial u_3}(V_{(2)}h_2), \\ \vec{\nabla}\times(V_{(3)}\vec{e}_{u_3}) &= \frac{\vec{e}_{u_1}}{h_2 h_3}\frac{\partial}{\partial u_2}(V_{(3)}h_3) - \frac{\vec{e}_{u_2}}{h_1 h_3}\frac{\partial}{\partial u_1}(V_{(3)}h_3).\end{aligned}$$

Die Summe ergibt die **Rotation** von $\vec{V}$ und läßt sich kürzer in Determinantenform schreiben

$$\boxed{\text{rot}\,\vec{V} = \frac{1}{\mathcal{J}}\begin{vmatrix} h_1\vec{e}_{u_1} & h_2\vec{e}_{u_2} & h_3\vec{e}_{u_3} \\ \frac{\partial}{\partial u_1} & \frac{\partial}{\partial u_2} & \frac{\partial}{\partial u_3} \\ V_{(1)}h_1 & V_{(2)}h_2 & V_{(3)}h_3 \end{vmatrix}.} \qquad (5.10.5)$$

Beispiele:

5.10.3. a) Die Rotation von $\vec{V}$ in *Kugelkoordinaten* hat die Gestalt

$$\operatorname{rot} \vec{V} = \frac{1}{r^2 \sin \vartheta} \begin{vmatrix} \vec{e}_r & r\vec{e}_\vartheta & r\sin\vartheta\,\vec{e}_\varphi \\ \frac{\partial}{\partial r} & \frac{\partial}{\partial \vartheta} & \frac{\partial}{\partial \varphi} \\ V_{(r)} & rV_{(\vartheta)} & r\sin\vartheta\,V_{(\varphi)} \end{vmatrix}.$$

b) Das Gravitationsfeld der Erde ist wirbelfrei, denn es gilt mit $\vec{F} = -\gamma \frac{M}{r^2} \vec{e}_r$:

$$\operatorname{rot} \vec{F} = \frac{1}{r^2 \sin \vartheta} \begin{vmatrix} \vec{e}_r & r\vec{e}_\vartheta & r\sin\vartheta\,\vec{e}_\varphi \\ \frac{\partial}{\partial r} & \frac{\partial}{\partial \vartheta} & \frac{\partial}{\partial \varphi} \\ -\gamma \frac{M}{r^2} & 0 & 0 \end{vmatrix} = \frac{1}{r^2 \sin \vartheta}(0,0,0) = \vec{0}$$

(siehe Beispiel 4.2.4).

c) Wir wollen $\operatorname{rot} \vec{e}_\vartheta$ bestimmen und erhalten

$$\operatorname{rot} \vec{e}_\vartheta = \frac{1}{r^2 \sin \vartheta} \begin{vmatrix} \vec{e}_r & r\vec{e}_\vartheta & r\sin\vartheta\,\vec{e}_\varphi \\ \frac{\partial}{\partial r} & \frac{\partial}{\partial \vartheta} & \frac{\partial}{\partial \varphi} \\ 0 & r & 0 \end{vmatrix} = \frac{1}{r^2 \sin \vartheta} r \sin\vartheta\, \vec{e}_\varphi \cdot 1 = \frac{1}{r} \vec{e}_\varphi.$$

5.10.4 Laplace-Operator Δ

Es ist

$$\Delta = \vec{\nabla}\,\vec{\nabla} = \vec{\nabla}\left(\frac{\vec{e}_{u_1}}{h_1} \frac{\partial}{\partial u_1} + \frac{\vec{e}_{u_2}}{h_2} \frac{\partial}{\partial u_2} + \frac{\vec{e}_{u_3}}{h_3} \frac{\partial}{\partial u_3} \right).$$

Ersetzen wir in der Darstellung von $\operatorname{div} \vec{V}$ also Gleichung (5.10.4)

$$V_{(i)} \quad \text{durch} \quad \frac{1}{h_i} \frac{\partial}{\partial u_i}, \quad i = 1, 2, 3,$$

erhalten wir

$$\Delta = \frac{1}{\mathcal{J}} \left\{ \frac{\partial}{\partial u_1}\left(h_2 h_3 \frac{1}{h_1} \frac{\partial}{\partial u_1}\right) + \frac{\partial}{\partial u_2}\left(h_1 h_3 \frac{1}{h_2} \frac{\partial}{\partial u_2}\right) + \frac{\partial}{\partial u_3}\left(h_1 h_2 \frac{1}{h_3} \frac{\partial}{\partial u_3}\right) \right\}$$

und damit für $\Phi = \Phi(u_1, u_2, u_3) \in C^2(\mathcal{G})$ für den **Laplace-Operator**

$$\boxed{\Delta \Phi = \frac{1}{\mathcal{J}} \left\{ \frac{\partial}{\partial u_1}\left(\frac{h_2 h_3}{h_1} \frac{\partial \Phi}{\partial u_1}\right) + \frac{\partial}{\partial u_2}\left(\frac{h_1 h_3}{h_2} \frac{\partial \Phi}{\partial u_2}\right) + \frac{\partial}{\partial u_3}\left(\frac{h_1 h_2}{h_3} \frac{\partial \Phi}{\partial u_3}\right) \right\}.} \quad (5.10.6)$$

Beispiele:

5.10.4. a) In *Kugelkoordinaten* ergibt sich für den Δ-Operator:

$$\begin{aligned}\Delta \Phi &= \frac{1}{\mathcal{J}} \left\{ \frac{\partial}{\partial r}\left(r^2 \sin\vartheta \frac{\partial \Phi}{\partial r}\right) + \frac{\partial}{\partial \vartheta}\left(\sin\vartheta \frac{\partial \Phi}{\partial \vartheta}\right) + \frac{\partial}{\partial \varphi}\left(\frac{1}{\sin\vartheta} \frac{\partial \Phi}{\partial \varphi}\right) \right\} \\ &= \frac{1}{r^2} \left\{ \frac{\partial}{\partial r}\left(r^2 \frac{\partial \Phi}{\partial r}\right) + \frac{1}{\sin\vartheta}\frac{\partial}{\partial \vartheta}\left(\sin\vartheta \frac{\partial \Phi}{\partial \vartheta}\right) + \frac{1}{\sin^2\vartheta} \frac{\partial^2 \Phi}{\partial \varphi^2} \right\}. \end{aligned} \quad (5.10.7)$$

b) Für die Lösung Φ der Potentialgleichung

$$\Delta\Phi = 0$$

im $\mathbf{R}^3$ für eine Punktladung im Nullpunkt kann man davon ausgehen, daß $\Phi = \Phi(r)$ und

$$\lim_{r \to \infty} \Phi(r) = 0.$$

Somit wird aus (5.10.7)

$$\Delta\Phi = \frac{1}{r^2}\frac{\partial}{\partial r}\left(r^2\frac{\partial \Phi}{\partial r}\right) = \frac{1}{r^2}(2r\Phi' + r^2\Phi'') = 0$$

bzw.

$$2\Phi' + r\Phi'' = 0.$$

Wir setzen $\Phi' = \Psi$ und erhalten

$$2\Psi + r\Psi' = 0$$

mit der Lösung

$$\Phi' = \Psi = \frac{C}{r^2}$$

(s. Aufgabe 3.3.5 oder Beispiel 5.10.2 b). Dann folgt

$$\Phi(r) = -\frac{C}{r} + C^* = \frac{-C}{r},$$

da

$$C^* = \lim_{r \to \infty} \Phi(r) = 0.$$

c) Sei $\Phi = r^n$, $r \neq 0$, mit konstantem n. Dann gilt in Kugelkoordinaten

$$\begin{aligned}
\Delta\Phi &= \Delta r^n = \frac{1}{r^2}\left\{\frac{\partial}{\partial r}\left(r^2\frac{\partial r^n}{\partial r}\right)\right\} = \frac{1}{r^2}\frac{\partial}{\partial r}(r^2 n r^{n-1}) \\
&= \frac{1}{r^2}\frac{\partial}{\partial r}(n r^{n+1}) = \frac{n}{r^2}(n+1)r^n = n(n+1)r^{n-2}.
\end{aligned}$$

Aufgaben:

5.10.1. Man bestimme den Gradienten, die Divergenz, Rotation und den Laplace-Operator in Zylinderkoordinaten.

5.10.2. Gegeben sei

$$\Phi(\varrho, \varphi, z) = \frac{\sin\varphi}{\varrho}.$$

Man berechne $\vec{V} = \text{grad}\,\Phi$ in Zylinderkoordinaten und transformiere $\vec{V}$ in kartesische Koordinaten.

5.10.3. Man wende den Laplace-Operator in Zylinderkoordinaten auf

$$\Phi(\vec{r}) = r = \sqrt{x^2 + y^2 + z^2}$$

an.

5.10.4. Man berechne die Divergenz des Vektorfeldes
$$\vec{V} = \varrho \cos\varphi\, \vec{e}_\varrho + \varrho \sin\varphi\, \vec{e}_\varphi$$
in Zylinderkoordinaten.

5.10.5. Man untersuche ein zylindersymmetrisches Feld (d.h., es liegt keine Abhängigkeit von φ und z vor)
$$\vec{V} = \vec{V}(\varrho) = f(\varrho)\vec{e}_\varrho$$
auf Quellen- und Wirbelfreiheit.

5.10.6. Das axialsymmetrische Feld $\vec{V} = \frac{1}{\varrho}\vec{e}_\varrho$ ist quellen- und wirbelfrei. Wegen rot $\vec{V} = \vec{0}$ existiert ein Potential Φ mit $\vec{V} = \operatorname{grad}\Phi$. Wegen div $\vec{V} = 0$ ist
$$\operatorname{div}\operatorname{grad}\Phi = \Delta\Phi = 0.$$
Man bestimme $\Phi = \Phi(\varrho)$.

5.10.7. Die parabolischen Zylinderkoordinaten sind gegeben durch
$$x = \frac{1}{2}(u^2 - v^2), \quad y = uv, \quad z = z, \quad u, z \in \mathbf{R}, \quad v \geq 0.$$

Man berechne in diesen Koordinaten grad Φ, div $\vec{V}$, rot $\vec{V}$ und $\Delta\Phi$.
Anleitung: Man beachte Aufgabe 5.9.2.

6 Bereichs- und Oberflächenintegrale

6.1 Definition von Bereichsintegralen

Ein einfaches bestimmtes, sogenanntes *gewöhnliches Integral*

$$\int_a^b f(x)\,dx$$

war anschaulich eingeführt worden als der Flächeninhalt unterhalb der Kurve $y = f(x)$, wenn $f(x)$ positiv ist.

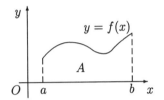
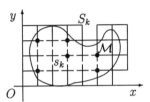

Da der Flächeninhalt krummlinig begrenzter Bereiche elementargeometrisch nicht erklärt ist, sondern zunächst nur der Flächeninhalt von Bereichen, die von Streckenzügen berandet sind, müssen wir erst diesen Begriff erläutern.

Es sei $\mathcal{M} \subset \mathbf{R}^2$ eine beliebige beschränkte Punktmenge der x,y-Ebene. Wenn man sich nun vorstellt, daß ein Gitter mit achsenparallelen Koordinatenlinien

$$x = \frac{n}{2^k}, \quad y = \frac{n}{2^k}, \quad n = 0, 1, 2, \ldots$$

mit beliebigem $k \in \mathbf{N}$ über die Ebene gelegt wird, gibt es Quadrate, die ganz in $\mathcal{M}$ liegen. Ihr gesamter Flächeninhalt sei $s_k(\mathcal{M})$. Der Flächeninhalt der Quadrate, die *mindestens einen* Punkt von $\mathcal{M}$ enthalten, sei $S_k(\mathcal{M})$. Offenbar gilt dann

$$s_k(\mathcal{M}) \leq S_k(\mathcal{M}), \quad s_k(\mathcal{M}) \leq s_{k+1}(\mathcal{M}), \quad S_{k+1}(\mathcal{M}) \leq S_k(\mathcal{M}).$$

Nun kann man zeigen, daß die Grenzwerte

$$\lim_{k \to \infty} s_k(\mathcal{M}) = A_i(\mathcal{M}) \quad \text{bzw.} \quad \lim_{k \to \infty} S_k = A_a(\mathcal{M})$$

existieren (innerer Inhalt bzw. äußerer Inhalt von $\mathcal{M}$). Gilt

$$A_i(\mathcal{M}) = A_a(\mathcal{M}) = A(\mathcal{M}),$$

nennt man $\mathcal{M}$ (Riemann-) **meßbar** und $A(\mathcal{M})$ den Flächeninhalt von $\mathcal{M}$.

Standardbeispiel für eine *nichtmeßbare Menge* ist

$$\mathcal{M} = \left\{(x,y) \in \mathbf{R}^2 \,|\, 0 \leq x \leq 1, \quad 0 \leq y \leq 1 \quad \text{und} \quad x,y \in \mathbf{Q}\right\}.$$

Denn man erkennt sofort, daß $A_i(\mathcal{M}) = 0$ und $A_a(\mathcal{M}) = 1$ ist.

6. Bereichs- und Oberflächenintegrale

Sei $\mathcal{B} \subset \mathbf{R}^2$ ein Bereich in der x,y-Ebene mit stückweise glattem Rand $\partial\mathcal{B}$. Man kann zeigen, daß solch ein Bereich immer meßbar ist und damit einen Flächeninhalt $A(\mathcal{B})$ besitzt. Das Doppelintegral oder Bereichsintegral

$$\iint_\mathcal{B} f(x,y)\,d\mathcal{B}$$

(gelesen Integral von f über den Bereich $\mathcal{B}$) soll dann so erläutert werden, daß es als Volumen der Säule zwischen der Fläche $z = f(x,y)$ und der x,y-Ebene angesprochen werden kann. Dies erreicht man analog zum gewöhnlichen Integral durch Approximation. Man kann hier zylindrische Säulen verwenden, deren Erzeugende parallel zur z-Achse verlaufen, deren Grundfläche in der x,y-Ebene liegt und deren Deckfläche zu dieser Ebene parallel ist. Das Volumen dieser Säulen wird durch (die oben definierte) Grundfläche mal Höhe erklärt.

Zur Bestimmung des Volumens V desjenigen Körpers, der durch die Menge

$$\mathcal{G} = \{(x,y,z) \in \mathbf{R}^3 | (x,y) \in \mathcal{B},\quad 0 \leq z \leq f(x,y)\}$$

beschrieben wird, zerlegen wir $\mathcal{B}$ durch stückweise glatte Kurven in endlich viele Teilbereiche $\mathcal{B}_i$ mit Flächeninhalten $\triangle\mathcal{B}_i$, $i = 1,\ldots,n$, die höchstens Randpunkte gemeinsam haben. In jedem Teilbereich wählen wir einen beliebigen Punkt $P_i(\xi_i,\eta_i)$, $i = 1,\ldots,n$, und erhalten als Näherungswert für $V(\mathcal{G})$ die Summe der zylindrischen Säulen über $\mathcal{B}$, deren Rauminhalt näherungsweise gleich $f(\xi_i,\eta_i)\triangle\mathcal{B}_i$, $i = 1,\ldots,n$, ist. Es gilt also

$$V(\mathcal{G}) \approx \sum_{i=1}^n f(\xi_i,\eta_i)\triangle\mathcal{B}_i.$$

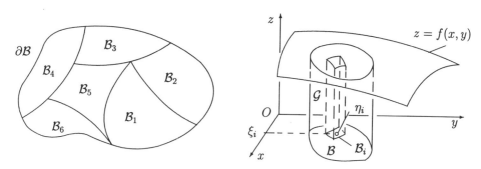

Wenn wir die Anzahl der Teilbereiche $\mathcal{B}_i$ vergrößern, indem wir gleichzeitig das Maximum der Durchmesser aller Teilbereiche gegen Null streben lassen, wird die obige Approximation immer genauer, und man erhält

$$V(\mathcal{G}) = \lim_{n\to\infty} \sum_{i=1}^n f(\xi_i,\eta_i)\triangle\mathcal{B}_i. \tag{6.1.1}$$

> **Definition 6.1.1:**
> Jede Funktion $z = f(x,y)$, für die der Grenzwert (6.1.1) unabhängig von der Wahl der Teilbereiche $\mathcal{B}_i$ und der Punkte $P_i(\xi_i, \eta_i)$ existiert, heißt **integrierbar** über $\mathcal{B}$ und der Grenzwert heißt Integral von $f(x,y)$ über $\mathcal{B}$.
> Für diesen Grenzwert schreibt man
>
> $$\iint\limits_{\mathcal{B}} f(x,y)\, d\mathcal{B} \qquad (6.1.2)$$
>
> und nennt das Integral **Bereichsintegral** oder **Doppelintegral**.

Bei der Zerlegung der x,y-Ebene durch ein achsenparalleles Gitter entstehen Rechtecke mit den Seitenlängen $\triangle x$ und $\triangle y$ und dem Flächeninhalt $\triangle \mathcal{B} = \triangle x \triangle y$. Versteht man das Integral (6.1.2) als Grenzwert von Riemann-Summen bezüglich derartiger Teilungen, schreibt man also

$$\iint\limits_{\mathcal{B}} f(x,y)\, d\mathcal{B} = \iint\limits_{\mathcal{B}} f(x,y)\, dxdy. \qquad (6.1.3)$$

Für das Bereichsintegral ergeben sich wegen der Analogie zum gewöhnlichen Integral entsprechende Eigenschaften und Rechenregeln, die wir ohne Beweis angeben.

Satz 6.1.1: *a) Gegeben sei ein meßbarer Bereich $\mathcal{B}$ und eine in $\mathcal{B}$ stetige Funktion $z = f(x,y)$. Dann ist $f(x,y)$ integrierbar über $\mathcal{B}$.*
b) Unter den gleichen Voraussetzungen gibt es mindestens einen Punkt $P(\xi, \eta)$ aus dem Innern von $\mathcal{B}$ mit

$$\iint\limits_{\mathcal{B}} f(x,y)\, dxdy = f(\xi, \eta)\, A(\mathcal{B}) \qquad \text{(\textbf{Mittelwertsatz})}.$$

Die Aussage dieses Satzes kann man sich folgendermaßen verdeutlichen. Wir stellen uns über der x,y-Ebene ein Bassin gefüllt mit Flüssigkeit vor. In bewegtem Zustand wird die Oberfläche dieser Flüssigkeit zu einem bestimmten Zeitpunkt durch die Gleichung $z = f(x,y)$ beschrieben. Dann gibt

$$\iint\limits_{\mathcal{B}} f(x,y)\, dxdy$$

das Volumen unterhalb dieser beschriebenen Fläche an. Auf der rechten Seite des Mittelwertsatzes steht mit $f(\xi, \eta) A(\mathcal{B})$ das Zylindervolumen über $A(\mathcal{B})$ mit der Höhe $f(\xi, \eta)$. Das wäre z.B. das Volumen der Flüssigkeit, wenn sie zur Ruhe gekommen ist.

Rechenregeln:

6.1.1. (Linearität) Gegeben seien die über $\mathcal{B}$ integrierbaren Funktionen $f_1(x,y)$ und $f_2(x,y)$ und Konstanten $c_1, c_2 \in \mathbf{R}$. Dann gilt

$$\iint\limits_{\mathcal{B}} \{c_1 f_1(x,y) + c_2 f_2(x,y)\}\, dxdy = c_1 \iint\limits_{\mathcal{B}} f_1(x,y)\, dxdy + c_2 \iint\limits_{\mathcal{B}} f_2(x,y)\, dxdy,$$

6.1.2. (Additivität) Gegeben seien die Bereiche $\mathcal{B}$, $\mathcal{B}_1$, $\mathcal{B}_2$ mit $\mathcal{B}_1 \bigcup \mathcal{B}_2 = \mathcal{B}$, wobei $\mathcal{B}_1$ und $\mathcal{B}_2$ keine inneren Punkte gemeinsam haben, und $z = f(x,y)$ integrierbar über $\mathcal{B}$. Dann gilt

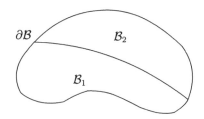

$$\iint_{\mathcal{B}} f(x,y)\,dxdy = \iint_{\mathcal{B}_1} f(x,y)\,dxdy + \iint_{\mathcal{B}_2} f(x,y)\,dxdy,$$

6.1.3. (Monotonie) Ist $f(x,y) \leq g(x,y)$ für alle $(x,y) \in \mathcal{B}$ mit zwei integrierbaren Funktionen $f(x,y)$ und $g(x,y)$, so gilt

$$\iint_{\mathcal{B}} f(x,y)\,dxdy \leq \iint_{\mathcal{B}} g(x,y)\,dxdy,$$

Bemerkungen:

6.1.1. Es wurde bisher (wegen der Anschauung) vorausgesetzt, daß $f(x,y) \geq 0$ über $\mathcal{B}$ ist. Man kann diese Voraussetzung fallenlassen, muß aber darauf achten, daß bei denjenigen Gebieten, in denen $f(x,y) < 0$ ist, sich ein negativer Wert ergibt. Für die Volumenberechnung muß man für solche Gebiete den Betrag des Integrals nehmen.

6.1.2. Ist $f(x,y) = const. = 1$, ergibt sich für das Bereichsintegral gerade der Flächeninhalt von $\mathcal{B}$, also $A(\mathcal{B})$.

Mit der Frage, wie man das Integral (6.1.3) berechnet, wenn $\mathcal{B}$ und $f(x,y)$ explizit gegeben sind, beschäftigen wir uns im folgenden Kapitel.

6.2 Berechnung von Bereichsintegralen durch Doppelintegrale

6.2.1 Normalbereiche als Integrationsbereiche

Für viele Integrationsbereiche läßt sich die Berechnung des Bereichsintegrals auf zwei nacheinander auszuführende einfache Integrationen zurückführen. Zur Charakterisierung solcher Bereiche dient die folgende Definition:

Definition 6.2.1:

Es seien $\phi(x), \psi(x)$ stetig auf $[a,b]$, $\lambda(y), \mu(y)$ stetig auf $[c,d]$. Dann heißt jede der Mengen

$$\mathcal{B}_1 = \{(x,y) \in \mathbf{R}^2 | a \leq x \leq b, \quad \phi(x) \leq y \leq \psi(x)\},$$
$$\mathcal{B}_2 = \{(x,y) \in \mathbf{R}^2 | c \leq y \leq d, \quad \lambda(y) \leq x \leq \mu(y)\}$$

ein **Normalbereich** bezüglich der x- bzw. y-Achse.

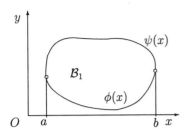 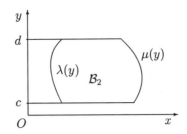

Satz 6.2.1: *Es seien $\mathcal{B}_1$ und $\mathcal{B}_2$ Normalbereiche entsprechend der obigen Definition und $f(x,y)$ dort stetig. Dann gilt*

a)

$$V_1 = \iint\limits_{\mathcal{B}_1} f(x,y)\, dxdy = \int_{x=a}^{b} \left\{ \int_{y=\phi(x)}^{\psi(x)} f(x,y)\, dy \right\} dx \qquad (6.2.1)$$

bzw.

b)

$$V_2 = \iint\limits_{\mathcal{B}_2} f(x,y)\, dxdy = \int_{y=c}^{d} \left\{ \int_{x=\lambda(y)}^{\mu(y)} f(x,y)\, dx \right\} dy. \qquad (6.2.2)$$

Beweis: a) Wir teilen $[a,b]$ durch $a = a_0 < a_1 < \cdots < a_n = b$ in n gleich lange Teilintervalle. Dann gilt nach dem Mittelwertsatz für einfache Integrale

$$\int_{a_{k-1}}^{a_k} \left\{ \int_{\phi(x)}^{\psi(x)} f(x,y)\, dy \right\} dx = \left\{ \int_{\phi(x_k)}^{\psi(x_k)} f(x_k, y)\, dy \right\} (a_k - a_{k-1})$$

mit $a_{k-1} \leq x_k \leq a_k$, $k \in [1, n]$, denn das Integral

$$\int_{\phi(x)}^{\psi(x)} f(x,y)\, dy$$

ist eine stetige Funktion von x.

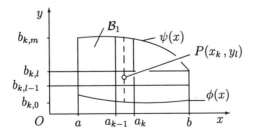

Das Intervall $[\phi(x_k), \psi(x_k)]$ teilen wir durch

$$\phi(x_k) = b_{k,0} < b_{k,1} < \cdots < b_{k,l-1} < b_{k,l} < \cdots < b_{k,m} = \psi(x_k)$$

in m gleich lange Teile und erhalten wiederum nach dem Mittelwertsatz
$$\int_{\phi(x_k)}^{\psi(x_k)} f(x_k, y)\, dy = \sum_{l=1}^{m} f(x_k, y_{k,l})(b_{k,l} - b_{k,l-1})$$
mit $b_{k,l-1} \le y_{k,l} \le b_{k,l}$, $l \in [1, m]$. Damit ergibt sich insgesamt
$$\int_{x=a}^{b} \int_{y=\phi(x)}^{\psi(x)} f(x,y)\, dydx = \sum_{k=1}^{n} \sum_{l=1}^{m} f(x_k, y_{k,l})(a_k - a_{k-1})(b_{k,l} - b_{k,l-1}) = \sum_{i=1}^{N} f(\xi_i, \eta_i)\, \triangle \mathcal{B}_i,$$
und diese Summe konvergiert für $n \cdot m = N \to \infty$ gegen das Integral
$$\iint_{\mathcal{B}_1} f(x,y)\, dxdy.$$
Der Grenzübergang wird erreicht durch Verfeinerung der Einteilungen auf der x- und der y-Achse, wobei darauf zu achten ist, daß das Maximum der Durchmesser der Teilbereiche $\triangle \mathcal{B}_i$, $i \in [1, n]$, gegen Null strebt. Eine in der Abbildung angegebene Nullfolge von Flächenelementen ist nicht erlaubt.

b) Der Beweis verläuft analog, indem erst Streifen senkrecht zur y-Achse eingeführt werden und diese durch Einteilung in horizontaler Richtung in Rechtecke zerlegt werden.

Beispiel:

6.2.1. Durch $x \ge 0$, $y \ge 0$, $2 \ge x + y \ge 1$ ist ein Normalbereich gegeben. Es ist bezüglich der x-Achse

$$\phi(x) = \begin{cases} 1 - x & \text{für } 0 \le x \le 1 \\ 0 & \text{für } 1 \le x \le 2, \end{cases}$$

$$\psi(x) = 2 - x \quad \text{für } 0 \le x \le 2.$$

Wir wollen das Integral

$$J = \iint_{\mathcal{B}} \left(1 - \frac{x}{2} - y\right) dxdy$$

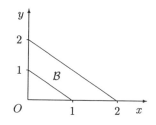

berechnen und erhalten

$$\begin{aligned}
J &= \int_0^2 \int_{\phi(x)}^{\psi(x)} \left(1 - \frac{x}{2} - y\right) dydx = \int_0^1 \int_{1-x}^{2-x} \left(1 - \frac{x}{2} - y\right) dydx + \int_1^2 \int_0^{2-x} \left(1 - \frac{x}{2} - y\right) dydx \\
&= -\frac{1}{2} \int_0^1 \left[\left(1 - \frac{x}{2}\right)y - \frac{y^2}{2}\right]_{1-x}^{2-x} dx + \int_1^2 \left[\left(1 - \frac{x}{2}\right)y - \frac{y^2}{2}\right]_0^{2-x} dx \\
&= \int_0^1 \left\{0 - \frac{1}{2}(2-x)(1-x) + \frac{1}{2}(1-x)^2\right\} dx + 0 = -\frac{1}{2} \int_0^1 (2 - 3x + x^2) dx - \left[\frac{(1-x)^3}{6}\right]_0^1 \\
&= -\frac{1}{2} \left[2x - \frac{3}{2}x^2 + \frac{x^3}{3}\right]_0^1 + \frac{1}{6} = -\frac{1}{2}\left(2 - \frac{3}{2} + \frac{1}{3}\right) + \frac{1}{6} = \frac{-12 + 9 - 2 + 2}{12} = \frac{-3}{12} = -\frac{1}{4}.
\end{aligned}$$

Bemerkungen:

6.2.1. Die meisten der für die Anwendungen wichtigen Integrationsbereiche B können z.B. durch achsenparallele Schnitte in Normalbereiche bezüglich der x- oder y-Achse zerlegt werden. Es gilt dann

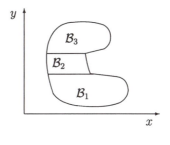

$$\iint_B f(x,y)\,dxdy = \sum_{i=1}^{n} \iint_{B_i} f(x,y)\,dxdy.$$

6.2.2. Ist B ein Normalbereich bezüglich der x- *und* der y-Achse, gilt

$$\int_{x=a}^{b}\left\{\int_{y=\phi(x)}^{\psi(x)} f(x,y)\,dy\right\}dx = \int_{c}^{d}\left\{\int_{x=\lambda(y)}^{\mu(y)} f(x,y)\,dx\right\}dy.$$

Ist B ein achsenparalleles *Rechteck*, gilt einfach

$$\int_{x=a}^{b}\left\{\int_{y=c}^{d} f(x,y)\,dy\right\}dx = \int_{y=c}^{d}\left\{\int_{x=a}^{b} f(x,y)\,dx\right\}dy.$$

D.h., es kommt auf die Reihenfolge der Integration nicht an.

Gilt im letzten Fall außerdem

$$f(x,y) = g(x)\cdot h(y),$$

zerfällt das Doppelintegral in zwei einfache Integrale:

$$\int_{x=a}^{b}\left\{\int_{y=c}^{d} f(x,y)\,dy\right\}dx = \int_{x=a}^{b}\left\{\int_{y=c}^{d} g(x)h(y)\,dy\right\}dx = \int_{a}^{b} g(x)\,dx \int_{c}^{d} h(y)\,dy.$$

6.2.3. Meistens läßt man der Einfachheit halber die Klammer beim inneren Integral weg und gibt bei beiden Integralen nur die obere und untere Grenze an, wenn keine Verwechslungen bezüglich der Integrationsvariablen möglich ist. Dabei wird die Reihenfolge der Integration durch die Reihenfolge der Differentiale dx, dy festgelegt.

6.2.4. Die *Berechnung* des Integrals

$$\int_{c}^{d}\int_{\lambda(y)}^{\mu(y)} f(x,y)\,dxdy$$

erfolgt folgendermaßen:

Man integriert $f(x,y)$ über x, wobei y wie eine Konstante behandelt wird, setzt für x die obere Grenze $\mu(y)$ und die untere Grenze $\lambda(y)$ ein und bildet die Differenz. Das zurückbleibende Integral ist ein gewöhnliches Integral über y.

6.2.5. Der *Schwerpunkt* $P(x_S, y_S)$ eines ebenen Flächenstücks B mit der Fläche A ist gegeben durch

$$x_S = \frac{1}{A}\iint_B x\,dxdy, \quad y_S = \frac{1}{A}\iint_B y\,dxdy.$$

Beispiel:

6.2.2. Manchmal ist es notwendig, die Integrationsreihenfolge zu vertauschen, da sonst eine Integration in geschlossener Form nicht möglich ist. Z.B. hat die Funktion $\frac{e^x}{x}$ keine solche Stammfunktion in geschlossener Form. Es ist

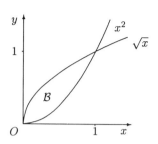

$$\int \frac{e^x}{x} dx = \ln x + \sum_{n=1}^{\infty} \frac{x^n}{n(n!)}.$$

Andererseits gilt

$$\int_0^1 \left\{ \int_{\sqrt{y}}^{y^2} \frac{ye^x}{x} dx \right\} dy = \int_0^1 \left\{ \int_{x^2}^{\sqrt{x}} \frac{ye^x}{x} dy \right\} dx = \int_0^1 \frac{e^x}{x} \left[\frac{y^2}{2} \right]_{x^2}^{\sqrt{x}} dx = \int_0^1 \frac{e^x}{2x}(x - x^4) dx$$

$$= \frac{1}{2}\int_0^1 e^x(1-x^3)dx = \frac{1}{2}\left[e^x(1-x^3)\right]_0^1 + \frac{3}{2}\int_0^1 e^x x^2 dx$$

$$= -\frac{1}{2} + \frac{3}{2}\left[e^x x^2\right]_0^1 - \frac{3}{2}2\int_0^1 xe^x dx = -\frac{1}{2} + \frac{3e}{2} - 3\left[xe^x\right]_0^1 + 3\int_0^1 e^x dx$$

$$= -\frac{1}{2} - \frac{3}{2}e + 3(e-1) = -\frac{7}{2} + \frac{3}{2}e. \; = 0,577...$$

Aufgaben:

6.2.1. Man berechne das Integral

$$J = \iint_B (x^4 + y^4) dx dy,$$

erstreckt über das Quadrat B in der x, y-Ebene mit den Ecken $(0, 1), (-1, 0), (0, -1), (1, 0)$.

6.2.2. Man berechne das Integral $\iint_B (x^2 + y^2) dx dy$ für

$$B = \left\{ (x, y) \in \mathbf{R}^2 | x \geq 0, \quad y \geq 0, \quad \frac{x}{a} + \frac{y}{b} \leq 1 \right\}.$$

Dabei sind a und b positive Konstanten.

6.2.3. Man berechne die Koordinaten des Schwerpunktes des durch die beiden Parabeln $y = 2x - x^2$ und $y = 3x^2 - 6x$ eingeschlossenen Flächenstücks. 5,436 Lösung

6.2.4. Man bestimme das Volumen desjenigen Körpers, der von der x, y-Ebene und dem Paraboloid $z = 4 - x^2 - y^2$ begrenzt wird.

6.2.5. Man berechne das Volumen des Körpers, der begrenzt wird von der x, y-Ebene, der Ebene $y + 4x - 6 = 0$, dem parabolischen Zylinder $y^2 - 2x = 0$ und der Fläche $z = f(x, y) = x^2 + 3y^4$.

6.2.2 Änderung der Variablen, Substitution

Zur Erleichterung der Integration ist es oft zweckmäßig, für x und y andere Koordinaten, wie z.B. Polarkoordinaten r und φ, einzuführen.

Durch

$$x = x(u, v), \quad y = y(u, v) \quad \text{bzw.} \quad u = u(x, y), \quad v = v(x, y)$$

sei eine eineindeutige Zuordnung zwischen den neuen und den alten Koordinaten gegeben. Dann existiert in der u,v-Ebene ein Bereich $\mathcal{B}^*$ als eineindeutiges Bild des Integrationsbereiches $\mathcal{B}$ in der x,y-Ebene.

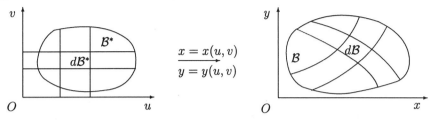

Diesen Bereich $\mathcal{B}$ können wir auch als eine Fläche σ ansehen mit der Parameterdarstellung

$$\vec{r}(u,v) = \big(x(u,v), y(u,v), 0\big), \quad (u,v) \in \mathcal{B}^*.$$

Für das Flächenelement $d\sigma = d\mathcal{B}$ gilt nach (5.4.1)

$$d\sigma = |\vec{r}_u \times \vec{r}_v|\, du\, dv \tag{6.2.3}$$

und mit

$$\vec{r}_u \times \vec{r}_v = \begin{vmatrix} \vec{i} & \vec{j} & \vec{k} \\ x_u & y_u & z_u \\ x_v & y_v & z_v \end{vmatrix} = (0, 0, x_u y_v - x_v y_u)$$

ergibt sich mit der *Funktionaldeterminante* der Transformation

$$\mathcal{J}(u,v) = \left|\frac{\partial(x,y)}{\partial(u,v)}\right| = \begin{vmatrix} x_u & y_u \\ x_v & y_v \end{vmatrix} \tag{6.2.4}$$

für (6.2.3)

$$d\sigma = \mathcal{J}(u,v)\, du\, dv.$$

Sollte das Vorzeichen der Determinante negativ sein, vertauscht man u und v. Auch die Determinante (6.2.4) bezeichnet man als **Jacobi-Determinante**. Somit können wir für ein Bereichsintegral schreiben

$$\iint_{\mathcal{B}} f(x,y)\, d\mathcal{B} = \iint_{\mathcal{B}} f(x,y)\, dx\, dy = \iint_{\mathcal{B}} f\big(x(u,v), y(u,v)\big) \mathcal{J}(u,v)\, du\, dv.$$

Für *ebene Polarkoordinaten* r, φ ergibt sich mit $x = r\cos\varphi, y = r\sin\varphi$ die Jacobi-Determinante

$$\mathcal{J}(r,\varphi) = \begin{vmatrix} \cos\varphi & \sin\varphi \\ -r\sin\varphi & r\cos\varphi \end{vmatrix} = r\cos^2\varphi + r\sin^2\varphi = r$$

und somit, falls $\mathcal{B}^*$ ein Normalbereich ist:

$$\iint_{\mathcal{B}} f(x,y)\, dx\, dy = \int_{\varphi_1}^{\varphi_2} \int_{r_1(\varphi)}^{r_2(\varphi)} f(r\cos\varphi, r\sin\varphi)\, r\, dr\, d\varphi.$$

Durch die Zuordnung

$$x = r_0 \sin\vartheta \cos\varphi, \quad y = r_0 \sin\vartheta \sin\varphi$$

wird das Rechteck $\mathcal{B}^* = \{(\vartheta,\varphi) \in \mathbf{R}^2 | 0 \leq \vartheta \leq \frac{\pi}{2}, \; 0 \leq \varphi \leq 2\pi\}$ auf die Kreisscheibe $\mathcal{B} = \{(x,y) \in \mathbf{R}^2 | x^2 + y^2 \leq r_0^2\}$ abgebildet.

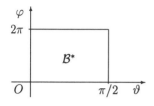
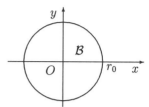

Denn es ist

$$0 \leq x^2 + y^2 = r_0^2 \sin^2\vartheta \cos^2\varphi + r_0^2 \sin^2\vartheta \sin^2\varphi = r_0^2 \sin^2\vartheta \leq r_0^2.$$

Für die Jacobi-Determinate erhalten wir

$$\mathcal{J}(\vartheta,\varphi) = \begin{vmatrix} r_0 \cos\vartheta \cos\varphi & r_0 \cos\vartheta \sin\varphi \\ -r_0 \sin\vartheta \sin\varphi & r_0 \sin\vartheta \cos\varphi \end{vmatrix} = r_0^2 \sin\vartheta \cos\vartheta.$$

Beispiele:

6.2.3 Den meisten ist die Gaußsche Glockenkurve

$$y = e^{-x^2}$$

ein Begriff. Sie spielt in der Wahrscheinlichkeitsrechnung als Normalverteilung eine große Rolle.

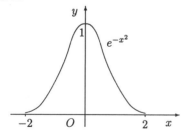
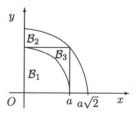

Nicht nur dort wird der Wert des (uneigentlichen) Integrals

$$\int_{-\infty}^{\infty} e^{-x^2}\, dx = 2\int_{0}^{\infty} e^{-x^2}\, dx$$

benötigt. Er entspricht der Fläche zwischen dem Funktionsgraphen und der x-Achse. Das Integral läßt sich auf elementare Art nicht berechnen. Aus diesem Grund wählt man einen kleinen Umweg. Man betrachtet Doppelintegrale

$$J_i(a) = \iint_{\mathcal{B}_i} e^{-(x^2+y^2)}\, dx dy$$

über die abgebildeten Bereiche

$$B_1: \quad x^2 + y^2 \leq a^2, \quad x \geq 0, \quad y \geq 0,$$
$$B_2: \quad x^2 + y^2 \leq 2a^2, \quad x \geq 0, \quad y \geq 0,$$
$$B_3: \quad 0 \leq x \leq a, \quad 0 \leq y \leq a$$

und erhält

$$J_1(a) = \int_0^{\pi/2} \int_0^a e^{-r^2} r\, dr\, d\varphi = \int_0^{\pi/2} \left[-\frac{1}{2}e^{-r^2}\right]_0^a d\varphi = \frac{\pi}{4}\left(1 - e^{-a^2}\right),$$

$$J_2(a) = \int_0^{\pi/2} \int_0^{a\sqrt{2}} e^{-r^2} r\, dr\, d\varphi = \int_0^{\pi/2} \left[-\frac{1}{2}e^{-r^2}\right]_0^{a\sqrt{2}} = \frac{\pi}{4}\left(1 - e^{-2a^2}\right),$$

$$J_3(a) = \int_0^a \int_0^a e^{-(x^2+y^2)}\, dx\, dy = \int_0^a e^{-x^2}\, dx \int_0^a e^{-y^2}\, dy = \left\{\int_0^a e^{-x^2}\, dx\right\}^2.$$

Da die e-Funktion positiv ist, folgt auf Grund der Beziehung $B_1 \subset B_3 \subset B_2$ auch

$$J_1 < J_3 < J_2$$

bzw.

$$\frac{\sqrt{\pi}}{2}\sqrt{1 - e^{-a^2}} < \int_0^a e^{-x^2}\, dx < \frac{\sqrt{\pi}}{2}\sqrt{1 - e^{-2a^2}}$$

und somit für $a \to \infty$ wegen

$$\lim_{a \to \infty} J_1(a) = \lim_{a \to \infty} J_2(a):$$

$$\int_0^\infty e^{-x^2}\, dx = \lim_{a \to \infty} \sqrt{J_3(a)} = \frac{\sqrt{\pi}}{2}.$$

Es gilt also

$$\int_{-\infty}^\infty e^{-x^2}\, dx = 2\int_0^\infty e^{-x^2}\, dx = \sqrt{\pi}$$

bzw.

$$\boxed{\frac{1}{\sqrt{\pi}} \int_{-\infty}^\infty e^{-x^2}\, dx = 1.}$$

6.2.4. In der Aufgabe 6.2.4 lautete der Integrationsbereich $x^2 + y^2 \leq 4$ und der Integrand

$$f(x, y) = 4 - x^2 - y^2.$$

Nach Einführen von ebenen Polarkoordinaten erhalten wir

$$V = \int_0^{2\pi} \int_0^2 (4 - r^2) r\, dr\, d\varphi = \int_0^{2\pi} \left[2r^2 - \frac{r^4}{4}\right]_0^2 d\varphi = 2\pi(8 - 4) = 8\pi.$$

Die Lösung erfolgt wesentlich schneller als in kartesischen Koordinaten.

6.2.5. Durch $x = u^2 - v^2$, $y = uv$ seien neue Koordinatenlinien in der Ebene eingeführt. Für $u = C$ ergibt sich mit $v = \frac{y}{C}$:

$$x = C^2 - \frac{y^2}{C^2} \quad \text{bzw.} \quad y = C\sqrt{C^2 - x}$$

und für $v = K$ erhält man mit $u = \frac{y}{K}$:

$$x = \frac{y^2}{K^2} - K^2 \quad \text{bzw.} \quad y = K\sqrt{K^2 + x}.$$

Wir wollen den Inhalt des durch $1 \leq u, \ v \leq 2$ gegebenen Flächenstücks berechnen und benötigen dazu die Jacobi-Determinante

$$\mathcal{J}(u,v) = \begin{vmatrix} x_u & y_u \\ x_v & y_v \end{vmatrix} = \begin{vmatrix} 2u & v \\ -2v & u \end{vmatrix} = 2u^2 + 2v^2.$$

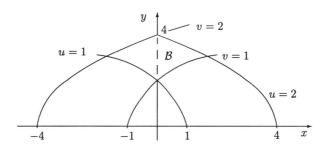

Damit erhalten wir

$$\begin{aligned} A(\mathcal{B}) &= \iint_{\mathcal{B}} d\mathcal{B} = \iint_{\mathcal{B}^*} d\mathcal{B}^* = \int_1^2 \int_1^2 2(u^2 + v^2) du\, dv = 2\int_1^2 \left[u^2 v + \frac{v^3}{3}\right]_1^2 du \\ &= 2\int_1^2 \left(2u^2 + \frac{8}{3} - u^2 - \frac{1}{3}\right) du = 2\int_1^2 \left(u^2 + \frac{7}{3}\right) du = 2\left[\frac{u^3}{3} + \frac{7}{3}u\right]_1^2 \\ &= 2\left(\frac{8}{3} + \frac{14}{3} - \frac{1}{3} - \frac{7}{3}\right) = \frac{28}{3}. \end{aligned}$$

Aufgaben:

6.2.6. Man bestimme die Jacobi-Determinante für
a) elliptische Polarkoordinaten s, φ:

$$x = as\cos\varphi, \quad y = bs\sin\varphi, \quad 0 \leq s \leq 1, \quad 0 \leq \varphi < 2\pi,$$

b) elliptische Koordinaten u, v:

$$x = \cosh u \cos v, \quad y = \sinh u \sin v.$$

6.2.7. Man berechne die Fläche der Ellipse

$$\frac{x^2}{a^2} + \frac{y^2}{b^2} = 1$$

und das Volumen des Ellipsoids

$$\frac{x^2}{a^2} + \frac{y^2}{b^2} + \frac{z^2}{c^2} = 1, \quad a, b, c \in \mathbf{R}_+.$$

Anleitung: Man beachte Aufgabe 6.2.6.

6.2.8. Man berechne das Volumen V der Kugel $x^2 + y^2 + z^2 = R^2$.
Anleitung: Es ist
$$V = 2 \iint_B \sqrt{R^2 - x^2 - y^2}\, dx dy,$$
wobei $B = \{(x,y) \in \mathbf{R}^2 | x^2 + y^2 \leq R^2\}$.

6.2.9. Man berechne das Integral aus Aufgabe 6.2.1 mit dem Einheitskreis als Integrationsbereich.

6.2.10. Gegeben sei der Kreisring B in der x,y-Ebene, begrenzt durch die beiden Radien $a < b$. Man berechne
$$V = \iint_B \sqrt{x^2 + y^2}\, dB$$
durch geeignete Substitution.

6.2.11. Auf dem durch
$$\frac{x^2}{a^2} + \frac{y^2}{b^2} \leq 1$$
beschriebenen Bereich sei Masse mit der Dichte
$$\rho(x,y) = \frac{x^2}{p^2} + \frac{y^2}{q^2}$$
verteilt. Man berechne die Gesamtmasse
$$M = \iint_B \rho(x,y)\, dx dy.$$

6.2.12. Man berechne $\iint_B y^2\, dB$, wobei B durch die vier Kurven

$$y = \frac{1}{2x}, \quad y = \frac{2}{x}, \quad y = \frac{x}{2} \quad \text{und} \quad y = 2x$$

berandet wird.
Anleitung: Man führe neue Koordinaten durch
$$u = xy, \quad v = \frac{y}{x}$$
ein und verwende die Beziehung
$$J(u,v) = \{J(x,y)\}^{-1}.$$

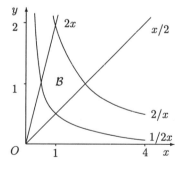

6.3 Oberflächenintegrale

Bisher waren wir in der Lage, mit Hilfe der Doppelintegrale Volumina von Körpern zwischen zwei Flächen, z.B. der x,y-Ebene und einer Fläche $z = f(x,y)$, zu bestimmen oder konnten auch den Flächeninhalt ebener Bereiche berechnen. Der nächste Schritt ist nun die Berechnung von Flächeninhalten gekrümmter Flächen, wie z.B. der Oberfläche einer Kugel, eines Torus o.ä. Das wichtigste Hilfsmittel dazu, das Flächenelement, haben wir bereits im 5.4 bereitgestellt.

Sei nun also eine Parameterdarstellung $\vec{r} = \vec{r}(u,v)$, $(u,v) \in B$, einer glatten Fläche σ gegeben, dazu ein Skalarfeld $\Phi = \Phi(u,v)$ und ein Vektorfeld $\vec{V} = \vec{V}(u,v)$ definiert auf σ.

Definition 6.3.1:

Die Integrale

$$\iint_\sigma \Phi \, d\sigma = \iint_\mathcal{B} \Phi(u,v) |\vec{r}_u \times \vec{r}_v| \, du dv, \qquad (6.3.1)$$

$$\iint_\sigma \vec{V} \, d\vec{\sigma} = \iint_\sigma \vec{V} \vec{N} \, d\sigma = \iint_\mathcal{B} \vec{V}(u,v) (\vec{r}_u \times \vec{r}_v) \, du dv \qquad (6.3.2)$$

bezeichnet man als **Oberflächenintegrale** von Φ bzw. $\vec{V}$ auf σ. Dabei ist $d\vec{\sigma} = \vec{N} d\sigma$ das **orientierte Flächenelement** und

$$\vec{N} = \frac{\vec{r}_u \times \vec{r}_v}{|\vec{r}_u \times \vec{r}_v|}$$

die Einheitsnormale von σ.

Beispiele:

6.3.1. Eine interessante Aufgabe ist das Problem von VIVIANI[1]. Es geht dabei um die Berechnung des Teils σ, einer Halbkugelfläche (Radius a), der von einem Kreiszylinder (Radius $\frac{a}{2}$, Mittelpunkt $(0, \frac{a}{2}, 0)$, Achse parallel zur z-Achse) ausgeschnitten wird (*Vivianisches Fenster*).

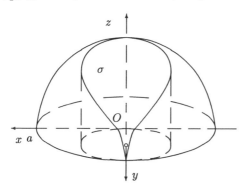

Die Fläche σ ist Teil der Kugelfläche, daher gilt mit dem Flächenelement in Kugelkoordinaten

$$d\sigma = a^2 \sin\vartheta \, d\vartheta d\varphi$$

für den Flächeninhalt S:

$$S = \iint_\mathcal{B} a^2 \sin\vartheta \, d\vartheta d\varphi. \qquad (6.3.3)$$

Dabei ist $\mathcal{B}$ der noch zu bestimmende Integrationsbereich in der ϑ, φ-Ebene. Zur Ermittlung von $\mathcal{B}$ gehen wir von der Projektion der Schnittfläche auf die x, y-Ebene aus.

Es ist dies der Kreis, der durch

$$x^2 + \left(y - \frac{a}{2}\right)^2 = \left(\frac{a}{2}\right)^2 \quad \text{bzw.} \quad x^2 + y^2 = ay$$

beschrieben wird. Um daraus die Grenzen für ϑ und φ auf der Kugeloberfläche zu ermitteln, setzen wir in der letzten Gleichung die Kugelkoordinaten ein und erhalten

$$x^2 + y^2 = a^2 \sin^2\vartheta \cos^2\varphi + a^2 \sin^2\vartheta \sin^2\varphi = a^2 \sin^2\vartheta = ay = a^2 \sin\vartheta \sin\varphi$$

bzw.

$$\sin\vartheta = \sin\varphi.$$

---
[1] Vincenzo Viviani (1622 – 1703), italienischer Mathematiker

Es folgt $\vartheta = \varphi$ für

$$0 \leq \vartheta \leq \frac{\pi}{2} \quad \text{und} \quad 0 \leq \varphi \leq \frac{\pi}{2}$$

und $\vartheta = \pi - \varphi$ für

$$0 \leq \vartheta \leq \frac{\pi}{2} \quad \text{und} \quad \frac{\pi}{2} \leq \varphi \leq \pi.$$

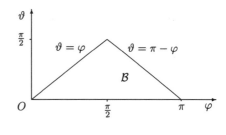

Somit wird aus (6.3.3)

$$\begin{aligned}
S &= a^2 \left\{ \int_0^{\pi/2} \int_{\vartheta=0}^{\varphi} \sin\vartheta \, d\vartheta d\varphi + \int_{\pi/2}^{\pi} \int_{\vartheta=0}^{\pi-\varphi} \sin\vartheta \, d\vartheta d\varphi \right\} \\
&= a^2 \left\{ \int_0^{\pi/2} (1-\cos\varphi) d\varphi + \int_{\pi/2}^{\pi} (1+\cos\varphi) d\varphi \right\} = a^2 \left(\left[\varphi - \sin\varphi\right]_0^{\pi/2} + \left[\varphi + \sin\varphi\right]_{\pi/2}^{\pi} \right) \\
&= a^2 \left(\frac{\pi}{2} - 1 + \pi - \frac{\pi}{2} - 1 \right) = a^2(\pi - 2).
\end{aligned}$$

6.3.2. Wir wollen die Mantelfläche S des Teils des Zylinders $x^2 + y^2 = 6y$ bestimmen, der in der Kugel

$$x^2 + y^2 + z^2 = 36$$

liegt. Die Zylinderfläche ist gegeben durch

$$F(x, y, z) = x^2 + y^2 - 6y = 0,$$

und deshalb verwenden wir das Flächenelement in kartesischen Koordinaten laut Gleichung (5.5.4):

$$d\sigma = \sqrt{F_x^2 + F_y^2 + F_z^2} \, \frac{dzdy}{|F_x|}.$$

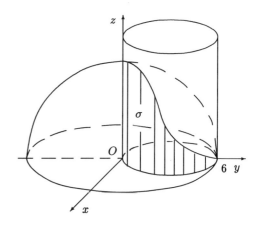

Mit $F_x = 2x, F_y = 2y - 6, F_z = 0$ erhalten wir unter Beachtung von Symmetrien

$$S = 4 \iint_B \sqrt{4x^2 + 4y^2 - 24y + 36} \, \frac{dydz}{2x} = 4 \iint_B \frac{\sqrt{36}}{2\sqrt{6y - y^2}} \, dydz,$$

wobei B die Projektion von σ auf die y, z-Ebene bedeutet. Zur Bestimmung von B eliminieren wir x aus den beiden Gleichungen

$$x^2 + y^2 = 6y \quad \text{bzw.} \quad x^2 + y^2 + z^2 = 36$$

und erhalten

$$6y - y^2 + y^2 + z^2 = 6y + z^2 = 36.$$

Also hat B die Darstellung

$$B = \left\{ (y, z) \in \mathbf{R}^2 \mid 0 \leq z \leq \sqrt{36 - 6y}, \quad 0 \leq y \leq 6 \right\},$$

und wir erhalten

$$S = 12 \int_0^6 \int_0^{\sqrt{36-6y}} \frac{dz}{\sqrt{6y-y^2}} dy = 12 \int_0^6 \frac{\sqrt{36-6y}}{\sqrt{y}\sqrt{6-y}} dy$$
$$= 12 \int_0^6 \sqrt{\frac{6}{y}} dy = 12\sqrt{6} \left[2\sqrt{y}\right]_0^6 = 24\sqrt{6}\sqrt{6} = 144.$$

In den letzten beiden Beispielen haben wir Oberflächenintegrale von Typ (6.3.1) mit $\Phi \equiv 1$ betrachtet. Ist z.B. durch $\Phi(u,v)$ die Flächendichte einer auf der Fläche kontinuierlich verteilten Masse (bzw. elektrischen Ladung), so ist

$$\iint_\sigma \Phi \, d\sigma$$

die Gesamtmasse (bzw. Gesamtladung).

Beispiel:

6.3.3. Wir betrachten einen Kegel

$$z^2 = x^2 + y^2, \quad 0 \le z \le 2,$$

dessen Fläche mit Ladungen mit der Dichte $\Phi = Cx^2$, $C = const.$, belegt ist. Für den Kegel verwenden wir die Parameterdarstellung

$$\vec{r}(\varrho, \varphi) = (\varrho\cos\varphi, \varrho\sin\varphi, \varrho), \quad 0 \le \varrho \le 2, \quad 0 \le \varphi \le 2\pi.$$

Für das Flächenelement erhalten wir mit

$$\vec{r}_\varrho \times \vec{r}_\varphi = \begin{vmatrix} \vec{i} & \vec{j} & \vec{k} \\ \cos\varphi & \sin\varphi & 1 \\ -\varrho\sin\varphi & \varrho\cos\varphi & 0 \end{vmatrix} = (-\varrho\cos\varphi, -\varrho\sin\varphi, \varrho):$$

$$d\sigma = |\vec{r}_\varrho \times \vec{r}_\varphi| \, d\varrho \, d\varphi = \sqrt{\varrho^2\cos^2\varphi + \varrho^2\sin^2\varphi + \varrho^2} \, d\varrho \, d\varphi = \varrho\sqrt{2} \, d\varrho \, d\varphi$$

und damit für die Gesamtladung

$$Q = \int_0^{2\pi} \int_0^2 C\varrho^2 \cos^2\varphi \sqrt{2} \, \varrho \, d\varrho \, d\varphi = C\sqrt{2} \left[\frac{\varrho^4}{4}\right]_0^2 \left[\frac{1}{2}\varphi + \frac{1}{4}\sin 2\varphi\right]_0^{2\pi} = C\sqrt{2} \frac{16}{4}\pi = C 4\pi\sqrt{2}.$$

Über die Bedeutung des Oberflächenintegrals (6.3.2) muß noch etwas gesagt werden. Sei $\vec{v}(\vec{r})$ das Geschwindigkeitsfeld einer strömenden Flüssigkeit. Dann wird durch das Skalarprodukt

$$\vec{v}\triangle\vec{\sigma} = \frac{ds}{dt}\triangle\sigma \cos\angle(\vec{v}, \vec{N})$$

die pro Zeiteinheit durch das Flächenstück $\triangle\sigma$ hindurchtretende Flüssigkeitsmenge angegeben. Die durch die Gesamtfläche σ pro Zeiteinheit hindurchfließende Flüssigkeitsmenge ist dann näherungsweise

$$\sum_{k=1}^n \vec{v}_k \triangle\vec{\sigma}_k.$$

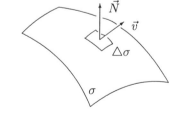

Im Grenzfall, d.h. für $n \to \infty$ bzw. $\Delta\sigma_k \to 0$, erhält man

$$\iint_\sigma \vec{v}\, d\vec{\sigma},$$

den sogenannten **Fluß** von $\vec{v}$ durch σ. So bezeichnet man z.B. in der Feldtheorie das Integral (6.3.2) als **Vektorfluß** des Vektorfeldes $\vec{V}$ durch die Fläche σ. Oder

$$I = \iint_\sigma \vec{J}\, d\vec{\sigma}$$

ist der **elektrische Strom** durch die Fläche σ im Feld der elektrischen Stromdichte $\vec{J}(\vec{r})$.

Beispiel:

6.3.4. Wir wollen den Wärmestrom $\Phi = \iint_\sigma \vec{v}\, d\vec{\sigma}$ durch die Zylindermantelfläche

$$\sigma: \quad x^2 + y^2 = a^2, \quad 0 \leq z \leq h,$$

im Temperaturfeld

$$T = \frac{C}{x^2 + y^2}, \quad C = const.,$$

mit der Wärmestromdichte

$$\vec{v} = -\lambda \operatorname{grad} T$$

bestimmen. Nach (5.4.3) lautet das Flächenelement

$$d\sigma = a\, d\varphi\, dz \quad \text{bzw.} \quad d\vec{\sigma} = a\vec{e}_\varrho\, d\varphi\, dz,$$

und für $\vec{v}$ erhalten wir mit dem Gradienten in Zylinderkoordinaten

$$\vec{v} = -\lambda \operatorname{grad} \frac{C}{\varrho^2} = -\lambda C \frac{\partial}{\partial \varrho}\left(\frac{1}{\varrho^2}\right)\vec{e}_\varrho = \frac{2\lambda C}{\varrho^3}\vec{e}_\varrho.$$

Somit gilt

$$\Phi = 2\lambda C \int_0^h \int_0^{2\pi} \frac{1}{a^3} \vec{e}_\varrho \vec{e}_\varrho a\, d\varphi\, dz = \frac{2\lambda C}{a^2} 2\pi h = 4\pi\lambda C \frac{h}{a^2}.$$

Aufgaben:

6.3.1. Man berechne die Oberfläche
a) der Kugel in der Darstellung (5.7.6),
b) des Torus mit der Parameterdarstellung (5.7.7),
c) der Fläche

$$(x^2 + y^2 + z^2)^2 = x^2 + y^2.$$

Anleitung zu c): Man führe Kugelkoordinaten ein und gewinne eine Parameterdarstellung der Fläche in der Form $\vec{r} = \vec{r}(\vartheta, \varphi)$ und das Oberflächenelement $d\sigma = \sqrt{EG - F^2}\, d\vartheta\, d\varphi$.

6.3.2. Man berechne das Integral (6.3.1) für
a) $\Phi = x^2 + y^2$ und die Fläche der Kugel mit dem Radius r,
b) $\Phi = xyz$ und die Fläche der Einheitskugel im 1. Oktanten.

6.3.3. Man berechne den Inhalt der Fläche mit der Parameterdarstellung
$$\vec{r}(u,v) = (u\cos v, u\sin v, u^2), \quad 0 \leq u \leq 1, \quad 0 \leq v \leq 2\pi.$$

6.3.4. Man berechne den Inhalt derjenigen Fläche im 1. Oktanten, die durch den geraden Kreiszylinder $x^2 + y^2 = 1$ aus der Fläche $z = f(x,y) = xy$ ausgestanzt wird.

6.3.5. Man bestimme die Oberfläche des von den beiden Zylindern $x^2 + y^2 = a^2$ und $x^2 + z^2 = a^2$ gemeinsamen Gebietes.

6.3.6. Sei σ der Zylindermantel (Radius a, Höhe $2a$, Achse identisch mit der z-Achse). Man berechne
$$\iint_\sigma \vec{r}\, d\vec{\sigma}.$$

6.3.7. Sei $\vec{V} = (x^2, y^2, z^2)$ und σ die Fläche der oberen Hälfte der Einheitskugel. Man bestimme den Wert des Integrals (6.3.2).

6.3.8. Man berechne den Fluß des Feldes $\vec{V} = (x^2, xy, xz)$ durch die Oberfläche des Einheitswürfels
$$0 \leq x \leq 1, \quad 0 \leq y \leq 1, \quad 0 \leq z \leq 1.$$

7 Volumenintegrale

7.1 Definition von Dreifachintegralen

Zwar haben wir bereits Rauminhalte von dreidimensionalen Körpern bestimmt, doch geschah dies durch Doppelintegrale, in denen über einem ebenen Bereich B das Volumen unterhalb einer Fläche $z = f(x,y) \geq 0$ berechnet wurde. Nun soll der Integralbegriff auf Funktionen von *drei* unabhängigen Veränderlichen erweitert werden, was zu dem Begriff eines Dreifachintegrals führt. Eine entsprechend den Doppelintegralen geometrische Interpretation ist dabei nicht mehr möglich. Ihre Bedeutung liegt mehr im praktischen Bereich. Es geht nämlich bei der Berechnung von Dreifachintegralen analog Beispiel 6.3.3 unter anderem um die Bestimmung von Massen, Potentialen, Schwerpunkten und Trägheitsmomenten von Körpern im $\mathbf{R}^3$. Da sich vieles von den Doppelintegralen übertragen läßt, wollen wir uns im folgenden auf die wesentlichen Merkmale beschränken.

Gegeben sei ein beschränktes Gebiet $\mathcal{G} \subset \mathbf{R}^3$ mit stückweise glatten Randflächen und eine in $\mathcal{G}$ definierte beschränkte Funktion $f(\vec{r}) = f(x,y,z)$. Wie in Kapitel 6.1 setzen wir auch hier voraus, daß $\mathcal{G}$ (Riemann-) meßbar ist und zerlegen analog zu Abschnitt 6.2.1 $\mathcal{G}$ durch kleine achsenparallele Quader in endlich viele Teilgebiete g_i mit Volumen ΔV_i, $i = 1, \ldots, n$, bilden die Summe

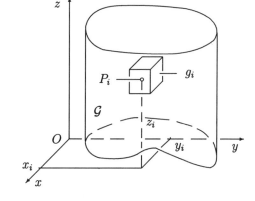

$$\mathcal{Z}_n = \sum_{i=1}^{n} f(x_i, y_i, z_i) \Delta V_i,$$

wobei $P_i(x_i, y_i, z_i) \in g_i$ und definieren:

Definition 7.1.1:
Jede in $\mathcal{G}$ definierte Funktion $f(x,y,z)$, für die alle Folgen $(\mathcal{Z}_n)$ denselben Grenzwert für $n \to \infty$ haben, wobei der maximale Durchmesser δ_{max} der Teilbereiche g_i gegen Null geht, heißt **integrierbar** über $\mathcal{G}$. Der Grenzwert heißt **Volumenintegral** oder **Dreifachintegral** von $f(x,y,z)$ über $\mathcal{G}$.
Man schreibt dann

$$\iiint_{\mathcal{G}} f(x,y,z)\, dV = \lim_{\substack{n \to \infty \\ \delta_{max} \to 0}} \sum_{i=1}^{n} f(x_i, y_i, z_i)\, \Delta V_i.$$

Bemerkungen:

7.1.1. Man bezeichnet dV als **Volumenelement**. Wir werden ab sofort für den räumlichen Integrationsbereich die Bezeichnung τ verwenden (analog zu σ bei einer Fläche) und somit für das Volumenelement $d\tau$ schreiben.

7.1.2. Der obige Grenzwert existiert, wenn der Integrand $f(x, y, z)$ in $\mathcal{G}$ bzw. τ stetig ist. D.h., jede *stetige Funktion* $f(x, y, z)$ ist über $\mathcal{G} \subset \mathbf{R}^3$ **integrierbar**.

7.1.3. Für das Volumenintegral gelten die üblichen **Rechenregeln**, wie *Linearität, Monotonie, Additivität* und *Mittelwertsatz*, analog Satz 6.1.1 und den Folgerungen beim Doppelintegral.

7.1.4. Zur Bildung der obigen Riemann-Summen wären auch andere Elementarbereiche g_i möglich gewesen. Bei der von uns vollzogenen Konstruktion mit Schnittebenen parallel zu den drei Koordinatenebenen schreibt man für das Volumenintegral

$$\iiint_\tau f(\vec{r})\, d\tau = \iiint_\tau f(x, y, z)\, dxdydz$$

und bezeichnet mit $d\tau = dxdydz$ das Volumenelement in **kartesischen Koordinaten**.

7.2 Berechnung von Dreifachintegralen

Um zu Berechnungsformeln zu gelangen, die (6.2.1) und (6.2.2) bei Doppelintegralen entsprechen, beschränken wir uns zunächst wieder auf besondere Bereiche im $\mathbf{R}^3$.

Definition 7.2.1:

Es seien $f_1(x)$ und $f_2(x)$ in $[a, b] \subset \mathbf{R}$ und $g_1(x, y)$ und $g_2(x, y)$ in dem Bereich

$$\mathcal{B}' = \{(x, y) \in \mathbf{R}^2 \mid x \in [a, b],\ f_1(x) \le y \le f_2(x)\}$$

stetige Funktionen. Dann heißt die Menge

$$\mathcal{B} = \{(x, y, z) \in \mathbf{R}^3 \mid a \le x \le b,\ f_1(x) \le y \le f_2(x),\ g_1(x, y) \le z \le g_2(x, y)\}$$

Normalbereich im $\mathbf{R}^3$ bezüglich der x, y-Ebene.

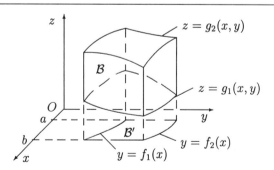

Bei Vorliegen eines derartigen Normalbereiches geht man nun folgendermaßen vor:

Zuerst soll nach z, dann nach y und schließlich nach x integriert werden. Deshalb projiziert man $\mathcal{B}$ zunächst parallel der z-Achse auf die x, y-Ebene, so daß dort der zweidimensionale Normalbereich $\mathcal{B}'$ entsteht. Dieser ist die Projektion sowohl der „oberen" Begrenzung von $\mathcal{B}$, nämlich $z = g_2(x, y)$, und der „unteren" $z = g_1(x, y)$. Projiziert man nun $\mathcal{B}'$ parallel der y-Achse auf die x-Achse, entsteht das Bild $\mathcal{B}'' = [a, b]$, das Ergebnis der Projektion der rechten Begrenzung $y = f_2(x)$ von $\mathcal{B}'$ und der linken $y = f_1(x)$. Dies ist genau die Integrationsreihenfolge mit den angegebenen Grenzen. Damit gilt der

Satz 7.2.1: *Die Funktion $f(x,y,z)$ sei auf dem Normalbereich $\mathcal{B}$ stetig. Dann gilt*

$$\iiint_{\mathcal{B}} f(x,y,z)\, d\tau = \int_{x=a}^{b} \left\{ \int_{y=f_1(x)}^{f_2(x)} \left(\int_{z=g_1(x,y)}^{g_2(x,y)} f(x,y,z)\, dz \right) dy \right\} dx.$$

Bemerkungen:

7.2.1. Wie beim Doppelintegral vereinbaren wir die **Kurzschreibweise**

$$\int_a^b \int_{f_1(x)}^{f_2(x)} \int_{g_1(x,y)}^{g_2(x,y)} f(\vec{r})\, d\tau$$

mit $f(\vec{r}) = f(x,y,z)$ und beachten, daß die Integration „von innen heraus" durchzuführen ist.

7.2.2. Oft läßt sich $\mathcal{B}$ auch in **anderer Form** als Normalbereich angeben, z.B. durch

$$\mathcal{B} = \{(x,y,z) \in \mathbf{R}^3 | c \leq y \leq d,\ f_1^*(y) \leq x \leq f_2^*(y),\ g_1(x,y) \leq z \leq g_2(x,y)\}.$$

In diesem Fall gilt eine analoge Folgerung wie in der Bemerkung 6.2.2.
Insgesamt gibt es theoretisch 6 Möglichkeiten bei der Unterscheidung der Beschreibung der Bereiche. Welche Darstellung jeweils gewählt wird, hängt von der konkreten Aufgabenstellung ab.

7.2.3. Gilt $f(x,y,z) \equiv 1$ in $\mathcal{B}$, ist

$$V(\mathcal{B}) = \iiint_{\mathcal{B}} d\tau$$

das **Volumen** von $\mathcal{B}$.

7.2.4. Für den Sonderfall des Quaders

$$\mathcal{B} = \{(x,y,z) \in \mathbf{R}^3 | x_0 \leq x \leq x_1,\ y_0 \leq y \leq y_1,\ z_0 \leq z \leq z_1\}$$

ergibt sich der **Satz von Fubini**[1]:

Satz 7.2.2: *Die Integrationsreihenfolge ist für einen achsenparallelen Quader beliebig, d.h., es gilt z.B.*

$$\iiint_{\mathcal{B}} f(\vec{r})\, d\tau = \int_{x_0}^{x_1} \left\{ \int_{y_0}^{y_1} \left(\int_{z_0}^{z_1} f(x,y,z)\, dz \right) dy \right\} dx = \int_{z_0}^{z_1} \left\{ \int_{x_0}^{x_1} \left(\int_{y_0}^{y_1} f(x,y,z)\, dy \right) dx \right\} dz.$$

Beispiele:

7.2.1. Wir wollen das Volumen des Tetraeders mit den Eckpunkten $P_1(0,0,0)$, $P_2(1,0,1)$, $P_3(0,0,1)$ und $P_4(0,1,1)$ berechnen. Es ist (siehe Abbildung unten)

$$\mathcal{B} = \{(x,y,z) \in \mathbf{R}^3 | 0 \leq x \leq 1,\ 0 \leq y \leq 1-x,\ x+y \leq z \leq 1\}$$

und damit

$$V = \iiint_{\mathcal{B}} d\tau = \int_0^1 \int_0^{1-x} \int_{x+y}^1 dz\,dy\,dx = \int_0^1 \int_0^{1-x} (1-x-y)\,dy\,dx = \int_0^1 \left[y - xy - \frac{y^2}{2} \right]_0^{1-x} dx$$

$$= \int_0^1 \left\{ (1-x)(1-x) - \frac{(1-x)^2}{2} \right\} dx = \frac{1}{2} \int_0^1 (1-x)^2\, dx = -\frac{1}{2} \left[\frac{(1-x)^3}{3} \right]_0^1 = \frac{1}{6}.$$

---
[1] Guido Fubini (1879 – 1943), italienischer Mathematiker

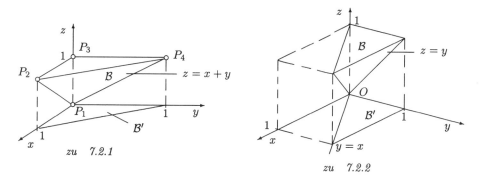

zu 7.2.1 zu 7.2.2

7.2.2. Gegeben sei der räumliche Bereich

$$\mathcal{B} = \{(x,y,z) \in \mathbf{R}^3 \mid 0 \leq x \leq 1, \quad x \leq y \leq 1, \quad y \leq z \leq 1\}$$

und die Funktion $f(x,y,z) = x+y+z$. Wir erhalten

$$\iiint_{\mathcal{B}} f(\vec{r})\,d\tau = \int_0^1 \int_x^1 \int_y^1 (x+y+z)\,dz\,dy\,dx = \int_0^1 \int_x^1 \left[(x+y)z + \frac{z^2}{2}\right]_y^1 dy\,dx$$

$$= \int_0^1 \int_x^1 \left(x+y-xy-y^2+\frac{1}{2}-\frac{y^2}{2}\right) dy\,dx$$

$$= \int_0^1 \left[\left(x+\frac{1}{2}\right)y + (1-x)\frac{y^2}{2} - \frac{y^3}{2}\right]_x^1 dx$$

$$= \int_0^1 \left(x+\frac{1}{2}-x^2-\frac{x}{2}+\frac{1-x}{2}-\frac{x^2}{2}+\frac{x^3}{2}-\frac{1}{2}+\frac{x^3}{2}\right) dx$$

$$= \int_0^1 \left(\frac{1}{2}-\frac{3}{2}x^2+x^3\right) dx = \left[\frac{x}{2}-\frac{x^3}{2}+\frac{x^4}{4}\right]_0^1 = \frac{1}{2}-\frac{1}{2}+\frac{1}{4} = \frac{1}{4}.$$

Es ist $\mathcal{B}$ aber auch Normalbereich bezüglich der y,z-Ebene, d.h., man kann schreiben

$$\mathcal{B} = \{(x,y,z) \in \mathbf{R}^3 \mid 0 \leq y \leq 1, \quad y \leq z \leq 1, \quad 0 \leq x \leq y\}$$

und erhält

$$\iiint_{\mathcal{B}} f(\vec{r})\,d\tau = \int_0^1 \int_y^1 \int_0^y (x+y+z)\,dx\,dz\,dy = \int_0^1 \int_y^1 \left[\frac{x^2}{2}+(y+z)x\right]_0^y dz\,dy$$

$$= \int_0^1 \int_y^1 \left(\frac{y^2}{2}+(y+z)y\right) dz\,dy = \int_0^1 \left[\frac{3y^2}{2}z + y\frac{z^2}{2}\right]_y^1 dy$$

$$= \int_0^1 \left(\frac{3y^2}{2}(1-y) + \frac{y}{2} - \frac{y^3}{2}\right) dy = \int_0^1 \left(\frac{3y^2}{2} - 2y^3 + \frac{y}{2}\right) dy$$

$$= \left[\frac{y^3}{2} - \frac{y^4}{2} + \frac{y^2}{4}\right]_0^1 = \frac{1}{2} - \frac{1}{2} + \frac{1}{4} = \frac{1}{4}.$$

7.2.3. Gesucht ist das Volumen, das vom Paraboloid $z = 2x^2 + y^2$ und dem Zylinder $z = 4 - y^2$ eingeschlossen wird.

Offensichtlich liegt dieses Volumen innerhalb der beiden Flächen

$$2x^2 + y^2 \leq z \leq 4 - y^2.$$

Die Projektion der Schnittkurve $\widehat{PQ}$ auf die x,y-Ebene hat die Gleichung

$$x^2 + y^2 = 2.$$

Man erhält sie durch Elimination von z aus

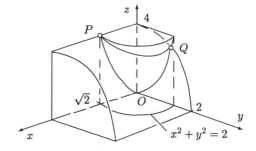

$$z = 4 - y^2 = 2x^2 + y^2.$$

Im ersten Oktanten liegt ein Viertel des Gesamtvolumens, und dieser Bereich hat die Gestalt

$$\mathcal{B} = \{(x,y,z) \in \mathbf{R}^3 | 0 \leq x \leq \sqrt{2},\ 0 \leq y \leq \sqrt{2-x^2},\ 2x^2 + y^2 \leq z \leq 4 - y^2\}.$$

Damit erhalten wir

$$\begin{aligned}
V(\mathcal{B}) &= 4 \iiint_{\mathcal{B}} d\tau = 4 \int_0^{\sqrt{2}} \int_0^{\sqrt{2-x^2}} \int_{2x^2+y^2}^{4-y^2} dz\,dy\,dx \\
&= 4 \int_0^{\sqrt{2}} \int_0^{\sqrt{2-x^2}} (4 - y^2 - 2x^2 - y^2)\,dy\,dx = 4 \int_0^{\sqrt{2}} \left[4y - \frac{2}{3}y^3 - 2x^2 y\right]_0^{\sqrt{2-x^2}} dx \\
&= 4 \int_0^{\sqrt{2}} \left(2(2 - x^2)\sqrt{2 - x^2} - \frac{2}{3}\left\{\sqrt{2 - x^2}\right\}^3\right) dx = \frac{16}{3} \int_0^{\sqrt{2}} (2 - x^2)^{3/2}\,dx \\
&= \frac{4}{3}\left[x(2 - x^2)^{3/2} + 3x\sqrt{2 - x^2} + 6\arcsin\frac{x}{\sqrt{2}}\right]_0^{\sqrt{2}} = \frac{4}{3} 6 \arcsin 1 = 8\frac{\pi}{2} = 4\pi.
\end{aligned}$$

An dem letzten Beispiel erkennt man, daß es gelegentlich sinnvoll ist, nicht unbedingt in kartesischen Koordinaten zu rechnen, d.h. andere Variablen einzuführen. Dies soll im nächsten Kapitel geschehen.

Aufgaben:

7.2.1. Man berechne das Volumen des Tetraeders mit den Ecken $P_1(2,0,0)$, $P_2(0,2,0)$, $P_3(0,0,2)$ und $P_4(0,0,0)$.

7.2.2. Man bestimme das Volumen des Körpers, der von den Flächen $y = (x - 2)^2$ und $z = x\sqrt{y}$ und den Ebenen $y = x$ und $z = 0$ begrenzt wird.

7.2.3. Gegeben sei der durch die Ebenen $x = 0$, $y = 0$, $z = 0$ und $4x + 2y + z = 8$ begrenzte Bereich und $f(x,y,z) = 15x^2 y$.
Man berechne

$$\iiint_{\mathcal{B}} f(\vec{r})\,d\tau.$$

7.2.4. Man bestimme das Schnittvolumen der Zylinder $x^2 + y^2 = a^2$ und $x^2 + z^2 = a^2$.

7.2.5. Es sei $\mathcal{B}$ der durch den Zylinder $z = 4 - x^2$ und die Ebenen $x = 0$, $y = 0$, $y = 2$ und $z = 0$ begrenzte Bereich.
Man bestimme

$$\iiint_{\mathcal{B}} (2x + y)\,d\tau.$$

7.3 Änderung der Variablen, Substitution

Genau wie bei Doppelintegralen ist es oft zweckmäßig zur Berechnung von Dreifachintegralen andere i.allg. **krummlinig orthogonale Koordinaten** einzuführen.

Gegeben sei die Funktion

$$\vec{r}(u_1, u_2, u_3) = \Big(x(u_1, u_2, u_3), y(u_1, u_2, u_3), z(u_1, u_2, u_3)\Big) \in C^1(\mathcal{B}^*),$$

die einen Bereich $\mathcal{B}^*$ des u_1, u_2, u_3-Raumes auf einen Bereich $\mathcal{B} \subset \mathbf{R}^3$ eineindeutig abbildet. Die Randflächen von $\mathcal{B}^*$ und $\mathcal{B}$ seien dabei stückweise glatt und es sei die Jacobi- bzw. Funktional-Determinante $\mathcal{J} = \mathcal{J}(u_1, u_2, u_3) > 0$ für alle $(u_1, u_2, u_3) \in \mathcal{B}^*$. Ferner sei eine stetige Funktion $f(x, y, z)$ gegeben. Dann erhält man den

Satz 7.3.1: *Unter den obigen Voraussetzungen gilt*

$$\iiint_\mathcal{B} f(\vec{r})\,d\tau = \iiint_\mathcal{B} f(x,y,z)\,dxdydz = \iiint_{\mathcal{B}^*} f\Big(x(u_i), y(u_i), z(u_i)\Big)\mathcal{J}(u_i)\,du_1\,du_2\,du_3.$$

Der **Beweis** erfolgt wie in 5.9 durch Herleitung des Volumenelementes

$$d\tau = \mathcal{J}(u_1, u_2, u_3)du_1\,du_2\,du_3$$

mit der Jacobi-Determinante $\mathcal{J}$.

Dort haben wir auch die Jacobi-Determinante und das Volumenelement für Zylinderkoordinaten hergeleitet. Es ergab sich

$$d\tau = \varrho\,d\varrho d\varphi dz$$

und für Kugelkoordinaten

$$d\tau = r^2 \sin\vartheta\,drd\vartheta d\varphi.$$

Beispiele:

7.3.1. a) Für einen Zylinder mit Radius r und Höhe h erhalten wir das Volumen

$$V_Z = \int_0^{2\pi}\int_0^r\int_0^h \varrho\,dzd\varrho d\varphi = \int_0^{2\pi}\int_0^r h\varrho\,d\varrho d\varphi = 2\pi\left[h\frac{\varrho^2}{2}\right]_0^r = \pi h r^2.$$

b) Für eine Kugel mit Radius R ergibt sich

$$V_K = \int_0^{2\pi}\int_0^\pi\int_0^R r^2\sin\vartheta\,drd\vartheta d\varphi = 2\pi\Big[-\cos\vartheta\Big]_0^\pi\left[\frac{r^3}{3}\right]_0^R = \frac{4\pi}{3}R^3.$$

7.3.2. Wir wollen das von der Fläche

$$\left(\frac{x^2}{a^2} + \frac{y^2}{b^2} + \frac{z^2}{c^2}\right)^3 = \frac{z^4}{h^4}$$

begrenzte Volumen berechnen und führen zunächst elliptische Koordinaten s, ϑ, φ ein:

$$x = as\sin\vartheta\cos\varphi, \quad y = bs\sin\vartheta\sin\varphi, \quad z = cs\cos\vartheta,$$

mit den Grenzen $0 \leq s \leq 1$, $0 \leq \varphi \leq 2\pi$, $0 \leq \vartheta \leq \pi$. Die Jacobi-Determinante wird in Aufgabe 7.3.3 ermittelt. Sie lautet

$$\mathcal{J}(s, \vartheta, \varphi) = abcs^2 \sin \vartheta,$$

und wir erhalten für die Gleichung der Fläche

$$s^6 = \frac{c^4 \cos^4 \vartheta}{h^4} s^4 \quad \text{bzw.} \quad s = \frac{c^2}{h^2} \cos^2 \vartheta.$$

Damit ergibt sich für das Volumen

$$\begin{aligned} V &= abc \int_0^{2\pi} \int_0^{\pi} \int_0^{\frac{c^2}{h^2} \cos^2 \vartheta} s^2 \sin \vartheta \, ds d\vartheta d\varphi = abc \, 2\pi \int_0^{\pi} \left[\frac{s^3}{3} \right]_0^{\frac{c^2}{h^2} \cos^2 \vartheta} \sin \vartheta \, d\vartheta \\ &= 2\pi abc \int_0^{\pi} \frac{c^6}{3h^6} \sin \vartheta \cos^6 \vartheta \, d\vartheta = \frac{2\pi}{3} abc^7 \frac{1}{h^6} \left[-\frac{\cos^7 \vartheta}{7} \right]_0^{\pi} = \frac{4\pi}{21 h^6} abc^7. \end{aligned}$$

7.3.3. Durch einen geraden Kreiszylinder vom Radius $\frac{r}{2}$, dessen Mantelfläche durch den Ursprung geht, wird aus der Kugel mit Radius r und Mittelpunkt im Ursprung ein Körper ausgeschnitten, dessen Volumen wir bestimmen wollen.
Wir führen Zylinderkoordinaten der Form

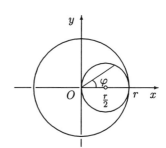

$$x = \varrho \cos \varphi, \quad y = \varrho \sin \varphi, \quad z = z$$

ein und erhalten für den Kreiszylinder

$$\left(x - \frac{r}{2} \right)^2 + y^2 = \left(\frac{r}{2} \right)^2 \quad \text{bzw.} \quad x^2 + y^2 = rx$$

bzw.

$$\varrho^2 = r\varrho \cos \varphi.$$

Also gilt

$$\varrho = r \cos \varphi.$$

Unter Beachtung von Symmetrien lauten die Grenzen der Variablen für einen Viertelbereich

$$0 \leq \varphi \leq \frac{\pi}{2}, \quad 0 \leq \varrho \leq r \cos \varphi, \quad 0 \leq z \leq \sqrt{r^2 - x^2 - y^2} = \sqrt{r^2 - \varrho^2},$$

und wir erhalten für das Volumen

$$\begin{aligned} V &= 4 \int_0^{\pi/2} \int_0^{r \cos \varphi} \int_0^{\sqrt{r^2 - \varrho^2}} \varrho \, dz d\varrho d\varphi = 4 \int_0^{\pi/2} \int_0^{r \cos \varphi} \varrho \sqrt{r^2 - \varrho^2} \, d\varrho d\varphi \\ &= 4 \int_0^{\pi/2} \left[(r^2 - \varrho^2)^{3/2} \right]_0^{r \cos \varphi} \frac{2}{3} \left(-\frac{1}{2} \right) d\varphi = -\frac{4}{3} \int_0^{\pi/2} \left((r^2 - r^2 \cos^2 \varphi)^{3/2} - r^3 \right) d\varphi \\ &= \frac{4}{3} r^3 \left(\frac{\pi}{2} - \int_0^{\pi/2} \sin^3 \varphi \, d\varphi \right) = \frac{4}{3} r^3 \left(\frac{\pi}{2} - \left[-\cos \varphi + \frac{1}{3} \cos^3 \varphi \right]_0^{\pi/2} \right) \\ &= \frac{4}{3} r^3 \left(\frac{\pi}{2} - 1 + \frac{1}{3} \right) = \frac{4r^3}{3} \left(\frac{\pi}{2} - \frac{2}{3} \right). \end{aligned}$$

Aufgaben:

7.3.1. Man bestimme das Volumen eines Torus mit den Radien $R_1 \leq a$ (siehe Aufgabe 5.9.1).

7.3.2. Gegeben seien der Zylinder $x^2 + y^2 = 4$ und die Ebenen $z = 0$ und $z = 4x + y + 10$. Man berechne das von diesen Flächen eingeschlossene Volumen.

7.3.3. Man bestimme das Volumen des Ellipsoids

$$\frac{x^2}{a^2} + \frac{y^2}{b^2} + \frac{z^2}{c^2} = 1.$$

Anleitung: Man verwende die elliptischen Koordinaten aus Beispiel 7.3.2.

7.3.4. Man berechne

$$\iiint\limits_{\mathcal{B}} xyz\, d\tau,$$

wobei $\mathcal{B}$ der Teil der Kugel mit Radius a im 1. Oktanten ist.

7.3.5. Aus einem Kreiskegel (Höhe h, Radius der Grundfläche R) wird ein Zylinder vom Radius $\frac{R}{2}$ herausgebohrt, dessen Achse parallel zur Kegelachse ist und von ihr den Abstand $\frac{R}{2}$ hat. Man bestimme das Volumen des Restkörpers.
Anleitung: Man führe für den herausgebohrten Teil Zylinderkoordinaten bezüglich des Koordinatenursprungs ein und beachte die Abbildungen.

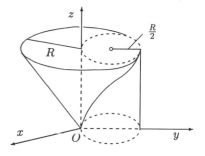

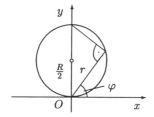

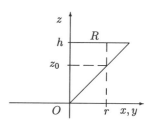

7.4 Anwendungen dreifacher Integrale

7.4.1 Masse eines Körpers

Bekanntlich ist die Dichte ρ eines Körpers definiert als Masse pro Volumen, d.h., für ein Volumenelement $d\tau$ gilt $dm = \rho\, d\tau$. Integration über den Bereich $\mathcal{B}$ des Körpers ergibt die **Gesamtmasse** M:

$$M = \iiint\limits_{\mathcal{B}} dm = \iiint\limits_{\mathcal{B}} \rho\, d\tau. \tag{7.4.1}$$

Ist $\rho(\vec{r})$ die räumliche Ladungsdichte, so wird durch das Integral (7.4.1) die **Gesamtladung** berechnet.

7.4 Anwendungen dreifacher Integrale

Beispiele:

7.4.1. In dem von den Ebenen $4x + 3y + z = 8$, $x = 0$, $y = 0$ und $z = 0$ begrenzten Bereich ist Masse gemäß der Dichtefunktion $\rho = 45x^2y$ verteilt. Wir erhalten für die Gesamtmasse

$$
\begin{aligned}
M &= \int_0^2 \int_0^{\frac{1}{3}(8-4x)} \int_0^{8-4x-3y} 45x^2y\,dzdydx = 45\int_0^2 \int_0^{\frac{1}{3}(8-4x)} x^2y(8-4x-3y)dydx \\
&= 45\int_0^2 x^2\left[\frac{y^2}{2}(8-4x) - y^3\right]_0^{\frac{1}{3}(8-4x)} dx = 45\int_0^2 x^2\left(\frac{(8-4x)^3}{2\cdot 9} - \frac{(8-4x)^3}{27}\right)dx \\
&= \frac{45}{54}4^3 \int_0^2 x^2(2-x)^3\,dx = \frac{5}{6}4^3\int_0^2(8x^2 - 12x^3 + 6x^4 - x^5)dx \\
&= \frac{32\cdot 5}{3}\left[\frac{8}{3}x^3 - 3x^4 + \frac{6}{5}x^5 - \frac{x^6}{6}\right]_0^2 = \frac{160}{3}\frac{8}{15}(8\cdot 5 - 6\cdot 15 + 24\cdot 3 - 20) = \frac{32\cdot 8}{9}2 = \frac{2^9}{9}.
\end{aligned}
$$

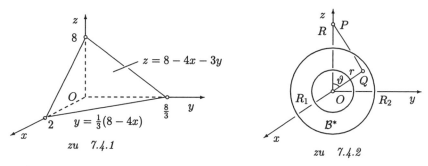

zu 7.4.1   zu 7.4.2

7.4.2. Wir wollen das Potential einer Hohlkugel berechnen, deren Ladungsverteilung q im Bereich der Kugelschale mit den Radien $R_1 < R_2$ konstant ist. Dazu denken wir uns den Mittelpunkt der Kugel im Ursprung eines x,y,z-Koordinatensystems und legen den Aufpunkt P (beliebig $\in \mathbf{R}^3$) auf die z-Achse, da das Potential $\Phi(P)$ aus Symmetriegründen nur von der Entfernung vom Ursprung abhängen wird.

Dieses Potential ist gegeben durch

$$\Phi(P) = \iiint_{B^*} \frac{q}{r_{PQ}}\,d\tau_Q,$$

wobei $r_{PQ} = |\vec{r}_{PQ}| = |\vec{r}_P - \vec{r}_Q|$ und $\vec{r}_P = (0,0,R)$. Wir führen Kugelkoordinaten ein, schreiben also

$$\vec{r}_Q = r(\cos\varphi\sin\vartheta, \sin\varphi\sin\vartheta, \cos\vartheta)$$

und erhalten im Dreieck $\triangle OPQ$ die Beziehung

$$r_{PQ} = \sqrt{r^2 + R^2 - 2rR\cos\vartheta}.$$

Der Integrationsbereich wird beschrieben durch

$$B^* = \{(r,\vartheta,\varphi) | R_1 \leq r \leq R_2,\ 0 \leq \vartheta \leq \pi,\ 0 \leq \varphi \leq 2\pi\},$$

so daß wir erhalten

$$
\begin{aligned}
\Phi(P) &= \Phi(R) = q\int_{R_1}^{R_2}\int_0^\pi \int_0^{2\pi} r^2 \sin\vartheta (r^2 + R^2 - 2rR\cos\vartheta)^{-1/2}\,d\varphi d\vartheta dr \\
&= 2\pi q\int_{R_1}^{R_2} r\left[\sqrt{r^2 + R^2 - 2rR\cos\vartheta}\right]_0^\pi \frac{2}{2R}\,dr
\end{aligned}
$$

bzw.
$$\Phi(P) = \frac{2\pi q}{R} \int_{R_1}^{R_2} r \left\{ \sqrt{r^2 + R^2 + 2rR} - \sqrt{r^2 + R^2 - 2rR} \right\} dr$$
$$= \frac{2\pi q}{R} \int_{R_1}^{R_2} r(r + R - |r - R|) dr.$$

Hier wird eine Fallunterscheidung notwendig:

a) $R > R_2$: Dann ist auch $R > r$ und
$$\Phi(R) = \frac{2\pi q}{R} \int_{R_1}^{R_2} 2r^2 \, dr = \frac{2\pi q}{R} \left[\frac{2r^3}{3} \right]_{R_1}^{R_2} = \frac{4\pi q}{3R}(R_2^3 - R_1^3) = \frac{Q}{R},$$
wobei Q die Gesamtladung der Hohlkugel ist.

b) $R_1 \leq R \leq R_2$: Wir spalten das Integral auf und erhalten
$$\Phi(R) = \frac{2\pi q}{R} \int_{R_1}^{R} 2r^2 \, dr + \frac{2\pi q}{R} \int_{R}^{R_2} 2rR \, dr = \frac{2\pi q}{R} \left(-\frac{R^3}{3} + R_2^2 R - 2\frac{R_1^3}{3} \right).$$

c) $R_1 > R > 0$: Dann ist $r > R$ und
$$\Phi(R) = \frac{2\pi q}{R} \int_{R_1}^{R_2} 2rR \, dr$$
$$= 2\pi q(R_2^2 - R_1^2) = const. = C.$$

Das bedeutet also, daß das Potential im Innern der Hohlkugel ($R < R_1$) konstant ist und außerhalb der Hohlkugel genau so groß wie das Potential einer entsprechenden Punktladung im Nullpunkt.

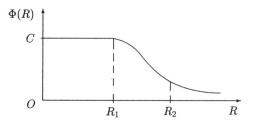

7.4.2 Schwerpunkt eines Körpers

Wir wissen, daß der Schwerpunkt von n Massenpunkten m_i mit den Ortsvektoren $\vec{r}_i$, $i = 1, \ldots, n$, und der Gesamtmasse $M = \sum_{i=1}^{n} m_i$ gegeben ist durch

$$\vec{r}_S = \frac{1}{M} \sum_{i=1}^{n} m_i \vec{r}_i.$$

Ist nun ein Körper K im Bereich $\mathcal{B} \subset \mathbf{R}$ gegeben, bei dem eine nicht unbedingt homogene Massenverteilung mit der Dichte $\rho(\vec{r})$ vorliegt, kann man über die Berechnung der Momente M_{xy}, M_{yz}, M_{xz} bezüglich der drei Koordinatenebenen die Koordinaten des Schwerpunktes von K herleiten und erhält

$$x_S = \frac{1}{M} \iiint_\mathcal{B} x\rho \, d\tau, \quad y_S = \frac{1}{M} \iiint_\mathcal{B} y\rho \, d\tau, \quad z_S = \frac{1}{M} \iiint_\mathcal{B} z\rho \, d\tau.$$

Dabei ist M die Gesamtmasse von K. Bei konstanter Dichte ρ ist die Schwerpunktberechnung ein rein geometrisches Problem:

$$\vec{r}_S = \frac{1}{V} \left(\iiint_\mathcal{B} x \, d\tau, \iiint_\mathcal{B} y \, d\tau, \iiint_\mathcal{B} z \, d\tau \right) \stackrel{def}{=} \frac{1}{V} \iiint_\mathcal{B} \vec{r} \, d\tau.$$

Beispiele:

7.4.3. Wir wollen von der Pyramide im 1. Oktanten im Beispiel 7.4.1 mit der dort berechneten Masse den Schwerpunkt bestimmen und erhalten

$$M_{yz} = \iiint_B x\, d\tau = \int_0^2 \int_0^{\frac{1}{3}(8-4x)} \int_0^{8-4x-3y} 45x^3y\, dzdydx = \frac{45}{54}4^3 \int_0^2 x^3(2-x)^3 dx$$

$$= \frac{5}{6}4^3 \int_0^2 (8x^3 - 12x^4 + 6x^5 - x^6)dx = \frac{160}{3}\left[2x^4 - \frac{12}{5}x^5 + x^6 - \frac{x^7}{7}\right]_0^2$$

$$= \frac{160}{3 \cdot 35}2^4(2\cdot 35 - 14\cdot 12 + 4\cdot 35 - 5\cdot 8) = \frac{32}{21}16(210 - 208) = \frac{2^{10}}{21},$$

$$M_{xz} = \iiint_B y\, d\tau = \int_0^2 \int_0^{\frac{1}{3}(8-4x)} \int_0^{8-4x-3y} 45x^2y^2\, dzdydx$$

$$= 45\int_0^2 \int_0^{\frac{1}{3}(8-4x)} x^2y^2(8-4x-3y)dydx = 45\int_0^2 x^2\left[(8-4x)\frac{y^3}{3} - \frac{3}{4}y^4\right]_0^{\frac{1}{3}(8-4x)} dx$$

$$= 45\int_0^2 x^2\left(\frac{(8-4x)^4}{81} - \frac{(8-4x)^4}{4\cdot 27}\right)dx = \frac{45}{12\cdot 27}4^4\int_0^2 x^2(2-x)^4\, dx$$

$$= 5\frac{4^3}{9}\int_0^2 (16x^2 - 32x^3 + 24x^4 - 8x^5 + x^6)dx = 5\frac{4^3}{9}\left[\frac{16x^3}{3} - 8x^4 + \frac{24x^5}{5} - \frac{4x^6}{3} + \frac{x^7}{7}\right]_0^2$$

$$= \frac{5\cdot 2^6}{9}\frac{1}{3\cdot 35}2^3(16\cdot 35 - 8\cdot 6\cdot 35 + 24\cdot 4\cdot 21 - 4\cdot 8\cdot 35 + 15\cdot 16)$$

$$= \frac{5}{9}2^6\frac{2^3}{3\cdot 35}2^4(35 - 105 + 126 - 70 + 15) = \frac{2^{13}}{7\cdot 27},$$

$$M_{xy} = \iiint_B z\, d\tau = \int_0^2 \int_0^{\frac{1}{3}(8-4x)} \int_0^{8-4x-3y} 45x^2yz\, dzdydx$$

$$= 45\int_0^2 \int_0^{\frac{1}{3}(8-4x)} x^2y\frac{1}{2}(8-4x-3y)^2\, dydx$$

$$= \frac{45}{2}\int_0^2 \int_0^{\frac{1}{3}(8-4x)} x^2y\left\{(8-4x)^2 - 6y(8-4x) + 9y^2\right\}dydx$$

$$= \frac{45}{2}\int_0^2 x^2\left[\frac{y^2}{2}(8-4x)^2 - 2y^3(8-4x) + \frac{9}{4}y^4\right]_0^{\frac{1}{3}(8-4x)} dx$$

$$= \frac{45}{2}\int_0^2 x^2\left\{\frac{(8-4x)^4}{2\cdot 9} - \frac{2(8-4x)^4}{27} + \frac{(8-4x)^4}{4\cdot 9}\right\}dx$$

$$= \frac{45}{12\cdot 9\cdot 2}(6 - 8 + 3)\int_0^2 x^2(8-4x)^4\, dx = \frac{5}{24}4^4\int_0^2 x^2(2-x)^4\, dx$$

$$= \frac{5}{3}2^5\frac{2^3}{3\cdot 35}2^4 = \frac{2^{12}}{7\cdot 9}.$$

Dabei wurden zum Teil Ergebnisse aus vorhergehenden Zeilen übernommen.

Für die Schwerpunktkoordinaten ergibt sich damit mit $M = \frac{2^9}{9}$:

$$x_S = \frac{M_{yz}}{M} = \frac{2^{10}}{21}\frac{9}{2^9} = \frac{6}{7},$$

$$y_S = \frac{M_{xz}}{M} = \frac{2^{13}}{7\cdot 27}\frac{9}{2^9} = \frac{2^4}{21} = \frac{16}{21},$$

$$z_S = \frac{M_{xy}}{M} = \frac{2^{12}}{7\cdot 9}\frac{9}{2^9} = \frac{2^3}{7} = \frac{8}{7}.$$

7.4.4. Wir betrachten nun einen geraden Kreiszylinder (Radius a, Höhe h) mit aufgesetztem Kreiskegel der Höhe b und gehen davon aus, daß die Achse der beiden Körper der z-Achse entspricht. Es soll der Schwerpunkt des Gesamtkörpers bei konstanter Dichte bestimmt werden. Aus Symmetriegründen gilt $x_S = y_S = 0$ und es ist

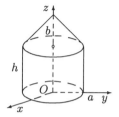

$$V = M = \pi a^2 h + \frac{1}{3}\pi a^2 b = \pi a^2 \left(h + \frac{b}{3}\right).$$

Für das Moment bezüglich der x, y-Ebene erhalten wir

$$M_{xy} = \int_0^{2\pi}\int_0^a\int_0^{h+b-\frac{b}{a}\varrho} z\varrho\,dz\,d\varrho\,d\varphi = 2\pi\int_0^a \varrho\left[\frac{z^2}{2}\right]_0^{h+b-\frac{b}{a}\varrho}d\varrho$$

$$= \pi\int_0^a \varrho\left(h+b-\frac{b}{a}\varrho\right)^2 d\varrho = \pi\int_0^a\left\{\varrho(h+b)^2 - 2(h+b)\frac{b}{a}\varrho^2 + \frac{b^2}{a^2}\varrho^3\right\}d\varrho$$

$$= \pi\left[\frac{\varrho^2}{2}(h+b)^2 - 2(h+b)\frac{b}{a}\frac{\varrho^3}{3} + \frac{b^2}{a^2}\frac{\varrho^4}{4}\right]_0^a = \frac{a^2\pi}{12}(6h^2 + 4hb + b^2)$$

und die z-Schwerpunktkoordinate

$$z_S = \frac{M_{xy}}{V} = \frac{3\pi a^2}{12}\frac{(b+2h)^2 + 2h^2}{(3h+b)\pi a^2} = \frac{(b+2h)^2 + 2h^2}{4(3h+b)}.$$

7.4.3 Trägheitsmomente eines Körpers

Das Trägheitsmoment Θ eines Massenpunktes m im Abstand d von der Drehachse ist $d^2 m$. Bei Drehung von n Massenpunkten m_i mit den Koordinaten $(x_i, y_i, z_0), i = 1,\ldots, n$, $z_0 = const.$, um die z-Achse erhalten wir für das Trägheitsmoment

$$\Theta_z = \sum_{i=1}^n (x_i^2 + y_i^2) m_i.$$

Wie bei den Schwerpunktkoordinaten läßt sich daraus ableiten, daß bei einem Körper, der den Bereich $\mathcal{B}$ ausfüllt und sich um die z-Achse dreht, das Trägheitsmoment bezüglich dieser Achse gleich

$$\Theta_z = \iiint_\mathcal{B} (x^2 + y^2)d\tau$$

ist. Entsprechend gilt für die Trägheitsmomente bezüglich der x- und y-Achse:

$$\Theta_x = \iiint_\mathcal{B} (y^2 + z^2)d\tau, \quad \Theta_y = \iiint_\mathcal{B} (x^2 + z^2)d\tau.$$

7.4 Anwendungen dreifacher Integrale

Beispiele:

7.4.5. Wir wollen das Trägheitsmoment Θ_g eines Körpers K (Masse M, Dichte ρ), der den Bereich $\mathcal{B} \subset \mathbf{R}^3$ ausfüllt, bezüglich einer durch den Ursprung verlaufenden Geraden g bestimmen.
Der Abstand eines Punktes $P(\vec{r}) \in K$ von g sei d, der Richtungsvektor von g sei $\vec{a}_e = (a_1, a_2, a_3)$. Dann gilt mit

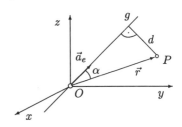

$$\sin\alpha = \frac{d}{r}$$

bzw.

$$d^2 = r^2 \sin^2\alpha = |\vec{a}_e \times \vec{r}|^2 = |(a_2 z - a_3 y, a_3 x - a_1 z, a_1 y - a_2 x)|^2$$
$$= (a_2 z - a_3 y)^2 + (a_3 x - a_1 z)^2 + (a_1 y - a_2 x)^2 :$$

$$\Theta_g = \iiint_\mathcal{B} d^2 \rho\, d\tau = a_2^2 \iiint_\mathcal{B}(z^2 + x^2)\rho\, d\tau + a_1^2 \iiint_\mathcal{B}(z^2 + y^2)\rho\, d\tau + a_3^2 \iiint_\mathcal{B}(x^2 + y^2)\rho\, d\tau$$

$$- 2a_2 a_3 \iiint_\mathcal{B} yz\rho\, d\tau - 2a_1 a_3 \iiint_\mathcal{B} xz\rho\, d\tau - 2a_1 a_2 \iiint_\mathcal{B} xy\rho\, d\tau$$

$$= a_1^2 \Theta_x + a_2^2 \Theta_y + a_3^2 \Theta_z - 2a_2 a_3 \Theta_{yz} - 2a_1 a_3 \Theta_{xz} - 2a_1 a_2 \Theta_{xy}. \quad (7.4.2)$$

Man nennt Θ_{xy}, Θ_{xz}, Θ_{yz} *Deviationsmomente* in bezug auf die x,y-, x,z- und y,z-Ebene. Führt man die symmetrische Matrix

$$\Theta = \begin{pmatrix} \Theta_x & -\Theta_{xy} & -\Theta_{xz} \\ -\Theta_{xy} & \Theta_y & -\Theta_{yz} \\ -\Theta_{xz} & -\Theta_{yz} & \Theta_z \end{pmatrix}$$

ein, die man auch als **Trägheitsmatrix** bzw. *Trägheitstensor* bezeichnet, läßt sich (7.4.2) in der Form

$$\Theta_g = \vec{a}_e \,\Theta\, \vec{a}_e^*$$

schreiben. Dabei versteht man unter $\vec{a}_e^*$ den transponierten (Spalten-)Vektor zu $\vec{a}_e$.

7.4.6. Gegeben sei ein Kegel vom Radius r und der Höhe h mit Achse in Richtung der z-Achse und der Spitze im Ursprung.
Zunächst bestimmen wir das Trägheitsmoment bezüglich seiner Achse. Der Integrationsbereich ist

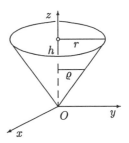

$$\mathcal{B}^* = \left\{(\varrho,\varphi,z) \mid 0 \leq \varrho \leq r,\ 0 \leq \varphi \leq 2\pi,\ \frac{h}{r}\varrho \leq z \leq h\right\},$$

und wir erhalten für

$$\Theta_z = \iiint_\mathcal{B}(x^2+y^2)d\tau = \int_0^{2\pi}\int_0^r \int_{\frac{h}{r}\varrho}^h \varrho^2 \varrho\, dz\, d\varrho\, d\varphi$$

$$= 2\pi \int_0^r \varrho^3\left(h - \frac{h}{r}\varrho\right)d\varrho = 2\pi h\left[\frac{\varrho^4}{4} - \frac{\varrho^5}{5r}\right]_0^r = 2\pi h r^4\left(\frac{1}{4} - \frac{1}{5}\right) = \frac{\pi}{10}hr^4.$$

Wenn nach dem Trägheitsmoment bezüglich irgendeiner Geraden durch die Spitze des Kegels senkrecht zur Achse gefragt ist, kann man ohne weiteres z.B. die y-Achse als Gerade wählen. Damit ergibt sich

$$\begin{aligned}
\Theta_y &= \iiint_B (x^2+z^2)d\tau = \int_0^{2\pi}\int_0^r \int_{\frac{h}{r}\varrho}^h (\varrho^2\cos^2\varphi + z^2)\varrho\, dz d\varrho d\varphi \\
&= \int_0^{2\pi}\int_0^r \left\{\varrho^3\cos^2\varphi\left(h-\frac{h}{r}\varrho\right) + \frac{\varrho}{3}\left(h^3 - \frac{h^3}{r^3}\varrho^3\right)\right\} d\varrho d\varphi \\
&= h\left[\frac{\varphi}{2} + \frac{1}{4}\sin 2\varphi\right]_0^{2\pi}\left[\frac{\varrho^4}{4} - \frac{\varrho^5}{5r}\right]_0^r + \frac{2\pi}{3}h^3\left[\frac{\varrho^2}{2} - \frac{\varrho^5}{5r^3}\right]_0^r \\
&= h\pi r^4\left(\frac{1}{4}-\frac{1}{5}\right) + \frac{2\pi}{3}h^3 r^2\left(\frac{1}{2}-\frac{1}{5}\right) = \pi h r^2\left(\frac{r^2}{20} + \frac{h^2}{5}\right) = \frac{\pi}{5}hr^2\left(\frac{r^2}{4}+h^2\right).
\end{aligned}$$

Aufgaben:

7.4.1. Man berechne die Masse eines Quaders mit der Dichte $\rho = x+y^2$, der den Bereich
$$B = \{(x,y,z)\in \mathbf{R}^3 | 1\leq x\leq 2,\quad 1\leq y\leq 3,\quad 1\leq z\leq 2\}$$
ausfüllt.

7.4.2. Man berechne die Ladung des räumlichen Bereiches
$$B = \{(x,y,z)\in\mathbf{R}^3 | x+y+z\leq 1,\quad x\geq 0,\quad y\geq 0,\quad z\geq 0\},$$
wenn die elektrische Ladungsdichte gegeben ist durch
$$\rho(\vec{r}) = (1+x+y+z)^{-3}.$$

7.4.3. Man bestimme den Schwerpunkt des Teils der homogenen Vollkugel mit Radius R, der sich im ersten Oktanten befindet.

7.4.4. Man berechne den Schwerpunkt des Bereiches
$$B = \{(x,y,z)\in\mathbf{R}^3 | x\geq 0,\quad y\geq 0,\quad z\geq 0,\quad 6x+3y+2z\leq 6\}.$$

7.4.5. Man berechne die Trägheitsmomente
a) einer mit Masse gefüllten Kugel vom Radius a bezüglich eines Durchmessers als Rotationsachse,
b) eines Torus mit den Radien $R_1 < a$ bezüglich der Drehachse *und* des Äquatorialdurchmesssers. Die Dichte ρ sei in beiden Fällen konstant.
Anleitung zu b): Man beachte
$$\vec{r} = \left((a+R\cos\vartheta)\cos\varphi, (a+R\cos\vartheta)\sin\varphi, R\sin\vartheta\right), 0\leq R< R_1$$
und siehe Aufgabe 5.9.1.
Zum zweiten Teil: Man beachte $\Theta_x = \Theta_y$ und bilde $\dfrac{\Theta_x + \Theta_y}{2}$.

7.4.6. Der Koordinatenursprung sei der Mittelpunkt einer mit der konstanten Dichte ρ elektrisch geladenen Kugel B mit Radius R. Das elektrostatische Potential im Punkt $P(\vec{s})$ ist dann durch
$$\Phi(\vec{s}) = \frac{\rho}{4\pi\epsilon_0}\iiint_B \frac{d\tau}{|\vec{s}-\vec{r}|}$$
gegeben.
Man berechne dieses Integral.
Anleitung: Man beachte Beispiel 7.4.2.

8 Integralsätze

Beim Hauptsatz der Differential- und Integralrechnung in **R**, der ja das Herzstück der Analysis ist, wird ein Integral über ein Intervall durch die Werte der Stammfunktion an den Enden des Intervalls ausgedrückt. Ähnlich besteht bei manchen physikalischen Problemen das Bedürfnis, ein Integral über ein Gebiet durch ein Integral über den Rand des Gebietes auszudrücken oder umgekehrt.

Die Grundlage für die beiden wichtigsten Sätze der Vektoranalysis haben wir in den Kapiteln 3, 4 und 6, 7 gelegt. Dort wurden Skalar- und Vektorfelder definiert, und wir beschäftigten uns mit den Eigenschaften von Gradient, Divergenz und Rotation. Dann befaßten wir uns mit verschiedenen Integralen von ebensolchen Feldern.

Nun sind wir in der Lage, die Früchte unserer Arbeit zu ernten. Die Anwendungen z.B. in der Strömungslehre und Elektrodynamik werden die Bedeutung der folgenden Sätze untermauern.

8.1 Der Gaußsche Satz (Divergenz-Theorem)

Satz 8.1.1: *Sei $\mathcal{B} \subset \mathbf{R}^3$ ein Normalbereich bezüglich aller Koordinatenebenen, begrenzt von einer stückweise glatten Fläche σ mit einer nach außen gerichteten Normalen $\vec{N}$. Sei weiter $\vec{V} = (V_1, V_2, V_3)$ ein im Innern von $\mathcal{B}$ stetig differenzierbares und auf σ stetiges Vektorfeld, dann gilt*

$$\boxed{\iint_\sigma \vec{V}\, d\vec{\sigma} = \iiint_\mathcal{B} \operatorname{div} \vec{V}\, d\tau.} \tag{8.1.1}$$

Beweis: Da $\mathcal{B}$ ein Normalbereich sein soll, können wir σ bezüglich der Projektion $\mathcal{R}$ von $\mathcal{B}$ auf die x,y-Ebene in einen unteren Teil σ_1, einen oberen Teil σ_2 und eine Zylinderfläche σ_3 zerlegen, deren Mantellinien orthogonal zur x,y-Ebene sind. Die Fläche σ_3 kann in eine geschlossene Kurve entarten, die Randkurve beider Flächen σ_1 und σ_2 ist (s. Abbildung).

Sei $Q(x,y) \in \mathcal{R}$, dann trifft die Parallele zur z-Achse durch Q die Fläche σ genau in zwei Punkten $P_1(x,y,z_1) \in \sigma_1$ und $P_2(x,y,z_2) \in \sigma_2$.

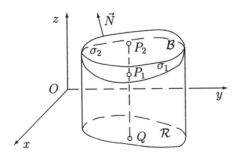

Nun gilt

$$\iint_\sigma \vec{V}\, d\vec{\sigma} = \iint_{\sigma_1} \vec{V}\, d\vec{\sigma} + \iint_{\sigma_2} \vec{V}\, d\vec{\sigma} + \iint_{\sigma_3} \vec{V}\, d\vec{\sigma}$$

und

$$\iint_{\sigma_3} \vec{V}\, d\vec{\sigma} = \iint_{\sigma_3} (V_1, 0, 0)\vec{N}\, d\sigma + \iint_{\sigma_3} (0, V_2, 0)\vec{N}\, d\sigma + \iint_{\sigma_3} (0, 0, V_3)\vec{N}\, d\sigma.$$

Da $\vec{N}$ senkrecht zur z-Achse gerichtet ist, verschwindet das letzte Integral und die beiden ersten ebenfalls, da der aus der Fläche σ_3 durch senkrechte Projektion entstehende Bereich in der x, y-Ebene auf eine Kurve zusammenschrumpft. Es bleibt in (8.1.1) also nur noch die Fläche $\sigma_1 \cup \sigma_2$ zu berücksichtigen. Für den letzten Summanden auf der rechten Seite von (8.1.1) können wir schreiben

$$\begin{aligned}J_3 &= \iiint_B \frac{\partial V_3}{\partial z}\, d\tau = \iint_\mathcal{R} \left\{ \int_{z_1}^{z_2} \frac{\partial V_3}{\partial z}\, dz \right\} dx\, dy = \iint_\mathcal{R} [V_3(x, y, z)]_{z_1}^{z_2}\, dx\, dy \\ &= \iint_\mathcal{R} V_3(x, y, z_2)\, dx\, dy - \iint_\mathcal{R} V_3(x, y, z_1)\, dx\, dy. \end{aligned} \qquad (8.1.2)$$

Die obere Fläche σ_2 habe die Darstellung $z_2 = f(x, y)$ bzw. die Parameterdarstellung $\vec{r} = \bigl(x, y, f(x, y)\bigr)$, $(x, y) \in \mathcal{R}$. Nach (5.5.1) gilt dann für die Flächennormale

$$\vec{N} = \frac{\vec{r}_x \times \vec{r}_y}{|\vec{r}_x \times \vec{r}_y|} = \frac{(-f_x, -f_y, 1)}{\sqrt{1 + f_x^2 + f_y^2}}$$

und nach (5.4.1) für das orientierte Flächenelement

$$d\vec{\sigma}_2 = \vec{N}_2\, d\sigma_2 = \frac{\vec{r}_x \times \vec{r}_y}{|\vec{r}_x \times \vec{r}_y|} |\vec{r}_x \times \vec{r}_y|\, dx\, dy = (-f_x, -f_y, 1)\, dx\, dy.$$

Wir erhalten also für

$$\vec{k}\, d\vec{\sigma}_2 = (0, 0, 1)(-f_x, -f_y, 1)\, dx\, dy = dx\, dy,$$

und analog ergibt sich für die untere Fläche σ_1:

$$\vec{k}\, d\vec{\sigma}_1 = -dx\, dy,$$

da $\vec{k}$ und $\vec{N}_1$ entgegengesetzt gerichtet sind. Damit können wir mit (8.1.2) schreiben

$$J_3 = \iiint_B \frac{\partial V_3}{\partial z}\, d\tau = \iint_{\sigma_2} V_3 \vec{k}\, d\vec{\sigma}_2 + \iint_{\sigma_1} V_3 \vec{k}\, d\vec{\sigma}_1 = \iint_\sigma V_3 \vec{k}\, d\vec{\sigma}.$$

Ganz entsprechend ergibt sich

$$J_2 = \iiint_B \frac{\partial V_2}{\partial y}\, d\tau = \iint_\sigma V_2 \vec{j}\, d\vec{\sigma},$$

$$J_1 = \iiint_B \frac{\partial V_1}{\partial x}\, d\tau = \iint_\sigma V_1 \vec{i}\, d\vec{\sigma}.$$

Addition der drei letzten Gleichungen liefert die Behauptung:

$$\iiint_{\mathcal{B}} \left(\frac{\partial V_1}{\partial x} + \frac{\partial V_2}{\partial y} + \frac{\partial V_3}{\partial z} \right) d\tau = \iiint_{\mathcal{B}} \operatorname{div} \vec{V} \, d\tau = \iint_{\sigma} \left(V_1 \vec{\imath} + V_2 \vec{\jmath} + V_3 \vec{k} \right) d\vec{\sigma} = \iint_{\sigma} \vec{V} \, d\vec{\sigma}.$$

Bemerkungen:

8.1.1. Es ist einleuchtend, daß eine entsprechende Beziehung auch für räumliche Bereiche $\mathcal{B}$ gilt, die aus endlich vielen Normalbereichen bestehen. Dabei ist zu beachten, daß die Oberflächenintegrale der auftretenden gemeinsamen Grenzflächen der Bereiche sich gegenseitig aufheben.

Noch allgemeiner ist es ausreichend, daß $\mathcal{B}$ von endlich vielen stückweise glatten Flächen (mit nach außen gerichteten Normalen) begrenzt wird, d.h. eine stückweise glatte Oberfläche besitzt.

8.1.2. Mit Hilfe des Gaußschen Satzes kann also ein **Oberflächenintegral** in ein **Volumenintegral** umgewandelt und umgekehrt.

8.1.3. In 3.3 haben wir bereits eingesehen, daß man $\operatorname{div} \vec{v}$ als Quelldichte eines Geschwindigkeitsfeldes $\vec{v}$ deuten kann. Andererseits gibt aber $\vec{v} \, d\vec{\sigma}$ die Flüssigkeitsmenge an, die pro Zeiteinheit durch das Flächenelement $d\sigma$ hindurchtritt. Denn der Abbildung entnehmen wir, daß

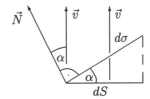

$$\vec{v} \, d\vec{\sigma} = \vec{v} \, \vec{N} \, d\sigma = v \cos \alpha \, d\sigma = v \, dS = \left| \frac{d\vec{r}}{dt} \right| dS,$$

wobei dS die Projektion von $d\sigma$ senkrecht zu $\vec{v}$ ist. Damit stellt das Oberflächenintegral $\iint_{\sigma} \vec{v} \, d\vec{\sigma}$ den **Gesamtfluß** pro Zeiteinheit durch die geschlossene Fläche σ dar. Am Beispiel strömender Flüssigkeiten kann man den Gaußschen Satz also wie folgt formulieren:

Die Flüssigkeitsmenge, die durch die Oberfläche eines räumlichen Bereiches herausströmt, ist gleich der Flüssigkeitsmenge, die die Quellen im Innern produzieren.

Für ein quellenfreies Feld ist also der Gesamtfluß gleich Null, d.h., die Flüssigkeitsmenge, die in $\mathcal{B}$ hineinströmt, verläßt $\mathcal{B}$ auch wieder. So gilt z.B. für das Vektorfeld der magnetischen Flußdichte $\vec{B}$: $\operatorname{div} \vec{B} = 0$. Damit ist der **magnetische Fluß** Φ durch die geschlosssene Fläche σ

$$\Phi = \iint_{\sigma} \vec{B} \, d\vec{\sigma} = 0.$$

8.1.4. Ähnliche Überlegungen kann man auch im Bereich der Elektrotechnik anstellen. Das elektromagnetische Feld wird in der Regel durch fünf vom Ort $\vec{r}$ und der Zeit t abhängigen Vektorfeldern beschrieben:
Die elektrische bzw. magnetische Feldstärke $\vec{E}$ bzw. $\vec{H}$, die elektrische Verschiebungsdichte $\vec{D}$, die magnetische Flußdichte $\vec{B}$ (Induktion) und die elektrische Stromdichte $\vec{I}$. Diese Größen sind durch vier Gleichungen, die **Maxwellschen Gleichungen**, miteinander verknüpft (siehe auch Kapitel 3.4).
Eine dieser Gleichungen sagt aus, daß die Wirbel eines Magnetfeldes $\vec{H}$ durch auftretende Ströme und zeitliche Änderungen des elektrischen Feldes verursacht werden, d.h., daß gilt

$$\operatorname{rot} \vec{H} = \frac{4\pi}{c} \vec{I} + \frac{1}{c} \frac{\partial \vec{E}}{\partial t}. \qquad (8.1.3)$$

Eine zweite besagt, daß Ladungen die Quellen eines elektrischen Feldes sind

$$\operatorname{div} \vec{E} = 4\pi\rho, \quad (\rho \text{ elektrische Ladungsdichte}).$$

Wenden wir die Divergenz auf (8.1.3) an, erhalten wir

$$\operatorname{div} \operatorname{rot} \vec{H} \equiv 0 = \frac{4\pi}{c}\operatorname{div}\vec{I} + \frac{1}{c}\frac{\partial}{\partial t}(\operatorname{div}\vec{E}) = \frac{4\pi}{c}\operatorname{div}\vec{I} + \frac{1}{c}4\pi\frac{\partial\rho}{\partial t}$$

bzw.

$$\operatorname{div}\vec{I} + \frac{\partial\rho}{\partial t} = 0,$$

die sogenannte **Kontinuitätsgleichung**. Integration über einen Bereich $\mathcal{B}$ und Anwendung des Gaußschen Satzes liefert

$$\iiint_{\mathcal{B}} \operatorname{div}\vec{I}\,d\tau + \iiint_{\mathcal{B}} \frac{\partial\rho}{\partial t}\,d\tau = \iint_{\sigma} \vec{I}\,d\vec{\sigma} + \frac{\partial\mathcal{Q}}{\partial t} = 0,$$

mit der Gesamtladung

$$\mathcal{Q} = \mathcal{Q}(\mathcal{B}) = \iiint_{\mathcal{B}} \rho\,d\tau.$$

Das ist der Satz von der Erhaltung der Ladung:

Die zeitliche Änderung der Gesamtladung ist gleich dem zu- oder abfließenden Ladungstrom.

Beispiele:

8.1.1. Uns interessiert das Oberflächenintegral über $\sigma(\mathcal{B})$ im Feld $\vec{V}(\vec{r}) = \vec{r}$. Es gilt

$$\iint_{\sigma} \vec{r}\,d\vec{\sigma} = \iiint_{\mathcal{B}} \operatorname{div}\vec{r}\,d\tau = 3\iiint_{\mathcal{B}} d\tau = 3V(\mathcal{B}),$$

unabhängig von der Form von $\mathcal{B}$.

Ist $\vec{r} = \vec{r}(u,v), \quad (u,v) \in \mathcal{B}^*$, eine Parameterdarstellung der Fläche σ, können wir schreiben

$$V(\mathcal{B}) = \frac{1}{3}\iint_{\sigma} \vec{r}\,d\vec{\sigma} = \frac{1}{3}\iint_{\mathcal{B}^*} \vec{r}(\vec{r}_u \times \vec{r}_v)\,dudv = \frac{1}{3}\iint_{\mathcal{B}^*} \begin{vmatrix} x & y & z \\ x_u & y_u & z_u \\ x_v & y_v & z_v \end{vmatrix} dudv.$$

Man kann also durchaus ein Volumen durch ein Oberflächenintegral ausrechnen. Betrachten wir z.B. eine Kugel um den Ursprung mit dem Radius R, erhalten wir

$$\iint_{\sigma_{\mathcal{K}}} \vec{r}\,d\vec{\sigma} = \iint_{\sigma_{\mathcal{K}}} \vec{r}\vec{N}\,d\sigma = \iint_{\sigma_{\mathcal{K}}} R\,d\sigma = R\cdot O(\mathcal{K}) = 4\pi R^3$$

bzw.

$$V(\mathcal{K}) = \frac{1}{3}\iint_{\sigma_{\mathcal{K}}} \vec{r}\,d\vec{\sigma} = \frac{4\pi}{3}R^3.$$

8.1.2. Wir wollen den Fluß des Feldes $\vec{E}$ einer Punktladung im Koordinatenursprung durch die Oberfläche eines Bereiches B berechnen, der die Ladung nicht enthält. Das Potential einer Punktladung ist $\Phi = \frac{C}{r}$ und mit Aufgabe 4.2.2 gilt

$$\vec{E} = -\operatorname{grad}\Phi = \frac{C\vec{r}}{r^3}.$$

Daraus folgt

$$\iint_\sigma \vec{E}\,d\vec{\sigma} = \iiint_B \operatorname{div}\vec{E}\,d\tau = -\iiint_B \Delta\Phi\,d\tau = 0,$$

da $\Delta\Phi = \Delta\left(\frac{C}{r}\right) = 0$ nach Beispiel 3.5.1.

Wenn sich aber die Ladung im Bereich B befindet, können wir diesen durch eine Kugel um den Ursprung ersetzen, auf Grund des Ergebnisses im ersten Teil. Dann erhalten wir mit

$$d\vec{\sigma} = \frac{\vec{r}}{r}r^2\sin\vartheta\,d\vartheta d\varphi:$$

$$\iint_\sigma \vec{E}\,d\vec{\sigma} = \int_0^{2\pi}\int_0^\pi \frac{C\vec{r}}{r^3}\frac{\vec{r}}{r}r^2\sin\vartheta\,d\vartheta d\varphi = 2\pi C\Big[-\cos\vartheta\Big]_0^\pi = 4\pi C.$$

8.1.3. In der Aufgabe 6.3.8 haben wir den Fluß des Feldes $\vec{V} = (x^2, xy, xz)$ durch die Oberfläche des Einheitswürfels $\mathcal{W}$ mit etwas Mühe berechnet. Wir erhalten nun mit $\operatorname{div}\vec{V} = 2x + x + x = 4x$:

$$\iint_{\sigma(\mathcal{W})} \vec{V}\,d\vec{\sigma} = \iiint_{\mathcal{W}} \operatorname{div}\vec{V}\,d\tau = \int_0^1\int_0^1\int_0^1 4x\,dzdydx = \Big[2x^2\Big]_0^1\Big[y\Big]_0^1\Big[z\Big]_0^1 = 2,$$

genau wie zuvor.

8.1.4. In einem homogenen erwärmten Körper der konstanten Massendichte ρ und konstanter spezifischer Wärme μ herrsche zur Zeit t im Punkt $P(x,y,z)$ die Temperatur $T(x,y,z,t)$. Beim Wärmeübergang gilt mit der Wärmeleitfähigkeit λ und der Wärmestromdichte $\vec{v}$:

$$\vec{v} = -\lambda\operatorname{grad}T.$$

Aus einem Bereich B mit geschlosssener Oberfläche σ tritt in der Zeit Δt die Wärmemenge

$$\Delta Q = \iint_\sigma \vec{v}\,d\vec{\sigma}\,\Delta t = \iiint_B \operatorname{div}\vec{v}\,d\tau\,\Delta t$$

aus. Da dabei die Temperatur mit $\Delta T = -\frac{\partial T}{\partial t}\Delta t$ abnimmt, geht die Wärme

$$\Delta Q = \iiint_B \rho\mu\,d\tau\,\Delta T = -\iiint_B \rho\mu\frac{\partial T}{\partial t}\,d\tau\,\Delta t$$

verloren. Daraus folgt nach Division durch Δt:

$$\iiint_B \operatorname{div}\vec{v}\,d\tau = -\iiint_B \rho\mu\frac{\partial T}{\partial t}\,d\tau$$

für **jeden** Normalbereich B und damit

$$-\rho\mu\frac{\partial T}{\partial t} = \operatorname{div}\vec{v} = -\lambda\operatorname{div}\operatorname{grad}T = -\lambda\Delta T$$

bzw.
$$\frac{\partial T}{\partial t} = \frac{\lambda}{\rho\mu} \Delta T,$$

die sogenannte **Wärmeleitungsgleichung**.

Aufgaben:

8.1.1. Im Beispiel 6.3.4 ist der Wärmestrom $\Phi = \iint\limits_{\sigma_M} \vec{v}\, d\vec{\sigma}$ mit der Wärmestromdichte

$$\vec{v} = \frac{2\lambda C}{\varrho^3}\, \vec{e}_\varrho$$

für die Zylindermantelfläche

$$\sigma:\ x^2 + y^2 = a^2,\quad 0 \leq z \leq h$$

berechnet worden. Man bestätige das Ergebnis mit dem Gauß'schen Satz.

8.1.2. Man wende den Gauß'schen Satz auf ein Vektorfeld $\vec{V}$ mit $\operatorname{div}\vec{V} = C \neq 0$ an.

8.1.3. Man bestimme mit Hilfe von Beispiel 8.1.1 das Volumen der oberen Hälfte des elliptischen Paraboloids

$$z = 1 - \frac{x^2}{a^2} - \frac{y^2}{b^2}.$$

Anleitung: Die Oberfläche des Körpers besteht aus zwei glatten Flächen σ_1 und σ_2 mit den Parameterdarstellungen $\sigma_1: \vec{r}_1 = \vec{r}_1(u,v) = (u,v,0),\ (u,v) \in \mathcal{B}_1^*$, und

$$\mathcal{B}_1^* = \left\{(u,v) \in \mathbf{R}^2 \Big|\, -a \leq u \leq a,\ -\frac{b}{a}\sqrt{1-u^2} \leq v \leq \frac{b}{a}\sqrt{1-u^2}\right\},$$

bzw. σ_2:

$$\vec{r}_2 = \vec{r}_2(u,v) = \left(u, v, 1 - \frac{u^2}{a^2} - \frac{v^2}{b^2}\right),\quad (u,v) \in \mathcal{B}_1^*.$$

8.1.4. Man berechne den Fluß des Vektorfeldes $\vec{V} = (x^2, -x, z^2)$ durch die Oberfläche eines Zylinders mit dem Radius $\varrho = 3$ und der Höhe $h = 2$.

8.1.5. Man bestätige den Gaußschen Satz am Vektorfeld $\vec{V} = (x^2, y^2, z^2)$
a) für einen quaderförmigen Bereich $0 \leq x \leq a,\ 0 \leq y \leq b,\ 0 \leq z \leq c$,
b) für einen kugelförmigen Bereich $x^2 + y^2 + z^2 \leq a^2$.

8.2 Anwendungen des Gaußschen Satzes

8.2.1 Gaußscher Satz für Skalarfelder

Sei $\Phi \in C^1(\mathcal{B})$ ein Skalarfeld und $\vec{a} \neq \vec{0}$ ein konstantes Vektorfeld, dann gilt mit $\operatorname{div}(\Phi\,\vec{a}) = \vec{a}\,\operatorname{grad}\Phi$:

$$\vec{a}\iiint\limits_{\mathcal{B}} \operatorname{grad}\Phi\, d\tau = \iiint\limits_{\mathcal{B}} \operatorname{div}(\Phi\,\vec{a})\, d\tau = \iint\limits_{\sigma} \Phi\,\vec{a}\, d\vec{\sigma} = \vec{a}\iint\limits_{\sigma} \Phi\, d\vec{\sigma}$$

bzw.

$$\vec{a} \left(\iint_\sigma \Phi\, d\vec{\sigma} - \iiint_B \operatorname{grad} \Phi\, d\tau \right) = \vec{a}\, \vec{V} = 0. \tag{8.2.1}$$

Dabei bedeutet

$$\iint_\sigma \Phi\, d\vec{\sigma} \stackrel{def}{=} \left(\iint_\sigma \Phi N_1\, d\sigma \right) \vec{i} + \left(\iint_\sigma \Phi N_2\, d\sigma \right) \vec{j} + \left(\iint_\sigma \Phi N_3\, d\sigma \right) \vec{k}$$

mit $\vec{N} = (N_1, N_2, N_3)$. Aus (8.2.1) folgt aber, daß die Komponente des Vektorfeldes $\vec{V}$ in Richtung von $\vec{a}$ gleich Null ist. Da $\vec{a}$ beliebig war, muß $\vec{V} = \vec{0}$ gelten bzw.

$$\boxed{\iiint_B \operatorname{grad} \Phi\, d\tau = \iint_\sigma \Phi\, d\vec{\sigma}.} \tag{8.2.2}$$

Diese Beziehung bezeichnet man auch als **Gaußschen Satz** für Skalarfelder.

Beispiel:

8.2.1. Wir betrachten einen in einer Flüssigkeit mit der Wichte $\gamma = \rho \cdot g$ (ρ Dichte, g Fallbeschleunigung) schwimmenden Körper, der den Bereich B mit der Oberfläche σ ausfüllt, mit dem Bereich B_1 unterhalb der Oberfläche der Flüssigkeit $z = h$. Es sei p_0 der Luftdruck über dieser Fläche, dann ist der Druck der Flüssigkeit auf den Körper gegeben durch

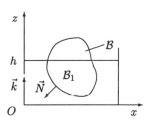

$$p(\vec{r}) = \begin{cases} p_0 & \text{für } z \geq h \\ p_0 + \gamma(h - z) & \text{für } z \leq h. \end{cases}$$

Die durch diesen Druck erzeugte Kraft verursacht einen Auftrieb

$$\vec{A} = -\iint_\sigma p(\vec{r})\, d\vec{\sigma}.$$

Das Minuszeichen ist notwendig, da der Druck entgegengesetzt zur Normalen $\vec{N}(\sigma)$ wirkt. Mit dem obigen Satz (8.2.2) können wir nun schreiben

$$\vec{A} = -\iiint_B \operatorname{grad} p(\vec{r})\, d\tau = -\iiint_{B_1} \operatorname{grad}\{p_0 + \gamma(h-z)\}\, d\tau = \iiint_{B_1} \gamma \vec{k}\, d\tau = \gamma \vec{k} V(B_1) = \vec{k}\, G(B_1).$$

Das ist aber das **Auftriebsgesetz** von ARCHIMEDES[1], das folgendes besagt:

Der Auftrieb eines Körpers ist gleich dem Gewicht der verdrängten Flüssigkeit.

---

[1] Archimedes (287 – 212 v.Chr.), bedeutendster antiker Mathematiker

8.2.2 Die Greenschen Formeln

Man kann aus dem Gaußschen Satz drei Formeln ableiten, die eine große Bedeutung nicht nur in der Potentialtheorie haben.

Seien Φ und Ψ zwei Skalarfelder $\in C^2(\mathcal{B})$ und $\frac{\partial \Phi}{\partial n}$ bzw. $\frac{\partial \Psi}{\partial n}$ die Ableitung der Felder Φ bzw. Ψ in Richtung von $\vec{N}$, dann gilt die **1. Greensche Formel**[2]:

$$\boxed{\iint_\sigma \Phi \frac{\partial \Psi}{\partial n} d\sigma = \iiint_\mathcal{B} (\Phi \Delta \Psi + \operatorname{grad} \Phi \operatorname{grad} \Psi) d\tau} \qquad (8.2.3)$$

und die **2. Greensche Formel**

$$\boxed{\iint_\sigma \left(\Phi \frac{\partial \Psi}{\partial n} - \Psi \frac{\partial \Phi}{\partial n}\right) d\sigma = \iiint_\mathcal{B} (\Phi \Delta \Psi - \Psi \Delta \Phi) d\tau} \qquad (8.2.4)$$

und die **3. Greensche Formel**

$$\boxed{\iint_\sigma \Phi \operatorname{grad} \Phi \, d\vec{\sigma} = \iiint_\mathcal{B} \{\Phi \Delta \Phi + (\operatorname{grad} \Phi)^2\} d\tau.} \qquad (8.2.5)$$

Zum **Beweis** der 1. Greenschen Formel setzen wir $\quad \vec{V} = \Phi \operatorname{grad} \Psi \quad$ und erhalten mit

$$\operatorname{div} \vec{V} = \Phi \operatorname{div} \operatorname{grad} \Psi + \operatorname{grad} \Phi \operatorname{grad} \Psi = \Phi \Delta \Psi + \operatorname{grad} \Phi \operatorname{grad} \Psi$$

aus dem Gauß'schen Satz

$$\iiint_\mathcal{B} \operatorname{div} \vec{V} d\tau = \iiint_\mathcal{B} (\Phi \Delta \Psi + \operatorname{grad} \Phi \operatorname{grad} \Psi) d\tau = \iint_\sigma \vec{V} d\vec{\sigma} = \iint_\sigma \Phi \operatorname{grad} \Psi \vec{N} d\sigma = \iint_\sigma \Phi \frac{\partial \Psi}{\partial n} d\sigma.$$

Der Beweis der 2. und 3. Greenschen Formel erfolgt in der Aufgabe 8.2.1.

8.2.3 Koordinatenunabhängige Definition der Divergenz

In 3.3 ist die Divergenz eines Vektorfeldes in kartesischen Koordinaten definiert worden. Im Abschnitt 5.10.2 haben wir die Darstellung bezüglich krummlinig orthogonaler Koordinaten hergeleitet. Doch sind wir nun in der Lage, mit Hilfe des Gaußschen Satzes eine **koordinatenunabhängige** Definition anzugeben. Dazu betrachten wir einen Bereich $\Delta \mathcal{B}$ mit Volumen ΔV, der von der Fläche $\Delta \sigma$ umschlossen wird. Dann gilt nach (8.1.1)

$$\iiint_{\Delta \mathcal{B}} \operatorname{div} \vec{V} d\tau = \iint_{\Delta \sigma} \vec{V} d\vec{\sigma}$$

bzw. nach Anwendung des Mittelwertsatzes auf das linke Integral

$$\operatorname{div} \vec{V}\Big|_{P^*} \iiint_{\Delta \mathcal{B}} d\tau = \iint_{\Delta \sigma} \vec{V} d\vec{\sigma},$$

---
[2]George Green (1793 – 1841), englischer Mathematiker und Physiker

wobei $\text{div}\,\vec{V}\big|_{P^*}$ ein Mittelwert zwischen Minimum und Maximum von $\text{div}\,\vec{V}$ in $\triangle\mathcal{B}$ ist. Also erhalten wir

$$\text{div}\,\vec{V}\big|_{P^*} = \frac{1}{\triangle V}\iint\limits_{\triangle\sigma}\vec{V}\,d\vec{\sigma}$$

bzw.

$$\text{div}\,\vec{V}\big|_{P} = \lim_{\triangle V\to 0}\frac{1}{\triangle V}\iint\limits_{\triangle\sigma}\vec{V}\,d\vec{\sigma},$$

da sich $\triangle\mathcal{B}$ für $\triangle V\to 0$ auf $P\in\triangle\mathcal{B}$ zusammenzieht.

Beispiel:

8.2.2. In 3.5 haben wir den Laplace-Operator kennengelernt und begegneten bereits in 2.3 der Laplace'schen Differentialgleichung

$$\Delta\Phi = 0.$$

Wir können nun mit Hilfe der 1. Greenschen Formel zeigen, daß diese Gleichung in einem Bereich $\mathcal{B}$ mit vorgegebenen *Randwerten* $\Phi(\sigma)$ auf der Begrenzungsfläche σ von $\mathcal{B}$ **eindeutig lösbar** ist, falls eine Lösung existiert.

Aus der Annahme der Existenz zweier verschiedener Lösungen Φ_1 und Φ_2 folgt für

$$\Phi = \Phi_1 - \Phi_2: \quad \Delta\Phi = \Delta(\Phi_1 - \Phi_2) = \Delta\Phi_1 - \Delta\Phi_2 = 0$$

und

$$\Phi = \Phi_1 - \Phi_2 = 0$$

auf σ. Nun setzen wir in der 1. Greenschen Formel $\Psi = \Phi$ und erhalten

$$0 = \iint\limits_{\sigma}\Phi\frac{\partial\Phi}{\partial n}d\sigma = \iiint\limits_{\mathcal{B}}\{\Phi\Delta\Phi + (\text{grad}\,\Phi)^2\}d\tau = \iiint\limits_{\mathcal{B}}(\text{grad}\,\Phi)^2 d\tau.$$

Da der Integrand $(\text{grad}\,\Phi)^2$ stetig und nichtnegativ ist in $\mathcal{B}$, kann in keinem Punkt $\in\mathcal{B}$ $(\text{grad}\,\Phi)^2 > 0$ gelten. Es bleibt also nur noch

$$\text{grad}\,\Phi \equiv 0$$

in $\mathcal{B}$ bzw. $\Phi_1 - \Phi_2 = const. = C$. Da aber auf σ gilt $\Phi_1 = \Phi_2$, ist diese Konstante $C = 0$, woraus folgt

$$\Phi_1 = \Phi_2 \quad \text{in } \mathcal{B}.$$

Aufgaben:

8.2.1. Man beweise die 2. und 3. Greensche Formel.

8.2.2. Man zeige, daß gilt

a) $\iiint\limits_{\mathcal{B}}\text{grad}\,\Phi\,d\tau = \iint\limits_{\sigma}\Phi\vec{N}\,d\sigma,$

b) $\iiint\limits_{\mathcal{B}}\text{rot}\,\vec{W}\,d\tau = -\iint\limits_{\sigma}(\vec{W}\times\vec{N})d\sigma.$

Anleitung: Man setze im Gaußschen Satz $\vec{V} = \Phi\vec{a}$ bzw. $\vec{V} = \vec{a}\times\vec{W}$, wobei $\vec{a}\ne\vec{0}$ ein konstanter Vektor ist.

8.2.3. In einem Bereich $\mathcal{B}$, der von einer geschlossenen Fläche σ umgeben ist, erfülle Φ die Laplace-Gleichung. Man zeige, daß dann gilt

$$\iint_\sigma \operatorname{grad} \Phi\, \vec{N}\, d\sigma = \iint_\sigma \frac{\partial \Phi}{\partial n}\, d\sigma = 0.$$

Anleitung: Man setze in der 2. Greenschen Formel $\Psi = 1$.

8.2.4. Es sei p die Entfernung vom Zentrum eines Ellipsoids

$$\mathcal{E}: \quad \frac{x^2}{a^2} + \frac{y^2}{b^2} + \frac{z^2}{c^2} = 1$$

zur Tangentialebene im Punkt $P(x,y,z) \in \mathcal{E}$. Man beweise mit Hilfe des Gaußschen Satzes die Relationen

a) $\displaystyle\iint_\mathcal{E} p\, d\sigma = 4\pi abc,$

b) $\displaystyle\iint_\mathcal{E} \frac{d\sigma}{p} = \frac{4\pi}{3abc}(b^2 c^2 + a^2 c^2 + a^2 c^2).$

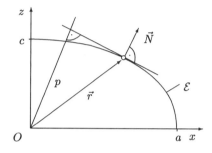

Anleitung: Man beachte $\quad p = \vec{r}\vec{N} \quad$ bzw. $\quad \dfrac{1}{p} = \dfrac{\vec{r}\vec{N}}{p^2}\quad$ und bestimme $\dfrac{\vec{N}}{p}$ aus

$$\frac{\vec{r}\vec{N}}{p} = 1 = \frac{x^2}{a^2} + \frac{y^2}{b^2} + \frac{z^2}{c^2}.$$

8.2.5. Es sei $\vec{V} = (z, x, xz)$. Man berechne

$$\frac{1}{V} \iint_\sigma \vec{V}\, d\vec{\sigma}$$

für eine Kugel vom Radius a um den Punkt $P(5,0,0)$ und führe den Grenzübergang $a \to 0$ durch.
Was ergibt der Vergleich mit $\operatorname{div} \vec{V}\big|_P$?

8.3 Der Satz von Green in der Ebene

Nachdem wir im letzten Paragraphen den Zusammenhang zwischen einem Dreifach- und einem Doppelintegral hergestellt haben, bleibt noch die Frage zu klären, ob es auch möglich ist, ein Flächenintegral in ein Linienintegral umzuwandeln oder umgekehrt. Zunächst soll der Zusammenhang zwischen dem Doppelintegral über einen ebenen Bereich und dem Kurvenintegral längs dessen Randkurve behandelt werden.

Satz 8.3.1 (Green): *Seien $\mathcal{B} \subset \mathbf{R}^2$ ein Normalbereich, $\partial \mathcal{B} = \mathcal{C}$ eine stückweise glatte Kurve und $V_1(x,y)$, $V_2(x,y) \in C^1(\mathcal{B})$. Dann gilt*

$$\oint_\mathcal{C} (V_1\, dx + V_2\, dy) = \iint_\mathcal{B} \left(\frac{\partial V_2}{\partial x} - \frac{\partial V_1}{\partial y} \right) dx dy. \tag{8.3.1}$$

Dabei sollte $\mathcal{B}$ stets links zur Umlaufrichtung von $\mathcal{C}$ liegen.

Beweis: Wir nehmen zunächst an, daß der Rand von B mit jeder Parallelen zur x- oder y-Achse höchstens zwei gemeinsame Punkte hat. Als Normalbereich ist B darstellbar in der Form (s. Abb. unten links)

$$B = \{(x,y,) \in \mathbf{R}^2 | a \leq x \leq b, \quad f_1(x) \leq y \leq f_2(x)\},$$

und wir können daher schreiben

$$\iint_B \frac{\partial V_1}{\partial y} dx dy = \int_a^b \left\{ \int_{f_1(x)}^{f_2(x)} \frac{\partial V_1}{\partial y} dy \right\} dx = \int_a^b \left\{ \Big[V_1(x,y) \Big]_{f_1(x)}^{f_2(x)} \right\} dx$$

$$= \int_a^b \{ V_1(x, f_2(x)) - V_1(x, f_1(x)) \} dx = - \int_a^b V_1(x, f_1(x)) dx - \int_b^a V_1(x, f_2(x)) dx$$

$$= - \left\{ \int_{C_1} V_1(x) dx + \int_{C_2} V_1(x) dx \right\} = - \oint_C V_1(x) dx.$$

Analog erhalten wir

$$\iint_B \frac{\partial V_2}{\partial x} dx dy = \oint_C V_2(y) dy.$$

Subtraktion der beiden letzten Gleichungen liefert die Behauptung.

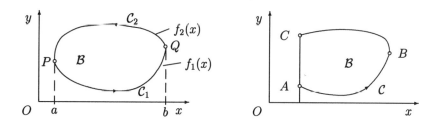

Nun sei ein Teil von C parallel zu den Achsen, wie es z.B. die Abbildung rechts zeigt. Unter ihrer Berücksichtigung erhalten wir unter Zuhilfenahme der Bogenlänge von C

$$\iint_B \frac{\partial V_1}{\partial y} dx dy = - \int_A^B V_1 \frac{dx}{ds} ds - \int_B^C V_1 \frac{dx}{ds} ds = - \int_A^C V_1 \frac{dx}{ds} ds = - \oint_C V_1 \frac{dx}{ds} ds + \int_C^A V_1 \frac{dx}{ds} ds.$$

Auf der Strecke $\overline{AC}$ ist aber $x = const.$, d.h., es gilt $\frac{dx}{ds} = 0$, und somit gelten die gleichen Beziehungen wie oben.

Ohne große Probleme läßt sich dieser Satz auf beliebige sogar mehrfach zusammenhängende Bereiche erweitern (siehe z.B. [26]).

Bemerkungen:

8.3.1. Der Gaußsche Integralsatz gilt sinngemäß auch in der Ebene, wobei „Volumen" durch „Fläche" und „Oberfläche" durch „geschlossene Kurve" zu ersetzen sind. Er lautet dann

$$\oint_C \vec{V}\vec{N}^* \, ds = \iint_B \operatorname{div} \vec{V} \, d\mathcal{B}, \tag{8.3.2}$$

mit einer nach **außen** gerichteten Normalen $\vec{N}^*$ und einem ebenen Vektorfeld $\vec{V} = \bigl(V_1(x,y,), V_2(x,y)\bigr)$.

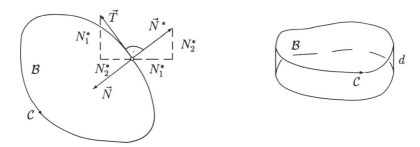

Man zeigt dies für einen wie in der Abbildung dargestellten Bereich $\mathcal{B}$, eine Scheibe der Dicke $d = 1$, durch geeignete Reduzierung um eine Koordinate. Auf Grund der Orthogonalität von $\vec{T}$ und $\vec{N}^*$ können wir schreiben

$$\vec{T} = (-N_2^*, N_1^*, 0)$$

und erhalten für

$$\begin{aligned}
\vec{V}\vec{N}^* \, ds &= (V_1, V_2, 0)(N_1^*, N_2^*, 0) ds = (V_1 N_1^* + V_2 N_2^*) ds = \Bigl(-V_2(-N_2^*) + V_1 N_1^*\Bigr) ds \\
&= (-V_2, V_1, 0)(-N_2^*, N_1^*, 0) ds = (-V_2, V_1, 0)\vec{T} ds = (-V_2, V_1, 0)\frac{d\vec{r}}{ds} ds \\
&= (-V_2, V_1, 0) d\vec{r} = -V_2 \, dx + V_1 \, dy.
\end{aligned}$$

Damit wird aus (8.3.2)

$$\oint_C (V_1 \, dy - V_2 \, dx) = \iint_B \left(\frac{\partial V_1}{\partial x} + \frac{\partial V_2}{\partial y}\right) dx \, dy.$$

Ersetzt man hier V_1 durch W_2 und V_2 durch $-W_1$, ergibt sich

$$\oint_C (W_2 \, dy + W_1 \, dx) = \iint_B \left(\frac{\partial W_2}{\partial x} - \frac{\partial W_1}{\partial y}\right) dx \, dy,$$

also der soeben bewiesene Satz von Green. Es gilt tatsächlich:

In der Ebene sind der Satz von Gauß und der Satz von Green identisch.

8.3.2. Der Gaußsche Satz (im $\mathbf{R}^2$ bzw. $\mathbf{R}^3$) entspricht dem Hauptsatz der Differential- und Integralrechnung. Dabei ist $\mathcal{B}$ zu ersetzen durch das Integrationsintervall $[a, b]$, die Fläche σ

durch die Vereinigung der beiden Punkte a und b mit den äußeren Normalen $(-1,0)$ bzw. $(+1,0)$ und div $\vec{V}$ durch die Ableitung einer skalaren Funktion einer Veränderlichen. D.h., es gilt

$$\int_a^b \frac{df(x)}{dx}\,dx = -f(x)\Big|_{x=a} + f(x)\Big|_{x=b} = \Big[f(x)\Big]_a^b.$$

8.3.3. Setzen wir in dem Satz von Green $V_1 = -y, V_2 = x$, erhalten wir

$$\oint_C (-y\,dx + x\,dy) = \iint_B \left(\frac{\partial x}{\partial x} - \frac{\partial (-y)}{\partial y}\right) dx\,dy = 2\iint_B dx\,dy = 2A(\mathcal{B}),$$

bzw. mit der Parameterdarstellung $\vec{r}(t) = \big(x(t), y(t), 0\big)$ von $\mathcal{C}$:

$$A(\mathcal{B}) = \frac{1}{2}\oint_C \begin{vmatrix} x & y \\ dx & dy \end{vmatrix} = \frac{1}{2}\oint_C \begin{vmatrix} x & y \\ \dot{x} & \dot{y} \end{vmatrix} dt,$$

die **Leibnizsche Sektorformel**.

Beispiele:

8.3.1. Wir wollen den Satz von Gauß in der Ebene für das Vektorfeld

$$\vec{V} = (x^2, xy, 0)$$

und die Kreisfläche mit dem Radius $r = 2$ bestätigen. Es ist

$$\vec{N} = \frac{\vec{r}}{r} = \frac{(x,y,0)}{\sqrt{x^2+y^2}}$$

und somit

$$\vec{V}\vec{N} = (x^2, xy, 0)\frac{(x,y,0)}{\sqrt{x^2+y^2}} = \frac{x^3 + xy^2}{\sqrt{x^2+y^2}} = x\sqrt{x^2+y^2} = 2\cos\varphi \cdot 2$$

längs $\mathcal{C}$. Das Kurvenintegral hat daher folgenden Wert:

$$\oint_C \vec{V}\vec{N}\,ds = \int_0^{2\pi} 4\cos\varphi \cdot 2\,d\varphi = 8\Big[\sin\varphi\Big]_0^{2\pi} = 0,$$

und für das Flächenintegral erhalten wir

$$\iint_B \operatorname{div}\vec{V}\,dx\,dy = \iint_B (2x + x)dx\,dy = 3\int_0^2\int_0^{2\pi} r\cos\varphi\,r\,d\varphi\,dr = \Big[r^3\Big]_0^2 \Big[\sin\varphi\Big]_0^{2\pi} = 0.$$

8.3.2. Setzt man in dem Satz von Green $\vec{V} = \left(0, \frac{x^2}{2}, 0\right)$ bzw. $\vec{V} = \left(\frac{y^2}{2}, 0, 0\right)$, ergibt sich

$$\oint_C \frac{x^2}{2}\,dy = \iint_B x\,dx\,dy$$

bzw.

$$\oint_C \frac{y^2}{2}\,dx = -\iint_B y\,dx\,dy.$$

Auf der rechten Seite stehen aber die Momente bezüglich der y- und der x-Achse bzw. $x_S \cdot A(\mathcal{B})$ und $y_S \cdot A(\mathcal{B})$, mit den Schwerpunktkoordinaten x_S und y_S und der Fläche $A(\mathcal{B})$. Man kann also schreiben

$$x_S = \frac{1}{2A}\oint_{\mathcal{C}} x^2 dy \quad \text{und} \quad y_S = -\frac{1}{2A}\oint_{\mathcal{C}} y^2 dx.$$

Aufgaben:

8.3.1. Man zeige, daß genau dann für jede geschlossene Kurve $\mathcal{C}$ in einem einfach zusammenhängenden Bereich $\mathcal{B}$

$$\oint_{\mathcal{C}} P(x,y)dx + Q(x,y)dy = 0$$

gilt, wenn P_y und Q_x stetig sind und $P_y = Q_x$ ist für alle $(x,y) \in \mathcal{B}$ (**Integrabilitätsbedingung**).

8.3.2. Man verifiziere den Satz von Green in der Ebene für

$$\vec{V} = (xy + y^2, x^2, 0)$$

und den Bereich $\mathcal{B}$, der von $y = x$ und $y = x^2$ umschlossen wird.

8.3.3. Man verifiziere den Gaußschen Integralsatz in der Ebene für den Einheitskreis und

$$\vec{V} = (x^2 - 5xy + 3y, 6xy^2 - x, 0).$$

8.3.4. Was ergibt sich aus dem Satz von Green für $\vec{V} = (0, x, 0)$ bzw. $\vec{V} = (-y, 0, 0)$?

8.3.5. Man berechne das Kurvenintegral

$$\oint_{\mathcal{C}} \frac{xdy - ydx}{x^2 + y^2}$$

über eine geschlossene Kurve $\mathcal{C}$ in der x,y-Ebene mit Hilfe des Greenschen Satzes.

8.3.6. Man bestimme den Schwerpunkt des Bereichs im 1. Quadranten, der von $y = x$, $y = \frac{1}{x}$ und $y = \frac{x}{4}$ berandet wird.
Anleitung: Man beachte Beispiel 8.3.2.

8.4 Der Satz von Stokes

Der Satz von Green besitzt eine Verallgemeinerung für räumliche zweiseitige Flächen (s. 5.6). Im folgenden werden *offene* Flächen betrachtet. Das sind Flächen σ, die von einer geschlossenen Kurve $\mathcal{C}$ berandet werden. Dabei gehen wir davon aus, daß $\mathcal{C}$ und σ gleichsinnig orientiert sind, d.h. die in einem Punkt $P \in \sigma$ errichtete Normale $\vec{N}$ von einer mit $\mathcal{C}$ gleichorientierten Kurve $\mathcal{C}^* \subset \sigma$ mathematisch positiv umlaufen wird. Man kann auch sagen, daß der Umlaufsinn von $\mathcal{C}^*$ zusammen mit $\vec{N}$ eine Rechtsschraubung ergibt.

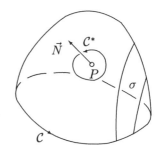

8.4 Der Satz von Stokes

Satz 8.4.1 (Stokes)[3] : *Sei σ eine offene orientierte Fläche, berandet von einer stückweise glatten Kurve C, und sei $\vec{V} \in C^1(\sigma)$ ein Vektorfeld, dann gilt*

$$\boxed{\oint_C \vec{V}\, d\vec{r} = \iint_\sigma \operatorname{rot} \vec{V}\, d\vec{\sigma}.} \qquad (8.4.1)$$

Beweis: Es sei $\vec{r} = \vec{r}(u,v) \in \mathcal{B}^* \subset \mathbf{R}^2$ eine Parameterdarstellung von σ und $\vec{r} \in C^2(\mathcal{B}^*)$. Auf der rechten Seite von (8.4.1) werden wir zunächst den Integranden $\operatorname{rot} \vec{V}\, d\vec{\sigma}$ umformen, indem wir zeigen, daß

$$\operatorname{rot} \vec{V} (\vec{r}_u \times \vec{r}_v) = \vec{r}_v \vec{V}_u - \vec{r}_u \vec{V}_v.$$

Wenn wir zur einfacheren Schreibweise vorübergehend für $\vec{i} = \vec{e}_1$, $\vec{j} = \vec{e}_2$, $\vec{k} = \vec{e}_3$ und $x = x_1$, $y = x_2$, $z = x_3$ schreiben, kann man leicht zeigen, daß

$$\operatorname{rot} \vec{V} = \sum_{i=1}^{3} \left(\vec{e}_i \times \frac{\partial \vec{V}}{\partial x_i} \right).$$

Es ist nur eine andere Darstellung der Rotation, die wir in der Aufgabe 8.4.1 beweisen. Nun erhalten wir unter Berücksichtigung der Beziehung

$$(\vec{a} \times \vec{b}) \vec{g} = \vec{a}(\vec{b} \times \vec{g})$$

mit $\vec{g} = \vec{c} \times \vec{a}$ und dem Graßmannschen Entwicklungssatz

$$\vec{a} \times (\vec{b} \times \vec{c}) = \vec{b}(\vec{a}\vec{c}) - \vec{c}(\vec{a}\vec{b})$$

für

$$\begin{aligned}
\operatorname{rot} \vec{V} (\vec{r}_u \times \vec{r}_v) &= \sum_{i=1}^{3} \left(\vec{e}_i \times \frac{\partial \vec{V}}{\partial x_i} \right)(\vec{r}_u \times \vec{r}_v) = \sum_{i=1}^{3} \vec{e}_i \left\{ \frac{\partial \vec{V}}{\partial x_i} \times (\vec{r}_u \times \vec{r}_v) \right\} \\
&= \sum_{i=1}^{3} \vec{e}_i \left\{ \left(\vec{r}_v \frac{\partial \vec{V}}{\partial x_i} \right) \vec{r}_u - \left(\vec{r}_u \frac{\partial \vec{V}}{\partial x_i} \right) \vec{r}_v \right\} = \sum_{i=1}^{3} \left\{ \left(\vec{r}_v \frac{\partial \vec{V}}{\partial x_i} \right) \frac{\partial x_i}{\partial u} - \left(\vec{r}_u \frac{\partial \vec{V}}{\partial x_i} \right) \frac{\partial x_i}{\partial v} \right\} \\
&= \vec{r}_v \sum_{i=1}^{3} \frac{\partial \vec{V}}{\partial x_i} \frac{\partial x_i}{\partial u} - \vec{r}_u \sum_{i=1}^{3} \frac{\partial \vec{V}}{\partial x_i} \frac{\partial x_i}{\partial v} = \vec{r}_v \vec{V}_u - \vec{r}_u \vec{V}_v,
\end{aligned}$$

da

$$\vec{e}_i \vec{r}_u = \vec{e}_i \sum_{j=1}^{3} \frac{\partial x_j}{\partial u} \vec{e}_j = \frac{\partial x_i}{\partial u} \quad \text{bzw.} \quad \vec{e}_i \vec{r}_v = \frac{\partial x_i}{\partial v}.$$

Somit können wir schreiben

$$\begin{aligned}
\iint_\sigma \operatorname{rot} \vec{V}\, d\vec{\sigma} &= \iint_{\mathcal{B}^*} \operatorname{rot} \vec{V} (\vec{r}_u \times \vec{r}_v)\, du\, dv = \iint_{\mathcal{B}^*} (\vec{r}_v \vec{V}_u - \vec{r}_u \vec{V}_v)\, du\, dv \\
&= \iint_{\mathcal{B}^*} \left\{ \frac{\partial}{\partial u}(\vec{V} \vec{r}_v) - \frac{\partial}{\partial v}(\vec{V} \vec{r}_u) \right\} du\, dv = \oint_{\partial \mathcal{B}^*} (\vec{V} \vec{r}_u\, du + \vec{V} \vec{r}_v\, dv) = \oint_C \vec{V}\, d\vec{r}
\end{aligned}$$

---
[3] George Gabriel Stokes (1819 – 1903), englischer Physiker

mit $\vec{r}_{uv} = \vec{r}_{vu}$ nach dem Satz von Schwarz und dem Satz von Green in der Ebene.

Bemerkungen:

8.4.1. Der Satz von Stokes gilt auch für Flächen, die von mehreren **einfach geschlossenen Kurven** $C_1, C_2, \ldots, C_n$ berandet werden. Man muß nur das Kurvenintegral durch die Summe der entsprechenden Kurvenintegrale ersetzen und die Orientierung so festsetzen, daß die Fläche σ beim Durchlaufen dieser Randkurven links liegt.

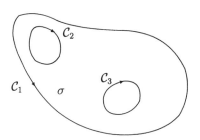
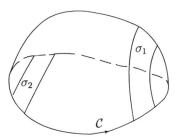

8.4.2. Der Satz von Stokes führt ein **Oberflächenintegral** in ein **Kurvenintegral** über und umgekehrt. Er drückt also die im Beispiel 4.2.1 angesprochene *Zirkulation* über ein Vektorfeld längs einer geschlossenen Kurve C durch ein Oberflächenintegral über ein in C eingespanntes Flächenstück σ aus. Dabei ist bei einer festgelegten Kurve C die Gestalt dieser Fläche σ völlig beliebig (unter Berücksichtigung der Voraussetzungen von Satz 8.4.1), sie muß nur von C berandet sein.

8.4.3. Der Fluß des Vektors rot $\vec{V}$, der sogenannte **Wirbelfluß**

$$\iint_\sigma \operatorname{rot} \vec{V} \, d\vec{\sigma}$$

eines Feldes $\vec{V} \in C^1$ durch eine **geschlossene** Fläche ist Null. Z.B. erhält man eine geschlossene Fläche, wenn man die Randkurve C auf einen Punkt zusammenzieht, wodurch das Kurvenintegral in (8.4.1) verschwindet.

8.4.4. Wie bei der Divergenz können wir auch die Rotation **koordinatenunabhängig** definieren. Sei nämlich $\triangle\sigma$ eine durch eine geschlossene Kurve C begrenzte ebene Fläche mit Inhalt $\triangle A$, der Punkt $P^* \in \triangle\sigma$ und $\vec{N}$ die Normale in P^* an $\triangle\sigma$, so gilt nach dem Mittelwertsatz für Doppelintegrale

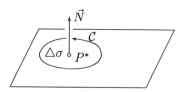

$$\oint_C \vec{V} \, d\vec{r} = \iint_{\triangle\sigma} \operatorname{rot} \vec{V} \vec{N} \, d\sigma = \vec{N} \operatorname{rot} \vec{V}\Big|_{P^*} \iint_{\triangle\sigma} d\sigma = \vec{N} \operatorname{rot} \vec{V}\Big|_{P^*} \triangle A. \tag{8.4.2}$$

Für $\triangle A \to 0$ gehe P^* in einen Punkt P über, und wir erhalten

$$\vec{N} \operatorname{rot} \vec{V}\Big|_P = \lim_{\triangle A \to 0} \frac{1}{\triangle A} \oint_C \vec{V} \, d\vec{r}.$$

Es gilt also:

Die Normalkomponente der Rotation ist gleich dem Grenzwert der Zirkulation pro Flächeneinheit.

8.4.5. Mit der Gleichung (8.4.2) können wir uns nun auch die Existenz eines **Wirbels** klarmachen.

Sei $\mathrm{rot}\,\vec{V} \neq \vec{0}$ und stetig in einer Umgebung von P^*. Wir wählen in P^* die Normale $\vec{N}$ parallel zu $\mathrm{rot}\,\vec{V}\big|_{P^*}$ und betrachten senkrecht zu $\vec{N}$ eine Kreisscheibe mit dem Rand $\mathcal{C}$ und der Fläche πr^2. Dann ist

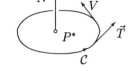

$$\vec{N}\,\mathrm{rot}\,\vec{V}\big|_{P^*}\,\triangle A = \pi r^2 \left|\mathrm{rot}\,\vec{V}\right|_{P^*} > 0$$

und somit auch

$$\oint_\mathcal{C} \vec{V}\,d\vec{r} = \oint_\mathcal{C} \vec{V}\,\frac{d\vec{r}}{ds}\,ds = \oint_\mathcal{C} \vec{V}\,\vec{T}\,ds > 0.$$

Das bedeutet aber, daß „im Mittel" $\vec{V}\vec{T} > 0$ ist, bzw. $\vec{V}$ hat „im Durchschnitt" eine Komponente in Richtung der Tangenten von $\mathcal{C}$, ist also um eine Achse parallel zu $\vec{N}$ gekrümmt.

8.4.6. Für eine in der Ebene $z = 0$ liegende Fläche σ mit dem Rand $\mathcal{C}$ ist der Satz von Stokes mit dem **Satz von Green** identisch, denn es gilt

$$\iint_\sigma \mathrm{rot}\,\vec{V}\,d\vec{\sigma} = \iint_\sigma \mathrm{rot}\,\vec{V}\,\vec{k}\,dx dy = \iint_\sigma \left(\frac{\partial V_2}{\partial x} - \frac{\partial V_1}{\partial y}\right) dx dy = \oint_\mathcal{C} \vec{V}\,d\vec{r} = \oint_\mathcal{C} (V_1\,dx + V_2\,dy).$$

Beispiele:

8.4.1. Sei $\vec{a} = (0, 0, a)$, $a > 0$, ein konstanter Vektor und $\vec{r} = (x, y, 0)$ der Ortsvektor zum Punkt $P(x, y, 0)$. Wir wenden den Satz von Stokes auf das Vektorfeld

$$\vec{V} = \vec{a} \times \vec{r}$$

und die Kreisscheibe σ_0 mit dem Rand $\mathcal{C}_0$ in Form des Kreises $x^2 + y^2 = r_0^2$ an und erhalten mit $\mathrm{rot}\,\vec{V} = 2\vec{a}$:

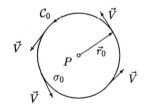

$$\oint_{\mathcal{C}_0} \vec{V}\,d\vec{r} = \iint_{\sigma_0} \mathrm{rot}\,\vec{V}\,d\vec{\sigma} = 2\vec{a} \iint_{\sigma_0} d\vec{\sigma} = 2(0,0,a)\vec{k} \iint_{\sigma_0} d\sigma = 2a A(\sigma) = 2a\pi r_0^2.$$

Es kommt also in diesem Fall auf die Form von $\mathcal{C}_0$ bzw. σ_0 nicht an, maßgebend ist nur die Größe der Fläche senkrecht zu $\vec{a}$.

8.4.2. Wir wollen den Satz von Stokes für eine Schraubenfläche mit der Parameterdarstellung

$$\vec{r}(u, v) = (u\cos v, u\sin v, v), \quad 0 \leq u \leq 1, \quad 0 \leq v \leq \frac{\pi}{2}$$

und das Vektorfeld $\vec{V} = (z, x, y)$ bestätigen.

Der Rand der Fläche besteht aus vier Teilkurven

$C_1: \vec{r}(t) = (t, 0, 0), \quad 0 \leq t \leq 1,$

$C_2: \vec{r}(t) = (\cos t, \sin t, t), \quad 0 \leq t \leq \frac{\pi}{2},$

$C_3: \vec{r}(t) = \left(0, 1-t, \frac{\pi}{2}\right), \quad 0 \leq t \leq 1,$

$C_4: \vec{r}(t) = \left(0, 0, \frac{\pi}{2}-t\right), \quad 0 \leq t \leq \frac{\pi}{2},$

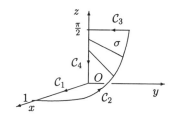

und wir erhalten für die vier Teilintegrale

$$J_1 = \int_{C_1} \vec{V}\, d\vec{r} = \int_0^1 (0, t, 0)(1, 0, 0)\, dt = 0,$$

$$J_2 = \int_{C_2} \vec{V}\, d\vec{r} = \int_0^{\pi/2} (t, \cos t, \sin t)(-\sin t, \cos t, 1)\, dt = \int_0^{\pi/2} (-t \sin t + \cos^2 t + \sin t)\, dt$$

$$= \left[t \cos t\right]_0^{\pi/2} - \int_0^{\pi/2} \cos t\, dt + \left[\frac{t}{2} + \frac{1}{4}\sin 2t\right]_0^{\pi/2} - \left[\cos t\right]_0^{\pi/2} = -1 + \frac{\pi}{4} + 1 = \frac{\pi}{4},$$

$$J_3 = \int_{C_3} \vec{V}\, d\vec{r} = \int_0^1 \left(\frac{\pi}{2}, 0, 1-t\right)(0, -1, 0)\, dt = 0,$$

$$J_4 = \int_{C_4} \vec{V}\, d\vec{r} = \int_0^{\pi/2} \left(\frac{\pi}{2}-t, 0, 0\right)(0, 0, -1)\, dt = 0$$

mit der Summe

$$J = \oint_C \vec{V}\, d\vec{r} = \frac{\pi}{4}.$$

Nun ist

$$\text{rot}\,\vec{V} = \begin{vmatrix} \vec{i} & \vec{j} & \vec{k} \\ \frac{\partial}{\partial x} & \frac{\partial}{\partial y} & \frac{\partial}{\partial z} \\ z & x & y \end{vmatrix} = (1, 1, 1)$$

und somit

$$\text{rot}\,\vec{V}\,(\vec{r}_u \times \vec{r}_v) = \begin{vmatrix} 1 & 1 & 1 \\ \cos v & \sin v & 0 \\ -u \sin v & u \cos v & 1 \end{vmatrix} = \sin v - \cos v + u \cos^2 v + u \sin^2 v = u + \sin v - \cos v.$$

Wir erhalten also für das Oberflächenintegral

$$\iint_\sigma \text{rot}\,\vec{V}\, d\vec{\sigma} = \iint_{B^*} \text{rot}\,\vec{V}\,(\vec{r}_u \times \vec{r}_v)\, du\, dv = \int_0^1 \int_0^{\pi/2} (u + \sin v - \cos v)\, du\, dv$$

$$= \int_0^1 \left(u\frac{\pi}{2} - \left[\cos v\right]_0^{\pi/2} - \left[\sin v\right]_0^{\pi/2} \right) du = \int_0^1 \left(u\frac{\pi}{2} + 1 - 1 \right) du$$

$$= \frac{\pi}{2}\left[\frac{u^2}{2}\right]_0^1 = \frac{\pi}{4}.$$

Aufgaben:

8.4.1. Man zeige, daß gilt

$$\operatorname{rot} \vec{V} = \vec{i} \times \frac{\partial \vec{V}}{\partial x} + \vec{j} \times \frac{\partial \vec{V}}{\partial y} + \vec{k} \times \frac{\partial \vec{V}}{\partial z} = \sum_{l=1}^{3} \left(\vec{e}_l \times \frac{\partial \vec{V}}{\partial x_l} \right).$$

8.4.2. Man wende auf das Vektorfeld $\vec{V} = \Phi \operatorname{grad} \Psi$ den Satz von Stokes an.

8.4.3. Man verifiziere den Satz von Stokes für das Vektorfeld

$$\vec{V} = (-y, yz^2, y^2 z)$$

und die obere Hälfte der Kugel $x^2 + y^2 + z^2 = 1$.

8.4.4. Gegeben sei das Vektorfeld $\vec{V} = (x, -z, y)$ und eine Kreisscheibe um den Punkt $P_0(x_0, y_0, z_0)$ mit der Fläche $A = \pi R^2$ in der Form

$$\vec{r} = (x_0, y_0, z_0) + (0, R \sin \varphi, R \cos \varphi),$$

Man berechne

$$\lim_{A \to 0} \frac{1}{A} \oint_C \vec{V} \, d\vec{r},$$

wobei C der Kreis mit einem mathematisch positiven Durchlaufungssinn bedeutet. Welche Komponente von $\operatorname{rot} \vec{V}$ wird hier berechnet? Vergleiche mit der Darstellung von $\operatorname{rot} \vec{V}$.

8.4.5. Man zeige, daß gilt

$$\oint_C \vec{V} \, d\vec{r} = 0$$

genau dann für jede geschlossene Kurve C, wenn überall $\operatorname{rot} \vec{V} = \vec{0}$ ist.

8.4.6. Man berechne

$$\oint_C \vec{V} \, d\vec{r} \quad \text{für} \quad \vec{V} = f(r)\vec{r},$$

$\vec{r} = (x, y, z)$, $r = \sqrt{x^2 + y^2 + z^2}$, längs der Kanten eines achsenparallelen Quadrates der x, y-Ebene mit der Kantenlänge 2 und dem Zentrum $(0, 0)$ mittels des Integralsatzes von Stokes.

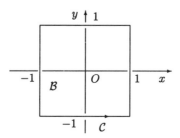

8.4.7. Man verifiziere den Satz von Stokes für das Vektorfeld $\vec{V} = (z, x, y)$ und die unten abgebildete Kurve $\mathcal{C} = \bigcup_{i=1}^{4} \mathcal{C}_i$.

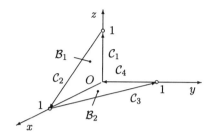

Teil II

Komplexe Analysis

1 Funktionen einer komplexen Variablen

In Band 1 wurde die Menge $\mathbf{C}$ der komplexen Zahlen eingeführt und ihre Bedeutung für die vollständige Lösung algebraischer Gleichungen und für Anwendungen in der Elektrotechnik gezeigt. Die Funktionen einer (oder mehrerer) komplexer Variablen sind Gegenstand der Untersuchungen in der *Komplexen Analysis*, auch *Funktionentheorie* genannt. Die Kenntnis ihrer Eigenschaften macht einerseits viele Phänomene im Bereich der reellen Analysis durchschaubarer, andererseits ergeben sich durch die enge Beziehung differenzierbarer Funktionen einer komplexen Variablen zu Lösungen der Potentialgleichung Anwendungen bei Problemen der Potentialtheorie, Regelungstechnik, Hydromechanik, Elastizitätstheorie, Wärmeleitung, Aerodynamik und des Elektromagnetismus.

Bei einer reellwertigen Funktion einer reellen Variablen sind Definitions- und Wertebereich jeweils 1-dimensional, sie läßt sich also mittels eines 2-dimensionalen kartesischen Koordinatensystems bildlich darstellen. Bei einer komplexwertigen Funktion einer komplexen Variablen benötigt man zur entsprechenden unabhängigen grafischen Darstellung des reell-2-dimensionalen Definitionsbereichs $\mathbf{C}$ und des reell-2-dimensionalen Wertebereichs $\mathbf{C}$ einen 4-dimensionalen reellen Raum. Man behilft sich, indem man ausgewählte Punktmengen des Definitionsbereichs und ihre Bilder in getrennten Gaußschen Ebenen, der *z-Ebene* und der *w-Ebene*, gegenüberstellt. (Andere Möglichkeiten sind die Darstellung von Real- und Imaginärteil der Funktion in getrennten 3-dimensionalen Bildern über dem Definitionsbereich oder der „Betragsfläche" $|f(x+iy)|$ über der (x,y)-Ebene.)

Im folgenden wollen wir Real- und Imaginärteil des Urbildes z mit x und y und des Bildes $w = f(z)$ mit u und v bezeichnen. Weiter sei r der Betrag und φ das Argument von z sowie ρ der Betrag und θ das Argument von w. Es gilt also

$$z = x + iy = re^{i\varphi} = r(\cos\varphi + i\sin\varphi),$$
$$w = f(z) = u + iv = \rho e^{i\theta} = \rho(\cos\theta + i\sin\theta).$$

Beispiele:

1.1. Die Funktion

$$w = e^z = e^{x+iy} = e^x(\cos y + i\sin y) \qquad \text{(EULER[1]-Formel)}$$

bildet die (zur y-Achse parallele) Gerade $z = x_0 + iy$, $y \in \mathbf{R}$, in der z-Ebene auf den Kreis um 0 mit Radius e^{x_0} und die (zur x-Achse parallele) Gerade $z = x + iy_0$, $x \in \mathbf{R}$, in der z-Ebene auf die (Ursprungs-)Halbgerade in der w-Ebene ab, die mit der positiven u-Achse den orientierten Winkel y_0 einschließt.

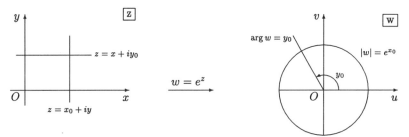

---

[1] Leonhard Euler (1707 – 1783), Schweizer Mathematiker

1.2. Die trigonometrischen Funktionen in $\mathbf{C}$ werden im Beispiel 1.15 eingeführt. Aus den Additionstheoremen und dem Zusammenhang mit den hyperbolischen Funktionen ergibt sich

$$|\sin z| = |\sin(x+iy)| = |\sin x \cos iy + \cos x \sin iy|$$
$$= |\sin x \cosh y + i \cos x \sinh y| = \sqrt{\sin^2 x \cosh^2 y + \cos^2 x \sinh^2 y}$$
$$= \sqrt{\sin^2 x (1+\sinh^2 y) + (1-\sin^2 x)\sinh^2 y}$$
$$= \sqrt{\sin^2 x + \sinh^2 y},$$

und damit erhält man Aussagen über Nullstellen der Sinus-Funktion (siehe Aufgabe 1.13).

1.3. Gesucht ist die **Kapazität** eines 1m langen Koaxialkabels mit den Radien a und b, $0 < a < b$. Wir betrachten zwei Strecken der Länge 2π in der z-Ebene (Urbildebene), die jeweils parallel zur imaginären Achse sind und zur y-Achse den Abstand $x_1 = \ln a$ bzw. $x_2 = \ln b$ haben. Die Funktion

$$w = e^z = e^x e^{iy} = \rho e^{i\theta}$$

bildet die Strecken auf Kreise in der w-Ebene (Bildebene) mit Radien

$$\rho_1 = e^{x_1} = a \quad \text{und} \quad \rho_2 = e^{x_2} = b$$

ab.

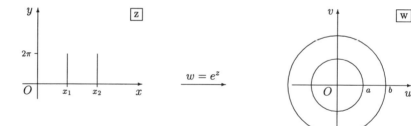

Das Urbild stellt den Schnitt durch einen Plattenkondensator der Länge 1m mit Plattenabstand

$$d = x_2 - x_1 = \ln b - \ln a = \ln \frac{b}{a}$$

und das Bild einen entsprechenden Schnitt durch das vorliegende Koaxialkabel dar. Ist ϵ_0 die *Dielektrizitätskonstante* und hat jede Platte die Fläche $A = 2\pi$, dann ist die Kapazität des Plattenkondensators

$$C = \epsilon_0 \frac{A}{d} = \frac{2\pi\epsilon_0}{\ln(b/a)}.$$

Nimmt man nun an, daß durch die Abbildung der z-Ebene auf die w-Ebene mittels der Funktion e^z die Kapazität nicht verändert wird, dann ist C auch die gesuchte Kapazität des Koaxialkabels.

Funktionen einer komplexer Variablen $z = x + iy$ kann man auch als Funktionen der beiden reellen Variablen x und y auffassen. Daher ist es sinnvoll, die Definitionen „innerer Punkt",

„Randpunkt", „Gebiet" und „Bereich" von der zweidimensionalen Ebene $\mathbf{R}^2$ auf $\mathbf{C}$ zu übertragen (s. Teil I, 2.1).

Beispiele:

1.4. Die komplexe Ebene $\mathbf{C}$, die *obere Halbebene* $\{z \in \mathbf{C} | Im(z) > 0\}$, der *erste Quadrant* $\{z \in \mathbf{C} | Re(z) > 0 \wedge Im(z) > 0\}$ sowie der *horizontale Streifen* $\{z \in \mathbf{C} | a < Im(z) < b\}$ und der *vertikale Streifen* $\{z \in \mathbf{C} | a < Re(z) < b\}$ sind Gebiete.

1.5. Jede *offene Kreisscheibe* $\{z \in \mathbf{C} | |z - z_0| < r\}$ ist ein Gebiet, jede *abgeschlossene Kreisscheibe* $\{z \in \mathbf{C} | |z - z_0| \leq r\}$ ist ein Bereich. Die offene Kreisscheibe mit Mittelpunkt im Nullpunkt und Radius 1 heißt **Einheitskreis**.

1.6. Die längs der negativen reellen Achse aufgeschnittene *geschlitzte Ebene* $\mathbf{C} \setminus \{x \in \mathbf{R} | x < 0\}$ ist ein Gebiet.

1.7. Ein *Kreisring* $\{z \in \mathbf{C} | a < |z - z_0| < b\}$ (mit $a, b \in \mathbf{R}$, $0 < a < b$, $z_0 \in \mathbf{C}$) ist ein Gebiet.

1.8. Sind $\mathcal{G} \subset \mathbf{C}$ ein Gebiet, $z_1, ..., z_n \in \mathcal{G}$ Punkte von $\mathcal{G}$, dann sind $\mathcal{G} \setminus \{z_1\}$ und $\mathcal{G} \setminus \{z_1, ..., z_n\}$ Gebiete. Sie heißen *punktiertes* bzw. *mehrfach punktiertes Gebiet*.

Definition 1.1:

Ordnet man jeder komplexen Zahl $z = x + iy$ einer Menge $\mathcal{M} \subset \mathbf{C}$ durch eine Vorschrift eine oder mehrere komplexe Zahlen w zu, dann heißt diese Zuordnung **komplexe Funktion** und wird mit

$$w = f(z) \quad \text{bzw.} \quad w = u(x, y) + iv(x, y)$$

bezeichnet.

Im Gegensatz zu den reellen Funktionen müssen komplexe Funktionen nicht eindeutig sein. Durch Vergrößern des Wertevorrats einer Funktion von $\mathbf{C}$ auf eine sogenannte *Riemannsche Fläche* kann man die Zuordnung eindeutig machen.

Beispiele:

1.9. Die **quadratische Funktion** wird durch

$$w = f(z) := z^2 = (x + iy)^2 = x^2 - y^2 + i2xy = u + iv$$

auf $\mathbf{C}$ definiert. Sie ist eindeutig. Stellt man z in der Exponentialform $z = re^{i\varphi}$ dar, dann ergibt sich

$$w = z^2 = (re^{i\varphi})^2 = r^2 e^{i2\varphi}.$$

Der erste Quadrant wird also durch die quadratische Funktion auf die obere Halbebene abgebildet, die obere (und auch die untere) Halbebene auf ganz $\mathbf{C}$. Beschreibt ein Strahl, ausgehend vom Ursprung, in der z-Ebene einen Kreis (wie ein Radarstrahl), dann ist sein Bild unter der quadratischen Abbildung ebenfalls ein Strahl, ausgehend vom Ursprung, und durchläuft mit doppelter Geschwindigkeit einen gleichen Kreis in der w-Ebene zweimal.

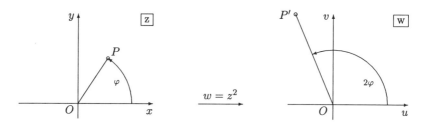

Entsprechend bewirken die Funktionen $f(z) = z^n$, $n \in \mathbf{N}$, $n \geq 3$, eine Ver-n-fachung der Argumente der Urbildpunkte.

1.10. Ein **Polynom**

$$w = f(z) := a_0 + a_1 z + a_2 z^2 + \ldots + a_n z^n = \sum_{k=0}^{n} a_k z^k \quad \text{mit} \quad a_0, \ldots, a_n \in \mathbf{C},\, a_n \neq 0$$

ist eine eindeutige komplexe Funktion mit Definitionsbereich $\mathbf{C}$.

1.11. Die (quadratische) **Wurzelfunktion**

$$w = f(z) := \sqrt{z}$$

ist eine auf ganz $\mathbf{C}$ definierte mehrdeutige komplexe Funktion:
Für jedes $z \neq 0$ in Exponentialform

$$z = r e^{i\varphi}$$

erhält man die beiden Funktionswerte in Exponentialform

$$w_1 = \sqrt{r}\, e^{i\varphi/2}, \quad w_2 = \sqrt{r}\, e^{i(\varphi + 2\pi)/2} = \sqrt{r}\, e^{i(\varphi/2 + \pi)} = \sqrt{r}\, e^{i\varphi/2} e^{i\pi} = -\sqrt{r}\, e^{i\varphi/2}.$$

Für $z = x + iy$ in arithmetischer Form ergibt das Quadrieren der Gleichung

$$w = \sqrt{z} = \sqrt{x + iy} = u + iv$$

und der Vergleich von Real- und Imaginärteil

$$u^2 - v^2 = x, \quad 2uv = y.$$

Für $y \neq 0$ folgt aus der zweiten Gleichung $v \neq 0$. Setzt man $u = y/(2v)$ in die erste Gleichung ein, dann erhält man eine biquadratische Gleichung für v. Aus deren beiden reellen Lösungen ergeben sich die beiden Funktionswerte $w_1 = u_1 + iv_1$, $w_2 = u_2 + iv_2$ mit

$$u_1 = \sqrt{\tfrac{1}{2}\left(x + \sqrt{x^2 + y^2}\right)}, \qquad v_1 = \sqrt{\tfrac{1}{2}\left(\sqrt{x^2 + y^2} - x\right)}\, \operatorname{sgn} y,$$

$$u_2 = -\sqrt{\tfrac{1}{2}\left(x + \sqrt{x^2 + y^2}\right)}, \qquad v_2 = -\sqrt{\tfrac{1}{2}\left(\sqrt{x^2 + y^2} - x\right)}\, \operatorname{sgn} y,$$

(sgn y bezeichne den Wert der in Bd.1 definierten Signumfunktion von y).
Für $z = 0$, d.h. $x = y = 0$, ist $w = 0$ der einzige Funktionswert.
Für $y = 0$, $x > 0$ ergeben sich die beiden reellen Funktionswerte

$$w_{1,2} = \pm\sqrt{x},$$

und für $y = 0$, $x < 0$ die beiden imaginären Funktionswerte

$$w_{1,2} = \pm i\sqrt{|x|}.$$

Bildet man die geschlitzte Ebene $\mathbf{C}\setminus\{x \in \mathbf{R}\,|\,x < 0\}$ durch die Wurzelfunktion ab, dann heißt die Menge der Funktionswerte $w = \rho e^{i\theta}$ mit $|\theta| < \pi/2$ **Hauptzweig** und mit $\pi/2 < |\theta| < \pi$ **Nebenzweig** der Funktion.

Betrachtet man nun zwei Exemplare der geschlitzten Ebene, die wir *Blatt 1* und *Blatt 2* nennen wollen, und verheftet sie längs der negativen reellen Achse so, daß die Ursprünge aufeinanderfallen und man nach einem Umlauf eines vom Ursprung ausgehenden Strahls (wie im Beispiel 1.9) von Blatt 1 nach Blatt 2 gelangt und nach einem weiteren Umlauf von Blatt 2 wieder nach Blatt 1, dann hat man den Wertevorrat so zu einer Menge $\mathcal{M}$ vergrößert, daß die Wurzelfunktion $\sqrt{z} : \mathbf{C} \to \mathcal{M}$ eindeutig ist. $\mathcal{M}$ heißt **Riemannsche Fläche** bezüglich $\sqrt{z}$. Jedem Blatt entspricht ein Zweig der Funktion, die negative reelle Achse heißt **Verzweigungslinie** und der Ursprung **Verzweigungspunkt**.

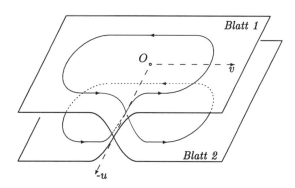

1.12. Für $a, b, c, d \in \mathbf{C}$ mit $|c| + |d| \neq 0$ heißt

$$w = f(z) := \frac{az + b}{cz + d}$$

gebrochen lineare Funktion. Sie ist für $c = 0$ auf $\mathbf{C}$ und für $c \neq 0$ auf $\mathbf{C} \setminus \{-d/c\}$ definiert.

1.13. Eine spezielle gebrochen lineare Funktion (mit $a = d = 0$, $b = c = 1$) ist die **Inversion**

$$w = f(z) := \frac{1}{z}.$$

Stellt man die Punkte der punktierten z-Ebene $\mathbf{C} \setminus \{0\}$ in Exponentialform mit Koordinaten (r, φ) und die Punkte der punktierten w-Ebene $\mathbf{C} \setminus \{0\}$ in Exponentialform mit Koordinaten (ρ, θ) dar, dann erhält man

$$w = \rho e^{i\theta} = \frac{1}{z} = \frac{1}{r} e^{i(-\varphi)},$$

d.h., es gilt

$$\rho = \frac{1}{r}, \quad \theta = -\varphi.$$

Den Bildpunkt P'' eines Punktes P von $\mathbf{C} \setminus \{0\}$ mit Koordinaten (r, φ) erhält man also, indem man den Strahl vom Ursprung O nach P mit dem Kreis um den Ursprung mit Radius $1/r$ schneidet und anschließend den Schnittpunkt P' an der reellen Achse spiegelt.

Den Punkt P' kann man auch mit Hilfe des Kathetensatzes geometrisch konstruieren: Liegt P außerhalb des Kreises, dann legt man von P die Tangente an den Kreis und fällt vom Berührpunkt B das Lot auf die Strecke OP. Ist P' der Lotfußpunkt, dann ist das Produkt der Längen von OP und OP' gleich dem Quadrat des Radius OB, d.h., P' ist der Punkt auf OP mit Abstand $\frac{1}{r}$ zu O. Liegt P innerhalb des Kreises, dann erhält man P' durch Umkehrung der Konstruktion.

Da Punkte außerhalb des Einheitskreises in das Innere des Einheitskreises und umgekehrt abgebildet werden, heißt die Abbildung $P \to P'$ auch **Spiegelung am Einheitskreis**.

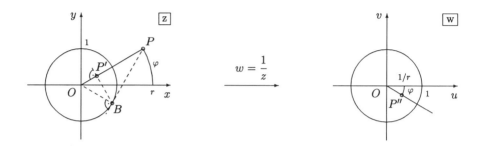

Den Bildpunkt P'' eines Punktes P bei der Inversion erhält man also durch Spiegelung am Einheitskreis und anschließende Spiegelung an der reellen Achse.

1.14. Analog zur reellen Exponentialfunktion definiert man die **komplexe Exponentialfunktion** durch die Reihe

$$e^z := \sum_{n=0}^{\infty} \frac{z^n}{n!}, \qquad z \in \mathbf{C}. \tag{1.1}$$

Für den Konvergenzradius gilt

$$r = \lim_{n\to\infty} \left| \frac{a_n}{a_{n+1}} \right| = \lim_{n\to\infty} \frac{(n+1)!}{n!} = \infty.$$

Die Reihe konvergiert also für alle $z \in \mathbf{C}$ absolut, d.h., die Exponentialfunktion ist in ganz $\mathbf{C}$ definiert und eindeutig. Aus den Sätzen für die Multiplikation absolut konvergenter Reihen folgt, daß die *Funktionalgleichung*

$$e^{z_1+z_2} = e^{z_1} \cdot e^{z_2}$$

auch für die komplexe Exponentialfunktion gilt.

1.15. Entsprechend kann man die Definitionen der trigonometrischen und der hyperbolischen Funktionen als Potenzreihen auf komplexe Variable verallgemeinern: Die Reihen

$$\sin z := \sum_{n=0}^{\infty} (-1)^n \frac{z^{2n+1}}{(2n+1)!}, \qquad \cos z := \sum_{n=0}^{\infty} (-1)^n \frac{z^{2n}}{(2n)!},$$

$$\sinh z := \sum_{n=0}^{\infty} \frac{z^{2n+1}}{(2n+1)!}, \qquad \cosh z := \sum_{n=0}^{\infty} \frac{z^{2n}}{(2n)!}$$

konvergieren in $\mathbf{C}$ absolut, die Funktionen sind also in $\mathbf{C}$ definiert und eindeutig. Analog zur Funktionalgleichung der Exponentialfunktion ergeben sich die *Additionstheoreme*

$$\sin(z_1 \pm z_2) = \sin z_1 \cos z_2 \pm \sin z_2 \cos z_1,$$
$$\cos(z_1 \pm z_2) = \cos z_1 \cos z_2 \mp \sin z_1 \sin z_2,$$
$$\sinh(z_1 \pm z_2) = \sinh z_1 \cosh z_2 \pm \sinh z_2 \cosh z_1,$$
$$\cosh(z_1 \pm z_2) = \cosh z_1 \cosh z_2 \pm \sinh z_1 \sinh z_2,$$
$$\cos^2 z + \sin^2 z = 1, \qquad \cosh^2 z - \sinh^2 z = 1.$$

Die Reihe in (1.1) konvergiert absolut, und daher kann man die Reihenglieder in beliebiger Reihenfolge aufsummieren. Damit ergibt sich als Zusammenhang zwischen der Exponentialfunktion, den trigonometrischen und den hyperbolischen Funktionen

$$e^{iz} = \sum_{n=0}^{\infty} \frac{(iz)^n}{n!} = \sum_{k=0}^{\infty} \frac{(iz)^{2k}}{(2k)!} + \sum_{k=0}^{\infty} \frac{(iz)^{2k+1}}{(2k+1)!}$$
$$= \sum_{k=0}^{\infty} (-1)^k \frac{z^{2k}}{(2k)!} + i \sum_{k=0}^{\infty} (-1)^k \frac{z^{2k+1}}{(2k+1)!}$$
$$= \cos z + i \sin z,$$

also die Verallgemeinerung der Euler-Formel, und analog $e^z = \cosh z + \sinh z$ sowie

$$\sin z = \frac{e^{iz} - e^{-iz}}{2i}, \qquad \sinh z = \frac{e^z - e^{-z}}{2},$$
$$\cos z = \frac{e^{iz} + e^{-iz}}{2}, \qquad \cosh z = \frac{e^z + e^{-z}}{2},$$
$$\sin iz = i \sinh z, \qquad \sinh iz = i \sin z,$$
$$\cos iz = \cosh z, \qquad \cosh iz = \cos z.$$

1.16. Das Bild des *Streifens*

$$S_0 := \{z = x + iy \in \mathbf{C} \mid x \in \mathbf{R} \wedge -\pi < y \leq \pi\}$$

unter der komplexen Exponentialfunktion ist die gesamte punktierte Ebene $\mathbf{C} \setminus \{0\}$. Für ein beliebiges

$$w = e^z = \rho e^{i\theta} \in \mathbf{C} \setminus \{0\} \quad \text{mit Betrag } \rho > 0 \quad \text{und Argument } -\pi < \theta \leq \pi$$

ist nämlich $z = \ln \rho + i\theta$ Urbild in S_0.
z ist sogar der einzige Urbildpunkt von w in S_0: Für jedes $z_1 = x_1 + iy_1 \in S_0$ mit $z_1 \neq z$ gilt nämlich $x_1 \neq \ln \rho$ oder $y_1 \neq \theta$.
Im Falle $x_1 \neq \ln \rho$ liegt $w = e^z$ auf dem Kreis um den Ursprung mit Radius ρ und e^{z_1} auf dem davon verschiedenen Kreis um den Ursprung mit Radius $e^{x_1} \neq \rho$. Es gilt daher $e^{z_1} \neq w$.
Im Falle $x_1 = \ln \rho$, d.h. $y_1 \neq \theta$ und $-\pi < \theta \leq \pi$, $-\pi < y_1 \leq \pi$, ist die Differenz von y_1 und θ kein ganzzahliges Vielfaches von 2π. Die Punkte $e^{z_1} = \rho e^{iy_1}$ und $w = \rho e^{i\theta}$ liegen also auf verschiedenen Strahlen der komplexen Zahlenebene mit Ausgangspunkt im Nullpunkt, sind daher wiederum verschieden.
Die Funktion $e^z : S_0 \to \mathbf{C} \setminus \{0\}$ ist also eineindeutig und damit umkehrbar. Die Umkehrfunktion heißt **Hauptzweig der komplexen Logarithmusfunktion Ln z**. Aus den obigen Überlegungen ergibt sich

$$\operatorname{Ln} z = \operatorname{Ln}(r \cdot e^{i\varphi}) = \ln r + i\varphi.$$

Sei $k \in \mathbf{Z} \setminus \{0\}$ eine beliebige ganze Zahl, dann bildet die Exponentialfunktion $f(z) = e^z$ den Streifen

$$S_k := \{z = x + iy \in \mathbf{C} \mid x \in \mathbf{R} \wedge (2k-1)\pi < y \leq (2k+1)\pi\}$$

ebenfalls vollständig und eineindeutig auf $\mathbf{C} \setminus \{0\}$ ab. Die zugehörige Umkehrfunktion heißt **Nebenzweig** der komplexen Logarithmusfunktion.
Man faßt diese Zweige zusammen zu der (vieldeutigen) **komplexen Logarithmusfunktion**

$$\ln z : \mathbf{C} \setminus \{0\} \to \mathbf{C} \quad \text{mit } \ln z = \ln(r \cdot e^{i\varphi}) := \ln r + i(\varphi + 2k\pi), \quad k \in \mathbf{Z}.$$

Da die komplexe Ebene in unendlich viele Parallelstreifen S_k zerlegt werden kann, benötigt man zur Konstruktion der Riemannschen Fläche der Logarithmusfunktion unendlich viele Blätter. Sie werden entlang der negativen reellen Achse aufgeschnitten, übereinandergelegt und so verheftet, daß die Ursprünge aller Blätter zusammenfallen und man nach einem Umlauf des Ursprungs (entgegengesetzt zum Uhrzeigersinn) auf dem k-ten Blatt auf das $(k+1)$-te Blatt gelangt.

Aufgaben:

1.1. Sei $\mathcal{M} \subset \mathbf{C}$ ein Gebiet. Man zeige, daß das Komplement $\mathbf{C} \setminus \mathcal{M}$ abgeschlossen ist, aber im allgemeinen kein Bereich.

1.2. Sei $\mathcal{M} \subset \mathbf{C}$ ein Bereich. Man zeige, daß das Komplement $\mathbf{C} \setminus \mathcal{M}$ offen ist, aber im allgemeinen kein Gebiet.

1.3. Man zeige, daß eine beliebige Vereinigung von Gebieten in der komplexen Zahlenebene offen ist, aber im allgemeinen kein Gebiet.

1.4. Der Rand eines Gebietes ist i.allg. nicht zusammenhängend.

1.5. Seien $c_1, c_2 \in \mathbf{R}$ beliebig. Man bestimme die Menge aller Punkte, die durch die quadratische Funktion $w = u + iv := z^2$ auf die Geraden $u = c_1$ bzw. $v = c_2$ der w-Ebene abgebildet werden.

1.6. Man zeige, daß die Wurzelfunktion $w := \sqrt[3]{z}$ eine auf ganz $\mathbf{C}$ definierte mehrdeutige Funktion ist und bestimme die Bilder eines beliebigen $z \in \mathbf{C}$ in Exponentialform. Man bestimme die verschiedenen Zweige der Funktion und konstruiere eine zugehörige Riemannsche Fläche.

1.7. Seien $a, b, c, d \in \mathbf{C}$ mit $ad - bc = 0$. Man zeige, daß die Funktion

$$w = f(z) := \frac{az+b}{cz+d}$$

eine für $c = 0$ auf $\mathbf{C}$ und für $c \neq 0$ auf $\mathbf{C} \setminus \{-d/c\}$ definierte konstante Funktion ist.

1.8. Man zeige, daß durch

$$w = f(z) := \frac{z-i}{z+i}$$

eine auf $\mathbf{C} \setminus \{-i\}$ definierte gebrochen lineare Funktion gegeben ist, die die obere Hälfte der z-Ebene auf den Einheitskreis in der w-Ebene abbildet.

1.9. Man zeige: Für alle $z = x + iy \in \mathbf{C}$ gilt

$$e^z \neq 0 \quad \text{und} \quad |e^z| = e^x,$$

speziell also $|e^{iy}| = 1$ für alle $y \in \mathbf{R}$.

1.10. Man bestimme die Bilder der reellen bzw. imaginären Achse der z-Ebene unter der Abbildung $w := \text{Ln } z$.

1.11. Man zeige $\overline{e^z} = e^{\bar{z}}$ und $e^{-z} = \dfrac{1}{e^z}$.

1.12. Man zeige die Additionstheoreme für die trigonometrischen und hyperbolischen Funktionen.

1.13. Man zeige, daß die Funktionen $w := \cos z$ und $w := \sin z$ nur reelle Nullstellen besitzen.

1.14. Man bestimme alle $z \in \mathbf{C}$ mit $\sin z = 100$.

2 Differentiation

Die komplexe Zahlenebene läßt sich als 2-dimensionaler reeller Vektorraum, eine komplexe Funktion $w = f(z)$ entsprechend als vektorwertige Zuordnung $(x,y) \to (u,v)$ auffassen. Folgende Bezeichnungen sind analog zum $\mathbf{R}^2$ gewählt:

(a) Ist $z_n = x_n + iy_n$, $n \in \mathbf{N}$, eine Folge und gilt

$$\lim_{n\to\infty} |z_n - z_0| = 0,$$

dann heißt $z_0 = x_0 + iy_0$ **Grenzwert der Folge**. Man schreibt $\lim_{n\to\infty} z_n = z_0$.

(b) Ist $\mathcal{G} \subset \mathbf{C}$ ein Gebiet, $z_0 \in \mathcal{G}$, $w = u + iv \in \mathbf{C}$, $f : \mathcal{G} \to \mathbf{C}$ eine Funktion mit Definitionsbereich $\mathcal{G}$, und gilt für jede gegen z_0 konvergente Folge $(z_n) \subset \mathcal{G}$

$$\lim_{n\to\infty} f(z_n) = w,$$

dann heißt w **Grenzwert der Funktion** f.

(c) Ist $\mathcal{G} \subset \mathbf{C}$ ein Gebiet, $z_0 \in \mathcal{G}$, $f : \mathcal{G} \to \mathbf{C}$ eine Funktion mit Definitionsbereich $\mathcal{G}$, und hat f in z_0 den Grenzwert $f(z_0)$, dann heißt f **stetig** in z_0.

Für eine in z_0 stetige komplexe Funktion ist wegen der Eindeutigkeit des Grenzwertes der Funktion in z_0 auch der Funktionswert $f(z_0)$ eindeutig festgelegt. Wir betrachten daher im folgenden nur eindeutige komplexe Funktionen.

Für stetige Funktionen in $\mathbf{C}$ gilt wie im Reellen:

Satz 2.1:

(a) *Die Funktion $f(z) = f(x+iy) = u(x,y) + iv(x,y)$ ist genau dann stetig in $z_0 = x_0 + iy_0$, wenn $u(x,y)$ und $v(x,y)$ stetig in (x_0,y_0) sind.*

(b) *Sind $f(z)$ und $g(z)$ stetig in z_0, dann sind $f(z) \pm g(z)$ und $f(z) \cdot g(z)$ stetig in z_0. Ist ferner $g(z_0) \neq 0$, dann ist $\dfrac{f(z)}{g(z)}$ stetig in z_0.*

(c) *Ist $f(z)$ stetig in z_0, $g(z)$ stetig in $f(z_0)$, dann ist die zusammengesetzte Funktion $(g \circ f)(z)$ stetig in z_0.*

Die komplexe Analysis kann man als Spezialfall der Theorie der Funktionen $f : \mathbf{R}^2 \to \mathbf{R}^2$ auffassen, und wir können einfach alle Begriffe und Sätze von dort übertragen. Zum Beispiel sind die Behauptungen (a) und (c) von Satz 2.1 direkte Folgerungen der entsprechenden Aussagen im $\mathbf{R}^2$. $\mathbf{C}$ ist aber nicht nur ein zweidimensionaler reeller Vektorraum, sondern man kann in $\mathbf{C}$ im Gegensatz zu allgemeinen reellen Vektorräumen zusätzlich multiplizieren und (außer durch 0) dividieren, und es gelten dieselben Rechenregeln wie in $\mathbf{R}$. Das ermöglicht eine Vorgehensweise analog zur Theorie der Funktionen einer reellen Variablen. Zum Beispiel erhält man den Beweis der Behauptung (b) von Satz 2.1 völlig analog zum Beweis der entsprechenden Aussage für reellwertige Funktionen in $\mathbf{R}$.

Definition 2.1:
Es sei $\mathcal{G} \subset \mathbb{C}$ ein Gebiet, $z_0 \in \mathcal{G}$ beliebig und $f: \mathcal{G} \to \mathbb{C}$ eine in $\mathcal{G}$ eindeutige Funktion. Dann heißt f in z_0 **differenzierbar**, wenn der Grenzwert

$$\lim_{z \to z_0} \frac{f(z) - f(z_0)}{z - z_0}$$

existiert. Der Grenzwert heißt **Ableitung** $f'(z_0)$ von f an der Stelle z_0.

Bei der Bildung des Grenzwertes in Definition 2.1 müssen alle möglichen Folgen komplexer Zahlen betrachtet werden, die gegen z_0 konvergieren. Da es in der komplexen Zahlenebene erheblich mehr Möglichkeiten für solche Folgen gibt als auf der reellen Zahlengeraden, ist die Forderung an die Differenzierbarkeit in $\mathbb{C}$ wesentlich einschränkender als in $\mathbb{R}$.

Beispiele:

2.1. Wie bei den Funktionen reeller Variabler ist jede konstante Funktion $f: \mathbb{C} \to \mathbb{C}$ mit $f(z) := c$ differenzierbar in $\mathbb{C}$ mit $f'(z) = 0$.
Die Funktion $f: \mathbb{C} \to \mathbb{C}$ mit $f(z) := z$ ist differenzierbar in $\mathbb{C}$ mit $f'(z) = 1$.

2.2. Die Funktion $f: \mathbb{C} \to \mathbb{C}$ mit $f(z) := z^2$ ist differenzierbar in $\mathbb{C}$, denn für jedes $z_0 \in \mathbb{C}$ gilt

$$\lim_{z \to z_0} \frac{f(z) - f(z_0)}{z - z_0} = \lim_{z \to z_0} \frac{z^2 - z_0^2}{z - z_0} = \lim_{z \to z_0} (z + z_0) = 2z_0.$$

Man erhält also wie im Reellen $f'(z) = 2z$.

2.3. Die Funktion $f(z) := z \cdot Re(z)$, d.h. mit $u(x,y) = x^2$, $v(x,y) = x \cdot y$, ist stetig in $\mathbb{C}$.
Für $z_0 = 0$ gilt

$$\lim_{z \to z_0} \frac{f(z) - f(z_0)}{z - z_0} = \lim_{z \to 0} \frac{z \cdot Re(z)}{z} = \lim_{z \to 0} Re(z) = 0,$$

die Funktion ist also in $z_0 = 0$ differenzierbar mit der Ableitung 0.
Für $z_0 = x_0 + iy_0 \neq 0$ gilt

$$\frac{f(z) - f(z_0)}{z - z_0} = \frac{z \cdot Re(z) - z_0 \cdot Re(z_0)}{z - z_0} = \frac{(z - z_0)Re(z) + z_0(Re(z) - Re(z_0))}{z - z_0}$$

$$= Re(z) + z_0 \frac{Re(z) - Re(z_0)}{z - z_0}.$$

Betrachtet man speziell die Folge $z_n = z_0 + \frac{1}{n} = x_0 + \frac{1}{n} + iy_0$, dann ergibt sich $\lim_{n \to \infty} z_n = x_0 + iy_0 = z_0$ und

$$\lim_{n \to \infty} \frac{f(z_n) - f(z_0)}{z_n - z_0} = Re(z_0) + z_0 \lim_{n \to \infty} \frac{x_0 + \frac{1}{n} - x_0}{x_0 + \frac{1}{n} + iy_0 - x_0 - iy_0} = Re(z_0) + z_0.$$

Für die Folge $z_n = z_0 + \frac{i}{n} = x_0 + i(y_0 + \frac{1}{n})$ erhält man $\lim_{n \to \infty} z_n = z_0$ und

$$\lim_{n \to \infty} \frac{f(z_n) - f(z_0)}{z_n - z_0} = Re(z_0) + z_0 \lim_{n \to \infty} \frac{x_0 - x_0}{x_0 + i(y_0 + \frac{1}{n}) - x_0 - iy_0} = Re(z_0).$$

Die Ableitung existiert also nicht an der Stelle $z_0 \neq 0$.

2.4. Ist $f = u + iv$ in $z_0 = x_0 + iy_0$ differenzierbar, dann existiert der Grenzwert

$$f'(z_0) = \lim_{z \to z_0} \frac{f(z) - f(z_0)}{z - z_0}$$

unabhängig von der Auswahl der gegen z_0 konvergenten Folge von z-Werten, also auch für $z_n := x_n + iy_0$ mit $\lim_{n \to \infty} x_n = x_0$. Es gilt dann

$$f'(z_0) = \lim_{n \to \infty} \left(\frac{u(x_n, y_0) - u(x_0, y_0)}{x_n - x_0} + i \frac{v(x_n, y_0) - v(x_0, y_0)}{x_n - x_0} \right). \quad (2.1)$$

Da eine Folge komplexer Zahlen genau dann konvergiert, wenn die Folgen der Real- und Imaginärteile konvergieren, existieren die partiellen Ableitungen $u_x(x, y)$ und $v_x(x, y)$ nach x in (x_0, y_0), und es gilt

$$f'(z_0) = u_x(x_0, y_0) + iv_x(x_0, y_0).$$

Analog folgt die Existenz der partiellen Ableitungen u_y und v_y nach y aus der Betrachtung der Folge $z_n := x_0 + iy_n$ mit $\lim_{n \to \infty} y_n = y_0$ und

$$f'(z_0) = \lim_{n \to \infty} \left(\frac{u(x_0, y_n) - u(x_0, y_0)}{i(y_n - y_0)} + i \frac{v(x_0, y_n) - v(x_0, y_0)}{i(y_n - y_0)} \right)$$

$$= \frac{1}{i} u_y(x_0, y_0) + v_y(x_0, y_0) = v_y(x_0, y_0) - iu_y(x_0, y_0).$$

2.5. Sind für eine differenzierbare Funktion $f(z) = u(x, y) + iv(x, y)$ der Realteil $u(x, y)$ und der Imaginärteil $v(x, y)$ explizit als Funktionen von x und y bekannt, dann ergibt (2.1) direkt die Ableitung von $f(z)$. Zum Beispiel hat die Funktion

$$f(z) = z^3 = (x + iy)^3 = x^3 - 3xy^2 + i(3x^2 y - y^3)$$

die Ableitung

$$f'(z) = u_x + iv_x = 3x^2 - 3y^2 + i6xy = 3(x + iy)^2 = 3z^2.$$

In den folgenden Abschnitten werden wir zeigen, daß die in einem Gebiet $\mathcal{G} \subset \mathbf{C}$ stetig differenzierbaren Funktionen zusätzliche wichtige Eigenschaften haben. Sie sind daher in der Menge der komplexen Funktionen von großer Bedeutung und werden mit einem besonderen Namen bezeichnet:

Definition 2.2:
Seien $\mathcal{G} \subset \mathbf{C}$ ein Gebiet, $z_0 \in \mathcal{G}$, $f: \mathcal{G} \to \mathbf{C}$ eine eindeutige Funktion.
(a) Gibt es ein $\delta > 0$ und eine Umgebung $U := \{z \in \mathbf{C} \mid |z - z_0| < \delta\} \subset \mathcal{G}$ von z_0, so daß $f(z)$ in U differenzierbar ist und die durch $z \to f'(z)$ definierte (Ableitungs-)Funktion stetig in U ist, dann heißt $f(z)$ **holomorph** in z_0.
(b) Ist $f(z)$ holomorph in allen Punkten $z \in \mathcal{G}$, dann heißt $f(z)$ holomorph in $\mathcal{G}$.
(c) Ist $f(z)$ nicht holomorph in z_0, dann heißt z_0 **Singularität** von $f(z)$.

An Stelle der Bezeichnung *holomorph*[1] sind auch die Bezeichnungen **regulär** oder **analytisch** gebräuchlich.

---
[1] Aus dem Griechischen: *holos* = ganz, *morphae* = Gestalt.

Wie im Reellen kann man mit Hilfe der Definition 2.1 den Zusammenhang zwischen stetig und differenzierbar und die Rechenregeln für differenzierbare und damit auch für holomorphe Funktionen herleiten. Sie werden daher ohne Beweis angegeben:

Satz 2.2: *Seien $\mathcal{G} \subset \mathbf{C}$ ein Gebiet, $f(z), g(z) \colon \mathcal{G} \to \mathbf{C}$, $h(z) \colon f(\mathcal{G}) \to \mathbf{C}$ eindeutige Funktionen.*

(a) Ist $f(z)$ differenzierbar in $z_0 \in \mathcal{G}$, dann ist $f(z)$ stetig in z_0.

(b) Sind $f(z)$ und $g(z)$ holomorph in $\mathcal{G}$, $h(z)$ holomorph in $f(\mathcal{G})$, dann sind auch die Funktionen $f(z) \pm g(z)$, $f(z) \cdot g(z)$, $\dfrac{f(z)}{g(z)}$ (falls $g(z) \neq 0$ in $\mathcal{G}$) und $(h \circ f)(z)$ holomorph in $\mathcal{G}$, und es gelten die Ableitungsregeln

(i) $\bigl(f(z) \pm g(z)\bigr)' = f'(z) \pm g'(z),$ \hfill (Summenregel)

(ii) $\bigl(f(z) \cdot g(z)\bigr)' = f'(z)g(z) + f(z)g'(z),$ \hfill (Produktregel)

(iii) $\left(\dfrac{f(z)}{g(z)}\right)' = \dfrac{f'(z)g(z) - f(z)g'(z)}{g^2(z)},$ \hfill (Quotientenregel)

(iv) $(h \circ f)'(z) = h'(f(z)) \cdot f'(z).$ \hfill (Kettenregel)

(c) Ist $z_0 \in \mathcal{G}$, $f(z)$ in $\mathcal{G}$ differenzierbar mit $f'(z_0) \neq 0$ und ist die Umkehrfunktion $f^{-1} \colon f(\mathcal{G}) \to \mathcal{G}$ eindeutig, dann ist f^{-1} differenzierbar in $w_0 = f(z_0)$, und es gilt

$$\bigl(f^{-1}\bigr)'(w_0) = \dfrac{1}{f'(z_0)}. \qquad \text{(Ableitung der Umkehrfunktion)}$$

Ist nun $\mathcal{G} \subset \mathbf{C}$ ein Gebiet, $f(z) \colon \mathcal{G} \to \mathbf{C}$ holomorph in $\mathcal{G}$, dann ist $f(z)$ in jedem beliebigen $z_0 = x_0 + iy_0 \in \mathcal{G}$ differenzierbar. Nach Beispiel 2.4 gilt

$$f'(z_0) = u_x(x_0, y_0) + iv_x(x_0, y_0) = v_y(x_0, y_0) - iu_y(x_0, y_0).$$

Vergleich von Real- und Imaginärteil der beiden Darstellungen von $f'(z_0)$ ergibt, daß die reellen Funktionen $u(x, y)$ und $v(x, y)$ in $\mathcal{G}$ die **Cauchy-Riemannschen Differentialgleichungen**

$$\boxed{u_x(x, y) = v_y(x, y), \qquad v_x(x, y) = -u_y(x, y)} \tag{2.2}$$

erfüllen. Es gilt sogar die Umkehrung:

Satz 2.3: *Seien $\mathcal{G} \subset \mathbf{C}$ ein Gebiet und $f(z) \colon \mathcal{G} \to \mathbf{C}$ mit $f(x + iy) = u(x, y) + iv(x, y)$ eine eindeutige Funktion. $f(z)$ ist in $\mathcal{G}$ genau dann holomorph, wenn die Funktionen $u(x, y)$ und $v(x, y)$ in $\mathcal{G}$ stetig differenzierbar sind und in $\mathcal{G}$ den Cauchy-Riemannschen Differentialgleichungen genügen.*

Seien nämlich $u(x, y)$ und $v(x, y)$ in $\mathcal{G}$ stetig differenzierbar und es gelte (2.2). Weiter seien $z_0 = x_0 + iy_0 \in \mathcal{G}$ beliebig und $h, k \in \mathbf{R}$ so, daß $z := z_0 + h + ik \in \mathcal{G}$. Dann gilt für die Funktion $f(z) = f(x + iy) := u(x, y) + iv(x, y)$:

$$\begin{aligned}
\frac{f(z) - f(z_0)}{z - z_0} &= \frac{u(x_0 + h, y_0 + k) + iv(x_0 + h, y_0 + k) - u(x_0, y_0) - iv(x_0, y_0)}{h + ik} \\
&= \frac{u(x_0 + h, y_0 + k) - u(x_0 + h, y_0) + u(x_0 + h, y_0) - u(x_0, y_0)}{h + ik} \\
&\quad + i\,\frac{v(x_0 + h, y_0 + k) - v(x_0 + h, y_0) + v(x_0 + h, y_0) - v(x_0, y_0)}{h + ik}.
\end{aligned}$$

Aus dem Mittelwertsatz der Differentialrechnung folgt, daß es reelle Zahlen $\xi_1, \xi_2, \eta_1, \eta_2$ gibt mit $x_0 < \xi_1, \xi_2 < x_0 + h$, $y_0 < \eta_1, \eta_2 < y_0 + k$ und

$$u(x_0 + h, y_0 + k) - u(x_0 + h, y_0) = k\, u_y(x_0 + h, \eta_1), \quad u(x_0 + h, y_0) - u(x_0, y_0) = h\, u_x(\xi_1, y_0),$$
$$v(x_0 + h, y_0 + k) - v(x_0 + h, y_0) = k\, v_y(x_0 + h, \eta_2), \quad v(x_0 + h, y_0) - v(x_0, y_0) = h\, v_x(\xi_2, y_0).$$

Mit (2.2) und den Umformungen

$$\frac{h}{h + ik} = 1 - \frac{ik}{h + ik} \quad \text{und} \quad \frac{k}{h + ik} = \frac{1}{i}\left(1 - \frac{h}{h + ik}\right)$$

erhält man

$$\begin{aligned}
\frac{f(z) - f(z_0)}{z - z_0} &= \frac{k}{h + ik} u_y(x_0 + h, \eta_1) + \frac{h}{h + ik} u_x(\xi_1, y_0) \\
&\quad + \frac{ik}{h + ik} v_y(x_0 + h, \eta_2) + \frac{ih}{h + ik} v_x(\xi_2, y_0) \\
&= -\frac{k}{h + ik} v_x(x_0 + h, \eta_1) + \frac{h}{h + ik} u_x(\xi_1, y_0) \\
&\quad + \frac{ik}{h + ik} u_x(x_0 + h, \eta_2) + \frac{ih}{h + ik} v_x(\xi_2, y_0) \\
&= i\left(1 - \frac{h}{h + ik}\right) v_x(x_0 + h, \eta_1) + \left(1 - \frac{ik}{h + ik}\right) u_x(\xi_1, y_0) \\
&\quad + \frac{ik}{h + ik} u_x(x_0 + h, \eta_2) + \frac{ih}{h + ik} v_x(\xi_2, y_0) \\
&= u_x(\xi_1, y_0) + iv_x(x_0 + h, \eta_1) \\
&\quad + \frac{ik}{h + ik}\left(u_x(x_0 + h, \eta_2) - u_x(\xi_1, y_0)\right) \\
&\quad + \frac{ih}{h + ik}\left(v_x(\xi_2, y_0) - v_x(x_0 + h, \eta_1)\right).
\end{aligned}$$

Aus der Stetigkeit der partiellen Ableitungen von $u(x, y)$ und $v(x, y)$ und

$$\left|\frac{ih}{h + ik}\right| < 1 \quad \text{und} \quad \left|\frac{ik}{h + ik}\right| < 1$$

folgt, daß die letzten beiden Ausdrücke für $h \to 0$, $k \to 0$ gegen 0 gehen. Damit ergibt sich mit

$$\lim_{z \to z_0} \frac{f(z) - f(z_0)}{z - z_0} = u_x(x_0, y_0) + iv_x(x_0, y_0)$$

und der Stetigkeit von u_x und v_x die Holomorphie von $f(z)$ in $\mathcal{G}$.

Beispiele:

2.6. Da die konstante Funktion und die Funktion $f(z) := z$ in $\mathbf{C}$ holomorph sind, folgt aus den Rechenregeln, daß jedes Polynom in $\mathbf{C}$ und jede gebrochen rationale Funktion in ihrem Definitionsgebiet holomorph ist.

2.7. $f(z) := e^z$ hat den Realteil $u(x, y) = e^x \cos y$ und den Imaginärteil $v(x, y) = e^x \sin y$. Beide Funktionen sind in $\mathbf{R}^2$ stetig differenzierbar, und es gilt

$$u_x(x, y) = e^x \cos y = v_y(x, y) \quad \text{und} \quad u_y(x, y) = -e^x \sin y = -v_x(x, y).$$

$f(z) = e^z$ ist also holomorph in $\mathbf{C}$ mit

$$f'(z) = e^x \cos y + ie^x \sin y = e^x(\cos y + i\sin y) = e^z.$$

2.8. Wie im Reellen ist die Grenzfunktion $f(z)$ einer Potenzreihe $\sum_{n=0}^{\infty} a_n(z-z_0)^n$ im Innern ihres Konvergenzkreises $\mathcal{K}_r(z_0) := \{z \,|\, |z-z_0| < r\}$ (sogar beliebig oft) differenzierbar. Man erhält die Ableitung durch gliedweises Differenzieren, d.h., $f(z)$ ist holomorph in $\mathcal{K}_r(z_0)$ mit

$$f'(z) = \sum_{n=1}^{\infty} n\, a_n (z-z_0)^{n-1}.$$

Die abgeleitete Potenzreihe hat denselben Konvergenzkreis wie $f(z)$. Damit sind im besonderen die Exponentialfunktion, die trigonometrischen und die hyperbolischen Funktionen holomorph in $\mathbf{C}$, und die Ableitungen ergeben sich wie in $\mathbf{R}$.

2.9. Wir betrachten nun eine Potenzreihe $g(z) := \sum_{n=1}^{\infty} b_n z^n$ mit dem Konvergenzradius $\rho > 0$. Die Funktion $f(z) := g\big((1/z)\big)$ ist für $|z| > r := 1/\rho$ definiert und dort sogar stetig differenzierbar, denn nach der Kettenregel gilt

$$f'(z) = g'\left(\frac{1}{z}\right) \cdot \left(-\frac{1}{z^2}\right) = \sum_{n=1}^{\infty} n\, b_n \left(\frac{1}{z}\right)^{n-1} \cdot \left(-\frac{1}{z^2}\right) = \sum_{n=1}^{\infty} (-n b_n) \left(\frac{1}{z}\right)^{n+1}.$$

Wir setzen formal

$$a_{-n} := b_n \quad \text{für alle } n \in \mathbf{N} \quad \text{und} \quad \sum_{n=-\infty}^{-1} a_n z^n := \sum_{n=1}^{\infty} a_{-n} z^{-n} = \sum_{n=1}^{\infty} b_n \left(\frac{1}{z}\right)^n.$$

Ist $\sum_{n=0}^{\infty} a_n z^n$ eine weitere Potenzreihe mit dem Konvergenzradius $R > r$, dann heißt

$$\sum_{n=-\infty}^{\infty} a_n z^n := \sum_{n=-\infty}^{-1} a_n z^n + \sum_{n=0}^{\infty} a_n z^n$$

Laurent²-Reihe um $z_0 = 0$ mit dem **Hauptteil** $\sum_{n=-\infty}^{-1} a_n z^n$ und dem **Nebenteil** $\sum_{n=0}^{\infty} a_n z^n$.
Sie konvergiert im Kreisring $\{z\,|\, r < |z| < R\}$ absolut und divergiert für $|z| < r$ und $|z| > R$ (weil dort der Hauptteil bzw. der Nebenteil divergiert). Da sie sich aus zwei Potenzreihen zusammensetzt, ist ihre Grenzfunktion beliebig oft differenzierbar, also holomorph. Die Ableitung erhält man durch gliedweises Differenzieren, und sie hat denselben Konvergenz-Kreisring.

2.10. Die Funktion $f(x+iy) := x^2 + iy^3$ hat den Realteil $u(x,y) = x^2$ und den Imaginärteil $v(x,y) = y^3$. Beide Funktionen sind in $\mathbf{R}^2$ stetig differenzierbar, und es gilt

$$u_x(x,y) = 2x, \qquad v_y(x,y) = 3y^2 \qquad \text{und} \qquad u_y(x,y) = 0 = -v_x(x,y).$$

Die erste Cauchy-Riemannsche Differentialgleichung $u_x = v_y$ ist also nur erfüllt für die Parabel $\mathcal{M} := \{(x,y) \in \mathbf{R}^2 \,|\, x = \frac{3}{2} y^2\}$. $\mathcal{M}$ enthält kein Gebiet, und daher ist f nirgends holomorph.

Als Folgerung ergibt sich wie in $\mathbf{R}$

Satz 2.4: *Ist $\mathcal{G} \subset \mathbf{C}$ ein Gebiet, $f(z) \colon \mathcal{G} \to \mathbf{C}$ holomorph in $\mathcal{G}$ mit $f'(z) = 0$ für alle $z \in \mathcal{G}$, dann ist $f(z)$ konstant in $\mathcal{G}$.*

---
[2]Pierre Alphonse Laurent (1813 – 1854), französischer Mathematiker und Physiker

Für alle $z = x + iy \in \mathcal{G}$ gilt nämlich
$$0 = f'(z) = u_x(x,y) + iv_x(x,y)$$
und wegen der Gültigkeit der Cauchy-Riemannschen Differentialgleichungen
$$v_y(x,y) = u_x(x,y) = 0 \quad \text{und} \quad u_y(x,y) = -v_x(x,y) = 0$$
für alle $(x,y) \in \mathcal{G}$. Damit erhält man
$$\operatorname{grad} u = (u_x, u_y) = 0 \quad \text{und} \quad \operatorname{grad} v = (v_x, v_y) = 0 \quad \text{für alle } (x,y) \in \mathcal{G},$$
d.h., u und v sind konstant in $\mathcal{G}$ und damit auch f.

Ist eine Funktion $f(z)$ in einem Gebiet $\mathcal{G} \subset \mathbf{C}$ konstant, dann ist natürlich auch die reellwertige Funktion $|f(z)|$ in $\mathcal{G}$ konstant. Am Beispiel der Funktion $f(z) = f(re^{i\varphi}) := e^{i\varphi}$ erkennt man leicht, daß die Umkehrung i.allg. nicht gilt. Für holomorphe Funktionen gilt aber:

Satz 2.5: *Sei $\mathcal{G} \subset \mathbf{C}$ ein Gebiet und $f(z): \mathcal{G} \to \mathbf{C}$ holomorph in $\mathcal{G}$. Dann gilt: $f(z)$ ist genau dann konstant in $\mathcal{G}$, wenn $|f(z)|$ konstant in $\mathcal{G}$ ist.*

Ist $|f(z)|$ konstant in $\mathcal{G}$, d.h., es gibt ein $c \in \mathbf{R}$ mit $|f(z)| = c$ für alle $z \in \mathcal{G}$, dann ist $|f(z)|^2 = c^2$ für alle $z \in \mathcal{G}$.
Für $c = 0$ ist $f(z) \equiv 0$ in $\mathcal{G}$.
Für $c \neq 0$ folgt insbesondere $f(z) \neq 0$ für alle $z \in \mathcal{G}$. Aus
$$|f(z)|^2 = f(z) \cdot \overline{f(z)} \quad \text{und damit} \quad \overline{f(z)} = \frac{c^2}{f(z)}$$
ergibt sich, daß $\overline{f(z)}$ eine holomorphe Funktion ist. Ist nun $f = u + iv$, dann hat $\overline{f}$ den Realteil u und den Imaginärteil $-v$. Die Cauchy-Riemannschen Differentialgleichungen gelten in $\mathcal{G}$ sowohl für die Funktion f als auch für $\overline{f}$, und damit folgt
$$u_x = v_y \quad \text{und} \quad u_y = -v_x$$
$$\text{bzw.} \quad u_x = -v_y \quad \text{und} \quad u_y = v_x.$$
Geeignete Addition und Subtraktion der Gleichungen ergibt
$$u_x \equiv u_y \equiv v_x \equiv v_y \equiv 0 \quad \text{in } \mathcal{G},$$
das heißt, die Funktionen u und v und damit f sind konstant in $\mathcal{G}$.

Im nächsten Abschnitt wird gezeigt, daß eine holomorphe, d.h. in einem Gebiet $\mathcal{G}$ einmal stetig differenzierbare Funktion dort sogar beliebig oft differenziert werden kann. Damit existieren auch die entsprechenden höheren partiellen Ableitungen von Real- und Imaginärteil und sind stetig in $\mathcal{G}$, d.h., man kann die Reihenfolge der Differentiation vertauschen. Aus den Cauchy-Riemannschen Differentialgleichungen folgt damit durch Differentiation
$$u_{xx} = v_{yx} = v_{xy} \quad \text{und} \quad u_{yy} = -v_{xy},$$
$$u_{xy} = v_{yy} \quad \text{und} \quad u_{xy} = u_{yx} = -v_{xx}.$$
Addition bzw. Subtraktion in den Zeilen ergibt
$$u_{xx} + u_{yy} = 0 \quad \text{und} \quad v_{xx} + v_{yy} = 0,$$

d.h., Realteil und Imaginärteil einer holomorphen Funktion sind Lösungen der **Laplaceschen Gleichung**

$$\triangle \Phi = \frac{\partial^2 \Phi}{\partial x^2} + \frac{\partial^2 \Phi}{\partial y^2} = 0$$

und damit **harmonische Funktionen**. Ein Paar harmonischer Funktionen $u(x,y)$, $v(x,y)$, das zusätzlich die Cauchy-Riemannschen Differentialgleichungen erfüllt, heißt **konjugiert harmonisch**. Derartige Funktionen sind von zentraler Bedeutung in der Elektrostatik, Wärmelehre und Strömungsmechanik.

Ist nun eine in einem Gebiet $\mathcal{G} \subset \mathbf{R}^2$ harmonische Funktion $u(x,y)$ vorgegeben, so stellt sich die Frage, ob man immer eine zu $u(x,y)$ konjugiert harmonische Funktion $v(x,y)$ finden kann. Wählt man einen festen Anfangspunkt $(x_0, y_0) \in \mathcal{G}$ und ein variables $(x,y) \in \mathcal{G}$, dann wird durch

$$v(x,y) := \int_{(x_0,y_0)}^{(x,y)} \Big(-u_y(x,y)dx + u_x(x,y)dy \Big) \tag{2.3}$$

genau dann eine (eindeutige) Funktion auf $\mathcal{G}$ definiert, wenn das Kurvenintegral unabhängig vom Weg in $\mathcal{G}$ zwischen (x_0, y_0) und (x,y) ist. Ist $\mathcal{G}$ *einfach zusammenhängend*, d.h., jede in $\mathcal{G}$ verlaufende geschlossene Kurve läßt sich innerhalb $\mathcal{G}$ zu einem Punkt zusammenziehen oder - anders ausgedrückt - das zweidimensionale Gebiet $\mathcal{G}$ enthält keine „Löcher", dann ist das Integral genau dann wegunabhängig, wenn für den Integranden $(-u_y, u_x)$ die Bedingung

$$\frac{\partial}{\partial y}(-u_y) = \frac{\partial}{\partial x}(u_x)$$

erfüllt ist. Das ist aber genau die Laplace-Gleichung für die harmonische Funktion $u(x,y)$. Für die Funktion $v(x,y)$ folgt aus (2.3)

$$\frac{\partial v(x,y)}{\partial x} = -u_y(x,y), \qquad \frac{\partial v(x,y)}{\partial y} = u_x(x,y),$$

d.h., die Cauchy-Riemannschen Differentialgleichungen sind erfüllt, und damit gilt auch für $v(x,y)$ die Laplace-Gleichung. $u(x,y)$ und $v(x,y)$ sind also konjugiert harmonische Funktionen.
$v(x,y)$ ist sogar bis auf eine additive Konstante durch $u(x,y)$ eindeutig bestimmt. Ist nämlich $v_1(x,y)$ eine weitere zu $u(x,y)$ konjugiert harmonische Funktion, dann sind

$$f(x+iy) := u(x,y) + iv(x,y) \qquad \text{und} \qquad f_1(x+iy) := u(x,y) + iv_1(x+iy)$$

in $\mathcal{G}$ holomorphe Funktionen. Damit ist auch

$$f_2(x+iy) := f(x+iy) - f_1(x+iy) = u_2(x,y) + iv_2(x,y)$$

holomorph in $\mathcal{G}$ mit

$$u_2(x,y) \equiv 0 \qquad \text{und} \qquad v_2(x,y) = v(x,y) - v_1(x,y).$$

Aus den Cauchy-Riemannschen Differentialgleichungen ergibt sich

$$\frac{\partial v_2(x,y)}{\partial y} = \frac{\partial u_2(x,y)}{\partial x} \equiv 0 \qquad \text{und} \qquad \frac{\partial v_2(x,y)}{\partial x} = -\frac{\partial u_2(x,y)}{\partial y} \equiv 0,$$

d.h., $v_2(x,y)$ ist konstant. Damit unterscheiden sich $v(x,y)$ und $v_1(x,y)$ nur um die Konstante v_2 und $f(z)$ und $f_1(z)$ nur um die Konstante iv_2.

Wir fassen dieses Ergebnis in folgendem Satz zusammen:

Satz 2.6: *Ist $\mathcal{G} \subset \mathbf{R}^2$ ein einfach zusammenhängendes Gebiet, $u(x,y)\colon \mathcal{G} \to \mathbf{R}$ in $\mathcal{G}$ harmonisch, dann gibt es in $\mathcal{G}$ eine bis auf eine additive Konstante eindeutig bestimmte, zu $u(x,y)$ konjugiert harmonische Funktion $v(x,y)$, und die Funktion $f(x+iy) := u(x,y) + iv(x,y)$ ist in $\mathcal{G}$ holomorph.*

Analog läßt sich zu einem vorgegebenen harmonischen Imaginärteil $v(x,y)$ eine konjugiert harmonische Funktion $u(x,y)$ finden und zu einer holomorphen Funktion $f = u + iv$ ergänzen.

Beispiel:

2.11. Die Funktion $u(x,y) := x^2 - y^2$ ist in $\mathbf{R}^2$ harmonisch, denn es gilt

$$\Delta u = \frac{\partial^2}{\partial x^2}(x^2 - y^2) + \frac{\partial^2}{\partial y^2}(x^2 - y^2) = 2 - 2 = 0.$$

Durch Integration der Cauchy-Riemannschen Differentialgleichungen erhält man

$$v(x,y) = \int u_x(x,y)\,dy + \phi(x) = \int 2x\,dy + \phi(x) = 2xy + \phi(x)$$

bzw.

$$v(x,y) = -\int u_y(x,y)\,dx + \psi(y) = -\int (-2y)dx + \psi(y) = 2xy + \psi(y)$$

und durch Vergleich

$$\phi(x) = \psi(y).$$

ϕ hängt also einerseits nur von x, andererseits nur von y ab, und ist daher in $\mathbf{R}^2$ konstant, d.h., es gibt ein $C \in \mathbf{R}$ mit

$$\phi(x) = \psi(y) \equiv C.$$

Damit ergibt sich die konjugiert harmonische Funktion $v(x,y) = 2xy + C$ und die zugehörige holomorphe Funktion

$$f(z) = u + iv = x^2 - y^2 + i(2xy + C) = (x+iy)^2 + iC = z^2 + iC.$$

Schneidet eine Kurve alle Kurven einer gegebenen Schar jeweils rechtwinklig, dann heißt sie **orthogonale Trajektorie** der Schar. Zum Beispiel ist jede Parallele zur x-Achse orthogonale Trajektorie der Parallelenschar $\{x = c\mid c \in \mathbf{R}\}$ und jede Ursprungsgerade orthogonale Trajektorie der Kreisschar $\{x^2 + y^2 = c\mid c > 0\}$.

Sind $u(x,y)$ und $v(x,y)$ konjugiert harmonisch, c_1, c_2 beliebig, dann haben die Kurven der Schar

$$u(x,y) = c_1 \quad \text{bzw.} \quad v(x,y) = c_2$$

die Normalenvektoren

$$\operatorname{grad} u = (u_x, u_y)$$

bzw.

$$\operatorname{grad} v = (v_x, v_y) = (-u_y, u_x),$$

d.h., wegen

$$\operatorname{grad} u \cdot \operatorname{grad} v = u_x(-u_y) + u_y u_x = 0 \tag{2.4}$$

schneiden sie sich rechtwinklig. Jede Kurve $u(x,y) = c_1$ ist also orthogonale Trajektorie der Schar $\{v(x,y) = c_2\mid c_2 \in \mathbf{R}\}$ und umgekehrt.

Beispiel:

2.12. $f(z) = z^2$, d.h. $u(x,y) := x^2 - y^2$ und $v(x,y) = 2xy$.

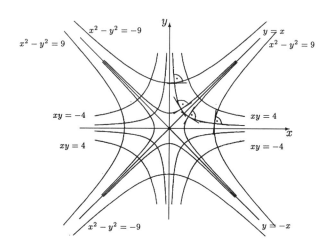

Aufgaben:

2.1. Man untersuche, ob es Gebiete $\mathcal{G} \subset \mathbf{C}$ gibt, in denen $f(z) := \bar{z}$

(a) stetig,

(b) differenzierbar,

(c) holomorph

ist.

2.2. In welchen Gebieten $\mathcal{G} \subset \mathbf{C}$ ist $f: \mathcal{G} \to \mathbf{C}$ mit

(a) $f(z) := \dfrac{1}{z}$, $z \neq 0$,

(b) $f(z) := Re(z)$,

(c) $f(z) := \dfrac{1+z}{1-z}$, $z \neq 1$,

(d) $f(z) := \sqrt{1+z^2}$ (Hauptzweig der Quadratwurzelfunktion)

holomorph?
Man gebe $f'(z)$ und die Singularitäten von $f(z)$ an!

2.3. Man zeige, daß die Funktion $f(z) := \ln z$ unabhängig von der Auswahl des Zweiges in $\mathbf{C}\setminus\{0\}$ holomorph ist mit $f'(z) = \dfrac{1}{z}$.

2.4. Ist die Funktion

$$f(z): \mathbf{C} \to \mathbf{C} \quad \text{mit} \quad f(z) := \dfrac{z^3}{|z|^2} \quad \text{für } z \neq 0 \quad \text{und} \quad f(0) := 0$$

in $z_0 = 0$ differenzierbar?

2.5. Man zeige, daß die Funktion
$$f(z)\colon \mathbf{C} \to \mathbf{C} \quad \text{mit} \quad f(z) := |z|^4$$
in $z_0 = 0$ differenzierbar, aber nicht holomorph ist!

2.6. Man zeige, daß die Funktion
$$u\colon \mathbf{R}^2 \to \mathbf{R} \quad \text{mit} \quad u(x,y) := e^x(x\cos y - y\sin y)$$
harmonisch ist, und bestimme alle zu u konjugiert harmonischen Funktionen $v(x,y)$ und die zugehörigen komplexen Funktionen
$$f(z) := u(x,y) + iv(x,y).$$

2.7. Man zeige, daß die Funktion
$$v\colon \mathbf{R}^2 \to \mathbf{R} \quad \text{mit} \quad v(x,y) := \sinh x \cos y$$
harmonisch ist, und bestimme die zu v konjugiert harmonische Funktion $u(x,y)$ und die komplexe Funktion
$$f(z) := u(x,y) + iv(x,y) \quad \text{mit} \quad f\left(\frac{i\pi}{2}\right) = 0.$$

2.8. Man zeige:
Ist $\mathcal{G} \subset \mathbf{C}$ ein Gebiet und $f\colon \mathcal{G} \to \mathbf{C}$ holomorph in $\mathcal{G}$, dann gilt
$$\Delta\left(|f(x+iy)|^2\right) = 4|f'(x+iy)|^2.$$

2.9. Sei $z = x + iy = re^{i\varphi}$ und die im Gebiet $\mathcal{G} \subset \mathbf{C}$ holomorphe Funktion $f(z)$ habe bzgl. der kartesischen bzw. Polarkoordinaten die Darstellung
$$f(z) = u(x,y) + iv(x,y) = U(r,\varphi) + iV(r,\varphi) = \rho(x,y)e^{i\theta(x,y)} = \rho^*(r,\varphi)e^{i\Theta(r,\varphi)}.$$
Man zeige:
Für U, V bzw. ρ, θ bzw. ρ^*, Θ ergeben sich folgende Cauchy-Riemannschen Differentialgleichungen:

$$rU_r = V_\varphi \qquad \frac{1}{\rho}\rho_x = \theta_y \qquad \frac{r}{\rho^*}\rho^*_r = \Theta_\varphi$$
$$rV_r = -U_\varphi \qquad \frac{1}{\rho}\rho_y = -\theta_x \qquad \frac{1}{\rho^*}\rho^*_\varphi = -r\Theta_r.$$

2.10. Man zeige für holomorphe Funktionen die Regel von L'HOSPITAL[3]:
Gegeben seien ein Gebiet $\mathcal{G} \subset \mathbf{C}$, $z_0 \in \mathcal{G}$ und die in $\mathcal{G}$ holomorphen Funktionen $f, g\colon \mathcal{G} \to \mathbf{C}$ mit
$$f(z_0) = g(z_0) = 0,$$
$g(z) \neq 0$ für alle $z \neq z_0$ und $g'(z_0) \neq 0$. Dann gilt
$$\lim_{z \to z_0} \frac{f(z)}{g(z)} = \lim_{z \to z_0} \frac{f'(z)}{g'(z)} = \frac{f'(z_0)}{g'(z_0)}. \tag{2.5}$$

---

[3]Guillaume Francois Antoine Marquis de l'Hospital (1661 – 1704), französischer Mathematiker, verfaßte das erste Lehrbuch über Analysis

2.11. Man berechne

(a) $\lim\limits_{z \to i} \dfrac{z^6 + 1}{z^2 + 1}$,

(b) $\lim\limits_{z \to 0} \dfrac{1 - \cos z}{\sin(z^2)}$,

(c) $\lim\limits_{z \to 0} \left(\dfrac{\sin z}{z} \right)^{1/z^2}$.

3 Integration

Die holomorphen Funktionen sind als stetig differenzierbare Funktionen definiert. Ihre wichtigsten Eigenschaften erhält man aber erst aus der Betrachtung komplexer Kurvenintegrale.

> **Definition 3.1:**
> Seien $\mathcal{G} \subset \mathbf{C}$ ein Gebiet, $\mathcal{C}$ eine stückweise glatte Kurve in $\mathcal{G}$ mit der Parameterdarstellung $z(t)\colon [a,b] \to \mathcal{G}$, $f(z)$ eine in $\mathcal{G}$ stetige Funktion, dann heißt
> $$\int_{\mathcal{C}} f(z)\,dz := \int_a^b f(z(t))\,\dot{z}(t)\,dt$$
> **komplexes Kurvenintegral** von $f(z)$ längs $\mathcal{C}$.
> Ist $\mathcal{C}$ eine geschlossene positiv orientierte JORDAN-Kurve, dann bezeichnen wir das Kurvenintegral mit $\oint_{\mathcal{C}} f(z)\,dz$.

Eine Kurve $z(t)\colon [a,b] \to \mathbf{C}$ heißt **geschlossene Jordan-Kurve**, wenn Anfangs- und Endpunkt zusammenfallen, d.h. $z(a) = z(b)$, und sie sonst keinen Doppelpunkt hat, d.h., für alle $a \leq t_1 < t_2 < b$ gilt $z(t_1) \neq z(t_2)$. Der *Jordansche Kurvensatz* besagt, daß jede derartige Kurve die Ebene in zwei Gebiete zerlegt, das (beschränkte) *Innen-* und das (unbeschränkte) *Außengebiet*. Liegt beim Durchlauf der Kurve das Innengebiet links, dann heißt sie **positiv orientiert**.

Mit $f(z) = u(x,y) + iv(x,y)$, $z(t) = x(t) + iy(t)$ erhält man

$$\int_{\mathcal{C}} f(z)\,dz = \int_a^b \{u(x(t),y(t)) + iv(x(t),y(t))\} \cdot (\dot{x}(t) + i\dot{y}(t))\,dt$$

$$= \int_a^b \{u(x(t),y(t))\,\dot{x}(t) - v(x(t),y(t))\,\dot{y}(t)\}\,dt$$

$$+ i \int_a^b \{u(x(t),y(t))\,\dot{y}(t) + v(x(t),y(t))\,\dot{x}(t)\}\,dt$$

$$= \int_{\mathcal{C}} (u\,dx - v\,dy) + i \int_{\mathcal{C}} (v\,dx + u\,dy). \qquad (3.1)$$

Ein komplexes Kurvenintegral läßt sich also auf zwei reelle Kurvenintegrale zurückführen.

Betrachtet man $\mathcal{C}$ als Kurve im $\mathbf{R}^2$ mit der Bogenlänge s und der natürlichen Parameterdarstellung $\vec{r}(s) = \begin{pmatrix} x(s) \\ y(s) \end{pmatrix}$, $0 \leq s \leq L$, und die Strömung mit dem Geschwindigkeitsfeld $\vec{V} := \begin{pmatrix} u \\ -v \end{pmatrix}$, dann ist $\vec{T} := \begin{pmatrix} x' \\ y' \end{pmatrix}$ der Tangenten-Einheitsvektor von $\mathcal{C}$ und

$$\operatorname{Re}\left(\int_{\mathcal{C}} f(z)\,dz\right) = \int_{\mathcal{C}} (u\,dx - v\,dy) = \int_0^L (ux' - vy')\,ds = \int_0^L (\vec{V} \cdot \vec{T})\,ds$$

die *Zirkulation* des Feldes längs $\mathcal{C}$, also das Integral der (skalaren) Tangentialkomponenten von $\vec{V}$ längs $\mathcal{C}$.
$\vec{N} := \begin{pmatrix} y' \\ -x' \end{pmatrix}$ ist der Normalen-Einheitsvektor von $\mathcal{C}$ (senkrecht zu $\vec{T}$), d.h.,

$$Im\left(\int_{\mathcal{C}} f(z)\,dz\right) = \int_{\mathcal{C}} (v\,dx + u\,dy) = \int_0^L (\vec{V}\cdot\vec{N})\,ds$$

ist der *Fluß* des Feldes senkrecht zu $\mathcal{C}$.

Aus der Beschreibung des komplexen Kurvenintegrals durch zwei reelle Kurvenintegrale folgt sowohl die Existenz des Integrals unter den angegebenen Bedingungen als auch die Gültigkeit der üblichen Integraleigenschaften:

Satz 3.1: *Seien $\mathcal{G} \subset \mathbf{C}$ ein Gebiet, $\alpha, \beta \in \mathbf{C}$, $f(z), g(z)$ in $\mathcal{G}$ stetige Funktionen, $\mathcal{C}, \mathcal{C}_1, \mathcal{C}_2$ stückweise glatte orientierte Kurven in $\mathcal{G}$, $\mathcal{C}_1 + \mathcal{C}_2$ die aus $\mathcal{C}_1$ und $\mathcal{C}_2$ zusammengesetzte Kurve, $-\mathcal{C}$ die zu $\mathcal{C}$ entgegengesetzt durchlaufene Kurve und $L_{\mathcal{C}}$ die Länge von $\mathcal{C}$. Dann gilt:*

(a) $\displaystyle\int_{\mathcal{C}} (\alpha f(z) + \beta g(z))\,dz = \alpha \int_{\mathcal{C}} f(z)\,dz + \beta \int_{\mathcal{C}} g(z)\,dz.$

(b) $\displaystyle\int_{-\mathcal{C}} f(z)\,dz = -\int_{\mathcal{C}} f(z)\,dz.$

(c) $\displaystyle\int_{\mathcal{C}_1+\mathcal{C}_2} f(z)\,dz = \int_{\mathcal{C}_1} f(z)\,dz + \int_{\mathcal{C}_2} f(z)\,dz.$

(d) *Aus* $|f(z)| \leq M$ *für alle* $z \in \mathcal{C}$ *folgt* $\left|\displaystyle\int_{\mathcal{C}} f(z)\,dz\right| \leq M \cdot L_{\mathcal{C}}.$

Die Gültigkeit von (a) bis (c) folgt aus den entsprechenden Eigenschaften der reellen Kurvenintegrale in (3.1). Aus

$$\left|\int_{\mathcal{C}} f(z)\,dz\right| = \left|\int_a^b f(z(t))\,\dot{z}(t)\,dt\right| \leq \int_a^b |f(z(t))\,\dot{z}(t)|\,dt = \int_a^b |f(z(t))|\,|\dot{z}(t)|\,dt$$

$$\leq M \cdot \int_a^b |\dot{z}(t)|\,dt = M \int_a^b \sqrt{\dot{x}^2 + \dot{y}^2}\,dt = M \cdot L_{\mathcal{C}}$$

ergibt sich die Behauptung (d).

Beispiele:

3.1. Sei C_1 die (orientierte) Strecke von $z_1 = -1$ nach $z_2 = 1+i$, C_2 der Polygonzug von z_1 über $z_3 = 1$ nach z_2, $f: \mathbf{C} \to \mathbf{C}$ mit $f(z) := \overline{z}$.

C_1 hat die Parameterdarstellung

$$z(t) = z_1 + t(z_2 - z_1) = -1 + t(2+i)$$
$$= -1 + 2t + it, \qquad 0 \leq t \leq 1,$$

das heißt, mit

$$f(z(t)) = -1 + 2t - it \qquad \text{und} \qquad dz = (2+i)\,dt$$

folgt

$$\int_{C_1} f(z)\,dz = \int_0^1 (-1+2t-it)(2+i)\,dt = \int_0^1 (-2+5t-i)\,dt = \frac{1}{2} - i.$$

C_2 zerlegt man in die Strecken C_2' mit der Parameterdarstellung

$$z(t) = z_1 + t(z_3 - z_1) = -1 + t(1-(-1)) = -1 + 2t, \qquad 0 \leq t \leq 1,$$

und C_2'' mit der Parameterdarstellung

$$z(t) = z_3 + t(z_2 - z_3) = 1 + t(1+i-1) = 1 + it, \qquad 0 \leq t \leq 1,$$

und erhält

$$\int_{C_2} f(z)\,dz = \int_{C_2'} f(z)\,dz + \int_{C_2''} f(z)\,dz$$
$$= \int_0^1 (-1+2t)2\,dt + \int_0^1 (1-it)i\,dt = 0 + \left(i + \frac{1}{2}\right) = \frac{1}{2} + i.$$

Das Integral ist also vom Weg abhängig.

3.2. Sei $r > 0$, C der positiv orientierte Kreis um den Ursprung mit Radius r, d.h. mit der Parameterdarstellung $z(t) = re^{it}$, $t \in [0, 2\pi]$, und $n \in \mathbf{N}$. Für

$$f: \mathbf{C} \to \mathbf{C} \qquad \text{mit} \qquad f(z) := z^n,$$

d.h.

$$f(z(t)) = r^n e^{int} \qquad \text{und} \qquad dz = rie^{it}\,dt,$$

gilt

$$\oint_C f(z)\,dz = \int_0^{2\pi} r^n e^{int} \cdot rie^{it}\,dt = ir^{n+1} \int_0^{2\pi} e^{i(n+1)t}\,dt = ir^{n+1}\left[\frac{1}{i(n+1)}e^{i(n+1)t}\right]_0^{2\pi} = 0$$

wegen der $2\pi i$-Periodizität der Exponentialfunktion.

3.3. Für dieselbe Kurve C und die Funktion

$$f: \mathbf{C} \setminus \{0\} \to \mathbf{C} \qquad \text{mit} \qquad f(z) := \frac{1}{z}$$

gilt

$$\oint_C f(z)\,dz = \int_0^{2\pi} \frac{1}{r} e^{-it} \cdot rie^{it}\,dt = i\int_0^{2\pi} dt = 2\pi i.$$

Ist das komplexe Kurvenintegral von $f(z)$ in einem Gebiet $\mathcal{G}$ wegunabhängig, dann muß das Integral längs jeder geschlossenen, stückweise glatten Jordan-Kurve $\mathcal{C}$ in $\mathcal{G}$ den Wert 0 haben. Betrachtet man nämlich zwei verschiedene Punkte z_1 und z_2 auf $\mathcal{C}$ und zerlegt $\mathcal{C}$ in Kurven $\mathcal{C}_1$ von z_1 nach z_2 und $\mathcal{C}_2$ von z_2 nach z_1 mit $\mathcal{C} = \mathcal{C}_1 + \mathcal{C}_2$, dann folgt aus der Wegunabhängigkeit und Satz 3.1

$$0 = \int_{\mathcal{C}_1} f(z)\,dz - \int_{-\mathcal{C}_2} f(z)\,dz = \int_{\mathcal{C}_1} f(z)\,dz + \int_{\mathcal{C}_2} f(z)\,dz = \oint_{\mathcal{C}} f(z)\,dz.$$

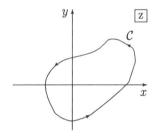 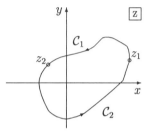

Wie das Beispiel 3.3 zeigt, ist die Gleichung nicht einmal für alle in $\mathcal{G}$ holomorphen Funktionen richtig. Ist aber $\mathcal{G}$ *einfach zusammenhängend* und $f(z) = u(x,y) + iv(x,y)$ holomorph in $\mathcal{G}$, dann sind $u(x,y)$ und $v(x,y)$ in $\mathcal{G}$ stetig differenzierbar, und es gelten die Cauchy-Riemannschen Differentialgleichungen (2.2). Durch die reellen Kurvenintegrale

$$\int_{\mathcal{C}} \bigl(v(x,y)\,dx + u(x,y)\,dy\bigr) \quad \text{und} \quad \int_{\mathcal{C}} \bigl(u(x,y)\,dx - v(x,y)\,dy\bigr)$$

sind damit Potentialfunktionen definiert, sie sind also in $\mathcal{G}$ wegunabhängig, d.h., sie haben für jede geschlossene, stückweise glatte Jordan-Kurve den Wert 0. Mit

$$\oint_{\mathcal{C}} f(z)\,dz = \oint_{\mathcal{C}} \bigl(u(x,y)\,dx - v(x,y)\,dy\bigr) + i \oint_{\mathcal{C}} \bigl(v(x,y)\,dx + u(x,y)\,dy\bigr)$$

folgt

Satz 3.2 (Cauchyscher Integralsatz): *Seien $\mathcal{G} \subset \mathbf{C}$ ein einfach zusammenhängendes Gebiet, $\mathcal{C}$ eine geschlossene, stückweise glatte Jordan-Kurve in $\mathcal{G}$, $f(z): \mathcal{G} \to \mathbf{C}$ holomorph in $\mathcal{G}$. Dann gilt*

$$\boxed{\oint_{\mathcal{C}} f(z)\,dz = 0.}$$

Der Cauchysche Integralsatz gibt also z.B. die Möglichkeit, in einem komplexen Kurvenintegral $\int_{\mathcal{C}} f(z)\,dz$ den nicht geschlossenen Integrationsweg $\mathcal{C}$ durch einen anderen Weg $\mathcal{C}'$ mit gleichem Anfangs- und Endpunkt wie $\mathcal{C}$, aber einfacherer Parameterdarstellung zu ersetzen. Wenn beide Integrationswege in einem einfach zusammenhängenden Gebiet liegen und $f(z)$ dort holomorph ist, wird der Wert des Integrals dabei nicht verändert.

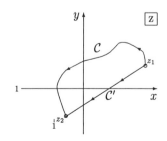

Ist nun ein Gebiet $\mathcal{G} \subset \mathbb{C}$ durch zwei stückweise glatte geschlossene Jordan-Kurven $\mathcal{C}_1$ und $\mathcal{C}_2$ berandet, und liegt $\mathcal{C}_2$ vollständig im Innengebiet von $\mathcal{C}_1$, dann kann man $\mathcal{C}_1$ und $\mathcal{C}_2$ durch zwei in $\mathcal{G}$ verlaufende stückweise glatte disjunkte Jordan-Kurven $\mathcal{S}_1$ und $\mathcal{S}_2$ verbinden. Dadurch wird $\mathcal{G}$ in zwei einfach zusammenhängende Gebiete $\mathcal{G}'$ und $\mathcal{G}''$ zerlegt. Ist $f(z)$ in einem Gebiet $\mathcal{G}_1$ mit $\mathcal{G} \cup \partial \mathcal{G} \subset \mathcal{G}_1$ holomorph, sind $\mathcal{C}_1$ und $\mathcal{C}_2$ positiv orientiert, $\mathcal{C}_1', \mathcal{C}_1'', \mathcal{C}_2', \mathcal{C}_2''$ die durch $\mathcal{S}_1$ und $\mathcal{S}_2$ ausgeschnittenen Wege, dann folgt nach geeigneter Orientierung von $\mathcal{S}_1$ und $\mathcal{S}_2$

$$\partial \mathcal{G}' = \mathcal{C}_1' + \mathcal{S}_1 - \mathcal{C}_2' - \mathcal{S}_2 \quad \text{und} \quad \partial \mathcal{G}'' = \mathcal{C}_1'' + \mathcal{S}_2 - \mathcal{C}_2'' - \mathcal{S}_1$$

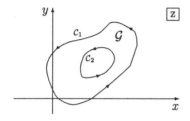
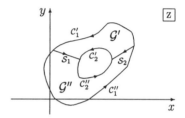

und aus dem Cauchyschen Integralsatz

$$\oint_{\partial \mathcal{G}'} f(z)\,dz = \oint_{\partial \mathcal{G}''} f(z)\,dz = 0.$$

Daraus ergibt sich

$$0 = \oint_{\partial \mathcal{G}'} f(z)\,dz + \oint_{\partial \mathcal{G}''} f(z)\,dz = \int_{\mathcal{C}_1'} f(z)\,dz + \int_{\mathcal{S}_1} f(z)\,dz - \int_{\mathcal{C}_2'} f(z)\,dz - \int_{\mathcal{S}_2} f(z)\,dz$$

$$+ \int_{\mathcal{C}_1''} f(z)\,dz + \int_{\mathcal{S}_2} f(z)\,dz - \int_{\mathcal{C}_2''} f(z)\,dz - \int_{\mathcal{S}_1} f(z)\,dz = \oint_{\mathcal{C}_1} f(z)\,dz - \oint_{\mathcal{C}_2} f(z)\,dz$$

und damit

$$\oint_{\mathcal{C}_1} f(z)\,dz = \oint_{\mathcal{C}_2} f(z)\,dz. \tag{3.2}$$

Diese Überlegungen kann man analog auch auf mehrfach zusammenhängende Gebiete ausdehnen: Sei $\mathcal{C}$ eine stückweise glatte, geschlossene Jordan-Kurve in $\mathbb{C}$, in deren Innengebiet $\mathcal{G}$ endlich viele Löcher $\mathcal{G}_1, \ldots, \mathcal{G}_n$ liegen. Weiter seien $\mathcal{C}_1, \ldots, \mathcal{C}_n$ stückweise glatte, geschlossene Jordan-Kurven in $\mathcal{G}$, die jede genau ein Loch umranden und paarweise (und zu $\mathcal{C}$) disjunkt sind. Ist die Funktion $f(z)$ in einem Gebiet $\mathcal{G}'$ holomorph, das mindestens alle Punkte von $\overline{\mathcal{G}}$ mit Ausnahme der Innengebiete von $\mathcal{C}_1, \ldots, \mathcal{C}_n$ enthält, dann gilt

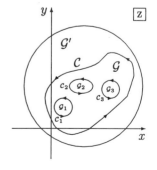

$$\oint_{\mathcal{C}} f(z)\,dz = \sum_{k=1}^{n} \oint_{\mathcal{C}_k} f(z)\,dz. \tag{3.3}$$

Bestehen die Löcher im Innengebiet von $\mathcal{C}$ nur aus einzelnen Punkten, dann erhält man als direkte Konsequenz aus dem Cauchyschen Integralsatz

Satz 3.3 (Residuensatz): *Seien $\mathcal{G}' \subset \mathbb{C}$ ein einfach zusammenhängendes Gebiet, $\mathcal{C}$ eine ganz in $\mathcal{G}'$ verlaufende, geschlossene, stückweise glatte, positiv orientierte Jordan-Kurve mit Innengebiet $\mathcal{G}$ und $z_1, \ldots, z_n \in \mathcal{G}$. Weiter sei $\mathcal{K}_r(z_k) := \{z \mid |z - z_k| < r\}$ und $r > 0$ so gewählt, daß $\mathcal{K}_r(z_k) \subset \mathcal{G}$ für alle $1 \leq k \leq n$ und $|z_k - z_l| > 2r$ für alle $1 \leq k < l \leq n$ gilt, und $f(z)$ holomorph in $\mathcal{G}' \setminus \{z_1, \ldots, z_n\}$. Dann gilt*

$$\boxed{\oint_{\mathcal{C}} f(z)\, dz = \sum_{k=1}^{n} \oint_{\mathcal{K}_r(z_k)} f(z)\, dz.}$$

Da die Funktion nur endlich viele Singularitäten besitzt, gibt es einen Mindestabstand $r^* > 0$ zwischen je zweien dieser Punkte. Weiter liegen alle Punkte in dem Gebiet $\mathcal{G}$, das heißt, um jedes z_k gibt es eine abgeschlossene Kreisscheibe mit Mittelpunkt z_k und Radius $r_k > 0$, die ganz in $\mathcal{G}$ liegt. Damit kann man r als kleinste der Zahlen $\frac{r^*}{2}, r_1, \ldots, r_n$ wählen. Bei der Anwendung des Residuensatzes muß man also darauf achten, daß f nur endlich viele Singularitäten besitzt, von denen keine auf der Kurve $\mathcal{C}$ liegt.

Beispiel:

3.4. $f(z)$ sei durch eine Laurent-Reihe $\displaystyle\sum_{n=-\infty}^{\infty} a_n z^n$ mit Konvergenz-Kreisring $\{z \mid 0 < |z| < R\}$ gegeben.

(Z.B. hat die Laurent-Reihe $\displaystyle\sum_{n=-\infty}^{\infty} \frac{z^n}{(|n|)!} = e^{1/z} + e^z - 1$ den Konvergenz-Kreisring $\{z \mid 0 < |z| < \infty\}$.)

Sei $\ln z$ die mehrdeutige Logarithmusfunktion und

$$F(z) := \sum_{n=-\infty}^{-2} \frac{a_n}{n+1} z^{n+1} + a_{-1} \ln z + \sum_{n=0}^{\infty} \frac{a_n}{n+1} z^{n+1}. \tag{3.4}$$

$F(z)$ ist differenzierbar mit

$$F'(z) = f(z),$$

also eine *Stammfunktion* von $f(z)$. Die beiden Reihen in (3.4) sind konvergent im Kreisring $\{z \mid 0 < |z| < R\}$ und stellen daher eine dort eindeutige holomorphe Funktion

$$F_1(z) := \sum_{n=-\infty}^{-2} \frac{a_n}{n+1} z^{n+1} + \sum_{n=0}^{\infty} \frac{a_n}{n+1} z^{n+1}$$

dar. Aus dem Zusammenhang zwischen Kurvenintegralen und Potential-, d.h. Stammfunktionen, folgt für jede im Konvergenz-Kreisring liegende stückweise glatte Jordan-Kurve $\mathcal{C}$, die z_1 und z_2 verbindet,

$$\int_{z_1}^{z_2} f(z)\, dz = F(z_2) - F(z_1).$$

Ist $\mathcal{C}$ eine einfach geschlossene, positiv orientierte Kurve um $z_0 = 0$, also $z_1 = z_2$, dann gilt

$$F_1(z_1) = F_1(z_2) \quad \text{und} \quad \ln z_2 = \ln z_1 + 2\pi i,$$

da man bei einem Umlauf um $z_0 = 0$ von einem Blatt der Riemannschen Fläche von $\ln z$ auf das nächste Blatt kommt, und damit ergibt sich

$$\oint_C f(z)\,dz = a_{-1} \cdot 2\pi i.$$

Andererseits folgt aus dem Residuensatz für ein beliebiges $0 < r < R$

$$\oint_C f(z)\,dz = \oint_{|z|=r} f(z)\,dz,$$

also

$$a_{-1} = \frac{1}{2\pi i} \oint_{|z|=r} f(z)\,dz.$$

a_{-1} nennt man das Residuum[1] der Laurent-Reihe.

Definition 3.2:
Sei $\mathcal{G} \subset \mathbf{C}$ ein Gebiet, $z_0 \in \mathcal{G}$, $\mathcal{K}_r(z_0) := \{z \mid |z - z_0| < r\}$ und es gebe ein $r_0 > 0$, so daß die Funktion $f(z): \mathcal{G} \setminus \{z_0\} \to \mathbf{C}$ in $\mathcal{K}_{r_0}(z_0)$ holomorph ist. Dann heißt

$$\operatorname{Res} f\big|_{z=z_0} := \frac{1}{2\pi i} \oint_{\mathcal{K}_r(z_0)} f(z)\,dz$$

(mit $0 < r < r_0$) **Residuum** der Funktion $f(z)$ an der Stelle z_0.

Bei der Untersuchung der stetigen *reellen Funktionen* traten verschiedene Typen von Definitionslücken auf:

- Die Funktion $f(x) := \frac{x^2-1}{x-1}$ ist zwar in $x_0 = 1$ nicht definiert, läßt sich aber durch $f(1) := 2$ stetig ergänzen. $x_0 = 1$ nennt man eine *hebbare Unstetigkeitsstelle*.

- Die Funktion $f(x) := \frac{1}{x}$ ist in $x_0 = 0$ nicht definiert und läßt sich wegen $\lim\limits_{\substack{x \to 0 \\ x > 0}} f(x) = \infty$ nicht stetig ergänzen. Ihr Kehrwert $g(x) := \frac{1}{f(x)} = x$ läßt sich in $x_0 = 0$ durch $g(0) = 0$ stetig ergänzen. x_0 heißt *Polstelle* von f.

- Die Funktion $f(x) := \cos \frac{1}{x}$ ist in $x_0 = 0$ ebenfalls nicht definiert: Für die Folge $x_k := \frac{1}{2k\pi}$ gilt $\lim\limits_{k\to\infty} x_k = 0$ und $f(x_k) = \cos 2k\pi = 1$. Für die Folge $x_k := \frac{1}{(2k+1)\pi}$ gilt ebenfalls $\lim\limits_{k\to\infty} x_k = 0$, aber $f(x_k) = \cos(2k+1)\pi = -1$. Man kann also weder f noch $\frac{1}{f}$ in $x_0 = 0$ stetig ergänzen, d.h., f hat in $x_0 = 0$ weder eine hebbare Unstetigkeit noch einen Pol. Solche Unstetigkeitsstellen heißen *wesentlich*.

Entsprechend klassifiziert man die Singularitäten einer komplexen Funktion:

---

[1] Residuum bedeutet „Rest": Für eine in $\mathcal{G}$ holomorphe Funktion wäre das Integral in Definition 3.2 Null. Wegen der Singularität in z_0 bleibt das Residuum übrig.

> **Definition 3.3:**
> Seien $r > 0$, $z_0 \in \mathbf{C}$, $\mathcal{G} \subset \mathbf{C}$ ein Gebiet mit $\{z \,|\, |z - z_0| < r\} \subset \mathcal{G}$ und f holomorph in $\mathcal{G}$.
> (a) Ist f nicht holomorph in z_0, dann heißt z_0 **isolierte Singularität** von f.
> (b) Eine isolierte Singularität z_0 von f heißt
>   (i) **hebbar**, wenn f in z_0 holomorph ergänzt werden kann,
>   (ii) **Pol**, wenn z_0 nicht hebbare Singularität von f ist, aber hebbare Singularität von $\frac{1}{f}$,
>   (iii) **wesentlich** in allen anderen Fällen.

Beispiele:

3.5. Seien $\quad f_1(z) := \dfrac{z^2 - 1}{z - 1}, \quad f_2(z) := \dfrac{1}{z} \quad$ und $\quad f_3(z) := \cos \dfrac{1}{z}$.

Analog zu den Unstetigkeitsstellen hat $f_1(z)$ in $z_0 = 1$ eine hebbare Singularität, $f_2(z)$ in $z_0 = 0$ einen Pol und $f_3(z)$ in $z_0 = 0$ eine wesentliche Singularität. Alle diese Singularitäten sind isoliert.

3.6. Die Funktion $\quad f(z) = \dfrac{1}{\sin(1/z)} \quad$ hat isolierte Singularitäten in $z_k = \frac{1}{k\pi}$, $k \in \mathbf{Z}$, $k \neq 0$, (und zwar Pole). $z = 0 = \lim\limits_{k \to \infty} z_k$ ist Häufungspunkt dieser Pole und daher eine nichtisolierte Singularität.

Die wichtigste Folgerung des Cauchyschen Integralsatzes für die Eigenschaften holomorpher Funktionen ist

Satz 3.4 (Cauchysche Integralformel): *Seien $\mathcal{G}' \subset \mathbf{C}$ ein einfach zusammenhängendes Gebiet und $f(z)$ holomorph in $\mathcal{G}'$. Weiter sei $\mathcal{C}$ eine ganz in $\mathcal{G}'$ verlaufende, geschlossene, stückweise glatte, positiv orientierte Jordan-Kurve mit Innengebiet $\mathcal{G}$. Dann gilt für jedes $z_0 \in \mathcal{G}$*

$$\boxed{f(z_0) = \frac{1}{2\pi i} \oint_{\mathcal{C}} \frac{f(z)}{z - z_0} \, dz.}$$

Zum Beweis legen wir um z_0 einen Kreis $\mathcal{K}_r(z_0)$ mit Radius r, der einschließlich Rand ganz in $\mathcal{G}$ liegt. Der Integrand ist in $\mathcal{G} \setminus \{z_0\}$ holomorph, d.h., mit der Parameterdarstellung $z(t) = z_0 + re^{it}$, $0 \leq t \leq 2\pi$, und wegen (3.2) gilt

$$\oint_{\mathcal{C}} \frac{f(z)}{z - z_0} \, dz = \oint_{\mathcal{K}_r(z_0)} \frac{f(z)}{z - z_0} \, dz = \int_0^{2\pi} \frac{f(z_0 + re^{it})}{re^{it}} ire^{it} \, dt = i \int_0^{2\pi} f(z_0 + re^{it}) \, dt.$$

Da $f(z)$ stetig ist, sind $f(z_0 + re^{it})$ und das Integral stetig bezüglich r, und es ergibt sich

$$\oint_{\mathcal{C}} \frac{f(z)}{z - z_0} \, dz = \lim_{r \to 0} i \int_0^{2\pi} f(z_0 + re^{it}) \, dt = i \int_0^{2\pi} f(z_0) \, dt = f(z_0) \cdot 2\pi i$$

und damit die Integralformel.

Auf Grund der Cauchyschen Integralformel sind also die Werte einer holomorphen Funktion in einem Gebiet $\mathcal{G}$ schon vollständig durch ihre Werte auf dem Rand von $\mathcal{G}$ festgelegt.

Beispiel:

3.7. Mit Hilfe der Partialbruchzerlegung erhält man

$$\oint_{|z|=2} \frac{\sin z}{z^2+z} dz = \oint_{|z|=2} \frac{\sin z}{z} dz - \oint_{|z|=2} \frac{\sin z}{z+1} dz.$$

$f(z) := \sin z$ ist in $\mathbb{C}$ holomorph, d.h., aus der Cauchyschen Integralformel ergibt sich mit $z_0 = 0$ bzw. $z_0 = -1$

$$\oint_{|z|=2} \frac{\sin z}{z} dz = 2\pi i \sin 0 = 0 \quad \text{und} \quad \oint_{|z|=2} \frac{\sin z}{z+1} dz = 2\pi i \sin(-1),$$

also

$$\oint_{|z|=2} \frac{\sin z}{z^2+z} dz = 2\pi i \sin 1.$$

Die Integralformel hat auch Auswirkungen auf die Ableitungen von $f(z)$: Es gilt für jedes beliebige $h \in \mathbb{C}$ mit $z_0 + h \in \mathcal{G}$ und jede ganz in $\mathcal{G}$ verlaufende, geschlossene, stückweise glatte, positiv orientierte Jordan-Kurve $\mathcal{C}$, die z_0 und $z_0 + h$ umschließt,

$$\frac{f(z_0+h) - f(z_0)}{h} = \frac{1}{h}\left(\frac{1}{2\pi i} \oint_\mathcal{C} \frac{f(z)}{z-(z_0+h)} dz - \frac{1}{2\pi i} \oint_\mathcal{C} \frac{f(z)}{z-z_0} dz\right)$$

$$= \frac{1}{2\pi i} \oint_\mathcal{C} \frac{f(z)}{h}\left(\frac{1}{z-z_0-h} - \frac{1}{z-z_0}\right) dz = \frac{1}{2\pi i} \oint_\mathcal{C} \frac{f(z)}{(z-z_0-h)(z-z_0)} dz.$$

Für $h \to 0$ erhält man

$$f'(z_0) = \lim_{h \to 0} \frac{f(z_0+h) - f(z_0)}{h} = \frac{1}{2\pi i} \oint_\mathcal{C} \frac{f(z)}{(z-z_0)^2} dz. \qquad (3.5)$$

Dieselbe Überlegung, angewandt auf (3.5), ergibt, daß $f'(z)$ ebenfalls differenzierbar ist mit

$$f''(z_0) = \frac{2!}{2\pi i} \oint_\mathcal{C} \frac{f(z)}{(z-z_0)^3} dz.$$

Wiederholungen des Verfahrens für f'', f''' usw. zeigen, daß $f(z)$ in $\mathcal{G}$ beliebig oft differenzierbar ist mit

$$f^{(k)}(z_0) = \frac{k!}{2\pi i} \oint_\mathcal{C} \frac{f(z)}{(z-z_0)^{k+1}} dz, \qquad k \in \mathbb{N}. \qquad (3.6)$$

Damit haben wir einen wichtigen Unterschied zwischen den holomorphen Funktionen und den einmal stetig differenzierbaren Funktionen einer reellen Variablen gefunden, wie das Beispiel der Funktion

$$f: \mathbb{R} \to \mathbb{R} \quad \text{mit} \quad f(x) := \begin{cases} x^3 \sin \dfrac{1}{x} & \text{für } x \neq 0 \\ 0 & \text{für } x = 0 \end{cases}$$

zeigt, die in **R** einmal stetig differenzierbar ist mit

$$f'(x) := \begin{cases} 3x^2 \sin \dfrac{1}{x} - x \cos \dfrac{1}{x} & \text{für } x \neq 0 \\ 0 & \text{für } x = 0 \end{cases},$$

aber in $x = 0$ keine zweite Ableitung besitzt, da der Grenzwert

$$\lim_{x \to 0} \frac{f'(x) - f'(0)}{x - 0} = \lim_{x \to 0} \left(3x \sin \frac{1}{x} - \cos \frac{1}{x} \right)$$

nicht existiert.

Aufgaben:

3.1. Man berechne $I := \int_C |z|\, dz$. Dabei sei C

   (a) die Verbindungsstrecke von 0 nach $1 + i$,

   (b) der Weg, bestehend aus der Verbindungsstrecke von 0 nach $\sqrt{2}$ und dem Kreisbogen um 0 von $\sqrt{2}$ nach $1 + i$.

3.2. Man berechne das Integral $\oint_C Re(z)\, dz$ über der Ellipse C mit der Parameterdarstellung
$z(t) = 2\cos t + 3i \sin t$, $0 \leq t \leq 2\pi$.

3.3. Man berechne (einerseits mit Hilfe der Parameterdarstellung der jeweiligen Kurve, andererseits mit Hilfe der Stammfunktion des Integranden)

   (a) $\displaystyle\int_{-1}^{1+i} \cos z\, dz$ längs der Verbindungsstrecke,

   (b) $\displaystyle\int_{-i}^{2+i} (z^2 + 1)\, dz$ längs des Viertelkreises von $-i$ nach $2 + i$ um $z_0 = i$,

   (c) $\displaystyle\int_{-1}^{1} \frac{\ln z}{z}\, dz$ längs des Halbkreises um $z_0 = 0$ in der Halbebene $Im(z) \leq 0$.

3.4. Man zeichne die Kurve C mit der Parameterdarstellung

$$z(t) = \begin{cases} e^{2it} + i & \text{für } -\frac{\pi}{4} \leq t \leq \frac{3\pi}{4} \\ e^{-2it} - i & \text{für } \frac{3\pi}{4} \leq t \leq \frac{7\pi}{4} \end{cases}$$

und berechne $\displaystyle\oint_C \frac{dz}{z^2 + 1}$.

3.5. C sei eine einfach geschlossene Kurve, die weder $z_1 = 1$ noch $z_2 = -1$ enthält. Man gebe alle möglichen Werte von $\displaystyle\oint_C \frac{dz}{z^2 - 1}$ an.

3.6. Mit Hilfe von Partialbruchzerlegung und der Cauchyschen Integralformel berechne man

   (a) $\displaystyle\oint_{|z|=2} \frac{2i \cosh z}{z^2 + 1}\, dz$,

   (b) $\displaystyle\oint_{|z-1|=r} \frac{3e^z}{z^2 - z - 2}\, dz$ mit beliebigem $r > 0$, $r \neq 1$, $r \neq 2$.

3.7. Man berechne $\displaystyle\oint_{|z|=3} \frac{\cosh 2z}{(z+1)^5}\, dz$ mit Hilfe der Cauchyschen Integralformel.

4 Folgerungen aus den Integralsätzen

Wie einschränkend die Bedingung der Holomorphie ist, zeigt

Satz 4.1 (Liouville[1]): *Ist $f(z) : \mathbf{C} \to \mathbf{C}$ in der komplexen Zahlenebene $\mathbf{C}$ holomorph und beschränkt, dann ist $f(z)$ konstant.*

Setzt man nämlich die Beschränktheit $|f(z)| \leq M$ in (3.5) ein, wobei als Kurve $\mathcal{C}$ ein Kreis um ein beliebiges z_0 mit (beliebig großem) Radius r gewählt wird, dann erhält man

$$|f'(z_0)| = \left| \frac{1}{2\pi i} \oint_\mathcal{C} \frac{f(z)}{(z-z_0)^2}\, dz \right| \leq \frac{1}{2\pi} \int_0^{2\pi} \frac{|f(z_0 + re^{it})|}{r^2} r\, dt \leq \frac{M}{2\pi} \frac{2\pi r}{r^2} = \frac{M}{r}$$

und nach Grenzübergang $r \to \infty$

$$|f'(z_0)| = 0 \quad \text{bzw.} \quad f'(z_0) = 0 \quad \text{für alle} \quad z_0 \in \mathbf{C}.$$

Mit Satz 2.4 folgt $f(z) = const.$ in $\mathbf{C}$.

Bei vielen Anwendungen sucht man Extremwerte von Funktionen. In der Differentialrechnung reeller Funktionen bestimmt man dazu die relativen Extremstellen als Nullstellen der Ableitung und vergleicht sie dann mit den Funktionswerten auf dem Rand. Für holomorphe Funktionen ist der erste Schritt sinnlos, denn als Folgerung der Cauchyschen Integralformel ergibt sich

Satz 4.2 (Maximumprinzip): *Ist f holomorph im Gebiet $\mathcal{G} \subset \mathbf{C}$ und $M := \sup_{z \in \mathcal{G}}\{|f(z)|\}$, dann ist entweder f in $\mathcal{G}$ konstant, oder es gilt $|f(z)| < M$ für alle $z \in \mathcal{G}$, d.h., das Supremum von f wird auf dem Rand von $\mathcal{G}$ angenommen.*

Ist f konstant in $\mathcal{G}$ oder $M = \infty$, dann ist die Behauptung sicher richtig. Wir betrachten nun den Fall, daß $M < \infty$ gilt und daß f nicht konstant in $\mathcal{G}$ ist.
Angenommen, die Behauptung ist falsch, das heißt, es gibt ein $z_1 \in \mathcal{G}$ mit $|f(z_1)| = M$. Nach der Bemerkung zu Satz 2.4 ist mit f auch $|f|$ nicht konstant in $\mathcal{G}$, das heißt, es gibt ein $z_2 \in \mathcal{G}$ mit $|f(z_2)| < |f(z_1)| = M$. $\mathcal{G}$ ist ein Gebiet und damit zusammenhängend, man kann also z_1 und z_2 durch einen Streckenzug miteinander verbinden. Ist $z(t)$, $0 \leq t \leq 1$, eine Parameterdarstellung dieses Streckenzuges mit $z(0) = z_1$, $z(1) = z_2$, dann gibt es ein $t_0 \in [0,1]$, so daß $|f(z(t))| = M$ für alle $t < t_0$ gilt, es aber für jedes $\epsilon > 0$ ein $t \in (t_0, t_0 + \epsilon)$ gibt mit $|f(z(t))| < M$.
Sei $z_0 := z(t_0)$. Wegen der Stetigkeit von $|f|$ gilt $|f(z_0)| = M$, das heißt $z_0 \neq z_2$ bzw. $t_0 < 1$.
Wir betrachten nun einen abgeschlossenen Kreis mit Mittelpunkt z_0 und Radius r, der ganz in $\mathcal{G}$ liegt und dessen Rand den Streckenzug von z_0 nach z_2 in einem Punkt z_3 mit $|f(z_3)| < M$ trifft. Aus der Cauchyschen Integralformel folgt mit der Parameterdarstellung $z(t) = z_0 + re^{it}$, $0 \leq t \leq 2\pi$, des Kreises und mit $|f(z(t))| \leq M$

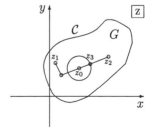

$$|f(z_0)| = \frac{1}{2\pi} \left| \int_0^{2\pi} \frac{f(z_0 + re^{it})}{re^{it}} r i e^{it}\, dt \right|$$
$$\leq \frac{1}{2\pi} \int_0^{2\pi} |f(z_0 + re^{it})|\, dt \leq M.$$

---
[1] Joseph Liouville (1809 – 1882), französischer Mathematiker

Wegen $|f(z_0)| = M$ kann man die Ungleichungszeichen durch Gleichheitszeichen ersetzen. Weiter ist

$$\frac{1}{2\pi} \int_0^{2\pi} |f(z_0)|\, dt = |f(z_0)| = M.$$

Beide Integrale sind gleich, d.h., für die Differenz folgt

$$\int_0^{2\pi} \left(|f(z_0)| - |f(z_0 + re^{it})| \right) dt = 0.$$

Da $|f(z_0)| = M$ und $|f(z_0 + re^{it})| \leq M$ für alle $z_0 + re^{it} \in \mathcal{G}$, wird der Integrand also nie negativ. Weil er außerdem stetig ist und das Integral gleich Null, muß er auch Null sein. Das heißt, es gilt

$$|f(z)| = M \quad \text{für alle } z = z_0 + re^{it}, \quad t \in [0, 2\pi],$$

speziell auch für z_3, und das steht im Widerspruch zur Auswahl von z_3.

Ist die Funktion f in $\mathcal{G}$ nirgends Null, dann kann man durch Betrachtung des Kehrwertes von f und Anwendung des Maximumprinzips zeigen, daß $|f|$ auch sein Minimum auf dem Rand von $\mathcal{G}$ annehmen muß (s. Aufgabe 4.2).

Das Maximumprinzip für holomorphe Funktionen kann man sofort auf harmonische Funktionen übertragen: Sind nämlich $\mathcal{G}, \mathcal{G}' \subset \mathbf{R}^2 (= \mathbf{C})$ Gebiete mit $\mathcal{G} \cup \partial \mathcal{G} \subset \mathcal{G}'$ und ist die Funktion $u(x, y) : \mathcal{G}' \to \mathbf{R}$ stetig in $\mathcal{G}'$ und harmonisch in $\mathcal{G}$, dann läßt sich mit einer zu u konjugiert harmonischen Funktion v eine in $\mathcal{G}$ holomorphe Funktion $f = u + iv$ bilden. Die Funktion $g(z) := e^{f(z)}$ ist ebenfalls holomorph, und nach dem Maximumprinzip ist g in $\mathcal{G}$ konstant, oder das Supremum von $|g|$ für $z \in \mathcal{G}$ wird auf $\partial \mathcal{G}$ angenommen. Wir nehmen nun an, daß u in einem Punkt $(x_0, y_0) \in \mathcal{G}$ ein Maximum m hat, d.h., es gilt $u(x, y) \leq m$ für alle $(x, y) \in \mathcal{G}$. Dann gilt auch für $z_0 := x_0 + iy_0 \in \mathcal{G}$ und für alle $z = x + iy \in \mathcal{G}$

$$|g(z)| = e^{u(x,y)} \cdot \left| e^{iv(x,y)} \right| = e^{u(x,y)} \leq e^m = |g(z_0)|,$$

d.h., g und damit u ist konstant in $\mathcal{G}$.

Ist das Gebiet $\mathcal{G}$ beschränkt, d.h. $\mathcal{G} \cup \partial \mathcal{G}$ kompakt, dann wird das Maximum der stetigen Funktion u auf $\mathcal{G} \cup \partial \mathcal{G}$ angenommen, nach dem Maximumprinzip also auf dem Rand $\partial \mathcal{G}$.

Bei dem **Dirichlet**[2]**-Problem** sucht man in einem Gebiet $\mathcal{G}$ harmonische Funktionen, die auf dem Rand $\partial \mathcal{G}$ vorgegebene Werte annehmen. Sind nun u_1 und u_2 zwei in $\mathcal{G} \cup \partial \mathcal{G}$ stetige Lösungen desselben Dirichlet-Problems, dann ist die Funktion $u := u_1 - u_2$ harmonisch in $\mathcal{G}$, stetig in $\mathcal{G} \cup \partial \mathcal{G}$ und auf dem Rand identisch Null, nach dem Maximumprinzip also auch in $\mathcal{G}$ identisch Null, d.h., aus dem Maximumprinzip ergibt sich, daß es höchstens eine Lösung eines Dirichlet-Problems geben kann.

Beispiel:

    4.1. Es sei $\mathcal{G} := \{z \,|\, |z| < 1\}$, $\mathcal{C} := \partial \mathcal{G}$, $\mathcal{G}'$ ein Gebiet mit $\mathcal{G} \cup \mathcal{C} \subset \mathcal{G}'$, und $g : \mathcal{G}' \to \mathbf{C}$ eine vorgegebene stetige Funktion. Wir suchen nun die entsprechende Lösung des Dirichlet-Problems für den Einheitskreis. Sei f die gesuchte Funktion, die in $\mathcal{G} \cup \partial \mathcal{G}$ holomorph ist und

---

[2]Johann Peter Gustav Lejeune-Dirichlet (1805 – 1859), deutscher Mathematiker

auf $\partial \mathcal{G}$ mit der Funktion g übereinstimmt.
Für beliebiges z_0 mit $|z_0| < 1$ folgt aus der Cauchyschen Integralformel

$$2\pi i f(z_0) = \oint_C \frac{f(z)}{z - z_0}\, dz.$$

Der Punkt $w_0 := 1/\overline{z_0}$ liegt wegen $|w_0| > 1$ außerhalb C. Die Funktion $\frac{f(z)}{z-w_0}$ ist also in $\mathcal{G} \cup C$ holomorph, und aus dem Cauchyschen Integralsatz folgt

$$0 = \oint_C \frac{f(z)}{z - w_0}\, dz.$$

Subtraktion ergibt

$$2\pi i f(z_0) = \oint_C f(z) \left(\frac{1}{z - z_0} - \frac{1}{z - w_0} \right) dz.$$

Mit $z = e^{it}$, $z_0 = re^{i\varphi}$, $w_0 = 1/\overline{z_0} = \frac{1}{r}e^{i\varphi}$ und

$$\frac{1}{z-z_0} - \frac{1}{z-w_0} = \frac{z_0 - w_0}{(z-z_0)(z-w_0)} = \frac{e^{i\varphi}(r - \frac{1}{r})}{(e^{it} - re^{i\varphi})(e^{it} - \frac{1}{r}e^{i\varphi})}$$

$$= \frac{e^{-it}(r^2 - 1)}{(e^{it} - re^{i\varphi})(re^{-i\varphi} - e^{-it})} = \frac{e^{-it}(r^2 - 1)}{re^{it-i\varphi} - 1 - r^2 + re^{i\varphi-it}}$$

$$= \frac{e^{-it}(1-r^2)}{1 - r(e^{i(\varphi-t)} + e^{-i(\varphi-t)}) + r^2} = \frac{e^{-it}(1-r^2)}{1 - 2r\cos(\varphi - t) + r^2}$$

ergibt sich

$$f(z_0) = \frac{1}{2\pi i}\int_{t=0}^{2\pi} f(e^{it}) \frac{e^{-it}(1-r^2)}{1 - 2r\cos(\varphi - t) + r^2} ie^{it}\, dt = \frac{1}{2\pi}\int_{t=0}^{2\pi} f(e^{it}) \frac{1-r^2}{1 - 2r\cos(\varphi - t) + r^2}\, dt.$$

f muß auf C, d.h. für $z = e^{it}$, mit der vorgegebenen Funktion g übereinstimmen. Damit erhält man die **Poissonsche Integralformel für den Einheitskreis**

$$f(z_0) = \frac{1}{2\pi}\int_{t=0}^{2\pi} \frac{(1-r^2)g(e^{it})}{1 - 2r\cos(\varphi - t) + r^2}\, dt.$$

Aus den Zerlegungen in Real- und Imaginärteil $f = u + iv$ und $g = u_1 + iv_1$ folgt die Poissonsche Formel für harmonische Funktionen

$$u(r,\varphi) = \frac{1}{2\pi}\int_{t=0}^{2\pi} \frac{(1-r^2)u_1(1,t)}{1 - 2r\cos(\varphi - t) + r^2}\, dt.$$

Die Bestimmung von Nullstellen von Funktionen (und analog von Polstellen, die ja Nullstellen der Kehrwertfunktion sind,) ist oft ein schwieriges Problem. Die beiden nächsten Sätze helfen manchmal weiter.

In der Zerlegung eines Polynoms kann eine Nullstelle mehrfach auftreten. Man kann dann gleiche Linearfaktoren zu Potenzen zusammenfassen und nennt den Exponenten **Ordnung** oder **Vielfachheit der Nullstelle**. Wir wollen diesen Begriff auf allgemeine Funktionen ausdehnen: z_0 heißt **Nullstelle** der Funktion $f(z)$ **der Ordnung** $k \in \mathbb{N}$, wenn der Grenzwert

$$\lim_{z \to z_0} \frac{f(z)}{(z - z_0)^k}$$

existiert und nicht Null ist. Entsprechend definiert man die **Ordnung einer Polstelle** z_0 von $f(z)$ als Ordnung der Nullstelle z_0 von $\frac{1}{f(z)}$.

Satz 4.3 (Argumentensatz): *Sei $\mathcal{G}' \subset \mathbb{C}$ ein Gebiet, und die Funktion $f(z)$ habe in $\mathcal{G}'$ höchstens endlich viele Polstellen und sei sonst in $\mathcal{G}'$ holomorph. Weiter sei $\mathcal{C}$ eine in $\mathcal{G}'$ liegende geschlossene, stückweise differenzierbare Jordan-Kurve mit Innengebiet $\mathcal{G}$. Ist N die Anzahl der Nullstellen von f in $\mathcal{G}$ und P die Anzahl der Pole von f in $\mathcal{G}$, jeweils einschließlich ihrer Vielfachheit, dann gilt*

$$\boxed{\frac{1}{2\pi i} \oint_{\mathcal{C}} \frac{f'(z)}{f(z)} \, dz = N - P.}$$

Zum Beweis untersucht man zunächst den Fall, daß innerhalb von $\mathcal{C}$ nur ein Pol z_0 der Ordnung p und eine Nullstelle z_0^* der Ordnung n liegen. $\mathcal{K}$ und $\mathcal{K}^*$ seien offene Kreisscheiben um z_0 bzw. z_0^* mit $\overline{\mathcal{K}} \cap \overline{\mathcal{K}^*} = \emptyset$, und $\overline{\mathcal{K}}, \overline{\mathcal{K}^*} \subset \mathcal{G}$. Dann folgt aus (3.3)

$$\oint_{\mathcal{C}} \frac{f'(z)}{f(z)} \, dz = \oint_{\partial \mathcal{K}} \frac{f'(z)}{f(z)} \, dz + \oint_{\partial \mathcal{K}^*} \frac{f'(z)}{f(z)} \, dz.$$

z_0^* ist eine Nullstelle der Ordnung n, und daher ist

$$F^*(z) := \frac{f(z)}{(z - z_0^*)^n}$$

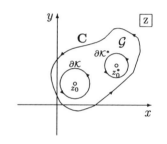

holomorph in $\overline{\mathcal{K}^*}$ und hat in $\mathcal{K}^*$ keine Nullstelle. Damit folgt

$$\frac{f'(z)}{f(z)} = \{\ln f(z)\}' = \left\{\ln\left(F^*(z) \cdot (z - z_0^*)^n\right)\right\}'$$
$$= \left\{\ln F^*(z) + n \ln(z - z_0^*)\right\}'$$
$$= \left\{\ln F^*(z)\right\}' + n\left\{\ln(z - z_0^*)\right\}' = \frac{F^{*\prime}(z)}{F^*(z)} + \frac{n}{z - z_0^*}$$

und nach dem Cauchyschen Integralsatz bzw. der Cauchyschen Integralformel

$$\frac{1}{2\pi i} \oint_{\partial \mathcal{K}^*} \frac{f'(z)}{f(z)} \, dz = \frac{1}{2\pi i} \oint_{\partial \mathcal{K}^*} \frac{F^{*\prime}(z)}{F^*(z)} \, dz + \frac{n}{2\pi i} \oint_{\partial \mathcal{K}^*} \frac{dz}{z - z_0^*} = 0 + \frac{n}{2\pi i} 2\pi i = n.$$

z_0 ist Pol der Ordnung p, und daher ist

$$F(z) := (z - z_0)^p f(z)$$

holomorph in $\overline{\mathcal{K}}$ und hat in $\mathcal{K}$ keine Nullstelle. Damit folgt analog

$$\frac{f'(z)}{f(z)} = \frac{F'(z)}{F(z)} - \frac{p}{z - z_0}$$

und

$$\frac{1}{2\pi i} \oint_{\partial \mathcal{K}} \frac{f'(z)}{f(z)} \, dz = \frac{1}{2\pi i} \oint_{\partial \mathcal{K}} \frac{F'(z)}{F(z)} \, dz - \frac{p}{2\pi i} \oint_{\partial \mathcal{K}} \frac{dz}{z - z_0} = 0 - \frac{p}{2\pi i} 2\pi i = -p.$$

Addition ergibt

$$\frac{1}{2\pi i} \oint_{\mathcal{C}} \frac{f'(z)}{f(z)} \, dz = n - p.$$

Der Beweis für mehrere verschiedene Nullstellen $z_1^*, \ldots, z_r^*$ oder Pole $z_1, \ldots, z_s$ verläuft völlig analog.

Sei $\mathcal{G}'$ ein einfach zusammenhängendes Gebiet und $\mathcal{C}$ eine stückweise reguläre, positiv orientierte, geschlossene Kurve in $\mathcal{G}'$. Ist $\mathcal{C}$ eine Jordan-Kurve, d.h. einfach geschlossen, dann folgt aus der Cauchyschen Integralformel für jedes z_0 im Innengebiet $\mathcal{G}$ von $\mathcal{C}$

$$\frac{1}{2\pi i} \oint_{\mathcal{C}} \frac{dz}{z - z_0} = 1.$$

Wird $\mathcal{C}$ k-mal durchlaufen, dann erhält man analog zum Beweis von Satz 3.4

$$\frac{1}{2\pi i} \oint_{\mathcal{C}} \frac{dz}{z - z_0} = k.$$

Dasselbe Ergebnis ergibt sich für Kurven, die sich zusammensetzen aus k einfach geschlossenen, positiv orientierten Schleifen um z_0 und eventuell anderen Schleifen, für die z_0 im jeweiligen Außengebiet liegt. Daher heißt für beliebiges $\mathcal{C}$ und $z_0 \in \mathcal{G}'$ mit $z_0 \notin \mathcal{C}$

$$n_{\mathcal{C}}(z_0) := \frac{1}{2\pi i} \oint_{\mathcal{C}} \frac{dz}{z - z_0}$$

Windungszahl oder **Umlaufzahl** von $\mathcal{C}$ um z_0.

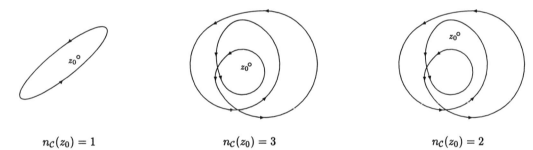

$n_{\mathcal{C}}(z_0) = 1$ $n_{\mathcal{C}}(z_0) = 3$ $n_{\mathcal{C}}(z_0) = 2$

Sei nun $f(z)$ eine Funktion, die in $\mathcal{G}'$ höchstens endlich viele Polstellen hat, und $\mathcal{C}: z(t) = [a,b] \to \mathcal{G}'$ eine Jordan-Kurve in $\mathcal{G}'$ mit Innengebiet $\mathcal{G} \subset \mathcal{G}'$, die weder eine Nullstelle noch einen Pol von $f(z)$ enthält. Weiter sei $\mathcal{C}' := f(\mathcal{C})$ die Bildkurve und $\mathcal{C}'$ laufe nicht durch den Nullpunkt. Dann gilt mit $w(t) = f(z(t))$, $a \le t \le b$, $dw = f'(z(t)) z'(t)\,dt$

$$n_{\mathcal{C}'}(0) = \frac{1}{2\pi i} \oint_{\mathcal{C}'} \frac{dw}{w} = \frac{1}{2\pi i} \int_a^b \frac{f'(z(t))}{f(z(t))} z'(t)\,dt = \frac{1}{2\pi i} \oint_{\mathcal{C}} \frac{f'(z)}{f(z)}\,dz.$$

Ist $N_{\mathcal{C}}$ die Anzahl der Nullstellen und $P_{\mathcal{C}}$ die Anzahl der Pole von $f(z)$ in $\mathcal{G}$, dann umläuft nach dem Argumentensatz die Bildkurve $\mathcal{C}'$ den Nullpunkt der Ebene $|N_{\mathcal{C}} - P_{\mathcal{C}}|$-mal, d.h., das Argument θ von $f(z) = \rho e^{i\theta}$ erhöht (oder vermindert) sich genau $|N_{\mathcal{C}} - P_{\mathcal{C}}|$-mal um 2π, wenn z die (einfach geschlossene) Urbildkurve einmal durchläuft.

Satz 4.4 (Rouché[3]): *Sei $\mathcal{G}' \subset \mathbb{C}$ ein Gebiet, und die Funktionen $f(z)$ und $g(z)$ seien in $\mathcal{G}'$ holomorph. Weiter sei $\mathcal{C}$ eine in $\mathcal{G}'$ liegende geschlossene, stückweise differenzierbare Jordan-Kurve mit Innengebiet $\mathcal{G}$. Gilt*

$$|g(z)| < |f(z)| \quad \text{für alle } z \in \mathcal{C},$$

---
[3]Eugéne Rouché (1832 – 1910), französischer Mathematiker

dann haben f und $f+g$ dieselbe Anzahl von Nullstellen in $\mathcal{G}$. (Dabei wird wieder jede Nullstelle k-ter Ordnung k-mal gezählt.)

Sei N_1 die Anzahl der Nullstellen von $f+g$ in $\mathcal{G}$, N_2 die Anzahl der Nullstellen von f in $\mathcal{G}$ und

$$F(z) := \frac{g(z)}{f(z)}.$$

Nach dem Argumentensatz 4.3 gilt

$$N_1 = \frac{1}{2\pi i} \oint_\mathcal{C} \frac{f'(z)+g'(z)}{f(z)+g(z)} dz \quad \text{und} \quad N_2 = \frac{1}{2\pi i} \oint_\mathcal{C} \frac{f'(z)}{f(z)} dz.$$

Mit $g(z) = f(z) \cdot F(z)$, also $g'(z) = f'(z) \cdot F(z) + f(z) \cdot F'(z)$ folgt

$$\begin{aligned}
N_1 - N_2 &= \frac{1}{2\pi i} \oint_\mathcal{C} \left(\frac{f'(z)+g'(z)}{f(z)+g(z)} - \frac{f'(z)}{f(z)} \right) dz \\
&= \frac{1}{2\pi i} \oint_\mathcal{C} \left(\frac{f'(z)+f'(z)F(z)+f(z)F'(z)}{f(z)\{1+F(z)\}} - \frac{f'(z)}{f(z)} \right) dz \\
&= \frac{1}{2\pi i} \oint_\mathcal{C} \frac{f'(z)\{1+F(z)\}+f(z)F'(z)-f'(z)\{1+F(z)\}}{f(z)\{1+F(z)\}} dz \\
&= \frac{1}{2\pi i} \oint_\mathcal{C} \frac{F'(z)}{1+F(z)} dz.
\end{aligned}$$

Sei nun $w(z) := 1+F(z)$ und $\mathcal{C}_1 := w(\mathcal{C})$. Aus der Voraussetzung für f und g folgt $|F(z)| < 1$ für alle $z \in \mathcal{C}$, d.h., $\mathcal{C}_1$ liegt ganz im Innern eines Kreises mit Mittelpunkt 1 und Radius 1. Das Innere des Kreises enthält also nicht den Nullpunkt. Damit wird w innerhalb $\mathcal{C}_1$ nicht 0, d.h., $1/w$ ist innerhalb $\mathcal{C}_1$ holomorph. Substitution des letzten Integrals und der Cauchysche Integralsatz ergibt

$$N_1 - N_2 = \frac{1}{2\pi i} \oint_\mathcal{C} \frac{1}{w} dw = 0 \quad \text{bzw.} \quad N_1 = N_2.$$

Beispiele:

4.2. Die Exponentialfunktion $f(z) := e^z$ hat in $\mathbf{C}$ keine Nullstelle, d.h., es gilt $N = 0$. Mit Hilfe des Argumentensatzes berechnet man die Anzahl P der Pole von f z.B. in einem Kreis $|z| \leq R$:

$$N - P = \frac{1}{2\pi i} \oint_\mathcal{C} \frac{e^z}{e^z} dz = \frac{1}{2\pi i} \int_0^{2\pi} iRe^{it} dt = 0,$$

d.h., f hat in $\mathbf{C}$ keinen Pol (man kann R beliebig groß wählen).

4.3. Wir wollen zeigen, daß alle drei Nullstellen des Polynoms

$$p(z) := z^3 - 2z + 1$$

innerhalb des Kreises $|z| = 2$ liegen:
$f(z) := z^3$ hat in $z_0 = 0$ eine dreifache Nullstelle. Sei $g(z) := 1-2z$. Dann gilt für alle $|z| = 2$

$$|g(z)| = |1-2z| \leq 1 + 2|z| = 5 < 8 = |z|^3 = |f(z)|,$$

die Voraussetzung des Satzes von Rouché ist also erfüllt. Damit hat $p(z) = f(z) + g(z)$ innerhalb $|z| = 2$ drei Nullstellen, d.h., alle Nullstellen von p liegen innerhalb des Kreises. Die Nullstellen von p lassen sich auch direkt berechnen: Durch Raten findet man die Nullstelle $z_1 = 1$, durch Polynom-Division $p(z) = (z-1)(z^2 + z - 1)$ und damit die anderen Nullstellen $z_{2,3} = -\frac{1}{2} \pm \frac{\sqrt{5}}{2}$ mit $|z_2| = \frac{1}{2}(\sqrt{5} - 1) < |z_3| = \frac{1}{2}(\sqrt{5} + 1) < 2$. *Goldener Schnitt!*

4.4. Aus dem Satz von Rouché folgt der **Fundamentalsatz der Algebra**:

Jedes Polynom $p(z) := \sum_{k=0}^{n} a_k z^k$ vom Grad $n \geq 1$ mit komplexen Koeffizienten a_k hat in $\mathbf{C}$ genau n (nicht notwendig verschiedene) Nullstellen $z_1, \ldots, z_n$, und es gilt

$$p(z) = a_n(z - z_1)(z - z_2) \cdots (z - z_n).$$

$p(z)$ hat *höchstens* n Nullstellen: Seien nämlich $z_1, \ldots, z_k$ die Nullstellen von $p(z)$. Dann läßt sich $p(z)$ durch jeden Linearfaktor $z - z_j$, $1 \leq j \leq k$, dividieren, d.h., es gibt ein Polynom $p^*(z)$ mit

$$p(z) = (z - z_1)(z - z_2) \cdots (z - z_k) p^*(z).$$

Damit folgt

$$n = \operatorname{Grad} p(z) = k + \operatorname{Grad} p^*(z) \geq k.$$

$p(z)$ hat aber auch *mindestens* n Nullstellen: Sei $f(z) := a_n z^n$, $g(z) := \sum_{k=0}^{n-1} a_k z^k$. Wegen

$$\lim_{|z| \to \infty} \frac{|g(z)|}{|f(z)|} \leq \frac{1}{|a_n|} \lim_{|z| \to \infty} \sum_{k=0}^{n-1} |a_k| |z|^{k-n} = 0$$

gibt es ein $R \in \mathbf{R}$ mit

$$\left|\frac{g(z)}{f(z)}\right| < 1, \quad \text{d.h.} \quad |g(z)| < |f(z)| \quad \text{für alle } |z| \geq R.$$

f hat in $z_0 = 0$ eine n-fache Nullstelle und ist sonst ungleich Null, d.h., nach dem Satz von Rouché hat $p = f + g$ in $|z| < R$ (und damit in $\mathbf{C}$) genau n Nullstellen.

Üblicherweise berechnet man ein bestimmtes reelles (eigentliches oder uneigentliches) Integral $\int_a^b f(x)\,dx$ mit Hilfe der Stammfunktion. Ist die Bestimmung der Stammfunktion aber sehr schwierig oder sogar unmöglich, hilft manchmal die Betrachtung der Integrale in der komplexen Zahlenebene. Man berechnet dann i.allg. das komplexe Kurvenintegral $\oint_C f(z)\,dz$, wobei C eine geschlossene Kurve ist, die das reelle Integrationsintervall enthält, und die reelle Variable x durch die komplexe Variable z ersetzt wird.

Beispiel:

4.5. Zur Bestimmung des uneigentlichen Integrals

$$I := \int_{-\infty}^{\infty} \frac{dx}{1+x^2}$$

betrachten wir zunächst den geschlossenen Weg C_R, der aus dem Intervall $[-R, R]$ und dem Halbkreis in der oberen z-Halbebene um 0 mit Radius R, d.h., den Wegen

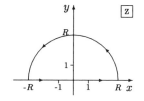

$C_{R,1}$: $z(t) = t$, $\quad -R \leq t \leq R$, $\quad$ und
$C_{R,2}$: $z(t) = Re^{it}$, $\quad 0 \leq t \leq \pi$,

besteht. Dann gilt

$$\oint_{C_R} \frac{dz}{1+z^2} = \oint_{C_{R,1}} \frac{dz}{1+z^2} + \oint_{C_{R,2}} \frac{dz}{1+z^2} = \int_{-R}^{R} \frac{dt}{1+t^2} + \int_0^{\pi} \frac{iRe^{it}\,dt}{1+R^2 e^{2it}}.$$

Für $R > 1$ gilt (mit der Dreiecksungleichung $|1 + R^2 e^{2it}| \geq |R^2 e^{2it}| - 1 = R^2 - 1$)

$$\left| \int_0^{\pi} \frac{iRe^{it}\,dt}{1+R^2 e^{2it}} \right| \leq \int_0^{\pi} \frac{R\,dt}{R^2-1} = \frac{R\pi}{R^2-1} \xrightarrow{R \to \infty} 0,$$

d.h.

$$\lim_{R \to \infty} \oint_{C_R} \frac{dz}{1+z^2} = \int_{-\infty}^{\infty} \frac{dx}{1+x^2}.$$

Partialbruchzerlegung ergibt

$$\frac{1}{1+z^2} = \frac{1}{2i} \frac{1}{z-i} - \frac{1}{2i} \frac{1}{z+i}.$$

Die Funktion $f_1(z) := \frac{1}{z+i}$ hat nur in $z_1 = -i$ eine Singularität, und zwar eine Polstelle, die aber für jedes $R > 0$ außerhalb C_R liegt. Nach dem Cauchyschen Integralsatz gilt also

$$\oint_{C_R} \frac{dz}{z+i} = 0.$$

Für jedes $R > 1$ liegt $z_0 = i$ innerhalb C_R. Aus der Cauchyschen Integralformel folgt für alle $R > 1$

$$\oint_{C_R} \frac{dz}{1+z^2} = \frac{1}{2i} \oint_{C_R} \frac{dz}{z-i} - \frac{1}{2i} \oint_{C_R} \frac{dz}{z+i} = \frac{1}{2i} 2\pi i - 0 = \pi,$$

also

$$I = \lim_{R \to \infty} \oint_{C_R} \frac{dz}{1+z^2} = \pi.$$

Nach dem Residuensatz 3.3 gilt

$$\oint_C f(z)\,dz = 2\pi i \sum_{k=1}^{n} \operatorname{Res} f \big|_{z=z_k},$$

und dabei ist $\mathcal{C}$ ein geschlossener Weg in einem einfach zusammenhängenden Gebiet $\mathcal{G}$ und f holomorph in $\mathcal{G} \cup \partial \mathcal{G}$ mit Ausnahme endlich vieler Singularitäten $z_1, \ldots z_n$ innerhalb $\mathcal{C}$.

Sind die in Frage kommenden Singularitäten Pole, dann lassen sich die Residuen mit Hilfe der Laurent-Reihen-Entwicklung von f um diese Pole einfach berechnen. Wir werden im nächsten Abschnitt für einen Pol k-ter Ordnung in z_0 die Formel

$$\operatorname{Res} f\big|_{z=z_0} = \lim_{z \to z_0} \frac{1}{(k-1)!} \frac{d^{k-1}}{dz^{k-1}} \{(z-z_0)^k f(z)\} \tag{4.1}$$

herleiten. Im Beispiel 4.5 ist $z_0 = i$ ein Pol 1. Ordnung von f, also

$$\operatorname{Res} f\big|_{z=i} = \lim_{z \to i}(z-i)\frac{1}{1+z^2} = \lim_{z \to i}(z-i)\frac{1}{(z-i)(z+i)} = \frac{1}{2i}$$

und damit

$$I = 2\pi i \cdot \frac{1}{2i} = \pi.$$

Analog zu Beispiel 4.5 läßt sich eine ganze Klasse von reellen uneigentlichen Integralen mit Hilfe des Residuensatzes berechnen:

Satz 4.5: *Sei $\mathcal{G} \subset \mathbf{C}$ ein Gebiet mit $\{z|\, Im(z) \geq 0\} \subset \mathcal{G}$, und die Funktion $f \colon \mathcal{G} \to \mathbf{C}$ holomorph mit Ausnahme der endlich vielen Singularitäten $z_1, \ldots, z_n$ mit $Im(z_k) > 0$. Gilt*

$$\lim_{\substack{|z| \to \infty \\ z \in \mathcal{G}}} z f(z) = 0,$$

dann ist

$$\int_{-\infty}^{\infty} f(x)\, dx = 2\pi i \sum_{k=1}^{n} \operatorname{Res} f\big|_{z=z_k} \tag{4.2}$$

(falls das uneigentliche reelle Integral existiert).

Man kann R_0 so groß wählen, daß für alle $R > R_0$ die Singularitäten $z_1, \ldots, z_n$ innerhalb $\mathcal{C}_R$ liegen ($\mathcal{C}_R$ sei wie in Beispiel 4.5). Dann gilt nach dem Residuensatz

$$2\pi i \sum_{k=1}^{n} \operatorname{Res} f\big|_{z=z_k} = \oint_{\mathcal{C}_R} f(z)\, dz = \int_{-R}^{R} f(x)\, dx + \int_{0}^{\pi} f(Re^{it}) i R e^{it}\, dt.$$

Nach Voraussetzung strebt der Integrand und damit der Wert des zweiten Integrals für $R \to \infty$ gegen Null, und es gilt (4.2).

Ist $f(x)$ eine gebrochen rationale Funktion, für die der Grad des Nennerpolynoms um mindestens 2 größer ist als der Grad des Zählerpolynoms, dann ist die Voraussetzung des Satzes erfüllt. Denn für

$$f(x) = \frac{\displaystyle\sum_{k=0}^{m} a_k x^k}{\displaystyle\sum_{k=0}^{n} b_k x^k}, \qquad n \geq m+2,$$

gibt es nach der Dreiecksungleichung ein R_0, so daß für alle $R > R_0$ gilt

$$\left| Re^{it} \sum_{k=0}^{m} a_k R^k e^{ikt} \right| \leq (m+1)|a_m| R^{m+1}$$

und

$$\left| \sum_{k=0}^{n} b_k R^k e^{ikt} \right| \geq |b_n| R^n - \sum_{k=0}^{n-1} |b_k| R^k \geq \frac{1}{2} |b_n| R^n.$$

Daraus folgt

$$\lim_{\substack{|z|\to\infty \\ z\in\mathcal{G}}} zf(z) = \lim_{R\to\infty} |Re^{it} f(Re^{it})| \leq \lim_{R\to\infty} \frac{2(m+1)|a_m|}{|b_n|} R^{m+1-n} \leq \lim_{R\to\infty} \frac{2(m+1)|a_m|}{|b_n|} \frac{1}{R} = 0.$$

Das reelle uneigentliche Integral $\int_{-\infty}^{\infty} f(x)\,dx$ läßt sich also über den Residuensatz auswerten.

Ist $f(\sin t, \cos t)$ eine rationale Funktion der trigonometrischen Funktionen, z.B.

$$f(\sin t, \cos t) = \frac{\sin^4 t - 5\cos^2 t}{1 + \tan t},$$

dann läßt sich das Integral

$$\int_0^{2\pi} f(\cos t, \sin t)\,dt$$

ebenfalls leicht mit Hilfe des Residuensatzes berechnen: Mit $z(t) := e^{it}$, $0 \leq t \leq 2\pi$, $e^{-it} = \frac{1}{z(t)}$ und den Substitutionen

$$\cos t = \frac{1}{2}\left(z + \frac{1}{z}\right), \qquad \sin t = \frac{1}{2i}\left(z - \frac{1}{z}\right), \qquad dz = iz\,dt$$

erhält man

$$\int_0^{2\pi} f(\cos t, \sin t)\,dt = \oint_{|z|=1} f\left(\frac{1}{2}\left(z + \frac{1}{z}\right), \frac{1}{2i}\left(z - \frac{1}{z}\right)\right) \frac{1}{iz}\,dz,$$

also ein komplexes Kurvenintegral, das man mit dem Residuensatz auswerten kann. Voraussetzung ist dabei, daß f auf dem Einheitskreis keine Singularitäten besitzt.

Beispiel:

4.6. Sei $a > 1$ und $\quad I := \int_0^{2\pi} \frac{dt}{a + \sin t}$.

Mit der obigen Substitution ergibt sich das komplexe Kurvenintegral $\oint_{|z|=1} g(z)\,dz$ mit

$$g(z) := \frac{1}{iz} \frac{1}{a + \frac{1}{2i}(z - \frac{1}{z})} = \frac{2}{2iaz + z^2 - 1}.$$

g hat als Singularitäten nur die Pole 1. Ordnung

$$z_{1,2} = -ai \pm \sqrt{-a^2 + 1} = -ai \pm i\sqrt{a^2 - 1}.$$

Es gilt
$$|z_2| = a + \sqrt{a^2 - 1} > a > 1,$$
und aus
$$a - 1 = \left(\sqrt{a-1}\right)^2 < \sqrt{a-1}\sqrt{a+1} = \sqrt{a^2 - 1}$$
folgt
$$|z_1| = a - \sqrt{a^2 - 1} < 1,$$
d.h., der Pol z_2 liegt außerhalb und der Pol z_1 innerhalb $|z| = 1$. Damit ergibt sich aus dem Residuensatz und (4.1)

$$I = 2\pi i \operatorname{Res} g\big|_{z=z_1} = 2\pi i \lim_{z \to z_1}(z - z_1)g(z) = 2\pi i \lim_{z \to z_1} \frac{(z - z_1)2}{(z - z_1)(z - z_2)} = \frac{4\pi i}{z_1 - z_2} = \frac{2\pi}{\sqrt{a^2 - 1}}.$$

Zur Berechnung reeller uneigentlicher Integrale der Form
$$\int_0^\infty f(x)\, dx$$
mittels des Residuenkalküls gibt es zwei Möglichkeiten: Ist der Integrand eine gerade Funktion, dann gilt
$$\int_{-\infty}^\infty f(x)\, dx = \int_{-\infty}^0 f(x)\, dx + \int_0^\infty f(x)\, dx = 2\int_0^\infty f(x)\, dx,$$
und man betrachtet als komplexen Integrationsweg den Halbkreis $\mathcal{C}_R$ wie in Beispiel 4.5. Sonst versucht man den reellen Integrationsweg $[0, R]$ mit Hilfe eines Weges $\mathcal{C}_{R,1}$ so in der komplexen Ebene zu einem geschlossenen Weg $\mathcal{C}_R$ zu ergänzen, daß die Integrale längs $\mathcal{C}_{R,1}$ entweder für $R \to \infty$ gegen Null konvergieren oder ein Vielfaches des Integrals längs $[0, R]$ sind.

Beispiele:

4.7. Zur Bestimmung der in der Optik auftretenden **Fresnel**[4]**schen Integrale**
$$\int_0^\infty \sin x^2\, dx \quad \text{und} \quad \int_0^\infty \cos x^2\, dx$$
betrachtet man das Integral

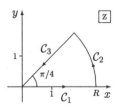

$$\oint_{\mathcal{C}_R} e^{iz^2}\, dz$$

längs des geschlossenen Weges $\mathcal{C}_R = \mathcal{C}_{R,1} + \mathcal{C}_{R,2} + \mathcal{C}_{R,3}$ mit den Parameterdarstellungen

$$\mathcal{C}_{R,1}: z(t) = t, \qquad 0 \leq t \leq R,$$
$$\mathcal{C}_{R,2}: z(t) = Re^{it}, \qquad 0 \leq t \leq \frac{\pi}{4}, \quad \text{und}$$
$$\mathcal{C}_{R,3}: z(t) = (R - t)e^{i\pi/4}, \qquad 0 \leq t \leq R.$$

---
[4]Augustin Jean Fresnel (1788 – 1827), französischer Physiker, begründete als erster exakt die Wellentheorie des Lichtes

Da e^{iz^2} holomorph in $\mathbb{C}$ ist, folgt aus dem Cauchyschen Integralsatz für alle $R > 0$ und mit $e^{i\pi/2} = i$

$$0 = \oint_{C_R} e^{iz^2} dz = \int_0^R e^{ix^2} dx + \int_0^{\pi/4} e^{iR^2 e^{2it}} Rie^{it} dt + \int_0^R e^{i(R-t)^2 i}(-e^{i\pi/4}) dt. \qquad (4.3)$$

Im Intervall $(0, \frac{\pi}{2})$ liegt die Sinuskurve oberhalb der Geraden $y = \frac{2}{\pi}t$ durch den Nullpunkt und den Punkt $(\frac{\pi}{2}, 1)$. Damit folgt

$$\sin t \geq \frac{2t}{\pi}, \qquad 0 \leq t \leq \frac{\pi}{2},$$

und für das Integral längs $C_{R,2}$ gilt

$$\left|\int_0^{\pi/4} e^{iR^2 \cos 2t - R^2 \sin 2t} Rie^{it} dt\right| \leq \int_0^{\pi/4} e^{-R^2 \sin 2t} R \, dt = \frac{R}{2} \int_0^{\pi/2} e^{-R^2 \sin t} dt$$

$$\leq \frac{R}{2} \int_0^{\pi/2} e^{-2R^2 t/\pi} dt = \frac{R}{2}\left(-\frac{\pi}{2R^2}\right) e^{-2R^2 t/\pi} \Big|_0^{\pi/2}$$

$$= \frac{\pi}{4R}(1 - e^{-R^2}) \xrightarrow{R \to \infty} 0.$$

Mit Hilfe der Integralrechnung mehrerer Variabler (s. Teil I, Beispiel 6.2.3) erhält man

$$\int_0^\infty e^{-x^2} dx = \frac{\sqrt{\pi}}{2}.$$

Für das Integral längs $C_{R,3}$ ergibt sich daraus nach Substitution $x = R - t$

$$\lim_{R \to \infty} (-e^{i\pi/4}) \int_0^R e^{i^2(R-t)^2} dt = \lim_{R \to \infty} (-e^{i\pi/4}) \int_0^R e^{-(R-t)^2} dt$$

$$= e^{i\pi/4} \lim_{R \to \infty} \int_R^0 e^{-x^2} dx = -e^{i\pi/4} \int_0^\infty e^{-x^2} dx = -\frac{\sqrt{\pi}}{2} e^{i\pi/4}.$$

Aus (4.3) folgt

$$\int_0^\infty e^{ix^2} dx = \int_0^\infty \cos x^2 \, dx + i \int_0^\infty \sin x^2 \, dx = \frac{\sqrt{\pi}}{2} e^{i\pi/4} = \frac{\sqrt{\pi}}{2\sqrt{2}}(1+i)$$

und durch Vergleich von Real- und Imaginärteil

$$\int_0^\infty \cos x^2 \, dx = \int_0^\infty \sin x^2 \, dx = \sqrt{\frac{\pi}{8}}.$$

4.8. Zur Bestimmung des Integrals

$$\int_0^\infty \frac{\cosh ax}{\cosh x} dx \qquad \text{mit} \qquad a \in \mathbb{R}, \quad |a| < 1$$

betrachtet man das Integral

$$\oint_{C_R} \frac{e^{az}}{\cosh z} dz$$

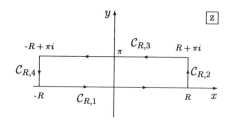

längs des Rechtecks mit den Ecken $-R, R, R + i\pi$ und $-R + i\pi$, d.h. längs des geschlossenen Weges

$$C_R = C_{R,1} + C_{R,2} + C_{R,3} + C_{R,4}$$

mit den Parameterdarstellungen

$$\mathcal{C}_{R,1}: z(t) = t, \qquad -R \leq t \leq R, \qquad \mathcal{C}_{R,2}: z(t) = R + it, \qquad 0 \leq t \leq \pi,$$
$$\mathcal{C}_{R,3}: z(t) = -t + i\pi, \qquad -R \leq t \leq R, \qquad \mathcal{C}_{R,4}: z(t) = -R + i(\pi - t), \qquad 0 \leq t \leq \pi.$$

e^{az} und $\cosh z$ sind in $\mathbf{C}$ holomorph, d.h., der Integrand hat nur Pole bei den Nullstellen von $\cosh z$, d.h. bei $z_k = i(2k+1)\frac{\pi}{2}$, $k \in \mathbf{Z}$, und diese haben die Ordnung 1. Für beliebiges $R > 0$ liegt nur $z_1 = i\frac{\pi}{2}$ innerhalb des Integrationsweges. Mit (4.1) und der Regel von l'Hospital ergibt sich

$$\operatorname{Res} f\Big|_{z=z_1} = \lim_{z \to z_1}(z - z_1)f(z) = \lim_{z \to i\pi/2}\left(z - i\frac{\pi}{2}\right)\frac{e^{az}}{\cosh z} = e^{ia\pi/2}\lim_{z \to i\pi/2}\frac{z - i\frac{\pi}{2}}{\cosh z}$$
$$= \frac{e^{ia\pi/2}}{\sinh i\pi/2} = \frac{e^{ia\pi/2}}{i\sin \pi/2} = -ie^{ia\pi/2},$$

d.h., aus dem Residuensatz folgt

$$2\pi e^{ia\pi/2} = \oint_{\mathcal{C}_R} \frac{e^{az}}{\cosh z}\,dz = \int_{-R}^{R} \frac{e^{ax}}{\cosh x}\,dx + \int_0^{\pi} \frac{e^{a(R+it)}}{\cosh(R+it)}\,i\,dt$$
$$- \int_{-R}^{R} \frac{e^{a(-x+i\pi)}}{\cosh(-x+i\pi)}\,dx - \int_0^{\pi} \frac{e^{a(-R+i(\pi-t))}}{\cosh(-R+i(\pi-t))}\,i\,dt.$$

Für hinreichend großes R gilt

$$|\cosh(R+it)| = \frac{1}{2}\left|e^{R+it} + e^{-R-it}\right| \geq \frac{1}{2}(e^R - e^{-R}) \geq \frac{1}{4}e^R,$$

und daraus folgt für das Integral längs $\mathcal{C}_{R,2}$

$$\left|\int_0^{\pi} \frac{e^{a(R+it)}}{\cosh(R+it)}\,i\,dt\right| \leq \int_0^{\pi} \frac{4e^{aR}}{e^R}\,dt = 4\pi e^{(a-1)R} \xrightarrow{R \to \infty} 0.$$

Gleiches kann man für das Integral längs $\mathcal{C}_{R,4}$ zeigen.

Für das Integral längs $\mathcal{C}_{R,3}$ ergibt sich mit $\cosh(x + i\pi) = -\cosh x$ und der Substitution $t := -x$

$$-\int_{-R}^{R} \frac{e^{a(-x+i\pi)}}{\cosh(-x+i\pi)}\,dx = -e^{ia\pi}\int_{-R}^{R} \frac{e^{-ax}}{-\cosh(-x)}\,dx = e^{ia\pi}\int_{-R}^{R} \frac{e^{at}}{\cosh t}\,dt,$$

also insgesamt für $R \to \infty$

$$2\pi e^{ia\pi/2} = \int_{-\infty}^{\infty} \frac{e^{ax}}{\cosh x}\,dx + e^{ia\pi}\int_{-\infty}^{\infty} \frac{e^{at}}{\cosh t}\,dt = \left(1 + e^{ia\pi}\right)\int_{-\infty}^{\infty} \frac{e^{ax}}{\cosh x}\,dx.$$

Damit erhält man

$$\int_{-\infty}^{\infty} \frac{e^{ax}}{\cosh x}\,dx = \frac{2\pi e^{ia\pi/2}}{1 + e^{ia\pi}} = \frac{2\pi}{e^{ia\pi/2} + e^{-ia\pi/2}} = \frac{\pi}{\cos(a\pi/2)}$$

und

$$\int_0^{\infty} \frac{\cosh ax}{\cosh x}\,dx = \frac{1}{2}\left(\int_0^{\infty} \frac{e^{ax}}{\cosh x}\,dx + \int_0^{\infty} \frac{e^{-ax}}{\cosh x}\,dx\right)$$
$$= \frac{1}{2}\left(\int_0^{\infty} \frac{e^{ax}}{\cosh x}\,dx + \int_{-\infty}^{0} \frac{e^{ax}}{\cosh x}\,dx\right)$$
$$= \frac{1}{2}\int_{-\infty}^{\infty} \frac{e^{ax}}{\cosh x}\,dx = \frac{\pi}{2\cos(a\pi/2)}.$$

Beispiel:

4.9. Wir wollen das uneigentliche reelle Integral

$$I = \int_0^\infty \frac{\sin x}{x}\, dx,$$

berechnen. Durch Integration der Potenzreihenentwicklung der Funktion $\sin x/x$ erhält man eine Stammfunktion. Es gilt nämlich

$$\operatorname{Si}(x) := \int_0^x \frac{\sin t}{t}\, dt = \sum_{n=0}^\infty (-1)^n \frac{x^{2n+1}}{(2n+1)!(2n+1)}.$$

$\operatorname{Si}(x)$ heißt *Integralsinus*. Die Berechnung von $\lim_{x\to\infty} \operatorname{Si}(x)$ ist sehr aufwendig. Wir betrachten daher das Integral

$$\oint_{\mathcal{C}_{r,R}} \frac{e^{iz}}{z}\, dz$$

längs des in der Abbildung angegebenen geschlossenen Weges

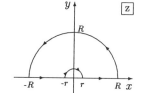

$$\mathcal{C}_{r,R} = \mathcal{C}_{r,R,1} + \mathcal{C}_{r,R,2} + \mathcal{C}_{r,R,3} + \mathcal{C}_{r,R,4}$$

mit den Parameterdarstellungen

$$\mathcal{C}_{r,R,1}: z(t) = t, \quad r \le t \le R, \qquad \mathcal{C}_{r,R,2}: z(t) = Re^{it}, \quad 0 \le t \le \pi,$$
$$\mathcal{C}_{r,R,3}: z(t) = t, \quad -R \le t \le -r, \qquad \mathcal{C}_{r,R,4}: z(t) = re^{i(\pi-t)}, \quad 0 \le t \le \pi.$$

Da der Integrand innerhalb $\mathcal{C}_{r,R}$ holomorph ist, folgt aus dem Cauchyschen Integralsatz für alle $R > r > 0$

$$0 = \oint_{\mathcal{C}_{r,R}} \frac{e^{iz}}{z}\, dz = \int_r^R \frac{e^{ix}}{x}\, dx + \int_0^\pi \frac{e^{iR\cos t - R\sin t}}{Re^{it}} Rie^{it}\, dt$$
$$+ \int_{-R}^{-r} \frac{e^{ix}}{x}\, dx - \int_0^\pi \frac{e^{ir\cos(\pi-t) - r\sin(\pi-t)}}{re^{i(\pi-t)}} rie^{i(\pi-t)}\, dt. \qquad (4.4)$$

Für das Integral längs $\mathcal{C}_{r,R,2}$ gilt wegen $\sin t = \sin(\pi - t)$ und $\sin t \ge 2t/\pi$, $0 \le t \le \pi/2$,

$$\left| \int_0^\pi \frac{e^{iR\cos t - R\sin t}}{Re^{it}} Rie^{it}\, dt \right| \le \int_0^\pi e^{-R\sin t}\, dt = 2\int_0^{\pi/2} e^{-R\sin t}\, dt$$
$$\le 2 \int_0^{\pi/2} e^{-2Rt/\pi}\, dt \;=\; \frac{\pi}{R}(1 - e^{-R}) \;\xrightarrow{R\to\infty}\; 0.$$

Für das Integral längs $\mathcal{C}_{r,R,4}$ ergibt sich aus der Stetigkeit der e-Funktion

$$-i \lim_{r\to 0} \int_0^\pi e^{ir\cos(\pi-t) - r\sin(\pi-t)}\, dt = -i \int_0^\pi dt = -i\pi.$$

Damit erhält man aus (4.4) für $r \to 0$ und $R \to \infty$

$$i\pi = \int_0^\infty \frac{e^{ix}}{x}\,dx + \int_{-\infty}^0 \frac{e^{ix}}{x}\,dx = \int_{-\infty}^\infty \frac{e^{ix}}{x}\,dx.$$

Mit der Euler-Formel $e^{ix} = \cos x + i \sin x$, dem Vergleich von Real- und Imaginärteil und da der Integrand eine gerade Funktion ist, folgt

$$I = \int_0^\infty \frac{\sin x}{x}\,dx = \frac{1}{2}\int_{-\infty}^\infty \frac{\sin x}{x}\,dx = \frac{\pi}{2}.$$

Allgemein versucht man, den *Cauchyschen Hauptwert* eines reellen uneigentlichen Integrals mit einer isolierten Singularität x_0 des Integranden auf der reellen Achse

$$\text{CHW}\int_{-\infty}^\infty f(x)\,dx = \lim_{r \to 0}\left[\int_{-\infty}^{x_0-r} f(x)\,dx + \int_{x_0+r}^\infty f(x)\,dx\right]$$

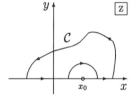

durch ein komplexes Integral längs einer geschlossenen Kurve $\mathcal{C}$ zu berechnen, die um x_0 einen kleinen Bogen (oder „Haken") mit Radius r macht, mit anschließendem Grenzübergang $r \to 0$. Man nennt ein solches Kurvenintegral *Hakenintegral*.

Als letzte Anwendung wollen wir zeigen, wie man mit Hilfe des Residuensatzes den Wert *reeller Reihen* berechnen kann.

Satz 4.6: *Die Funktion f sei in $\mathbf{C}$ bis auf (endlich oder abzählbar viele) Pole $z_1, z_2, \ldots$ holomorph und keiner dieser Pole sei eine ganze reelle Zahl. Weiter sei $\mathcal{C}_N$ das achsenparallele Quadrat mit Mittelpunkt 0 und Kantenlänge $2N + 1$, $N \in \mathbf{N}$, und es gebe $k > 1$, $M > 0$, so daß für alle $N \in \mathbf{N}$ und $z \in \mathcal{C}_N$ gilt*

$$|f(z)| \leq \frac{M}{|z|^k}.$$

Dann ist

$$\sum_{n=-\infty}^\infty f(n) = -\sum_{z_l \text{ Pol von } f} \text{Res}\left(\pi f(z)\cot(\pi z)\right)\bigg|_{z=z_l}.$$

Als Singularitäten der Funktion

$$\cot(\pi z) := \frac{\cos(\pi z)}{\sin(\pi z)}$$

treten nur Pole der Ordnung 1 auf, und zwar in den Nullstellen des Nenners $\sin(\pi z)$, also in $z_n = n$, $n \in \mathbf{Z}$ (s. Übung 1.13). Für das Residuum an diesen Stellen gilt daher wegen (4.1) und der Regel von l'Hospital

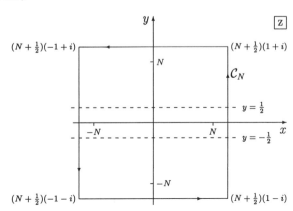

$$\operatorname{Res}\left(\pi\cot(\pi z)f(z)\right)\Big|_{z=n} = \lim_{z\to n}(z-n)\pi\cot(\pi z)f(z) = \pi\cos(n\pi)f(n)\lim_{z\to n}\frac{z-n}{\sin(\pi z)}$$
$$= \pi\cos(n\pi)f(n)\frac{1}{\pi\cos(n\pi)} = f(n). \quad (4.5)$$

Wir zeigen nun, daß $\cot(\pi z)$ für alle $z \in \mathcal{C}_N$ (gleichmäßig in N) beschränkt ist. Dazu sei $N \in \mathbf{N}$ beliebig fest und $z = x + iy \in \mathcal{C}_N$, und wir betrachten die verschiedenen möglichen Fälle für y und x:

Für $y \geq \frac{1}{2}$ folgt mit Anwendung der Dreiecksungleichung

$$|\cot(\pi z)| = \left|\frac{e^{i\pi x - \pi y} + e^{-i\pi x + \pi y}}{e^{i\pi x - \pi y} - e^{-i\pi x + \pi y}}\right| \leq \frac{e^{-\pi y} + e^{\pi y}}{e^{\pi y} - e^{-\pi y}} = \frac{1 + e^{-2\pi y}}{1 - e^{-2\pi y}} \leq \frac{1 + e^{-\pi}}{1 - e^{-\pi}} = \coth\left(\frac{\pi}{2}\right).$$

Für $y \leq -\frac{1}{2}$ gilt analog

$$|\cot(\pi z)| \leq \frac{e^{-\pi y} + e^{\pi y}}{e^{-\pi y} - e^{\pi y}} = \frac{1 + e^{2\pi y}}{1 - e^{2\pi y}} \leq \frac{1 + e^{-\pi}}{1 - e^{-\pi}} = \coth\left(\frac{\pi}{2}\right).$$

Ist $|y| < \frac{1}{2}$, dann gilt $|x| = N + \frac{1}{2}$, also $x = N + \frac{1}{2}$ oder $x = -N - \frac{1}{2}$.

Für $|y| < \frac{1}{2}$, $x = N + \frac{1}{2}$ gilt wegen $\cot(u + N\pi) = \cot u$, $\cot\left(u + \frac{\pi}{2}\right) = \tan u$,

$$|\cot(\pi z)| = \left|\cot\left(N\pi + \frac{\pi}{2} + i\pi y\right)\right| = \left|\cot\left(\frac{\pi}{2} + i\pi y\right)\right| = |\tan(i\pi y)| = |\tanh(\pi y)| \leq \tanh\left(\frac{\pi}{2}\right)$$

und für $|y| < \frac{1}{2}$, $x = -N - \frac{1}{2}$ analog

$$|\cot(\pi z)| = |\tanh(\pi y)| \leq \tanh\left(\frac{\pi}{2}\right),$$

da die Funktion $\tanh u$ wegen $(\tanh u)' = \dfrac{1}{\cosh^2 u} > 0$ streng monoton steigend ist. Wir erhalten mit

$$\tanh\left(\frac{\pi}{2}\right) = \frac{e^{\pi/2} - e^{-\pi/2}}{e^{\pi/2} + e^{-\pi/2}} \leq \frac{e^{\pi/2} + e^{-\pi/2}}{e^{\pi/2} - e^{-\pi/2}} = \coth\left(\frac{\pi}{2}\right)$$

$M_1 := \coth(\pi/2)$ als die gesuchte (von N unabhängige) Schranke, d.h., es gilt für alle $N \in \mathbf{N}$, $z \in \mathcal{C}_N$

$$|\cot(\pi z)| \leq \coth\left(\frac{\pi}{2}\right).$$

Für $z \in \mathcal{C}_N$ ist $|z| \geq N + \frac{1}{2} > N$, und damit folgt aus der Voraussetzung für $f(z)$

$$|f(z)| \leq \frac{M}{|z|^k} < \frac{M}{N^k} \quad \text{für alle} \quad z \in \mathcal{C}_N,$$

d.h., $f(z)$ hat insbesondere keine Polstelle auf $\mathcal{C}_N$. Nach Satz 3.1 (d) und wegen $k > 1$ gilt

$$\left|\oint_{\mathcal{C}_N} \pi\cot(\pi z)f(z)\,dz\right| \leq \frac{M\pi}{N^k}M_1 \cdot L_{\mathcal{C}_N} < \frac{M\pi}{N^k}M_1(8N+4) \xrightarrow{N\to\infty} 0,$$

d.h., aus dem Residuensatz folgt

$$0 = \sum_{z_l \text{ Pol von } f} \text{Res}\left(\pi f(z) \cot(\pi z)\right)\Big|_{z=z_l} + \sum_{n=-\infty}^{\infty} \text{Res}\left(\pi f(z) \cot(\pi z)\right)\Big|_{z=n}$$

und damit und mit (4.5) die Behauptung.

Beispiel:

4.10. Um den Wert der Reihe

$$\sum_{n=0}^{\infty} \frac{1}{(2n+1)^2} = 1 + \frac{1}{9} + \frac{1}{25} + \frac{1}{49} + \cdots$$

zu berechnen, betrachten wir die Funktion

$$f(z) = \frac{1}{(2z+1)^2}.$$

Sie hat in $z_0 = -\frac{1}{2}$ einen Pol der Ordnung 2, und nach (4.1) gilt

$$\text{Res}\left(\pi \cot(\pi z) f(z)\right)\Big|_{z=-1/2} = \pi \lim_{z \to -1/2} \frac{d}{dz}\left(\left(z + \frac{1}{2}\right)^2 \frac{\cot(\pi z)}{(2z+1)^2}\right)$$

$$= \frac{\pi}{4} \lim_{z \to -1/2} \left(-\frac{\pi}{\sin^2(\pi z)}\right) = -\frac{\pi^2}{4}.$$

Damit folgt aus Satz 4.6

$$\sum_{n=0}^{\infty} \frac{1}{(2n+1)^2} = \frac{1}{2} \sum_{n=-\infty}^{\infty} \frac{1}{(2n+1)^2} = \frac{\pi^2}{8}.$$

Aufgaben:

4.1. Man bestimme das Maximum der Funktion $|f(z)|$ in $|z| \leq 1$ für

(a) $f(z) := z^4 + z^2 - 1$,   (b) $f(z) := z^2 - 3z + 2$,   (c) $f(z) := \cos z$.

4.2. Man zeige das *Minimumprinzip*: Ist $\mathcal{G}' \subset \mathbf{C}$ ein Gebiet, $\mathcal{G}$ ein beschränktes Gebiet mit $\mathcal{G} \cup \partial \mathcal{G} \subset \mathcal{G}'$ und $f : \mathcal{G}' \to \mathbf{C}$ holomorph in $\mathcal{G}$ und stetig in $\mathcal{G} \cup \partial \mathcal{G}$ mit $f(z) \neq 0$ für alle $z \in \mathcal{G}$, dann hat $|f|$ ein Minimum in $\mathcal{G} \cup \partial \mathcal{G}$, und dieses liegt auf dem Rand von $\mathcal{G}$.

4.3. Sei $\mathcal{G}' \subset \mathbf{C}$ ein Gebiet mit $\{z | \operatorname{Im}(z) \geq 0\} \subset \mathcal{G}'$, $z_0 = x_0 + iy_0 \in \mathcal{G}'$ mit $y_0 > 0$, $f : \mathcal{G}' \to \mathbf{C}$ eine in $\mathcal{G}'$ holomorphe Funktion mit $\lim_{|z| \to \infty} f(z)/z = 0$. Man zeige die *Poisson-Formel für die obere Halbebene*

$$f(x_0 + iy_0) = \frac{1}{\pi} \int_{-\infty}^{\infty} \frac{f(x) y_0}{(x - x_0)^2 + y_0^2} dx.$$

4.4. Man bestimme eine in der oberen Halbebene harmonische Funktion, die auf der x-Achse die Werte -1 für $x < 0$ und $+1$ für $x > 0$ annimmt.

4.5. Sei $R > 0$, $R \neq 1$, $R \neq 3$. Man berechne

$$\frac{1}{2\pi i} \oint_{|z|=R} \frac{2z - 4}{z^2 - 4z + 3} dz$$

mit Hilfe des Argumentensatzes.

4.6. Man berechne $I := \oint\limits_{|z|=\pi} \dfrac{f'(z)}{f(z)}\, dz$ für

(a) $f(z) := \sin \pi z$,   (b) $f(z) := \cos \pi z$,   (c) $f(z) := \tan \pi z$.

4.7. Man zeige, daß alle Nullstellen von $f(z) := z^7 - 5z^3 + 12$ im Kreisring $1 < |z| < 2$ liegen.

4.8. Man zeige, daß die Gleichung $e \cdot z^n = e^z$ in $|z| < 1$ genau n Lösungen besitzt.

4.9. Man bestimme folgende Integrale mit Hilfe des Residuensatzes:

(a) $\displaystyle\int_0^\infty \dfrac{dx}{1+x^4}$,   (b) $\displaystyle\int_{-\infty}^\infty \dfrac{dx}{x^4+2x^2+1}$,   (c) $\displaystyle\int_{-\infty}^\infty \dfrac{dx}{x^2-2x+2}$,

(d) $\displaystyle\int_0^\infty \dfrac{\cos x}{x^2+1}\, dx$,   (e) $\displaystyle\int_0^{2\pi} \sin^4 t\, dt$,   (f) $\displaystyle\int_0^{2\pi} \dfrac{\cos t}{5-4\cos(2t)}\, dt$,

(g) $\displaystyle\int_0^\infty \dfrac{\ln x}{x^2+1}\, dx$,   (h) $\displaystyle\int_0^\infty \dfrac{\ln^2 x}{x^2+1}\, dx$.

4.10. Man berechne mit Hilfe des Residuensatzes und eines Hakenintegrals $\displaystyle\int_{-\infty}^\infty \dfrac{\sin x\, dx}{(x+1)(x^2+1)}$.

4.11. Man gebe die Parameterdarstellung des Weges in der Skizze an und berechne mit Hilfe des Residuensatzes das Integral

$$\int_0^\infty \dfrac{x^{p-1}}{1+x}\, dx, \quad 0 < p < 1.$$

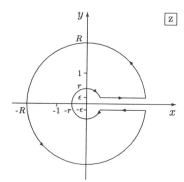

4.12. Mit Hilfe des Residuensatzes berechne man den Wert der Reihe

(a) $\displaystyle\sum_{n=1}^\infty \dfrac{1}{n^4}$,   (b) $\displaystyle\sum_{n=1}^\infty \dfrac{(-1)^{n+1}}{n^4}$.

Anleitung: Man betrachte zunächst $\displaystyle\sum_{n=0}^\infty \dfrac{1}{(2n+1)^4} = \dfrac{1}{2}\sum_{n=-\infty}^\infty \dfrac{1}{(2n+1)^4}$.

5 Reihenentwicklungen

Polynome und ihre Verallgemeinerungen, die Potenzreihen, sind rechentechnisch sehr einfache Funktionen. Daher versucht man, eine beliebige Funktion durch ein Polynom oder eine Potenzreihe darzustellen.

In der reellen Analysis ergibt sich aus dem Satz von TAYLOR[1], daß man eine n-mal stetig differenzierbare Funktion einer reellen Variablen durch ein Polynom vom Grad n ersetzen kann, wobei der Fehler, d.h., der Unterschied zwischen Funktion und Polynom, durch das Restglied bestimmt wird. Ist die Funktion sogar beliebig oft differenzierbar, dann kann man die zugehörige Taylor-Reihe aufstellen. Diese stimmt aber in ihrem Konvergenzgebiet nicht unbedingt mit der Funktion überein.

In der komplexen Analysis folgt aus dem Cauchyschen Integralsatz, daß jede holomorphe, d.h., in einem Gebiet einmal stetig differenzierbare Funktion sogar beliebig oft differenzierbar ist, man also immer eine zugehörige Taylor-Reihe aufstellen kann. Wie im folgenden gezeigt wird, stimmt diese Reihe in ihrem Konvergenzkreis mit der Funktion überein. Analog kann man sogar zu einer komplexen Funktion, die in einem Kreisring um eine Singularität holomorph ist, eine Laurent-Reihe um diese Singularität aufstellen. Diese konvergiert in dem Kreisring und stimmt dort mit der Funktion überein.

Satz 5.1 : *Ist $\mathcal{G} \subset \mathbf{C}$ ein Gebiet mit $z_0 \in \mathcal{G}$, f holomorph in $\mathcal{G}$, dann kann man f in eine Taylor-Reihe entwickeln, das heißt, es gilt*

$$\boxed{f(z) = \sum_{n=0}^{\infty} a_n (z - z_0)^n}$$

mit den Koeffizienten

$$\boxed{a_n = \frac{1}{n!} f^{(n)}(z_0) = \frac{1}{2\pi i} \oint_{\partial \mathcal{K}_\delta} \frac{f(\zeta)}{(\zeta - z_0)^{n+1}} d\zeta}$$

(mit $\partial \mathcal{K}_\delta := \{\zeta \mid |\zeta - z_0| = \delta\}$ und hinreichend kleinem $\delta > 0$).

Sei $d > 0$ der kürzeste Abstand von z_0 nach $\partial \mathcal{G}$. Weiter sei $0 < \delta < d$, d.h., die abgeschlossene Kreisscheibe $\overline{\mathcal{K}_\delta}$ mit Mittelpunkt z_0 und Radius δ ist in $\mathcal{G}$ enthalten. Für jedes z mit $|z - z_0| < \delta$ gilt dann nach der Cauchyschen Integralformel

$$f(z) = \frac{1}{2\pi i} \oint_{\partial \mathcal{K}_\delta} \frac{f(\zeta)}{\zeta - z} d\zeta$$

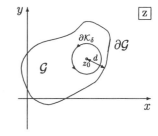

und nach (3.6)

$$f^{(n)}(z) = \frac{n!}{2\pi i} \oint_{\partial \mathcal{K}_\delta} \frac{f(\zeta)}{(\zeta - z)^{n+1}} d\zeta.$$

Da z im Innern der Kreisscheibe liegt, gilt $|z - z_0| < |\zeta - z_0| = \delta$, d.h. $\left|\frac{z-z_0}{\zeta-z_0}\right| < 1$, und damit

---
[1] Brook Taylor (1685 – 1731), englischer Mathematiker, Schüler Newtons

ergibt sich aus der Summationsformel für geometrische Reihen

$$\frac{1}{\zeta - z} = \frac{1}{(\zeta - z_0) - (z - z_0)} = \frac{1}{\zeta - z_0} \cdot \frac{1}{1 - \dfrac{z - z_0}{\zeta - z_0}} = \sum_{n=0}^{\infty} \frac{(z - z_0)^n}{(\zeta - z_0)^{n+1}}.$$

Jede Potenzreihe kann man innerhalb ihres Konvergenzkreises gliedweise integrieren, und damit folgt

$$f(z) = \frac{1}{2\pi i} \oint_{\partial \mathcal{K}_\delta} \frac{f(\zeta)}{\zeta - z} d\zeta = \frac{1}{2\pi i} \oint_{\partial \mathcal{K}_\delta} \left(f(\zeta) \sum_{n=0}^{\infty} \frac{(z - z_0)^n}{(\zeta - z_0)^{n+1}} \right) dz$$

$$= \sum_{n=0}^{\infty} \left(\frac{1}{2\pi i} \oint_{\partial \mathcal{K}_\delta} \frac{f(\zeta)}{(\zeta - z_0)^{n+1}} d\zeta \right) (z - z_0)^n$$

$$= \sum_{n=0}^{\infty} \frac{f^{(n)}(z_0)}{n!} (z - z_0)^n.$$

Offensichtlich ist der Konvergenzradius der Potenzreihe gleich dem Abstand von z_0 bis zur nächsten Singularität von f.

Aus dem Fundamentalsatz der Algebra folgt, daß zwei Polynome vom Grad m und n mit $0 \leq m \leq n$ denselben Grad und dieselben Koeffizienten haben, wenn sie an mindestens $n + 1$ Stellen übereinstimmen. Für Potenzreihen und damit nach Satz 5.1 auch für holomorphe Funktionen gilt analog:

Satz 5.2 (Identitätssatz für holomorphe Funktionen): *Die Funktionen $f, g : \mathcal{G} \to \mathbb{C}$ seien auf dem Gebiet $\mathcal{G} \subset \mathbb{C}$ holomorph. Weiter gebe es unendlich viele verschiedene Punkte $z_k \in \mathcal{G}$, $k \in \mathbb{N}$, mit $\lim\limits_{k \to \infty} z_k = z_0 \in \mathcal{G}$ und $f(z_k) = g(z_k)$ für alle $k \in \mathbb{N}$. Dann gilt*

$$f(z) = g(z) \quad \text{für alle } z \in \mathcal{G}.$$

Wir betrachten die Taylor-Reihen der Funktionen f und g in $\mathcal{K}_r(z_0) := \{z \,|\, |z - z_0| \leq r\}$ um z_0 mit einem geeigneten $r > 0$, also

$$f(z) = \sum_{n=0}^{\infty} a_n (z - z_0)^n \quad \text{und} \quad g(z) = \sum_{n=0}^{\infty} b_n (z - z_0)^n.$$

f und g sind holomorph, also stetig. Es gilt daher

$$a_0 = f(z_0) = f(\lim_{k \to \infty} z_k) = \lim_{k \to \infty} f(z_k) = \lim_{k \to \infty} g(z_k) = g(\lim_{k \to \infty} z_k) = g(z_0) = b_0.$$

Für die Funktionen

$$f_1(z) := \sum_{n=1}^{\infty} a_n (z - z_0)^{n-1} \quad \text{und} \quad g_1(z) := \sum_{n=1}^{\infty} b_n (z - z_0)^{n-1}.$$

gilt

$$f_1(z) = \frac{f(z) - a_0}{z - z_0} \quad \text{und} \quad g_1(z) = \frac{g(z) - a_0}{z - z_0},$$

und daraus folgt für alle $k \in \mathbf{N}$ wegen $z_k \neq z_0$ und der Stetigkeit von f_1 und g_1

$$f_1(z_k) = g_1(z_k) \quad \text{und analog wie oben} \quad a_1 = f_1(z_0) = g_1(z_0) = b_1.$$

Fortsetzung des Verfahrens ergibt

$$a_n = b_n \quad \text{für alle } n \in \mathbf{N}$$

und damit die Behauptung in dem Kreis $\mathcal{K}_r(z_0)$. Wir wollen nun die Behauptung für das ganze Gebiet $\mathcal{G}$ zeigen.

Ist $\mathcal{G} = \mathbf{C}$, dann haben die Taylor-Reihen von f, g, f_1 und g_1 den Konvergenzradius ∞. Man kann also r beliebig groß wählen, und daraus folgt die Behauptung.

Ist $\mathcal{G} \neq \mathbf{C}$, dann ist $\partial \mathcal{G} \neq \emptyset$. Wir betrachten einen beliebigen Punkt $z \in \mathcal{G}$ und einen in $\mathcal{G}$ liegenden Polygonzug $\mathcal{C}$ der Länge $L_\mathcal{C}$ von z_0 nach z. $\mathcal{C} \subset \mathcal{G}$ hat als kompakte Punktmenge von der abgeschlossenen Punktmenge $\partial \mathcal{G}$ einen Minimalabstand $d > 0$, das heißt, die Konvergenzradien der Taylor-Reihen von f, g, f_1 und g_1 sind nicht kleiner als d. Sei nun $d/2 < r < d$. Wir durchlaufen $\mathcal{C}$ von z_0 nach z und bezeichnen mit z_1 den ersten Schnittpunkt von $\mathcal{C}$ mit $\partial \mathcal{K}_r(z_0)$. f und g stimmen auf dem in $\mathcal{K}_r(z_0)$ liegenden Teil von $\mathcal{C}$ überein, also auf einer Folge verschiedener Punkte, die gegen z_1 konvergiert, und damit besitzen sie um z_1 identische Taylor-Reihen mit einem Konvergenzradius $r_1 \geq r \geq d/2$. Nun betrachtet man z_1 statt z_0 und bezeichnet mit z_2 den ersten Schnittpunkt von $\partial \mathcal{K}_r(z_1)$ mit dem Restpolygonzug $\mathcal{C}_1$ von z_1 nach z.

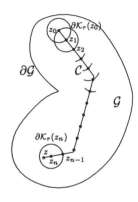

Man erhält eine Folge von Punkten z_k und Polygonzügen $\mathcal{C}_k$ von z_k nach z, und nach k Schritten ist die Länge von $\mathcal{C}_k$ höchstens gleich $L_\mathcal{C} - k \cdot d/2$. Man erreicht also nach endlich vielen Schritten den Punkt z und erhält damit $f(z) = g(z)$.

Beispiele:

5.1. Die Funktionen e^z, $\sin z$, $\cos z$ sind als Potenzreihen um $z_0 = 0$ mit dem Konvergenzradius ∞ definiert und in $\mathbf{C}$ holomorph. Ihre Taylor-Reihen um 0 stimmen mit den Potenzreihen überein. Aus dem Identitätssatz folgt weiter, daß diese Funktionen die einzig möglichen holomorphen Funktionen auf $\mathbf{C}$ sind, die auf der reellen Achse mit den bekannten reellen Funktionen übereinstimmen. Man nennt solche Funktionen *holomorphe Fortsetzungen*.

5.2. Die Additionstheoreme der trigonometrischen Funktionen und die Beziehungen zwischen der Exponentialfunktion und den trigonometrischen bzw. den hyperbolischen Funktionen lassen sich mit Hilfe des Identitätssatzes sofort von $\mathbf{R}$ auf $\mathbf{C}$ übertragen: Sei z.B.

$$F(z) := \sin^2 z + \cos^2 z - 1.$$

F ist mit $\sin z$ und $\cos z$ in $\mathbf{C}$ holomorph, und es gilt $F(x) = 0$ für alle $x \in \mathbf{R}$. Gleiches gilt für die Null-Funktion

$$F_1 : \mathbf{C} \to \mathbf{C} \quad \text{mit } F_1(z) = 0 \quad \text{für alle } z \in \mathbf{C},$$

und damit folgt $F(z) = F_1(z) = 0$ für alle $z \in \mathbf{C}$.

5.3. Seien $a, z_0 \in \mathbf{C}$, $z_0 \neq a$. Dann ist die Funktion $f(z) = \frac{1}{z-a}$ in $\mathcal{G} = \{z \in \mathbf{C} \mid |z - z_0| < |a - z_0|\}$ holomorph. Es gilt

$$\frac{1}{z-a} = -\frac{1}{a-z_0} \cdot \frac{1}{1 - \frac{z-z_0}{a-z_0}} = -\sum_{n=0}^{\infty} \frac{(z-z_0)^n}{(a-z_0)^{n+1}},$$

d.h., die Taylor-Reihe ergibt sich aus der geometrischen Reihe (wegen $\left|\frac{z-z_0}{a-z_0}\right| < 1$).

5.4. Die Taylor-Reihe einer gebrochen rationalen Funktion läßt sich mit Hilfe der Partialbruchzerlegung und der geometrischen Reihen bestimmen. So gilt zum Beispiel für $|z| < 1$:

$$\frac{2z}{(1+z^2)(1+z)} = \frac{1+z}{1+z^2} - \frac{1}{1+z} = (1+z)\sum_{n=0}^{\infty}(-1)^n z^{2n} - \sum_{n=0}^{\infty}(-1)^n z^n$$

$$= \sum_{n=0}^{\infty}(-1)^n z^{2n} + \sum_{n=0}^{\infty}(-1)^n z^{2n+1} - \sum_{n=0}^{\infty} z^{2n} + \sum_{n=0}^{\infty} z^{2n+1}$$

$$= \sum_{n=0}^{\infty} \left((-1)^n + 1\right) z^{2n+1} + \sum_{n=0}^{\infty} \left((-1)^n - 1\right) z^{2n}$$

$$= 2\sum_{n=0}^{\infty} z^{4n+1} - 2\sum_{n=0}^{\infty} z^{4n+2}.$$

5.5. Ist $\mathrm{Ln}\, z$ der Hauptzweig der komplexen Logarithmusfunktion, dann ist durch $f(z) = \mathrm{Ln}(1+z)$ auf der von -1 längs der negativen reellen Achse nach $-\infty$ aufgeschnittenen z-Ebene eine eindeutige holomorphe Funktion definiert. Zur Bestimmung der Taylor-Reihe um $z_0 = 0$ betrachten wir zunächst die Taylor-Reihe der Ableitungsfunktion

$$g(z) := f'(z) = \frac{1}{1+z} = \sum_{n=0}^{\infty}(-1)^n z^n.$$

Gliedweise Integration ergibt mit

$$\mathrm{Ln}(1+z) = \int_0^z g(\zeta)\, d\zeta = \sum_{n=0}^{\infty}(-1)^n \frac{z^{n+1}}{n+1} = \sum_{n=1}^{\infty}(-1)^{n+1} \frac{z^n}{n}$$

die Taylor-Reihe von $\mathrm{Ln}(1+z)$ um $z_0 = 0$ mit Konvergenzradius $r = 1$ (dem Abstand zur nächstgelegenen Singularität $z_s = -1$).

Wir betrachten nun den Fall, daß man von einer holomorphen Funktion f nur die Taylor-Reihe um einen festen Punkt z_0 und den zugehörigen Konvergenzkreis $\mathcal{K}_0 = \{z \mid |z - z_0| < r\}$ kennt. Zum Beispiel erhält man durch die Methode des Potenzreihenansatzes Lösungen bestimmter Differentialgleichungen in der Form einer Potenzreihe.
Eine Reihe ist möglicherweise in jedem Randpunkt des Konvergenzkreises konvergent. Zum Beispiel hat die Reihe

$$\sum_{n=1}^{\infty} \frac{z^n}{n^2}$$

den Konvergenzradius 1, und aus dem Majorantenkriterium folgt, daß sie für jedes $|z| = 1$ konvergiert. Ist $r < \infty$, d.h., der Rand $\partial \mathcal{K}_0$ ist nicht leer, dann enthält $\partial \mathcal{K}_0$ aber auf jeden Fall eine Singularität. Denn sonst wäre $f(z)$ in jedem Randpunkt holomorph, d.h., zu jedem Randpunkt gibt es eine Umgebung, in der $f(z)$ holomorph ist. Die Gesamtheit dieser Umgebungen überdeckt

$\partial \mathcal{K}_0$. Da $\partial \mathcal{K}_0$ kompakt ist, reichen endlich viele dieser offenen Kreise zur Überdeckung von $\partial \mathcal{K}_0$ aus, und in der Vereinigung von $\mathcal{K}_0$ mit dieser Überdeckung liegt sogar ein Kreis um z_0 mit größerem Radius als r, in dem $f(z)$ holomorph ist und daher eine konvergente Taylor-Reihe besitzt. Das steht aber im Widerspruch zur Definition des Konvergenzradius.

Die Funktion f kann in einem viel größeren Gebiet $\mathcal{G} \supset \mathcal{K}_0$ holomorph sein: Zum Beispiel hat die Reihe $\sum_{n=0}^{\infty} z^n$ den Konvergenzkreis $\{z \mid |z| < 1\}$. Sie ist die Taylor-Reihe der Funktion $f(z) = \dfrac{1}{1-z}$, die in ganz $\mathbf{C}$ holomorph ist mit Ausnahme der Polstelle $z = 1$.

Satz 5.1 und der Identitätssatz 5.2 ergeben nun ein Verfahren, um eine Funktion f mit ihrem maximalen Holomorphiegebiet $\mathcal{G}$ zu konstruieren:
Für einen beliebigen Punkt $z_1 \in \mathcal{K}_0$ in der Nähe von $\partial \mathcal{K}_0$ entwickelt man die Potenzreihe

$$f_0(z) = \sum_{n=0}^{\infty} a_n (z - z_0)^n$$

um z_0 mit Konvergenzkreis $\mathcal{K}_0$ in eine Taylor-Reihe

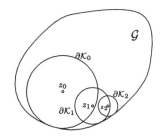

$$f_1(z) = \sum_{n=0}^{\infty} a_{n1} (z - z_1)^n$$

um z_1. Im allgemeinen liegt der neue Konvergenzkreis $\mathcal{K}_1$ nicht vollständig in $\mathcal{K}_0$, und nach dem Identitätssatz stellen beide Potenzreihen in $\mathcal{K}_0 \cap \mathcal{K}_1$ dieselbe Funktion dar und definieren daher in $\mathcal{K}_0 \cup \mathcal{K}_1$ eine holomorphe Funktion. Das Verfahren kann man so lange durchführen, bis auf dem Rand der Vereinigung $\mathcal{K}$ der Konvergenzkreise die Singularitäten der gesuchten Funktion dicht liegen.
$f : \mathcal{K} \to \mathbf{C}$ mit $f(z) := f_n(z)$ für $z \in \mathcal{K}_n$ heißt **holomorphe** oder **analytische Fortsetzung** von f_0. Wie das Beispiel 5.7 zeigt, liefert die Konstruktion aber im allgemeinen keine eindeutige Funktion, das heißt, man muß möglicherweise die zugehörige Riemannsche Fläche betrachten.

Beispiele:

5.6. Die Funktion $f(z) = \frac{1}{2-z}$ hat in $z_s = 2$ ihre einzige Singularität, und zwar eine Polstelle.

Aus der geometrischen Reihe erhält man

$$\frac{1}{2-z} = \frac{1}{2} \frac{1}{1 - z/2} = \frac{1}{2} \sum_{n=0}^{\infty} \frac{z^n}{2^n} = \sum_{n=0}^{\infty} \frac{z^n}{2^{n+1}},$$

also die Taylor-Reihe um $z_1 = 0$ mit dem Konvergenzradius $r_1 = 2$. Analog ergibt sich die Taylor-Reihe um $z_2 = i$ mit dem Konvergenzradius $r_2 = \sqrt{5}$ aus

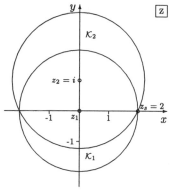

$$\frac{1}{2-z} = \frac{1}{(2-i) - (z-i)} = \frac{1}{2-i} \frac{1}{1 - \frac{z-i}{2-i}}$$

$$= \sum_{n=0}^{\infty} \frac{(z-i)^n}{(2-i)^{n+1}}.$$

Die beiden Konvergenzkreise $\mathcal{K}_1 = \{z \mid |z| < 2\}$ und $\mathcal{K}_2 = \{z \mid |z - i| < \sqrt{5}\}$ haben gemeinsame Punkte, und damit erhält man eine analytische Fortsetzung der in $\mathcal{K}_1$ definierten ersten Potenzreihe auf das Gebiet $\mathcal{G} = \mathcal{K}_1 \cup \mathcal{K}_2$.

5.7. Nach Beispiel 5.5 hat die in $\mathcal{G} = \mathbf{C} \setminus \{z \in \mathbf{R} | z \leq -1\}$ holomorphe Funktion $\text{Ln}(1 + z)$ um $z_0 = 0$ die Taylor-Reihe

$$f_0(z) = \sum_{n=1}^{\infty} (-1)^{n+1} \frac{z^n}{n}$$

mit Konvergenzradius $r_0 = 1$. Wir betrachten die Punkte $z_1 = -2+i$ und $z_2 = -2-i$. Wegen $z_1, z_2 \in \mathcal{G}$ sind die Taylor-Reihen von $\text{Ln}(1 + z)$ um z_1

$$f_1(z) = \ln \sqrt{2} + i\frac{3\pi}{4} + \sum_{n=1}^{\infty} (-1)^{n+1} \frac{(z+2-i)^n}{n(-1+i)^n}$$

mit Konvergenzradius $r_1 = \lim_{n\to\infty} \sqrt[n]{n} \cdot |-1+i| = \sqrt{2}$,
bzw. um z_2

$$f_2(z) = \ln \sqrt{2} - i\frac{3\pi}{4} + \sum_{n=1}^{\infty} (-1)^{n+1} \frac{(z+2+i)^n}{n(-1-i)^n}$$

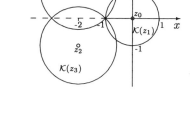

mit Konvergenzradius $r_2 = \lim_{n\to\infty} \sqrt[n]{n} \cdot |-1-i| = \sqrt{2}$
analytische Fortsetzungen von $f_0(z)$ (s. Aufgabe 5.5). Die zugehörigen Konvergenzkreise $\mathcal{K}(z_1)$ und $\mathcal{K}(z_2)$ überlappen sich. Allerdings unterscheiden sich die Funktionswerte der beiden Potenzreihen für die Punkte in $\mathcal{K}(z_1) \cap \mathcal{K}(z_2)$ um $2\pi i$, da $\{z \in \mathcal{G} \cap \mathcal{K}(z_1) | \text{Im}(z) > 0\}$ und $\{z \in \mathcal{G} \cap \mathcal{K}(z_2) | \text{Im}(z) < 0\}$ auf demselben Blatt der Riemannschen Fläche von $\ln z$ liegen.

Funktionen in $\mathbf{C}$, die nicht in ganz $\mathcal{G}$ holomorph sind, aber wenigstens in einem „Kreisring", lassen sich in eine Laurent-Reihe entwickeln:

Satz 5.3: *Sind r, R reelle Zahlen mit $0 < r < R$, $z_0 \in \mathbf{C}$, $\mathcal{G} := \{z \in \mathbf{C} | r < |z - z_0| < R\}$ und ist f holomorph in $\mathcal{G}$, dann kann man f in $\mathcal{G}$ um z_0 in eine eindeutig bestimmte **Laurent-Reihe***

$$\boxed{f(z) = \sum_{n=-\infty}^{\infty} a_n (z - z_0)^n}$$

mit den Koeffizienten

$$\boxed{a_n = \frac{1}{2\pi i} \oint_{\partial \mathcal{K}_\delta} \frac{f(\zeta)}{(\zeta - z_0)^{n+1}} d\zeta}$$

(mit $\partial \mathcal{K}_\delta := \{\zeta | |\zeta - z_0| = \delta\}$ und beliebigem $\delta > 0$, $r < \delta < R$) entwickeln.

Wir wählen $r_1, r_2 \in \mathbf{R}$ mit $r < r_1 < r_2 < R$. Weiter seien $\mathcal{K}_1 := \{z | |z - z_0| < r_1\}$ und $\mathcal{K}_2 := \{z | |z - z_0| < r_2\}$ die offenen Kreisscheiben mit positiv orientiertem Rand $\partial \mathcal{K}_1$ bzw. $\partial \mathcal{K}_2$ und $\mathcal{G}^* := \{z | r_1 < |z - z_0| < r_2\}$. Dann ist $\partial \mathcal{G}^* = \partial \mathcal{K}_2 - \partial \mathcal{K}_1$, und nach der Cauchyschen Integralformel gilt für ein beliebiges $z \in \mathcal{G}^*$

$$f(z) = \frac{1}{2\pi i} \oint_{\partial \mathcal{G}^*} \frac{f(\zeta)}{\zeta - z} d\zeta$$

$$= \frac{1}{2\pi i} \oint_{\partial \mathcal{K}_2} \frac{f(\zeta)}{\zeta - z} d\zeta - \frac{1}{2\pi i} \oint_{\partial \mathcal{K}_1} \frac{f(\zeta)}{\zeta - z} d\zeta.$$

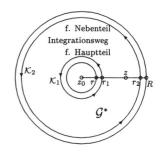

Wegen $z \in \mathcal{G}^*$ gilt $z \in \mathcal{K}_2$, und wie beim Beweis von Satz 5.1 gibt es eine Potenzreihe um z_0 mit Konvergenzradius $\rho \geq r_2$ und

$$\frac{1}{2\pi i} \oint_{\partial \mathcal{K}_2} \frac{f(\zeta)}{\zeta - z} d\zeta = \sum_{n=0}^{\infty} a_n (z - z_0)^n \quad \text{mit} \quad a_n = \frac{1}{2\pi i} \oint_{\partial \mathcal{K}_2} \frac{f(\zeta)}{(\zeta - z_0)^{n+1}} d\zeta. \tag{5.1}$$

Mit $z \in \mathcal{G}^*$ folgt aber auch $|z - z_0| > r_1 = |\zeta - z_0|$ für alle $\zeta \in \partial \mathcal{K}_1$ und damit

$$\frac{1}{\zeta - z} = \frac{1}{(\zeta - z_0) - (z - z_0)} = -\frac{1}{z - z_0} \cdot \frac{1}{1 - \frac{\zeta - z_0}{z - z_0}} = -\sum_{k=0}^{\infty} \frac{(\zeta - z_0)^k}{(z - z_0)^{k+1}}.$$

Gliedweise Integration ergibt eine Potenzreihe in $\frac{1}{z-z_0}$ mit Konvergenzradius $\rho \geq \frac{1}{r_1}$, d.h., es folgt

$$-\frac{1}{2\pi i} \oint_{\partial \mathcal{K}_1} \frac{f(\zeta)}{\zeta - z} d\zeta = \frac{1}{2\pi i} \sum_{k=0}^{\infty} \left(\oint_{\partial \mathcal{K}_1} f(\zeta)(\zeta - z_0)^k d\zeta \right) (z - z_0)^{-k-1}$$

$$= \sum_{k=0}^{\infty} a_{-k-1}(z - z_0)^{-k-1} \tag{5.2}$$

$$\text{mit } a_{-k-1} = \frac{1}{2\pi i} \oint_{\partial \mathcal{K}_1} f(\zeta)(\zeta - z_0)^k d\zeta.$$

Da man zu jedem $z \in \mathcal{G}$ geeignete r_1, r_2 finden kann mit $z \in \mathcal{G}^*$, außerdem wegen des Cauchyschen Integralsatzes die Kreise $\partial \mathcal{K}_1$ und $\partial \mathcal{K}_2$ durch einen beliebigen Kreis $\mathcal{K}_\delta$ mit $r < \delta < R$ ersetzen kann, erhält man mit $n = -k-1$ in (5.1) und (5.2) die Behauptung.

Beispiele:

5.8. Die Laurent-Reihen der Funktionen $e^{1/z}$, $\sin(1/z)$, $\cos(1/z)$ um $z_0 = 0$ erhält man aus den Potenzreihen in $1/z$. Zum Beispiel gilt

$$e^{1/z} = \sum_{n=0}^{\infty} \frac{z^{-n}}{n!} = \sum_{n=-\infty}^{0} \frac{z^n}{|n|!}.$$

5.9. Ist die Funktion f in $0 \leq |z - z_0| < r$ holomorph, ist also z_0 keine Singularität von f, dann stimmen die Laurent-Reihe und die Taylor-Reihe von f um z_0 überein. Jede Taylor-Reihe ist also auch eine Laurent-Reihe.

5.10. Die Laurent-Reihen-Entwicklung ist von der Auswahl des Kreisringes abhängig: Zum Beispiel erhält man als Laurent-Reihe der in $\mathbf{C} \setminus \{0, 2\}$ holomorphen Funktion $f(z) = \frac{1}{z(z-2)}$ um $z_0 = 0$

(a) im Kreisring $0 < |z| < 2$

$$f(z) = -\frac{1}{2z} \cdot \frac{1}{1-\frac{z}{2}} = -\frac{1}{2z}\sum_{n=0}^{\infty}\left(\frac{z}{2}\right)^n = -\sum_{n=0}^{\infty}\frac{z^{n-1}}{2^{n+1}} = -\sum_{n=-1}^{\infty}\frac{z^n}{2^{n+2}}$$

$$= -\frac{1}{2z} - \frac{1}{4} - \frac{z}{8} - \frac{z^2}{16} - \cdots,$$

(b) im Kreisring $2 < |z| < \infty$

$$f(z) = \frac{1}{z^2} \cdot \frac{1}{1-\frac{2}{z}} = \frac{1}{z^2}\sum_{n=0}^{\infty}\left(\frac{2}{z}\right)^n = \sum_{n=0}^{\infty}\frac{2^n}{z^{n+2}} = \sum_{n=-\infty}^{0}\frac{z^{n-2}}{2^n} = \sum_{n=-\infty}^{-2}\frac{z^n}{2^{n+2}}$$

$$= \frac{1}{z^2} + \frac{2}{z^3} + \frac{4}{z^4} + \frac{8}{z^5} + \cdots.$$

In Definition 3.3 wurden die isolierten Singularitäten in verschiedene Klassen eingeteilt. Es gibt nun wichtige Zusammenhänge zwischen der Laurent-Reihen-Entwicklung einer Funktion um eine isolierte Singularität und dem Typ der Singularität.

Ist z_0 zum Beispiel eine hebbare Singularität von $f(z)$, dann gibt es eine Zahl $a \in \mathbb{C}$ und eine Umgebung $\mathcal{U}(z_0)$ von z_0, so daß die Funktion

$$f_1(z) := \begin{cases} f(z) & \text{für } z \neq z_0 \\ a & \text{für } z = z_0 \end{cases}$$

holomorph in $\mathcal{U}(z_0)$ ist. f_1 hat dann eine Taylor-Reihe um z_0, die in allen $z \in \mathcal{U}(z_0)$ mit der Laurent-Reihe von f übereinstimmt, das heißt, alle Koeffizienten der Laurent-Reihe von f mit negativem Index sind 0. Als holomorphe Funktion ist f_1 und damit auch f in einer Umgebung von z_0 beschränkt, und es gilt

$$\lim_{z \to z_0}(z-z_0) \cdot f(z) = 0.$$

Es gilt aber auch jeweils die Umkehrung: Gibt es eine Umgebung $\mathcal{U}(z_0)$ von z_0, so daß die Funktion f in $\mathcal{U}(z_0) \setminus \{z_0\}$ holomorph ist, und ist f in $\mathcal{U}(z_0) \setminus \{z_0\}$ beschränkt oder gilt $\lim_{z \to z_0}(z-z_0) \cdot f(z) = 0$, dann kann f in z_0 höchstens eine hebbare Singularität haben. Ist nämlich f beschränkt in $\mathcal{U}(z_0) \setminus \{z_0\}$ und M die obere Schranke, $\sum_{n=-\infty}^{\infty} a_n(z-z_0)^n$ die Laurent-Reihe von f um z_0 und $\partial \mathcal{K}_\rho = \{z \mid |z-z_0| = \rho\}$, dann gilt für alle $n \in \mathbb{Z}$, $n < 0$, mit einem hinreichend kleinen $\rho > 0$

$$|a_n| = \left|\frac{1}{2\pi i}\oint_{\partial \mathcal{K}_\rho} f(\zeta)(\zeta-z_0)^{-n-1}d\zeta\right| \leq \frac{1}{2\pi}\int_0^{2\pi}\left|f(z_0+\rho e^{it})\left(\rho e^{it}\right)^{-n-1}i\rho e^{it}\right|dt$$

$$\leq \frac{M\rho^{-n}}{2\pi}\int_0^{2\pi}dt = M \cdot \rho^{|n|}.$$

Da $\rho > 0$ beliebig klein gewählt werden kann und a_n von der Auswahl von ρ unabhängig ist, folgt

$$a_n = 0 \quad \text{für alle} \quad n < 0,$$

das heißt, die Laurent-Reihe ist eine Taylor-Reihe, und f läßt sich durch $f(z_0) := a_0$ holomorph ergänzen.

Gilt andererseits $\lim\limits_{z \to z_0}(z - z_0) \cdot f(z) = 0$, dann betrachten wir die Funktion $f_1(z) = (z - z_0) \cdot f(z)$ mit der Laurent-Reihe

$$f_1(z) = \sum_{n=-\infty}^{\infty} a_n (z - z_0)^{n+1}.$$

Sei $\mathcal{U}_1$ eine weitere Umgebung von z_0 mit $\overline{\mathcal{U}_1} \subset \mathcal{U}(z_0)$ und $\overline{\mathcal{U}_1}$ kompakt. f_1 ist stetig in $\overline{\mathcal{U}_1} \setminus \{z_0\}$, und es gilt $\lim\limits_{z \to z_0} f_1(z) = 0$, d.h., f_1 ist in $\overline{\mathcal{U}_1} \setminus \{z_0\}$ beschränkt. Die Laurent-Reihe von f_1 ist also eine Taylor-Reihe, d.h., es gilt

$$a_n = 0 \quad \text{für alle} \quad n < -1.$$

Wegen

$$a_{-1} = \lim_{z \to z_0} f_1(z) = 0$$

ist die Laurent-Reihe von f ebenfalls eine Taylor-Reihe, und daher hat f in z_0 eine hebbare Singularität.

Ganz analog kann man bei Polen und wesentlichen Singularitäten Aussagen über die Laurent-Reihe und das Verhalten von f in einer Umgebung der Singularität machen:

Satz 5.4: *Seien $z_0 \in \mathbb{C}$, $r > 0$, $\mathcal{G} := \{z \,|\, |z - z_0| < r\}$, die Funktion $f(z)$ holomorph in $\mathcal{G} \setminus \{z_0\}$ und $\sum\limits_{n=-\infty}^{\infty} a_n(z - z_0)^n$ die Laurent-Reihe von $f(z)$ um z_0 in $\mathcal{G} \setminus \{z_0\}$. Dann gilt:*

(a) z_0 ist Polstelle von $f(z)$ der Ordnung k genau dann, wenn $a_{-k} \neq 0$ und $a_n = 0$ für alle $n < -k$ gilt. Das ist genau dann erfüllt, wenn $\lim\limits_{z \to z_0} |f(z)| = \infty$.

(b) z_0 ist eine wesentliche Singularität von f genau dann, wenn die Laurent-Reihe unendlich viele Koeffizienten $a_n \neq 0$ mit negativem Index hat. Das ist genau dann erfüllt, wenn es zu jedem $\epsilon > 0$, $\eta > 0$, $w_0 \in \mathbb{C}$ ein $z \in \mathcal{G}$ gibt mit $0 < |z - z_0| < \epsilon$ und $|f(z) - w_0| < \eta$.

(Satz v. Casorati[2]-Weierstraß[3])

Wir wollen beispielhaft nur den ersten Teil der Behauptung (a) zeigen: Die Laurent-Reihe einer Funktion $f(z)$ um einen Pol z_0 der Ordnung k hat die Form $\sum\limits_{n=-k}^{\infty} a_n(z - z_0)^n$:

Nach Definition der Polstelle gibt es eine Umgebung $\mathcal{U}(z_0) \subset \mathcal{G}$, so daß die Funktion

$$g(z) := \frac{1}{f(z)}$$

holomorph in $\mathcal{U}(z_0) \setminus \{z_0\}$ ist und in z_0 eine hebbare Singularität hat. $g(z)$ hat also eine Taylor-Reihe

$$\sum_{n=0}^{\infty} b_n (z - z_0)^n.$$

---

[2] Felice Casorati (1835 – 1890), italienischer Mathematiker
[3] Karl Weierstraß (1815 – 1897), deutscher Mathematiker, „Vater" der *Epsilontik*

Es muß $b_0 = g(z_0) = 0$ gelten, denn sonst hätte auch f eine hebbare Singularität in z_0. Außerdem sind nicht alle Koeffizienten 0, denn sonst wäre $g(z) \equiv 0$. Wir klammern nun $(z - z_0)$ so oft wie möglich aus der Summe aus und erhalten

$$g(z) = (z - z_0)^l \sum_{n=0}^{\infty} b_{n+l}(z - z_0)^n \qquad \text{mit } b_l \neq 0.$$

(Wegen $b_0 = 0$ ist $l \geq 1$.) Die Funktion

$$h(z) := \sum_{n=0}^{\infty} b_{n+l}(z - z_0)^n$$

ist holomorph und wegen

$$0 \neq g(z) = (z - z_0)^l \cdot h(z) \quad \text{für } z \neq z_0 \qquad \text{und} \qquad h(z_0) = b_l \neq 0$$

in $\mathcal{U}(z_0)$ nie 0. Also ist die Funktion $\frac{1}{h(z)}$ in $\mathcal{U}(z_0)$ ebenfalls holomorph und hat daher eine Taylor-Reihe

$$\frac{1}{h(z)} = \sum_{n=0}^{\infty} a_n (z - z_0)^n \qquad \text{mit } a_0 = \frac{1}{b_l}.$$

Mit

$$f(z) = \frac{1}{g(z)} = (z - z_0)^{-l} \frac{1}{h(z)} = (z - z_0)^{-l} \sum_{n=0}^{\infty} a_n (z - z_0)^n = \sum_{n=-l}^{\infty} a_{n+l}(z - z_0)^n$$

ergibt sich die Laurent-Reihe von $f(z)$.
z_0 ist Pol der Ordnung k, das heißt, der Grenzwert $\lim_{z \to z_0}(z - z_0)^k \cdot f(z)$ existiert und ist ungleich Null. Das ist aber genau für $k = l$ erfüllt.

Aus dem Beweis ergibt sich der enge Zusammenhang zwischen Nullstellen- und Polstellenordnung: Die Funktion $f(z)$ hat genau dann in z_0 einen Pol der Ordnung k, wenn $\frac{1}{f(z)}$ dort eine Nullstelle der Ordnung k besitzt.

Ist z_0 eine wesentliche Singularität der Funktion $f(z)$, dann kann man nach dem Satz von Casorati-Weierstraß zu jeder beliebigen Zahl $w_0 \in \mathbb{C}$ eine gegen z_0 konvergente Folge z_n finden, so daß die zugehörige Folge $f(z_n)$ der Funktionswerte gegen w_0 konvergiert. Es zeigt sich hier also ein ähnliches Verhalten wie bei der Funktion $\sin(1/x)$, bei der jede reelle Zahl y mit $|y| \leq 1$ Grenzwert einer Folge von Funktionswerten $f(x_n)$ mit $x_n \to 0$ ist.

Ist nun z_0 ein Pol der Ordnung k von $f(z)$ und $\sum_{n=-k}^{\infty} a_n (z - z_0)^n$ die Laurent-Reihe von f um z_0, dann erhält man durch $(k - 1)$-maliges Ableiten der holomorphen Funktion

$$(z - z_0)^k \cdot f(z) = \sum_{n=-k}^{\infty} a_n (z - z_0)^{n+k} = \sum_{n=0}^{\infty} a_{n-k}(z - z_0)^n$$

die Potenzreihe
$$g(z) := \frac{d^{k-1}}{dz^{k-1}}\{(z-z_0)^k f(z)\} = \sum_{n=k-1}^{\infty} a_{n-k} \cdot n(n-1)\cdots(n-k+2)(z-z_0)^{n-k+1}$$
$$= \sum_{n=0}^{\infty} a_{n-1}(n+k-1)(n+k-2)\cdots(n+1)(z-z_0)^n = \sum_{n=0}^{\infty} a_{n-1}\frac{(n+k-1)!}{n!}(z-z_0)^n.$$

Mit Definition 3.2 und Satz 5.3 folgt
$$\operatorname{Res} f\Big|_{z=z_0} = \frac{1}{2\pi i}\oint_{K_\delta(z_0)} f(z)\,dz = a_{-1} = \frac{1}{(k-1)!}g(z_0) = \frac{1}{(k-1)!}\lim_{z\to z_0}\frac{d^{k-1}}{dz^{k-1}}\{(z-z_0)^k f(z)\},$$

und damit haben wir, wie versprochen, (4.1) gezeigt.

Beispiele:

5.11. Die Funktionen $\cos(1/z)$ und $\sin(1/z)$ haben in $z_0 = 0$ eine wesentliche Singularität.

5.12. Aus $\quad e^z = \sum_{n=0}^{\infty} \frac{z^n}{n!} \quad$ folgt, daß $z_0 = 0$

(a) eine hebbare Singularität der Funktion
$$\frac{e^z - 1}{z} = \sum_{n=1}^{\infty} \frac{z^{n-1}}{n!} = \sum_{n=0}^{\infty} \frac{z^n}{(n+1)!},$$

(b) ein Pol 2. Ordnung der Funktion
$$\frac{e^z - 1}{z^3} = \sum_{n=1}^{\infty} \frac{z^{n-3}}{n!} = \sum_{n=-2}^{\infty} \frac{z^n}{(n+3)!},$$

(c) eine wesentliche Singularität der Funktion $e^{1/z}$ ist (s. Beispiel 5.8).

5.13. $f(z) = \frac{1}{z(z-2)}$ hat in $z_1 = 0$ und in $z_2 = 2$ Pole der Ordnung 1 und die Residuen
$$\operatorname{Res} f\Big|_{z=0} = -\frac{1}{2} \quad \text{und} \quad \operatorname{Res} f\Big|_{z=2} = \frac{1}{2}.$$

5.14. Die Singularitäten der Funktion $f(z) = \frac{1}{\sin(z^2)}$ liegen in den Nullstellen des Nenners. $g(z) := \sin(z^2)$ hat nur Nullstellen in $\{0, \pm\sqrt{k\pi}, \pm i\sqrt{k\pi}\,|\,k \in \mathbf{N}\}$ (s. Aufgabe 1.13), und diese Nullstellen sind von der Ordnung 2. Damit hat $f(z)$ in $\mathcal{G} := \{z\,|\,|z| < \sqrt{\pi}\}$ eine einzige Singularität, und zwar einen Pol der Ordnung 2 in $z_0 = 0$. Die Laurent-Reihe von f um $z_0 = 0$ in $\mathcal{G}$ hat die Form
$$\frac{1}{\sin(z^2)} = \frac{a_{-2}}{z^2} + \sum_{n=-1}^{\infty} a_n z^n.$$

Mit $\quad a_{-2} = \lim_{z\to 0} z^2 \cdot f(z) = \lim_{z\to 0}\frac{z^2}{\sin(z^2)} = 1$

ergibt sich für das Residuum (mit der Regel von l'Hospital)
$$a_{-1} = \lim_{z\to 0} z \cdot \left(f(z) - \frac{1}{z^2}\right) = \lim_{z\to 0} z \cdot \left(\frac{1}{\sin(z^2)} - \frac{1}{z^2}\right) = \lim_{z\to 0}\frac{z^2 - \sin(z^2)}{z\sin(z^2)}$$
$$= \lim_{z\to 0}\frac{2z - 2z\cos(z^2)}{\sin(z^2) + 2z^2\cos(z^2)} = \lim_{z\to 0}\frac{2 - 2\cos(z^2) + 4z^2\sin(z^2)}{6z\cos(z^2) - 4z^3\sin(z^2)}$$
$$= \lim_{z\to 0}\frac{12z\sin(z^2) + 8z^3\cos(z^2)}{6\cos(z^2) - 24z^2\sin(z^2) - 8z^4\cos(z^2)} = 0.$$

Die Sätze 5.1 und 5.3 geben explizite Formeln für die Koeffizienten der Taylor- bzw. der Laurent-Reihe an. An den Beweisen wird aber schon deutlich, daß man die Koeffizienten möglichst auf andere Arten als über die Integralauswertung berechnet. Im folgenden werden wir die wichtigsten Methoden zusammenfassen und an Beispielen erläutern:

(1) (a) Für die Funktion $f(z) = (z-a)^{-1}$ ergibt sich aus der geometrischen Reihe wie im Beweis von Satz 5.3 für die Laurent-Reihen um $z_0 \neq a$

$$\frac{1}{z-a} = \begin{cases} -\sum_{n=0}^{\infty} \dfrac{(z-z_0)^n}{(a-z_0)^{n+1}} & \text{im Kreis } 0 \leq |z-z_0| < |a-z_0| \\ \sum_{n=-\infty}^{-1} \dfrac{(z-z_0)^n}{(a-z_0)^{n+1}} & \text{im Kreisring } |a-z_0| < |z-z_0| < \infty. \end{cases} \quad (5.3)$$

Für $z_0 = a$ ist $\frac{1}{z-a}$ die Laurent-Reihe in $\mathbf{C} \setminus \{a\}$.

(b) Für $f(z) = (z-a)^{-k}$ mit $k \in \mathbf{N}$, $k > 1$, erhält man die Laurent-Reihen um $z_0 \neq a$ aus

$$\frac{1}{(z-a)^k} = \frac{(-1)^{k-1}}{(k-1)!} \frac{d^{k-1}}{dz^{k-1}}\left(\frac{1}{z-a}\right) \quad (5.4)$$

durch $(k-1)$-maliges Differenzieren der entsprechenden Laurent-Reihen von $(z-a)^{-1}$.

Für $z_0 = a$ ist $\frac{1}{(z-a)^k}$ die Laurent-Reihe in $\mathbf{C} \setminus \{a\}$.

(c) Eine gebrochen rationale Funktion $f(z)$ hat als Singularitäten nur Pole, nämlich die Nullstellen des Nenners. Sind $z_1, \ldots, z_n$ diese Pole, und hat der Pol z_k die Ordnung m_k, dann zerlegt man mit Hilfe der Partialbruchzerlegung $f(z)$ in eine Summe von Ausdrücken der Form

$$\frac{c_{k,m}}{(z-z_k)^m} \quad \text{mit} \quad c_{k,m} \in \mathbf{C}, \quad 1 \leq m \leq m_k.$$

Die Laurent-Reihen der einzelnen Summanden lassen sich für $z_k \neq z_0$ aus (5.3) oder (5.4) berechnen. Ist z_0 ebenfalls Pol, dann sind die entsprechenden Summanden schon die Laurent-Reihen.

Sortiert man die von z_0 verschiedenen Pole $z_1, \ldots, z_n$ nach ihrem Abstand von z_0, d.h., es gilt

$$|z_1 - z_0| = |z_2 - z_0| = \ldots = |z_{k_1} - z_0| < |z_{k_1+1} - z_0| = \ldots = |z_{k_2} - z_0| < \ldots$$
$$< |z_{k_j} - z_0| = \ldots = |z_n - z_0|,$$

dann ergeben sich als Konvergenzbereiche die Kreisringe

$$0 < |z - z_0| < |z_{k_1} - z_0|,$$
$$|z_{k_l} - z_0| < |z - z_0| < |z_{k_l+1} - z_0|, \quad 1 \leq l \leq j-1, \quad \text{und}$$
$$|z_n - z_0| < |z - z_0| < \infty.$$

Beispiel:

5.15. Aus

$$f(z) := \frac{2z+1}{(z-1)(z+2)} = \frac{1}{z-1} + \frac{1}{z+2}$$

ergibt sich mit (5.3)

(a) für $0 < |z| < 1$ $\quad f(z) = -\sum_{n=0}^{\infty} z^n + \sum_{n=0}^{\infty} \frac{(-1)^n z^n}{2^{n+1}},$

(b) für $1 < |z| < 2$ $\quad f(z) = \sum_{n=-\infty}^{-1} z^n + \sum_{n=0}^{\infty} \frac{(-1)^n z^n}{2^{n+1}},$

(c) für $2 < |z| < \infty$ $\quad f(z) = \sum_{n=-\infty}^{-1} z^n - \sum_{n=-\infty}^{-1} \frac{(-1)^n z^n}{2^{n+1}}.$

(2) Ist die Taylor-Reihe der Funktion $f(z)$ um z_0 bekannt, dann ergibt sich wie im Beispiel 5.8 die Laurent-Reihe von $f(1/z)$ um z_0 durch Einsetzen.
Kennt man die Taylor-Reihen der Funktionen $f(z)$ und $g(z)$ um z_0, dann erhält man die Taylor-Reihe von $f(z) \cdot g(z)$ durch Berechnen des Cauchy-Produktes

$$\left(\sum_{j=0}^{\infty} a_j (z-z_0)^j\right) \cdot \left(\sum_{k=0}^{\infty} b_k (z-z_0)^k\right) = \sum_{n=0}^{\infty} \left(\sum_{l=0}^{n} a_{n-l} b_l\right) (z-z_0)^n. \tag{5.5}$$

Beispiel:

5.16. Für $|z| > 1$ erhält man aus (5.4) die Laurent-Reihe um $z_0 = 0$

$$\frac{1}{(z-1)^2} = -\frac{d}{dz}\left(\frac{1}{z-1}\right) = -\frac{d}{dz}\left(\sum_{j=0}^{\infty} \frac{1}{z^{j+1}}\right) = \sum_{j=0}^{\infty} \frac{j+1}{z^{j+2}} = \frac{1}{z^2} \sum_{j=0}^{\infty} \frac{j+1}{z^j}$$

und aus der Exponentialreihe die Laurent-Reihe

$$e^{-1/z} = \sum_{k=0}^{\infty} (-1)^k \frac{1}{k! \, z^k}.$$

Als Laurent-Reihe des Produktes um $z_0 = 0$ im Kreisring $|z| > 1$ ergibt sich mit (5.5)

$$\frac{1}{(z-1)^2} e^{-1/z} = \frac{1}{z^2} \sum_{n=0}^{\infty} \sum_{l=0}^{n} \frac{n-l+1}{z^{n-l}} (-1)^l \frac{1}{l! \, z^l}$$

$$= \sum_{n=0}^{\infty} \left(\sum_{l=0}^{n} \frac{(n-l+1)(-1)^l}{l!}\right) z^{-n-2}.$$

(3) Manchmal erhält man über den Umweg der Integration oder Differentiation bekannter Reihen die gesuchte Taylor-Reihe.

Beispiel:

5.17. Sei $|z| < 1$. Die Funktion $f(z) := \arctan z$ hat die Ableitung

$$f'(z) = \frac{1}{1+z^2} = \sum_{n=0}^{\infty} (-1)^n z^{2n}.$$

Gliedweises Integrieren der Potenzreihe ergibt eine Stammfunktion

$$g(z) = \sum_{n=0}^{\infty} \frac{(-1)^n z^{2n+1}}{2n+1}.$$

Da die Funktionen $f(z)$ und $g(z)$ in $|z| < 1$ Stammfunktionen derselben Funktion sind, sich also nur um eine Konstante unterscheiden, und da $f(0) = 0$ und $g(0) = 0$ gilt, ist $g(z)$ die Taylor-Reihe von $\arctan z$ in $|z| < 1$. (Siehe auch Beispiel 5.5.)

Aufgaben:

5.1. Man bestimme alle Laurent-Reihen-Entwicklungen von

(a) $\dfrac{1}{(z-2i)^2}$ um $z_0 = i$,

(b) $\dfrac{z+7}{(z+1)^2(z-2)}$ um $z_0 = 0$, $z_1 = -1$ und $z_2 = 2$,

(c) $\dfrac{\sinh z}{z-1}$ um $z_0 = 0$.

5.2. Man bestimme alle Singularitäten z_0 folgender Funktionen, gebe ihren Typ an und bestimme alle Laurent-Reihen um z_0.

(a) $\dfrac{1-\cos^2 z}{z}$,

(b) $\dfrac{\sin(z^2)}{z^5}$,

(c) $\dfrac{1}{z}\cosh\dfrac{1}{z}$.

5.3. Man bestimme alle Singularitäten der Funktion $(\sinh z)^{-1}$, gebe ihren Typ an und bestimme die ersten beiden Koeffizienten der Laurent-Reihe um $z_0 = 0$ in $0 < |z| < 3$, die ungleich Null sind.

5.4. Man bestimme alle Singularitäten der folgenden Funktionen und gebe ihren Typ an.

(a) $\dfrac{z+1}{z-1}$,

(b) $\dfrac{z^2+i}{z^4+1}$,

(c) e^{-z^5},

(d) $\dfrac{\cosh z - 1}{z^3(z+i)^2}$,

(e) $\sinh\left(\dfrac{1}{z}\right)$,

(f) $\dfrac{1}{\sin(1/z)}$.

5.5. Mit Hilfe der Ableitung von $\operatorname{Ln}(1+z)$ und der geometrischen Reihe zeige man die Richtigkeit der Taylor-Reihen-Entwicklungen aus Beispiel 5.7.

5.6. Die Funktion $f(z)$ habe in z_0 eine Nullstelle der Ordnung k, und die Funktion $g(z)$ habe in z_0 einen Pol der Ordnung k. Man gebe an, welchen Singularitätstyp z_0 für die folgenden Funktionen hat:

$$f+g, \quad f-g, \quad f\cdot g, \quad \dfrac{f}{g} \quad \text{und} \quad \dfrac{g}{f}.$$

5.7. Man bestimme die Funktion $f(z)$ mit maximalem Definitionsbereich $\mathcal{G}$, die die Potenzreihe

$$\sum_{n=0}^{\infty}(n+1)z^{2n+1}$$

auf $\mathcal{G}$ holomorph fortsetzt, und gebe $\mathcal{G}$ an.

5.8. Man zeige, daß durch

$$f(z) := 1 + z + z^2 + z^4 + z^8 + \ldots = 1 + \sum_{n=0}^{\infty} z^{2^n}$$

in $\mathcal{K} := \{z \mid |z| < 1\}$ eine holomorphe Funktion definiert ist, die nicht über den Rand $\partial\mathcal{K}$ hinaus holomorph fortgesetzt werden kann.

Anleitung: Man zeige $f(z) = z + z^2 + \ldots + z^{2^{k-1}} + f(z^{2^k})$ für alle $k \in \mathbf{N}$.

6 Konforme Abbildungen

6.1 Definition und Beispiele

Wir betrachten eine in einem Gebiet $\mathcal{G} \subset \mathbb{C}$ holomorphe Funktion $f(z)$ und stellen sie grafisch durch ausgewählte Punktmengen in der z-Ebene und ihre Bilder in der w-Ebene dar. Ist $\mathcal{C}$ eine glatte orientierte Kurve in $\mathcal{G}$ mit Parameterdarstellung

$$z(t) = r(t)e^{i\varphi(t)}, \quad t \in [a,b], \qquad \text{mit } a < b \text{ und } r(t) \neq 0 \text{ in } [a,b],$$

dann hat $\mathcal{C}$ in jedem Kurvenpunkt $z_0 = z(t_0)$, $t_0 \in [a,b]$, eine Tangente mit derselben Richtung wie $\dot{z}(t_0)$. (Da in der Kurventheorie die Bezeichnung $z'(t_0)$ speziell für den Tangenteneinheitsvektor reserviert ist, bezeichnen wir im folgenden die Ableitung nach einem allgemeinen Kurvenparameter t mit $\dot{z}(t_0)$.) Die Bildkurve $\mathcal{C}'$ hat die Parameterdarstellung

$$w(t) = (f \circ z)(t) = \rho(t)e^{i\theta(t)}, \quad t \in [a,b].$$

Sie ist wegen der Kettenregel differenzierbar mit

$$\dot{w}(t) = f'\bigl(z(t)\bigr) \cdot \dot{z}(t).$$

Gilt nun $f'(z) \neq 0$ in ganz $\mathcal{G}$, dann ist $\mathcal{C}'$ sogar glatt, und die Tangente an $\mathcal{C}'$ in $f(z_0)$ hat dieselbe Richtung wie

$$\dot{w}(t_0) = f'\bigl(z(t_0)\bigr) \cdot \dot{z}(t_0). \tag{6.1.1}$$

Bei Multiplikation zweier komplexer Zahlen addieren sich die jeweiligen Argumente, d.h., die Winkel zur positiven reellen Achse. Man erhält also die Richtung der Tangenten an $\mathcal{C}'$ in $w_0 = f(z_0)$, indem man die Tangente an $\mathcal{C}$ in z_0 um den Winkel $\arg\bigl(f'(z_0)\bigr)$ zur positiven reellen Achse dreht.

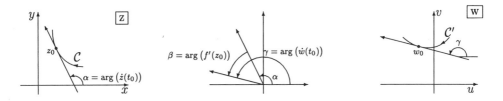

Betrachtet man nun zwei glatte Kurven $\mathcal{C}_1$ und $\mathcal{C}_2$ in $\mathcal{G}$, die sich in z_0 schneiden, und ihre Bildkurven $\mathcal{C}'_1$ bzw. $\mathcal{C}'_2$, dann ergibt sich für den Schnittwinkel der Bildkurven

$$\arg\bigl(\dot{w}_1(t_0)\bigr) - \arg\bigl(\dot{w}_2(t_0)\bigr) = \bigl[\arg\bigl(f'(z_0)\bigr) + \arg\bigl(\dot{z}_1(t_0)\bigr)\bigr] - \bigl[\arg\bigl(f'(z_0)\bigr) + \arg\bigl(\dot{z}_2(t_0)\bigr)\bigr]$$
$$= \arg\bigl(\dot{z}_1(t_0)\bigr) - \arg\bigl(\dot{z}_2(t_0)\bigr),$$

d.h., bei der Abbildung $f(z)$ ändert sich der Schnittwinkel glatter Kurven nicht, sie ist **winkeltreu**.

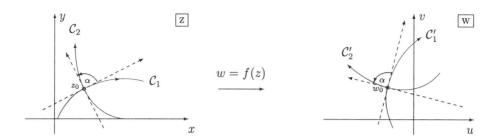

Für den Abstand eines Punktes $z(t)$ zu z_0 bzw. des zugehörigen Bildpunktes $w(t)$ zu $w(t_0)$ ergibt sich aus der Definition der Differenzierbarkeit und (6.1.1)

$$\lim_{t \to t_0} \frac{|w(t) - w(t_0)|}{|t - t_0|} = \lim_{t \to t_0} |f'(z(t))| \cdot \lim_{t \to t_0} \frac{|z(t) - z_0|}{|t - t_0|},$$

also

$$\lim_{t \to t_0} \left| \frac{w(t) - w(t_0)}{z(t) - z_0} \right| = |f'(z_0)|.$$

Das bedeutet, daß die durch $f(z)$ vermittelte geometrische Abbildung einer kleinen Umgebung von z_0 in der z-Ebene auf eine kleine Umgebung von $w(t_0)$ in der w-Ebene näherungsweise eine Ähnlichkeitstransformation mit Streckungsfaktor $|f'(z_0)|$ ist. Die Abbildung heißt auch „im Kleinen maßstabstreu". Ein „Netz" in der z-Ebene, das durch konzentrische Kreise um den Nullpunkt und Ursprungsgeraden gebildet wird, geht daher durch eine solche Abbildung näherungsweise in ein solches in der w-Ebene über.

Die Bedingung

$$f'(z_0) \neq 0$$

ist wesentlich für die oben gezeigten Eigenschaften. Zum Beispiel ist die Funktion

$$f(z) = z^2$$

holomorph in $\mathbb{C}$. Wegen $f'(0) = 0$ ist die Bedingung im Nullpunkt verletzt. Als Kurve $\mathcal{C}_1$ wählen wir die positive reelle Achse. Sie wird durch $f(z)$ auf sich abgebildet. Ist $\mathcal{C}_2$ ein beliebiger anderer Strahl durch den Nullpunkt mit Winkel φ_0 zur positiven reellen Achse, dann gilt für die Punkte der Bildkurve

$$w = f\left(re^{i\varphi_0}\right) = r^2 e^{2i\varphi_0},$$

d.h., $\mathcal{C}_2'$ ist der Strahl durch den Nullpunkt mit Winkel $2\varphi_0$ zur positiven reellen Achse. Die Abbildung ist daher nicht winkeltreu.

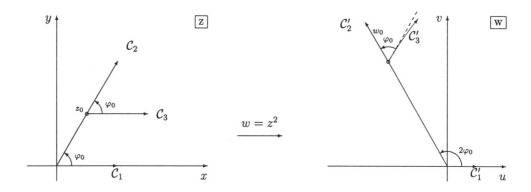

Definition 6.1.1:
Seien $\mathcal{G} \subset \mathbf{C}$ ein Gebiet, $z_0 \in \mathcal{G}$ und $f: \mathcal{G} \to \mathbf{C}$ eine Abbildung. Bildet $f(z)$ eine Umgebung $\mathcal{U}(z_0)$ von z_0 bijektiv auf eine Umgebung von $w_0 = f(z_0)$ so ab, daß der orientierte Schnittwinkel von je zwei sich in z_0 schneidenden glatten Kurven bei der Abbildung erhalten bleibt, dann heißt $f(z)$ **konform in z_0**.
Ist $f(z)$ in jedem Punkt $z \in \mathcal{G}$ konform, dann heißt $f(z)$ **konform in $\mathcal{G}$**.

Aus den einführenden Betrachtungen folgt

Satz 6.1.1: *Eine in einem Gebiet $\mathcal{G} \subset \mathbf{C}$ holomorphe Funktion $f(z)$ ist in allen Punkten $z \in \mathcal{G}$ konform, in denen $f'(z) \neq 0$ gilt.*

Beispiele:

6.1.1. Die Funktion
$$f(z) = e^z$$
ist in $\mathbf{C}$ holomorph mit
$$f'(z) = e^z \neq 0 \qquad \text{für alle } z \in \mathbf{C}.$$
Sie ist also in $\mathbf{C}$ konform.
Die Parallelen zur x-Achse schneiden die Parallelen zur y-Achse jeweils rechtwinklig. Analoges gilt auch für die Bilder, d.h., die Ursprungsgeraden und die konzentrischen Kreise um den Ursprung in der w-Ebene (siehe Beispiel 1.1).

6.1.2. Die Funktionen $f(z) = z^n$, $n \geq 2$, sind in $\mathbf{C} \setminus \{0\}$ konform und in $z = 0$ nicht konform.

Konforme Abbildungen kann man dazu benutzen, komplizierte ebene Gebiete in relativ einfache ebene Gebiete (vorzugsweise eine Halbebene oder den Einheitskreis) zu transformieren.

Beispiele:

6.1.3. Im Beispiel 4.1 wurde das Dirichlet-Problem für den Einheitskreis betrachtet. Zur Lösung des Dirichlet-Problems für ein beliebiges einfach zusammenhängendes Gebiet transformiert man das Gebiet durch eine holomorphe Funktion mit nicht verschwindender Ableitung auf das Innere des Einheitskreises und den Rand des Gebiets auf den Einheitskreis. Dann löst man die Randwertaufgabe für den Einheitskreis und bestimmt mit Hilfe der Umkehrfunktion der Transformation die Lösung des Ausgangsproblems.

Natürlich macht man bei Durchführung dieses Verfahrens einige Annahmen über Existenz und Auswirkung einer solchen Transformation auf die Differentialgleichung und spezielle Randbedingungen.

6.1.4. Mit Hilfe konformer Abbildungen können Strömungsbilder von speziellen zweidimensionalen Strömungen unter idealen Bedingungen bestimmt werden:

Die strömende Flüssigkeit soll inkompressibel und viskos sein, d.h., ihre Dichte ist konstant, und es tritt keine innere Reibung und damit auch keine Haftung an einem Hindernis auf. Ist die Strömung außerdem stationär, d.h., der (ebene) Geschwindigkeitsvektor

$$\vec{V}(x,y,t) = \begin{pmatrix} V_1(x,y,t) \\ V_2(x,y,t) \end{pmatrix}$$

hängt nur vom Ort (x,y) und nicht von der Zeit t ab, dann kann man ihn auch als komplexe skalare Funktion

$$V(z) = V_1(x,y) + iV_2(x,y)$$

darstellen. Ist die Strömung zirkulationsfrei in $\mathcal{G}$, d.h., es gilt

$$\text{rot} \begin{pmatrix} V_1 \\ V_2 \\ 0 \end{pmatrix} = \begin{vmatrix} \vec{i} & \vec{j} & \vec{k} \\ \frac{\partial}{\partial x} & \frac{\partial}{\partial y} & \frac{\partial}{\partial z} \\ V_1 & V_2 & 0 \end{vmatrix} = \begin{pmatrix} 0 \\ 0 \\ 0 \end{pmatrix} \qquad \text{bzw.} \qquad \frac{\partial V_2}{\partial x} - \frac{\partial V_1}{\partial y} = 0,$$

dann existiert eine Potentialfunktion $\Phi(x,y)$ mit

$$\vec{V}(x,y) = \text{grad}\,\Phi(x,y) \qquad \text{bzw.} \qquad V_1 = \Phi_x,\ V_2 = \Phi_y.$$

Ist die Strömung außerdem quellenfrei, d.h., es gilt

$$\text{div}\,\vec{V}(x,y) = \frac{\partial V_1}{\partial x} + \frac{\partial V_2}{\partial y} = 0,$$

dann folgt

$$\Phi_{xx} + \Phi_{yy} = 0,$$

d.h., Φ ist eine in $\mathcal{G}$ harmonische Funktion und läßt sich mit einer konjugiert harmonischen Funktion $\Psi(x,y)$ zu einer holomorphen Funktion

$$F(z) := \Phi(x,y) + i\Psi(x,y)$$

ergänzen. $F(z)$ heißt **komplexes Potential**, $\Phi(x,y)$ **Geschwindigkeitspotential**, $\Psi(x,y)$ **Strömungsfunktion**.

Die Kurvenscharen

$$\Phi(x,y) = \text{const.} \qquad \text{bzw.} \qquad \Psi(x,y) = \text{const.}$$

heißen **Äquipotentiallinien** bzw. **Stromlinien**.

Nach (2.4) schneiden die Kurven der einen Schar alle Kurven der anderen Schar orthogonal.

Wegen $\vec{V}(x,y) = \operatorname{grad} \Phi(x,y)$ und $\operatorname{grad} \Phi$ senkrecht zu $\Phi = const.$ ist der Geschwindigkeitsvektor in jedem Punkt orthogonal zu den Äquipotentiallinien durch diesen Punkt, also Tangentenvektor der Stromlinien durch diesen Punkt, d.h., die Stromlinien beschreiben die Bewegung eines Teilchens in der Strömung.

Aus der Definition des komplexen Potentials folgt durch Differentiation und Einsetzen der Cauchy-Riemannschen Differentialgleichungen (2.2)

$$F'(z) = \frac{\partial \Phi}{\partial x} + i \frac{\partial \Psi}{\partial x} = \frac{\partial \Phi}{\partial x} - i \frac{\partial \Phi}{\partial y} = V_1 - iV_2 = \overline{V(z)}. \qquad (6.1.2)$$

Wir betrachten nun zunächst eine mit konstanter Geschwindigkeit $V_0 \in \mathbf{R}$ strömende Flüssigkeit. Integration von (6.1.2) ergibt für das komplexe Potential

$$F(z) = V_0 \cdot z.$$

Nun stören wir die Strömung durch ein Hindernis (z.B. einen Kreis mit Radius $a > 0$) und gehen davon aus, daß in genügend großer Entfernung hinter dem Hindernis die Strömung wieder gleichförmig ist. Das entsprechende komplexe Potential läßt sich dann in der Form

$$F(z) = V_0 \cdot z + G(z)$$

mit einer Funktion $G(z)$ darstellen, die den Einfluß der Störung beschreibt und für die

$$\lim_{|z| \to \infty} G'(z) = 0$$

gelten muß. Wir bilden die Stromlinien und das Hindernis mit Hilfe der Funktion

$$w = f(z) = z + \frac{a^2}{z}$$

auf die w-Ebene ab. Analog zu der in Abschnitt 6.5 explizit untersuchten Joukowski-Funktion $f_1(z) = (z+1/z)/2$ bildet $f(z)$ das Äußere des Kreises $|z| = a$ in der oberen z-Halbebene auf die obere w-Halbebene und die Halbkreislinie (ohne Endpunkte) in der oberen z-Halbebene auf das Intervall $(-2a, 2a)$ ab. In der w-Halbebene wird also eine gleichförmige Strömung ohne Hindernis dargestellt mit den bekannten Stromlinien parallel zur reellen Achse, und die Stromlinien der gestörten Strömung in der z-Halbebene erhält man als deren Urbilder.

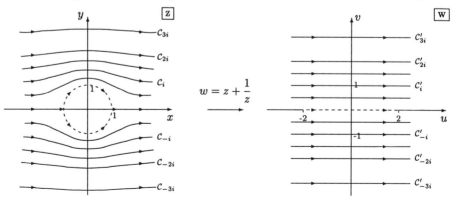

6.1.5. Jede in einem Gebiet $\mathcal{G} \subset \mathbf{C}$ holomorphe Funktion

$$f(z) = u(x,y) + iv(x,y)$$

kann nach Beispiel 6.1.4 als komplexes Potential einer ebenen, stationären, in $\mathcal{G}$ wirbel- und quellenfreien Strömung betrachtet werden. Zum Beispiel ergibt sich für die in $\mathcal{G} = \mathbf{C} \setminus \{0\}$ holomorphe Funktion

$$f(z) = \frac{1}{z} = \frac{1}{x+iy} = \frac{x}{x^2+y^2} - i\frac{y}{x^2+y^2}$$

das Geschwindigkeitspotential

$$\Phi(x,y) = u(x,y) = \frac{x}{x^2+y^2}$$

und die Strömungsfunktion

$$\Psi(x,y) = v(x,y) = -\frac{y}{x^2+y^2}.$$

Als Äquipotentiallinien

$$\Phi(x,y) = \frac{1}{2p}, \qquad p \in \mathbf{R},\ p \neq 0,$$

erhält man die Kreise

$$(x-p)^2 + y^2 = p^2$$

durch den Nullpunkt mit Mittelpunkt $z_0 = p$ auf der reellen Achse und mit Radius $|p|$, und als Stromlinien die Kreise

$$x^2 + (y+q)^2 = q^2$$

durch den Nullpunkt mit Mittelpunkt $z_0 = -iq$ auf der imaginären Achse und mit Radius $|q|$.

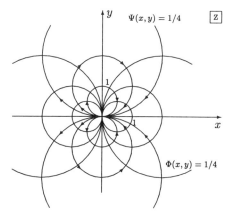

Physikalisch entspricht dies einer ebenen Strömung, bei der im Nullpunkt (der Singularität der Funktion $f(z)$) sowohl eine Quelle als auch eine Senke liegt, d.h., es tritt dort Flüssigkeit aus und gleichzeitig verschwindet Flüssigkeit.

6.1.6. Sei

$$\vec{E}(x,y) = \begin{pmatrix} E_1 \\ E_2 \end{pmatrix}$$

die Feldstärke eines ebenen stationären elektrostatischen Feldes in einem ladungsfreien Gebiet. Analog zur Strömungsgeschwindigkeit in Beispiel 6.1.4 gilt (wegen div $\vec{E}$ = rot $\vec{E}$ = 0)

$$\frac{\partial E_1}{\partial x} + \frac{\partial E_2}{\partial y} = 0 \qquad \text{und} \qquad \frac{\partial E_2}{\partial x} - \frac{\partial E_1}{\partial y} = 0,$$

und es existiert ein **komplexes Potential** $\quad F(z) = \Phi(x,y) + i\Psi(x,y) \quad$ mit

$$F'(z) = -\bigl(E_1(x,y) - iE_2(x,y)\bigr) = -\overline{E(z)}.$$

(Die Vorzeichen des komplexen Potentials einer Strömung bzw. eines elektrostatischen Feldes sind durch die Zusammenhänge in den Anwendungen festgelegt.)
$\Phi(x,y)$ heißt **elektrostatisches Potential** und die Kurven

$$\Phi(x,y) = const. \qquad \text{bzw.} \qquad \Psi(x,y) = const.$$

Äquipotentiallinien bzw. **Feldlinien.** Die Feldlinien verlaufen an jeder Stelle in Richtung der Feldstärke.

Das komplexe Potential

$$F(z) = \frac{q}{2\pi\epsilon_0} \ln z = \frac{q}{2\pi\epsilon_0} \ln r + i\frac{q}{2\pi\epsilon_0} \varphi$$

liefert als Äquipotentiallinien wegen

$$\Phi(r,\varphi) = \frac{q}{2\pi\epsilon_0} \ln r = const. \implies r = const.$$

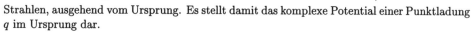

Kreise um den Ursprung und als Feldlinien wegen

$$\Psi(r,\varphi) = \frac{q}{2\pi\epsilon_0} \varphi = const. \implies \varphi = const.$$

Strahlen, ausgehend vom Ursprung. Es stellt damit das komplexe Potential einer Punktladung q im Ursprung dar.

Sei $a \in \mathbf{R}$, $a > 0$. Betrachtet man zwei Punktladungen $+q$ und $-q$ in $z = a$ bzw. $z = -a$, dann erhält man das zugehörige Potential als Summe der Einzelpotentiale, also

$$F_a(z) = \frac{q}{2\pi\epsilon_0} \ln(z+a) + \frac{-q}{2\pi\epsilon_0} \ln(z-a) = \frac{q}{2\pi\epsilon_0} \ln \frac{z+a}{z-a}.$$

Die Ladung $-q$ entspricht einer Quelle in der Strömungslehre, die Ladung $+q$ einer Senke. Die Feldlinien sind die Kreise durch $z = \pm a$, die Äquipotentiallinien die dazu gehörigen orthogonalen Kreise.

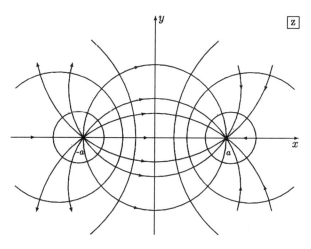

Wir betrachten nun q als Funktion von a und nehmen an, daß für $a \to 0$ die Funktion $aq(a)$ gegen ein q_0 konvergiert. Dann erhält man das komplexe Potential eines Dipols durch

$$F(z) = \lim_{a \to 0} F_a(z) = \lim_{a \to 0} \frac{q(a)}{2\pi\epsilon_0} \left(\ln(z+a) - \ln(z-a) \right)$$

$$= \frac{1}{2\pi\epsilon_0} \lim_{a \to 0} 2aq(a) \cdot \lim_{a \to 0} \frac{\ln(z+a) - \ln(z-a)}{2a}.$$

Mit $z_1 := z - a$ und

$$\lim_{a \to 0} \frac{\ln(z+a) - \ln(z-a)}{2a} = \lim_{a \to 0} \frac{\ln(z_1 + 2a) - \ln z_1}{2a} = \frac{d}{dz}(\ln z) = \frac{1}{z}$$

ergibt sich

$$F(z) = \frac{q_0}{\pi \epsilon_0} \frac{1}{z}.$$

Die Äquipotential- und Feldlinien sind dieselben wie in Beispiel 6.1.5.

Aufgaben:

6.1.1. $\mathcal{C}$ sei eine glatte Kurve in der z-Ebene durch den Punkt $z_0 = 1 - i$. Man bestimme den Winkel, um den die Tangente an $\mathcal{C}$ in z_0 bei der Abbildung $w = z^4$ gedreht wird, und den Abbildungsmaßstab in z_0.

6.1.2. Sei $\mathcal{G}$ ein Gebiet der z-Ebene, $\mathcal{G}'$ ein Gebiet der w-Ebene, und die in $\mathcal{G}$ holomorphe Funktion $w = f(z)$ (mit $z = x+iy$, $w = u+iv$) bilde $\mathcal{G}$ auf $\mathcal{G}'$ ab. Man zeige für die Jacobi-Determinante

$$\mathcal{J}(x,y) := \begin{vmatrix} \frac{\partial u}{\partial x} & \frac{\partial u}{\partial y} \\ \frac{\partial v}{\partial x} & \frac{\partial v}{\partial y} \end{vmatrix} = |f'(z)|^2.$$

6.1.3. Gegeben sei die Funktion $w = f(z) = \cos z$. Man gebe an, in welchen Punkten $f(z)$ konform ist, und bestimme die Bilder der Parallelen zur x- bzw. y-Achse.

6.1.4. Man bestimme die Bilder der Geraden $y = 2x$ und $x + y = 3$ in der z-Ebene unter der Abbildung $w = f(z) = z^2$ und stelle sie in der w-Ebene dar. Man zeige rechnerisch, daß der Schnittwinkel der beiden Geraden gleich dem Schnittwinkel der zugehörigen Bildkurven im jeweiligen Schnittpunkt ist.

6.2 Die Riemannsche Zahlenkugel

Wie oftmals in der Mathematik kann man durch Hintereinanderausführung mehrerer relativ einfacher Transformationen auch komplizierte ebene Gebiete z.B. in die obere Halbebene oder das Innere des Einheitskreises überführen. Wir betrachten in den folgenden Abschnitten einige für die Anwendungen wichtige Abbildungen. Dabei untersuchen wir vor allem die Bilder der Geraden und Kreise in der z-Ebene sowie diejenigen Punkte mit speziellen Abbildungseigenschaften.

Definition 6.2.1:
Seien $\mathcal{G} \subset \mathbf{C}$ ein Gebiet, $z_0 \in \mathcal{G}$ und $f : \mathcal{G} \to \mathbf{C}$ eine Abbildung.
Gilt $f(z_0) = z_0$, dann heißt z_0 **Fixpunkt** von $f(z)$.
Ist $f(z)$ holomorph in $\mathcal{G}$ und $f'(z_0) = 0$, dann heißt z_0 **kritischer Punkt** von f.

Wir erweitern nun die komplexe Zahlenebene (mit reeller x-Achse und imaginärer y-Achse) zu einem dreidimensionalen Raum (mit zur (x,y)-Ebene senkrechter z'-Achse durch den Nullpunkt) und nennen den (obersten) Punkt $(0|0|1)$ der Einheitskugel (mit Mittelpunkt $(0|0|0)$

und Radius 1) **Nordpol**, den (untersten) Punkt (0|0|-1) **Südpol** und die Kugel **Riemannsche Zahlenkugel**. Durch die **stereographische Projektion**

$$\begin{pmatrix} x \\ y \end{pmatrix} \to \begin{pmatrix} x' \\ y' \\ z' \end{pmatrix}, \qquad x, y \in \mathbf{R},$$

mit

$$x' = \frac{2x}{1+x^2+y^2}, \quad y' = \frac{2y}{1+x^2+y^2}, \quad z' = \frac{x^2+y^2-1}{1+x^2+y^2}, \qquad (6.2.1)$$

wird die komplexe Zahlenebene umkehrbar eindeutig auf die Kugeloberfläche außer dem Nordpol abgebildet. Geometrisch erhält man die Abbildung, indem man die Gerade durch den Nordpol und den Punkt $z = x + iy$ der komplexen Ebene mit der Kugel schneidet. Man überzeugt sich leicht, daß die Koordinaten des Bildpunktes der Kugelgleichung

$$x^2 + y^2 + z^2 = 1$$

genügen.

Die Gesamtheit der Abbildungsstrahlen zu einer Geraden in der komplexen Ebene ist eine Ebene und schneidet die Kugel in einem Kreis durch den Nordpol. Umgekehrt bilden die Abbildungsstrahlen zu einem Kreis durch den Nordpol ebenfalls eine Ebene (die Kreisebene), die die komplexe Ebene in einer Geraden schneidet. Die Geraden der komplexen Zahlenebene entsprechen also den Kreisen durch den Nordpol auf der Riemannschen Zahlenkugel und umgekehrt. Analog kann man zeigen, daß die Kreise in der komplexen Zahlenebene den Kreisen auf der Riemannschen Zahlenkugel entsprechen, die nicht durch den Nordpol gehen, und umgekehrt.

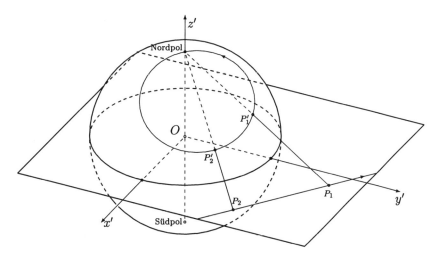

Bewegt man sich auf der Riemannschen Zahlenkugel auf einem Kreis durch den Nordpol in Richtung des Nordpols, dann bewegt man sich auf der entsprechenden Urbildgeraden der komplexen Zahlenebene „in Richtung unendlich". Wir erweitern nun die Menge der komplexen Zahlen $\mathbf{C}$ um die „Zahl" ∞, der wir auf der Riemannschen Zahlenkugel den Nordpol zuordnen, und bezeichnen die erweiterte Zahlenmenge mit $\mathbf{C}_\infty$. Mit der neuen Zahl ∞ kann man auch rechnen, und zwar gelte

$$\frac{1}{\infty} := 0, \qquad \lim_{|z| \to 0} \frac{1}{z} := \frac{1}{0} := \infty,$$

$$a + \infty := \infty \quad \text{und} \quad a \cdot \infty := \infty \quad \text{für alle } a \in \mathbf{C}_\infty,\ a \neq 0.$$

Ausdrücke der Form

$$\frac{\infty}{\infty}, \qquad 0 \cdot \infty \qquad \text{bzw.} \quad \infty - \infty$$

sind vieldeutig und ergeben daher keinen Sinn.

Aufgaben:

6.2.1. Man bestimme alle Fixpunkte der Abbildung $w = f(z) = z^n$, $n \in \mathbf{N}$, und gebe sie für $n = 1, 2, 3, 4$ explizit an.

6.2.2. Man bestimme die Bilder

(a) der Kreise in der z-Ebene um den Nullpunkt, speziell des Kreises mit Radius 1,

(b) der Strahlen in der z-Ebene, ausgehend vom Nullpunkt,

bei der stereographischen Projektion.

6.2.3. Sei $z = x + iy \in \mathbf{C}$ beliebig, $(x'|y'|z')$ das Bild von z unter der stereographischen Projektion auf der Riemannschen Zahlenkugel. Man zeige

$$z = \frac{x' + iy'}{1 - z'}.$$

6.3 Lineare Transformationen

Die allgemeine **(ganze) lineare Transformation**

$$f(z) = az + b, \quad a, b \in \mathbf{C}, \quad a \neq 0,$$

ist in ganz $\mathbf{C}$ holomorph und wegen

$$f'(z) = a \neq 0 \quad \text{für alle } z \in \mathbf{C}$$

in $\mathbf{C}$ konform. Sie hat keine kritischen Punkte.

Für $b = 0$, $a = 1$ ist $f(z) = z$ die identische Abbildung, bei der jeder Punkt Fixpunkt ist.
Für $b = 0$, $a \in \mathbf{R}$, $a > 0$, $a \neq 1$ ist $f(z) = az$ eine Streckung der z-Ebene mit Streckungsfaktor a und den Fixpunkten 0 und ∞. Aus den Strahlensätzen folgt, daß Geraden auf parallele Geraden und Kreise auf Kreise abgebildet werden, wobei sich der Abstand der Urbild-Geraden bzw. des Kreismittelpunktes zum Ursprung sowie der Kreisradius jeweils um den Faktor a vergrößert (oder verkleinert).
Für $b = 0$, $a = e^{i\alpha} \neq 1$ (d.h. $|a| = 1$) ist $f(z) = e^{i\alpha}z$ eine Drehung der z-Ebene um den Winkel α mit den Fixpunkten 0 und ∞.
Für $b \neq 0$, $a = 1$ ist $f(z) = z + b$ eine Parallelverschiebung der z-Ebene um b. ∞ ist der einzige Fixpunkt.

Jede allgemeine lineare Transformation
$$f(z) = az + b \quad \text{mit} \quad a = |a|\,e^{i\alpha} \neq 0, \quad b \neq 0,$$
läßt sich erzeugen durch eine Streckung um den Faktor $|a|$, eine Drehung um $z_0 = 0$ mit Drehwinkel α und eine anschließende Parallelverschiebung um b. Bei jeder der einzelnen Abbildungen werden Geraden auf Geraden und Kreise auf Kreise abgebildet, also auch bei $f(z)$. ∞ ist immer Fixpunkt, und wegen
$$f(z) = z \quad \Longleftrightarrow \quad z = az + b \quad \Longleftrightarrow \quad z(1-a) = b$$
hat $f(z)$ im Fall $a \neq 1$ genau einen weiteren Fixpunkt in $\frac{b}{1-a}$.

Weiß man, daß $f(z)$ eine lineare Transformation ist, und kennt zu zwei (verschiedenen) Urbildern z_1, z_2 die entsprechenden Bilder w_1 bzw. w_2, dann lassen sich
$$a = \frac{w_2 - w_1}{z_2 - z_1} \quad \text{und} \quad b = w_1 - az_1$$
und damit die Funktion $f(z)$ vollständig bestimmen.

Wir betrachten eine Strömung, deren komplexes Potential eine lineare Transformation
$$w = f(z) = u(x,y) + iv(x,y) = az + b \quad \text{mit} \quad a = a_1 + ia_2, \quad b = b_1 + ib_2$$
ist. Die Äquipotentiallinien sind wegen
$$u(x,y) = a_1 x - a_2 y + b_1$$
Geraden mit Steigung $m_1 = a_1/a_2$ für $a_2 \neq 0$ bzw. Parallelen zur y-Achse und daher senkrecht zu $\bar{a} = a_1 - ia_2$. Die Stromlinien sind wegen
$$v(x,y) = a_2 x + a_1 y + b_2$$
die Geraden mit Steigung $m_2 = -a_2/a_1$ für $a_1 \neq 0$ bzw. Parallelen zur x-Achse und daher parallel zu $\bar{a}$.

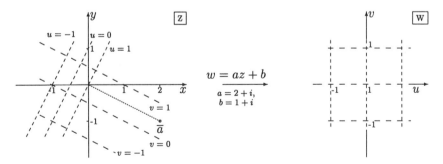

Aufgaben:

6.3.1. Man ermittle die allgemeinste (ganze) lineare Transformation $w = f(z)$ mit
$$\begin{array}{c|c|c} z & i & -1 \\ \hline w & 1 & i \end{array}.$$

6.3.2. Gegeben sei der Kreis mit Mittelpunkt $z_0 \in \mathbb{C}$ und Radius $r > 0$ in der z-Ebene. Man bestimme den Mittelpunkt und den Radius des Bildkreises unter der linearen Transformation $w = f(z) = az + b$.

6.3.3. Man bestimme das Bild des Rechtecks $\{z = x + iy \mid 0 \leq x \leq 1, 0 \leq y \leq 2\}$ unter der linearen Transformation $w = f(z) = (1 - i\sqrt{3})z + 1 - 2i$.

6.4 Gebrochen lineare Transformationen, Inversion

In Beispiel 1.12 haben wir die allgemeine gebrochen lineare Abbildung

$$f(z) := \frac{az+b}{cz+d} \quad \text{mit} \quad a,b,c,d \in \mathbf{C}, \quad |c|+|d| \neq 0$$

eingeführt. In Aufgabe 1.7 war zu zeigen, daß $f(z)$ im Fall $ad - bc = 0$ in ganz $\mathbf{C}$ konstant ist. Konstante Funktionen sind als Transformationen ebener Gebiete ungeeignet. Wir betrachten daher im folgenden den Fall $ad - bc \neq 0$.

Gilt $c = 0$, dann ist

$$f(z) = \frac{a}{d}z + \frac{b}{d}$$

eine (im vorigen Abschnitt untersuchte) lineare Transformation. Wir setzen also außerdem $c \neq 0$ voraus. Eine Funktion

$$f(z) = \frac{az+b}{cz+d} \quad \text{mit} \quad a,b,c,d \in \mathbf{C}, \quad c \neq 0, \quad ad-bc \neq 0$$

heißt **gebrochen lineare Transformation** (oder auch **Möbius-Transformation**).

Wegen

$$z = f(z) \iff z = \frac{az+b}{cz+d} \iff cz^2 + (d-a)z - b = 0$$

hat eine gebrochen lineare Transformation zwei Fixpunkte, die (im Fall $(d-a)^2 + 4bc = 0$) zusammenfallen können.

Außerdem bildet $f(z)$ wegen

$$f(z) = \frac{az+b}{cz+d} = \frac{a}{c}\frac{z+b/a}{z+d/c} = \frac{a}{c} + \frac{bc-ad}{c}\frac{1}{cz+d} \tag{6.4.1}$$

und $ad - bc \neq 0$ den Punkt $-d/c$ auf ∞ und den Punkt ∞ auf a/c ab. Nach der Quotientenregel ist $f(z)$ in $\mathbf{C} \setminus \{-d/c\}$ differenzierbar mit der Ableitung

$$f'(z) = \frac{ad-bc}{(cz+d)^2}$$

und daher wegen $ad - bc \neq 0$ in $\mathbf{C} \setminus \{-d/c\}$ konform.

Aus (6.4.1) folgt, daß man jede gebrochen lineare Transformation zusammensetzen kann aus

– der linearen Transformation $cz + d$,

– der Inversion $\dfrac{1}{z}$,

– der Drehstreckung $\dfrac{bc-ad}{c}z$ und

– der Parallelverschiebung $\dfrac{a}{c} + z$.

Lineare Transformationen (und damit auch die Drehstreckung und die Parallelverschiebung) führen Geraden in Geraden und Kreise in Kreise über. Das ist für die Inversion im allgemeinen nicht richtig. Zum Beispiel wird die Gerade $z(t) = 1 + it$, $t \in \mathbf{R}$, auf

$$w(t) = \frac{1}{1+t^2} - i\frac{t}{1+t^2}, \quad t \in \mathbf{R},$$

und damit wegen

$$\left|w(t) - \frac{1}{2}\right|^2 = \left(\frac{1}{1+t^2} - \frac{1}{2}\right)^2 + \left(\frac{t}{1+t^2}\right)^2 = \frac{1+t^2}{(1+t^2)^2} - \frac{1}{1+t^2} + \frac{1}{4} = \frac{1}{4}$$

auf den Kreis um $w_0 = 1/2$ mit Radius $1/2$ abgebildet.

Sowohl die Kreise als auch die Geraden in der komplexen Zahlenebene entsprechen Kreisen auf der Riemannschen Zahlenkugel. Analog dazu gibt es auch eine gemeinsame analytische Darstellung:
Die allgemeine Geradengleichung in der Ebene lautet

$$b_1 x + b_2 y + \frac{c}{2} = 0, \quad b_1, b_2, c \in \mathbf{R}, \quad |b_1| + |b_2| \neq 0.$$

Mit

$$x = \frac{1}{2}(z + \overline{z}) \quad \text{und} \quad y = \frac{1}{2i}(z - \overline{z})$$

ergibt sich

$$b_1(z + \overline{z}) - ib_2(z - \overline{z}) + c = 0$$

und mit $b := b_1 + ib_2$

$$\overline{b}z + b\overline{z} + c = 0, \quad b \in \mathbf{C}, c \in \mathbf{R}.$$

Die allgemeine Kreisgleichung in der Ebene ist gegeben durch

$$(x - x_0)^2 + (y - y_0)^2 = R^2$$

bzw.

$$R^2 = |z - z_0|^2 = (z - z_0)(\overline{z - z_0}) = z\overline{z} - \overline{z_0}z - z_0\overline{z} + |z_0|^2.$$

Mit $b := -z_0$, $c := |z_0|^2 - R^2$ erhält man

$$z\overline{z} + \overline{b}z + b\overline{z} + c = 0, \quad b \in \mathbf{C}, c \in \mathbf{R}.$$

Nach Multiplikation mit einer beliebigen reellen Zahl $a \neq 0$ und geeigneter Umbennennung der anderen Koeffizienten b und c erhält man eine äquivalente Gleichung. Die Formel

$$az\overline{z} + \overline{b}z + b\overline{z} + c = 0, \quad b \in \mathbf{C}, a, c \in \mathbf{R} \tag{6.4.2}$$

ist also eine gemeinsame Darstellung der Geraden (falls $a = 0$) und der Kreise (falls $a \neq 0$) in der Ebene.

Bei der Inversion $w = 1/z$ geht die Gleichung (6.4.2) über in

$$\frac{a}{w\overline{w}} + \frac{\overline{b}}{w} + \frac{b}{\overline{w}} + c = 0$$

bzw.

$$a + \overline{b}\overline{w} + bw + cw\overline{w} = 0,$$

und als Bild ergibt sich eine Gerade (falls $c = 0$) oder ein Kreis (falls $c \neq 0$).

Transformationen, die auf der Riemannschen Zahlenkugel Kreise in Kreise überführen, nennt man **Kreisverwandtschaften**. Die Inversion und damit auch jede gebrochen lineare Transformation ist also eine Kreisverwandtschaft.

Wegen $c \neq 0$ treten bei einer gebrochen linearen Transformation

$$f(z) = \frac{az+b}{cz+d} = \frac{a_1 z + b_1}{z + d_1} \quad \text{mit} \quad a_1 = \frac{a}{c}, \quad b_1 = \frac{b}{c}, \quad d_1 = \frac{d}{c}$$

drei Konstanten auf. Sie ist also durch Festlegung von drei verschiedenen Punkten in der z-Ebene und den zugehörigen Bildpunkten eindeutig festgelegt und kann durch Einsetzen dieser Werte berechnet werden. Man kann auch direkt eine Formel für $w = f(z)$ angeben:

Definition 6.4.1:

Seien $z_1, z_2, z_3, z_4 \in \mathbf{C}$ verschiedene Punkte. Dann heißt

$$(z_1, z_2; z_3, z_4) := \frac{z_1 - z_2}{z_1 - z_3} : \frac{z_4 - z_2}{z_4 - z_3} = \frac{z_1 - z_2}{z_1 - z_3} \cdot \frac{z_4 - z_3}{z_4 - z_2}$$

Doppelverhältnis der vier Punkte.

Durch Einsetzen von $w = \dfrac{az+b}{cz+d}$ (siehe Aufgabe 6.4.1) erhält man

Satz 6.4.1: *Sei $w = f(z)$ eine gebrochen lineare Transformation. Dann gilt:*

(a) *Das Doppelverhältnis von je vier verschiedenen Punkten $z_k \in \mathbf{C} \setminus \{-d/c\}$, $1 \leq k \leq 4$, bleibt bei der Abbildung invariant, das heißt, es gilt*

$$(w_1, w_2; w_3, w_4) = (z_1, z_2; z_3, z_4).$$

(b) *Die gebrochen lineare Transformation, die die drei verschiedenen Punkte z_1, z_2, z_3 auf die Punkte w_1, w_2, w_3 abbildet, ergibt sich aus der Gleichung*

$$\frac{w - w_1}{w - w_2} \cdot \frac{w_3 - w_2}{w_3 - w_1} = \frac{z - z_1}{z - z_2} \cdot \frac{z_3 - z_2}{z_3 - z_1}. \tag{6.4.3}$$

6.4 Gebrochen lineare Transformationen, Inversion 249

Beispiele:

6.4.1. Gegeben seien die Punktepaare

z	1	$1+i$	$-i$
w	i	0	-1

Die zugehörige gebrochen lineare Transformation erhält man aus

$$\frac{w-i}{w} \cdot \frac{-1}{-1-i} = \frac{z-1}{z-1-i} \cdot \frac{-1-2i}{-1-i} \quad \Longleftrightarrow \quad w-i = w\frac{z-1}{z-1-i}(1+2i)$$

$$\Longleftrightarrow \quad w\left(1 - \frac{z-1}{z-1-i}(1+2i)\right) = i \quad \Longleftrightarrow \quad w\left(\frac{-2iz+i}{z-1-i}\right) = i$$

$$\Longleftrightarrow \quad w = \frac{i(z-1-i)}{-2iz+i} = \frac{z-1-i}{-2z+1}.$$

6.4.2. Gegeben seien die Punktepaare

z	1	i	$-i$
w	0	1	∞

Wegen $w_3 = \infty$ müssen wir die Gleichung 6.4.3 modifizieren. Für $w, w_1, w_2 \in \mathbb{C}$ gilt

$$\lim_{w \to \infty} \frac{w - w_2}{w - w_1} = 1,$$

und daher erhalten wir die gesuchte gebrochen lineare Transformation aus

$$\frac{w}{w-1} = \frac{z-1}{z-i} \cdot \frac{-2i}{-i-1}$$

$$\Longleftrightarrow \quad w = (w-1)\frac{z-1}{z-i}(1+i) = w\frac{z-1}{z-i}(1+i) - \frac{z-1}{z-i}(1+i)$$

$$\Longleftrightarrow \quad w\left(1 - \frac{z-1}{z-i}(1+i)\right) = -\frac{z-1}{z-i}(1+i) \quad \Longleftrightarrow \quad w(-iz+1) = -z(1+i) + 1 + i$$

$$\Longleftrightarrow \quad w = \frac{-z(1+i) + 1 + i}{-iz+1}.$$

6.4.3. Gegeben seien die Punktepaare

z	0	1	∞
w	1	0	i

Analog zum vorigen Beispiel gilt für $z, z_1, z_2 \in \mathbb{C}$

$$\lim_{z \to \infty} \frac{z - z_2}{z - z_1} = 1,$$

und wir erhalten die gesuchte gebrochen lineare Transformation aus

$$\frac{w-1}{w} \cdot \frac{i}{i-1} = \frac{z}{z-1} \quad \Longleftrightarrow \quad w - 1 = w\frac{z}{z-1}(1+i)$$

$$\Longleftrightarrow \quad w\left(1 - \frac{z}{z-1}(1+i)\right) = 1 \quad \Longleftrightarrow \quad w\left(\frac{-iz-1}{z-1}\right) = 1$$

$$\Longleftrightarrow \quad w = \frac{z-1}{-iz-1}.$$

6.4.4. Gesucht ist die gebrochen lineare Transformation, die den Einheitskreis auf sich und den Kreis $|z - a| = r < 1 - a$ (mit $0 < a < 1$) auf einen Kreis mit Mittelpunkt $w_0 = 0$ abbildet.

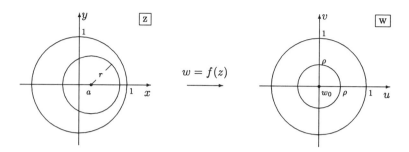

Die x-Achse ist eine Gerade und wird daher auf eine Gerade oder einen Kreis in der w-Ebene abgebildet. Sie schneidet die beiden Kreise in der z-Ebene senkrecht, ihr Bild ist also zu den beiden Bildkreisen ebenfalls orthogonal. Damit kann das Bild nur eine Ursprungsgerade sein. Wir nehmen zunächst an, daß das Bild die u-Achse ist, wobei die Orientierung bei der Abbildung erhalten bleibt.

Da der Einheitskreis auf sich und die orientierte x-Achse auf die orientierte u-Achse abgebildet wird, folgt

$$f(-1) = -1 \quad \text{und} \quad f(1) = 1.$$

Außerdem wird der Punkt $z = a$ (als Mittelpunkt des kleinen Kreises) auf den Nullpunkt $w_0 = 0$ abgebildet. Damit folgt aus dem Satz über das Doppelverhältnis

$$\frac{w+1}{w} \cdot \frac{1}{2} = \frac{z+1}{z-a} \cdot \frac{1-a}{2} \quad \Longleftrightarrow \quad w+1 = w(1-a)\frac{z+1}{z-a}$$

$$\Longleftrightarrow \quad w\left(1 - \frac{(1-a)(z+1)}{z-a}\right) = -1 \quad \Longleftrightarrow \quad w = -\frac{z-a}{az-1}.$$

Soll nun die orientierte x-Achse nicht auf die u-Achse, sondern auf die orientierte Ursprungsgerade $w(t) = te^{i\alpha}$, $t \in \mathbf{R}$ (mit $0 \leq \alpha < 2\pi$) abgebildet werden, dann dreht man das Bild um w_0 mit Drehwinkel α, d.h., man multipliziert die Funktion mit dem Faktor $e^{i\alpha}$. Allgemein ergibt sich also die Transformation

$$w = -e^{i\alpha}\frac{z-a}{az-1} = e^{i(\alpha+\pi)}\frac{z-a}{az-1}.$$

6.4.5. Eine nützliche Eigenschaft gebrochen linearer Transformationen sei hier ohne Beweis angegeben: Spiegelpunkte bezüglich einer Geraden oder eines Kreises werden wieder in Spiegelpunkte überführt.

Dabei bezeichnen wir zwei Punkte als Spiegelpunkte bezüglich einer Geraden, wenn ihre Verbindungsstrecke die Gerade senkrecht trifft und von ihr halbiert wird. Sie sind Spiegelpunkte bezüglich eines Kreises mit Mittelpunkt M und Radius r, wenn sie auf demselben Strahl mit Anfangspunkt M liegen und das Produkt ihrer Abstände zu M gleich r^2 ist (siehe Beispiel 1.13).

Betrachten wir z.B. die gebrochen lineare Transformation

$$f(z) = \frac{z+i}{z-1},$$

die Gerade $\mathcal{C}: \{z = x + iy \mid x = 0\}$ (die y-Achse) und den Einheitskreis $\mathcal{K}$. Dann sind die Punkte $z_1 = 1+i$ und $z_2 = -1+i$ Spiegelpunkte bezüglich $\mathcal{C}$, und die Punkte z_1 und $z_3 = (1+i)/2$ sind Spiegelpunkte bezüglich $\mathcal{K}$ (wegen $z_3 = z_1/2$ und $|z_1| \cdot |z_3| = 1 = 1^2$). $f(z)$ ist eine Kreisverwandtschaft, und es gilt $f(z_4) = f(1) = \infty$.

$\mathcal{K}' = f(\mathcal{K})$ ist also eine Gerade oder ein Kreis. Nun gilt aber $z_4 \in \mathcal{K}$ und damit $\infty = f(z_4) \in \mathcal{K}'$, d.h., $\mathcal{K}'$ ist eine Gerade. Analog ist $f(\mathcal{C}')$ eine Gerade oder ein Kreis. Wegen $z_4 \notin \mathcal{C}$ gilt $\infty \notin \mathcal{C}'$, d.h., $\mathcal{C}'$ ist ein Kreis.

Eine Gerade ist durch zwei und ein Kreis durch drei Punkte eindeutig bestimmt. Durch Berechnung z.B. von

$$w_5 = f(z_5) = f(i) = 1 - i, \qquad w_6 = f(z_6) = f(-i) = 0$$
$$w_7 = f(z_7) = f(0) = -i \qquad \text{(oder } w_8 = f(\infty) = 1\text{)}$$

erhalten wir daher $\mathcal{K}'$ als Gerade durch w_5 und w_6 und $\mathcal{C}'$ als Umkreis (des Dreiecks $w_5 w_6 w_7$ bzw. des Quadrats $w_5 w_6 w_7 w_8$) mit Mittelpunkt $w_9 = (1-i)/2$ und Radius $r = \sqrt{2}/2$.

$w_1 = f(z_1) = 2 - i$ und $w_3 = f(z_3) = 1 - 2i$ sind Spiegelpunkte bezüglich $\mathcal{K}'$, denn die Gerade $\mathcal{K}'$ hat Steigung -1 und die Gerade durch w_1 und w_3 Steigung 1, und der Mittelpunkt $\frac{3}{2} - i\frac{3}{2}$ der Strecke $w_1 w_3$ liegt auf $\mathcal{K}'$.

w_1 und $w_2 = f(z_2) = 4/5 - 3i/5$ sind Spiegelpunkte bezüglich $\mathcal{C}'$, denn sie liegen auf demselben Strahl $\{w(t)|\, w(t) = w_9 + t(w_1 - w_9), t \geq 0\}$ mit Anfangspunkt w_9, und es gilt

$$|w_1 - w_9| \cdot |w_2 - w_9| = \frac{\sqrt{10}}{2} \cdot \frac{1}{\sqrt{10}} = \frac{1}{2} = r^2.$$

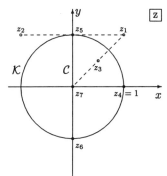
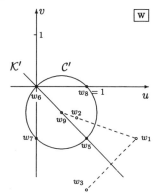

6.4.6. Mit Hilfe von Spiegelpunkten wollen wir die gebrochen linearen Transformationen bestimmen, die die obere z-Halbebene auf das Innere $\mathcal{K} = \{w|\, |w| < 1\}$ des Einheitskreises und einen Punkt $z_0 = x_0 + iy_0$ der oberen Halbebene auf den Nullpunkt $w_0 = 0$ abbilden.

Die x-Achse als Rand der oberen z-Halbebene muß auf den Einheitskreis $\partial \mathcal{K}$ abgebildet werden. Wegen $f(z_0) = w_0$ ist das Bild des Spiegelpunktes $z_1 = \overline{z_0}$ bezüglich der x-Achse der Spiegelpunkt von $w_0 = 0$ bezüglich des Einheitskreises, also $w_1 = \infty$. Damit ergibt sich

$$w = k \frac{z - z_0}{z - \overline{z_0}}$$

mit einem zu bestimmenden Faktor $k \in \mathbf{C}$. Für $z = x \in \mathbf{R}$ ist $w = f(z) \in \partial \mathcal{K}$, also $|w| = 1$, d.h.

$$1 = |k|^2 \left| \frac{z - z_0}{z - \overline{z_0}} \right|^2 = |k|^2 \frac{(x - x_0)^2 + y_0^2}{(x - x_0)^2 + y_0^2} = |k|^2,$$

und daraus folgt

$$w = e^{i\alpha} \frac{z - z_0}{z - \overline{z_0}}.$$

Soll z.B. noch der Punkt $z_1 = \infty$ auf w_1 (mit $|w_1| = 1$) abgebildet werden, dann folgt

$$w = w_1 \frac{z - z_0}{z - \overline{z_0}}.$$

Aufgaben:

6.4.1. Man zeige, daß das Doppelverhältnis bei jeder gebrochen linearen Transformation invariant bleibt.

6.4.2. Sei
$$w = f(z) = \frac{az+b}{cz+d} \quad \text{mit} \quad ad - bc \neq 0.$$
Man zeige:

(a) Hat $f(z)$ mehr als 2 Fixpunkte, dann ist $f(z)$ die Identität.

(b) Ist $z = \infty$ Fixpunkt von $f(z)$, dann ist $f(z)$ eine ganze lineare Transformation.

6.4.3. Man bestimme die gebrochen lineare Transformation $w = f(z)$ mit

z	0	∞	1
w	0	$-1-i$	$1+i$

die Fixpunkte von $f(z)$ und das Bild der Geraden $z = iy$, $y \in \mathbf{R}$.

6.4.4. Sei $w = f(z)$ eine gebrochen lineare Transformation. Man zeige:
Bildet $f(z)$ die obere z-Halbebene auf die obere w-Halbebene ab, dann gilt
$$w = f(z) = \frac{az+b}{cz+d} \quad \text{mit} \quad a, b, c, d \in \mathbf{R} \quad \text{und} \quad ad - bc > 0.$$

6.5 Die Joukowski-Funktion

In Beispiel 6.4 wurden Stromlinien bei einer durch einen Kreis gestörten gleichförmigen Strömung bestimmt. Die dort benutzte **Joukowski**[1]**-Funktion**

$$w = f(z) = \frac{1}{2}\left(z + \frac{1}{z}\right), \quad z \neq 0, \qquad (6.5.1)$$

ist auch wichtig für Anwendungen in der Luftfahrttechnik, speziell für die Bestimmung geeigneter Tragflächenprofile.

Die Abbildung hat wegen

$$z = \frac{1}{2}\left(z + \frac{1}{z}\right) \iff 2z = z + \frac{1}{z} \iff z^2 = 1 \iff z = \pm 1$$

genau zwei Fixpunkte, die wegen

$$f'(z)\big|_{z=\pm 1} = \frac{1}{2}\left(1 - \frac{1}{z^2}\right)\bigg|_{z=\pm 1} = 0$$

gleichzeitig kritische Punkte sind. Für alle anderen Werte von $z \neq 0$ ist die Ableitung ungleich Null, die Abbildung also konform. Allerdings erkennt man sofort aus

$$w = f(z) = \frac{1}{2}\left(z + \frac{1}{z}\right) \iff 2wz = z^2 + 1 \iff z^2 - 2wz + 1,$$

daß jedes $w \neq \pm 1$ genau zwei Urbilder

$$z_1 = w + \sqrt{w^2 - 1} \quad \text{und} \quad z_2 = w - \sqrt{w^2-1} = \frac{w^2 - (\sqrt{w^2-1})^2}{w + \sqrt{w^2-1}} = \frac{1}{z_1}$$

---
[1] Nikolai Jegorowitsch Joukowski (1847 – 1921), russischer Aerodynamiker

besitzt. Zur Beschreibung der Funktion benötigt man also an Stelle der w-Ebene eine Riemannsche Fläche mit zwei Blättern, die z.B. längs $-1 \leq u \leq 1$ aufgeschnitten und kreuzweise verheftet werden.

Wir untersuchen nun die Abbildung eines Polarkoordinatennetzes in der z-Ebene, d.h. der Kreise $|z| = r = const.$ und $\arg z = \varphi = const.$ Einsetzen von

$$z = re^{i\varphi} \quad \text{und} \quad w = u + iv = \frac{1}{2}\left(re^{i\varphi} + \frac{1}{r}e^{-i\varphi}\right)$$

in (6.5.1) und die Euler-Formel ergibt

$$u = \frac{1}{2}\left(r + \frac{1}{r}\right)\cos\varphi \quad \text{und} \quad v = \frac{1}{2}\left(r - \frac{1}{r}\right)\sin\varphi.$$

- Für den Einheitskreis, d.h. $z = 1 \cdot e^{i\varphi}$, $0 \leq \varphi < 2\pi$, ist $u = \cos\varphi$, $v = 0$, d.h., als Bild ergibt sich die zweimal durchlaufene Strecke $-1 \leq u \leq 1$.

- Für einen Kreis mit Radius $r > 1$ erfüllen die Bildpunkte die Ellipsengleichung

$$\frac{u^2}{\left[\frac{1}{2}\left(r+\frac{1}{r}\right)\right]^2} + \frac{v^2}{\left[\frac{1}{2}\left(r-\frac{1}{r}\right)\right]^2} = \cos^2\varphi + \sin^2\varphi = 1.$$

Das Bild ist also eine Ellipse mit Mittelpunkt $w = 0$, den Halbachsen

$$a = \frac{1}{2}\left(r + \frac{1}{r}\right), \quad b = \frac{1}{2}\left|r - \frac{1}{r}\right|$$

und den Brennpunkten $w = \pm 1$

(wegen $e = \sqrt{a^2 - b^2} = \frac{1}{2}\sqrt{(r+1/r)^2 - (r-1/r)^2} = 1$).

- Der Kreis mit Radius $1/r < 1$ wird auf dieselbe Ellipse (mit entgegengesetztem Durchlaufsinn) abgebildet.

- Für die positive x-Achse, d.h. $z = re^{i \cdot 0}$, $0 < r < \infty$, ist

$$u = \frac{1}{2}\left(r + \frac{1}{r}\right), \quad 0 < r < \infty, \quad v = 0,$$

d.h., als Bild ergibt sich der zweimal durchlaufene Strahl $1 \leq u < \infty$. Analog erhält man für die negative x-Achse, d.h. $\varphi = \pi$, als Bild den zweimal durchlaufenen Strahl $-\infty < u \leq -1$.

- Für die positive y-Achse, d.h. $\varphi = \pi/2$, ist

$$u = 0, \quad v = \frac{1}{2}\left(r - \frac{1}{r}\right).$$

Als Bild ergibt sich also die ganze (einmal durchlaufene) v-Achse. Analog ist das Bild der negativen y-Achse, d.h., mit $\varphi = 3\pi/2$, ebenfalls die ganze v-Achse.

– Für einen anderen Strahl vom Ursprung aus, d.h., mit $\varphi = \varphi_0 \neq 0, \pi/2, \pi, 3\pi/2$, erfüllen die Bildpunkte die Hyperbelgleichung

$$\frac{u^2}{\cos^2 \varphi_0} - \frac{v^2}{\sin^2 \varphi_0} = \left[\frac{1}{2}\left(r + \frac{1}{r}\right)\right]^2 - \left[\frac{1}{2}\left(r - \frac{1}{r}\right)\right]^2 = 1.$$

Das Bild ist also eine Hyperbel mit Mittelpunkt $w = 0$, den Halbachsen

$$a = |\cos \varphi_0|, \qquad b = |\sin \varphi_0|,$$

den Brennpunkten $w = \pm 1$ (wegen $e = \sqrt{a^2 + b^2} = 1$) und den Asymptoten $v = \pm (\tan \varphi_0) u$.

Da $f(z)$ (außer in ± 1) konform ist, schneiden sich die Ellipsen und Hyperbeln jeweils senkrecht.

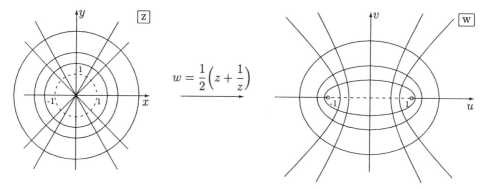

Wir betrachten nun eine glatte Kurve $\mathcal{C}$ in der z-Ebene durch $z_0 = 1$ und die ebenfalls glatte Bildkurve $\mathcal{C}'$ durch $w_0 = 1$. Sei φ_0 der Winkel zwischen $\mathcal{C}$ und der positiven x-Achse und θ_0 der Winkel zwischen $\mathcal{C}'$ und der positiven u-Achse. Die Joukowski-Funktion ist in $z \neq 0$ holomorph. Aus

$$f'(z)\Big|_{z=1} = \frac{1}{2}\left(1 - \frac{1}{z^2}\right)\Big|_{z=1} = 0, \quad f^{(k)}(z)\Big|_{z=1} = \frac{1}{2}(-1)^k \frac{k!}{z^{k+1}}\Big|_{z=1} = \frac{(-1)^k k!}{2}, \quad k \geq 2,$$

ergibt sich als Taylor-Reihe um $z = 1$ mit $f(1) = 1$

$$w - 1 = f(z) - 1 = \frac{1}{2}\sum_{k=2}^{\infty}(-1)^k(z-1)^k$$

und damit

$$\lim_{z \to 1} \frac{w-1}{(z-1)^2} = \frac{1}{2} \in \mathbf{R}.$$

Andererseits ist

$$\frac{w-1}{(z-1)^2} = \frac{\rho e^{i\theta}}{r^2 e^{i2\varphi}} = \frac{\rho}{r^2} e^{i(\theta - 2\varphi)},$$

d.h. $\theta \to 2\varphi$ für $z \to 1$ bzw. $\theta_0 = 2\varphi_0$. Die Winkel bei $z_0 = 1$ werden also verdoppelt.

Ist nun $\mathcal{C}$ ein Kreis mit Mittelpunkt $z_0 = x_0 + iy_0$, $y_0 > 0$, durch $z_1 = 1$ und mit innerem Punkt $z_2 = -1$, dann bilden die beiden in $z_1 = 1$ zusammenstoßenden Kreisbögen von $\mathcal{C}$ den Außenwinkel π, die Bilder damit den Winkel 2π. $\mathcal{C}'$ hat also in $z_1 = 1$ eine „Spitze". $\mathcal{C}$ schneidet den Einheitskreis in einem weiteren Punkt, $\mathcal{C}'$ also das Intervall $-1 < u < 1$, und da $z_2 = -1$ innerer Punkt von $\mathcal{C}$ ist, ist $w_2 = f(z_2) = -1$ innerer Punkt von $\mathcal{C}'$. Die Bildkurve $\mathcal{C}'$ heißt Tragflügel- oder **Joukowski-Profil**. Die Strömung um ein solches Profil läßt sich also zu einer Strömung um einen Kreis transformieren.

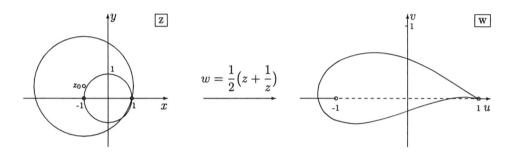

Aus 6.5.1 erhält man mit

$$u + iv = \frac{1}{2}\left(x + iy + \frac{x - iy}{x^2 + y^2}\right)$$

die Äquipotentiallinien

$$u = \frac{x}{2}\left(1 + \frac{1}{x^2 + y^2}\right) = const.$$

und die Stromlinien

$$v = \frac{y}{2}\left(1 - \frac{1}{x^2 + y^2}\right) = const.$$

der zu der Joukowski-Funktion als komplexem Potential zugehörigen Strömung. Für $v = 0$ besteht die Stromlinie aus der Geraden $y = 0$ und dem Einheitskreis (siehe die Abbildung in Beispiel 6.1.4).

Aufgaben:

6.5.1. Man zeige, daß die Joukowski-Transformation $w = f(z) = z + a^2/z$, $a \in \mathbf{R}$, in der Form

$$\frac{w - 2a}{w + 2a} = \left(\frac{z - a}{z + a}\right)^2$$

dargestellt werden kann.

6.5.2. Man gebe Parameterdarstellungen der Bilder der positiv orientierten Kreise $|z| = r$ mit $r < 1$, $r = 1$, $r > 1$ sowie der Strahlen $z(t) = te^{it}$, $t > 0$, unter der Joukowski-Transformation an.

6.5.3. Sei $c > 0$, $w = f(z) = \frac{c}{2}\left(z + \frac{1}{z}\right)$.

(a) Man bestimme die Bilder der Kreise $|z| = r$ unter der Abbildung $f(z)$.

(b) Gegeben sei die achsensymmetrische Ellipse mit Mittelpunkt $w = 0$, der Hauptachse a und der Nebenachse $b = \sqrt{a^2 - c^2}$. Man bestimme ihr Urbild unter der Abbildung $f(z)$.

6.5.4. Gegeben sei eine zur x-Achse parallele gleichförmige Strömung mit Geschwindigkeit $V_0 > 0$, die durch die Ellipse mit der Parameterdarstellung $z(t) = 3\cos t + 2i\sin t$, $t \in [0, 2\pi)$, gestört wird.

(a) Man bestimme das komplexe Strömungspotential.

(b) Man gebe die Geschwindigkeit in einem Punkt $z = x + iy$ und speziell auf der Ellipse an.

Anleitung: (Zu (a):) Durch die Umkehrtransformation $z_1 = f^{-1}(z)$ zu Aufgabe 6.5.3 erhält man (mit einem geeigneten $c > 0$) eine Strömung, die durch einen Kreis mit Radius r gestört wird, also das Problem aus Beispiel 6.1.4 mit der zugehörigen Transformation $w = f(z_1)$.

(Zu (b):) Beachte $\dfrac{dw}{dz} = \dfrac{dw/dz_1}{dz/dz_1}$.

6.6 Die Schwarz-Christoffel-Transformation

Wir haben schon einige Funktionen kennengelernt, die ein bestimmtes Gebiet $\mathcal{G}$ der z-Ebene auf die obere w-Halbebene abbilden. Das gilt nach Beispiel 1.16 für die Funktion $w = e^z$ und den Streifen $\mathcal{G} = \{x + iy \mid x \in \mathbf{R}, \, 0 < y < \pi\}$ und nach Beispiel 1.9 und für beliebiges $n \in \mathbf{N}$ für die Funktion $w = z^n$ und den unbeschränkten Sektor $\mathcal{G} = \{re^{i\varphi} \mid r > 0, \, 0 < \varphi < \pi/n\}$.

Im folgenden stellen wir eine Transformation vor, deren Umkehrtransformation ein gegebenes, durch einen geschlossenen oder unbeschränkten Streckenzug mit endlich vielen Ecken begrenztes einfach zusammenhängendes Polygon in der w-Ebene auf die obere z-Halbebene und dabei speziell den Rand des Polygons auf die x-Achse abbildet. Der Rand sei so orientiert und die Bezeichnung der n Ecken $\{w_1, \ldots, w_n\}$ so gewählt, daß sie mit wachsendem Index durchlaufen werden und dabei das Innere des Polygons zur Linken liegt. Ist das Polygon unbeschränkt, dann setzt man $w_n = \infty$.

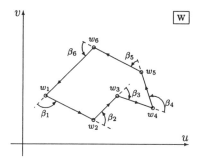
Beschränktes Polygon

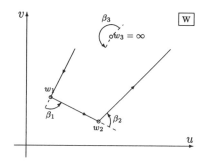
Unbeschränktes Polygon

Beim Durchlaufen einer Ecke $w_k \neq \infty$ ändert sich die Richtung um den „Außenwinkel" β_k, wobei wie üblich der Winkel entgegengesetzt dem Uhrzeigersinn gerichtet sein soll. Ist w_k eine „einspringende" Ecke, d.h., die Verbindungsstrecke der vorherigen und der nachfolgenden Ecke liegt nicht im Polygon, dann ist dementsprechend der zugehörige Außenwinkel negativ. Bei einem einmaligen Durchlauf des Randes eines geschlossenen Polygons beschreibt der Richtungsvektor einen Kreis, d.h., die Summe der Außenwinkel ist 2π. Analog ordnen wir bei einem unbeschränkten Polygon der Ecke $w_n = \infty$ den Außenwinkel β_n zu, der die Summe der übrigen Außenwinkel zu 2π ergänzt. Für die (aus der Elementargeometrie der Ebene bekannten) „Innenwinkel" α_k an den Ecken w_k, $1 \leq k \leq n$, eines geschlossenen Polygons gilt natürlich

$$\alpha_k = \pi - \beta_k, \quad 1 \leq k \leq n, \quad \text{und} \quad \sum_{k=1}^{n} \alpha_k = (n-2)\pi.$$

Beispiele:

6.6.1. Der Halbstreifen $\mathcal{G} = \{u + iv|\, u > 0,\, 0 < v < \pi\}$ ist ein unbeschränktes Polygon mit den Ecken $w_1 = i\pi$, $w_2 = 0$ und $w_3 = \infty$ und den zugehörigen Außenwinkeln $\beta_1 = \beta_2 = \frac{\pi}{2}$, $\beta_3 = \pi$.

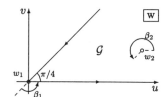

6.6.2. Sei $m \in \mathbf{N}$, $m \geq 2$. Der Sektor $\mathcal{G} = \{re^{i\varphi}|\, r > 0,\, 0 < \varphi < \pi/m\}$ ist ein unbeschränktes Polygon mit den Ecken $w_1 = 0$, $w_2 = \infty$ und den zugehörigen Außenwinkeln $\beta_1 = \pi - \pi/m$, $\beta_2 = \pi + \pi/m$.

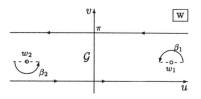

6.6.3. Analog dazu kann man den Streifen $\mathcal{G} = \{u + iv|\, u \in \mathbf{R},\, 0 < v < \pi\}$ als „Zweieck" mit den Ecken $w_1 = w_2 = \infty$ und den zugehörigen Außenwinkeln $\beta_1 = \beta_2 = \pi$ auffassen.

Wir betrachten zunächst geschlossene Polygone:

Satz 6.6.1: *Seien $a, b, z_0 \in \mathbf{C}$ mit $Im(z_0) \geq 0$, $z_1, \ldots, z_n \in \mathbf{R}$ mit $-\infty < z_1 < \ldots < z_n < \infty$ und $\beta_k \in [-\pi, \pi]$, $1 \leq k \leq n$, mit $\sum_{k=1}^{n} \beta_k = 2\pi$. Dann bildet die* **Schwarz-Christoffel**[2]-**Transformation**

$$w = f(z) = a \int_{z_0}^{z} \prod_{k=1}^{n} (\zeta - z_k)^{-\beta_k/\pi}\, d\zeta + b$$

die (offene) obere Hälfte der z-Ebene auf das Innere des geschlossenen Polygons in der w-Ebene mit den Ecken $w_1 = f(z_1), \ldots, w_n = f(z_n)$ und den zugehörigen Außenwinkeln $\beta_1, \ldots, \beta_n$ sowie die x-Achse auf den Rand des Polygons ab.

Wir wollen hier den Beweis des Satzes nur skizzieren: Die Wahl von z_0 beeinflußt nur die Konstante b. Wir wählen $z_0 \in \mathbf{R}$ mit $z_0 < z_1$ und als Integrationsweg die x-Achse mit der Parameterdarstellung $z(t) = t$, $t \in \mathbf{R}$. Für die zugehörigen Bildpunkte gilt

$$w(t) = a \int_{z_0}^{t} \prod_{k=1}^{n} (\zeta - z_k)^{-\beta_k/\pi}\, d\zeta + b$$

---
[2] Elwin Bruno Christoffel (1829 – 1890), deutscher Mathematiker

und damit
$$\dot{w}(t) = a \prod_{k=1}^{n}(t-z_k)^{-\beta_k/\pi}.$$

Für die Richtungsänderung bei Durchlaufen der Kurve $w(t)$ im Punkt $w(t_0)$ erhält man also
$$\arg \dot{w}(t_0) = \arg a - \sum_{k=1}^{n} \frac{\beta_k}{\pi} \arg(t_0 - z_k).$$

Wir zeigen nun, daß das Bild der x-Achse unter der Transformation ein Streckenzug mit n Ecken ist, und daß an den Ecken die vorgegebenen Außenwinkel auftreten:
Sei $k_0 \in \mathbf{N}$ mit $1 \leq k_0 \leq n-1$. Wegen $z_1 < z_2 < \ldots < z_n$ gilt für ein beliebiges $t \in \mathbf{R}$ mit $z_{k_0} < t < z_{k_0+1}$
$$t - z_1 > 0, \quad \ldots, \quad t - z_{k_0} > 0, \quad t - z_{k_0+1} < 0, \quad \ldots, \quad t - z_n < 0$$

und damit
$$\arg(t - z_k) = \begin{cases} 0 & \text{für } 1 \leq k \leq k_0 \\ \pi & \text{für } k_0 + 1 \leq k \leq n \end{cases},$$

d.h.
$$\arg \dot{w}(t) = \arg a - \sum_{k=k_0+1}^{n} \beta_k.$$

Analog folgt für $-\infty < t < z_1$
$$\arg \dot{w}(t) = \arg a - \sum_{k=1}^{n} \beta_k = \arg a - 2\pi = \arg a$$

und für $z_n < t < \infty$
$$\arg \dot{w}(t) = \arg a.$$

In jedem der Intervalle $(\infty, z_1), (z_1, z_2), \ldots, (z_{n-1}, z_n), (z_n, \infty)$ ist also $\arg \dot{w}(t)$ konstant und damit $w(t)$ ein Geradenstück. Außerdem sind $\{w(t) | -\infty < t < z_1\}$ und $\{w(t) | z_n < t < \infty\}$ zueinander parallel.
Die Richtungsänderung von $\dot{w}(t)$ im Punkt z_{k_0} ist

$$\lim_{\substack{t \to z_{k_0} \\ t > z_{k_0}}} \arg \dot{w}(t) - \lim_{\substack{t \to z_{k_0} \\ t < z_{k_0}}} \arg \dot{w}(t) = \left(\arg a - \sum_{k=k_0+1}^{n} \beta_k\right) - \left(\arg a - \sum_{k=k_0}^{n} \beta_k\right) = \beta_{k_0}$$

und damit gleich dem gewünschten Außenwinkel an der Ecke $f(z_{k_0})$. Analog erhält man den Außenwinkel β_n an der Ecke w_n.
Mit Hilfe der Beziehung
$$\int_{-\infty}^{\infty} \prod_{k=1}^{n}(t-z_k)^{-\beta_k/\pi} \, dt = 0$$

kann man zeigen, daß
$$\lim_{t\to-\infty} w(t) = \lim_{t\to\infty} w(t) := w_0 \in \mathbf{C}$$
gilt, der Streckenzug also geschlossen ist.

Durch eine geschickte Transformation kann man einer der Polygonecken das Urbild $z = \infty$ zuordnen: Seien $z_1, \ldots, z_n \in \mathbf{R}$ mit $z_k < z_{k+1}$, $1 \leq k < n$, und $\zeta^\star := (z_n - \zeta)^{-1}$. Dann gilt
$$\zeta = z_n - (\zeta^\star)^{-1} \quad \text{und} \quad \frac{d\zeta}{d\zeta^\star} = (\zeta^\star)^{-2}$$
und
$$\sum_{k=1}^{n} \beta_k = 2\pi \implies (\zeta^\star)^{-2} = \prod_{k=1}^{n}(\zeta^\star)^{-\beta_k/\pi} \implies d\zeta = \Big(\prod_{k=1}^{n}(\zeta^\star)^{-\beta_k/\pi}\Big)d\zeta^\star.$$

Für $z_k^\star := (z_n - z_k)^{-1}$, $1 \leq k < n$, gilt
$$z_k < z_{k+1} \implies z_n - z_k > z_n - z_{k+1} \implies z_k^\star < z_{k+1}^\star,$$

d.h., die Transformation ändert die Orientierung der reellen Achse nicht. Für die Schwarz-Christoffel-Transformation erhält man dann

$$\begin{aligned}
w &= a \int_\mathcal{C} \prod_{k=1}^{n}(\zeta - z_k)^{-\beta_k/\pi}\, d\zeta + b \\
&= a \int_\mathcal{C} \prod_{k=1}^{n}\Big(-(\zeta^\star)^{-1} + z_n - z_k\Big)^{-\beta_k/\pi}(\zeta^\star)^{-\beta_k/\pi}\, d\zeta^\star + b \\
&= a \int_\mathcal{C} \Big[\prod_{k=1}^{n-1}\Big(-1 + \zeta^\star(z_n - z_k)\Big)^{-\beta_k/\pi}\Big]\Big(-1 + \zeta^\star(z_n - z_n)\Big)^{-\beta_n/\pi}\, d\zeta^\star + b \\
&= a\,(-1)^{-\beta_n/\pi} \int_\mathcal{C} \prod_{k=1}^{n-1}\Big(-1 + \zeta^\star(z_n - z_k)\Big)^{-\beta_k/\pi}\, d\zeta^\star + b \\
&= \Big(a\,(-1)^{-\beta_n/\pi} \prod_{k=1}^{n-1}(z_n - z_k)^{-\beta_k/\pi}\Big) \int_\mathcal{C} \prod_{k=1}^{n-1}\Big(-(z_n - z_k)^{-1} + \zeta^\star\Big)^{-\beta_k/\pi}\, d\zeta^\star + b \\
&= a^\star \int_\mathcal{C} \prod_{k=1}^{n-1}(\zeta^\star - z_k^\star)^{-\beta_k/\pi}\, d\zeta^\star + b.
\end{aligned}$$

Ein unbeschränktes Polygon in der w-Ebene (mit der Ecke $w = \infty$) läßt sich durch eine Schwarz-Christoffel-Transformation erzeugen, indem man den zugehörigen Außenwinkel $\beta_n \geq \pi$ einsetzt. Üblicherweise wählt man als zugehöriges Urbild $z_n = \infty$.

Im allgemeinen will man ein gegebenes Polygon in der w-Ebene auf die obere z-Halbebene abbilden. Die Außenwinkel sind festgelegt, und jede entsprechende Schwarz-Christoffel-Transformation ergibt ein Polygon, dessen Seiten nach einer geeigneten Drehung zu denen des Ausgangspolygons parallel sind. Durch geeignete Wahl der Konstanten a und b, die in der Formel eine

Drehstreckung und eine Parallelverschiebung bewirken, erhält man ein Polygon, das zumindest in einer Seite mit dem Ausgangspolygon übereinstimmt. Die Aufgabe besteht nun darin, die Punkte z_k auf der x-Achse zu bestimmen, für die auch die anderen Polygonseiten die richtige Länge haben. Die Lösung dieses sogenannten „Parameterproblems" ist im allgemeinen sehr kompliziert.

Beispiele:

6.6.4. Im Beispiel 6.6.3 ergibt sich mit $z_1 = 0$ und $z_2 = \infty$ für die Schwarz-Christoffel-Transformation
$$w = a \int z^{-1}\, dz + b = a\,\mathrm{Ln}\, z + b,$$
also die Umkehrfunktion von e^z.

6.6.5. Im Beispiel 6.6.2 ergibt sich mit $z_1 = 0$ und $z_2 = \infty$ für die Schwarz-Christoffel-Transformation
$$w = a \int z^{-1+1/m}\, dz + b = ma\, z^{1/m} + b,$$
also die Wurzelfunktion.

6.6.6. Gegeben sei das Dreieck mit den Ecken $w_1 = 0$, $w_2 = 1$ und w_3 und den zugehörigen Innenwinkeln α_1, α_2 bzw. α_3. Gesucht ist die Abbildung, die die offene obere z-Halbebene auf das Innere des Dreiecks abbildet. Setzt man $z_0 = 0$, $z_1 = 0$, $z_2 = 1$ und $z_3 = \infty$, dann ergibt sich mit den zugehörigen Außenwinkeln $\beta_1 = \pi - \alpha_1$ und $\beta_2 = \pi - \alpha_2$

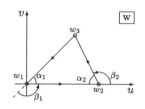

$$w = f(z) = a \int_0^z \zeta^{(-1+\alpha_1/\pi)}(\zeta-1)^{(-1+\alpha_2/\pi)}\, d\zeta + b = a^* \int_0^z \zeta^{(\alpha_1/\pi - 1)}(1-\zeta)^{(\alpha_2/\pi - 1)}\, d\zeta + b.$$

Mit $f(0) = 0$ folgt $b = 0$. Mit $f(1) = 1$ und dem Zusammenhang zwischen der Betafunktion
$$\mathrm{B}(x,y) = \int_0^1 t^{x-1}(1-t)^{y-1}\, dt$$
und der Gammafunktion
$$\Gamma(z) = \int_0^\infty t^{z-1} e^{-t}\, dz$$
(siehe z.B. [3]) folgt
$$a^* = \frac{1}{\mathrm{B}(\alpha_1/\pi, \alpha_2/\pi)} = \frac{\Gamma\left(\frac{\alpha_1 + \alpha_2}{\pi}\right)}{\Gamma\left(\frac{\alpha_1}{\pi}\right)\Gamma\left(\frac{\alpha_2}{\pi}\right)}.$$

6.6.7. Sei $c > 0$. Gegeben sei das Gebiet
$\mathcal{G} := \{w = u + iv \mid -c < u < c,\ v > 0\}$. Gesucht ist die Abbildung, die die offene obere z-Halbebene auf $\mathcal{G}$ abbildet. Mit $z_1 = -1$, $z_2 = 1$ und $z_3 = \infty$, den Ecken $w_1 = -c$, $w_2 = c$, $w_3 = \infty$ und den zugehörigen Außenwinkeln $\beta_1 = \beta_2 = \pi/2$ ergibt sich

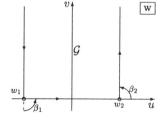

$$w = f(z) = a \int (z+1)^{-1/2}(z-1)^{-1/2}\, dz + b$$
$$= a \int \frac{dz}{\sqrt{1-z^2}} + b = a \arcsin z + b.$$

Aus
$$-c = f(-1) = a \arcsin(-1) + b = -\frac{\pi}{2} a + b$$

und
$$c = f(1) = a\arcsin(1) + b = \frac{\pi}{2}a + b$$
folgt $b = 0$ und $a = 2c/\pi$ und damit
$$w = \frac{2c}{\pi}\arcsin z \quad\text{bzw.}\quad z = \sin\frac{\pi w}{2c}.$$

6.6.8. Zur Bestimmung der Äquipotential- und der Feldlinien am Rand eines Plattenkondensators betrachtet man die Abbildung, die die offene obere z-Halbebene auf die geschlitzte obere Hälfte der w-Ebene $\mathcal{G} := \{w = u + iv | v > 0\} \setminus \{u + i | u \geq 0\}$ abbildet. $\mathcal{G}$ faßt man als Inneres eines Polygons mit den Ecken $w_1 = \infty$, $w_2 = i$, $w_3 = \infty$ und den zugehörigen Außenwinkeln $\beta_1 = \pi$, $\beta_2 = -\pi$, $\beta_3 = 2\pi$ auf.

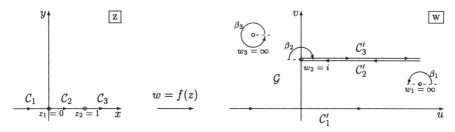

Setzt man $z_0 = 1$, $z_1 = 0$, $z_2 = 1$ und $z_3 = \infty$, dann erhält man
$$w = a\int_1^z \zeta^{-1}(\zeta - 1)^1 \,d\zeta + b = a\int_1^z \left(1 - \frac{1}{\zeta}\right)d\zeta + b = a(z - \operatorname{Ln} z - 1) + b.$$

Aus $i = w_2 = f(1) = a(1 - \operatorname{Ln} 1 - 1) + b = b$ folgt $b = i$.
Für $\mathcal{C}_3$: $1 = z_2 < x < \infty = z_3$ gilt $f(x) = u + i$ mit $u \in \mathbf{R}$, d.h., $a(x - \operatorname{Ln} x - 1)$ ist reell und damit gilt auch $a \in \mathbf{R}$.
Für $\mathcal{C}_1$: $-\infty < x < z_1 = 0$ ist $f(x) \in \mathbf{R}$. Speziell z.B. für $x = -1$ ergibt sich
$$f(-1) = a\bigl(-2 - \operatorname{Ln}(-1)\bigr) + i = a\bigl(-2 - \ln|-1| - i\pi\bigr) + i = -2a + i(1 - a\pi) \in \mathbf{R},$$
also $1 - a\pi = 0$ bzw. $a = 1/\pi$. Damit erhalten wir
$$w = \frac{1}{\pi}(z - \operatorname{Ln} z - 1) + i.$$

Die Abbildung $f_1(\zeta) := e^\zeta$ bildet den Streifen $\{\zeta = \xi + i\eta | 0 \leq \eta \leq \pi\}$ auf die obere Hälfte der z-Ebene ab. Damit folgt für die zusammengesetzte Funktion
$$f_2(\zeta) := (f \circ f_1)(\zeta) = \frac{1}{\pi}(e^\zeta - \zeta - 1) + i = \frac{1}{\pi}(e^{\xi+i\eta} - \xi - i\eta - 1) + i$$
und für Realteil u bzw. Imaginärteil v
$$u = \frac{1}{\pi}(e^\xi \cos\eta - \xi - 1) \quad\text{und}\quad v = \frac{1}{\pi}(e^\xi \sin\eta - \eta) + 1. \tag{6.6.1}$$

Faßt man die Umkehrfunktion f_2^{-1} als elektrostatisches Potential auf, dann sind nach Beispiel 6.1.6 die Äquipotentiallinien gegeben als Urbilder der Geraden $\xi = C_1 = const.$ und die Feldlinien als Urbilder der Geraden $\eta = C_2 = const.$. Mit (6.6.1) erhalten wir als Parameterdarstellungen der Äquipotentiallinien
$$u = \frac{1}{\pi}(e^\xi \cos C_2 - \xi - 1), \quad v = \frac{1}{\pi}(e^\xi \sin C_2 - C_2) + 1, \quad \xi \in \mathbf{R},$$

und als Parameterdarstellungen der Feldlinien

$$u = \frac{1}{\pi}(e^{C_1}\cos\eta - C_1 - 1), \quad v = \frac{1}{\pi}(e^{C_1}\sin\eta - \eta) + 1, \quad \eta \in \mathbf{R}.$$

Durch Spiegelung an den reellen Achsen erhält man den dargestellten Verlauf der am Rand eines Plattenkondensators auftretenden Äquipotential- und Feldlinien.

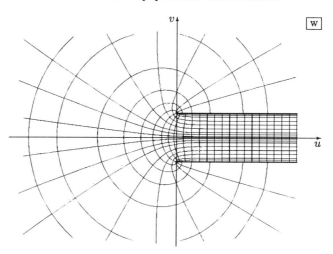

Aufgaben:

6.6.1. Gegeben sei der Streifen $\{u+iv|\, u \in \mathbf{R},\, 0 < v < \pi\}$ und die „Ecken" w_1 und w_2 wie in Beispiel 6.6.3. Mit Hilfe der Schwarz-Christoffel-Transformation bestimme man Funktionen $z = f(w)$, die den Streifen auf die obere z-Halbebene abbilden, durch Wahl von

(a) $z_1 = 0$, $z_2 = \infty$, (b) $z_1 = \infty$, $z_2 = 0$.

6.6.2. Sei $c > 0$. Mit Hilfe der Schwarz-Christoffel-Transformation bestimme man eine Funktion $w = f(z)$, die die obere z-Halbebene auf das Gebiet $\mathcal{G} = \{u+iv|\, u < 0,\, v > 0\} \cup \{u+iv|\, u \geq 0,\, v > c\}$ abbildet.

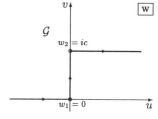

6.6.3. Mit Hilfe der Schwarz-Christoffel-Transformation bestimme man eine Funktion $w = f(z)$, die die obere z-Halbebene auf das Gebiet $\mathcal{G} = \{u+iv|\, u \in \mathbf{R},\, v > 0\} \setminus \{iv|\, 0 < v \leq \pi\}$ abbildet („Blitzableiterproblem").

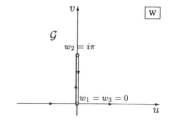

Teil III

Integraltransformationen

1 Parameterintegrale

1.1 Einführung

Es ist durchaus denkbar, daß in einem Linienintegral zur Berechnung der Arbeit längs eines Weges $\mathcal{C}$

$$A = \int_{\mathcal{C}} \vec{F}(\vec{r})\, d\vec{r}$$

das Kraftfeld sich im Laufe der Zeit verändert: $\vec{F} = \vec{F}(\vec{r}, t)$. Das bedeutet allgemein, daß der Integrand eines zu untersuchenden Integrals nicht nur von der bzw. den Integrationsvariablen abhängt, sondern noch von einem weiteren Parameter. Ebenso ist es vorstellbar, daß die Integrationsgrenzen eines Integrals von einem vorübergehend eingeführten oder problemorientierten Parameter abhängen.

Falls also in dem Integranden oder den Integrationsgrenzen ein Parameter α „versteckt" ist, hängt auch der Wert des Integrals davon ab. Man bezeichnet solche Integrale deshalb als **Parameterintegrale**:

$$F(\alpha) = \int_a^b f(x, \alpha)\, d\alpha \tag{1.1.1}$$

bzw.

$$F(\alpha) = \int_a^{g(\alpha)} f(x)\, dx$$

oder auch

$$F(\alpha) = \int_{u(\alpha)}^{v(\alpha)} f(x, \alpha)\, dx. \tag{1.1.2}$$

Beispiele:

1.1.1. Man rechnet leicht nach:

$$F(\alpha) = \int_0^1 (x+\alpha)^2\, dx = \left[\frac{(x+\alpha)^3}{3}\right]_0^1 = \frac{1}{3}\{(\alpha+1)^3 - \alpha^3\} = \alpha^2 + \alpha + \frac{1}{3}.$$

1.1.2. Ebenso leicht ergibt sich folgendes Resultat:

$$F(\alpha) = \int_\alpha^{\alpha^2} \frac{dx}{2\sqrt{x}} = \left[\sqrt{x}\right]_\alpha^{\alpha^2} = \sqrt{\alpha^2} - \sqrt{\alpha} = \alpha - \sqrt{\alpha} \quad \text{für } \alpha \geq 0.$$

1.1.3. Mit der Substitution $z = xy$, $dz = y\,dx$, ergibt sich aus dem Integral

$$\int_0^1 \frac{y\,dx}{\sqrt{1-x^2y^2}} = \int_0^y \frac{dz}{\sqrt{1-z^2}} = \left[\arcsin z\right]_0^y = \arcsin y = F(y).$$

1.1.4. Selbstverständlich können auch uneigentliche Integrale von einem Parameter abhängen, etwa

$$\int_0^\infty e^{-xy}\, dx = \left[-\frac{e^{-xy}}{y}\right]_{x=0}^\infty = \frac{1}{y} = F(y), \tag{1.1.3}$$

natürlich nur für $y > 0$.

In bezug auf die Funktionen $F(\alpha)$ ergeben sich naturgemäß einige Fragen. Abgesehen von der Existenz überhaupt, dem Ausrechnen des Grenzwertes bei einem bestimmten Grenzübergang, insbesondere der Stetigkeit bezüglich α, kann man auch nach der Differenzier- und Integrierbarkeit fragen. Außerdem ist die Einführung eines Parameterintegrals auch ein Hilfsmittel, um Integrale, die nicht in geschlossener Form ausgewertet werden können, über einen Umweg zu bestimmen. Vor allen Dingen ist diese Methode bei uneigentlichen Integralen eine große Hilfe. Wir kommen später darauf zurück.

1.2 Stetigkeit eines Parameterintegrals

Die Frage nach dem Grenzübergang unter dem Integralzeichen beantwortet der

Satz 1.2.1: *Wenn $f(x, \alpha)$ für $a \leq x \leq b$, $c \leq \alpha \leq d$ stetig ist, so ist auch*

$$F(\alpha) = \int_a^b f(x, \alpha)\,dx$$

in $c \leq \alpha \leq d$ stetig.

Beweis: Es ist $f(x, \alpha)$ stetig im abgeschlossenen Rechteck, also unabhängig von α. D.h., $f(x, \alpha)$ ist gleichmäßig stetig. Das bedeutet, daß es zu jedem beliebigen $\epsilon > 0$ von x und α_0 unabhängig ein $\delta > 0$ gibt, so daß für alle $x \in [a, b]$ und $\alpha \in (\alpha_0 - \delta, \alpha_0 + \delta) \cap [c, d]$ gilt

$$|f(x, \alpha) - f(x, \alpha_0)| < \epsilon.$$

Für diese α ergibt sich dann

$$|F(\alpha) - F(\alpha_0)| \leq \int_a^b |f(x, \alpha) - f(x, \alpha_0)|\,dx \leq \epsilon(b - a).$$

Und damit ist $F(\alpha)$ stetig.

Bemerkung: Dieser Satz läßt sich auf uneigentliche Integrale

$$F(\alpha) = \int_a^\infty f(x, \alpha)\,dx$$

ausweiten, wenn man voraussetzt, daß $f(x, \alpha)$ für alle $a \leq x < \infty$, $c \leq \alpha \leq d$ stetig ist, dort $|f(x, \alpha)| \leq h(x)$ gilt und das Integral

$$\lim_{b \to \infty} \int_a^b h(x)\,dx = \int_a^\infty h(x)\,dx$$

konvergiert, d.h., wenn

$$\int_a^\infty f(x, \alpha)\,dx$$

in $[c, d]$ gleichmäßig konvergiert.

Beispiele:

1.2.1. Das Integral

$$\int_0^\infty e^{-xy} \sin x \, dx$$

konvergiert für $y \in [y_0, \infty], y_0 > 0$, gleichmäßig. Denn es ist für $x \geq 0$

$$|f(x,y)| = |e^{-xy} \sin x| \leq e^{-xy_0} = h(x),$$

und das Integral

$$\int_0^\infty h(x) \, dx = \int_0^\infty e^{-xy_0} \, dx$$

konvergiert (s. Beispiel 1.1.4).

1.2.2. Ist ein uneigentliches Parameterintegral nicht gleichmäßig konvergent, dann muß es nicht stetig vom Parameter abhängen. Wir betrachten z.B. das Integral

$$\int_0^\infty e^{-\alpha x} \cos x \, dx \tag{1.2.1}$$

für $\alpha \geq 0$ und erhalten

$$\lim_{\substack{\alpha \to 0 \\ \alpha > 0}} \int_0^\infty e^{-\alpha x} \cos x \, dx = \lim_{\substack{\alpha \to 0 \\ \alpha > 0}} \left[\frac{e^{-\alpha x}}{\alpha^2 + 1}(-\alpha \cos x + \sin x) \right]_{x=0}^\infty = \lim_{\alpha \to 0} \frac{\alpha}{\alpha^2 + 1} = 0$$

bzw. andererseits

$$\int_0^\infty \lim_{\alpha \to 0} e^{-\alpha x} \cos x \, dx = \int_0^\infty \cos dx = \left[\sin x\right]_0^\infty = \lim_{x \to \infty} \sin x,$$

also einen Grenzwert, der nicht existiert. Der Widerspruch erklärt sich dadurch, daß das Integral (1.2.1) für $\alpha \geq 0$ nicht gleichmäßig konvergiert.

1.3 Differentiation eines Parameterintegrals

Im letzten Paragraphen wurde gezeigt, daß man für stetige Integranden Funktions-Grenzwertbildung und Integration vertauschen kann. Wir zeigen im nächsten Satz entsprechendes für die Grenzprozesse Differentiation nach dem Parameter und Integration. Denn erst die Ableitung $F'(\alpha)$ gibt i.allg. nähere Information über die Abhängigkeit des Integrals vom Parameter.

Satz 1.3.1: *Ist die Funktion $f(x, \alpha)$ und ihre Ableitung $\frac{\partial f}{\partial \alpha}$ auf $a \leq x \leq b$, $c \leq \alpha \leq d$ stetig, dann ist (1.1.1) differenzierbar mit der Ableitung*

$$F'(\alpha) = \frac{d}{d\alpha} \int_a^b f(x, \alpha) \, dx = \int_a^b \frac{\partial f(x, \alpha)}{\partial \alpha} \, dx.$$

Beweis: Nach dem Mittelwertsatz der Differentialrechnung gilt

$$\frac{1}{h}\{F(\alpha + h) - F(\alpha)\} = \int_a^b \frac{f(x, \alpha + h) - f(x, \alpha)}{h} \, dx = \int_a^b f_\alpha(x, \bar\alpha) \, dx$$

mit einem $\bar{\alpha} \in (\alpha, \alpha + h)$. Mit Satz 1.2.1 und der Stetigkeit von f_α folgt

$$F'(\alpha) = \lim_{h \to 0} \frac{F(\alpha + h) - F(\alpha)}{h} = \lim_{h \to 0} \int_a^b f_\alpha(x, \bar{\alpha}) \, dx = \int_a^b \lim_{h \to 0} f_\alpha(x, \bar{\alpha}) \, dx = \int_a^b f_\alpha(x, \alpha) \, dx.$$

Bemerkungen:
1.3.1. Satz 1.3.1 bezeichnet man als **Leibnizsche**[1] **Regel** für Parameterintegrale.

1.3.2. Gilt zusätzlich zu den Voraussetzungen des Satzes für alle $a \leq x < \infty$, $c \leq \alpha \leq d$

$$|f_\alpha(x, \alpha)| \leq h_1(x)$$

und konvergiert das uneigentliche Integral

$$\int_a^\infty h_1(x) \, dx,$$

dann gilt auch

$$\frac{d}{d\alpha} \int_a^\infty f(x, \alpha)\}, dx = \int_a^\infty \frac{\partial f(x, \alpha)}{\partial \alpha} \, dx.$$

1.3.3. Aus Satz 1.3.1 ergibt sich ein einfacher Beweis für die Tatsache, daß bei der Bildung der gemischt-partiellen Ableitung g_{xy} einer Funktion $g(x, y)$ die Reihenfolge der Differentiation vertauscht werden kann, falls g_{yx} stetig ist (**Satz von Schwarz**).

Denn setzen wir $y = \alpha$ und $f(x, \alpha) = g_\alpha(x, \alpha)$, so gilt nach dem Hauptsatz der Differential- und Integralrechnung

$$\int_c^\alpha g_\alpha(x, \alpha^*) \, d\alpha^* = g(x, \alpha) - g(x, c)$$

bzw.

$$g(x, \alpha) = g(x, c) + \int_c^\alpha g_\alpha(x, \alpha^*) \, d\alpha^* = g(x, c) + \int_c^\alpha f(x, \alpha^*) \, d\alpha^*.$$

Da f_x für $a \leq x \leq b$, $c \leq \alpha \leq d$ stetig ist, folgt weiter

$$g_x(x, \alpha) = g_x(x, c) + \int_c^\alpha f_x(x, \alpha^*) \, d\alpha^*.$$

Andererseits ist

$$g_x(x, \alpha) - g_x(x, c) = \int_c^\alpha \frac{\partial}{\partial \alpha^*} \{g_x(x, \alpha^*)\} d\alpha^*$$

und damit

$$\int_c^\alpha f_x(x, \alpha^*) \, d\alpha^* = \int_c^\alpha \frac{\partial}{\partial \alpha^*} \{g_x(x, \alpha^*)\} \, d\alpha^*.$$

Auf Grund der beliebigen Wahl des Integrationsintervalles folgt

$$\frac{\partial}{\partial \alpha^*} \{g_x(x, \alpha^*)\} = f_x(x, \alpha^*)$$

---
[1]Gottfried Wilhelm Leibniz (1646 – 1716), deutscher Mathematiker und Philosoph

bzw.
$$g_{x\alpha}(x,\alpha) = f_x(x,\alpha) = g_{\alpha x}(x,\alpha).$$

Hängen in einem Parameterintegral auch die Integrationsgrenzen von dem Parameter α ab, etwa in der Form
$$F(\alpha) = \int_{u(\alpha)}^{v(\alpha)} f(x,\alpha)\,dx,$$
dan ergeben sich in ähnlicher Weise Regeln für die Stetigkeit und die Differentiation nach dem Parameter. Beim Beweis beschränken wir uns auf den zweiten Teil.

Satz 1.3.2: *Unter der Voraussetzung der Stetigkeit und der stetigen Differenzierbarkeit von $f(x,\alpha)$ bezüglich α und der Differenzierbarkeit von $u(\alpha)$ und $v(\alpha)$ im betrachteten Intervall, gilt die* **Leibnizsche Regel** *für die Ableitung von (1.1.2)*
$$\frac{d}{d\alpha}\int_{u(\alpha)}^{v(\alpha)} f(x,\alpha)\,dx = \int_{u(\alpha)}^{v(\alpha)} f_\alpha(x,\alpha)\,dx + f(v(\alpha),\alpha)v'(\alpha) - f(u(\alpha),\alpha)u'(\alpha). \tag{1.3.1}$$

Beweis: Um dies einzusehen, betrachtet man die Funktion
$$\Phi(u,v,\alpha) = \int_u^v f(x,\alpha)\,dx$$
und erhält nach der Kettenregel
$$\frac{d\Phi}{d\alpha} = \frac{\partial \Phi}{\partial \alpha} + \frac{\partial \Phi}{\partial u}\frac{du}{d\alpha} + \frac{\partial \Phi}{\partial v}\frac{dv}{d\alpha} = \Phi_\alpha - f(u(\alpha),\alpha)u' + f(v(\alpha),\alpha)v',$$
unter Berücksichtigung von
$$\Phi_\alpha = \int_u^v f_\alpha(x,\alpha)\,dx, \quad \Phi_u = -f(x,\alpha)|_{x=u} = -f(u,\alpha), \quad \Phi_v = f(x,\alpha)|_{x=v} = f(v,\alpha).$$
Mit
$$\int_{u(\alpha)}^{v(\alpha)} f(x,\alpha)\,dx = \Phi\bigl(u(\alpha),v(\alpha),\alpha\bigr)$$
folgt die Behauptung.

Beispiele:

1.3.1. Wir betrachten das Integral
$$F(\alpha) = \int_0^1 f(x,\alpha)\,dx = \int_0^1 \arctan\frac{x}{\alpha}\,dx.$$
Offenbar ist der Integrand für $\alpha = 0$ nicht stetig und nicht differenzierbar. Für $\alpha > 0$ z.B. sind aber $f(x,\alpha)$ und $f_\alpha(x,\alpha)$ stetig. Man kann also schreiben
$$\begin{aligned}
F'(\alpha) &= \int_0^1 \frac{\partial}{\partial \alpha}\left(\arctan\frac{x}{\alpha}\right)dx = -\int_0^1 \frac{x}{x^2+\alpha^2}\,dx = -\frac{1}{2}\Bigl[\ln(x^2+\alpha^2)\Bigr]_{x=0}^{x=1} \\
&= -\frac{1}{2}\ln(1+\alpha^2) + \frac{1}{2}\ln\alpha^2 = \frac{1}{2}\ln\frac{\alpha^2}{\alpha^2+1}.
\end{aligned}$$

1.3.2. Nicht nur in der Elektrotechnik taucht gelegentlich (u.a. bei einer idealen Siebschaltung) als Lösung der sogenannte **Integralsinus**

$$y = Si(x) = \int_0^x \frac{\sin t}{t} \, dt$$

auf. Dieses Integral ist nicht geschlossen lösbar, und somit läßt sich auch der Wert $Si(\infty)$ nicht ohne weiteres ermitteln. Es sei denn, man benutzt den Residuensatz aus der Funktionentheorie (s. Beispiel 4.9 aus Teil II). Aus diesem Grunde betrachtet man das Parameterintegral

$$J(\alpha) = \int_0^\infty \frac{\sin \alpha x}{x} \, dx \quad (\alpha > 0), \tag{1.3.2}$$

mit dem Ziel, es durch Differentiation nach dem Parameter α zu berechnen. Formale Differentiation des Integranden nach α ergibt das divergente Integral

$$\int_0^\infty \cos \alpha x \, dx.$$

Deshalb führt man in (1.3.2) unter dem Integral einen sogenannten „konvergenzerzeugenden" Faktor $e^{-\beta x}$ ($\beta > 0$) ein. Das formal differenzierte Integral

$$\frac{\partial}{\partial \alpha} \int_0^\infty e^{-\beta x} \frac{\sin \alpha x}{x} \, dx = \int_0^\infty e^{-\beta x} \cos \alpha x \, dx$$

konvergiert wegen

$$\left| e^{-\beta x} \cos \alpha x \right| \leq e^{-\beta x}$$

und der Konvergenz von

$$\int_0^\infty e^{-\beta x} \, dx$$

gleichmäßig. Damit folgt

$$\begin{aligned}
\frac{\partial J(\alpha, \beta)}{\partial \alpha} &= \frac{\partial}{\partial \alpha} \int_0^\infty e^{-\beta x} \frac{\sin \alpha x}{x} \, dx = \int_0^\infty e^{-\beta x} \cos \alpha x \, dx \\
&= \left[\frac{e^{-\beta x}}{\alpha^2 + \beta^2} (-\beta \cos \alpha x + \alpha \sin \alpha x) \right]_{x=0}^\infty = \frac{-1}{\alpha^2 + \beta^2} (-\beta) = \frac{\beta}{\alpha^2 + \beta^2}.
\end{aligned}$$

Hieraus ergibt sich durch Integration nach α

$$J(\alpha, \beta) = \beta \int \frac{d\alpha}{\alpha^2 + \beta^2} = \frac{1}{\beta} \int \frac{d\alpha}{1 + \left(\frac{\alpha}{\beta}\right)^2} = \arctan \frac{\alpha}{\beta} + C.$$

Nun ist aber
$$\lim_{\alpha \to 0} J(\alpha, \beta) = J(0, \beta) = 0 = \lim_{\alpha \to 0} \arctan \frac{\alpha}{\beta} + C = 0 + C = C,$$

d.h. $C = 0$ und somit
$$J(\alpha, \beta) = \arctan \frac{\alpha}{\beta}.$$

Für $\alpha > 0$ erhält man den Grenzwert
$$J(\alpha) = \lim_{\beta \to 0} J(\alpha, \beta) = \lim_{\beta \to 0} \arctan \frac{\alpha}{\beta} = \frac{\pi}{2},$$

d.h., es gilt mit $\alpha = 1$
$$\boxed{\int_0^\infty \frac{\sin t}{t} dt = \frac{\pi}{2}.} \tag{1.3.3}$$

1.3.3. Wir betrachten für $\alpha > 0$ das Parameterintegral
$$F(\alpha) = \int_0^\infty e^{-\alpha x} dx = \left[-\frac{e^{-\alpha x}}{\alpha} \right]_{x=0}^\infty = \frac{1}{\alpha}$$

und differenzieren es einmal nach α:
$$\frac{d}{d\alpha} \int_0^\infty e^{-\alpha x} dx = \int_0^\infty \frac{\partial}{\partial \alpha} \left(e^{-\alpha x} \right) dx = -\int_0^\infty x e^{-\alpha x} dx = -\frac{1}{\alpha^2},$$

also gilt
$$\frac{1}{\alpha^2} = \int_0^\infty x e^{-\alpha x} dx.$$

Durch wiederholte Differentiation erhält man für die n-te Ableitung nach α
$$\frac{n!}{\alpha^{n+1}} = \int_0^\infty x^n e^{-\alpha x} dx$$

bzw. für $\alpha = 1$ und mit der Integrationsvariablen t statt x:
$$n! = \int_0^\infty t^n e^{-t} dt. \tag{1.3.4}$$

Im Kapitel 1.6 werden wir uns ausführlicher mit der **Gammafunktion** beschäftigen, die definiert ist durch das Integral
$$\Gamma(x) = \int_0^\infty t^{x-1} e^{-t} dt \tag{1.3.5}$$

bzw.
$$\Gamma(x+1) = \int_0^\infty t^x e^{-t} dt. \tag{1.3.6}$$

Durch Vergleich von (1.3.4) und (1.3.6) erkennt man, daß für $x = n \in \mathbf{N}$ gilt
$$\Gamma(n+1) = n!.$$

Da z.B. in der Statistik die Operation $n!$ (n Fakultät) auf $x \in \mathbf{R}$ stetig fortgesetzt werden muß, läßt sich hierfür also die Gammafunktion (1.3.5) verwenden.

1.3.4. Es sei
$$F(\alpha) = \int_0^\alpha (\alpha - x)^n f(x)\, dx.$$

Differentiation unter Anwendung der Leibnizschen Regel (1.3.1) ergibt
$$F'(\alpha) = \int_0^\alpha n(\alpha - x)^{n-1} f(x)\, dx + (\alpha - \alpha)^n f(\alpha) \cdot 1 - \alpha^n f(0) \cdot 0 = n \int_0^\alpha (\alpha - x)^{n-1} f(x)\, dx.$$

Durch fortgesetztes Differenzieren findet man
$$F^{(k)}(\alpha) = n(n-1)\cdots(n-k+1) \int_0^\alpha (\alpha - x)^{n-k} f(x)\, dx = \frac{n!}{(n-k)!} \int_0^\alpha (\alpha - x)^{n-k} f(x)\, dx$$

und speziell für $k = n$:
$$F^{(n)}(\alpha) = n! \int_0^\alpha f(x)\, dx$$

bzw. durch nochmaliges Differenzieren
$$F^{(n+1)}(\alpha) = n!\, f(x).$$

1.4 Integration von Parameterintegralen

Im Grunde genommen ist dieses Thema bereits bei der Einführung von Doppelintegralen behandelt worden. Dort ging es aber in erster Linie um die Bestimmung von Oberflächen, Volumina o. Ä., während es sich nun überwiegend um eine Hilfsmaßnahme handelt, um Integrationen zu vereinfachen oder überhaupt möglich zu machen.

Satz 1.4.1 (Satz von Fubini): *Sei $f(x, \alpha)$ für $a \leq x \leq b$, $c \leq \alpha \leq d$ stetig. Dann gilt*
$$\int_c^d F(\alpha)\, d\alpha = \int_c^d \left(\int_a^b f(x, \alpha)\, dx \right) d\alpha = \int_a^b \left(\int_c^d f(x, \alpha)\, d\alpha \right) dx.$$

Beweis: Die Funktion
$$H(\alpha) = \int_a^b \left(\int_c^\alpha f(x, t)\, dt \right) dx.$$

erfüllt die Voraussetzungen von Satz 1.3.1. Damit gilt mit dem Hauptsatz der Differential- und Integralrechnung
$$H'(\alpha) = \int_a^b \left(\frac{d}{d\alpha} \int_c^\alpha f(x, t)\, dt \right) dx = \int_a^b f(x, \alpha)\, dx$$

und weiter
$$\int_c^d \left(\int_a^b f(x, \alpha)\, dx \right) d\alpha = \int_c^d H'(\alpha)\, d\alpha = H(d) - H(c) = H(d) = \int_a^b \left(\int_c^d f(x, \alpha)\, d\alpha \right) dx.$$

Bemerkungen:

1.4.1. Der Satz von Fubini ist eigentlich die Rückführung mehrdimensionaler Integrale auf eindimensionale. Im Kapitel 7 (Volumenintegrale) des Abschnittes Vektoranalysis (Teil I) haben wir ihn bereits (ohne Beweis) angegeben.

1.4.2. Auf das Problem mit variablen Integrationsgrenzen gehen wir hier nicht ein.

1.4.3. Es ist auch möglich, ein uneigentliches Parameterintegral nach dem Parameter zu integrieren. Wenn die Funktion $f(x, \alpha)$ für $a \leq x$ und $c \leq \alpha \leq d$ stetig ist und das Integral

$$\int_a^\infty f(x, \alpha)\, dx$$

gleichmäßig bezüglich α konvergiert, gilt:

$$\int_c^d \left(\int_a^\infty f(x, \alpha) dx \right) d\alpha = \int_a^\infty \left(\int_c^d f(x, \alpha) d\alpha \right) dx.$$

Beispiel:

1.4.1. Wir haben bereits gesehen, daß das Integral

$$F(y) = \int_0^\infty e^{-xy}\, dx$$

für $y \in [y_0, \infty)$, $y_0 > 0$ gleichmäßig konvergiert (s. Beispiel 1.2.2), und nach Beispiel 1.1.4 gilt

$$F(y) = \frac{1}{y}.$$

Nun ergibt eine Integration nach y von a bis b ($0 < a < b$)

$$\int_a^b \frac{dy}{y} = \Big[\ln y\Big]_a^b = \ln b - \ln a - \ln \frac{b}{a}.$$

Andererseits ergibt das Vertauschen der Integrationsreihenfolge

$$\int_0^\infty \left(\int_a^b e^{-yx} dy \right) dx = \int_0^\infty \left[\frac{e^{-yx}}{-x} \right]_a^b dx = \int_0^\infty \frac{e^{-ax} - e^{-bx}}{x} dx$$

und damit den Wert des Integrals

$$\int_0^\infty \frac{e^{-ax} - e^{-bx}}{x} dx = \ln \frac{b}{a},$$

das sich elementar nicht lösen läßt.

Aufgaben:

1.4.1. Man bestimme die Ableitung des Parameterintegrals

$$F(\alpha) = \int_\alpha^\infty e^{-\frac{x}{\alpha}}\, dx, \quad \alpha > 0,$$

a) nach erfolgter Integration und
b) mit der Leibnizschen Regel.
Anleitung: Man beachte

$$\frac{\partial}{\partial \alpha} \int_{u(\alpha)}^\infty f(x, \alpha)\, dx = \int_u^\infty f_\alpha(x, \alpha)\, dx - f(u(\alpha), \alpha) u'(\alpha).$$

1.4.2. Man bestimme den Wert des Doppelintegrals

$$\int_{y=a}^{b} \int_{x=0}^{1} x^y \, dx\, dy \quad (0 < a < b).$$

Zu welchem Ergebnis führt die Vertauschung der Integrationsreihenfolge?

1.4.3. Es sei

$$F(\alpha) = \int_{1/\alpha}^{1/\alpha^2} \frac{e^{\alpha x^2}}{x} \, dx$$

für $0 < \alpha < \infty$ gegeben. Man bilde $F'(\alpha)$ und berechne das dort auftretende Integral.

1.4.4. Man bestimme die ersten beiden Ableitungen der Gammafunktion

$$\Gamma(x) = \int_0^\infty t^{x-1} e^{-t} \, dt \quad \text{für} \quad x > 0.$$

1.4.5. Man versuche die Integrale

$$F_n(a) = \int_0^a x^n e^{-x} \, dx, \quad n \in \mathbf{N},$$

auf $F_0(a)$ zurückzuführen.
Anleitung: Man führe einen Parameter α künstlich ein, d.h., man ersetze e^{-x} durch $e^{-\alpha x}$ und beginne bei $F_0(a, \alpha)$ mit einer Differentiation nach α.

1.5 Anwendungen

Gerade bei den uneigentlichen Integralen gibt es eine Reihe von wichtigen Beispielen, die sich mit Hilfe von Parameterintegralen lösen lassen. Den Integralsinus haben wir bereits kennengelernt. Nun sollen noch einige weitere folgen.

1.5.1 Bessel-Funktionen

Die BESSEL-Funktionen[2], auch Zylinderfunktionen genannt,

$$J_n(x) = \frac{1}{\pi} \int_0^\pi \cos(x \sin t - nt) \, dt, \quad n \in \mathbf{Z}, \tag{1.5.1}$$

gehören zu den besonders wichtigen Funktionen der angewandten Analysis. Sie ergeben sich als Lösung der Laplaceschen Differentialgleichung $\Delta u = 0$, wenn man Zylinderkoordinaten einführt, eine Abhängigkeit von z ausschließt und die beiden Variablen r und φ durch den Ansatz $u(r, \varphi) = J(r) X(\varphi)$ separiert. So führt z.B. die Untersuchung der Eigenschwingung einer kreisförmigen Membran für die radiale Komponente der Schwingung auf eine Differentialgleichung mit den Lösungen (1.5.1), die sogenannte Besselsche Differentialgleichung.

Wir versuchen nun einmal den umgekehrten Weg: Wir gehen von den Lösungen (1.5.1) aus und bestimmen die zugehörige Differentialgleichung. Dazu setzen wir zur Vereinfachung $y(x) = \pi J_n(x)$ und erhalten

$$y' = -\int_0^\pi \sin(x \sin t - nt) \sin t \, dt. \tag{1.5.2}$$

---
[2] Friedrich Wilhelm Bessel (1784 – 1846), deutscher Astronom

Hier führt nun eine Produkt-Integration weiter. Man setzt

$$\dot{u} = \sin t, v = \sin(x \sin t - nt)$$

und erhält mit

$$u = -\cos t, \dot{v} = \cos(x \sin t - nt)(x \cos t - n):$$

$$\begin{aligned}
y' &= -\left\{[-\cos t \sin(x \sin t - nt)]_0^\pi + \int_0^\pi x \cos^2 t \cos(x \sin t - nt) dt - n \int_0^\pi \cos t \cos(x \sin t - nt) dt\right\} \\
&= -\sin(0 - n\pi) - \sin(0 - 0) - x \int_0^\pi \cos^2 t \cos(x \sin t - nt) dt + n \int_0^\pi \cos t \cos(x \sin t - nt) dt \\
&= -x \int_0^\pi \cos^2 t \cos(x \sin t - nt) dt + n \int_0^\pi \cos t \cos(x \sin t - nt) dt. \quad (1.5.3)
\end{aligned}$$

Weiter gilt mit der Ableitung von (1.5.2)

$$y'' = \frac{d}{dx} y' = -\frac{d}{dx} \int_0^\pi \sin(x \sin t - nt) \sin t \, dt = -\int_0^\pi \cos(x \sin t - nt) \sin^2 t \, dt.$$

Multipliziert man diese Gleichung mit x^2, Gleichung (1.5.3) mit x und addiert beide, erhält man

$$\begin{aligned}
x^2 y'' + xy' &= -x^2 \int_0^\pi \cos(x \sin t - nt) \sin^2 t \, dt - x^2 \int_0^\pi \cos(x \sin t - nt) \cos^2 t \, dt \\
&\quad + nx \int_0^\pi \cos(x \sin t - nt) \cos t \, dt \\
&= -x^2 \int_0^\pi \cos(x \sin t - nt) dt + nx \int_0^\pi \cos(x \sin t - nt) \cos t \, dt \\
&= -x^2 y(x) + nx \int_0^\pi \cos(x \sin t - nt) \cos t \, dt. \quad (1.5.4)
\end{aligned}$$

Nun ist aber

$$\int_0^\pi \cos(x \sin t - nt)(x \cos t - n) \, dt = \int_0^\pi \dot{v}(t) \, dt = \left[v(t)\right]_0^\pi = \left[\sin(x \sin t - nt)\right]_0^\pi = 0$$

bzw.

$$x \int_0^\pi \cos(x \sin t - nt) \cos t \, dt = n \int_0^\pi \cos(x \sin t - nt) dt = ny(x).$$

Damit folgt aus (1.5.4)

$$x^2 y'' + xy' = -x^2 y + n \cdot ny$$

bzw.

$$x^2 y'' + xy' + (x^2 - n^2) y = 0.$$

Das ist die oben erwähnte sogenannte Besselsche Differentialgleichung, die fast, aber nur fast, einer Eulerschen entspricht.

Die Besselfunktionen (1.5.1) sind in vielen Anwendungen von ähnlicher Wichtigkeit wie die trigonometrischen Funktionen, z.B. als Basis für eine Reihenentwicklung. Daher werden sie noch in einigen Beispielen und Aufgaben erscheinen.

1.5.2 Gaußsche Glockenkurve (Fehlerintegral, Normalverteilung)

Gauß befaßte sich unter anderem auch mit den bei Messungen auftretenden systematischen und zufälligen Fehlern, also der Fehlerrechnung. Dabei stellte er fest, daß die Fehler bei einer Meßreihe einer Normalverteilung unterliegen. Und mit diesem Fehlerintegral ermittelte er die Wahrscheinlichkeit zufälliger Abweichungen von einem Mittelwert, d.h. von „Fehlern".

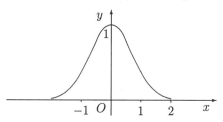

Dabei liegt als sogenannte „Dichtefunktion" die Funktion e^{-x^2} zu Grunde, die auch in der Statistik und der Wahrscheinlichkeitsrechnung eine wichtige Rolle spielt. Dort interessiert der Wert des Integrals

$$\int_{-\infty}^{\infty} e^{-x^2}\, dx = 2\int_0^{\infty} e^{-x^2}\, dx = 2J,$$

den wir nun ermitteln wollen. Dazu führen wir einen Parameter $\alpha > 0$ ein, indem wir x durch αt ($dx = \alpha dt$) ersetzen und erhalten

$$J = \alpha \int_0^{\infty} e^{-\alpha^2 t^2}\, dt.$$

Nun wird diese Gleichung mit $e^{-\alpha^2}$ multipliziert und nach α von 0 bis ∞ integriert:

$$J\int_0^{\infty} e^{-\alpha^2}\, d\alpha = J^2 = \int_0^{\infty} e^{-\alpha^2} \alpha \left(\int_0^{\infty} e^{-\alpha^2 t^2}\, dt \right) d\alpha.$$

Wir vertauschen die Reihenfolge der Integration und erhalten

$$\begin{aligned}
J^2 &= \int_0^{\infty} \left(\int_0^{\infty} \alpha e^{-\alpha^2(1+t^2)}\, d\alpha \right) dt = \int_0^{\infty} \left[-\frac{1}{2(1+t^2)} e^{-\alpha^2(1+t^2)} \right]_{\alpha=0}^{\infty} dt \\
&= \int_0^{\infty} \frac{1}{2(1+t^2)}\, dt = \frac{1}{2}\Big[\arctan t\Big]_0^{\infty} = \frac{\pi}{4}.
\end{aligned}$$

Daraus folgt

$$J = \sqrt{\frac{\pi}{4}} = \frac{1}{2}\sqrt{\pi}$$

bzw.

$$\boxed{\int_{-\infty}^{\infty} e^{-x^2}\, dx = \sqrt{\pi}.} \tag{1.5.5}$$

1.5.3 Ein Integral von Laplace

Es gibt eine Reihe sogenannter Laplacescher Integrale:

$$\int_0^\infty e^{-x^2} \cos 2\alpha x \, dx, \quad \int_0^\infty e^{-x^2} \cosh 2\alpha x \, dx, \quad \int_0^\infty e^{-x^2} \sin 2\alpha x \, dx$$

und

$$\int_0^\infty \frac{\cos \beta x}{\alpha^2 + x^2} \, dx, \quad \int_0^\infty \frac{x \sin \beta x}{\alpha^2 + x^2} \, dx, \quad (\alpha, \beta > 0).$$

Wir wollen hier nur das erste untersuchen, bezeichnen es mit $y(\alpha)$ und differenzieren nach α:

$$y' = -\int_0^\infty e^{-x^2} 2x \sin 2\alpha x \, dx = \left[e^{-x^2} \sin 2\alpha x \right]_{x=0}^\infty - 2\alpha \int_0^\infty e^{-x^2} \cos 2\alpha x \, dx = -2\alpha y.$$

Diese Differentialgleichung

$$y' + 2\alpha y = 0$$

können wir integrieren und finden als Lösung

$$y(\alpha) = C e^{-\alpha^2}.$$

Für $\alpha = 0$ geht das Laplacesche Integral in das Gaußsche Fehlerintegral über, d.h., es gilt

$$\lim_{\alpha \to 0} y(\alpha) = \lim_{\alpha \to 0} \int_0^\infty e^{-x^2} \cos 2\alpha x \, dx = \int_0^\infty e^{-x^2} \, dx = \frac{\sqrt{\pi}}{2},$$

und damit ist $C = \frac{1}{2}\sqrt{\pi}$. Wir erhalten also

$$\int_0^\infty e^{-x^2} \cos 2\alpha x \, dx = \frac{\sqrt{\pi}}{2} e^{-\alpha^2}.$$

1.5.4 Die Fresnelschen Integrale

Bei der Anwendung des Gaußschen Fehlerintegrals mit komplexem Argument

$$\Phi(z) = \int_0^z e^{-t^2} \, dt, \quad t, z \in \mathbf{C}, \tag{1.5.6}$$

stößt man auf zwei andere wichtige Integrale. Man wählt in dem Integral (1.5.6) als Integrationsweg die Winkelhalbierende des ersten Quadranten der Gaußschen Zahlenebene mit der Darstellung

$$t = ue^{i\frac{\pi}{4}} = \frac{u}{\sqrt{2}}(1+i) = u\left(e^{i\frac{\pi}{2}}\right)^{1/2} = u\sqrt{i}, \quad 0 \leq u \leq x,$$

und man erhält mit $dt = \sqrt{i} \, du$

$$\Phi(x\sqrt{i}) = \sqrt{i} \int_0^x e^{-iu^2} \, du = \sqrt{i} \left\{ \int_0^x \cos u^2 \, du - i \int_0^x \sin u^2 \, du \right\} = \sqrt{i} \{C(x) - iS(x)\} \sqrt{\frac{\pi}{2}}.$$

Diese beiden Integrale bezeichnet man als Fresnelsche Integrale. Man trifft sie in verschiedenen Gebieten der Physik und Technik an, z.B. in der Beugungstheorie und der Theorie der Querstabschwingung. Im Rahmen der Residuentheorie im Abschnitt Funktionentheorie haben wir sie bereits berechnet. Die Bedeutung des angebrachten Faktors $\sqrt{\frac{\pi}{2}}$ wird sofort geklärt.

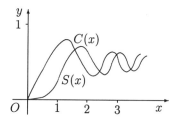

Wir wollen nun das zweite der beiden Integrale, nämlich $S(x)$ untersuchen, d.h. vor allen Dingen den Wert

$$S(\infty) = \sqrt{\frac{2}{\pi}} \int_0^\infty \sin u^2 \, du$$

bestimmen. Die Substitution $u^2 = t$ ergibt mit $2u\,du = dt$ bzw. $du = \frac{dt}{2\sqrt{t}}$:

$$\int_0^\infty \sin u^2 \, du = \frac{1}{2} \int_0^\infty \frac{\sin t}{\sqrt{t}} \, dt. \tag{1.5.7}$$

Nach (1.5.5) gilt

$$\int_0^\infty e^{-x^2} \, dx = \frac{1}{2} \sqrt{\pi} \tag{1.5.8}$$

bzw. mit $x^2 = tv^2$ ($t > 0$ fest), $dx = \sqrt{t}\,dv$:

$$\int_0^\infty e^{-tv^2} \sqrt{t} \, dv = \frac{\sqrt{\pi}}{2}$$

oder

$$\frac{1}{\sqrt{t}} = \frac{2}{\sqrt{\pi}} \int_0^\infty e^{-tv^2} \, dv.$$

Dieser Faktor wird im Integranden des Integrals (1.5.7) eingesetzt, so daß man erhält

$$\frac{1}{2} \int_0^\infty \frac{\sin t}{\sqrt{t}} \, dt = \frac{1}{\sqrt{\pi}} \int_0^\infty \sin t \left(\int_0^\infty e^{-tv^2} \, dv \right) dt = \frac{1}{\sqrt{\pi}} \int_0^\infty \left(\int_0^\infty e^{-tv^2} \sin t \, dt \right) dv$$

$$= \frac{1}{\sqrt{\pi}} \int_0^\infty \left[\frac{e^{-tv^2}}{1+v^4} (-v^2 \sin t - \cos t) \right]_{t=0}^\infty dv = \frac{1}{\sqrt{\pi}} \int_0^\infty \frac{dv}{1+v^4}.$$

Dieses Integral wird in der Aufgabe 1.5.1. gelöst, sein Wert lautet $\frac{\pi}{2\sqrt{2}}$. Damit ergibt sich

$$\boxed{\sqrt{\frac{2}{\pi}} \int_0^\infty \sin u^2 \, du = \sqrt{\frac{2}{\pi}} \frac{1}{\sqrt{\pi}} \frac{\pi}{2\sqrt{2}} = \frac{1}{2}.}$$

Hier erkennt man den Grund für den Faktor $\sqrt{\frac{\pi}{2}}$. Denn sonst gilt

$$\int_0^\infty \sin^2 u \, du = \frac{1}{2} \sqrt{\frac{\pi}{2}}.$$

Für $C(\infty)$ findet man übrigens das gleiche Resultat.

Aufgaben:

1.5.1. Man berechne das Integral
$$J = \int_0^\infty \frac{dx}{1+x^4}.$$
Anleitung: Durch die Substitution $x = \frac{1}{t}$ entsteht das Integral
$$\int_0^\infty \frac{t^2 \, dt}{1+t^2} = \int_0^\infty \frac{x^2 dx}{1+x^4}.$$
Man addiere beide und wähle dann die Substitution $z = x - \frac{1}{x}$.

1.5.2. Man bestimme zunächst den Wert der Integrale

a) $\quad J(\alpha) = \int_0^\infty e^{-\alpha x^2} \, dx, \quad \alpha > 0,$

b) $\quad J(\alpha) = \int_0^\infty \frac{dx}{\alpha + x^2}, \quad \alpha > 0,$

und leite dann durch Differentiation nach dem Parameter neue Integrale her.
Hinweis zu a): Man Beachte Gleichung (1.5.8) und setze $x^2 = \alpha t^2$.

1.5.3. Man berechne den Wert des Integrals
$$J(\alpha) = \int_0^\infty e^{-x^2} \sin 2\alpha x \, dx$$
durch Aufstellen einer Differentialgleichung 1. Ordnung für $J(\alpha)$ und anschließende Integration dieser Differentialgleichung.

1.5.4. Man beweise noch einmal die Beziehung
$$\int_0^\infty \frac{\sin x}{x} \, dx = \frac{\pi}{2}$$
mit Hilfe der Gleichung
$$\frac{1}{x} = \int_0^\infty e^{-xy} \, dy. \tag{1.5.9}$$

1.5.5. a) Man bestimme den Wert des Integrals
$$J(\alpha, \beta) = \int_0^\infty \frac{e^{-\alpha y} - e^{-\beta y}}{y} \, dy, \quad 0 < \alpha < \beta.$$
Hinweis: Man integriere die Gleichung (1.5.9) nach x von α bis β.
b) Was ergibt sich, wenn man den Integranden in zwei Teile zerlegt? Wie erklärt sich der Widerspruch?

1.5.6. Die Bessel-Funktion 0. Ordnung ist gegeben durch
$$J_0(x) = \frac{1}{\pi} \int_0^\pi \cos(x \sin t) \, dt.$$
Man zeige, daß $J_0(x)$ der gewöhnlichen Differentialgleichung 2. Ordnung
$$x^2 y'' + x y' + x^2 y = 0$$
genügt.

1.5.7. Man bestätige für die Bessel-Funktionen

$$J_n(x) = \frac{1}{\pi} \int_0^\pi \cos(x \sin t - nt)\, dt, \quad n \in \mathbf{N},$$

durch partielle Integration die Rekursionsformeln

a) $\quad J_{n+1}(x) + J_{n-1}(x) = \dfrac{2n}{x} J_n(x), \quad x \neq 0.$

b) $\quad J_n'(x) = \dfrac{1}{2}\{J_{n-1}(x) - J_{n+1}(x)\}.$

1.5.8. Gilt für die Funktion

$$f(x,y) = (1-xy)e^{-xy}:$$

$$\int_0^1 \left(\int_0^\infty f(x,y)\,dy \right) dx = \int_0^\infty \left(\int_0^1 f(x,y)\,dx \right) dy \;?$$

1.6 Die Gammafunktion

1.6.1 Definition

Es gibt eine Funktion, die man durchaus im Grundstudium definieren und diskutieren kann, auf deren wesentliche Bedeutung man aber erst später einzugehen vermag. Im Zusammenhang mit dem Thema der uneigentlichen Integrale läßt sich ohne große Mühe das Integral

$$\int_0^\infty e^{-t} t^\alpha \, dt, \quad \alpha \in \mathbf{R}, \tag{1.6.1}$$

untersuchen. Für $\alpha < 0$ ist es in doppeltem Sinne uneigentlich. Wir zerlegen es daher in zwei Teile

$$\int_0^\infty e^{-t} t^\alpha \, dt = \int_0^1 e^{-t} t^\alpha \, dt + \int_1^\infty e^{-t} t^\alpha \, dt$$

und betrachten zunächst den Term

$$J_1 = \int_0^1 e^{-t} t^\alpha \, dt = \lim_{\epsilon \to 0} \int_\epsilon^1 e^{-t} t^\alpha \, dt.$$

Für $t > 0$ gilt

$$0 < e^{-t} \leq 1 \quad \text{und} \quad t^\alpha > 0,$$

also

$$0 < e^{-t} t^\alpha = |e^{-t} t^\alpha| \leq t^\alpha$$

und damit

$$|J_1| \leq \lim_{\epsilon \to 0} \int_\epsilon^1 t^\alpha \, dt = \lim_{\epsilon \to 0} \left[\frac{t^{\alpha+1}}{\alpha+1} \right]_\epsilon^1 = \frac{1}{\alpha+1}\left(1 - \lim_{\epsilon \to 0} \epsilon^{\alpha+1}\right).$$

Dieser Grenzwert existiert aber nur, wenn $\alpha + 1 \geq 0$, und hinzu kommt die Bedingung $\alpha + 1 \neq 0$. D.h., wir müssen verlangen, daß der Parameter

$$x = \alpha + 1 > 0$$

ist. Wir ersetzen in (1.6.1) α durch $x - 1$ und betrachten ebenfalls für $x > 0$ den zweiten Term

$$J_2 = \int_1^\infty e^{-t} t^{x-1}\, dt.$$

Aus der Differentialrechnung ist uns bekannt, daß jede Exponentialfunktion irgendwann größer ist als jede Potenzfunktion. Somit gibt es zu jedem beliebig, aber fest gewählten $x > 0$ ein $t_0 \geq 1$, so daß für $t \geq t_0$

$$e^t > t^{x+1} > 0$$

bzw.

$$e^{-t} < t^{-x-1}$$

bzw.

$$0 < e^{-t} t^{x-1} < t^{-x-1} t^{x-1} = \frac{1}{t^2}.$$

Daraus folgt für

$$|J_2| \leq \int_1^{t_0} e^{-t} t^{x-1}\, dt + \int_{t_0}^\infty \frac{1}{t^2} = F(t_0) - \left[\frac{1}{t}\right]_{t_0}^\infty = F(t_0) + \frac{1}{t_0} < \infty,$$

denn das erste Integral ist bei festem x nur noch eine Funktion der oberen Grenze t_0, geschrieben $F(t_0)$. Also konvergiert auch J_2. Wir stellen damit fest, daß das Integral

$$\boxed{\Gamma(x) = \int_0^\infty e^{-t} t^{x-1}\, dt \quad \text{für} \quad x > 0} \tag{1.6.2}$$

(sogar gleichmäßig) konvergiert. Da $x > 0$ beliebig gewählt werden kann, kann man das Integral als eine Funktion von $x \in (0, \infty)$ auffassen und bezeichnet es als **Gammafunktion** nach Euler, der sie als erster untersucht hat. Auf Vorschlag von LEGENDRE[3] wurde sie auch als Eulersches Integral zweiter Art bezeichnet (auf das Integral erster Art wird im nächsten Kapitel eingegangen).

1.6.2 Eigenschaften

1.6.2.1 Funktionalgleichung

Aus der Stetigkeit des Integranden von (1.6.2) und seiner Beschränktheit folgt mit dem Satz 1.2.1 und der anschließenden Bemerkung die Stetigkeit und mit Satz 1.3.1 die stetige Differenzierbarkeit der Funktion (1.6.2). Durch partielle Integration von (1.6.2) erhält man für $x > 0$

$$\Gamma(x) = \int_0^\infty e^{-t} t^{x-1}\, dt = \left[\frac{1}{x} e^{-t} t^x\right]_{t=0}^\infty + \frac{1}{x}\int_0^\infty e^{-t} t^x\, dt = \frac{1}{x}\int_0^\infty e^{-t} t^{(x+1)-1}\, dt = \frac{1}{x}\Gamma(x+1).$$

Daraus folgt für $x > 0$ die **Funktionalgleichung** der Gammafunktion

$$\boxed{\Gamma(x+1) = x\Gamma(x).} \tag{1.6.3}$$

Man kann mit Hilfe dieser Gleichung die Gammafunktion auf $\mathbf{R} \setminus \{\textit{negative ganze Zahlen}\}$ fortsetzen.

---
[3] Adrien Marie Legendre (1752 – 1833), französischer Mathematiker

1.6.2.2 Zusammenhang mit der Fakultät

Wir berechnen zunächst

$$\Gamma(1) = \int_0^\infty e^{-t} t^{1-1}\, dt = \int_0^\infty e^{-t}\, dt = \left[-e^{-t} \right]_0^\infty = 1,$$

und erhalten somit unter Beachtung von (1.6.3) für

$$\Gamma(2) = 1 \cdot \Gamma(1) = 1 \cdot 1 = 1$$

bzw. für

$$\Gamma(3) = 2 \cdot \Gamma(2) = 2 \cdot 1 = 2!$$

und allgemein für $n \in \mathbf{N}$

$$\Gamma(n+1) = n\Gamma(n) = n(n-1)\Gamma(n-1) = n(n-1)\cdots 2\cdot\Gamma(2) = n(n-1)\cdots 2\cdot 1,$$

also

$$\boxed{\Gamma(n+1) = n!\,.} \tag{1.6.4}$$

Nach solch einer Funktion, die für bestimmte Werte genau die Zahlen $n!$ annimmt, hatte man lange gesucht. Allerdings eignet sich die Gammafunktion nicht zur Berechnung der Fakultät, dafür ist das Integral zu kompliziert.

1.6.2.3 Verlauf des Graphen

Es ist leicht zu sehen, daß für wachsendes x (setze z.B. $x = n$), also für $x \to \infty$, die Gammafunktion auch gegen ∞ geht. Aus der Funktionalgleichung (1.6.3) ergibt sich auch das Verhalten der Funktion für $x \leq 0$. Wir erkennen an der Gleichung

$$\Gamma(x) = \frac{\Gamma(x+1)}{x},$$

daß $\Gamma(x)$ für $x = 0$ einen einfachen Pol hat. Denn es ist

$$\Gamma(0+1) = \Gamma(1) = 1.$$

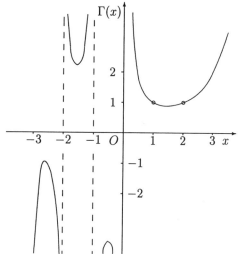

Analoges gilt dann auch für $x = -1$, da

$$\lim_{x \to -1} \Gamma(x) = \lim_{x \to -1} \frac{\Gamma(x+1)}{x} = -\lim_{\alpha \to 0} \Gamma(\alpha).$$

Solche Überlegungen lassen sich fortsetzen für alle $x = -n$, $n \in \mathbf{N}$. An diesen Stellen (und für $x = 0$) hat also die Gammafunktion einfache Pole.

Es ist $\Gamma(1) = \Gamma(2) = 1$ und somit liegt nach dem Satz von Rolle eine Nullstelle x_0 der Ableitung von $\Gamma(x)$ zwischen $x = 1$ und $x = 2$. In diesem Bereich wächst die Ableitung ständig, da

$$\Gamma''(x) = \frac{d}{dx}\{\Gamma'(x)\} = \frac{d}{dx}\left\{\int_0^\infty e^{-t} t^{x-1} \ln t\, dt \right\} = \int_0^\infty e^{-t} t^{x-1} (\ln t)^2\, dt$$

stets positiv ist. Also hat die Gammafunktion in x_0 ein Minimum. Die Berechnung von x_0 wollen wir hier nicht durchführen, sie ergibt

$$x_0 \approx 1,4616 \quad \text{und es ist} \quad \Gamma(x_0) \approx 0,8856.$$

1.6.2.4 Ausdehnung des Fakultätsbegriffs

Im Beispiel 1.3.3 ist bereits auf eine mögliche Erweiterung des Begriffs der Fakultät hingewiesen worden. Ausgehend von der Gleichung (1.6.3) können wir feststellen, daß der Begriff der Fakultät $n!$, der zunächst nur für $n \in \mathbf{N}$ definiert ist, sich auf alle reellen positiven Zahlen x erweitern läßt (die negativen Zahlen lassen wir lieber weg, wegen der Pole).

Setzen wir z.B. $x = \frac{1}{2}$, können wir schreiben

$$\Gamma(x+1) = \Gamma\left(\frac{1}{2}+1\right) = \Gamma\left(\frac{3}{2}\right) = \frac{1}{2}\Gamma\left(\frac{1}{2}\right) \stackrel{def}{=} x! = \left(\frac{1}{2}\right)!.$$

Es ist aber

$$\Gamma\left(\frac{1}{2}\right) = \int_0^\infty e^{-t} t^{\frac{1}{2}-1}\,dt = \int_0^\infty e^{-t} t^{-1/2}\,dt = \int_0^\infty e^{-u^2} \frac{2\sqrt{t}}{\sqrt{t}}\,du = 2\int_0^\infty e^{-u^2}\,du,$$

mit der Substitution

$$\sqrt{t} = u, \quad \frac{dt}{2\sqrt{t}} = du.$$

Das letzte Integral gibt gerade die Fläche unterhalb der Gaußschen Glockenkurve, begrenzt durch die positive x-Achse, an. Nach (1.5.5) gilt

$$\int_{-\infty}^\infty e^{-x^2}\,dx = \sqrt{\pi} \quad \text{bzw.} \quad \int_0^\infty e^{-x^2}\,dx = \frac{\sqrt{\pi}}{2}.$$

Somit erhalten wir für

$$\Gamma\left(\frac{1}{2}\right) = 2\frac{\sqrt{\pi}}{2} = \sqrt{\pi} \qquad (1.6.5)$$

und für

$$\Gamma\left(\frac{3}{2}\right) = \left(\frac{1}{2}\right)! = \frac{1}{2}\Gamma\left(\frac{1}{2}\right) = \frac{\sqrt{\pi}}{2}. \qquad (1.6.6)$$

Wer nun über einen etwas komfortableren Taschenrechner verfügt, verifiziere einmal die folgenden Rechenschritte:
1. Eingabe: 0,5,
2. Drücken der Fakultäts (!)-Taste,
3. Quadratur,
4. Multiplikation mit 4.

Was erscheint auf der Anzeige? Sehr richtig: π. Denn wenn wir die Gleichung (1.6.6) quadrieren und mit 4 multiplizieren, erhalten wir

$$\left[\left(\frac{1}{2}\right)!\right]^2 \cdot 4 = \pi.$$

1.6.2.5 Die Stirlingsche Formel

Für große Zahlen ist es ziemlich aufwendig, Werte der Gammafunktion und damit $n!$ zu bestimmen. In diesem Fall bietet sich eine Näherungsformel an, die auf heuristische Art hergeleitet werden soll. Zunächst schreibt man

$$\Gamma(n+1) = \int_0^\infty e^{-t} t^n \, dt = \int_0^\infty e^{-t} e^{\ln t^n} \, dt = \int_0^\infty e^{n \ln t - t} \, dt, \qquad (1.6.7)$$

und versucht den Exponenten

$$f(t) = n \ln t - t$$

des Integranden durch die ersten drei Glieder einer Taylorreihe zu approximieren:

$$f(t) \approx f(t_0) + f'(t_0)(t - t_0) + \frac{f''(t_0)}{2!}(t - t_0)^2.$$

Da der erste Term auf der rechten Seite konstant ist, kann er als Faktor $e^{f(t_0)}$ vor das Integral in (1.6.7) gezogen werden. Wählt man den Entwicklungspunkt t_0 so, daß $f'(t_0) = 0$ ist, bleibt also nur noch der quadratische Term unter dem Integral (1.6.7) übrig. Das ist wegen

$$f'(t) = \frac{n}{t} - 1 = 0$$

gerade im Extremwert $t_0 = n$ der Fall. Nun wählen wir die Substitution

$$t = t_0 + y = n + y$$

und erhalten aus (1.6.7) mit $dt = dy$:

$$\begin{aligned}
\Gamma(n+1) &= \int_{-n}^\infty e^{n \ln(n+y) - n - y} \, dy = e^{-n} e^{n \ln n} \int_{-n}^\infty e^{n \ln(n+y) - n \ln n} e^{-y} \, dy \\
&= n^n e^{-n} \int_{-n}^\infty e^{n \ln \frac{n+y}{n}} e^{-y} \, dy = n^n e^{-n} \int_{-n}^\infty e^{n \ln(1+\frac{y}{n}) - y} \, dy.
\end{aligned}$$

Hier wird nun auf die ersten beiden Glieder der Taylorreihe

$$\ln(1+x) = x - \frac{x^2}{2} + \frac{x^3}{3} - + \ldots$$

mit dem Konvergenzbereich $-1 < x \leq 1$ zurückgegriffen, d.h., man schreibt für

$$-1 < \frac{y}{n} \leq 1 \quad \text{bzw.} \quad -n < y \leq n \quad \text{oder} \quad 0 < y + n \leq 2n:$$

$$\ln\left(1 + \frac{y}{n}\right) \approx \frac{y}{n} - \frac{y^2}{2n^2}$$

und erhält

$$\Gamma(n+1) \approx n^n e^{-n} \int_{-n}^\infty e^{n \frac{y}{n} - \frac{n y^2}{2n^2} - y} \, dy = n^n e^{-n} \int_{-n}^\infty e^{-\frac{y^2}{2n}} \, dy.$$

Nach der Substitution $y = \sqrt{2n}\, x$ ergibt sich daraus mit $dy = \sqrt{2n}\, dx$

$$\Gamma(n+1) \approx n^n e^{-n} \int_{-\sqrt{n/2}}^\infty e^{-x^2} \sqrt{2n} \, dx$$

und für große n

$$\Gamma(n+1) \approx \sqrt{2n}\, n^n\, e^{-n} \int_{-\infty}^{\infty} e^{-x^2}\, dx = \sqrt{2\pi n}\, n^n\, e^{-n}$$

unter Beachtung von (1.5.5). Ist also $n \in \mathbb{N}$, erhält man die asymptotische Formel für $n!$

$$\boxed{n! \approx \sqrt{2\pi n}\, n^n\, e^{-n},} \qquad (1.6.8)$$

die sogenannte STIRLINGsche[4] Fakultätenformel.

Bemerkungen:
1.6.1. Bei Konvergenzuntersuchungen von Reihen fand Stirling für große n die Beziehung

$$n! = \sqrt{2\pi n}\left(\frac{n}{e}\right)^n e^{\frac{\theta_n}{12n}},$$

wobei $0 < \theta_n < 1$. Schätzt man den letzten Faktor durch 1 ab, ergibt sich (1.6.8).
1.6.2. Für die Numerik eignet sich besser die logarithmische Form von (1.6.8). Dann gilt

$$\ln n! \approx \ln\sqrt{2\pi} + \left(n + \frac{1}{2}\right)\ln n - n.$$

So ergibt sich z.B. für $n = 12$:

$$12! \approx 4{,}7568 \cdot 10^8,$$

während der exakte Wert

$$12! = 479.001.600$$

beträgt.

1.6.2.6 Der Ergänzungssatz

Neben der Funktionalgleichung (1.6.3) für die Gammafunktion gibt es eine weitere wichtige Gleichung, die den Namen Ergänzungssatz trägt, da die auftretenden Argumente der Gammafunktion sich additiv zu 1 ergänzen:

Satz 1.6.1 (Ergänzungssatz): *Für $x \in \mathbb{R}$ gilt*

$$\boxed{\Gamma(x)\Gamma(1-x) = \frac{\pi}{\sin \pi x}.} \qquad (1.6.9)$$

Beweis: Wir zeigen die Behauptung nur für $0 < x < 1$. Dann ist auch $0 < 1 - x < 1$ und

$$\begin{aligned}\Gamma(x)\Gamma(1-x) &= \int_0^\infty s^{x-1} e^{-s}\, ds \int_0^\infty t^{1-x-1} e^{-t}\, dt \\ &= \int_0^\infty \int_0^\infty e^{-(s+t)} s^{x-1} t^{-x}\, ds\, dt = \int_0^\infty \int_0^\infty e^{-(s+t)} \left(\frac{s}{t}\right)^x \frac{1}{s}\, ds\, dt. \end{aligned} \qquad (1.6.10)$$

---
[4]James Stirling (1692 – 1770), englischer Mathematiker

Hier werden nun neue Veränderliche (u,v) eingeführt durch

$$u = s+t, \quad v = \frac{s}{t}$$

mit den gleichen Grenzen $(0,\infty)$ und der Funktionaldeterminante

$$\mathcal{J}(u,v) = \left|\frac{\partial(s,t)}{\partial(u,v)}\right| = \left|\frac{\partial(u,v)}{\partial(s,t)}\right|^{-1} = \begin{vmatrix} 1 & \frac{1}{t} \\ 1 & -\frac{s}{t^2} \end{vmatrix}^{-1} = \left(-\frac{s}{t^2} - \frac{1}{t}\right)^{-1} = -\left(\frac{s+t}{t^2}\right)^{-1} = -\frac{t^2}{t+s}.$$

Wir erhalten aus (1.6.10) mit

$$ds\,dt = |\mathcal{J}(u,v)|du\,dv = \frac{t}{1+\frac{s}{t}}du\,dv = \frac{s}{v}\frac{1}{1+v}du\,dv:$$

$$\begin{aligned}
\Gamma(x)\Gamma(1-x) &= \int_0^\infty\int_0^\infty e^{-u}v^{x-1}\frac{1}{1+v}du\,dv = \int_0^\infty\left(\int_0^\infty e^{-u}du\right)v^{x-1}\frac{dv}{1+v} \\
&= [-e^{-u}]_0^\infty \int_0^\infty v^{x-1}\frac{dv}{1+v} = \int_0^\infty \frac{v^{x-1}}{1+v}dv.
\end{aligned}$$

Das letzte Integral ist bereits mit Hilfe der Residuentheorie hergeleitet worden (Beispiel 4.7 aus Teil II). Es ergab sich

$$\int_0^\infty \frac{v^{x-1}}{1+v}dv = \frac{\pi}{\sin \pi x}.$$

Damit ist (1.6.9) für $0 < x < 1$ bewiesen.

Bemerkungen:
1.6.3. Unter Beachtung der Funktionalgleichung (1.6.3)

$$\Gamma(1-x) = (-x)\Gamma(-x)$$

mit $-x$ statt x, erhält der Ergänzungssatz die Form

$$\Gamma(x)\Gamma(1-x) = \Gamma(x)(-x)\Gamma(-x) = \frac{\pi}{\sin \pi x}$$

bzw.

$$\Gamma(x)\Gamma(-x) = -\frac{\pi}{x \sin \pi x}.$$

Auf diese Weise können für positive Argumente x die Werte $\Gamma(-x)$ ermittelt werden, noch einfacher als mit der Funktionalgleichung.

Die Gammafunktion weist für $x > 0$ keine Singularitäten auf. Die rechte Seite von (1.6.9) hat aber einfache Pole bei $x_0 \in \mathbb{N}_0$, da die Funktion im Nenner einfache Nullstellen besitzt. Somit muß auch die linke Seite, d.h. $\Gamma(1-x)$, einfache Pole an diesen Stellen aufweisen. Damit ist noch einmal gezeigt, daß die Gammafunktion $\Gamma(x)$ für $x = 0, -1, -2, \ldots$ einfache Pole besitzt.

1.6.4. Ganz leicht ergibt sich aus (1.6.9) auch das Ergebnis

$$\Gamma\left(\frac{1}{2}\right) = \sqrt{\pi}.$$

Denn setzt man in (1.6.9) $x = \frac{1}{2}$, erhält man

$$\Gamma\left(\frac{1}{2}\right)\Gamma\left(\frac{1}{2}\right) = \left\{\Gamma\left(\frac{1}{2}\right)\right\}^2 = \frac{\pi}{\sin\frac{\pi}{2}} = \pi.$$

Außerdem erhält man daraus leicht die Fläche unter der Gaußschen Glockenkurve. Denn es ist mit der Substitution $\sqrt{t} = x$, $\frac{dt}{2\sqrt{t}} = dx$:

$$\Gamma\left(\frac{1}{2}\right) = \int_0^\infty e^{-t} t^{\frac{1}{2}-1}\, dt = \int_0^\infty e^{-t} \frac{dt}{\sqrt{t}} = 2\int_0^\infty e^{-x^2}\, dx = \sqrt{\pi}.$$

1.6.2.7 Anwendungen

I. Es gibt ein relativ einfaches praxisorientiertes Beispiel, bei dem die Lösung auf die Gammafunktion führt. Auf der x-Achse im Punkt $p > 0$ ruhe ein Massenpunkt m, der von einer Kraft K_0 im Ursprung angezogen wird, die umgekehrt proportional der Entfernung ist.

Die Bewegung von m zum Nullpunkt hin wird beschrieben durch die Gleichung

$$F = ma = m\frac{d^2x}{dt^2} = -F_0 = -\frac{\lambda}{x} \tag{1.6.11}$$

mit einer positiven Konstanten λ. Die Beschleunigung läßt sich schreiben in der Form

$$a = \frac{d^2x}{dt^2} = \frac{dv}{dt} = \frac{dv}{dx}\frac{dx}{dt} = v\frac{dv}{dx},$$

und damit lautet die Gleichung (1.6.11)

$$mv\frac{dv}{dx} = -\frac{\lambda}{x}.$$

Integration nach x ergibt

$$\frac{m}{2}v^2 = -\lambda \ln x + C \tag{1.6.12}$$

und unter Beachtung von $v(p) = 0$:

$$0 = -\lambda \ln p + C \quad \text{bzw.} \quad C = \lambda \ln p.$$

Diese Konstante setzen wir in (1.6.12) ein und erhalten

$$\frac{m}{2}v^2 = -\lambda \ln x + \lambda \ln p = \lambda \ln\frac{p}{x} \quad \text{bzw.} \quad v = -\sqrt{\frac{2\lambda}{m}}\sqrt{\ln\frac{p}{x}} = \frac{dx}{dt}.$$

Da x bei wachsendem t abnimmt, ist die negative Wurzel zu wählen. Nach Trennung der Variablen führt eine Integration bis zu einer beliebigen Zeit T auf

$$\int_0^T dt = T = -\sqrt{\frac{m}{2\lambda}}\int_p^0 \frac{dx}{\sqrt{\ln p/x}}.$$

Hier substituieren wir

$$\ln\frac{p}{x} = u \quad \text{bzw.} \quad x = pe^{-u} \quad \text{und} \quad dx = -pe^{-u}\,du$$

und erhalten

$$T = \sqrt{\frac{m}{2\lambda}}\int_0^\infty \frac{1}{\sqrt{u}} pe^{-u}\,du = p\sqrt{\frac{m}{2\lambda}}\int_0^\infty e^{-u}u^{-1/2}\,du = p\sqrt{\frac{m}{2\lambda}}\,\Gamma\left(\frac{1}{2}\right) = p\sqrt{\frac{m}{2\lambda}}\sqrt{\pi} = p\sqrt{\frac{\pi m}{2\lambda}}$$

unter Beachtung von (1.6.5).

II. In 1.5.1 haben wir bereits die Bessel-Funktionen und die Besselsche Differentialgleichung

$$x^2 y'' + xy' + (x^2 - \lambda^2)y = 0, \quad \lambda \in \mathbf{R}, \tag{1.6.13}$$

kennengelernt, dort allerdings überwiegend für $\lambda \in \mathbf{N}$. Während damals die Bessel-Funktionen in integraler Form, d.h. als Parameterintegrale dargestellt wurden, wollen wir sie jetzt, ähnlich wie z.B. die trigonometrischen Funktionen Sinus und Cosinus durch Potenzreihen angeben. Dazu beweisen wir zunächst den

Satz 1.6.2: *Es sei $\lambda \in \mathbf{R}$, $\lambda \neq -1, -2, \ldots$ Dann hat die Potenzreihe*

$$\sum_{k=0}^\infty \frac{(-1)^k}{k!\Gamma(k+\lambda+1)}\left(\frac{x}{2}\right)^{2k} = \sum_{k=0}^\infty a_k x^{2k}$$

den Konvergenzradius $r = \infty$.

Beweis: Mit

$$a_k = \frac{(-1)^k}{k!\Gamma(k+\lambda+1)}\frac{1}{2^{2k}}$$

erhalten wir für den Konvergenzradius

$$\begin{aligned}
r &= \lim_{k\to\infty}\left|\frac{a_k}{a_{k+1}}\right| = \lim_{k\to\infty}\left|\frac{(-1)^k(k+1)!\Gamma(k+\lambda+2)2^{2k+2}}{k!\Gamma(k+\lambda+1)2^{2k}(-1)^{k+1}}\right| \\
&= \lim_{k\to\infty}\frac{4(k+1)(k+\lambda+1)\Gamma(k+\lambda+1)}{\Gamma(k+\lambda+1)} = \infty.
\end{aligned}$$

Bemerkung: Für die angegebenen λ ergibt sich aus diesem Satz sofort ebenfalls die Konvergenz der Reihe

$$\sum_{k=0}^\infty a_k x^{2k+\lambda}$$

für $x > 0$ und auf jedem kompakten Intervall $0 < a \leq x \leq b < \infty$ die gleichmäßige Konvergenz.

Satz 1.6.3: *Es sei $\lambda \in \mathbf{R}$, $\lambda \neq -1, -2, \ldots$ Dann sind die Funktionen*

$$J_\lambda(x) = \sum_{k=0}^\infty \frac{(-1)^k}{k!\Gamma(k+\lambda+1)}\left(\frac{x}{2}\right)^{2k+\lambda}$$

Lösungen der Besselschen Differentialgleichung (1.6.13).

Beweis: Wir setzen
$$J_\lambda(x) = \sum_{k=0}^{\infty} \alpha_k x^{2k+\lambda},$$

mit
$$\alpha_k = \frac{(-1)^k}{k!\Gamma(k+\lambda+1)} \frac{1}{2^{2k+\lambda}}$$

und erhalten für $x \in [a, b]$
$$J'_\lambda(x) = \sum_{k=0}^{\infty} \alpha_k (2k+\lambda) x^{2k+\lambda-1},$$

$$J''_\lambda(x) = \sum_{k=0}^{\infty} \alpha_k (2k+\lambda)(2k+\lambda-1) x^{2k+\lambda-2},$$

da man Potenzreihen innerhalb des Konvergenzgebietes beliebig oft differenzieren kann. Eingesetzt in die Differentialgleichung (1.6.13) (mit $\alpha_{-1} = 0$) ergibt sich

$$\sum_{k=0}^{\infty} \alpha_k(2k+\lambda)(2k+\lambda-1)x^{2k+\lambda} + \sum_{k=0}^{\infty} \alpha_k(2k+\lambda)x^{2k+\lambda} + \sum_{k=0}^{\infty} \alpha_k x^{2(k+1)+\lambda} - \sum_{k=0}^{\infty} \alpha_k \lambda^2 x^{2k+\lambda}$$

$$= \sum_{k=0}^{\infty} \{(2k+\lambda)(2k+\lambda-1) + (2k+\lambda) - \lambda^2\} \alpha_k x^{2k+\lambda} + \sum_{k=1}^{\infty} \alpha_{k-1} x^{2k+\lambda}$$

$$= \sum_{k=0}^{\infty} \{(4k^2 + 2k\lambda - 2k + 2k\lambda + \lambda^2 - \lambda + 2k + \lambda - \lambda^2)\alpha_k + \alpha_{k-1}\} x^{2k+\lambda}$$

$$= \sum_{k=0}^{\infty} \{(4k^2 + 4\lambda k)\alpha_k + \alpha_{k-1}\} x^{2k+\lambda} = \sum_{k=1}^{\infty} \{4k(k+\lambda)\alpha_k + \alpha_{k-1}\} x^{2k+\lambda}.$$

Nun ist aber für $k \geq 1$:

$$4k(k+\lambda)\alpha_k + \alpha_{k-1} = 4k(k+\lambda)\frac{(-1)^k}{k!\Gamma(k+\lambda+1)}\frac{1}{2^{2k+\lambda}} + \frac{(-1)^{k-1}}{(k-1)!\Gamma(k+\lambda)}\frac{1}{2^{2k+\lambda-2}}$$

$$= \frac{(-1)^k}{k!\Gamma(k+\lambda+1)}\frac{1}{2^{2k+\lambda}} \{4k(k+\lambda) - k(k+\lambda)4\} = 0.$$

Beispiel:

1.6.1. Für $\lambda = \frac{1}{2}$ ergibt sich eine verblüffende Darstellung der entsprechenden Bessel-Funktionen. Es ist

$$J_{\frac{1}{2}}(x) = \sum_{k=0}^{\infty} \frac{(-1)^k}{k!\Gamma(k+\frac{1}{2}+1)} \left(\frac{x}{2}\right)^{2k+\frac{1}{2}} = \sqrt{\frac{x}{2}} \sum_{k=0}^{\infty} \frac{(-1)^k}{k!\,(k+\frac{1}{2})\Gamma(k+\frac{1}{2})} \left(\frac{x}{2}\right)^{2k}$$

$$= \sqrt{\frac{x}{2}} \sum_{k=0}^{\infty} \frac{2(-1)^k}{k!\,(2k+1)} \frac{2^{2k}\,k!}{(2k)!\sqrt{\pi}} \frac{x^{2k}}{2^{2k}} = \sqrt{\frac{2x}{\pi}} \sum_{k=0}^{\infty} \frac{(-1)^k}{(2k+1)!} x^{2k+1} \frac{1}{x} = \sqrt{\frac{2}{x\pi}} \sin x.$$

Dabei sind das Ergebnis der Aufgabe 2.2.2. b)
$$\Gamma\left(k+\frac{1}{2}\right) = \frac{(2k)!}{2^{2k}k!}\sqrt{\pi}$$
und die Taylorreihe von $\sin x$ berücksichtigt worden.

Aufgaben:

1.6.1. Man zeige, daß zunächst für $x \in \mathbf{N}$ eine Definition der Gammafunktion auch durch den Grenzwert
$$\Gamma(x) = \lim_{n\to\infty} \frac{n!\,n^x}{x(x+1)\cdots(x+n)}$$
möglich ist (Gaußsche Definition der Gammafunktion).
Anleitung: Man gehe aus von der Darstellung
$$(x-1)! = \frac{(n+x)!}{x(x+1)\cdots(x+n)} \quad \text{für } x, n \in \mathbf{N}.$$

1.6.2. a) Man leite aus der Funktionalgleichung der Gammafunktion die Beziehung
$$\Gamma(x+n+1) = (x+n)(x+n-1)\cdots(x+1)\Gamma(x+1) \quad \text{her.}$$
b) Man bestimme den Wert der Gammafunktion für halbzähliges positives Argument $\Gamma\left(n+\frac{1}{2}\right)$, $n \in \mathbf{N}$.

1.6.3. Man berechne
a) $\Gamma\left(\frac{5}{2}\right)$,
b) $\Gamma\left(-\frac{1}{2}\right)$,
c) $\Gamma\left(-\frac{5}{2}\right)$.

1.6.4. a) Es seien m, n und a positive Konstanten. Man berechne
$$\int_0^\infty x^m e^{-ax^n}\, dx.$$
Anleitung: Man verwende die Substitution $ax^n = t$.
b) Man bestimme den Wert der beiden Integrale
$$J_1 = \int_0^\infty e^{-ax^2}\, dx \quad \text{und} \quad J_2 = \int_0^\infty x^2 e^{-ax^2}\, dx.$$

1.6.5. Man zeige unter Verwendung der Stirlingschen Formel, daß
$$\binom{2n}{n} \approx \frac{2^{2n}}{\sqrt{\pi n}}.$$

1.6.6. Man bestimme den Wert von $n!$ für $n = 10$
a) exakt,
b) mit Hilfe der Stirlingschen Formel.
c) Wie groß sind der absolute und der relative Fehler?

1.6.7. Man zeige, daß für die Besselfunktionen gilt
$$J_{-\frac{1}{2}}(x) = \sqrt{\frac{2}{\pi x}} \cos x.$$

1.6.8. Man bestimme die Potenzreihe von $J_0(x)$ (Besselfunktion 0. Ordnung).

1.7 Die Betafunktion

1.7.1 Definition

In manchen Bereichen der Physik und angewandten Mathematik stößt man auf Integrale der Form

$$\mathrm{B}(x,y) = \int_0^1 t^{x-1}(1-t)^{y-1}\,dt. \qquad (1.7.1)$$

Nach dem Entdecker Euler nennt man diesen Typ Eulersches Integral erster Art oder Eulersche **Betafunktion**[5]. Es ist ein „doppeltes Parameterintegral" und existiert für $x > 0, y > 0$. Für $x < 1$ oder $y < 1$ ist es uneigentlich, doch man kann zeigen, daß es für $x > 0$ und $y > 0$ gleichmäßig konvergiert.

Eine andere Art der Darstellung gewinnt man mittels der Substitution

$$t = \sin^2\vartheta, \quad dt = 2\sin\vartheta\cos\vartheta d\vartheta:$$

$$\mathrm{B}(x,y) = 2\int_0^{\pi/2}(\sin^2\vartheta)^{x-1}(\cos^2\vartheta)^{y-1}\sin\vartheta\cos\vartheta d\vartheta = 2\int_0^{\pi/2}\sin^{2x-1}\vartheta\cos^{2y-1}\vartheta\,d\vartheta. \qquad (1.7.2)$$

1.7.2 Eigenschaften

Die Betafunktion ist symmetrisch, d.h., es gilt

$$\mathrm{B}(x,y) = \mathrm{B}(y,x). \qquad (1.7.3)$$

Denn nach der Transformation $t = 1 - \tau$, $dt = -d\tau$ in (1.7.1) erhält man

$$\mathrm{B}(x,y) = -\int_1^0 (1-\tau)^{x-1}\{1-(1-\tau)\}^{y-1}\,d\tau = \int_0^1 \tau^{y-1}(1-\tau)^{x-1}\,d\tau = \mathrm{B}(y,x).$$

Einsetzen von $x = \frac{n+1}{2}$, $y = \frac{1}{2}$ in (7.1.2) führt auf

$$\frac{1}{2}\mathrm{B}\left(\frac{n+1}{2},\frac{1}{2}\right) = \int_0^{\pi/2}\sin^n t\,dt,$$

und mit der Symmetrie folgt analog

$$\frac{1}{2}\mathrm{B}\left(\frac{n+1}{2},\frac{1}{2}\right) = \frac{1}{2}\mathrm{B}\left(\frac{1}{2},\frac{n+1}{2}\right) = \int_0^{\pi/2}\cos^n t\,dt.$$

Durch partielle Integration von (1.7.1) ergibt sich mit $t^x = t^{x-1} - t^{x-1}(1-t)$ für $y > 1$:

$$\begin{aligned}
\mathrm{B}(x,y) &= \left[\frac{t^x}{x}(1-t)^{y-1}\right]_{t=0}^1 + \frac{y-1}{x}\int_0^1 t^x(1-t)^{y-2}\,dt \\
&= \frac{y-1}{x}\int_0^1\{t^{x-1} - t^{x-1}(1-t)\}(1-t)^{y-2}\,dt \\
&= \frac{y-1}{x}\left\{\int_0^1 t^{x-1}(1-t)^{y-2}\,dt - \int_0^1 t^{x-1}(1-t)^{y-1}\,dt\right\} \\
&= \frac{y-1}{x}\{\mathrm{B}(x,y-1) - \mathrm{B}(x,y)\}.
\end{aligned}$$

---
[5] Da er die Gammafunktion erst später definierte, trägt diese auch die Bezeichnung Eulersches Integral 2. Art.

Daraus folgt

$$B(x,y)\left\{1+\frac{y-1}{x}\right\} = B(x,y)\frac{x+y-1}{x} = \frac{y-1}{x}B(x,y-1)$$

bzw.

$$B(x,y) = \frac{x}{x+y-1}\frac{y-1}{x}B(x,y-1) = \frac{y-1}{x+y-1}B(x,y-1). \tag{1.7.4}$$

Diese Gleichung ist also eine Rekursionsformel bezüglich des zweiten Arguments der Betafunktion. Analog gilt

$$B(x,y+1) = \frac{y}{x}B(x+1,y),$$

(s. Aufgabe 1.7.1). Aus diesen beiden Gleichungen folgt

$$B(x+1,y) + B(x,y+1) = \frac{x}{y}B(x,y+1) + B(x,y+1) = \left(\frac{x}{y}+1\right)\frac{y}{x+y}B(x,y) = B(x,y).$$

Eine weitere analytische Darstellung, die bei den folgenden Überlegungen eine Rolle spielt, ergibt sich mit der Substitution

$$t = \frac{\tau}{1+\tau}, \quad dt = \frac{1+\tau-\tau}{(1+\tau)^2}d\tau = \frac{d\tau}{(1+\tau)^2}.$$

Es ist $t(1+\tau) = \tau$ bzw. $\tau = \frac{t}{1-t}$, und somit bewegt sich τ für $0 \le t \le 1$ zwischen 0 und ∞. Aus dem Integral (1.7.1) wird damit

$$\begin{aligned}B(x,y) &= \int_0^\infty \left(\frac{\tau}{1+\tau}\right)^{x-1}\left(1-\frac{\tau}{1+\tau}\right)^{y-1}\frac{d\tau}{(1+\tau)^2} \\ &= \int_0^\infty \tau^{x-1}\frac{1}{(1+\tau)^{x-1+y-1+2}}d\tau = \int_0^\infty \frac{\tau^{x-1}}{(1+\tau)^{x+y}}d\tau.\end{aligned} \tag{1.7.5}$$

Aufgaben:

1.7.1. Man leite die Beziehung

$$B(x,y+1) = \frac{y}{x}B(x+1,y)$$

her.
Anleitung: Man integriere das Integral $B(x,y+1)$ partiell.

1.7.2. Man beweise die Beziehung

$$B(x+1,y) + B(x,y+1) = B(x,y)$$

mit Hilfe der Gleichung (1.7.1).

1.7.3 Zusammenhang zwischen Gamma- und Betafunktion

Bisher ist noch nicht darauf eingegangen worden, wie man die Werte der Betafunktion bestimmen könnte. Dies kann z.B. mit Hilfe der Gammafunktion geschehen, denn es gibt zwischen den beiden Funktionen folgende Beziehung:

$$\boxed{B(x,y) = \frac{\Gamma(x)\Gamma(y)}{\Gamma(x+y)}}. \tag{1.7.6}$$

Die nun folgende Herleitung dieser Gleichung stammt von Dirichlet. Man setzt unter dem Integral der Gammafunktion

$$\Gamma(x) = \int_0^\infty t^{x-1} e^{-t} dt$$

für $t = \alpha\tau$ $(\alpha > 0)$ und erhält mit $dt = \alpha d\tau$:

$$\Gamma(x) = \int_0^\infty (\alpha\tau)^{x-1} e^{-\alpha\tau} \alpha\, d\tau$$

bzw.

$$\frac{\Gamma(x)}{\alpha^x} = \int_0^\infty \tau^{x-1} e^{-\alpha\tau}\, d\tau. \tag{1.7.7}$$

Nun wird x durch $x+y$ und α durch $1+\alpha$ ersetzt:

$$\frac{\Gamma(x+y)}{(1+\alpha)^{x+y}} = \int_0^\infty \tau^{x+y-1} e^{-(1+\alpha)\tau}\, d\tau.$$

Multiplikation mit α^{x-1} und Integration nach α von 0 bis ∞ ergibt

$$\Gamma(x+y)\,B(x,y) = \Gamma(x+y)\int_0^\infty \frac{\alpha^{x-1}}{(1+\alpha)^{x+y}}\, d\alpha = \int_0^\infty \alpha^{x-1} \int_0^\infty \tau^{x+y-1} e^{-(1+\alpha)\tau}\, d\tau d\alpha$$

wegen (1.7.5). Vertauschung der Integrationsreihenfolge auf der rechten Seite ergibt

$$\Gamma(x+y)\,B(x,y) = \int_0^\infty \tau^{x+y-1} e^{-\tau} \left\{\int_0^\infty \alpha^{x-1} e^{-\alpha\tau}\, d\alpha\right\} d\tau$$

$$= \int_0^\infty \tau^{x+y-1} e^{-\tau} \frac{\Gamma(x)}{\tau^x}\, d\tau = \Gamma(x) \int_0^\infty \tau^{y-1} e^{-\tau}\, d\tau = \Gamma(x)\Gamma(y)$$

unter Beachtung von (1.7.7) mit Vertauschung von α und τ.

Eine etwas elegantere Herleitung geht auf Jacobi zurück. Man geht aus von

$$\Gamma(x) = \int_0^\infty e^{-t} t^{x-1}\, dt, \quad \Gamma(y) = \int_0^\infty e^{-\tau} \tau^{y-1}\, d\tau$$

und bildet das Produkt

$$\Gamma(x)\Gamma(y) = \int_0^\infty \int_0^\infty e^{-t-\tau} t^{x-1} \tau^{y-1}\, dt d\tau. \tag{1.7.8}$$

Mittels der Substitution

$$t+\tau = u, \quad \frac{\tau}{t+\tau} = v$$

werden zwei neue Veränderliche u und v eingeführt. Aus diesen beiden Beziehungen ergeben sich die neuen Integrationsgrenzen

$$0 \leq t + \tau = u < \infty$$

bzw.

$$0 \leq \frac{\tau}{t+\tau} = v \leq 1$$

und aus den inversen Gleichungen

$$t = u(1-v), \quad \tau = uv$$

die Jacobi-Determinante

$$\mathcal{J}(u,v) = \left|\frac{\partial(t,\tau)}{\partial(u,v)}\right| = \begin{vmatrix} 1-v & v \\ -u & u \end{vmatrix} = (1-v)u + vu = u.$$

Dem 1. Quadranten der t,τ-Ebene entspricht also der abgebildete Streifen der u,v-Ebene. Damit geht die Gleichung (1.7.8) über in

$$\begin{aligned}
\Gamma(x)\Gamma(y) &= \int_0^1 \int_0^\infty e^{-u}\{u(1-v)\}^{x-1}(uv)^{y-1} u\, du\, dv \\
&= \int_0^1 \int_0^\infty e^{-u} u^{x+y-1} v^{y-1}(1-v)^{x-1}\, du\, dv \\
&= \int_0^\infty e^{-u} u^{x+y-1}\, du \int_0^1 v^{y-1}(1-v)^{x-1}\, dv = \Gamma(x+y)\,\mathrm{B}(y,x) = \Gamma(x+y)\,\mathrm{B}(x,y).
\end{aligned}$$

Beispiele:

1.7.1. Wir betrachten das Integral

$$J = \int_0^1 \frac{dt}{\sqrt[3]{t^2(1-t)}} = \int_0^1 t^{-2/3}(1-t)^{-1/3}\, dt = \mathrm{B}\left(\frac{1}{3}, \frac{2}{3}\right)$$

und erhalten mit (1.7.6) und (1.6.9)

$$J = \frac{\Gamma(\frac{1}{3})\Gamma(\frac{2}{3})}{\Gamma(1)} = \Gamma\left(\frac{1}{3}\right)\Gamma\left(1-\frac{1}{3}\right) = \frac{\pi}{\sin\frac{\pi}{3}} = \frac{2\pi}{\sqrt{3}}.$$

1.7.2. Für den Quotienten zweier Werte der Betafunktion ergibt sich

$$\frac{\mathrm{B}(x+1,y)}{\mathrm{B}(x,y+1)} = \frac{\Gamma(x+1)\Gamma(y)\Gamma(x+y+1)}{\Gamma(x)\Gamma(y+1)\Gamma(x+y+1)} = \frac{x\Gamma(x)\Gamma(y)}{y\Gamma(x)\Gamma(y)} = \frac{x}{y},$$

also das Ergebnis der Aufgabe 1.7.1.

Aufgaben:

1.7.3. Man bestimme die Ergebnisse der Integrale

a) $\displaystyle\int_0^{\pi/2} \sin^{a-1}\varphi \cos^{b-1}\varphi\, d\varphi, \quad a, b \in \mathbf{R}$ positiv,

b) $\int_0^{\pi/2} \sin^{a-1} \varphi \, d\varphi, \quad a > 0,$

mit Hilfe der Gammafunktion.
c) Was ergibt sich für $a \in \mathbf{N}$ bei b)?
Anleitung zu c): Man unterscheide die Fälle a gerade bzw. ungerade.

1.7.4. Man berechne das Integral

$$\int_0^a \frac{dy}{\sqrt{a^4 - y^4}}.$$

Anleitung: Man wähle die Substitution $\left(\frac{y}{a}\right)^4 = t$ und beachte (1.7.6) und (1.6.9).

1.7.4 Anwendungen

1.7.4.1 Ergänzungssatz der Gammafunktion

Beim Beweis des Ergänzungssatzes der Gammafunktion haben wir bereits auf das mittels der Residuentheorie bewiesene Resultat

$$\int_0^\infty \frac{t^{x-1}}{1+t} dt = \frac{\pi}{\sin \pi x}$$

zurückgegriffen. Die linke Seite stellt aber das Integral (1.7.5) mit $x+y = 1$, d.h. die Betafunktion $\mathrm{B}(x, 1-x)$ dar. Es gilt also

$$\mathrm{B}(x, 1-x) = \int_0^\infty \frac{t^{x-1}}{1+t} dt = \frac{\Gamma(x)\Gamma(1-x)}{\Gamma(x+1-x)} = \Gamma(x)\Gamma(1-x)$$

und somit

$$\Gamma(x)\Gamma(1-x) = \frac{\pi}{\sin \pi x}, \tag{1.7.9}$$

d.h. der Ergänzungssatz der Gammafunktion.

1.7.4.2 Die Betafunktion und die Binomialkoeffizienten

Die Gleichung (1.7.4) wendet man z.B. dann an, wenn $y > 1$ ist und um 1 verkleinert werden soll. Durch die wiederholte Anwendung läßt sich stets erreichen, daß das zweite Argument kleiner gleich 1 ist.

Dies gilt auch für das erste Argument, da auf Grund der Symmetrie der Betafunktion auch die folgende Rekursionsformel gilt

$$\mathrm{B}(x, y) = \frac{x-1}{x+y-1} \mathrm{B}(x-1, y).$$

Ist $y = n \in \mathbf{N}$, ergibt sich nach mehrmaliger Anwendung von (1.7.4):

$$\mathrm{B}(x, n) = \frac{n-1}{x+n-1} \frac{n-2}{x+n-2} \cdots \frac{1}{x+1} \mathrm{B}(x, 1),$$

und mit

$$\mathrm{B}(x, 1) = \int_0^1 t^{x-1} dt = \left[\frac{t^x}{x}\right]_0^1 = \frac{1}{x}$$

folgt
$$\mathrm{B}(x,n) = \mathrm{B}(n,x) = \frac{1\cdot 2\cdots(n-1)}{x(x+1)\cdots(x+n-1)}.$$

Ist außerdem $x = m \in \mathbf{N}$, erhält man
$$\mathrm{B}(m,n) = \mathrm{B}(n,m) = \frac{(n-1)!}{m(m+1)\cdots(m+n-1)} = \frac{(n-1)!(m-1)!}{(m+n-1)!},$$

was übrigens auch direkt aus (1.7.6) folgt. Hier kann man sagen, daß die Betafunktion gegenüber den Binomialkoeffizienten
$$\binom{n+m}{n} = \frac{(n+m)!}{n!\,m!}$$
eine ähnliche Stellung einnimmt, wie die Gammafunktion gegenüber der Fakultät. Denn es gilt
$$\Gamma(n+1) = n!$$

und
$$\frac{1}{(n+m+1)\,\mathrm{B}(n+1,m+1)} = \frac{1}{n+m+1}\frac{(m+1+n+1-1)!}{n!\,m!} = \frac{(n+m)!}{n!\,m!} = \binom{m+n}{n}$$

bzw.
$$\mathrm{B}^{-1}(n+1,m+1) = (n+m+1)\binom{m+n}{n}.$$

Beispiele:

1.7.3. Es soll das Integral
$$J = \int_0^2 \sqrt{x(2-x)}\,dx$$
berechnet werden. Man substituiert $x = 2t$, $dx = 2dt$ (wegen der zu erzielenden Integrationsgrenzen 0 und 1) und erhält
$$\begin{aligned}J &= 2\int_0^1 \sqrt{2t(2-2t)}\,dt = 2\cdot 2\int_0^1 t^{1/2}(1-t)^{1/2}\,dt = 4\,B\left(\frac{3}{2},\frac{3}{2}\right) = 4\,\frac{\Gamma\left(\frac{3}{2}\right)\Gamma\left(\frac{3}{2}\right)}{\Gamma(3)}\\ &= \frac{4}{2!}\left[\frac{1}{2}\Gamma\left(\frac{1}{2}\right)\right]^2 = 2\,\frac{1}{4}\,\sqrt{\pi}^2 = \frac{\pi}{2}.\end{aligned}$$

1.7.4. Für das Integral
$$J = \int_0^{\pi/2} \sqrt{\tan\varphi}\,d\varphi$$
folgt mit (1.7.2)
$$J = \int_0^{\pi/2} \sin^{1/2}\varphi \cos^{-1/2}\varphi\,d\varphi = \frac{1}{2}\,\mathrm{B}\left(\frac{3}{4},\frac{1}{4}\right).$$

Mit (1.7.6) und dem Ergänzungssatz (1.7.9) mit $x = \frac{1}{4}$ ergibt sich
$$J = \frac{1}{2}\frac{\Gamma\left(\frac{3}{4}\right)\Gamma\left(\frac{1}{4}\right)}{\Gamma(1)} = \frac{1}{2}\Gamma\left(\frac{1}{4}\right)\Gamma\left(1-\frac{1}{4}\right) = \frac{1}{2}\frac{\pi}{\sin\frac{\pi}{4}} = \frac{\pi}{2}\sqrt{2} = \frac{\pi}{\sqrt{2}}.$$

1.7.5. Die Kurve
$$r^4 = \sin^3 \varphi \cos \varphi$$
hat je eine Schleife im 1. und 3. Quadranten. Denn da die linke Seite positiv ist, muß dies auch für die rechte Seite gelten. Das bedeutet, für φ kommen nur die Bereiche $0 \leq \varphi \leq \frac{\pi}{2}$ und $\pi \leq \varphi \leq \frac{3\pi}{2}$ in Betracht, und beide Schleifen sind symmetrisch zum Ursprung. Die von der Kurve eingeschlossene Fläche ist demnach laut Leibnizscher Sektorformel

$$\begin{aligned} A &= \frac{1}{2} 2 \int_{\varphi_1}^{\varphi_2} r^2 \, d\varphi = \frac{1}{2} 2 \int_0^{\pi/2} \sin^{3/2} \varphi \cos^{1/2} \varphi \, d\varphi = \frac{1}{2} \, \mathrm{B}\left(\frac{5}{4}, \frac{3}{4}\right) = \frac{1}{2} \frac{\Gamma\left(\frac{5}{4}\right)\Gamma\left(\frac{3}{4}\right)}{\Gamma(2)} \\ &= \frac{1}{2}\frac{1}{4}\Gamma\left(\frac{1}{4}\right)\Gamma\left(\frac{3}{4}\right) = \frac{1}{8}\frac{\pi}{\sin\frac{\pi}{4}} = \frac{\pi\sqrt{2}}{8} \end{aligned}$$

mit (1.7.1), der Funktionalgleichung (1.7.6) und dem Ergänzungssatz (1.7.9).

Aufgaben:

1.7.5. Man berechne
$$\int_0^1 x^2 (1-x^4)^{-1/3} \, dx.$$
Anleitung: Man substituiere $x^4 = t$.

1.7.6. Man berechne
$$\int_0^\infty \frac{dx}{1+x^4}.$$
Anleitung: Substitution wie in der Aufgabe 1.7.5. Beachte (1.7.5).

1.7.7. Man bestimme
$$\int_0^\pi \frac{d\varphi}{\sqrt{3-\cos\varphi}}.$$
Anleitung: Substitution $\cos\varphi = 1 - 2\sqrt{x}$.

1.8 Sprungfunktion und Stoßfunktion

1.8.1 Die Sprungfunktion

Eine der einfachsten und gleichzeitig der wichtigsten Funktionen z.B. in der Elektrotechnik ist die sogenannte **Sprungfunktion**, dargestellt in der Abbildung links. Sie ist eine Kurve, die für alle Punkte links vom Ursprung den Wert 0 und für alle Punkte rechts davon den Wert 1 hat.

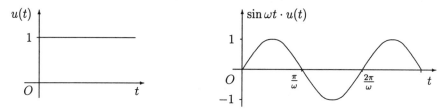

Sie verkörpert also einen Einheitssprung, und daher stammt die Bezeichnung $u(t)$ (unität = Einheit). Eine ihrer brauchbarsten Eigenschaften ist die, daß man aus einer beliebigen

Funktion durch Multiplikation mit $u(t)$ links vom Ursprung 0 erhält. Die rechte Abbildung zeigt das Beispiel
$f(t) = \sin \omega t \, u(t)$.

Nach HEAVISIDE[6] ist die verschobene Sprungfunktion

$$u(t-a) = \begin{cases} 0 & \text{für } t < a \\ 1 & \text{für } t > a \end{cases}$$

mit $a > 0$ benannt. Mit ihrer Hilfe ist es möglich, eine beliebige Funktion, die für $t < a$ verschwinden soll, in geschlossener Form zu beschreiben. Dies geschieht durch den Ausdruck

$$f(t)u(t-a) = \begin{cases} 0 & \text{für } t < a \\ f(t) & \text{für } t \geq a. \end{cases}$$

In der Abbildung ist die Funktion

$$t\,u(t-a) = \begin{cases} 0 & \text{für } t < a \\ t-a & \text{für } t \geq a \end{cases}$$

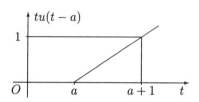

dargestellt.

Nun läßt sich ein rechteckiger Spannungsimpuls der Stärke A (Volt) und der Dauer a (sec) folgendermaßen beschreiben:

$$f_1(t) = Au(t) - Au(t-a). \tag{1.8.1}$$

Ebenso ist es möglich, das erste Viertel einer Sinusschwingung der Periode $2a$ durch den Ausdruck

$$f_2(t) = \sin\left(\frac{\pi t}{a}\right)\left\{u(t) - u\left(t - \frac{a}{2}\right)\right\}$$

darzustellen.

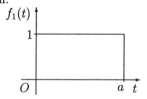
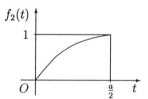

Schließlich können periodische Funktionen dargestellt werden durch Reihen von Gliedern, die aus Sprungfunktionen bestehen. Z. B. gibt der Ausdruck

$$f_3(t) = \sum_{k=0}^{\infty} \{u(t-2k) - u(t-2k-1)\} = u(t) - u(t-1) + u(t-2) - \ldots$$

eine Folge von periodisch wiederkehrenden Rechteckimpulsen wieder.

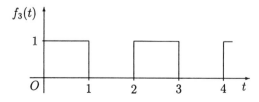

---

[6]Oliver Heaviside (1850 – 1925), englischer Mathematiker und Physiker

Auf diese Weise könnte man jede beliebige Funktion in eine Kombination von Sprungfunktionen zerlegen, analog der Zerlegung einer periodischen Schwingung in ihre Sinus- bzw. Cosinus-Komponenten.

1.8.2 Die Stoßfunktion

So wie im dreidimensionalen Raum eine elektrische Ladungsverteilung der Dichte $\varrho(\vec{r})$ gegeben sein kann, kann man sich auch vorstellen, daß auf einem Intervall der x-Achse Ladungen stetig verteilt sind mit der Dichte $\varrho(x)$. Es ist dann

$$\int_a^b \varrho(x)\,dx$$

die Gesamtladung im Intervall $a \leq x \leq b$. Wenn nun die Ladung nicht im Raum oder auf einer Geraden gleichmäßig verteilt („verschmiert") ist, sondern ein idealisiert punktförmiges Gebilde wie ein Elektron ist, wie würde dann $\varrho(x)$ aussehen? Offenbar müßte die Dichte überall Null sein, bis auf die Stelle $x = x_0$, an der sich das Elektron mit der Ladung e befinden soll, und es muß gelten

$$\int_a^b \varrho(x)\,dx = e.$$

Die Modellvorstellung einer punktförmigen Ladungsverteilung ist in der Abbildung angegeben. Man symbolisiert diese Pseudofunktion, die eigentlich gar keine ist, sondern in den Bereich der Distributionen gehört, durch

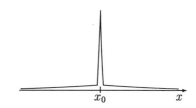

$$e\,\delta(x - x_0)$$

und nennt sie Delta-Funktion (δ-Funktion), DIRAC-Funktion[7] oder Impulsfunktion. Sie läßt sich folgendermaßen definieren:

Definition 1.8.1:
Die δ-Funktion ist diejenige verallgemeinerte Funktion von x, die
a) für alle $x \neq x_0$ den Wert Null hat,
b) zusammen mit stetigen Funktionen unter einem ebenfalls verallgemeinerten Integral wirkt wie

$$\int_a^b \delta(x - x_0) f(x)\,dx = f(x_0), \tag{1.8.2}$$

falls $x_0 \in (a, b)$.

Unter verallgemeinert versteht man hier die Schaffung einer neuen „Funktionsklasse" bzw. des Integralbegriffs. Das Integral kann nämlich kein Riemannsches sein, da das effektiv beitragende Integrationsintervall die Länge Null hat und somit das Riemann-Integral den Wert Null hätte.

---

[7]Paul Adrien Maurice Dirac (1902 – 1984), englischer Physiker

Für $x_0 \notin (a,b)$ liefert (1.8.2) übrigens den Wert 0, wegen a). Setzt man speziell $f(x) \equiv 1$, ergibt sich aus (1.8.2)

$$\int_a^b \delta(x-x_0)\,dx = \begin{cases} 1, & \text{falls } x_0 \in (a,b) \\ 0, & \text{falls } x_0 \notin (a,b). \end{cases} \quad (1.8.3)$$

Ohne eine Einschränkung vorzunehmen, soll im folgenden $x_0 = 0$ gesetzt werden, und anstelle der Ortsvariablen x die Zeitvariable $t \in \mathbf{R}$ betrachtet werden, da überwiegend im Zeitbereich die Delta-Funktion ihre Anwendung findet. Man definiert also

$$\int_{-\infty}^{\infty} \delta(t)f(t)\,dt = f(0), \quad (1.8.4)$$

woraus folgt $\delta(t) = 0$ für $t \neq 0$ und

$$\int_{-\infty}^{\infty} \delta(t)\,dt = 1. \quad (1.8.5)$$

Es gibt aber auch andere Möglichkeiten der Definition der δ-Funktion, die diese uns den eigentlichen Funktionen etwas näherbringen und uns erlauben, mit ihr wie mit einer gewöhnlichen Funktion umzugehen.

Die Deltafunktion wird z.B. als Grenzwert eines Impulses der Stärke 1 für die Impulsdauer $\tau \to 0$ aufgefaßt, d.h. als Grenzwert der Funktion

$$F_\tau(t) = \begin{cases} \frac{1}{\tau} & \text{für } 0 \leq t \leq \tau \\ 0 & \text{für } t > \tau. \end{cases}$$

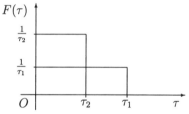

Die Beschreibung solch eines Impulses erfolgt nach (1.8.1) mit $A = \frac{1}{\tau}$ und $a = \tau$ durch die Gleichung

$$\frac{1}{\tau}u(t) - \frac{1}{\tau}u(t-\tau).$$

Somit ergibt sich die

Definition 1.8.2:

$$\delta(t) = \lim_{\tau \to 0} \frac{1}{\tau}\{u(t) - u(t-\tau)\}. \quad (1.8.6)$$

Man bezeichnet daher die Diracsche Delta-Funktion auch als **Impulsfunktion** oder Einheitsimpuls.

Praktisch bedeutet $\delta(t)$ eine kurze starke Erregung zum Zeitpunkt $t = 0$, z.B. einen Hammerschlag auf ein mechanisches System (Pendel), einen Blitzschlag in einem elektrischen System oder das Auftreten eines elektrischen Spannungs- oder Stromimpulses. Mit Hilfe der Delta-Funktion schreibt man zunächst symbolisch für einen zum Zeitpunkt $t = t_0$ auftretenden idealisierten Impuls der Stärke p:

$$p(t) = p\,\delta(t - t_0).$$

Beispiel:

1.8.1. Auf ein in Ruhe befindliches Federpendel (Masse m, Federkonstante c) wirke zum Zeitpunkt $t = t_0$ eine Kraft mit dem Impuls p. Dann lautet seine Bewegungsgleichung

$$m\ddot{x} = -cx + p\,\delta(t - t_0),$$

die wir aber momentan nicht lösen können, da uns die geeigneten Hilfsmittel dazu noch fehlen. Eine einfache Integration der Differentialgleichung ist ja nicht möglich. Auf elegante Art wird sich die Lösung mit Hilfe der Laplace-Transformation ergeben.

Wir vereinfachen nun das Problem und betrachten einen frei beweglichen Massenpunkt m, der zum Zeitpunkt $t = 0$ einen Anstoß erhält in Form eines Impulses der Stärke p. Dann lautet die Bewegungsgleichung

$$m\ddot{x} = p\,\delta(t),$$

und wenn man voraussetzt, daß $\dot{x}(-\infty) = x(-\infty) = 0$ ist, ergibt sich durch Integration

$$\int_{-\infty}^{t} m\ddot{x}\,d\tau = m\dot{x} = \int_{-\infty}^{t} p\,\delta(\tau)\,d\tau = p.$$

Durch nochmalige Integration von 0 bis ∞ erhält man

$$\int_{0}^{t} m\dot{x}\,d\tau = mx(t) = \int_{0}^{t} p\,d\tau = pt$$

und somit

$$x(t) = \frac{p}{m}\,t.$$

An der Gleichung (1.8.6) erkennt man, daß

$$\delta(t) = \begin{cases} 0 & \text{für alle } t \neq 0 \\ \text{„}\infty\text{"} & \text{für } t = 0 \end{cases}$$

in der Tat keine Funktion ist. Wir sind es gewohnt, z.B. in der Analysis „Unendlichkeitsstellen" einer Funktion auszuschließen, während bei $\delta(t)$ gerade diese Polstelle bei $t = 0$ die entscheidende Rolle spielt.

Übrigens ist auch für die so definierte Funktion $\delta(t)$ Gleichung (1.8.5) erfüllt, denn es ist

$$\int_{-\infty}^{\infty} F_\tau(t)\,dt = \int_{0}^{\tau} \frac{1}{\tau}\,dt = \frac{\tau}{\tau} = 1$$

unabhängig von τ und damit auch für $\tau \to 0$.

Es ist auch möglich, die Delta-Funktion als Ableitung der Sprungfunktion aufzufassen bzw. zu definieren. Dazu betrachtet man eine Funktion $f(t)$, die von 0 bis τ geradlinig ansteigt von dem Funktionswert 0 bis zum Wert 1, und dann konstant bleibt. Für $\tau \to 0$ erhält man daraus die Sprungfunktion $u(t)$.

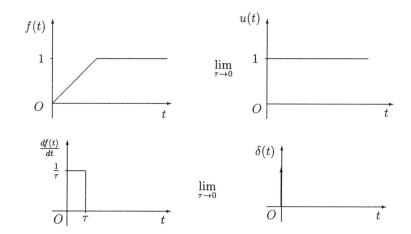

Für die Ableitung ergibt sich nun auf der linken Seite eine Funktion mit dem Wert $\frac{1}{\tau}$ für $0 < t < \tau$, sonst 0. Im Grenzfall $\tau \to 0$ geht also die Funktion $\frac{df(t)}{dt}$ in die δ-Funktion über. Damit ist auch die folgende Definition praktikabel:

Definition 1.8.3:

$$\delta(t) = \frac{d}{dt} u(t).$$

Aber auch eine Darstellung der Delta-Funktion durch eine „glatte" Funktion ist möglich, wie die folgende Definition zeigt:

Definition 1.8.4:

$$\delta(t) = \lim_{n \to \infty} \delta_n(t) = \lim_{n \to \infty} n \, e^{-\pi n^2 t^2}.$$

Für genügend großes t ist $\delta_n(t) \approx 0$, und es gilt immer

$$\int_{-\infty}^{\infty} \delta_n(t)\, dt = \int_{-\infty}^{\infty} n\, e^{-\pi n^2 t^2}\, dt = \int_{-\infty}^{\infty} n\, e^{-x^2}\, \frac{dx}{n\sqrt{\pi}} = \frac{\sqrt{\pi}}{\sqrt{\pi}} = 1,$$

mit $\pi n^2 t^2 = x^2$ bzw. $\sqrt{\pi}\, n\, dt = dx$.

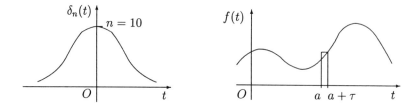

An der Gleichung (1.8.2) erkennt man, daß die Delta-Funktion aus einer Funktion unter dem Integral den Funktionswert ausblendet, bei dem das Argument der Delta-Funktion Null ist. In diesem Sinne kann man sich vorstellen, daß man eine gegebene Funktion $f(t)$ mittels der Delta-Funktion abtastet. Zunächst einmal werden beide Funktionen punktweise für alle Werte der t-Achse multipliziert und über ein beliebiges Intervall (α, β) integriert:

$$\int_\alpha^\beta f(t)\delta(t-a)\,dt = \int_\alpha^a f(t)\delta(t-a)\,dt + \int_a^{a+\tau} f(t)\delta(t-a)\,dt + \int_{a+\tau}^\beta f(t)\delta(t-a)\,dt.$$

Der erste und der letzte Term auf der rechten Seite verschwinden, und es bleibt

$$\int_\alpha^\beta f(t)\delta(t-a)\,dt = \int_a^{a+\tau} f(t)\delta(t-a)\,dt = f(a),$$

dabei war a ein beliebiger Wert der Veränderlichen t. Auf diese Weise lassen sich also einzelne Funktionswerte mit Hilfe der Delta-Funktion herausfiltern.

Aufgaben:

1.8.1. Man drücke durch Glieder der Sprungfunktion die „Sägezahnkurve" $f(t)$ aus, so daß

$$f(t) = \begin{cases} 0 & \text{für} \quad t \leq 0 \\ \frac{t}{a} - n & \text{für} \quad n \leq \frac{t}{a} < n+1, n \in \mathbf{N}_0 \end{cases}.$$

1.8.2. Man zeichne den Graph der folgenden Funktionen:

a) $f_1(t) = t^2 u(t)$, \qquad b) $f_2(t) = (t-1)^2 u(t)$,

c) $f_3(t) = (t-1)^2 u(t-1)$, \qquad d) $f_4(t) = t^2 u(t-1)$.

1.8.3. Man beschreibe die folgenden Funktionen mit Hilfe der Sprungfunktion $u(t)$:

a) $f(t) = \begin{cases} t^2 & \text{für} \quad 0 < t < 2 \\ 2t & \text{für} \quad t > 2 \end{cases}$ \qquad b) $f(t) = \begin{cases} \sin t & \text{für} \quad 0 < t < \pi \\ \sin 2t & \text{für} \quad \pi < t < 2\pi \\ \sin 3t & \text{für} \quad t > 2\pi \end{cases}.$

1.8.4. Man berechne das Integral

$$\int_{-\infty}^\infty e^{-t} u(t-2)\,dt.$$

1.8.5. Man berechne

$$\int_{-1}^1 \delta(t)\{f(t) - f(0)\}\,dt.$$

1.8.6. Man zeige, daß gilt

$$\int_{-\infty}^t \delta(\tau)\,d\tau = u(t).$$

1.8.7. Die Delta-Funktion sei durch den Grenzwert der Funktionenfolge

$$\delta_n(t) = \begin{cases} n & \text{für} \quad 0 < t < \frac{1}{n} \\ 0 & \text{sonst} \end{cases}$$

für $n \to \infty$ dargestellt. Welche Funktionenfolge ergibt sich für die Sprungfunktion? Man beachte Aufgabe 1.8.6.

1.8.8. Man zeige, daß für die Delta-Funktion auch die folgende Definition möglich wäre:

$$\delta(t) = \begin{cases} 0 & \text{für } t < 0 \\ \lim_{\alpha \to \infty} \alpha e^{-\alpha t} & \text{für } t > 0. \end{cases}$$

1.8.9. Man beweise mit Hilfe der Definition 1.8.3 die Gültigkeit der Gleichungen (1.8.2) und (1.8.4).

1.8.10. Man berechne

$$\int_{-\infty}^{\infty} \cos 2t \, \delta\left(t - \frac{\pi}{3}\right) dt.$$

2 Fouriertransformation

2.1 Komplexe Form der Fourierreihen

Gegeben sei eine auf einem Intervall $I \subset \mathbf{R}$ *stückweise glatte Funktion*[1] mit der Periode T, d.h., es gilt für alle $t, t+T \in I$

$$f(t) = f(t+T).$$

Dann läßt sich, wie wir wissen, $f(t)$ in eine FOURIERreihe[2] entwickeln:

$$f(t) = \sum_{n=0}^{\infty}(a_n \cos n\omega t + b_n \sin n\omega t),$$

mit $\omega = \frac{2\pi}{T}$ und den Fourierkoeffizienten

$$a_0 = \frac{1}{T}\int_{-T/2}^{T/2} f(t)\,dt, \quad a_n = \frac{2}{T}\int_{-T/2}^{T/2} f(t)\cos n\omega t\,dt,$$

$$b_n = \frac{2}{T}\int_{-T/2}^{T/2} f(t)\sin n\omega t\,dt, \quad n \in \mathbf{N}.$$

So gilt es im Reellen. Nun können wir aber unter Berücksichtigung der Beziehungen

$$\cos\varphi = \frac{1}{2}(e^{i\varphi}+e^{-i\varphi}), \quad \sin\varphi = \frac{1}{2i}(e^{i\varphi}-e^{-i\varphi}) = \frac{-i}{2}(e^{i\varphi}-e^{-i\varphi})$$

schreiben

$$f(t) \;-\; \frac{1}{2}\sum_{n=0}^{\infty}\{a_n(e^{in\omega t}+e^{-in\omega t}) - ib_n(e^{in\omega t}-e^{-in\omega t})\}$$

$$= \frac{1}{2}\sum_{n=0}^{\infty}\{(a_n - ib_n)e^{in\omega t} + (a_n + ib_n)e^{-in\omega t}\}, \qquad (2.1.1)$$

wobei

$$a_n \pm ib_n = \frac{2}{T}\int_{-T/2}^{T/2} f(t)(\cos n\omega t \pm i\sin n\omega t)\,dt = \frac{2}{T}\int_{-T/2}^{T/2} f(t)e^{\pm in\omega t}\,dt, \quad n \in \mathbf{N},$$

und

$$a_0 = \frac{1}{T}\int_{-T/2}^{T/2} f(t)\,dt, \quad b_0 = 0.$$

Abkürzend schreiben wir für das sogenannte „Frequenzspektrum"

$$\frac{2}{T}F_n(\omega) = a_n - ib_n = \frac{2}{T}\int_{-T/2}^{T/2} f(t)e^{-in\omega t}\,dt, \quad n \in \mathbf{N}, \qquad (2.1.2)$$

---

[1] Stückweise glatt bedeutet, daß die Funktion stetig differenzierbar ist, ausgenommen auf einer Menge von Punkten, die sich nirgends häufen, und daß in diesen Punkten die rechts- und linksseitigen Grenzwerte der Ableitung existieren.
[2] Jean Baptiste Joseph Fourier (1768 – 1830), französischer Mathematiker und Physiker

bzw. für $n = 0$:
$$\frac{1}{T} F_0(\omega) = a_0.$$

Dann ist
$$a_n + ib_n = \frac{2}{T} \int_{-T/2}^{T/2} f(t) e^{in\omega t} dt = \frac{2}{T} F_{-n}(\omega), \quad n \in \mathbf{N}, \tag{2.1.3}$$

und wir erhalten für die Reihe (2.1.1)
$$f(t) = \frac{1}{2} \sum_{n=0}^{\infty} \left\{ \frac{2}{T} F_n(\omega) e^{in\omega t} + \frac{2}{T} F_{-n}(\omega) e^{-in\omega t} \right\} = \frac{1}{T} \sum_{n=-\infty}^{\infty} F_n(\omega) e^{in\omega t}. \tag{2.1.4}$$

Dabei ist zu beachten, daß für den Summanden in (2.1.1) bzw. (2.1.4) für $n = 0$ tatsächlich gilt
$$\begin{aligned}\frac{1}{2}\{(a_0 - ib_0) + (a_0 + ib_0)\} &= a_0 = \frac{1}{T} \int_{-T/2}^{T/2} f(t) e^{-i0\omega t} dt \\ &= \frac{1}{T} F_0(\omega) = \frac{1}{T} F_0(\omega) e^{i0\omega t}.\end{aligned}$$

Gleichung (2.1.4) gibt die **komplexe Form** der Fourierreihe von $f(t)$ an mit den komplexen Fourierkoeffizienten (2.1.2) bzw. (2.1.3) und $F_0(\omega) = T a_0$.

Beispiel:

2.1.1. Wir betrachten einen periodischen Rechteckimpuls

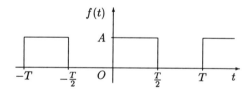

mit der analytischen Darstellung
$$f(t) = \begin{cases} A & \text{für} \quad 0 < t < \frac{T}{2} \\ 0 & \text{für} \quad -\frac{T}{2} < t < 0 \end{cases}$$

und $f(t) = f(t+T)$. Für das Frequenzspektrum bzw. die Fourierkoeffizienten ergibt sich mit $\omega = \frac{2\pi}{T}$

$$\begin{aligned}F_n(\omega) &= \int_{-T/2}^{T/2} f(t) e^{-in\omega t} dt = \int_{-T/2}^{0} 0 \cdot e^{-in\omega t} dt + A \int_0^{T/2} e^{-in\omega t} dt \\ &= \frac{-A}{in\omega} \left[e^{-in\omega t} \right]_0^{T/2} = \frac{Ai}{n\omega} (e^{-in\omega T/2} - 1) \\ &= \frac{iAT}{2\pi n} (e^{-in\pi} - 1), \quad n \in \mathbf{Z}, n \neq 0,\end{aligned} \tag{2.1.5}$$

und für $n = 0$:
$$F_0(\omega) = \int_0^{T/2} A \, dt = \frac{AT}{2}.$$

Damit ergibt sich für die Fourierreihe (2.1.4)

$$
\begin{aligned}
f(t) &= \frac{1}{T}\sum_{\substack{n=-\infty\\n\neq 0}}^{\infty}\frac{iAT}{2\pi n}(e^{-in\pi}-1)e^{in\omega t}+\frac{A}{2}\\
&= \frac{iA}{2\pi}\sum_{\substack{n=-\infty\\n\neq 0}}^{\infty}\frac{\cos n\pi-1}{n}e^{in\omega t}+\frac{A}{2}=\frac{iA}{2\pi}\sum_{\substack{n=-\infty\\n\neq 0}}^{\infty}\frac{(-1)^n-1}{n}e^{in\omega t}+\frac{A}{2}.
\end{aligned}
$$

Wollen wir diese Reihe in die reelle Schreibweise überführen, erhalten wir

$$
\begin{aligned}
f(t) &= \frac{1}{T}F_0(\omega)+\frac{iA}{2\pi}\sum_{\substack{n=-\infty\\n\neq 0}}^{\infty}\frac{(-1)^n-1}{n}(\cos n\omega t+i\sin n\omega t)\\
&= \frac{1}{T}\frac{AT}{2}+\frac{iA}{2\pi}2i\sum_{n=1}^{\infty}\frac{(-1)^n-1}{n}\sin n\omega t\\
&= \frac{A}{2}-\frac{A}{\pi}\sum_{n=1}^{\infty}\frac{(-1)^n-1}{n}\sin n\omega t=\frac{A}{2}-\frac{A}{\pi}\sum_{k=0}^{\infty}\frac{-2}{2k+1}\sin(2k+1)\omega t\\
&= \frac{A}{2}+\frac{2A}{\pi}\sum_{k=0}^{\infty}\frac{\sin(2k+1)\omega t}{2k+1}, &(2.1.6)
\end{aligned}
$$

da $\frac{\cos n\omega t}{n}$ bezüglich $n\in\mathbf{Z}$ eine ungerade und $\frac{\sin n\omega t}{n}$ eine gerade Funktion ist. Die Reihe (2.1.6) ist uns bekannt. Für $T=2\pi$ bzw. $\omega=1$ lautet sie:

$$
f(t)=A\left\{\frac{1}{2}+\frac{2}{\pi}\sum_{k=0}^{\infty}\frac{\sin(2k+1)t}{2k+1}\right\}=\frac{2A}{\pi}\left\{\frac{\pi}{4}+\sin t+\frac{\sin 3t}{3}+\frac{\sin 5t}{5}+\ldots\right\}.
$$

2.2 Das Fourierintegral

In (2.1.4) ist ω die Kreisfrequenz der Grundschwingung. Wir schreiben für sie ω_1. Die Frequenzen der Oberschwingungen sind durch ganzzahlige Vielfache $n\omega_1$ der Grundfrequenz gegeben. Ihre Abstände sind damit $\Delta\omega=\omega_1$. Mit

$$\omega=n\omega_1 \qquad (2.2.1)$$

können wir für (2.1.4) bzw. (2.1.2) schreiben

$$
f(t)=\frac{\omega_1}{2\pi}\sum_{\substack{n=-\infty\\n\neq 0}}^{\infty}F_n(\omega_1)e^{in\omega_1 t}+\frac{F_0(\omega_1)}{T}=\frac{1}{2\pi}\sum_{\substack{\omega=-\infty\\\omega\neq 0}}^{\infty}F(\omega)e^{i\omega t}\frac{\omega}{n}+\frac{F(0)}{T},
$$

mit

$$F(\omega)=\int_{-T/2}^{T/2}f(t)e^{-i\omega t}\,dt.$$

Wir ersetzen noch in (2.2.1) ω_1 durch $\Delta\omega$ und erhalten mit

$$T=\frac{1}{\nu}=\frac{2\pi}{\Delta\omega}\quad\text{bzw.}\quad\frac{T}{2}=\frac{\pi}{\Delta\omega}: \qquad (2.2.2)$$

$$f(t) = \frac{1}{2\pi} \sum_{\omega=-\infty}^{\infty} \left\{ \int_{-\pi/\triangle\omega}^{\pi/\triangle\omega} f(t)e^{-i\omega t}\, dt \right\} e^{i\omega t}\, \triangle\omega. \qquad (2.2.3)$$

Nun betrachten wir den Übergang von diskreten Kreisfrequenzen zu einer stetig veränderlichen. Aus diesem Grund schicken wir $\triangle\omega \to 0$. Damit geht nach (2.2.2) $T \to \infty$, und aus der geschweiften Klammer in (2.2.3) wird:

$$F(\omega) = \int_{-\infty}^{\infty} f(t)e^{-i\omega t}\, dt. \qquad (2.2.4)$$

Außerdem setzt man - analog zur Definition des Riemann-Integrals - an die Stelle der Summe in (2.2.3) ein Integral, so daß $f(t)$ die Darstellung

$$f(t) = \frac{1}{2\pi} \int_{-\infty}^{\infty} F(\omega)e^{i\omega t}\, d\omega \qquad (2.2.5)$$

hat. Der Ausdruck (2.2.4) heißt **direktes Fourierintegral** und (2.2.5) **inverses Fourierintegral**.

Beispiel:

2.2.1. Wir betrachten einen aperiodischen Rechteckimpuls der Form

$$f(t) = \begin{cases} A & \text{für } -\frac{T}{2} < t < \frac{T}{2} \\ 0 & \text{sonst.} \end{cases}$$

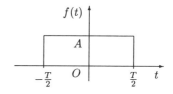

Wir wollen das zugehörige Frequenzspektrum bestimmen. Es ist nach (2.2.4)

$$\begin{aligned}
F(\omega) &= \int_{-\infty}^{-T/2} 0 \cdot e^{-i\omega t}\, dt + A\int_{-T/2}^{T/2} e^{-i\omega t}\, dt + \int_{T/2}^{\infty} 0 \cdot e^{-i\omega t}\, dt \\
&= \frac{-A}{i\omega}\left[e^{-i\omega t}\right]_{-T/2}^{T/2} = \frac{Ai}{\omega}\left(e^{-i\omega\frac{T}{2}} - e^{i\omega\frac{T}{2}}\right) = \frac{-Ai}{\omega}2i\sin\omega\frac{T}{2} = \frac{2A}{\omega}\sin\omega\frac{T}{2}.
\end{aligned}$$

Wir stellen also fest, daß bei einem einzelnen aperiodischen Impuls **alle** Frequenzen auftreten, außer gewissen Frequenzen an diskreten Stellen im Spektrum, nämlich dort, wo $F(\omega) = 0$. In diesem Fall sind das die Werte

$$\omega\frac{T}{2} = n\pi \quad \text{bzw.} \quad \nu = \frac{1}{T} = \frac{\omega}{2\pi n}, \quad n \in \mathbf{Z}, n \neq 0.$$

Dieses Verhalten ist umgekehrt zum periodischen Fall. Dort traten nur (wenn auch meistens unendlich viele) diskrete Frequenzen auf, wie im Beispiel 2.1.1.

2.3 Die Fouriertransformation

Bekanntlich werden bei einer Funktion zwei Mengen (eindeutig) einander zugeordnet. So entsprechen bei der Funktion $y = \ln x$ den Werten $x \in \mathbf{R}$, $x > 1$, die Werte $0 < y < \infty$. Gerade von dieser Funktion wissen wir, wie hilfreich sie sein kann bei der Lösung mancher Probleme. So kann man z.B. zwei (sehr große bzw. sehr kleine Zahlen) a und b multiplizieren, indem man ihre Logarithmen addiert und diese Summe „zurücktransformiert". Denn es gilt mit

$$x = ab: \quad \ln x = \ln a + \ln b.$$

Oder die Gleichung

$$e^x = a$$

läßt sich nach x auflösen, indem man beide Seiten logarithmiert, d.h. einer „Transformation" unterwirft:

$$\ln(e^x) = x = \ln a.$$

Unter einer **Transformation** versteht man allgemein die eineindeutige Zuordnung von Elementen einer Menge zu Elementen einer anderen Menge. Von einer **Funktionaltransformation** spricht man, wenn einer Menge von Funktionen eine neue Menge von Funktionen zugeordnet wird. Damit ist die sogenannte Spektralfunktion (2.2.4) das Bild einer Funktionaltransformation, man bezeichnet sie als **Fouriertransformation** und schreibt

$$F(\omega) = \mathcal{F}\{f(t)\} = \int_{-\infty}^{\infty} f(t) e^{-i\omega t}\, dt.$$

Bei der Umkehrung der Fouriertransformation ist die Spektralfunktion $F(\omega)$ gegeben und die zugehörige Originalfunktion $f(t)$ gesucht. Man verwendet dabei die Bezeichnung

$$\mathcal{F}^{-1}\{F(\omega)\} = f(t).$$

Der einfachste hinreichende Satz über die Rücktransfomation ist der

Satz 2.3.1: *Existiert das Integral*

$$\int_{-\infty}^{\infty} |f(t)|\, dt$$

und ist $f(t)$ von beschränkter Variation[3] in einer Umgebung von t, so gilt dort

$$\frac{1}{2}\{f(t+0) - f(t-0)\} = \lim_{R\to\infty} \frac{1}{2\pi} \int_{-R}^{R} e^{i\omega t} F(\omega)\, d\omega.$$

Dabei ist das letzte Integral als Cauchyscher Hauptwert zu verstehen.

(Ohne **Beweis**).

Dieser sogenannten Inversen können wir noch eine andere Form geben. Wir schreiben

$$F(\omega) = \int_{-\infty}^{\infty} f(t)(\cos\omega t - i\sin\omega t)dt = A(\omega) - iB(\omega)$$

und erhalten mit

$$A(\omega) = \int_{-\infty}^{\infty} f(t)\cos\omega t\, dt \qquad (2.3.1)$$

$$B(\omega) = \int_{-\infty}^{\infty} f(t)\sin\omega t\, dt : \qquad (2.3.2)$$

---

[3] $f(t)$ heißt von beschränkter Variation, wenn $f(t)$ als Differenz zweier monoton wachsender Funktionen dargestellt werden kann. Eine solche Funktion $f(t)$ hat als Unstetigkeitsstellen höchstens Sprungstellen.

$$f(t) = \frac{1}{2\pi} \int_{-\infty}^{\infty} \{A(\omega) - iB(\omega)\}(\cos\omega t + i\sin\omega t)d\omega$$

$$= \frac{1}{2\pi}\left\{\int_{-\infty}^{\infty}\{A(\omega)\cos\omega t + B(\omega)\sin\omega t\}d\omega + i\int_{-\infty}^{\infty}\{A(\omega)\sin\omega t - B(\omega)\cos\omega t\}d\omega\right\}$$

$$= \frac{2}{2\pi}\int_0^{\infty}\{A(\omega)\cos\omega t + B(\omega)\sin\omega t\}d\omega + 0$$

$$= \frac{1}{\pi}\int_0^{\infty}\{A(\omega)\cos\omega t + B(\omega)\sin\omega t\}d\omega, \qquad (2.3.3)$$

da $A(\omega)$ eine gerade bzw. $B(\omega)$ eine ungerade Funktion bezüglich ω ist.

Übrigens läßt sich der Faktor $\frac{1}{\pi}$ auch bei den Integralen (2.3.1) und (2.3.2) anbringen, entfällt dann aber in (2.3.3). Entscheidend ist, daß die Faktoren der Integrale in (2.3.1) und (2.3.3) bzw. (2.3.2) und (2.3.3) das Produkt $\frac{1}{\pi}$ ergeben.

Da die Fouriertransformation nur kurz vorgestellt werden soll, dabei aber auf die Rechenregeln (z.B. Transformation der Ableitung von $f(t)$ oder Bestimmung der Inversen) nicht eingegangen wird, ist es nicht möglich, ein Beispiel vorzustellen, bei dem ein Problem mit Hilfe der Fouriertransformation gelöst wird. Dennoch soll aber ein kleiner Einblick für den Einsatz dieser Transformation an zwei Beispielen gegeben werden.

Beispiel:

2.3.1. Wir wollen zunächst die Fourier-Transformierte von

$$y = f(t) = \begin{cases} 1 & \text{für } |t| < a \\ 0 & \text{für } |t| > a \end{cases}$$

berechnen. Nach Beispiel 2.2.1 erhalten wir mit $A = 1$, $\frac{T}{2} = a$:

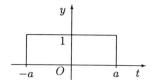

$$F(\omega) = \frac{2}{\omega}\sin\omega a \quad \text{für } \omega \neq 0.$$

Für $\omega = 0$ gilt nach der Regel von l'Hospital

$$F(0) = \lim_{\omega \to 0}\frac{2\sin\omega a}{\omega} = \lim_{\omega \to 0}\frac{2a\cos\omega a}{1} = 2a.$$

Wir können mit Satz 2.2.1 weiter schreiben

$$f(t) = \frac{1}{2\pi}\lim_{R\to\infty}\int_{-R}^{R}2\frac{\sin\omega a}{\omega}e^{i\omega t}d\omega = \frac{1}{\pi}\lim_{R\to\infty}\int_{-R}^{R}\frac{\sin\omega a\, e^{i\omega t}}{\omega}d\omega = \begin{cases} 1 & \text{für } |t| < a \\ 0 & \text{für } |t| > a \end{cases}$$

bzw.

$$\pi = \lim_{R\to\infty}\int_{-R}^{R}\frac{\sin\omega a}{\omega}e^{i\omega t}d\omega = \lim_{R\to\infty}\int_{-R}^{R}\frac{\sin\omega a\cos\omega t}{\omega}d\omega + i\lim_{R\to\infty}\int_{-R}^{R}\frac{\sin\omega a\sin\omega t}{\omega}d\omega$$

$$= \lim_{R\to\infty}\int_{-R}^{R}\frac{\sin\omega a\cos\omega t}{\omega}d\omega + 0$$

für $|t| < a$, da der Integrand im zweiten Integral (Imaginärteil) bezüglich ω eine ungerade Funktion ist und damit das Integral als Cauchyscher Hauptwert verschwindet. Setzen wir nun noch $t = 0$ und $a = 1$, ergibt sich

$$\int_{-\infty}^{\infty}\frac{\sin\omega}{\omega}d\omega = \pi \quad \text{bzw.} \quad \int_0^{\infty}\frac{\sin x}{x}dx = \frac{\pi}{2}.$$

Das ist der Grenzwert des Integralsinus

$$Si(x) = \int_0^x \frac{\sin t}{t}\, dt \quad \text{für} \quad x \to \infty.$$

Die Fouriertransformation hat noch weitere Anwendungen insbesondere bei partiellen Differentialgleichungen. Wir greifen ein einfaches Beispiel heraus.

Beispiel:
2.3.2. Die Differentialgleichung einer schwingenden Saite lautet

$$\frac{\partial^2 y}{\partial t^2} = a^2 \frac{\partial^2 y}{\partial x^2}, \qquad (2.3.4)$$

wobei $a^2 = \frac{\sigma}{\rho q} \neq 0$, σ die Spannung, ρ die Dichte und q der Querschnitt der Saite ist. Nun sei zum Zeitpunkt $t = 0$ die Auslenkung

$$y(x, 0) = f(x)$$

gegeben und vorausgesetzt, daß die Saite in diesem Augenblick in Ruhe ist, d.h., daß gilt

$$\left.\frac{\partial y}{\partial t}\right|_{t=0} = \dot{y}(0) = 0. \qquad (2.3.5)$$

Mit dem Ansatz

$$y(x, t) = X(x) T(t)$$

erhalten wir

$$\frac{\partial^2 y}{\partial t^2} = X \ddot{T} = a^2 \frac{\partial^2 y}{\partial x^2} = a^2 X'' T$$

bzw. nach Division durch $a^2 XT$:

$$\frac{X''}{X} = \frac{1}{a^2} \frac{\ddot{T}}{T}.$$

Dabei bedeuten X' die Ableitung von $X(x)$ nach x und $\dot{T}$ die Ableitung von $T(t)$ nach t. Die linke Seite ist eine Funktion von x, die rechte Seite von t. Das ist nur möglich, wenn beide Seiten konstant, z.B. $= K$, sind. So erhalten wir

$$\frac{X''}{X} = K \quad \text{bzw.} \quad X'' - KX = 0 \qquad (2.3.6)$$

und

$$\frac{1}{a^2} \frac{\ddot{T}}{T} = K \quad \text{bzw.} \quad \ddot{T} - a^2 KT = 0. \qquad (2.3.7)$$

Zu Gleichung (2.3.6) gehört bekanntlich die charakteristische Gleichung

$$\alpha^2 - K = 0$$

mit den Lösungen

$$\alpha_{1,2} = \pm\sqrt{K}.$$

Das führt zu den Lösungsfunktionen
$$X(x) = C_1 e^{\sqrt{K}x} + C_2 e^{-\sqrt{K}x}$$
für $K \neq 0$ bzw.
$$X(x) = C_1 x + C_2$$
für $K = 0$. Die Lösungen sind nur periodisch, wenn $K < 0$ (man erwartet i.allg. bei einer Schwingung eine periodische Lösung!). Deshalb setzen wir $K = -\lambda^2$ und erhalten mit
$$\alpha_{1,2} = \pm i\lambda:$$
$$X = C_1 e^{i\lambda x} + C_2 e^{-i\lambda x} = A\cos\lambda x + B\sin\lambda x,$$
und aus der Differentialgleichung (2.3.7) wird
$$\ddot{T} + a^2\lambda^2 T = 0.$$
Hier ergeben sich analog zu jedem Wert $\lambda \neq 0$ die beiden Basislösungen
$$T_1 = \cos a\lambda t \quad \text{bzw.} \quad T_2 = \sin a\lambda t$$
mit den Ableitungen
$$\dot{T}_1 = -a\lambda \sin a\lambda t \quad \text{bzw.} \quad \dot{T}_2 = a\lambda \cos a\lambda t.$$
Auf Grund der Bedingung (2.3.5) kommt nur die erste Lösung T_1 in Frage, so daß wir erhalten
$$y(x,t) = X(x)T(t) = (A\cos\lambda x + B\sin\lambda x)\cos a\lambda t.$$
Jede Funktion $y = X(x)T(t)$ erfüllt die Bedingung $\dot{y}(0) = 0$, aber nicht unbedingt die andere Randbedingung
$$y(x,0) = f(x).$$
Daher erfolgt nun ein *Integralansatz* in der Form
$$y(x,t) = \int_0^\infty \{A(\lambda)\cos\lambda x + B(\lambda)\sin\lambda x\}\cos\lambda at\, d\lambda. \tag{2.3.8}$$
Hieraus ergibt sich mit $t = 0$:
$$y(x,0) = f(x) = \int_0^\infty \{A(\lambda)\cos\lambda x + B(\lambda)\sin\lambda x\}d\lambda,$$
und man kann für $A(\lambda)$ bzw. $B(\lambda)$ unter Beachtung von (2.3.1), (2.3.2) und (2.3.3) schreiben
$$A(\lambda) = \frac{1}{\pi}\int_{-\infty}^\infty f(\tau)\cos\lambda\tau\, d\tau, \quad B(\lambda) = \frac{1}{\pi}\int_{-\infty}^\infty f(\tau)\sin\lambda\tau\, d\tau.$$
Diese Werte setzt man in (2.3.3) ein und erhält
$$\begin{aligned}
y(x,t) &= \frac{1}{\pi}\int_0^\infty \int_{-\infty}^\infty f(\tau)\{\cos\lambda x\cos\lambda\tau + \sin\lambda x\sin\lambda\tau\}\cos\lambda at\, d\tau d\lambda \\
&= \frac{1}{\pi}\int_0^\infty \int_{-\infty}^\infty f(\tau)\cos\lambda(x-\tau)\cos\lambda at\, d\tau d\lambda \\
&= \frac{1}{2\pi}\int_0^\infty \int_{-\infty}^\infty f(\tau)\{\cos\lambda(x+at-\tau) + \cos\lambda(x-at-\tau)\}d\tau d\lambda \\
&= \frac{1}{2\pi}\int_0^\infty \int_{-\infty}^\infty f(\tau)\cos\lambda(x+at-\tau)\, d\tau d\lambda \\
&\quad + \frac{1}{2\pi}\int_0^\infty \int_{-\infty}^\infty f(\tau)\cos\lambda(x-at-\tau)\, d\tau d\lambda, \tag{2.3.9}
\end{aligned}$$

unter Beachtung der Beziehung

$$\cos\alpha\cos\beta = \frac{1}{2}\{\cos(\alpha-\beta)+\cos(\alpha+\beta)\}.$$

In den Gleichungen (2.3.1) und (2.3.2) ersetzen wir ω durch λ und t durch τ und setzen sie in (2.3.3) ein:

$$\begin{aligned}f(t) &= \frac{1}{\pi}\int_0^\infty\left\{\int_{-\infty}^\infty f(\tau)\cos\lambda\tau\cos\lambda t\,d\tau + \int_{-\infty}^\infty f(\tau)\sin\lambda\tau\sin\lambda t\,d\tau\right\}d\lambda \\ &= \frac{1}{\pi}\int_0^\infty\int_{-\infty}^\infty f(\tau)\cos\lambda(t-\tau)\,d\tau d\lambda.\end{aligned}$$

Wird t durch $x+at$ bzw. $x-at$ ersetzt, ergibt sich daraus

$$f(x+at) = \frac{1}{\pi}\int_0^\infty\int_{-\infty}^\infty f(\tau)\cos\lambda(x+at-\tau)\,d\tau d\lambda$$

bzw.

$$f(x-at) = \frac{1}{\pi}\int_0^\infty\int_{-\infty}^\infty f(\tau)\cos\lambda(x-at-\tau)\,d\tau d\lambda.$$

Das aber sind die beiden Integrale in (2.3.9), so daß wir schreiben können

$$y(x,t) = \frac{1}{2}\{f(x+at)+f(x-at)\}.$$

Damit haben wir die Lösung der Differentialgleichung (2.3.4) gefunden. Wir wollen dieses Ergebnis noch etwas näher untersuchen. Dazu betrachten wir die Teillösung $f(x+at)$. Zum Zeitpunkt $t=0$ hat sie die Gestalt $f(x)$.

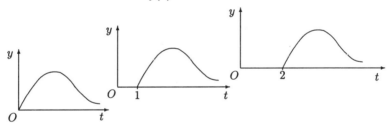

Nach einer Sekunde ($t=1$) lautet sie $f(x+a)$, für $t=2$: $f(x+2a)$. D.h., die Funktion wandert in der Richtung der positiven x-Achse. Man beobachtet also eine Art Wellenbewegung. Ähnliches gilt für den Term $f(x-at)$. Das eine sind nach rechts wandernde Wellenzüge, das andere sich nach links bewegende. Auf Grund dieser Gestalt der Lösungen spricht man bei (2.3.4) auch von der (eindimensionalen) **Wellengleichung**.

Kommen wir nun noch zur Frage der Existenz des Fourierintegrals bzw. der Fouriertransformation. Dazu betrachten wir als Beispiel die Sprungfunktion

$$u(t) = \begin{cases} 1 & \text{für } t>0 \\ 0 & \text{für } t<0. \end{cases}$$

Wir erhalten

$$\begin{aligned}F(\omega) &= \mathcal{F}\{u(t)\} = \int_{-\infty}^0 0\cdot e^{-i\omega t}\,dt + \int_0^\infty e^{-i\omega t}\,dt \\ &= \lim_{T\to\infty}\frac{1}{-i\omega}\left[e^{-i\omega t}\right]_0^T = \lim_{T\to\infty}\frac{-i}{\omega}\left(1-e^{-i\omega T}\right) = \lim_{T\to\infty}\frac{-i}{\omega}\left(1-\cos\omega T + i\sin\omega T\right),\end{aligned}$$

doch diese Werte existieren nicht. Das bedeutet, die Sprungfunktion ist nicht transformierbar, für sie kann keine Fourier-Transformierte bestimmt werden. Woran liegt das? Eine Antwort darauf gibt der Satz 2.3.2, den wir ohne Beweis angeben:

Satz 2.3.2: *Ist die Funktion $f(t)$ für $t \in \mathbf{R}$ definiert, stückweise monoton und stetig und absolut integrierbar, d.h.*

$$\int_{-\infty}^{\infty} |f(t)|\, dt < M,$$

so existiert für sie das Fourierintegral.

Mit $f(t) = u(t)$ ergibt sich aber

$$\int_{-\infty}^{\infty} |u(t)|\, dt = \lim_{T \to \infty} \int_0^T 1 \cdot dt = \lim_{T \to \infty} \left[t\right]_0^T,$$

d.h. Divergenz. Da dies für viele einfache Zeitfunktionen wie z.B. t^n, $n \in \mathbf{N}$; e^{at}, $a > 0$, usw. ebenfalls gilt, hat die Fouriertransformation nur eine etwas eingeschränkte Verwendungsmöglichkeit und nicht die Bedeutung wie eine andere Transformation, nämlich die Laplace-Transformation, auf die wir im nächsten Kapitel eingehen werden.

Aufgaben:

2.3.1. Es sei $f(t)$ eine gerade Funktion. Man beweise:

a) $F(\omega) = 2 \int_0^\infty f(t) \cos \omega t\, dt,$

b) $f(t) = \dfrac{1}{\pi} \int_0^\infty F(\omega) \cos \omega t\, d\omega.$

2.3.2. Man bestimme die Fourier-Transformierte von

a) $f_\epsilon(t) = \begin{cases} \dfrac{1}{2\epsilon} & \text{für } |x| \leq \epsilon \\ 0 & \text{für } |x| > \epsilon. \end{cases}$

b) $f(t) = e^{-\alpha|t|}$, $\mathrm{Re}(\alpha) > 0$,

c) $f(t) = e^{-at^2}$, $a > 0$.

2.3.3. Man zeige, daß die Fourier-Transformierte eine lineare Transformation (Abbildung) ist, d.h., daß gilt

$$\mathcal{F}\{f_1 + f_2\} = \mathcal{F}\{f_1\} + \mathcal{F}\{f_2\}$$

und

$$\mathcal{F}\{\alpha f\} = \alpha \mathcal{F}\{f\}, \quad \alpha \in \mathbf{R}.$$

3 Laplace-Transformation

3.1 Definition

Wie im letzten Paragraphen gezeigt, ist die Fouriertransformation der für die Anwendungen sehr wichtigen Sprungfunktion $u(t)$ nicht möglich, da $u(t)$ nicht absolut integrierbar ist. Wir wandeln die Transformation etwas ab, indem wir in dem Integral eine „Dämpfungsfunktion" einführen, die die absolute Konvergenz für eine viel größere Funktionsklasse erzeugt.

Wir betrachten anstelle der Funktion $u(t)$ den Ausdruck

$$f(t) = u(t)e^{-\sigma t}, \quad \sigma > 0,$$

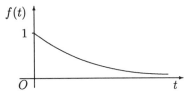

und berechnen die entsprechende Fouriertransformierte:

$$\begin{aligned} F(\omega) &= \mathcal{F}\{f(t)\} = \int_{-\infty}^{\infty} f(t)e^{-i\omega t}\, dt = \int_{0}^{\infty} e^{-\sigma t}e^{-i\omega t}\, dt \\ &= \int_{0}^{\infty} e^{-(\sigma+i\omega)t}\, dt = \frac{-1}{\sigma+i\omega}\left[e^{-(\sigma+i\omega)t}\right]_{0}^{\infty} = \frac{1}{\sigma+i\omega}\left(1 - e^{-(\sigma+i\omega)t}\Big|_{t=\infty}\right). \end{aligned}$$

Nun gilt aber

$$|e^{-(\sigma+i\omega)t}| = |e^{-\sigma t}||e^{i\omega t}| = e^{-\sigma t} \to 0$$

für $t \to \infty$, so daß wir für $F(\omega)$ erhalten

$$F(\omega) = \frac{1}{\sigma+i\omega}(1-0) = \frac{1}{\sigma+i\omega}.$$

Da das Integral (2.2.4) (direktes Fourierintegral) bezüglich $\omega \in \mathbf{R}$ stetig ist, auf dessen Nachweis hier verzichtet werden soll, könnte man schreiben

$$\lim_{\sigma \to 0} \mathcal{F}\{f_\sigma(t)\} = \mathcal{F}\left\{\lim_{\sigma \to 0} f_\sigma(t)\right\} = \mathcal{F}\{u(t)\} = \lim_{\sigma \to 0} \frac{1}{\sigma+i\omega} = \frac{1}{i\omega},$$

und hätte also dennoch eine Fouriertransformierte der Sprungfunktion.

Hauptsächlich in der Elektrotechnik erkannte man den Nutzen dieser abgewandelten Transformation. Da in diesem Fachgebiet aber überwiegend Zeitfunktionen auftreten, die erst von einem gewissen Zeitpunkt (ohne Einschränkung sei das zunächst $t = 0$) interessieren, betrachtet man nur Funktionen, die für $t < 0$ identisch Null sind. Indem man noch die komplexe Variable $\sigma + i\omega$ mit s bezeichnet, ergibt sich die folgende

---

Definition 3.1.1:
Unter der **Laplace-Transformation** der Zeitfunktion $f(t)$ versteht man die durch die Funktionaltransformation

$$F(s) = \mathcal{L}\{f(t)\} = \int_{0}^{\infty} f(t)e^{-st}\, dt, \quad s \in \mathbf{C} \qquad (3.1.1)$$

definierte Funktion $F(s)$.

Es hat sich eingebürgert, die Variable in (3.1.1) mit s zu bezeichnen, man findet aber auch gelegentlich an seiner Stelle den Buchstaben p oder z.

Nach dem Satz 2.3.2 gilt:

Eine Zeitfunktion $g(t)$ mit $g(t) = 0$ für $t < 0$ hat eine Fouriertransformation, wenn es ein $M \in \mathbf{R}$ gibt mit

$$\int_{-\infty}^{\infty} |g(t)|\, dt < M.$$

Das Integral in (3.1.1) existiert also, wenn

$$\int_{-\infty}^{\infty} |f(t)e^{-st}|\, dt = \int_{0}^{\infty} |f(t)|e^{-\sigma t}\, dt < M$$

ist. Für Funktionen, die die Voraussetzung

$$|f(t)| \leq e^{\sigma_0 t}$$

erfüllen, ist $e^{-\sigma_0 t}$ mit $\sigma > \sigma_0$ ein geeigneter Dämpfungsfaktor für die Existenz des Integrals, denn es gilt wegen $\sigma - \sigma_0 > 0$

$$\int_0^\infty |f(t)e^{-st}|\, dt \leq \int_0^\infty e^{\sigma_0 t} e^{-\sigma t}\, dt = \int_0^\infty e^{(\sigma_0 - \sigma)t}\, dt$$
$$= \frac{1}{\sigma_0 - \sigma}\left[e^{-(\sigma-\sigma_0)t}\right]_0^\infty = \frac{1}{\sigma - \sigma_0}\left(1 - e^{-(\sigma-\sigma_0)t}\Big|_{t=\infty}\right) = \frac{1}{\sigma - \sigma_0} < M.$$

Für jede solche Zeitfunktion $f(t)$ gibt es damit eine sogenannte Konvergenzabszisse σ_0, so daß die Laplace-Transformierte $\mathcal{L}\{f(t)\}$ für $\sigma > \sigma_0$ existiert.

Beispiele:

3.1.1. Die Laplace-Transformierte der Sprungfunktion lautet

$$\mathcal{L}\{u(t)\} = \int_0^\infty 1 \cdot e^{-st}\, dt = -\frac{1}{s}\left[e^{-st}\right]_0^\infty = \frac{1}{s}, \qquad (3.1.2)$$

da $|e^{-st}| = e^{-\sigma t} \to 0$ für $t \to \infty$, wenn $\sigma = Re(s) > 0$.

3.1.2. Wir wollen die Laplace-Transformierte der Funktion

$$f(t) = e^{at}, \quad a \in \mathbf{C}$$

für $s \in \mathbf{C}$ mit $Re(s) > Re(a)$ bestimmen. Es ist

$$F(s) = \mathcal{L}\{e^{at}\} = \int_0^\infty e^{at} e^{-st}\, dt = \int_0^\infty e^{-(s-a)t}\, dt = \frac{-1}{s-a}\left[e^{-(s-a)t}\right]_0^\infty = \frac{1}{s-a}, \qquad (3.1.3)$$

da wegen $\sigma - Re(a) > 0$

$$|e^{-(s-a)t}| = e^{-Re(s-a)t} = e^{-(\sigma - Re(a))t} \to 0$$

für $t \to \infty$. Analog erhält man

$$\mathcal{L}\{e^{-at}\} = \frac{1}{s+a} \quad \text{für} \quad Re(s) > -Re(a).$$

3.1.3. Damit man ein bißchen von der Bedeutung der Laplace-Transformation erahnen kann, wollen wir die Differentialgleichung 1. Ordnung

$$\dot{y} = y + k, \quad y(0) = 0, \quad k = const., \tag{3.1.4}$$

mit Hilfe der Laplace-Transformation lösen. Es wäre zwar bei diesem einfachen Beispiel nicht nötig, doch es geht hier darum, mit einer neuen Methode und ihren Anwendungsmöglichkeiten besser vertraut zu werden. Wir bezeichnen mit

$$\mathcal{L}\{y(t)\} = Y(s)$$

die Laplace-Transformierte von $y(t)$ und erhalten für die Transformierte der Ableitung $\dot{y}$ mittels partieller Integration:

$$\begin{aligned}\mathcal{L}\{\dot{y}(t)\} &= \int_0^\infty \dot{y}(t)e^{-st}\,dt = \left[y(t)e^{-st}\right]_{t=0}^\infty + s\int_0^\infty y(t)e^{-st}\,dt \\ &= y(t)e^{-st}\big|_{t=\infty} - y(0)\cdot 1 + sY(s) = sY(s) \quad \text{für} \quad Re(s) > 0,\end{aligned}$$

vorausgesetzt, daß $|y(t)| < M$ für $0 < t < \infty$. Hier erkennen wir schon, daß die Transformation der Ableitung einer Funktion $f(t)$ im Bildbereich (s-Ebene) einer Multiplikation der Transformierten $F(s)$ von $f(t)$ mit s bedeutet. D.h., aus der Rechenvorschrift des Differenzierens wird eine Multiplikation. Unter Beachtung von (3.1.2) erhalten wir für

$$\mathcal{L}\{k\} = \mathcal{L}\{ku(t)\} = \int_0^\infty k\cdot 1\cdot e^{-st}\,dt = k\int_0^\infty e^{-st}\,dt = k\mathcal{L}\{u(t)\} = \frac{k}{s},$$

und somit lautet die Gleichung (3.1.4) nach Transformation

$$sY(s) = Y(s) + \frac{k}{s}.$$

Das Auflösen dieser Gleichung nach der Unbekannten $Y(s)$ ist nur noch ein algebraisches Problem. Man errechnet

$$Y(s) = \frac{k}{s(s-1)}. \tag{3.1.5}$$

Nun ist es hier naheliegend, eine Partialbruchzerlegung durchzuführen. Aus dem Ansatz

$$Y(s) = \frac{k}{s(s-1)} = \frac{A}{s} + \frac{B}{s-1}$$

erhalten wir

$$k = A(s-1) + Bs$$

und durch Einsetzen von $s = 1$ bzw. $s = 0$:

$$B = k \quad \text{bzw.} \quad A = -k,$$

so daß (3.1.5) lautet

$$Y(s) = -\frac{k}{s} + \frac{k}{s-1}.$$

Betrachten wir in (3.1.2) und (3.1.3) die linken Seiten, ergeben sich für

$$Y_1 = -\frac{k}{s} \quad \text{bzw.} \quad Y_2 = \frac{k}{s-1}$$

die Urbildfunktionen
$$y_1(t) = -ku(t) = -k \quad \text{bzw.} \quad y_2(t) = ke^t.$$

Damit wäre eine Lösung unserer Differentialgleichung (3.1.4) gegeben durch:
$$y(t) = y_1 + y_2 = -k + ke^t = k(e^t - 1).$$

Auf die Eindeutigkeit der Lösung gehen wir in 3.3.2 ein.

An dem letzten Beispiel erkennen wir zwei Probleme, die bei der Laplace-Transformation auftreten. Erstens benötigen wir für eine Reihe von Funktionen (Potenzen t^n, Exponentialfunktion e^{at}, Ableitungen $\dot{y}, \ddot{y}, \ldots$ usw.) die Transformierten, zweitens muß ein Ausdruck, der die Lösung im transformierten Bereich (Bildbereich) angibt, zurücktransformiert werden. Das erste Problem ist das wichtigste, das zweite das schwierigste, und läßt sich häufig nur auf Umwegen lösen (siehe oben). Deshalb gehen wir kurz auf das zweite Problem ein.

3.2 Die Inverse

Bekanntlich lautet die Fouriertransformierte für eine Funktion $g(t)$
$$\mathcal{F}\{g(t)\} = G(\omega) = \int_{-\infty}^{\infty} g(t) e^{-i\omega t} \, dt$$

und dazu die Inverse[1]
$$g(t) = \frac{1}{2\pi} \int_{-\infty}^{\infty} G(\omega) e^{i\omega t} \, d\omega. \tag{3.2.1}$$

Für
$$f(t) = \begin{cases} g(t) e^{\sigma t} & \text{für } t \geq 0 \\ 0 & \text{für } t < 0 \end{cases}$$

ergab sich die Laplace-Transformierte
$$\mathcal{L}\{f(t)\} = F(s) = \int_0^{\infty} f(t) e^{-\sigma t} e^{-i\omega t} \, dt = \int_0^{\infty} f(t) e^{-(\sigma + i\omega)t} \, dt = \int_0^{\infty} f(t) e^{-st} \, dt = G(\omega).$$

Die entsprechende Inverse erhalten wir aus (3.2.1) in der Form
$$f(t) e^{-\sigma t} = \frac{1}{2\pi} \int_{-\infty}^{\infty} G(\omega) e^{i\omega t} \, d\omega$$

bzw.
$$f(t) = \frac{1}{2\pi} \int_{-\infty}^{\infty} G(\omega) e^{\sigma t} e^{i\omega t} \, d\omega = \frac{1}{2\pi} \int_{-\infty}^{\infty} G(\omega) e^{st} \, d\omega.$$

Nun wird σ_0 so gewählt, daß
$$\int_0^{\infty} |f(t)| e^{-\sigma_0 t} \, dt < \infty,$$

---
[1] Streng genommen müssen diese beiden Integrale als Cauchysche Hauptwertintegrale aufgefaßt werden.

und mit $s = \sigma_0 + i\omega$, $ds = id\omega$ können wir schreiben

$$f(t) = \frac{1}{2\pi i} \lim_{\omega \to \infty} \int_{\sigma_0 - i\omega}^{\sigma_0 + i\omega} F(s)e^{st}\, ds = \frac{1}{2\pi i} \int_{\sigma_0 - i\infty}^{\sigma_0 + i\infty} F(s)e^{st}\, ds = \mathcal{L}^{-1}\{F(s)\},$$

wobei man, analog zu der Fouriertransformation, mit $\mathcal{L}^{-1}$ die inverse Laplace-Transformierte bezeichnet.

Zur Berechnung der Originalfunktion $f(t)$ aus einer gegebenen Bildfunktion $F(s)$ mit der obigen Formel ist als Integrationsweg in der komplexen s-Ebene eine in der Konvergenzhalbebene liegende Parallele zur imaginären Achse zu wählen.

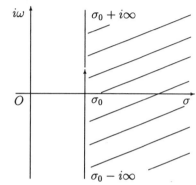

Die Berechnung solch eines Integrals erfordert aber Kenntnisse der Theorie komplexer Funktionen, was in den Bereich der Funktionentheorie fällt. Wir greifen hier wie im obigen Beispiel auf die Partialbruchzerlegung zurück. Dazu benötigen wir aber die Inversen der Standardbrüche

$$\frac{A}{(s-\alpha)^n}, \frac{As+B}{(s^2+\alpha s+\beta)^m} \quad n, m \in \mathbb{N},$$

die sich aus den elementaren Funktionen zusammensetzen, wie wir im übernächsten Paragraphen sehen werden.

3.3 Eigenschaften der Laplace-Transformation

3.3.1 Existenz

Wir wiederholen noch einmal den Satz, den wir oben bereits in etwa bewiesen haben:

Satz 3.3.1: *Ist $f(t)$ stückweise stetig für $t \geq 0$ und gilt $|f(t)| \leq Me^{\sigma_0 t}$ mit positiven Konstanten σ_0 und M, so existiert*

$$\mathcal{L}\{f(t)\} = F(s)$$

für $Re(s) = \sigma > \sigma_0$.

Bemerkung: Es läßt sich außerdem zeigen, daß $F(s)$ eine in der Konvergenzhalbebene, d.h. für $Re(s) = \sigma > \sigma_0$ holomorphe Funktion ist. Damit ist sie dort beliebig oft nach s differenzierbar und insbesondere stetig.

3.3.2 Eindeutigkeit

Durch die Gleichung (3.1.1) wird jeder Urbildfunktion eine Bildfunktion $F(s)$ zugeordnet. Das folgende Beispiel soll verdeutlichen, daß verschiedene Urbildfunktionen die gleiche Bildfunktion haben können.

Beispiel:

3.3.1. Wir betrachten die Funktionen

$$f_1(t) = \begin{cases} 0 & \text{für} \quad t < 0 \\ 1 & \text{für} \quad t \geq 0, \end{cases} \quad f_2(t) = \begin{cases} 0 & \text{für} \quad t \leq 0 \\ 1 & \text{für} \quad t > 0, \end{cases} \quad f_3(t) = \begin{cases} 0 & \text{für} \quad t < 0 \\ 1 & \text{für} \quad t > 0. \end{cases}$$

Sie haben die gleiche Bildfunktion

$$F(s) = \frac{1}{s},$$

und es gilt

$$\lim_{t \to +0} f_i(t) = 1$$

für $i = 1, 2, 3$, aber $f_1(0) = 1$, $f_2(0) = 0$ und $f_3(0)$ ist nicht definiert. D.h., es liegen offensichtlich verschiedene Funktionen vor. Auch wenn die Unterschiede nur minimal sind.

Zur Charakterisierung solcher minimalen Unterschiede dient die

---

Definition 3.3.1:

Die Funktionen $n(t)$ mit der Eigenschaft

$$\int_0^t n(\tau)\, d\tau = 0 \quad \text{für beliebige} \quad t \geq 0$$

heißen **Nullfunktionen**.

Damit läßt sich der folgende Satz formulieren:

Satz 3.3.2: *Es gilt genau dann $F(s) \equiv 0$, wenn $f(t) = n(t)$.*

Beweis: Man erhält durch partielle Integration

$$F(s) = \mathcal{L}\{n(t)\} = \int_0^\infty n(t) e^{-st}\, dt = e^{-st} \int_0^\infty n(\tau)\, d\tau + s \int_0^\infty e^{-st} \int_0^t n(\tau)\, d\tau \equiv 0.$$

Auf den Beweis der Umkehrung verzichten wir.

Diesen Satz kann man folgendermaßen umschreiben: Zu einer Bildfunktion $F(s)$ gehören eine Menge von Originalfunktionen, die sich aber jeweils untereinander nur durch eine Nullfunktion unterscheiden.

3.3.3 Transformationsregeln

Der folgende (erste) **Verschiebungssatz** liefert eine Aussage über die Laplace-Transformation einer verzögert einsetzenden Zeitfunktion

$$f_1(t) = \begin{cases} f(t-c) & \text{für} \quad t > c \\ 0 & \text{für} \quad t < c. \end{cases}$$

Eine mögliche Schreibweise wäre auch
$$f_1(t) = f(t-c)u(t-c).$$

Satz 3.3.3: *Es sei $\mathcal{L}\{f(t)\} = F(s)$ und $F(s)$ existiere für $\sigma \geq \sigma_0$. Dann gilt*
$$\boxed{\mathcal{L}\{f(t-c)\} = e^{-sc}F(s),}$$
falls $f(t) \equiv 0$ für $t < 0$ und $c > 0$.

Beweis: Es gilt mit der Substitution $t - c = \tau, dt = d\tau$ und mit $f(\tau) = 0$ für $\tau < 0$:
$$\begin{aligned}\mathcal{L}\{f(t-c)\} &= \int_0^\infty f(t-c)e^{-st}\, dt = \int_{-c}^\infty f(\tau)e^{-s(\tau+c)}\, d\tau \\ &= e^{-sc}\int_0^\infty f(\tau)e^{-s\tau}\, d\tau = e^{-sc}F(s).\end{aligned}$$

Beispiel:

3.3.2. Für die Sprungfunktion $u(t)$ gilt
$$\mathcal{L}\{u(t)\} = \frac{1}{s},$$
so daß man für die zum Zeitpunkt $t = c$ einsetzende Sprungfunktion erhält
$$\mathcal{L}\{u(t-c)\} = \frac{e^{-sc}}{s}.$$

Mit Hilfe des folgenden **Ähnlichkeitssatzes** kann man aus der Laplace-Transformierten der Zeitfunktion $f(t)$ die Laplace-Transformierte der Funktion $f(ct)$ berechnen.

Satz 3.3.4: *Sei $\mathcal{L}\{f(t)\} = F(s)$. Dann gilt*
$$\boxed{\mathcal{L}\{f(ct)\} = \frac{1}{c}F\left(\frac{s}{c}\right).}$$

Beweis: Die folgende Rechnung läßt sich leicht nachvollziehen (mit $ct = \tau$, $c\,dt = d\tau$):
$$\mathcal{L}\{f(ct)\} = \int_0^\infty f(ct)e^{-st}\, dt = \int_0^\infty f(\tau)e^{-s\tau/c}\frac{d\tau}{c} = \frac{1}{c}\int_0^\infty f(\tau)e^{-\left(\frac{s}{c}\right)\tau}\, d\tau = \frac{1}{c}F\left(\frac{s}{c}\right).$$

Beispiel:

3.3.3. Für die Transformation der einfachen Exponentialfunktion ergibt sich
$$\mathcal{L}\{e^t\} = \int_0^\infty e^t e^{-st}\, dt = \int_0^\infty e^{-(s-1)t}\, dt = \frac{1}{s-1}.$$
Damit gilt wie im Beispiel 3.1.2 bereits hergeleitet
$$\mathcal{L}\{e^{at}\} = \frac{1}{a}\frac{1}{\frac{s}{a}-1} = \frac{1}{s-a}.$$

Die Laplace-Transformation ist wie die Fouriertransformation eine lineare Transformation, d.h., einer bestimmten Linearkombination von Urbildfunktionen wird die entsprechende Linearkombination der Bildfunktionen zugeordnet. Es gilt also der **Additionssatz**:

Satz 3.3.5: *Sei $\mathcal{L}\{f_1(t)\} = F_1(s)$, $\mathcal{L}\{f_2(t)\} = F_2(s)$, $c_1, c_2 \in \mathbf{R}$, dann gilt*

$$\mathcal{L}\{c_1 f_1(t) + c_2 f_2(t)\} = c_1 F_1(s) + c_2 F_2(s).$$

Der **Beweis** folgt unmittelbar aus der Integraldefinition (3.1.1) der Laplace-Transformation.

3.3.4 Transformation der elementaren Funktionen

1. Laplace-Transformation der Sprungfunktion

Die Beziehung

$$\mathcal{L}\{u(t)\} = \frac{1}{s}$$

ist bereits bewiesen worden. Außerdem gilt mit einer Konstanten k:

$$\mathcal{L}\{k u(t)\} = \frac{k}{s}.$$

2. Laplace-Transformation der Exponentialfunktion

Auch hier sind die Transformationen

$$\mathcal{L}\{e^{at}\} = \frac{1}{s-a} \quad \text{bzw.} \quad \mathcal{L}\{e^{-at}\} = \frac{1}{s+a} \tag{3.3.1}$$

für $a \in \mathbf{C}$ bereits hergeleitet worden. Für die Hyperbelfunktionen $\sinh \omega t$ und $\cosh \omega t$ ergibt sich damit unter Beachtung des Additionssatzes:

$$\mathcal{L}\{\sinh \omega t\} = \mathcal{L}\left\{\frac{1}{2}\left(e^{\omega t} - e^{-\omega t}\right)\right\} = \frac{1}{2}\left\{\frac{1}{s-\omega} - \frac{1}{s+\omega}\right\} = \frac{1}{2}\frac{s+\omega-s+\omega}{s^2-\omega^2} = \frac{\omega}{s^2-\omega^2}$$

und analog

$$\mathcal{L}\{\cosh \omega t\} = \frac{s}{s^2-\omega^2}.$$

3. Laplace-Transformation der trigonometrischen Funktionen

Gemeint sind hier zunächst nur der *Sinus* und *Cosinus*. Unter Beachtung von (3.3.1) mit $a = i\omega$ erhält man

$$\mathcal{L}\{\sin \omega t\} = \mathcal{L}\left\{\frac{1}{2i}\left(e^{i\omega t} - e^{-i\omega t}\right)\right\} = \frac{1}{2i}\left(\frac{1}{s-i\omega} - \frac{1}{s+i\omega}\right)$$

$$= \frac{1}{2i}\frac{s+i\omega-s+i\omega}{s^2+\omega^2} = \frac{2i\omega}{2i}\frac{1}{s^2+\omega^2} = \frac{\omega}{s^2+\omega^2} \tag{3.3.2}$$

und analog

$$\mathcal{L}\{\cos \omega t\} = \frac{s}{s^2+\omega^2}. \tag{3.3.3}$$

Beispiel:

3.3.4. Die inverse Laplace-Transformierte von

$$F(s) = \frac{3s+1}{s^2+4}$$

ergibt sich aus

$$F(s) = 3\frac{s}{s^2+2^2} + \frac{1}{2}\frac{2}{s^2+2^2}$$

in der Form

$$f(t) = 3\cos 2t + \frac{1}{2}\sin 2t.$$

4. Laplace-Transformation der Potenzfunktion

Sei zunächst $n \in \mathbf{N}$ und $Re(s) > 0$. Dann ergibt sich nach partieller Integration

$$\mathcal{L}\{t^n\} = \int_0^\infty t^n e^{-st}\,dt = \left[\frac{t^n e^{-st}}{-s}\right]_{t=0}^\infty + \frac{n}{s}\int_0^\infty t^{n-1}e^{-st}\,dt = \frac{n}{s}\int_0^\infty t^{n-1}e^{-st}\,dt$$

unter Berücksichtigung der Tatsache, daß die Exponentialfunktion e^{st} für $t \to \infty$ stärker wächst, als jede Potenz von t, d.h., daß gilt

$$\lim_{t\to\infty}\frac{t^n}{e^{st}} = 0.$$

Setzt man die partielle Integration fort, erhält man schließlich

$$\begin{aligned}\mathcal{L}\{t^n\} &= \frac{n}{s}\int_0^\infty t^{n-1}e^{-st}\,dt = \frac{n}{s}\frac{n-1}{s}\int_0^\infty t^{n-2}e^{-st}\,dt \\ &= \frac{n}{s}\frac{n-1}{s}\frac{n-2}{s}\cdots\frac{2}{s}\frac{1}{s}\int_0^\infty t^0 e^{-st}\,dt = \frac{n!}{s^n}\left[\frac{e^{-st}}{-s}\right]_{t=0}^\infty = \frac{n!}{s^{n+1}}.\end{aligned}$$

Es gilt also

$$\boxed{\mathcal{L}\{t^n\} = \frac{n!}{s^{n+1}}, \quad n \in \mathbf{N}.} \tag{3.3.4}$$

Für die allgemeine Potenzfunktion

$$f(t) = t^\alpha, \quad \alpha \in \mathbf{R},$$

ist eine Transformation nur möglich für $\alpha > -1$. Denn sonst würde das Laplace-Integral an der unteren Grenze $t = 0$ nicht konvergieren. Mit dieser Einschränkung erhält man mit der Substitution $\tau = st, d\tau = s\,dt$:

$$\mathcal{L}\{t^\alpha\} = \int_0^\infty t^\alpha e^{-st}\,dt = \int_0^\infty \left(\frac{\tau}{s}\right)^\alpha e^{-\tau}\frac{d\tau}{s} = s^{-\alpha-1}\int_0^\infty \tau^\alpha e^{-\tau}\,d\tau = \frac{1}{s^{\alpha+1}}\Gamma(\alpha+1).$$

Auf der rechten Seite steht die Gammafunktion, die durch

$$\Gamma(x) = \int_0^\infty t^{x-1}e^{-t}\,dt$$

für $x > 0$ bzw. $x - 1 > -1$ definiert ist (s. (1.6.2)). Man erhält also das Ergebnis

$$\boxed{\mathcal{L}\{t^\alpha\} = \frac{\Gamma(\alpha+1)}{s^{\alpha+1}} \quad \text{für} \quad \alpha > -1.}$$

Für $\alpha \in \mathbb{N}$ stimmt dieses wegen

$$\Gamma(n+1) = n!$$

mit (3.3.4) überein.

Beispiel:

3.3.5. Aus dem bekannten uneigentlichen Integral

$$\int_0^\infty e^{-x^2}\, dx = \frac{\sqrt{\pi}}{2}$$

(s. (1.5.5)), lassen sich die Transformierten der beiden Wurzelfunktionen $t^{1/2}$ und $t^{-1/2}$ herleiten. Denn es ist

$$\begin{aligned}\mathcal{L}\{\sqrt{t}\} &= \mathcal{L}\{t^{1/2}\} = \frac{\Gamma\left(\frac{1}{2}+1\right)}{s^{\frac{1}{2}+1}} = \frac{\Gamma\left(\frac{3}{2}\right)}{s\sqrt{s}} = \frac{1}{2s\sqrt{s}}\Gamma\left(\frac{1}{2}\right) = \frac{1}{2s\sqrt{s}}\int_0^\infty t^{-1/2} e^{-t}\, dt \\ &= \frac{1}{2s\sqrt{s}} \int_0^\infty \frac{1}{x} 2x e^{-x^2}\, dx = \frac{1}{2s\sqrt{s}} 2\int_0^\infty e^{-x^2}\, dx = \frac{\sqrt{\pi}}{2s\sqrt{s}}\end{aligned}$$

mit der Substitution $t = x^2$ bzw. $dt = 2x\, dx$. Es gilt also

$$\mathcal{L}\{\sqrt{t}\} = \frac{1}{2s}\sqrt{\frac{\pi}{s}}.$$

Und analog zeigt man (siehe Aufgabe 6.3.2):

$$\mathcal{L}\left\{\frac{1}{\sqrt{t}}\right\} = \sqrt{\frac{\pi}{s}}.$$

An dieser Stelle sei vermerkt, daß man gelegentlich bei gesuchten Transformationen durchaus auch auf Reihenentwicklungen zurückgreifen kann.

Beispiel:

3.3.6. Ausgehend von der Taylorreihe der Sinusfunktion

$$\sin t = t - \frac{t^3}{3!} + \frac{t^5}{5!} - + \cdots = \sum_{k=0}^\infty (-1)^k \frac{t^{2k+1}}{(2k+1)!}$$

erhält man für die Funktion $\frac{\sin t}{t}$ die Darstellung

$$\frac{\sin t}{t} = 1 - \frac{t^2}{3!} + \frac{t^4}{5!} - + \cdots = \sum_{k=0}^\infty (-1)^k \frac{t^{2k}}{(2k+1)!}.$$

Gliedweises Übertragen in den Bildbereich ergibt die gesuchte Laplace-Transformierte in einer Reihendarstellung

$$\mathcal{L}\left\{\frac{\sin t}{t}\right\} = F(s) = \frac{1}{s} - \frac{2!}{s^3 3!} + \frac{4!}{s^5 5!} - + \cdots = \sum_{k=0}^\infty \frac{(-1)^k}{2k+1}\left(\frac{1}{s}\right)^{2k+1}.$$

Rein formal ist das aber die Reihenentwicklung der Funktion

$$\arctan z = z - \frac{z^3}{3} + \frac{z^5}{5} - + \cdots = \sum_{k=0}^{\infty} \frac{(-1)^k}{2k+1} z^{2k+1}$$

mit $z = \frac{1}{s}$. Man könnte also vermuten, daß gilt

$$\mathcal{L}\left\{\frac{\sin t}{t}\right\} = \arctan \frac{1}{s}. \qquad (3.3.5)$$

Diese Vermutung wird sich später als richtig erweisen. Für $s = 0$ ergibt sich dann wie in (1.3.7) auf Grund der Stetigkeit von $F(s)$:

$$\lim_{s \to 0} F(s) = \lim_{s \to 0} \int_0^\infty \frac{\sin t}{t} e^{-st} dt = \int_0^\infty \frac{\sin t}{t} dt = Si(\infty) = \lim_{s \to 0} \arctan \frac{1}{s} = \frac{\pi}{2}.$$

5. Laplace-Transformation einiger zusammengesetzter Funktionen

Um nicht jedes Mal die Methode der partiellen Integration oder verschiedener Substitutionen durchführen zu müssen, sollen anhand mehrerer Beispiele einige Kniffe zur Ermittlung neuer Laplace-Transformierten vorgestellt werden.

Beispiele:

3.3.7. Bei der Transformation der Funktion $f(t) = e^{-at} \sin \omega t$ kann man folgendermaßen vorgehen. Man schreibt

$$F(s) = \mathcal{L}\{e^{-at} \sin \omega t\} = \int_0^\infty e^{-at} \sin \omega t \, e^{-st} dt = \int_0^\infty \sin \omega t \, e^{-(a+s)t} dt.$$

Dieses Integral hat die gleiche Form wie $\mathcal{L}\{\sin \omega t\}$, wenn man s durch $s + a$ ersetzt. Also ergibt sich mit (3.3.2):

$$\mathcal{L}\{e^{-at} \sin \omega t\} = \frac{\omega}{(s+a)^2 + \omega^2}. \qquad (3.3.6)$$

Selbstverständlich gilt analog wegen (3.3.3):

$$\mathcal{L}\{e^{-at} \cos \omega t\} = \frac{s+a}{(s+a)^2 + \omega^2}. \qquad (3.3.7)$$

3.3.8. Wie auch in der Integralrechnung der Analysis greift man gelegentlich auf Additionstheoreme zurück. Denn auch bei der Laplace-Transformation geht es zunächst einmal nur um die Ermittlung von Stammfunktionen. Bekanntlich gilt

$$\cos 2\omega t = \cos^2 \omega t - \sin^2 \omega t = 1 - 2\sin^2 \omega t \quad \text{und somit} \quad \sin^2 \omega t = \frac{1}{2}(1 - \cos 2\omega t).$$

Damit kann man schreiben

$$\begin{aligned}
\mathcal{L}\{\sin^2 \omega t\} &= \mathcal{L}\left\{\frac{1}{2}(1 - \cos 2\omega t)\right\} = \mathcal{L}\left\{\frac{1}{2}\right\} - \frac{1}{2}\mathcal{L}\{\cos 2\omega t\} \\
&= \frac{1}{2s} - \frac{1}{2}\frac{s}{s^2 + 4\omega^2} = \frac{s^2 + 4\omega^2 - s^2}{2s(s^2 + 4\omega^2)} = \frac{2\omega^2}{s(s^2 + 4\omega^2)}.
\end{aligned}$$

Entsprechend leitet man auch

$$\mathcal{L}\{\cos^2 \omega t\} = \frac{s^2 + 2\omega^2}{s(s^2 + 4\omega^2)}$$

her.

3.3.9. Besonders elegant ist das folgende Verfahren, das am Beispiel der Funktion $f(t) = te^{-at}$ vorgestellt werden soll. Man betrachtet die Funktion e^{-at} als Funktion der *beiden* Variablen a und t. Dann gilt z.B.

$$\frac{\partial}{\partial a}(e^{-at}) = -te^{-at} = -f(t),$$

so daß man schreiben kann

$$\mathcal{L}\{te^{-at}\} = \int_0^\infty te^{-at}e^{-st}\, dt = -\int_0^\infty \frac{\partial}{\partial a}(e^{-at})e^{-st}\, dt = -\frac{\partial}{\partial a}\int_0^\infty e^{-at}e^{-st}\, dt$$

$$= -\frac{\partial}{\partial a}(\mathcal{L}\{e^{-at}\}) = -\frac{\partial}{\partial a}\left(\frac{1}{s+a}\right) = \frac{1}{(s+a)^2}.$$

Natürlich taucht hier die Frage auf, ob Differentiation und Integration vertauscht werden dürfen, doch würde diese Untersuchung hier zu weit führen.

Aufgaben:

3.3.1. Man bestimme:

a) $\mathcal{L}\{f(t)\} = \mathcal{L}\{4e^{3t} + 5t^4 - 3\sin 2t + 2\cos 4t\}$,

b) $\mathcal{L}\left\{\cos\left(t - \frac{\pi}{3}\right)\right\}$.

3.3.2. Man bestimme die Transformierte von $f(t) = \frac{1}{\sqrt{t}} = t^{-1/2}$.

3.3.3. Man bestimme die Inverse zu

$$F(s) = \frac{s+1}{s^2 + 4s + 13}.$$

3.3.4. Man bestimme $\mathcal{L}\{t^n e^{at}\}$ analog dem Beispiel 3.3.9.

3.3.5. Man bestimme die Laplace-Transformierte von $f(t) = t\sin t$ ähnlich wie in der letzten Aufgabe unter Beachtung von $\mathcal{L}\{\sin t\} = \frac{1}{s^2+1}$.
Anleitung: Man beachte

$$te^{-st} = -\frac{\partial}{\partial s}\left(e^{-st}\right).$$

3.3.5 Differentiationssatz für die Originalfunktion

Auch wenn man die Einführung der Laplace-Transformation einigermaßen nachvollziehen kann, ist es bis jetzt vielleicht noch nicht ganz klar, wozu sie eigentlich dient und was ihre wesentliche Bedeutung ist. Genau das soll in diesem Abschnitt erläutert werden. Es geht dabei um die Frage, wie sich die Ableitungen $\dot{f}(t), \ddot{f}(t)$, usw. der Originalfunktion $f(t)$ bei der Laplace-Transformation verhalten. Im Beispiel 3.1.3 ist das schon einmal angedeutet worden, doch soll nun das Problem umfassend erläutert werden. Für das Folgende wird vorausgesetzt:

a) $f(t) = 0$ für $t < 0$,

b) $\mathcal{L}\{f(t)\} = F(s)$, d.h. $f(t)$ ist transformierbar (i.allg. ist $Re(s) \geq \sigma_0 > 0$),

c) $f(t)$ stetig differenzierbar für $t \geq 0$ und $\left.\dfrac{df(t)}{dt}\right|_{t=0} = \lim_{t \to +0} \dot{f}(t) < \infty$.

Nun gilt der

Satz 3.3.6: *Unter den obigen Voraussetzungen gilt*

$$\boxed{\mathcal{L}\{\dot{f}(t)\} = sF(s) - f(0).}$$

Beweis: Es wird einfach partiell integriert:

$$\mathcal{L}\{f(t)\} = F(s) = \int_0^\infty f(t)e^{-st}\,dt = \left[\frac{-f(t)e^{-st}}{s}\right]_{t=0}^\infty + \frac{1}{s}\int_0^\infty \dot{f}(t)e^{-st}\,dt$$

$$= \frac{f(0)}{s} + \frac{1}{s}\mathcal{L}\{\dot{f}(t)\} = \frac{1}{s}\left(f(0) + \mathcal{L}\{\dot{f}(t)\}\right).$$

Daraus folgt die Behauptung.

Beispiel:

3.3.10. Wenn man die Differentialgleichung im Beispiel 3.1.3

$$\dot{y} = y + k$$

unter Beachtung von $y(0) = 0$ und $\mathcal{L}\{y(t)\} = Y(s)$ transformiert, erhält man

$$sY(s) = Y(s) + \frac{k}{s}$$

und daraus

$$Y(s) = \frac{k}{s}\frac{1}{s-1}.$$

Das ist die Lösung des Problems, die nur noch zurücktransformiert werden muß.

An diesem Beispiel erkennt man die große Bedeutung der Laplace-Transformation, insbesondere beim Lösen von Differentialgleichunge. Die beiden wesentlichen Vorteile sind:
a) Aus einer Differentialoperation im Originalbereich, d.h. einer Ableitung bezüglich t, wird im Bildbereich eine Multiplikation mit s.
b) Bei der Transformation von Differentialgleichungen wird das Anfangswertproblem automatisch behandelt, d.h., es treten keine Integrationskonstanten mehr auf, die noch bestimmt werden müssen.

Beispiel:

3.3.11. Mit Hilfe des Differentiationssatzes hätte man sich die aufwendige Herleitung einiger Transformationen sparen können.
a) Wendet man z.B. den Satz 3.3.6 auf die Funktion $f(t) = 1$ an, ergibt sich mit $f(0) = 1, \dot{f}(t) = 0$ bzw. $\mathcal{L}\{\dot{f}(t)\} = \mathcal{L}\{0\} = 0$:

$$0 = sF(s) - 1 \quad \text{bzw.} \quad F(s) = \mathcal{L}\{1\} = \frac{1}{s}.$$

b) Für die Funktion $f(t) = e^{at}$ erhält man mit $\dot{f}(t) = ae^{at}$, $f(0) = 1$:

$$\mathcal{L}\{\dot{f}(t)\} = \mathcal{L}\{ae^{at}\}, \quad \text{d.h.} \quad s\,\mathcal{L}\{e^{at}\} - 1 = a\,\mathcal{L}\{e^{at}\}$$

bzw.

$$\mathcal{L}\{e^{at}\} = \frac{1}{s-a}.$$

Natürlich kann man nun auch fragen, wie die Transformation der 2., 3. Ableitung, usw. aussieht. Dazu dient der folgende Satz, den man leicht durch vollständige Induktion beweisen kann.

Satz 3.3.7: *Es existiere $f^{(k)}(t)$ für $t > 0$ und $\mathcal{L}\{f^{(k)}(t)\}$ für $k \in \mathbb{N}$, $1 \leq k \leq n$. Dann hat die Transformation der n-ten Ableitung die Gestalt*

$$\begin{aligned}\mathcal{L}\{f^{(n)}(t)\} &= s^n F(s) - s^{n-1} f(0) - s^{n-2} \dot{f}(0) - \cdots - f^{(n-1)}(0) \\ &= s^n F(s) - \sum_{k=0}^{n-1} s^{n-1-k} f^{(k)}(0).\end{aligned}$$

Beispiel:

3.3.12. Die Bewegungsgleichung eines schwingenden Massenpunktes unter Vernachlässigung der Reibung mit den Anfangsbedingungen $x(0) = 0, \dot{x}(0) = v_0$, lautet bekanntlich

$$m\ddot{x} + cx = 0. \tag{3.3.8}$$

Transformation der Gleichung ergibt mit $\mathcal{L}\{x(t)\} = X(s)$:

$$m\{s^2 X(s) - s x(0) - \dot{x}(0)\} + c X(s) = m s^2 X(s) - m v_0 + c X(s) = 0$$

und somit

$$X(s) = \frac{m v_0}{m s^2 + c} = \frac{v_0}{s^2 + \frac{c}{m}} = \frac{\omega}{s^2 + \omega^2} \frac{v_0}{\omega},$$

mit $\omega^2 = \frac{c}{m}$. Die Inverse dieser Funktion und damit die Lösung von (3.3.8) ist nach (3.3.2):

$$x(t) = \frac{v_0}{\omega} \sin \omega t.$$

3.3.13. Ohne große Probleme läßt sich nun auch z.B. die Transformierte von $f(t) = \sin \omega t$ bestimmen. Es ist

$$\dot{f}(t) = \omega \cos \omega t, \quad f(0) = 0, \quad \dot{f}(0) = \omega, \quad \ddot{f}(t) = -\omega^2 \sin \omega t$$

und damit

$$\mathcal{L}\{\ddot{f}(t)\} = \mathcal{L}\{-\omega^2 \sin \omega t\}, \quad \text{also} \quad s^2 \mathcal{L}\{\sin \omega t\} - s \cdot 0 - \omega = -\omega^2 \mathcal{L}\{\sin \omega t\},$$

d.h.

$$\mathcal{L}\{\sin \omega t\} = \frac{\omega}{s^2 + \omega^2}.$$

3.3.6 Integrationssatz für die Originalfunktion

Nach der Transformation der Ableitung $\dot{f}(t)$ taucht natürlich auch die Frage bezüglich der Transformation einer Stammfunktion auf. Es gilt der

Satz 3.3.8: *Es existiere $\mathcal{L}\{f(t)\} = F(s)$ für $\operatorname{Re}(s) > 0$. Dann existiert auch*

$$\mathcal{L}\left\{\int_0^t f(\tau)\, d\tau\right\},$$

und es gilt

$$\boxed{\mathcal{L}\left\{\int_0^t f(\tau)\, d\tau\right\} = \frac{1}{s} F(s).} \tag{3.3.9}$$

Beweis: Wir setzen
$$g(t) = \int_0^t f(\tau)\,d\tau.$$
Wegen $|f(t)| \leq Me^{\sigma_0 t}$ gilt auch
$$|g(t)| = \left|\int_0^t f(\tau)\,d\tau\right| \leq \int_0^t |f(\tau)|\,d\tau \leq M\int_0^t e^{\sigma_0 \tau}\,d\tau = \frac{M}{\sigma_0}e^{\sigma_0 t} - 1 < M^* e^{\sigma_0 t}.$$
Somit sind die Voraussetzungen vom Satz 3.3.6 für $g(t)$ erfüllt, und es gilt mit $g(0) = 0$ und $\dot{g}(t) = f(t)$:
$$\mathcal{L}\{\dot{g}(t)\} = s\mathcal{L}\{g(t)\} - g(0) = s\mathcal{L}\{g(t)\} = \mathcal{L}\{f(t)\}$$
bzw.
$$\mathcal{L}\{g(t)\} = \frac{1}{s}\mathcal{L}\{f(t)\} = \frac{1}{s}F(s).$$
Während der Differentiation im t-Bereich eine Multiplikation mit s im s-Bereich entspricht, tritt hier nun anstelle der Integration im t-Bereich eine Division durch s im Bildbereich. Allgemein entsprechen also der Differentiation und Integration im Zeitbereich **algebraische** Rechenoperationen im Bildbereich.

Bemerkung:

Möchte man die Transformation der Stammfunktion als unbestimmtes Integral, schreibt man mit
$$\int_0^t f(\tau)\,d\tau = \int f(t)\,dt - \left[\int f(t)\,dt\right]_{t=0} = \int f(t)\,dt - f^{(-1)}(0),$$
wobei $f^{(-1)}(0)$ der Wert der Stammfunktion in $t = 0$ ist. Eine Anwendung der Laplace-Transformation auf diese Gleichung ergibt unter Beachtung von (3.3.9)
$$\mathcal{L}\left\{\int_0^t f(\tau)\,d\tau\right\} = \mathcal{L}\left\{\int f(t)\,dt\right\} - \mathcal{L}\{f^{(-1)}(0)\} = \mathcal{L}\left\{\int f(t)\,dt\right\} - \frac{f^{(-1)}(0)}{s} = \frac{F(s)}{s}$$
bzw.
$$\mathcal{L}\left\{\int f(t)\,dt\right\} = \frac{F(s)}{s} + \frac{f^{(-1)}(0)}{s}.$$

Beispiele:

3.3.14. Man stelle sich einen Stromkreis mit einem Kondensator und einer Spannungsquelle $U(t)$ mit der Anfangsspannung U_0 vor. Weiter sei Q die Ladung und I die Stromstärke. Wird zum Zeitpunkt $t = 0$ der Stromkreis geschlossen, kann man den Zustand zum Zeitpunkt $t > 0$ durch die Gleichung

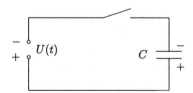

$$U(t) = \frac{Q(t)}{C} + U_0 = \frac{1}{C}\int_0^t I(\tau)\,d\tau + U_0$$

beschreiben. Transformation dieser Gleichung ergibt mit $\mathcal{L}\{U(t)\} = U^*(s), \mathcal{L}\{I(t)\} = I^*(s)$
$$U^*(s) = \frac{I^*(s)}{sC} + \frac{U_0}{s}.$$

3.3.15. Es sollen für $n = 1, 2, 3$ die Originalfunktionen $f(t)$ zu den Bildfunktionen

$$F(s) = \frac{1}{s^n(s^2 + 1)}$$

bestimmt werden. Es gilt

$$\mathcal{L}^{-1}\left\{\frac{F(s)}{s}\right\} = \int_0^t f(\tau)\,d\tau,$$

und mit

$$f(t) = \sin t \quad \text{bzw.} \quad \mathcal{L}\{\sin t\} = F(s) = \frac{1}{s^2+1}$$

ergibt sich durch Rekursion

$$\mathcal{L}^{-1}\left\{\frac{1}{s(s^2+1)}\right\} = \int_0^t \sin\tau\,d\tau = [-\cos\tau]_0^t = 1 - \cos t,$$

$$\mathcal{L}^{-1}\left\{\frac{1}{s^2(s^2+1)}\right\} = \int_0^t (1-\cos\tau)d\tau = [\tau - \sin\tau]_0^t = t - \sin t,$$

$$\mathcal{L}^{-1}\left\{\frac{1}{s^3(s^2+1)}\right\} = \int_0^t (\tau - \sin\tau)d\tau = \left[\frac{\tau^2}{2} + \cos\tau\right]_0^t = \frac{t^2}{2} + \cos t - 1.$$

Aufgaben:

3.3.6. Man leite mit Hilfe des Differentiationssatzes und Beispiel 3.3.11 a) die Transformation

$$\mathcal{L}\{t\} = \frac{1}{s^2}$$

her.

3.3.7. Man beweise Satz 3.3.7 für $n = 2$.
Anleitung: Nochmalige partielle Integration des Ergebnisses von Satz 3.3.6.

3.3.8. Man bestimme mit Hilfe des Differentiationssatzes $\mathcal{L}\{t^n\}$, $n \in \mathbf{N}$.

3.3.9. Man bestimme

$$\mathcal{L}\left\{\int_0^t \frac{\sin\tau}{\tau}\,d\tau\right\}.$$

Anleitung: Man beachte (3.3.5) aus Beispiel 3.3.6.

3.3.7 Transformation der Delta-Funktion

Zur Bestimmung der Laplace-Transformation der Delta-Funktion greift man am besten auf die Definition 1.8.2 zurück, die lautet

$$\delta(t) = \lim_{\tau \to 0} \frac{1}{\tau}\{u(t) - u(t - \tau)\}.$$

Unter Beachtung von $\mathcal{L}\{u(t)\} = \frac{1}{s}$ und des ersten Verschiebungssatzes ergibt sich

$$\mathcal{L}\{\delta(t)\} = \lim_{\tau \to 0} \frac{1}{\tau}\left\{\frac{1}{s} - \frac{e^{-s\tau}}{s}\right\} = \frac{1}{s}\lim_{\tau \to 0}\frac{1 - e^{-s\tau}}{\tau} = \frac{1}{s}\lim_{\tau \to 0}\frac{se^{-s\tau}}{1} = \frac{s}{s} = 1$$

mit der Regel von l'Hospital. Es gilt also

$$\boxed{\mathcal{L}\{\delta(t)\} = 1.}$$

Mathematisch gesehen existiert

$$\lim_{\tau \to 0} \frac{1}{\tau} \{u(t) - u(t-\tau)\}$$

nicht, also ist $\mathcal{L}\{\delta(t)\}$ eigentlich nicht definiert. Wir haben aber gesehen, daß es durchaus von Vorteil ist, mit der Delta-Funktion zu rechnen. Und dies geschieht dann unter der Prämisse, daß $\mathcal{L}\{\delta(t)\} = 1$ ist.

Beispiel:
3.3.16. Durch die Gleichung

$$\ddot{x}(t) + \omega^2 x(t) = \delta(t)$$

wird die Bewegung eines Pendels beschrieben, das zum Zeitpunkt $t = 0$ durch einen Impuls der Größe

$$\int_{-\infty}^{\infty} \delta(t)\, dt = 1$$

angeregt wird. Unter Beachtung der Anfangsbedingungen $\dot{x}(0) = x(0) = 0$ erhält man für die transformierte Gleichung

$$s^2 X(s) - sx(0) - \dot{x}(0) + \omega^2 X(s) = s^2 X(s) + \omega^2 X(s) = 1$$

bzw.

$$X(s) = \frac{1}{s^2 + \omega^2} = \frac{1}{\omega} \frac{\omega}{s^2 + \omega^2}.$$

Die Inverse dazu lautet

$$x(t) = \frac{1}{\omega} \sin \omega t.$$

Prüft man die Anfangsbedingungen noch einmal nach, stellt man fest, daß
a) $x(0) = 0$, aber
b) $\dot{x}(t) = \cos \omega t$ und damit $\dot{x}(0) = 1$,
entgegen der Voraussetzung ist.

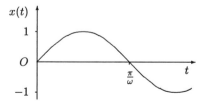
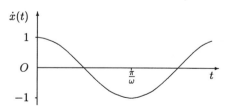

Dieser Widerspruch läßt sich folgendermaßen erklären. Die Anfangsbedingung $\dot{x}(0) = 0$ ist genaugenommen der **linksseitige** Grenzwert

$$\lim_{t \to -0} \dot{x}(t) = 0,$$

denn bis zum Zeitpunkt $t = 0$ befindet sich das Pendel in Ruhelage. Dagegen ist die in der Lösung auftretende Anfangsbedingung in Wahrheit der rechtsseitige Grenzwert

$$\lim_{t \to +0} \dot{x}(t) = 1,$$

denn zum Zeitpunkt $t = 0$ erfolgt ja der Impuls, ohne den eine Bewegung nicht stattfinden würde.

Aufgaben:

3.3.10. Man berechne $\mathcal{L}\{\delta(t - a)\}$.

3.3.11. Man ermittle die Transformierte der Delta-Funktion aus der Gleichung

$$\delta(t) = \frac{d}{dt} u(t),$$

d.h. der Ableitung der Sprungfunktion (Definition 1.8.3). Setze dabei $u(0) = 0$.

3.4 Sätze über die Laplace-Transformierte

3.4.1 Zweiter Verschiebungssatz

Nicht nur im Zeitbereich, sondern auch im Bildbereich ist eine Verschiebung denkbar. Es tauchen ja z.B. nicht nur Funktionen der Form $\frac{1}{s^n}$, sondern auch der Art $\frac{1}{(s+a)^n}$ auf. Die Frage ist, ob es hier bei den Rücktransformationen Ähnlichkeiten gibt. Es gilt tatsächlich der

Satz 3.4.1: *Sei $\mathcal{L}\{f(t)\} = F(s)$. Dann gilt*

$$\boxed{\mathcal{L}\{e^{-at} f(t)\} = F(s + a).}$$

D.h., eine Multiplikation mit dem Faktor e^{-at} im Zeitbereich bewirkt eine Verschiebung um a im Bildbereich. Da in den meisten Fällen $Re(a) > 0$ und damit der Faktor $|e^{-at}| < 1$ ist, d.h. „dämpfend" wirkt, spricht man bei diesem Satz auch von dem **Dämpfungssatz**.

Der **Beweis** des Satzes läßt sich leicht nachvollziehen:

$$\begin{aligned}
\mathcal{L}\{e^{-at} f(t)\} &= \int_0^\infty e^{-at} f(t) e^{-st} \, dt = \int_0^\infty f(t) e^{-(a+s)t} \, dt \\
&= \int_0^\infty f(t) e^{-s^* t} \, dt = F(s^*) = F(s + a),
\end{aligned}$$

wenn man vorübergehend für $s + a = s^*$ schreibt.

Beispiele:

3.4.1. Es gilt $\mathcal{L}\{t\} = \frac{1}{s^2}$, und somit ist die Inverse von $\frac{1}{(s+a)^2}$:

$$\mathcal{L}^{-1}\left\{\frac{1}{(s+a)^2}\right\} = t e^{-at}.$$

3.4.2. Zur Bestimmung von $\mathcal{L}\{e^{-at}\cos\omega t\}$ beachtet man

$$\mathcal{L}\{\cos\omega t\} = \frac{s}{s^2+\omega^2}$$

und erhält

$$\mathcal{L}\{e^{-at}\cos\omega t\} = \frac{s+a}{(s+a)^2+\omega^2}.$$

3.4.3. Um die Inverse von $\frac{s}{(s+a)^2}$ zu ermitteln, schreibt man

$$\frac{s}{(s+a)^2} = \frac{s+a}{(s+a)^2} - \frac{a}{(s+a)^2} = \frac{1}{s+a} - \frac{a}{(s+a)^2}$$

und erhält

$$\mathcal{L}^{-1}\left\{\frac{s}{(s+a)^2}\right\} = \mathcal{L}^{-1}\left\{\frac{1}{s+a}\right\} - a\mathcal{L}^{-1}\left\{\frac{1}{(s+a)^2}\right\} = 1 \cdot e^{-at} - ate^{-at} = e^{-at}(1-at).$$

Aufgaben:

3.4.1. Man bestimme

a) $\mathcal{L}\{t^2 e^{-5t}\}$,

b) $\mathcal{L}\{e^{-2t}\sin 3t\}$.

3.4.2. Man ermittle die Originalfunktion $f(t)$ zu den Bildfunktionen

a) $F(s) = \dfrac{1}{s^2+2s+1}$,

b) $F(s) = \dfrac{\sqrt{\pi}}{(s+3)^{3/2}}$.

3.4.2 Grenzwertsätze

Nach so viel Theorie und Formalismus folgt nun in den nächsten beiden Abschnitten etwas mehr Praxisnähe. Bei manchen Problemen ist es nur von Interesse, wie die Lösung $f(t)$ der Aufgabe sich zum Zeitpunkt $t = 0$ oder für große t verhält. D.h., man möchte, ohne die Rücktransformation durchzuführen, aus der Bildfunktion auf den Anfangs- oder Endzustand der Originalfunktion schließen.

1. Anfangswertsatz

Satz 3.4.2: *Unter der Voraussetzung, daß die Ableitung $\dot{f}(t)$ für alle $t > 0$ existiert und eine Laplace-Transformierte besitzt, und daß der Grenzwert $\lim\limits_{\substack{t\to 0 \\ t>0}} f(t) = f(+0)$ existiert, gilt*

$$f(+0) = \lim_{\substack{t\to 0 \\ t>0}} f(t) = \lim_{s\to\infty} sF(s).$$

Beweis: Es gilt nach dem Differentiationssatz

$$\mathcal{L}\{\dot{f}(t)\} = \int_0^\infty \dot{f}(t) e^{-st}\,dt = sF(s) - f(+0). \tag{3.4.1}$$

Daraus folgt für $s \to \infty$

$$\lim_{s\to\infty}\int_0^\infty \dot f(t)e^{-st}\,dt = 0 = \lim_{s\to\infty}\{sF(s) - f(+0)\}$$

bzw.

$$\lim_{s\to\infty} sF(s) = f(+0) = \lim_{\substack{t\to 0\\ t>0}} f(t).$$

Beispiel:

3.4.4. In der abgebildeten Schaltung sei der Kondensator ladungsfrei. Die beim Einschalten zum Zeitpunkt $t = 0$ angelegte Spannung betrage $U_e(t) = 1$ (Volt), und man erhält für die Transformation der Spannungsgleichung

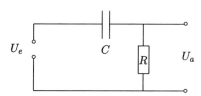

$$U_e(t) = RI(t) + \frac{1}{C}\int_0^t I(\tau)\,d\tau:$$

$$\frac{1}{s} = RI^*(s) + \frac{1}{sC}I^*(s) = \left(R + \frac{1}{sC}\right)I^*(s)$$

bzw.

$$I^*(s) = \frac{1}{s\left(R + \frac{1}{sC}\right)}.$$

Andererseits gilt für die am Widerstand anliegende Spannung

$$U_a(t) = RI(t)$$

und damit

$$U_a^*(s) = RI^*(s) = \frac{R}{s\left(R + \frac{1}{sC}\right)} = \frac{RC}{sRC + 1}.$$

Fragt man nun nach dem Wert von $U_e(t)$ zu dem Zeitpunkt, in dem der Spannungssprung erfolgt, d.h. dem Anfangswert, ergibt sich

$$U_a(0) = \lim_{s\to\infty} sU_a^*(s) = \lim_{s\to\infty} \frac{sRC}{sRC + 1} = \lim_{s\to\infty} \frac{RC}{RC + \frac{1}{s}} = 1.$$

Das entspricht der Höhe des Einheitssprunges der angelegten Spannung $U_e(t)$.

2. Endwertsatz

Satz 3.4.3: *Es existiere die Ableitung $\dot f(t)$ für alle $t > 0$ und besitze eine Laplace-Transformierte. Wenn außerdem der Grenzwert von $f(t)$ für $t \to \infty$ existiert, so gilt*

$$\lim_{t\to\infty} f(t) = \lim_{\substack{s\to 0\\ s>0}} sF(s).$$

Beweis: Ausgehend von dem Differentiationssatz (3.4.1) kann man auch schreiben

$$\lim_{\substack{s\to 0\\ s>0}} \int_0^\infty \dot{f}(t)e^{-st}\,dt = \int_0^\infty \dot{f}(t)\,dt = \lim_{t\to\infty} \int_0^t \dot{f}(\tau)\,d\tau$$

$$= \lim_{t\to\infty}\{f(t) - f(0)\} = \lim_{s\to 0}\{sF(s) - f(0)\},$$

woraus folgt

$$\lim_{t\to\infty} f(t) = \lim_{s\to 0} sF(s).$$

An dieser Stelle sei darauf hingewiesen, daß der Endwertsatz nur angewendet werden darf, wenn $sF(s)$ für $Re(s) \geq 0$ keine Polstellen hat. Außerdem ist es wichtig zu wissen, daß der Grenzwert von $f(t)$ für $t \to \infty$ tatsächlich existiert. Denn aus dem Beispiel der Funktion $f(t) = \cos t$ erhält man mit $\mathcal{L}\{\cos t\} = F(s) = \frac{s}{s^2+1}$:

$$\lim_{s\to 0} sF(s) = \lim_{s\to 0} \frac{s^2}{s^2+1} = 0,$$

aber der Grenzwert

$$\lim_{t\to\infty} f(t) = \lim_{t\to\infty} \cos t$$

existiert nicht. Ähnliches gilt übrigens auch für den Satz 3.4.2.

Beispiel:

3.4.5. Aus dem angegebenen Schaltbild liest man ab

$$U_e(t) = RI(t) + L\frac{dI(t)}{dt}$$

und erhält die transformierte Gleichung

$$U_e^*(s) = RI^*(S) + sLI^*(s) = (R + sL)I^*(s)$$

bzw.

$$I^*(s) = \frac{U_e^*(s)}{R + sL} = \frac{U_0}{s}\frac{1}{R + sL}$$

mit $U_e(t) = U_0 = const.$ Damit gilt nun

$$\lim_{t\to\infty} I(t) = \lim_{s\to 0} sI^*(s) = \lim_{s\to 0} \frac{U_0}{R + sL} = \frac{U_0}{R},$$

d.h., der Strom nähert sich einem Endwert $\frac{U_0}{R}$.

Aufgaben:

3.4.3. Man verifiziere den Satz 3.4.2 für die Funktionen

a) $f(t) = 3t + \sin 2t$,

b) $F(s) = \dfrac{1}{(s-1)(s+2)^2}$.

3.4.4. Man verifiziere den Satz 3.4.3 für die Funktionen

a) $f(t) = 1 + e^{-t}(\sin t + \cos t)$,

b) $F(s) = \dfrac{1 - e^{-s}}{s}$ und $F(s) = \dfrac{1 - e^{-s}}{s^2}$.

3.4.3 Differentiationssatz für die Bildfunktion

Es soll nun die Frage beantwortet werden, ob es einen Zusammenhang gibt zwischen den Ableitungen $F^{(n)}(s), n \in \mathbb{N}$, der Bildfunktion $F(s)$ und der Originalfunktion $f(t)$. Dazu geht man aus von der Definitionsgleichung der Laplace-Transformation und differenziert diese nach s:

$$F'(s) = \frac{d}{ds}\int_0^\infty f(t)e^{-st}\,dt = \int_0^\infty \frac{d}{ds}\{f(t)e^{-st}\}\,dt$$

$$= \int_0^\infty f(t)(-t)e^{-st}\,dt = -\int_0^\infty \{tf(t)\}e^{-st}\,dt = -\mathcal{L}\{tf(t)\}.$$

Es gilt also der

Satz 3.4.4: Sei $F(s) = \mathcal{L}\{f(t)\}$. Dann gilt

$$\boxed{F'(s) = -\mathcal{L}\{tf(t)\}}$$

bzw.

$$F^{(n)}(s) = (-1)^n \mathcal{L}\{t^n f(t)\}, \quad n \in \mathbb{N}.$$

Das ist der Ableitungssatz für die Bildfunktion. Der zweite Teil läßt sich durch vollständige Induktion leicht beweisen. Er sagt also aus, daß jede Ableitung der Bildfunktion eine Multiplikation der Originalfunktion mit dem Faktor $(-t)$ nach sich zieht.

Beispiele:

3.4.6. Es ist

$$\mathcal{L}\{u(t)\} = \frac{1}{s} = F(s)$$

und somit

$$\mathcal{L}\{-t\} = -\mathcal{L}\{t\} = F'(s) = \left(\frac{1}{s}\right)' = -\frac{1}{s^2}$$

bzw.

$$\mathcal{L}\{t\} = \frac{1}{s^2}.$$

Weiter gilt

$$\mathcal{L}\{-t^2\} = -\mathcal{L}\{t \cdot t\} = \left(\frac{1}{s^2}\right)' = \frac{-2}{s^3}$$

bzw.

$$\mathcal{L}\{t^2\} = \frac{2}{s^3} \quad \text{usw.}$$

3.4.7. Es soll die Laplace-Transformierte der Zeitfunktion $f(t) = t\sin\omega t$ berechnet werden. Bekanntlich gilt

$$\mathcal{L}\{\sin\omega t\} = \frac{\omega}{s^2 + \omega^2}$$

und damit

$$\mathcal{L}\{t\sin\omega t\} = -\left(\frac{\omega}{s^2 + \omega^2}\right)' = -\omega(s^2 + \omega^2)^{-2}(-2s) = \frac{2s\omega}{(s^2 + \omega^2)^2}.$$

3.4.4 Integrationssatz für die Bildfunktion

Nach der Bestimmung der Ableitung der Bildfunktion liegt es nun nahe, nach dem Integral zu fragen. Man geht wieder aus von der Definition der Laplace-Transformation

$$F(s) = \int_0^\infty f(t) e^{-st}\, dt$$

und bildet das Integral

$$\int_{s^*}^\infty F(s)\, ds = \int_{s^*}^\infty \int_0^\infty f(t) e^{-st}\, dt\, ds = \int_0^\infty f(t) \left\{ \int_{s^*}^\infty e^{-st}\, ds \right\} dt$$

$$= \int_0^\infty f(t) \frac{1}{t} e^{-s^* t}\, dt = \int_0^\infty \left\{ \frac{f(t)}{t} \right\} e^{-s^* t}\, dt = \mathcal{L}\left\{ \frac{f(t)}{t} \right\}.$$

Damit folgt der

Satz 3.4.5: *Sei $f(t) = \mathcal{L}^{-1}\{F(s)\}$, dann gilt*

$$\boxed{\int_s^\infty F(u)\, du = \mathcal{L}\left\{ \frac{f(t)}{t} \right\}.}$$

Man erhält also das Integral der Bildfunktion, indem man zunächst die Originalfunktion $f(t)$ durch t dividiert und diese neue Funktion der Laplace-Transformation unterwirft.

Beispiele:

3.4.8. Sei $F(s) = \frac{2}{s^3}$, dann ist $f(t) = t^2$, und man erhält

$$\int_s^\infty \frac{2}{u^3}\, du = 2 \left[-\frac{1}{2} u^{-2} \right]_s^\infty = \frac{1}{s^2} = \mathcal{L}\left\{ \frac{t^2}{t} \right\} = \mathcal{L}\{t\}.$$

3.4.9. Für die Laplace-Transformierte der Zeitfunktion $\frac{\sin t}{t}$ ergibt sich mit $\mathcal{L}\{\sin t\} = \frac{1}{s^2+1}$:

$$\int_s^\infty \frac{1}{u^2+1}\, du = \Big[\arctan u \Big]_s^\infty = \frac{\pi}{2} - \arctan s = \arctan \frac{1}{s} = \mathcal{L}\left\{ \frac{\sin t}{t} \right\},$$

unter Beachtung der Beziehung

$$\arctan \frac{1}{x} = \frac{\pi}{2} - \arctan x \quad \text{für} \quad x > 0.$$

Im Grenzfall $s \to 0$ ergibt sich aus dem Integrationssatz

$$\int_0^\infty F(s)\, ds = \lim_{\substack{s \to 0 \\ s > 0}} \int_0^\infty \frac{f(t)}{t} e^{-st}\, dt = \int_0^\infty \frac{f(t)}{t}\, dt, \tag{3.4.2}$$

eine Gleichung, die zur Berechnung bestimmter Integrale verwendet werden kann.

Beispiele:

3.4.10. Mit der Gleichung (3.4.2) ergibt sich für den Grenzwert des Integralsinus für $x \to \infty$

$$Si(\infty) = \int_0^\infty \frac{\sin t}{t}\, dt = \int_0^\infty \frac{ds}{1+s^2} = \Big[\arctan s \Big]_0^\infty = \frac{\pi}{2}.$$

3.4.11. Es gilt

$$\mathcal{L}\{t\cos t\} = \int_0^\infty t\cos t\, e^{-st}\, dt = -\frac{d}{ds}\mathcal{L}\{\cos t\} = -\frac{d}{ds}\left(\frac{s}{s^2+1}\right)$$
$$= -\frac{s^2+1-s\cdot 2s}{(s^2+1)^2} = \frac{s^2-1}{(s^2+1)^2}.$$

So erhält man z.B. für $s = 2$:

$$\int_0^\infty t e^{-2t}\cos t\, dt = \frac{4-1}{(4+1)^2} = \frac{3}{25}.$$

Aufgaben:

3.4.5. Man bestimme unter Verwendung des Differentiationssatzes die Laplace-Transformierte von

a) $f(t) = te^{-at}$,

b) $f(t) = t^2\cos t$.

3.4.6. Man bestimme die Laplace-Transformierte von

a) $f(t) = \dfrac{1-e^{-t}}{t}$,

b) $f(t) = \dfrac{\cos\omega_1 t - \cos\omega_2 t}{t}$

mit Hilfe des Integrationssatzes.

3.4.7. Man berechne das Integral

$$\int_0^\infty \frac{e^{-t}-e^{-2t}}{t}\, dt$$

mit Hilfe (3.4.2).

3.5 Die inverse Laplace-Transformation

Es fehlen zwar noch einige Sätze, insbesondere die Bildfunktion betreffend, doch soll nach soviel Theorie erst einmal auf die Praxis Bezug genommen und vor allen Dingen auch etwas ausführlicher auf das Problem der Rücktransformation eingegangen werden. Oft ist die Tabelle der Korrespondenzfunktionen, die man zur Verfügung hat, nicht so umfangreich, daß jede einzelne Funktion aufgeführt ist. Außerdem ist die in 3.2 besprochene Bildung der Inversen nur mit Kenntnissen der (komplexen) Funktionentheorie zu bewerkstelligen.

Da die Methode der Laplace-Transformation im Bereich der Elektrotechnik auf fruchtbaren Boden gefallen ist, sollen aus diesem Gebiet einige Probleme vorgestellt werden.

3.5.1 RCL-Netzwerke

Eine lineare Schaltung besteht aus den verschiedensten Kombinationen von Widerstand R, Spule mit der Induktivität L und Kondensator mit der Kapazität C. Außerdem ist häufig eine Spannungsquelle in Form eines Generators oder einer Batterie angeschlossen, die eine Spannung U liefert. Man fragt nun i.allg. nach den Strömen und Spannungen in den Zweigen oder Maschen eines solchen RCL-Netzwerkes. Im Zeitbereich führt diese Frage auf ein System von linearen Differentialgleichungen mit konstanten Koeffizienten, und im Bildbereich wird durch die Laplace-Transformation daraus ein lineares Gleichungssystem für die transformierten Ströme und

Spannungen.

Beispiel:

3.5.1. Es soll eine Reihenschaltung der drei Elemente R, C und L betrachtet werden, die zum Zeitpunkt $t = 0$ an eine Spannungsquelle $U(t)$ angeschlossen wird. Der Kondensator war vorher ladungsfrei. Gesucht ist der resultierende Strom $I(t)$. Nach dem 2. Kirchhoffschen Gesetz gilt die Spannungsgleichung

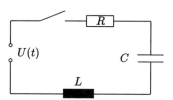

$$U(t) = RI(t) + \frac{1}{C}\int_0^t I(\tau)\,d\tau + L\frac{dI(t)}{dt}.$$

Daraus ergibt sich mit $\mathcal{L}\{I(t)\} = I^*(s)$ und $\mathcal{L}\{U(t)\} = U^*(s)$ die transformierte Gleichung

$$U^*(s) = RI^*(s) + \frac{1}{sC}I^*(s) + LsI^*(s) = \left(R + \frac{1}{sC} + sL\right)I^*(s)$$

bzw. die Inverse

$$I(t) = \mathcal{L}^{-1}\{I^*(s)\} = \mathcal{L}^{-1}\left\{\frac{U^*(s)}{R + \frac{1}{sC} + sL}\right\}.$$

Ist die Spannungsquelle eine Batterie, gilt also $U(t) = U_0$ und damit $U^*(s) = \frac{U_0}{s}$ bzw.

$$I(t) = \mathcal{L}^{-1}\left\{\frac{U_0}{s\left(R + \frac{1}{sC} + sL\right)}\right\} = \mathcal{L}^{-1}\left\{\frac{U_0}{s^2 L + sR + \frac{1}{C}}\right\} = \frac{U_0}{L}\mathcal{L}^{-1}\left\{\frac{1}{s^2 + s\frac{R}{L} + \frac{1}{CL}}\right\}.$$

Bei gegebenen L, R, C läßt sich hier z.B. durch eine einfache Partialbruchzerlegung die Inverse angeben.

So verhält es sich bei einer einfachen Hintereinanderschaltung von RCL-Elementen. Zur Analyse einer linearen Schaltung, die sich aus einer Vielzahl dieser Elemente zusammensetzt, kann man auf die grunglegenden Beziehungen zwischen Spannung und Strom in jedem dieser Elemente zurückgreifen. Wie in dem obigen Beispiel angeführt gilt

a) für einen ohmschen Widerstand: $U_R(t) = RI(t)$,

b) für eine Kapazität: $U_C(t) = \frac{1}{C}\int_0^t I(\tau)\,d\tau$,

c) für eine Induktivität: $U_L(t) = L\frac{dI(t)}{dt}$.

Für die transformierten Größen, die sogenannte Bildspannung (auf der linken Seite), ergibt sich

a) $U_R^*(s) = RI^*(s)$,

b) $U_C^*(s) = \frac{1}{sC}I^*(s)$,

c) $U_L^*(s) = sLI^*(s)$.

Im Bildbereich kann man in allen drei Fällen den Quotienten von $U^*(s)$ und $I^*(s)$ bilden und

340 3. Laplace-Transformation

spricht dann im Hinblick auf das Ohmsche Gesetz ($U = R \cdot I$) auch hier von einem „symbolischen" Widerstand $Z(s)$. Es gilt dann:

a) $Z_R(s) = R$,

b) $Z_C(s) = \dfrac{1}{sC}$,

c) $Z_L(s) = sL$

und allgemein

$$U^*(s) = Z(s) \cdot I^*(s).$$

Jeden Zweig eines Netzwerkes kann man also durch die Laplace-Transformation in einen dazugehörigen Bildzweig überführen, mit den entsprechenden Bildströmen, Bildspannungen und symbolischen Widerständen.

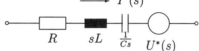

Dadurch erhält man ein Bildnetzwerk, für das formal die gleichen Netzwerksätze, wie z.B. die Kirchhoffschen Gesetze, gelten, wie für das Ursprungsnetzwerk. Unter der Voraussetzung, daß das System für $t < 0$ „in Ruhe" ist, braucht man sich also nicht die Mühe zu machen und die Differentialgleichungen für den Zeitbereich aufzustellen und sie zu transformieren, sondern kann die Gleichungen des Bildbereichs aus der Abbildung direkt herleiten bzw. ablesen.

Beispiel:

3.5.2. Für das dargestellte Netzwerk mit den Maschenströmen $I_1(t)$, $I_2(t)$ soll für die Eingangsspannung $U_e(t) = U_0 u(t)$ die zugehörige Ausgangsspannung $U_a(t)$ berechnet werden.

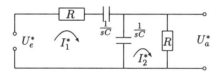

Die Gleichungen für die beiden Stromschleifen lauten im Bildbereich

$$\left(R + \frac{2}{sC}\right) I_1^*(s) - \frac{1}{sC} I_2^*(s) = U_e^*(s) = \frac{U_0}{s}$$

$$-\frac{1}{sC} I_1^*(s) + \left(R + \frac{1}{sC}\right) I_2^*(s) = 0,$$

und es ist

$$U_a^*(s) = R I_2^*(s).$$

Die Koeffizientendeterminante des obigen Gleichungssystems lautet

$$D = \begin{vmatrix} R + \frac{2}{sC} & -\frac{1}{sC} \\ -\frac{1}{sC} & R + \frac{1}{sC} \end{vmatrix} = \left(R + \frac{2}{sC}\right)\left(R + \frac{1}{sC}\right) - \left(\frac{1}{sC}\right)^2 = R^2 + \frac{3R}{sC} + \frac{1}{s^2C^2},$$

und damit ergibt sich nach der Cramerschen Regel:

$$I_2^*(s) = \frac{\left(-\frac{U_0}{s}\right)\left(-\frac{1}{sC}\right)}{R^2 + \frac{3R}{sC} + \frac{1}{s^2C^2}} = \frac{U_0 C}{s^2 R^2 C^2 + 3RCs + 1}$$

und
$$U_a^*(s) = \frac{RCU_0}{s^2R^2C^2 + 3RCs + 1}.$$

Hier geht es nun nur noch um die Bestimmung der Inversen von
$$\frac{1}{s^2R^2C^2 + 3RCs + 1}.$$

Darauf soll im nächsten Abschnitt eingegangen werden.

Zunächst sei aber darauf hingewiesen, daß bisher in allen Beispielen im Bildbereich sich rationale Funktionen ergaben, d.h. Quotienten von Polynomen von s, wobei der Grad des Zählerpolynoms kleiner als der Grad des Nennerpolynoms war. Es wird sich zeigen, daß dieses Ergebnis der Regelfall ist. Sollten einmal andere Funktionen auftreten, greift man auf Tabellen zurück, oder wenn man sich die Arbeit selbst machen will, muß man die Inverse mit funktionstheoretischen Methoden bestimmen (siehe 3.2).

Bei den rationalen Funktionen sind offensichtlich nur die Nullstellen des Nenners (Pole) für die Rücktransformation wichtig, unter der Voraussetzung, daß Zähler und Nenner keine gemeinsame Nullstelle mehr haben (kürzen!). Die Methode der Vereinfachung solcher rationalen Funktionen sollte bereits aus der reellen Analysis bekannt sein. Es geht um die Zerlegung in eine Summe von einfachen Brüchen, die **Partialbruchzerlegung**. Damals wurde allerdings zwischen reellen und komplexen Nullstellen des Nenners unterschieden. Das ist nun nicht mehr nötig. Man muß nur noch eine Unterscheidung zwischen einfachen und mehrfachen Nullstellen des Nenners vornehmen.

3.5.2 Funktionen von s mit einfachen Polen

Sei
$$F(s) = \frac{P(s)}{Q(s)} = P(s)\left\{\prod_{k=1}^{n}(s-\alpha_k)\right\}^{-1}$$

und $Grad\, P(s) < n$, $P(\alpha_k) \neq 0$, $1 \leq k \leq n$. Der Nenner $Q(s)$ ist ein Polynom n-ter Ordnung und habe n verschiedene Nullstellen α_k, die damit alle einfach sind. Der Ansatz für die Partialbruchzerlegung lautet dann

$$F(s) = \sum_{k=1}^{n} \frac{A_k}{s-\alpha_k}. \qquad (3.5.1)$$

Es ist leicht zu einzusehen, daß man jeden einzelnen Koeffizienten A_k berechnen kann, indem man die Gleichung (3.5.1) mit $s - \alpha_k$ multipliziert und anschließend für $s = \alpha_k$ einsetzt, da alle Summanden auf der rechten Seite verschwinden, außer A_k. Es gilt also

$$A_k = \lim_{s \to \alpha_k} F(s)(s-\alpha_k) = \lim_{s \to \alpha_k} \frac{P(s)(s-\alpha_k)}{Q(s)} = \lim_{s \to \alpha_k} \frac{P'(s)(s-\alpha_k) + P(s)}{Q'(s)} = \frac{P(\alpha_k)}{Q'(\alpha_k)},$$

unter Verwendung der Regel von l'Hospital. Es ist $P(\alpha_k) \neq 0$ nach Voraussetzung und $Q'(\alpha_k) \neq 0$, da die Nullstellen α_k einfach sein sollen. Zur Ermittlung der Konstanten in dem Ansatz (3.5.1) ist also nur folgende Formel zu merken:

$$\boxed{A_k = \frac{P(\alpha_k)}{Q'(\alpha_k)}, \quad k = 1, \ldots, n.}$$

Damit ist dann auch die Frage nach der Inversen geklärt. Auf Grund der Korrespondenz

$$\mathcal{L}\{e^{at}\} = \frac{1}{s-a}$$

gilt

$$\mathcal{L}^{-1}\{F(s)\} = \sum_{k=1}^{n} A_k \mathcal{L}^{-1}\left\{\frac{1}{s-\alpha_k}\right\} = \sum_{k=1}^{n} A_k e^{\alpha_k t}.$$

Man bezeichnet dieses Ergebnis auch als Heavisideschen Entwicklungssatz.

Beispiel:

3.5.3. Es soll die Inverse $f(t) = \mathcal{L}^{-1}\{F(s)\}$ von

$$F(s) = \frac{3s+1}{s^3 - s^2 + s - 1} = \frac{3s+1}{(s-1)(s^2+1)}$$

bestimmt werden. Die Nullstellen des Nenners liegen bei $s_1 = 1$, $s_{2,3} = \pm i$. Also lautet der Ansatz der Partialbruchzerlegung

$$F(s) = \frac{A_1}{s-1} + \frac{A_2}{s-i} + \frac{A_3}{s+i},$$

und für die Koeffizienten ergibt sich mit $Q'(s) = 3s^2 - 2s + 1$:

$$\begin{aligned}
A_1 &= \lim_{s \to 1} \frac{3s+1}{3s^2 - 2s + 1} = \frac{4}{2} = 2, \\
A_2 &= \lim_{s \to i} \frac{3s+1}{3s^2 - 2s + 1} = \frac{1+3i}{-3-2i+1} = \frac{1+3i}{-2-2i} = \frac{(1+3i)(-2+2i)}{4+4} = -1 - \frac{i}{2}, \\
A_3 &= \lim_{s \to -i} \frac{3s+1}{3s^2 - 2s + 1} = \frac{1-3i}{-3+2i+1} = \frac{(1-3i)(-2-2i)}{4+4} = -1 + \frac{i}{2}.
\end{aligned}$$

Die Inverse ist somit

$$\begin{aligned}
f(t) &= 2e^t + \left(-1 - \frac{i}{2}\right) e^{it} + \left(-1 + \frac{i}{2}\right) e^{-it} = 2e^t - (e^{it} + e^{-it}) - \frac{i}{2}(e^{it} - e^{-it}) \\
&= 2e^t - 2\cos t + \sin t.
\end{aligned}$$

3.5.3 Funktionen von s mit Polen höherer Ordnung

Es genügt, sich die Problematik an **einem** mehrfachen Pol klarzumachen, da bei mehreren mehrfach auftretenden Polen, wie bei den einfachen, die Ansätze einfach addiert werden. Sei also

$$F(s) = \frac{P(s)}{(s-\alpha)^n}, \quad n \in \mathbb{N}, n \geq 2,$$

und $\operatorname{Grad} P(s) < n$, $P(\alpha) \neq 0$. Der Ansatz für eine Partialbruchzerlegung in diesem Fall lautet

$$F(s) = \sum_{k=1}^{n} \frac{A_k}{(s-\alpha)^k} = \frac{A_1}{s-\alpha} + \cdots + \frac{A_n}{(s-\alpha)^n}. \tag{3.5.2}$$

Multiplikation mit $(s-\alpha)^n$ ergibt

$$F(s)(s-a)^n = \sum_{k=1}^{n} A_k(s-\alpha)^{n-k} = A_1(s-\alpha)^{n-1} + \cdots + A_n.$$

Nach Bildung der $(n-k)$-ten Ableitung verschwinden die nach A_k folgenden Summanden, da ihre Potenz kleiner ist. Die Summanden vor A_k haben alle mindestens einen Faktor der Form $(s-\alpha)$, so daß sie für $s \to \alpha$ gegen Null gehen. Somit erhält man

$$\frac{d^{n-k}}{ds^{n-k}}\{F(s)(s-\alpha)^n\}|_{s=\alpha} = \lim_{s\to\alpha}\frac{d^{n-k}}{ds^{n-k}}\{F(s)(s-\alpha)^n\}$$

$$= \lim_{s\to\alpha}\frac{d^{n-k}}{ds^{n-k}}\{A_k(s-\alpha)^{n-k}\} = (n-k)!\, A_k$$

bzw.

$$A_k = \frac{1}{(n-k)!}\lim_{s\to\alpha}\frac{d^{n-k}}{ds^{n-k}}\{F(s)(s-\alpha)^n\}, \quad 1 \leq k \leq n.$$

Auf Grund der Korrespondenz (siehe Aufgabe 3.3.4.)

$$\mathcal{L}^{-1}\left\{\frac{1}{(s-\alpha)^k}\right\} = e^{\alpha t}\frac{t^{k-1}}{(k-1)!}$$

ergibt sich für die Inverse von (3.5.2)

$$f(t) = e^{\alpha t}\sum_{k=1}^{n}\frac{A_k}{(k-1)!}t^{k-1}.$$

Beispiel:

3.5.4. Es soll die Inverse von

$$F(s) = \frac{s+1}{s(s+2)^3}$$

bestimmt werden. Offensichtlich ist $s_1 = 0$ ein einfacher Pol und $s_2 = -2$ ein dreifacher. Der Ansatz lautet

$$F(s) = \frac{B}{s} + \frac{A_1}{s+2} + \frac{A_2}{(s+2)^2} + \frac{A_3}{(s+2)^3},$$

und für die Koeffizienten erhält man

$$B = \lim_{s\to 0} sF(s) = \lim_{s\to 0}\frac{s+1}{(s+2)^3} = \frac{1}{8},$$

$$A_3 = \lim_{s\to -2}\frac{s+1}{s} = \frac{-1}{-2} = \frac{1}{2},$$

$$A_2 = \lim_{s\to -2}\frac{d}{ds}\left(\frac{s+1}{s}\right) = \lim_{s\to -2}\frac{-1}{s^2} = -\frac{1}{4},$$

$$A_1 = \frac{1}{2!}\lim_{s\to -2}\frac{d^2}{ds^2}\{(s+2)^3 F(s)\} = \frac{1}{2}\lim_{s\to -2}\frac{d^2}{ds^2}\left(\frac{s+1}{s}\right)$$

$$= \frac{1}{2}\lim_{s\to -2}\frac{d}{ds}\left(\frac{s-s-1}{s^2}\right) = \frac{1}{2}\lim_{s\to -2}\frac{d}{ds}\left(\frac{-1}{s^2}\right) = \frac{1}{2}\lim_{s\to -2}\frac{2}{s^3} = -\frac{1}{8}.$$

Damit ist die Summe der Partialbrüche

$$F(s) = \frac{1}{8s} - \frac{1}{8}\frac{1}{s+2} - \frac{1}{4}\frac{1}{(s+2)^2} + \frac{1}{2}\frac{1}{(s+2)^3},$$

und die Inverse lautet

$$f(t) = \frac{1}{8} - \frac{1}{8}e^{-2t} - \frac{1}{4}te^{-2t} + \frac{1}{2}t^2 e^{-2t}\frac{1}{2} = \frac{1}{8}\{1 + e^{-2t}(-1 - 2t + 2t^2)\}.$$

Gelegentlich empfiehlt es sich, dennoch auf die herkömmliche Methode bei der Bestimmung der Koeffizienten zurückzugreifen, den Koeffizientenvergleich. Man vermeidet dann das aufwendige Rechnen mit den komplexen Zahlen und kommt i.allg. schneller ans Ziel.

Beispiel:

3.5.5. Gesucht sei die Inverse von

$$F(s) = \frac{s}{(s^2 - 2s + 2)(s^2 + 2s + 2)}.$$

Bei der Bestimmung der Nullstellen des Nenners stellt man fest, daß diese alle komplex sind:

$$\begin{aligned} s_{1,2} &= 1 \pm \sqrt{1-2} = 1 \pm i, \\ s_{3,4} &= -1 \pm \sqrt{1-2} = -1 \pm i. \end{aligned}$$

In diesem Fall führt auch der Ansatz

$$F(s) = \frac{A_1 s + B_1}{s^2 - 2s + 2} + \frac{A_2 s + B_2}{s^2 + 2s + 2}$$

zum Ziel. Denn die Multiplikation mit dem Hauptnenner $Q(s)$ ergibt

$$\begin{aligned} s &= (A_1 s + B_1)(s^2 + 2s + 2) + (A_2 s + B_2)(s^2 - 2s + 2) \\ &= A_1 s^3 + (B_1 + 2A_1)s^2 + (2A_1 + 2B_1)s + 2B_1 + A_2 s^3 + (B_2 - 2A_2)s^2 + (2A_2 - 2B_2)s + 2B_2 \end{aligned}$$

und der Koeffizientenvergleich

$$\begin{aligned} 0 &= A_1 + A_2 \\ 0 &= B_1 + 2A_1 + B_2 - 2A_2 \\ 1 &= 2A_1 + 2B_1 + 2A_2 - 2B_2 \\ 0 &= 2B_1 + 2B_2. \end{aligned}$$

Die Lösungen dieses linearen Gleichungssystems sind

$$A_1 = A_2 = 0, \ B_1 = -B_2 = \frac{1}{4},$$

so daß der Ansatz lautet

$$F(s) = \frac{1}{4}\frac{1}{s^2 - 2s + 2} - \frac{1}{4}\frac{1}{s^2 + 2s + 2} = \frac{1}{4}\left\{\frac{1}{(s-1)^2 + 1} - \frac{1}{(s+1)^2 + 1}\right\}$$

mit der Inversen

$$f(t) = \frac{1}{4}e^t \sin t - \frac{1}{4}e^{-t} \sin t = \frac{1}{4}(e^t - e^{-t})\sin t = \frac{1}{2}\sin t \sinh t,$$

unter Beachtung von (3.3.6).

Aufgaben:

3.5.1. Man bestimme die Inverse von

$$F(s) = \frac{2s^2 + 3s - 1}{s^3 - s}$$

mit Hilfe der Partialbruchzerlegung.

3.5.2. Wie lautet die Inverse von

$$F(s) = \frac{s^2 + 2s + 3}{(s^2 + 2s + 2)(s^2 + 2s + 5)} ?$$

3.5.3. Man bestimme die Inverse zu

$$F(s) = \frac{11s^3 - 47s^2 + 56s + 4}{(s-2)^3(s+2)}.$$

3.6 Der Faltungssatz

Es ist verständlich, daß man beim Aufstellen einer Tabelle, aus der man die Laplace-Transformierten bzw. die Inversen ablesen kann, sich etwas einschränken möchte, damit das Werk nicht zu umfangreich wird. Dabei kann man auf einige bisher abgeleiteten Sätze, wie z.B. den Differentiations- und Integrationssatz, zurückgreifen. Nun gibt es noch eine weitere häufig erfolgversprechende Möglichkeit, auf direktem Wege die Inverse zu bestimmen, wenn nämlich die Bildfunktion $F(s)$ in Faktoren zerlegt werden kann, deren Originalfunktionen bekannt sind.

Satz 3.6.1: *Es sei $\mathcal{L}\{f_1(t)\} = F_1(s)$, $\mathcal{L}\{f_2(t)\} = F_2(s)$ und*

$$F(s) = F_1(s)F_2(s).$$

Dann ist

$$f(t) = \mathcal{L}^{-1}\{F_1(s)F_2(s)\} = \int_0^t f_1(t-\tau)f_2(\tau)\,d\tau. \tag{3.6.1}$$

Beweis: Wenn man den Integranden in der geschweiften Klammer von

$$F(s) = \mathcal{L}\{f(t)\} = \int_0^\infty \left\{ \int_0^t f_1(t-\tau)f_2(\tau)\,d\tau \right\} e^{-st}\,dt$$

mit $u(t-\tau)$ multipliziert, darf man die obere Grenze t beim Integral durch ∞ ersetzen, da $u(t-\tau) = 0$ für $t - \tau < 0$ bzw. $t < \tau < \infty$. Es gilt also

$$\begin{aligned} F(s) &= \int_0^\infty \int_0^\infty f_1(t-\tau)f_2(\tau)u(t-\tau)\,d\tau\,e^{-st}\,dt \\ &= \int_0^\infty f_2(\tau) \left\{ \int_0^\infty f_1(t-\tau)u(t-\tau)e^{-st}\,dt \right\} d\tau, \end{aligned}$$

nach Vertauschung der Integrationsreihenfolge. Der Integrand des inneren Integrals verschwindet für $0 \leq t \leq \tau$, so daß man erhält

$$F(s) = \int_0^\infty f_2(\tau) \left\{ \int_\tau^\infty f_1(t-\tau)u(t-\tau)e^{-st}\,dt \right\} d\tau = \int_0^\infty f_2(\tau) \left\{ \int_\tau^\infty f_1(t-\tau)e^{-st}\,dt \right\} d\tau,$$

da $u(t-\tau) = 1$ für $t-\tau > 0$ bzw. $t > \tau$. Nach dem ersten Verschiebungssatz gilt mit $f_1(t-\tau) = 0$ für $t - \tau < 0$:

$$\int_\tau^\infty f_1(t-\tau)e^{-st}\,dt = \int_0^\infty f_1(t-\tau)e^{-st}\,dt = \mathcal{L}\{f_1(t-\tau)\} = \int_0^\infty f_1(t-\tau)e^{-st}\,dt = e^{-s\tau}F_1(s),$$

und damit ergibt sich

$$F(s) = \int_0^\infty f_2(\tau)e^{-s\tau}F_1(s)\,d\tau = F_1(s)\int_0^\infty f_2(\tau)e^{-s\tau}\,d\tau = F_1(s)F_2(s)$$

bzw.

$$F_1(s)F_2(s) = \mathcal{L}\left\{\int_0^t f_1(t-\tau)f_2(\tau)\,d\tau\right\}.$$

Bemerkungen:

3.6.1. Da in der Gleichung (3.6.1) f_1 und f_2 multiplikativ verknüpft sind, spricht man auch hier von einem Produkt und nennt den Ausdruck

$$\int_0^t f_1(t-\tau)f_2(\tau)\,d\tau \stackrel{def}{=} f_1(t) * f_2(t)$$

Faltungsprodukt. Das Wort „Faltung" wird in der nächsten Bemerkung erläutert.

Es ist auch kein Problem zu zeigen, daß für diese Form des Produktes das Kommutativgesetz

$$f_1(t) * f_2(t) = f_2(t) * f_1(t)$$

und auch das Assoziativ- und Distributivgesetz gilt.

3.6.2. Der Verlauf der Funktion $u(t - \tau)$ ist bekannt, die linke Abbildung beschreibt ihn.

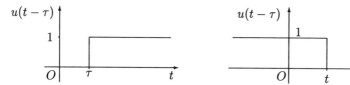

Vertauschung der Integrationsreihenfolge in dem obigen Beweis bedeutet praktisch eine Vertauschung von t und τ. Vertauscht man in der linken Abbildung die beiden Buchstaben t und τ, ist also

$$u(t-\tau) = 0 \quad \text{für} \quad t - \tau < 0 \quad \text{bzw.} \quad \tau > t$$

und

$$u(t-\tau) = 1 \quad \text{für} \quad t - \tau > 0 \quad \text{bzw.} \quad \tau < t,$$

d.h., es ergibt sich die rechte Abbildung. Diese erhält man aus der linken, indem man sie um die vertikale Achse umklappt bzw. das Blatt längs dieser Achse **faltet**. Daher stammt der Name Faltungssatz bzw. Faltungsprodukt.

Beispiele:

3.6.1. Für die Funktion
$$F(s) = \frac{1}{(s-a)(s-b)}, \quad a \neq b,$$
gilt mit
$$F_1(s) = \frac{1}{s-a}, \quad F_2(s) = \frac{1}{s-b}:$$
$$f_1(t) = \mathcal{L}^{-1}\{F_1(s)\} = e^{at} \quad \text{und} \quad f_2(t) = \mathcal{L}^{-1}\{F_2(s)\} = e^{bt}$$
bzw.
$$f_1(t-\tau) = e^{a(t-\tau)} \quad \text{und} \quad f_2(\tau) = e^{b\tau}:$$
$$\begin{aligned}\mathcal{L}^{-1}\{F(s)\} &= \int_0^t e^{a(t-\tau)} e^{b\tau} d\tau = e^{at} \int_0^t e^{(b-a)\tau} d\tau \\ &= \frac{e^{at}}{b-a} \left[e^{(b-a)\tau}\right]_0^t = \frac{e^{at}}{b-a}\left(e^{(b-a)t} - 1\right) = \frac{e^{bt} - e^{at}}{b-a}.\end{aligned}$$

3.6.2. Der Ausdruck
$$F(s) = \frac{\omega s}{(s^2+\omega^2)^2}$$
läßt sich als Produkt schreiben in der Form
$$F(s) = \frac{\omega}{s^2+\omega^2} \frac{s}{s^2+\omega^2}$$
mit den beiden Inversen $f_1(t) = \sin\omega t$, $f_2(t) = \cos\omega t$. Daraus wird
$$\begin{aligned}f(t) &= \mathcal{L}^{-1}\{F(s)\} = f_1(t) * f_2(t) = \int_0^t \cos\omega\tau \sin(\omega t - \omega\tau) d\tau \\ &= \frac{1}{2}\int_0^t \{\sin(\omega\tau + \omega t - \omega\tau) + \sin(\omega\tau - \omega t + \omega\tau)\}d\tau \\ &= \frac{1}{2}\int_0^t \{\sin\omega t + \sin(2\omega\tau - \omega t)\}d\tau = \frac{1}{2}t\sin\omega t + \frac{1}{2}\left[\frac{-\cos(2\omega\tau - \omega t)}{2\omega}\right]_{\tau=0}^t \\ &= \frac{1}{2}t\sin\omega t + \frac{1}{4\omega}\{\cos(-\omega t) - \cos\omega t\} = \frac{t}{2}\sin\omega t.\end{aligned}$$

Aufgaben:

3.6.1. Man beweise die kommutative Verknüpfung der Faltung
$$f_1(t) * f_2(t) = f_2(t) * f_1(t).$$

3.6.2. Man bestimme mit Hilfe des Faltungssatzes

a) $\mathcal{L}^{-1}\left\{\dfrac{1}{(s+2)^2(s-2)}\right\}$,

b) $\mathcal{L}^{-1}\left\{\dfrac{s^2}{(s^2+1)^2}\right\}$,

c) $\mathcal{L}^{-1}\left\{\dfrac{1}{s^2\sqrt{s}}\right\}$.

3.7 Laplace-Transformierte einer periodischen Funktion

Da in den Anwendungen häufig Schwingungen bzw. periodische Funktionen auftreten, ist es sinnvoll, sich mit diesen im Hinblick auf ihre Transformation gesondert zu befassen. Unter einer periodischen Funktion $f(t)$ der Periode T versteht man bekanntlich eine Funktion mit der Eigenschaft

$$f(t+T) = f(t),$$

bzw. es gilt allgemein

$$f(t + nT) = f(t), \quad n \in \mathbb{N}.$$

Allerdings sei an dieser Stelle darauf hingewiesen, daß nach wie vor, $f(t) \equiv 0$ für $t < 0$ gelten soll.

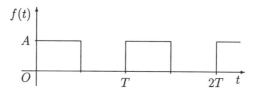

In der Abbildung ist ein einfaches Beispiel einer periodischen Funktion angegeben, es ist dies ein sich wiederholender Rechteckimpuls. Für die Laplace-Transformation von $f(t)$ kann man nun schreiben

$$\begin{aligned} F(s) &= \mathcal{L}\{f(t)\} = \int_0^T f(t)e^{-st}\,dt + \int_T^{2T} f(t)e^{-st}\,dt + \int_{2T}^{3T} f(t)e^{-st}\,dt + \ldots \\ &= \sum_{k=0}^\infty \int_{kT}^{(k+1)T} f(t)e^{-st}\,dt. \end{aligned}$$

Mit der Substitution $t = \tau + kT, dt = d\tau$, erhält man als obere Integrationsgrenze

$$\tau_1 = (k+1)T - kT = T$$

und als untere Grenze

$$\tau_0 = kT - kT = 0.$$

Somit ergibt sich

$$\begin{aligned} F(s) &= \sum_{k=0}^\infty \int_0^T f(\tau + kT)e^{-s(\tau + kT)}\,d\tau = \sum_{k=0}^\infty \int_0^T f(\tau)e^{-s\tau}e^{-skT}\,d\tau \\ &= \int_0^T f(\tau)e^{-s\tau}\,d\tau \sum_{k=0}^\infty e^{-skT} = \int_0^T f(\tau)e^{-s\tau}\,d\tau \sum_{k=0}^\infty (e^{-sT})^k \\ &= \frac{1}{1 - e^{-sT}} \int_0^T f(\tau)e^{-s\tau}\,d\tau, \end{aligned}$$

als Summe einer geometrischen Reihe mit

$$|q| = |e^{-sT}| = e^{-\sigma T} < 1,$$

da $\sigma = Re(s) > 0$. Es gilt also der

Satz 3.7.1: *Die Laplace-Transformierte einer periodischen Funktion $f(t)$ mit der Periode T ergibt sich aus der Gleichung*

$$F(s) = \mathcal{L}\{f(t)\} = \frac{1}{1 - e^{-sT}} \int_0^T f(t) e^{-st}\, dt. \qquad (3.7.1)$$

Beispiele:

3.7.1. Bekanntlich hat die Funktion $f(t) = \sin t$ die Periode $T = 2\pi$ und die Laplace-Transformierte

$$F(s) = \mathcal{L}\{\sin t\} = \frac{1}{s^2 + 1}.$$

Auch die Formel (3.7.1) müßte dieses Ergebnis liefern. Zunächst soll das Integral in

$$F(s) = \frac{1}{1 - e^{-2\pi s}} \int_0^{2\pi} e^{-st} \sin t\, dt$$

durch zweimalige partielle Integration berechnet werden. Aus

$$\begin{aligned}
J &= \int_0^{2\pi} \sin t\, e^{-st}\, dt = \frac{1}{s} \int_0^{2\pi} \cos t\, e^{-st}\, dt \\
&= \frac{1}{s}\left[-\frac{1}{s} \cos t\, e^{-st}\right]_0^{2\pi} - \frac{1}{s^2}\int_0^{2\pi} \sin t\, e^{-st}\, dt = -\frac{1}{s^2} e^{-s2\pi} + \frac{1}{s^2} - \frac{1}{s^2} J,
\end{aligned}$$

ergibt sich

$$J\left(1 + \frac{1}{s^2}\right) = \frac{1}{s^2}(1 - e^{-2\pi s})$$

bzw.

$$J = \frac{s^2}{s^2+1} \frac{1}{s^2}(1 - e^{-2\pi s}) = \frac{1}{s^2+1}(1 - e^{-2\pi s})$$

und damit

$$F(s) = \frac{J}{1 - e^{-2\pi s}} = \frac{1 - e^{-2\pi s}}{(s^2+1)(1 - e^{-2\pi s})} = \frac{1}{s^2+1}.$$

3.7.2. Gegeben sei nun die sogenannte Sägezahnkurve

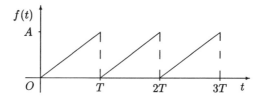

definiert durch die obige Abbildung bzw. die Gleichung
$$f(t) = \frac{A}{T}t$$
für $0 < t < T$. Man erhält

$$\begin{aligned}
F(s) &= \frac{A}{T}\frac{1}{1-e^{-sT}}\int_0^T te^{-st}\,dt = \frac{A}{T}\frac{1}{1-e^{-sT}}\left\{\left[-\frac{t}{s}e^{-st}\right]_0^T + \frac{1}{s}\int_0^T e^{-st}\,dt\right\} \\
&= \frac{A}{T(1-e^{-sT})}\left\{-\frac{T}{s}e^{-sT} + \frac{1}{s}\left[-\frac{e^{-st}}{s}\right]_0^T\right\} = \frac{A}{T(1-e^{-sT})}\left\{-\frac{T}{s}e^{-sT} - \frac{1}{s^2}(e^{-sT}-1)\right\} \\
&= -\frac{A}{T}\frac{T}{s}\frac{e^{-sT}}{1-e^{-sT}} - \frac{A(e^{-sT}-1)}{s^2 T(1-e^{-sT})} = -\frac{A}{s}\frac{e^{-sT}}{1-e^{-sT}} + \frac{A}{s^2 T} = \frac{A}{s}\left(\frac{1}{sT} - \frac{1}{e^{sT}-1}\right).
\end{aligned}$$

Aufgaben:

3.7.1. Man bestimme die Laplace-Transformierte der dargestellten periodischen Rechteckskurve:

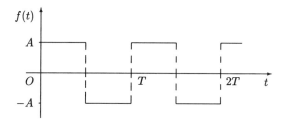

3.7.2. Sei

a) $f(t) = |\sin\omega t|$,

b) $f(t) = \frac{1}{2}\left\{\left|\sin\frac{2\pi}{T}t\right| + \sin\frac{2\pi}{T}t\right\}$.

Man berechne $\mathcal{L}\{f(t)\}$. Man stelle die Funktionen graphisch dar.

3.8 Anwendungen

Auf Grund der Tatsache, daß der Differentiation bzw. Integration im Originalbereich, d.h. bezüglich der Variablen t, im Bildbereich eine Multiplikation mit s bzw. Division durch s entspricht, ist es einleuchtend, daß die Laplace-Transformation überwiegend Anwendung findet beim Lösen von gewöhnlichen Differentialgleichungen, Integro-Differentialgleichungen oder Randwertproblemen im Bereich der partiellen Differentialgleichungen.

3.8.1 Lineare Differentialgleichungen 1. Ordnung

Die Differentialgleichung (mit konstanten Koeffizienten) habe die Form

$$\dot{x} + ax = g(t), \tag{3.8.1}$$

dabei ist $a = const.$, $g(t)$ die Störfunktion und $x = x(t)$ die gesuchte Lösung mit dem gegebenen Anfangswert $x(0) = x_0$. Transformation der Gleichung (3.8.1) ergibt mit $X(s) = \mathcal{L}\{x(t)\}$ und

$G(s) = \mathcal{L}\{g(t)\}$:
$$sX(s) - x_0 + aX(s) = G(s)$$

bzw.
$$X(s) = \frac{G(s) + x_0}{s+a} = \frac{G(s)}{s+a} + \frac{x_0}{s+a}. \tag{3.8.2}$$

Wegen
$$\mathcal{L}^{-1}\left\{\frac{1}{s+a}\right\} = e^{-at}$$

lautet die Inverse von (3.8.2)
$$x(t) = g(t) * e^{-at} + x_0 e^{-at}. \tag{3.8.3}$$

Beispiele:

3.8.1. Es soll die Lösung der Differentialgleichung
$$\dot{x} + 3x = 2\sin t$$
mit $x(0) = 0$ bestimmt werden. Unter Beachtung von (3.8.3) ergibt sich mit $a = 3$, $x_0 = 0$ und $g(t) = 2\sin t$:

$$\begin{aligned}
x(t) &= 2\sin t * e^{-3t} = 2\int_0^t \sin\tau \, e^{-3(t-\tau)}\,d\tau = 2e^{-3t}\int_0^t \sin\tau\, e^{3\tau}\,d\tau \\
&= 2e^{-3t}\left[\frac{e^{3\tau}}{9+1}(3\sin\tau - \cos\tau)\right]_0^t = \frac{e^{-3t}}{5}\left\{e^{3t}(3\sin t - \cos t) + 1\right\} \\
&= \frac{e^{-3t}}{5} + \frac{1}{5}(3\sin t - \cos t).
\end{aligned}$$

3.8.2. Für den abgebildeten RL-Kreis lautet die Zeitgleichung
$$L\frac{dI}{dt} + RI = U(t)$$

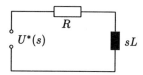

und die Bildgleichung mit $I(0) = 0$
$$(sL + R)I^*(s) = U^*(s).$$
Daraus ergibt sich die Lösung
$$I^*(s) = \frac{U^*(s)}{sL+R} = \frac{1}{L}\frac{U^*(s)}{s+\frac{R}{L}}$$

bzw.
$$I(t) = \frac{1}{L}U(t) * e^{-\frac{R}{L}t} = \frac{1}{L}\int_0^t e^{-(t-\tau)\frac{R}{L}} U(\tau)\,d\tau.$$

Aufgaben:

3.8.1. Man löse das folgende Anfangswertproblem:
$$\dot{x} - 2x = e^{3t} \quad \text{mit} \quad x(0) = 0.$$

3.8.2. Bei der Differentialgleichung
$$\dot{x} - 2x = 3te^t$$
ist nicht $x(0)$, sondern $x(1) = 3e$ gegeben. Dennoch ist das Problem zu lösen, wenn man zunächst $x(0) = x_0$ setzt und später den vorgegebenen Anfangswert in die Lösung einbringt.

3.8.2 Integro-Differentialgleichungen

In manchen Anwendungsgebieten kommt es vor, daß zur Lösung eines Problems sich eine Gleichung ergibt, in der nicht nur die Ableitungen der gesuchten Funktion $x(t)$ auftreten, sondern die Funktion auch noch unter einem Integral erscheint. Man spricht in diesem Fall von einer Integro-Differentialgleichung. Da die Transformation des Integraloperators analog der des Differentialoperators erfolgt, ist der Lösungsweg entsprechend dem bei gewöhnlichen Differentialgleichungen. Es sollen daher nur zwei Beispiele diskutiert werden.

Beispiele:

3.8.3. Wir wollen die Integro-Differentialgleichung
$$\dot{x}(t) - 2x(t) - 3 \int_0^t x(\tau)\,d\tau = 0 \tag{3.8.4}$$
mit $x(0) = 2$ lösen. Nach der Laplace-Transformation dieser Gleichung erhalten wir
$$sX(s) - 2 - 2X(s) - \frac{3}{s}X(s) = 0$$
bzw.
$$X(s)\left(s - 2 - \frac{3}{s}\right) = 2$$
bzw.
$$X(s) = \frac{2}{s - 2 - \frac{3}{s}} = \frac{2s}{s^2 - 2s - 3}.$$
Mit den Nullstellen $s_1 = -1, s_2 = 3$ des Nenners ergibt sich
$$X(s) = \frac{2s}{(s+1)(s-3)} = \frac{A}{s+1} + \frac{B}{s-3}$$
und erhält für
$$A = \lim_{s \to -1}(s+1)X(s) = \lim_{s \to -1} \frac{2s}{s-3} = \frac{-2}{-4} = \frac{1}{2},$$
$$B = \lim_{s \to 3}(s-3)X(s) = \lim_{s \to 3} \frac{2s}{s+1} = \frac{6}{4} = \frac{3}{2}$$
und damit
$$X(s) = \frac{1}{2}\frac{1}{s+1} + \frac{3}{2}\frac{1}{s-3}.$$
Die Inverse dazu und damit die Lösung von (3.8.4) lautet
$$x(t) = \frac{1}{2}e^{-t} + \frac{3}{2}e^{3t}.$$

3.8.4. In dem abgebildeten *LC*-Kreis soll zum Zeitpunkt $t=0$ die konstante Spannung $U(t) = U_0$ angelegt werden unter der Voraussetzung, daß der Kondensator ladungsfrei und $I(0) = 0$ ist. Es ergibt sich die Gleichung im t-Bereich

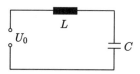

$$L\frac{dI}{dt} + \frac{1}{C}\int_0^t I(\tau)\,d\tau = U_0$$

bzw. im Bildbereich

$$L\{sI^*(s) - I(0)\} + \frac{1}{sC}I^*(s) = \left(sL + \frac{1}{sC}\right)I^*(s) = \frac{U_0}{s}.$$

Damit lautet die Bildfunktion

$$I^*(s) = \frac{U_0}{s}\frac{1}{sL+\frac{1}{sC}} = \frac{U_0}{L}\frac{1}{s^2+\frac{1}{CL}} = \frac{U_0}{L}\frac{1}{s^2+\omega^2}$$

mit $\omega^2 = \frac{1}{CL}$ und ihre Inverse

$$I(t) = \frac{U_0}{L}\mathcal{L}^{-1}\left\{\frac{1}{s^2+\omega^2}\right\} = \frac{U_0}{L\omega}\sin\omega t = \frac{U_0}{L}\sqrt{CL}\sin\omega t = U_0\sqrt{\frac{C}{L}}\sin\frac{t}{\sqrt{CL}}.$$

Aufgaben:

3.8.3. Man bestimme die Lösung der Integro-Differentialgleichung

$$\dot{x}(t) + 9\int_0^t x(\tau)\,d\tau = \cos t \quad \text{mit} \quad x(0) = 0.$$

3.8.4. Man bestimme den Stromverlauf in einem *RC*-Kreis aus der Gleichung

$$RI(t) + \frac{1}{C}\int_0^t I(\tau)\,d\tau = U_0$$

mit einer konstanten angelegten Spannung U_0 unter der Annahme, daß der Stromkreis zum Zeitpunkt $t=0$ energielos ist.

3.8.3 Lineare Differentialgleichungen 2. Ordnung

Am häufigsten treten z.B. in der Elektrotechnik oder in der Mechanik Differentialgleichungen 2. Ordnung mit konstanten Koeffizienten auf (*Schwingungsgleichung*). Es geht dabei um das Anfangswertproblem

$$\ddot{x}(t) + a\dot{x}(t) + bx(t) = g(t) \tag{3.8.5}$$

mit einer Störfunktion $g(t)$ und den Anfangswerten $x(0) = x_0, \dot{x}(0) = \dot{x}_0$. Die Transformation von (3.8.5) ergibt mit $\mathcal{L}\{x(t)\} = X(s)$ und $\mathcal{L}\{g(t)\} = G(s)$:

$$s^2X(s) - sx_0 - \dot{x}_0 + a(sX(s) - x_0) + bX(s) = G(s)$$

bzw.

$$X(s)(s^2 + as + b) = G(s) + sx_0 + \dot{x}_0 + ax_0.$$

Die Lösung im Bildbereich lautet also
$$X(s) = \frac{G(s) + (a+s)x_0 + \dot{x}_0}{s^2 + as + b},$$
und mit den Bezeichnungen
$$g_1(t) = \mathcal{L}^{-1}\left\{\frac{1}{s^2 + as + b}\right\}, \quad g_2(t) = \mathcal{L}^{-1}\left\{\frac{s+a}{s^2 + as + b}\right\}$$
ergibt sich die Lösung im Originalbereich aus
$$x(t) = g(t) * g_1(t) + x_0\, g_2(t) + \dot{x}_0\, g_1(t).$$

Beispiele:

3.8.5. Zu lösen sei das Anfangswertproblem
$$\ddot{x} - 3\dot{x} + 2x = 4e^{2t}$$
mit $x(0) = x_0 = 3$, $\dot{x}(0) = \dot{x}_0 = 5$. Im Bildbereich lautet die Lösung mit $\mathcal{L}\{e^{2t}\} = \frac{1}{s-2}$, $a = -3, b = 2$:
$$X(s) = \frac{1}{s^2 - 3s + 2}\left(\frac{4}{s-2} - 3(s-3) + 5\right).$$

Die Nullstellen des Nenners ergeben sich aus
$$s_{1,2} = \frac{3}{2} \pm \sqrt{\frac{9}{4} - 2} = \frac{3}{2} \pm \frac{1}{2} = \begin{cases} 1 \\ 2 \end{cases}.$$

Damit kann man schreiben
$$\begin{aligned} X(s) &= \frac{4}{(s-2)^2(s-1)} - \frac{(3s-14)(s-2)}{(s-2)^2(s-1)} = \frac{4 - 3s^2 + 14s + 6s - 28}{(s-2)^2(s-1)} \\ &= \frac{-3s^2 + 20s - 24}{(s-1)(s-2)^2} = \frac{A}{s-1} + \frac{B}{s-2} + \frac{C}{(s-2)^2}. \end{aligned}$$

Multiplikation mit dem Hauptnenner ergibt
$$-3s^2 + 20s - 24 = A(s-2)^2 + B(s-2)(s-1) + C(s-1), \tag{3.8.6}$$
woraus man für $s = 1$ bzw. $s = 2$ erhält:
$$\begin{aligned} -3 + 20 - 24 = -7 &= A, \\ -12 + 40 - 24 = 4 &= C. \end{aligned}$$

Schließlich kann man noch $s = 0$ in (3.8.6) einsetzen und findet
$$-24 = 4A + 2B - C = -28 + 2B - 4$$
und damit
$$B = \frac{1}{2}(-24 + 28 + 4) = 4.$$

Somit lautet die Partialbruchzerlegung
$$X(s) = \frac{-7}{s-1} + \frac{4}{s-2} + \frac{4}{(s-2)^2}$$
und die dazugehörige Inverse
$$x(t) = -7e^t + 4e^{2t} + 4te^{2t}.$$

3.8.6. In einem RCL-Kreis sind die Elemente hintereinander geschaltet und eine Spannung $U(t)$ angeschlossen. Vor dem Zeitpunkt $t=0$ sei das System unerregt. Dann lautet die transformierte Spannungsgleichung mit $\mathcal{L}\{I(t)\} = I^*(s)$, $\mathcal{L}\{U(t)\} = U^*(s)$:

$$RI^*(s) + \frac{1}{sC}I^*(s) + sLI^*(s) = U^*(s)$$

bzw.

$$I^*(s) = \frac{U^*(s)}{R + \frac{1}{sC} + sL} = \frac{s}{L}\frac{U^*(s)}{s^2 + \frac{R}{L}s + \frac{1}{LC}}.$$

Entscheidend für den Charakter der Lösung, abgesehen von der Störfunktion $U^*(s)$, ist der Ausdruck

$$s^2 + \frac{R}{L}s + \frac{1}{LC}$$

mit den beiden Nullstellen

$$s_{1,2} = -\frac{R}{2L} \pm \sqrt{\frac{R^2}{4L^2} - \frac{1}{LC}} = -\frac{R}{2L} \pm \frac{1}{2L}\sqrt{R^2 - \frac{4L}{C}}.$$

Im Fall

$$R^2 - \frac{4L}{C} = 0,$$

d.h. $s_1 = s_2$, gilt

$$\mathcal{L}^{-1}\left\{\frac{1}{s^2 + \frac{R}{L}s + \frac{1}{LC}}\right\} = \mathcal{L}^{-1}\left\{\frac{1}{\left(s + \frac{R}{2L}\right)^2}\right\} = te^{-\frac{R}{2L}t}.$$

Falls $s_{1,2}$ beide reell sind, treten in der Lösung im Zeitbereich die Funktionen

$$e^{-s_1 t} \quad \text{und} \quad e^{-s_2 t}$$

auf. In beiden Fällen kann man also von einem aperiodischen Grenzfall sprechen. Wenn aber $s_{1,2}$ komplex sind, kann man schreiben

$$\begin{aligned} s^2 + \frac{R}{L}s + \frac{1}{LC} &= \left(s + \frac{R}{2L}\right)^2 + \frac{1}{LC} - \frac{R^2}{4L^2} = \left(s + \frac{R}{2L}\right)^2 + \frac{1}{4L^2}\left(\frac{4L}{C} - R^2\right) \\ &= (s+\delta)^2 + \omega^2, \end{aligned}$$

und in der Inversen tauchen Terme der Form

$$e^{-\delta t}\sin\omega t \quad \text{bzw.} \quad e^{-\delta t}\cos\omega t$$

auf.

3.8.7. In der Statik lernt man, daß bei Belastung eines einseitig eingespannten Balkens durch eine Streckenlast, die in diesem Fall konstant gleich q sein soll, sich dieser verformt. Dabei ist die Durchbiegung des Balkens (y) von Ort zu Ort (x) verschieden, ist also eine Funktion $y = y(x)$. Man bezeichnet diese Funktion als Biegelinie oder elastische Linie. · Sie ist die Funktionsgleichung der neutralen Faser und genügt der Differentialgleichung

$$y'' = \frac{M(x)}{EI}.$$

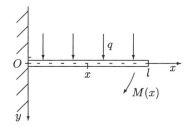

Dabei ist E der Elastizitätsmodul des Balkenmaterials, I das Flächenträgheitsmoment des Querschnitts und $M(x)$ das Biegemoment, verursacht durch die Querkraft Q. In den meisten Fällen ist die sogenannte Biegesteifigkeit, das Produkt EI, konstant. Das Biegemoment wird durch das Moment der rechts von x angreifenden Kräfte bestimmt. Es gilt also

$$M(x) = \int_0^{l-x} \xi \, dQ,$$

wobei $dQ = q \, d\xi$ die Querkraft an der Stelle ξ ist. Damit ergibt sich

$$M(x) = q \int_0^{l-x} \xi \, d\xi = q \left[\frac{\xi^2}{2} \right]_0^{l-x} = \frac{q}{2}(l-x)^2$$

und für die Differentialgleichung

$$y'' = \frac{q}{2EI}(l-x)^2 = \alpha(l^2 - 2lx + x^2).$$

Dabei müssen noch die beiden Randwerte $y(0) = y'(0) = 0$ beachtet werden. Bei der Laplace-Transformation dieser Gleichung spielt x die Rolle der Veränderlichen t, und mit $\mathcal{L}\{y(x)\} = Y(s)$ erhält man

$$s^2 Y(s) - s y(0) - y'(0) = s^2 Y(s) = \alpha \left(\frac{l^2}{s} - 2l \frac{1}{s^2} + \frac{2}{s^3} \right)$$

oder

$$Y(s) = \alpha \left(\frac{l^2}{s^3} - \frac{2l}{s^4} + \frac{2}{s^5} \right).$$

Die Rücktransformation ergibt

$$y(x) = \frac{q}{2EI} \left(2\frac{x^4}{4!} - 2l\frac{x^3}{3!} + l^2 \frac{x^2}{2!} \right) = \frac{q}{24EI} x^2 (x^2 - 4lx + 6l^2).$$

Aufgaben:

3.8.5. Man löse die Differentialgleichungen:

a) $\ddot{x}(t) + 4x(t) = \cos 3t, \quad x(0) = \dot{x}(0) = 0,$

b) $\ddot{x}(t) + \dot{x}(t) + x(t) = 0, \quad x(0) = \dot{x}(0) = 1,$

c) $\ddot{x}(t) + 2\dot{x}(t) + x(t) = 0, \quad x(0) = \dot{x}(0) = 1,$

d) $\ddot{x}(t) + 3\dot{x}(t) + 2x(t) = 0, \quad x(0) = \dot{x}(0) = 1.$

3.8.6. Für einen Balken, der an seinen Enden frei gelagert ist und gleichmäßig belastet wird von einer konstanten Streckenlast $q(x) = q_0$, wirken in negativer y-Richtung die Auflagerkräfte F_1 und F_2 und $F = q_0 l$ als Resultierende der Belastung in der Balkenmitte. Wegen der Symmetrie

gilt
$$F_1 = F_2 = \frac{q_0 l}{2}.$$

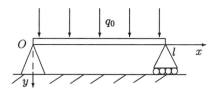
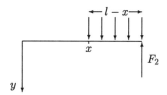

Für das gesamte Moment ergibt sich damit

$$M(x) = q_0(l-x)\frac{l-x}{2} - F_2(l-x) = \frac{q_0(l-x)}{2}(l-x-l) = -\frac{q_0}{2}x(l-x),$$

und die Differentialgleichung für die Biegelinie lautet

$$y'' = -\frac{q_0}{2EI}x(l-x)$$

mit den Randbedingungen $y(0) = y(l) = 0$.
Man bestimme ihre Lösung.

3.8.4 Systeme linearer Differentialgleichungen

Ein System von gekoppelten Differentialgleichungen besteht aus n Gleichungen für n unbekannte Funktionen. Zur Lösung versucht man, eine Funktion nach der anderen zu eliminieren, um schließlich eine Differentialgleichung n-ter Ordnung für eine Funktion zu erhalten. Man stößt hierbei auf Schwierigkeiten, wenn die Differentialgleichungen kompliziert sind oder auftretende Funktionen, z.B. Störfunktionen, nicht genügend oft differenzierbar sind. Diese Probleme treten bei der Transformation des Systems nicht auf. Die n Gleichungen werden nämlich in ein System von n linearen Gleichungen für die n Bildfunktionen übergeführt, das sich mit Methoden der linearen Algebra lösen läßt. Vorgestellt wird dieses Verfahren an drei Beispielen.

Beispiele:

3.8.8. In einem homogenen Magnetfeld $\vec{H}$ bewege sich eine Ladung e mit der Geschwindigkeit $\vec{v}$. Die Lorentzkraft $\vec{F}$ wirkt senkrecht zur Geschwindigkeit und dem Magnetfeld mit der Induktion $\vec{B}$, d.h., es gilt

$$\vec{F} = e(\vec{v} \times \vec{B}).$$

Da das Magnetfeld homogen sein soll, kann man ohne Einschränkung das Koordinatensystem so festlegen, daß

$$\vec{B} = (0, 0, B_0).$$

Außerdem sei $\vec{r}(0) = \vec{0}$ und $\vec{v}(0) = (v_0, 0, 0)$, d.h. es gilt $x(0) = y(0) = z(0) = 0$ und $\dot{x}(0) = v_0$, $\dot{y}(0) = \dot{z}(0) = 0$. Mit

$$\vec{F} = m\ddot{\vec{r}}$$

ergibt sich nun die Vektorgleichung

$$m\ddot{\vec{r}} = m(\ddot{x}, \ddot{y}, \ddot{z}) = e(\vec{v} \times \vec{B}) = e\begin{vmatrix} \vec{i} & \vec{j} & \vec{k} \\ \dot{x} & \dot{y} & \dot{z} \\ 0 & 0 & B_0 \end{vmatrix},$$

woraus das System von drei Differentialgleichungen hervorgeht

$$m\ddot{x} = e\dot{y}B_0,$$
$$m\ddot{y} = -e\dot{x}B_0,$$
$$m\ddot{z} = 0$$

bzw.

$$\ddot{x} - \omega_0\dot{y} = 0, \quad \ddot{y} + \omega_0\dot{x} = 0, \quad \ddot{z} = 0,$$

mit

$$\omega_0 = \frac{eB_0}{m}.$$

Transformation dieser Gleichungen unter Berücksichtigung der Anfangsbedingungen ergibt

$$s^2 X(s) - sx(0) - \dot{x}(0) - \omega_0 sY(s) - \omega_0 y(0) = s^2 X(s) - v_0 - \omega_0 sY(s) = 0,$$
$$s^2 Y(s) - sy(0) - \dot{y}(0) + \omega_0 sX(s) + \omega_0 x(0) = s^2 Y(s) + \omega_0 sX(s) = 0,$$
$$s^2 Z(s) - sz(0) - \dot{z}(0) = s^2 Z(s) = 0.$$

Aus der letzten Gleichung erhält man

$$Z(s) = 0 \quad \text{und damit} \quad z(t) = 0.$$

Das Restsystem lautet

$$s^2 X - \omega_0 sY = v_0,$$
$$\omega_0 sX + s^2 Y = 0,$$

woraus mit

$$D = \begin{vmatrix} s^2 & -\omega_0 s \\ \omega_0 s & s^2 \end{vmatrix} = s^4 + \omega_0^2 s^2,$$

$$D_1 = \begin{vmatrix} v_0 & -\omega_0 s \\ 0 & s^2 \end{vmatrix} = v_0 s^2, \quad D_2 = \begin{vmatrix} s^2 & v_0 \\ \omega_0 s & 0 \end{vmatrix} = -\omega_0 v_0 s$$

nach der Cramerschen Regel folgt

$$X(s) = \frac{D_1}{D} = \frac{v_0 s^2}{s^4 + \omega_0^2 s^2} = \frac{v_0}{s^2 + \omega_0^2},$$
$$Y(s) = \frac{D_2}{D} = -\frac{\omega_0 v_0 s}{s^4 + \omega_0^2 s^2} = -\frac{v_0 \omega_0}{s(s^2 + \omega_0^2)}.$$

Als Inverse von $X(s)$ ergibt sich

$$x(t) = \frac{v_0}{\omega_0} \sin \omega_0 t,$$

und bei $Y(s)$ wendet man den Faltungssatz an. Mit

$$F_1(s) = \frac{1}{s}, \quad F_2(s) = \frac{\omega_0}{s^2 + \omega_0^2}$$

erhält man
$$f_1(t) = \mathcal{L}^{-1}\{F_1(s)\} = 1, \quad f_2(t) = \mathcal{L}^{-1}\{F_2(s)\} = \sin\omega_0 t$$
und somit
$$\begin{aligned}y(t) = \mathcal{L}^{-1}\{Y(s)\} &= -v_0\, f_1(t) * f_2(t) = -v_0 \int_0^t \sin\omega_0(t-\tau)\,d\tau \\ &= -v_0 \left[\frac{1}{\omega_0}\cos\omega_0(t-\tau)\right]_0^t = \frac{v_0}{\omega_0}(\cos\omega_0 t - 1).\end{aligned}$$

Als Lösung des Problems ergibt sich demnach eine ebene Kurve der Form
$$\vec{r}(t) = \left\{\frac{v_0}{\omega_0}\sin\omega_0 t, \frac{v_0}{\omega_0}(\cos\omega_0 t - 1), 0\right\}.$$

Diese Bahnkurve ist ein Kreis mit der Gleichung
$$x^2 + \left(y + \frac{v_0}{\omega_0}\right)^2 = \frac{v_0^2}{\omega_0^2},$$
mit dem Mittelpunkt $M(0, -\frac{v_0}{\omega_0})$ und dem Radius $R = \frac{v_0}{\omega_0}$.

3.8.9. Es soll nun das System zweier durch Federn verbundenen schwingenden Massen untersucht werden.

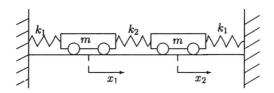

Die beiden Bewegungsgleichungen sind leicht herzuleiten:
$$\begin{aligned}m\ddot{x}_1(t) &= -k_1 x_1(t) + k_2\{x_2(t) - x_1(t)\}, \\ m\ddot{x}_2(t) &= -k_1 x_2(t) + k_2\{x_1(t) - x_2(t)\}\end{aligned}$$
bzw. mit $\omega_1^2 = \frac{k_1}{m} > 0$ und $k = \frac{k_2}{m} > 0$:
$$\begin{aligned}\ddot{x}_1 &= -\omega_1^2 x_1 + k(x_2 - x_1), \\ \ddot{x}_2 &= -\omega_1^2 x_2 - k(x_2 - x_1).\end{aligned}$$

Außerdem soll gelten $x_1(0) = c$, $x_2(0) = \dot{x}_1(0) = \dot{x}_2(0) = 0$. Transformation des Systems ergibt
$$\begin{aligned}s^2 X_1(s) - sc &= X_2(s)k - X_1(s)(k + \omega_1^2), \\ s^2 X_2(s) &= X_1(s)k - X_2(s)(k + \omega_1^2)\end{aligned}$$
bzw.
$$\begin{aligned}X_1(s)(s^2 + k + \omega_1^2) &= sc + X_2(s)k, \\ X_2(s)(s^2 + k + \omega_1^2) &= X_1(s)k.\end{aligned}$$

Elimination von $X_2(s)$ führt auf

$$X_1(s)(s^2 + k + \omega_1^2) = sc + \frac{k^2 X_1(s)}{s^2 + k + \omega_1^2}$$

bzw.

$$X_1(s)\{(s^2 + k + \omega_1^2)^2 - k^2\} = sc(s^2 + k + \omega_1^2)$$

oder

$$X_1(s) = sc \frac{s^2 + k + \omega_1^2}{(s^2 + k + \omega_1^2 - k)(s^2 + k + \omega_1^2 + k)} = \frac{sc(s^2 + k + \omega_1^2)}{(s^2 + \omega_1^2)(s^2 + \omega_1^2 + 2k)}.$$

Es empfiehlt sich nun die folgende Partialbruchzerlegung

$$\frac{1}{c} X_1(s) = \frac{As + B}{s^2 + \omega_1^2} + \frac{Cs + D}{s^2 + \omega_1^2 + 2k}, \qquad (3.8.7)$$

aus der man durch Multiplikation mit dem Hauptnenner erhält

$$\begin{aligned} s(s^2 + k + \omega_1^2) &= (As + B)(s^2 + \omega_1^2 + 2k) + (Cs + D)(s^2 + \omega_1^2) \\ &= s^3(A + C) + s^2(B + D) + s(A\omega_1^2 + 2Ak + C\omega_1^2) + B\omega_1^2 + 2Bk + D\omega_1^2. \end{aligned}$$

Hier liefert der Koeffizientenvergleich das Gleichungssystem

$$\begin{aligned} 1 &= A + C, \\ 0 &= B + D, \\ k + \omega_1^2 &= A\omega_1^2 + 2Ak + C\omega_1^2, \\ 0 &= B\omega_1^2 + 2Bk + D\omega_1^2. \end{aligned}$$

Mit $D = -B$ erhält man in der letzten Gleichung

$$0 = B(\omega_1^2 + 2k) - B\omega_1^2 = 2Bk,$$

woraus $B = 0$ und damit auch $D = 0$ folgt. Aus der vorletzten Gleichung des Systems ergibt sich mit $C = 1 - A$:

$$k + \omega_1^2 = A(\omega_1^2 + 2k) + \omega_1^2 - A\omega_1^2 = \omega_1^2 + 2Ak$$

und damit $A = \frac{1}{2}$ und auch $C = 1 - \frac{1}{2} = \frac{1}{2}$. Damit wird aus (3.8.7)

$$\frac{1}{c} X_1(s) = \frac{1}{2} \frac{s}{s^2 + \omega_1^2} + \frac{1}{2} \frac{s}{s^2 + \omega_1^2 + 2k},$$

und die Inverse lautet

$$x_1(t) = \frac{c}{2} \left(\cos \omega_1 t + \cos \sqrt{\omega_1^2 + 2k}\, t \right).$$

Analog erhält man

$$x_2(t) = \frac{c}{2} \left(\cos \omega_1 t - \cos \sqrt{\omega_1^2 + 2k}\, t \right).$$

3.8.10. Nun wenden wir uns noch einem Beispiel aus der Elektrotechnik zu. Es sollen zwei induktiv gekoppelte Schaltkreise mit dem induktiven Widerstand M betrachtet werden.

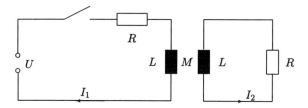

Der Schalter wird bei $t=0$ geschlossen, und es ist gefragt nach dem Stromverlauf im rechten und linken Kreis. Die beiden Differentialgleichungen lauten

$$RI_1 + L\frac{dI_1}{dt} + M\frac{dI_2}{dt} = U,$$

$$RI_2 + L\frac{dI_2}{dt} + M\frac{dI_1}{dt} = 0,$$

und die Anfangsbedingungen sind $I_1(0)=I_2(0)=0$. Transformation ergibt

$$RI_1^*(s) + sLI_1^*(s) + MsI_2^*(s) = U^*(s),$$
$$RI_2^*(s) + sLI_2^*(s) + MsI_1^*(s) = 0$$

bzw.

$$(R+sL)I_1^*(s) + MsI_2^*(s) = U^*(s),$$
$$MsI_1^*(s) + (R+sL)I_2^*(s) = 0.$$

Mit einer konstanten Spannung $U=U_0$ gilt $U^*(s)=\frac{U_0}{s}$, und man kann das Gleichungssystem wie oben mit der Cramerschen Regel lösen. Es ist

$$D = \begin{vmatrix} R+sL & Ms \\ Ms & R+sL \end{vmatrix} = (R+sL)^2 - M^2s^2 = R^2 + 2RLs + s^2(L^2-M^2)$$

und

$$D_1 = \begin{vmatrix} \frac{U_0}{s} & Ms \\ 0 & R+sL \end{vmatrix} = \frac{U_0}{s}(R+sL) \quad \text{bzw.} \quad D_2 = \begin{vmatrix} R+sL & \frac{U_0}{s} \\ Ms & 0 \end{vmatrix} = -\frac{U_0}{s}sM = -U_0 M$$

und somit

$$I_1^*(s) = \frac{D_1}{D} = \frac{U_0(R+sL)}{s\{s^2(L^2-M^2)+2RLs+R^2\}}$$

und

$$I_2^*(s) = \frac{D_2}{D} = \frac{-U_0 M}{s^2(L^2-M^2)+2RLs+R^2}.$$

Abgesehen von $s=0$ im ersten Fall ergeben sich die Nullstellen der beiden Nenner (wobei $L^2-M^2 \neq 0$) aus

$$s_{1,2} = -\frac{RL}{L^2-M^2} \pm \sqrt{\frac{R^2L^2}{(L^2-M^2)^2} - \frac{R^2}{L^2-M^2}} = -\frac{RL}{L^2-M^2} \pm \sqrt{\frac{R^2L^2 - R^2L^2 + R^2M^2}{(L^2-M^2)^2}}$$

$$= \frac{1}{L^2-M^2}\left(-RL \pm \sqrt{R^2M^2}\right) = \frac{R(-L \pm M)}{(L+M)(L-M)}.$$

Somit lauten die beiden Lösungen

$$s_1 = \frac{-R}{L+M}, \quad s_2 = \frac{-R}{L-M},$$

und I_1^* bzw. I_2^* lassen sich schreiben in der Form

$$I_1^*(s) = \frac{U_0(R+sL)}{s(L^2-M^2)} \frac{1}{(s-s_1)(s-s_2)},$$

$$I_2^*(s) = \frac{-U_0 M}{L^2-M^2} \frac{1}{(s-s_1)(s-s_2)}.$$

Aus dem Ansatz

$$\frac{R+sL}{s(s-s_1)(s-s_2)} = \frac{A}{s} + \frac{B}{s-s_1} + \frac{C}{s-s_2}$$

ergibt sich für

$$A = \lim_{s \to 0} \frac{R+sL}{(s-s_1)(s-s_2)} = \frac{R}{s_1 s_2} = \frac{R}{R^2}(L^2-M^2) = \frac{L^2-M^2}{R},$$

$$B = \lim_{s \to s_1} \frac{R+sL}{s(s-s_2)} = \frac{R+s_1L}{s_1(s_1-s_2)} = \frac{\frac{R}{s_1}+L}{s_1-s_2} = \left\{ \frac{R}{-R}(L+M)+L \right\} \frac{1}{\frac{-R}{L+M}+\frac{R}{L-M}}$$

$$= -M \frac{L^2-M^2}{-RL+MR+RL+MR} = -\frac{L^2-M^2}{2R},$$

$$C = \lim_{s \to s_2} \frac{R+sL}{s(s-s_1)} = \frac{R+s_2L}{s_2(s_2-s_1)} = \frac{\frac{R}{s_2}+L}{s_2-s_1} = \left\{ \frac{R}{-R}(L-M)+L \right\} \frac{1}{-\frac{R}{L-M}+\frac{R}{L+M}}$$

$$= M \frac{L^2-M^2}{-RL-RM+RL-MR} = -\frac{L^2-M^2}{2R} = B$$

und damit für

$$I_1^*(s) = \frac{U_0}{L^2-M^2} \left\{ \frac{L^2-M^2}{Rs} - \frac{L^2-M^2}{2R(s-s_1)} - \frac{L^2-M^2}{2R(s-s_2)} \right\}$$

$$= \frac{U_0}{R}\frac{1}{s} - \frac{U_0}{2R}\frac{1}{s-s_1} - \frac{U_0}{2R}\frac{1}{s-s_2}.$$

Analog läßt sich die Partialbruchzerlegung für $I_2(s)$ durchführen. Dort ergibt sich

$$I_2^*(s) = -\frac{U_0}{2R}\frac{1}{s-s_1} + \frac{U_0}{2R}\frac{1}{s-s_2}.$$

Damit lauten die Lösungen im Zeitbereich

$$I_1(t) = \frac{U_0}{R} - \frac{U_0}{2R}\left(e^{s_1 t} + e^{s_2 t}\right),$$

$$I_2(t) = -\frac{U_0}{2R}\left(e^{s_1 t} - e^{s_2 t}\right),$$

mit den oben angegebenen Nullstellen s_1 und s_2. Der ungefähre Verlauf ist in der Abbildung wiedergegeben.

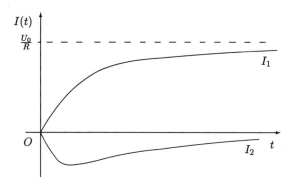

Aufgaben:

3.8.7. Man berechne die Lösungen $x(t), y(t)$ der Differentialgleichungs-Systeme

a) $\dot{x} - 2x - 4y = \cos t$,
   $\dot{y} + x + 2y = \sin t$ mit $x(0) = 0, \ y(0) = 1$.

b) $\ddot{x} = y$,
   $\dot{y} = 9\dot{x}$ mit $x(0) = 1, \ y(0) = 6, \ \dot{x}(0) = 0$.

3.8.8. In der abgebildeten Schaltung wird zum Zeitpunkt $t = 0$ eine konstante Spannung U_0 angelegt. Es soll $U_C(t)$ berechnet werden unter Beachtung der Anfangsbedingungen $I(0) = 0, U_C(0) = 0$.

Anleitung: Man benutze die beiden Kirchhoffschen Gesetze

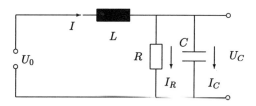

$$U_L + U_C = U_0 \quad \text{und} \quad I_R + I_C = I(t)$$

und betrachte nur den aperiodischen Grenzfall.

3.8.5 Partielle Differentialgleichungen

Wie die Fouriertransformation, so findet auch die Laplace-Transformation Anwendung bei den partiellen Differentialgleichungen. Dort ist die Unbekannte eine Funktion von mehreren Variablen. Wir betrachten hier nur den Fall zweier Variablen, die wir mit x und t bezeichnen, und beschränken uns auf lineare partielle Differentialgleichungen 2. Ordnung. Diese hat die allgemeine Form

$$a_{11} y_{xx} + a_{12} y_{xt} + a_{22} y_{tt} + b_1 y_x + b_2 y_t + cy = f(t). \tag{3.8.8}$$

Wenn man diese Differentialgleichung einer Laplace-Transformation unterwerfen will, muß man die Funktionen $y(x,t)$, $f(t)$ und die vorkommenden Ableitungen transformieren. Das bedeutet eine Integration hinsichtlich einer einzigen Variablen von $y(x,t)$, während die andere unbeteiligt bleibt. Da i.allg. t von 0 bis ∞ variiert, nimmt man eine Transformation bezüglich dieser Variablen vor und schreibt

$$\mathcal{L}\{y(x,t)\} = \int_0^\infty e^{-st} y(x,t)\, dt = Y(x,s)$$

und ebenso unter Berücksichtigung des Differentiationssatzes

$$\mathcal{L}\left\{\frac{\partial y(x,t)}{\partial t}\right\} = sY(x,s) - y(x,0)$$

bzw.

$$\mathcal{L}\left\{\frac{\partial^2 y(x,t)}{\partial t^2}\right\} = s^2 Y(x,s) - sy(x,0) - y_t(x,0).$$

Geht man davon aus, daß die Ableitung nach x mit dem Laplace-Integral vertauschbar ist, kann man ebenso schreiben

$$\mathcal{L}\left\{\frac{\partial y(x,t)}{\partial x}\right\} = \frac{\partial}{\partial x}\mathcal{L}\{y(x,t)\} = \frac{\partial Y(x,s)}{\partial x},$$

analog für die zweite Ableitung nach x, und

$$\mathcal{L}\left\{\frac{\partial^2 y(x,t)}{\partial x \partial t}\right\} = \frac{\partial}{\partial x}\mathcal{L}\left\{\frac{\partial y(x,t)}{\partial t}\right\} = \frac{\partial}{\partial x}[sY(x,s) - y(x,0)].$$

Da nach der Transformation keine Ableitungen nach t mehr auftreten und s die Rolle eines Parameters spielt, kann man anstelle der partiellen Ableitung nach x eine gewöhnliche schreiben. Somit geht (3.8.8) in eine gewöhnliche Differentialgleichung 2. Ordnung für $Y = Y(x,s)$ über:

$$a_{11}\,Y'' + a_{12}\frac{d}{dx}[sY - y_0(x)] + a_{22}[s^2 Y - sy_0(x) - y_1(x)] + b_1\,Y' + b_2[sY - y_0(x)] + cY = F(s).$$
(3.8.9)

Dabei sind $y(x,0) = y_0(x)$ und $y_t(x,0) = y_1(x)$ gegebene Anfangsbedingungen. In der Gleichung (3.8.9) lassen sich noch einige Größen zusammenfassen:

$$a_{11}\,Y'' + (a_{12}\,s + b_1)Y' + (a_{22}\,s^2 + b_2\,s + c)Y = G(x,s),$$

mit

$$G(x,s) = F(s) + a_{12}\,y_0'(x) + (a_{22}\,s + b_2)y_0(x) + a_{22}\,y_1(x).$$

Bisher sind nur Anfangsbedingungen bezüglich t berücksichtigt worden, es können aber auch noch Nebenbedingungen bezüglich x vorgegeben werden. Möglich sind z.B. Randbedingungen der Form

$$y(0,t) = y_2(t) \quad \text{und} \quad y(l,t) = y_3(t).$$

Ist das Randwertproblem im Bildbereich lösbar und sind alle Zusatzvoraussetzungen erfüllt, führt die Rücktransformation zu einer Lösung der Ausgangsgleichung.

Beispiele:

3.8.11. Es sei eine elastische (unendlich lange) Saite der Spannkraft F, der Dichte ρ und mit dem Querschnitt Q eingespannt. Bei kleinen Auslenkungen $y(x,t)$ um die Ruhelage genügen die Schwingungen dieser Saite an der Stelle x zur Zeit t der Wellengleichung

$$y_{xx}(x,t) = \frac{1}{c^2} y_{tt}(x,t) \quad \text{bzw.} \quad y_{tt} = c^2\,y_{xx},$$

mit $c = \sqrt{\frac{F}{\rho Q}}$. Zur Zeit $t = 0$ möge die Saite sich in Ruhe befinden, d.h., es gilt

$$y(x, 0) = y_t(x, 0) = 0,$$

und für $t > 0$ werde diesem Saitenende an der Stelle $x = 0$ eine Bewegung

$$y(0, t) = a(t)$$

vorgeschrieben, deren Ausbreitung wir berechnen wollen. Bei „vernünftigen" Funktionen $a(t)$ kann man davon ausgehen, daß

$$|y(x, t)| < M \quad \text{bzw.} \quad y(\infty, t) = 0,$$

d.h., daß die Auslenkung beschränkt ist bzw. das im Unendlichen liegende Saitenende stets in Ruhe bleibt. Da aber

$$\mathcal{L}\{y(0, t)\} = \mathcal{L}\{a(t)\} = Y(0, s) = A(s) \quad \text{und} \quad \mathcal{L}\{y(\infty, t)\} = \mathcal{L}\{0\} = Y(\infty, s) = 0,$$

kann die Lösung im Bildbereich nur

$$Y(x, s) = A(s) e^{-\frac{s}{c} x}$$

lauten, d.h., es ist $C_1 = 0$ und $C_2(s) = A(s)$. Nach dem Satz 3.3.3 (1. Verschiebungssatz) lautet die Inverse

$$y(x, t) = a\left(t - \frac{x}{c}\right)$$

mit $a(t) = 0$ für $t < 0$. Diese stellt einen Wellenvorgang dar, der sich längs der positiven x-Achse mit der Geschwindigkeit c ausbreitet.

3.8.12. Die Temperatur $y(x, t)$ eines dünnen, isolierten, homogenen Stabes (parallel zur x-Achse) genügt der Wärmeleitungsgleichung

$$y_t(x, t) = \kappa\, y_{xx}(x, t). \tag{3.8.10}$$

Dabei ist $\kappa > 0$ eine Materialkonstante. Anfangs soll der Stab die Temperatur Null besitzen, und zum Zeitpunkt $t = 0$ im Punkt $x = a > 0$ eine momentane Wärmezufuhr erfahren, was sich durch die Randbedingung

$$y(a, t) = q\delta(t) \tag{3.8.11}$$

ausdrücken läßt. Dabei ist q eine Konstante und $\delta(t)$ die Diracsche Deltafunktion. Wir wollen die Temperatur des Stabes in Abhängigkeit von $x > 0$ und der Zeit t bestimmen unter Berücksichtigung der Anfangsbedingung

$$y(x, 0) = 0$$

und der Annahme, daß die Temperatur beschränkt bleibt, d.h., daß $|y(x, t)| < M$. Die Transformation von (3.8.10) und (3.8.11) ergibt

$$sY(x, s) - y(x, 0) = sY(x, s) = \kappa Y''(x, s)$$

bzw.

$$Y''(x, s) - \frac{s}{\kappa} Y(x, s) = 0$$

und

$$Y(a, s) = q. \tag{3.8.12}$$

Die Lösung der Differentialgleichung lautet analog dem letzten Beispiel
$$Y(x,s) = C_1(s) e^{\sqrt{\frac{s}{\kappa}}x} + C_2(s) e^{-\sqrt{\frac{s}{\kappa}}x},$$
wovon wegen der Beschränktheit nur
$$Y(x,s) = C_1(s) e^{-\sqrt{\frac{s}{\kappa}}x}$$
übrig bleibt. Mit (3.8.12) folgt daraus
$$Y(a,s) = C_1(s) e^{-\sqrt{\frac{s}{\kappa}}a} = q, \text{ also } C_1(s) = q e^{\sqrt{\frac{s}{\kappa}}a}$$
und damit
$$Y(x,s) = q e^{-(x-a)\sqrt{\frac{s}{\kappa}}}. \tag{3.8.13}$$

Die Inverse dieser Funktion ist nicht leicht zu bestimmen. Wir greifen auf eine umfangreichere Tabelle zurück, z.B. in [36], und finden
$$\mathcal{L}^{-1}\left\{\frac{1}{s}\left(1 - e^{-\alpha\sqrt{s}}\right)\right\} = \frac{2}{\sqrt{\pi}} \int_0^{\alpha/(2\sqrt{t})} e^{-u^2} du$$
bzw.
$$\mathcal{L}^{-1}\left\{\frac{e^{-\alpha\sqrt{s}}}{s}\right\} = 1 - \frac{2}{\sqrt{\pi}} \int_0^{\alpha/(2\sqrt{t})} e^{-u^2} du = \mathcal{L}^{-1}\{F(s)\} = f(t).$$

Offensichtlich ist
$$f(0) = 1 - \frac{2}{\sqrt{\pi}} \int_0^\infty e^{-u^2} du = 1 - \frac{2}{\sqrt{\pi}} \frac{\sqrt{\pi}}{2} = 0$$
und
$$f'(t) = -\frac{2}{\sqrt{\pi}} e^{-(\frac{\alpha}{2\sqrt{t}})^2} \frac{\alpha}{2}\left(-\frac{1}{2} t^{-3/2}\right) = \frac{\alpha}{2\sqrt{\pi}} \frac{1}{t\sqrt{t}} e^{-\frac{\alpha^2}{4t}}.$$

Mit dem Differentiationssatz folgt
$$\mathcal{L}\{f'(t)\} = sF(s) - f(0) = e^{-\alpha\sqrt{s}}$$
bzw.
$$\mathcal{L}^{-1}\left\{e^{-\alpha\sqrt{s}}\right\} = \frac{\alpha}{2\sqrt{\pi}} \frac{1}{t\sqrt{t}} e^{-\frac{\alpha^2}{4t}}.$$

Wir setzen hier $\alpha = \frac{x-a}{\sqrt{\kappa}}$ und erhalten aus (3.8.13)
$$\mathcal{L}^{-1}\left\{q e^{-\frac{x-a}{\sqrt{\kappa}}\sqrt{s}}\right\} = q \frac{x-a}{2\sqrt{\kappa\pi}} \frac{1}{t^{3/2}} e^{-\frac{(x-a)^2}{4\kappa t}} = y(x,t).$$

Aufgaben:

3.8.9. Man löse das Problem
$$y_{tt} = a^2 y_{xx}$$
für $x > 0$, $t > 0$ unter Beachtung von
$$y_x(0,t) = A\sin\omega t, \quad y(x,0) = 0, \quad y_t(x,0) = 0.$$

3.8.10. Man bestimme die beschränkte Lösung $y = y(x,t)$ von
$$xy_x + y_t = xe^{-t}$$
für $0 < x < 1$, $t > 0$ mit $y(x,0) = x$.

4 Differenzengleichungen

4.1 Definition

Bekanntlich unterscheidet man in den Ingenieurwissenschaften (und nicht nur dort) zwischen kontinuierlichen (stetigen) und diskreten Vorgängen. Meistens ist die Funktion, die das Ereignis beschreiben könnte, nicht bekannt. Deshalb versucht man, den Vorgang durch eine mathematische Gleichung darzustellen und diese zu lösen. Überwiegend wird diese Gleichung eine Differentialgleichung (gewöhnlich oder partiell) sein. Doch da man bei diskreten Vorgängen nicht davon ausgehen kann, daß die auftretenden Funktionen differenzierbar sind, treten an Stelle der Differentialgleichungen sogenannte „Differenzengleichungen".

In 2.3 ist angedeutet worden, daß sich zur Lösung von Differentialgleichungen gelegentlich die Fouriertransformation eignet. Dagegen haben wir in 3.8 die nutzbringende Anwendung der Laplace-Transformation auf Differentialgleichungen und Differentialgleichungs-Systeme kennengelernt. Zur Lösung von Gleichungen wurde eine besondere Transformation entwickelt, auf die im nächsten Kapitel eingegangen werden soll.

Doch zunächst zu dem neu geprägten Begriff.

> **Definition 4.1.1:**
> Unter einer linearen **Differenzengleichung** k-ter Ordnung versteht man eine Gleichung der Form
> $$a_k(n)y_{n+k} + a_{k-1}(n)y_{n+k-1} + \cdots + a_2(n)y_{n+2} + a_1(n)y_{n+1} + a_0(n)y_n = g_n, \quad (4.1.1)$$
> mit $k \in \mathbb{N}$.
> Unter der *Lösung* einer solchen Differenzengleichung versteht man eine Folge (y_n), die diese Gleichung erfüllt.

Im allgemeinen ist auch $n \in \mathbb{N}$. Die Koeffizienten a_i, $i = 0, \ldots, k$, sind gegebene reelle oder komplexe Zahlen. Hängen sie nicht von n ab, liegt eine Differenzengleichung mit konstanten Koeffizienten vor. Das ist meistens der Fall. Man setzt $a_0 \neq 0$ und $a_k \neq 0$ voraus. Da man dann die Gleichung durch a_k dividieren kann, geht man ohne Einschränkung der Allgemeinheit davon aus, daß $a_k = 1$. Die Folge (g_n) ist ebenfalls gegeben. Sind diese Folgeglieder alle Null, erhält man eine **homogene lineare Differenzengleichung** (mit konstanten Koeffizienten)

$$y_{n+k} + a_{k-1} y_{n+k-1} + \cdots + a_1 y_{n+1} + a_0 y_n = 0. \quad (4.1.2)$$

Im anderen Fall heißt sie inhomogen.

Damit eine bestimmte Lösung von (4.1.1) bzw. (4.1.2) festgelegt werden kann, müssen die Werte

$$y_0, y_1, \ldots, y_{k-1}$$

vorgegeben sein. Dann kann man aus (4.1.1) bzw. (4.1.2) für $n = 0$ den nächsten Wert y_k ausrechnen. Und mit Hilfe von $y_1, \ldots, y_k$ ergibt sich dann y_{k+1}, y_{k+2}, usw. Dieses Verfahren ist natürlich sehr langwierig, und man bekommt die Lösungen y_k kaum in geschlossener (allgemeiner) Form.

4.2 Lösungsmöglichkeiten

4.2.1 Homogene Differenzengleichungen

Im folgenden sollen nur Differenzengleichungen mit konstanten Koeffizienten und zunächst auch nur homogene Gleichungen, d.h. der Form (4.1.2) betrachtet werden. Es ist manchmal von Vorteil, die unabhängige Veränderliche n einer Verschiebung zu unterwerfen, so daß die Differenzengleichung die Form

$$y_n + a_{k-1}\, y_{n-1} + \cdots + a_1\, y_{n-k+1} + a_0\, y_{n-k} = 0 \qquad (4.2.1)$$

erhält. Dabei ist darauf zu achten, daß $n - k \geq 0$ bzw. $n \geq k$ ist. Selbstverständlich sind auch hier wieder die Anfangswerte $y_0, \ldots, y_{k-1}$ gegeben.

Solch eine Differenzengleichung kann man analog zu den Differentialgleichungen durch einen Potenzreihenansatz

$$f(x) = \sum_{n=0}^{\infty} y_n\, x^n \qquad (4.2.2)$$

mit den Folgegliedern y_n als Koeffizienten lösen. Man bildet einfach

$$\begin{aligned}
f(x) &= y_0 &+ y_1 x &&+ y_2 x^2 &&+ \ldots &&+ y_k x^k &&+ \ldots &&+ y_n x^n + \ldots \\
a_{k-1}\, x f(x) &= & a_{k-1} y_0 x &&+ a_{k-1} y_1 x^2 &&+ \ldots &&+ a_{k-1} y_{k-1} x^k &&+ \ldots &&+ a_{k-1} y_{n-1} x^n + \ldots \\
a_{k-2}\, x^2 f(x) &= & &&a_{k-2} y_0 x^2 &&+ \ldots &&+ a_{k-2} y_{k-2} x^k &&+ \ldots &&+ a_{k-2} y_{n-2} x^n + \ldots \\
\cdots\cdots &= & & & & & & & & & \cdots\cdots\cdots \\
a_0\, x^k f(x) &= & & & & & & &a_0 y_0 x^k &&+ \ldots &&+ a_0 y_{n-k} x^n + \ldots
\end{aligned}$$

und addiert die Zeilen:

$$(1 + a_{k-1} x + a_{k-2} x^2 + \cdots + a_0 x^k) f(x) = A_0 + A_1 x + A_2 x^2 + \cdots + A_k x^k + \cdots + A_n x^n + \ldots,$$

wobei

$$\begin{aligned}
A_0 &= y_0, \\
A_1 &= y_1 + a_{k-1} y_0, \\
A_2 &= y_2 + a_{k-1} y_1 + a_{k-2} y_0, \quad \ldots
\end{aligned}$$

und allgemein

$$A_n = y_n + a_{k-1} y_{n-1} + \cdots + a_0 y_{n-k}.$$

Wegen (4.2.1) ist offensichtlich $A_n = 0$ für $n \geq k$, und damit ist $f(x)$ eine rationale Funktion der Form

$$f(x) = \frac{A_0 + A_1 x + \cdots + A_{k-1} x^{k-1}}{1 + a_{k-1} x + a_{k-2} x^2 + \cdots + a_0 x^k}.$$

Über eine Partialbruchzerlegung läßt sich ihre Potenzreihendarstellung mit bekannten Koeffizienten gewinnen. Durch Vergleich dieser Reihe mit (4.2.2) ergeben sich dann die Lösungen y_n. Man spricht deshalb bei $f(x)$ auch von der erzeugenden Funktion. Das Verfahren ist aber nur bei relativ einfachen Differenzengleichungen praktikabel, z.B. den Differenzengleichungen 2. Ordnung. An einem Beispiel soll die Methode kurz erläutert werden.

Beispiel:

4.2.1. Von LEONARDO DI PISA[1] stammt die Rekursionsformel

$$y_n = y_{n-1} + y_{n-2}, \quad n \geq 2, \tag{4.2.3}$$

mit

$$y_0 = y_1 = 1. \tag{4.2.4}$$

Er stieß auf diese Gleichung bzw. Folge durch folgende Überlegung („Kaninchenaufgabe"): Wenn jedes Kaninchen allmonatlich ein neues Paar (N) erzeugt, dieses selbst vom 2. Monat an zeugungsfähig (Z) wird, während Todesfälle nicht auftreten, wie viele Kaninchenpaare P *entstehen* dann im Laufe eines Jahres? Die Entwicklung sieht folgendermaßen aus:

Zeitraum		y_n	n
1. Monat	N	1	0
2. Monat	Z	1	1
3. Monat	$2P = 1 \cdot N + 1 \cdot Z$	2	2
4. Monat	$3P = 1 \cdot N + 2Z$	3	3.

Im 5. Monat (n) sind natürlich die Paare aus dem 4. Monat $(n-1)$ da, und dazu kommen neu die gezeugten. Das sind aber genau soviel, wie es Paare gibt, die mindestens 2 Monate alt sind, d.h. y_{n-2}. Also gilt tatsächlich (4.2.3) bzw.

$$y_n - y_{n-1} - y_{n-2} = 0. \tag{4.2.5}$$

Die ersten zehn Folge-Glieder lauten

$$1, \quad 1, \quad 2, \quad 3, \quad 5, \quad 8, \quad 13, \quad 21, \quad 34, \quad 55.$$

Insgesamt bezeichnet man die Elemente dieser Folge als **Fibonacci-Zahlen** F_n. Geht man mit dem Ansatz (4.2.2) in die Gleichung (4.2.5), ergibt sich

$$
\begin{array}{rllllll}
f(x) & = y_0 & +y_1 x & +y_2 x^2 & +\ldots & +y_n x^n + \ldots \\
-xf(x) & = & -y_0 x & -y_1 x^2 & -\ldots & -y_{n-1} x^n - \ldots \\
-x^2 f(x) & = & & -y_0 x^2 & -\ldots & -y_{n-2} x^n - \ldots \\
\hline
f(x)(1-x-x^2) & = y_0 & +(y_1-y_0)x & +(y_2-y_1-y_0)x^2 & +\ldots & \ldots \\
& = A_0 & +A_1 x & +A_2 x^2 & +\ldots & +A_n x^n + \ldots,
\end{array}
$$

wobei $A_n = y_n - y_{n-1} - y_{n-2} = 0$ für $n \geq 2$ wegen (4.2.5). Also bleibt

$$f(x)(1 - x - x^2) = A_0 + A_1 x = y_0 + (y_1 - y_0)x = 1 + 0 \cdot x = 1$$

wegen (4.2.4) bzw.

$$f(x) = \frac{1}{1-x-x^2} = \frac{-1}{x^2+x-1} = \frac{-1}{(x-x_1)(x-x_2)} = \frac{P(x)}{Q(x)}, \tag{4.2.6}$$

wobei x_1 und x_2 die Nullstellen des Nenners $Q(x)$ sind:

$$x_{1,2} = -\frac{1}{2} \pm \sqrt{\frac{1}{4}+1} = -\frac{1}{2} \pm \frac{\sqrt{5}}{2} = -\frac{1}{2}(1 \mp \sqrt{5}).$$

---
[1] Leonardo di Pisa (1170 – 1250), italienischer Mathematiker, bekannter unter dem Namen FIBONACCI

Mit dem Ansatz der Partialbruchzerlegung von (4.2.6)

$$f(x) = \frac{A}{x - x_1} + \frac{B}{x - x_2}$$

erhält man mit der Regel von l'Hospital

$$A = \lim_{x \to x_1} f(x)(x - x_1) = \lim_{x \to x_1} \frac{P(x)}{Q'(x)} = \frac{P(x_1)}{Q'(x_1)} = \frac{-1}{2x_1 + 1} = \frac{-1}{\sqrt{5}},$$

$$B = \lim_{x \to x_2} f(x)(x - x_2) = \frac{P(x_2)}{Q'(x_2)} = \frac{-1}{2x_2 + 1} = \frac{1}{\sqrt{5}}$$

und somit für $|x| < |x_1| < |x_2|$ und der Potenzreihenentwicklung von

$$\frac{1}{1-q} = \sum_{n=0}^{\infty} q^n \quad \text{für} \quad |q| < 1:$$

$$\begin{aligned}
f(x) &= \frac{1}{\sqrt{5}} \left(\frac{1}{x - x_2} - \frac{1}{x - x_1} \right) = \frac{1}{\sqrt{5}} \left(\frac{1}{x_2} \frac{1}{\frac{x}{x_2} - 1} - \frac{1}{x_1} \frac{1}{\frac{x}{x_1} - 1} \right) \\
&= \frac{1}{\sqrt{5}} \left\{ -\frac{1}{x_2} \sum_{n=0}^{\infty} \left(\frac{x}{x_2} \right)^n + \frac{1}{x_1} \sum_{n=0}^{\infty} \left(\frac{x}{x_1} \right)^n \right\} \\
&= \frac{1}{\sqrt{5}} \sum_{n=0}^{\infty} \left\{ \left(\frac{1}{x_1} \right)^{n+1} - \left(\frac{1}{x_2} \right)^{n+1} \right\} x^n = \sum_{n=0}^{\infty} y_n x^n.
\end{aligned}$$

Koeffizientenvergleich unter Beachtung von

$$\frac{1}{x_1} = \frac{-2}{1 - \sqrt{5}} = \frac{-2(1 + \sqrt{5})}{1 - 5} = \frac{-2}{-4}(1 + \sqrt{5}) = -x_2$$

und $\frac{1}{x_2} = -x_1$ ergibt

$$y_n = \frac{1}{\sqrt{5}} \left\{ (-x_2)^{n+1} - (-x_1)^{n+1} \right\} = \frac{1}{\sqrt{5}} \left\{ \left(\frac{1 + \sqrt{5}}{2} \right)^{n+1} - \left(\frac{1 - \sqrt{5}}{2} \right)^{n+1} \right\} \quad (4.2.7)$$

für $n = 0, 1, 2, \ldots$

Man kann zur Lösung von Differenzengleichungen auch anders vorgehen. Wenn man z.B. bei der Differenzengleichung 2. Ordnung

$$y_{n+1} = ay_n + by_{n-1}, \quad a, b = \text{const.}, \quad (4.2.8)$$

den Ansatz

$$y_n = r^n$$

mit einer Konstanten $r \neq 0$ macht, ergibt sich

$$r^{n+1} = ar^n + br^{n-1}$$

bzw. die „charakteristische Gleichung"

$$r^2 - ar - b = 0$$

mit den beiden Lösungen r_1, r_2. Wie man leicht sieht, ist dann die allgemeine Lösung der Gleichung (4.2.8) gegeben durch

$$y_n = C_1 r_1^n + C_2 r_2^n,$$

falls $r_1 \neq r_2$, mit beliebigen Konstanten C_1 und C_2.

Für den Fall, daß $r_1 = r_2 = r$ gilt, kann man folgende Überlegung anstellen. Allgemein ist mit r_1^n und r_2^n auch

$$y_n = \frac{r_1^n - r_2^n}{r_1 - r_2}$$

eine Lösung der entsprechenden Differenzengleichung. Für $r_1 \to r_2$ ergibt sich mit der Regel von l'Hospital

$$y_n = \lim_{r_1 \to r_2} \frac{r_1^n - r_2^n}{r_1 - r_2} = \lim_{r_1 \to r_2} \frac{n r_1^{n-1}}{1} = n r_2^{n-1}.$$

Nun ist es offensichtlich egal, ob man z.B. die Gleichung (4.2.8) mit y_{n+1} oder y_{n+2} oder auch y_n beginnen läßt. Das bedeutet, man kann in der soeben erhaltenen zweiten Lösung ohne weiteres auch n durch $n + 1$ ersetzen, so daß sich eine Lösung der Form

$$(n+1) r_2^n = n r_2^n + r_2^n$$

ergibt. Da aber r_2^n bereits eine Lösung der homogenen Differenzengleichung ist, d.h. eingesetzt zum Ergebnis Null führt, bleibt effektiv als zweite Lösung $n r_2^n$ übrig.

Das bedeutet allgemein, wenn Mehrfachlösungen bei der charakteristischen Gleichung auftreten (die ja auch einen höheren Grad als zwei haben kann), haben die entsprechenden Lösungen der Differenzengleichungen die Form

$$r^n, \; n r^n, \; n^2 r^n, \ldots$$

Für die Differenzengleichung (4.2.5) lautet die charakteristische Gleichung

$$r^2 - r - 1 = 0,$$

mit den beiden Nullstellen $r_1 = -x_1$, $r_2 = -x_2$, und mit $y_0 = y_1 = 1$ ergibt sich:

$$\begin{aligned} y_0 &= C_1 (-x_1)^0 + C_2 (-x_2)^0 = C_1 + C_2 = 1, \\ y_1 &= -C_1 x_1 - C_2 x_2 = 1. \end{aligned}$$

Multiplikation der ersten Gleichung mit x_1 bzw. x_2 ergibt

$$C_1 x_1 + C_2 x_1 = x_1 \quad \text{bzw.} \quad C_1 x_2 + C_2 x_2 = x_2,$$

und nach Addition zur zweiten Gleichung erhält man

$$C_2 (x_1 - x_2) = x_1 + 1 \quad \text{bzw.} \quad C_1 (x_2 - x_1) = x_2 + 1.$$

Daraus folgt

$$C_2 = \frac{1 + x_1}{x_1 - x_2} = \frac{1 - \frac{1}{2} + \frac{1}{2}\sqrt{5}}{\frac{1}{2}\sqrt{5} + \frac{1}{2}\sqrt{5}} = \frac{1}{\sqrt{5}} \frac{1}{2}(1 + \sqrt{5}) = \frac{-x_2}{\sqrt{5}}$$

und
$$C_1 = \frac{1+x_2}{x_2-x_1} = \frac{1-\frac{1}{2}-\frac{1}{2}\sqrt{5}}{-\frac{1}{2}\sqrt{5}-\frac{1}{2}\sqrt{5}} = \frac{-1}{\sqrt{5}}\frac{1}{2}(1-\sqrt{5}) = \frac{x_1}{\sqrt{5}}.$$

Man erhält also auch in diesem Fall die Lösung (4.2.7) und damit die Fibonacci-Zahlen F_n:

$$y_n = F_n = \frac{x_1}{\sqrt{5}}(-x_1)^n - \frac{x_2}{\sqrt{5}}(-x_2)^n = \frac{1}{\sqrt{5}}\left\{\left(\frac{1+\sqrt{5}}{2}\right)^{n+1} - \left(\frac{1-\sqrt{5}}{2}\right)^{n+1}\right\}, \quad (4.2.9)$$

für $n = 0, 1, 2, \ldots$

Erstaunlich ist, daß auf der rechten Seite überwiegend irrationale Zahlen ($\sqrt{5}$) stehen, während das Ergebnis auf der linken Seite immer eine natürliche Zahl ist. Im Jahre 1876 entdeckte EDOUARD LUCAS[2] einen Zusammenhang der Fibonacci-Zahlen mit dem PASCAL[3]schen Dreieck.

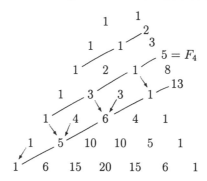

Addiert man die Zahlen in den angedeuteteten Diagonalen, erhält man die Zahlen F_n. Dies ist leicht einzusehen. Denn die Zahlen in diesen Diagonalen ergeben sich gerade als Summe der beiden darüber liegenden Diagonalen nach den Rechengesetzen im Pascalschen Dreieck, d.h., es gilt tatsächlich

$$F_n = F_{n-1} + F_{n-2}.$$

Das Bildungsgesetz der Fibonacci-Zahlen im Pascalschen Dreieck lautet

$$F_n = \sum_{i=0}^{n} \binom{n-i}{i}, \quad (4.2.10)$$

wobei allerdings nur bis $\left[\frac{n}{2}\right]$ summiert zu werden braucht, da bekanntlich die Binomialkoeffizienten $\binom{n-i}{i} = 0$ gesetzt sind, falls $n - i < i$ bzw. $i > \frac{n}{2}$.

Nun noch ein Wort zur Konvergenz. Selbstverständlich werden die Fibonacci-Zahlen immer größer, d.h., die Folge (F_n) divergiert. Doch was geschieht z.B. mit dem Verhältnis $\frac{F_{n+1}}{F_n}$? Es ist

$$\frac{F_{n+1}}{F_n} = \frac{(-x_2)^{n+2} - (-x_1)^{n+2}}{(-x_2)^{n+1} - (-x_1)^{n+1}} = \frac{(-x_2)^{n+2}}{(-x_2)^{n+1}} \frac{1 - \left(\frac{x_1}{x_2}\right)^{n+2}}{1 - \left(\frac{x_1}{x_2}\right)^{n+1}} = -x_2 \frac{1 - \left(\frac{x_1}{x_2}\right)^{n+2}}{1 - \left(\frac{x_1}{x_2}\right)^{n+1}}$$

---
[2] Francois Edouard Anatole Lucas (1842 – 1891), französischer Mathematiker
[3] Blaise Pascal (1623 – 1662), französischer Mathematiker

und wegen $\left|\frac{x_1}{x_2}\right| < 1$

$$\lim_{n \to \infty} \frac{F_{n+1}}{F_n} = -x_2 = \frac{1}{2}(1 + \sqrt{5}).$$

4.2.2 Inhomogene Differenzengleichungen

Die allgemeine lineare Differenzengleichung 2. Ordnung mit konstanten Koeffizienten lautet

$$y_{n+2} + a_1\, y_{n+1} + a_0\, y_n = g_n. \tag{4.2.11}$$

Wie bei gewöhnlichen Differentialgleichungen läßt sich die allgemeine Lösung als Summe einer speziellen Lösung, der sogenannten partikulären Lösung, und der allgemeinen Lösung darstellen:

Satz 4.2.1: *Ist y_n^* eine beliebige partikuläre Lösung der inhomogenen Differenzengleichung (4.2.11) und $y_n(C_1, C_2)$ die allgemeine Lösung der zugehörigen homogenen Differenzengleichung, so ist*

$$\hat{y}_n = y_n^* + y_n(C_1, C_2) \tag{4.2.12}$$

die allgemeine Lösung von (4.2.11).

Beweis: Man setzt (4.2.12) in (4.2.11) ein und erhält

$$\begin{aligned}
\hat{y}_{n+2} + a_1\, \hat{y}_{n+1} + a_0\, \hat{y}_n &= y_{n+2}^* + y_{n+2}(C_1, C_2) + a_1\, y_{n+1}^* + a_1\, y_{n+1}(C_1, C_2) + a_0\, y_n^* + a_0\, y_n(C_1, C_2) \\
&= y_{n+2}^* + a_1\, y_{n+1}^* + a_0\, y_n^* + y_{n+2} + a_1\, y_{n+1} + a_0\, y_n = g_n + 0 = g_n.
\end{aligned}$$

Dieser Satz weist auf ein mögliches Verfahren für die Bestimmung aller Lösungen der inhomogenen Differenzengleichung (4.2.11) hin. Man versucht eine Lösung y_n^* der inhomogenen Differenzengleichung zu finden und bestimmt die Lösung y_n der homogenen Gleichung wie oben besprochen. Die Summe der beiden ergibt dann die allgemeine Lösung von (4.2.11).

Zum Problem der Bestimmung einer partikulären Lösung von (4.2.11) sei auf die Möglichkeit eines Ansatzes y_n^* gemäß der skizzierten Tabelle hingewiesen:

g_n			y_n^*
c			C
ca^n			Ca^n
$c \sin n\omega$	oder	$c \cos n\omega$	$C \cos n\omega + D \sin n\omega$
n^k			$A_0 + A_1 n + \cdots + A_k n^k$
$a^n \sin n\omega$	oder	$a^n \cos n\omega$	$a^n (C \sin n\omega + D \cos n\omega)$,

mit von n unabhängigen c bzw. C. Allerdings muß dabei vorausgesetzt werden, daß g_n nicht Teil der allgemeinen homogenen Lösung $y_n(C_1, C_2)$ ist. In diesem Fall und wenn g_n von anderer Gestalt ist, muß man i.a. bei der Lösung von Differenzengleichungen auf eine andere Methode zurückgreifen (siehe z.B. die Z-Transformation). Dennoch gibt es auch hier vereinfachte Möglichkeiten, wie das folgende Beispiel zeigt.

Beispiel:

4.2.2. Die Differenzengleichung

$$y_{n+2} - 3y_{n+1} + 2y_n = -1$$

hat die homogene Lösung

$$y_n = C_1 \cdot 1^n + C_2 \cdot 2^n = C_1 + C_2\, 2^n,$$

da die charakteristische Gleichung der homogenen Differenzengleichung

$$r^2 - 3r + 2 = 0$$

die Nullstellen $r_1 = 1$ und $r_2 = 2$ besitzt. Nun hat die rechte Seite der gegebenen Differenzengleichung den gleichen Charakter wie eine der homogenen Lösungen, sie ist eine Konstante. Analog dem Problem mit der Doppellösung bei der charakteristischen Gleichung könnte man es hier nun mit dem Ansatz

$$y_n^* = Cn$$

versuchen. Man erhält

$$C(n+2) - 3C(n+1) + 2Cn = -C = -1,$$

also $C = 1$. Und damit lautet die allgemeine Lösung der Differenzengleichung

$$\hat{y}_n = C_1 + C_2\, 2^n + n.$$

Es muß noch erwähnt werden, daß i.allg. Anfangsbedingungen vorgegeben sind, d.h. bei einer Differenzengleichung 2. Ordnung die Werte y_0 und y_1 (oder zwei andere aufeinanderfolgende y-Werte) festliegen. Selbstverständlich werden diese Werte in die **allgemeine** Lösung eingesetzt und so C_1 und C_2 bestimmt.

Beispiel:

4.2.3. Es soll die allgemeine Lösung der Differenzengleichung

$$y_{n+2} - y_n = n^2$$

mit $y_0 = 0, y_1 = 2$ ermittelt werden. Für die homogene Differenzengleichung ergibt sich die charakteristische Gleichung

$$r^2 - 1 = 0$$

mit den Lösungen $r_{1,2} = \pm 1$. Also lautet die homogene Lösung

$$y_n(C_1, C_2) = C_1 \cdot 1^n + C_2(-1)^n = C_1 + C_2(-1)^n.$$

Für die partikuläre Lösung empfiehlt sich laut Tabelle der Ansatz

$$y_n^* = A_0 + A_1\, n + A_2\, n^2,$$

mit dem man erhält

$$A_0 + A_1(n+2) + A_2(n+2)^2 - A_0 - A_1 n - A_2 n^2 = 2A_1 + 4A_2\, n + 4A_2 = n^2.$$

Diese Gleichung ist aber nicht zu erfüllen, da auf der linken Seite der Term mit n^2 verschwindet. Also versucht man es noch einmal mit dem Ansatz

$$y_n^* = A_0 + A_1 n + A_2 n^2 + A_3 n^3$$

und erhält

$$A_0 + A_1(n+2) + A_2(n+2)^2 + A_3(n+2)^3 - A_0 - A_1 n - A_2 n^2 - A_3 n^3$$
$$= 2A_1 + 4A_2 n + 4A_2 + 6A_3 n^2 + 12A_3 n + 8A_3 = n^2.$$

Daraus ergibt sich

$$\begin{aligned} 2A_1 + 4A_2 + 8A_3 &= 0, \\ 4A_2 + 12A_3 &= 0, \\ 6A_3 &= 1, \end{aligned}$$

also $A_3 = \frac{1}{6}$ und

$$\begin{aligned} A_2 &= -\frac{12}{4} A_3 = -3A_3 = -\frac{1}{2}, \\ A_1 &= -4A_3 - 2A_2 = -\frac{4}{6} + 1 = \frac{1}{3} \end{aligned}$$

und somit

$$y_n^* = A_0 + \frac{1}{3}n - \frac{1}{2}n^2 + \frac{1}{6}n^3 = \frac{1}{6}(n^3 - 3n^2 + 2n) + A_0,$$

bzw.

$$\hat{y}_n = y_n + y_n^* = C_1 + C_2(-1)^n + \frac{1}{6}(n^3 - 3n^2 + 2n).$$

Da man jede partikuläre Lösung nehmen kann, kann man $A_0 = 0$ setzen. Die Konstanten C_1 und C_2 ergeben sich aus den beiden Gleichungen

$$\begin{aligned} y_0 &= 0 = C_1 + C_2, \\ y_1 &= 2 = C_1 - C_2 + \frac{1}{6}(1 - 3 + 2) = C_1 - C_2. \end{aligned}$$

Man erhält

$$C_1 = 1, \quad C_2 = -1$$

und damit

$$\hat{y}_n = 1 - (-1)^n + \frac{1}{6}(n^3 - 3n^2 + 2n).$$

4.2.3 Anwendungsbeispiele

Damit nicht der Eindruck entsteht, daß das Problem der Differenzengleichung konstruiert ist, sollen einige Beispiele aus verschiedenen Bereichen der Naturwissenschaften vorgestellt werden.

4.2.3.1 Die Gammafunktion

Bekanntlich ist die Gammafunktion definiert durch das uneigentliche Integral

$$\Gamma(x) = \int_0^\infty t^{x-1} e^{-t} dt \quad \text{für} \quad x > 0,$$

und sie genügt der Funktionalgleichung

$$\Gamma(x+1) = x\Gamma(x).$$

Damit ist sie für $x = n \in \mathbb{N}$ Lösung der Differenzengleichung

$$y_{n+1} - ny_n = 0.$$

4.2.3.2 Verzinsung eines Kapitals

Wird ein Kapital K_0 am Ende eines Jahres zum Zinsfuß p (%) verzinst, beträgt sein Wert zu diesem Zeitpunkt

$$K_1 = K_0 + pK_0.$$

Wenn jedes Jahr nur das Anfangskapital verzinst wird, ist der Stand nach n Jahren

$$K_{n+1} = K_n + pK_0.$$

Die Lösung dieser linearen Differenzengleichung 1. Ordnung lautet bekanntlich

$$K_n = K_0 + pK_0 \cdot n = K_0(1 + pn), \quad n = 0, 1, 2, \ldots$$

Anders verhält es sich bei der Berücksichtigung von Zinseszinsen. In diesem Fall wird jedes Jahr das angesammelte Kapital K_n (inklusive der Zinsen) verzinst, und es gilt

$$K_{n+1} = K_n + pK_n = K_n(1 + p).$$

Dies ist wiederum eine lineare Differenzengleichung 1. Ordnung, allerdings mit der Lösung

$$K_n = K_{n-1}(1+p) = K_{n-2}(1+p)^2 = \cdots = K_0(1+p)^n, \quad n = 0, 1, 2, \ldots$$

4.2.3.3 Besselsche Differentialgleichung

Die Besselsche Differentialgleichung

$$y'' + \frac{1}{x} y' + \left(1 - \frac{m^2}{x^2}\right) y = 0, \quad m \in \mathbb{N}_0,$$

bringt man durch Multiplikation mit x^2 auf die Form

$$x^2 y'' + xy' + (x^2 - m^2)y = 0$$

und löst sie durch den Ansatz

$$y = x^q \sum_{n=0}^\infty a_n x^n = \sum_{n=0}^\infty a_n x^{n+q}.$$

Man erhält

$$\sum_{n=0}^{\infty} a_n(n+q)(n+q-1)x^{n+q} + \sum_{n=0}^{\infty} a_n(n+q)x^{n+q} + \sum_{n=0}^{\infty} a_n x^{n+q+2} - m^2 \sum_{n=0}^{\infty} a_n x^{n+q}$$

$$= \sum_{n=0}^{\infty} a_n\{(n+q)^2 - m^2\}x^{n+q} + \sum_{n=2}^{\infty} a_{n-2} x^{n+q} = 0.$$

Nach Kürzung des Faktors $x^q \neq 0$ betrachten wir die Koeffizienten von x^0. Es gilt

$$a_0(q^2 - m^2) = 0, \quad \text{d.h.} \quad q^2 = m^2.$$

Wir setzen $q = +m$ und erhalten durch Koeffizientenvergleich für die Potenzen x^1:

$$a_1\{(1+m)^2 - m^2\} + a_{-1} = a_1(1+2m) = 0,$$

mit der Festsetzung $a_{-1} = 0$. Daraus folgt $a_1 = 0$, und für $n \geq 2$ ergibt der Koeffizientenvergleich

$$a_n\{(n+2m)^2 - m^2\} + a_{n-2} = a_n(n^2 + nm) + a_{n-2} = a_n\, n(n+2m) + a_{n-2} = 0.$$

Das ist eine lineare Differenzengleichung 2. Ordnung mit veränderlichen Koeffizienten.

4.2.3.4 Belastete Schnur

Eine Schnur sei an den beiden Enden befestigt und werde an $n-1$ äquidistanten Stellen durch senkrecht wirkende Kräfte F_k gespannt (s. Abbildung).

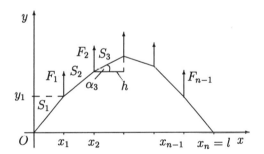

Es gelte

$$h = \frac{l}{n} = \Delta x = x_{k+1} - x_k, \quad x_k = kh, \quad 1 \leq k \leq n,$$

und

$$y_{k+1} - y_k = h \cdot \tan \alpha_k. \tag{4.2.13}$$

Die Spannung in den Seilstücken rechts von $P_k(x_k, y_k)$ sei S_k, $1 \leq k \leq n-1$, und damit ist

$$\cos \alpha_k = \frac{h}{S_k} \quad \text{bzw.} \quad h = S_k \cos \alpha_k.$$

Dann gilt also im Punkt P_k parallel zur x-Achse

$$S_{k-1} \cos \alpha_{k-1} = S_k \cos \alpha_k,$$

d.h., die x-Komponente der Spannung ist unabhängig von k. Man kann daher schreiben

$$S = S_k \cos \alpha_k, \quad 1 \leq k \leq n-1. \tag{4.2.14}$$

Auch längs der y-Achse sind die in den Punkten P_k wirkenden Kräfte im Gleichgewicht. Dort gilt also

$$F_k + S_k \sin \alpha_k = S_{k-1} \sin \alpha_{k-1}$$

bzw.

$$F_k + S \tan \alpha_k = S \tan \alpha_{k-1}$$

oder

$$F_k + S(\tan \alpha_k - \tan \alpha_{k-1}) = 0$$

unter Beachtung von (4.2.14). Mit $F_k = -mg$ (m Masse eines Seilstückes) und (4.2.13) ergibt sich daraus nach Multiplikation mit h:

$$S\{(y_{k+1} - y_k) - (y_k - y_{k-1})\} = mgh$$

bzw.

$$y_{k1} - 2y_k + y_{k-1} = \frac{mgh}{S}, \quad k = 1, \ldots, n-1. \tag{4.2.15}$$

Dies ist eine lineare inhomogene Differenzengleichung 2. Ordnung, deren Lösung man analog wie bei den Differentialgleichungen findet. Für die homogene Differenzengleichung

$$y_{k+1} - 2y_k + y_{k-1} = 0 \tag{4.2.16}$$

macht man den Ansatz

$$y_k = r^k$$

und erhält

$$r^{k+1} - 2r^k + r^{k-1} = 0$$

bzw. die charakteristische Gleichung

$$r^2 - 2r + 1 = 0,$$

mit den Nullstellen

$$r_{1,2} = 1 \pm \sqrt{1-1} = 1.$$

Es ist also $r_1 = r_2 = 1$, d.h., es liegt eine Doppellösung vor. Das bedeutet nach den obigen Überlegungen, daß neben der Lösung $r_1^k = 1^k = 1$ noch die zweite Lösung $k \cdot 1 = k$ auftritt. Damit lautet die Lösung von (4.2.16)

$$y_k = C_1 \cdot 1 + C_2 k = C_1 + k C_2.$$

Für die partikuläre Lösung empfiehlt sich der Ansatz
$$y_k^* = Ck^2,$$
da die rechte Seite in (4.2.15), wie ein Teil der homogenen Lösung, eine Konstante ist und $C \cdot k$ ebenfalls eine homogene Lösung ist. Wir erhalten also
$$C(k+1)^2 - 2Ck^2 + C(k-1)^2 = \frac{mgh}{S}$$
bzw.
$$C = \frac{mgh}{2S}.$$
Somit lautet die allgemeine Lösung von (4.2.15)
$$\hat{y}_k = C_1 + kC_2 + \frac{mgh}{2S} k^2. \tag{4.2.17}$$
Es ist vorgegeben $\hat{y}_0 = \hat{y}_n = 0$ vorgegeben, so daß sich ergibt
$$C_1 = 0 \quad \text{und} \quad 0 = nC_2 + \frac{mgh}{2S} n^2$$
bzw.
$$C_2 = -\frac{mgh}{2S} n.$$
Damit wird aus (4.2.17)
$$\hat{y}_k = -\frac{mgh}{2S} nk + \frac{mgh}{2S} k^2 = -\frac{mg}{2S} kh(n-k) = -\frac{mg}{2S} x_k \left(\frac{l}{h} - \frac{x_k}{h}\right) = -\frac{mg}{2Sh} x_k (l - x_k).$$
Offensichtlich liegen diese Punkte $P_k(x_k, \hat{y}_k)$ auf der Parabel
$$y = -\frac{mg}{2Sh} x(l-x).$$

Aufgaben:

4.2.1. Man bestimme die Fibonacci-Zahl F_{10}

   a) mit Hilfe der Gleichung (4.2.5),
   b) aus der Gleichung (4.2.7),
   c) mit dem Bildungsgesetz (4.2.10).

4.2.2. Man löse die Kaninchenaufgabe unter der Voraussetzung, daß jedes Paar monatlich 2 Paare erzeugt, bei sonst gleichbleibenden Annahmen.

4.2.3. Man löse die Differenzengleichung
$$y_n - 2y_{n-1} = 2^{n-1}, \quad n \geq 1,$$
mit $y_0 = a$ mit dem Ansatz 4.2.2.

4.2.4. Man zeige mit Hilfe der Gleichung (4.2.3), der Differenzengleichung der Fibonacci-Zahlen F_n, daß
$$g = \lim_{n \to \infty} \frac{F_{n+1}}{F_n} = \frac{1}{2}(1 + \sqrt{5}).$$

4.2.5. Man löse die Differenzengleichung
$$y_{n+1} = 2y_n + y_{n-1}, \quad y_0 = 0, y_1 = 1,$$
mit dem Ansatz $y_n = r^n$.

4.2.6. Man beweise durch vollständige Induktion (oder auch anders, z.B. unter Berücksichtigung der Gleichung (4.2.3)) für die Folge der Fibonacci-Zahlen
$$\sum_{k=0}^{n} F_k = F_{n+2} - 1.$$

4.2.7. Wie lautet eine partikuläre Lösung der Differenzengleichung mit konstanter Inhomogenität
$$y_{n+2} + a_1 y_{n+1} + a_0 y_n = b \ ?$$
Wie ist der Fall $1 + a_1 + a_0 = 0$ einzuordnen?

4.2.8. Man bestimme eine partikuläre Lösung der Differenzengleichung
$$y_{n+2} + a_1 y_{n+1} + a_0 y_n = a^n,$$
wobei a eine Konstante ist. Was ist dabei zu beachten?

5 Z-Transformation

5.1 Definition

Im letzten Abschnitt wurde gezeigt, daß es bei der Behandlung von Differenzengleichungen große Ähnlichkeiten mit den gewöhnlichen Differentialgleichungen gibt. Es tauchte der Begriff Potenzreihenansatz auf, der auf die sogenannte charakteristische Gleichung führte. Man unterschied zwischen einer homogenen und partikulären Lösung und konnte auch den Resonanzfall befriedigend lösen.

Da sich nun die Laplace-Transformation als von großem Nutzen bei der Behandlung von Differentialgleichungen erwies, weil die analytischen Operationen des Differenzierens und Integrierens sich in algebraische Operationen (Multiplikation und Division) umwandeln, ist es naheliegend, ähnlich bei den Differenzengleichungen zu verfahren.

Differenzengleichungen entstehen aus Differentialgleichungen, wenn man sich ein Bild über den zeitlichen Ablauf einer kontinuierlichen Funktion $f(t)$ verschaffen will, indem man in gewissen Zeitabständen, z.B. jede Sekunde, die Funktionswerte aussiebt und dann eventuell einen folgenden Zusammenhang erkennt:

$$f(t+n) = \sum_{k=0}^{n-1} a_k\, f(t+k).$$

Beispiel:

5.1.1. Es soll die Differenzengleichung

$$-3f(t) - 2f(t-1) + f(t-2) = t \qquad (5.1.1)$$

mit $f(t) = 0$ für $t < 0$ gelöst werden. Die Laplace-Transformation von (5.1.1) ergibt mit $\mathcal{L}\{f(t)\} = F(s)$, $Re(s) = \sigma > 0$, und dem 1. Verschiebungssatz:

$$-3F(s) - 2e^{-s}F(s) + e^{-2s}F(s) = \frac{1}{s^2}$$

bzw.

$$F(s) = \frac{1}{s^2(-3 - 2e^{-s} + e^{-2s})} = \frac{1}{s^2(e^{-s}+1)(e^{-s}-3)}.$$

Partialbruchzerlegung ergibt

$$\frac{1}{(u+1)(u-3)} = -\frac{1}{4(u+1)} + \frac{1}{4(u-3)},$$

so daß man für $F(s)$ schreiben kann

$$\begin{aligned}
F(s) &= \frac{1}{4s^2}\left(\frac{1}{e^{-s}-3} - \frac{1}{e^{-s}+1}\right) = \frac{1}{4s^2}\left\{\frac{1}{3\left(\frac{e^{-s}}{3}-1\right)} - \frac{1}{1-(-e^{-s})}\right\} \\
&= \frac{1}{4s^2}\left\{-\frac{1}{3}\sum_{k=0}^{\infty}\left(\frac{e^{-s}}{3}\right)^k - \sum_{k=0}^{\infty}(-e^{-s})^k\right\} = -\frac{1}{4s^2}\sum_{k=0}^{\infty}\left\{(-1)^k + \left(\frac{1}{3}\right)^{k+1}\right\}e^{-ks} \\
&= -\frac{1}{4s^2}\left(1+\frac{1}{3}\right) - \frac{1}{4}\sum_{k=1}^{\infty}\left\{(-1)^k + \left(\frac{1}{3}\right)^{k+1}\right\}\frac{e^{-ks}}{s^2} \\
&= -\frac{1}{3s^2} - \frac{1}{4}\sum_{k=1}^{\infty}\left\{(-1)^k + \left(\frac{1}{3}\right)^{k+1}\right\}\frac{e^{-ks}}{s^2}.
\end{aligned}$$

Mit
$$\mathcal{L}^{-1}\left\{e^{-ks}\frac{1}{s^2}\right\} = t - k$$
lautet die Inverse dazu
$$f(t) = -\frac{1}{3}t - \frac{1}{4}\sum_{k=1}^{[t]}\left\{(-1)^k + \left(\frac{1}{3}\right)^{k+1}\right\}(t-k),$$
wobei die Summation bei $[t]$ ($[t]$ bedeutet die größte ganze Zahl $\leq t$) aufhört, da $f(t) = 0$ für $t < 0$ sein soll.

Tatsächlich kann man diese Lösung der Gleichung (5.1.1) auch in geschlossener Form darstellen, allerdings aus verständlichen Gründen (wegen der Summation) nur für $t = n \in \mathbf{N}$. Man erhält
$$f(n) = \frac{1}{16}\{(-1)^n - 3^{-n}\} - \frac{n}{4}.$$

Wir ordnen nun einer (unendlichen) Folge von Werten f_n, $n = 0, 1, 2, \ldots$ eine Treppenfunktion $\hat{f}(t)$ durch
$$\hat{f}(t) = f_n \quad \text{für} \quad n \leq t < n+1, \quad n \in \mathbf{N}_0,$$
zu.

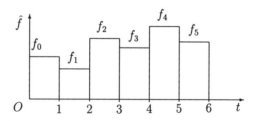

Es ist möglich, diese Funktion einer Laplace-Transformation zu unterwerfen, wobei wir annehmen, daß
$$|f_n| \leq C\, m^n$$
mit positiven Konstanten C, m (s. Aufgabe 5.1.2). Man erhält
$$\mathcal{L}\{\hat{f}(t)\} = \int_0^\infty \hat{f}(t)e^{-st}\,dt = \sum_{n=0}^\infty \int_n^{n+1} f_n e^{-st}\,dt = \sum_{n=0}^\infty f_n\left[\frac{e^{-st}}{-s}\right]_n^{n+1}$$
$$= \sum_{n=0}^\infty f_n \frac{e^{-ns} - e^{-(n+1)s}}{s} = \frac{1 - e^{-s}}{s}\sum_{n=0}^\infty f_n e^{-ns}.$$

Der Faktor $\frac{1-e^{-s}}{s}$ taucht bei jeder Bildfunktion auf, die wesentliche Information liegt dagegen in den Werten f_n. Deshalb läßt man diesen Faktor einfach weg und bezeichnet die Zuordnung
$$\mathcal{D}\{f_n\} = \sum_{n=0}^\infty f_n e^{-ns}$$
als diskrete Laplace-Transformation. Liegen die Meßwerte auf der t-Achse an den Stellen nT, $n \in \mathbf{N}_0$, ergeben sich die Beziehungen
$$\mathcal{L}\{\hat{f}(t)\} = \frac{1 - e^{-sT}}{s}\sum_{n=0}^\infty f_n e^{-sTn}$$

bzw.
$$\mathcal{D}\{f_n\} = \sum_{n=0}^{\infty} f_n e^{-nsT}. \qquad (5.1.2)$$

Nachträglich kann man einen Zusammenhang zwischen der „kontinuierlichen" Laplace-Transformation und der diskreten Laplace-Transformation herstellen. Bekanntlich läßt sich der Wert einer stetigen Funktion $f(t)$ für ein bestimmtes $t = nT$ mit der Deltafunktion herausfiltern, indem man schreibt

$$f(t)\delta(t - nT) = f(nT)\delta(t - nT)$$

bzw. für die Folge aller Impulse zu den Zeiten $t = nT$, $n \in \mathbf{N}_0$,

$$f(t)\sum_{n=0}^{\infty}\delta(t - nT) = \sum_{n=0}^{\infty} f(nT)\delta(t - nT) = f^*(t).$$

Die Laplace-Transformation dieser Distribution ergibt dann mit $\mathcal{L}\{\delta(t)\} = 1$ und dem 1. Verschiebungssatz

$$\begin{aligned}\mathcal{L}\{f^*(t)\} &= \mathcal{L}\left\{\sum_{n=0}^{\infty} f(nT)\delta(t - nT)\right\} = \sum_{n=0}^{\infty} f(nT)\mathcal{L}\{\delta(t - nT)\} \\ &= \sum_{n=0}^{\infty} f(nT)e^{-nsT} = \mathcal{D}\{f(nT)\} = \mathcal{D}\{f_n\}.\end{aligned}$$

unter Beachtung von (5.1.2). Es gilt also

$$\mathcal{D}\{f_n\} = \mathcal{L}\{f^*(t)\} = F^*(s).$$

Durch die Substitution

$$z = e^{sT}, \quad s \in \mathbf{C},$$

wird die Gleichung (5.1.2) noch vereinfacht und ergibt mit $F^*(s) = F(e^{sT}) = F(z)$ eine neue Transformation:

Definition 5.1.1:

Der Folge (f_n) wird die unendliche Reihe

$$F(z) = \sum_{n=0}^{\infty} f_n z^{-n} \qquad (5.1.3)$$

zugeordnet, falls die Reihe konvergiert. Diese Zuordnung heißt **Z-Transformation** und wird bezeichnet mit

$$F(z) = \mathcal{Z}\{f_n\}.$$

Die rechte Seite von (5.1.3) stellt eine Reihe mit negativen Exponenten von z, d.h. eine Laurent-Reihe dar. Daher findet man gelegentlich auch die Bezeichnung Laurent-Transformation. Wie bei der Laplace-Transformation einer stetigen Funktion verwendet man für die transformierte Funktion das Symbol F, (f_n) heißt Originalfolge und $F(z)$ Bildfunktion. Zur Unterscheidung dient hier die Variable z, gegenüber der Veränderlichen s bei der normalen Laplace-Transformation.

Es sei noch angemerkt, daß man in (5.1.3) bei der Definition der Z-Transformation $z \in \mathbb{C}$ voraussetzt, da i.allg. auch bei der Laplace-Transformation im Bildbereich mit der komplexen Variablen s gerechnet wird.

Beispiele:

5.1.2. Es soll die Z-Transformierte des Einheitssprunges $f(t) = u(t)$ ermittelt werden. Durch Abtastung entsteht die konstante Wertefolge

$$f(nT) = f_n = 1, \quad n \in \mathbb{N}_0,$$

oder die Impulsfolgefunktion

$$f^*(t) = \sum_{n=0}^{\infty} f_n \delta(t - nT).$$

Die Z-Transformierte ist dann

$$\mathcal{Z}\{f_n\} = F(z) = \sum_{n=0}^{\infty} f_n z^{-n} = \sum_{n=0}^{\infty} z^{-n} = \sum_{n=0}^{\infty} \left(\frac{1}{z}\right)^n = \frac{1}{1 - \frac{1}{z}} = \frac{z}{z-1}.$$

5.1.3. Die Funktion $f(t) = e^{-\frac{t}{T_1}}$ hat die Wertefolge

$$f(nT) = f_n = e^{-\frac{nT}{T_1}}.$$

In diesem Fall ergibt sich

$$F(z) = \sum_{n=0}^{\infty} f_n z^{-n} = \sum_{n=0}^{\infty} e^{-\frac{nT}{T_1}} z^{-n} = \sum_{n=0}^{\infty} (z')^{-n} = \frac{z'}{z' - 1}$$

mit $z' = z\, e^{T/T_1}$. Damit ist

$$F(z) = \mathcal{Z}\{f(nT)\} = \mathcal{Z}\left\{e^{-\frac{nT}{T_1}}\right\} = \frac{z e^{T/T_1}}{z e^{T/T_1} - 1} = \frac{z}{z - e^{-T/T_1}}.$$

5.1.4. Sei $f_n = A = const.$, $n \in \mathbb{N}_0$. Dann lautet die Z-Transformierte unter Beachtung von Beispiel 5.1.2:

$$\mathcal{Z}\{f_n\} = F(z) = \frac{zA}{z-1}.$$

Bemerkung:

Auf Grund dieses Resultats:

$$\mathcal{Z}^{-1}\{F(z)\} = \mathcal{Z}^{-1}\left\{\frac{Az}{z-1}\right\} = \mathcal{Z}^{-1}\left\{z\frac{A}{z-1}\right\} = A$$

erscheint es sinnvoll, bei einer möglichen Partialbruchzerlegung von $F(z)$ in **echte** Brüche zur Bestimmung der Inversen nicht von

$$F(z), \quad \text{sondern von} \quad \frac{F(z)}{z}$$

auszugehen.

Man muß sich noch Gedanken darüber machen, wann die Z-Transformierte existiert bzw. wann die Reihe (5.1.3) konvergiert. Unter der Voraussetzung, daß $f(t)$ Laplace-transformierbar ist, d.h., daß

$$|f(t)| < e^{\alpha t} \tag{5.1.4}$$

bei geeignetem $\alpha \in \mathbf{R}$ und hinreichend großem t, muß für genügend großes n gelten

$$\sqrt[n]{|f(t)|} < e^{\alpha \frac{t}{n}} = e^{\alpha T}.$$

Übertragen auf die Folge (f_n) bedeutet das

$$\lim_{n \to \infty} \sqrt[n]{|f_n|} < e^{\alpha T} < \infty$$

bzw.

$$|f_n| < A e^{Bn} = A C^n \tag{5.1.5}$$

für $n > n_0$ und geeigneten Konstanten A und B bzw. C. D.h. unter der Voraussetzung (5.1.5) hat die Reihe (5.1.3) in $(\frac{1}{z})$ einen endlichen Konvergenzradius r. Sie konvergiert also für $|z| > \frac{1}{r}$ und stellt dort (einschließlich des Punktes $z = \infty$) eine holomorphe Funktion dar. Ihre singulären Stellen liegen also alle im Kreis $|z| \leq \frac{1}{r}$.

Beispiel:

5.1.5. Die Folge (f_n) mit $f_n = n^n$ ist nicht Z-transformierbar, da die Reihe

$$\sum_{n=0}^{\infty} n^n z^{-n}$$

divergiert, wegen

$$\lim_{n \to \infty} \sqrt[n]{n^n |z^{-n}|} = \lim_{n \to \infty} \frac{n}{|z|} = \text{„}\infty\text{"}$$

für beliebiges $z \neq 0$.

Aufgaben:

5.1.1. Man bestimme die Z-Transformierte der Wertefolge

$$f_n = 2u(nT) + n\frac{T}{T_0} \quad \text{für} \quad \frac{T}{T_0} = \frac{1}{2}.$$

Anleitung: Man greife zur Bestimmung von $\mathcal{Z}\{n\}$ auf die Gleichung

$$\sum_{n=0}^{\infty} z^{-n} = \frac{1}{1 - \frac{1}{z}} = \frac{z}{z-1}$$

zurück (Differentiation!).

5.1.2. Man zeige: Gilt für die Wertefolge (f_n) mit

$$|f_n| < C m^n$$

mit Konstanten $C > 0, m > 0$, dann konvergiert die Reihe (5.1.3).

5.1.3. Man transformiere den Einheitsimpuls

$$f_n = \begin{cases} 1 & \text{für} \quad n = 0 \\ 0 & \text{für} \quad n \neq 0. \end{cases}$$

5.2 Die Inverse der Z-Transformation

Aus dem Eindeutigkeitssatz für Potenzreihen einer komplexen Veränderlichen (Satz 5.3 aus Teil II) ergibt sich eine Aussage über die Art der Zuordnung einer Folge (f_n) zur Z-Transformierten $F(z)$ und charakterisiert diese wie folgt:

Satz 5.2.1 (Eineindeutigkeit der Z-Transformation): *a) Ist (f_n) Z-transformierbar für $|z| > \frac{1}{r}$, so ist die zugehörige Bildfunktion $F(z)$ eine holomorphe Funktion für $|z| > \frac{1}{r}$ und die einzige Bildfunktion zu (f_n).*
b) Ist $F(z)$ eine holomorphe Funktion für $|z| > \frac{1}{r}$, einschließlich $z = \infty$, so gibt es stets genau eine zugehörige Originalfolge (f_n).

Sei also nun die Funktion $F(z)$ eine Z-Transformierte, so ist die Funktion $\tilde{F}(z) = F\left(\frac{1}{z}\right)$ für $\left|\frac{1}{z}\right| > \frac{1}{r}$ bzw. $|z| < r$ holomorph und hat die Taylorentwicklung

$$\tilde{F}(z) = F\left(\frac{1}{z}\right) = \sum_{n=0}^{\infty} f_n z^n. \tag{5.2.1}$$

Die Koeffizienten f_n ergeben sich aus der Cauchyschen Koeffizientenformel im Satz 5.1

$$f_n = \frac{1}{2\pi i} \oint_{\mathcal{K}} \tilde{F}(z) z^{-n-1} dz, \quad n \in \mathbf{N}_0, \tag{5.2.2}$$

wobei $\mathcal{K}$ ein Kreis um $z = 0$ innerhalb des Kreises $|z| = r$ ist, der also keine Singularitäten von $\tilde{F}(z)$ enthält. Mit der Substitution

$$w = \frac{1}{z}, \quad dw = -\frac{1}{z^2} dz$$

ergibt sich aus (5.2.2)

$$f_n = -\frac{1}{2\pi i} \oint_{-\mathcal{K}'} F(w) w^{n+1} \frac{dw}{w^2} = \frac{1}{2\pi i} \oint_{\mathcal{K}'} F(w) w^{n-1} dw, \tag{5.2.3}$$

wobei $-\mathcal{K}'$ der am Einheitskreis gespiegelte Kreis $\mathcal{K}$ ist. Sein Radius ist größer als r, und er enthält alle singulären Stellen von $F(z)$.

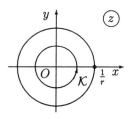 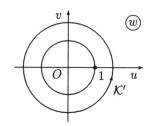

Da bei der Inversion die Durchlaufrichtung des Kreises $\mathcal{K}$ umgekehrt wird, anschließend aber das Innere, d.h. die Singularitäten, zur Linken liegen müssen, ist in (5.2.3) ein Vorzeichenwechsel erfolgt. Da der Integrand in (5.2.3) für $n \geq 1$ bis auf die Singularitäten von $F(w)$ holomorph ist, gibt diese Gleichung genau die Residuen der Funktion $F(w)w^{n-1}$ an. Indem man nun noch die Integrationsvariable w in z umbenennt, ergibt sich die Formel

$$f_n = \frac{1}{2\pi i} \oint_C F(z) z^{n-1} dz = \sum_i Res\{F(z)z^{n-1}\}\big|_{z=z_i}, \quad n \in \mathbf{N}_0, \qquad (5.2.4)$$

wobei C irgendeine geschlossene Kurve ist, die die Singularitäten $z = z_i$ des Integranden enthält.

Häufig kann man sich bei der Bestimmung der Inversen den Weg über die Residuen ersparen, indem man analog zur Laplace-Transformation auf bekannte Tabellen zurückgreift und gegebenenfalls vorher eine Partialbruchzerlegung durchführt. Weiterhin besteht die Möglichkeit, aus der Gleichung (5.2.1) mit Hilfe der Taylorformel die Koeffizienten f_n zu bestimmen. Dann gilt

$$f_n = \frac{1}{n!} \left[\frac{d^n}{dz^n} \left\{ F\left(\frac{1}{z}\right) \right\} \right]_{z=0}, \quad n \in \mathbf{N}_0. \qquad (5.2.5)$$

In dem folgenden Beispiel sollen alle Methoden behandelt werden.

Beispiel:

5.2.1. Gegeben sei die Bildfunktion

$$F(z) = \frac{2z}{(z-2)(z-1)^2}.$$

a) **Partialbruchzerlegung**

Auf Grund der Bemerkung in 5.1 bestimmt man die Partialbruchzerlegung von

$$\frac{F(z)}{z} = \frac{2}{(z-2)(z-1)^2} = \frac{2}{z-2} - \frac{2}{(z-1)^2} - \frac{2}{z-1}$$

und erhält daraus für $F(z)$

$$F(z) = \frac{2z}{z-2} - \frac{2z}{(z-1)^2} - \frac{2z}{z-1}.$$

Für den letzten Term ergeben sich nach Beispiel 5.1.2 bis auf den Faktor (-2) die Koeffizienten

$$f_{n,3} = 1.$$

Beim ersten Term ergibt sich (siehe Aufgabe 5.2.2) bis auf den Faktor 2

$$f_{n,1} = 2^n$$

Die Inverse des mittleren Terms wird aus der Tabelle abgelesen (sie wird später zu bestimmen sein). Man findet für

$$\mathcal{Z}^{-1}\left\{-2\frac{z}{(z-1)^2}\right\} = f_{n,2} = (-2) \cdot n = -2n.$$

Insgesamt erhält man somit

$$f_n = \sum_{i=1}^{3} f_{n,i} = 2 \cdot 2^n - 2n - 2 \cdot 1 = 2(2^n - n - 1) \quad \text{für} \quad n \geq 0$$

und z.B. $f_0 = 0, f_1 = 0, f_2 = 2$.

b) Taylorformel

Aus der Gleichung (5.2.5) erhält man der Reihe nach

$$f_0 = F\left(\frac{1}{z}\right)\bigg|_{z=0} = \frac{2}{z\left(\frac{1}{z}-2\right)\left(\frac{1}{z}-1\right)^2}\bigg|_{z=0} = \frac{2z^2}{(1-2z)(1-z)^2}\bigg|_{z=0} = 0,$$

$$f_1 = \frac{d}{dz}\left\{\frac{2z^2}{(1-2z)(1-z)^2}\right\}\bigg|_{z=0}$$

$$= \frac{(1-2z)(1-z)^2 4z - 2z^2(-2)(1-z)^2 - 2z^2(1-2z)2(1-z)(-1)}{(1-2z)^2(1-z)^4}\bigg|_{z=0} = 0.$$

Bereits hier erkennt man, daß dieser Weg in den meisten Fällen zu aufwendig sein wird. Er eignet sich höchstens zur Berechnung der ersten zwei oder drei Koeffizienten.

c) Polynomdivision

Ist $F(z)$ eine echt gebrochen rationale Funktion, d.h.

$$F(z) = \frac{P(z)}{Q(z)}$$

mit $Grad\{P(z)\} < Grad\{Q(z)\}$, dann läßt sich eine Division durchführen, und man erhält eine Reihe mit Potenzen von $\frac{1}{z}$. In dem obigen Beispiel bedeutet das

$$F(z) = \frac{2z}{(z-2)(z-1)^2} = \frac{2z}{(z-2)(z^2-2z+1)} = \frac{2z}{z^3 - 4z^2 + 5z - 2}$$

$$= 2z : (z^3 - 4z^2 + 5z - 2) = \frac{2}{z^2} + \frac{8}{z^3} + \frac{22}{z^4} + \cdots = \sum_{n=0}^{\infty} f_n z^{-n},$$

und man liest also ab:

$$f_0 = f_1 = 0, \quad f_2 = 2, \quad f_3 = 8, \ldots$$

d) Residuensatz

Nun soll nochmals die erste Möglichkeit, also die Gleichung (5.2.4) betrachtet werden. $F(z)$ hat einen einfachen Pol bei $z_1 = 2$ und einen doppelten bei $z_2 = 1$. Die entsprechenden Residuen lauten

$$r_1 = \lim_{z \to 2}\{(z-2)F(z)z^{n-1}\} = \frac{2z^n}{(z-1)^2}\bigg|_{z=2} = 2^{n+1},$$

$$r_2 = \lim_{z \to 1}\frac{d}{dz}\{(z-1)^2 F(z)z^{n-1}\} = \frac{d}{dz}\left(\frac{2z^n}{z-2}\right)\bigg|_{z=1} = \frac{2nz^{n-1}(z-2) - 2z^n}{(z-2)^2}\bigg|_{z=1}$$

$$= \frac{2z^n(n-1) - 4nz^{n-1}}{(z-2)^2}\bigg|_{z=1} = 2(n-1) - 4n = -2n - 2 = -2(n+1).$$

Addition ergibt für $n \geq 0$:

$$f_n = 2(2^n - n - 1).$$

Aufgaben:

5.2.1. Man gebe die Z-Transformierte der folgenden Verteilungen an:
 a) $f_n = a^n$, $a > 0$,
 b) $f_n = e^{an}$, $a \in \mathbf{C}$.

5.2.2. Durch Partialbruchzerlegung von $\frac{F(z)}{z}$ bestimme man für $|z| > 1$ die Inverse von
 a) $F(z) = \dfrac{z^2}{z^2 + 1}$,
 b) $F(z) = \dfrac{z^2}{z^2 - 1}$.

 Anleitung: Man beachte Aufgabe 5.2.1 a).

5.2.3. Man bestimme die Inverse zu
 a) $F(z) = \dfrac{z^2}{(z-1)^4}$,
 b) $F(z) = \dfrac{z(z+1)}{(z-1)^3}$

 mit Hilfe des Residuensatzes.

5.2.4. Man bestimme für die Z-Transformierte

$$F(z) = \frac{z}{z^2 - 1,6z + 0,8}$$

mit der Potenzreihenentwicklung durch Polynomdivision die Wertefolge $f(nT) = f_n$ für die Abtastzeit $T = 0,1s$.

5.3 Rechenregeln

Analog zur Laplace-Transformation gibt es bei der Z-Transformation einige Regeln, die zu beachten sind und die das Auffinden der Inversen erleichtern. Daß die Z-Transformation eine lineare Transformation ist, d.h., daß gilt

$$\mathcal{Z}\{af_n + bg_n\} = a\mathcal{Z}\{f_n\} + b\mathcal{Z}\{g_n\}, \quad \text{mit } a, b \in \mathbf{C},$$

folgt unmittelbar aus ihrer Definition 5.1.1. Bei den folgenden Regeln ist der Beweis in den meisten Fällen ebenfalls einfach. Dabei soll vorausgesetzt werden, daß $\mathcal{Z}\{f_n\} = F(z)$ für $n \in \mathbf{N}_0$ existiert.

5.3.1 Translation

Man unterscheidet eine Vorwärts- und eine Rückwärtsverschiebung bzw. Rechts- und Linksverschiebung:

Satz 5.3.1.1 (Erster Verschiebungssatz): *Sei $k \in \mathbf{N}_0$. Dann gilt*

$$\mathcal{Z}\{f_{n-k}\} = z^{-k}\, F(z).$$

Beweis: Es ist

$$\mathcal{Z}\{f_{n-k}\} = \sum_{n=0}^{\infty} f_{n-k}\, z^{-n} = \sum_{n=-k}^{\infty} f_n\, z^{-(n+k)} = \sum_{n=0}^{\infty} f_n\, z^{-n} z^{-k} = z^{-k}\, F(z),$$

dabei wird $f_n = 0$ für $n < 0$ festgelegt (bei der Laplace-Transformation war $f(t) = 0$ für $t < 0$ vorausgesetzt).

Satz 5.3.1.2 (Zweiter Verschiebungssatz): *Für $k \in \mathbf{N}$ gilt*

$$\mathcal{Z}\{f_{n+k}\} = z^k \left\{ F(z) - \sum_{i=0}^{k-1} f_i\, z^{-i} \right\}.$$

Auf diesen **Beweis** wollen wir verzichten. Für den Fall $k = 1$ und $k = 2$ erfolgt er im Rahmen der Aufgabe 5.3.1.

5.3.2 Dämpfungssatz

Dieser Satz beinhaltet eine Multiplikation mit a^{-n} im Urbildbereich:

Satz 5.3.2:

$$\mathcal{Z}\{a^{-n} f_n\} = F(az), \quad a \neq 0, a \in \mathbf{C}.$$

Der **Beweis** erfolgt ebenfalls in der Aufgabe 5.3.1.

5.3.3 Differenzensatz

Anstelle der *Ableitungen* bei einer gewöhnlichen Funktion $f(t)$ treten bei diskreten Funktionswerten f_n die *Differenzenfolgen*. Unter den ersten Differenzen einer Folge (f_n) versteht man die Folge (f_n') mit den Gliedern

$$f_n' = \triangle f_n = f_{n+1} - f_n, \quad n \in \mathbf{N}_0.$$

Die Folge (f_n'') mit den Gliedern

$$f_n'' = \triangle^2 f_n = \triangle f_n' = f_{n+1}' - f_n' = f_{n+2} - f_{n+1} - f_{n+1} + f_n = f_{n+2} - 2f_{n+1} + f_n$$

bildet die Folge der zweiten Differenzen usw. Damit kann man den Differenzensatz formulieren:

Satz 5.3.3:

$$\mathcal{Z}\{\triangle f_n\} = (z-1)F(z) - z f_0.$$

Beweis: Man erhält mit dem 2. Verschiebungssatz mit $k = 1$:

$$\begin{aligned}
\mathcal{Z}\{\triangle f_n\} &= \mathcal{Z}\{f_{n+1} - f_n\} = \mathcal{Z}\{f_{n+1}\} - \mathcal{Z}\{f_n\} \\
&= z\left\{ F(z) - \sum_{i=0}^{0} f_i\, z^{-i} \right\} - F(z) = (z-1)F(z) - z f_0.
\end{aligned}$$

Entsprechend gilt für die zweiten Differenzen

$$\boxed{\mathcal{Z}\{\Delta^2 f_n\} = (z-1)^2 F(z) - z(z-1)f_0 - z\Delta f_0 \,.}$$

(Ohne Beweis).

5.3.4 Summationssatz

Dieser Satz tritt anstelle des Integrationssatzes bei der Laplace-Transformation:

Satz 5.3.4: *Es gilt mit* $\mathcal{Z}\{f_n\} = F(z)$

$$\boxed{\mathcal{Z}\left\{\sum_{k=0}^{n-1} f_k\right\} = \frac{F(z)}{z-1} \,.}$$

Beweis: Man kann schreiben

$$\frac{1}{z-1} = \frac{1}{z\left(1-\frac{1}{z}\right)} = \frac{1}{z}\sum_{i=0}^{\infty}\left(\frac{1}{z}\right)^i = \sum_{i=0}^{\infty} z^{-i-1}$$

und erhält damit

$$\begin{aligned}
\frac{F(z)}{z-1} &= \sum_{i=0}^{\infty} z^{-i-1} \sum_{n=0}^{\infty} f_n z^{-n} = \frac{1}{z}\sum_{i=0}^{\infty}\sum_{n=0}^{\infty} f_n z^{-(n+i)} = \frac{1}{z}\sum_{n=0}^{\infty} z^{-n} \sum_{k=0}^{n} f_k \\
&= \frac{1}{z}\mathcal{Z}\left\{\sum_{k=0}^{n} f_k\right\} = \frac{1}{z}\mathcal{Z}\left\{\sum_{k=0}^{n-1} f_k\right\} + \frac{1}{z}\mathcal{Z}\{f_n\} = \frac{1}{z}\mathcal{Z}\left\{\sum_{k=0}^{n-1} f_k\right\} + \frac{F(z)}{z} \,.
\end{aligned}$$

Daraus folgt aber

$$\mathcal{Z}\left\{\sum_{k=0}^{n-1} f_k\right\} = \left(\frac{F(z)}{z-1} - \frac{F(z)}{z}\right) z = F(z)\frac{z-z+1}{z-1} = \frac{F(z)}{z-1} \,.$$

Beispiel:

5.3.1. Nach Beispiel 5.1.2 gilt

$$\mathcal{Z}\{1\} = \frac{z}{z-1} = F(z)$$

und somit für

$$\mathcal{Z}\left\{\sum_{k=0}^{n-1} 1\right\} = \mathcal{Z}\{n\} = \frac{z}{z-1}\frac{1}{z-1} = \frac{z}{(z-1)^2} \,.$$

5.3.5 Differentiation der Bildfunktion

Differenziert man Gleichung (5.1.3) nach z, ergibt sich

$$\begin{aligned}\frac{d}{dz}F(z) &= F'(z) = \frac{d}{dz}\left\{\sum_{n=0}^{\infty} f_n z^{-n}\right\} = \sum_{n=0}^{\infty}(-n) f_n z^{-n-1} \\ &= -\frac{1}{z}\sum_{n=0}^{\infty}(n f_n) z^{-n} = -\frac{1}{z}\mathcal{Z}\{n f_n\}.\end{aligned}$$

Es gilt also der

Satz 5.3.5 (Differentiationssatz):

$$\boxed{\mathcal{Z}\{n f_n\} = -z F'(z).}$$

5.3.6 Faltungssatz

Unter der Faltung zweier Folgen f_n und g_n versteht man die Summe

$$h_n = \sum_{k=0}^{n} f_k\, g_{n-k}$$

und schreibt symbolisch für die Produktfolge

$$(h_n) = (f_n) * (g_n).$$

Satz 5.3.6 (Faltungssatz): *Es gilt mit $\mathcal{Z}\{f_n\} = F(z)$ und $\mathcal{Z}\{g_n\} = G(z)$:*

$$\boxed{\mathcal{Z}\{(f_n) * (g_n)\} = \mathcal{Z}\{f_n\}\, \mathcal{Z}\{g_n\} = F(z)G(z).}$$

D.h. dem Faltungsprodukt im Originalbereich entspricht das gewöhnliche Produkt im Bildbereich.

Beweis:

$$\begin{aligned}F(z)G(z) &= \sum_{n=0}^{\infty} f_n z^{-n} \sum_{m=0}^{\infty} g_m z^{-m} = \sum_{n=0}^{\infty}\sum_{m=0}^{\infty} f_n\, g_m\, z^{-(n+m)} \\ &= \sum_{i=0}^{\infty}\sum_{k=0}^{i} f_k\, g_{i-k}\, z^{-i} = \sum_{n=0}^{\infty}\left(\sum_{k=0}^{n} f_k\, g_{n-k}\right) z^{-n} = \mathcal{Z}\{(f_n) * (g_n)\}.\end{aligned}$$

Beispiel:

5.3.2. Die Funktion

$$\frac{z^2}{(z-1)^4}$$

kann man als Produkt

$$\frac{z}{(z-1)^2}\frac{z}{(z-1)^2} = F(z)G(z)$$

schreiben. Nach Beispiel 5.3.1 ist

$$\mathcal{Z}^{-1}\left\{\frac{z}{(z-1)^2}\right\} = n,$$

und damit ergibt sich

$$\begin{aligned}
\mathcal{Z}^{-1}\left\{\frac{z^2}{(z-1)^4}\right\} &= \mathcal{Z}^{-1}\{F(z)G(z)\} = (f_n) * (g_n) = \sum_{k=0}^{n} k(n-k) \\
&= n\sum_{k=0}^{n} k - \sum_{k=0}^{n} k^2 = n\frac{n(n+1)}{2} - \frac{n(n+1)(2n+1)}{6} \\
&= \frac{n}{6}(n+1)\{3n - 2n - 1\} = \frac{1}{6}(n-1)n(n+1).
\end{aligned}$$

5.3.7 Grenzwertsätze

Wie bei der Laplace-Transformation existieren entsprechende Sätze:

Satz 5.3.7.1 (Anfangswertsatz): *Wenn $F(z) = \mathcal{Z}\{f_n\}$ existiert, dann ist*

$$\boxed{f_0 = \lim_{z \to \infty} F(z).} \qquad (5.3.1)$$

Da $F(z)$ in $z = \infty$ holomorph ist, kann der Grenzwert $z \to \infty$ auf beliebigem Wege, also auch auf der reellen Achse vollzogen werden.

Beweis: Dieser Satz folgt sofort aus Gleichung (5.1.3) durch Grenzwertbildung.

Der Satz 5.3.7.1 ist ein weiteres Hilfsmittel zur Bestimmung der Inversen einer Z-Transformation. Aus (5.1.3) folgt

$$z\{F(z) - f_0\} = f_1 + f_2\frac{1}{z} + f_3\frac{1}{z^2} + \ldots \qquad (5.3.2)$$

und

$$z^2\left\{F(z) - f_0 - \frac{1}{z}f_1\right\} = f_2 + f_3\frac{1}{z} + \ldots \qquad (5.3.3)$$

usw. Da f_0 sich aus (5.3.1) bestimmen läßt und (5.3.2) und (5.3.3) wieder Z-Transformierte sind, gilt auch für sie der Anfangswertsatz, und man erhält

$$\lim_{z \to \infty} z\{F(z) - f_0\} = f_1$$

bzw.

$$\lim_{z \to \infty} z^2\left\{F(z) - f_0 - \frac{1}{z}f_1\right\} = f_2$$

usw. Für das Beispiel 5.2.1 bedeutet das mit $F(z) = \frac{2z}{(z-2)(z-1)^2}$:

$$f_0 = \lim_{z \to \infty} \frac{2z}{(z-2)(z-1)^2} = \lim_{z \to \infty} \frac{2}{z^2\left(1 - \frac{2}{z}\right)\left(1 - \frac{1}{z}\right)^2} = 0$$

und
$$f_1 = \lim_{z\to\infty} z \frac{2z}{(z-2)(z-1)^2} = \lim_{z\to\infty} \frac{2}{z\left(1-\frac{2}{z}\right)\left(1-\frac{1}{z}\right)^2} = 0,$$
$$f_2 = \lim_{z\to\infty} z^2 \frac{2z}{(z-2)(z-1)^2} = \lim_{z\to\infty} \frac{2}{\left(1-\frac{2}{z}\right)\left(1-\frac{1}{z}\right)^2} = 2.$$

Satz 5.3.7.2 (Endwertsatz): *Wenn* $\lim_{n\to\infty} f_n$ *existiert, so ist*

$$\boxed{\lim_{n\to\infty} f_n = \lim_{z\to 1+0} (z-1)F(z).} \tag{5.3.4}$$

Beweis: Man multipliziert die Gleichung (5.1.3) mit $z-1$ und schreibt

$$(z-1)F(z) = (z-1)\sum_{n=0}^{\infty} f_n z^{-n} = \sum_{n=0}^{\infty} f_n z^{-n+1} - \sum_{n=0}^{\infty} f_n z^{-n}$$
$$= \sum_{k=-1}^{\infty} f_{k+1} z^{-k} - \sum_{k=0}^{\infty} f_k z^{-k} = \lim_{n\to\infty} \sum_{k=0}^{n-1} (f_{k+1} - f_k) z^{-k} + f_0 z.$$

Nun liefert der Grenzübergang (bei Vertauschbarkeit der Grenzübergänge) für $z \to 1+0$, d.h. von „rechts":

$$\lim_{z\to 1+0} (z-1)F(z) = \lim_{n\to\infty} \sum_{k=0}^{n-1} (f_{k+1} - f_k) + f_0$$
$$= \lim_{n\to\infty} (f_n - f_{n-1} + f_{n-1} - f_{n-2} + \cdots + f_1 - f_0 + f_0) = \lim_{n\to\infty} f_n,$$

falls dieser Grenzwert existiert.

Dabei ist es wichtig, darauf zu achten, daß der Grenzwert auf der linken Seite existiert. Dann läßt sich sein Wert aus (5.3.4) berechnen. Allein aus dem Verhalten der Bildfunktion kann man nicht auf die Konvergenz der Urbildfolge schließen.

Beispiel:

5.3.3. Für die Funktionenfolge $f_n = (-1)^n$ gilt mit

$$F(z) = \sum_{n=0}^{\infty} (-1)^n z^{-n} = \sum_{n=0}^{\infty} (-z)^{-n} = \frac{1}{1+\frac{1}{z}} = \frac{z}{1+z} :$$

$$\lim_{z\to 1+0} (z-1)F(z) = \lim_{z\to 1+0} (z-1)\frac{z}{1+z} = 0,$$

aber der Grenzwert

$$\lim_{n\to\infty} f_n = \lim_{n\to\infty} (-1)^n$$

existiert nicht.

5.3.8 Divisionssatz (Integrationssatz für die Bildfunktion)

Während der Ableitung der Bildfunktion praktisch eine Multiplikation der Urbildfolge (f_n) mit n entspricht, bewirkt eine Integration im Bildbereich eine Division der Urbildfolge durch n. Es gilt unter der Voraussetzung $f_0 = 0$ und $\lim\limits_{n \to 0} \dfrac{f_n}{n} = 0$:

Satz 5.3.8 (Integrationssatz):

$$\boxed{\mathcal{Z}\left\{\frac{f_n}{n}\right\} = \int_z^\infty \frac{F(\zeta)}{\zeta}\, d\zeta.}$$

Zum **Beweis** geht man aus von der Grundgleichung

$$F(z) = \sum_{n=1}^\infty f_n z^{-n} \quad \text{bzw.} \quad \frac{F(\zeta)}{\zeta} = \sum_{n=1}^\infty f_n \zeta^{-n-1}$$

und integriert nach ζ von z bis ∞:

$$\int_z^\infty \frac{F(\zeta)}{\zeta}\, d\zeta = \sum_{n=1}^\infty f_n \int_z^\infty \zeta^{-n-1}\, d\zeta = \sum_{n=1}^\infty f_n \left[-\frac{1}{n}\zeta^{-n}\right]_z^\infty$$

$$= \sum_{n=1}^\infty \frac{f_n}{n} z^{-n} = \sum_{n=0}^\infty \frac{f_n}{n} z^{-n} = \mathcal{Z}\left\{\frac{f_n}{n}\right\}.$$

Beispiel:

5.3.4. Sei $f_n = (-1)^{n-1}$, $n \in \mathbb{N}$, $f_0 = 0$, dann ist für $|z| > 1$

$$\mathcal{Z}\{f_n\} = \sum_{n=1}^\infty f_n z^{-n} = \sum_{n=1}^\infty (-1)^{n-1} z^{-n} = -\sum_{n=1}^\infty (-z)^{-n} = -\sum_{n=1}^\infty \left(-\frac{1}{z}\right)^n = \frac{1}{z}\frac{1}{1+\frac{1}{z}} = \frac{1}{1+z},$$

und mit dem obigen Satz gilt

$$\mathcal{Z}\left\{\frac{f_n}{n}\right\} = \mathcal{Z}\left\{\frac{(-1)^{n-1}}{n}\right\} = \int_z^\infty \frac{d\zeta}{\zeta(1+\zeta)} = \int_z^\infty \left(\frac{1}{\zeta} - \frac{1}{1+\zeta}\right) d\zeta = [\ln \zeta - \ln(1+\zeta)]_z^\infty$$

$$= \left[\ln \frac{\zeta}{1+\zeta}\right]_z^\infty = -\ln \frac{z}{1+z} = \ln \frac{1+z}{z} = \ln\left(1 + \frac{1}{z}\right).$$

Aufgaben:

5.3.1. Man beweise:
a) den zweiten Verschiebungssatz für $k = 1$:

$$\mathcal{Z}\{f_{n+1}\} = z\{F(z) - f_0\},$$

und für $k = 2$:

$$\mathcal{Z}\{f_{n+2}\} = z^2\left\{F(z) - f_0 - f_1\frac{1}{z}\right\},$$

b) den Dämpfungssatz

$$\mathcal{Z}\{a^{-n} f_n\} = F(az), \quad a \neq 0, a \in \mathbb{C}.$$

5.3.2. Man leite die Gleichung

$$\ln(1-x) = -\sum_{n=0}^{\infty} \frac{x^{n+1}}{n+1}, \quad -1 \leq x \leq 1,$$

her.
Anleitung: Man gehe aus von der Gleichung

$$\int_0^x \zeta^n \, d\zeta = \frac{x^{n+1}}{n+1}$$

und vertausche die beiden Operationen Integration und Z-Transformation. Man benutze dann den Satz 5.3.7.2.

5.3.3. Man bestimme das Bild der Folge (f_n) mit $f_0 = 0$, $f_n = \frac{1}{n}$, $n \in \mathbf{N}$.
Man beachte Aufgabe 5.3.2.

5.3.4. Es sei $\mathcal{Z}\{f_n\} = F(z)$. Man zeige, daß gilt $\mathcal{Z}\{e^{-an}f_n\} = F(ze^a)$.

5.3.5. Man bestimme die Z-Transformierte von

a) $f_n = na^n$,

b) $f_n = ne^{-an}$,

c) $f_n = \dfrac{a^n}{n!}$.

5.3.6. Man bestimme mit Hilfe des Faltungssatzes $F(z) = \mathcal{Z}\{n^2\}$.
Anleitung: Setze $f_n = n$, $g_n = 1$ und beachte Beispiel 5.3.1.

5.4 Konstruktion von Z-Transformierten mit Hilfe der Rechenregeln

Nachdem im letzten Paragraphen bereits einige Beispiele von Z-Transformationen behandelt wurden, sollen insbesondere zur Vervollständigung der Tabelle im Anhang noch einige weitere hergeleitet werden.

Beispiele:

5.4.1. Im Beispiel 5.1.2 wurde

$$\mathcal{Z}\{1\} = \frac{z}{z-1}$$

gezeigt. Mit dem Satz 5.3.5 wird daraus (wie im Beispiel 5.3.1 bereits gezeigt)

$$\mathcal{Z}\{n\} = -z\frac{d}{dz}\left(\frac{z}{z-1}\right) = -z\frac{z-1-z}{(z-1)^2} = \frac{z}{(z-1)^2}$$

und

$$\mathcal{Z}\{n^2\} = -z\frac{d}{dz}\left\{\frac{z}{(z-1)^2}\right\} = -z\frac{(z-1)^2 - 2(z-1)z}{(z-1)^4} = -z\frac{z-1-2z}{(z-1)^3} = \frac{z(z+1)}{(z-1)^3}$$

usw. In der Aufgabe 5.4.1 wird $\mathcal{Z}\{n^3\}$ bestimmt.

5.4.2. Nach Aufgabe 5.2.1 a) gilt

$$\mathcal{Z}\{a^n\} = \frac{z}{z-a},$$

und damit wiederum mit Satz 5.3.5

$$\mathcal{Z}\{na^n\} = -z\frac{d}{dz}\left(\frac{z}{z-a}\right) = -z\frac{z-a-z}{(z-a)^2} = \frac{az}{(z-a)^2}.$$

5.4.3. Es ist

$$\sin bn = \frac{1}{2i}\left(e^{ibn} - e^{-ibn}\right).$$

Man erhält unter Beachtung von Aufgabe 5.2.1 b)

$$\mathcal{Z}\{\sin bn\} = \frac{1}{2i}\mathcal{Z}\{e^{ibn}\} - \frac{1}{2i}\mathcal{Z}\{e^{-ibn}\} = \frac{1}{2i}\frac{z}{z-e^{ib}} - \frac{1}{2i}\frac{z}{z-e^{-ib}}$$

$$= \frac{1}{2i}\frac{z^2 - ze^{-ib} - z^2 + ze^{ib}}{z^2 - z(e^{ib} + e^{-ib}) + 1} = \frac{1}{2i}\frac{z2i\sin b}{z^2 - 2z\cos b + 1} = \frac{z\sin b}{z^2 - 2z\cos b + 1}.$$

5.4.4. Nun soll noch die Z-Transformierte der Folgen $f_n = \binom{m}{n}$, $m \in \mathbf{Q}$, $n \in \mathbf{N}$, und $f_n = \binom{n}{m}$, $n, m \in \mathbf{N}$, bestimmt werden. Bekanntlich lautet die Binomische Reihe

$$(1+x)^m = \sum_{n=0}^{\infty}\binom{m}{n}x^n \quad \text{für} \quad |x| < 1.$$

Setzt man für $x = \frac{1}{z}$, erhält man

$$\sum_{n=0}^{\infty}\binom{m}{n}z^{-n} = \mathcal{Z}\left\{\binom{m}{n}\right\} = \left(1+\frac{1}{z}\right)^m.$$

Im anderen Fall geht man aus von der Beziehung

$$\sum_{n=0}^{\infty}x^n = \frac{1}{1-x} = (1-x)^{-1} \quad \text{für} \quad |x| < 1$$

und differenziert k-mal nach x:

$$\sum_{n=k}^{\infty}n(n-1)\ldots\{n-(k-1)\}x^{n-k} = (-1)^k(-1)^k(1-x)^{-1-k}k! = \frac{k!}{(1-x)^{k+1}}$$

bzw.

$$\sum_{n=k}^{\infty}\frac{n!}{(n-k)!}x^{n-k} = x^{-k}k!\sum_{n=k}^{\infty}\frac{n!}{k!(n-k)!}x^n = \frac{k!}{x^k}\sum_{n=0}^{\infty}\binom{n}{k}x^n = \frac{k!}{(1-x)^{k+1}},$$

da $\binom{n}{k} = 0$ für $n < k$. Es bleibt die Gleichung

$$\sum_{n=0}^{\infty}\binom{n}{k}x^n = \frac{x^k}{(1-x)^{k+1}},$$

bei der man noch x durch $\frac{1}{z}$ und k durch m ersetzt. Damit folgt schließlich

$$\sum_{n=0}^{\infty}\binom{n}{m}z^{-n} = \mathcal{Z}\left\{\binom{n}{m}\right\} = \frac{z^{-m}}{(1-\frac{1}{z})^{m+1}} = \frac{z^{m+1}z^{-m}}{(z-1)^{m+1}} = \frac{z}{(z-1)^{m+1}}.$$

5.4.5. Die Z-Transformation kann auch als Hilfsmittel benutzt werden, um Summen von diskreten Funktionswerten zu bestimmen. Nach dem Summationssatz (Satz 5.3.4) gilt mit $\mathcal{Z}\{f_n\} = F(z)$:

$$\mathcal{Z}\left\{\sum_{k=0}^{n-1} f_k\right\} = \frac{F(z)}{z-1}$$

und somit für die Inverse

$$\mathcal{Z}^{-1}\left\{\frac{F(z)}{z-1}\right\} = \sum_{k=0}^{n-1} f_k \, .$$

Nun betrachten wir z.B. die Summe der natürlichen Zahlen von 1 bis n, für die bekanntlich gilt

$$\sum_{k=1}^{n} k = \frac{n(n+1)}{2} \, .$$

Wir wollen dieses Ergebnis noch einmal bestätigen. Deshalb setzen wir $f_k = k$ und wissen aus Beispiel 5.3.1, daß die Transformation der Folge (f_n) ergibt

$$\mathcal{Z}\{f_n\} = \mathcal{Z}\{n\} = F(z) = \frac{z}{(z-1)^2} \, .$$

Somit gilt

$$\sum_{k=0}^{n-1} k = \mathcal{Z}^{-1}\left\{\frac{z}{(z-1)^2}\frac{1}{z-1}\right\} = \mathcal{Z}^{-1}\left\{\frac{z}{(z-1)^3}\right\} = \binom{n}{2}$$

nach Beispiel 5.4.4, Teil 2 mit $m=2$, bzw. indem man n durch $n+1$ ersetzt

$$\sum_{k=0}^{n} k = \sum_{k=1}^{n} k = \binom{n+1}{2} = \frac{n(n+1)}{2} \, .$$

Schließlich ist es in manchen Fällen sogar möglich, mit Hilfe der Z-Transformation den Wert von unendlichen Reihen zu bestimmen, wenn die Transformation der Folge der Glieder bekannt ist. Konvergiert die Reihe

$$\sum_{n=0}^{\infty} f_n \, ,$$

dann gilt nämlich

$$\mathcal{Z}\{f_n\} = \sum_{n=0}^{\infty} f_n \, z^{-n} = F(z),$$

und es gilt der Satz

Satz 5.4.1:

$$\boxed{\lim_{\substack{z \to 1+0 \\ Im(z)=0}} F(z) = \sum_{n=0}^{\infty} f_n \, .}$$

Beispiel:

5.4.6. Wir betrachten als Beispiel die nach Leibniz konvergente Reihe

$$\sum_{n=1}^{\infty} \frac{(-1)^{n-1}}{n} = \sum_{n=1}^{\infty} f_n.$$

Nach Beispiel 5.3.4 gilt

$$\mathcal{Z}\left\{\frac{(-1)^{n-1}}{n}\right\} = \ln\left(1 + \frac{1}{z}\right)$$

und damit nach dem obigen Satz und mit $f(0) \stackrel{def}{=} 0$:

$$\lim_{\substack{z \to 1+0 \\ Im(z)=0}} \ln\left(1 + \frac{1}{z}\right) = \ln 2 = \sum_{n=1}^{\infty} \frac{(-1)^{n-1}}{n}.$$

Aufgaben:

5.4.1. Man bestimme $\mathcal{Z}\{n^3\}$ mit Hilfe Beispiel 5.4.1 und Satz 5.3.5.

5.4.2. Man bestimme den Wert der Summe

$$\sum_{k=1}^{n} k^2,$$

mit der Kenntnis von

$$\mathcal{Z}\{n^2\} = \frac{z(z+1)}{(z-1)^3}.$$

5.4.3. Unter Benutzung der Reihenentwicklung ermittle man für $|z| > 0$

a) $\mathcal{Z}^{-1}\left\{e^{1/z}\right\}$,

b) $\mathcal{Z}^{-1}\left\{\sqrt{z}\sin\frac{1}{\sqrt{z}}\right\}.$

5.5 Anwendungen der Z-Transformation

Zu Beginn des Kapitels ist bereits darauf hingewiesen worden, daß ähnlich wie bei der Laplace-Transformation, die überwiegend Anwendungen bei Differentialgleichungen findet, die Bedeutung der Z-Transformation hauptsächlich bei den Differenzengleichungen zu finden ist.

5.5.1 Lineare Differenzengleichung erster Ordnung

Wir betrachten eine lineare Differenzengleichung 1. Ordnung mit konstanten Koeffizienten

$$y_{n+1} - a y_n = f_n, \quad n \in \mathbb{N}_0, a \neq 1, \tag{5.5.1}$$

wobei a, y_0 und f_n gegeben sind. Mit den Vereinbarungen $\mathcal{Z}\{y_n\} = Y(z)$, $\mathcal{Z}\{f_n\} = F(z)$, $f_{-1} = 0$ und dem 2. Verschiebungssatz erhält man

$$z\{Y(z) - y_0\} - aY(z) = F(z)$$

bzw.
$$(z-a)Y(z) - zy_0 = F(z)$$
bzw.
$$Y(z) = \frac{F(z) + y_0 z}{z-a} = y_0 \frac{z}{z-a} + \frac{F(z)}{z-a}. \qquad (5.5.2)$$

Da nach Aufgabe 5.2.1 a) bzw. dem 1. Verschiebungssatz gilt
$$\mathcal{Z}^{-1}\left\{\frac{z}{z-a}\right\} = a^n \quad \text{bzw.} \quad \mathcal{Z}^{-1}\left\{\frac{F(z)}{z}\right\} = f_{n-1},$$
ergibt sich mit dem Faltungssatz
$$\mathcal{Z}^{-1}\left\{\frac{F(z)}{z-a}\right\} = \mathcal{Z}^{-1}\left\{\frac{z}{z-a}\frac{F(z)}{z}\right\} = \sum_{k=0}^{n} a^k f_{n-1-k} = \sum_{k=0}^{n-1} a^k f_{n-1-k}.$$

Also lautet die Inverse von (5.5.2) und damit die Lösung von (5.5.1)
$$y_n = y_0 a^n + \sum_{k=0}^{n-1} a^k f_{n-1-k}. \qquad (5.5.3)$$

Beispiele:

5.5.1. Zunächst soll die allgemeine homogene Differenzengleichung betrachtet werden. Sie lautet
$$y_{n+1} = a y_n, \quad n \in \mathbf{N}_0,$$
und hat nach den obigen Überlegungen die Lösung
$$y_n = y_0 a^n.$$

Ist z.B. $a = 2$ und $y_0 = 1$, ergibt sich als Lösung von $y_{n+1} = 2y_n$, $n \in \mathbf{N}_0$:
$$y_n = 2^n.$$

5.5.2. Nun sei die Inhomogenität f_n eine Konstante b, d.h., es gelte
$$y_{n+1} = a y_n + b, \quad n \in \mathbf{N}_0.$$

Dann ergibt sich aus (5.5.3), falls $a \neq 1$,
$$y_n = y_0 a^n + \sum_{k=0}^{n-1} a^k b = y_0 a^n + b\frac{1-a^n}{1-a}. \qquad (5.5.4)$$

Den Fall $a = 1$ muß man gesondert betrachten. Gleichung (5.5.2) lautet nun
$$Y(z) = y_0 \frac{z}{z-1} + \frac{F(z)}{z-1},$$
und mit
$$\mathcal{Z}^{-1}\left\{\frac{z}{z-1}\right\} = 1$$
erhält man für die Inverse
$$y_n = y_0 \cdot 1 + \sum_{k=0}^{n-1} 1 \cdot f_{n-1-k} = y_0 + \sum_{k=0}^{n-1} f_k,$$
bzw. wenn $f_k = b = const.$ ist,
$$y_n = y_0 + nb. \qquad (5.5.5)$$

5.5.3. Jetzt noch ein Beispiel aus der Anwendung. Es geht um die Tilgung einer Schuld $K = K_0$, die jedes Jahr mit dem Zinssatz p (%) verzinst wird und jährlich um den Betrag R reduziert wird. Nach dem ersten Jahr beträgt die Restschuld

$$K_1 = K_0 + pK_0 - R = (1+p)K_0 - R$$

bzw. allgemein nach dem $(n+1)$-ten Jahr

$$K_{n+1} = (1+p)K_n - R.$$

Dies ist eine lineare inhomogene Differenzengleichung 1. Ordnung mit $a = 1 + p$ und $b = -R$, beide sind konstant. Nach (5.5.4) lautet die Lösung

$$K_n = K_0(1+p)^n - R\frac{1-(1+p)^n}{1-(1+p)} = K_0 q^n - R\frac{q^n - 1}{q - 1}$$

mit $q = 1 + p$. Das ist die sogenannte **Rentenformel**.

5.5.4. Zu lösen sei die Differenzengleichung

$$y_{n+1} - 2y_n = n + 1, \quad y_0 = 4.$$

Es ist $a = 2$ und $f_n = n + 1$. Also erhalten wir mit (5.5.3) die Lösung

$$y_n = 4 \cdot 2^n + \sum_{k=0}^{n-1} 2^k(n+1-1-k) = 4 \cdot 2^n + n\sum_{k=0}^{n-1} 2^k - \sum_{k=0}^{n-1} k2^k.$$

Nun ist aber

$$\sum_{k=0}^{n-1} x^k = \frac{1-x^n}{1-x} \quad \text{für} \quad x \neq 1 \tag{5.5.6}$$

bzw.

$$\left(\sum_{k=0}^{n-1} x^k\right)' = \sum_{k=0}^{n-1} kx^{k-1} = \frac{1}{x}\sum_{k=0}^{n-1} kx^k = \frac{(1-x)(-nx^{n-1}) + (1-x^n)}{(1-x)^2} = -\frac{nx^{n-1}}{1-x} + \frac{1-x^n}{(1-x)^2}$$

bzw.

$$\sum_{k=0}^{n-1} kx^k = \frac{x}{1-x}\left(\frac{1-x^n}{1-x} - nx^{n-1}\right). \tag{5.5.7}$$

Damit gilt mit $x = 2$:

$$\begin{aligned} y_n &= 4 \cdot 2^n + n\frac{1-2^n}{1-2} - \frac{2}{1-2}\left(\frac{1-2^n}{1-2} - n2^{n-1}\right) \\ &= 4 \cdot 2^n - n + n2^n - 2(1-2^n) - n2^n = 6 \cdot 2^n - n - 2. \end{aligned}$$

5.5.2 Lineare Differenzengleichung zweiter Ordnung

Wir betrachten nun eine allgemeine Differenzengleichung 2. Ordnung

$$y_{n+2} + a_1 y_{n+1} + a_0 y_n = f_n, \quad n \in \mathbf{N}_0, \tag{5.5.8}$$

wobei $a_1, a_0 \neq 0$, konstante Koeffizienten sind, und (f_n) eine ebenfalls vorgegebene Folge ist. Außerdem sind y_0 und y_1 als Anfangswerte vorgegeben. Man spricht daher auch von einem

Anfangswertproblem. Nach Anwendung des zweiten Verschiebungssatzes auf (5.5.8) erhält man mit $\mathcal{Z}\{y_n\} = Y(z)$, $\mathcal{Z}\{f_n\} = F(z)$:

$$z^2\left\{Y(z) - y_0 - \frac{y_1}{z}\right\} + a_1 z\{Y(z) - y_0\} + a_0 Y(z) = F(z)$$

bzw.

$$Y(z)(z^2 + a_1 z + a_0) - y_1 z - y_0(z^2 + a_1 z) = F(z).$$

Mit dem charakteristischen Polynom

$$P(z) = z^2 + a_1 z + a_0$$

der Differenzengleichung erhält man

$$Y(z) = \frac{F(z)}{P(z)} + y_0 \frac{z(z+a_1)}{P(z)} + y_1 \frac{z}{P(z)}. \tag{5.5.9}$$

Wegen $a_0 \neq 0$, liegt eine Differenzengleichung 2. Ordnung vor. Damit hat $P(z)$ zwei Nullstellen α_1, α_2, die beide ungleich Null sind, und läßt sich daher schreiben in der Form

$$P(z) = (z - \alpha_1)(z - \alpha_2).$$

Ist $\alpha_1 = \alpha_2$, hat der letzte Term in (5.5.9) die Gestalt

$$\frac{z}{P(z)} = \frac{z}{(z - \alpha_1)^2},$$

und für $\alpha_1 \neq \alpha_2$ erhält man die Partialbruchzerlegung

$$\frac{z}{P(z)} = \frac{1}{\alpha_1 - \alpha_2}\left(\frac{z}{z - \alpha_1} - \frac{z}{z - \alpha_2}\right).$$

Der Einfachheit halber greift man nun zur Bestimmung der Inversen auf die Tabelle im Anhang zurück und findet für $\alpha_1 = \alpha_2$:

$$\mathcal{Z}^{-1}\left\{\frac{z}{P(z)}\right\} = n\frac{\alpha_1^n}{\alpha_1} = n\alpha_1^{n-1}$$

bzw. für $\alpha_1 \neq \alpha_2$:

$$\mathcal{Z}^{-1}\left\{\frac{z}{P(z)}\right\} = \frac{\alpha_1^n - \alpha_2^n}{\alpha_1 - \alpha_2}. \tag{5.5.10}$$

Kürzt man diese Ergebnisse mit p_n ab, gilt nach dem 2. Verschiebungssatz und wegen $p_0 = 0$

$$\mathcal{Z}\{p_{n+1}\} = z[\mathcal{Z}\{p_n\} - p_0] = z\mathcal{Z}\{p_n\} = z\frac{z}{P(z)} = \frac{z^2}{P(z)},$$

bzw.

$$\mathcal{Z}^{-1}\left\{\frac{z^2}{P(z)}\right\} = p_{n+1} = \begin{cases} (n+1)\alpha_1^n & \text{für} \quad \alpha_1 = \alpha_2 \\ \frac{\alpha_1^{n+1} - \alpha_2^{n+1}}{\alpha_1 - \alpha_2} & \text{für} \quad \alpha_1 \neq \alpha_2. \end{cases}$$

Ebenso gilt nach dem 1. Verschiebungssatz

$$\mathcal{Z}\{p_{n-1}\} = z^{-1}\mathcal{Z}\{p_n\} = z^{-1}\frac{z}{P(z)} = \frac{1}{P(z)},$$

und damit ist

$$\mathcal{Z}^{-1}\left\{\frac{1}{P(z)}\right\} = p_{n-1},$$

wobei $p_{-1} = 0$ zu setzen ist. Nach dem Faltungssatz gilt nun für den ersten Term von (5.5.9)

$$F(z)\frac{1}{P(z)} = \mathcal{Z}\{(f_n) * (p_{n-1})\} = \sum_{k=0}^{n} p_{k-1} f_{n-k} = \sum_{k=2}^{n} p_{k-1} f_{n-k}, \qquad (5.5.11)$$

da $p_1 = p_0 = 0$. Für die Inverse von (5.5.9) erhält man also unter Beachtung von (5.5.10) bis (5.5.12) insgesamt für $\alpha_1 \neq \alpha_2$

$$\begin{aligned}
y_n &= \frac{y_1}{\alpha_1 - \alpha_2}(\alpha_1^n - \alpha_2^n) + \frac{y_0 a_1}{\alpha_1 - \alpha_2}(\alpha_1^n - \alpha_2^n) + \frac{y_0}{\alpha_1 - \alpha_2}(\alpha_1^{n+1} - \alpha_2^{n+1}) + \sum_{k=2}^{n} p_{k-1} f_{n-k} \\
&= \sum_{k=2}^{n} f_{n-k}\frac{\alpha_1^{k-1} - \alpha_2^{k-1}}{\alpha_1 - \alpha_2} + y_0\left(\frac{\alpha_1^{n+1} - \alpha_2^{n+1}}{\alpha_1 - \alpha_2} + a_1\frac{\alpha_1^n - \alpha_2^n}{\alpha_1 - \alpha_2}\right) + y_1\frac{\alpha_1^n - \alpha_2^n}{\alpha_1 - \alpha_2}.
\end{aligned}$$

Nach den VIETAschen[1] Wurzelsätzen gilt

$$\alpha_1 + \alpha_2 = -a_1, \quad \alpha_1 \alpha_2 = a_0,$$

so daß der mittlere Term sich vereinfacht. Es ist dann

$$\begin{aligned}
\frac{\alpha_1^{n+1} - \alpha_2^{n+1}}{\alpha_1 - \alpha_2} + a_1\frac{\alpha_1^n - \alpha_2^n}{\alpha_1 - \alpha_2} &= \frac{\alpha_1^{n+1} - \alpha_2^{n+1}}{\alpha_1 - \alpha_2} - (\alpha_1 + \alpha_2)\frac{\alpha_1^n - \alpha_2^n}{\alpha_1 - \alpha_2} \\
&= \frac{\alpha_1^{n+1} - \alpha_2^{n+1} - \alpha_1^{n+1} + \alpha_1 \alpha_2^n - \alpha_2 \alpha_1^n + \alpha_2^{n+1}}{\alpha_1 - \alpha_2} \\
&= \frac{\alpha_1 \alpha_2}{\alpha_1 - \alpha_2}(\alpha_2^{n-1} - \alpha_1^{n-1}) = \frac{-a_0}{\alpha_1 - \alpha_2}(\alpha_1^{n-1} - \alpha_2^{n-1})
\end{aligned}$$

und somit

$$y_n = \sum_{k=2}^{n} f_{n-k}\frac{\alpha_1^{k-1} - \alpha_2^{k-1}}{\alpha_1 - \alpha_2} - y_0 a_0 \frac{\alpha_1^{n-1} - \alpha_2^{n-1}}{\alpha_1 - \alpha_2} + y_1 \frac{\alpha_1^n - \alpha_2^n}{\alpha_1 - \alpha_2}. \qquad (5.5.12)$$

Analog ergibt sich für $\alpha_1 = \alpha_2$:

$$y_n = \sum_{k=2}^{n} f_{n-k}(k-1)\alpha_1^{k-2} - y_0 a_0(n-1)\alpha_1^{n-2} + y_1 n \alpha_1^{n-1}. \qquad (5.5.13)$$

---

[1] Francois Vieta (1540 – 1603), französischer Mathematiker

Beispiele:

5.5.5. Zu lösen sei die Differenzengleichung 2. Ordnung

$$3y_{n+2} - 4y_{n+1} + y_n = n + 2, \qquad (5.5.14)$$

mit $y_0 = 0$, $y_1 = \frac{1}{3}$. Die charakteristische Gleichung lautet

$$3z^2 - 4z + 1 = 0 \quad \text{bzw.} \quad z^2 - \frac{4}{3}z + \frac{1}{3} = 0$$

und hat die Lösungen

$$z_{1,2} = \frac{2}{3} \pm \sqrt{\frac{4}{9} - \frac{1}{3}} = \frac{2}{3} \pm \frac{1}{3},$$

also $z_1 = \alpha_1 = \frac{1}{3}$ und $z_2 = \alpha_2 = 1$. Die Transformation von (5.5.15) führt auf

$$3z^2\left\{Y(z) - y_0 - \frac{y_1}{z}\right\} - 4z\{Y(z) - y_0\} + Y(z) = \frac{z}{(z-1)^2} + \frac{2z}{z-1}$$

bzw.

$$Y(z)(3z^2 - 4z + 1) = z + \frac{z}{(z-1)^2} + \frac{2z}{z-1} = z\frac{z^2 - 2z + 1 + 1 + 2z - 2}{(z-1)^2} = \frac{z^3}{(z-1)^2}.$$

Man erhält

$$\begin{aligned}
Y(z) &= \frac{z^3}{(z-1)^2}\frac{1}{3z^2 - 4z + 1} = \frac{1}{3}\frac{z^3}{(z-1)^3(z-\frac{1}{3})} = \frac{1}{3}\frac{z}{z-\frac{1}{3}}\frac{z^2}{(z-1)^3} \\
&= \frac{1}{3}\frac{z}{z-\frac{1}{3}}\frac{z(z+1) - z}{(z-1)^3} = \frac{1}{3}\frac{z}{z-\frac{1}{3}}\left\{\frac{z(z+1)}{(z-1)^3} - \frac{z}{(z-1)^3}\right\}.
\end{aligned}$$

Es gilt laut Tabelle bzw. Aufgabe 5.2.1 a), Beispiel 5.4.1 und 5.4.5:

$$\mathcal{Z}^{-1}\left\{\frac{z}{z-\frac{1}{3}}\right\} = \left(\frac{1}{3}\right)^n,$$

$$\mathcal{Z}^{-1}\left\{\frac{z(z+1)}{(z-1)^3}\right\} = n^2,$$

$$\mathcal{Z}^{-1}\left\{\frac{z}{(z-1)^3}\right\} = \binom{n}{2} = \frac{n(n-1)}{2} = \frac{1}{2}(n^2 - n),$$

so daß man mit dem Faltungssatz schreiben kann:

$$\begin{aligned}
y_n &= \frac{1}{3}\sum_{k=0}^n \left\{k^2 - \binom{k}{2}\right\}\left(\frac{1}{3}\right)^{n-k} = \left(\frac{1}{3}\right)^{n+1}\sum_{k=0}^n \left\{k^2 - \frac{k^2}{2} + \frac{k}{2}\right\}\left(\frac{1}{3}\right)^{-k} \\
&= \left(\frac{1}{3}\right)^{n+1}\frac{1}{2}\sum_{k=1}^n k(k+1)3^k = \frac{1}{8}\left(2n^2 + 1 - 3^{-n}\right).
\end{aligned}$$

Der Nachweis der letzten Gleichung erfolgt in der Aufgabe 5.5.4.

5.5.6. Nun soll noch die homogene Differenzengleichung 2. Ordnung

$$y_{n+2} - 4y_{n+1} + 4y_n = 0, \quad \text{mit} \quad y_0 = -4, y_1 = 3, \qquad (5.5.15)$$

gelöst werden. Die charakteristische Gleichung lautet

$$z^2 - 4z + 4 = 0$$

und hat die Lösungen

$$z_{1,2} = 2 \pm \sqrt{4-4} = 2,$$

d.h., es gilt $z_1 = z_2$ bzw. $\alpha_1 = \alpha_2 = 2$. Man greift nun auf Gleichung (5.5.14) zurück mit $f_{n-k} = 0$, $\alpha_1 = 2$, $a_0 = 4$ und erhält

$$y_n = 4 \cdot 4(n-1)2^{n-2} + 3n2^{n-1} = 8n2^{n-1} - 2^{n+2} + 3n2^{n-1} = 11n2^{n-1} - 2^{n+2}.$$

Wenn wir nicht (5.5.14) benutzen wollen, können wir folgendermaßen verfahren. Nach den Überlegungen in 4.2.1 wäre die Lösung einer homogenen Differenzengleichung 2. Ordnung für $z_1 \neq z_2$:

$$y_n = C_1 z_1^n + C_2 z_2^n$$

bzw. für $z_1 = z_2$:

$$y_n = C_1 z_1^n + C_2 n z_1^n.$$

Damit lautet die Lösung von (5.5.16):

$$y_n = C_1 2^n + C_2 n 2^n,$$

wobei C_1 und C_2 mit Hilfe der Anfangsbedingungen $y_0 = -4, y_1 = 3$ zu bestimmen sind. Man erhält

$$y_0 = C_1 \cdot 1 + C_2 \cdot 0 = C_1 = -4$$

und

$$y_1 = 2C_1 + 2C_2 = -8 + 2C_2 = 3 \quad \text{bzw.} \quad C_2 = \frac{3+8}{2} = \frac{11}{2},$$

also

$$y_n = -4 \cdot 2^n + \frac{11}{2} n 2^n = 11n2^{n-1} - 2^{n+2}.$$

Abschließend soll der Vollständigkeit halber noch eine Differenzengleichung behandelt werden, bei der die Koeffizienten von einem Parameter abhängen, d.h. nicht konstant sind.

Beispiel:

5.5.7. Wir betrachten die homogene Differenzengleichung 2. Ordnung

$$y_{n+2} - 2t y_{n+1} + y_n = 0 \tag{5.5.16}$$

mit gegebenen Anfangswerten y_0, y_1 und einem Parameter t mit $|t| \leq 1$. Die Transformation von (5.5.17) ergibt

$$z^2 Y(z) - z^2 y_0 - z y_1 - 2t(zY(z) - zy_0) + Y(z) = 0$$

bzw.

$$Y(z)(z^2 - 2tz + 1) = z^2 y_0 + z y_1 - 2tz y_0,$$

woraus folgt

$$Y(z) = y_0 \frac{z^2 - zt}{z^2 - 2tz + 1} + (y_1 - ty_0)\frac{z}{z^2 - 2tz + 1}.$$

Hier setzen wir nun $t = \cos b$ und erhalten

$$Y(z) = y_0 \frac{z(z - \cos b)}{z^2 - 2z\cos b + 1} + \frac{y_1 - ty_0}{\sin b} \frac{z \sin b}{z^2 - 2z\cos b + 1}$$

mit der Inversen (aus der Tabelle)

$$y_n = y_0 \cos bn + \frac{y_1 - ty_0}{\sin b}\sin bn = A\cos(n\arccos t) + B\sin(n\arccos t).$$

Da die beiden Funktionen $\cos bn$ und $\sin bn$ linear unabhängig sind, ist jede der beiden für sich Lösung von (5.5.17). Die Funktionen

$$T_n(t) = \cos(n\arccos t) \qquad (5.5.17)$$

sind uns unter dem Namen **Tschebyscheffsche**[2] **Polynome** erster Art der Ordnung n geläufig. Diese $T_n(t)$ sind also partikuläre Lösungen von (5.5.17) und damit Polynome in t vom Grad n. Aus (5.5.18) folgt

$$T_0(t) = \cos 0 = 1, \quad T_1(t) = \cos(\arccos t) = t, \text{ usw.}$$

Die andere Lösung von (5.5.17) ist $\sin(n\arccos t)$ bzw. auch

$$V_n(t) = \sin[(n+1)\arccos t],$$

mit

$$V_0(t) = \sin(\arccos t) = \sqrt{1 - \cos^2(\arccos t)} = \sqrt{1 - t^2},$$
$$V_1(t) = \sin(2\arccos t) = 2\sin(\arccos t)\cos(\arccos t) = 2t\sqrt{1 - t^2}.$$

Wegen des Faktors $\sqrt{1 - t^2}$ führt man die Funktionen

$$U_n(t) = \frac{\sin[(n+1)\arccos t]}{\sqrt{1 - t^2}}$$

ein, die ebenfalls Lösungen von (5.5.17) sind. Man bezeichnet sie als Tschebyscheffsche Polynome 2. Art der Ordnung n. Es ist dann

$$U_0(t) = 1, \quad U_1(t) = 2t, \text{ usw.}$$

Aufgaben:

5.5.1. Man löse die linearen Differenzengleichungen 1. Ordnung:

a) $y_{n+1} + 3y_n = 8$,

b) $y_{n+1} - y_n = 1$,

c) $2y_{n+1} - 5y_n = 3n + 1$,

mit $y_0 = 4$.

---

[2]Pafnuti Lwowitsch Tschebyscheff (1821 – 1894), russischer Mathematiker

5.5.2. Man bestimme die Lösungen der linearen Differenzengleichungen 2. Ordnung
  a) $y_{n+2} - 7y_{n+1} + 10y_n = 0$ mit $y_0 = 6, y_1 = 2$,
  b) $y_{n+2} - 4y_{n+1} + 3y_n = 1$ mit $y_0 = 0, y_1 = 1$.

5.5.3. Man zeige, daß man Gleichung (5.5.14) aus Gleichung (5.5.13) für $\alpha_2 \to \alpha_1$ erhält.

5.5.4. Man zeige, daß

$$\sum_{k=1}^{n} k(k+1)x^k = \frac{2x}{(1-x)^3}\left(1 - x^{n+2}\right) - \frac{2(n+2)}{(1-x)^2} x^{n+2} - \frac{(n+1)(n+2)}{1-x} x^{n+1}$$

und bestätige das Ergebnis im Beispiel 5.5.5 für $x = 3$.

5.5.3 Randwertprobleme

Gelegentlich sind bei einem Problem, das in Form einer Differenzengleichung gegeben ist, nur die Werte y_n für $0 \le n \le N$ gesucht. Da man bei einer Differenzengleichung 2. Ordnung zwei „Anfangswerte" benötigt, werden in diesem Fall meistens die Randwerte y_0 und y_N vorgegeben. Man spricht deshalb dann auch von einem **Randwertproblem**.

Wenn man von der Gleichung (5.5.8) ausgeht, kann man für den Fall $\alpha_1 \ne \alpha_2$ als Lösungen der charakteristischen Gleichung die Gleichung (5.5.13) übernehmen, wobei allerdings anstelle von y_1 der Wert y_N einzuführen ist. Dazu setzt man in (5.5.13) für $n = N$:

$$y_N = \sum_{k=2}^{N} f_{N-k} \frac{\alpha_1^{k-1} - \alpha_2^{k-1}}{\alpha_1 - \alpha_2} - y_0 a_0 \frac{\alpha_1^{N-1} - \alpha_2^{N-1}}{\alpha_1 - \alpha_2} + y_1 \frac{\alpha_1^N - \alpha_2^N}{\alpha_1 - \alpha_2}$$

und löst nach y_1 auf:

$$y_1 = \frac{1}{\alpha_1^N - \alpha_2^N} \left\{ y_0 a_0 (\alpha_1^{N-1} - \alpha_2^{N-1}) + y_N(\alpha_1 - \alpha_2) - \sum_{k=2}^{N}(\alpha_1^{k-1} - \alpha_2^{k-1}) f_{N-k} \right\}.$$

Dieser Wert wird in (5.5.13) eingesetzt, und man erhält die Lösung der gestellten Randwertaufgabe. Selbstverständlich muß hier von $\alpha_1^N - \alpha_2^N \ne 0$ ausgegangen werden, was nicht unbedingt $\alpha_1 = \alpha_2$ bedeutet!

Analog kann man für den Fall $\alpha_1 = \alpha_2$ mit der Glcichung (5.5.14) verfahren.
Es ist aber auch eine andere Vorgehensweise möglich, wie das folgende Beispiel zeigt.

Beispiel:

5.5.8. Zu lösen ist das Randwertproblem

$$y_{n+2} - y_{n+1} + y_n = 0, \quad 0 \le n \le N-1,$$

mit $y_0 = 0, y_N = 1$. Die Transformation der Differenzengleichung ergibt

$$z^2\left(Y(z) - y_0 - \frac{y_1}{z}\right) - z(Y(z) - y_0) + Y(z) = Y(z)(z^2 - z + 1) - y_1 z = 0$$

bzw.

$$Y(z) = y_1 \frac{z}{z^2 - z + 1} = \frac{y_1}{\sin b} \frac{z \sin b}{z^2 - 2z \cos b + 1},$$

mit $2\cos b = 1$ bzw. $b = \frac{\pi}{3}$ und $\sin b = \sin \frac{\pi}{3} = \frac{\sqrt{3}}{2}$. Ein Blick in die Tabelle der Z-Transformierten liefert die Inverse

$$y_n = \frac{y_1}{\sin b} \sin nb = \frac{2y_1}{\sqrt{3}} \sin \frac{n\pi}{3}.$$

Daraus folgt wegen der Randbedingung $y_N = 1$ die Lösung

$$y_n = \frac{\sin b}{\sin Nb} \frac{2}{\sqrt{3}} \sin n\frac{\pi}{3} = \frac{\sqrt{3}}{2} \frac{1}{\sin \frac{N\pi}{3}} \frac{2}{\sqrt{3}} \sin \frac{n\pi}{3} = \frac{\sin \frac{n\pi}{3}}{\sin \frac{N\pi}{3}} \quad \text{für} \quad 0 \leq n \leq N.$$

5.5.4 Systeme von Differenzengleichungen

Da die Theorie analog verläuft wie bei den gewöhnlichen Differentialgleichungen, soll nur anhand eines einfachen Beispiels zweier gekoppelter Differenzengleichungen 1. Ordnung das Problem vorgestellt werden.

Beispiel:

5.5.9. Wir wollen das System

$$x_{n+1} = y_n + 2, \quad y_{n+1} = 4x_n, \quad n \in \mathbf{N}_0,$$

mit den Anfangsbedingungen $x_0 = 1, y_0 = 0$ lösen. Die Transformation ergibt

$$z(X(z) - x_0) = zX(z) - z = Y(z) + \frac{2z}{z-1},$$

$$z(Y(z) - y_0) = zY(z) = 4X(z),$$

woraus folgt

$$\frac{z^2}{4}Y(z) - z = Y(z) + \frac{2z}{z-1}$$

bzw.

$$Y(z) = \left(\frac{2z}{z-1} + z\right)\frac{1}{\frac{z^2}{4} - 1} = 4\frac{2z + z^2 - z}{(z-1)(z^2 - 4)} = \frac{4z(z+1)}{(z-1)(z^2 - 4)}.$$

Partialbruchzerlegung ergibt

$$\frac{4(z+1)}{(z-1)(z^2-4)} = \frac{A}{z-2} + \frac{B}{z+2} + \frac{C}{z-1}$$

mit den Konstanten

$$A = \lim_{z \to 2} \frac{4(z+1)}{(z-1)(z+2)} = \frac{4 \cdot 3}{1 \cdot 4} = 3,$$

$$B = \lim_{z \to -2} \frac{4(z+1)}{(z-1)(z-2)} = \frac{4(-1)}{(-3)(-4)} = -\frac{1}{3},$$

$$C = \lim_{z \to 1} \frac{4(z+1)}{z^2 - 4} = \frac{4 \cdot 2}{-3} = -\frac{8}{3}$$

und somit die Lösung

$$Y(z) = \frac{3z}{z-2} - \frac{z}{3(z+2)} - \frac{8z}{3(z-1)}.$$

Dafür lautet die Inverse

$$y_n = 3 \cdot 2^n - \frac{1}{3}(-2)^n - \frac{8}{3},$$

und für x_n erhält man

$$x_n = \frac{y_{n+1}}{4} = \frac{3}{4} 2^{n+1} - \frac{1}{12}(-2)^{n+1} - \frac{8}{12} = \frac{3}{2} 2^n + \frac{1}{6}(-2)^n - \frac{2}{3},$$

beides für $n \in \mathbf{N}_0$.

Wie bei den gewöhnlichen Differentialgleichungen läßt sich eine Differenzengleichung 2. Ordnung auf ein System von Differenzengleichungen 1. Ordnung zurückführen. Auch hier soll das Verfahren an einem Beispiel verdeutlicht werden.

Beispiel:

5.5.10. Wir betrachten

$$y_{n+2} - 3y_{n+1} + 2y_n = 0, \quad n \in \mathbf{N}_0, \tag{5.5.18}$$

mit $y_0 = 0, y_1 = 1$. Mit den neuen Variablen $x_n = y_{n+1}$ erhalten wir also

$$y_{n+1} = x_n \quad \text{und} \quad x_{n+1} - 3x_n + 2y_n = 0$$

mit $y_1 = x_0 = 1$. Transformation ergibt

$$z(Y(z) - y_0) = zY(z) = X(z),$$
$$z\Big(X(z) - x_0\Big) - 3X(z) + 2Y(z) = zX(z) - z - 3X(z) + 2Y(z) = 0,$$

woraus durch Elimination von $Y(z)$ folgt

$$(z-3)X(z) + \frac{2}{z}X(z) = z$$

bzw.

$$\frac{X(z)}{z} = \frac{1}{(z-3) + \frac{2}{z}} = \frac{z}{z^2 - 3z + 2} = \frac{z}{(z-1)(z-2)} = -\frac{1}{z-1} + \frac{2}{z-2}.$$

Für die Inverse von $X(z)$ erhalten wir

$$x_n = \mathcal{Z}^{-1}\left\{\frac{-z}{z-1}\right\} + \mathcal{Z}^{-1}\left\{\frac{2z}{z-2}\right\} = -1 + 2^{n+1}, \quad n \in \mathbf{N}_0,$$

und somit die Lösung

$$y_n = 2^n - 1, \quad n \in \mathbf{N}_0.$$

Im Beispiel 4.2.2 fanden wir für (5.5.19) die Lösung

$$y_n = C_1 + C_2 \, 2^n.$$

Mit

$$y_0 = C_1 + C_2 = 0 \quad \text{und} \quad y_1 = C_1 + 2C_2 = 1$$

ergibt sich daraus

$$2C_2 = 1 - C_1 = 1 + C_2 \quad \text{bzw.} \quad C_2 = 1 \quad \text{und} \quad C_1 = -1$$

und somit ebenfalls

$$y_n = 2^n - 1.$$

Aufgaben:

5.5.5. Man löse das Randwertproblem
$$y_{n+2} - (2-a)y_{n+1} + y_n = 0$$
mit $y_0 = y_N = 0$ und $0 < a < 4$.

5.5.6. Man löse das System von Differenzengleichungen
$$\begin{aligned} x_{n+1} &= 2y_n + 2, \\ y_{n+1} &= 2x_n - 1, \end{aligned}$$
mit den Anfangsbedingungen $x_0 = y_0 = 0$.

5.5.7. Die Zinsberechnung eines Guthabens K_n soll zu den Zeitpunkten $t = n$ (z.B. am 15. eines jeden Monats) mit dem Zinssatz $p = 8\%$ erfolgen. Einzahlungen R werden immer zum nächsten Zinstermin gutgeschrieben.
Man stelle die Differenzengleichung für K_n auf und berechne, wie hoch die monatliche Rate R sein muß, damit man nach 5 Jahren, d.h. nach $n = 60$ Monaten, über ein Guthaben von 10.000,- DM verfügen kann.
Man beachte: $K_0 = 0$.

Teil IV

Anhang

1 Tabellen für die Laplace- und Z-Transformation

1.1 Sätze für die Laplace-Transformation

Originalfunktion $f(t)$	Bildfunktion $F(s)$	Bezeichnung
$f(t), t > 0$	$\int_0^\infty e^{-st} f(t)\, dt$	Definition
$\sum_{k=1}^n c_k f_k(t)$	$\sum_{k=1}^n c_k F_k(s)$	Additionssatz
$f\left(\dfrac{t}{a}\right)$	$aF(as)$	Ähnlichkeitssatz
$f(t-c)u(t-c)$	$e^{-sc}F(s)$	1. Verschiebungssatz
$f(t)e^{-at}$	$F(s+a)$	2. Verschiebungssatz
$\lim_{t \to 0} f(t)$	$\lim_{s \to \infty} sF(s)$	Anfangswertsatz
$\lim_{t \to \infty} f(t)$	$\lim_{s \to 0} sF(s)$	Endwertsatz
$\dfrac{df(t)}{dt}$	$sF(s) - f(0)$	Differentiationssatz (*Originalfunktion*)
$f^{(n)}(t)$	$s^n F(s) - \sum_{k=0}^{n-1} s^{n-1-k} f^{(k)}(0)$	" "
$\int_0^t f(\tau)d\tau$	$\dfrac{1}{s} F(s)$	Integrationssatz (*Originalfunktion*)
$-tf(t)$	$\dfrac{dF(s)}{ds}$	Differentiationssatz (*Bildfunktion*)
$\dfrac{f(t)}{t}$	$\int_{s^*}^\infty F(s)ds$	Integrationssatz (*Bildfunktion*)
$\int_0^t f_1(t-\tau)f_2(\tau)d\tau$	$F_1(s) \cdot F_2(s)$	Faltungssatz

1.2 Korrespondenzen der Laplace-Transformation

1.2.1 Elementare Bildfunktionen und ihre Originalfunktionen

Nr.	$F(s)$	$f(t)$
1	1	$\delta(t)$
2	$\dfrac{1}{s}$	$u(t)$
3	$\dfrac{1}{s^n}$, $n > -1, n \in \mathbf{R}$	$\dfrac{t^{n-1}}{\Gamma(n)}$, $\{\Gamma(n) = (n-1)!\ \text{für}\ n \in \mathbf{N}\}$
4	$\dfrac{1}{\sqrt{s}}$	$\dfrac{1}{\sqrt{\pi t}}$
5	$\dfrac{1}{s\sqrt{s}}$	$2\sqrt{\dfrac{t}{\pi}}$
6	$\dfrac{1}{s+a}$	e^{-at}
7	$\dfrac{\omega}{s^2+\omega^2}$	$\sin \omega t$
8	$\dfrac{s}{s^2+\omega^2}$	$\cos \omega t$
9	$\dfrac{\omega}{s^2-\omega^2}$	$\sinh \omega t$
10	$\dfrac{s}{s^2-\omega^2}$	$\cosh \omega t$
11	$\dfrac{\omega}{(s+\alpha)^2+\omega^2}$	$e^{-\alpha t}\sin \omega t$
12	$\dfrac{s}{(s+\alpha)^2+\omega^2}$	$e^{-\alpha t}\cos \omega t$
13	s	$\delta'(t)$
14	$\dfrac{1}{(s+a)^2}$	te^{-at}
15	$\dfrac{\omega s}{(s^2+\omega^2)^2}$	$\dfrac{t}{2}\sin \omega t$
16	$\dfrac{2\omega^2}{s(s^2+4\omega^2)}$	$\sin^2 \omega t$
17	$\arctan \dfrac{\omega}{s}$	$\dfrac{\sin \omega t}{t}$

1.2.2 Einzelimpulse und periodische Zeitfunktionen

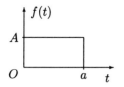
$$\frac{A}{s}\left(1 - e^{-as}\right)$$

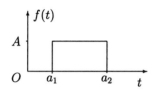
$$\frac{A}{s}\left(e^{-a_1 s} - e^{-a_2 s}\right)$$

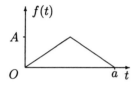
$$\frac{2A}{as^2}\left(1 - e^{-\frac{a}{2}s}\right)^2$$

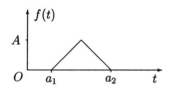
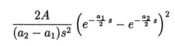
$$\frac{2A}{(a_2 - a_1)s^2}\left(e^{-\frac{a_1}{2}s} - e^{-\frac{a_2}{2}s}\right)^2$$

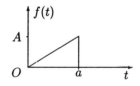
$$\frac{A}{as^2}\left(1 - e^{-as}\right) - \frac{A}{s}e^{-as}$$

$A\sin\omega t,\ \omega = \frac{2\pi}{T}$
$$\frac{A\omega}{s^2 + \omega^2}\left(1 + e^{-\frac{sT}{2}}\right)$$

$$\frac{A}{as^2}\left(as + e^{-as} - 1\right)$$

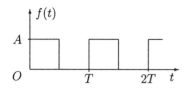

$$\frac{A}{s}\frac{1}{1+e^{-s\frac{T}{2}}}$$

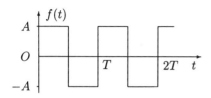

$$\frac{A}{s}\frac{1-e^{-s\frac{T}{2}}}{1+e^{-s\frac{T}{2}}} = \frac{A}{s}\tanh\frac{Ts}{4}$$

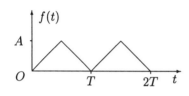

$$\frac{2A}{Ts^2}\frac{1-e^{-s\frac{T}{2}}}{1+e^{-s\frac{T}{2}}} = \frac{2A}{Ts^2}\tanh\frac{Ts}{4}$$

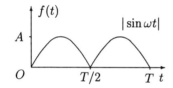 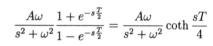

$$\frac{A\omega}{s^2+\omega^2}\frac{1+e^{-s\frac{T}{2}}}{1-e^{-s\frac{T}{2}}} = \frac{A\omega}{s^2+\omega^2}\coth\frac{sT}{4}$$

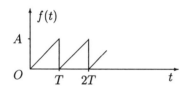 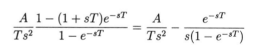

$$\frac{A}{Ts^2}\frac{1-(1+sT)e^{-sT}}{1-e^{-sT}} = \frac{A}{Ts^2} - \frac{e^{-sT}}{s(1-e^{-sT})}$$

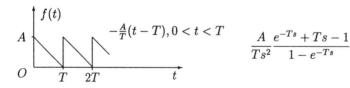

$$\frac{A}{Ts^2}\frac{e^{-Ts}+Ts-1}{1-e^{-Ts}}$$

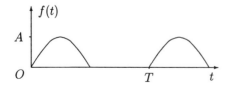

$$\frac{A\omega}{s^2+\omega^2}\frac{1}{1-e^{-s\frac{T}{2}}}$$

1.3 Rechenregeln zur Z-Transformation

Originalfolge	Bildfunktion	Bezeichnung
$f_n, n \in \mathbf{N}_0$	$\sum_{n=0}^{\infty} f_n z^{-n}$	Definition
f_{n-k}	$z^{-k} F(z)$	Rechtsverschiebung
f_{n+k}	$z^k \left\{ F(z) - \sum_{i=0}^{k-1} f_i z^{-i} \right\}$	Linksverschiebung
$a^{-n} f_n$	$F(az)$	Dämpfung
$\triangle f_n = f_{n+1} - f_n$	$(z-1)F(z) - z f_0$	Differenzenbildung
$\triangle^k f_n$	$(z-1)^k F(z) - z \sum_{i=0}^{k-1} (z-1)^{k-i-1} \triangle^i f_0$	Höhere Differenzen
$\sum_{k=0}^{n-1} f_k$	$\dfrac{1}{z-1} F(z)$	Summation
$n f_n$	$-z F'(z)$	Differentiation der Bildfunktion
$\dfrac{f_n}{n}$	$\int_z^{\infty} \dfrac{F(\zeta)}{\zeta} d\zeta$	Integration der Bildfunktion
$\sum_{k=0}^{n} f_k g_{n-k}$	$F(z) \cdot G(z)$	Faltung

1.4 Tabelle von Z-Transformierten

Nr.	f_n	$F(z)$
1	1	$\dfrac{z}{z-1}$
2	$(-1)^n$	$\dfrac{z}{z+1}$
3	n	$\dfrac{z}{(z-1)^2}$
4	n^2	$\dfrac{z(z+1)}{(z-1)^3}$
5	n^3	$\dfrac{z(z^2+4z+1)}{(z-1)^4}$
6	e^{an}	$\dfrac{z}{z-e^a}$
7	a^n	$\dfrac{z}{z-a}$
8	$\dfrac{a^n}{n!}$	$e^{\frac{a}{z}}$
9	na^n	$\dfrac{za}{(z-a)^2}$
10	$n^2 a^n$	$\dfrac{az(z+a)}{(z-a)^3}$
11	$\dfrac{1}{n}, n \geq 1$	$\ln \dfrac{z}{z-1}$
12	$\binom{n}{k}$	$\dfrac{z}{(z-1)^{k+1}}$
13	$\binom{k}{n}$	$\left(1+\dfrac{1}{z}\right)^k$
14	$\sin bn$	$\dfrac{z \sin b}{z^2 - 2z \cos b + 1}$
15	$\cos bn$	$\dfrac{z(z-\cos b)}{z^2 - 2z \cos b + 1}$
16	$\sinh bn$	$\dfrac{z \sinh b}{z^2 - 2z \cosh b + 1}$
17	$\cosh bn$	$\dfrac{z(z-\cosh b)}{z^2 - 2z \cosh b + 1}$
18	$\cos \dfrac{n\pi}{2}$	$\dfrac{z^2}{z^2+1}$
19	$(n+1)e^{an}$	$\dfrac{z^2}{(z-e^a)^2}$

2 Lösungen der Aufgaben

2.1 Teil I: Vektoranalysis

2.1.1 Vektorfunktionen und Raumkurven

Vektorfunktionen

1.1.1. a) $C_1: \vec{r}(t) = \vec{r}_0 + t(\vec{r}_1 - \vec{r}_0) = t(1,1,1), 0 \leq t \leq 1.$

b) $C_2: \vec{r}(t) = \begin{cases} (t_1, 0, 0) \\ (1, t_2, 0), \quad 0 \leq t_i \leq 1, i = 1, 2, 3 \\ (1, 1, t_3) \end{cases}$

c) $C_3: y = x^2, z = y^2, x = t \implies \vec{r}(t) = (t, t^2, t^4), 0 \leq t \leq 1.$

1.1.2. $x^2 + y^2 = a^2 \dfrac{4\tau^2}{(1+\tau^2)^2} + a^2 \dfrac{(1-\tau^2)^2}{(1+\tau^2)^2} = a^2 \dfrac{1 + 2\tau^2 + \tau^4}{(1+\tau^2)^2} = a^2,$

$\dfrac{x}{a} = \cos t = \dfrac{2\tau}{1+\tau^2}, \dfrac{y}{a} = \sin t = \dfrac{1-\tau^2}{1+\tau^2}$

$\implies \dfrac{\cos t}{1 + \sin t} = \dfrac{2\tau}{1+\tau^2} \dfrac{1}{1 + \frac{1-\tau^2}{1+\tau^2}} = \dfrac{2\tau}{1+\tau^2 + 1 - \tau^2} = \tau = \dfrac{\cos^2 \frac{t}{2} - \sin^2 \frac{t}{2}}{1 + 2 \sin \frac{t}{2} \cos \frac{t}{2}}$

$= \dfrac{1 - \tan^2 \frac{t}{2}}{\frac{1}{\cos^2 \frac{t}{2}} + 2\tan \frac{t}{2}} = \dfrac{1 - \tan^2 \frac{t}{2}}{1 + \tan^2 \frac{t}{2} + 2\tan \frac{t}{2}} = \dfrac{1 - \tan \frac{t}{2}}{1 + \tan \frac{t}{2}} = \tan\left(\dfrac{\pi}{4} - \dfrac{t}{2}\right) = \tau.$

Ableitung einer Vektorfunktion

1.2.1. $\dot{x} = 4t, \dot{y}(t) = 2t - 4, \dot{z} = 3;\quad \ddot{x} = 4, \ddot{y} = 2, \ddot{z} = 0,$

$\vec{v}(t) = (4t, 2t - 4, 3);\quad \vec{a} = (4, 2, 0);\quad \vec{e}_b = \dfrac{1}{\sqrt{6}}(1, -1, 2),$

$v_b(1) = \dfrac{1}{\sqrt{6}}(1, -1, 2)(4, -2, 3) = \dfrac{1}{\sqrt{6}}(4 + 2 + 6) = \dfrac{12}{\sqrt{6}} = 2\sqrt{6},$

$a_b(1) = \dfrac{1}{\sqrt{6}}(1, -1, 2)(4, 2, 0) = \dfrac{1}{\sqrt{6}}(4 - 2) = \dfrac{2}{\sqrt{6}} = \sqrt{\dfrac{2}{3}}.$

1.2.2. $\dfrac{d}{dt}\left(\dfrac{\vec{r}(t)}{\varphi(t)}\right) = \dfrac{\varphi \dot{\vec{r}} - \vec{r} \dot{\varphi}}{\varphi^2} = \dfrac{1}{\varphi} \dfrac{d\vec{r}}{dt} - \vec{r} \dfrac{\dot{\varphi}}{\varphi^2}.$

1.2.3. a) $\dfrac{d}{dt}\left(\vec{a}[\vec{b} \times \vec{c}]\right) = \dot{\vec{a}}(\vec{b} \times \vec{c}) + \vec{a}(\dot{\vec{b}} \times \vec{c}) + \vec{a}(\vec{b} \times \dot{\vec{c}}).$

b) $\dfrac{d}{dt}\left[\vec{r}(\dot{\vec{r}} \times \ddot{\vec{r}})\right] = \dot{\vec{r}}(\dot{\vec{r}} \times \ddot{\vec{r}}) + \vec{r}(\ddot{\vec{r}} \times \ddot{\vec{r}}) + \vec{r}(\dot{\vec{r}} \times \dddot{\vec{r}}) = 0 + 0 + \vec{r}(\dot{\vec{r}} \times \dddot{\vec{r}}) = \vec{r}\left(\dfrac{d\vec{r}}{dt} \times \dfrac{d^3\vec{r}}{dt^3}\right).$

Bogenlänge und Tangenteneinheitsvektor

1.3.1. $\dot{x} = -e^{-t}\cos t - e^{-t}\sin t, \dot{y} = -e^{-t}\sin t + e^{-t}\cos t, \dot{z} = -e^{-t}$

$\implies s = \displaystyle\int_0^1 \sqrt{(\cos t + \sin t)^2 + (\cos t - \sin t)^2 + 1}\, e^{-t}\, dt = \int_0^1 \sqrt{1 + 1 + 1}\, e^{-t}\, dt$

$= \sqrt{3}[-e^{-t}]_0^1 = \sqrt{3}(-e^{-1} + 1) = \sqrt{3}\left(1 - \dfrac{1}{e}\right).$

1.3.2. $\dot{x} = 2t, \dot{y} = 4, \dot{z} = 4t - 6$

$\Longrightarrow \quad \left|\dfrac{d\vec{r}}{dt}\right| = \sqrt{4t^2 + 16 + 16t^2 - 48t + 36} = \sqrt{20t^2 + 52 - 48t} = 2\sqrt{5t^2 + 13 - 12t}$

$\Longrightarrow \quad \vec{T}(t) = \dfrac{d\vec{r}/dt}{|d\vec{r}/dt|} = \dfrac{1}{2\sqrt{5t^2 + 13 - 12t}}(2t, 4, 4t - 6)$

$\Longrightarrow \quad \vec{T}(2) = \dfrac{1}{2\sqrt{20 + 13 - 24}}(4, 4, 2) = \dfrac{(2, 2, 1)}{\sqrt{9}} = \dfrac{1}{3}(2, 2, 1).$

1.3.3. $\dot{x} = 1 - \cos t, \dot{y} = \sin t, \dot{z} = 2\cos \frac{t}{2}$

$\Longrightarrow \quad s = \int_0^t \sqrt{(1 - \cos \tau)^2 + \sin^2 \tau + 4\cos^2 \frac{\tau}{2}}\, d\tau = \int_0^t \sqrt{1 - 2\cos \tau + 1 + 4\cos^2 \frac{\tau}{2}}\, d\tau$

$ = \int_0^t \sqrt{2}\sqrt{1 - \cos^2 \frac{\tau}{2} + \sin^2 \frac{\tau}{2} + 2\cos^2 \frac{\tau}{2}}\, d\tau = \sqrt{2}\,\sqrt{2}\int_0^t d\tau = 2t$

$\Longrightarrow \quad t = \dfrac{s}{2} \quad \Longrightarrow \quad \vec{r}(s) = \left(\dfrac{s}{2} - \sin \dfrac{s}{2}, 1 - \cos \dfrac{s}{2}, 4\sin \dfrac{s}{4}\right).$

Hauptnormale und Krümmung

1.4.1. $\vec{T}(s) = \dfrac{d\vec{r}}{ds} = \left(\dfrac{1}{2} - \dfrac{1}{2}\cos \dfrac{s}{2}, \dfrac{1}{2}\sin \dfrac{s}{2}, \cos \dfrac{s}{4}\right)$

$\Longrightarrow \quad \dfrac{d\vec{T}}{ds} = \left(\dfrac{1}{4}\sin \dfrac{s}{2}, \dfrac{1}{4}\cos \dfrac{s}{2}, -\dfrac{1}{4}\sin \dfrac{s}{4}\right) \quad \Longrightarrow \quad \left|\dfrac{d\vec{T}}{ds}\right| = \dfrac{1}{4}\sqrt{1 + \sin^2 \dfrac{s}{4}}$

$\Longrightarrow \quad \vec{N} = \dfrac{d\vec{T}/ds}{|d\vec{T}/ds|} = \dfrac{1}{\sqrt{1 + \sin^2 \frac{s}{4}}}\left(\sin \dfrac{s}{2}, \cos \dfrac{s}{2}, -\sin \dfrac{s}{4}\right) \quad \Longrightarrow \quad \kappa = \dfrac{1}{4}\sqrt{1 + \sin^2 \dfrac{s}{4}}.$

1.4.2. $\dfrac{d\vec{r}}{dt} = (1 - t^2, 2t, 1 + t^2)$

$\Longrightarrow \quad \left|\dfrac{d\vec{r}}{dt}\right| = \sqrt{1 - 2t^2 + t^4 + 4t^2 + 1 + 2t^2 + t^4} = \sqrt{2}\,\sqrt{1 + 2t^2 + t^4} = \sqrt{2}(1 + t^2)$

$\Longrightarrow \quad \vec{T} = \dfrac{1}{\sqrt{2}(1 + t^2)}(1 - t^2, 2t, 1 + t^2),$

$\dfrac{d\vec{T}}{dt}\dfrac{dt}{ds} = \dfrac{1}{\sqrt{2}(1 + t^2)} \dfrac{\left((1+t^2)(-2t) - (1-t^2)2t, (1+t^2)2 - 2t \cdot 2t, (1+t^2)2t - 2t(1+t^2)\right)}{\sqrt{2}(1+t^2)^2}$

$\phantom{\dfrac{d\vec{T}}{dt}\dfrac{dt}{ds}} = \dfrac{d\vec{T}}{ds} = \dfrac{1}{2}\dfrac{1}{(1+t^2)^3}(-4t, 2 - 2t^2, 0) = \dfrac{1}{(1+t^2)^3}(-2t, 1 - t^2, 0)$

$\Longrightarrow \quad \left|\dfrac{d\vec{T}}{ds}\right| = \dfrac{1}{(1+t^2)^3}\sqrt{4t^2 + 1 - 2t^2 + t^4} = \dfrac{1}{(1+t^2)^3}(1 + t^2) = \dfrac{1}{(1+t^2)^2} = \kappa.$

Binormale und Torsion

1.5.1. $\vec{T} = \dfrac{d\vec{r}}{ds} = \left(\dfrac{1}{1+s^2}, \dfrac{1}{\sqrt{2}}\dfrac{2s}{1+s^2}, 1 - \dfrac{1}{1+s^2}\right) = \dfrac{1}{1+s^2}(1, \sqrt{2}\,s, s^2)$

$\Longrightarrow \quad \dfrac{d\vec{T}}{ds} = \dfrac{1}{(1+s^2)^2}\left(-2s, (1+s^2)\sqrt{2} - 2\sqrt{2}\,s^2, (1+s^2)2s - 2s^3\right) = \dfrac{(-2s, \sqrt{2} - \sqrt{2}\,s^2, 2s)}{(1+s^2)^2}$

$\Longrightarrow \quad \left|\dfrac{d\vec{T}}{ds}\right| = \dfrac{1}{(1+s^2)^2}\sqrt{4s^2 + 2 - 4s^2 + 2s^4 + 4s^2} = \dfrac{1}{(1+s^2)^2}\sqrt{2}(1 + s^2) = \dfrac{\sqrt{2}}{1+s^2}$

$$\Longrightarrow \quad \vec{N} = \frac{1}{1+s^2}(-\sqrt{2}\,s, 1-s^2, \sqrt{2}\,s)$$

$$\Longrightarrow \quad \vec{B} = \vec{T} \times \vec{N} = \frac{1}{(1+s^2)^2} \begin{vmatrix} \vec{i} & \vec{j} & \vec{k} \\ 1 & \sqrt{2}\,s & s^2 \\ -\sqrt{2}\,s & 1-s^2 & \sqrt{2}\,s \end{vmatrix}$$

$$= \frac{1}{(1+s^2)^2}(2s^2 - s^2 + s^4, -\sqrt{2}\,s - \sqrt{2}\,s^3, 1-s^2+2s^2) = \frac{1}{1+s^2}(s^2, -\sqrt{2}\,s, 1)$$

$$\Longrightarrow \quad \frac{d\vec{B}}{ds} = \frac{1}{(1+s^2)^2}\Big((1+s^2)2s - s^2 \cdot 2s, -\sqrt{2}(1+s^2) + 2s \cdot \sqrt{2}\,s, -2s\Big)$$

$$= \frac{1}{(1+s^2)^2}(2s, -\sqrt{2} + \sqrt{2}\,s^2, -2s) = -\tau\,\vec{N} = -\tau\,\frac{1}{1+s^2}(-\sqrt{2}\,s, 1-s^2, \sqrt{2}\,s)$$

$$\Longrightarrow \quad \tau = -\frac{1}{1+s^2}(-\sqrt{2}) = \frac{\sqrt{2}}{1+s^2}.$$

1.5.2. $z = \dfrac{t+2}{t-1}(t-1) = \dfrac{t^2+t-2}{t-1}, y = \dfrac{t^2}{t-1}, x = \dfrac{2t+1}{t-1} = 2 + \dfrac{3}{t-1},$

$z - y = \dfrac{t^2+t-2-t^2}{t-1} = \dfrac{t-2}{t-1} = 1 - \dfrac{1}{t-1} \Longrightarrow 1 - z + y = \dfrac{1}{t-1} \quad \text{und} \quad x - 2 = \dfrac{3}{t-1}$

$\Longrightarrow \quad 3 - 3z + 3y = x - 2 \quad \Longrightarrow \quad x - 3y + 3z = 5$, Gleichung einer Ebene $\Longrightarrow \tau = 0$.

Die Formeln von Serret-Frenet

1.6.1. $\dot{\vec{r}} = (1, 2t, 3t^2), \quad \ddot{\vec{r}} = (0, 2, 6t), \quad \dddot{\vec{r}} = (0, 0, 6)$

$$\Longrightarrow \quad \kappa = \frac{|\dot{\vec{r}} \times \ddot{\vec{r}}|}{|\dot{\vec{r}}|^3} = \frac{1}{\sqrt{(1+4t^2+9t^4)^3}} \left|\det\begin{pmatrix} \vec{i} & \vec{j} & \vec{k} \\ 1 & 2t & 3t^2 \\ 0 & 2 & 6t \end{pmatrix}\right| = \frac{|(12t^2 - 6t^2, -6t, 2)|}{\sqrt{(1+4t^2+9t^4)^3}}$$

$$= \frac{1}{\sqrt{(1+4t^2+9t^4)^3}}\sqrt{36t^4 + 36t^2 + 4} = \frac{2\sqrt{9t^4 + 9t^2 + 1}}{(9t^4+4t^2+1)^{3/2}},$$

$|\dot{\vec{r}} \times \ddot{\vec{r}}|^2 = 36t^4 + 36t^2 + 4; \quad \dot{\vec{r}}(\ddot{\vec{r}} \times \dddot{\vec{r}}) = \begin{vmatrix} 1 & 2t & 3t^2 \\ 0 & 2 & 6t \\ 0 & 0 & 6 \end{vmatrix} = 12 \Longrightarrow \tau = \dfrac{\dot{\vec{r}}(\ddot{\vec{r}} \times \dddot{\vec{r}})}{|\dot{\vec{r}} \times \ddot{\vec{r}}|^2} = \dfrac{3}{9t^4 + 9t^2 + 1}$

1.6.2. $\vec{r}'(\vec{r}'' \times \vec{r}''') = \vec{T}\left(\kappa\vec{N} \times \dfrac{d}{ds}(\kappa\vec{N})\right) = \kappa\vec{T}\left(\vec{N} \times \vec{N}\dfrac{d\kappa}{ds}\right) + \kappa\vec{T}\left(\vec{N} \times \kappa\dfrac{d\vec{N}}{ds}\right)$

$= \vec{0} + \kappa^2\vec{T}[\vec{N} \times (-\kappa\vec{T} + \tau\vec{B})] = \kappa^2\vec{T}(\vec{N} \times \tau\vec{B}) = \tau\kappa^2 \cdot 1 \Longrightarrow \tau = \varrho^2\,\vec{r}'(\vec{r}'' \times \vec{r}''').$

2.1.2 Partielle Ableitungen, partielle Differentialgleichungen

Funktionen mehrerer Variabler

2.2.1. a) $u_x = y + z, u_y = x + z, u_z = x + y.$

b) $u_x = y^z z x^{z-1} = (xy)^z \dfrac{z}{x}, u_y = (xy)^z \dfrac{z}{y}, u_z = (xy)^z \ln(xy).$

2.2.2. $z = \sqrt{1 - x^2 - y^2} \quad \Longrightarrow \quad z_x = \dfrac{-2x}{2\sqrt{1-x^2-y^2}}, z_y = \dfrac{-2y}{2\sqrt{1-x^2-y^2}}$

$\Longrightarrow \quad z_x(x_0, y_0) = \dfrac{-x_0}{\sqrt{1-x_0^2-y_0^2}}, z_y(x_0, y_0) = \dfrac{-y_0}{\sqrt{1-x_0^2-y_0^2}}$

$$\Rightarrow \quad z = \sqrt{1 - x_0^2 - y_0^2} - \frac{x_0}{\sqrt{1 - x_0^2 - y_0^2}}(x - x_0) - \frac{y_0}{\sqrt{1 - x_0^2 - y_0^2}}(y - y_0)$$

$$\Rightarrow \quad z\sqrt{1 - x_0^2 - y_0^2} = 1 - x_0^2 - y_0^2 - xx_0 + x_0^2 - yy_0 + y_0^2 = 1 - xx_0 - yy_0$$

$$\Rightarrow \quad xx_0 + yy_0 + z\sqrt{1 - x_0^2 - y_0^2} = 1.$$

2.2.3. $A = \dfrac{xy}{2}\sin\alpha$

$$\Rightarrow \quad dA = \frac{\partial A}{\partial x}\triangle x + \frac{\partial A}{\partial y}\triangle y + \frac{\partial A}{\partial \alpha}\triangle\alpha = \frac{y}{2}\sin\alpha\,\triangle x + \frac{x}{2}\sin\alpha\,\triangle y + \frac{xy}{2}\cos\alpha\,\triangle\alpha$$

$$= 50\cdot\frac{\sqrt{3}}{2}0{,}1 + 25\cdot\frac{\sqrt{3}}{2}0{,}1 + 50^2\frac{1}{2}\frac{\pi}{180} = \frac{\sqrt{3}}{2}0{,}1\cdot 75 + \frac{50\cdot 25}{180}\pi = 28{,}31\,\mathrm{m}^2.$$

2.2.4. $u_x = 3x^2 + 3y - 1,\ u_y = z^2 + 3x,\ u_z = 2yz + 1.$

$$\Rightarrow \quad u_{xy} = 3 = u_{yx},\ u_{xz} = 0 = u_{zx},\ u_{yz} = 2z = u_{zy}.$$

2.2.5. Nach Beispiel 2.2.5 gilt: $u_{xx} = -\dfrac{1}{r^3} + \dfrac{3x^2}{r^5}$. Analog ergibt sich durch

Vertauschung von x und y bzw. x und z: $u_{yy} = -\dfrac{1}{r^3} + \dfrac{3y^2}{r^5},\ u_{zz} = -\dfrac{1}{r^3} + \dfrac{3z^2}{r^5}.$

Addition liefert:

$$u_{xx} + u_{yy} + u_{zz} = -\frac{3}{r^3} + \frac{3x^2}{r^5} + \frac{3y^2}{r^5} + \frac{3z^2}{r^5} = -\frac{3}{r^3} + \frac{3}{r^5}(x^2 + y^2 + z^2) = -\frac{3}{r^3} + \frac{3}{r^5}r^2 = 0.$$

2.2.6. $u_r = u_x x_r + u_y y_r = u_x \cos t + u_y \sin t,\ u_t = u_x x_t + u_y y_t = -u_x r\sin t + u_y r\cos t.$ Daraus folgt

$$u_r^2 + \frac{1}{r^2}u_t^2 = (u_x\cos t + u_y\sin t)^2 + (u_y\cos t - u_x\sin t)^2$$

$$= u_x^2\cos^2 t + 2u_x u_y\sin t\cos t + u_y^2\sin^2 t + u_y^2\cos^2 t - 2u_x u_y\sin t\cos t + u_x^2\sin^2 t$$

$$= u_x^2 + u_y^2,$$

oder mit $r = \sqrt{x^2 + y^2},\ \varphi = \arctan\dfrac{y}{x}$ und $r_x = \dfrac{x}{\sqrt{x^2+y^2}} = \dfrac{x}{r},\ r_y = \dfrac{y}{\sqrt{x^2+y^2}} = \dfrac{y}{r},$

$\varphi_x = \dfrac{1}{1+\left(\frac{y}{x}\right)^2}\left(-\dfrac{y}{x^2}\right) = \dfrac{-y}{x^2+y^2} = \dfrac{-y}{r^2},\ \varphi_y = \dfrac{1}{1+\left(\frac{y}{x}\right)^2}\dfrac{1}{x} = \dfrac{x}{x^2+y^2} = \dfrac{x}{r^2}$ erhält man:

$$u_x = u_r r_x + u_\varphi \varphi_x = u_r\frac{x}{r} + u_\varphi\left(-\frac{y}{r^2}\right),\ u_y = u_r r_y + u_\varphi \varphi_y = u_r\frac{y}{r} + u_\varphi\frac{x}{r^2}$$

$$\Rightarrow \quad u_x^2 + u_y^2 = \left(u_r\frac{x}{r} - u_\varphi\frac{y}{r^2}\right)^2 + \left(u_r\frac{y}{r} + u_\varphi\frac{x}{r^2}\right)^2$$

$$= u_r^2\frac{x^2}{r^2} - 2u_r u_\varphi\frac{xy}{r^3} + u_\varphi^2\frac{y^2}{r^4} + u_r^2\frac{y^2}{r^2} + 2u_r u_\varphi\frac{xy}{r^3} + u_\varphi^2\frac{x^2}{r^4}$$

$$= u_r^2\frac{1}{r^2}(x^2+y^2) + u_\varphi^2\frac{1}{r^4}(x^2+y^2) = u_r^2 + \frac{1}{r^2}u_\varphi^2.$$

Partielle Differentialgleichungen

2.3.1. Mit $\xi = \alpha x + \beta y,\ \eta = \gamma x + \delta y$ ergibt sich: $u_\xi(3\alpha + 4\beta) + u_\eta(3\gamma + 4\delta) = 2.$

Mit $\gamma = -4, \delta = 3$ folgt $3\gamma + 4\delta = 0$ und somit $u_\xi = \dfrac{2}{3\alpha + 4\beta}.$

Ohne Einschränkung kann hier nun $\alpha = \beta$ gesetzt werden, denn dann ist

$$\begin{vmatrix}\alpha & \beta \\ \gamma & \delta\end{vmatrix} = \begin{vmatrix}\alpha & \alpha \\ -4 & 3\end{vmatrix} = 3\alpha + 4\alpha = 7\alpha \neq 0.$$

Man erhält mit $\xi = \alpha(x+y), \eta = -4x + 3y$:

$$u(\xi, \eta) = \frac{2}{7\alpha}\xi + \varphi(\eta) \quad \text{bzw.} \quad u(x,y) = \frac{2}{7\alpha}\alpha(x+y) + \varphi(-4x+3y) = \frac{2}{7}(x+y) + \varphi(3y - 4x).$$

2.3.2. $u_t = -4e^{-4t}\sin x$, $u_x = e^{-4t}\cos x$, $u_{xx} = -e^{-4t}\sin x$

$\implies u_t - 4u_{xx} = -4e^{-4t}\sin x + 4e^{-4t}\sin x = 0.$

2.3.3. $\frac{u_y}{u} = xy$. Integration über y ergibt: $\ln|u| = x\frac{y^2}{2} + \varphi(x)$

$\implies u(x,y) = \pm e^{\varphi(x)} e^{x\frac{y^2}{2}} = \varphi_1(x) e^{\frac{x}{2}y^2}.$

2.3.4. Mit $u_x = v$ ergibt sich $v_y + yv = 0$. Trennung der Veränderlichen liefert: $\frac{v_y}{v} = -y$

und Integration über y: $\ln|v| = -\frac{y^2}{2} + \varphi(x) \quad$ bzw. $\quad v(x,y) = \pm e^{\varphi(x)} e^{-\frac{y^2}{2}} = \varphi_1(x) e^{-\frac{y^2}{2}} = u_x$

$\implies u(x,y) = \int \varphi_1(x) e^{-\frac{y^2}{2}} dx = e^{-\frac{y^2}{2}} \varphi_2(x) + \psi(y).$

2.1.3 Skalar- und Vektorfelder

Definitionen

3.1.1. $\Phi(1, -1, -2) = (-2)(-8) + 2 - 3 \cdot 4 + 1 = 16 + 2 - 12 + 1 = 7.$

3.1.2. $\vec{v} = \begin{vmatrix} \vec{i} & \vec{j} & \vec{k} \\ 4 & 1 & -2 \\ x & y & z \end{vmatrix} = (z + 2y, -4z - 2x, 4y - x).$

3.1.3. **a)** $\Phi = \vec{a}\vec{r} = a_1 x + a_2 y + a_3 z = C$, parallele Ebenen.

b) $\Phi = (z\vec{k} - \vec{r})\vec{r} = (-x, -y, 0)(x, y, z) = -x^2 - y^2 = C$

$\implies x^2 + y^2 = C_1$, koaxiale Zylinder um die z-Achse.

Der Gradient eines Skalarfeldes

3.2.1. Sei $\vec{a} = (a_1, a_2, a_3), \vec{r} = (x, y, z)$

$\implies \text{grad}(\vec{a}\vec{r}) = \text{grad}(a_1 x + a_2 y + a_3 z) = (a_1, a_2, a_3) = \vec{a}.$

3.2.2. **a)** $\text{grad}(r^n) = \frac{d}{dr}(r^n)\text{grad}(r) = nr^{n-1}\frac{\vec{r}}{r} = nr^{n-1}\vec{e}_r$ nach Beispiel 3.2.3.

b) $\text{grad}(\ln r) = \frac{d}{dr}(\ln r)\text{grad}(r) = \frac{1}{r}\frac{\vec{r}}{r} = \frac{\vec{r}}{r^2}.$

3.2.3. $\text{grad}\,\Phi = (2xyz + 4z^2, x^2 z, x^2 y + 8xz)$, $\text{grad}\,\Phi|_P = (8, -1, -10)$, $\vec{e}_a = \frac{1}{3}(2, -1, -2)$

$\implies \left.\frac{\partial\Phi}{\partial a}\right|_P = (8, -1, -10)\frac{1}{3}(2, -1, -2) = \frac{1}{3}(16 + 1 + 20) = \frac{37}{3}.$

3.2.4. $\text{grad}\,\Phi = \left(\frac{2x}{a^2}, \frac{2y}{b^2}, \frac{2z}{c^2}\right)$, $\text{grad}\,\Phi|_P = \left(\frac{2a}{2a^2}, \frac{2b}{2b^2}, \frac{2c}{\sqrt{2}\,c^2}\right) = \left(\frac{1}{a}, \frac{1}{b}, \frac{\sqrt{2}}{c}\right)$

$\implies |\text{grad}\,\Phi|_P| = \sqrt{\frac{1}{a^2} + \frac{1}{b^2} + \frac{2}{c^2}} = \frac{1}{abc}\sqrt{b^2 c^2 + a^2 c^2 + 2a^2 b^2}$

$\implies \vec{N} = \frac{\text{grad}\,\Phi}{|\text{grad}\,\Phi|} = abc\left(\sqrt{b^2 c^2 + a^2 c^2 + 2a^2 b^2}\right)^{-1}\left(\frac{1}{a}, \frac{1}{b}, \frac{\sqrt{2}}{c}\right) = \frac{(bc, ac, ab\sqrt{2})}{\sqrt{b^2 c^2 + a^2 c^2 + 2a^2 b^2}}.$

3.2.5. $\operatorname{grad}\Phi = (z^2+2xy, x^2, 2xz-1)$, $\operatorname{grad}\Phi\big|_P = (4-6,1,4-1) = (-2,1,3)$
$\implies \{(x,y,z)-(1,-3,2)\}(-2,1,3) = 0$ bzw. $-2x+y+3z = -2-3+6 = 1$
$\implies 2x-y-3z+1 = 0$.

Divergenz eines Vektorfeldes

3.3.1. $\operatorname{grad}\Phi = \big(2(x-a), 2(y-b), 2z\big) = 2(x-a, y-b, z) \implies \operatorname{div}\operatorname{grad}\Phi = 2(1+1+1) = 6$.

3.3.2. $\operatorname{div}\vec{V} = \operatorname{div}(xy, xyz, xz^2) = y + xz + 2xz \implies \operatorname{div}\vec{V}\big|_P = -1+1+2 = 2$.

3.3.3. $\operatorname{div}(\vec{a}\times\vec{r}) = \vec{\nabla}\begin{vmatrix} \vec{i} & \vec{j} & \vec{k} \\ a_1 & a_2 & a_3 \\ x & y & z \end{vmatrix} = \operatorname{div}(a_2 z - a_3 y, -a_1 z + a_3 x, a_1 y - a_2 x) = (0,0,0) = \vec{0}$.

3.3.4. $\operatorname{div}(r^n\vec{r}) = r^n\operatorname{div}\vec{r} + \vec{r}\operatorname{grad}r^n = 3r^n + \vec{r}nr^{n-1}\vec{e}_r = 3r^n + nr^{n-1}\dfrac{r^2}{r} = (3+n)r^n$

mit der Rechenregel 4 aus 3.3 und Aufgabe 3.2.2 a).

3.3.5. Nach der Rechenregel 5 aus 3.3 muß gelten

$$\operatorname{div}\vec{V} = \operatorname{div}\big(f(r)\vec{r}\big) = 3f(r) + rf'(r) \stackrel{!}{=} 0 \quad \text{bzw.} \quad \frac{f'(r)}{f(r)} = -\frac{3}{r}.$$

Integration ergibt: $\ln f(r) = -3\ln r + C_1 = \ln\dfrac{C}{r^3} \implies f(r) = \dfrac{C}{r^3}$.

Dieses Feld ergibt sich auch aus Aufgabe 3.3.4 mit $n = -3$.

Rotation eines Vektorfeldes

3.4.1. $\operatorname{rot}\vec{r} = \begin{vmatrix} \vec{i} & \vec{j} & \vec{k} \\ \frac{\partial}{\partial x} & \frac{\partial}{\partial y} & \frac{\partial}{\partial z} \\ x & y & z \end{vmatrix} = \left(\dfrac{\partial z}{\partial y} - \dfrac{\partial y}{\partial z}, -\dfrac{\partial z}{\partial x} + \dfrac{\partial x}{\partial z}, \dfrac{\partial y}{\partial x} - \dfrac{\partial x}{\partial y}\right) = \vec{0}$.

3.4.2. Man rechnet zunächst komponentenweise:

$$\begin{aligned}
\operatorname{div}(\vec{V}\times\vec{W}) &= \frac{\partial}{\partial x}\big\{(\vec{V}\times\vec{W})_{(x)}\big\} + \frac{\partial}{\partial y}\big\{(\vec{V}\times\vec{W})_{(y)}\big\} + \frac{\partial}{\partial z}\big\{(\vec{V}\times\vec{W})_{(z)}\big\} \\
&= \frac{\partial}{\partial x}(V_2 W_3 - V_3 W_2) + \frac{\partial}{\partial y}(-V_1 W_3 + V_3 W_1) + \frac{\partial}{\partial z}(V_1 W_2 - V_2 W_1) \\
&= V_2\frac{\partial W_3}{\partial x} - V_3\frac{\partial W_2}{\partial x} + W_3\frac{\partial V_2}{\partial x} - W_2\frac{\partial V_3}{\partial x} - V_1\frac{\partial W_3}{\partial y} + V_3\frac{\partial W_1}{\partial y} \\
&\quad - W_3\frac{\partial V_1}{\partial y} + W_1\frac{\partial V_3}{\partial y} + V_1\frac{\partial W_2}{\partial z} - V_2\frac{\partial W_1}{\partial z} + W_2\frac{\partial V_1}{\partial z} - W_1\frac{\partial V_2}{\partial z} \\
&= W_1\left(\frac{\partial V_3}{\partial y} - \frac{\partial V_2}{\partial z}\right) + W_2\left(\frac{\partial V_1}{\partial z} - \frac{\partial V_3}{\partial x}\right) + W_3\left(\frac{\partial V_2}{\partial x} - \frac{\partial V_1}{\partial y}\right) \\
&\quad + V_1\left(\frac{\partial W_2}{\partial z} - \frac{\partial W_3}{\partial y}\right) + V_2\left(\frac{\partial W_3}{\partial x} - \frac{\partial W_1}{\partial z}\right) + V_3\left(\frac{\partial W_1}{\partial y} - \frac{\partial W_2}{\partial x}\right) \\
&= W_1(\operatorname{rot}\vec{V})_{(x)} + W_2(\operatorname{rot}\vec{V})_{(y)} + W_3(\operatorname{rot}\vec{V})_{(z)} \\
&\quad - V_1(\operatorname{rot}\vec{W})_{(x)} - V_2(\operatorname{rot}\vec{W})_{(y)} - V_3(\operatorname{rot}\vec{W})_{(z)} = \vec{W}\operatorname{rot}\vec{V} - \vec{V}\operatorname{rot}\vec{W}.
\end{aligned}$$

3.4.3. $(\vec{a}\vec{\nabla})\vec{r} = \left\{(a_1, a_2, a_3)\left(\dfrac{\partial}{\partial x}, \dfrac{\partial}{\partial y}, \dfrac{\partial}{\partial z}\right)\right\}\vec{r} = \left(a_1\dfrac{\partial}{\partial x} + a_2\dfrac{\partial}{\partial y} + a_3\dfrac{\partial}{\partial z}\right)(x, y, z)$

$= \left(a_1\dfrac{\partial x}{\partial x}, a_2\dfrac{\partial y}{\partial y}, a_3\dfrac{\partial z}{\partial z}\right) = (a_1, a_2, a_3) = \vec{a},$

$\vec{a}(\vec{\nabla}\vec{r}) = \vec{a}\,\mathrm{div}\,\vec{r} = 3\vec{a}.$

3.4.4. $\mathrm{rot}\,\vec{V} = \begin{vmatrix} \vec{i} & \vec{j} & \vec{k} \\ \dfrac{\partial}{\partial x} & \dfrac{\partial}{\partial y} & \dfrac{\partial}{\partial z} \\ \lambda xy - z^3 & (\lambda-2)x^2 & (1-\lambda)xz^2 \end{vmatrix} = \left(0, -3z^2 - (1-\lambda)z^2, 2x(\lambda-2) - \lambda x\right) \stackrel{!}{=} \vec{0}.$

Das bedeutet, es muß gelten: $2x\lambda - 4x - \lambda x = \lambda x - 4x = x(\lambda - 4) = 0$ bzw. $\lambda = 4$

und $-3z^2 - z^2 + \lambda z^2 = -4z^2 + \lambda z^2 = z^2(\lambda - 4) = 0$ bzw. ebenfalls $\lambda = 4$.

Der Laplace-Operator

3.5.1. $\dfrac{\partial}{\partial x}(\ln r) = \dfrac{r_x}{r} = \dfrac{1}{r}\dfrac{2x}{2r} = \dfrac{x}{r^2},\ \dfrac{\partial^2(\ln r)}{\partial x^2} = \dfrac{\partial}{\partial x}\left(\dfrac{x}{r^2}\right) = \dfrac{r^2 - x\cdot 2r\, r_x}{r^4} = \dfrac{r - 2x\frac{2x}{2r}}{r^3} = \dfrac{1}{r^2} - \dfrac{2x^2}{r^4}.$

Analog ergibt sich: $\dfrac{\partial^2}{\partial y^2}(\ln r) = \dfrac{1}{r^2} - \dfrac{2y^2}{r^4}$ und $\dfrac{\partial^2}{\partial z^2}(\ln r) = \dfrac{1}{r^2} - \dfrac{2z^2}{r^4}.$

Addition liefert: $\Delta(\ln r) = \dfrac{3}{r^2} - 2\dfrac{x^2+y^2+z^2}{r^4} = \dfrac{3}{r^2} - \dfrac{2}{r^2} = \dfrac{1}{r^2}.$

3.5.2. $\Phi''(r) + 2\dfrac{\Phi'(r)}{r} = \Psi'(r) + 2\dfrac{\Psi(r)}{r} = 0$ mit $\Psi(r) = \Phi'(r)$. Trennung der Variablen ergibt:

$\dfrac{d\Psi}{\Psi} = -\dfrac{2}{r}dr$ und Integration: $\ln|\Psi(r)| = -2\ln r + C_0 = \ln\dfrac{1}{r^2} + C_0$

bzw. $\Psi(r) = \dfrac{C_1}{r^2} = \Phi'(r).$ Nochmalige Integration liefert: $\Phi(r) = -\dfrac{C_1}{r} + C_2.$

Dieser Ausdruck wird vielfach als *Elementarlösung* der Laplaceschen Gleichung bezeichnet.

3.5.3. Nach Regel 3 aus 3.2 gilt: $\mathrm{grad}\,(\Phi\Psi) = \Psi\,\mathrm{grad}\,\Phi + \Phi\,\mathrm{grad}\,\Psi$ und nach Regel 3 aus 3.3:

$\Delta(\Phi\Psi) = \mathrm{div}\,\mathrm{grad}\,(\Phi\Psi) = \mathrm{div}\,(\Psi\mathrm{grad}\,\Phi + \Phi\mathrm{grad}\,\Psi)$

$= \Psi\mathrm{div}\,\mathrm{grad}\,\Phi + \mathrm{grad}\,\Phi\mathrm{grad}\,\Psi + \Phi\mathrm{div}\,\mathrm{grad}\,\Psi + \mathrm{grad}\,\Psi\,\mathrm{grad}\,\Phi$

$= \Psi\Delta\Phi + 2\mathrm{grad}\,\Phi\,\mathrm{grad}\,\Psi + \Phi\Delta\Psi.$

3.5.4. $\mathrm{grad}\,\Phi = (2ax + by, bx + 2cy, d)$

$\Longrightarrow \Delta\Phi = \mathrm{div}\,\mathrm{grad}\,\Phi = 2a + 2c + 0 = 2(a+c) \stackrel{!}{=} 0.$ D.h., Φ ist harmonisch, falls $a = -c$.

3.5.5. a) $\Delta(\Phi r) = \Phi\Delta r + 2\mathrm{grad}\,\Phi\,\mathrm{grad}\,r + r\Delta\Phi,\quad \mathrm{grad}\,r = \dfrac{\vec{r}}{r},\quad \mathrm{grad}\,\Phi = \Phi'\dfrac{\vec{r}}{r},$

$\Delta\Phi = \Phi'' + 2\dfrac{\Phi'}{r},\ \Delta r = \mathrm{div}\,\mathrm{grad}\,r = \mathrm{div}\left(\dfrac{\vec{r}}{r}\right) = \dfrac{3}{r} - \vec{r}\dfrac{\vec{r}}{r^3} = \dfrac{3}{r} - \dfrac{1}{r} = \dfrac{2}{r}$

$\Longrightarrow \Delta(\Phi r) = \dfrac{2}{r}\Phi + 2\Phi'\dfrac{\vec{r}\,\vec{r}}{r\,r} + r\Phi'' + 2\Phi' = r\Phi'' + 4\Phi' + \dfrac{2}{r}\Phi.$

b) $\Delta(\Phi r^2) = \Phi\Delta(r^2) + 2\mathrm{grad}\,\Phi\,\mathrm{grad}\,(r^2) + r^2\Delta\Phi,$

$\Delta(r^2) = r\Delta r + 2\mathrm{grad}\,r\,\mathrm{grad}\,r + r\Delta r = 2\{r\Delta r + (\mathrm{grad}\,r)^2\} = 2\left(r\dfrac{2}{r} + \dfrac{\vec{r}^2}{r^2}\right) = 2(2+1) = 6,$

$\mathrm{grad}\,(r^2) = 2r\,\mathrm{grad}\,r = 2\vec{r}$

$\implies \Delta(\Phi r^2) = \Phi\cdot 6 + 2\Phi'\dfrac{\vec{r}}{r}\cdot 2\vec{r} + r^2\Phi'' + r^2\,2\dfrac{\Phi'}{r} = 6\Phi + 4r\Phi' + r^2\Phi'' + 2r\Phi' = r^2\Phi'' + 6r\Phi' + 6\Phi.$

c) $\Delta(\Phi r) = 0 \iff r^2\Phi'' + 4r\Phi' + 2\Phi = 0.$

Das ist eine Eulersche Differentialgleichung mit der charakteristischen Gleichung

$\alpha(\alpha-1) + 4\alpha + 2 = 0$ bzw. $\alpha^2 + 3\alpha + 2 = 0$ (Ansatz: $\Phi(r) = r^\alpha$) und den beiden Lösungen

$\alpha_{1,2} = -\dfrac{3}{2} \pm \sqrt{\dfrac{9}{4}-2} = -\dfrac{3}{2} \pm \dfrac{1}{2} \implies \alpha_1 = -2, \alpha_2 = -1 \implies \Phi(r) = \dfrac{C_1}{r^2} + \dfrac{C_2}{r}.$

2.1.4 Kurvenintegrale, Potentiale

Kurvenintegrale

4.1.1. **a)** Es ist mit $\vec{r}(t) = (t,t,t), 0 \le t \le 1,$: $\vec{F}\big(\vec{r}(t)\big) = (y, y-x, z) = (t,0,t)$ und $\dfrac{d\vec{r}}{dt} = (1,1,1)$:

$$A_1 = \int_{C_1} \vec{F}\,d\vec{r} = \int_0^1 (t,0,t)(1,1,1)dt = \int_0^1 (t+t)dt = \int_0^1 2t\,dt = \left[t^2\right]_0^1 = 1.$$

b) In diesem Fall gilt mit $\vec{F}\big(\vec{r}(t)\big) = (t^3, t^3-t, t^2)$ und $\dfrac{d\vec{r}}{dt} = (1, 3t^2, 2t)$:

$$A_2 = \int_{C_2} \vec{F}\,d\vec{r} = \int_0^1 (t^3, t^3-t, t^2)(1, 3t^2, 2t)dt = \int_0^1 (t^3 + 3t^5 - 3t^3 + 2t^3)dt = \int_0^1 3t^5\,dt = \dfrac{1}{2}.$$

4.1.2. Eine Parameterdarstellung der Geraden von P nach Q wäre z.B. $\vec{r}(t) = (t, t+1, t+2)$, $0 \le t \le 3$. Dann gilt mit $ds = \sqrt{\dot{x}^2 + \dot{y}^2 + \dot{z}^2}\,dt = \sqrt{1+1+1}\,dt = \sqrt{3}\,dt$:

$$\int_P^Q (x^2+y^2+z^2)ds = \sqrt{3}\int_0^3 \{t^2 + (t+1)^2 + (t+2)^2\}dt$$
$$= \sqrt{3}\int_0^3 (t^2 + t^2 + 2t + 1 + t^2 + 4t + 4)dt = \sqrt{3}\int_0^3 (3t^2 + 6t + 5)dt$$
$$= \sqrt{3}\left[t^3 + 3t^2 + 5t\right]_0^3 = (27 + 27 + 15)\sqrt{3} = 69\sqrt{3}.$$

4.1.3. Es müssen drei Integrale betrachtet werden:
a) Längs des Weges von $P_1(0,0,0)$ nach $P_2(1,0,0)$.

Mit $0 \le x \le 1$, $y = z = 0$ und $dy = dz = 0$ ergibt sich: $A_1 = \int_0^1 (3x^2 + 2\cdot 0)dx = \left[x^3\right]_0^1 = 1.$

b) Längs des Weges von $P_2(1,0,0)$ nach $P_3(1,1,0)$.

Mit $0 \le y \le 1$, $x = 1$, $z = 0$ und $dx = dz = 0$ erhält man: $A_2 = \int_0^1 (-9y\cdot 0)dy = 0.$

c) Längs der Geraden von $P_3(1,1,0)$ nach $P_4(1,1,1)$ errechnet man mit

$0 \le z \le 1$, $x = y = 1$ und $dx = dy = 0$: $A_3 = \int_0^1 8z^2\,dz = \left[\dfrac{8}{3}z^3\right]_0^1 = \dfrac{8}{3}.$

Die Summe der drei Anteile ergibt die Gesamt-Arbeit: $A = A_1 + A_2 + A_3 = 1 + \dfrac{8}{3} = \dfrac{11}{3}.$

4.1.4. C habe die Parameterdarstellung $\vec{r} = \vec{r}(t)$, $a \le t \le b$. Da C geschlossen ist, gilt $\vec{r}(a) = \vec{r}(b)$

$\implies \oint_C \vec{V}\,d\vec{r} = \int_C (V_1, V_2, V_3)\big(\dot{x}(t), \dot{y}(t), \dot{z}(t)\big)dt = V_1 x(t) + V_2 y(t) + V_3 z(t)\Big|_a^b = 0.$

Konservatives Vektorfeld, Skalares Potential

4.2.1. $\operatorname{rot}\vec{F} = \begin{vmatrix} \vec{i} & \vec{j} & \vec{k} \\ \frac{\partial}{\partial x} & \frac{\partial}{\partial y} & \frac{\partial}{\partial z} \\ \frac{-y}{x^2+y^2} & \frac{x}{x^2+y^2} & z_0 \end{vmatrix} = \left(0, 0, \frac{1}{x^2+y^2} - \frac{2x^2}{(x^2+y^2)^2} + \frac{1}{x^2+y^2} - \frac{2y^2}{(x^2+y^2)^2}\right)$

$= \left(0, 0, \frac{2(x^2+y^2) - 2x^2 - 2y^2}{(x^2+y^2)^2}\right) = \vec{0}.$

4.2.2. Es muß gelten: $\Phi_x = -\frac{x}{r^3} = \frac{-x}{(x^2+y^2+z^2)^{3/2}}, \quad \Phi_y = -\frac{y}{r^3}, \quad \Phi_z = -\frac{z}{r^3}.$

Integration ergibt in jedem Fall: $\Phi = \frac{1}{r} + C$

und mit $\Phi(a) = \frac{1}{a} + C = 0$ bzw. $C = -\frac{1}{a}$ folgt: $\Phi = \frac{1}{r} - \frac{1}{a}.$

4.2.3. Es ist

$\operatorname{rot}(p, q, r) = \begin{vmatrix} \vec{i} & \vec{j} & \vec{k} \\ \frac{\partial}{\partial x} & \frac{\partial}{\partial y} & \frac{\partial}{\partial z} \\ x-y & -(x-y) & z \end{vmatrix} = (0, 0, -1+1) = \vec{0}.$

Also gilt $(x-y)dx - (x-y)dy + z\,dz = d\Phi$, dabei ist $\Phi = \frac{1}{2}\{(x-y)^2 + z^2\} + C.$

4.2.4. $V_1 = \frac{-y}{x^2+y^2} = -\frac{r\sin\varphi}{r^2\cos^2\varphi + r^2\sin^2\varphi} = -\frac{r\sin\varphi}{r^2} = -\frac{\sin\varphi}{r},$

$V_2 = \frac{x}{x^2+y^2} = \frac{r\cos\varphi}{r^2} = \frac{\cos\varphi}{r}, \quad V_3 = 0$

$\Longrightarrow \vec{V} = \left(-\frac{1}{r}\sin\varphi\cos\varphi + \frac{1}{r}\cos\varphi\sin\varphi\right)\vec{e}_r + \left(\frac{1}{r}\sin^2\varphi + \frac{1}{r}\cos^2\varphi\right)\vec{e}_\varphi + 0\cdot\vec{e}_z = \frac{1}{r}\vec{e}_\varphi.$

Vektorpotential

4.3.1. **a)** Nach Gleichung (3.4.3) muß gelten $\operatorname{div}\operatorname{rot}\vec{A} \equiv 0$. Es ist aber
$\operatorname{div}\operatorname{rot}\vec{A} = \operatorname{div}\vec{r} = 3 \neq 0$, also gibt es kein derartiges Vektorpotential.

b) Es ist $\operatorname{div}\operatorname{rot}\vec{A} = \operatorname{div}(2, 1, 3) = 0.$
Man setzt wieder $A_3 = 0$ und erhält aus Gleichung (4.3.9) und (4.3.10):

$A_1 = \int_{z_1}^{z} 1 \cdot dt - \int_{y_1}^{y} 3 \cdot dt = z - z_1 - 3(y - y_1), \quad A_2 = -\int_{z_1}^{z} 2 \cdot dt = -2(z - z_1)$

und somit $\vec{A} = (z - 3y, -2z, 0) + \vec{C}.$

4.3.2. Sei also $\vec{H} = \operatorname{rot}\vec{A}$, dann ist $\operatorname{div}\vec{H} = \operatorname{div}\operatorname{rot}\vec{A} = 0$ (Gleichung (4.3.11 d))
$\Longrightarrow \operatorname{rot}\vec{H} = \operatorname{rot}\operatorname{rot}\vec{A} = \operatorname{grad}\operatorname{div}\vec{A} - \Delta\vec{A} = \operatorname{grad}\operatorname{div}\vec{A} + \vec{A} = \vec{E}$ (Gleichung (4.3.11 b))
und daraus $\operatorname{rot}\vec{E} = \operatorname{rot}\operatorname{grad}(\operatorname{div}\vec{A}) + \operatorname{rot}\vec{A} = \vec{0} + \operatorname{rot}\vec{A} = \vec{H}$ (Gleichung (4.3.11 a))
bzw. $\operatorname{div}\vec{E} = \operatorname{div}\operatorname{rot}\vec{H} = \operatorname{div}\operatorname{rot}(\operatorname{rot}\vec{A}) = 0$ (Gleichung (4.3.11 c))
$\Longrightarrow \vec{E} = \operatorname{grad}\operatorname{div}\vec{A} + \vec{A}$ und $\vec{H} = \operatorname{rot}\vec{A}$ lösen das System (4.3.11).

4.3.3. Es ist $\operatorname{div}\vec{H} = \operatorname{div}\operatorname{rot}\vec{A} = 0$ (Gleichung (4.3.13 a)) und

$\operatorname{div}\vec{E} = -\operatorname{div}\operatorname{grad}\Phi - \frac{1}{c}\frac{\partial}{\partial t}(\operatorname{div}\vec{A}) = -\Delta\Phi - \frac{1}{c}\frac{\partial}{\partial t}\left(-\frac{1}{c}\frac{\partial\Phi}{\partial t}\right) = -\Delta\Phi + \frac{1}{c^2}\frac{\partial^2\Phi}{\partial t^2} = 4\pi\varrho$

(Gleichung 4.3.13 b)). Weiter ist

$$\operatorname{rot} \vec{H} = \operatorname{rot} \operatorname{rot} \vec{A} = \operatorname{grad} \operatorname{div} \vec{A} - \Delta \vec{A} = -\frac{1}{c}\frac{\partial}{\partial t}(\operatorname{grad} \Phi) - \frac{1}{c^2}\frac{\partial^2 \vec{A}}{\partial t^2}$$

$$= -\frac{1}{c}\frac{\partial}{\partial t}(\operatorname{grad} \Phi) + \frac{1}{c^2}c\frac{\partial}{\partial t}\left(\vec{E} + \operatorname{grad} \Phi\right) = \frac{1}{c}\frac{\partial \vec{E}}{\partial t} \quad \text{(Gleichung (4.3.12 a)) und}$$

$$\operatorname{rot} \vec{E} = -\operatorname{rot} \operatorname{grad} \Phi - \frac{1}{c}\frac{\partial}{\partial t}(\operatorname{rot} \vec{A}) = -\frac{1}{c}\frac{\partial \vec{H}}{\partial t} \quad \text{(Gleichung (4.3.12 b))}.$$

4.3.4. Aus Gleichung (4.3.6) folgt wegen $V_3 = H_3 = 0$: $\dfrac{\partial A_2}{\partial x} = \dfrac{\partial A_1}{\partial y}$ und damit wegen der Annahme $A_1 = 0$ auch $A_2 = 0$. Bleiben also die beiden Gleichungen (4.3.4) und (4.3.5):

$$\frac{\partial A_3}{\partial y} = V_1 = H_1 = \frac{-y}{x^2 + y^2} \quad \text{bzw.} \quad -\frac{\partial A_3}{\partial x} = V_2 = H_2 = \frac{x}{x^2 + y^2}.$$

Integration ergibt in beiden Fällen $A_3 = -\dfrac{1}{2}\ln(x^2 + y^2)$

und damit das Vektorpotential $\vec{A} = \left(0, 0, -\dfrac{1}{2}\ln(x^2 + y^2)\right)$.

2.1.5 Flächen und Gebiete im Raum

Darstellung von Flächen

5.1.1. $z = uv^2 \implies v = \dfrac{z}{uv}$ bzw. $\dfrac{x^2}{y} = \dfrac{u^2 v^2}{u^2 v} = v$

$\implies v = \dfrac{z}{x} = \dfrac{x^2}{y}$ bzw. $z = f(x,y) = \dfrac{x^2}{y}x = \dfrac{x^3}{y}$.

5.1.2. **a)** $x^2 = u^2 + 2uv + v^2, y^2 = u^2 - 2uv + v^2 \implies x^2 - y^2 = 4uv = 4z$

$\implies F(x,y,z) = 4z - x^2 + y^2 = 0$.

b) $u = u_0 = \text{const.}$: $\vec{r}(u_0, v) = (u_0 + v, u_0 - v, u_0 v) = u_0(1,1,0) + v(1,-1,u_0) = \vec{a} + v\vec{b}$

(Parameterdarstellung einer Geraden),

$v = v_0 = \text{const.}$: $\vec{r}(u, v_0) = u(1,1,v_0) + v_0(1,-1,0) = \vec{c} + u\vec{d}$ (ebenfalls eine Gerade).

c) Sei $x = C_1$: $z = -\dfrac{y^2}{4} + \dfrac{C_1^2}{4}$ (Parabel), $y = C_2$: $z = -\dfrac{C_2^2}{4} + \dfrac{x^2}{4}$ (Parabel),

$z = C_3$: $4C_3 = x^2 - y^2$ (Hyperbel). Die Fläche ist ein hyperbolisches Paraboloid.

5.1.3. **a)** Multiplikation der beiden Gleichungen ergibt: $\left(\dfrac{x}{a} + \dfrac{z}{c}\right)u\left(\dfrac{x}{a} - \dfrac{z}{c}\right) = u\left(1 + \dfrac{y}{b}\right)\left(1 - \dfrac{y}{b}\right)$

bzw. $\dfrac{x^2}{a^2} - \dfrac{z^2}{c^2} = 1 - \dfrac{y^2}{b^2} \implies \dfrac{x^2}{a^2} + \dfrac{y^2}{b^2} - \dfrac{z^2}{c^2} = 1$.

b) Analog, mit dem gleichen Ergebnis.

Tangentialebene, Flächennormale

5.2.1. Sei $\vec{r}^* = (x,y,z)$ ein beliebiger Punkt der Tangentialebene $\mathcal{E}$ mit dem Berührpunkt $\vec{r}_0$ und der Normalen $\vec{N}_0$. Dann liegt der Vektor $\vec{r}^* - \vec{r}_0$ in $\mathcal{E}$ $\implies$ $\vec{r}^* - \vec{r}_0$ ist senkrecht zu $\vec{N}_0$
$\implies (\vec{r}^* - \vec{r}_0)\vec{N} = 0$ (Gleichung von $\mathcal{E}$).

5.2.2. **a)** $\vec{r}_u = (v, 2uv, v^2), \vec{r}_v = (u, u^2, 2uv)$

$$\implies \vec{r}_u \times \vec{r}_v = \begin{vmatrix} \vec{i} & \vec{j} & \vec{k} \\ v & 2uv & v^2 \\ u & u^2 & 2uv \end{vmatrix} = (4u^2v^2 - u^2v^2, -2uv^2 + uv^2, vu^2 - 2u^2v) = uv(3uv, -v, -u)$$

$$\implies \vec{N} = \frac{(3uv, -v, -u)}{\sqrt{9u^2v^2 + u^2 + v^2}}.$$

b) $\vec{r}_u \cdot \vec{r}_v = uv + 2u^3v + 2uv^3 = uv(1 + 2u^2 + 2v^2) \neq 0$ für $u, v \neq 0$

$\implies$ die Parameterlinien schneiden sich nicht senkrecht.

5.2.3. $\vec{r}_u = (-a \sin u \sin v, a \cos u \sin v, 0), \vec{r}_v = (a \cos u \cos v, a \sin u \cos v, -a \sin v)$. Somit gilt

$$\vec{r}_u \times \vec{r}_v = a^2 \begin{vmatrix} \vec{i} & \vec{j} & \vec{k} \\ -\sin u \sin v & \cos u \sin v & 0 \\ \cos u \cos v & \sin u \cos v & -\sin v \end{vmatrix}$$

$$= a^2(-\cos u \sin^2 v, -\sin u \sin^2 v, -\sin^2 u \sin v \cos v - \cos^2 u \sin v \cos v)$$

$$= -a^2(\cos u \sin^2 v, \sin u \sin^2 v, \sin v \cos v) = -a^2 \sin v(\cos u \sin v, \sin u \cos v, \cos v),$$

$$|\vec{r}_u \times \vec{r}_v| = a^2 |\sin v| \sqrt{\cos^2 u \sin^2 v + \sin^2 u \sin^2 v + \cos^2 v}$$

$$= a^2 |\sin v| \sqrt{\sin^2 v + \cos^2 v} = a^2 |\sin v|$$

$$\implies \vec{N} = \pm(\cos u \sin v, \sin u \sin v, \cos v) = \pm \frac{\vec{r}}{a}.$$

5.2.4. a) Parameterdarstellung: $\vec{r} = (u, v, uv), u_0 = 2, v_0 = 3$

$\vec{r}_u = (1, 0, v) \implies \vec{r}_u(u_0, v_0) = (1, 0, 3), \quad \vec{r}_v = (0, 1, u) \implies \vec{r}_v(u_0, v_0) = (0, 1, 2)$

$$\implies \vec{r}_u \times \vec{r}_v|_{P_0} = \begin{vmatrix} \vec{i} & \vec{j} & \vec{k} \\ 1 & 0 & 3 \\ 0 & 1 & 2 \end{vmatrix} = (-3, -2, 1) \implies \vec{N}_0 = \frac{(-3, -2, 1)}{\sqrt{9+4+1}} = \frac{1}{\sqrt{14}}(-3, -2, 1)$$

$$\implies (x, y, z) \frac{1}{\sqrt{14}}(-3, -2, 1) = \frac{1}{\sqrt{14}}(-3, -2, 1)(2, 3, 6) = \frac{1}{\sqrt{14}}(-6 - 6 + 6) = \frac{-6}{\sqrt{14}}$$

$$\implies 3x + 2y - z = 6 \quad \text{(Tangentialebene)}.$$

b) Parameterdarstellung: $\vec{r}\left(u, v, \frac{1}{4}(u^2 - v^2)\right), u_0 = 3, v_0 = 1,$

$\vec{r}_u = \left(1, 0, \frac{u}{2}\right) \implies \vec{r}_u|_{P_0} = \left(1, 0, \frac{3}{2}\right), \quad \vec{r}_v = \left(0, 1, -\frac{v}{2}\right) \implies \vec{r}_v|_{P_0} = \left(0, 1, -\frac{1}{2}\right)$

$$\implies \vec{r}_u \times \vec{r}_v|_{P_0} = \begin{vmatrix} \vec{i} & \vec{j} & \vec{k} \\ 1 & 0 & \frac{3}{2} \\ 0 & 1 & -\frac{1}{2} \end{vmatrix} = \left(-\frac{3}{2}, \frac{1}{2}, 1\right)$$

$$\implies (x, y, z)\left(-\frac{3}{2}, \frac{1}{2}, 1\right) = \left(-\frac{3}{2}, \frac{1}{2}, 1\right)(3, 1, 2) = -\frac{9}{2} + \frac{1}{2} + 2 = -2$$

$$\implies 3x - y - 2z = 4 \quad \text{(Tangentialebene)}.$$

5.2.5. $\vec{r}_u = (2u, 2u, v), \vec{r}_u|_P = (4, 4, 1) = \vec{a}, \quad \vec{r}_v = (-2v, 2v, u), \vec{r}_v|_P = (-2, 2, 2) = \vec{b}$

$$\implies \varphi = \arccos \frac{\vec{a}\vec{b}}{ab} = \arccos \frac{-8 + 8 + 2}{\sqrt{16 + 16 + 1}\sqrt{4 + 4 + 4}} = \arccos \frac{2}{\sqrt{33}\sqrt{12}} = 84{,}23°,$$

$\vec{r}_0 = \vec{r}(2, 1) = (4 - 1, 4 + 1, 2) = (3, 5, 2),$

$$(\vec{r}_u \times \vec{r}_v)|_P = \begin{vmatrix} \vec{i} & \vec{j} & \vec{k} \\ 4 & 4 & 1 \\ -2 & 2 & 2 \end{vmatrix} = (8-2, -8-2, 8+8) = (6, -10, 16) = \lambda \vec{N}_0$$

$$\lambda \vec{r}^* \vec{N}_0 = (x, y, z)(6, -10, 16) = 6x - 10y + 16z$$
$$= \lambda \vec{r}_0 \vec{N}_0 = (3, 5, 2)(6, -10, 16) = 18 - 50 + 32 = 0 \implies 3x - 5y + 8z = 0.$$

Bogenelement, Flächenelement

5.4.1. Nach Beispiel 5.4.1 b) ist $E = r^2 \sin^2 \vartheta, F = 0, G = r^2$
$$\implies ds^2 = E d\varphi^2 + G d\vartheta^2 = r^2 \sin^2 \vartheta d\varphi^2 + r^2 d\vartheta^2 \implies ds = r\sqrt{\sin^2 \vartheta d\varphi^2 + d\vartheta^2}.$$

5.4.2. a) $\vec{r}_u = (-\varrho \sin u, \varrho \cos u, 0), \vec{r}_v = (\varrho' \cos u, \varrho' \sin u, z')$
$$\implies E = \vec{r}_u^2 = \varrho^2 \sin^2 u + \varrho^2 \cos^2 u = \varrho^2$$
$F = \vec{r}_u \vec{r}_v = (-\varrho \sin u, \varrho \cos u, 0)(\varrho' \cos u, \varrho' \sin u, z') = -\varrho \varrho' \sin u \cos u + \varrho \varrho' \sin u \cos u = 0,$
$G = \vec{r}_v^2 = (\varrho')^2 \cos^2 u + (\varrho')^2 \sin^2 u + (z')^2 = (\varrho')^2 + (z')^2.$

b) $u = const. \implies du = 0 \implies ds^2 = G dv^2 \{(\varrho')^2 + (z')^2\} dv^2 = (1+1)dv^2 = 2dv^2$

bzw. $ds = \sqrt{2} dv \implies s = \sqrt{2} \int_0^h dv = h\sqrt{2}.$

5.4.3. Aus Aufgabe 5.4.1 folgt mit $r = 1$: $ds = \sqrt{\sin^2 \vartheta d\varphi^2 + d\vartheta^2}$. Es ist aber

$$\frac{d\varphi}{d\vartheta} = \frac{\tan \alpha}{\tan \frac{\vartheta}{2}} \frac{1}{\cos^2 \frac{\vartheta}{2}} \frac{1}{2} = \frac{\tan \alpha}{2 \sin \frac{\vartheta}{2} \cos \frac{\vartheta}{2}} = \frac{\tan \alpha}{\sin \vartheta}$$

$$\implies ds = \sqrt{\sin^2 \vartheta \frac{\tan^2 \alpha}{\sin^2 \vartheta} d\vartheta^2 + d\vartheta^2} = \sqrt{1 + \tan^2 \alpha} \, d\vartheta = \frac{d\vartheta}{|\cos \alpha|}$$

$$\implies s = \int_{\vartheta_0}^{\vartheta_1} \frac{d\vartheta}{|\cos \alpha|} = \frac{\vartheta_1 - \vartheta_0}{|\cos \alpha|}.$$

5.4.4. $\vec{r}_u = (\sinh u \cos v, \cosh u \sin v, 0), \vec{r}_v = (-\cosh u \sin v, \sinh u \cos v, 0), \vec{r}_z = (0, 0, 1)$
$$\implies \vec{r}_u \vec{r}_z = \vec{r}_v \vec{r}_z = 0, \quad \vec{r}_u \vec{r}_v = -\sinh u \cosh u \sin v \cos v + \sinh u \cosh u \sin v \cos v = 0.$$

5.4.5. a) $\vec{r}_u = \vec{a}, \vec{r}_v = \vec{b} \implies E = \vec{r}_u^2 = \vec{a}^2 = a^2, F = \vec{r}_u \vec{r}_v = \vec{a}\vec{b}, G = \vec{r}_v^2 = \vec{b}^2 = b^2.$

b) $\vec{r}_u = (1, 1, 2), \vec{r}_v = (0, -1, 1) \implies \vec{r}_u \times \vec{r}_v = \begin{vmatrix} \vec{i} & \vec{j} & \vec{k} \\ 1 & 1 & 2 \\ 0 & -1 & 1 \end{vmatrix} = (3, -1, -1)$

$$\implies d\sigma = |\vec{r}_u \times \vec{r}_v| dudv = \sqrt{9 + 1 + 1} \, dudv = \sqrt{11} \, dudv.$$

5.4.6. $\vec{r}_u = (\cos v, \sin v, 0), \vec{r}_v = (-u \sin v, u \cos v, a)$
$$\implies E = \vec{r}_u^2 = \cos^2 v + \sin^2 v = 1, F = \vec{r}_u \vec{r}_v = -u \sin v \cos v + u \cos v \sin v = 0,$$
$G = \vec{r}_v^2 = u^2 \sin^2 v + u^2 \cos^2 v + a^2 = u^2 + a^2 \implies d\sigma = \sqrt{EG - F^2} \, dudv = \sqrt{u^2 + a^2} \, dudv.$

Flächen in kartesischen Koordinaten

5.5.1. $z = f(x, y) = xy, f_x = y, f_y = x \implies d\sigma = \sqrt{1 + x^2 + y^2} \, dxdy.$

5.5.2. $x^2 + y^2 = a^2 = \left(\dfrac{z}{\sqrt{3}}\right)^2 \implies z = \pm\sqrt{3}\sqrt{x^2+y^2} = f(x,y)$

$\implies f_x = \pm\dfrac{\sqrt{3}}{2\sqrt{x^2+y^2}}2x = \pm\dfrac{x\sqrt{3}}{\sqrt{x^2+y^2}},\ f_y = \pm\dfrac{y\sqrt{3}}{\sqrt{x^2+y^2}}$

$\implies \vec{N} = \pm\dfrac{1}{\sqrt{\frac{3x^2}{x^2+y^2}+\frac{3y^2}{x^2+y^2}+1}}\left(-\dfrac{x\sqrt{3}}{\sqrt{x^2+y^2}},-\dfrac{y\sqrt{3}}{\sqrt{x^2+y^2}},1\right)$

$= \pm\dfrac{1}{\sqrt{3+1}}\dfrac{\sqrt{3}}{\sqrt{x^2+y^2}}\left(-x-y,\dfrac{\sqrt{x^2+y^2}}{\sqrt{3}}\right) = \pm\dfrac{\sqrt{3}}{2\sqrt{x^2+y^2}}\left(-x,-y,\dfrac{\sqrt{x^2+y^2}}{\sqrt{3}}\right)$

$\implies d\sigma = \sqrt{1+\dfrac{3x^2}{x^2+y^2}+\dfrac{3y^2}{x^2+y^2}}\,dxdy = \sqrt{1+3}\,dxdy = 2dxdy.$

5.5.3. $F(x,y,z) = \dfrac{x^2}{a^2}+\dfrac{y^2}{a^2}+\dfrac{z^2}{b^2}-1 = 0 \implies \operatorname{grad} F = \left(\dfrac{2x}{a^2},\dfrac{2y}{a^2},\dfrac{2z}{b^2}\right)$

$\implies |\operatorname{grad} F| = 2\sqrt{\dfrac{x^2}{a^4}+\dfrac{y^2}{a^4}+\dfrac{z^2}{b^4}} \implies \vec{N} = \dfrac{1}{\sqrt{\frac{x^2}{a^4}+\frac{y^2}{a^4}+\frac{z^2}{b^4}}}\left(\dfrac{x}{a^2},\dfrac{y}{a^2},\dfrac{z}{b^2}\right)$

$\implies d\sigma = \dfrac{a^2}{2x}\sqrt{\dfrac{4x^2}{a^4}+\dfrac{4y^2}{a^4}+\dfrac{4z^2}{b^4}}\,dxdy = \dfrac{a^2}{x}\sqrt{\dfrac{x^2}{a^4}+\dfrac{y^2}{a^4}+\dfrac{1}{b^2}\left(1-\dfrac{x^2}{a^2}-\dfrac{y^2}{a^2}\right)}\,dxdy$

$= \dfrac{a^2}{x}\sqrt{\dfrac{1}{b^2}+\dfrac{x^2}{a^2}\left(\dfrac{1}{a^2}-\dfrac{1}{b^2}\right)+\dfrac{y^2}{a^2}\left(\dfrac{1}{a^2}-\dfrac{1}{b^2}\right)}\,dxdy$

Krummlinig orthogonale Koordinaten

5.7.1. a) $\vec{r}_\varphi = (-\varrho\sin\varphi,\varrho\cos\varphi,0), \vec{r}_\varrho = (\cos\varphi,\sin\varphi,0), \vec{r}_z = (0,0,1)$

$\implies \vec{r}_\varrho\vec{r}_\varphi = -\varrho\sin\varphi\cos\varphi + \varrho\sin\varphi\cos\varphi = 0, \vec{r}_\varrho\vec{r}_z = \vec{r}_\varphi\vec{r}_z = 0.$

b) $\vec{r}_r = (\cos\varphi\sin\vartheta,\sin\varphi\sin\vartheta,\cos\vartheta), \vec{r}_\varphi = (-r\sin\varphi\sin\vartheta,r\cos\varphi\sin\vartheta,0),$

$\vec{r}_\vartheta = (r\cos\varphi\cos\vartheta,r\sin\varphi\cos\vartheta,-r\sin\vartheta)$

$\implies \vec{r}_r\vec{r}_\varphi = -r\sin\varphi\cos\varphi\sin^2\vartheta + r\sin\varphi\cos\varphi\sin^2\vartheta = 0,$

$\vec{r}_r\vec{r}_\vartheta = r\cos^2\varphi\sin\vartheta\cos\vartheta + r\sin^2\varphi\sin\vartheta\cos\vartheta - r\sin\vartheta\cos\vartheta = 0,$

$\vec{r}_\varphi\vec{r}_\vartheta = -r^2\sin\varphi\cos\varphi\sin\vartheta\cos\vartheta + r^2\sin\varphi\cos\varphi\sin\vartheta\cos\vartheta = 0.$

5.7.2. $\vec{r}_R = (\cos\vartheta\cos\varphi,\cos\vartheta\sin\varphi,\sin\vartheta), \vec{r}_\varphi = \bigl(-(a+R\cos\vartheta)\sin\varphi,(a+R\cos\vartheta)\cos\varphi,0\bigr),$

$\vec{r}_\vartheta = (-R\sin\vartheta\cos\varphi,-R\sin\vartheta\sin\varphi,R\cos\vartheta)$

$\implies \vec{r}_R\vec{r}_\varphi = -(a+R\cos\vartheta)\cos\vartheta\sin\varphi\cos\varphi + (a+R\cos\vartheta)\cos\vartheta\sin\varphi\cos\varphi = 0,$

$\vec{r}_R\vec{r}_\vartheta = -R\sin\vartheta\cos\vartheta\cos^2\varphi - R\sin\vartheta\cos\vartheta\sin^2\varphi + R\sin\vartheta\cos\vartheta = 0,$

$\vec{r}_\varphi\vec{r}_\vartheta = (a+R\cos\vartheta)R\sin\vartheta\sin\varphi\cos\varphi - R(a+R\cos\vartheta)\sin\vartheta\sin\varphi\cos\varphi = 0.$

5.7.3. a) $\mathcal{J}(\varrho,\varphi,z) = \begin{vmatrix} \cos\varphi & \sin\varphi & 0 \\ -\varrho\sin\varphi & \varrho\cos\varphi & 0 \\ 0 & 0 & 1 \end{vmatrix} = \varrho\cos^2\varphi + \varrho\sin^2\varphi = \varrho.$

b) $\mathcal{J}(R,\varphi,\vartheta) = \begin{vmatrix} \cos\vartheta\cos\varphi & \cos\vartheta\sin\varphi & \sin\vartheta \\ -(a+R\cos\vartheta)\sin\varphi & (a+R\cos\vartheta)\cos\varphi & 0 \\ -R\sin\vartheta\cos\varphi & -R\sin\vartheta\sin\varphi & R\cos\vartheta \end{vmatrix}$

$= \sin\vartheta\Big((a+R\cos\vartheta)R\sin\vartheta\sin^2\varphi + R(a+R\cos\vartheta)\sin\vartheta\cos^2\varphi\Big)$

$\quad + R\cos\vartheta\Big((a+R\cos\vartheta)\cos\vartheta\cos^2\varphi + (a+R\cos\vartheta)\cos\vartheta\sin^2\varphi\Big)$

$= \sin^2\vartheta(a+R\cos\vartheta)R + R\cos^2\vartheta(a+R\cos\vartheta) = (a+R\cos\vartheta)R.$

5.7.4. $x^2+y^2 = (a+R_1\cos\vartheta)^2 \implies \sqrt{x^2+y^2} - a = R_1\cos\vartheta$

$\implies \left(\sqrt{x^2+y^2} - a\right)^2 = R_1^2\cos^2\vartheta = R_1^2(1-\sin^2\vartheta) = R_1^2 - z^2$

$\implies x^2+y^2 - 2a\sqrt{x^2+y^2} + a^2 + z^2 = R_1^2 \quad \text{bzw.} \quad 4a^2(x^2+y^2) = (R_1^2 - a^2 - z^2 - y^2 - x^2)^2.$

5.7.5. $\mathcal{J}(x,y,z) = \begin{vmatrix} u_x & v_x & w_l \\ u_y & v_y & w_y \\ u_z & v_z & w_z \end{vmatrix} = \begin{vmatrix} 1 & 2x & y+z \\ 1 & 2y & x+z \\ 1 & 2z & x+y \end{vmatrix} = 2\begin{vmatrix} 1 & x & x+y+z \\ 1 & y & x+y+z \\ 1 & z & x+y+z \end{vmatrix} = 0.$

Die Gleichungen sind also funktional abhängig. Es gilt nämlich $u^2 - v - 2uv = 0.$

5.7.6. $\mathcal{J}(x,y,z) = \begin{vmatrix} \varrho_x & \varrho_y & \varrho_z \\ \varphi_x & \varphi_y & \varphi_z \\ z_x & z_y & z_z \end{vmatrix} = \varrho_x\varphi_y - \varrho_y\varphi_x$

$= \dfrac{x}{\sqrt{x^2+y^2}} \dfrac{1}{1+\left(\frac{y}{x}\right)^2} \dfrac{1}{x} - \dfrac{y}{\sqrt{x^2+y^2}} \dfrac{1}{1+\left(\frac{y}{x}\right)^2}\left(-\dfrac{y}{x^2}\right)$

$= \dfrac{x^2}{(x^2+y^2)^{3/2}} + \dfrac{y^2}{(x^2+y^2)^{3/2}} = \dfrac{x^2+y^2}{(x^2+y^2)^{3/2}} = \dfrac{1}{\sqrt{x^2+y^2}} = \dfrac{1}{\varrho} = \dfrac{1}{\mathcal{J}(\varrho,\varphi,z)}.$

Darstellung von Vektoren in krummlinig orthogonalen Koordinaten

5.8.1. $\vec{r} = (\varrho\cos\varphi, \varrho\sin\varphi, z) \implies \vec{r}_\varrho = (\cos\varphi, \sin\varphi, 0), \vec{r}_\varphi = (-\varrho\sin\varphi, \varrho\cos\varphi, 0), \vec{r}_z = (0,0,1)$

$\implies h_1 = h_\varrho = 1, h_2 = h_\varphi = \varrho, h_3 = h_z = 1 \quad \text{und}$

$\vec{e}_\varrho = (\cos\varphi, \sin\varphi, 0), \vec{e}_\varphi = (-\sin\varphi, \cos\varphi, 0), \vec{e}_z = (0,0,1).$

5.8.2. $\vec{r}(R,\vartheta,\varphi) = \Big((a+R\cos\vartheta)\cos\varphi, (a+R\cos\vartheta)\sin\varphi, R\sin\vartheta\Big)$

$\implies \vec{r}_R = (\cos\vartheta\cos\varphi, \cos\vartheta\sin\varphi, \sin\vartheta), \vec{r}_\vartheta = (-R\sin\vartheta\cos\varphi, -R\sin\vartheta\sin\varphi, R\cos\vartheta),$

$\vec{r}_\varphi = (-(a+R\cos\vartheta)\sin\varphi, (a+R\cos\vartheta)\cos\varphi, 0),$

$\implies h_R = \sqrt{\cos^2\vartheta + \sin^2\vartheta} = 1, h_\vartheta = \sqrt{R^2\sin^2\vartheta + R^2\cos^2\vartheta} = R,$

$h_\varphi = \sqrt{(a+R\cos\vartheta)^2\sin^2\varphi + (a+R\cos\vartheta)^2\cos^2\varphi} = a+R\cos\vartheta.$

5.8.3. $V_{(1)} = V_{(r)} = \dfrac{1}{h_r}\left(V_1\dfrac{\partial x}{\partial r} + V_2\dfrac{\partial y}{\partial r} + V_3\dfrac{\partial z}{\partial r}\right)$

$= -r\sin\varphi\sin\vartheta\cos\varphi\sin\vartheta + r\cos\varphi\sin\vartheta\sin\varphi\sin\vartheta = 0,$

$$V_{(2)} = V_{(\vartheta)} = \frac{1}{h_\vartheta}\left(V_1\frac{\partial x}{\partial \vartheta} + V_2\frac{\partial y}{\partial \vartheta} + V_3\frac{\partial z}{\partial \vartheta}\right)$$

$$= \frac{1}{r}(-r\sin\varphi\sin\vartheta\, r\cos\varphi\cos\vartheta + r\cos\varphi\sin\vartheta\, r\sin\varphi\cos\vartheta) = 0,$$

$$V_{(3)} = V_{(\varphi)} = \frac{1}{h_\varphi}\left(V_1\frac{\partial x}{\partial \varphi} + V_2\frac{\partial y}{\partial \varphi} + V_3\frac{\partial z}{\partial \varphi}\right)$$

$$= \frac{1}{r\sin\vartheta}(r^2\sin^2\varphi\sin^2\vartheta + r^2\cos^2\varphi\sin^2\vartheta) = \frac{r}{\sin\vartheta}\sin^2\vartheta = r\sin\vartheta.$$

5.8.4. **a)** $V_{(\varrho)} = \dfrac{1}{h_\varrho}\left(V_1\dfrac{\partial x}{\partial \varrho} + V_2\dfrac{\partial y}{\partial \varrho} + V_3\dfrac{\partial z}{\partial \varrho}\right) = z\cos\varphi - 2\varrho\cos\varphi\sin\varphi,$

$$V_{(\varphi)} = \frac{1}{h_\varphi}\left(V_1\frac{\partial x}{\partial \varphi} + V_2\frac{\partial y}{\partial \varphi} + V_3\frac{\partial z}{\partial \varphi}\right) = \frac{1}{\varrho}(-z\varrho\sin\varphi - 2\varrho\cos\varphi\varrho\cos\varphi) = -z\sin\varphi - 2\varrho\cos^2\varphi,$$

$$V_{(z)} = \frac{1}{h_z}\left(V_1\frac{\partial x}{\partial z} + V_2\frac{\partial y}{\partial z} + V_3\frac{\partial z}{\partial z}\right) = V_3 = \varrho\sin\varphi$$

$$\Longrightarrow \vec{V} = \cos\varphi(z - 2\varrho\sin\varphi)\vec{e}_\varrho - (z\sin\varphi + 2\varrho\cos^2\varphi)\vec{e}_\varphi + \varrho\sin\varphi\,\vec{e}_z.$$

b) $\vec{V} = (\varrho^2 + z^2)(\varrho\cos\varphi, \varrho\sin\varphi, z)$

$$\Longrightarrow V_{(\varrho)} = (\varrho^2 + z^2)\varrho\cos^2\varphi + (\varrho^2 + z^2)\varrho\sin^2\varphi = \varrho(\varrho^2 + z^2),$$

$$V_{(\varphi)} = \frac{1}{\varrho}\{(\varrho^2 + z^2)\varrho\cos\varphi(-\varrho\sin\varphi) + (\varrho^2 + z^2)\varrho\sin\varphi\varrho\cos\varphi\} = 0,$$

$$V_{(z)} = (\varrho^2 + z^2)z \Longrightarrow \vec{V} = \varrho(\varrho^2 + z^2)\vec{e}_\varrho + (\varrho^2 + z^2)z\vec{e}_z = (\varrho^2 + z^2)(\varrho\vec{e}_\varrho + z\vec{e}_z).$$

5.8.5. $\vec{V} = r\vec{e}_\vartheta + r\vec{e}_\varphi = (r\cos\varphi\cos\vartheta, r\sin\varphi\cos\vartheta, -r\sin\vartheta) + (-r\sin\varphi, r\cos\varphi, 0)$

$$= \left(\frac{x}{\sin\vartheta}\cos\vartheta - \frac{y}{\sin\vartheta}, \frac{y}{\sin\vartheta}\cos\vartheta + \frac{x}{\sin\vartheta}, -r\sin\vartheta\right)$$

$$= \left(\frac{x}{\sqrt{1-\frac{z^2}{r^2}}}\frac{z}{r} - \frac{y}{\sqrt{1-\frac{z^2}{r^2}}}, \frac{y}{\sqrt{1-\frac{z^2}{r^2}}}\frac{z}{r} + \frac{x}{\sqrt{1-\frac{z^2}{r^2}}}, -r\sqrt{1-\frac{z^2}{r^2}}\right)$$

unter Beachtung von $r = \sqrt{x^2 + y^2 + z^2}, \cos\vartheta = \dfrac{z}{r}, \sin\vartheta = \sqrt{1-\frac{z^2}{r^2}}.$ Damit ist

$$\vec{V} = \frac{1}{\sqrt{1-\frac{z^2}{r^2}}}\left(\frac{xz}{r} - y, \frac{yz}{r} + x, -r\left(1-\frac{z^2}{r^2}\right)\right) = \frac{1}{\sqrt{r^2-z^2}}\left(xz - yr, yz + xr, -r^2\left(1-\frac{z^2}{r^2}\right)\right)$$

$$= \frac{1}{\sqrt{x^2+y^2}}\left(xz - y\sqrt{x^2+y^2+z^2}, yz + x\sqrt{x^2+y^2+z^2}, -(x^2+y^2)\right).$$

Linien- und Volumenelement

5.9.1. $h_1 = h_R = 1, h_2 = h_\vartheta = R, h_3 = h_\varphi = a + R\cos\vartheta$

$\Longrightarrow ds = \sqrt{dR^2 + R^2d\vartheta^2 + (a+R\cos\vartheta)^2 d\varphi^2}$ und $d\tau = R(a+R\cos\vartheta)dRd\varphi d\vartheta.$

5.9.2. $\vec{r}_u = (u, v, 0), \vec{r}_v = (-v, u, 0), \vec{r}_z = (0, 0, 1)$

$\Longrightarrow h_1 = |\vec{r}_u| = \sqrt{u^2+v^2}, h_2 = |\vec{r}_v| = \sqrt{u^2+v^2}, h_3 = |\vec{r}_z| = 1$

$\Longrightarrow ds = \sqrt{(u^2+v^2)du^2 + (u^2+v^2)dv^2 + dz^2} = \sqrt{(u^2+v^2)(du^2+dv^2) + dz^2}$

und $d\tau = \sqrt{u^2+v^2}\sqrt{u^2+v^2}\,dudvdz = (u^2+v^2)dudvdz.$

5.9.3. $dx = x_\varrho\,d\varrho + x_\varphi\,d\varphi = \cos\varphi\,d\varrho - \varrho\sin\varphi\,d\varphi,\ dy = y_\varrho\,d\varrho + y_\varphi\,d\varphi = \sin\varphi\,d\varrho + \varrho\cos\varphi\,d\varphi,\ dz = dz,$

$$\Rightarrow \quad ds^2 = (\cos\varphi\, d\varrho - \varrho\sin\varphi\, d\varphi)^2 + (\sin\varphi\, d\varrho + \varrho\cos\varphi\, d\varphi)^2 + dz^2$$
$$= d\varrho^2 - 2\varrho\sin\varphi\cos\varphi\, d\varrho d\varphi + \varrho^2 d\varphi^2 + 2\varrho\sin\varphi\cos\varphi\, d\varrho d\varphi + dz^2$$
$$= d\varrho^2 + \varrho^2 d\varphi^2 + dz^2.$$

5.9.4. **a)** $y = \dfrac{u\sin v}{x} \Rightarrow x^2 - y^2 = x^2 - \dfrac{u^2\sin^2 v}{x^2} = 2u\cos v$

$\Rightarrow x^4 - 2u\cos v\, x^2 - u^2\sin^2 v = 0$

bzw. $x^2 = u\cos v \pm \sqrt{u^2\cos^2 v + u^2\sin^2 v} = u\cos v + u,$

da $x^2 > 0$ und $u\cos v - u \le 0,$

$\Rightarrow x = \sqrt{u}\sqrt{1+\cos v} \Rightarrow y^2 = x^2 - 2u\cos v = u\cos v + u - 2u\cos v = u - u\cos v$

$\Rightarrow y = \sqrt{u}\sqrt{1-\cos v}$

$\Rightarrow x_u = \dfrac{\sqrt{1+\cos v}}{2\sqrt{u}}, y_u = \dfrac{\sqrt{1-\cos v}}{2\sqrt{u}}, z_u = 0, x_v = \dfrac{\sqrt{u}(-\sin v)}{2\sqrt{1+\cos v}}, y_v = \dfrac{\sqrt{u}\sin v}{2\sqrt{1-\cos v}}, z_v = 0$

$$\Rightarrow J(u,v,z) = \begin{vmatrix} \frac{\sqrt{1+\cos v}}{2\sqrt{u}} & \frac{\sqrt{1-\cos v}}{2\sqrt{u}} & 0 \\ \frac{-\sqrt{u}\sin v}{2\sqrt{1+\cos v}} & \frac{\sqrt{u}\sin v}{2\sqrt{1-\cos v}} & 0 \\ 0 & 0 & 1 \end{vmatrix}$$

$$= \frac{\sqrt{1+\cos v}}{2\sqrt{u}}\cdot\frac{\sqrt{u}\sin v}{2\sqrt{1-\cos v}} + \frac{\sqrt{1-\cos v}}{2\sqrt{u}}\cdot\frac{\sqrt{u}\sin v}{2\sqrt{1+\cos v}}$$

$$= \frac{1}{4}\sin v\left(\sqrt{\frac{1+\cos v}{1-\cos v}} + \sqrt{\frac{1-\cos v}{1+\cos v}}\right) = \frac{\sin v}{4}\cdot\frac{1+\cos v+1-\cos v}{\sqrt{1-\cos^2 v}}$$

$$= \frac{2}{4}\frac{\sin v}{|\sin v|} = \pm\frac{1}{2}.$$

b) $\dfrac{x^2-y^2}{2u} = \cos v, \dfrac{xy}{u} = \sin v \Rightarrow \cos^2 v + \sin^2 v = \left(\dfrac{x^2-y^2}{2u}\right)^2 + \left(\dfrac{xy}{u}\right)^2 = 1$

$\Rightarrow (x^2-y^2)^2 + 4(xy)^2 = x^4 - 2x^2y^2 + y^4 + 4x^2y^2 = x^4 + 2x^2y^2 + y^4 = (x^2+y^2)^2 = 4u^2$

$\Rightarrow u = \pm\dfrac{1}{2}(x^2+y^2)$ und $\dfrac{xy}{x^2-y^2} = \dfrac{u\sin v}{2u\cos v} = \dfrac{1}{2}\tan v \Rightarrow v = \arctan\dfrac{2xy}{x^2-y^2}$

$\Rightarrow u_x = \pm x, u_y = \pm y$ und

$v_x = \dfrac{1}{1+\left(\frac{2xy}{x^2-y^2}\right)^2}\cdot\dfrac{(x^2-y^2)2y - 2xy\cdot 2x}{(x^2-y^2)^2} = \dfrac{2yx^2 - 2y^3 - 4x^2y}{(x^2-y^2)^2 + 4x^2y^2} = \dfrac{-2y(x^2+y^2)}{(x^2+y^2)^2} = \dfrac{-2y}{x^2+y^2},$

analog $v_y = \dfrac{2x}{x^2+y^2}$

$$\Rightarrow J(x,y,z) = \begin{vmatrix} u_x & v_x & 0 \\ u_y & v_y & 0 \\ 0 & 0 & 1 \end{vmatrix} = u_x v_y - v_x u_y = \pm\left(x\frac{2x}{x^2+y^2} - \frac{-2y}{x^2+y^2}y\right)$$

$$= \pm\frac{2x^2+2y^2}{x^2+y^2} = \pm 2 = \frac{1}{J(u,v,z)}.$$

2.1 Teil I: Vektoranalysis 435

Grad, div, rot und Δ ...

5.10.1. Es ist $h_1 = h_\varrho = 1, h_2 = h_\varphi = \varrho, h_3 = h_z = 1 \implies \operatorname{grad} \Phi = \dfrac{\partial \Phi}{\partial \varrho} \vec{e}_\varrho + \dfrac{1}{\varrho} \dfrac{\partial \Phi}{\partial \varphi} \vec{e}_\varphi + \dfrac{\partial \Phi}{\partial z} \vec{e}_z,$

$$\operatorname{div} \vec{V} = \frac{1}{\varrho}\left\{\frac{\partial}{\partial \varrho}(\varrho V_{(\varrho)}) + \frac{\partial}{\partial \varphi} V_{(\varphi)} + \frac{\partial}{\partial z}(\varrho V_{(z)})\right\}, \quad \operatorname{rot} \vec{V} = \frac{1}{\varrho}\begin{vmatrix} \vec{e}_r & \varrho \vec{e}_\varphi & \vec{e}_z \\ \frac{\partial}{\partial \varrho} & \frac{\partial}{\partial \varphi} & \frac{\partial}{\partial z} \\ V_{(\varrho)} & \varrho V_{(\varphi)} & V_{(z)} \end{vmatrix},$$

$$\Delta \Phi = \frac{1}{\varrho}\left\{\frac{\partial}{\partial \varrho}\left(\varrho \frac{\partial \Phi}{\partial \varrho}\right) + \frac{1}{\varrho}\frac{\partial^2 \Phi}{\partial \varphi^2} + \varrho \frac{\partial^2 \Phi}{\partial z^2}\right\}.$$

5.10.2. $\operatorname{grad} \Phi = \dfrac{-\sin \varphi}{\varrho^2} \vec{e}_\varrho + \dfrac{1}{\varrho}\dfrac{\cos \varphi}{\varrho} \vec{e}_\varphi = \dfrac{1}{\varrho^2}(-\sin \varphi \, \vec{e}_\varrho + \cos \varphi \, \vec{e}_\varphi) = \vec{V}$

$$= \frac{1}{\varrho^2}\{-\sin \varphi (\cos \varphi, \sin \varphi, 0) + \cos \varphi(-\sin \varphi, \cos \varphi, 0)\}$$

$$= \frac{1}{\varrho^2}(-\sin \varphi \cos \varphi - \sin \varphi \cos \varphi, -\sin^2 \varphi + \cos^2 \varphi, 0)$$

$$= \frac{1}{\varrho^4}(-2\varrho \sin \varphi \varrho \cos \varphi, -\varrho^2 \sin^2 \varphi + \varrho^2 \cos^2 \varphi, 0) = \frac{1}{(x^2+y^2)^2}(-2xy, x^2 - y^2, 0).$$

5.10.3. $\Phi = \sqrt{x^2+y^2+z^2} = \sqrt{\varrho^2 + z^2}, \Phi_\varrho = \dfrac{\varrho}{\sqrt{\varrho^2+z^2}}, \Phi_z = \dfrac{z}{\sqrt{\varrho^2+z^2}}, \Phi_\varphi = 0$

$$\implies \Delta \Phi = \frac{1}{\varrho}\left\{\frac{\partial}{\partial \varrho}\left(\varrho \frac{\partial \Phi}{\partial \varrho}\right) + \varrho \frac{\partial^2 \Phi}{\partial z^2}\right\} = \frac{1}{\varrho}\left\{\frac{\partial}{\partial \varrho}\left(\frac{\varrho^2}{\sqrt{\varrho^2+z^2}}\right) + \varrho \frac{\partial}{\partial z}\left(\frac{z}{\sqrt{\varrho^2+z^2}}\right)\right\}$$

$$= \frac{1}{\varrho}\left\{\frac{\sqrt{\varrho^2+z^2}\,2\varrho - \varrho^2 2\varrho(2\sqrt{\varrho^2+z^2})^{-1}}{\varrho^2+z^2} + \varrho\frac{\sqrt{\varrho^2+z^2}\cdot 1 - z2z(2\sqrt{\varrho^2+z^2})^{-1}}{\varrho^2+z^2}\right\}$$

$$= \frac{1}{\varrho(\varrho^2+z^2)^{3/2}}\{2\varrho(\varrho^2+z^2) - \varrho^3 + \varrho(\varrho^2+z^2) - \varrho z^2\}$$

$$= \frac{1}{\varrho(\varrho^2+z^2)^{3/2}}2\varrho(\varrho^2+z^2) = \frac{2}{\sqrt{\varrho^2+z^2}}.$$

5.10.4. $\operatorname{div} \vec{V} = \dfrac{1}{\varrho}\left\{\dfrac{\partial}{\partial \varrho}(\varrho \varrho \cos \varphi) + \dfrac{\partial}{\partial \varphi}(\varrho \sin \varphi)\right\} = \dfrac{1}{\varrho}(2\varrho \cos \varphi + \varrho \cos \varphi) = 3 \cos \varphi.$

5.10.5. **a)** $\operatorname{div} \vec{V} = \dfrac{1}{\varrho}\left\{\dfrac{\partial}{\partial \varrho}(\varrho f(\varrho))\right\} = 0 \quad$ nur dann, wenn $\quad \varrho f(\varrho) = C$ bzw. $f(\varrho) = \dfrac{C}{\varrho}$.

b) $\operatorname{rot} \vec{V} = \begin{vmatrix} \vec{e}_\varrho & \varrho \vec{e}_\varphi & \vec{e}_z \\ \frac{\partial}{\partial \varrho} & \frac{\partial}{\partial \varphi} & \frac{\partial}{\partial z} \\ f(\varrho) & 0 & 0 \end{vmatrix} = \vec{0} \quad$ unabhängig von $f(\varrho)$.

5.10.6. $\Delta \Phi = \dfrac{1}{\varrho}\left\{\dfrac{\partial}{\partial \varrho}\left(\varrho \dfrac{\partial \Phi}{\partial \varrho}\right)\right\} = \dfrac{1}{\varrho}(\varrho \Phi')' = 0 \implies \varrho \Phi' = C_1$ bzw. $\Phi' = \dfrac{C_1}{\varrho}$

$\implies \Phi = C_1 \ln \varrho + C_2$. Es ist aber $V_{(\varrho)} = \dfrac{\partial \Phi}{\partial \varrho} = \dfrac{1}{\varrho} \implies C_1 = 1 \implies \Phi = \ln \varrho + C_2$.

5.10.7. Nach Aufgabe 5.9.2 gilt $h_1 = h_2 = \sqrt{u^2+v^2}, h_3 = 1$

$\implies \operatorname{grad} \Phi = \dfrac{1}{\sqrt{u^2+v^2}}\dfrac{\partial \Phi}{\partial u} \vec{e}_u + \dfrac{1}{\sqrt{u^2+v^2}}\dfrac{\partial \Phi}{\partial v} \vec{e}_v + \dfrac{\partial \Phi}{\partial z} \vec{e}_z,$

$$\text{div}\,\vec{V} = \frac{1}{u^2+v^2}\left(\frac{\partial}{\partial u}\left\{\sqrt{u^2+v^2}V_{(1)}\right\} + \frac{\partial}{\partial v}\left\{\sqrt{u^2+v^2}V_{(2)}\right\} + \frac{\partial}{\partial z}\left\{(u^2+v^2)V_{(3)}\right\}\right),$$

$$\text{rot}\,\vec{V} = \frac{1}{u^2+v^2}\begin{vmatrix} \sqrt{u^2+v^2}\,\vec{e}_u & \sqrt{u^2+v^2}\,\vec{e}_v & \vec{e}_z \\ \frac{\partial}{\partial u} & \frac{\partial}{\partial v} & \frac{\partial}{\partial z} \\ \sqrt{u^2+v^2}\,V_{(1)} & \sqrt{u^2+v^2}\,V_{(2)} & V_{(3)} \end{vmatrix},$$

$$\Delta\Phi = \frac{1}{u^2+v^2}\left\{\frac{\partial}{\partial u}\left(\frac{\partial\Phi}{\partial u}\right) + \frac{\partial}{\partial v}\left(\frac{\partial\Phi}{\partial v}\right) + \frac{\partial}{\partial z}\left((u^2+v^2)\frac{\partial\Phi}{\partial z}\right)\right\}$$
$$= \frac{1}{u^2+v^2}\left(\frac{\partial^2\Phi}{\partial u^2} + \frac{\partial^2\Phi}{\partial v^2}\right) + \frac{\partial^2\Phi}{\partial z^2}.$$

2.1.6 Bereichs- und Oberflächenintegrale

Berechnung von Bereichsintegralen

6.2.1. Der Integrand $f(x,y) = x^4 + y^4$ ist eine gerade Funktion in x und y, und es ist $\mathcal{B}_1 = \{(x,y) \in \mathbf{R}^2 | 0 \le x \le 1, 0 \le y \le 1-x\}$ (siehe Abbildung). Somit gilt

$$J = 4\iint_{\mathcal{B}_1}(x^4+y^4)dxdy = 4\int_0^1\int_0^{1-x}(x^4+y^4)dxdy = 4\int_0^1\left[yx^4 + \frac{y^5}{5}\right]_0^{1-x}dx$$
$$= 4\int_0^1\left\{x^4(1-x) + \frac{1}{5}(1-x)^5\right\}dx = 4\left[\frac{x^5}{5} - \frac{x^6}{6} - \frac{(1-x)^6}{5\cdot 6}\right]_0^1 = 4\left(\frac{1}{5} - \frac{1}{6} + \frac{1}{30}\right) = \frac{4}{15}.$$

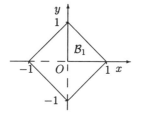
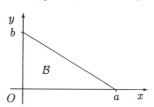

6.2.2. $\mathcal{B} = \{(x,y) \in \mathbf{R}^2 | 0 \le x \le a, 0 \le y \le b(1-\frac{x}{a})\}$

$$\Rightarrow J = \int_0^a\int_0^{b(1-\frac{x}{a})}(x^2+y^2)dxdy = \int_0^a\left[x^2y + \frac{y^3}{3}\right]_0^{b(1-\frac{x}{a})}dx$$
$$= \int_0^a\left\{x^2b\left(1-\frac{x}{a}\right) + \frac{b^3}{3}\left(1-\frac{x}{a}\right)^3\right\}dx = \left[\frac{x^3b}{3} - \frac{x^4b}{4a} - \frac{b^3}{3}\frac{a}{4}\left(1-\frac{x}{a}\right)^4\right]_0^a$$
$$= \frac{ba^3}{3} - \frac{ba^4}{4a} + \frac{ab^3}{12} = \frac{ab}{12}(4a^2 - 3a^2 + b^2) = \frac{ab}{12}(a^2+b^2).$$

6.2.3. Die Schnittpunkte der beiden Parabeln liegen auf der x-Achse bei $x_1 = 0$ und $x_2 = 2$

$$\Rightarrow A = \int_0^2\int_{y_1}^{y_2}dydx = \int_0^2(y_2-y_1)dx$$
$$= \int_0^2(2x-x^2-3x^2+6x)dx$$
$$= \left[4x^2 - \frac{4x^3}{3}\right]_0^2 = 16 - \frac{32}{3} = \frac{16}{3}.$$

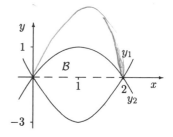

Aus Symmetriegründen gilt $x_S = 1$

$$\begin{aligned}
\Rightarrow \quad y_S &= \frac{1}{A}\int_0^2 \int_{y_1}^{y_2} y\,dy\,dx = \frac{3}{16}\int_0^2 \frac{1}{2}(y_2^2 - y_1^2)dx \\
&= \frac{3}{32}\int_0^2 x^2\{(2-x)^2 - 9(x-2)^2\}dx = -\frac{3}{32}\int_0^2 8x^2(x-2)^2\,dx \\
&= -\frac{3}{4}\int_0^2 (x^4 - 4x^3 + 4x^2)dx = -\frac{3}{4}\left[\frac{x^5}{5} - x^4 + \frac{4}{3}x^3\right]_0^2 = -\frac{3}{4}\left(\frac{32}{5} - 16 + \frac{32}{3}\right) \\
&= -\frac{3}{4\cdot 15}(96 - 240 + 160) = -\frac{1}{20}16 = -\frac{4}{5} \quad \Rightarrow \quad (x_S; y_S) = (1; -0,8).
\end{aligned}$$

6.2.4. $\mathcal{B} = \{(x,y) \in \mathbf{R}^2 | x^2 + y^2 \leq 4\}$, da für $z = 0$ gilt $x^2 + y^2 = 4$

$$\begin{aligned}
\Rightarrow \quad V &= 4\iint_{\mathcal{B}_1} (4 - x^2 - y^2)dx\,dy = 4\int_0^2 \int_0^{\sqrt{4-x^2}} (4 - x^2 - y^2)dy\,dx \\
&= 4\int_0^2 \left[(4-x^2)y - \frac{y^3}{3}\right]_0^{\sqrt{4-x^2}} dx = 4\int_0^2 \left\{(4-x^2)^{3/2} - \frac{1}{3}(4-x^2)^{3/2}\right\}dx \\
&= \frac{8}{3}\int_0^2 (4-x^2)^{3/2}\,dx = \frac{8}{3}\frac{1}{4}\left[x(4-x^2)^{3/2} + 6x\sqrt{4-x^2} + 24\arcsin\frac{x}{2}\right]_0^2 = 8\pi.
\end{aligned}$$

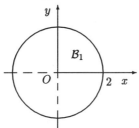
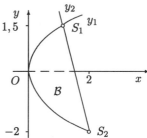

6.2.5. Wegen $z = f(x,y) = x^2 + 3y^4 \geq 0$ liegt der Körper oberhalb der Ebene $z = 0$ und unterhalb der Fläche $z = f(x,y)$. Der Integrationsbereich $\mathcal{B}$ in der x,y-Ebene wird gegeben durch den Schnitt des Zylinders und der Ebene $y + 4x - 6 = 0$ mit der Ebene $z = 0$. Bestimmung von S_1 und S_2:

$$y_1^2 = 2x, y_2 + 4x - 6 = 0 \quad \Rightarrow \quad y + 2y^2 - 6 = 0 \quad \text{bzw.} \quad y^2 + \frac{y}{2} - 3 = 0$$

$$\Rightarrow \quad y_{1,2} = -\frac{1}{4} \pm \sqrt{\frac{1}{16} + 3} = -\frac{1}{4} \pm \frac{\sqrt{49}}{4} = -\frac{1}{4} \pm \frac{7}{4} \quad \Rightarrow \quad y_1 = -\frac{8}{4} = -2, y_2 = \frac{6}{4} = \frac{3}{2}$$

$$\Rightarrow \quad \mathcal{B} = \left\{(x,y) \in \mathbf{R}^2 \Big| -2 \leq y \leq \frac{3}{2}, \frac{y^2}{2} \leq x \leq \frac{6-y}{4}\right\}. \text{ Daraus folgt}$$

$$\begin{aligned}
V &= \int_{-2}^{3/2} \int_{\frac{y^2}{2}}^{\frac{6-y}{4}} (x^2 + 3y^4)dx\,dy = \int_{-2}^{3/2} \left[\frac{x^3}{3} + 3y^4 x\right]_{\frac{y^2}{2}}^{\frac{6-y}{4}} dy \\
&= \int_{-2}^{3/2} \left\{\frac{1}{3\cdot 64}(6-y)^3 + \frac{3}{4}y^4(6-y) - \frac{1}{3\cdot 8}y^6 - \frac{3}{2}y^6\right\}dy \\
&= \left[\frac{1}{3\cdot 64}\left(-\frac{1}{4}\right)(6-y)^4 + \frac{3\cdot 6}{4\cdot 5}y^5 - \frac{3y^6}{4\cdot 6} - \frac{1}{24}(1+36)\frac{y^7}{7}\right]_{-2}^{3/2} = \frac{308357}{20480} = 15,06.
\end{aligned}$$

6.2.6. **a)** $J(s,\varphi) = \begin{vmatrix} x_s & y_s \\ x_\varphi & y_\varphi \end{vmatrix} = \begin{vmatrix} a\cos\varphi & b\sin\varphi \\ -as\sin\varphi & bs\cos\varphi \end{vmatrix} = abs.$

b) $\mathcal{J}(u,v) = \begin{vmatrix} x_u & y_u \\ x_v & y_v \end{vmatrix} = \begin{vmatrix} \sinh u \cos v & \cosh u \sin v \\ -\cosh u \sin v & \sinh u \cos v \end{vmatrix} = \sinh^2 u \cos^2 v + \cosh^2 u \sin^2 v$

$= \sinh^2 u - \sinh^2 u \sin^2 v + \sin^2 v + \sinh^2 u \sin^2 v = \sinh^2 u + \sin^2 v.$

6.2.7. a) $A = \iint_{\mathcal{B}} dxdy = \int_0^1 \int_0^{2\pi} abs\, dsd\varphi = ab2\pi \left[\frac{s^2}{2}\right]_0^1 = \pi ab.$

b) $z = c\sqrt{1 - \frac{x^2}{a^2} - \frac{y^2}{b^2}}, \quad \mathcal{B} = \left\{(x,y) \in \mathbf{R}^2 \,\Big|\, \frac{x^2}{a^2} + \frac{y^2}{b^2} \leq 1\right\}$

$\Longrightarrow V = 2c \iint_{\mathcal{B}} z\, dxdy = 2c \int_0^1 \int_0^{2\pi} \sqrt{1-s^2}\,abs\, dsd\varphi = 2abc2\pi \left[-\frac{1}{2}\frac{2}{3}(1-s^2)^{3/2}\right]_0^1$

$= 4\pi abc \frac{1}{3} = \frac{4}{3}abc.$

6.2.8. $V = 2\iint_{\mathcal{B}} \sqrt{R^2 - x^2 - y^2}\, dxdy = 2\int_0^{2\pi}\int_0^R \sqrt{R^2 - r^2}\, r\, drd\varphi$

$= 4\pi \left[-\frac{1}{2}\frac{2}{3}(R^2-r^2)^{3/2}\right]_0^R = \frac{4\pi}{3}(R^2)^{3/2} = \frac{4}{3}\pi R^3.$

6.2.9. $\mathcal{B} = \{(x,y) \in \mathbf{R}^2 | x^2 + y^2 \leq 1\}, \mathcal{B}^* = \{(r,\varphi) \in \mathbf{R}^2 | 0 \leq r \leq 1, 0 \leq \varphi \leq 2\pi\},$

$x = r\cos\varphi, y = r\sin\varphi, \mathcal{J}(r,\varphi) = r\, drd\varphi$

$\Longrightarrow J = \iint_{\mathcal{B}} (x^4 + y^4)dxdy = \int_0^1 \int_0^{2\pi} (r^4 \cos^4 \varphi + r^4 \sin^4 \varphi) r\, drd\varphi$

$= \left[\frac{r^6}{6}\right]_0^1 \int_0^{2\pi} \{\cos^2\varphi(1-\sin^2\varphi) + \sin^2\varphi(1-\cos^2\varphi)\}d\varphi$

$= \frac{1}{6}\int_0^{2\pi}(1 - 2\sin^2\varphi\cos^2\varphi)d\varphi = \frac{1}{6}\left\{2\pi - \frac{1}{2}\int_0^{2\pi}\sin^2 2\varphi\, d\varphi\right\}$

$= \frac{1}{6}\left\{2\pi - \frac{1}{2}\left[\frac{\varphi}{2} - \frac{1}{8}\sin 4\varphi\right]_0^{2\pi}\right\} = \frac{1}{6}\left(2\pi - \frac{2\pi}{4}\right) = \frac{2\pi}{6}\frac{3}{4} = \frac{\pi}{4}.$

6.2.10. Einführen von Polarkoordinaten r, φ: $d\mathcal{B} = r\, drd\varphi, \quad a \leq r \leq b, 0 \leq \varphi \leq 2\pi$

$\Longrightarrow V = \iint_{\mathcal{B}} \sqrt{x^2 + y^2}\, d\mathcal{B} = \int_0^{2\pi} \int_a^b \sqrt{r^2 \cos^2\varphi + r^2 \sin^2\varphi}\, r\, drd\varphi$

$= 2\pi \int_a^b r^2\, dr = 2\pi \left[\frac{r^3}{3}\right]_a^b = \frac{2\pi}{3}(b^3 - a^3).$

6.2.11. Elliptische Koordinaten: $x = as\cos\varphi, y = bs\sin\varphi, \quad 0 \leq s \leq 1, 0 \leq \varphi \leq 2\pi, \mathcal{J}(s,\varphi) = abs$

$\Longrightarrow M = \iint_{\mathcal{B}}\left(\frac{x^2}{p^2} + \frac{y^2}{q^2}\right)dxdy = \int_0^{2\pi}\int_0^1 \left(\frac{a^2 s^2 \cos^2\varphi}{p^2} + \frac{b^2 s^2 \sin^2\varphi}{q^2}\right) abs\, dsd\varphi$

$= ab\frac{a^2}{p^2}\left[\frac{s^4}{4}\right]_0^1 \left[\frac{\varphi}{2} + \frac{1}{4}\sin 2\varphi\right]_0^{2\pi} + ab\frac{b^2}{q^2}\left[\frac{s^4}{4}\right]_0^1 \left[\frac{\varphi}{2} - \frac{1}{4}\sin 2\varphi\right]_0^{2\pi}$

$= \frac{ba^3}{4p^2}\pi + \frac{ab^3}{4q^2}\pi = \frac{ab\pi}{4}\left(\frac{a^2}{p^2} + \frac{b^2}{q^2}\right).$

6.2.12. $u = xy, v = \dfrac{y}{x} \implies J(x,y) = \begin{vmatrix} u_x & v_x \\ u_y & v_y \end{vmatrix} = \begin{vmatrix} y & -\frac{y}{x^2} \\ x & \frac{1}{x} \end{vmatrix} = \dfrac{y}{x} + \dfrac{y}{x} = \dfrac{2y}{x}$

$\implies J(u,v) = \dfrac{x}{2y} = \dfrac{1}{2v}$ und $uv = xy \cdot \dfrac{y}{x} = y^2$ (Integrand).

Grenzen von $\mathcal{B}^*$: $y = 2x \implies \dfrac{y}{x} = 2 = v$ und $y = \dfrac{x}{2} \implies \dfrac{y}{x} = \dfrac{1}{2}v$

$y = \dfrac{1}{2x} \implies yx = \dfrac{1}{2} = u$ und $y = \dfrac{2}{x} \implies yx = 2 = u$

$\implies \mathcal{B}^* = \left\{(u,v) \in \mathbf{R}^2 \Big| \dfrac{1}{2} \le u \le 2, \dfrac{1}{2} \le v \le 2\right\}$, und es gilt

$$\iint_\mathcal{B} y^2\, d\mathcal{B} = \int_{1/2}^{2}\int_{1/2}^{2} uv\dfrac{1}{2v}\,du\,dv = \dfrac{1}{2}[v]_{1/2}^{2}\left[\dfrac{u^2}{2}\right]_{1/2}^{2} = \dfrac{1}{4}\left(2-\dfrac{1}{2}\right)\left(4-\dfrac{1}{4}\right) = \dfrac{1}{4}\dfrac{3}{2}\dfrac{15}{4} = \dfrac{45}{32}.$$

Oberflächenintegrale

6.3.1. a) Oberflächenelement nach (5.4.4): $d\sigma = r^2 \sin\vartheta\, d\vartheta\, d\varphi$

$$S_K = \int_0^{2\pi}\int_0^\pi r^2 \sin\vartheta\, d\vartheta\, d\varphi = 2\pi r^2 \big[-\cos\vartheta\big]_0^\pi = 4\pi r^2.$$

b) Oberflächenelement des Torus $\vec{r} = \big((a+R\cos\vartheta)\cos\varphi, (a+R\cos\vartheta)\sin\varphi, R\sin\vartheta\big)$:

$$\vec{r}_\vartheta \times \vec{r}_\varphi = \begin{vmatrix} \vec{i} & \vec{j} & \vec{k} \\ -R\sin\vartheta\cos\varphi & -R\sin\vartheta\sin\varphi & R\cos\vartheta \\ -(a+R\cos\vartheta)\sin\varphi & (a+R\cos\vartheta)\cos\varphi & 0 \end{vmatrix}$$

$= \big(-R(a+R\cos\vartheta)\cos\varphi\cos\vartheta, -R(a+R\cos\vartheta)\sin\varphi\cos\vartheta, -R\sin\vartheta(a+R\cos\vartheta)\big)$

$\implies d\sigma = \sqrt{R^2(a+R\cos\vartheta)^2\cos^2\vartheta + R^2(a+R\cos\vartheta)^2\sin^2\vartheta}\, d\vartheta\, d\varphi = R(a+R\cos\vartheta)d\vartheta\, d\varphi$

$\implies S_T = \int_0^{2\pi}\int_0^{2\pi} R(a+R\cos\vartheta)\, d\vartheta\, d\varphi = 2\pi R\big[a\vartheta + R\sin\vartheta\big]_0^{2\pi} = 2\pi R a 2\pi = 4\pi^2 a R.$

c) $(x^2+y^2+z^2)^2 = (r^2)^2 = r^4 = x^2+y^2 = r^2\cos^2\varphi\sin^2\vartheta + r^2\sin^2\varphi\sin^2\vartheta = r^2\sin^2\vartheta$

$\implies r^2 = \sin^2\vartheta$ bzw. $r = \sin\vartheta, 0 \le \vartheta \le \pi$

$\implies \vec{r}(\vartheta,\varphi) = (\sin^2\vartheta\cos\varphi, \sin^2\vartheta\sin\varphi, \sin\vartheta\cos\vartheta)$

$\implies \vec{r}_\vartheta = (2\sin\vartheta\cos\vartheta\cos\varphi, 2\sin\vartheta\cos\vartheta\sin\varphi, \cos 2\vartheta), \vec{r}_\varphi = (-\sin^2\vartheta\sin\varphi, \sin^2\vartheta\cos\varphi, 0)$

$\implies E = \vec{r}_\vartheta^{\,2} = \sin^2 2\vartheta + \cos^2 2\vartheta = 1, F = \vec{r}_\vartheta \vec{r}_\varphi = 0, G = \vec{r}_\varphi^{\,2} = \sin^4\vartheta$

$\implies S = \int_0^{2\pi}\int_0^\pi \sqrt{\sin^4\vartheta}\, d\vartheta\, d\varphi = 2\pi\int_0^\pi \sin^2\vartheta\, d\vartheta = 2\pi\left[\dfrac{\vartheta}{2} - \dfrac{1}{4}\sin 2\vartheta\right]_0^\pi = \pi^2.$

6.3.2. a) $d\sigma = r^2\sin\vartheta d\vartheta d\varphi, 0 \le \varphi \le 2\pi, 0 \le \vartheta \le \pi, \Phi = x^2 + y^2 = r^2\sin^2\vartheta$

$$\implies \iint_\sigma \Phi\, d\sigma = \int_0^{2\pi}\int_0^\pi r^2\sin^2\vartheta r^2\sin\vartheta\, d\vartheta\, d\varphi = 2\pi r^4 \int_0^\pi \sin^3\vartheta\, d\vartheta$$

$$= \left[-\cos\vartheta + \dfrac{1}{3}\cos^3\vartheta\right]_0^\pi 2\pi r^4 = 2\pi r^4\left(1 + 1 - \dfrac{1}{3} - \dfrac{1}{3}\right) = \dfrac{8}{3}\pi r^4.$$

b) $d\sigma$ wie oben in a) mit $r = 1, 0 \le \varphi \le \dfrac{\pi}{2}, 0 \le \vartheta \le \dfrac{\pi}{2}, \Phi = xyz = \sin^2\vartheta\cos\vartheta\sin\varphi\cos\varphi$

$$\Rightarrow \iint_\sigma \Phi\, d\sigma = \int_0^{\pi/2} \int_0^{\pi/2} \frac{1}{2} \sin 2\varphi \sin^2 \vartheta \cos \vartheta \sin \vartheta\, d\vartheta d\varphi$$

$$= \frac{1}{4}\Big[-\cos 2\varphi\Big]_0^{\pi/2} \int_0^{\pi/2} \sin^3 \vartheta \cos \vartheta d\vartheta$$

$$= \frac{1}{4}(1+1)\left[\frac{1}{4}\sin^4\vartheta\right]_0^{\pi/2} = \frac{1}{8}.$$

6.3.3. $\vec{r}_u = (\cos v, \sin v, 2u), \vec{r}_v = (-u \sin v, u \cos v, 0)$

$$\Rightarrow \vec{r}_u \times \vec{r}_v = \begin{vmatrix} \vec{i} & \vec{j} & \vec{k} \\ \cos v & \sin v & 2u \\ -u\sin v & u\cos v & 0 \end{vmatrix} = (-2u^2 \cos v, -2u^2 \sin v, u\cos^2 v + u\sin^2 v)$$

$$\Rightarrow d\sigma = \sqrt{4u^4\cos^2 v + 4u^4\sin^2 v + u^2}\, dudv = u\sqrt{4u^2+1}\, dudv, 0 \leq u \leq 1, 0 \leq v \leq 2\pi$$

$$\Rightarrow S = \iint_\sigma d\sigma = \int_0^1 \int_0^{2\pi} u\sqrt{4u^2+1}\, dudv = 2\pi \left[\frac{1}{8}\frac{2}{3}(4u^2+1)^{3/2}\right]_0^1 = \frac{\pi}{6}(\sqrt{5}^3 - 1).$$

6.3.4. $S = \iint_B \sqrt{1+f_x^2+f_y^2}\, dxdy = \iint_B \sqrt{1+y^2+x^2}\, dxdy$

$$= \iint_{B^*} \sqrt{1+r^2\cos^2\varphi + r^2\sin^2\varphi}\, \mathcal{J}(r,\varphi)\, drd\varphi = \int_0^1 \int_0^{\pi/2} \sqrt{1+r^2}\, r\, drd\varphi$$

$$= \frac{\pi}{2}\left[\frac{1}{2}\frac{2}{3}(1+r^2)^{3/2}\right]_0^1 = \frac{\pi}{6}(2^{3/2}-1).$$

6.3.5. In jedem Oktanten befindet sich der gleiche Teil, der wiederum aus zwei identischen Flächen besteht. Es ist $\mathcal{J}(\varphi, z) = a, 0 \leq \varphi \leq \frac{\pi}{2}$, und

$0 \leq z \leq \sqrt{a^2-x^2} = \sqrt{a^2 - a^2\cos^2\varphi} = a\sin\varphi$

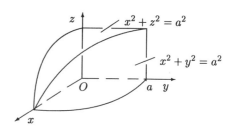

$$\Rightarrow S = 16 \int_0^{\pi/2} \int_0^{a\sin\varphi} a\, dzd\varphi$$

$$= 16a \int_0^{\pi/2} a\sin\varphi\, d\varphi$$

$$= 16a^2\Big[-\cos\varphi\Big]_0^{\pi/2} = 16a^2.$$

6.3.6. $\vec{r} = (a\cos\varphi, a\sin\varphi, z), d\sigma = ad\varphi dz, \vec{N} = \frac{\vec{r}}{a} = (\cos\varphi, \sin\varphi, 0)\ 0 \leq \varphi \leq 2\pi, 0 \leq z \leq 2a$

$$\Rightarrow \iint_\sigma \vec{r}d\vec{\sigma} = \int_0^{2a}\int_0^{2\pi}(a\cos\varphi, a\sin\varphi, z)(\cos\varphi, \sin\varphi, 0)a\, d\varphi dz$$

$$= a\int_0^{2a}\int_0^{2\pi}(a\cos^2\varphi + a\sin^2\varphi)d\varphi dz = a^2 2a 2\pi = 4\pi a^3.$$

6.3.7. $\vec{N} = \frac{\vec{r}}{r} = (\sin\vartheta\cos\varphi, \sin\vartheta\sin\varphi, \cos\vartheta), d\sigma = \sin\vartheta\, d\vartheta d\varphi, 0 \leq \varphi \leq 2\pi, 0 \leq \vartheta \leq \frac{\pi}{2}$. Man erhält

$$\iint_\sigma \vec{V}\,d\vec{\sigma} = \int_0^{\pi/2}\int_0^{2\pi}(\sin^2\vartheta\cos^2\varphi, \sin^2\vartheta\sin^2\varphi, \cos^2\vartheta)(\sin\vartheta\cos\varphi, \sin\vartheta\sin\varphi, \cos\vartheta)\sin\vartheta\,d\vartheta d\varphi$$

$$= \int_0^{\pi/2}\int_0^{2\pi}(\sin^4\vartheta\cos^3\varphi + \sin^4\vartheta\sin^3\varphi + \sin\vartheta\cos^3\vartheta)d\varphi d\vartheta$$

$$= 2\pi\left[-\frac{\cos^4\vartheta}{4}\right]_0^{\pi/2} + \int_0^{\pi/2}\int_0^{2\pi}(\cos\varphi - \cos\varphi\sin^2\varphi + \sin\varphi - \sin\varphi\cos^2\varphi)\sin^4\vartheta\,d\varphi d\vartheta$$

$$= 2\pi\frac{1}{4} + \int_0^{\pi/2}\sin^4\vartheta\,d\vartheta\left[\sin\varphi - \frac{1}{3}\sin^3\varphi - \cos\varphi + \frac{1}{3}\cos^3\varphi\right]_0^{2\pi} = \frac{\pi}{2} + 0 = \frac{\pi}{2}.$$

6.3.8. Flächen mit $z = 0$ bzw. $z = 1$: $d\vec{\sigma} = (0, 0, -1)dxdy$ bzw. $d\vec{\sigma} = (0, 0, 1)dxdy$

$$\Longrightarrow \iint_{\sigma_{1,2}}\vec{V}\,d\vec{\sigma} = \int_0^1\int_0^1\{(x^2, xy, 0)(0, 0, -1) + (x^2, xy, x)(0, 0, 1)\}dxdy$$

$$= \int_0^1\int_0^1 x\,dxdy = \left[\frac{x^2}{2}\right]_0^1[y]_0^1 = \frac{1}{2}.$$

Flächen mit $y = 0$ bzw. $y = 1$: $d\vec{\sigma} = (0, -1, 0)dxdz$ bzw. $d\vec{\sigma} = (0, 1, 0)dxdz$

$$\Longrightarrow \iint_{\sigma_{3,4}}\vec{V}\,d\vec{\sigma} = \int_0^1\int_0^1\{(x^2, 0, xz)(0, -1, 0) + (x^2, x, xz)(0, 1, 0)\}dxdz$$

$$= \int_0^1\int_0^1 x\,dxdz = \left[\frac{x^2}{2}\right]_0^1[z]_0^1 = \frac{1}{2}.$$

Flächen mit $x = 0$ bzw. $x = 1$: $d\vec{\sigma} = (-1, 0, 0)dydz$ bzw. $d\vec{\sigma} = (1, 0, 0)dydz$

$$\Longrightarrow \iint_{\sigma_{5,6}}\vec{V}\,d\vec{\sigma} = \int_0^1\int_0^1\{(0, 0, 0)(-1, 0, 0) + (1, y, z)(1, 0, 0)\}dydz = \int_0^1\int_0^1 dydz = 1$$

$$\Longrightarrow \iint_\sigma \vec{V}\,d\vec{\sigma} = \frac{1}{2} + \frac{1}{2} + 1 = 2, \text{ wobei } \sigma = \bigcup_{i=1}^6 \sigma_i.$$

2.1.7 Volumenintegrale

Berechnung von Dreifachintegralen

7.2.1. Achsenabschnittsform der Ebenengleichung mit $a = b = c = 2$: $\frac{x}{2} + \frac{y}{2} + \frac{z}{2} = 1$ bzw. $z = 2 - x - y$

$$\Longrightarrow \mathcal{B} = \{(x, y, z) \in \mathbf{R}^3 | 0 \le x \le 2, 0 \le y \le 2 - x, 0 \le z \le 2 - x - y\} \text{ und}$$

$$V(\mathcal{B}) = \int_0^2\int_0^{2-x}\int_0^{2-x-y} dzdydx = \int_0^2\int_0^{2-x}(2 - x - y)dydx$$

$$= \int_0^2\left[(2 - x)y - \frac{y^2}{2}\right]_0^{2-x} dx = \int_0^2\left\{(2 - x)^2 - \frac{(2 - x)^2}{2}\right\}dx$$

$$= \int_0^2 \frac{(2 - x)^2}{2}dx = \left[-\frac{(2 - x)^3}{6}\right]_0^2 = \frac{2^3}{6} = \frac{4}{3}.$$

7.2.2. Ermittlung des Grundbereiches $\mathcal{B}' = \mathcal{B}'_1 \cup \mathcal{B}'_2$:

$y = x = (x-2)^2 \implies x^2 - 5x + 4 = 0$

$\implies x_{1,2} = \frac{5}{2} \pm \sqrt{\frac{25}{4} - 4} = \frac{5}{2} \pm \frac{3}{2}$

$\implies x_1 = 1, x_2 = 4$. Integrationsbereich:

$\mathcal{B} = \mathcal{B}_1 \cup \mathcal{B}_2 = \left\{ (x,y,z) \;\middle|\; \begin{array}{l} 1 \leq x \leq 4, (2-x)^2 \leq y \leq x, \\ 0 \leq z \leq x\sqrt{y} \end{array} \right\}$,

$$\begin{aligned}
V(\mathcal{B}) &= \int_1^4 \int_{(2-x)^2}^x \int_0^{x\sqrt{y}} dz\, dy\, dx = \int_1^4 \int_{(2-x)^2}^x x\sqrt{y}\, dy\, dx \\
&= \frac{2}{3} \int_1^4 \left[xy^{3/2} \right]_{(2-x)^2}^x dx = \frac{2}{3} \int_1^4 x^{5/2} dx + \frac{2}{3} \left\{ \int_1^2 x(2-x)^3 dx - \int_2^4 x(2-x)^3 dx \right\} \\
&= \frac{2}{3} \frac{2}{7} \left[x^{7/2} \right]_1^4 + \frac{2}{3} \left\{ \left[-\frac{x(2-x)^4}{4} \right]_1^2 + \frac{1}{4} \int_1^2 (2-x)^4 dx \right. \\
&\qquad\qquad\qquad\qquad\qquad \left. - \left[-\frac{x(2-x)^4}{4} \right]_2^4 - \frac{1}{4} \int_2^4 (2-x)^4 dx \right\} \\
&= \frac{4}{21} (2^7 - 1) + \frac{2}{3} \left\{ \frac{1}{4} - \frac{1}{20} \left[(2-x)^5 \right]_1^2 + 2^4 + \frac{1}{20} \left[(2-x)^5 \right]_2^4 \right\} \\
&= \frac{4}{21}(2^7-1) + \frac{2}{3} \left\{ \frac{1}{4} + \frac{1}{20} + 2^4 - \frac{2^5}{20} \right\} = \frac{3569}{105} \approx 33{,}99.
\end{aligned}$$

7.2.3. $\mathcal{B} = \{(x,y,z) \in \mathbf{R}^3 | 0 \leq x \leq 2, 0 \leq y \leq 4 - 2x, 0 \leq z \leq 8 - 2y - 4x\}$,

$$\begin{aligned}
\iiint_\mathcal{B} f(\vec{r})\, d\tau &= \int_0^2 \int_0^{4-2x} \int_0^{8-4x-2y} 15 x^2 y\, dz\, dy\, dx = 15 \int_0^2 \int_0^{4-2x} x^2 y (8 - 4x - 2y)\, dy\, dx \\
&= 15 \int_0^2 \left[4x^2 y^2 - 2x^3 y^2 - \frac{2}{3} x^2 y^3 \right]_0^{4-2x} dx \\
&= 15 \int_0^2 \left\{ x^2(4-2x)(4-2x)^2 - \frac{2}{3} x^2 (4-2x)^3 \right\} dx = \frac{15}{3} \int_0^2 x^2 (4-2x)^3 dx \\
&= 5 \int_0^2 (64x^2 - 96x^3 + 48x^4 - 8x^5) dx = 5 \left[\frac{64}{3} x^3 - 24 x^4 + \frac{48}{5} x^5 - \frac{4}{3} x^6 \right]_0^2 \\
&= \frac{5}{3 \cdot 5} 2^3 \cdot 4 (16 \cdot 5 - 15 \cdot 2 \cdot 6 + 12 \cdot 3 \cdot 4 - 5 \cdot 8) = \frac{8 \cdot 4 \cdot 4}{3} = \frac{128}{3}.
\end{aligned}$$

7.2.4. Aus Symmetriegründen kann man sich auf den 1. Oktanten beschränken

$\implies \mathcal{B} = \left\{ (x,y,z) \in \mathbf{R}^3 | 0 \leq x \leq a, 0 \leq y \leq \sqrt{a^2 - x^2}, 0 \leq z \leq \sqrt{a^2 - x^2} \right\}$

$$\begin{aligned}
\implies V &= 8 V(\mathcal{B}) = 8 \int_0^a \int_0^{\sqrt{a^2-x^2}} \int_0^{\sqrt{a^2-x^2}} dz\, dy\, dx = 8 \int_0^a \int_0^{\sqrt{a^2-x^2}} \sqrt{a^2 - x^2}\, dy\, dx \\
&= 8 \int_0^a \left(\sqrt{a^2 - x^2} \right)^2 dx = 8 \left[a^2 x - \frac{x^3}{3} \right]_0^a = 8 \left(a^3 - \frac{a^3}{3} \right) = \frac{16}{3} a^3.
\end{aligned}$$

7.2.5. $\mathcal{B} = \{(x,y,z) \in \mathbf{R}^3 | 0 \leq x \leq 2, 0 \leq y \leq 2, 0 \leq z \leq 4 - x^2\}$,

$$\iiint_\mathcal{B} (2x+y)d\tau = \int_0^2 \int_0^2 \int_0^{4-x^2} (2x+y)\,dz\,dy\,dx = \int_0^2 \int_0^2 (2x+y)(4-x^2)\,dy\,dx$$

$$= \int_0^2 \left[2x(4-x^2)y - (4-x^2)\frac{y^2}{2}\right]_0^2 dx = \int_0^2 \{4x(4-x^2) + 2(4-x^2)\}dx$$

$$= \left[8x^2 - x^4 + 8x - \frac{2}{3}x^3\right]_0^2 = 32 - 16 + 16 - \frac{16}{3} = \frac{80}{3}.$$

Änderung der Variablen, Substitution

7.3.1. $d\tau = R(a + R\cos\vartheta)dR\,d\vartheta\,d\varphi,\ 0 \leq \varphi \leq 2\pi, 0 \leq \vartheta \leq 2\pi, 0 \leq R \leq R_1$

$$\Rightarrow V_T = \int_0^{2\pi} \int_0^{2\pi} \int_0^{R_1} R(a+R\cos\vartheta)\,dR\,d\vartheta\,d\varphi = 2\pi \int_0^{2\pi}\left[\frac{R^2 a}{2} + \frac{R^3}{3}\cos\vartheta\right]_0^{R_1} d\vartheta$$

$$= 2\pi \left[\frac{R_1^2 a}{2}\vartheta + \frac{R_1^3}{3}\sin\vartheta\right]_0^{2\pi} = 2\pi \frac{R_1^2 a}{2} 2\pi = 2\pi^2 R_1^2 a.$$

7.3.2. $d\tau = \varrho\,d\varrho\,d\varphi\,dz,\ \mathcal{B}^* = \{(\varrho,\varphi,z)|0\leq\varphi\leq 2\pi, 0\leq\varrho\leq 2, 0\leq z\leq 4\varrho\cos\varphi + \varrho\sin\varphi + 10 = z_1\}$

$$\Rightarrow V = \int_0^{2\pi} \int_0^2 \int_0^{z_1} \varrho\,dz\,d\varrho\,d\varphi = \int_0^2 \int_0^{2\pi} (4\varrho^2\cos\varphi + \varrho^2\sin\varphi + 10\varrho)d\varphi\,d\varrho$$

$$= \int_0^2 \left[4\varrho^2\sin\varphi - \varrho^2\cos\varphi + 10\varrho\varphi\right]_0^{2\pi} d\varrho = 20\pi\left[\frac{\varrho^2}{2}\right]_0^2 = 40\pi.$$

7.3.3. $\mathcal{J}(s,\vartheta,\varphi) = \begin{vmatrix} a\sin\vartheta\cos\varphi & b\sin\vartheta\sin\varphi & c\cos\vartheta \\ as\cos\vartheta\cos\varphi & bs\cos\vartheta\sin\varphi & -cs\sin\vartheta \\ -as\sin\vartheta\sin\varphi & bs\sin\vartheta\cos\varphi & 0 \end{vmatrix}$

$$= c\cos\vartheta(abs^2\sin\vartheta\cos\vartheta\cos^2\varphi + abs^2\cos\vartheta\sin\vartheta\sin^2\varphi)$$

$$+ cs\sin\vartheta(abs\sin^2\vartheta\cos^2\varphi + abs\sin^2\vartheta\sin^2\varphi)$$

$$= abcs^2\cos^2\vartheta\sin\vartheta + abcs^2\sin^3\vartheta = abcs^2\sin\vartheta.$$

$$\Rightarrow V_E = \int_0^1 \int_0^{2\pi} \int_0^\pi abcs^2\sin\vartheta\,d\vartheta\,d\varphi\,ds = abc\left[\frac{s^3}{3}\right]_0^1 [-\cos\vartheta]_0^\pi 2\pi = \frac{abc}{3}2\cdot 2\pi = \frac{4}{3}abc\pi.$$

7.3.4. $d\tau = r^2\sin\vartheta\,dr\,d\vartheta\,d\varphi,\ 0\leq r\leq a, 0\leq\vartheta\leq\frac{\pi}{2}, 0\leq\varphi\leq\frac{\pi}{2}$

$$\Rightarrow \iiint_\mathcal{B} xyz\,d\tau = \int_0^a \int_0^{\pi/2} \int_0^{\pi/2} r^3\sin^2\vartheta\sin\varphi\cos\varphi\cos\vartheta\,r^2\sin\vartheta\,dr\,d\vartheta\,d\varphi$$

$$= \int_0^a \int_0^{\pi/2} \int_0^{\pi/2} r^5\sin^3\vartheta\cos\vartheta\frac{1}{2}\sin 2\varphi\,dr\,d\vartheta\,d\varphi$$

$$= \frac{1}{2}\left[\frac{r^6}{6}\right]_0^a \left[\frac{\sin^4\vartheta}{4}\right]_0^{\pi/2} \left[-\frac{\cos 2\varphi}{2}\right]_0^{\pi/2} = \frac{a^6}{12}\frac{1}{4}\frac{1}{2}(1+1) = \frac{a^6}{48}.$$

7.3.5. Laut Abbildung gilt $\cos(\frac{\pi}{2} - \varphi) = \sin\varphi = \frac{r}{R}$ für den Rand des Zylinders, außerdem ist

$$\frac{z_0}{r} = \frac{h}{R} \quad \text{bzw.} \quad z_0 = \frac{h}{R}r$$

$$\Rightarrow \mathcal{B}^* = \{(r,\varphi,z) | 0 \leq \varphi \leq \pi, 0 \leq r \leq R\sin\varphi, z_0 \leq z \leq h\}, d\tau = rdrd\varphi dz$$

$$\Rightarrow V = \iiint_{\mathcal{B}^*} d\tau = \int_0^\pi \int_0^{R\sin\varphi} \int_{\frac{h}{R}r}^h r\, dzdrd\varphi = \int_0^\pi \int_0^{R\sin\varphi} r\left(h - \frac{h}{R}r\right) drd\varphi$$

$$= h\int_0^\pi \left[\frac{r^2}{2} - \frac{r^3}{3R}\right]_0^{R\sin\varphi} d\varphi = h\int_0^\pi \left(\frac{R^2}{2}\sin^2\varphi - \frac{R^3}{3R}\sin^3\varphi\right) d\varphi$$

$$= \frac{hR^2}{6}\left[3\frac{\varphi}{2} - \frac{3}{4}\sin 2\varphi + 2\cos\varphi - \frac{2}{3}\cos^3\varphi\right]_0^\pi = \frac{hR^2}{6}\left(\frac{3\pi}{2} - 2 + \frac{2}{3} - 2 + \frac{2}{3}\right)$$

$$= \frac{hR^2}{6}\left(\frac{3\pi}{2} - \frac{8}{3}\right) = hR^2\left(\frac{\pi}{4} - \frac{4}{9}\right).$$

Mit $V_K = \frac{\pi}{3}R^2 h$ ergibt sich für den Restkegel:

$$V_R = \frac{\pi}{3}R^2 h - hR^2\left(\frac{\pi}{4} - \frac{4}{9}\right) = hR^2\left(\frac{\pi}{12} + \frac{4}{9}\right).$$

Anwendungen dreifacher Integrale

7.4.1. $M = \int_1^2 \int_1^3 \int_1^2 (x+y^2)dzdydx = \int_1^2 \int_1^3 (x+y^2)[z]_1^2 dydx = \int_1^2 \int_1^3 (x+y^2)dydx$

$$= \int_1^2 \left[xy + \frac{y^3}{3}\right]_1^3 dx = \int_1^2 \left(2x + \frac{26}{3}\right) dx = \left[x^2 + \frac{26}{3}x\right]_1^2 = 3 + \frac{26}{3} = \frac{35}{3}.$$

7.4.2. $Q = \iiint_{\mathcal{B}} \rho \, d\tau = \int_0^1 \int_0^{1-x} \int_0^{1-x-y} (1+x+y+z)^{-3} dzdydx$

$$= -\frac{1}{2}\int_0^1 \int_0^{1-x} \left[(1+x+y+z)^{-2}\right]_0^{1-x-y} dydx = -\frac{1}{2}\int_0^1 \int_0^{1-x} \left(2^{-2} - (1+x+y)^{-2}\right) dydx$$

$$= -\frac{1}{2}\int_0^1 \left[\frac{y}{4} + (1+x+y)^{-1}\right]_0^{1-x} dx = -\frac{1}{2}\int_0^1 \left(\frac{1-x}{4} + \frac{1}{2} - (1+x)^{-1}\right) dx$$

$$= -\frac{1}{2}\left[\frac{3}{4}x - \frac{x^2}{8} - \ln(1+x)\right]_0^1 = -\frac{1}{2}\left(\frac{3}{4} - \frac{1}{8} - \ln 2 + \ln 1\right) = \frac{1}{2}\left(\ln 2 - \frac{5}{8}\right).$$

7.4.3. Integrationsbereich: $\mathcal{B}^* = \{(r,\vartheta,\varphi) | 0 \leq r \leq R, 0 \leq \vartheta \leq \frac{\pi}{2}, 0 \leq \varphi \leq \frac{\pi}{2}\}$, $d\tau = r^2\sin\vartheta\, d\vartheta d\varphi dr$,

$M = \frac{\rho}{8}\frac{4}{3}\pi R^3 = \frac{\pi}{6}\rho R^3$. Aus Symmetriegründen gilt $x_S = y_S = z_S$

$$\Rightarrow x_S = \frac{1}{M}\iiint_{\mathcal{B}^*} x\rho\, d\tau = \frac{6}{\pi R^3}\int_0^R \int_0^{\pi/2} \int_0^{\pi/2} r^2 \sin\vartheta\, r\cos\varphi \sin\vartheta\, d\vartheta d\varphi dr$$

$$= \frac{6}{\pi R^3}\left[\frac{r^4}{4}\right]_0^R \left[\sin\varphi\right]_0^{\pi/2} \left[\frac{\vartheta}{2} - \frac{1}{4}\sin 2\vartheta\right]_0^{\pi/2} = \frac{6R^4}{4\pi R^3}\frac{\pi}{4} = \frac{3}{8}R.$$

7.4.4. $M = \iiint_{\mathcal{B}} \rho\, d\tau = \rho \int_0^1 \int_0^{2-2x} \int_0^{3-\frac{3}{2}y-3x} dzdydx$

$$= \rho \int_0^1 \int_0^{2-2x} 3\left(1 - \frac{y}{2} - x\right) dydx = 3\rho \int_0^1 \left[y(1-x) - \frac{y^2}{4}\right]_0^{2(1-x)} dx$$

$$= 3\rho \int_0^1 \{2(1-x)^2 - (1-x)^2\} dx = 3\rho \int_0^1 (1-x)^2 dx = -\frac{3}{3}\rho\left[(1-x)^3\right]_0^1 = \rho.$$

Damit ist

$$x_S = \frac{1}{\rho}\iiint_B x\rho\,d\tau = \int_0^1\int_0^{2(1-x)}\int_0^{3(1-\frac{y}{2}-x)} x\,dzdydx$$

$$= \int_0^1\int_0^{2(1-x)} 3x\left(1-\frac{y}{2}-x\right)dydx$$

$$= 3\int_0^1\left[x(1-x)y - x\frac{y^2}{4}\right]_0^{2(1-x)}dx = 3\int_0^1\{2x(1-x)^2 - x(1-x)^2\}dx$$

$$= 3\int_0^1 x(1-x)^2\,dx = 3\int_0^1(x - 2x^2 + x^3)dx$$

$$= 3\left(\frac{1}{2} - \frac{2}{3} + \frac{1}{4}\right) = \frac{3}{12}(6 - 8 + 3) = \frac{1}{4},$$

$$y_S = \frac{1}{\rho}\iiint_B y\rho\,d\tau = \int_0^1\int_0^{2(1-x)}\int_0^{3(1-\frac{y}{2}-x)} y\,dzdydx = \int_0^1\int_0^{2(1-x)} 3y\left(1-\frac{y}{2}-x\right)dydx$$

$$= 3\int_0^1\left[\frac{y^2}{2}(1-x) - \frac{y^3}{6}\right]_0^{2(1-x)}dx = \frac{3}{6}\int_0^1\{3\cdot 4(1-x)^3 - 8(1-x)^3\}dx$$

$$= \frac{12}{6}\int_0^1(1-x)^3\,dx = -\frac{2}{4}\left[(1-x)^4\right]_0^1 = \frac{1}{2},$$

$$z_S = \frac{1}{\rho}\iiint_B z\rho\,d\tau = \int_0^1\int_0^{2(1-x)}\int_0^{3(1-\frac{y}{2}-x)} z\,dzdydx = \int_0^1\int_0^{2(1-x)}\left[\frac{z^2}{2}\right]_0^{3(1-\frac{y}{2}-x)}dydx$$

$$= \frac{9}{2}\int_0^1\int_0^{2(1-x)}\left(1-\frac{y}{2}-x\right)^2 dydx = \frac{9}{2}\int_0^1\left[(1-x)^2 y - (1-x)\frac{y^2}{2} + \frac{y^3}{12}\right]_0^{2(1-x)}$$

$$= \frac{9}{2}\int_0^1(1-x)^3\left(2 - \frac{4}{2} + \frac{8}{12}\right)dx = \frac{9}{2}\frac{2}{3}\left(-\frac{1}{4}\right)\left[(1-x)^4\right]_0^1 = \frac{3}{4}.$$

7.4.5. a) Sei ϱ der Abstand eines Punktes der Kugel zur z-Achse, dann gilt $\sin\vartheta = \frac{\varrho}{r}$ bzw. $\varrho = r\sin\vartheta$ und mit $\varrho^2 = r^2\sin\vartheta\,drd\vartheta d\varphi$:

$$\Theta_z = \rho\int_0^{2\pi}\int_0^{\pi}\int_0^a r^2\sin\vartheta\,r^2\sin\vartheta\,drd\vartheta d\varphi$$

$$= 2\pi\rho\left[\frac{r^5}{5}\right]_0^a\left[-\cos\vartheta + \frac{1}{3}\cos^3\vartheta\right]_0^{\pi}$$

$$= \frac{2\pi\rho a^5}{5}\left(2 - \frac{2}{3}\right) = \frac{2}{5}a^2\rho\pi\frac{4}{3}a^3 = \frac{2}{5}a^2 M$$

(M Gesamtmasse der Kugel).

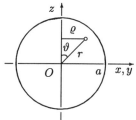

b)
$$\Theta_z = \iiint_B (x^2+y^2)\rho\, d\tau = \rho \int_0^{R_1}\int_0^{2\pi}\int_0^{2\pi}(a+R\cos\vartheta)^2 R(a+R\cos\vartheta)d\vartheta d\varphi dR$$

$$= 2\pi\rho \int_0^{R_1}\int_0^{2\pi} R(a+R\cos\vartheta)^3\, dRd\vartheta \qquad (*)$$

$$= 2\pi\rho \int_0^{R_1}\int_0^{2\pi}(Ra^3 + 3R^2 a^2\cos\vartheta + 3R^3 a\cos^2\vartheta + R^4\cos^3\vartheta)d\vartheta dR$$

$$= 2\pi\rho \int_0^{R_1}\left\{2\pi Ra^3 + 3R^3 a\left[\frac{\vartheta}{2}+\frac{1}{4}\sin 2\vartheta\right]_0^{2\pi} + R^4\left[\sin\vartheta - \frac{1}{3}\sin^3\vartheta\right]_0^{2\pi}\right\}dR$$

$$= 2\pi\rho \int_0^{R_1}(2\pi a^3 R + 3R^3 a\pi)dR = 2\pi^2\rho a\left[2a^2\frac{R^2}{2}+\frac{3}{4}R^4\right]_0^{R_1}$$

$$= \frac{2\pi^2\rho}{4}a(4a^2 R_1^2 + 3R_1^4) = \frac{2\pi^2\rho a R_1^2}{4}(4a^2+3R_1^2) = \frac{M}{4}(4a^2+3R_1^2)$$

(M Gesamtmasse des Torus).

$$\Theta_x = \Theta_y = \iiint_B \rho(y^2+z^2)d\tau = \iiint_B \rho(x^2+z^2)d\tau = \rho\iiint_B\left(\frac{x^2+y^2}{2}+z^2\right)d\tau$$

$$= \rho\int_0^{R_1}\int_0^{2\pi}\int_0^{2\pi}\left\{\frac{1}{2}(a+R\cos\vartheta)^2 + R^2\sin^2\vartheta\right\}R(a+R\cos\vartheta)d\vartheta d\varphi dR$$

$$= \rho\int_0^{R_1}\int_0^{2\pi}\int_0^{2\pi}\frac{R}{2}(a+R\cos\vartheta)^3 d\vartheta d\varphi dR + \rho\int_0^{R_1}\int_0^{2\pi}\int_0^{2\pi}R^3\sin^2\vartheta(a+R\cos\vartheta)d\vartheta d\varphi dR$$

$$= \frac{1}{2}\Theta_z + 2\pi\rho a\left[\frac{R^4}{4}\right]_0^{R_1}\left[\frac{\vartheta}{2}-\frac{1}{4}\sin 2\vartheta\right]_0^{2\pi} + 2\pi\rho\left[\frac{R^5}{5}\right]_0^{R_1}\left[\frac{\sin^3\vartheta}{3}\right]_0^{2\pi}$$

$$= \frac{\pi^2}{4}\rho a R_1^2(4a^2+3R_1^2) + \frac{2\pi\rho a}{4}R_1^4\pi = \frac{\pi^2\rho a R_1^2}{4}(4a^2+5R_1^2)$$

$$= M\frac{4a^2+5R_1^2}{4} \qquad \text{unter Beachtung von } (*).$$

7.4.6. Es ist $|\vec{s}-\vec{r}| = \sqrt{s^2+r^2-2rs\cos\vartheta}$ und somit

$$\Phi(\vec{s}) = \frac{\rho}{4\pi\epsilon_0}\int_0^R\int_0^{2\pi}\int_0^\pi\frac{r^2\sin\vartheta}{\sqrt{s^2+r^2-2rs\cos\vartheta}}d\vartheta d\varphi dr$$

$$= \frac{\rho}{4\pi\epsilon_0}2\pi\int_0^R r^2\frac{1}{2sr}2\left[(s^2+r^2-2sr\cos\vartheta)^{1/2}\right]_0^\pi dr$$

$$= \frac{\rho}{2\epsilon_0 s}\int_0^R r\left(\sqrt{s^2+r^2+2sr}-\sqrt{s^2+r^2-2sr}\right)dr = \frac{\rho}{2\epsilon_0 s}\int_0^R r\{s+r-|s-r|\}dr:$$

a) Sei $s>R$, also $s>r$:

$$\implies \Phi(\vec{s}) = \frac{\rho}{2\epsilon_0 s}\int_0^R r(s+r-s+r)dr = \frac{\rho}{2\epsilon_0 s}\int_0^R 2r^2\, dr = \frac{\rho}{\epsilon_0 s}\frac{R^3}{3} = \frac{Q}{4\pi}\frac{1}{s}.$$

b) Sei $s\leq R$: Aufteilung der Integration in $0\leq r\leq s$ und $r\geq s$

$$\Rightarrow \Phi(\vec{s}) = \frac{\rho}{2\epsilon_0 s} \left\{ \int_0^s r(s+r-s+r)dr + \int_s^R r(s+r+s-r)dr \right\}$$

$$= \frac{\rho}{2\epsilon_0 s} \left\{ \int_0^s 2r^2 \, dr + \int_s^R 2rs \, dr \right\} = \frac{\rho}{\epsilon_0 s} \left(\left[\frac{r^3}{3}\right]_0^s + \left[\frac{sr^2}{2}\right]_s^R \right)$$

$$= \frac{\rho}{\epsilon_0 s} \left(\frac{s^3}{3} + \frac{sR^2}{2} - \frac{s^3}{2} \right) = \frac{\rho}{\epsilon_0 s} \left(\frac{sR^2}{2} - \frac{s^3}{6} \right) = \frac{\rho}{6\epsilon_0}(3R^2 - s^2).$$

2.1.8 Integralsätze

Der Gaußsche Satz

8.1.1. Da $\vec{e}_\varrho \vec{e}_z = 0$, gilt für den Boden und Deckel des Zylinders

$$\vec{v} \, d\vec{\sigma} = \vec{v} \vec{N} \, d\sigma = \pm \vec{v} \vec{e}_z \, d\sigma = 0 \quad \Rightarrow \quad \Phi = \iint_{\sigma_M} \vec{v} \, d\vec{\sigma} = \iint_{\sigma_Z} \vec{v} \, d\vec{\sigma}.$$

In Zylinderkoordinaten gilt

$$\operatorname{div} \vec{v} = \frac{1}{\varrho} \frac{\partial}{\partial \varrho}(\varrho v_{(\varrho)}) = \frac{1}{\varrho} \frac{\partial}{\partial \varrho}\left(\varrho \frac{2\lambda C}{\varrho^3}\right) = \frac{2\lambda C}{\varrho} \frac{\partial}{\partial \varrho}\left(\frac{1}{\varrho^2}\right) = -\frac{4\lambda C}{\varrho^4}$$

$$\Rightarrow \iiint_Z \operatorname{div} \vec{v} \, d\tau = -\int_0^a \int_0^{2\pi} \int_0^h \frac{4\lambda C}{\varrho^4} \varrho \, dz d\varphi d\varrho = -4\lambda C h 2\pi \left[-\frac{1}{2}\varrho^{-2}\right]_0^a = 4\lambda C \pi \frac{h}{a^2}.$$

8.1.2. $\iiint_B \operatorname{div} \vec{V} \, d\tau = C \iiint_B d\tau = CV(B) = \iint_\sigma \vec{V} \, d\vec{\sigma} \quad \Rightarrow \quad V(B) = \frac{1}{C} \iint_\sigma \vec{V} \, d\vec{\sigma}.$

8.1.3. $(\vec{r}_1)_u = (1,0,0), (\vec{r}_1)_v = (0,1,0) \quad \Rightarrow \quad \vec{r}\{(\vec{r}_1)_u \times (\vec{r}_1)_v\} = \begin{vmatrix} u & v & 0 \\ 0 & 1 & 0 \\ 1 & 0 & 0 \end{vmatrix} = 0,$

(Vertauschung wegen der nach **außen** gerichteten Normalen). Damit gilt

$$\frac{1}{3} \iint_{B_1^*} \vec{r}(\vec{r}_v \times \vec{r}_u) \, dudv = 0, (\vec{r}_2)_u = \left(1, 0, -2\frac{u}{a^2}\right), (\vec{r}_2)_v = \left(0, 1, -\frac{2v}{b^2}\right)$$

$$\Rightarrow \vec{r}\{(\vec{r}_2)_u \times (\vec{r}_2)_v\} = \begin{vmatrix} u & v & 1 - \frac{u^2}{a^2} - \frac{v^2}{b^2} \\ 1 & 0 & -\frac{2u}{a^2} \\ 0 & 1 & -\frac{2v}{b^2} \end{vmatrix} = \frac{2u^2}{a^2} + \frac{2v^2}{b^2} + 1 - \frac{u^2}{a^2} - \frac{v^2}{b^2} = 1 + \frac{u^2}{a^2} + \frac{v^2}{b^2}.$$

Einführen von elliptischen Koordinaten:

$u = as\cos\varphi, v = bs\sin\varphi, 0 \leq s \leq 1, 0 \leq \varphi \leq 2\pi, \mathcal{J}(s,\varphi) = abs,$

$$\Rightarrow \frac{1}{3} \iint_{B_2^*} \vec{r}(\vec{r}_u \times \vec{r}_v) \, dudv = \frac{1}{3} \int_0^1 \int_0^{2\pi} (1 + s^2\cos^2\varphi + s^2\sin^2\varphi) abs \, d\varphi ds$$

$$= \frac{2\pi ab}{3} \int_0^1 (1+s^2) s \, ds = \frac{2\pi ab}{3} \left[\frac{s^2}{2} + \frac{s^4}{4}\right]_0^1 = \frac{2\pi ab}{3} \frac{3}{4} = \frac{\pi ab}{2}.$$

8.1.4. $\operatorname{div} \vec{V} = 2x + 2z = 2(x+z)$

$$\Rightarrow \iiint\limits_B \operatorname{div} \vec{V}\, d\tau = 2\int_0^{2\pi}\int_0^3\int_0^2 \varrho(\varrho\cos\varphi + z)\, dz\, d\varrho\, d\varphi$$

$$= 2\cdot 2\pi \int_0^3\int_0^2 \varrho z\, dz\, d\varrho = 4\pi\left[\frac{\varrho^2}{2}\right]_0^3\left[\frac{z^2}{2}\right]_0^2 = 4\pi\frac{9}{2}\frac{4}{2} = 36\pi.$$

8.1.5. $\operatorname{div}\vec{V} = 2x + 2y + 2z = 2(x+y+z)$

a) $\iiint\limits_B \operatorname{div}\vec{V}\, d\tau = 2\int_0^a\int_0^b\int_0^c (x+y+z)\, dz\, dy\, dx = 2\int_0^a\int_0^b\left[(x+y)z + \frac{z^2}{2}\right]_0^c dy\, dx$

$$= 2\int_0^a\int_0^b\left\{(x+y)c + \frac{c^2}{2}\right\}dy\, dx = 2\int_0^a\left[\left(xc + \frac{c^2}{2}\right)y + \frac{cy^2}{2}\right]_0^b dx$$

$$= 2\int_0^a\left\{\left(xc + \frac{c^2}{2}\right)b + \frac{cb^2}{2}\right\}dx = 2\left[\frac{x^2}{2}cb + \left(\frac{bc^2}{2} + \frac{cb^2}{2}\right)x\right]_0^a$$

$$= 2\left(\frac{a^2cb}{2} + \frac{abc^2}{2} + \frac{acb^2}{2}\right) = abc(a+b+c),$$

$x = 0$ bzw. $x = a \Rightarrow \vec{N} = (-1,0,0)$ bzw. $\vec{N} = (1,0,0)$

$$\Rightarrow \iint\limits_\sigma \vec{V}\, d\vec{\sigma} = \int_0^b\int_0^c\left\{(0, y^2, z^2)(-1,0,0) + (a^2, y^2, z^2)(1,0,0)\right\} dz\, dy$$

$$= \int_0^b\int_0^c a^2\, dz\, dy = a^2\left[y\right]_0^b\left[z\right]_0^c = a^2bc.$$

Analog ergeben die vier anderen Flächen: ab^2c und abc^2

$$\Rightarrow \iint\limits_{\sigma_B} \vec{V}\, d\vec{\sigma} = a^2bc + abc^2 + ab^2c = abc(a+b+c).$$

b) $J = \iiint\limits_B \operatorname{div}\vec{V}\, d\tau = 2\int_0^a\int_0^{2\pi}\int_0^\pi (r\cos\varphi\sin\vartheta + r\sin\varphi\sin\vartheta + r\cos\vartheta)r^2\sin\vartheta\, d\vartheta\, d\varphi\, dr$

$$= 0 + 0 + 2\cdot 2\pi\int_0^a\int_0^\pi r^3\cos\vartheta\sin\vartheta\, d\vartheta\, dr = 4\pi\left[\frac{r^4}{4}\right]_0^a\int_0^\pi \frac{1}{2}\sin 2\vartheta\, d\vartheta$$

$$= \pi a^4\left[-\cos 2\vartheta\right]_0^\pi = 0.$$

Auf der Oberfläche der Kugel ist $\vec{N} = (\cos\varphi\sin\vartheta, \sin\varphi\sin\vartheta, \cos\vartheta)$ und somit

$$\iint\limits_\sigma \vec{V}\, d\vec{\sigma} = \int_0^{2\pi}\int_0^\pi (a^2\cos^2\varphi\sin^2\vartheta, a^2\sin^2\varphi\sin^2\vartheta, a^2\cos^2\vartheta)\vec{N}a^2\sin\vartheta\, d\vartheta\, d\varphi$$

$$= a^4\int_0^{2\pi}\int_0^\pi (\cos^3\varphi\sin^3\vartheta + \sin^3\varphi\sin^3\vartheta + \cos^3\vartheta)\sin\vartheta\, d\vartheta\, d\varphi$$

$$= a^4\left[-\frac{\cos^4\vartheta}{4}\right]_0^\pi 2\pi = \frac{\pi}{2}a^4(-1+1) = 0.$$

Anwendungen des Gaußschen Satzes

8.2.1. a) 1. Greensche Formel: $\iint\limits_\sigma \Phi\frac{\partial\Psi}{\partial n}\, d\sigma = \iiint\limits_B (\Phi\Delta\Psi + \operatorname{grad}\Phi\operatorname{grad}\Psi)\, d\tau.$

Vertauschung von Φ und Ψ ergibt: $\iint\limits_\sigma \Psi\frac{\partial\Phi}{\partial n}\, d\sigma = \iiint\limits_B (\Psi\Delta\Phi + \operatorname{grad}\Phi\operatorname{grad}\Psi)\, d\tau.$

Subtraktion liefert: $\iint\limits_{\sigma}\left(\Phi\frac{\partial\Psi}{\partial n}-\Psi\frac{\partial\Phi}{\partial n}\right)d\sigma = \iiint\limits_{B}(\Phi\Delta\Psi - \Psi\Delta\Phi)d\tau.$

b) Setze in der 1. Greenschen Formel $\Phi = \Psi$:

$$\iint\limits_{\sigma}\Phi\frac{\partial\Phi}{\partial n}d\sigma = \iint\limits_{\sigma}\Phi\operatorname{grad}\Phi\,d\vec{\sigma} = \iiint\limits_{B}\{\Phi\Delta\Phi + (\operatorname{grad}\Phi)^2\}d\tau.$$

8.2.2. **a)** $\operatorname{div}(\Phi\vec{a}) = \operatorname{grad}\Phi\cdot\vec{a} + \Phi\operatorname{div}\vec{a} = \vec{a}\operatorname{grad}\Phi$

$$\Longrightarrow \iiint\limits_{B}\operatorname{div}(\Phi\vec{a})\,d\tau = \vec{a}\iiint\limits_{B}\operatorname{grad}\Phi\,d\tau = \iint\limits_{\sigma}\Phi\vec{a}\,d\vec{\sigma} = \vec{a}\iint\limits_{\sigma}\Phi\vec{N}\,d\sigma$$

$$\Longrightarrow \vec{a}\left(\iiint\limits_{B}\operatorname{grad}\Phi\,d\tau - \iint\limits_{\sigma}\Phi\vec{N}\,d\sigma\right) = 0.$$

Da $\vec{a}$ beliebig, verschwindet die runde Klammer.

b) $\operatorname{div}(\vec{a}\times\vec{W}) = \vec{W}\operatorname{rot}\vec{a} - \vec{a}\operatorname{rot}\vec{W} = -\vec{a}\operatorname{rot}\vec{W}, (\vec{a}\times\vec{W})\vec{N} = \vec{a}(\vec{W}\times\vec{N}).$ Somit gilt

$$\iiint\limits_{B}\operatorname{div}(\vec{a}\times\vec{W})\,d\tau = -\vec{a}\iiint\limits_{B}\operatorname{rot}\vec{W}\,d\tau = \iint\limits_{\sigma}(\vec{a}\times\vec{W})\,d\vec{\sigma} = \iint\limits_{\sigma}(\vec{a}\times\vec{W})\vec{N}\,d\sigma$$

$$= \vec{a}\iint\limits_{\sigma}(\vec{W}\times\vec{N})\,d\sigma$$

$$\Longrightarrow \vec{a}\left\{\iint\limits_{\sigma}(\vec{W}\times\vec{N})\,d\sigma + \iiint\limits_{B}\operatorname{rot}\vec{W}\,d\tau\right\} = 0.$$

Die geschweifte Klammer verschwindet aber, da $\vec{a}$ beliebig ist.

8.2.3. $\iint\limits_{\sigma}\left(\Phi\frac{\partial\Psi}{\partial n}-\Psi\frac{\partial\Phi}{\partial n}\right)d\sigma = \iiint\limits_{B}(\Phi\Delta\Psi - \Psi\Delta\Phi)d\tau, \quad \Psi\equiv 1 \quad\Longrightarrow\quad \Delta\Psi = 0 \text{ und } \frac{\partial\Psi}{\partial n} = 0$

$$\Longrightarrow -\iint\limits_{\sigma}\frac{\partial\Phi}{\partial n}d\sigma = 0 = -\iint\limits_{\sigma}\operatorname{grad}\Phi\,\vec{N}\,d\sigma = -\iint\limits_{\sigma}\operatorname{grad}\Phi\,d\vec{\sigma} \quad\text{mit } \Delta\Phi = 0.$$

8.2.4. **a)** $\iint\limits_{\sigma}p\,d\sigma = \iint\limits_{\mathcal{E}}\vec{r}\vec{N}\,d\sigma = \iint\limits_{\mathcal{E}}\vec{r}\,d\vec{\sigma} = \iiint\limits_{B}\operatorname{div}\vec{r}\,d\tau = 3\iiint\limits_{B}d\tau = 3V(\mathcal{E}) = 4\pi abc.$

b) $p = \vec{r}\vec{N}$ bzw. $\frac{\vec{r}\vec{N}}{p} = 1 = \frac{x^2}{a^2} + \frac{y^2}{b^2} + \frac{z^2}{c^2} \quad\Longrightarrow\quad \frac{\vec{N}}{p} = \left(\frac{x}{a^2}, \frac{y}{b^2}, \frac{z}{c^2}\right)$

$$\Longrightarrow \frac{1}{p^2} = \frac{x^2}{a^4} + \frac{y^2}{b^4} + \frac{z^2}{c^4} \quad\Longrightarrow\quad \frac{1}{p} = \frac{\vec{r}\vec{N}}{p^2} = \frac{\vec{r}}{p^2}\vec{N} \quad\text{und}$$

$$\operatorname{div}\frac{\vec{r}}{p^2} = \operatorname{div}\vec{r}\cdot\frac{1}{p^2} + \vec{r}\operatorname{grad}\frac{1}{p^2}$$

$$= \frac{3}{p^2} + \vec{r}\left(\frac{2x}{a^4}, \frac{2y}{b^4}, \frac{2z}{c^4}\right) = \frac{3}{p^2} + 2\left(\frac{x^2}{a^4} + \frac{y^2}{b^4} + \frac{z^2}{c^4}\right) = \frac{5}{p^2}$$

450   2. Lösungen der Aufgaben

$$\Rightarrow \iint_{\mathcal{E}} \frac{d\sigma}{p} = \iint_{\mathcal{E}} \frac{\vec{r}\vec{N}}{p^2} d\sigma = \iint_{\mathcal{E}} \frac{\vec{r}}{p^2} d\vec{\sigma} = \iiint_{\mathcal{B}} \text{div}\, \frac{\vec{r}}{p^2} d\tau = \iiint_{\mathcal{B}} \frac{5}{p^2} d\tau$$

$$= 5 \int_0^1 \int_0^{2\pi} \int_0^{\pi} abcs^2 \sin\vartheta s^2 \left(\frac{\cos^2\varphi \sin^2\vartheta}{a^2} + \frac{\sin^2\varphi \sin^2\vartheta}{b^2} + \frac{\cos^2\vartheta}{c^2} \right) d\vartheta d\varphi ds$$

$$= 5abc \left[\frac{s^5}{5} \right]_0^1 \left\{ 2\pi \left[-\frac{\cos^3\vartheta}{3c^2} \right]_0^{\pi} + \left[-\cos\vartheta + \frac{\cos^3\vartheta}{3} \right]_0^{\pi} \int_0^{2\pi} \left(\frac{\cos^2\varphi}{a^2} + \frac{\sin^2\varphi}{b^2} \right) d\varphi \right\}$$

$$= abc \left\{ \frac{4\pi}{3c^2} + \left(2 - \frac{2}{3}\right) \left(\left[\frac{\varphi}{2} + \frac{1}{4}\sin 2\varphi\right]_0^{2\pi} \frac{1}{a^2} + \left[\frac{\varphi}{2} - \frac{1}{4}\sin 2\varphi\right]_0^{2\pi} \frac{1}{b^2} \right) \right\}$$

$$= abc \left\{ \frac{4\pi}{3c^2} + \frac{4}{3} \left(\pi \frac{1}{a^2} + \pi \frac{1}{b^2} \right) \right\} = abc \frac{4\pi}{3} \left(\frac{1}{a^2} + \frac{1}{b^2} + \frac{1}{c^2} \right).$$

8.2.5. $x = 5 + a\cos\varphi \sin\vartheta, y = a\sin\varphi \sin\vartheta, z = a\cos\vartheta, d\sigma = a^2 \sin\vartheta, \vec{N} = (5,0,0) + \frac{\vec{r}}{a}$,

$$\iint_{\sigma} \vec{V} d\vec{\sigma} = \int_0^{2\pi} \int_0^{\pi} (a\cos\vartheta, 5 + a\cos\varphi \sin\vartheta, 5a\cos\vartheta + a^2 \cos\varphi \cos\vartheta \sin\vartheta)$$

$$\cdot (5 + \cos\varphi \sin\vartheta, \sin\varphi \sin\vartheta, \cos\vartheta) a^2 \sin\vartheta d\vartheta d\varphi$$

$$= \int_0^{2\pi} \int_0^{\pi} \{5a\cos\vartheta + a\cos\varphi \cos\vartheta \sin\vartheta + 5\sin\varphi \sin\vartheta + a\cos\varphi \sin\varphi \sin^2\vartheta$$

$$+ 5a\cos^2\vartheta + a^2 \cos\varphi \cos^2\vartheta \sin\vartheta\} a^2 \sin\vartheta d\vartheta d\varphi$$

$$= 5a^3 \frac{2\pi}{2} \int_0^{\pi} \sin 2\vartheta d\vartheta + a^3 \frac{1}{2} \int_0^{2\pi} \sin 2\varphi d\varphi \int_0^{\pi} \sin^3\vartheta d\vartheta + 5a^3 2\pi \int_0^{\pi} \cos^2\vartheta \sin\vartheta d\vartheta$$

$$= 5\pi a^3 \left[-\frac{1}{2} \cos 2\vartheta \right]_0^{\pi} + 0 + 10\pi a^3 \left[\frac{-\cos^3\vartheta}{3} \right]_0^{\pi} = 0 + 10\pi a^3 \left(\frac{1}{3} + \frac{1}{3} \right) = \frac{20}{3} \pi a^3$$

$$\Rightarrow \lim_{V \to 0} \frac{1}{V} \iint_{\sigma} \vec{V} d\vec{\sigma} = \lim_{a \to 0} \frac{1}{V} \iint_{\sigma} \vec{V} d\vec{\sigma} = \lim_{a \to 0} \frac{3}{4\pi a^3} \frac{20}{3} \pi a^3 = 5,$$

$$\text{div}\, \vec{V} \Big|_P = 0 + 0 + x|_P = 5.$$

Der Satz von Green in der Ebene

8.3.1. a) Sei $P_y = Q_x$ $\Rightarrow$ Es existiert eine Funktion $F(x,y)$ mit $P = F_x, Q = F_y$

$$\Rightarrow \oint_{\mathcal{C}} (Pdx + Qdy) = \oint_{\mathcal{C}} (F_x dx + F_y dy) = \oint_{\mathcal{C}} dF = 0.$$

b) Sei $\oint_{\mathcal{C}} (Pdx + Qdy) = 0$ $\Rightarrow$ $\iint_{\mathcal{B}} \left(\frac{\partial Q}{\partial x} - \frac{\partial P}{\partial y} \right) dxdy = 0$

nach Satz 8.3.1 $\Rightarrow$ $Q_x = P_y$, da $\mathcal{C}$ bzw. $\mathcal{B}$ beliebig.

8.3.2. Schnittpunkte von $y = x$ und $y = x^2$: $(0,0)$ und $(1,1)$ (s. Abbildung nach Aufgabe 8.3.5).
Kurvenintegral längs $y = x^2$:

$$\int_0^1 \{(x \cdot x^2 + x^4) dx + x^2 \cdot 2x dx\} = \int_0^1 (3x^3 + x^4) dx = \left[\frac{3}{4} x^4 + \frac{x^5}{5} \right]_0^1 = \frac{3}{4} + \frac{1}{5} = \frac{19}{20}.$$

Kurvenintegral längs $y = x$:

$$\int_1^0 \{(x \cdot x + x^2)dx + x^2 dx\} = \int_1^0 3x^2 dx = \left[x^3\right]_1^0 = -1 \implies \oint_C \vec{V} \, d\vec{r} = \frac{19}{20} - 1 = -\frac{1}{20}.$$

$$\iint_B \left(\frac{\partial V_2}{\partial x} - \frac{\partial V_1}{\partial y}\right) dx\,dy = \int_0^1 \int_{x^2}^x \{2x - (x+2y)\}dx\,dy = \int_0^1 \int_{x^2}^x (x - 2y)dy\,dx$$

$$= \int_0^1 \left[xy - y^2\right]_{x^2}^x dx = \int_0^1 (x^2 - x^2 - x^3 + x^4)dx$$

$$= \left[\frac{x^5}{5} - \frac{x^4}{4}\right]_0^1 = -\frac{1}{20}.$$

8.3.3. $\vec{N} = \dfrac{\vec{r}}{r} = \dfrac{(x,y,z)}{\sqrt{x^2+y^2+z^2}} = (x,y,0)$, da $r = 1$ und $z = 0$. Man erhält

$$\oint_C \vec{V}\vec{N}\,ds = \oint_C (x^2 - 5xy + 3y, 6xy^2 - x, 0)(x,y,0)\,ds = \oint_C (x^3 - 5x^2 y + 3xy + 6xy^3 - xy)ds$$

$$= \int_0^{2\pi} (\cos^3 \varphi - 5\cos^2 \varphi \sin \varphi + 2\cos \varphi \sin \varphi + 6\cos \varphi \sin^3 \varphi)d\varphi$$

$$= \left[\sin \varphi - \frac{1}{3}\sin^3 \varphi + \frac{5}{3}\cos^3 \varphi - \frac{1}{2}\cos 2\varphi + \frac{6}{4}\sin^4 \varphi\right]_0^{2\pi} = 0 \quad \text{und}$$

$$\iint_B \operatorname{div} \vec{V}\,dx\,dy = \iint_B (2x - 5y + 12xy)dx\,dy$$

$$= \int_0^1 \int_0^{2\pi} (2\varrho \cos \varphi - 5\varrho \sin \varphi + 12\varrho^2 \sin \varphi \cos \varphi)\varrho\, d\varphi\, d\varrho$$

$$= 6\left[\frac{\varrho^4}{4}\right]_0^1 \frac{1}{2}\left[-\cos 2\varphi\right]_0^{2\pi} = 0.$$

8.3.4. $\oint_C (0 + x\,dy) = \oint_C x\,dy = \iint_B \left(\dfrac{\partial x}{\partial x} - 0\right) dx\,dy = \iint_B dx\,dy = A(\mathcal{B})$,

$\oint_C (-y\,dx + 0) = -\oint_C y\,dx = \iint_B \left(0 - \dfrac{\partial(-y)}{\partial y}\right) dx\,dy = \iint_B dx\,dy = A(\mathcal{B})$

$\implies A(\mathcal{B}) = \dfrac{1}{2}\oint_C (x\,dy - y\,dx).$

8.3.5. $V_2 = \dfrac{x}{x^2+y^2}, V_1 = \dfrac{-y}{x^2+y^2} \implies \dfrac{\partial V_2}{\partial x} = \dfrac{x^2 + y^2 - x \cdot 2x}{(x^2+y^2)^2} = \dfrac{y^2 - x^2}{(x^2+y^2)^2},$

$\dfrac{\partial V_1}{\partial y} = -\dfrac{x^2 + y^2 - y \cdot 2y}{(x^2+y^2)^2} = \dfrac{y^2 - x^2}{(x^2+y^2)^2}$

$\implies \oint_C \dfrac{x\,dy - y\,dx}{x^2+y^2} = \iint_B \dfrac{y^2 - x^2 + x^2 - y^2}{(x^2+y^2)^2} dx\,dy = 0.$

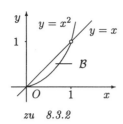
zu 8.3.2

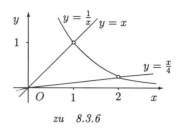
zu 8.3.6

8.3.6. Schnittpunkte : $(0,0), (2, \frac{1}{2}), (1,1)$

$$\Rightarrow A = \int_0^1 x\,dx + \int_1^2 \frac{dx}{x} - 2\frac{1}{2}\frac{1}{2} = \frac{1}{2} + \ln 2 - \frac{1}{2} = \ln 2,$$

$$x_S = \frac{1}{2A}\oint_C x^2\,dy = \frac{1}{2\ln 2}\left\{\int_0^2 x^2\frac{dx}{4} + \int_2^1 x^2\left(-\frac{dx}{x^2}\right) + \int_1^0 x^2\,dx\right\}$$

$$= \frac{1}{2\ln 2}\left\{\left[\frac{x^3}{12}\right]_0^2 + [x]_2^1 + \left[\frac{x^3}{3}\right]_1^0\right\} = \frac{1}{2\ln 2}\left(\frac{8}{12} + 2 - 1 - \frac{1}{3}\right) = \frac{1}{2\ln 2}\frac{4}{3} = \frac{2}{3\ln 2},$$

$$y_S = -\frac{1}{2A}\oint_C y^2\,dx = -\frac{1}{2\ln 2}\left\{\int_0^2 \frac{x^2}{16}\,dx + \int_2^1 \frac{1}{x^2}\,dx + \int_1^0 x^2\,dx\right\}$$

$$= -\frac{1}{2\ln 2}\left\{\left[\frac{x^3}{3\cdot 16}\right]_0^2 - \left[\frac{1}{x}\right]_2^1 - \left[\frac{x^3}{3}\right]_0^1\right\} = -\frac{1}{2\ln 2}\left(\frac{1}{6} - 1 + \frac{1}{2} - \frac{1}{3}\right)$$

$$= -\frac{1}{2\ln 2}\frac{1-6+3-2}{6} = \frac{4}{6}\frac{1}{2\ln 2} = \frac{1}{3\ln 2}.$$

Der Satz von Stokes

8.4.1. Wegen $\vec{i}\times\vec{i} = \vec{j}\times\vec{j} = \vec{k}\times\vec{k} = \vec{0}$ und $\vec{i}\times\vec{j} = -(\vec{j}\times\vec{i}) = \vec{k}, \vec{i}\times\vec{k} = -(\vec{k}\times\vec{i}) = -\vec{j}, \vec{j}\times\vec{k} = -(\vec{k}\times\vec{j}) = \vec{i}$

$$\Rightarrow \vec{i}\times\frac{\partial\vec{V}}{\partial x} + \vec{j}\times\frac{\partial\vec{V}}{\partial y} + \vec{k}\times\frac{\partial\vec{V}}{\partial z} = \frac{\partial V_2}{\partial x}\vec{k} - \frac{\partial V_3}{\partial x}\vec{j} - \frac{\partial V_1}{\partial y}\vec{k} + \frac{\partial V_3}{\partial y}\vec{i} + \frac{\partial V_1}{\partial z}\vec{j} - \frac{\partial V_2}{\partial z}\vec{i}$$

$$= \left(\frac{\partial V_3}{\partial y} - \frac{\partial V_2}{\partial z}, \frac{\partial V_1}{\partial z} - \frac{\partial V_3}{\partial x}, \frac{\partial V_2}{\partial x} - \frac{\partial V_1}{\partial y}\right) = \operatorname{rot}\vec{V}.$$

8.4.2. $\operatorname{rot}\vec{V} = \operatorname{rot}(\Phi\operatorname{grad}\Psi) = \vec{\nabla}\times(\Phi\vec{\nabla}\Psi) = \vec{\nabla}\Phi\times\vec{\nabla}\Psi + \Phi\vec{\nabla}\times(\vec{\nabla}\Psi)$

$= \operatorname{grad}\Phi\times\operatorname{grad}\Psi + \Phi\operatorname{rot}\operatorname{grad}\Psi = \operatorname{grad}\Phi\times\operatorname{grad}\Psi$

$$\Rightarrow \iint_\sigma \operatorname{rot}\vec{V}\,d\vec{\sigma} = \iint_\sigma (\operatorname{grad}\Phi\times\operatorname{grad}\Psi)d\vec{\sigma} = \oint_C \vec{V}\,d\vec{r} = \oint_C \Phi\operatorname{grad}\Psi\,d\vec{r} = \oint_C \Phi\,d\Psi.$$

8.4.3. a) $\operatorname{rot}\vec{V} = \begin{vmatrix} \vec{i} & \vec{j} & \vec{k} \\ \frac{\partial}{\partial x} & \frac{\partial}{\partial y} & \frac{\partial}{\partial z} \\ -y & yz^2 & y^2 z \end{vmatrix} = (2yz - 2yz, 0, 1) = (0,0,1),$

$\vec{N} = \frac{\vec{r}}{r} \Rightarrow \vec{N}\operatorname{rot}\vec{V} = (0,0,1)\frac{\vec{r}}{r} = \frac{z}{r} = \cos\vartheta,\ d\sigma = \sin\vartheta \Rightarrow$

$$\iint_B \operatorname{rot}\vec{V}\,d\vec{\sigma} = \int_0^{2\pi}\int_0^{\pi/2} \sin\vartheta\cos\vartheta\,d\vartheta d\varphi = \frac{2\pi}{2}\int_0^{\pi/2} \sin 2\vartheta\,d\vartheta = \pi\left[-\frac{1}{2}\cos 2\vartheta\right]_0^{\pi/2} = \pi.$$

b) C ist der Einheitskreis mit der Parameterdarstellung $\vec{r}(\varphi) = (\cos\varphi, \sin\varphi, 0)$

$$\Rightarrow \quad \oint_C \vec{V}\,d\vec{r} = \int_0^{2\pi}(-\sin\varphi,0,0)(-\sin\varphi,\cos\varphi,0)d\varphi = \int_0^{2\pi}\sin^2\varphi\,d\varphi = \pi.$$

8.4.4. $\oint_C \vec{V}\,d\vec{r} = \int_0^{2\pi}(x_0, -z_0 - R\cos\varphi, y_0 + R\sin\varphi)(0, R\cos\varphi, -R\sin\varphi)d\varphi$

$$= \int_0^{2\pi}(-z_0 R\cos\varphi - R^2\cos^2\varphi - y_0 R\sin\varphi = -R^2\sin^2\varphi)d\varphi$$

$$= -R^2 \int_0^{2\pi} d\varphi = 2\pi R^2 = -2A$$

$$\Rightarrow \quad \frac{1}{A}\lim_{A\to 0}\oint_C \vec{V}\,d\vec{r} = \lim_{A\to 0}\frac{1}{A}(-2A) = -2. \quad \text{Der Kreis liegt in der } y,z\text{-Ebene}$$

$$\Rightarrow \quad \vec{N} = -\vec{i} \quad \Rightarrow \quad \vec{N}\,\text{rot}\,\vec{V}\Big|_{P_0} = -\vec{i}\,\text{rot}\,\vec{V}\Big|_{P_0} = -\left(\frac{\partial V_3}{\partial y} - \frac{\partial V_2}{\partial z}\right) = -2.$$

8.4.5. a) Sei rot $\vec{V} = \vec{0}$ $\Rightarrow$ $\iint_B \text{rot}\,\vec{V}\,d\vec{\sigma} = \oint_C \vec{V}\,d\vec{r} = 0.$

b) Sei $\oint_C \vec{V}\,d\vec{r} = 0$ längs jeder geschlossenen Kurve C und rot $\vec{V} \neq \vec{0}$ in einem Punkt P. Wenn rot $\vec{V}$ stetig ist, gibt es eine Umgebung von $P \in B$, in der rot $\vec{V} \neq \vec{0}$. In dieser Umgebung denke man sich eine ebene Fläche σ mit Rand C, die also P enthält und deren Normale $\vec{N}$ parallel zu rot $\vec{V}$ ist.

$$\Rightarrow \quad \oint_{C_1} \vec{V}\,d\vec{r} = \iint_\sigma \text{rot}\,\vec{V}\,\vec{N}\,d\sigma = \alpha \iint_\sigma \vec{N}\vec{N}\,d\sigma = \alpha A(\sigma) > 0$$

$$\Rightarrow \quad \text{Widerspruch zu} \oint_C \vec{V}\,d\vec{r} = 0 \quad \Rightarrow \quad \text{rot}\,\vec{V} = \vec{0} \quad \text{überall}.$$

8.4.6. Nach der Rechenregel 5 in 3.4 gilt für ein kugelsymmetrisches Feld rot $\vec{V} = \vec{0}$

$$\Rightarrow \quad \oint_C \vec{V}\,d\vec{r} = \iint_B \text{rot}\,\vec{V}\,d\vec{\sigma} = 0.$$

8.4.7. a) $\text{rot}\,\vec{V} = \begin{vmatrix} \vec{i} & \vec{j} & \vec{k} \\ \frac{\partial}{\partial x} & \frac{\partial}{\partial y} & \frac{\partial}{\partial z} \\ z & x & y \end{vmatrix} = (1,1,1).$ Damit gilt

$$\iint_{B_1} \text{rot}\,\vec{V}\,d\vec{\sigma} = \int_0^1\int_0^{1-x}(1,1,1)(0,1,0)dz\,dx = \int_0^1\int_0^{1-x} dz\,dx$$

$$= \int_0^1 (1-x)dx = \left[x - \frac{x^2}{2}\right]_0^1 = \frac{1}{2},$$

$$\iint_{B_2} \text{rot}\,\vec{V}\,d\vec{\sigma} = \int_0^1\int_0^{1-x}(1,1,1)(0,0,1)dy\,dx = \int_0^1\int_0^{1-x} dy\,dx = \int_0^1(1-x)dx$$

$$= \left[x - \frac{x^2}{2}\right]_0^1 = \frac{1}{2}$$

$$\Longrightarrow \iint_{\mathcal{B}} \operatorname{rot} \vec{V}\, d\vec{\sigma} = \iint_{\mathcal{B}_1} \operatorname{rot} \vec{V}\, d\vec{\sigma} + \iint_{\mathcal{B}_2} \operatorname{rot} \vec{V}\, d\vec{\sigma} = \frac{1}{2} + \frac{1}{2} = 1.$$

b) $\mathcal{C}_1: \quad \vec{r}(t) = (0,0,t), 0 \le t \le 1,$
   $\mathcal{C}_2: \quad \vec{r}(t) = (t,0,1-t), 0 \le t \le 1,$
   $\mathcal{C}_3: \quad \vec{r}(t) = (1-t,t,0), 0 \le t \le 1,$
   $\mathcal{C}_4: \quad \vec{r}(t) = (0,1-t,0), 0 \le t \le 1.$ Also gilt

$$\oint_{\mathcal{C}} \vec{V}\, d\vec{r} = \bigcup_{i=1}^{4} \oint_{\mathcal{C}_i} \vec{V}\, d\vec{r}$$
$$= \int_0^1 \{(t,0,0)(0,0,1) + (1-t,t,0)(1,0,-1) + (0,1-t,t)(-1,1,0)$$
$$+ (0,0,1-t)(0,-1,0)\}\, dt$$
$$= \int_0^1 (0+1-t+1-t+0)dt = 2\int_0^1 (1-t)dt = 2\left[t - \frac{t^2}{2}\right]_0^1 = 2\frac{1}{2} = 1.$$

2.2 Teil II: Komplexe Analysis

2.2.1 Funktionen einer komplexen Variablen

1.1. Sei z beliebiger Randpunkt von $\mathbf{C} \setminus \mathcal{M}$. Annahme: $z \in \mathcal{M}$. $\mathcal{M}$ ist ein Gebiet, also offen, d.h., es gibt eine Kreisscheibe $\mathcal{K}_r(z) \subset \mathcal{M}$ mit Mittelpunkt z und Radius $r > 0$. In $\mathcal{K}_r(z)$ liegen keine Punkte von $\mathbf{C} \setminus \mathcal{M}$, d.h., z ist kein Randpunkt $\Longrightarrow$ Widerspruch. Daher liegen alle Randpunkte von $\mathbf{C} \setminus \mathcal{M}$ in $\mathbf{C} \setminus \mathcal{M}$, d.h., $\mathbf{C} \setminus \mathcal{M}$ ist abgeschlossen.
$\mathbf{C} \setminus \mathcal{M}$ ist i.allg. nicht zusammenhängend. Beispiel: $\mathcal{M} = \{z = x + iy | 1 < |x| < 2\}$.

1.2. Annahme: $\mathbf{C} \setminus \mathcal{M}$ ist nicht offen. Dann gibt es ein $z \in \mathbf{C} \setminus \mathcal{M}$, so daß keine Kreisscheibe $\mathcal{K}_r(z)$ mit Mittelpunkt z und Radius $r > 0$ ganz in $\mathbf{C} \setminus \mathcal{M}$ liegt. In jeder dieser $\mathcal{K}_r(z)$ liegen also Punkte aus $\mathcal{M}$. Andererseits enthält jedes $\mathcal{K}_r(z)$ auch Punkte von $\mathbf{C} \setminus \mathcal{M}$, z.B. z, d.h., z ist Randpunkt von $\mathcal{M}$. $\mathcal{M}$ ist abgeschlossen, also $z \in \mathcal{M} \Longrightarrow$ Widerspruch zu $z \in \mathbf{C} \setminus \mathcal{M}$.
$\mathcal{M} = \{z | 1 \le |z| \le 2\}$ ist ein Bereich, $\mathbf{C} \setminus \mathcal{M}$ ist nicht zusammenhängend.

1.3. Es seien $\{\mathcal{M}_i | i \in I\}$ (mit einer geeigneten Indexmenge I) die vorgegebenen Gebiete und $\mathcal{M} := \bigcup_{i \in I} \mathcal{M}_i$. Sei $z \in \mathcal{M}$ beliebig. Dann liegt z in einer der Mengen, d.h., es gibt ein $i_0 \in I$ mit $z \in \mathcal{M}_{i_0}$. $\mathcal{M}_{i_0}$ ist offen, d.h., es gibt eine Kreisscheibe $\mathcal{K}_r(z)$ mit Mittelpunkt z und Radius $r > 0$ und $\mathcal{K}_r(z) \subset \mathcal{M}_{i_0}$. Wegen $\mathcal{M}_{i_0} \subset \mathcal{M}$ gilt $\mathcal{K}_r(z) \subset \mathcal{M}$, also ist $\mathcal{M}$ offen.
$\mathcal{K}_1(-2) \cup \mathcal{K}_1(2)$ ist nicht zusammenhängend.

1.4. Die punktierte Kreisscheibe $\mathcal{G} = \{z | 0 < |z| < 1\}$ ist ein Gebiet.
Ihr Rand $\partial \mathcal{G} = \{z | |z| = 1\} \cup \{0\}$ ist nicht zusammenhängend, denn es gibt keinen ganz in $\partial \mathcal{G}$ verlaufenden Polygonzug von 0 zu irgendeinem Punkt von $\{z | |z| = 1\}$.

1.5. $w = u + iv = z^2 = (x^2 - y^2) + 2ixy$.

$\{(x,y) \in \mathbf{R}^2 | x^2 - y^2 = c_1\}$ beschreibt für $c_1 = 0$ das Geradenpaar $y = \pm x$
und für $c_1 \ne 0$ die achsensymmetrische Hyperbel mit Asymptoten $y = \pm x$ und Scheiteln in $(\pm\sqrt{c_1}, 0)$, falls $c_1 > 0$, bzw. $(0, \pm\sqrt{-c_1})$, falls $c_1 < 0$.

$\{(x,y) \in \mathbf{R}^2 | 2xy = c_2\}$ beschreibt für $c_2 = 0$ das Koordinatenachsenpaar $x = 0, y = 0$
und für $c_2 \ne 0$ die bzgl. der Geraden $y = \pm x$ symmetrische Hyperbel mit den Koordinatenachsen als Asymptoten und Scheiteln in $\pm(\sqrt{c_2/2}, \sqrt{c_2/2})$, falls $c_2 > 0$, bzw. $\pm(\sqrt{-c_2/2}, \sqrt{-c_2/2})$, falls $c_2 < 0$. (Siehe Beispiel 2.12.)

1.6. $z = 0 \implies w = 0$. Sei $z \neq 0$, $z = re^{i(\varphi+2k\pi)}$ mit $r > 0$ und beliebigem $k \in \mathbb{Z}$. Dann ist

$$w = \sqrt[3]{z} = \sqrt[3]{r}e^{i(\varphi+2k\pi)/3} \quad \text{mit bel. } k \in \mathbb{Z}.$$

Verschiedene Werte ergeben sich nur, wenn für die zugehörigen Werte k_1, k_2 die Differenz $k_1 - k_2$ nicht teilbar durch 3 ist, also für $k = 0, 1, 2$.
$f(w) = w^3$ bildet jeden Sektor $\{w = \rho e^{i\theta} \in \mathbb{C}|\theta_0 < \theta < \theta_0 + 2\pi/3\}$ auf eine geschlitzte Ebene $\mathbb{C} \setminus \{z = x | x < 0\}$ ab. Damit folgt: $w = \sqrt[3]{z}$ hat den Hauptzweig $\mathcal{M}_2 = \{\rho e^{i\theta}| |\theta| < \pi/3\}$ und die Nebenzweige $\mathcal{M}_1 = \{\rho e^{i\theta}| -\pi < \theta < -\pi/3\}$ und $\mathcal{M}_3 = \{\rho e^{i\theta}| \pi/3 < \theta < \pi\}$. Die Riemannsche Fläche besteht aus 3 Blättern, die längs der negativen reellen Achse miteinander verheftet werden.

1.7. $c = 0$: $|c| + |d| > 0 \implies d \neq 0$, d.h., f ist in $\mathbb{C}$ definiert.

$$ad - bc = 0 \implies ad = 0 \implies a = 0 \implies f(z) = \frac{b}{d}.$$

$c \neq 0$: $z \neq -\frac{d}{c} \implies cz + d \neq 0$, d.h., f ist in $\mathbb{C} \setminus \{-\frac{d}{c}\}$ definiert.

$$f(z) = \frac{az+b}{cz+d} = \frac{\frac{a}{c}(cz+d) - \frac{ad}{c} + b}{cz+d} = \frac{a}{c} - \frac{1}{c}\frac{ad-bc}{cz+d} = \frac{a}{c}.$$

1.8. $z = -i$ ist die einzige Nullstelle des Nenners $\implies f$ in $\mathbb{C} \setminus \{-i\}$ definiert. Es gilt

$$x^2 + (y-1)^2 < x^2 + (y+1)^2 \iff 0 < y,$$

d.h., für $z = x + iy$ mit $y > 0$

$$|f(z)|^2 = \left|\frac{z-i}{z+i}\right|^2 = \frac{x^2 + (y-1)^2}{x^2 + (y+1)^2} < 1,$$

d.h., $f(z)$ liegt im Einheitskreis.
Sei $w = u + iv \in \mathbb{C}$ mit $|w| < 1$, d.h. $u^2 + v^2 < 1$. Durch Auflösen der Gleichung

$$w = f(z) = \frac{z-i}{z+i}$$

ergibt sich für $w \neq 1$ die Umkehrfunktion

$$z = -\frac{i(w+1)}{w-1} = \frac{-2v}{(u-1)^2 + v^2} + i\frac{1-(u^2+v^2)}{(u-1)^2 + v^2}.$$

Das Urbild von w mit $|w| < 1$ hat damit den Imaginärteil

$$y = \frac{1-(u^2+v^2)}{(u-1)^2 + v^2} > 0,$$

liegt also in der oberen z-Halbebene, und f bildet die obere z-Halbebene auf die offene Einheitskreisscheibe ab.

1.9. $|e^z| = |e^{x+iy}| = e^x\sqrt{\cos^2 y + \sin^2 y} = e^x > 0$ für alle $z \in \mathbb{C}$. Damit $e^z \neq 0$ und $|e^{iy}| = 1$.

1.10. Für $r > 0$, $-\pi < \varphi \leq \pi$, ist $\operatorname{Ln}(re^{i\varphi}) = \ln r + i\varphi$.

Reelle Achse ohne Nullpunkt: $z = x = |x|e^{i\varphi}$ mit $\varphi = \begin{cases} 0 & \text{falls } x > 0 \\ \pi & \text{falls } x < 0 \end{cases}$. Die positive x-Achse wird auf die u-Achse und die negative x-Achse auf die Parallele $\{u + i\pi | u \in \mathbb{R}\}$ abgebildet.

Imaginäre Achse ohne Nullpunkt: $z = iy = |y|e^{i\varphi}$ mit $\varphi = \begin{cases} \frac{\pi}{2} & \text{falls } y > 0 \\ -\frac{\pi}{2} & \text{falls } y < 0 \end{cases}$. Die positive y-Achse wird auf die Parallele $\{u + i\frac{\pi}{2} | u \in \mathbb{R}\}$ zur u-Achse und die negative y-Achse auf die Parallele $\{u - i\frac{\pi}{2} | u \in \mathbb{R}\}$ abgebildet.

1.11. Mit $\cos(-y) = \cos y$, $\sin(-y) = -\sin y$ folgt
$$\overline{e^z} = \overline{e^{x+iy}} = \overline{e^x e^{iy}} = \overline{e^x(\cos y + i\sin y)} = e^x(\cos y - i\sin y)$$
$$= e^x\bigl(\cos(-y) + i\sin(-y)\bigr) = e^{x-iy} = e^{\overline{z}},$$
$$\frac{1}{e^z} = \frac{1}{e^x(\cos y + i\sin y)} = e^{-x}\frac{\cos y - i\sin y}{\cos^2 y + \sin^2 y} = e^{-x}e^{-iy} = e^{-z}.$$

1.12. Mit der Definition des Cauchy-Produktes von Potenzreihen ergibt sich
$$\sin z_1 \cos z_2 + \cos z_1 \sin z_2 = \sum_{i=0}^{\infty}\frac{(-1)^i z_1^{2i+1}}{(2i+1)!}\sum_{j=0}^{\infty}\frac{(-1)^j z_2^{2j}}{(2j)!} + \sum_{i=0}^{\infty}\frac{(-1)^i z_1^{2i}}{(2i)!}\sum_{j=0}^{\infty}\frac{(-1)^j z_2^{2j+1}}{(2j+1)!}$$
$$= \sum_{k=0}^{\infty}\sum_{l=0}^{k}\frac{(-1)^l z_1^{2l+1}}{(2l+1)!}\frac{(-1)^{k-l} z_2^{2(k-l)}}{(2(k-l))!} + \sum_{k=0}^{\infty}\sum_{l=0}^{k}\frac{(-1)^l z_1^{2l}}{(2l)!}\frac{(-1)^{k-l} z_2^{2(k-l)+1}}{(2(k-l)+1)!}$$
$$= \sum_{k=0}^{\infty}(-1)^k\sum_{l=0}^{2k+1}\frac{z_1^l}{l!}\frac{z_2^{2k+1-l}}{(2k+1-l)!} = \sum_{k=0}^{\infty}\frac{(-1)^k}{(2k+1)!}\sum_{l=0}^{2k+1}\frac{(2k+1)!}{l!(2k+1-l)!}z_1^l z_2^{2k+1-l}$$

und mit dem binomischen Lehrsatz
$$\sin z_1 \cos z_2 + \cos z_1 \sin z_2 = \sum_{k=0}^{\infty}\frac{(-1)^k}{(2k+1)!}(z_1+z_2)^{2k+1} = \sin(z_1+z_2).$$

Die Gleichungen
$$\cos(z_1+z_2) = \cos z_1 \cos z_2 - \sin z_1 \sin z_2 \quad \text{und} \quad \sin^2 z + \cos^2 z = 1$$
folgen analog.

Aus der Potenzreihendarstellung der hyperbolischen Funktionen erhält man
$$\sinh z = -i\sin(iz) \quad \text{und} \quad \cosh z = \cos(iz)$$
und damit die Additionstheoreme für die hyperbolischen Funktionen.

1.13. Für jede Nullstelle z der Kosinusfunktion gilt
$$\cos z = 0 \implies \cos(x+iy) = 0 \implies \cos x \cos(iy) - \sin x \sin(iy) = 0$$
$$\implies \cos x \cosh y - i\sin x \sinh y = 0$$
$$\implies \cos x \cosh y = 0 \land \sin x \sinh y = 0.$$

$$\cosh y > 0 \implies \cos x = 0 \implies x = \frac{2k+1}{2}\pi, \quad k \in \mathbf{Z}, \implies \sin x = \pm 1$$
$$\implies \sinh y = 0 \implies y = 0 \implies z = \frac{2k+1}{2}\pi \in \mathbf{R}.$$

Für jede Nullstelle z der Sinusfunktion gilt
$$\sin z = 0 \implies \sin x \cosh y + i\cos x \sinh y = 0 \implies \sin x \cosh y = 0 \land \cos x \sinh y = 0,$$
und wegen $\cosh y > 0$ ist
$$\sin x = 0 \implies x = k\pi, \quad k \in \mathbf{Z}, \implies \cos x = \pm 1 \implies \sinh y = 0 \implies y = 0,$$
d.h., $z = k\pi \in \mathbf{R}$.

1.14. Aus $\quad 100 = \sin z = \sin(x+iy) = \sin x \cosh y + i\cos x \sinh y$
folgt $\cos x \sinh y = 0$, d.h., $x = \frac{2k+1}{2}\pi$, $k \in \mathbf{Z}$, oder $y = 0$.
Angenommen, $y = 0$. Dann ist $\cosh y = 1$, also $\sin x = 100 \implies$ Widerspruch.
Daher ist $x = \frac{2k+1}{2}\pi$, also $\sin x = (-1)^k$ bzw. $(-1)^k \cosh y = 100$. Wegen $\cosh y > 0$ und $100 > 0$ ist k gerade und $y = \operatorname{arcosh} 100$, d.h.,
$$z = \frac{4n+1}{2}\pi + i\operatorname{arcosh} 100, \quad n \in \mathbf{Z}.$$

2.2.2 Differentiation

2.1. (a) Für bel. $\epsilon > 0$, $z, z_0 \in \mathbf{C}$ mit $|z - z_0| < \delta := \epsilon$ gilt
$$|f(z) - f(z_0)| = |\overline{z} - \overline{z_0}| = |\overline{z - z_0}| = |z - z_0| < \epsilon,$$
d.h., $f(z)$ ist stetig in $\mathbf{C}$.

(b)+(c) Sei $z_0 \in \mathbf{C}$ beliebig.
$$z_n = z_0 + \frac{1}{n} \implies \frac{f(z_n) - f(z_0)}{z_n - z_0} = \frac{1/n}{1/n} = 1,$$
$$z_n = z_0 + \frac{i}{n} \implies \frac{f(z_n) - f(z_0)}{z_n - z_0} = \frac{-i/n}{i/n} = -1,$$
d.h., der Differentialquotient existiert nicht. $f(z)$ ist in keinem $z_0 \in \mathbf{C}$ differenzierbar und in keinem Gebiet $\mathcal{G} \subset \mathbf{C}$ holomorph.

2.2. (a) $f(z)$ ist holomorph in jedem Gebiet $\mathcal{G} \subset \mathbf{C}$ mit $0 \notin \mathcal{G}$ (Quotientenregel) und $f'(z) = -\frac{1}{z^2}$. $z_0 = 0$ ist Singularität.

(b) $f(z) = u(x,y) + iv(x,y)$ mit $u(x,y) = x$ und $v(x,y) \equiv 0$. Damit gilt $u_x \equiv 1$ und $v_y \equiv 0$, d.h., die erste Cauchy-Riemannsche Dgl. gilt in keinem Gebiet $\mathcal{G} \subset \mathbf{C}$, und daher ist $f(z)$ in keinem Gebiet $\mathcal{G} \subset \mathbf{C}$ holomorph. Jedes $z_0 \in \mathbf{C}$ ist Singularität.

(c) Zähler und Nenner sind Polynome, also in $\mathbf{C}$ holomorph. Daher ist $f(z)$ in jedem Gebiet $\mathcal{G} \subset \mathbf{C}$ mit $1 \notin \mathcal{G}$ holomorph (Quotientenregel). $f'(z) = \frac{2}{(1-z)^2}$, und $z = 1$ ist die einzige Singularität.

(d) Die Funktion $k(z) := z^2$ ist in $\mathbf{C}$ holomorph. Ist $h(z)$ der Hauptzweig der Wurzelfunktion, dann ist $h(z)$ eindeutige Umkehrfunktion von $k(z)$, d.h., $h(z)$ ist holomorph in jedem Gebiet, das nicht die Nullstelle 0 von $k'(z)$ enthält mit $h'(z) = \frac{1}{2\sqrt{z}}$. $g(z) := 1 + z^2$ ist als Polynom holomorph in $\mathbf{C}$, und damit ist $f(z) = h(z) \circ g(z)$ holomorph in jedem Gebiet $\mathcal{G} \subset \mathbf{C}$, das kein z_0 mit $1 + z_0^2 = 0$ enthält. $f'(z) = h'(g(z)) \cdot g'(z) = \frac{z}{\sqrt{1+z^2}}$, und $z = \pm i$ sind die einzigen Singularitäten.

2.3. Jeder Zweig von $f(z) = \ln z$ ist eine eindeutige Umkehrfunktion von e^z. Mit $(e^z)' = e^z$ und der Regel für die Ableitung der Umkehrfunktion gilt für $z \neq 0$
$$f'(z) = \frac{1}{e^{\ln z}} = \frac{1}{z}.$$
$f'(z)$ ist in $\mathbf{C} \setminus \{0\}$ stetig, d.h., $f(z)$ ist dort holomorph.

2.4. Für den Differenzenquotienten mit $z \neq 0$ gilt
$$\frac{f(z) - f(0)}{z - 0} = \frac{\frac{z^3}{|z|^2} - 0}{z - 0} = \frac{z^2}{|z|^2}.$$
Setzt man für z die Folgenglieder $z_n = \frac{1}{n}$ bzw. $z_n = \frac{i}{n}$ ein, dann erhält man die verschiedenen Grenzwerte 1 bzw. -1, d.h., $f(z)$ ist in $z_0 = 0$ nicht differenzierbar.

2.5. $f(z)$ ist in $z_0 = 0$ differenzierbar: Es gilt $\lim_{z \to 0} \frac{|z|^4 - 0}{z - 0} = \lim_{z \to 0} \frac{|z|}{z} \cdot |z|^3 = 0$, denn der erste Faktor ist beschränkt (sein Betrag ist immer 1) und der zweite Faktor geht gegen 0. Andererseits ist
$$u(x,y) := Re(f(x+iy)) = (x^2+y^2)^2 \quad \text{und} \quad v(x,y) := Im(f(x+iy)) \equiv 0.$$
Wegen
$$u_x = 4x(x^2+y^2), \quad u_y = 4y(x^2+y^2), \quad v_x = v_y \equiv 0,$$
gelten die Cauchy-Riemannschen Dgln. nur in $z_0 = 0$, also in keinem Gebiet in $\mathbf{C}$, d.h., $f(z)$ ist nicht holomorph.

2.6. Mit
$$u_x = e^x(x\cos y - y\sin y + \cos y), \qquad u_y = e^x(-x\sin y - \sin y - y\cos y),$$
$$u_{xx} = e^x(x\cos y - y\sin y + 2\cos y), \qquad u_{yy} = e^x(-x\cos y - 2\cos y + y\sin y)$$

folgt $\triangle u = 0$, d.h., $u(x,y)$ ist harmonisch. Aus der 1. Cauchy-Riemannschen Dgl. folgt
$$v(x,y) = \int u_x\, dy + \Phi(x) = e^x(x\sin y + y\cos y) + \Phi(x).$$

Aus
$$v_x(x,y) = e^x(x\sin y + y\cos y + \sin y) + \Phi'(x)$$

und der 2. Cauchy-Riemannschen Dgl. ergibt sich $\Phi'(x) = 0$, d.h., $\Phi(x) \equiv c \in \mathbf{R}$ und
$$\begin{aligned}f(z) = f(x+iy) &= u(x,y) + iv(x,y) \\ &= e^x(x\cos y - y\sin y) + ie^x(x\sin y + y\cos y) + ic \\ &= e^x x(\cos y + i\sin y) + e^x y(i\cos y - \sin y) + ic \\ &= e^x(\cos y + i\sin y)(x+iy) + ic = ze^z + ic.\end{aligned}$$

2.7. Mit
$$v_x = \cosh x\cos y, \qquad v_y = -\sinh x\sin y,$$
$$v_{xx} = \sinh x\cos y, \qquad v_{yy} = -\sinh x\cos y$$

folgt $\triangle v = 0$, d.h., $v(x,y)$ ist harmonisch. Aus der 1. Cauchy-Riemannschen Dgl. folgt
$$u(x,y) = \int v_y\, dx + \Phi(y) = -\cosh x\sin y + \Phi(y).$$

Aus
$$u_y(x,y) = -\cosh x\cos y + \Phi'(y)$$

und der 2. Cauchy-Riemannschen Dgl. ergibt sich $\Phi'(y) = 0$, d.h., $\Phi(y) \equiv c \in \mathbf{R}$ und
$$f(z) = f(x+iy) = u(x,y) + iv(x,y) = -\cosh x\sin y + i\sinh x\cos y + c = i\sinh z + c.$$

Mit $\quad 0 = f(i\pi/2) = i\sinh(i\pi/2) + c = -\sin(\pi/2) + c = -1 + c \quad$ folgt $\quad c = 1$.

2.8. Sei $\quad f(x+iy) = u(x,y) + iv(x,y), \quad g(x,y) := |f(x+iy)|^2 = u^2 + v^2.\quad$ Dann gilt
$$g_x = 2uu_x + 2vv_x, \qquad g_y = 2uu_y + 2vv_y,$$
$$g_{xx} = 2u_x^2 + 2uu_{xx} + 2v_x^2 + 2vv_{xx}, \qquad g_{yy} = 2u_y^2 + 2uu_{yy} + 2v_y^2 + 2vv_{yy},$$

also
$$\triangle g = 2(u_x^2 + u_y^2) + 2(v_x^2 + v_y^2) + 2u\triangle u + 2v\triangle v.$$

Da $u(x,y)$ und $v(x,y)$ harmonisch sind, ist $\triangle u = \triangle v = 0$. Aus den Cauchy-Riemannschen Dgln. folgt $u_x^2 = v_y^2$ und $u_y^2 = v_x^2$ und mit $f'(z) = u_x + iv_x$ die Behauptung
$$\triangle g = 4(u_x^2 + v_x^2) = 4|f'(x+iy)|^2.$$

2.9. Mit $\quad x = r\cos\varphi,\ y = r\sin\varphi\ $ folgt
$$rU_r = r\frac{\partial}{\partial r}\big[u(x(r,\varphi), y(r,\varphi))\big] = r(u_x x_r + u_y y_r) = u_x r\cos\varphi + u_y r\sin\varphi,$$
$$V_\varphi = \frac{\partial}{\partial\varphi}\big[v(x(r,\varphi), y(r,\varphi))\big] = v_x x_\varphi + v_y y_\varphi = v_x(-r\sin\varphi) + v_y r\cos\varphi,$$
$$U_\varphi = \frac{\partial}{\partial\varphi}\big[u(x(r,\varphi), y(r,\varphi))\big] = u_x x_\varphi + u_y y_\varphi = u_x(-r\sin\varphi) + u_y r\cos\varphi,$$
$$rV_r = r\frac{\partial}{\partial r}\big[v(x(r,\varphi), y(r,\varphi))\big] = r(v_x x_r + v_y y_r) = v_x r\cos\varphi + v_y r\sin\varphi.$$

Mit $u_x = v_y$, $u_y = -v_x$ folgt $rU_r = V_\varphi$ und $rV_r = -U_\varphi$.
Analog folgen mit $\rho = \sqrt{u^2 + v^2}$, $\theta = \arctan \frac{v}{u}$

$$\frac{1}{\rho}\rho_x = \frac{1}{\rho}\frac{\partial}{\partial x}\sqrt{u^2(x,y) + v^2(x,y)} = \frac{1}{\rho}\frac{uu_x + vv_x}{\sqrt{u^2+v^2}} = \frac{uu_x + vv_x}{u^2+v^2},$$

$$\theta_y = \frac{\partial}{\partial y}\arctan\left(\frac{v(x,y)}{u(x,y)}\right) = \frac{1}{1+\frac{v^2}{u^2}}\frac{v_y u - vu_y}{u^2} = \frac{uv_y - vu_y}{u^2+v^2},$$

$$\frac{1}{\rho}\rho_y = \frac{uu_y + vv_y}{u^2+v^2}, \qquad \theta_x = \frac{uv_x - vu_x}{u^2+v^2}$$

die Gleichungen $\frac{1}{\rho}\rho_x = \theta_y$ und $\frac{1}{\rho}\rho_y = -\theta_x$ und mit $\rho^* = \sqrt{U^2+V^2}$, $\Theta = \arctan\frac{V}{U}$ und den Cauchy-Riemannschen Dgln. für $U(r,\varphi)$ und $V(r,\varphi)$, d.h. $rU_r = V_\varphi$, $U_\varphi = -rV_r$

$$\frac{r}{\rho^*}\rho_r^* = \frac{r}{\rho^*}\frac{\partial}{\partial r}\sqrt{U^2(r,\varphi) + V^2(r,\varphi)} = \frac{rUU_r + rVV_r}{U^2+V^2}, \qquad \Theta_\varphi = \frac{UV_\varphi - VU_\varphi}{U^2+V^2},$$

$$\frac{1}{\rho^*}\rho_\varphi^* = \frac{UU_\varphi + VV_\varphi}{U^2+V^2}, \qquad r\Theta_r = \frac{rUV_r - rVU_r}{U^2+V^2}$$

die Gleichungen $\frac{r}{\rho^*}\rho_r^* = \Theta_\varphi$ und $\frac{1}{\rho^*}\rho_\varphi^* = -r\Theta_r$.

2.10. Mit $f(z_0) = 0$, $g(z_0) = 0$ folgt

$$\frac{f'(z_0)}{g'(z_0)} = \frac{\lim_{z\to z_0}\frac{f(z)-f(z_0)}{z-z_0}}{\lim_{z\to z_0}\frac{g(z)-g(z_0)}{z-z_0}} = \lim_{z\to z_0}\frac{\frac{f(z)-f(z_0)}{z-z_0}}{\frac{g(z)-g(z_0)}{z-z_0}} = \lim_{z\to z_0}\frac{f(z)-f(z_0)}{g(z)-g(z_0)} = \lim_{z\to z_0}\frac{f(z)}{g(z)}.$$

2.11. (a) $i^6 + 1 = 0$ und $i^2 + 1 = 0$. Mit (2.5) (Regel von l'Hospital) folgt

$$\lim_{z\to i}\frac{z^6+1}{z^2+1} = \lim_{z\to i}\frac{6z^5}{2z} = 3.$$

(b) $1 - \cos 0 = \sin 0 = 0$. Zweimalige Anwendung von (2.5) ergibt

$$\lim_{z\to 0}\frac{1-\cos z}{\sin(z^2)} = \lim_{z\to 0}\frac{\sin z}{2z\cos(z^2)} = \lim_{z\to 0}\frac{1}{2\cos(z^2)}\lim_{z\to 0}\frac{\sin z}{z} = \frac{1}{2}\lim_{z\to 0}\frac{\cos z}{1} = \frac{1}{2}.$$

(c) Sei $g(z) := \frac{1}{z^2}\mathrm{Ln}\left(\frac{\sin z}{z}\right)$.
An der Stelle $z = 0$ ist der Nenner 0, und es gilt $\lim_{z\to 0}\frac{\sin z}{z} = 1$, d.h. $\lim_{z\to 0}\mathrm{Ln}\left(\frac{\sin z}{z}\right) = 0$.
Dreimalige Anwendung von (2.5) ergibt

$$\lim_{z\to 0} g(z) = \lim_{z\to 0}\frac{\mathrm{Ln}\left(\frac{\sin z}{z}\right)}{z^2} = \lim_{z\to 0}\frac{z\cos z - \sin z}{2z^2\sin z} = \frac{1}{2}\lim_{z\to 0}\frac{\cos z - z\sin z - \cos z}{2z\sin z + z^2\cos z}$$

$$= -\frac{1}{2}\lim_{z\to 0}\frac{\sin z}{2\sin z + z\cos z} = -\frac{1}{2}\lim_{z\to 0}\frac{\cos z}{3\cos z - z\sin z} = -\frac{1}{6}.$$

$h(z) := e^z$ ist stetig in $\mathbb{C}$, und daher gilt

$$\lim_{z\to 0}\left(\frac{\sin z}{z}\right)^{1/z^2} = e^{\lim_{z\to 0} g(z)} = e^{-1/6}.$$

2.2.3 Integration

3.1. (a) $C: z(t) = t(1+i)$, $0 \le t \le 1$,

$\implies |z(t)| = t\sqrt{2}$, $dz = (1+i)\,dt$

$\implies I = \int_0^1 t\sqrt{2}(1+i)\,dt = \frac{1}{2}\sqrt{2}(1+i)$.

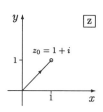

(b) $C = C_1 + C_2$ mit C_1: $z(t) = t$, $0 \leq t \leq \sqrt{2}$ $\implies$ $|z(t)| = t$, $dz = dt$,
C_2: $z(t) = \sqrt{2}e^{it}$, $0 \leq t \leq \pi/4$ $\implies$ $|z(t)| = \sqrt{2}$, $dz = \sqrt{2}ie^{it}\,dt$. Damit folgt

$$I_1 := \int_{C_1} |z|\,dz = \int_0^{\sqrt{2}} t\,dt = \frac{t^2}{2}\Big|_0^{\sqrt{2}} = 1,$$

$$I_2 := \int_{C_2} |z|\,dz = \int_0^{\pi/4} \sqrt{2}\sqrt{2}ie^{it}\,dt = \left[2e^{it}\right]_0^{\pi/4} = \sqrt{2}(1+i) - 2,$$

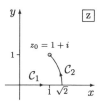

und $\qquad I = I_1 + I_2 = \sqrt{2}(1+i) - 1.$

3.2. $\operatorname{Re}(z(t)) = 2\cos t$, $dz = (-2\sin t + 3i\cos t)\,dt$ $\implies$

$$I = \int_0^{2\pi} 2\cos t(-2\sin t + 3i\cos t)\,dt = -4\int_0^{2\pi} \sin t \cos t\,dt + 6i\int_0^{2\pi} \cos^2 t\,dt.$$

Mit $\qquad 4\int_0^{2\pi} \sin t \cos t\,dt = 2\int_0^{2\pi} \sin(2t)\,dt = -\cos(2t)\Big|_0^{2\pi} = 0,$

$$6\int_0^{2\pi} \cos^2 t\,dt = 3\int_0^{2\pi} (1 + \cos(2t))\,dt = \left[3t + \frac{3}{2}\sin(2t)\right]_0^{2\pi} = 6\pi$$

folgt $\qquad I = 6\pi.$

3.3. (a) Parameterdarstellung $z(t) = -1 + t(2+i)$, $0 \leq t \leq 1$, $\implies$

$$I = \int_0^1 \cos\bigl(-1 + t(2+i)\bigr)(2+i)\,dt$$

$$= \sin\bigl(-1 + t(2+i)\bigr)\Big|_0^1 = \sin(1+i) + \sin 1.$$

Stammfunktion $F(z) = \sin z$ $\implies$

$$I = F(1+i) - F(-1) = \sin(1+i) - \sin(-1) = \sin(1+i) + \sin 1.$$

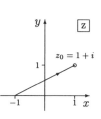

(b) Parameterdarstellung $z(t) = i + 2e^{it}$, $-\pi/2 \leq t \leq 0$,
$\implies$ $dz = 2ie^{it}\,dt$ und

$$f(z(t)) = z^2(t) + 1 = (i + 2e^{it})^2 + 1 = 4ie^{it} + 4e^{2it}.$$

Damit folgt

$$I = \int_{-\pi/2}^0 (-8e^{2it} + 8ie^{3it})\,dt = \left[4ie^{2it} + \frac{8}{3}e^{3it}\right]_{-\pi/2}^0 = \frac{8}{3}(1+2i).$$

Stammfunktion $F(z) = \frac{1}{3}z^3 + z$ $\implies$

$$I = F(2+i) - F(-i) = \frac{1}{3}(2+i)^3 + 2 + i - (\frac{i}{3} - i) = \frac{8}{3}(1+2i).$$

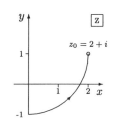

(c) Parameterdarstellung $z(t) = e^{it}$, $-\pi \leq t \leq 0$, $\implies$ $dz = ie^{it}\,dt$ und

$$f(z(t)) = \frac{\ln z(t)}{z(t)} = \frac{it}{e^{it}}.$$

Damit folgt
$$I = \int_{-\pi}^{0} \frac{it}{e^{it}} i e^{it}\, dt = -\frac{t^2}{2}\Big|_{-\pi}^{0} = \frac{\pi^2}{2}.$$

Stammfunktion (z.B.) $F(z) = \frac{1}{2} \mathrm{Ln}^2 z \quad \Longrightarrow$

$$I = F(1) - F(-1) = 0 - \frac{1}{2}(-i\pi)^2 = \frac{\pi^2}{2}.$$

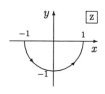

3.4. $C = C_1 + C_2$, dabei sei C_1: $z(t) = e^{2it} + i$, $-\pi/4 \le t \le 3\pi/4$ der positiv orientierte Kreis um $z_1 = i$ mit Radius 1 und
C_2: $z(t) = e^{-2it} - i$, $3\pi/4 \le t \le 7\pi/4$ der negativ orientierte Kreis um $z_2 = -i$ mit Radius 1.

Partialbruchzerlegung ergibt $f(z) = \dfrac{1}{z^2+1} = f_1(z) - f_2(z)$

mit $f_1(z) := \dfrac{1}{2i}\dfrac{1}{z-i}$ und $f_2(z) := \dfrac{1}{2i}\dfrac{1}{z+i}$.

$f_1(z)$ ist in $\mathbf{C} \setminus \{i\}$ holomorph, d.h., nach dem Cauchyschen Integralsatz folgt

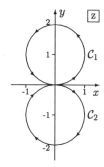

$$\oint_{C_2} f_1(z)\, dz = 0 \quad \text{und analog} \quad \oint_{C_1} f_2(z)\, dz = 0.$$

Nach Beispiel 3.3 gilt
$$\oint_{C_1} \frac{dz}{z-i} = 2\pi i = \oint_{-C_2} \frac{dz}{z+i} = -\oint_{C_2} \frac{dz}{z+i}$$

und damit

$$\oint_C \frac{dz}{z^2+1} = \oint_{C_1} f_1(z)\, dz + \oint_{C_2} f_1(z)\, dz - \oint_{C_1} f_2(z)\, dz - \oint_{C_2} f_2(z)\, dz = \frac{2\pi i}{2i} + \frac{2\pi i}{2i} = 2\pi.$$

3.5. $f(z)$ hat nur in $z_1 = 1$ und $z_2 = -1$ Singularitäten (und zwar Pole) und ist in $\mathbf{C} \setminus \{\pm 1\}$ holomorph. Sei $\mathcal{G}$ das Innengebiet von C und

$$I = \oint_C \frac{dz}{z^2-1}, \quad I_1 := \frac{1}{2}\oint_C \frac{dz}{z-1}, \quad I_2 := \frac{1}{2}\oint_C \frac{dz}{z+1} \quad \Longrightarrow \quad I = I_1 - I_2.$$

$z_1, z_2 \notin \mathcal{G} \quad \Longrightarrow \quad I = 0 \quad$ (Cauchyscher Integralsatz).

$z_1 \in \mathcal{G},\; z_2 \notin \mathcal{G} \quad \Longrightarrow \quad I_1 = \pi i \quad$ (siehe Beispiel 3.3) und $I_2 = 0$, also $I = \pi i$.

$z_1 \notin \mathcal{G},\; z_2 \in \mathcal{G} \quad \Longrightarrow \quad I_1 = 0,\; I_2 = \pi i \quad \Longrightarrow \quad I = -\pi i$.

$z_1, z_2 \in \mathcal{G} \quad \Longrightarrow \quad I_1 = I_2 = \pi i \quad \Longrightarrow \quad I = 0$.

3.6. (a) Partialbruchzerlegung ergibt $\quad \dfrac{2i \cosh z}{z^2+1} = \dfrac{\cosh z}{z-i} - \dfrac{\cosh z}{z+i}$.

Sei $I_1 = \displaystyle\oint_{|z|=2} \frac{\cosh z}{z-i}\, dz,\quad I_2 = \oint_{|z|=2} \frac{\cosh z}{z+i}\, dz,\;$ d.h., $\; I := \oint_{|z|=2} \frac{2i\cosh z}{z^2+i}\, dz = I_1 - I_2$.

$\cosh z$ ist holomorph innerhalb $|z| = 2$ und $z_{1,2} = \pm 1$ liegen innerhalb $|z| = 2$. Aus der Cauchyschen Integralformel folgt $\quad I_1 = 2\pi i \cosh i \;$ und $\; I_2 = 2\pi i \cosh(-i)$, d.h. $I = 0$.

(b) Partialbruchzerlegung ergibt

$$f(z) := \frac{3e^z}{z^2 - z - 2} = \frac{e^z}{z - 2} - \frac{e^z}{z + 1}.$$

Sei $C_r : |z - 1| = r$, $\mathcal{G}_r$ das Innengebiet von C_r, $z_1 = 2$, $z_2 = -1$ und $I := \oint_{C_r} f(z)\,dz = I_1 + I_2$

mit

$$I_1 := \oint_{C_r} \frac{e^z}{z - 2}\,dz, \quad I_2 := \oint_{C_r} \frac{e^z}{z + 1}\,dz.$$

$0 < r < 1$: $f(z)$ ist holomorph in $\mathcal{G}_r$, d.h. $I = 0$ (Cauchyscher Integralsatz).

$1 < r < 2$: $z_1 \in \mathcal{G}_r$, $z_2 \notin \mathcal{G}_r$ $\Longrightarrow$ $I_2 = 0$ und $I_1 = 2\pi i e^{z_1} = 2\pi i e^2$ (Cauchysche Integralformel), also $I = 2\pi i e^2$.

$2 < r$: $z_1, z_2 \in \mathcal{G}_r$ $\Longrightarrow$ $I_1 = 2\pi i e^{z_1} = 2\pi i e^2$, $I_2 = 2\pi i e^{z_2} = 2\pi i e^{-1}$ $\Longrightarrow$ $I = 2\pi i(e^2 - e^{-1})$.

3.7. Sei $C : |z| = 3$, $\mathcal{G}$ das Innengebiet von C, $z_0 = -1$, $f(z) = \cosh 2z$ und $I := \oint_C f(z)\,dz$.

Wegen $z_0 \in \mathcal{G}$ folgt aus (3.6) mit $k = 4$

$$I = \frac{2\pi i}{4!}\left(\cosh 2z\right)^{(4)}\bigg|_{z=z_0} = \frac{4\pi i}{3}\cosh(-2) = \frac{4\pi i}{3}\cosh 2.$$

2.2.4 Folgerungen aus den Integralsätzen

4.1. Die Funktionen sind holomorph und nicht konstant. Nach dem Maximumprinzip liegt das Maximum auf $\{z\,|\,|z| = 1\}$. Sei $z(t) = e^{it}$, $0 \leq t < 2\pi$.

(a) $f(z(t)) = e^{4it} + e^{2it} - 1 = \cos(4t) + i\sin(4t) + \cos(2t) + i\sin(2t) - 1$ $\Longrightarrow$
$|f(z(t))|^2 = 5 - 4\cos^2(2t)$. $|f(z)|$ ist also maximal für $\cos^2(2t) = 0$, d.h. für $t = (2k+1)\pi/4$, $k \in \mathbb{Z}$, und das Maximum ist $\sqrt{5}$.

(b) $f(z(t)) = e^{2it} - 3e^{it} + 2 = \cos(2t) + i\sin(2t) - 3\cos t - 3i\sin t + 2$ $\Longrightarrow$
$g(t) := |f(z(t))|^2 = 8\cos^2 t - 18\cos t + 10$.
$8x^2 - 18x + 10 = 8(x - \frac{9}{8})^2 - \frac{1}{8}$ ist eine Parabel mit Scheitel in $\frac{9}{8} > 1$, ist also monoton fallend in $[-1, 1]$, d.h., g ist maximal in $\cos t = -1$, und daher ist $|f(z)|$ maximal in $z = -1$ mit Maximum 6.

(c) $f(z(t)) = (e^{iz} + e^{-iz})/2 = (e^{i\cos t}e^{-\sin t} + e^{-i\cos t}e^{\sin t})/2 = e^{-i\cos t}(e^{2i\cos t}e^{-\sin t} + e^{\sin t})/2$.
Mit $e^{2i\cos t} = \cos(2\cos t) + i\sin(2\cos t)$ folgt

$$g(t) := 4|f(z(t))|^2 = \left(e^{-\sin t}\cos(2\cos t) + e^{\sin t}\right)^2 + e^{-2\sin t}\sin^2(2\cos t)$$
$$= e^{-2\sin t} + e^{2\sin t} + 2\cos(2\cos t) = 2\cosh(2\sin t) + 2\cos(2\cos t).$$

$0 \leq t \leq \pi/2$: $\sin t$ und $\cosh t$ sind monoton steigend, $\cos t$ ist monoton fallend, und damit ist $\cos(\cos t)$ monoton steigend, d.h. $g(t) \leq g(\pi/2)$.

$\pi/2 \leq t \leq \pi$: Für $t_1 := \pi - t$ gilt $0 \leq t_1 \leq \pi/2$, $\sin t = \sin t_1$, $\cos t = -\cos t_1$, d.h. $g(t) = g(t_1)$. g ist maximal für $t_1 = \pi/2$, also für $t = \pi/2$.

$\pi \leq t \leq 3\pi/2$: Für $t_1 := \pi + t$ gilt $0 \leq t_1 \leq \pi/2$, $\sin t = -\sin t_1$, $\cos t = -\cos t_1$, d.h. $g(t) = g(t_1)$. g ist maximal für $t_1 = \pi/2$, also für $t = 3\pi/2$.

$3\pi/2 \leq t \leq 2\pi$: Für $t_1 := 2\pi - t$ gilt $0 \leq t_1 \leq \pi/2$, $\sin t = -\sin t_1$, $\cos t = \cos t_1$, d.h. $g(t) = g(t_1)$. g ist maximal für $t_1 = \pi/2$, also für $t = 3\pi/2$.

Das Maximum von g bzw. von $|f|$ liegt bei $z = \pm i$, und das Maximum von $|f(z)|$ ist

$$|f(\pm i)| = \left|\frac{e^1 + e^{-1}}{2}\right| = \frac{1}{2}\left(e + \frac{1}{e}\right).$$

4.2. Wegen $f(z) \neq 0$ in $\mathcal{G}$ gilt $|f(z)| > 0$ in $\mathcal{G}$.

Gibt es ein $z_0 \in \partial \mathcal{G}$ mit $f(z_0) = 0$, dann ist dies das gesuchte Minimum auf dem Rand von $\mathcal{G}$.

Sei $f(z) \neq 0$ für alle $z \in \mathcal{G} \cup \partial \mathcal{G} = \overline{\mathcal{G}}$. Sei $g(z) := \frac{1}{f(z)}$. $|g(z)|$ ist in der kompakten (beschränkten und abgeschlossenen) Menge $\overline{\mathcal{G}}$ stetig, hat also in $\overline{\mathcal{G}}$ ein Maximum.

$g(z)$ ist holomorph in $\mathcal{G}$, d.h., nach dem Maximumprinzip ist $g(z)$ (und damit $f(z)$) konstant in $\mathcal{G}$, oder es gibt ein $z_0 \in \partial \mathcal{G}$ mit $|g(z)| < |g(z_0)|$ für alle $z \in \mathcal{G}$, d.h. $|f(z)| > |f(z_0)|$ für alle $z \in \mathcal{G}$.

4.3. Sei $R > |z_0|$ und $\mathcal{C}_R$ die Kurve, die sich aus dem Intervall $[-R, R]$ und dem Halbkreis $\mathcal{C}'_R$ in der oberen Halbebene um 0 mit Radius R zusammensetzt. $\overline{z_0}$ hat negativen Imaginärteil, liegt also nicht innerhalb $\mathcal{C}_R$. Nach dem Cauchyschen Integralsatz gilt

$$\frac{1}{2\pi i} \oint_{\mathcal{C}_R} \frac{f(z)}{z - \overline{z_0}} dz = 0.$$

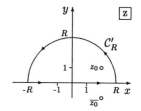

z_0 liegt innerhalb $\mathcal{C}_R$, d.h., nach der Cauchyschen Integralformel gilt

$$\frac{1}{2\pi i} \oint_{\mathcal{C}_R} \frac{f(z)}{z - z_0} dz = f(z_0).$$

Subtraktion ergibt mit $z_0 - \overline{z_0} = 2iy_0$, $z = x + iy$

$$f(x_0 + iy_0) = \frac{1}{2\pi i} \oint_{\mathcal{C}_R} \frac{f(z)(z_0 - \overline{z_0})}{(z - z_0)(z - \overline{z_0})} dz$$

$$= \frac{1}{\pi} \int_{-R}^{R} \frac{f(x) y_0}{(x - x_0)^2 + y_0^2} dx + \frac{1}{\pi} \int_{\mathcal{C}'_R} \frac{f(z) y_0}{(z - z_0)(z - \overline{z_0})} dz.$$

Für $R \geq 2|z_0|$, d.h. $(1 - |z_0|/R) \geq 1/2$, $(1 - |\overline{z_0}|/R) \geq 1/2$, und mit $M := \max\{|f(Re^{it})| \mid 0 \leq t \leq \pi\}$ gilt

$$\left|\int_{\mathcal{C}'_R} \frac{f(z) y_0 \, dz}{(z - z_0)(z - \overline{z_0})}\right| \leq y_0 \left|\int_0^{\pi} \frac{f(Re^{it}) Rie^{it} \, dt}{(Re^{it} - z_0)(Re^{it} - \overline{z_0})}\right|$$

$$\leq \frac{y_0}{R} \int_0^{\pi} \frac{|f(Re^{it})| \, dt}{(1 - |z_0|/R)(1 - |\overline{z_0}|/R)} \leq \frac{4 y_0 M \pi}{R} \xrightarrow{R \to \infty} 0.$$

4.4. Enthält das Gebiet $\mathcal{G}'$ aus Aufgabe 4.3 die abgeschlossene obere Halbebene mit Ausnahme des Nullpunktes, dann kann man den Weg $\mathcal{C}_R$ durch den Weg aus Beispiel 4.9 ersetzen. Das Integral über den kleinen Halbkreis mit Radius r geht ebenfalls für $r \to 0$ gegen Null, d.h., man erhält als Poisson-Formel

$$f(x_0 + iy_0) = \frac{1}{\pi} \int_{-\infty}^{0} \frac{f(x) y_0}{(x - x_0)^2 + y_0^2} dx + \frac{1}{\pi} \int_{0}^{\infty} \frac{f(x) y_0}{(x - x_0)^2 + y_0^2} dx.$$

Sei $u(x,y)$ die gesuchte Funktion, d.h. $u(x,0) = \begin{cases} 1 & \text{für } x > 0 \\ -1 & \text{für } x < 0 \end{cases}$. Mit $f(x) := u(x,0)$ ergibt sich

$$u(x_0, y_0) = \frac{1}{\pi} \int_{-\infty}^{0} \frac{u(x,0) y_0 \, dx}{(x-x_0)^2 + y_0^2} + \frac{1}{\pi} \int_{0}^{\infty} \frac{u(x,0) y_0 \, dx}{(x-x_0)^2 + y_0^2}$$

$$= \frac{1}{\pi} \int_{-\infty}^{0} \frac{-y_0 \, dx}{(x-x_0)^2 + y_0^2} + \frac{1}{\pi} \int_{0}^{\infty} \frac{y_0 \, dx}{(x-x_0)^2 + y_0^2}$$

und mit der Substitution $t := (x - x_0)/y_0$

$$u(x_0, y_0) = -\frac{1}{\pi} \int_{-\infty}^{-x_0/y_0} \frac{dt}{t^2 + 1} + \frac{1}{\pi} \int_{-x_0/y_0}^{\infty} \frac{dt}{t^2 + 1}$$

$$= \frac{1}{\pi} \Big(-\arctan t \Big|_{-\infty}^{-x_0/y_0} + \arctan t \Big|_{-x_0/y_0}^{\infty} \Big) = \frac{2}{\pi} \arctan \Big(\frac{x_0}{y_0} \Big).$$

4.5. $f(z) = z^2 - 4z + 3 \implies f'(z) = 2z - 4$ und

$$I := \frac{1}{2\pi i} \oint_{|z|=R} \frac{2z - 4}{z^2 - 4z + 3} \, dz = \frac{1}{2\pi i} \oint_{|z|=R} \frac{f'(z)}{f(z)} \, dz.$$

Ist N die Anzahl der Nullstellen, P die Anzahl der Pole von $f(z)$ innerhalb $|z| = R$, dann folgt aus dem Argumentensatz $I = N - P$.

$f(z)$ hat als Polynom keine Pole und Nullstellen in 1 und 3, d.h. $I = \begin{cases} 0 & \text{für } 0 < R < 1 \\ 1 & \text{für } 1 < R < 3 \\ 2 & \text{für } 3 < R < \infty \end{cases}$.

4.6. (a) $f(z) = \sin(\pi z)$ hat Nullstellen in $z_n = n$, $n \in \mathbb{Z}$, und keine Pole. Innerhalb $|z| = \pi$ liegen die sieben Nullstellen $-3, -2, -1, 0, 1, 2, 3$, d.h. $I = 2\pi i N = 14\pi i$.

(b) $f(z) = \cos(\pi z)$ hat Nullstellen in $z_n = (n+1)/2$, $n \in \mathbb{Z}$, und keine Pole. Innerhalb $|z| = \pi$ liegen die sechs Nullstellen $-\frac{5}{2}, -\frac{3}{2}, -\frac{1}{2}, \frac{1}{2}, \frac{3}{2}, \frac{5}{2}$, d.h. $I = 2\pi i N = 12\pi i$.

(c) $f(z) = \tan(\pi z)$ hat dieselben Nullstellen wie $\sin(\pi z)$ und Pole an den Nullstellen von $\cos(\pi z)$, d.h. $I = 2\pi i (N - P) = 14\pi i - 12\pi i = 2\pi i$.

4.7. Sei $p(z) = z^7 - 5z^3 + 12$, $f_1(z) := z^7$, $g_1(z) := 12 - 5z^3$. Für $|z| = 2$ gilt:

$$|g_1(z)| \leq 12 + 5 \cdot 2^3 = 52 < 128 = 2^7 = |f_1(z)|.$$

$f_1(z)$ hat in $z = 0$ eine 7-fache Nullstelle und sonst keine. $p(z)$ hat als Polynom vom Grad 7 höchstens 7 Nullstellen, d.h., nach dem Satz von Rouché liegen alle Nullstellen von $p(z) = f_1(z) + g_1(z)$ innerhalb $|z| = 2$.

Sei $f_2(z) := 12$, $g_2(z) := z^7 - 5z^3$. Für $|z| = 1$ gilt:

$$|g_2(z)| \leq 1^7 + 5 \cdot 1^3 = 6 < 12 = |f_2(z)|.$$

$f_2(z)$ hat keine Nullstelle, d.h., $p(z) = f_2(z) + g_2(z)$ hat keine Nullstellen innerhalb $|z| = 1$. Für $|z| = 1$ gilt $|z^7 - 5z^3 + 12| \geq 12 - 6 = 6 > 0$, d.h., $p(z)$ hat keine Nullstelle auf $|z| = 1$, und daher liegen alle Nullstellen von $p(z)$ in $1 < |z| < 2$.

4.8. Sei $f(z) := ez^n$, $g(z) := -e^z$. Für $|z| = 1$ gilt $|g(z)| = |e^{x+iy}| = e^x \leq e^1 = e \cdot 1^n = |f(z)|$.

$f(z)$ hat in $z = 0$ eine n-fache Nullstelle und sonst keine, d.h., nach dem Satz von Rouché hat $f(z) + g(z) = ez^n - e^z$ innerhalb $|z| = 1$ genau n Nullstellen.

4.9. (a) $f(x) = \dfrac{1}{1+x^4}$ ist eine gerade Funktion, d.h., es gilt $I := \displaystyle\int_0^\infty f(x)\,dx = \dfrac{1}{2}\int_{-\infty}^\infty f(x)\,dx$.

Die Singularitäten von $f(z)$ sind die einfachen Pole $z_{1,2} = (\pm 1 + i)/\sqrt{2}$ und $z_{3,4} = (\pm 1 - i)/\sqrt{2}$. In der oberen Halbebene liegen die Pole z_1 und z_2. Mit (4.1) und der Regel von l'Hospital folgt

$$\operatorname{Res} f\big|_{z=z_1} = \lim_{z\to z_1}\frac{z-z_1}{1+z^4} = \lim_{z\to z_1}\frac{1}{4z^3} = \frac{1}{4z_1^3} = \frac{\sqrt{2}(1-i)}{8i},$$

$$\operatorname{Res} f\big|_{z=z_2} = \lim_{z\to z_2}\frac{z-z_2}{1+z^4} = \lim_{z\to z_2}\frac{1}{4z^3} = \frac{1}{4z_2^3} = \frac{\sqrt{2}(1+i)}{8i},$$

und mit Satz 4.5 ergibt sich $\quad I = \dfrac{2\pi i}{2}\dfrac{2\sqrt{2}}{8i} = \dfrac{\pi}{4}\sqrt{2}$.

(b) Die Singularitäten von $f(z) = \dfrac{1}{z^4 + 2z^2 + 1} = \dfrac{1}{(z^2+1)^2}$ sind die Pole 2. Ordnung $z_{1,2} = \pm i$. In der oberen Halbebene liegt der Pol $z_1 = i$. Mit (4.1) folgt

$$\operatorname{Res} f\big|_{z=i} = \lim_{z\to i}\frac{d}{dz}\left[\frac{(z-i)^2}{z^4+2z^2+1}\right] = \lim_{z\to i}\frac{d}{dz}\left[\frac{1}{(z+i)^2}\right] = \lim_{z\to i}\frac{-2}{(z+i)^3} = -\frac{2}{8i^3} = \frac{1}{4i},$$

und mit Satz 4.5 ergibt sich $\quad I = \dfrac{2\pi i}{4i} = \dfrac{\pi}{2}$.

(c) Die Singularitäten von $f(z) = \dfrac{1}{z^2 - 2z + 2}$ sind die einfachen Pole $z_{1,2} = 1 \pm i$. In der oberen Halbebene liegt der Pol $z_1 = 1 + i$. Mit (4.1) folgt

$$\operatorname{Res} f\big|_{z=z_1} = \lim_{z\to z_1}\frac{z-z_1}{z^2-2z+2} = \lim_{z\to z_1}\frac{1}{2z-2} = \frac{1}{2i},$$

und mit Satz 4.5 ergibt sich $\quad I = \dfrac{2\pi i}{2i} = \pi$.

(d) $f(x) = \dfrac{\cos x}{x^2+1}$ ist eine gerade Funktion, d.h., es gilt $I := \displaystyle\int_0^\infty f(x)\,dx = \dfrac{1}{2}\int_{-\infty}^\infty f(x)\,dx$.

Analog zu den Beispielen 4.7 und 4.9 betrachtet man die Funktion $g(z) := \dfrac{e^{iz}}{z^2+1}$. Die Singularitäten von $g(z)$ sind die einfachen Pole $z_{1,2} = \pm i$. In der oberen Halbebene liegt der Pol $z_1 = i$. Mit (4.1) folgt

$$\operatorname{Res} g\big|_{z=i} = \lim_{z\to i}\frac{e^{iz}(z-i)}{z^2+1} = \frac{e^{-1}}{2i}.$$

Sei $\mathcal{C}_R = \mathcal{C}_{R,1} + \mathcal{C}_{R,2}$ der geschlossene Weg wie in Beispiel 4.5. Dann gilt (mit der Abschätzung von $\sin t$ wie in Beispiel 4.9)

$$I_1 := \int_{\mathcal{C}_{R,1}} f(z)\,dz = \int_{-R}^R \frac{e^{ix}\,dx}{x^2+1} = \int_{-R}^R \frac{\cos x\,dx}{x^2+1} + i\int_{-R}^R \frac{\sin x\,dx}{x^2+1},$$

$$|I_2| := \left|\int_{\mathcal{C}_{R,2}} f(z)\,dz\right| = \left|\int_0^\pi \frac{e^{iR\cos t - R\sin t}\,iRe^{it}\,dt}{R^2 e^{2it}+1}\right| \le \frac{R}{R^2-1}\int_0^\pi e^{-R\sin t}\,dt$$

$$\le \frac{2R}{R^2-1}\int_0^{\pi/2} e^{-2Rt/\pi}\,dt = -\frac{\pi}{R^2-1}e^{-2Rt/\pi}\Big|_0^{\pi/2} \xrightarrow{R\to\infty} 0.$$

Damit folgt nach dem Residuensatz

$$\frac{\pi}{e} = \lim_{R\to\infty} \int_{C_R} g(z)\, dz = \int_{-\infty}^{\infty} \frac{\cos x}{x^2+1}\, dx + i \int_{-\infty}^{\infty} \frac{\sin x}{x^2+1}\, dx$$

und durch Vergleich der Real- und Imaginärteile $\quad \displaystyle\int_0^\infty \frac{\cos x}{x^2+1}\, dx = \frac{\pi}{2e}.$

(e) $z := e^{it} \implies \sin t = \dfrac{z - z^{-1}}{2i}, \quad \sin^4 t = \dfrac{(z^2-1)^4}{16 z^4} \quad$ und $\quad dt = \dfrac{dz}{iz}.$ Damit folgt

$$I := \int_0^{2\pi} \sin^4 t\, dt = \frac{1}{16 i} \oint_{|z|=1} \frac{(z^2-1)^4}{z^5}\, dz.$$

Die Singularitäten des Integranden $f(z)$ sind ein 5-facher Pol $z_0 = 0$. Mit (4.1) folgt

$$\text{Res } f\big|_{z=0} = \lim_{z\to 0} \frac{1}{4!} \frac{d^4}{dz^4}\Big[z^5 f(z)\Big] = \lim_{z\to 0} \frac{1}{4!} \frac{d^4}{dz^4}\big(z^8 - 4z^6 + 6z^4 - 4z^2 + 1\big) = \frac{4!\cdot 6}{4!} = 6,$$

und mit dem Residuensatz ergibt sich $\quad I = \dfrac{2\pi i \cdot 6}{16 i} = \dfrac{3\pi}{4}.$

(f) Mit $z = e^{it} \implies \cos t = \dfrac{z + z^{-1}}{2}, \quad \cos(2t) = \dfrac{z^2 + z^{-2}}{2} \quad$ und $\quad dt = \dfrac{dz}{iz} \quad$ folgt

$$I := \int_0^{2\pi} \frac{\cos t}{5 - 4\cos(2t)}\, dt = \oint_{|z|=1} \frac{1}{2} \frac{z + z^{-1}}{5 - 2(z^2 + z^{-2})} \frac{dz}{iz} = \frac{1}{2i} \oint_{|z|=1} \frac{z^2 + 1}{-2z^4 + 5z^2 - 2}\, dz.$$

Die Singularitäten des Integranden $f(z)$ sind Pole 1. Ordnung in $z_{1,2} = \pm\sqrt{2}$ und $z_{3,4} = \pm\sqrt{2}/2$. Nur $z_3 = \sqrt{2}/2$ und $z_4 = -\sqrt{2}/2$ liegen innerhalb des Integrationsweges, d.h., mit (4.1) und der Regel von l'Hospital folgt

$$\text{Res } f\big|_{z=z_3} = \lim_{z\to z_3} \frac{(z^2+1)(z-z_3)}{-2z^4 + 5z^2 - 2} = (z_3^2 + 1) \lim_{z\to z_3} \frac{z - z_3}{-2z^4 + 5z^2 - 2}$$
$$= \frac{3}{2} \lim_{z\to z_3} \frac{1}{10z - 8z^3} = \frac{\sqrt{2}}{4},$$

$$\text{Res } f\big|_{z=z_4} = -\frac{\sqrt{2}}{4},$$

und mit dem Residuensatz ergibt sich $\quad I = 0.$

(g) Betrachte die Funktion $f(z) := \dfrac{\operatorname{Ln} z}{(z^2+1)}$ mit den isolierten Singularitäten in $z_1 = 0$ und $z_{2,3} = \pm i$, und für $0 < r < 1 < R$ die geschlossene Kurve $C_{r,R} = C_{r,R,1} + C_{r,R,2} + C_{r,R,3} + C_{r,R,4}$ wie in Beispiel 4.9. $z_2 = i$ ist die einzige Singularität innerhalb $C_{r,R}$, und zwar ein einfacher Pol, und mit (4.1) und dem Residuensatz folgt

$$I := \oint_{C_{r,R}} f(z)\, dz = 2\pi i \operatorname{Res} f\big|_{z=i} = 2\pi i \lim_{z\to i} \frac{(z-i)\operatorname{Ln} z}{(z^2+1)} = \frac{2\pi i \operatorname{Ln} i}{2i} = \frac{\pi^2}{2} i.$$

Andererseits gilt für $0 < r < \frac{1}{2}$, $R > \sqrt{2}$, d.h. für $\frac{1}{1-r^2} < 2$, $\frac{R}{R^2-1} < \frac{2}{R}$

$$I_1 := \int_{C_{r,R,1}} f(z)\,dz = \int_r^R \frac{\ln x\,dx}{x^2+1},$$

$$|I_2| := \left|\int_{C_{r,R,2}} f(z)\,dz\right| = \left|\int_0^\pi \frac{\operatorname{Ln}(Re^{it})\,iRe^{it}\,dt}{R^2 e^{2it}+1}\right| \leq \frac{R}{R^2-1}\int_0^\pi |\ln R + it|\,dt$$

$$\leq \frac{2}{R}\int_0^\pi (\ln R + t)\,dt = \frac{2}{R}\left(\pi\ln R + \frac{\pi^2}{2}\right) = \frac{2\pi\ln R}{R} + \frac{\pi^2}{R} \xrightarrow{R\to\infty} 0,$$

$$I_3 := \int_{C_{r,R,3}} f(z)\,dz = \int_{-R}^{-r} \frac{(\ln|x|+i\pi)\,dx}{x^2+1} = \int_r^R \frac{\ln x\,dx}{x^2+1} + i\pi\int_r^R \frac{dx}{x^2+1},$$

$$|I_4| := \left|\int_{C_{r,R,4}} f(z)\,dz\right| \leq \left|\int_0^\pi \frac{\operatorname{Ln}(re^{i(\pi-t)})\,ire^{i(\pi-t)}\,dt}{r^2 e^{2i(\pi-t)}+1}\right| \leq \frac{r}{1-r^2}\int_0^\pi |\ln r + i(\pi-t)|\,dt$$

$$\leq 2r\int_0^\pi \left|\ln r + i(\pi-t)\right|\,dt \leq 2\pi r|\ln r| + 2r\int_0^\pi (\pi-t)\,dt \xrightarrow{r\to 0} 0,$$

und damit
$$\frac{\pi^2}{2}i = \lim_{\substack{R\to\infty\\r\to 0}} I_1 + \lim_{\substack{R\to\infty\\r\to 0}} I_3 = 2\int_0^\infty \frac{\ln x\,dx}{x^2+1} + i\pi\int_0^\infty \frac{dx}{x^2+1}.$$

Vergleich der Real- und Imaginärteile ergibt
$$\int_0^\infty \frac{\ln x\,dx}{x^2+1} = 0 \quad \text{und} \quad \int_0^\infty \frac{dx}{x^2+1} = \frac{\pi}{2}.$$

(h) Wie in Aufgabe (g) folgt für $f(z) := \dfrac{\operatorname{Ln}^2 z}{(z^2+1)}$

$$I := \oint_{C_{r,R}} f(z)\,dz = 2\pi i\,\operatorname{Res} f\big|_{z=i} = 2\pi i \lim_{z\to i} \frac{(z-i)\operatorname{Ln}^2 z}{(z^2+1)} = \frac{2\pi i \operatorname{Ln}^2 i}{2i} = -\frac{\pi^3}{4},$$

und für $0 < r < 1/2$, $R > \sqrt{2}$

$$I_1 = \int_r^R \frac{\ln^2 x\,dx}{x^2+1},$$

$$|I_2| \leq \frac{R}{R^2-1}\int_0^\pi (\ln^2 R + t^2)\,dt \leq \frac{2\pi\ln^2 R}{R} + \frac{2\pi^3}{3R} \xrightarrow{R\to\infty} 0,$$

$$I_3 = \int_{-R}^{-r} \frac{(\ln|x|+i\pi)^2\,dx}{x^2+1} = \int_r^R \frac{\ln^2 x\,dx}{x^2+1} + 2i\pi\int_r^R \frac{\ln x\,dx}{x^2+1} - \pi^2\int_r^R \frac{dx}{x^2+1},$$

$$|I_4| \leq 2r\int_0^\pi (\ln^2 r + (\pi-t)^2)\,dt \leq 2\pi r\ln^2 r + 2r\int_0^\pi (\pi-t)^2\,dt \xrightarrow{r\to 0} 0.$$

Damit ergibt sich
$$-\frac{\pi^3}{4} = 2\int_0^\infty \frac{\ln^2 x\,dx}{x^2+1} - \pi^2\int_0^\infty \frac{dx}{x^2+1}\,dx + 2i\pi\int_0^\infty \frac{\ln x\,dx}{x^2+1}$$

und durch Vergleich der Real- und Imaginärteile und mit
$$\int_0^\infty \frac{dx}{x^2+1}\,dx = \arctan x\Big|_0^\infty = \frac{\pi}{2}$$

folgt
$$\int_0^\infty \frac{\ln^2 x\,dx}{x^2+1} = \frac{\pi^3}{8} \quad \text{und} \quad \int_0^\infty \frac{\ln x\,dx}{x^2+1} = 0.$$

4.10. Betrachte die Funktion $f(z) := \dfrac{e^{iz}}{(z+1)(z^2+1)}$, die als Singularitäten einfache Pole in $z_1 = -1$ und $z_{2,3} = \pm i$ hat, und für $0 < r < 1 < R$ die geschlossene Kurve
$\mathcal{C}_{r,R} = \mathcal{C}_{r,R,1} + \mathcal{C}_{r,R,2} + \mathcal{C}_{r,R,3} + \mathcal{C}_{r,R,4}$ mit den Parameterdarstellungen

$\mathcal{C}_{r,R,1}: \quad z(t) = t, \quad -1+r \leq t \leq R,$

$\mathcal{C}_{r,R,2}: \quad z(t) = Re^{it}, \quad 0 \leq t \leq \pi,$

$\mathcal{C}_{r,R,3}: \quad z(t) = t, \quad -R \leq t \leq -1-r,$

$\mathcal{C}_{r,R,4}: \quad z(t) = -1 + re^{i(\pi-t)}, \quad 0 \leq t \leq \pi.$

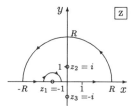

$z_2 = i$ ist der einzige Pol innerhalb $\mathcal{C}_{r,R}$, und mit (4.1) und dem Residuensatz folgt

$$I := \oint_{\mathcal{C}_{r,R}} f(z)\, dz = 2\pi i \operatorname{Res} f\big|_{z=i} = 2\pi i \lim_{z \to i} \frac{(z-i)e^{iz}}{(z+1)(z^2+1)} = \frac{2\pi i e^{-1}}{(1+i)2i} = \frac{\pi(1-i)}{2e}.$$

Andererseits gilt (mit der Abschätzung von $\sin t$ wie in Beispiel 4.9) und mit
$\lim_{r\to 0} e^{r(i\cos(\pi-t)-\sin(\pi-t))} = 1, \quad \lim_{r\to 0}(-1+re^{i(\pi-t)})^2+1 = 2$:

$$I_1 := \int_{\mathcal{C}_{r,R,1}} f(z)\, dz = \int_{-1+r}^{R} \frac{e^{ix}\, dx}{(x+1)(x^2+1)},$$

$$|I_2| := \left| \int_{\mathcal{C}_{r,R,2}} f(z)\, dz \right| = \left| \int_0^\pi \frac{e^{iR\cos t - R\sin t}\, iRe^{it}\, dt}{(Re^{it}+1)(R^2e^{2it}+1)} \right| \leq \frac{2R}{(R-1)(R^2-1)} \int_0^{\pi/2} e^{-2Rt/\pi}\, dt$$

$$= \frac{-\pi}{(R-1)(R^2-1)} e^{-2Rt/\pi}\bigg|_0^{\pi/2} \xrightarrow{R\to\infty} 0,$$

$$I_3 := \int_{\mathcal{C}_{r,R,3}} f(z)\, dz = \int_{-R}^{-1-r} \frac{e^{ix}\, dx}{(x+1)(x^2+1)},$$

$$I_4 := \int_{\mathcal{C}_{r,R,4}} f(z)\, dz = \int_0^\pi \frac{e^{-i}e^{r(i\cos(\pi-t)-\sin(\pi-t))}(-i)re^{i(\pi-t)}\, dt}{re^{i(\pi-t)}\big((-1+re^{i(\pi-t)})^2+1\big)}$$

$$\xrightarrow{r\to 0} -\frac{i\pi}{2}e^{-i} = -\frac{i\pi}{2}(\cos 1 - i\sin 1) = -\frac{\pi}{2}(\sin 1 + i\cos 1),$$

und damit

$$\int_{-\infty}^{\infty} \frac{e^{ix}\, dx}{(x+1)(x^2+1)} = \lim_{\substack{R\to\infty \\ r\to 0}}(I_3 + I_1) = \lim_{\substack{R\to\infty \\ r\to 0}}(I - I_2 - I_4)$$

$$= \frac{\pi(1-i)}{2e} + \frac{\pi}{2}(\sin 1 + i\cos 1).$$

Vergleich der Real- und Imaginärteile ergibt

$$\int_{-\infty}^{\infty} \frac{\sin x\, dx}{(x+1)(x^2+1)} = \frac{\pi}{2}(\cos 1 - e^{-1}).$$

4.11. Parameterdarstellung der angegebenen Kurve: $C_{r,R,\epsilon} = C_{r,R,\epsilon,1} + C_{r,R,\epsilon,2} - C_{r,R,\epsilon,3} - C_{r,R,\epsilon,4}$ mit

$$C_{r,R,\epsilon,1}: \quad z(t) = t + i\epsilon, \qquad \sqrt{r^2 - \epsilon^2} \leq t \leq \sqrt{R^2 - \epsilon^2},$$

$$C_{r,R,\epsilon,2}: \quad z(t) = Re^{it}, \qquad \arcsin\left(\frac{\epsilon}{R}\right) \leq t \leq 2\pi - \arcsin\left(\frac{\epsilon}{R}\right),$$

$$C_{r,R,\epsilon,3}: \quad z(t) = t - i\epsilon, \qquad \sqrt{r^2 - \epsilon^2} \leq t \leq \sqrt{R^2 - \epsilon^2},$$

$$C_{r,R,\epsilon,4}: \quad z(t) = re^{it}, \qquad \arcsin\left(\frac{\epsilon}{r}\right) \leq t \leq 2\pi - \arcsin\left(\frac{\epsilon}{r}\right).$$

Die Singularitäten der Funktion
$$f(z) := \begin{cases} \dfrac{e^{p\,\mathrm{Ln}\,z}}{z(z+1)} & \text{für } 0 \leq \mathrm{Im}(z) \\ \dfrac{e^{p(\mathrm{Ln}\,z+2\pi i)}}{z(z+1)} & \text{für } \mathrm{Im}(z) < 0 \end{cases}$$

liegen in $z_1 = -1$ und $z_2 = 0$. Der einfache Pol $z_1 = -1$ ist für $0 < \epsilon < r < 1 < R$ die einzige Singularität innerhalb $C_{r,R,\epsilon}$. Damit folgt aus dem Residuensatz und mit (4.1)

$$I := \oint_{C_{r,R,\epsilon}} f(z)\,dz = 2\pi i \lim_{z \to -1} \frac{e^{p\,\mathrm{Ln}\,z}}{z} = -2\pi i e^{ip\pi}.$$

Für $z \in C_{r,R,\epsilon,1}$ gilt wegen

$$z(z+1) = (t + i\epsilon)(t + 1 + i\epsilon) \xrightarrow{\epsilon \to 0} t(t+1),$$
$$\mathrm{Ln}(t + i\epsilon) = \ln\sqrt{t^2 + \epsilon^2} + i\arctan\left(\frac{\epsilon}{t}\right) \xrightarrow{\epsilon \to 0} \ln t$$

und der stetigen Abhängigkeit des Integrals vom Integranden und den Integrationsgrenzen

$$I_1 := \int_{C_{r,R,\epsilon,1}} f(z)\,dz = \int_{\sqrt{r^2-\epsilon^2}}^{\sqrt{R^2-\epsilon^2}} \frac{e^{p\,\mathrm{Ln}(t+i\epsilon)}}{(t+i\epsilon)(t+1+i\epsilon)}\,dt \xrightarrow{\epsilon \to 0} \int_r^R \frac{t^p}{t(t+1)}\,dt.$$

Analog folgt für $z \in C_{r,R,\epsilon,3}$ (mit $\mathrm{Im}\,z < 0$)

$$I_3 := \int_{C_{r,R,\epsilon,3}} f(z)\,dz = \int_{\sqrt{r^2-\epsilon^2}}^{\sqrt{R^2-\epsilon^2}} \frac{e^{p(\mathrm{Ln}(t+i\epsilon)+2\pi i)}}{(t+i\epsilon)(t+1+i\epsilon)}\,dt \xrightarrow{\epsilon \to 0} e^{i2p\pi} \int_r^R \frac{t^p}{t(t+1)}\,dt.$$

Außerdem gilt (mit $\alpha := \arcsin(\epsilon/R)$, $\beta := \arcsin(\epsilon/r)$) wegen $0 < p < 1$

$$\left| \int_{C_{r,R,\epsilon,2}} f(z)\,dz \right| = \left| \int_\alpha^\pi \frac{e^{p(\ln R + it)} iRe^{it}}{Re^{it}(Re^{it}+1)}\,dt + \int_{-\pi}^{-\alpha} \frac{e^{p(\ln R + it + 2\pi i)} iRe^{it}}{Re^{it}(Re^{it}+1)}\,dt \right|$$

$$\leq \frac{R^p}{R-1} 2\pi \xrightarrow{R \to \infty} 0,$$

$$\left| \int_{C_{r,R,\epsilon,4}} f(z)\,dz \right| = \left| \int_\beta^\pi \frac{e^{p(\ln r + it)} ire^{it}}{re^{it}(re^{it}+1)}\,dt + \int_{-\pi}^{-\beta} \frac{e^{p(\ln r + it + 2\pi i)} ire^{it}}{re^{it}(re^{it}+1)}\,dt \right|$$

$$\leq \frac{r^p}{1-r} 2\pi \xrightarrow{r \to 0} 0.$$

Für $\epsilon \to 0$, $r \to 0$, $R \to \infty$ ergibt sich
$$-2\pi i e^{ip\pi} = \left(1 - e^{i2p\pi}\right) \int_0^\infty \frac{t^p}{t(t+1)}\,dt$$

und damit
$$\int_0^\infty \frac{t^p}{t(t+1)}\,dt = \frac{2\pi i e^{ip\pi}}{e^{i2p\pi} - 1} = \pi \frac{2i}{e^{ip\pi} - e^{-ip\pi}} = \frac{\pi}{\sin(p\pi)}.$$

4.12. Die Funktion $f_1(z) = z^{-4}$ hat einen Pol in $z = 0$, d.h., die Voraussetzung von Satz 4.6 ist nicht erfüllt. Daher Betrachtung z.B. der Funktion $f(z) = (2z+1)^{-4}$ mit einem Pol 4. Ordnung in $z_0 = -1/2$. Sei $\mathcal{C}_N$ der Weg wie in Satz 4.6. Für alle $N \in \mathbb{N}$, $z \in \mathcal{C}_N$ gilt wegen $|z| \geq N + 1/2 \geq 3/2$, d.h. $|2z+1| \geq 2|z| - 1 > |z|$

$$|f(z)| \leq |z|^{-4}.$$

$f(z)$ erfüllt die Voraussetzungen von Satz 4.6 mit $M = 1$, $k = 4$, und damit folgt

$$\sum_{n=-\infty}^{\infty} \frac{1}{(2n+1)^4} = -\text{Res}\left(\frac{\pi \cot(\pi z)}{(2z+1)^4}\right)\bigg|_{z=z_0}.$$

Mit (4.1) folgt

$$\text{Res}\left(\frac{\pi \cot(\pi z)}{(2z+1)^4}\right)\bigg|_{z=z_0} = \lim_{z \to z_0} \frac{1}{3!} \frac{d^3}{dz^3}\left[(z-z_0)^4 \frac{\pi \cot(\pi z)}{(2z+1)^4}\right] = \lim_{z \to z_0} \frac{1}{3!} \frac{\pi}{2^4} \frac{d^3 \cot(\pi z)}{dz^3} = -\frac{\pi^4}{48},$$

d.h.

$$\sum_{n=0}^{\infty} \frac{1}{(2n+1)^4} = \frac{1}{2} \sum_{n=-\infty}^{\infty} \frac{1}{(2n+1)^4} = \frac{\pi^4}{96}.$$

(a) $\displaystyle\sum_{n=1}^{\infty} \frac{1}{n^4} = \sum_{n=0}^{\infty} \frac{1}{(2n+1)^4} + \sum_{n=1}^{\infty} \frac{1}{(2n)^4} = \frac{\pi^4}{96} + \frac{1}{16} \sum_{n=1}^{\infty} \frac{1}{n^4} \Longrightarrow \sum_{n=1}^{\infty} \frac{1}{n^4} = \frac{16}{15} \frac{\pi^4}{96} = \frac{\pi^4}{90}.$

(b) $\displaystyle\sum_{n=1}^{\infty} \frac{(-1)^{n+1}}{n^4} = \sum_{n=0}^{\infty} \frac{1}{(2n+1)^4} - \sum_{n=1}^{\infty} \frac{1}{(2n)^4} = \frac{\pi^4}{96} - \frac{1}{16} \frac{\pi^4}{90} = \frac{7\pi^4}{720}.$

2.2.5 Reihenentwicklungen

5.1. (a) Einziger Pol bei $z_1 = 2i$, daher Berechnung der Laurent-Reihen in $|z - i| < 1$ und $|z - i| > 1$. Nach (5.4) und (5.3) gilt

für $|z - i| < 1$: $\displaystyle(z - 2i)^{-2} = \frac{(-1)^1}{1!} \frac{d}{dz}\left(-\sum_{n=0}^{\infty} \frac{(z-i)^n}{(2i-i)^{n+1}}\right) = \sum_{n=1}^{\infty} \frac{n(z-i)^{n-1}}{i^{n+1}}$

$$= \sum_{n=0}^{\infty} \frac{(n+1)(z-i)^n}{i^{n+2}}.$$

für $|z - i| > 1$: $\displaystyle(z - 2i)^{-2} = \frac{(-1)^1}{1!} \frac{d}{dz}\left(\sum_{n=-\infty}^{-1} \frac{(z-i)^n}{(2i-i)^{n+1}}\right) = -\sum_{n=-\infty}^{-1} \frac{n(z-i)^{n-1}}{i^{n+1}}$

$$= -\sum_{n=-\infty}^{-2} \frac{(n+1)(z-i)^n}{i^{n+2}}.$$

(b) Pole bei $z_1 = -1$ und $z_2 = 2$, daher Berechnung der Laurent-Reihen
um $z_0 = 0$ in $\mathcal{G}_1 := \{z \mid 0 \leq |z| < 1\}$, $\mathcal{G}_2 := \{z \mid 1 < |z| < 2\}$ und $\mathcal{G}_3 := \{z \mid 2 < |z| < \infty\}$,
um $z_1 = -1$ in $\mathcal{G}_1' := \{z \mid 0 < |z+1| < 3\}$ und $\mathcal{G}_2' := \{z \mid 3 < |z+1| < \infty\}$ und
um $z_2 = 2$ in $\mathcal{G}_1'' := \{z \mid 0 < |z-2| < 3\}$ und $\mathcal{G}_2'' := \{z \mid 3 < |z-2| < \infty\}$.

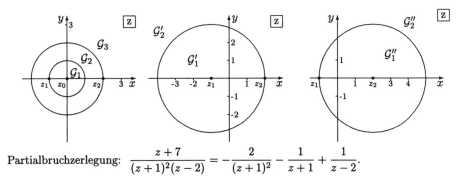

Partialbruchzerlegung: $\dfrac{z+7}{(z+1)^2(z-2)} = -\dfrac{2}{(z+1)^2} - \dfrac{1}{z+1} + \dfrac{1}{z-2}$.

Berechnung der Laurent-Reihen der Summanden nach (5.3) bzw. (5.4):

um $z_0 = 0$: $f(z) = \begin{cases} -2C - A + E & \text{für } 0 \le |z| < 1 \\ -2D - B + E & \text{für } 1 < |z| < 2 \\ -2D - B + F & \text{für } 2 < |z| < \infty \end{cases}$ mit

$A := \dfrac{1}{z+1} = \displaystyle\sum_{n=0}^{\infty} (-1)^n z^n, \qquad C := \dfrac{1}{(z+1)^2} = \displaystyle\sum_{n=0}^{\infty} (-1)^n (n+1) z^n$

für $0 \le |z| < 1$,

$B := \dfrac{1}{z+1} = \displaystyle\sum_{n=-\infty}^{-1} (-1)^{n+1} z^n, \quad D := \dfrac{1}{(z+1)^2} = \displaystyle\sum_{n=-\infty}^{-2} (-1)^{n+1}(n+1) z^n$

für $1 < |z| < \infty$,

$E := \dfrac{1}{z-2} = -\displaystyle\sum_{n=0}^{\infty} \dfrac{z^n}{2^{n+1}}$ \qquad für $0 \le |z| < 2$,

$F := \dfrac{1}{z-2} = \displaystyle\sum_{n=-\infty}^{-1} \dfrac{z^n}{2^{n+1}}$ \qquad für $2 < |z| < \infty$.

um $z_1 = -1$: $f(z) = \begin{cases} A + B & \text{für } 0 < |z+1| < 3 \\ A + C & \text{für } 3 < |z+1| < \infty \end{cases}$ mit

$A := \dfrac{-2}{(z+1)^2} + \dfrac{-1}{z+1}$ \qquad für $0 < |z+1| < \infty$,

$B := \dfrac{1}{z-2} = -\displaystyle\sum_{n=0}^{\infty} \dfrac{(z+1)^n}{3^{n+1}}$ \qquad für $0 \le |z+1| < 3$,

$C := \dfrac{1}{z-2} = \displaystyle\sum_{n=-\infty}^{-1} \dfrac{(z+1)^n}{3^{n+1}}$ \qquad für $3 < |z+1| < \infty$.

um $z_2 = 2$: $f(z) = \begin{cases} -2C - A + E & \text{für } 0 < |z-2| < 3 \\ -2D - B + E & \text{für } 3 < |z-2| < \infty \end{cases}$ mit

$$A := \frac{1}{z+1} = \sum_{n=0}^{\infty}(-1)^n\frac{(z-2)^n}{3^{n+1}}, \qquad C := \frac{1}{(z+1)^2} = \sum_{n=0}^{\infty}(-1)^n(n+1)\frac{(z-2)^n}{3^{n+2}}$$

für $0 \leq |z-2| < 3$,

$$B := \frac{1}{z+1} = \sum_{n=-\infty}^{-1}(-1)^{n+1}\frac{(z-2)^n}{3^{n+1}}, \qquad D := \frac{1}{(z+1)^2} = \sum_{n=-\infty}^{-2}(-1)^{n+1}(n+1)\frac{(z-2)^n}{3^{n+2}}$$

für $3 < |z-2| < \infty$,

$$E := \frac{1}{z-2} \qquad \text{für } 0 < |z-2|.$$

(c) Einziger Pol bei $z_1 = 1$, daher Berechnung der Laurent-Reihen in $|z| < 1$ und $|z| > 1$. Mit

$$\frac{1}{z-1} = \begin{cases} -\sum_{n=0}^{\infty} z^n & \text{für } 0 \leq |z| < 1 \\ \sum_{n=0}^{\infty} z^{-n-1} & \text{für } 1 < |z| < \infty \end{cases} \qquad \text{und} \qquad \sinh z = \sum_{n=0}^{\infty} \frac{z^{2n+1}}{(2n+1)!}$$

und dem Cauchy-Produkt folgt

$$\frac{\sinh z}{z-1} = \begin{cases} -\sum_{n=0}^{\infty}\sum_{l=0}^{n} z^{n-l}\frac{z^{2l+1}}{(2l+1)!} = -\sum_{n=0}^{\infty} z^{n+1}\sum_{l=0}^{n}\frac{z^l}{(2l+1)!} & \text{für } |z| < 1 \\ -\sum_{n=0}^{\infty}\sum_{l=0}^{n} z^{-(n-l)-1}\frac{z^{2l+1}}{(2l+1)!} = -\sum_{n=0}^{\infty} z^{-n}\sum_{l=0}^{n}\frac{z^{3l}}{(2l+1)!} & \text{für } |z| > 1. \end{cases}$$

5.2. (a) Da die Funktion $\cos z$ stetig in $\mathbf{C}$ ist, liegt in $z_0 = 0$ die einzige Singularität.
Mit $\cos z = \sum_{n=0}^{\infty}(-1)^n\frac{z^{2n}}{(2n)!}$ und $\cos^2 z = (\cos(2z)+1)/2$ folgt als Laurent-Reihe um $z_0 = 0$ in $0 < |z| < \infty$

$$\frac{1}{z}(1-\cos^2 z) = \frac{1}{2z}(1-\cos(2z)) = \frac{1}{2z}\left(1 - \sum_{n=0}^{\infty}(-1)^n\frac{(2z)^{2n}}{(2n)!}\right) = \sum_{n=1}^{\infty}(-1)^{n+1}\frac{4^n z^{2n-1}}{(2n)!}.$$

Das ist eine Taylor-Reihe, d.h., z_0 ist hebbare Singularität.

(b) Da die Funktion $\sin z$ stetig in $\mathbf{C}$ ist, liegt in $z_0 = 0$ die einzige Singularität.
Mit $\sin z = \sum_{n=0}^{\infty}(-1)^n\frac{z^{2n+1}}{(2n+1)!}$ folgt als Laurent-Reihe um $z_0 = 0$ in $0 < |z| < \infty$

$$\frac{\sin(z^2)}{z^5} = \frac{1}{z^5}\sum_{n=0}^{\infty}(-1)^n\frac{z^{4n+2}}{(2n+1)!} = \frac{1}{z^3}\sum_{n=0}^{\infty}(-1)^n\frac{z^{4n}}{(2n+1)!}.$$

Das ist eine Laurent-Reihe mit kleinstem Exponenten -3, d.h., z_0 ist ein Pol 3. Ordnung.

(c) Da die Funktion $\cosh z$ stetig in $\mathbf{C}$ ist, liegt in $z_0 = 0$ die einzige Singularität.
Mit $\cosh z = \sum_{n=0}^{\infty}\frac{z^{2n}}{(2n)!}$ folgt als Laurent-Reihe um $z_0 = 0$ in $0 < |z| < \infty$

$$\frac{\cosh\left(\frac{1}{z}\right)}{z} = \frac{1}{z}\sum_{n=0}^{\infty}\frac{z^{-2n}}{(2n)!} = \frac{1}{z} + \frac{1}{2z^3} + \frac{1}{(4!)z^5} + \cdots.$$

Die Laurent-Reihe hat keinen kleinsten Exponenten, d.h., z_0 ist eine wesentliche Singularität.

5.3. $\sinh z$ ist stetig in $\mathbb{C}$, d.h., die Nullstellen von $\sinh z$ sind die einzigen Singularitäten von $f(z) = \dfrac{1}{\sinh z}$. Nach Aufgabe 1.13 und wegen $\sinh z = i \sin z$ hat $\sinh z$ die Nullstellen $z_n = k\pi i$, $n \in \mathbb{Z}$ der Ordnung 1, d.h., alle Singularitäten sind Pole 1. Ordnung.

Die Laurent-Reihe um $z_0 = 0$ in $\mathcal{G} := \{z \mid 0 < |z| < 3 < \pi\}$ hat daher die Form

$$\sum_{n=-1}^{\infty} a_n z^n = \frac{a_{-1}}{z} + a_0 + a_1 z + a_2 z^2 + \ldots \quad \text{mit} \quad a_{-1} = \lim_{z \to 0} \frac{z}{\sinh z} = \lim_{z \to 0} \frac{1}{\cosh z} = 1.$$

Die Funktion $f_1(z) := \dfrac{1}{\sinh z} - \dfrac{1}{z}$ hat in $\mathcal{G}$ die Taylor-Reihe $\sum_{n=0}^{\infty} a_n z^n$, die in $\mathcal{G} \cup \{0\}$ holomorph ist, d.h., es gilt (mit der Regel von l'Hospital)

$$a_0 = \lim_{z \to 0}\left(\frac{1}{\sinh z} - \frac{1}{z}\right) = \lim_{z \to 0} \frac{z - \sinh z}{z \sinh z} = \lim_{z \to 0} \frac{1 - \cosh z}{\sinh z + z \cosh z} = \lim_{z \to 0} \frac{-\sinh z}{2 \cosh z + z \sinh z} = 0.$$

Analog folgt

$$a_1 = \lim_{z \to 0} \frac{1}{z}\left(\frac{1}{\sinh z} - \frac{1}{z} - 0\right) = \lim_{z \to 0} \frac{z - \sinh z}{z^2 \sinh z} = \lim_{z \to 0} \frac{1 - \cosh z}{2z \sinh z + z^2 \cosh z}$$

$$= \lim_{z \to 0} \frac{-\sinh z}{2 \sinh z + 4z \cosh z + z^2 \sinh z} = \lim_{z \to 0} \frac{-\cosh z}{6 \cosh z + 6z \sinh z + z^2 \cosh z} = -\frac{1}{6}.$$

5.4. (a) Zähler und Nenner sind in $\mathbb{C}$ holomorph, $z_0 = 1$ ist einzige Nullstelle des Nenners der Ordnung 1 und nicht Nullstelle des Zählers, d.h., der Pol 1. Ordnung $z_0 = 1$ ist die einzige Singularität der Funktion.

(b) Zähler und Nenner sind in $\mathbb{C}$ holomorph, $z_{1,2} = \pm\frac{\sqrt{2}}{2}(1-i)$ und $z_{3,4} = \pm\frac{\sqrt{2}}{2}(1+i)$ sind die Nullstellen des Nenners und haben jeweils Ordnung 1. $z_{1,2}$ sind auch Nullstellen 1. Ordnung des Zählers und daher hebbare Singularitäten. $z_{3,4}$ sind keine Nullstellen des Zählers und daher Pole 1. Ordnung der Funktion.

(c) e^{-z^5} ist in ganz $\mathbb{C}$ holomorph und hat keine Singularität.

(d) $z_1 = -i$ ist doppelte Nullstelle des Nenners und nicht Nullstelle des Zählers und damit Pol 2. Ordnung der Funktion. Wegen

$$\frac{\cosh z - 1}{z^3} = \frac{1}{z^3} \sum_{n=1}^{\infty} \frac{z^{2n}}{(2n)!} = \frac{1}{2z} + \frac{z}{4!} + \frac{z^3}{6!} + \ldots$$

ist $z_2 = 0$ Pol 1. Ordnung der Funktion.

(e) $\sinh z$ ist holomorph in $\mathbb{C}$ und $\dfrac{1}{z}$ hat nur in $z_0 = 0$ eine Singularität, d.h., z_0 ist die einzige Singularität von $\sinh\left(\dfrac{1}{z}\right)$. Wegen $\sinh\left(\dfrac{1}{z}\right) = \sum_{n=0}^{\infty} \dfrac{z^{-2n-1}}{(2n+1)!}$ ist $z_0 = 0$ wesentliche Singularität.

(f) $f(z) = \dfrac{1}{\sin(1/z)}$ hat eine Singularität in $z_0 = 0$ und in den Nullstellen des Nenners, d.h. in $z_n = \dfrac{1}{n\pi}$, $n \in \mathbb{Z}$. z_n ist Nullstelle des Nenners der Ordnung 1, also Pol 1. Ordnung von $f(z)$.

Wegen $\lim_{n \to \infty} z_n = 0 = z_0$ ist z_0 nichtisolierte Singularität.

5.5. Analog zu Beispiel 5.5 gilt für die Taylor-Reihe der Ableitungsfunktion von $f(z) = \operatorname{Ln}(1+z)$ um $z_1 = -2 + i$ in $|z + 2 - i| < \sqrt{2}$

$$g(z) := f'(z) = \frac{1}{1+z} = \frac{1}{-1+i} \frac{1}{1 + \frac{z+2-i}{-1+i}} = \sum_{n=0}^{\infty} \frac{(-1)^n (z+2-i)^n}{(-1+i)^{n+1}}.$$

Gliedweise Integration ergibt mit

$$\mathrm{Ln}(1+z) - \mathrm{Ln}(1+z_1) = \int_{z_1}^{z} g(\xi)\, d\xi = \sum_{n=0}^{\infty} \frac{(-1)^n (z+2-i)^{n+1}}{(-1+i)^{n+1}(n+1)} = \sum_{n=1}^{\infty} (-1)^{n+1} \frac{(z+2-i)^n}{n(-1+i)^n}$$

und

$$\mathrm{Ln}(1+z_1) = \mathrm{Ln}(-1+i) = \ln\left(\sqrt{2}e^{i3\pi/4}\right) = \ln\sqrt{2} + i\frac{3\pi}{4}$$

die gesuchte Taylor-Reihe $f_1(z)$ von $\mathrm{Ln}(1+z)$ um $z_1 = -2+i$. Analog erhält man die Taylor-Reihe $f_2(z)$ um $z_2 = -2-i$ mit $\mathrm{Ln}(1+z_2) = \ln\sqrt{2} - i3\pi/4$ und

$$\mathrm{Ln}(1+z) - \mathrm{Ln}(1+z_2) = \int_{z_2}^{z} g(\xi)\, d\xi = \sum_{n=0}^{\infty} \frac{(-1)^n (z+2+i)^{n+1}}{(-1-i)^{n+1}(n+1)} = \sum_{n=1}^{\infty} (-1)^{n+1} \frac{(z+2+i)^n}{n(-1-i)^n}.$$

5.6. z_0 Nullstelle von $f(z)$ der Ordnung k $\implies$ $f(z) = \sum_{n=k}^{\infty} a_n (z-z_0)^n$ mit $a_k \neq 0$,

z_0 Pol von $g(z)$ der Ordnung k $\implies$ $g(z) = \sum_{n=-k}^{\infty} b_n (z-z_0)^n$ mit $b_{-k} \neq 0$,

jeweils für $0 < |z-z_0| < \delta$ mit geeignet gewähltem $\delta > 0$. Wegen

$$\lim_{z \to z_0} (z-z_0)^k \left(f(z) \pm g(z)\right) = b_{-k} \quad \text{und} \quad \lim_{z \to z_0} \left|(z-z_0)^l \left(f(z) \pm g(z)\right)\right| = \infty \quad \text{für } l < k$$

ist z_0 Pol k-ter Ordnung von $f(z) \pm g(z)$. Wegen

$$f(z) \cdot g(z) = (z-z_0)^k \left(\sum_{n=0}^{\infty} a_{n+k}(z-z_0)^n\right) \cdot (z-z_0)^{-k} \left(\sum_{n=0}^{\infty} b_{n-k}(z-z_0)^n\right)$$

$$= \left(\sum_{n=0}^{\infty} a_{n+k}(z-z_0)^n\right) \cdot \left(\sum_{n=0}^{\infty} b_{n-k}(z-z_0)^n\right)$$

gilt $\lim_{z \to z_0} f(z) \cdot g(z) = a_k \cdot b_{-k}$, d.h., z_0 ist hebbare Singularität von $f \cdot g$.

Wegen

$$\frac{f(z)}{g(z)} = (z-z_0)^{2k} \frac{\sum_{n=0}^{\infty} a_{n+k}(z-z_0)^n}{\sum_{n=0}^{\infty} b_{n-k}(z-z_0)^n} \xrightarrow{z \to z_0} 0$$

ist z_0 hebbare Singularität von $\frac{f}{g}$.

Analog folgt, daß z_0 Pol der Ordnung $2k$ der Funktion $\frac{g}{f}$ ist.

5.7. Die Potenzreihe $f_1(z) := \sum_{n=0}^{\infty} (n+1) z^{2n+1}$ hat den Konvergenzradius $r = \lim_{n \to \infty} \sqrt[n]{n+1} = 1$.
Integration ergibt die Stammfunktion

$$g(z) := \sum_{n=0}^{\infty} (n+1) \frac{z^{2n+2}}{2n+2} = \frac{1}{2} \sum_{n=0}^{\infty} z^{2n+2} = \frac{1}{2} \frac{z^2}{1-z^2},$$

und $g(z)$ läßt sich auf $\mathbf{C} \setminus \{\pm 1\}$ holomorph fortsetzen. Die Ableitung

$$f(z) := g'(z) = \frac{z}{(1-z^2)^2}$$

ist holomorph in $\mathcal{G} := \mathbf{C} \setminus \{\pm 1\}$, stimmt in $|z| < 1$ mit $f_1(z)$ überein und hat in ± 1 Pole 2. Ordnung.

5.8. $f(z)$ ist als Potenzreihe um $z_0 = 0$ mit Konvergenzradius $r = 1$ in $\mathcal{K}$ holomorph. Für $k \in \mathbb{N}$ gilt

$$f(z) = 1 + z + \ldots + z^{2^{k-1}} + \sum_{n=k}^{\infty} z^{2^n} = 1 + z + \ldots + z^{2^{k-1}} + \sum_{n=k}^{\infty} z^{2^{k+n-k}}$$

$$= 1 + z + \ldots + z^{2^{k-1}} + \sum_{n=k}^{\infty} \left(z^{2^k}\right)^{2^{n-k}} = 1 + z + \ldots + z^{2^{k-1}} + \sum_{n=0}^{\infty} \left(z^{2^k}\right)^{2^n}$$

$$= z + \ldots + z^{2^{k-1}} + f\left(z^{2^k}\right).$$

Mit $f(1) = \infty$ folgt für jedes $k \in \mathbb{N}$ und jedes $z \in \mathbb{C}$ mit $z^{2^k} = 1$

$$|f(z)| = |z + \ldots + z^{2^{k-1}} + f(1)| \geq f(1) - k = \infty.$$

Angenommen, $f(z)$ ließe sich über den Rand $\partial \mathcal{K}$ hinaus holomorph fortsetzen, d.h., es gibt ein Gebiet $\mathcal{G}$, das $\mathcal{K}$ und mindestens einen Punkt z^* mit $|z^*| > 1$ enthält, und in dem $f(z)$ holomorph ist. $\mathcal{G} \cap \partial \mathcal{K}$ enthält einen Kreisbogen fester Länge $\delta > 0$. Andererseits liegen für festes $k \in \mathbb{N}$ die Lösungen der Gleichung $z^{2^k} = 1$ gleichverteilt auf dem Einheitskreis $\partial \mathcal{K}$, und zwei benachbarte Lösungen schließen den Winkel $2\pi/2^k$ ein. Da k beliebig groß gewählt werden kann, muß der in $\mathcal{G}$ liegende Kreisbogen mindestens eine dieser Lösungen enthalten. Wie vorher gezeigt wurde, ist aber jede dieser Lösungen eine Singularität von $f(z)$, und damit folgt der Widerspruch zur Holomorphie von $f(z)$ in $\mathcal{G}$.

2.2.6 Konforme Abbildungen

Definitionen und Beispiele

6.1.1. $f(z) = z^4$ ist in $\mathbb{C}$ holomorph mit

$$f'(z_0) = f'(1-i) = 4(1-i)^3 = -8 - 8i = 8\sqrt{2} e^{i5\pi/4}.$$

Nach (6.1.1) ist $\arg\left(f'(z_0)\right) = 5\pi/4$ der Drehwinkel und $|f'(z_0)| = 8\sqrt{2}$ der Abbildungsmaßstab.

6.1.2. $f(z)$ ist in $\mathcal{G}$ holomorph, d.h., es gelten die Cauchy-Riemannschen Differentialgleichungen $u_x = v_y$, $u_y = -v_x$. Damit folgt

$$\mathcal{J}(x,y) = \begin{vmatrix} u_x & u_y \\ v_x & v_y \end{vmatrix} = \begin{vmatrix} u_x & -v_x \\ v_x & u_x \end{vmatrix} = u_x^2 + v_x^2 = |u_x + iv_x|^2 = |f'(z)|^2.$$

6.1.3. Die Ableitung $f'(z) = -\sin z$ hat nach Aufgabe 1.13 nur die reellen Nullstellen $z_n = n\pi$, $n \in \mathbb{Z}$, d.h., $f(z)$ ist in $\mathbb{C} \setminus \{n\pi \mid n \in \mathbb{Z}\}$ konform.

Nach Beispiel 1.15 gilt

$$f(z) = \cos z = \cos(x + iy) = \cos x \cosh y - i \sin x \sinh y = u(x,y) + iv(x,y).$$

Parallele $\mathcal{C}_1$: $y = y_0$ zur x-Achse: Wegen $\dfrac{u^2}{\cosh^2 y_0} + \dfrac{v^2}{\sinh^2 y_0} = \cos^2 x + \sin^2 x = 1$ ist das Bild die achsensymmetrische Ellipse $\mathcal{C}_1'$ mit Halbachsen $|\cosh y_0|$ und $|\sinh y_0|$.

Parallele $\mathcal{C}_2$: $x = x_0$ zur y-Achse: Wegen $\dfrac{u^2}{\cos^2 x_0} - \dfrac{v^2}{\sin^2 x_0} = \cosh^2 y - \sinh^2 y = 1$ ist das Bild die achsensymmetrische Hyperbel $\mathcal{C}_2'$ mit Halbachsen $|\cos x_0|$ und $|\sin x_0|$.

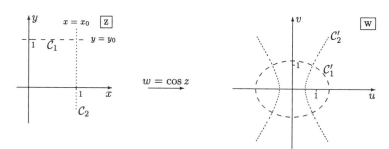

6.1.4. Der Schnittpunkt der Geraden liegt in $z_0 = 1 + 2i$.

Das Bild der Geraden $C_1: y = 2x$ mit der Parameterdarstellung $z(t) = t(1 + 2i)$ ist der Strahl $C_1': w(t) = t^2(1 + 2i)^2 = t^2(-3 + 4i)$, $t \in \mathbf{R}$.

Das Bild der Geraden $C_2: y = 3 - x$ mit der Parameterdarstellung $z(t) = t + i(3 - t)$ ist

$$C_2': w(t) = t^2 - (3 - t)^2 + i2t(3 - t) = -9 + 6t + i(6t - 2t^2),$$

also mit $u = -9 + 6t$, $v = 6t - 2t^2 = -\frac{u^2}{18} + \frac{9}{2}$ die zur v-Achse symmetrische Parabel mit Scheitel in $(0|\frac{9}{2})$ durch den Punkt $w_0 = z_0^2 = -3 + 4i$. Die Parabel hat in w_0 die Steigung $v'(-3) = \frac{1}{3}$ und die Tangente $v = \frac{u}{3} + 5$ (Punkt-Steigungs-Formel).

Es seien $\alpha, \beta, \alpha', \beta'$ die Winkel von C_1, C_2, C_1' bzw. C_2' zur positiven reellen Achse, dann ist $\beta - \alpha$ der Winkel zwischen C_1 und C_2 und $(\pi - \alpha') + \beta'$ der Winkel zwischen C_1' und C_2', und es gilt

$$\beta - \alpha = \frac{3\pi}{4} - \arctan 2 = 1{,}249 \quad (= 71{,}565°)$$

$$\pi - \alpha' + \beta' = \pi - 2\arctan 2 + \arctan\left(\frac{1}{3}\right) = 1{,}249.$$

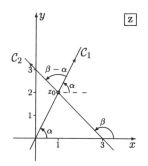
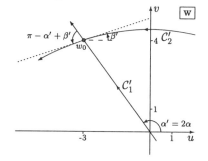

Die Riemannsche Zahlenkugel

6.2.1. z ist Fixpunkt von $f \iff f(z) = z$.
Für $n = 1$ gilt $f(z) = z$ für alle $z \in \mathbf{C}$, d.h., jedes $z \in \mathbf{C}$ ist Fixpunkt.
Für $n > 1$ ist z Fixpunkt $\iff z(1 - z^{n-1}) = 0 \iff z = 0$ oder $z^{n-1} = 1$, d.h., die Fixpunkte sind $z_0 = 0$ und alle $(n-1)$-ten Einheitswurzeln $z_{nk} = e^{i2k\pi/(n-1)}$, $0 \leq k \leq n - 2$.
$n = 2:$ $z_{20} = 1$.
$n = 3:$ $z_{30} = 1$, $z_{31} = -1$.
$n = 4:$ $z_{40} = 1$, $z_{41} = -\frac{1}{2} + \frac{1}{2}\sqrt{3}$, $z_{42} = -\frac{1}{2} - \frac{1}{2}\sqrt{3}$.

6.2.2. (a) Für einen Punkt $z = x + iy$ eines Kreises $\mathcal{K}$ in der z-Ebene mit Radius r gilt $x^2 + y^2 = r^2$. Für die Koordinaten des Bildpunktes (x', y', z') folgt aus (6.2.1)

$$z' = \frac{r^2 - 1}{1 + r^2} =: z_0' \quad \text{und} \quad x'^2 + y'^2 = \frac{4}{(1 + r^2)^2}(x^2 + y^2) = \left(\frac{2r}{1 + r^2}\right)^2 =: r'^2,$$

d.h., das Bild von $\mathcal{K}$ ist ein Kreis mit Radius r' in der zur z-Ebene parallelen Ebene mit Mittelpunkt $(0, 0, z_0')$.
Für $r = 1$ ist $r' = 1$ und $z_0' = 0$, d.h., der Einheitskreis um 0 wird auf sich abgebildet.

(b) Für einen Punkt $z = x + iy$ eines Strahls $\mathcal{C}$ in der z-Ebene, ausgehend vom Nullpunkt und mit Winkel φ zur positiven x-Achse, gilt $x = t\cos\varphi$, $y = t\sin\varphi$, $t \geq 0$. Für die Koordinaten des Bildpunktes (x', y', z') folgt aus (6.2.1)

$$x' = \frac{2t}{1+t^2}\cos\varphi, \quad y' = \frac{2t}{1+t^2}\sin\varphi \quad \text{und} \quad z' = \frac{t^2-1}{1+t^2} = 1 - \frac{2}{1+t^2},$$

d.h., das Bild $\mathcal{C}'$ ist der Schnitt der Halbebene $x' = t'\cos\varphi$, $y' = t'\sin\varphi$, $t' \geq 0$, mit der Einheitskugel, also ein Halbkreis.

6.2.3. Aus (6.2.1) folgt
$$x' + iy' = \frac{2x + 2iy}{1 + x^2 + y^2} = \frac{2z}{1 + \bar{z}z}$$

und
$$1 - z' = 1 - \frac{x^2 + y^2 - 1}{1 + x^2 + y^2} = \frac{(1 + x^2 + y^2) - (x^2 + y^2 - 1)}{1 + x^2 + y^2} = \frac{2}{1 + \bar{z}z},$$

also
$$\frac{x' + iy'}{1 - z'} = \frac{2z}{1 + \bar{z}z} \cdot \frac{1 + \bar{z}z}{2} = z.$$

Lineare Transformationen

6.3.1. $a = \dfrac{w_1 - w_2}{z_1 - z_2} = \dfrac{1-i}{i+1} = \dfrac{(1-i)^2}{2} = -i, \quad b = w_1 - az_1 = 1 - (-i)i = 0 \implies f(z) = -iz.$

6.3.2. Parameterdarstellung des Kreises: $z(t) = z_0 + re^{it}$, $0 \leq t < 2\pi$.
Parameterdarstellung des Bildkreises: $w(t) = a(z_0 + re^{it}) + b = az_0 + b + are^{it}$, $0 \leq t < 2\pi$.
Mit $a = |a|e^{i\alpha}$ folgt $w(t) = az_0 + b + |a|re^{i(t+\alpha)}$, $0 \leq t < 2\pi$.
Der Bildkreis hat also den Mittelpunkt $az_0 + b$ und den Radius $|a|r$.

6.3.3. **1. Lösung:** Die lineare Funktion bildet Geraden auf Geraden und damit Strecken auf Strecken ab. Das Bild des Rechtecks mit den Ecken

$$z_1 = 0, \quad z_2 = 1, \quad z_3 = 1 + 2i, \quad z_4 = 2i$$

ist also ein Polygon mit den Ecken $w_i = f(z_i)$, $1 \leq i \leq 4$, also

$$w_1 = 1 - 2i, \quad w_2 = 2 - i(2 + \sqrt{3}), \quad w_3 = 2 + 2\sqrt{3} - i\sqrt{3}, \quad w_4 = 1 + 2\sqrt{3}.$$

2. Lösung: $f(z) = az + b$ mit $a = 1 - i\sqrt{3} = 2e^{-i\pi/3}$ setzt sich also zusammen aus einer Drehung um den Nullpunkt mit Drehwinkel $\alpha = -\pi/3$, einer Streckung mit Faktor 2 und einer anschließenden Verschiebung um $b = 1 - 2i$.

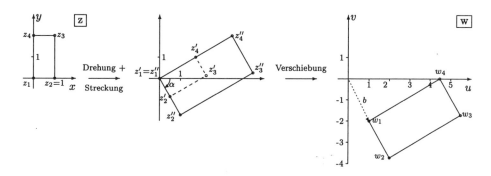

Gebrochen lineare Transformationen, Inversion

6.4.1. Seien $z_k \in \mathbb{C} \setminus \{-\frac{d}{c}\}$ und $w_k = f(z_k) = \dfrac{az_k + b}{cz_k + d}$, $1 \leq k \leq 4$. Dann gilt für $1 \leq m < n \leq 4$

$$w_m - w_n = \frac{az_m + b}{cz_m + d} - \frac{az_n + b}{cz_n + d} = \frac{(az_m + b)(cz_n + d) - (az_n + b)(cz_m + d)}{(cz_m + d)(cz_n + d)}$$

$$= \frac{(ad - bc)(z_m - z_n)}{(cz_m + d)(cz_n + d)}$$

$$\implies \quad \frac{w_1 - w_2}{w_1 - w_3} = \frac{z_1 - z_2}{cz_2 + d} \cdot \frac{cz_3 + d}{z_1 - z_3}, \quad \frac{w_4 - w_3}{w_4 - w_2} = \frac{z_4 - z_3}{cz_3 + d} \cdot \frac{cz_2 + d}{z_4 - z_2}$$

$$\implies \quad (w_1, w_2; w_3, w_4) = \frac{w_1 - w_2}{w_1 - w_3} \cdot \frac{w_4 - w_3}{w_4 - w_2} = \frac{z_1 - z_2}{z_1 - z_3} \cdot \frac{z_4 - z_3}{z_4 - z_2} = (z_1, z_2; z_3, z_4).$$

6.4.2. (a) Seien z_1, z_2, z_3 drei verschiedene Fixpunkte von $f(z)$, d.h., es gilt $w_k = f(z_k) = z_k$, $1 \leq k \leq 3$. Aus (6.4.3) folgt für beliebiges $z \in \mathbb{C}$, $z \neq -d/c$, und $w = f(z)$

$$\frac{w - w_1}{w - w_2} \cdot \frac{w_3 - w_2}{w_3 - w_1} = \frac{w - z_1}{w - z_2} \cdot \frac{z_3 - z_2}{z_3 - z_1} = \frac{z - z_1}{z - z_2} \cdot \frac{z_3 - z_2}{z_3 - z_1}$$

$$\implies \quad (w - z_1)(z - z_2) = (w - z_2)(z - z_1) \quad \implies \quad w(z_1 - z_2) = z(z_1 - z_2).$$

Aus $z_1 - z_2 \neq 0$ folgt $w = f(z) = z$.

(b) Ist $c = 0$, dann ist $f(z) = \dfrac{a}{d}z + \dfrac{b}{d}$ eine ganze lineare Transformation. Für $c \neq 0$ ist $f(\infty) = \dfrac{a}{c} \neq \infty$, d.h., ∞ ist nicht Fixpunkt.

6.4.3. Sei $w = f(z) = \dfrac{az + b}{cz + d}$. ∞ ist nicht Fixpunkt, d.h. $c \neq 0$. Division durch c ergibt $f(z) = \dfrac{a_1 z + b_1}{z + d_1}$.

$f(0) = 0 \implies \dfrac{b_1}{d_1} = 0 \implies b_1 = 0, \quad f(\infty) = -1 - i \implies a_1 = -1 - i,$

$f(1) = 1 + i \implies \dfrac{-1 - i}{1 + d_1} = 1 + i \implies d_1 = -2 \implies w = f(z) = \dfrac{(-1 - i)z}{z - 2}.$

Fixpunkte: $w = z \iff z^2 - 2z = -z - iz \iff z(z - 1 + i) = 0 \iff z = 0$ oder $z = 1 - i$.

Eine Gerade wird durch eine gebrochen lineare Abbildung auf eine Gerade oder einen Kreis abgebildet, je nachdem, ob die Urbildgerade den Pol der Abbildung enthält oder nicht. Der Pol von $f(z)$ liegt in 2, also nicht auf der abzubildenden Geraden, und damit ist das Bild ein Kreis. Der Bildkreis ist durch drei Bildpunkte bestimmt, und der Mittelpunkt ergibt sich als Umkreismittelpunkt des zugehörigen Dreiecks. Mit $f(0) = 0$, $f(\infty) = -1 - i$ und z.B. $f(-2i) = -i$ erhält man den Kreis um $-1/2 - i/2$ mit Radius $\sqrt{2}/2$.

6.4.4. Wie bei der vorigen Aufgabe können wir annehmen, daß $c = 1$ ist. Die Punkte $z_1 = 0$ und $z_2 = \infty$ liegen auf der reellen Achse, d.h., auf dem Rand der oberen z-Halbebene, ihre Bilder daher auf der u-Achse, d.h. $w_1 = f(z_1) = \dfrac{b}{d} \in \mathbb{R}$ und $w_2 = f(z_2) = a \in \mathbb{R}$. Umgekehrt liegt das Urbild von $w_3 = \infty$ auf der x-Achse, d.h. $z_3 = -d \in \mathbb{R}$ und damit folgt $b \in \mathbb{R}$.

$$w = u + iv = f(z) = f(x + iy) = \frac{a(x + iy) + b}{x + iy + d} = \frac{(ax + b) + iay}{(x + d) + iy}$$

$$= \frac{\big((ax + b) + iay\big)\big((x + d) - iy\big)}{(x + d)^2 + y^2} = \frac{(ax + b)(x + d) + ay^2}{(x + d)^2 + y^2} + i\frac{(ad - b)y}{(x + d)^2 + y^2}.$$

Liegt z in der oberen Halbebene, d.h., es gilt $y > 0$, dann muß w ebenfalls in der oberen Halbebene liegen, d.h., es muß $ad - bc = ad - b > 0$ gelten.

Die Joukowski-Funktion

6.5.1. $w - 2a = z + \dfrac{a^2}{z} - 2a = \dfrac{1}{z}(z^2 - 2az + a^2) = \dfrac{1}{z}(z-a)^2$ und

$w + 2a = z + \dfrac{a^2}{z} + 2a = \dfrac{1}{z}(z^2 + 2az + a^2) = \dfrac{1}{z}(z+a)^2 \quad\Longrightarrow\quad \dfrac{w-2a}{w+2a} = \dfrac{(z-a)^2}{(z+a)^2}.$

6.5.2. Der Kreis mit Radius $r = 1$ wird auf die zweimal durchlaufene Strecke $[-1,1]$ abgebildet. Wegen $w(t) = \cos t$ ist das Bild $C_1 + C_2$ mit $C_1: w(t) = 1-t,\ 0 \leq t < 2$, und $C_2: w(t) = t,\ -1 \leq t < 1$.

Sei $\quad a_1 = \dfrac{1}{2}\left(r + \dfrac{1}{r}\right),\quad b_1 = \dfrac{1}{2}\left|r - \dfrac{1}{r}\right|.$

Bild eines Kreises mit Radius $r \neq 1$ ist die achsenparallele Ellipse mit Halbachsen a_1 und b_1.
Für $r < 1$ ist $w(t) = a_1 \cos t + b_1 \sin t,\ 0 \leq t < 2\pi$, d.h., die Ellipse wird in positiver Richtung durchlaufen.
Für $r > 1$ ist $w(t) = a_1 \cos t - b_1 \sin t,\ 0 \leq t < 2\pi$, d.h., die Ellipse wird in negativer Richtung durchlaufen.

Die positive x-Achse $z(\tau) = \tau$, $0 < \tau < \infty$, wird auf $-C + C$ mit $C: w(t) = t,\ 1 \leq t < \infty$, d.h., das zweimal durchlaufene Intervall $[1,\infty)$, abgebildet.
Die negative x-Achse $z(\tau) = \tau$, $-\infty < \tau < 0$, wird auf $C - C$ mit $C: w(t) = t,\ -\infty < t \leq -1$, abgebildet.
Die positive y-Achse $z(\tau) = i\tau$, $0 < \tau < \infty$, wird auf $C: w(t) = it,\ -\infty < t < \infty$, abgebildet.
Die negative y-Achse $z(\tau) = i\tau$, $-\infty < \tau < 0$, wird auf $C: w(t) = it,\ -\infty < t \leq \infty$, abgebildet.

Sei $\quad \varphi_0 \notin \left\{0, \dfrac{\pi}{2}, \pi, \dfrac{3\pi}{2}\right\},\quad a_2 = |\cos \varphi_0|,\ b_2 = |\sin \varphi_0|.$

Der Strahl $z(\tau) = \tau e^{i\varphi_0}$, $0 < \tau < \infty$, wird auf die achsensymmetrische Hyperbel mit Halbachsen a_2 und b_2 abgebildet, und zwar z.B. für $0 < \varphi_0 < \pi/2$ der Teil mit $0 < \tau \leq 1$ auf den Hyperbelteil im 4. Quadranten und der Teil mit $1 \leq \tau < \infty$ auf den Hyperbelteil im 1. Quadranten, jeweils mit wachsendem v orientiert.

6.5.3. (a) Analog zur vorigen Aufgabe ist das Bild des Einheitskreises (mit $r = 1$) das Intervall $[-c, c]$ und das Bild eines Kreises mit $r \neq 1$ die achsensymmetrische Ellipse mit Halbachsen $a = \dfrac{c}{2}\left(r + \dfrac{1}{r}\right),\ b = \dfrac{c}{2}\left|r - \dfrac{1}{r}\right|$ und der Brennweite $e = \sqrt{a^2 - b^2} = c$.

(b) Die Urbilder der Ellipse sind nach Teil (a) die Kreise mit Radius r und $1/r$ mit $a = \dfrac{c}{2}\left(r + \dfrac{1}{r}\right),\ b = \dfrac{c}{2}\left|r - \dfrac{1}{r}\right|.$ Auflösung der beiden Gleichungen ergibt für $r > 1$

$$r = \dfrac{c}{a-b} = \dfrac{\sqrt{a^2-b^2}}{a-b} = \sqrt{\dfrac{a+b}{a-b}}.$$

6.5.4. (a) Ist die Ellipse mit den Halbachsen $a = 3$ und $b = 2$ Bild eines Kreises mit Radius $r > 1$ unter der Abbildung aus Aufgabe 6.5.3, dann gilt

$$c = \sqrt{9-4} = \sqrt{5},\qquad r = \dfrac{c}{a-b} = \dfrac{\sqrt{5}}{1} = \sqrt{5}.$$

Für einen Zweig der Umkehrfunktion $z_1 = f^{-1}(z)$ gilt

$$z = \dfrac{c}{2}\left(z_1 + \dfrac{1}{z_1}\right) \quad\Longrightarrow\quad 2zz_1 = cz_1^2 + c \quad\Longrightarrow\quad z_1 = \dfrac{z}{c} + \dfrac{1}{c}\sqrt{z^2 - c^2}.$$

Analog zu Beispiel 6.1.4 ist $w = V_0\left(z_1 + \dfrac{r^2}{z_1}\right)$ das komplexe Strömungspotential einer durch den Kreis gestörten gleichförmigen Strömung, d.h., für das gesuchte Potential gilt

$$w = V_0\left(z_1 + \frac{5}{z_1}\right) = \frac{V_0}{\sqrt{5}}\left(z + \sqrt{z^2 - 5} + \frac{25}{z + \sqrt{z^2 - 5}}\right)$$

$$= \frac{V_0}{\sqrt{5}}\left(z + \sqrt{z^2 - 5} + \frac{25(z - \sqrt{z^2 - 5})}{z^2 - (z^2 - 5)}\right) = \frac{V_0}{\sqrt{5}}\left(6z - 4\sqrt{z^2 - 5}\right).$$

(b) Ist $F(z)$ das komplexe Potential einer Strömung, dann gilt für die dem Geschwindigkeitsvektor $\begin{pmatrix} V_1(x,y) \\ V_2(x,y) \end{pmatrix}$ zugeordnete Funktion $\overline{V(z)} = F'(z)$, also

$$\overline{V(z)} = \frac{dw}{dz} = \frac{V_0}{\sqrt{5}}\left(6 - \frac{4z}{\sqrt{z^2 - 5}}\right).$$

Ist z ein Ellipsenpunkt, dann ist z_1 ein Kreispunkt, d.h. $z_1 = \sqrt{5}e^{it}$, $0 \leq t < 2\pi$. Mit

$$w(z_1) = V_0\left(z_1 + \frac{5}{z_1}\right), \qquad z(z_1) = \frac{\sqrt{5}}{2}\left(z_1 + \frac{1}{z_1}\right)$$

folgt

$$\frac{dw}{dz} = \frac{dw/dz_1}{dz/dz_1} = V_0\left(1 - \frac{5}{z_1^2}\right)\frac{2}{\sqrt{5}}\left(1 - \frac{1}{z_1^2}\right)^{-1} = \frac{2V_0}{\sqrt{5}}\frac{z_1^2 - 5}{z_1^2 - 1}$$

$$= \frac{2V_0}{\sqrt{5}}\frac{5e^{2it} - 5}{5e^{2it} - 1} = 2\sqrt{5}V_0\frac{1 - e^{2it}}{1 - 5e^{2it}}$$

und damit $$V(z) = \overline{\frac{dw}{dz}} = 2\sqrt{5}V_0\frac{1 - e^{-2it}}{1 - 5e^{-2it}}.$$

Zum Beispiel ist in den „Staupunkten" (mit $t = 0$ bzw. $t = \pi$) $V = 0$.

Die Schwarz-Christoffel-Transformation

6.6.1. Mit den Außenwinkeln $\beta_1 = \beta_2 = \pi$ und $z_0 = 1$ gilt

$$w(z) = a\int_1^z (\zeta - 0)^{-1}\, d\zeta + b = a\,\mathrm{Ln}\, z + b.$$

Sei $a = a_1 + ia_2$, $b = b_1 + ib_2$.

(a) $0 < z = x < \infty \implies w(z) \in \{u + i\pi \mid u \in \mathbf{R}\}$. Damit folgt auch
$w(1) = a\ln 1 + b = b = b_1 + ib_2 \in \{u + i\pi \mid u \in \mathbf{R}\} \implies b_2 = i\pi$,
und für $x > 1$ gilt
$w(x) = (a_1 + ia_2)\ln x + b_1 + i\pi = u + i\pi \implies a_2 \ln x = 0 \implies a_2 = 0$
$\implies a \in \mathbf{R}$.

Für $-\infty < z = x < 0$ gilt $w(z) \in \mathbf{R}$, d.h.
$w(z) = a\,\mathrm{Ln}\,x + b_1 + i\pi = a(\ln|x| + i\pi) + b_1 + i\pi \in \mathbf{R} \implies a\pi + \pi = 0 \implies a = -1$.

Damit folgt $w(z) = -\mathrm{Ln}\,z + b_1 + i\pi$, d.h., $w(z)$ ist wegen $e^w = \frac{1}{z} \cdot e^{b_1} \cdot (-1)$
Umkehrfunktion von $z = ce^{-w}$ mit $c \in \mathbf{R}$, $c < 0$.

(b) $0 < z = x < \infty \implies w(z) \in \mathbf{R}$. Damit folgt $w(1) = a\ln 1 + b = b \in \mathbf{R}$
und für $x > 1$ gilt
$w(x) = (a_1 + ia_2)\ln x + b \in \mathbf{R} \implies a_2 \ln x = 0 \implies a_2 = 0 \implies a \in \mathbf{R}$.

Für $-\infty < z = x < 0$ gilt $w(z) \in \{u + i\pi \mid u \in \mathbb{R}\}$, und damit
$w(z) = a(\ln|x| + i\pi) + b = u + i\pi \implies a\pi = \pi \implies a = 1$.
Damit folgt $w(z) = \text{Ln } z + b$, $b \in \mathbb{R}$, d.h., $w(z)$ ist Umkehrfunktion von
$z = e^{-b}e^w = ce^w$ mit $c \in \mathbb{R}$, $c > 0$.

6.6.2. $\mathcal{G}$ ist Polygon mit den Ecken $w_1 = 0$, $w_2 = ic$, $w_3 = \infty$ und den zugehörigen Außenwinkeln $\beta_1 = \pi/2$, $\beta_2 = -\pi/2$, $\beta_3 = 2\pi$. Mit $z_0 = 0$, $z_1 = 0$, $z_2 = 1$, $z_3 = \infty$ folgt

$$w(z) = a\int_0^z \zeta^{-1/2}(\zeta - 1)^{1/2}\,d\zeta + b = a^*\int_0^z \sqrt{\frac{1-\zeta}{\zeta}}\,d\zeta + b = a^*\sqrt{z(1-z)} + a^*\arcsin\sqrt{z} + b.$$

$0 = w(0) = b \implies b = 0$. $\quad ic = w(1) = a^*\arcsin 1 = a^*\dfrac{\pi}{2} \implies a^* = i\dfrac{2c}{\pi}$.

Damit folgt $w(z) = \dfrac{2ci}{\pi}\left(\arcsin\sqrt{z} + \sqrt{z(z-1)}\right)$.

6.6.3. $\mathcal{G}$ ist Polygon mit den Ecken $w_1 = 0$, $w_2 = i\pi$, $w_3 = 0$, $w_4 = \infty$ und den zugehörigen Außenwinkeln $\beta_1 = \pi/2$, $\beta_2 = -\pi$, $\beta_3 = \pi/2$, $\beta_4 = 2\pi$.
Mit $z_0 = -1$, $z_1 = -1$, $z_2 = 0$, $z_3 = 1$, $z_4 = \infty$ folgt

$$w(z) = a\int_{-1}^z (\zeta+1)^{-1/2}\zeta(\zeta-1)^{-1/2}\,d\zeta + b = a\int_{-1}^z \frac{\zeta}{\sqrt{\zeta^2-1}}\,d\zeta + b = a\sqrt{z^2-1} + b.$$

$0 = w(-1) = b \implies b = 0$. $\quad i\pi = w(0) = ia \implies a = \pi$.

Damit folgt $w(z) = \pi\sqrt{z^2 - 1}$.

2.3 Teil III: Integraltransformationen

2.3.1 Parameterintegrale

Integration von Parameterintegralen

1.4.1. **a)** $F(\alpha) = \displaystyle\int_\alpha^\infty e^{-\frac{x}{\alpha}}\,dx = \left[-\alpha e^{-\frac{x}{\alpha}}\right]_{x=\alpha}^\infty = \alpha e^{-\frac{\alpha}{\alpha}} = \dfrac{\alpha}{e} \implies F'(\alpha) = \dfrac{1}{e}$.

b) $F'(\alpha) = \displaystyle\int_\alpha^\infty \left(e^{-\frac{x}{\alpha}}\frac{x}{\alpha^2}\right)dx - e^{-\frac{\alpha}{\alpha}}\cdot 1 = \dfrac{1}{\alpha^2}\left\{\left[-x\alpha e^{-\frac{x}{\alpha}}\right]_\alpha^\infty + \alpha\int_\alpha^\infty e^{-\frac{x}{\alpha}}\,dx\right\} - \dfrac{1}{e}$

$\quad = \dfrac{\alpha^2}{\alpha^2}e^{-1} + \dfrac{1}{\alpha}\left[-\alpha e^{-\frac{x}{\alpha}}\right]_\alpha^\infty - \dfrac{1}{e} = e^{-1} + \dfrac{\alpha}{\alpha}e^{-1} - \dfrac{1}{e} = \dfrac{1}{e}$.

1.4.2. **a)** $\displaystyle\int_{y=a}^b \left(\int_{x=0}^1 x^y\,dx\right)dy = \int_a^b \left[\frac{x^{y+1}}{y+1}\right]_{x=0}^1 dy = \int_a^b \frac{dy}{y+1} = \Big[\ln(y+1)\Big]_a^b = \ln\frac{b+1}{a+1}$.

b) $\displaystyle\int_{y=a}^b x^y\,dy = \left[\frac{x^y}{\ln x}\right]_{y=a}^b = \frac{x^b - x^a}{\ln x} \implies \int_0^1 \frac{x^b - x^a}{\ln x}\,dx \stackrel{!}{=} \ln\frac{b+1}{a+1}$.

1.4.3. Nach (1.3.1) gilt

$F'(\alpha) = \displaystyle\int_{1/\alpha}^{1/\alpha^2} \frac{x^2}{x}e^{\alpha x^2}\,dx + \frac{e^{\alpha/\alpha^4}}{1/\alpha^2}\left(\frac{-2}{\alpha^3}\right) - \frac{e^{\alpha/\alpha^2}}{1/\alpha}\left(-\frac{1}{\alpha^2}\right)$

$\quad = \dfrac{1}{2}\displaystyle\int_{1/\alpha}^{1/\alpha^2} 2xe^{\alpha x^2}\,dx - \frac{2}{\alpha}e^{\alpha^{-3}} + \frac{1}{\alpha}e^{\alpha^{-1}} = \frac{1}{2\alpha}\left[e^{\alpha x^2}\right]_{1/\alpha}^{1/\alpha^2} - \frac{2}{\alpha}e^{\alpha^{-3}} + \frac{1}{\alpha}e^{\alpha^{-1}}$

$\quad = \dfrac{1}{2\alpha}\left(e^{\alpha^{-3}} - e^{\alpha^{-1}} - 4e^{\alpha^{-3}} + 2e^{\alpha^{-1}}\right) = \dfrac{1}{2\alpha}\left(-3e^{\alpha^{-3}} + e^{\alpha^{-1}}\right)$.

1.4.4. $\Gamma'(x) = \int_0^\infty t^{x-1} e^{-t} \ln t \, dt$, $\quad \Gamma''(x) = \int_0^\infty t^{x-1} e^{-t} (\ln t)^2 \, dt$.

1.4.5. $F_0(a, \alpha) = \int_0^a x^0 e^{-\alpha x} \, dx = \int_0^a e^{-\alpha x} \, dx = \left[-\frac{1}{\alpha} e^{-\alpha x} \right]_{x=0}^a = -\frac{1}{\alpha}(e^{-\alpha a} - 1) = \frac{1}{\alpha}(1 - e^{-\alpha a})$

$\Longrightarrow \quad \frac{\partial}{\partial \alpha}\{F_0(a, \alpha)\} = \frac{\partial}{\partial \alpha} \int_0^a e^{-\alpha x} \, dx = -\int_0^a x e^{-\alpha x} \, dx = -F_1(a, \alpha)$

bzw. $\quad F_1(a, \alpha) = -\frac{\partial}{\partial \alpha}\{F_0(a, \alpha)\}$

$\Longrightarrow \quad \frac{\partial}{\partial \alpha}\{F_1(a, \alpha)\} = \frac{\partial}{\partial \alpha} \int_0^a x e^{-\alpha x} \, dx = -\int_0^a x^2 e^{-\alpha x} \, dx = -F_2(a, \alpha)$

bzw. $\quad F_2(a, \alpha) = -\frac{\partial}{\partial \alpha}\{F_1(a, \alpha)\} = \frac{\partial^2}{\partial \alpha^2}\{F_0(a, \alpha)\} \quad$ usw.

$\Longrightarrow \quad F_n(a, \alpha) = \int_0^a x^n e^{-\alpha x} \, dx = (-1)^n \frac{\partial^n}{\partial \alpha^n}\{F_0(a, \alpha)\} = (-1)^n \frac{\partial^n}{\partial \alpha^n}\left(\frac{1 - e^{-\alpha a}}{\alpha}\right)$

und $\quad F_n(a) = F_n(a, \alpha)\big|_{\alpha=1} = (-1)^n \frac{\partial^n}{\partial \alpha^n}\left(\frac{1 - e^{-\alpha a}}{\alpha}\right)\bigg|_{\alpha=1}$.

Anwendungen

1.5.1. Mit $x = \frac{1}{t}, dx = -\frac{dt}{t^2}$, wird aus

$$J = \int_0^\infty \frac{dx}{1 + x^4} = -\int_\infty^0 \frac{dt}{t^2 \left(1 + \frac{1}{t^4}\right)} = \int_0^\infty \frac{t^2 \, dt}{1 + t^4} = \int_0^\infty \frac{x^2 \, dx}{1 + x^4}.$$

Addition des linken und rechten Integrals ergibt

$$2J = \int_0^\infty \frac{1 + x^2}{1 + x^4} \, dx = \int_0^\infty \frac{1 + \frac{1}{x^2}}{x^2 + \frac{1}{x^2}} \, dx = \int_0^\infty \frac{1 + \frac{1}{x^2}}{x^2 - 2 + \frac{1}{x^2} + 2} \, dx = \int_{-\infty}^\infty \frac{dz}{z^2 + 2}$$

mit $z = x - \frac{1}{x}, dz = \left(1 + \frac{1}{x^2}\right) dx, -\infty < z < \infty \quad$ für $\quad 0 \leq x < \infty$

$\Longrightarrow \quad J = \frac{1}{2} \int_{-\infty}^\infty \frac{1}{2} \frac{dz}{1 + \frac{z^2}{2}} = \frac{1}{4} \sqrt{2} \left[\arctan \frac{z}{\sqrt{2}} \right]_{-\infty}^\infty = \frac{1}{2\sqrt{2}} \left(\frac{\pi}{2} - \left\{ -\frac{\pi}{2} \right\} \right) = \frac{\pi}{2\sqrt{2}}$.

1.5.2. a) $\int_0^\infty e^{-x^2} \, dx = \frac{1}{2} \sqrt{\pi}, \quad$ Substitution: $x^2 = \alpha t^2, \alpha > 0, \quad$ bzw. $\quad x = \sqrt{\alpha} \, t, dx = \sqrt{\alpha} \, dt$

$\Longrightarrow \quad \frac{1}{2} \sqrt{\pi} = \int_0^\infty e^{-\alpha t^2} \sqrt{\alpha} \, dt \quad \Longrightarrow \quad J(\alpha) = \int_0^\infty e^{-\alpha x^2} \, dx = \frac{1}{2} \sqrt{\frac{\pi}{\alpha}}$

$\Longrightarrow \quad J'(\alpha) = \int_0^\infty e^{-\alpha x^2} (-x^2) dx = -\int_0^\infty x^2 e^{-\alpha x^2} \, dx = \frac{1}{2} \sqrt{\pi} \left(-\frac{1}{2} \right) \alpha^{-3/2}$

$\Longrightarrow \quad \int_0^\infty x^2 e^{-\alpha x^2} \, dx = \frac{1}{4\alpha} \sqrt{\frac{\pi}{\alpha}}$.

b) $J(\alpha) = \int_0^\infty \frac{dx}{\alpha + x^2} = \frac{1}{\alpha} \int_0^\infty \frac{dx}{1 + \left(\frac{x}{\sqrt{\alpha}}\right)^2} = \frac{1}{\alpha} \sqrt{\alpha} \left[\arctan \frac{x}{\sqrt{\alpha}} \right]_0^\infty = \frac{1}{\sqrt{\alpha}} \frac{\pi}{2}$

$\Longrightarrow \quad J'(\alpha) = \frac{\pi}{2} \left(-\frac{1}{2} \right) \alpha^{-3/2} = -\int_0^\infty \frac{dx}{(\alpha + x^2)^2}$

$\Longrightarrow \quad \int_0^\infty \frac{dx}{(\alpha + x^2)^2} = \frac{1}{4\alpha} \frac{\pi}{\sqrt{\alpha}}$.

1.5.3. $J(\alpha) = \int_0^\infty e^{-x^2} \sin 2\alpha x \, dx,$

$$J'(\alpha) = 2\int_0^\infty xe^{-x^2}\cos 2\alpha x\,dx = 2\left\{\left[-\frac{1}{2}e^{-x^2}\cos 2\alpha x\right]_0^\infty + \frac{1}{2}\int_0^\infty e^{-x^2}(-2\alpha)\sin 2\alpha x\,dx\right\}$$
$$= 1 - 2\alpha\, J(\alpha)$$

$\Longrightarrow \quad J'(\alpha) + 2\alpha\, J(\alpha) = 1.$

Das ist eine lineare Differentialgleichung 1. Ordnung mit der Lösung

$$J(\alpha) = e^{-2\int\alpha\,d\alpha}\left\{C + \int e^{2\int\alpha\,d\alpha}\,d\alpha\right\} = e^{-\alpha^2}\left\{C + \int e^{\alpha^2}\,d\alpha\right\} = Ce^{-\alpha^2} + e^{-\alpha^2}\int_0^\alpha e^{t^2}\,dt.$$

Da $J(0) = 0$ ist, folgt $C = 0$ und somit $J(\alpha) = e^{-\alpha^2}\int_0^\alpha e^{t^2}\,dt,$

eine nichtelementare Funktion. Dieses Integral ist z.B. durch Reihenentwicklung zu lösen.

1.5.4. $\int_0^\infty \frac{\sin x}{x}\,dx = \int_0^\infty \sin x\left(\int_0^\infty e^{-xy}\,dy\right)dx = \int_0^\infty\left(\int_0^\infty e^{-xy}\sin x\,dx\right)dy$

$$= \int_0^\infty\left[\frac{e^{-xy}}{1+y^2}(-y\sin x - \cos x)\right]_{x=0}^\infty dy = \int_0^\infty \frac{dy}{1+y^2} = \left[\arctan y\right]_0^\infty = \frac{\pi}{2}.$$

1.5.5. a) $\int_\alpha^\beta \frac{1}{x}\,dx = \int_\alpha^\beta\int_0^\infty e^{-xy}\,dy\,dx = \int_0^\infty\left(\int_\alpha^\beta e^{-xy}\,dx\right)dy$

$$= \left[\ln x\right]_\alpha^\beta = \ln\frac{\beta}{\alpha} = \int_0^\infty\left[\frac{e^{-xy}}{-y}\right]_{x=\alpha}^\beta dy = \int_0^\infty \frac{e^{-\alpha y} - e^{-\beta y}}{y}\,dy.$$

b) Mit der Substitution $t = \alpha y$ bzw. $t = \beta y$ erhält man

$$\int_0^\infty \frac{e^{-\alpha y}}{y}\,dy - \int_0^\infty \frac{e^{-\beta y}}{y}\,dy = \int_0^\infty \frac{\alpha e^{-t}}{t}\frac{dt}{\alpha} - \int_0^\infty \frac{\beta e^{-t}}{t}\frac{dt}{\beta} = \int_0^\infty \frac{e^{-t}}{t}\,dt - \int_0^\infty \frac{e^{-t}}{t}\,dt = 0.$$

Daraus folgt $\ln\frac{\beta}{\alpha} = 0.$ Der Widerspruch erklärt sich dadurch, daß die letzten beiden Integrale divergieren, wegen der Singularität bei $t = 0$.

1.5.6. $J_0(x) = \frac{1}{\pi}\int_0^\pi \cos(x\sin t)\,dt,$

$$J_0'(x) = -\frac{1}{\pi}\int_0^\pi \sin(x\sin t)\sin t\,dt = -\frac{1}{\pi}\left\{\left[-\cos t\sin(x\sin t)\right]_0^\pi + x\int_0^\pi \cos^2 t\cos(x\sin t)\,dt\right\}$$
$$= -\frac{x}{\pi}\int_0^\pi \cos^2 t\cos(x\sin t)\,dt,$$

analog ergibt sich $J_0''(x) = -\frac{1}{\pi}\int_0^\pi \cos(x\sin t)\sin^2 t\,dt$

$\Longrightarrow \quad \frac{J_0'(x)}{x} + J_0''(x) = -\frac{1}{\pi}\int_0^\pi \cos(x\sin t)\,dt = -J_0(x) \quad \Longrightarrow \quad x^2 J_0'' + x J_0' + x^2 J_0 = 0.$

1.5.7. **a)** Es gilt $\cos\alpha + \cos\beta = 2\cos\frac{\alpha+\beta}{2}\cos\frac{\alpha-\beta}{2}$ und somit

$$\cos(x\sin t - nt - t) + \cos(x\sin t - nt + t) = 2\cos(x\sin t - nt)\cos t$$

$$\Longrightarrow J_{n+1}(x) + J_{n-1}(x) = \frac{1}{\pi}\int_0^\pi \{\cos(x\sin t - nt - t) + \cos(x\sin t - nt + t)\}dt$$

$$= \frac{2}{\pi}\int_0^\pi \cos(x\sin t - nt)\cos t\, dt = \frac{2}{\pi}\frac{1}{x}\int_0^\pi \cos(x\sin t - nt)x\cos t\, dt$$

$$= \frac{2}{\pi}\frac{1}{x}\int_0^\pi \cos(x\sin t - nt)n\, dt,$$

da für die Differenz der beiden letzten Integrale gilt

$$\int_0^\pi \cos(x\sin t - nt)(x\cos t - n)dt = \int_0^{-n\pi}\cos u\, du = \Big[\sin u\Big]_0^{-n\pi} = 0,$$

mit $u = x\sin t - nt$, $du = (x\cos t - n)dt$

$$\Longrightarrow J_{n+1}(x) + J_{n-1}(x) = \frac{2n}{x\pi}\int_0^\pi \cos(x\sin t - nt)dt = \frac{2n}{x}J_n(x).$$

b) Ebenso gilt $\cos\alpha - \cos\beta = -2\sin\frac{\alpha+\beta}{2}\sin\frac{\alpha-\beta}{2}$ und somit

$$\cos(x\sin t - nt + t) - \cos(x\sin t - nt - t) = -2\sin(x\sin t - nt)\sin t$$

$$\Longrightarrow \frac{1}{2}\Big(J_{n-1}(x) - J_{n+1}(x)\Big) = -\frac{1}{\pi}\int_0^\pi \sin t\sin(x\sin t - nt)dt. \quad \text{Andererseits ist}$$

$$J_n'(x) = \frac{1}{\pi}\frac{\partial}{\partial x}\int_0^\pi \cos(x\sin t - nt)dt = -\frac{1}{\pi}\int_0^\pi \sin(x\sin t - nt)\sin t\, dt = \frac{1}{2}\Big(J_{n-1}(x) - J_{n+1}(x)\Big).$$

1.5.8. Für die linke Seite ergibt sich mit partieller Integration

$$\int_0^1\left(\int_0^\infty (1-xy)e^{-xy}\, dy\right)dx = \int_0^1\left\{\left[\frac{e^{-xy}}{-x}(1-xy)\right]_{y=0}^\infty + \frac{1}{x}\int_0^\infty e^{-xy}(-x)dy\right\}dx$$

$$= \int_0^1\left\{\frac{1}{x} - \left[\frac{e^{-xy}}{-x}\right]_{y=0}^\infty\right\}dx = \int_0^1\left\{\frac{1}{x} - \frac{1}{x}\right\}dx = 0$$

und für die rechte Seite

$$\int_0^\infty\left(\int_0^1 (1-xy)e^{-xy}\, dx\right)dy = \int_0^\infty\left\{\left[\frac{e^{-xy}}{-y}(1-xy)\right]_{x=0}^1 + \frac{1}{y}\int_0^1 e^{-xy}(-y)dx\right\}dy$$

$$= \int_0^\infty\left\{\frac{e^{-y}}{-y}(1-y) + \frac{1}{y} - \left[\frac{e^{-xy}}{-y}\right]_{x=0}^1\right\}dy$$

$$= \int_0^\infty\left\{e^{-y}\left(-\frac{1}{y}+1\right) + \frac{1}{y} + \frac{e^{-y}}{y} - \frac{1}{y}\right\}dy$$

$$= \int_0^\infty e^{-y}\, dy = \Big[-e^{-y}\Big]_0^\infty = 1.$$

Das bedeutet, daß die Reihenfolge der Integrationen nicht beliebig ist. Das Problem liegt an den Integrationsgrenzen bezüglich x. Das Integral $\int_0^1 \frac{dx}{x}$ existiert nämlich nicht. Anders wäre es für das Intervall $0 < x_0 \leq x < 1$.

Die Gammafunktion

1.6.1. $(x-1)! = \dfrac{(n+x)!}{x(x+1)\cdots(x+n)} = \dfrac{n!\, n^x}{x(x+1)\cdots(x+n)} \dfrac{n+1}{n}\dfrac{n+2}{n}\cdots\dfrac{n+x}{n}$,

der Grenzübergang $n \to \infty$ ergibt

$$\Gamma(x) = (x-1)! = \lim_{n\to\infty} \dfrac{n!\, n^x}{x(x+1)\cdots(x+n)}.$$

1.6.2. **a)** Es gilt $\Gamma(z+1) = z\Gamma(z)$ und somit auch

$$\begin{aligned}\Gamma(x+n+1) &= (x+n)\Gamma(x+n) = (x+n)(x+n-1)\Gamma(x+n-1)\\ &= (x+n)(x+n-1)\cdots(x+1)\Gamma(x+1).\end{aligned}$$

b) $\Gamma\left(n+\dfrac{1}{2}\right) = \left(n-\dfrac{1}{2}\right)\left(n-\dfrac{3}{2}\right)\cdots\dfrac{1}{2}\Gamma\left(\dfrac{1}{2}\right) = \dfrac{2n-1}{2}\dfrac{2n-3}{2}\cdots\dfrac{1}{2}\sqrt{\pi}$

$= \dfrac{1}{2^n}\displaystyle\prod_{k=1}^{n}(2k-1)\sqrt{\pi} = \dfrac{2\cdot 4\cdots 2n}{2^n(1\cdot 2\cdots n)}\displaystyle\prod_{k=1}^{n}(2k-1)\dfrac{\sqrt{\pi}}{2^n} = \dfrac{(2n)!}{2^{2n}\,n!}\sqrt{\pi}$

$= \dbinom{2n}{n}\dfrac{n!}{2^{2n}}\sqrt{\pi}.$

1.6.3. **a)** $\Gamma(x+1) = x\Gamma(x)$

$\Rightarrow \Gamma\left(\dfrac{5}{2}\right) = \Gamma\left(\dfrac{3}{2}+1\right) = \dfrac{3}{2}\Gamma\left(\dfrac{3}{2}\right) = \dfrac{3}{2}\Gamma\left(\dfrac{1}{2}+1\right) = \dfrac{3}{2}\dfrac{1}{2}\Gamma\left(\dfrac{1}{2}\right) = \dfrac{3}{4}\sqrt{\pi}.$

b) $\Gamma(x) = \dfrac{\Gamma(x+1)}{x} \Rightarrow \Gamma\left(-\dfrac{1}{2}\right) = -2\Gamma\left(-\dfrac{1}{2}+1\right) = -2\Gamma\left(\dfrac{1}{2}\right) = -2\sqrt{\pi}.$

c) $\Gamma\left(-\dfrac{5}{2}\right) = -\dfrac{2}{5}\Gamma\left(-\dfrac{5}{2}+1\right) = -\dfrac{2}{5}\Gamma\left(-\dfrac{3}{2}\right) = \left(-\dfrac{2}{5}\right)\left(-\dfrac{2}{3}\right)\Gamma\left(-\dfrac{1}{2}\right)$

$= \dfrac{4}{15}(-2\sqrt{\pi}) = -\dfrac{8}{15}\sqrt{\pi}.$

1.6.4. **a)** Mit $ax^n = t, anx^{n-1}dx = dt$ erhält man

$$\int_0^\infty x^m e^{-ax^n}dx = \int_0^\infty \left(\dfrac{t}{a}\right)^{\frac{m}{n}}\dfrac{1}{an}\left(\dfrac{t}{a}\right)^{-\frac{n-1}{n}}e^{-t}dt = \dfrac{1}{an}a^{-\frac{m}{n}+1-\frac{1}{n}}\int_0^\infty t^{\frac{m}{n}+\frac{1}{n}-1}e^{-t}dt$$

$$= \dfrac{1}{n}a^{-\frac{m+1}{n}}\int_0^\infty t^{\frac{m+1}{n}-1}e^{-t}dt = \dfrac{a^{-\frac{m+1}{n}}}{n}\Gamma\left(\dfrac{m+1}{n}\right).$$

b) Es ist $m=0, n=2 \Rightarrow J_1 = \dfrac{a^{-\frac{1}{2}}}{2}\Gamma\left(\dfrac{1}{2}\right) = \dfrac{\sqrt{\pi}}{2\sqrt{a}}.$

Beim zweiten Integral ist $m=2, n=2 \Rightarrow J_2 = \dfrac{a^{-\frac{3}{2}}}{2}\Gamma\left(\dfrac{3}{2}\right) = \dfrac{1}{2a\sqrt{a}}\dfrac{1}{2}\Gamma\left(\dfrac{1}{2}\right) = \dfrac{\sqrt{\pi}}{4a\sqrt{a}}.$

1.6.5. $\dbinom{2n}{n} = \dfrac{(2n)!}{n!\,n!} \approx \left(\dfrac{2n}{e}\right)^{2n}\sqrt{4\pi n}\left\{\left(\dfrac{e}{n}\right)^n\dfrac{1}{\sqrt{2\pi n}}\right\}^2 = \dfrac{2^{2n}}{e^{2n}}n^{2n}\dfrac{\sqrt{4\pi n}}{2\pi n}\dfrac{e^{2n}}{n^{2n}} = \dfrac{2^{2n}}{\sqrt{\pi n}}.$

1.6.6. **a)** $10! = 3.628.800,$ **b)** $10! \approx 3{,}5987\cdot 10^6,$

c) absoluter Fehler: $\Delta = 30104,$ relativer Fehler: $\delta = 0{,}83\%.$

1.6.7. $J_{-\frac{1}{2}}(x) = \sum_{k=0}^{\infty} \frac{(-1)^k}{k!\,\Gamma\left(k - \frac{1}{2} + 1\right)} \left(\frac{x}{2}\right)^{2k-\frac{1}{2}} = \sqrt{\frac{2}{x}} \sum_{k=0}^{\infty} \frac{(-1)^k}{k!} \frac{2^{2k}\,k!}{(2k)!\sqrt{\pi}} \frac{x^{2k}}{2^{2k}}$

$= \sqrt{\frac{2}{x\pi}} \sum_{k=0}^{\infty} \frac{(-1)^k}{(2k)!} x^{2k} = \sqrt{\frac{2}{x\pi}} \cos x.$

1.6.8. $J_0(x) = \sum_{k=0}^{\infty} \frac{(-1)^k}{k!\,\Gamma(k+1)} \left(\frac{x}{2}\right)^{2k} = \sum_{k=0}^{\infty} \frac{(-1)^k}{(k!)^2} \left(\frac{x}{2}\right)^{2k}.$

Die Betafunktion

1.7.1. $\mathrm{B}(x, y+1) = \int_0^1 t^{x-1}(1-t)^y\,dt = \left[\frac{t^x}{x}(1-t)^y\right]_{t=0}^1 + \frac{1}{x}\int_0^1 t^x\,y(1-t)^{y-1}\,dt = \frac{y}{x}\mathrm{B}(x+1, y).$

1.7.2. $\mathrm{B}(x+1, y) + \mathrm{B}(x, y+1) = \int_0^1 t^x(1-t)^{y-1}\,dt + \int_0^1 t^{x-1}(1-t)^y\,dt$

$= \int_0^1 t^{x-1}(1-t)^{y-1}\{t+1-t\}\,dt = \int_0^1 t^{x-1}(1-t)^{y-1}\,dt = \mathrm{B}(x, y).$

1.7.3. a) $\int_0^{\pi/2} \sin^{a-1}\varphi \cos^{b-1}\varphi\,d\varphi = \frac{1}{2}\mathrm{B}\left(\frac{a}{2}, \frac{b}{2}\right) = \frac{1}{2}\frac{\Gamma(\frac{a}{2})\Gamma(\frac{b}{2})}{\Gamma(\frac{a+b}{2})}$ mit (1.7.2) und (1.7.6).

b) Setze $b = 1$ in a): $\Longrightarrow J = \int_0^{\pi/2} \sin^{a-1}\varphi\,d\varphi = \frac{1}{2}\Gamma\left(\frac{1}{2}\right)\frac{\Gamma(\frac{a}{2})}{\Gamma(\frac{a+1}{2})} = \frac{\sqrt{\pi}}{2}\frac{\Gamma(\frac{a}{2})}{\Gamma(\frac{a+1}{2})}.$

c) Sei $a \in \mathbf{N}$, $a = 2k$:

$\Longrightarrow J = \int_0^{\pi/2} \sin^{2k-1}\varphi\,d\varphi = \frac{\sqrt{\pi}}{2}\frac{\Gamma(k)}{\Gamma(k+\frac{1}{2})} = \frac{\sqrt{\pi}\,(k-1)!}{2(k-\frac{1}{2})(k-\frac{3}{2})\cdots\frac{1}{2}\Gamma(\frac{1}{2})}$

$= \frac{2^k\sqrt{\pi}\,(k-1)!}{(2k-1)(2k-3)\cdots 1\sqrt{\pi}} = \frac{2(k-1)2(k-2)\cdots 2\cdot 1}{(2k-1)(2k-3)\cdots 1} = \frac{2\cdot 4\cdot 6\cdots(a-2)}{1\cdot 3\cdot 5\cdots(a-1)}.$

Sei $a \in \mathbf{N}$, $a = 2k+1$:

$\Longrightarrow J = \int_0^{\pi/2} \sin^{2k}\varphi\,d\varphi = \frac{\sqrt{\pi}\,\Gamma(k+\frac{1}{2})}{2\,\Gamma(k+1)} = \frac{\sqrt{\pi}}{2}\frac{(k-\frac{1}{2})\cdots\frac{1}{2}\Gamma(\frac{1}{2})}{k!} = \frac{\sqrt{\pi}}{2}\frac{(2k-1)\cdots 1\sqrt{\pi}}{2^k\,k!}$

$= \frac{\pi}{2}\frac{(2k-1)(2k-3)\cdots 3\cdot 1}{2\cdot 4\cdot 6\cdots(2k)} = \frac{\pi}{2}\frac{1\cdot 3\cdot 5\cdots(a-2)}{2\cdot 4\cdot 6\cdots(a-1)}.$

1.7.4. $y^4 = a^4 t,\ 4y^3\,dy = a^4\,dt$

$\Longrightarrow J = \int_0^a \frac{dy}{\sqrt{a^4 - y^4}} = \frac{1}{a^2}\int_0^a \frac{dy}{\sqrt{1 - (\frac{y}{a})^4}} = \frac{1}{a^2}\int_0^1 \frac{a^4}{4}(a^4 t)^{-3/4}\frac{dt}{\sqrt{1-t}}$

$= \frac{a^2}{4}a^{-3}\int_0^1 t^{-3/4}(1-t)^{-1/2}\,dt = \frac{1}{4a}\mathrm{B}\left(\frac{1}{4}, \frac{1}{2}\right) = \frac{1}{4a}\frac{\Gamma(\frac{1}{4})\Gamma(\frac{1}{2})}{\Gamma(\frac{3}{4})}$

$= \frac{\sqrt{\pi}\,\Gamma(\frac{1}{4})\Gamma(\frac{1}{4})}{4a}\frac{\sin\frac{\pi}{4}}{\pi} = \frac{1}{4a\sqrt{2\pi}}\left[\Gamma\left(\frac{1}{4}\right)\right]^2.$

1.7.5. Setze $t = x^4 \Longrightarrow dt = 4x^3\,dx$

$\Longrightarrow J = \int_0^1 t^{\frac{1}{2}}(1-t)^{-\frac{1}{3}}\frac{dt}{4t^{\frac{3}{4}}} = \frac{1}{4}\int_0^1 t^{-\frac{1}{4}}(1-t)^{-\frac{1}{3}}\,dt = \frac{1}{4}\mathrm{B}\left(\frac{3}{4}, \frac{2}{3}\right) = \frac{1}{4}\frac{\Gamma(\frac{3}{4})\Gamma(\frac{2}{3})}{\Gamma(\frac{17}{12})}.$

1.7.6. Setze $x^4 = t \Longrightarrow 4x^3\,dx = dt$

$$\Longrightarrow \int_0^\infty \frac{dx}{1+x^4} = \int_0^\infty \frac{dt}{1+t} \frac{1}{4t^{\frac{3}{4}}} = \frac{1}{4}\int_0^\infty t^{-\frac{3}{4}} \frac{dt}{1+t}$$

$$= \frac{1}{4} B\left(\frac{1}{4}, \frac{3}{4}\right) = \frac{1}{4} \frac{\Gamma\left(\frac{1}{4}\right)\Gamma\left(\frac{3}{4}\right)}{\Gamma(1)} = \frac{1}{4} \frac{\pi}{\sin\frac{\pi}{4}} = \frac{\pi}{4}\sqrt{2}$$

mit Gleichung (1.7.5) und $x = \frac{1}{4}$, $y = 1 - x = \frac{3}{4}$ und Gleichung (1.6.9).

1.7.7. $\cos\varphi = 1 - 2\sqrt{x} \Longrightarrow -\sin\varphi\, d\varphi = -\frac{1}{\sqrt{x}} dx$ und

$$\sin\varphi = \sqrt{1 - \cos^2\varphi} = \sqrt{1 - (1 - 4\sqrt{x} + 4x)} = \sqrt{4\sqrt{x} - 4x} = 2\sqrt[4]{x}\sqrt{1 - \sqrt{x}}$$

$$\Longrightarrow \int_0^\pi \frac{d\varphi}{\sqrt{3 - \cos\varphi}} = \int_0^1 \frac{1}{\sqrt{x}\sin\varphi} \frac{dx}{\sqrt{3 - 1 + 2\sqrt{x}}} = \int_0^1 \frac{1}{x^{\frac{1}{2}} 2x^{\frac{1}{4}}\sqrt{1 - \sqrt{x}}} \frac{dx}{\sqrt{2 + 2\sqrt{x}}}$$

$$= \frac{1}{2\sqrt{2}} \int_0^1 x^{-\frac{3}{4}} \frac{dx}{\sqrt{1 - x}} = \frac{1}{2\sqrt{2}} \int_0^1 x^{-\frac{3}{4}}(1 - x)^{-\frac{1}{2}} dx = \frac{1}{2\sqrt{2}} B\left(\frac{1}{4}, \frac{1}{2}\right)$$

$$= \frac{1}{2\sqrt{2}} \frac{\Gamma\left(\frac{1}{4}\right)\Gamma\left(\frac{1}{2}\right)}{\Gamma\left(\frac{3}{4}\right)} = \frac{\sqrt{\pi}}{2\sqrt{2}} \Gamma\left(\frac{1}{4}\right)\left\{\frac{\pi}{\sin\left(\frac{\pi}{4}\right)}\right\}^{-1} \Gamma\left(\frac{1}{4}\right)$$

$$= \frac{1}{2\sqrt{2\pi}} \sin\frac{\pi}{4} \left\{\Gamma\left(\frac{1}{4}\right)\right\}^2 = \frac{1}{4\sqrt{\pi}} \left\{\Gamma\left(\frac{1}{4}\right)\right\}^2.$$

Sprung- und Stoßfunktion

1.8.1. $\sum_{n=0}^\infty \left(\frac{t}{a} - n\right)\left\{u\left(\frac{t}{a} - n\right) - u\left(\frac{t}{a} - n - 1\right)\right\}.$

1.8.2. a) 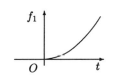 b)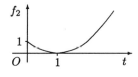

c) 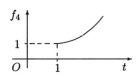 d)

1.8.3. a) $t^2 + (2t - t^2)u(t - 2).$

b) $\sin t + (\sin 2t - \sin t)u(t - \pi) + (\sin 3t - \sin 2t)u(t - 2\pi).$

1.8.4. $\int_{-\infty}^\infty e^{-t}u(t - 2)\, dt = \int_2^\infty e^{-t}\, dt = \left[-e^{-t}\right]_2^\infty = e^{-2}.$

1.8.5. $\int_{-1}^1 \delta(t)\{f(t) - f(0)\}dt = \int_{-\infty}^\infty \delta(t)f(t)\, dt - f(0)\int_{-\infty}^\infty \delta(t)\, dt = f(0) - f(0) \cdot 1 = 0.$

1.8.6. Es ist $\delta(t) = \frac{d}{dt}u(t) \Longrightarrow \int_{-\infty}^t \delta(\tau)\, d\tau = \int_{-\infty}^t \frac{d}{d\tau}u(\tau)\, d\tau = u(t) - u(-\infty) = u(t).$

1.8.7. $u(t) = \int_{-\infty}^t \delta(\tau)\, d\tau = \int_0^t n\, d\tau \Longrightarrow u_n(t) = \begin{cases} 0 & \text{für} \quad t < 0 \\ nt & \text{für} \quad 0 < t < \frac{1}{n} \\ 1 & \text{für} \quad t > \frac{1}{n}. \end{cases}$

Im letzten Fall ist $u(t) = \int_0^t n\,d\tau = \int_0^{1/n} n\,d\tau + 0 = n\bigl[t\bigr]_0^{1/n} = 1$.

1.8.8. Es ist $\displaystyle\lim_{\alpha\to\infty}\frac{\alpha}{e^{\alpha t}} = \lim_{\alpha\to\infty}\frac{1}{t e^{\alpha t}} = 0$ für $t \neq 0$ und

$$\int_{-\infty}^{\infty}\delta(t)\,dt = \lim_{\alpha\to\infty}\int_0^{\infty}\alpha e^{-\alpha t}\,dt = \lim_{\alpha\to\infty}\Bigl[-\frac{\alpha}{\alpha}e^{-\alpha t}\Bigr]_{t=0}^{\infty} = \lim_{\alpha\to\infty}\{0 + e^{-0}\} = 1.$$

1.8.9. $\displaystyle\int_{-\infty}^{\infty} f(t)\delta(t)\,dt = \int_{-\infty}^{\infty} f(t)\frac{du(t)}{dt}\,dt = \int_{-\infty}^{\infty} f(t)\,du(t) = f(0)$, also (1.8.4),

da $du(t) = \begin{cases} 0 & \text{für } t \neq 0 \\ 1 & \text{für } t = 0 \end{cases}$. Mit $du(t-a) = \begin{cases} 0 & \text{für } t \neq a \\ 1 & \text{für } t = a \end{cases}$ folgt

$$\int_{-\infty}^{\infty} f(t)\delta(t-a)\,dt = \int_{-\infty}^{\infty} f(t)\frac{du(t-a)}{dt}\,dt = \int_{-\infty}^{\infty} f(t)\,du(t-a) = f(a), \text{ also (1.8.2)}.$$

1.8.10. $\displaystyle\int_{-\infty}^{\infty}\cos 2t\,\delta\Bigl(t - \frac{\pi}{3}\Bigr)\,dt = \cos 2\frac{\pi}{3} = -\frac{1}{2}.$

2.3.2 Fouriertransformation

Die Fouriertransformation

2.3.1. a) $\displaystyle F(\omega) = \int_{-\infty}^{\infty} f(t)e^{-i\omega t}\,dt = \int_{-\infty}^{\infty} f(t)(\cos\omega t - i\sin\omega t)\,dt$

$$= \int_{-\infty}^{\infty} f(t)\cos\omega t\,dt - i\int_{-\infty}^{\infty} f(t)\sin\omega t\,dt = 2\int_0^{\infty} f(t)\cos\omega t\,dt,$$

da $f(t)\cos\omega t$ eine gerade und $f(t)\sin\omega t$ eine ungerade Funktion ist.

b) Mit $t = -\tau$ und $f(\tau) = f(-\tau)$ folgt

$$F(-\omega) = \int_{-\infty}^{\infty} f(t)e^{i\omega t}\,dt = -\int_{\infty}^{-\infty} f(-\tau)e^{-i\omega\tau}\,d\tau = \int_{-\infty}^{\infty} f(\tau)e^{-i\omega\tau}\,d\tau = F(\omega),$$

d.h., auch $F(\omega)$ ist eine gerade Funktion und somit gilt

$$f(t) = \frac{1}{2\pi}\int_{-\infty}^{\infty} F(\omega)e^{i\omega t}\,d\omega = \frac{1}{2\pi}\Bigl\{\int_{-\infty}^{\infty} F(\omega)\cos\omega t\,d\omega + i\int_{-\infty}^{\infty} F(\omega)\sin\omega t\,d\omega\Bigr\}$$

$$= \frac{2}{2\pi}\int_0^{\infty} F(\omega)\cos\omega t\,d\omega + 0 = \frac{1}{\pi}\int_0^{\infty} F(\omega)\cos\omega t\,d\omega.$$

2.3.2. a) $\displaystyle F(\omega) = \int_{-\epsilon}^{\epsilon}\frac{1}{2\epsilon}e^{-i\omega t}\,dt = \frac{-1}{2\epsilon i\omega}\Bigl[e^{-i\omega t}\Bigr]_{t=-\epsilon}^{\epsilon} = \frac{i}{2\omega\epsilon}(e^{-i\omega\epsilon} - e^{i\omega\epsilon})$

$$= \frac{i}{2\epsilon\omega}(\cos\omega\epsilon - i\sin\omega\epsilon - \cos\omega\epsilon - i\sin\omega\epsilon) = \frac{-2i^2\sin\omega\epsilon}{2\epsilon\omega} = \frac{\sin\omega\epsilon}{\omega\epsilon}.$$

b) $\displaystyle F(\omega) = \int_{-\infty}^{\infty} e^{-\alpha|t|}e^{-i\omega t}\,dt = \int_0^{\infty} e^{-\alpha t}e^{-i\omega t}\,dt + \int_{-\infty}^0 e^{\alpha t}e^{-i\omega t}\,dt$

$$= \int_0^{\infty} e^{-\alpha t}e^{-i\omega t}\,dt - \int_{\infty}^0 e^{-\alpha t}e^{i\omega t}\,dt = \int_0^{\infty} e^{-\alpha t}\bigl(e^{-i\omega t} + e^{i\omega t}\bigr)\,dt$$

$$= 2\int_0^{\infty} e^{-\alpha t}\cos\omega t\,dt = 2\Bigl[\frac{e^{-\alpha t}}{\omega^2 + \alpha^2}(-\alpha\cos\omega t + \omega\sin\omega t)\Bigr]_{t=0}^{\infty} = \frac{2\alpha}{\omega^2 + \alpha^2}.$$

c) $F(\omega) = \int_{-\infty}^{\infty} e^{-at^2} e^{-i\omega t} dt = \int_{-\infty}^{\infty} e^{-a\left(t^2 + \frac{i\omega}{a}t - \frac{\omega^2}{4a^2}\right) - \frac{\omega^2}{4a}} dt = \int_{-\infty}^{\infty} e^{-a\left(t + \frac{i\omega}{2a}\right)^2} e^{-\frac{\omega^2}{4a}} dt$

$= \dfrac{1}{\sqrt{a}} e^{-\frac{\omega^2}{4a}} \int_{-\infty}^{\infty} e^{-\tau^2} d\tau = \sqrt{\dfrac{\pi}{a}} e^{-\frac{\omega^2}{4a}}, \quad \text{mit} \quad \sqrt{a}\left(t + \dfrac{i\omega}{2a}\right) = \tau, \sqrt{a}\, dt = d\tau.$

2.3.3. $\mathcal{F}\{\alpha_1 f_1 + \alpha_2 f_2\} = \int_{-\infty}^{\infty} \{\alpha_1 f_1(t) + \alpha_2 f_2(t)\} e^{-j\omega t} dt$

$= \alpha_1 \int_{-\infty}^{\infty} f_1(t) e^{-j\omega t} dt + \alpha_2 \int_{-\infty}^{\infty} f_2(t) e^{-j\omega t} dt = \alpha_1 \mathcal{F}\{f_1\} + \alpha_2 \mathcal{F}\{f_2\}.$

2.3.3 Laplace-Transformation

Eigenschaften der Laplace-Transformation

3.3.1. a) $\mathcal{L}\{f(t)\} = \dfrac{4}{s-3} + 5\dfrac{4!}{s^5} - 3\dfrac{2}{s^2+4} + 2\dfrac{s}{s^2+16} = \dfrac{4}{s-3} + \dfrac{120}{s^5} - \dfrac{6}{s^2+4} + \dfrac{2s}{s^2+16}.$

b) Mit dem 1. Verschiebungssatz erhält man $\mathcal{L}\left\{\cos\left(t - \dfrac{\pi}{3}\right)\right\} = e^{-s\frac{\pi}{3}} \mathcal{L}\{\cos t\} = \dfrac{s e^{-\frac{s\pi}{3}}}{s^2+1}.$

3.3.2. $\mathcal{L}\left\{\dfrac{1}{\sqrt{t}}\right\} = \mathcal{L}\left\{t^{-\frac{1}{2}}\right\} = \dfrac{\Gamma\left(-\frac{1}{2}+1\right)}{s^{-\frac{1}{2}+1}} = \dfrac{\Gamma\left(\frac{1}{2}\right)}{\sqrt{s}} = \sqrt{\dfrac{\pi}{s}}.$

3.3.3. $F(s) = \dfrac{s+1}{s^2+4s+13} = \dfrac{s+1}{(s+2)^2+3^2} = \dfrac{s+2}{(s+2)^2+3^2} - \dfrac{1}{(s+2)^2+3^2}$

$= \dfrac{s+2}{(s+2)^2+3^2} - \dfrac{1}{3}\dfrac{3}{(s+2)^2+3^2} = \mathcal{L}\{e^{-2t}\cos 3t\} - \dfrac{1}{3}\mathcal{L}\{e^{-2t}\sin 3t\}$

mit (3.3.6) und (3.3.7).

3.3.4. $\mathcal{L}\{t^n e^{at}\} = \int_0^{\infty} \dfrac{\partial^n}{\partial a^n}(e^{at}) e^{-st} dt = \dfrac{\partial^n}{\partial a^n} \int_0^{\infty} e^{at} e^{-st} dt = \dfrac{\partial^n}{\partial a^n}\left(\dfrac{1}{s-a}\right) = \dfrac{n!}{(s-a)^{n+1}}.$

3.3.5. $\mathcal{L}\{t \sin t\} = \int_0^{\infty} t \sin t\, e^{-st} dt = \int_0^{\infty} \sin t (t e^{-st}) dt = -\int_0^{\infty} \sin t\, \dfrac{\partial}{\partial s}(e^{-st}) dt$

$= -\dfrac{\partial}{\partial s} \int_0^{\infty} \sin t\, e^{-st} dt = -\dfrac{\partial}{\partial s} \mathcal{L}\{\sin t\} = -\dfrac{\partial}{\partial s}\left(\dfrac{1}{s^2+1}\right) = \dfrac{2s}{(1+s^2)^2}.$

3.3.6. Man hat $f(t) = t, \dot{f}(t) = 1, f(0) = 0$ und somit

$\mathcal{L}\{\dot{f}(t)\} = \mathcal{L}\{1\} = \dfrac{1}{s} = s\mathcal{L}\{f(t)\} - f(0) = s\mathcal{L}\{t\} - 0 \quad \text{bzw.} \quad \mathcal{L}\{t\} = \dfrac{1}{s^2}.$

3.3.7. Nach Satz 3.6.3 gilt: $\mathcal{L}\{\dot{f}(t)\} = sF(s) - f(0) = \int_0^{\infty} \dot{f}(t) e^{-st} dt.$ Partielle Integration ergibt:

$sF(s) - f(0) = \left[-\dfrac{e^{-st}}{s} \dot{f}(t)\right]_{t=0}^{\infty} + \dfrac{1}{s}\int_0^{\infty} \ddot{f}(t) e^{-st} dt = \dfrac{1}{s}\dot{f}(0) + \dfrac{1}{s}\mathcal{L}\{\ddot{f}(t)\}$

und somit $\mathcal{L}\{\ddot{f}(t)\} = s^2 F(s) - sf(0) - \dot{f}(0).$

3.3.8. Sei $f(t) = t^n$, dann ist $f^{(n)}(t) = n!\, t^0 = n!$ und $f^{(k)}(0) = 0$ für $0 \le k \le n-1$.

$\Longrightarrow \quad \mathcal{L}\{f^{(n)}(t)\} = \mathcal{L}\{n!\} = n!\,\mathcal{L}\{1\} = \dfrac{n!}{s} = s^n \mathcal{L}\{f(t)\} - 0 = s^n \mathcal{L}\{t^n\}$

bzw. $\mathcal{L}\{t^n\} = \dfrac{n!}{s^{n+1}}.$

3.3.9. Nach (3.3.5) gilt: $\mathcal{L}\left\{\dfrac{\sin t}{t}\right\} = \arctan\dfrac{1}{s} \implies \mathcal{L}\left\{\displaystyle\int_0^t \dfrac{\sin\tau}{\tau}\,d\tau\right\} = \mathcal{L}\{Si(t)\} = \dfrac{1}{s}\arctan\dfrac{1}{s}$

nach Satz 3.3.8.

3.3.10. Mit dem 1. Verschiebungssatz erhält man $\mathcal{L}\{\delta(t-a)\} = e^{-sa}\mathcal{L}\{\delta(t)\} = e^{-sa}$.

3.3.11. $\mathcal{L}\{\delta(t)\} = \mathcal{L}\{\dot{u}(t)\} = s\mathcal{L}\{u(t)\} - \lim\limits_{t\to-0} u(t) = s\dfrac{1}{s} = 1$.

Sätze über die Laplace-Transformierte

3.4.1. a) $\mathcal{L}\{t^2 e^{-5t}\} = \dfrac{2}{(s+5)^3}$,

b) $\mathcal{L}\{e^{-2t}\sin 3t\} = \dfrac{3}{(s+2)^2+9} = \dfrac{3}{s^2+4s+13}$, beide nach Satz 3.4.1.

3.4.2. a) $\mathcal{L}^{-1}\left\{\dfrac{1}{s^2+2s+1}\right\} = \mathcal{L}^{-1}\left\{\dfrac{1}{(s+1)^2}\right\} = t\cdot e^{-t}$,

b) $\mathcal{L}^{-1}\left\{\dfrac{\sqrt{\pi}}{(s+3)^{3/2}}\right\} = 2\sqrt{t}\,e^{-3t}$ mit Beispiel 3.3.5 und ebenfalls Satz 3.4.1.

3.4.3. a) Es ist $\lim\limits_{t\to 0} f(t) = \lim\limits_{t\to 0}(3t+\sin 2t) = 0$

und $F(s) = \mathcal{L}\{f(t)\} = \mathcal{L}\{3t\} + \mathcal{L}\{\sin 2t\} = \dfrac{3}{s^2} + \dfrac{2}{s^2+4}$

$\implies \lim\limits_{s\to\infty} sF(s) = \lim\limits_{s\to\infty}\left(\dfrac{3s}{s^2} + \dfrac{2s}{s^2+4}\right) = \lim\limits_{s\to\infty}\left(\dfrac{3}{s} + \dfrac{\frac{2}{s}}{1+\frac{4}{s^2}}\right) = 0$.

b) Partialbruchzerlegung von $F(s)$ ergibt: $F(s) = \dfrac{1}{9(s-1)} - \dfrac{1}{9(s+2)} - \dfrac{1}{3(s+2)^2}$

$\implies f(t) = \mathcal{L}^{-1}\{F(s)\} = \dfrac{1}{9}e^t - \dfrac{1}{9}e^{-2t} - \dfrac{1}{3}e^{-2t}t$

$\implies \lim\limits_{t\to 0} f(t) = \lim\limits_{t\to 0}\left(\dfrac{1}{9}e^t - \dfrac{1}{9}e^{-2t} - \dfrac{1}{3}te^{-2t}\right) = \dfrac{1}{9} - \dfrac{1}{9} - 0 = 0$

bzw. $\lim\limits_{s\to\infty} sF(s) = \lim\limits_{s\to\infty}\dfrac{s}{(s-1)(s+2)^2} = \lim\limits_{s\to\infty}\dfrac{1}{1-\frac{1}{s}}\dfrac{1}{(s+2)^2} = 0$.

3.4.4. a) $F(s) = \mathcal{L}\{f(t)\} = \mathcal{L}\{1 + e^{-t}(\sin t + \cos t)\} = \dfrac{1}{s} + \dfrac{1}{(s+1)^2+1} + \dfrac{s+1}{(s+1)^2+1}$

$\implies \lim\limits_{t\to\infty} f(t) = \lim\limits_{t\to\infty}[1 + e^{-t}(\sin t + \cos t)] = 1$

bzw. $\lim\limits_{s\to 0} sF(s) = \lim\limits_{s\to 0}\left(1 + \dfrac{s}{(s+1)^2+1} + \dfrac{(s+1)s}{(s+1)^2+1}\right) = 1$.

b) Die Rücktransformation ergibt:

$f(t) = \mathcal{L}^{-1}\{F(s)\} = \mathcal{L}^{-1}\left\{\dfrac{1-e^{-s}}{s}\right\} = u(t) - u(t-1) = \begin{cases} 1 & \text{für } 0\leq t\leq 1 \\ 0 & \text{sonst}\end{cases}$

$\implies \lim\limits_{t\to\infty} f(t) = 0$ bzw. $\lim\limits_{s\to 0} sF(s) = \lim\limits_{s\to 0}\dfrac{s(1-e^{-s})}{s} = 0$.

Mit $F(s) = \dfrac{1-e^{-s}}{s^2} = \dfrac{1}{s}\dfrac{1-e^{-s}}{s}$ folgt mit Satz 3.3.8:

$f(t) = \mathcal{L}^{-1}\{F(s)\} = \displaystyle\int_0^t [u(\tau) - u(\tau-1)]d\tau = \int_0^1 1\cdot d\tau + \int_1^t 0\cdot d\tau = 1$ für $t > 1$

$\implies \lim_{t \to \infty} f(t) = 1$ und $\lim_{s \to 0} sF(s) = \lim_{s \to 0} \dfrac{1 - e^{-s}}{s} = \lim_{s \to 0} \dfrac{e^{-s}}{1} = 1$.

3.4.5. a) Aus $\mathcal{L}\{e^{-at}\} = \dfrac{1}{s+a}$ folgt $\mathcal{L}\{te^{-at}\} = -\left(\dfrac{1}{s+a}\right)' = \dfrac{1}{(s+a)^2}$.

b) Es ist nach Beispiel 3.4.11: $\mathcal{L}\{t\cos t\} = \dfrac{s^2 - 1}{(s^2+1)^2}$

$\implies \mathcal{L}\{t^2 \cos t\} = -\left(\dfrac{s^2-1}{(s^2+1)^2}\right)' = -\dfrac{(s^2+1)^2 \cdot 2s - 2(s^2-1)(s^2+1)2s}{(s^2+1)^4}$

$= -\dfrac{2s(s^2+1) - 4s(s^2-1)}{(s^2+1)^3} = \dfrac{-2s^3 - 2s + 4s^3 - 4s}{(s^2+1)^3} = \dfrac{2s^3 - 6s}{(s^2+1)^3}$.

3.4.6. a) Es ist $\mathcal{L}\{1 - e^{-t}\} = \dfrac{1}{s} - \dfrac{1}{s+1}$

$\implies \mathcal{L}\left\{\dfrac{1-e^{-t}}{t}\right\} = \int_s^\infty \left(\dfrac{1}{u} - \dfrac{1}{u+1}\right) du = \left[\ln u - \ln(u+1)\right]_{u=s}^\infty$

$= \ln\dfrac{u}{u+1}\bigg|_{u=\infty} - \ln\dfrac{s}{s+1} = \ln\dfrac{1}{1+\frac{1}{u}}\bigg|_{u=\infty} + \ln\dfrac{s+1}{s} = \ln\dfrac{s+1}{s}$.

b) Unter Beachtung von $\mathcal{L}\{\cos\omega t\} = \dfrac{s}{s^2+\omega^2}$ erhält man

$\mathcal{L}\left\{\dfrac{\cos\omega_1 t - \cos\omega_2 t}{t}\right\} = \int_s^\infty \left(\dfrac{u}{u^2+\omega_1^2} - \dfrac{u}{u^2+\omega_2^2}\right) du = \left[\dfrac{1}{2}\ln(u^2+\omega_1^2) - \dfrac{1}{2}\ln(u^2+\omega_2^2)\right]_{u=s}^\infty$

$= \left[\dfrac{1}{2}\ln\dfrac{u^2+\omega_1^2}{u^2+\omega_2^2}\right]_{u=s}^\infty = -\dfrac{1}{2}\ln\dfrac{s^2+\omega_1^2}{s^2+\omega_2^2} = \ln\sqrt{\dfrac{s^2+\omega_2^2}{s^2+\omega_1^2}}$.

3.4.7. Mit $f(t) = e^{-t} - e^{-2t}$ und $\mathcal{L}\{f(t)\} = F(s) = \dfrac{1}{s+1} - \dfrac{1}{s+2}$ erhält man

$\int_0^\infty \dfrac{f(t)}{t} dt = \int_0^\infty F(s)\, ds = \int_0^\infty \left(\dfrac{1}{s+1} - \dfrac{1}{s+2}\right) ds = \left[\ln(s+1) - \ln(s+2)\right]_0^\infty$

$= \left[\ln\dfrac{s+1}{s+2}\right]_0^\infty = \ln 2$.

Die inverse Laplace-Transformation

3.5.1. Die Nullstellen des Nenners sind $s_1 = 0, s_2 = -1, s_3 = 1 \implies F(s) = \dfrac{A_1}{s} + \dfrac{A_2}{s+1} + \dfrac{A_3}{s-1}$.

Für die Koeffizienten erhält man mit $Q'(s) = 3s^2 - 1$:

$A_1 = \lim_{s \to 0} \dfrac{P(s)}{Q'(s)} = \lim_{s \to 0} \dfrac{2s^2 + 3s - 1}{3s^2 - 1} = 1$,

$A_2 = \lim_{s \to -1} \dfrac{2s^2 + 3s - 1}{3s^2 - 1} = \dfrac{2 - 3 - 1}{3 - 1} = \dfrac{-2}{2} = -1$, $A_3 = \lim_{s \to 1} \dfrac{2s^2 + 3s - 1}{3s^2 - 1} = \dfrac{4}{2} = 2$

$\implies F(s) = \dfrac{1}{s} - \dfrac{1}{s+1} + \dfrac{2}{s-1}$ und $f(t) = 1 - e^{-t} + 2e^t$.

3.5.2. Die Nullstellen des Nenners sind: $s_{1,2} = -1 \pm \sqrt{1-2} = -1 \pm i$ und

$s_{3,4} = -1 \pm \sqrt{1-5} = -1 \pm 2i$. Hier empfiehlt sich wie im Beispiel 3.5.5 der Ansatz

$F(s) = \dfrac{A_1 s + B_1}{s^2 + 2s + 2} + \dfrac{A_2 s + B_2}{s^2 + 2s + 5}$. Multiplikation mit dem Hauptnenner ergibt:

$$s^2 + 2s + 3 = (A_1 s + B_1)(s^2 + 2s + 5) + (A_2 s + B_2)(s^2 + 2s + 2)$$
$$= A_1 s^3 + (B_1 + 2A_1)s^2 + (2B_1 + 5A_1)s + 5B_1 + A_2 s^3 + (B_2 + 2A_2)s^2 + (2B_2 + 2A_2)s + 2B_2$$
$$\implies 0 = A_1 + A_2, \quad 1 = B_1 + 2A_1 + B_2 + 2A_2 \quad 2 = 2B_1 + 5A_1 + 2B_2 + 2A_2, \quad 3 = 5B_1 + 2B_2$$
$$\implies A_1 = A_2 = 0, \; B_1 = \frac{1}{3}, \; B_2 = \frac{2}{3}$$
$$\implies F(s) = \frac{1}{3}\frac{1}{s^2 + 2s + 2} + \frac{2}{3}\frac{1}{s^2 + 2s + 5} = \frac{1}{3}\left(\frac{1}{(s+1)^2+1} + \frac{2}{(s+1)^2+4}\right)$$
$$\implies f(t) = \frac{1}{3}\left(e^{-t}\sin t + e^{-t}\sin 2t\right) = \frac{1}{3}e^{-t}(\sin t + \sin 2t).$$

3.5.3. Der Nenner hat eine einfache Nullstelle bei $s_1 = -2$ und eine dreifache bei $s_2 = 2$

$$\implies F(s) = \frac{B}{s+2} + \frac{A_1}{s-2} + \frac{A_2}{(s-2)^2} + \frac{A_3}{(s-2)^3}$$

$$\implies B = \lim_{s\to -2}(s+2)F(s) = \frac{-88 - 188 - 112 + 4}{-64} = \frac{384}{64} = 6,$$

$$A_1 = \frac{1}{2}\lim_{s\to 2}\frac{d^2}{ds^2}\left\{(s-2)^3 F(s)\right\} = \frac{1}{2}\lim_{s\to 2}\frac{d^2}{ds^2}\left(\frac{11s^3 - 47s^2 + 56s + 4}{s+2}\right)$$

$$= \frac{1}{2}\lim_{s\to 2}\frac{d}{ds}\left(\frac{(s+2)(33s^2 - 94s + 56) - (11s^3 - 47s^2 + 56s + 4)}{(s+2)^2}\right)$$

$$= \frac{1}{2}\lim_{s\to 2}\frac{d}{ds}\left(\frac{22s^3 + 19s^2 - 188s + 108}{(s+2)^2}\right)$$

$$= \frac{1}{2}\lim_{s\to 2}\frac{(s+2)^2(66s^2 + 38s - 188) - (22s^3 + 19s^2 - 188s + 108)2(s+2)}{(s+2)^4} = 5,$$

$$A_2 = \lim_{s\to 2}\frac{d}{ds}\left\{(s-2)^3 F(s)\right\} = \lim_{s\to 2}\frac{22s^3 + 19s^2 - 188s + 108}{(s+2)^2} = -\frac{16}{16} = -1,$$

$$A_3 = \lim_{s\to 2}\left\{(s-2)^3 F(s)\right\} = \lim_{s\to 2}\frac{11s^3 - 47s^2 + 56s + 4}{s+2} = \frac{16}{4} = 4$$

$$\implies F(s) = \frac{6}{s+2} + \frac{5}{s-2} - \frac{1}{(s-2)^2} + \frac{4}{(s-2)^3}$$

$$\implies f(t) = 6e^{-2t} + 5e^{2t} - te^{2t} + \frac{4}{2}t^2 e^{2t} = 6e^{-2t} + e^{2t}(5 - t + 2t^2).$$

Der Faltungssatz

3.6.1. $f_1(t) * f_2(t) = \int_0^t f_1(t-\tau)f_2(\tau)d\tau = -\int_t^0 f_1(u)f_2(t-u)du = \int_0^t f_2(t-\tau)f_1(\tau)d\tau = f_2(t) * f_1(t)$

mit der Substitution $t - \tau = u$ und der Umbenennung der Integrationsvariablen u in τ.

3.6.2. a) Setze $F_2(s) = \frac{1}{(s+2)^2}, \quad F_1(s) = \frac{1}{s-2} \implies f_2(t) = te^{-2t}, \; f_1(t) = e^{2t}$

$$\implies f(t) = \int_0^t e^{2(t-\tau)}\tau e^{-2\tau} d\tau = e^{2t}\int_0^t \tau e^{-4\tau} d\tau = e^{2t}\left\{\left[\frac{-\tau}{4}e^{-4\tau}\right]_0^t + \frac{1}{4}\int_0^t e^{-4\tau} d\tau\right\}$$

$$= -\frac{t}{4}e^{2t}e^{-4t} - \frac{1}{16}e^{2t}\left(e^{-4t} - 1\right) = -\frac{t}{4}e^{-2t} - \frac{1}{16}e^{-2t} + \frac{1}{16}e^{2t}$$

$$= \frac{e^{-2t}}{16}\left(e^{4t} - 1 - 4t\right).$$

b) Setze $F_1(s) = F_2(s) = \dfrac{s}{s^2+1} \implies f_1(t) = f_2(t) = \cos t$

$$\implies f(t) = \int_0^t \cos(t-\tau) \cos\tau \, d\tau = \frac{1}{2} \int_0^t \{\cos(t-\tau+\tau) + \cos(t-\tau-\tau)\} d\tau$$

$$= \frac{1}{2} \int_0^t \{\cos t + \cos(t-2\tau)\} d\tau = \frac{1}{2} \left[\tau \cos t - \frac{1}{2}\sin(t-2\tau)\right]_{\tau=0}^t$$

$$= \frac{t}{2}\cos t - \frac{1}{4}\sin(-t) + \frac{1}{4}\sin t = \frac{1}{2}(t\cos t + \sin t).$$

c) Sei $\mathcal{L}\{f_1(t)\} = \mathcal{L}\{\sqrt{t}\} = \dfrac{1}{2s}\sqrt{\dfrac{\pi}{s}} = \dfrac{\sqrt{\pi}}{2}\dfrac{1}{s\sqrt{s}}$ (Beispiel 3.3.5), $\mathcal{L}\{f_2(t)\} = \mathcal{L}\{1\} = \dfrac{1}{s}$

$$\implies \mathcal{L}^{-1}\left\{\frac{1}{s^2\sqrt{s}}\right\} = \frac{2}{\sqrt{\pi}} \mathcal{L}^{-1}\left\{\frac{1}{s}\frac{\sqrt{\pi}}{2}\frac{1}{s\sqrt{s}}\right\} = \frac{2}{\sqrt{\pi}} \int_0^t \sqrt{t-\tau} \cdot 1 \, d\tau$$

$$= \frac{2}{\sqrt{\pi}} \left[-(t-\tau)^{\frac{3}{2}} \frac{2}{3}\right]_{\tau=0}^t = \frac{4}{3\sqrt{\pi}} t^{\frac{3}{2}}.$$

Laplace-Transformierte einer periodischen Funktion

3.7.1. Es ist $f(t) = \begin{cases} A & \text{für } 0 < t < \frac{T}{2} \\ -A & \text{für } \frac{T}{2} < t < T \end{cases}$, und mit (3.7.1) gilt

$$F(s) = \frac{1}{1-e^{-sT}} \left\{\int_0^{T/2} A e^{-st} dt - \int_{T/2}^T A e^{-st} dt\right\}$$

$$= \frac{1}{1-e^{-sT}} \left\{\left[\frac{-A}{s}e^{-st}\right]_0^{T/2} - \left[\frac{-A}{s}e^{-st}\right]_{T/2}^T\right\}$$

$$= \frac{1}{1-e^{-sT}} \left\{\frac{A}{s} - \frac{A}{s}e^{-s\frac{T}{2}} + \frac{A}{s}e^{-sT} - \frac{A}{s}e^{-s\frac{T}{2}}\right\} = \frac{A}{s}\frac{1 - 2e^{-s\frac{T}{2}} + e^{-sT}}{1-e^{-sT}}$$

$$= \frac{A}{s}\frac{\left(1-e^{-s\frac{T}{2}}\right)^2}{\left(1-e^{-s\frac{T}{2}}\right)\left(1+e^{-s\frac{T}{2}}\right)} = \frac{A}{s}\frac{1-e^{-s\frac{T}{2}}}{1+e^{-s\frac{T}{2}}} = \frac{A}{s}\frac{e^{s\frac{T}{4}} - e^{-s\frac{T}{4}}}{e^{s\frac{T}{4}} + e^{-s\frac{T}{4}}} = \frac{A}{s} \tanh \frac{sT}{4}.$$

3.7.2. a) Es ist $T = \dfrac{\pi}{\omega}$

$$\implies F(s) = \frac{1}{1-e^{-\frac{\pi s}{\omega}}} \int_0^{\pi/\omega} \sin\omega t \, e^{-st} dt = \frac{1}{1-e^{-\frac{\pi s}{\omega}}} \left[\frac{e^{-st}}{s^2+\omega^2}(-s\sin\omega t - \omega\cos\omega t)\right]_0^{\pi/\omega}$$

$$= \left\{\frac{e^{-s\pi/\omega}}{s^2+\omega^2}(-2\sin\pi - \omega\cos\pi) + \frac{\omega}{s^2+\omega^2}\right\}$$

$$= \frac{1}{1-e^{-\frac{\pi s}{\omega}}} \frac{1}{s^2+\omega^2} \left(\omega + \omega e^{-s\frac{\pi}{\omega}}\right) = \frac{\omega}{s^2+\omega^2} \coth \frac{\pi s}{2\omega}.$$

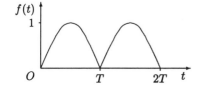

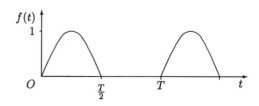

b) Laut Abbildung gilt $f(t) = \begin{cases} \sin\dfrac{2\pi}{T}t & \text{für } 0 \le t \le \frac{T}{2} \\ 0 & \text{für } \frac{T}{2} \le t \le T \end{cases}$

$$\Rightarrow F(s) = \frac{1}{1-e^{-sT}} \int_0^{T/2} \sin\left(\frac{2\pi}{T}t\right) e^{-st}\, dt$$

$$= \frac{1}{1-e^{-sT}} \left[\frac{e^{-st}}{\left(\frac{2\pi}{T}\right)^2 + s^2} \left\{ -s\sin\left(\frac{2\pi}{T}t\right) - \frac{2\pi}{T}\cos\left(\frac{2\pi}{T}t\right) \right\} \right]_0^{T/2}$$

$$= \frac{1}{1-e^{-sT}} \left\{ \frac{e^{-sT/2}\, T^2}{4\pi^2 + s^2 T^2} \left(-s\sin\pi - \frac{2\pi}{T}\cos\pi \right) + \frac{T^2}{4\pi^2 + s^2 T^2}\, \frac{2\pi}{T} \right\}$$

$$= \frac{1}{1-e^{-sT}} \frac{2\pi T}{s^2 T^2 + 4\pi^2} \left(1 + e^{-sT/2}\right) = \frac{2\pi T}{s^2 T^2 + 4\pi^2} \frac{1}{1-e^{-sT/2}}.$$

Anwendungen

3.8.1. Man erhält mit $a = -2, x_0 = 0$ und $g(t) = e^{3t}$ aus (3.8.3):

$$x(t) = e^{3t} * e^{2t} = \int_0^t e^{3\tau} e^{2(t-\tau)}\, d\tau = e^{2t}\int_0^t e^{\tau}\, d\tau = e^{2t}\left[e^{\tau}\right]_0^t = e^{2t}(e^t - 1) = e^{3t} - e^{2t}.$$

3.8.2. Mit $a = -2, g(t) = 3t\, e^t$ ergibt sich ebenfalls aus (3.8.3):

$$x(t) = \int_0^t 3\tau\, e^{\tau} e^{2(t-\tau)}\, d\tau + x_0\, e^{2t} = 3e^{2t}\int_0^t \tau\, e^{-\tau}\, d\tau + x_0\, e^{2t}$$

$$= 3e^{2t}\left\{ \left[-\tau e^{-\tau}\right]_0^t + \int_0^t e^{-\tau}\, d\tau \right\} + x_0\, e^{2t} = 3e^{2t}(-t e^{-t} - e^{-t} + 1) + x_0\, e^{2t}$$

$$= -3t\, e^t - 3e^t + 3e^{2t} + x_0\, e^{2t} = -3e^t(t+1) + (x_0 + 3)e^{2t}.$$

Es ist $x(1) = -3e \cdot 2 + (x_0 + 3)e^2 = -6e + 3e^2 + x_0\, e^2 \stackrel{!}{=} 3e$

$$\Rightarrow x_0 = \frac{3e + 6e}{e^2} - 3 = \frac{9}{e} - 3 \quad\Rightarrow\quad x(t) = -3e^t(t+1) + \frac{9}{e} e^{2t}.$$

3.8.3. Die transformierte Gleichung lautet: $sX(s) - x(0) + \dfrac{9}{s}X(s) = \left(s + \dfrac{9}{s}\right)X(s) = \dfrac{s}{s^2+1}$

$$\Rightarrow X(s) = \frac{s}{\left(s + \frac{9}{s}\right)(s^2+1)} = \frac{s^2}{(s^2+9)(s^2+1)} = \frac{As+B}{s^2+9} + \frac{Cs+D}{s^2+1}$$

$$\Rightarrow s^2 = (As+B)(s^2+1) + (Cs+D)(s^2+9) = s^3(A+C) + s^2(B+D) + s(A+9C) + B + 9D$$

$$\Rightarrow 0 = A+C, \quad 1 = B+D, \quad 0 = A+9C, \quad 0 = B+9D$$

$$\Rightarrow A = -C = -9C \quad\Rightarrow\quad A = C = 0$$

und $B = -9D \;\Rightarrow\; 1 = -9D + D = -8D \;\Rightarrow\; D = -\dfrac{1}{8},\, B = \dfrac{9}{8}$

$$\Rightarrow X(s) = \frac{9}{8(s^2+9)} - \frac{1}{8}\frac{1}{s^2+1} \quad\Rightarrow\quad x(t) = \frac{3}{8}\sin 3t - \frac{1}{8}\sin t = \frac{1}{8}(3\sin 3t - \sin t).$$

3.8.4. Transformation im Bildbereich ergibt: $RI^*(s) + \dfrac{1}{Cs} I^*(s) = \left(R + \dfrac{1}{Cs}\right) I^*(s) = \dfrac{U_0}{s}$

bzw. $I^*(s) = \dfrac{U_0}{s}\dfrac{1}{R+\frac{1}{Cs}} = \dfrac{U_0}{R}\dfrac{1}{s+\frac{1}{RC}}$. Die Inverse lautet: $I(t) = \dfrac{U_0}{R} e^{-\frac{t}{RC}}$.

3.8.5. a) $s^2 X(s) + 4X(s) = \dfrac{s}{s^2+9} \quad\Rightarrow\quad X(s) = \dfrac{s}{s^2+9}\dfrac{1}{s^2+4} = \dfrac{As+B}{s^2+4} + \dfrac{Cs+D}{s^2+9}$

$\Longrightarrow\ s = (As+B)(s^2+9) + (Cs+D)(s^2+4) = s^3(A+C) + s^2(B+D) + s(9A+4C) + 9B+4D$

$\Longrightarrow\ 0 = A+C \Longrightarrow A = -C,\ 0 = B+D \Longrightarrow D = -B,$

$\Longrightarrow\ 1 = 9A + 4C \Longrightarrow 1 = -9C + 4C = -5C \Longrightarrow C = -\frac{1}{5}, A = \frac{1}{5}$

$\Longrightarrow\ 0 = 9B + 4D \Longrightarrow 0 = 9B - 4B = 5B \Longrightarrow B = D = 0$

$\Longrightarrow\ X(s) = \frac{1}{5}\frac{s}{s^2+4} - \frac{1}{5}\frac{s}{s^2+9} \Longrightarrow x(t) = \frac{1}{5}\cos 2t - \frac{1}{5}\cos 3t.$

Das Ergebnis ist eine *ungedämpfte Schwingung*, eine Überlagerung der Eigenschwingung $\frac{1}{5}\cos 2t$ und der von der Störfunktion verursachten $-\frac{1}{5}\cos 3t$.

b) $s^2 X(s) - s - 1 + sX(s) - 1 + X(s) = 0$ bzw. $X(s)(s^2+s+1) = 2+s$

$\Longrightarrow\ X(s) = \frac{s+2}{s^2+s+1} = \frac{s+2}{(s+\frac{1}{2})^2 - \frac{1}{4} + 1} = \frac{s+2}{(s+\frac{1}{2})^2 + \frac{3}{4}} = \frac{s+\frac{1}{2}}{(s+\frac{1}{2})^2 + \frac{3}{4}} + \frac{\frac{3}{2}}{(s+\frac{1}{2})^2 + \frac{3}{4}}$

$\Longrightarrow\ x(t) = e^{-\frac{1}{2}t}\cos\sqrt{\frac{3}{4}}t + \frac{3}{2}\sqrt{\frac{4}{3}}e^{-\frac{1}{2}t}\sin\sqrt{\frac{3}{4}}t = e^{-\frac{t}{2}}\left(\cos\sqrt{3}\frac{t}{2} + \sqrt{3}\sin\sqrt{3}\frac{t}{2}\right).$

Das Ergebnis ist eine *freie gedämpfte Schwingung*.

c) $s^2 X(s) - s - 1 + 2X(s) - 2 + X(s) = 0 \Longrightarrow X(s)(s^2 + 2s + 1) = 3 + s$

$\Longrightarrow\ X(s) = \frac{s+3}{s^2+2s+1} = \frac{s+3}{(s+1)^2} = \frac{s+1+2}{(s+1)^2} = \frac{1}{s+1} + \frac{2}{(s+1)^2}$

$\Longrightarrow\ x(t) = e^{-t} + 2e^{-t}t = e^{-t}(1+2t).$

In diesem Fall schwingt das System nicht. Die Funktion geht exponentiell gegen Null, da $\lim_{t \to \infty} \frac{1+2t}{e^t} = 0$ *(aperiodischer Grenzfall)*.

d) $s^2 X(s) - s - 1 + 3sX(s) - 3 + 2X(s) = 0 \Longrightarrow X(s)(s^2 + 3s + 2) = s + 4$

$\Longrightarrow\ X(s) = \frac{s+4}{s^2+3s+2}.$ Die Nullstellen des Nenners sind: $s_1 = -2, s_2 = -1$

$\Longrightarrow\ X(s) = \frac{s+4}{(s+1)(s+2)} = \frac{A}{s+1} + \frac{B}{s+2}$

$\Longrightarrow\ A = \lim_{s \to -1} \frac{s+4}{s+2} = \frac{3}{1} = 3,\quad B = \lim_{s \to -2} \frac{s+4}{s+1} = \frac{2}{-1} = -2$

$\Longrightarrow\ X(s) = \frac{3}{s+1} - \frac{2}{s+2} \Longrightarrow x(t) = 3e^{-t} - 2e^{-2t}.$

Bei dieser Lösung tritt ebenfalls keine Schwingung mehr auf. Die Dämpfung ist so stark, daß man von einem *Kriechfall* spricht.

3.8.6. Man setzt $y'(0) = \lambda$ und erhält für die Transformation mit $\alpha = \frac{q_0}{2EI}$:

$s^2 Y(s) - \lambda = \alpha\left(\frac{l}{s^2} - \frac{2}{s^3}\right) \Longrightarrow Y(s) = \frac{\alpha l}{s^4} - \frac{2\alpha}{s^5} + \frac{\lambda}{s^2} \Longrightarrow y(x) = \frac{\alpha l}{3!}x^3 - \frac{2\alpha}{4!}x^4 + \lambda x.$

Es ist $y(l) = 0$ und damit $0 = \frac{\alpha l^4}{3!} - \frac{\alpha}{2\cdot 3!}l^4 + \lambda l$

bzw. $\lambda = -\frac{\alpha l^3}{3!}\frac{1}{2} \Longrightarrow y(x) = \frac{\alpha l}{3!}x^3 - \frac{\alpha}{2\cdot 3!}x^4 - \frac{\alpha l^3}{2\cdot 3!}x = \frac{q_0}{24EI}x(2lx^2 - x^3 - l^3).$

3.8.7. a) $sX(s) - 2X(s) - 4Y(s) = \frac{s}{s^2+1},\quad sY(s) - 1 + X(s) + 2Y(s) = \frac{1}{s^2+1}$

$\implies \quad X(s)(s-2) - 4Y(s) = \dfrac{s}{s^2+1}, \quad X(s) + Y(s)(s+2) = \dfrac{1}{s^2+1} + 1 = \dfrac{s^2+2}{s^2+1}$

$\implies \quad X(s) = -Y(s)(s+2) + \dfrac{s^2+2}{s^2+1}$

$\implies \quad -Y(s)(s+2)(s-2) + \dfrac{s^2+2}{s^2+1}(s-2) - 4Y(s) = \dfrac{s}{s^2+1}$

$\implies \quad -s^2 Y(s) = \dfrac{s}{s^2+1} - \dfrac{(s^2+2)(s-2)}{s^2+1} = -\dfrac{s^3 - 2s^2 + s - 4}{s^2+1}$

$\implies \quad Y(s) = \dfrac{s^3 - 2s^2 + s - 4}{s^2(s^2+1)} = \dfrac{A}{s} + \dfrac{B}{s^2} + \dfrac{Cs+D}{s^2+1}$

$\implies \quad s^3 - 2s^2 + s - 4 = s(s^2+1)A + B(s^2+1) + (Cs+D)s^2$

$s=0: \; -4 = B, \quad s=1: \; 1-2+1-4 = -4 = 2A - 8 + C + D \quad \text{bzw.} \quad 4 = 2A + C + D,$

$s = -1: \; -1 - 2 - 1 - 4 = -8 = -2A - 8 - C + D \quad \text{bzw.} \quad 0 = -2A - C + D,$

Addition ergibt: $\; 2D = 4 \quad$ bzw. $\; D = 2 \quad \implies \quad 2 = 2A + C$

$s=2: \; 8 - 8 + 2 - 4 = -2 = 10A - 20 + 8C + 8 \quad$ bzw. $\; 10 = 10A + 8C \; \text{und} \; 2 = 2A + C$

$\implies \quad 0 = 3C \quad \implies \quad C = 0 \quad \implies \quad A = \dfrac{1}{2} 2 = 1$

$\implies \quad Y(s) = \dfrac{1}{s} - \dfrac{4}{s^2} + \dfrac{2}{s^2+1} \quad \implies \quad y(t) = 1 - 4t + 2\sin t, \quad \dot{y}(t) = -4 + 2\cos t$

$\implies \quad x(t) = \sin t - \dot{y} - 2y = \sin t + 4 - 2\cos t - 2 + 8t - 4\sin t = -3\sin t + 2 - 2\cos t + 8t.$

b) $\; s^2 X(s) - s = Y(s), \; sY(s) - 6 = 9sX(s) - 9 \quad \implies \quad s^3 X(s) - s^2 + 3 = 9s X(s)$

bzw. $\; X(s)(s^3 - 9s) = s^2 - 3 \quad \implies \quad X(s) = \dfrac{s^2 - 3}{s(s^2 - 9)} = \dfrac{A}{s} + \dfrac{B}{s-3} + \dfrac{C}{s+3}$

$\implies \quad A = \lim_{s \to 0} \dfrac{s^2 - 3}{s^2 - 9} = \dfrac{3}{9} = \dfrac{1}{3}, \quad B = \lim_{s \to 3} \dfrac{s^2 - 3}{s(s+3)} = \dfrac{9-3}{3 \cdot 6} = \dfrac{6}{18} = \dfrac{1}{3},$

$C = \lim_{s \to -3} \dfrac{s^2 - 3}{s(s-3)} = \dfrac{9-3}{(-3)(-6)} = \dfrac{6}{18} = \dfrac{1}{3} \quad \implies \quad X(s) = \dfrac{1}{3s} + \dfrac{1}{3} \dfrac{1}{s-3} + \dfrac{1}{3} \dfrac{1}{s+3}$

$\implies \quad x(t) = \dfrac{1}{3} t + \dfrac{1}{3} e^{3t} + \dfrac{1}{3} e^{-3t} = \dfrac{1}{3} t + \dfrac{2}{3} \cosh 3t$

$\implies \quad \dot{x}(t) = \dfrac{1}{3} + 2\sinh 3t, \; \ddot{x}(t) = 6\cosh 3t = y(t).$

3.8.8. Aus $\; U_L + U_C = U_0 \;$ folgt $\; L\dfrac{dI}{dt} + U_C = U_0.$

Und aus $\; I_R + I_C = I(t) \;$ folgt $\; \dfrac{1}{R} U_C + C \dfrac{dU_C}{dt} = I(t).$

Transformation ergibt mit $\mathcal{L}\{U_C\} = U^*(s)$ und $\mathcal{L}\{I\} = I^*(s)$:

$sLI^*(s) + U^*(s) = \dfrac{U_0}{s} \quad$ und $\quad \dfrac{1}{R} U^*(s) + Cs U^*(s) = I^*(s)$

bzw. $\; sLI^*(s) + U^*(s) = \dfrac{U_0}{s}, I^*(s) - \left(sC + \dfrac{1}{R}\right) U^*(s) = 0$

$\implies \quad D = \begin{vmatrix} sL & 1 \\ 1 & -\left(sC + \frac{1}{R}\right) \end{vmatrix} = -s^2 CL - s\dfrac{L}{R} - 1, D_2 = \begin{vmatrix} sL & \frac{U_0}{s} \\ 1 & 0 \end{vmatrix} = -\dfrac{U_0}{s}$

$\implies \quad U^*(s) = \dfrac{D_2}{D} = -\dfrac{U_0}{s} \dfrac{-1}{s^2 CL + s\frac{L}{R} + 1} = \dfrac{U_0}{LCs \left(s^2 + \frac{1}{RC}s + \frac{1}{LC}\right)} = \dfrac{U_0 \omega_0^2}{s(s^2 + 2\delta s + \omega_0^2)}$

mit $\omega_0^2 = \dfrac{1}{\sqrt{LC}}, 2\delta = \dfrac{1}{RC}$.

Bestimmung der Pole von $U^*(s)$: $s_1 = 0, s_{2,3} = -\delta \pm \sqrt{\delta^2 - \omega_0^2}$.

Aperiodischer Grenzfall für $\delta^2 = \omega_0^2 \implies s_{2,3} = -\delta$

$\implies U^*(s) = \dfrac{U_0 \delta^2}{s(s+\delta)^2} = \dfrac{A}{s} + \dfrac{B}{s+\delta} + \dfrac{C}{(s+\delta)^2}$

$\implies A = \lim\limits_{s \to 0} \dfrac{U_0 \delta^2}{(s+\delta)^2} = U_0, \quad B = \lim\limits_{s \to -\delta} \dfrac{d}{ds}\left\{\dfrac{U_0 \delta^2}{s}\right\} = \lim\limits_{s \to -\delta} \dfrac{-U_0 \delta^2}{s^2} = -U_0,$

$C = \lim\limits_{s \to -\delta} \dfrac{U_0 \delta^2}{s} = -\dfrac{U_0 \delta^2}{\delta} = -U_0 \delta \implies U^*(s) = \dfrac{U_0}{s} - \dfrac{U_0}{s+\delta} - \dfrac{U_0 \delta}{(s+\delta)^2}$

$\implies U_C(t) = U_0 - U_0 e^{-\delta t} - U_0 \delta t e^{-\delta t} = U_0 \left\{1 - (\delta t + 1)e^{-\delta t}\right\}.$

3.8.9. $s^2 Y(x,s) - s y(x,0) - y_t(x,0) = a^2 Y''(x,s) \implies s^2 Y = a^2 Y''$ bzw. $Y'' - \dfrac{s^2}{a^2} Y = 0$

$\implies Y(x,s) = C_1 e^{\frac{s}{a} x} + C_2 e^{-\frac{s}{a} x} \implies C_1 = 0$, da y bzw. Y beschränkt sein soll

$\implies Y(x,s) = C_2(s) e^{-\frac{s}{a} x}.$

Randbedingung: $y_x(0,t) = A \sin \omega t$ bzw. $Y'(0,s) = \dfrac{A\omega}{s^2 + \omega^2}$. Es ist aber

$Y'(x,s) = -\dfrac{s}{a} C_2 e^{-\frac{s}{a}x}, \quad Y'(0,s) = -\dfrac{s}{a} C_2 \overset{!}{=} \dfrac{A\omega}{s^2+\omega^2}$

$\implies C_2 = -\dfrac{aA\omega}{s(s^2+\omega^2)} \implies Y(x,s) = -\dfrac{aA\omega}{s(s^2+\omega^2)} e^{-\frac{s}{a}x}.$ Partialbruchzerlegung:

$\dfrac{1}{s(s^2+\omega^2)} = \dfrac{A_1}{s} + \dfrac{A_2 s + A_3}{s^2+\omega^2}$

$\implies 1 = A_1(s^2+\omega^2) + A_2 s^2 + A_3 s = (A_1 + A_2)s^2 + A_3 s + A_1 \omega^2$

$\implies 1 = A_1 \omega^2 \implies A_1 = \dfrac{1}{\omega^2} \implies 0 = A_1 + A_2 \implies A_2 = -A_1 = -\dfrac{1}{\omega^2}$ und $A_3 = 0$

$\implies C_2 = -aA\omega \left(\dfrac{1}{\omega^2}\dfrac{1}{s} - \dfrac{s}{\omega^2}\dfrac{1}{s^2+\omega^2}\right) \implies Y(x,s) = \left(-\dfrac{aA}{\omega}\dfrac{1}{s} + \dfrac{aA}{\omega}\dfrac{s}{s^2+\omega^2}\right) e^{-\frac{x}{a}s}$

$\implies y(x,t) = -\dfrac{aA}{\omega} + \dfrac{aA}{\omega} \cos \omega \left(t - \dfrac{x}{a}\right)$ für $t - \dfrac{x}{a} > 0$

bzw. $y(x,t) = \begin{cases} \dfrac{aA}{\omega}\left\{\cos\omega\left(t-\dfrac{x}{a}\right) - 1\right\} & \text{für } t > \dfrac{x}{a} \\ 0 & \text{für } t \leq \dfrac{x}{a} \end{cases}.$

3.8.10. $xY'(x,s) + sY(x,s) - y(x,0) = \dfrac{x}{s+1}$ bzw. $xY' + sY = \dfrac{x}{s+1} + x = x\dfrac{2+s}{s+1}$

$\implies Y' + \dfrac{s}{x} Y = \dfrac{s+2}{s+1}$. Lineare Differentialgleichung 1. Ordnung in s mit der Lösung

$Y = \left\{\int \dfrac{s+2}{s+1} e^{\int \frac{s}{x} dx} dx\right\} e^{-\int \frac{s}{x} dx} + C e^{-\int \frac{s}{x} dx}$

$= e^{-s \ln x}\left\{\dfrac{s+2}{s+1} \int e^{s \ln x} dx\right\} + C e^{-s \ln x} = x^{-s}\left\{\dfrac{s+2}{s+1} \int x^s dx\right\} + C x^{-s}$

$= C x^{-s} + \dfrac{s+2}{s+1} x^{-s} \dfrac{x^{s+1}}{s+1} = \dfrac{C}{x^s} + \dfrac{s+2}{(s+1)^2} x = C \cdot 1 \cdot e^{-\ln x s} + \dfrac{x}{s+1} + \dfrac{x}{(s+1)^2}$

$\implies y(x,t) = C\delta(t - \ln x) + xe^{-t} + xt e^{-t} \implies y(x,t) = xe^{-t}(1+t)$, da y beschränkt.

2.3.4 Differenzengleichungen

Lösungsmöglichkeiten

4.2.1.
a) $F_{10} = F_9 + F_8 = 55 + 34 = 89$;

b) $F_{10} = 89,00000016$;

c) $F_{10} = \sum_{i=0}^{5} \binom{10-i}{i} = \binom{10}{0} + \binom{9}{1} + \binom{8}{2} + \binom{7}{3} + \binom{6}{4} + \binom{5}{5}$

$= 1 + 9 + \dfrac{7 \cdot 8}{2} + \dfrac{5 \cdot 6 \cdot 7}{6} + \dfrac{5 \cdot 6}{2} + 1 = 11 + 28 + 35 + 15 = 89.$

4.2.2. Für die ersten Monate ergibt sich:

Zeitraum		n	y_n
1. Monat	N	0	1
2. Monat	$2Z$	1	2
3. Monat	$5P = 1N + 4Z$	2	5
4. Monat	$12P = 2N + 10Z$	3	12

$\implies y_{n+1} = 2y_n + y_{n-1}, y_0 = 1, y_1 = 2.$

4.2.3. Man macht den Ansatz $f(x) = \sum_{n=0}^{\infty} y_n x^n$ und erhält

$$\begin{array}{rcccccc}
f(x) & = & y_0 & +y_1 x & +y_2 x^2 & +\ldots & +y_n x^n + \ldots \\
-2xf(x) & = & & -2y_0 x & -2y_1 x^2 & -\ldots & -2y_{n-1} x^n - \ldots \\
\hline
f(x)(1-2x) & = & y_0 & +(y_1 - 2y_0)x & +(y_2 - 2y_1)x^2 & +\ldots & +(y_n - 2y_{n-1})x^n + \ldots \\
& = & a & +2^0 x & +2x^2 & +\ldots & +2^{n-1} x^n + \ldots
\end{array}$$

$\implies f(x)(1-2x) = a + \sum_{n=0}^{\infty} 2^n x^{n+1} = a + \sum_{n=1}^{\infty} 2^{n-1} x^n$

$= a + \dfrac{1}{2} \sum_{n=1}^{\infty} (2x)^n = a + \dfrac{1}{2} \dfrac{2x}{1-2x} = a + \dfrac{x}{1-2x},$

falls $|2x| < 1 \implies f(x) = \dfrac{a}{1-2x} + \dfrac{x}{(1-2x)^2}.$

Es gilt aber $\dfrac{1}{1-2x} = \sum_{n=0}^{\infty} (2x)^n$ und somit $\left(\dfrac{1}{1-2x}\right)' = \dfrac{2}{(1-2x)^2} = \sum_{n=0}^{\infty} n(2x)^{n-1} 2$

bzw. $\dfrac{x}{(1-2x)^2} = \dfrac{x}{2} 2 \sum_{n=0}^{\infty} n(2x)^{n-1} = \dfrac{1}{2} \sum_{n=0}^{\infty} n(2x)^n$

$\implies f(x) = a \sum_{n=0}^{\infty} (2x)^n + \dfrac{1}{2} \sum_{n=0}^{\infty} n(2x)^n = \sum_{n=0}^{\infty} \left(a + \dfrac{n}{2}\right) 2^n x^n = \sum_{n=0}^{\infty} y_n x^n.$

Koeffizientenvergleich ergibt: $y_n = \left(a + \dfrac{n}{2}\right) 2^n.$

4.2.4. Es ist $F_{n+1} = F_n + F_{n-1}$ bzw. $\dfrac{F_{n+1}}{F_n} = 1 + \dfrac{F_{n-1}}{F_n}$ bzw.

$\lim_{n \to \infty} \dfrac{F_{n+1}}{F_n} = g = 1 + \lim_{n \to \infty} \left(\dfrac{F_n}{F_{n-1}}\right)^{-1} = 1 + \dfrac{1}{g} \implies g = 1 + \dfrac{1}{g}$ bzw. $g^2 - g - 1 = 0$

$\implies g_{1,2} = \frac{1}{2} \pm \sqrt{\frac{1}{4}+1} = \frac{1}{2}(1 \pm \sqrt{5}).$

Das Minuszeichen scheidet aus, da $F_n > 0$ und somit auch $g > 0$.

4.2.5. $r^{n+1} - 2r^n - r^{n-1} = r^{n-1}(r^2 - 2r - 1) = 0$

$\implies r^2 - 2r - 1 = 0$ bzw. $r_{1,2} = 1 \pm \sqrt{1+1} = 1 \pm \sqrt{2}$

$\implies y_n = Ar_1^n + Br_2^n, y_0 = A + B = 0, y_1 = Ar_1 + Br_2 = 1$

$\implies Ar_2 - Ar_1 = -1$ bzw. $A = \dfrac{-1}{r_2 - r_1} = \dfrac{-1}{1-\sqrt{2}-1-\sqrt{2}} = \dfrac{-1}{-2\sqrt{2}} = \dfrac{1}{2\sqrt{2}}$

$\implies Br_1 - Br_2 = -1$ bzw. $B = \dfrac{1}{r_2 - r_1} = \dfrac{1}{-2\sqrt{2}}$

$\implies y_n = \dfrac{1}{2\sqrt{2}} r_1^n - \dfrac{1}{2\sqrt{2}} r_2^n = \dfrac{1}{2\sqrt{2}} \left\{ (1+\sqrt{2})^n - (1-\sqrt{2})^n \right\}.$

4.2.6. a) Beweis durch vollständige Induktion:

$n = 0: F_0 = 1 = F_2 - 1 = 2 - 1,$

$\sum_{k=0}^{n+1} F_k = \sum_{k=0}^{n} F_k + F_{n+1} = F_{n+2} - 1 + F_{n+1} = F_{n+3} - 1.$

b) $F_0 = F_2 - F_1, F_1 = F_3 - F_2, \ldots\ldots, F_n = F_{n+2} - F_{n+1}$. Addition ergibt:

$\sum_{k=0}^{n} F_k = F_{n+2} - F_1 = F_{n+2} - 1.$

4.2.7. Ansatz: $y_n^* = B \implies B(1 + a_1 + a_0) = b \implies B = \dfrac{b}{1 + a_1 + a_0}$, wobei $1 + a_1 + a_0 \neq 0$.

Die charakteristische Gleichung lautet: $r^2 + a_1 r + a_0 = 0$. Falls $r = 1$ eine Lösung ist, wäre $y_n = C \cdot 1^n = C$ eine Lösung der homogenen Differenzengleichung, hätte also den gleichen Charakter wie die Inhomogenität.

4.2.8. Ansatz: $y_n^* = Ca^n \implies Ca^{n+2} + a_1 Ca^{n+1} + a_0 Ca^n = a^n$

$\implies C(a^2 + a_1 a + a_0) = 1 \implies C = \dfrac{1}{a^2 + a_1 a + a_0},$

wobei $a^2 + a_1 a + a_0 \neq 0$, d.h. $a \neq r_1, a \neq r_2$, mit den Lösungen $r_{1,2}$ der charakteristischen Gleichung $\implies y_n^* = \dfrac{a^n}{a^2 + a_1 a + a_0}.$

2.3.5 Z-Transformation

Definition

5.1.1. $F(z) = \mathcal{Z}\left\{2u(nT) + \dfrac{nT}{T_0}\right\} = 2\mathcal{Z}\{u(nT)\} + \mathcal{Z}\left\{\dfrac{nT}{T_0}\right\} = 2\dfrac{z}{z-1} + \dfrac{T}{T_0}\mathcal{Z}\{n\}$

$= \dfrac{2z}{z-1} + \dfrac{T}{T_0} \sum_{n=0}^{\infty} nz^{-n}.$

Es ist $\left(\sum_{n=0}^{\infty} z^{-n}\right)' = -\sum_{n=0}^{\infty} nz^{-n-1} = -\dfrac{1}{z}\sum_{n=0}^{\infty} nz^{-n} = \left(\dfrac{z}{z-1}\right)' = \dfrac{z-1-z}{(z-1)^2} = \dfrac{-1}{(z-1)^2}$

$\implies \sum_{n=0}^{\infty} nz^{-n} = (-z)\dfrac{-1}{(z-1)^2} = \dfrac{z}{(z-1)^2}$ und somit

$$F(z) = \frac{2z}{z-1} + \frac{T}{T_0}\frac{z}{(z-1)^2} = \frac{2z(z-1)+z\frac{T}{T_0}}{(z-1)^2} = \frac{2z^2 + \left(\frac{T}{T_0}-2\right)z}{(z-1)^2} = \frac{2z^2 - 1{,}5z}{(z-1)^2}.$$

5.1.2. Nach dem Wurzelkriterium gilt: $\lim_{n\to\infty}\sqrt[n]{|f_n z^{-n}|} \leq \lim_{n\to\infty}\sqrt[n]{C}\cdot m\frac{1}{|z|} = \frac{m}{|z|} < 1$,

d.h. die Reihe (5.1.3) konvergiert für $|z| > m$.

5.1.3. $\mathcal{Z}\{f_n\} = F(z) = \sum_{n=0}^{\infty} f_n z^{-n} = 1 \cdot z^{-0} = 1.$

Die Inverse der Z-Transformation

5.2.1. **a)** $\mathcal{Z}\{a^n\} = \sum_{n=0}^{\infty} a^n z^{-n} = \sum_{n=0}^{\infty}\left(\frac{a}{z}\right)^n = \frac{1}{1-\frac{a}{z}} = \frac{z}{z-a}$ für $|z| > a$.

b) $\mathcal{Z}\{e^{an}\} = \sum_{n=0}^{\infty} e^{an} z^{-n} = \sum_{n=0}^{\infty}\left(\frac{e^a}{z}\right)^n = \frac{1}{1-\frac{e^a}{z}} = \frac{z}{z-e^a}$ für $|z| > e^{\text{Re}(a)}$.

5.2.2. **a)** $\dfrac{F(z)}{z} = \dfrac{z}{z^2+1} = \dfrac{1}{2}\left(\dfrac{1}{z+i} + \dfrac{1}{z-i}\right)$

$$\Longrightarrow\; \mathcal{Z}^{-1}\{F(z)\} = f_n = \mathcal{Z}^{-1}\left\{\frac{1}{2}\frac{z}{z+i}\right\} + \mathcal{Z}^{-1}\left\{\frac{1}{2}\frac{z}{z-i}\right\}$$

$$= \frac{1}{2}(-i)^n + \frac{1}{2}i^n = \frac{1}{2}\left(e^{-i\frac{\pi}{2}n} + e^{i\frac{\pi}{2}n}\right) = \cos\frac{n\pi}{2}.$$

b) $\dfrac{F(z)}{z} = \dfrac{z}{z^2-1} = \dfrac{1}{2}\left(\dfrac{1}{z+1} + \dfrac{1}{z-1}\right)$

$$\Longrightarrow\; \mathcal{Z}^{-1}\{F(z)\} = f_n = \mathcal{Z}^{-1}\left\{\frac{1}{2}\frac{1}{z+1}\right\} + \mathcal{Z}^{-1}\left\{\frac{1}{2}\frac{1}{z-1}\right\} = \frac{1}{2}\{(-1)^n + 1\},$$

das ist gleichbedeutend mit $f_{2k} = 1, f_{2k+1} = 0, k \in \mathbb{N}_0$.

5.2.3. **a)** $f_n = \mathcal{Z}^{-1}\left\{\dfrac{z^2}{(z-1)^4}\right\} = \text{Res}\left\{F(z)z^{n-1}\right\}\big|_{z=1} = \dfrac{1}{3!}\lim_{z\to 1}\dfrac{d^3}{dz^3}\left\{(z-1)^4\dfrac{z^2}{(z-1)^4}z^{n-1}\right\}$

$$= \frac{1}{6}\lim_{z\to 1}\frac{d^3}{dz^3}(z^{n+1}) = \frac{1}{6}(n+1)n(n-1)z^{n-2}\bigg|_{z=1} = \frac{1}{6}(n-1)n(n+1).$$

b) $f_n = \mathcal{Z}^{-1}\left\{\dfrac{z(z+1)}{(z-1)^3}\right\} = \text{Res}\{F(z)z^{n-1}\}\big|_{z=1} = \dfrac{1}{(3-1)!}\lim_{z\to 1}\dfrac{d^2}{dz^2}\left\{(z-1)^3\dfrac{z(z+1)}{(z-1)^3}z^{n-1}\right\}$

$$= \frac{1}{2}\lim_{z\to 1}\frac{d^2}{dz^2}(z^{n+1} + z^n) = \frac{1}{2}\lim_{z\to 1}\frac{d}{dz}\{(n+1)z^n + nz^{n-1}\}$$

$$= \frac{1}{2}\{n(n+1)z^{n-1} + n(n-1)z^{n-2}\}\bigg|_{z=1} = \frac{1}{2}\{n(n+1) + n(n-1)\} = n^2.$$

5.2.4. $z:(z^2 - 1{,}6z + 0{,}8) = \dfrac{1}{z} + 1{,}6\dfrac{1}{z^2} + 1{,}76\dfrac{1}{z^3} + 1{,}536\dfrac{1}{z^4} + \ldots \;\Longrightarrow\; f(0) = f_0 = 0;$

$f(0,1) = f_1 = 1; \; f(0,2) = f_2 = 1{,}6; \; f(0,3) = f_3 = 1{,}76; \; f(0,4) = f_4 = 1{,}536.$

Rechenregeln

5.3.1. **a)** $\mathcal{Z}\{f_{n+1}\} = \sum_{n=0}^{\infty} f_{n+1} z^{-n} = \sum_{n=1}^{\infty} f_n z^{-(n-1)} = z\sum_{n=0}^{\infty} f_n z^{-n} - f_0 z^1 = z\{F(z) - f_0\},$

$$\mathcal{Z}\{f_{n+2}\} = \sum_{n=0}^{\infty} f_{n+2}\, z^{-n} = \sum_{n=2}^{\infty} f_n\, z^{-(n-2)} = \sum_{n=0}^{\infty} f_n\, z^{-n} z^2 - f_0\, z^2 - f_1\, z^1 = z^2 \left\{ F(z) - f_0 - \frac{f_1}{z} \right\}.$$

b) $\mathcal{Z}\{a^{-n} f_n\} = \sum_{n=0}^{\infty} a^{-n} f_n\, z^{-n} = \sum_{n=0}^{\infty} f_n (az)^{-n} = F(az).$

5.3.2. $\mathcal{Z}\left\{\dfrac{x^{n+1}}{n+1}\right\} = \mathcal{Z}\left\{\displaystyle\int_0^x \zeta^n\, d\zeta\right\} = \displaystyle\int_0^x \mathcal{Z}\{\zeta^n\}\, d\zeta$

$$= \int_0^x \frac{z}{z-\zeta}\, d\zeta = \Big[-z\ln(z-\zeta)\Big]_{\zeta=0}^{x} = -z\{\ln(z-x) - \ln z\} = z\ln\frac{z}{z-x}$$

mit Aufgabe 5.2.2 a), und man erhält mit dem Satz 5.3.4:

$$\mathcal{Z}\left\{\sum_{k=0}^{n-1} \frac{x^{k+1}}{k+1}\right\} = \frac{z}{z-1}\ln\frac{z}{z-x} \quad \text{und daraus mit dem Satz 5.3.7.2 mit} \quad f_n = \sum_{k=0}^{n-1} \frac{x^{k+1}}{k+1}:$$

$$\lim_{n\to\infty} f_n = \sum_{k=0}^{\infty} \frac{x^{k+1}}{k+1} = \lim_{\substack{z\to 1 \\ \mathrm{Im}(z)=0}} (z-1)\frac{z}{z-1}\ln\frac{z}{z-x} = \ln\frac{1}{1-x}.$$

5.3.3. $\mathcal{Z}\{f_n\} = \displaystyle\sum_{n=1}^{\infty} \frac{1}{n} z^{-n} = \sum_{n=0}^{\infty} \frac{1}{n+1}\left(\frac{1}{z}\right)^{n+1} = -\ln\left(1-\frac{1}{z}\right) = \ln\frac{z}{z-1} \quad \text{für} \quad |z| > 1.$

5.3.4. $\mathcal{Z}\{e^{-an} f_n\} = \displaystyle\sum_{n=0}^{\infty} e^{-an} f_n\, z^{-n} = \sum_{n=0}^{\infty} f_n(e^a z)^{-n} = F(ze^a).$

5.3.5. a) Ersetze in Satz 5.3.2 a durch $\dfrac{1}{a}$, dann ist mit $\mathcal{Z}\{f_n\} = \mathcal{Z}\{n\} = F(z) = \dfrac{z}{(z-1)^2}$

(Beispiel 5.3.1): $\mathcal{Z}\{f_n\, a^n\} = \mathcal{Z}\{n a^n\} = F\left(\dfrac{z}{a}\right) = \dfrac{z}{a}\dfrac{1}{\left(\frac{z}{a}-1\right)^2} = \dfrac{az}{(z-a)^2},$

b) Ersetze im Satz 5.3.2 a durch $e^a \;\Longrightarrow\; \mathcal{Z}\{f_n\} = \mathcal{Z}\{n\, e^{-an}\} = F(ze^a) = \dfrac{z\, e^a}{(ze^a - 1)^2},$

c) $\mathcal{Z}\left\{\dfrac{a^n}{n!}\right\} = \displaystyle\sum_{n=0}^{\infty} \frac{a^n}{n!} z^{-n} = \sum_{n=0}^{\infty} \frac{1}{n!}\left(\frac{a}{z}\right)^n = e^{\frac{a}{z}}.$

5.3.6. $\mathcal{Z}\{f_n\} = \mathcal{Z}\{n\} = \dfrac{z}{(z-1)^2}, \quad \mathcal{Z}\{g_n\} = \mathcal{Z}\{1\} = \dfrac{z}{z-1}$

$$\Longrightarrow \quad \mathcal{Z}\{(f_n) * (g_n)\} = \mathcal{Z}\left\{\sum_{k=0}^{n} f_k\, g_{n-k}\right\} = \mathcal{Z}\left\{\sum_{k=0}^{n} k\cdot 1\right\} = \mathcal{Z}\left\{\frac{n(n+1)}{2}\right\}$$

$$= \frac{1}{2}\left(\mathcal{Z}\{n^2\} + \mathcal{Z}\{n\}\right) = \frac{1}{2}\mathcal{Z}\{n^2\} + \frac{1}{2}\frac{z}{(z-1)^2} = \mathcal{Z}\{f_n\}\mathcal{Z}\{g_n\}$$

$$= \frac{z^2}{(z-1)^3}$$

$$\Longrightarrow \quad \mathcal{Z}\{n^2\} = \frac{2z^2}{(z-1)^3} - \frac{z}{(z-1)^2} = \frac{2z^2 - z(z-1)}{(z-1)^3} = \frac{z^2 + z}{(z-1)^3} = \frac{z(z+1)}{(z-1)^3}.$$

Konstruktion von Z-Transformierten

5.4.1. $\mathcal{Z}\{n^3\} = -z\dfrac{d}{dz}\left(\dfrac{z(z+1)}{(z-1)^3}\right) = -z\dfrac{(z-1)^3(2z+1) - (z^2+z)3(z-1)^2}{(z-1)^6}$

$$= -z\frac{2z^2 - 2z + z - 1 - 3z^2 - 3z}{(z-1)^4} = \frac{z}{(z-1)^4}(z^2 + 4z + 1).$$

5.4.2. Nach Beispiel 5.4.1 ist $\mathcal{Z}\{n^2\} = \dfrac{z(z+1)}{(z-1)^3} = F(z)$. Daraus folgt mit Satz 5.3.4:

$$\sum_{k=0}^{n-1} k^2 = \mathcal{Z}^{-1}\left\{\dfrac{z(z+1)}{(z-1)^4}\right\} = \mathcal{Z}^{-1}\left\{\dfrac{z}{(z-1)^4}z\right\} + \mathcal{Z}^{-1}\left\{\dfrac{z}{(z-1)^4}\right\}.$$

Nach Beispiel 5.4.4 gilt $\mathcal{Z}^{-1}\left\{\dfrac{z}{(z-1)^4}\right\} = \binom{n}{3} = f_n$ und mit dem 2. Verschiebungssatz:

$$\mathcal{Z}\{f_{n+1}\} = z(F(z) - f_0) = zF(z), \quad \text{da } f_0 = \binom{0}{3} = 0, \quad \text{bzw.}$$

$$\mathcal{Z}^{-1}\{zF(z)\} = \mathcal{Z}^{-1}\left\{\dfrac{z}{(z-1)^4}z\right\} = f_{n+1} = \binom{n+1}{3} \implies \sum_{k=0}^{n-1} k^2 = \binom{n+1}{3} + \binom{n}{3}$$

bzw. durch Ersetzen von n durch $n+1$

$$\sum_{k=1}^{n} k^2 = \binom{n+2}{3} + \binom{n+1}{3} = \dfrac{(n+2)(n+1)n}{3!} + \dfrac{(n+1)n(n-1)}{3!} = \dfrac{n(n+1)(2n+1)}{6}.$$

5.4.3. a) $e^{\frac{1}{z}} = \sum\limits_{n=0}^{\infty} \dfrac{1}{n!}\left(\dfrac{1}{z}\right)^n = \sum\limits_{n=0}^{\infty} \dfrac{z^{-n}}{n!} \implies f_n = \dfrac{1}{n!}$.

b) $\sqrt{z}\sin\dfrac{1}{\sqrt{z}} = \sqrt{z}\sum\limits_{n=0}^{\infty} \dfrac{(-1)^n}{(2n+1)!}\left(\dfrac{1}{\sqrt{z}}\right)^{2n+1} = \sum\limits_{n=0}^{\infty} \dfrac{(-1)^n}{(2n+1)!}(\sqrt{z})^{-2n} = \sum\limits_{n=0}^{\infty} \dfrac{(-1)^n}{(2n+1)!}z^{-n}$

$\implies f_n = \dfrac{(-1)^n}{(2n+1)!}$.

Anwendungen der Z-Transformation

5.5.1. a) In (5.5.4) ist $a = -3, b = 8$ zu setzen

$$\implies y_n = 4(-3)^n + 8\dfrac{1-(-3)^n}{1-(-3)} = 4(-3)^n + 2 - 2(-3)^n = 2(-3)^n + 2.$$

b) In (5.5.5) ist $b = 1$ zu setzen $\implies y_n = 4 + n$.

c) Aus $y_{n+1} = \dfrac{5}{2}y_n + \dfrac{3}{2}n + \dfrac{1}{2}$, d.h. $a = \dfrac{5}{2}, f_n = \dfrac{3}{2}n + \dfrac{1}{2}$ folgt aus (5.5.3):

$$y_n = 4\left(\dfrac{5}{2}\right)^n + \sum_{k=0}^{n-1}\left(\dfrac{5}{2}\right)^k \dfrac{1}{2}\{3(n-1-k) + 1\} = 4\left(\dfrac{5}{2}\right)^n + \dfrac{1}{2}\sum_{k=0}^{n-1}\left(\dfrac{5}{2}\right)^k (3n - 2 - 3k)$$

$$= 4\left(\dfrac{5}{2}\right)^n + \dfrac{3n-2}{2}\sum_{k=0}^{n-1}\left(\dfrac{5}{2}\right)^k - \dfrac{3}{2}\sum_{k=0}^{n-1} k\left(\dfrac{5}{2}\right)^k$$

und unter Beachtung von (5.5.6) und (5.5.7) mit $x = \dfrac{5}{2}$:

$$y_n = 4\left(\dfrac{5}{2}\right)^n + \dfrac{3n-2}{2}\dfrac{1-\left(\frac{5}{2}\right)^n}{1-\frac{5}{2}} - \dfrac{3}{2}\dfrac{\frac{5}{2}}{1-\frac{5}{2}}\left\{\dfrac{1-\left(\frac{5}{2}\right)^n}{1-\frac{5}{2}} - n\left(\dfrac{5}{2}\right)^{n-1}\right\}$$

$$= 4\left(\dfrac{5}{2}\right)^n - \dfrac{1}{3}(3n-2)\left\{1 - \left(\dfrac{5}{2}\right)^n\right\} + \dfrac{5}{2}\left(-\dfrac{2}{3}\right)\left\{1 - \left(\dfrac{5}{2}\right)^n\right\} - \dfrac{5}{2}n\left(\dfrac{5}{2}\right)^{n-1}$$

$$= 4\left(\dfrac{5}{2}\right)^n - n + \dfrac{2}{3} + n\left(\dfrac{5}{2}\right)^n - \dfrac{2}{3}\left(\dfrac{5}{2}\right)^n - \dfrac{5}{3} + \dfrac{5}{3}\left(\dfrac{5}{2}\right)^n - n\left(\dfrac{5}{2}\right)^n = \left(\dfrac{5}{2}\right)^n 5 - n - 1.$$

5.5.2. **a)** Es ist $a_0 = 10$ und aus $z^2 - 7z + 10 = 0$ folgt: $z_{1,2} = \dfrac{7}{2} \pm \sqrt{\dfrac{49}{4} - 10} = \dfrac{7}{2} \pm \sqrt{\dfrac{9}{4}} = \dfrac{7}{2} \pm \dfrac{3}{2}$

$\Longrightarrow \quad z_1 = \alpha_1 = \dfrac{7}{2} - \dfrac{3}{2} = 2, \quad z_2 = \alpha_2 = \dfrac{7}{2} + \dfrac{3}{2} = 5.$

Zusammen mit $f_{n-k} = 0$, $y_0 = 6$, $y_1 = 2$ kann dies in (5.5.13) eingesetzt werden

$$\Longrightarrow \quad y_n = -6 \cdot 10 \frac{2^{n-1} - 5^{n-1}}{2-5} + 2 \frac{2^n - 5^n}{2-5} = 20(2^{n-1} - 5^{n-1}) - \frac{2}{3}(2^n - 5^n)$$

$$= 2^{n+1}\left(5 - \frac{1}{3}\right) + 5^n\left(\frac{2}{3} - 4\right) = 2^{n+1}\frac{14}{3} - 5^n\frac{10}{3} = \frac{2}{3}(7 \cdot 2^{n+1} - 5^{n+1}).$$

b) Es ist $a_0 = 3$, $f_{n-k} = 1$ und aus $z^2 - 4z + 3 = 0$ folgt
$z_{1,2} = 2 \pm \sqrt{4-3} = 2 \pm 1$, d.h. $z_1 = \alpha_1 = 1$, $z_2 = \alpha_2 = 3$

$$\Longrightarrow \quad y_n = \sum_{k=2}^n 1 \cdot \frac{1-3^{k-1}}{1-3} - 0 + 1 \cdot \frac{1-3^n}{1-3} = -\frac{1}{2}\sum_{k=2}^n (1 - 3^{k-1}) - \frac{1}{2}(1-3^n)$$

$$= -\frac{n-1}{2} + \frac{1}{2}\sum_{k=1}^{n-1} 3^k - \frac{1}{2} + \frac{1}{2}3^n = -\frac{n}{2} + \frac{1}{2}3\frac{1-3^{n-1}}{1-3} + \frac{1}{2}3^n$$

$$= -\frac{n}{2} - \frac{3}{4} + \frac{1}{4}3^n + \frac{1}{2}3^n = \frac{3}{4}3^n - \frac{n}{2} - \frac{3}{4} = \frac{1}{4}(3^{n+1} - 2n - 3).$$

5.5.3. $\displaystyle\lim_{\alpha_2 \to \alpha_1}\left(\sum_{k=2}^n f_{n-k}\frac{\alpha_1^{k-1} - \alpha_2^{k-1}}{\alpha_1 - \alpha_2} - y_0 a_0 \frac{\alpha_1^{n-1} - \alpha_2^{n-1}}{\alpha_1 - \alpha_2} + y_1\frac{\alpha_1^n - \alpha_2^n}{\alpha_1 - \alpha_2}\right)$

$= \displaystyle\lim_{\alpha_2 \to \alpha_1}\left(\sum_{k=2}^n f_{n-k}(k-1)\alpha_2^{k-2} - y_0 a_0 (n-1)\alpha_2^{n-2} + y_1 n \alpha_2^{n-1}\right)$

$= \displaystyle\sum_{k=2}^n f_{n-k}(k-1)\alpha_1^{k-2} - y_0 a_0 (n-1)\alpha_1^{n-2} + y_1 n \alpha_1^{n-1}.$

5.5.4. In (5.5.7) wird n durch $n+1$ ersetzt, und es erfolgt eine Multiplikation mit x

$$\Longrightarrow \quad \sum_{k=0}^n kx^{k+1} = \sum_{k=1}^n kx^{k+1} = \frac{x^2}{(1-x)^2} - \frac{x^{n+3}}{(1-x)^2} - (n+1)\frac{x^{n+2}}{1-x}.$$

Differentiation nach x ergibt

$$\left(\sum_{k=1}^n kx^{k+1}\right)' = \sum_{k=1}^n k(k+1)x^k$$

$$= \frac{(1-x)^2 2x + 2x^2(1-x)}{(1-x)^4} - \frac{(1-x)^2(n+3)x^{n+2} + 2x^{n+3}(1-x)}{(1-x)^4}$$

$$- (n+1)\frac{(1-x)(n+2)x^{n+1} + x^{n+2}}{(1-x)^2}$$

$$= \frac{(1-x)2x + 2x^2}{(1-x)^3} - \frac{(n+3)x^{n+2}}{(1-x)^2} - \frac{2x^{n+3}}{(1-x)^3} - \frac{(n+1)(n+2)x^{n+1}}{1-x} - \frac{(n+1)x^{n+2}}{(1-x)^2}$$

$$= \frac{2x}{(1-x)^3}(1 - x^{n+2}) - \frac{x^{n+2}}{(1-x)^2}2(n+2) - \frac{(n+1)(n+2)x^{n+1}}{1-x}.$$

Mit $x = 3$ erhält man

$$\sum_{k=1}^{n} k(k+1)3^k = \frac{-6}{2^3}(1-3^{n+2}) - \frac{3^{n+2}}{4}2(n+2) + \frac{1}{2}(n+1)(n+2)3^{n+1}$$

$$= -\frac{3}{4} + \frac{3^{n+1}}{4}\{9 - 6(n+2) + 2(n+1)(n+2)\}$$

$$= -\frac{3}{4} + \frac{3^{n+1}}{4}(9 - 6n - 12 + 2n^2 + 6n + 4) = -\frac{3}{4} + \frac{3^{n+1}}{4}(1+2n^2).$$

5.5.5. Die charakteristische Gleichung lautet: $z^2 - (2-a)z + 1 = 0$ und hat die Lösungen

$$z_{1,2} = \frac{2-a}{2} \pm \sqrt{\left(\frac{2-a}{2}\right)^2 - 1} = 1 - \frac{a}{2} \pm \frac{1}{2}\sqrt{4 - 4a + a^2 - 4} = \frac{1}{2}\left\{2 - a \pm \sqrt{a(a-4)}\right\}$$

$$= \frac{1}{2}\left\{2 - a \pm i\sqrt{a(4-a)}\right\} = r(\cos\varphi \pm i\sin\varphi) = re^{\pm i\varphi}, \quad \text{wobei} \quad r = \sqrt{z_1 \cdot z_2} = 1$$

$$\implies y_n = C_1 z_1^n + C_2 z_2^n = C_1 e^{in\varphi} + C_2 e^{-in\varphi}$$

$y_0 = C_1 + C_2 = 0 \implies C_1 = -C_2 \implies y_n = C_1(e^{in\varphi} - e^{-in\varphi}) = 2iC_1 \sin n\varphi = A \sin n\varphi,$

$y_N = 0 = A \sin N\varphi \implies N\varphi = k\pi \quad \text{bzw.} \quad \varphi = \frac{k\pi}{N}$

$$\implies y_n^{(k)} = A \sin \frac{nk\pi}{N}, n = 1, \ldots, N-1.$$

5.5.6. Anwendung der Z-Transformation ergibt: $zX = 2Y + \frac{2z}{z-1}, \quad zY = 2X - \frac{z}{z-1}$

$$\implies zX = \frac{2}{z}\left(2X - \frac{z}{z-1}\right) + \frac{2z}{z-1} \quad \text{bzw.} \quad zX - \frac{4X}{z} = -\frac{2}{z-1} + \frac{2z}{z-1} = 2\frac{z-1}{z-1} = 2$$

bzw. $X = 2\frac{1}{z - \frac{4}{z}} = \frac{2z}{z^2 - 4} \implies \frac{X}{z} = \frac{2}{z^2 - 4} = \frac{1}{2}\frac{1}{z-2} - \frac{1}{2}\frac{1}{z+2}$

bzw. $X(z) = \frac{z}{2(z-2)} - \frac{z}{2(z+2)}.$

Für die Inverse erhält man: $x_n = \frac{1}{2}2^n - \frac{1}{2}(-2)^n = 2^{n-1}\{1 + (-1)^{n+1}\}$

$$\implies y_n = \frac{1}{2}x_{n+1} - 1 = \frac{1}{2}2^n\{1 + (-1)^{n+2}\} - 1 = 2^{n-1}\{1 + (-1)^n\} - 1.$$

5.5.7. Es gilt $K_{n+1} = qK_n + R$. Transformation ergibt mit $\mathcal{Z}\{K_n\} = K(z)$:

$zK(z) = qK(z) + \frac{Rz}{z-1}$

bzw. $K(z)(z-q) = \frac{Rz}{z-1} \implies K(z) = \frac{Rz}{(z-q)(z-1)} = \frac{Rz}{(q-1)}\left(\frac{1}{z-q} - \frac{1}{z-1}\right)$

$$\implies K_n = \frac{R}{(q-1)}(q^n - 1) = R\frac{q^n - 1}{q - 1} = G = 10.000$$

Für $n = 60$ folgt mit $q = 1 + \frac{p}{100 \cdot 12} = 1 + \frac{8}{100 \cdot 12} = 1,00\bar{6}$:

$R = \frac{q-1}{q^n - 1}A = 0,0137 \cdot G = 136,10\text{DM}.$

3 Literatur

Allgemeine Literatur zur Höheren Mathematik

[1] Blickensdörfer-Ehlers, A. / Eschmann, W.G. / Neunzert, H. und Schelkes, K.: Analysis 2, Springer, Berlin 1982.

[2] Brauch, W. / Dreyer, H.J. / Haacke, W.: Mathematik für Ingenieure, Teubner, Stuttgart 1977.

[3] Bronstein, I.N. / Semendjajew, K.A. / Musiol, G. / Mühlig, H.: Taschenbuch der Mathematik, 3.Aufl., Harri Deutsch, Frankfurt 1997.

[4] Courant, R.: Vorlesungen über Differential- und Integralrechnung, Band 2, Springer, Berlin 1963.

[5] Dallmann, H. / Elster, K.H.: Einführung in die Höhere Mathematik , Band II, Gustav Fischer Verlag, Jena 1981.

[6] Dirschmid, H.J.: Mathematische Grundlagen der Elektrotechnik, Vieweg, Braunschweig 1986.

[7] Fichtenholz, G.M.: Differential- und Integralrechnung II und III, Deutscher Verlag der Wissenschaften, Berlin 1972/73.

[8] Großmann, S.: Mathematischer Einführungskurs für die Physik, Teubner, Stuttgart 1981.

[9] Habetha, K.: Höhere Mathematik für Ingenieure und Physiker, Band 2 und 3, Klett, Stuttgart 1978.

[10] Laugwitz, D.: Ingenieur-Mathematik IV und V, B.I.-Wissenschaftsverlag, Mannheim 1967.

[11] Meyberg, K. / Vachenow, P.: Höhere Mathematik I und II, Springer, Berlin 1993.

[12] Papula, L.: Mathematik für Ingenieure und Naturwissenschaftler, Band 2 und 3, Vieweg, Braunschweig 1994.

[13] Sauer, R.: Ingenieur - Mathematik, Band 2, Springer, Berlin 1968.

[14] Simonyi, K.: Theoretische Elektrotechnik, Deutscher Verlag der Wissenschaften, Berlin 1979.

[15] Smirnow, W.I.: Lehrbuch der Höheren Mathematik, Teil 2, Harri Deutsch, Frankfurt 1990.

[16] Spencer, A.J.M. etc.: Mathematics, Vol 1 and 2, van Nostrand Reinhold, New York 1979/80.

[17] Stingl, P. / Roth, D.: Mathematik für Fachhochschulen, Hanser, München 1977.

Vektoranalysis

[18] Bourne, D.E. / Kendall, P.C.: Vektoranalysis, Teubner, Stuttgart 1973.

[19] Burg, K. / Haf, H. / Wille, F.: Höhere Mathematik für Ingenieure, Band 4, Teubner, Stuttgart 1990.

[20] Endl, K. / Luh, W.: Analysis II, Akademische Verlagsgesellschaft, Frankfurt 1973.

[21] Fetzer, A. / Fränkel, H.: Mathematik, Band 3, Schroedel, Hannover 1979.

[22] Päsler, M.: Grundzüge der Vektor- und Tensorrechnung, Walter de Gruyter, Berlin 1977.

[23] Schark, R.: Vektoranalysis für Ingenieurstudenten, Deutsch Taschenbücher, Band 77, Harri Deutsch, Frankfurt 1992.

[24] Schultz-Piszachich, W.: Tensoralgebra und -analysis, Teubner, Leipzig 1977

[25] Sigl, R.: Einführung in die Potentialtheorie, Wichmann, Karlsruhe 1973.

[26] Spiegel, M.R.: Vektoranalysis, McGraw-Hill, Düsseldorf 1977

Funktionentheorie

[27] Greuel, O.: Komplexe Funktionen und konforme Abbildungen, Teubner, Leipzig 1978.

[28] Heinhold, J. / Gaede, K.W.: Einführung in die Höhere Mathematik, Band 4, Hanser, München 1980.

[29] Henrici, P. / Jeltsch, R.: Komplexe Analysis für Ingenieure und Physiker, Band 1 und 2, Birkhäuser, Basel 1977.

[30] Jänich, K.: Analysis für Physiker und Ingenieure, Springer, Berlin 1983.

[31] Peschl, E.: Funktionentheorie, Band 1, B.I.-Wissenschaftsverlag, Mannheim 1967.

[32] Priwalow, I.I.: Einführung in die Funktionentheorie, Teil 1-3, Teubner, Leipzig 1964.

[33] Schark, R.: Funktionentheorie für Ingenieurstudenten, Deutsch Taschenbücher, Band 78, Harri Deutsch, Frankfurt 1993.

[34] Spiegel, M.R.: Komplexe Variablen, McGraw-Hill, Düsseldorf 1977.

[35] Tutschke, W.: Grundlagen der Funktionentheorie, Vieweg, Braunschweig 1971.

Integral-Transformationen

[36] Ameling, W.: Laplace-Transformation, Bertelsmann, Düsseldorf 1975.

[37] Berg, L.: Operatorenrechnung, Verlag der Wissenschaften, Berlin 1974.

[38] Dobesch, H.: Laplace-Transformation, Verlag Technik, Berlin 1967.

[39] Doetsch, G.: Anleitung zum praktischen Gebrauch der Laplace-Transformation und der Z-Transformation, Oldenbourg, München 1985.

[40] Fetzer, V.: Integral-Transformationen, Hüthig, Heidelberg 1977.

[41] Forster, O.: Analysis 1, Vieweg, Braunschweig 1992.

[42] Goldberg, S.: Differenzengleichungen und ihre Anwendung, Oldenbourg, München 1968.

[43] Holbrook, J.G.: Laplace-Transformation, Vieweg, Braunschweig 1973.

[44] Jeffrey, A.: Linear algebra and ordinary differential equations, Blackwell scientific publications, Boston 1990.

[45] Lebedev, N.N.: Spezielle Funktionen und ihre Anwendung, BI Wissenschaftsverlag, Mannheim 1973.

[46] Löhr, J.: Beispiele und Aufgaben zur Laplace-Transformation, Vieweg, Braunschweig 1971.

[47] Lutz, W. / Wendt, W.: Taschenbuch der Regelungstechnik, Harri Deutsch, Frankfurt 1995

[48] Meschkowski, H.: Differenzengleichungen, Vandenhoeck & Ruprecht, Göttingen 1959.

[49] Rommelfanger, R.: Differenzengleichungen, BI Wissenschaftsverlag, Mannheim 1986.

[50] Sieber, N./Sebastian, H.J.: Spezielle Funktionen, Harri Deutsch, Frankfurt 1980.

[51] Spiegel, M.R.: Fourier-Analysis, Mc Graw Hill Book Company, Düsseldorf 1984.

[52] Spiegel, M.R.: Laplace-Transformation, Schaum's Outline, Frankfurt 1977.

[53] Stopp, F.: Operatorenrechnung, Harri Deutsch, Frankfurt 1978.

[54] Vich, R.: Z-Transform Theory and Applications, D. Reidel Publishing Company, Dordrecht 1987.

[55] Weber, H.: Laplace-Transformation für Ingenieure der Elektrotechnik, Teubner, Stuttgart 1978.

[56] Zypkin, J.S.: Theorie der linearen Impulssysteme, Oldenbourg, München 1967.

Index

Abbildung
    konforme ~, 237
    winkeltreue ~, 235
Ableitung, 182
    einer Vektorfunktion, 13
    eines Einheitsvektors, 14
    der Umkehrfunktion, 184
Additionssatz, 322
Additionstheoreme, 178
Ähnlichkeitssatz, 321
Äquipotentiallinien, 238, 241
analytisch, 183
Anfangswertproblem, 402
Anfangswertsatz, 333
Arbeit, 65, 66
Archimedes, 157
Argumentensatz, 206
Auftriebsgesetz, 157

begleitendes Dreibein, 21
Bereich, 29, 175
Bereichsintegral, 121
Beschleunigung, 14
Bessel, F. W., 274
Bessel-Differentialgleichung, 275, 289, 376
Bessel-Funktionen, 274, 288, 289
    Rekursionsformeln, 280
Betafunktion, 291
    ~ und Binomialkoeffizienten, 296
    ~ und Gammafunktion, 293
    Rekursionsformel, 292, 295
    Symmetrie, 291
Binormale, 21
Blitzableiter, 262
Bogenelement, 92, 109
Bogenlänge, 17

Casorati, F., 229
Casorati-Weierstraß, Satz von ~, 229
Cauchy, A. L., 59
Cauchy-Integralformel, 200
Cauchy-Integralsatz, 196
Cauchy-Koeffizientenformel, 221, 226, 386
Cauchy-Riemannsche Differentialgleichungen, 59, 184
Christoffel, E. B., 257

Dämpfungssatz, 332
Delta-Funktion, 299
    Laplace-Transformation der ~, 330
Delta-Operator, 61
Deviationsmomente, 149
Differentialgleichung
    Cauchy-Riemannsche ~en, 184
    Laplacesche ~, 188
Differentiation, 182
    der Umkehrfunktion, 184
    Kettenregel der ~, 184
    Produktregel der ~, 184
    Quotientenregel der ~, 184
    Summenregel der ~, 184
Differentiationssatz, 326, 336
Differenzengleichung, 367, 381
    ~ 1. Ordnung, 376, 399
    ~ 2. Ordnung, 368, 370, 401
    ~ inhomogene, 373
    ~ k-ter Ordnung, 367
    allgemeine Lösung, 373
    Anwendungen, 375
    homogene ~, 368
    homogene lineare ~, 367
    Randwertprobleme, 407
    Systeme, 408
differenzierbar, 182
Dirac, P. A. M., 299
Dirac-Funktion, 299
Dirichlet, J. P. G., 204
Dirichlet-Problem, 204
Divergenz, 53, 114
    koordinatenunabhängige Definition, 158
    Rechenregeln, 55
Doppelintegral, 121
Doppelverhältnis, 248
Dreifachintegral, 137

einfach zusammenhängendes Gebiet, 75, 188
Einheitskreis, 175
Einheitsnormale, 132
Einheitsvektor, Ableitung eines ~, 14
Endwertsatz, 334
Euler, L., 173
Euler-Formel, 179
Exponentialfunktion, 178

Fakultät, 283
Faltung zweier Folgen, 392
Faltungsprodukt, 346
Faltungssatz, 345
Feldlinien, 46, 241
Feldstärke, 47
Fibonacci, 369
Fibonacci-Zahlen, 369, 372
    Bildungsgesetz, 372
Fixpunkt, 242
Fläche
    ∼ im Raum, 30
    einfache ∼, 99
    geschlossene ∼, 99
    glatte ∼, 99
    offene ∼, 99
    orientierbare ∼, 98
    Parameterdarstellung einer ∼, 88
Flächenelement, 94
    orientiertes ∼, 132
Flächennormale, 91
Fluß, 194
Fortsetzung
    analytische ∼, 225
    holomorphe ∼, 223, 225
Fourier, J. B. J., 305
Fourierintegral
    direktes ∼, 308
    inverses ∼, 308
Fourierkoeffizienten, 305
Fourierreihe, 305
    komplexe Form, 306
Fouriertransformation, 309
    ∼, inverse, 309
    Existenz, 313
Frenet, J. F., 24
Frequenzspektrum, 305
Fresnel, A. J., 213
Fresnel-Integrale, 213, 277
Fubini, G., 139
Fubini, Satz von ∼, 139, 272
Fundamentalform, erste ∼, 92
Fundamentalsatz der Algebra, 209
Funktion
    analytische ∼, 183
    differenzierbare ∼, 182
    Exponential-∼, 178
    gebrochen lineare ∼, 177
    harmonische ∼, 62, 188
    holomorphe ∼, 183
    hyperbolische ∼, 178
    Inversion, 177, 246
    komplexe ∼, 175
    konjugiert harmonische ∼en, 188
    Kosinus hyperbolicus, 178
    Kosinus-∼, 178
    Logarithmus-∼, 179
    quadratische ∼, 175
    reguläre ∼, 183
    Sinus hyperbolicus, 178
    Sinus-∼, 178
    stetige ∼, 12, 181
    trigonometrische ∼, 178
    Wurzel-∼, 176
Funktion mehrerer Variabler, 30
    Differenzierbarkeit einer ∼, 32
    Grenzwert einer ∼, 32
    stetig differenzierbare ∼, 34
    Stetigkeit einer ∼, 32
Funktional-Determinante, 101
Funktionalmatrix, Jacobische ∼, 101

Gammafunktion, 271, 281, 376
    ∼, Graph, 282
    ∼, als Fakultät, 282
    ∼ und Betafunktion, 293
    ∼ und Fakultät, 281
    Ergänzungssatz, 285, 295
    Funktionalgleichung, 281
    Gaußsche Definition, 290
Gauß, C. F., 93
Gaußsche Fundamentalgrößen, 92
Gaußsche Glockenkurve, 128, 276
Gaußscher Satz, 151
    ∼ für Skalarfelder, 157
    ∼ in der Ebene, 162
Gebiet, 29, 175
    einfach zusammenhängendes ∼, 75, 188
    mehrfach zusammenhängendes ∼, 75
    punktiertes ∼, 175
Gesamtfluß, 153
geschlitzte Ebene, 175
Geschwindigkeit, 14
    Normalkomponente einer ∼, 15
    Tangentialkomponente einer ∼, 15
Geschwindigkeitspotential, 63, 84
glatte Kurve, 16
Gradient, 48, 112

Rechenregeln, 49
Gravitationsfeld, 49, 54, 80
Green, G., 158
Green, Satz von ~, 160, 167
Greensche Formeln, 158
Grenzwert
    einer Folge, 181
    einer Funktion, 181

Hakenintegral, 217
Halbebene, 175
Hamilton, W. R., 48
harmonisch, 188
Hauptnormale, 20, 21
Hauptteil einer Laurent-Reihe, 186
Hauptzweig
    der Logarithmusfunktion, 179
    der Wurzelfunktion, 177
Heaviside, O., 298
Heavisidescher Entwicklungssatz, 342
hebbare Unstetigkeitsstelle, 32
Helmholtz v., H. L. F., 43
Helmholtz-Gleichung, 43
Helmholtzscher Zerlegungssatz, 85
holomorph, 183
holomorphe Fortsetzung, 225

Identitätssatz für holomorphe Funktionen, 222
Impulsfunktion, 300
innerer Punkt, 29, 175
Integrabilitätsbedingung, 79, 80, 164
Integral, unabhängig vom Weg, 73
Integralformel von
    Cauchy, 200
    Poisson für den Einheitskreis, 205
    Poisson für die obere Halbebene, 219
Integralsatz von
    Cauchy, 196
    Gauß, 151
    Stokes, 165
Integralsinus, 216, 270
    Grenzwert, 311
Integrationssatz, 328, 337
integrierender Faktor, 40
Integro-Differentialgleichungen, 352
Inversion, 177, 246

Jacobi, C. G. J., 101
Jacobi-Determinante, 101, 104, 127, 142
Jacobi-Funktionalmatrix, 101

Jordan, C., 16
Jordan-Kurve, 16, 193
    geschlossene ~, 16, 193
Jordanscher Kurvensatz, 193
Joukowski, N. J., 252
Joukowski-Funktion, 252
Joukowski-Profil, 255
Joukowski-Transformation, 252

Kaninchenaufgabe, 369
Kapitalverzinsung, 376
Kettenregel, 38, 184
konform, 235, 237
konjugiert harmonisch, 188
konservativ, 74, 78
Kontinuitätsgleichung, 55, 154
konvergenzerzeugender Faktor, 270
Koordinatensystem, orthogonales ~, 101
Kosinus hyperbolicus, 178
Kosinusfunktion, 178
Kreisring, 175
Kreisverwandtschaft, 248
kritischer Punkt, 242
Krümmung, 19, 21, 24
Krümmungsradius, 19
krummlinige Koordinaten, 100
Kugelkoordinaten, 102
Kurve
    Bogenlänge einer ~, 17
    doppelpunktfreie ~, 16
    glatte ~, 16
    Jordan-~, 16, 193
    positiv orientierte ~, 16, 193
    stückweise glatte ~, 16
Kurvenintegral, 66
    komplexes ~, 193
    nichtorientiertes ~, 68
    orientiertes ~, 68

l'Hospital, G. F. A., 191
l'Hospital, Regel von ~, 191
Ladung, 144
Laplace, P. S., 43
Laplace-Feld, 60
Laplace-Gleichung, 43, 62, 85, 188
    ~ im $\mathbf{R}^2$, 63
Laplace-Integrale, 277
Laplace-Operator, 61, 116
Laplace-Transformation
    ~ der Delta-Funktion, 330

∼ einer Treppenfunktion, 382
∼ Partialbruchzerlegung, 341
∼ partieller Differentialgleichungen, 363
∼ von Differentialgleichungen 1. Ordnung, 350
∼ von Differentialgleichungen 2. Ordnung, 353
∼ von Differentialgleichungssystemen, 357
∼ von Integro-Differentialgleichungen, 352
Additionssatz, 322
Ähnlichkeitssatz, 321
Anfangswertsatz, 333
Anwendungen, 350
Dämpfungssatz, 332
Differentiationssatz, 326, 336
Endwertsatz, 334
erster Verschiebungssatz, 320
Existenz, 319
Faltungssatz, 345
Integrationssatz, 328, 337
zweiter Verschiebungssatz, 332
Laplace-Transformierte, 316
∼, Holomorphie, 319
Eindeutigkeit, 320
inverse ∼, 319
Laurent, P. A., 186
Laurent-Reihe, 186, 226
Hauptteil einer ∼, 186
Nebenteil einer ∼, 186
Legendre, A. M., 281
Leibniz, G. W., 268
Leibniz-Regel, 269
Leibnizsche Regel, 268
Leibnizsche Sektorformel, 163
Leonardo di Pisa, 369
Linienelement, 109
Linienintegral, 66
Liouville, J., 203
Liouville, Satz von ∼, 203
Logarithmusfunktion, 179
Hauptzweig der ∼, 179
Nebenzweig der ∼, 179
Loxodrome, 95
Lucas, F. E. A., 372

Magnetfeld, 60, 75
Masse, 144
Maximumprinzip, 203
Maxwell, J. C., 61

Maxwell-Gleichungen, 61, 85, 153
mehrfach zusammenhängendes Gebiet, 75
Menge, meßbare, 119
Minimumprinzip, 219
Mittelwertsatz, 121
Möbius, A. F., 99
Möbiusband, 99
Möbius-Transformation, 246

Nabla, 48
natürliche Darstellung einer Kurve, 18
Nebenteil einer Laurent-Reihe, 186
Nebenzweig
    der Logarithmusfunktion, 179
    der Wurzelfunktion, 177
nichtorientiertes Kurvenintegral, 68
Niveaufläche, 45, 51
Niveaulinie, 45
Nordpol, 243
Normalbereich, 122, 138
Normalbeschleunigung, 26
Normalkomponente, 15
Normalverteilung, 276
Nullfunktionen, 320

Oberflächenintegral, 132
Ordnung
    einer Nullstelle, 205
    einer Polstelle, 205
orientiertes Kurvenintegral, 68
orthogonale Trajektorie, 189
orthogonales Koordinatensystem, 101

Parameterdarstellung
    ∼ einer Fläche, 88
    ∼ einer Raumkurve, 11
Parameterintegral, 265
    Differentiation, 267
    gleichmäßige Konvergenz, 266
    Integration, 272
    Stetigkeit, 266
    uneigentliches ∼, 266
Parameterlinien, 89
partielle Ableitung 1. Ordnung, 33
partielle Ableitung 2. Ordnung, 35
partielle Differentialgleichung, 39
    ∼ 1. Ordnung, 40, 41
    ∼ 2. Ordnung, 40, 41
    lineare ∼, 40
Pascal, B., 372

Pascalsches Dreieck, 372
Pendel, 36, 301, 331
Poisson, S. D., 43
Poisson-Feld, 60
Poisson-Formel
    für den Einheitskreis, 205
    für die obere Halbebene, 219
Poisson-Gleichung, 43, 62, 85
Pol, 200
Polynom, 176
Potential, 145
    Eindeutigkeit, 81
    elektrostatisches ~, 241
    Geschwindigkeits-~, 238
    komplexes ~, 238, 240
    skalares ~, 62, 74, 81
    Vektor- ~, 82
Potential-Gleichung, 62
Potentialkriterium, 79
Produktregel der Differentiation, 184
Punkt
    innerer ~, 175
    kritischer ~, 242
    Rand-~, 175
Punktladung, 54, 66
Punktmenge, 29
    abgeschlossene ~, 29
    beschränkte ~, 29
    offene ~, 29
    zusammenhängende ~, 29

Quadrant, 175
Quelldichte, 54
quellenfreies Vektorfeld, 54, 60
Quotientenregel der Differentiation, 184

Randpunkt, 29, 175
Raumkurve, Parameterdarstellung, 11
regulär, 183
Reihe
    Laurent-~, 186, 226
    Taylor-~, 221
Rentenformel, 401
Residuensatz, 198
Residuum, 199, 387
Richtungsableitung, 50
Riemann, B. G. F., 59
Riemann-Fläche, 177
Riemann-Zahlenkugel, 243
Ringspannung, 75

Rotation, 56, 115
    koordinatenunabhängige Definition, 166
    Rechenregeln, 58
Rotationsbewegung, 47, 57
Rouché, E., 207
Rouché, Satz von ~, 207

Schraubenlinie, 11, 18
Schwarz, H. A., 35
Schwarz, Satz von ~, 35, 268
Schwarz-Christoffel-Transformation, 257
Schwerpunkt, 146
Separationsansatz, 44
Serret, J. A., 24
Singularität, 183
    hebbare ~, 200
    isolierte ~, 200
    wesentliche ~, 200
Sinus hyperbolicus, 178
Sinusfunktion, 178
skalares Potential, 74
Skalarfeld, 45
    Gradient eines ~, 48
    totales Differential eines ~, 48
Spannung, 67
Spiegelpunkt, 250
Spiegelung
    am Einheitskreis, 178, 250
    an einer Geraden, 250
Sprungfunktion, 297
stereographische Projektion, 243
stetig, 12, 181
Stirling, J., 285
Stirling-Formel, 285
Stoßfunktion, 299
Stokes, G. G., 165
Stokes, Satz von ~, 165, 167
Strömung, 238
Streifen, 175
Stromdichte, 53
Stromfunktion, 84
Stromlinien, 238
stückweise glatte Kurve, 16
Südpol, 243
Summenregel der Differentiation, 184

Tangenteneinheitsvektor, 16
Tangentenvektor, 90
Tangentialbeschleunigung, 26
Tangentialebene, 33, 35, 51, 91

Tangentialkomponente, 15
Taylor, B., 221
Taylor-Reihe, 221
Telegraphengleichung, 43
Torsion, 22, 24
Torus, 102
Toruskoordinaten, 102
totales Differential, 36, 48
Trägheitsmoment, 148
Trägheitstensor, 149
Trajektorie, orthogonale ∼, 189
Transformation
    gebrochen lineare ∼, 246
    Joukowski-∼, 252
    lineare ∼, 244
    Möbius-∼, 246
    Schwarz-Christoffel-∼, 257
Tschebyscheff, P. L., 406
Tschebyscheff-Polynome, 406

Umlaufzahl, 207

Vektorfeld, 46
    Divergenz eines ∼, 53
    konservatives ∼, 74, 78
    kugelsymmetrisches ∼, 55, 58
    quellenfreies ∼, 54
    Rotation eines ∼, 56
    Wirbeldichte eines ∼, 57
    wirbelfreies ∼, 57
Vektorfluß, 135
Vektorfunktion, 11
    Ableitung einer ∼, 13
    Stetigkeit einer ∼, 12
Vektorpotential, 82
    Eichung, 83
    Eindeutigkeit, 82
    Existenz, 83
Vektorwellengleichung, 85
Verschiebungssatz
    erster ∼, 320
    zweiter ∼, 332
Verzweigungspunkt, 177
Vielfachheit einer Nullstelle, 205
Vieta, F., 403
Viviani, V., 132
Vivianisches Fenster, 132
vollständiges Differential, 40
Volumen, 139
Volumenelement, 110, 137, 142

Volumenintegral, 137

Wärmeleitungsgleichung, 43, 156
Weierstraß, K., 229
Wellengleichung
    dreidimensionale ∼, 44
    eindimensionale ∼, 42, 313
Windung, 22
Windungszahl, 207
winkeltreue Abbildung, 235
Wirbel, 167
Wirbeldichte, 57
Wirbelfluß, 166
wirbelfreies Vektorfeld, 57
Wurzelfunktion, 176

Z-Transformation, 383
    ∼ einer Differenzengleichung 1. Ordnung, 399
    ∼ einer Differenzengleichung 2. Ordnung, 401
    1. Verschiebungssatz, 390
    2. Verschiebungssatz, 390
    Anfangswertsatz, 393
    Anwendungen, 399
    Dämpfungssatz, 390
    Differentiationssatz, 392
    Differenzensatz, 390
    Eineindeutigkeit, 386
    Endwertsatz, 394
    Faltungssatz, 392
    Grenzwertsätze, 393
    Integrationssatz, 395
    Inverse der ∼, 386
    Rechenregeln, 389
    Summationssatz, 391
Z-Transformierte, Konstruktion, 396
Zentralfeld, 45, 50, 62, 80
Zentripetalbeschleunigung, 15
Zirkulation, 70, 194
Zylinderkoordinaten, 101
    elliptische ∼, 103
    parabolische ∼, 103

 *Aus unserem Verlagsprogramm*

Mathematik - Ein Lehr- und Übungsbuch
für Fachhoch-, Fachober- und Techniker-Schulen
In dieser Lehrbuchreihe wird die Theorie in anschaulicher und leicht verständlicher Form dargestellt. Durch zahlreiche gut kommentierte Beispiele und anwendungsorientierte Aufgaben ist das Werk ausgezeichnet zum Selbststudium und als Repetitorium für die Studienvorbereitung geeignet. Neben der klassischen Mathematik werden in hohem Maße moderne Entwicklungen und Computertechniken zum Lösen der Aufgaben einbezogen.

Band 1:
C. Gellrich, R. Gellrich
Arithmetik, Algebra, Mengen- und Funktionenlehre
469 Seiten, 245 Abb., 1.300 Aufgaben mit Lösungen, 324 Beispiele, geb.,
ISBN 3-8171-1243-2

Band 2:
C. Gellrich, R. Gellrich
Lineare Algebra, Vektorrechnung, Analytische Geometrie
410 Seiten, 141 Abb., 489 Aufgaben mit Lösungen, 288 Beispiele, geb.,
ISBN 3-8171-1244-0

Band 3:
C. Gellrich, R. Gellrich
Zahlenfolgen und -reihen, Einführung in die Analysis für Funktionen mit einer unabhängigen Variablen
436 Seiten, 195 Abb., 722 Aufgaben mit Lösungen und 272 durchgerechneten Beispielen, geb.,
ISBN 3-8171-1245-9

Band 4:
R. Schark, T. Overhagen
Vektoranalysis, Funktionentheorie, Transformationen
504 Seiten, zahlreiche Abbildungen, Aufgaben mit Lösungen
ISBN 3-8171-1584-9

Band 5:
H. Kreul
Gewöhnliche Differentialgleichungen, Potenz- und Fourierreihen, Funktionen mehrerer Veränderlicher, Einführung partieller Differentialgleichungen
ISBN 3-8171-1533-4

H. Stöcker u.a.
Taschenbuch mathematischer Formeln und moderner Verfahren
903 Seiten, Plastikeinband,
ISBN 3-8171-1572-5
Von elementarer Schulmathematik über Basiswissen für Abiturienten bis zum Aufbauwissen für Studierende und als Informationspool und Nachschlagewerk für Berufspraktiker liefert das Standardwerk den mathematischen Hintergrund.

- Irrtümer vorbehalten -

Aus unserem Verlagsprogramm

H. Stöcker u.a.
Taschenbuch mathematischer Formeln und moderner Verfahren mit Multiplattform-CD-ROM
ISBN 3-8171-1573-3
Die dem Buch beiliegende CD-ROM aus der DeskTop-Reihe enthält den kompletten Inhalt des Taschenbuches mathematischer Formeln und moderner Verfahren als vernetzte HTML-Struktur mit farbigen Abbildungen und multimedialen Zusatzkomponenten. Diese Multimedia-Mathematik-Enzyklopädie ist plattformübergreifend nutzbar, das Medium ist damit eine zeitgemäße Lern- und Arbeitshilfe an PC, Workstation oder Mac.

Fachlexikon ABC Mathematik
Hrsg.: W. Gellert, H. Kästner, S. Neuber
Ein alphabetisches Nachschlagewerk.
624 Seiten, etwa 700 Abb. und Tab., 6.000 Stichwörter, Lexikon-Format, Ln. mit Schutzumschlag,
ISBN 3-87144-336-0
Mit diesem umfangreichen Nachschlagewerk können Informationen über mathematische Begriffe vom Wort her, ohne die Voraussetzung der Kenntnisse mathematischer Systematik, aufgefunden werden. Das Lexikon richtet sich an Schüler, Studierende und Ingenieure. Auch Studierenden mathematischer Disziplinen vermittelt es einen Überblick über ein noch nicht beherrschtes Gebiet.

W. Göhler
Formelsammlung Höhere Mathematik
128 Seiten, kart.,
ISBN 3-8171-1493-1
Die Formelsammlung baut auf Kenntnissen der Elementarmathematik auf und behandelt die Formeln, die im Rahmen von Grundvorlesungen und in der Sekundarstufe II behandelt werden. Die Themen reichen von Grundzügen der Analytischen Geometrie und Linearen Algebra über Infinitesimalrechnung und Differentialgleichungen bis zur Wahrscheinlichkeitsrechnung und der Statistik. Von einer Standardformelsammlung unterscheidet sich das Werk durch seine Konzeption, die großen Wert auf einen Gesamtüberblick legt. Neben der Vermittlung von mathematischem Wissen und rechnerischen Fertigkeiten wird mathematisches logisches Denken geschult.

H. Kreul
Mathematik leicht gemacht
555 Seiten, 457 Abb., 781 Aufgaben mit Lösungen, geb.,
ISBN 3-8171-1356-0
Das Buch umfaßt den mathematischen Schulstoff der Sekundarstufe I. Die Darstellung der einzelnen Teilgebiete in Form von Rezepten und Anweisungen zur Rechentechnik dient insbesondere der Wiederholung und Vertiefung der Inhalte und der Beseitigung von Lernrückständen. Ergänzt werden die Ausführungen durch zahlreiche vorgerechnete Beispiele und gut abgestimmte Übungsaufgaben mit Lösungen zur Kontrolle des Lernfortschritts.

- Irrtümer vorbehalten -

Die besondere Reihe

Band 1
S.P. Thompson
Analysis leicht gemacht
271 Seiten, 69 Abb.,
ISBN 3-87144-739-0
In „Analysis leicht gemacht" räumt Thompson mit dem allgemeinen Vorurteil auf, die höhere Mathematik sei eine komplizierte Geheimwissenschaft und nur nach „höheren Weihen" zugänglich. In unkonventioneller Art zeigt er den Lesern Möglichkeiten, sich auf eine anschauliche und verständliche Weise in die Differential- und Integralrechnung einzuarbeiten.

Band 47
H. Kästner, P. Göthner
Algebra leicht gemacht
155 Seiten,
ISBN 3-87144-835-4
Ziel des Buches ist es, in die Strukturen der Algebra einzuführen und ein gesichertes Basiswissen aufzubauen. An die Themengebiete Mengen, Relationen, Operationen und Algebraische Strukturen sind jeweils Aufgaben mit Lösungen angeschlossen.

Band 62
H. Pieper
Heureka - ich hab's gefunden
55 historische Aufgaben der Elementarmathematik
188 Seiten, 55 Aufg. mit Lösungen, 93 Abb.,
ISBN 3-8171-1503-2
55 mathematische Aufgaben und Rätsel führen in die verschiedenen Gebiete der Mathematik und dabei quer durch möglichst alle mathematikhistorisch relevanten Zeiträume. Die auf sehr unterhaltsame Weise gestellten Aufgaben vermitteln dem Leser zudem wichtige mathematische Ideen und Theorien. Als Sachbuch zur Mathematikgeschichte bietet es gleichzeitig Aufgaben verschiedener Schwierigkeitsstufen und richtet sich an einen breiten Leserkreis.

- Irrtümer vorbehalten -